全国计算机技术与软件专业技术资格(水平)考试指定用书

系统架构设计师教程

第2版

叶宏　主编　　鲍亮　宋胜利　蔺一帅　副主编

U0253159

清華大学出版社

北京

内 容 简 介

本书作为全国计算机技术与软件专业技术资格（水平）考试指定用书，系统地介绍了系统架构设计师的基本要求，应具备的基础知识和需要掌握的知识。

全书分上、下两篇，共计 20 章。上篇为综合知识，介绍了系统架构设计师应熟练掌握的基本知识，主要包括绪论、计算机系统、信息系统、信息安全技术、软件工程、数据库设计、系统架构设计、系统质量属性与架构评估、软件可靠性、软件架构的演化和维护、未来信息综合技术等诸多基本知识和方法。下篇为案例分析，分门别类地详细介绍了系统架构设计的相关理论、方法和案例分析，主要包括信息系统架构、层次式架构、云原生架构、面向服务架构、嵌入式系统架构、通信系统架构、安全架构和大数据架构等诸多设计理论和案例。

本书全面阐述了系统架构设计师需掌握的各方面知识和技能，特别是对合格架构师应具备的理论与实践知识做了详细讲述。

本书是参加计算机软件水平考试——系统架构设计师考生的必备考试用书。凡通过本考试的考生，便具备了全国认可的、本行业的高级工程师资格。

图书在版编目 (CIP) 数据

系统架构设计师教程 / 叶宏主编 . —2 版 . —北京：清华大学出版社，2022.11（2023.4 重印）
全国计算机技术与软件专业技术资格（水平）考试指定用书
ISBN 978-7-302-61992-5

Ⅰ . ①系… Ⅱ . ①叶… Ⅲ . ①计算机系统－资格考试－自学参考资料 Ⅳ . ① TP303

中国版本图书馆 CIP 数据核字 (2022) 第 181607 号

责任编辑：杨如林
封面设计：杨玉兰
版式设计：方加青
责任校对：胡伟民
责任印制：沈　露

出版发行：清华大学出版社
　　　　　网　　　址：http://www.tup.com.cn，http://www.wqbook.com
　　　　　地　　　址：北京清华大学学研大厦 A 座　　　　邮　　编：100084
　　　　　社 总 机：010-83470000　　　　　　　　　　　邮　　购：010-62786544
　　　　　投稿与读者服务：010-62776969，c-service@tup.tsinghua.edu.cn
　　　　　质 量 反 馈：010-62772015，zhiliang@tup.tsinghua.edu.cn
印 装 者：三河市龙大印装有限公司
经　　销：全国新华书店
开　　本：185mm×230mm　　印　张：45.25　　插　页：1　　字　数：1225 千字
版　　次：2009 年 6 月第 1 版　　2022 年 11 月第 2 版　　印　次：2023 年 4 月第 2 次印刷
定　　价：158.00 元

产品编号：091901-01

前　言

　　全国计算机技术与软件专业技术资格（水平）考试（以下简称"计算机软件考试"）是国家级"以考代评"的考试，其目的是科学、公正地对全国计算机与软件专业技术人员进行专业资格认定和专业技术水平测试。实施多年来在社会上产生了重大的影响，我国众多 IT 企业已将计算机软件考试作为人员招聘的依据或主要参考，这对我国软件产业的形成、发展和人才培养做出了重要的贡献。为适应我国计算机信息技术发展的需求，人力资源和社会保障部与工业和信息化部决定将考试的级别拓展到计算机信息技术行业的各个方面，以满足社会上对各类计算机信息技术人才的需要。

　　系统架构设计师作为系统研发活动中的关键角色之一，近年来在国内外得到快速发展，已成为信息技术发展中的一种新职业，它对系统开发和信息化建设的重要性及给 IT 业所带来的影响不言而喻。在我国，随着工业 2025 规划的实施，国家对系统架构设计师这一职业的需求量急剧增长，技术水平要求也在不断提升，培养我国系统架构设计师队伍已迫在眉睫。目前在我国，该职业在工作内容、职责以及边界等方面还存在一定的模糊性和不确定性，需要不断地完善和成熟。本次对系统架构设计师考试大纲及教程修订工作的目的就是完善考试体系，提升新职业的技能水平，促进职业队伍的不断成熟。并根据近年来专业范围的变化及新技术的发展，本次修订融入了众多新技术、新方法，可促进系统架构设计师更加具备系统化、全面化和抽象化的能力。

　　本书由叶宏任主编，鲍亮、宋胜利、蔺一帅任副主编，编写人员有刘伟、王高亮、严体华、张亮和黄堡垒等。其中，第 1 章由叶宏编写，第 2 章由叶宏、黄堡垒、宋胜利、王高亮、张亮和刘伟编写，第 3 章由宋胜利编写，第 4 章由严体华编写，第 5、6 章由刘伟编写，第 7 章由蔺一帅编写，第 8 章由鲍亮、蔺一帅编写，第 9 章由刘伟编写，第 10 章由蔺一帅编写，第 11 章由鲍亮编写，第 12 章由宋胜利编写，第 13 章由蔺一帅编写，第 14、15 章由鲍亮编写，第 16 章由叶宏编写，第 17 章由王高亮编写，第 18 章由叶宏编写，第 19 章由鲍亮编写，第 20 章由蔺一帅编写。编写组按照《系统架构设计师考试大纲》的要求开展了为期三年的艰苦编著工作，就知识点范围、教材深度、新技术选择等方面进行了多次讨论，筛选了上百个架构案例，最后由叶宏、蔺一帅统稿。编写过程中得到了张淑平等老师的极大帮助，在此表示由衷的感谢。

　　在本书的编写过程中，参考并引用了许多相关的书籍、资料和互联网发布的信息，编者在此对这些文献的作者表示感谢。同时感谢清华大学出版社在本书出版过程中所给予的支持和帮助。

　　因水平有限，书中难免存在错漏和不妥之处，望读者指正，以利改进和提高。

编　者

2022 年于西安

目　录

上　篇

下 篇

上 篇

第1章 绪 论

系统架构设计师（System Architecture Designer）是项目开发活动中的关键角色之一。系统架构是系统的一种整体的高层次的结构表示，是系统的骨架和根基，其决定了系统的健壮性和生命周期的长短。本章首先从架构定义、发展历程、典型架构和未来发展等方面概要说明，给读者建立一个架构的整体概念；然后对系统架构设计师的定义、职责、范围和工作内容等进行讲解，并说明了对于一名合格的系统架构设计师的要求。

1.1 系统架构概述

自 1946 年世界上第一台计算机（正式名称为"电子数字积分器和计算机"，即 ENIAC）诞生以来，对人类使用的计算工具产生了革命性变革。当时参与美国原子弹研制工作的著名美籍匈牙利数学家冯·诺伊曼针对 ENIAC 的不足，提出了"离散变量自动电子计算机"（EDVAC），它由运算器、控制器、存储器、输入和输出设备五部分组成。该计算机的内部运算采用二进制，而不是十进制。由于一个电子元件只有开或关两种状态，可以表示 0 或 1，这就大大提高了运算速度（十进制有 0 ～ 9 十种状态，用电子元件来表示要复杂得多）；控制计算机运行的程序存放在存储器中，可以自动地从一个程序指令转入下一个程序指令。冯·诺伊曼的思想是电子计算机发展史上的里程碑，当今计算机都是依据这一理论制造的，也被称为冯·诺伊曼结构计算机。

从冯·诺伊曼结构计算机起，计算机被分解成计算机硬件和计算机软件两部分，并逐步促进了计算机硬件系统和软件系统的发展。现在计算机已渗透到各行各业，如工业控制、军事装备、轨道交通和环境预测等，人类的衣、食、住、行每时每刻都已离不开计算机技术。

计算机是全球信息化发展的核心载体，随着各种基础技术突飞猛进的发展，信息系统的规模越来越大、复杂程度越来越高、系统的结构显得越来越重要。如果在搭建系统时未能设计出优良的结构，势必对系统的可靠性、安全性、可移植性、可扩展性、可用性和可维护性等方面产生重大影响。因此，系统架构（System Architecture）是系统的一种整体的高层次的结构表示，是系统的骨架和根基，也决定了系统的健壮性和生命周期的长短。系统架构设计师是承担系统架构设计的核心角色，他不仅是连接用户需求和系统进一步设计与实现的桥梁，也是系统开发早期阶段质量保证的关键角色。随着系统规模和复杂性的提升，系统架构设计师在整个项目研制中的主导地位愈加重要。可以说，系统架构师就是项目的总设计师，他是一个既需要掌控整体又需要洞悉局部瓶颈，并依据具体的业务场景给出解决方案的总体设计人员；他要确认和评估系统需求，给出开发规范，搭建系统实现的核心构架，并澄清技术细节、扫清主要难点的技术人员；他要掌握技术团队的能力需要，给出项目管理方法，采用合适生命周期模型，具备以自身为核心形成团队的能力，并在项目进度计划和经费分配等方面开展评估，以预防项目风险。

要成为一名系统架构设计师就应精通专业基础知识，具备丰富的实际工作经验，具有跨学科能力和把握系统整体设计的能力。在我国系统架构设计师已成为专业学科中非常重要的角色之一，是当前项目实施总体设计的关键人物，该角色在项目研制过程中起到了承上启下的作用。当然，目前系统架构设计师的职业在工作内容、工作职责以及工作边界等方面还存在一定的模糊性和不确定性，但它确实是时代发展的需要，并在实践中不断完善和成熟。

1.1.1　系统架构的定义及发展历程

1. 系统架构的定义

这里的架构（Architecture）定义来源于 IEEE 1471-2000："IEEE's Recommand Practice for Architectural Description of Software-Intensive Systems."标准，本标准主要针对软件密集系统进行了架构描述，其对架构定义如下：

架构是体现在组件中的一个系统的基本组织、它们彼此的关系与环境的关系及指导它的设计和发展的原则。

系统是组织起来完成某一特定功能或一组功能的组件集。系统这个术语包括了单独的应用程序、传统意义上的系统、子系统、系统之系统、产品线、整个企业及感兴趣的其他集合。系统用于完成其环境中的一个或多个任务。

环境或者上下文决定了对这个系统的开发、运作、政策以及会对系统造成其他影响的环境和设置。

任务是由一个或者多个利益相关者通过系统达到一些目标的系统的一个用途或操作。

通俗地说，系统架构（System Architecture）是系统的一种整体的高层次的结构表示，是系统的骨架和根基，支撑和链接各个部分，包括组件、连接件、约束规范以及指导这些内容设计与演化的原理，它是刻画系统整体抽象结构的一种手段。系统架构设计的目的是对需要开发的系统进行一系列相关的抽象，用于指导系统各个方面的设计与实现，架构设计在系统开发过程中起着关键性作用，架构设计的优劣决定了系统的健壮性和生命周期的长短。我们通常把架构设计作为系统开发过程中需求分析阶段后的一个关键步骤，也是系统设计前的不可或缺工作要点之一，架构设计的作用主要包括以下几点：

- 解决相对复杂的需求分析问题；
- 解决非功能属性在系统占据重要位置的设计问题；
- 解决生命周期长、扩展性需求高的系统整体结构问题；
- 解决系统基于组件需要的集成问题；
- 解决业务流程再造难的问题。

系统架构设计是成熟系统开发过程中的一个重要环节，它不仅是连接用户需求和系统进一步设计与实现的桥梁，也是系统早期阶段质量保证的关键步骤。

软件架构（也可称为体系结构）是用来刻画软件系统整体抽象结构的一种手段，软件架构设计也是软件系统开发过程中的一个重要环节。随着研究的深入和应用的推广，软件架构逐渐成为软件工程学科的重要分支方向，在基础理论和技术方向等各工程实践领域形成了自己的独特理念和完整体系。

2. 发展历程

系统架构的发展历程可追溯到 20 世纪 60 年代中期爆发的一场大规模软件危机，其突出表现是软件生产不仅效率低，而且质量差。究其原因，主要是因为软件开发的理论和方法不够系统、技术手段相对落后，软件生产主要是手工作坊式。为了解决软件危机，北大西洋公约组织（NATO）分别于 1968 年和 1969 年连续召开两次著名的软件会议（即 NATO 会议），提出了软件工程的概念，发展了软件工程的理论和方法，为今后的软件产业的发展指明了方向。

但是随着软件规模的进一步扩大和软件复杂性的不断提高，新一轮的软件危机再次出现。1995 年，Standish Group 研究机构以美国境内 8000 个软件工程项目为调查样本进行调查，其结果显示，有 84% 的软件项目无法按时按需完成，超过 30% 的项目夭折，工程项目耗费超出预算 189%，软件工程遭遇到了前所未有的困难。

通过避免软件开发中重复劳动的方式提升软件开发效率并保障软件质量，软件重用与组件化成为解决此次危机行之有效的方案。随着软件组件化开发方式的发展，如何在设计阶段对软件系统进行抽象，获取系统蓝图以支持系统开发中的决策成为迫切而现实的问题，分析问题的根源和产生的原因，以下现象应该获得关注：

（1）软件复杂、易变，其行为特征难以预见，软件开发过程中需求和设计之间缺乏有效的转换，导致软件开发过程困难和不可控。

（2）随着软件系统的规模越来越大、越来越复杂，整个系统的结构和规格说明就显得越来越重要。

（3）对于大规模的复杂软件系统，相较于对计算算法和数据结构的选择，系统的整体结构设计和规格说明已经变得明显重要得多。

（4）对软件系统结构的深入研究将会成为提高软件生产率和解决软件维护问题的最有希望的新途径。

在这种情况下，软件架构应运而生。

20 世纪 90 年代，研究人员展开了对软件架构的基础研究，主要集中于架构风格（模式）、架构描述语言、架构文档和形式化方法。众多研究机构在促进软件架构成为一门学科的过程中发挥了举足轻重的作用。例如，美国卡内基 - 梅隆大学的 Mary Shaw 和 David Garland 的专著推广了软件架构的概念，即组件、连接件和风格的集合。美国加州大学欧文分校针对架构风格、架构描述语言和动态架构也开展了深入的研究。

软件架构自概念诞生以来，大致经历了四个发展阶段：

1）基础研究阶段（1968—1994 年）

"软件架构"术语在 1968 年由北大西洋公约组织会议上第一次提出，但并没有得到明确的定义。直到 20 世纪 80 年代，"架构"一词在大多数情况下被用于表示计算机的物理结构，偶尔用于表示计算机指令集的特定体系。从 20 年代 80 年代起，为应对大型软件开发中存在的危机，对软件结构进行描述的方法开始在大型软件开发过程中广泛应用，并在实践中积累了大量经验，逐步形成了以描述软件高层次结构为目标的体系，形成了软件架构的雏形，随着软件规模的增大，模块化开发方法已被逐步采用，为后续软件架构的发展奠定了基础。

模块化开发方法是指把一个待开发的软件分解成若干个小的而且简单的部分，采用对复杂事物分而治之的经典原则。模块化开发方法涉及的主要问题是模块设计的规则，即系统如何分解成模块。而每一模块都可独立开发与测试，最后再组装成一个完整软件。对一个规约进行分解，以得到模块系统结构的方法有数据结构设计法、功能分解法、数据流设计和面向对象的设计等。将系统分解成模块时，应该遵循以下规则：

（1）最高模块内聚。也就是在一个模块内部的元素最大限度地关联，只实现一种功能的模块是高内聚的，具有三种以上功能的模块则是低内聚的。

（2）最低耦合。也就是不同模块之间的关系尽可能弱，以利于软件的升级和扩展。

（3）模块大小适度。颗粒过大会造成模块内部维护困难，而颗粒过小又会导致模块间的耦合增加。

（4）模块调用链的深度（嵌套层次）不可过多。

（5）接口简单、精炼（扇入扇出数不宜太大），具有信息隐蔽能力。

（6）尽可能地复用已有模块。

模块化的思想推动了软件架构的快速发展。此时，恰逢全球信息技术的大力发展，企业一方面需要提高业务的灵活性和创新能力；另一方面随着 IT 环境的复杂度和历史遗留系统的增加，企业面临着新的挑战。模块化方法恰恰可帮助企业从根本上解决这一问题，它一方面通过抽象、封装、分解、层次化等基本科学方法，对各种软件组件和软件应用进行打包，提高对企业现有资产的重用水平和能力；另一方面，基于模块化思想，业界提出了面向对象服务架构（Service-Oriented Architecture，SOA）思想，它提供一组基于标准的方法和技术，通过有效整合和重用现有的应用系统和各种资源实现服务组件化，并基于服务组件实现各种新业务应用的快速组装，帮助企业更好地应对业务的灵活性要求。这样，通过有效平衡业务的灵活性和 IT 的复杂度，为开发者提供了新的视角，有效拉近了 IT 和业务的距离。到 20 世纪 90 年代末期，计算机的发展推动了企业管理自动化的步伐，管理信息系统（Management Information System，MIS）在企业中得到了广泛使用。与此同时，IT 业为了降低开发成本，解决业务需求的易变性，实现软件模块的重用，考虑将企业业务与数据处理相分离的分层思想，这也是软件架构的初步雏形。图 1-1 给出传统 MIS 系统的架构。

2）概念体系和核心技术形成阶段（1999—2000 年）

软件架构概念体系的建设始于 20 世纪 90 年代，Windton W.Royce 与 Waiker Royce 在 1991 年首次对软件架构进行了定义。1992 年 D.E.Perry 与 A.L.Wolf 对软件架构进行了创造性的阐述：{elements，forms，rationale} =software，使之成为后续软件架构概念发展的基础。1996 年，卡内基 - 梅隆大学软件工程研究所（CMU/SEI）的 Mary Shaw 和 David Garlan 在 *Software Architecture：Perspectives on an Emerging Discipline* 书中对软件架构概念的内涵和外延进行了详尽阐述，这对软件架构概念的形成起到了至关重要的作用。

从 1995 年起，软件架构研究领域开始进入快速发展阶段，来自于工业界与学术界的研究成果大量出现，使得软件架构作为一个技术领域日渐成熟。Booch、Runbaugh 和 Jacobson 从另一个角度对软件架构的概念进行了全新诠释，认为架构是一系列重要决策模式。同时，由某个软件研究机构提出了一套实践方法体系—SAAM。企业界也提出并完善了多视角软件架构表示方法以及针对软件架构的特定设计模式。Siemens、Nokia、Philips、Nortel、IBM 以及其他一些大型软件开发组织开始关注软件架构，并联手进行了软件产品线架构的重用性调查。

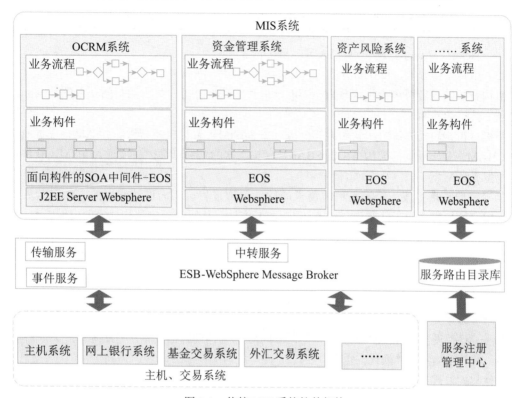

图 1-1 传统 MIS 系统软件架构

2000 年，IEEE 1471-2000 标准的发布第一次定义了软件架构的形式化标准。这标志着软件架构理论体系已基本建立，并已具备普及应用的基础。这一阶段最重要的成果之一就是软件组件化技术，通过沿用 20 世纪的工业组件概念，提升了软件重用能力和质量。

通常，组件具有可组装性和可插拔性。每个组件的运行仅依赖于平台或者容器，组件与组件之间不存在直接的耦合关系。同时，组件和组件之间又并非绝对独立。组件经过组装后可以与其他组件进行业务上的交互。组件化开发并不等同于模块化开发。模块化开发只是在逻辑上做了切分，物理上（代码）通常并没有真正意义上的隔离。组件化也不等同于应用集成，应用集成是将一些基于不同平台或不同方案的应用软件有机地集成到一个无缝的、并列的、易于访问的单一系统中，以建立一个统一的综合应用。组件化比模块化更独立，但比应用集成结合得更加紧密。

3）理论体系完善与发展阶段（1996 年至今）

随着基于组件软件架构理论的建立，与之相关的一些研究方向逐渐成为软件工程领域的研究重点，主要包括：软件架构描述与表示、软件架构分析、设计与测试；软件架构发现、演化与重用；基于软件架构开发方法；软件架构风格；动态软件架构等。

（1）软件架构描述与表示。

目前存在多种软件架构描述语言，比较典型的是基于组件和消息的软件架构描述语言 C2SADL，分布、并发类型的架构描述语言 Wright，架构互换语言 ACME，基于组件和连接的架构描述语言 UniCon，基于事件的架构描述语言 Rapide，以及其他比较有影响力的描述语言 Darwin、MetaH、Aesop、Weaves、SADL、xADL 等。

（2）软件架构分析、设计和测试。

架构分析的内容可分为结构分析、功能分析和非功能分析。分析的目的是系统被实际构造之前预测其质量属性。

架构分析常用的方法有：软件架构分析方法 SAAM、架构权衡分析法 ATAM、成本效益分析法 CBAM、基于场景的架构再工程 SBAR、架构层次的软件可维护性预测 ALPSM、软件架构评估模型 SAEM 等。

架构设计是指生成一个满足用户需求的软件架构过程。架构设计常用的方法有：从工件描述中提取架构描述的工件驱动（artifact-driven）方法；从用例导出架构抽象的用例驱动（use-case-driven）；从模式导出架构抽象的模式驱动（pattern-driven）方法；从领域模型导出架构抽象的域驱动（domain-driven）方法以及从设计过程中获得架构质量属性需求的属性驱动设计（attribute-driven design）方法等。

架构测试着重于仿真系统模型、解决架构层的主要问题。由于测试的抽象层次不同，架构测试策略分为单元、子系统、集成和验收测试等阶段的测试策略。测试方法主要包括架构测试覆盖方法、组件设计正确性验证方法和基于 CHAM 的架构动态语义验证方法等。

（3）软件架构发现、演化与重用。

软件架构发现解决如何从已经存在的系统中提取软件架构的问题，属于逆向工程。Waters 等人提出了一种迭代式架构发现过程。

软件架构演化即由于系统需求、技术、环境和分布等因素的变化而最终导致软件架构的变动。软件系统在运行时刻的架构变化称为架构动态性，而将架构的静态修改称为架构扩展。架构扩展和动态性都是架构适应性和演化的研究范畴。

软件架构复用属于设计重用，比代码重用更抽象。架构模式就是架构复用的一种成果。

（4）基于软件架构的开发方法。

软件开发模型是跨越整个软件生存周期的系统开发、运行和维护所实施的全部工作和任务的结构框架，给出了软件开发活动各个阶段之间的关系。通常软件开发模型可分为三种：以软件需求完全确认为前提的瀑布模型；在软件开发初期只能提供基本需求为前提的渐进式开发模型（如螺旋模型等）；以形式化开发方法为基础的变换模型。

（5）软件架构风格。

架构风格（架构模式）是针对给定场景中经常出现的问题提供的一般性可重用方案，它反映了领域中众多系统所共有的结构和语义特征，并指导如何将各个模块和子系统有效地组成一个完整的系统。通常，将软件架构风格分成主要五类（David Garland 和 Mary Shaw 划分方式）：数据流风格、调用 / 返回风格、独立组件风格、虚拟机风格和仓库风格。

4）普及应用阶段（2000 年至今）

在软件架构的发展历程中，1999 年是一个关键年份。这一年召开了第一届 IFIP 软件架构会议，并成立了 IFIP 工作组 2.0 与全球软件架构师协会。许多企业开始将软件架构相关理论投入实践，为了使架构描述能够在实践中得到更广泛的应用，Open Group 提出了 ADML，它是一种基于 XML 的架构描述语言，支持广泛的架构模型共享。由于企业对重用以及产品族的形成有着更多考虑，因此，软件产品线成为软件架构的一个重要分支，吸引了大量大型企业的关注。软件产品线架构表示一组具有公共的系统需求集的软件系统，它们都是根据基本的用户需求对标准的产品线架构进行定制，将可重用组件与系统独立的部分集成而得到的。

软件架构是软件生命周期中的重要产物，它影响软件开发的各个阶段。

- 需求阶段：把软件架构有的概念引入需求分析阶段，有助于保证需求规约和系统设计之间的可追踪性和一致性。
- 设计阶段：设计阶段是软件架构研究关注最早、最多的阶段，这一阶段的软件架构主要包括软件架构的描述、软件架构模型的设计与分析以及对软件架构设计经验的总结与复用等。
- 实现阶段：将设计阶段设计的算法及数据类型用程序设计语言进行表示，满足设计、架构和需求分析的要求，从而得到满足设计需求的目标系统。
- 维护阶段：为了保证软件具有良好的维护性，在软件架构中针对维护性目标进行分析时，需要对一些有关维护性的属性（如可扩展性、可替换性）进行规定，当架构经过一定的开发过程实现和形成软件系统时，这些属性也相应地反映了软件的维护性。

纵观软件架构的发展历程，其完成了由实践上升到理论，再由理论反馈指导实践的过程，理论与实践均处于健康发展中，已经形成良性发展循环。

架构设计师也是随着架构概念的不断演化而逐步发展为软件开发过程中一个非常重要的角色。

1.1.2 软件架构的常用分类及建模方法

1. 软件架构的常用分类

多年来，"架构"概念经过不断演化，目前已形成了满足不同用途的架构模式，比较典型的架构模型包括分层架构、事件驱动架构、微核架构、微服务架构和云架构等五类。当然，像 C/S、B/S、管道－过滤器和 PAC 等架构也是被广泛使用的软件架构，本节简要说明典型架构内涵。

1）分层架构

分层架构（Layered Architecture）是最常见的软件架构，也是事实上的标准架构。这种架构将软件分成若干个水平层，每一层都有清晰的角色和分工，不需要知道其他层的细节。层与层之间通过接口进行通信。分层架构通常明确约定软件一定要分成多少层，但是，最常见的是四层结构，如图 1-2 所示。

- 表现层（Presentation Layer）：用户界面，负责视觉和用户互动；
- 业务层（Business Layer）：实现业务逻辑；

- 持久层（Persistence Layer）：提供数据，SQL语句就放在这一层；
- 数据库（Database Layer）：保存数据。

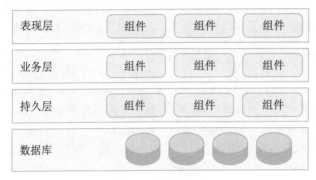

图 1-2　分层架构

有的项目在逻辑层和持久层之间加了一个服务层（Service），提供不同业务逻辑需要的一些通用接口。用户的请求将依次通过这四层的处理，不能跳过其中任何一层。

2）事件驱动架构

事件（Event）是状态发生变化时软件发出的通知。事件驱动架构（Event-driven Architecture）是通过事件进行通信的软件架构，它分成四个部分，如图 1-3 所示。

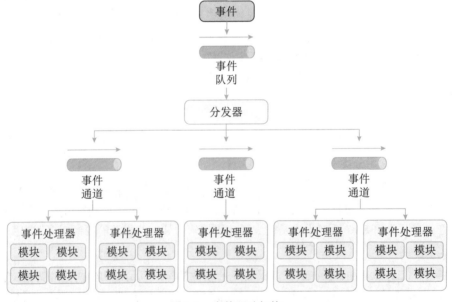

图 1-3　事件驱动架构

- 事件队列（Event Queue）：接收事件的入口；
- 分发器（Event Mediator）：将不同的事件分发到不同的业务逻辑单元；
- 事件通道（Event Channel）：分发器与处理器之间的联系渠道；

● 事件处理器（Event Processor）：实现业务逻辑，处理完成后会发出事件，触发下一步操作。

对于简单的项目，事件队列、分发器和事件通道可以合为一体，整个软件就分成事件代理和事件处理器两部分。

3）微核架构

微核架构（Microkernel Architecture）又称为插件架构（Plug-in Architecture），是指软件的内核相对较小，主要功能和业务逻辑都通过插件实现，如图 1-4 所示。

内核（Core）通常只包含系统运行的最小功能。插件则是互相独立的，插件之间的通信应该减少到最低，避免出现互相依赖的问题。

图 1-4　微核架构

4）微服务架构

微服务架构（Microservices Architecture）是服务导向架构（Service-Oriented Architecture，SOA）的升级。每一个服务就是一个独立的部署单元（Separately Deployed Unit）。这些单元都是分布式的，互相解耦，通过远程通信协议（比如 REST、SOAP）联系，如图 1-5 所示。

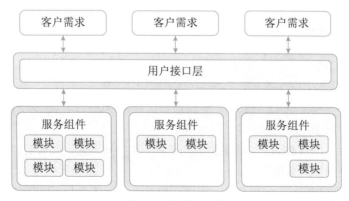

图 1-5　微服务架构

微服务架构分成三种实现模式。

● RESTful API 模式：服务通过 API 提供，云服务就属于这一类；

- **RESTful 应用模式**：服务通过传统的网络协议或者应用协议提供，背后通常是一个多功能的应用程序，常见于企业内部；
- **集中消息模式**：采用消息代理（Message Broker）可以实现消息队列、负载均衡、统一日志和异常处理，缺点是会出现单点失败，消息代理可能要做成集群。

5）云架构

云架构（Cloud Architecture）主要解决扩展性和并发的问题，是最容易扩展的架构。

它的高扩展性体现在将数据都复制到内存中，变成可复制的内存数据单元，然后将业务处理能力封装成一个个处理单元（Processing Unit）。若访问量增加，就新建处理单元；若访问量减少，就关闭处理单元。由于没有中央数据库，所以扩展性的最大瓶颈消失了。由于每个处理单元的数据都在内存里，需要进行数据持久化。

云架构主要分成两部分：处理单元（Processing Unit）和虚拟中间件（Virtualized Middleware），如图 1-6 所示。

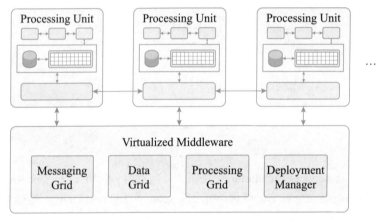

图 1-6　云架构

（1）处理单元：实现业务逻辑。

（2）虚拟中间件：负责通信、保持会话控制（sessions）、数据复制、分布式处理和处理单元的部署。

这里，虚拟中间件又包含四个组件：

- **消息中间件（Messaging Grid）**：管理用户请求和会话控制（sessions），当一个请求进来以后，它决定分配给哪一个处理单元。
- **数据中间件（Data Grid）**：将数据复制到每一个处理单元，即数据同步。保证每个处理单元都得到同样的数据。
- **处理中间件（Processing Grid）**：可选，如果一个请求涉及不同类型的处理单元，该中间件负责协调处理单元。
- **部署中间件（Deployment Manager）**：负责处理单元的启动和关闭，监控负载和响应时间，当负载增加，就新启动处理单元，负载减少，就关闭处理单元。

2. 系统架构的常用建模方法

架构师在进行软件架构设计时，必须掌握软件架构的表示方法，即如何对软件架构建模。根据建模的侧重点的不同，可以将软件架构的模型分成 4 种：结构模型、框架模型、动态模型和过程模型。

- 结构模型：这是一个最直观、最普遍的建模方法。此方法以架构的构件、连接件和其他概念来刻画结构。并力图通过结构来反映系统的重要语义内容，包括系统的配置、约束、隐含的假设条件、风格和性质。研究结构模型的核心是架构描述语言。
- 框架模型：框架模型与结构模型类似，但它不太侧重描述结构的细节，而更侧重整体的结构。框架模型主要以一些特殊的问题为目标建立只针对和适应问题的结构。
- 动态模型：动态模型是对结构或框架模型的补充，主要研究系统的"大颗粒"行为的性质。例如，描述系统的重新配置或演化。这里的动态可以是指系统总体结构的配置、建立或拆除通信或计算的过程，这类系统模型常是激励型的。
- 过程模型：过程模型是研究构造系统的步骤和过程，其结构是遵循某些过程脚本的结果。

上述介绍的 4 种模型并不是完全独立的，通过有机的结合才可形成一个完整的模型来刻画软件架构，也将能更加准确、全面地反映软件架构。软件架构可从不同角度来描述用户所关心架构的特征。Philippe Kruchten 在 1995 年提出了一个"4+1"视角模型。"4+1"模型从 5 个不同的视角包括逻辑（Logical）视角、过程（Process）视角、物理（Physical）视角、开发（Development）视角和场景（Scenarios）视角来描述软件架构。每一个视角只关心系统的一个侧面，5 个视角结合在一起才能够反映系统的软件架构的全部内容。

1.1.3　软件架构的应用场景

软件架构发展至今，已随着信息技术的广泛应用而成为各个领域的关键技术能力。概括来讲，软件架构风格在实践中已被反复使用，不同的架构风格具有各自的优缺点和应用场景，比如管道 - 过滤器风格适用于将系统分成若干独立的步骤；主程序 / 子系统和面向对象的架构风格可用于对组件内部进行设计；虚拟机风格经常用于构造解释器或专家系统；C/S 和 B/S 风格适合于数据和处理分布在一定范围，通过网络连接构成系统；平台 / 插件风格适用于具有插件扩展功能的应用程序；MVC 风格被广泛地应用于用户交互程序的设计；SOA 风格应用在企业集成等方面；C2 风格适用于 GUI 软件开发，用以构建灵活和可扩展的应用系统等。

而对于现代大型软件，很少使用单一的架构风格进行设计与开发，而是混合多种风格，从不同视角描述大型软件系统的能力，并可保证软件系统的可靠性、可扩展性、可维护性等非功能属性的正确描述。

1.1.4　软件架构的发展未来

从 20 世纪 40 年代出现编程算法算起，软件架构及相关技术经历了 70 余年的发展，其中关键的技术如图 1-7 所示。架构发展的主线可以归纳为模块化编程 / 面向对象编程、构件技术、面向服务开发技术和云技术。这些阶段一方面引起了软件开发方法的演变，另一方面引发了领域工程相关技术的广泛应用。针对架构本身的描述，建模和验证技术也在其中扮演着至关重要的角色。

　　从软件架构的发展历程可知，任何新技术、新方向和新思想的出现都会融入软件架构的发展历程中，如微服务架构、数据驱动架构以及智能架构等。随着人类认识能力的增强，在不远的将来，一定会出现更具价值的新型软件架构来指引相应的软件开发工作。

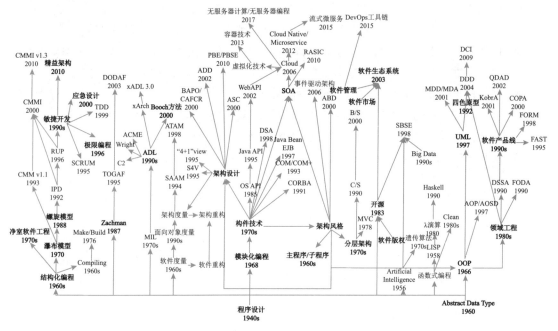

图 1-7　软件架构技术发展路线概览

1.2　系统架构设计师概述

　　系统架构设计师（System Architecture Designer）是项目开发活动中的众多角色之一，它可以是一个人或一个小组，也可以是一个团队。架构师（Architect）包含建筑师、设计师、创造者、缔造者等含义，可以说，架构师是社会各领域的创造者和缔造者。

　　从组织上划分，架构师通常可分为：业务架构师（Business Architect）、主题领域架构师（Domain Architect）、技术架构师（Technology Architect）、项目架构师（Project Architect）和系统架构师（System Architecture）等 5 类。如果参考微软公司对架构设计师的分类，这里根据架构师关注的领域不同，可将系统架构设计师分为 4 种：企业架构师 EA（Enterprise Architect）、基础结构架构师 IA（Infrastructure Architect）、特定技术架构师 TSA（Technology Architect）和解决方案架构师 SA（Solution Architect）。本书的培养对象重点是围绕系统架构师的职责展开。

1.2.1 架构设计师的定义、职责和任务

1. 架构设计师的定义

在定义架构设计师之前，先了解一下架构设计师、架构设计与架构之间的关系，如图 1-8 所示。

图 1-8 架构设计师、架构设计和架构的关系

架构设计师是系统开发的主体角色，他们通过执行一系列活动来实施架构设计。架构设计通过生成过程形成最终的产品架构，架构设计师的成果是创建架构。从图 1-8 可以看出，系统开发中架构设计师是整个系统的核心。

架构设计师是负责系统架构的人、团队或组织（IEEE 1471-2000）。架构设计师是系统或产品线的设计责任人，是一个负责理解和管理并最终确认和评估非功能性系统需求（如软件的可维护性、性能、复用性、可靠性、有效性和可测试性等），给出开发规范，搭建系统实现的核心构架，对整个软件架构、关键构件和接口进行总体设计并澄清关键技术细节的高级技术人员。

2. 架构设计师的职责

架构设计师的职责应该是技术领导，这意味着架构设计师除了拥有专门技能外，还必须拥有领导能力。首先，领导能力既体现在组织中的职位上，也体现在架构设计师展现的品质上。在组织中的职位方面，架构设计师是项目中的技术领导，应该拥有进行技术决策的权威。项目经理更关注管理资源、进度和成本方面的项目计划，架构设计师和项目经理代表了这个项目的公共角色。在架构设计师展现的品质方面，领导力也可以在与其他团队成员的交流中展现出来，架构设计师应该为他人树立榜样并在制定方向方面表现出自信。成功的架构设计师是以人为导向的，都应在指导并培养他们团队的成员上花时间，以保证团队成员能够在后续项目的开发中能够完整地理解架构设计师的设计思路。其次，拥有专门技能主要体现在除了必须非常清楚项目的总体目标和实施方法外，还应是特定的开发平台、语言、工具的大师，对常见应用场景能及时给出最恰当的解决方案，同时要对所属的开发团队有足够的了解，能够评估该开发团队实现特定的功能需求目标的资源代价。架构设计师必须非常关注交付的实际结果，并必须赋予项目在技术方面的驱动力，还必须能够进行决策并确保这些决策被传达、理解并始终被执行。

3. 架构设计师的任务与组成

架构设计师在项目中的主要任务可概述如下。

（1）领导与协调整个项目中的技术活动（分析、设计和实施等）。

（2）推动主要的技术决策并最终表达为系统架构。

（3）确定系统架构，并促使其架构设计的文档化，这里的文档化应包括需求、设计、实施和部署等"视图"。

从技术角度看，架构设计师的职责就是抽象设计、非功能设计和关键技术设计等三大任务。

架构设计师角色可以由一个人或一个团队来履行。在角色和人之间是存在差异的，如一个人可能会履行多个角色。由于架构设计师需要非常广泛的技能，所以架构设计师角色通常由多

个人履行。这种方式允许技能分布于多个人，每个人都能充分运用他自己的经验。特别是在理解业务领域和掌握各个方面技术所必须的技能上，往往由几个人才能很好地覆盖。

这个团队是拥有共同目标和执行目标，拥有使他们可以相互负责的方法，同时技能相互补充的一小部分人。

如果架构设计师角色由一个团队履行，拥有一个首席架构设计师角色非常重要，他不仅具有先知先明的能力、还是架构团队的单点协调人。没有这个协调人，架构团队的成员要创造出内聚的架构或做出决策是困难的。

优秀的架构设计师应知道他的优势和弱势。无论架构设计师的角色是否由一个团队来履行，架构设计师都应有好几个可信顾问的支持，这样架构设计师不仅可以了解其弱点，还可以通过获取必要的技能或与他人一起合作来弥补其知识的缺陷，进而弥补这些弱点。最优秀的架构通常由一个团队而不是个人创建，这仅仅因为当有多人参与进来时，使见识更广和更深。

1.2.2　架构设计师应具备的专业素质

架构设计师作为项目的技术领导，他应熟悉业务领域知识并熟练掌握软件开发知识。一个优秀的架构设计师通常可以做到在软件开发知识和业务领域知识之间的平衡。因此，架构设计师应该具备以下专业知识。

1. 掌握业务领域的知识

领域是从事于某一行业的人理解并归纳的一组概念和术语知识或者活动范畴（UML，User guide 1999）。

当架构设计师理解软件开发但不理解业务模型时，可能会开发出一个不能满足用户需求而只能反映该架构设计师所熟悉内容的解决方案，因此，熟悉业务也使得架构设计师能够预见可能发生的改变。由于架构受其部署环境（包括业务领域）影响很大，对业务领域的正确认识可使架构设计师能够在可能改变的区域和稳定性方面做出更全面的决策。

2. 掌握技术知识

由于架构设计的某些方面明确需要技术知识，所以一个架构设计师应该拥有一定程度的技术水平。然而架构设计师不必是一个技术专家，它必须关注技术的重要因素，而不是细节。架构设计师需要理解像 Java EE 或 .NET 这类平台上的可用关键框架，但是不必理解访问这些平台可用的每个应用程序接口（API）的细节。由于技术的发展相当快速，架构设计师必须跟得上这些技术的发展。

3. 掌握设计技能

设计过程是架构设计的核心内容，架构是关键设计决策的具体化，因此，架构设计师应该拥有很强的设计技能。关键设计决策指关键结构设计决策、特定模型的选择和指导规格说明书等。为了保证系统的结构完整性，这些元素被代表性的广泛应用并对系统取得成功产生深远的影响。因此，这样的元素应该由拥有相当技能的人识别出来。设计能力不可能在短时间内获得，而是多年经验积累的结果，因此，一个优秀的架势设计师是要经过多年工作实践才能成为技术领导。

4. 具备编程技能

项目中的开发人员是架构设计师必须与之打交道的最重要的团队成员，而项目的最终产品是可执行代码，只有架构设计师承认开发人员的工作价值时，在架构设计师和开发人员之间的沟通才是有效的，尤其是在项目开发后期的缺陷更改时，双方的沟通尤为重要。因此，架构设计师应该具有一定的编程技能，即使他们在项目中不必编写代码，也必须跟上技术的更新。优秀的架构设计师通常会有组织地参与开发并应该编写一定量的代码，如果架构设计师参与代码实现，开发组织会从架构设计师那儿获得见识，这些见识可以直接有益于架构的专业知识本身。架构设计师还可以通过查看他们决策和设计的第一手结果，对开发流程给出反馈。

5. 具备沟通能力

与架构设计师相关的所有软技能中，沟通最重要。架构设计师应该具备有效的口头和书面表达能力。有效的沟通可使开发组织能够充分理解架构设计师的思想，同时开发组织也能够及时将架构设计实现中遇到的问题及时反馈给架构设计师。有效的沟通是项目成功的基础。

架构设计师能够有效地与利益相关方沟通，对于理解他们的需求及与他们就架构达成并保持一致是非常重要的。架构设计师不是简单地将信息传达给团队，还要激励团队，架构设计师负责传达系统愿望，以便这个愿望为大家共享，而不是只有架构设计师理解并相信。

6. 具备决策能力

决策是架构设计师必须具备的能力，尤其是在很多不很明确的情况下，而且没有充足的时间研究所有可能性时，架构设计师不能果断决策会延误项目，失去信任。优秀的架构设计师应承认这种情况，即使在决策时咨询其他人并营造共同参与决策的环境，进行适当的决策仍然是架构设计师的职责，而这些决策并不总是正确的，但是架构设计师必须学会纠正这些错误决策。

7. 知道组织策略

成功的架构设计师并不仅仅关心技术，他们还应对政治敏感并知道其在组织中的权利，他们利用这些知识与恰当的人进行沟通，并确保项目在适当的周期中获得支持。

8. 应是谈判专家

架构设计师需要与许多利益相关者进行交流，其中的一些交流需要谈判技巧。架构设计师应特别关注的一点是在项目中尽可能早地把风险降到最低，这对稳定架构所花费的时间有直接影响。因为风险与需求有关，消除风险的一个途径是通过精炼需求以使这种风险不再出现，因此，必须回退需求以便利益相关者和架构设计师达成一致。这种情形要求架构设计师是一位有效的谈判专家，能够清晰明白地表明各种折中方案的后果。

1.2.3 架构设计师的知识结构

架构设计师综合的知识能力结构主要包括 10 个方面。

（1）战略规划能力。

（2）业务流程建模能力。

（3）信息数据架构能力。

（4）技术架构设计和实现能力。

（5）应用系统架构的解决和实现能力。

（6）基础 IT 知识及基础设施、资源调配的能力。

（7）信息安全技术支持与管理保障能力。

（8）IT 审计、治理与基本需求的分析和获取能力。

（9）面向软件系统可靠性与系统生命周期的质量保障服务能力。

（10）对新技术与新概念的理解、掌握和分析能力。

系统架构设计师必须是开发团队的技术引导者。他们应具有很强的系统思维能力，在项目中需要能够从大量互相冲突的系统方法和工具中，判断出哪些是有效的或者是无效的，并在关键时刻能够做出科学的决策。这样，就要求架构设计师应当是一个思维敏捷、经验丰富、技术水平高超、受过良好教育的善于学习与沟通且决策能力强的人。他必须广泛了解各种技术并精通一种特定技术，至少了解计算机通用技术以便确定哪种技术最优，或组织团队开展技术评估。优秀的架构设计师能考虑并评估所有可用来解决问题的总体技术方案。架构设计师需要拥有良好的书面和口头沟通技巧，一般通过可视化模型和小组讨论进行沟通并指导团队，从而确保开发人员按照架构建造系统。

因此，系统架构设计师应该是一种综合性特强的人才，其知识维度可以满足多层次、多方面的能力。多层次是指架构设计师应在技术领域的深度上掌握更多的基础知识，即必须在体系结构、计算机软硬件与网络基础知识、系统工程、信息系统、嵌入式系统、软件安全与可靠性等知识层面上受过良好教育并拥有自学习能力；还须在架构设计方法、架构模式、开发流程以及各种模型等方面有丰富的经验，广泛了解各种产品和技术并精通一种特定领域的架构设计方法。多方面是指架构设计师应在业务领域以及管理、商务、财务和法律等方面具备一定背景知识并熟悉相关政策，这与系统架构设计师的多角色特点是紧密相关的。

1.3　如何成为一名好的系统架构设计师

1.3.1　如何衡量一名优秀架构设计师

对于系统架构设计师而言，其优劣无法用统一的标准去衡量，优秀与否实际上是相对的，但是，根据架构设计师的能力可以进行评价。架构设计师是一个充满挑战的职业，需要关注很多维度和技术。Pat Kua（原 ThoughWorks 咨询师）提出：一个好的架构设计师是技术全面的，并给出了成为一个技术全面的架构设计师必须具备的 6 个角色特质（见图 1-9）。

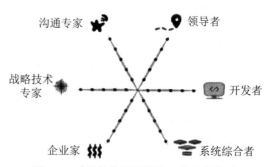

图 1-9　系统架构设计师的 6 种角色特质

- 作为领导者；
- 作为开发者；
- 作为系统综合者；
- 具备企业家思维；
- 具备战略技术专家的权衡思维与战术思维；
- 具备良好的沟通能力。

1. 作为技术领导者

一名好的软件架构设计师需要明白，作为领导者并不一定要告诉开发人员做什么。相反，好的架构设计师就像一个导师，能够带领开发团队向同一个技术愿景前进。好的架构设计师会借助讲故事、影响力、引导冲突和构建信任等领导技能，将他们的架构愿景变成现实。一个好的领导者，同时也是一个好架构设计师。他 / 她会仔细听取每个参与者的意见，通过与团队的互动调整他们的愿景。

2. 作为开发人员

一个架构设计师同时又是一个好的开发人员。通常，做出一个良好的架构选择需要权衡理想的架构状态与软件系统的当前状态。例如，如果一个问题更适合采用关系型数据库来解决，那么将文档数据库引入到系统中的做法是毫无道理的。一个架构设计师如果不考虑技术选型与问题域之间的匹配度，会很容易受到各种技术的诱惑——这也就是常见的"象牙塔式架构设计师"行为模式。

缓解这种情况的最佳方法是让架构设计师多与开发人员待在一起，花一些时间在代码上。了解系统的构建方式及系统的约束，这将帮助架构设计师在当下环境中做出正确的选择。

3. 聚焦系统

经验丰富的开发人员明白代码只是软件的一部分。为了让代码可运行，他们还需要了解代码在生产环境中运行良好所需的其他重要质量属性。他们需要考虑部署过程、自动化测试、性能、安全和可支持性等多个方面。开发人员可能以临时的方式来实现这些质量属性，而架构设计师不仅需要专注于了解代码，还要了解并满足不同利益相关者（如支持、安全和运营人员）的需求。一个好的架构设计师需要专注于寻找那些能够满足不同利益相关者需求的解决方案，而不是选择针对某一个参与者的偏好或风格进行优化的工具或方法。

4. 具备企业家思维

所有技术选型都有相关的成本和收益，一个好的架构设计师需要从这两个角度考虑新的技术选型，就如成功的企业家是愿意承担风险的，他不但会寻求快速学习的机会和方法，也要学会做好接受失败的心理准备。架构设计师可以用类似的方式做出技术选型，收集真实世界中有关短期和长期成本的信息，以及他们可能意识到的好处。

这方面一个很好的例子是，架构设计师避免承诺立即使用一个在阅读新文章时看到或在某一会议上听到过的工具。相反，他们试图通过架构调研来了解工具在其环境中的相关性，以收集更多信息。他们对于工具的选择不是基于销售量，而是考虑他们需要什么以及这个工具所提供的价值。他们还会寻找这些工具背后的隐性成本，例如工具的支持情况（如文档化程度、社区使用情况），工具可能带来的约束或长期来看可能带来的额外风险。

5. 权衡策略思维与战术思维

许多团队由一些独立的开发人员一起构建软件，而每个人都倾向于选择自己最舒适或最有经验的工具和技术。好的架构设计师会持续关注可能有用的新技术、工具或方法，但不一定立即采用它们。技术采用往往需要长期的考量。架构设计师将在团队和组织层面寻求敏捷度（允许团队快速采取行动）和一致性（保持足够的一致性）之间的良好平衡。建立自己的技术雷达进行练习是用战略思维探索技术的一个有用工具。

6. 良好的沟通

架构设计师需要知道，有效的沟通是建立信任和影响团队以外成员的关键技能。他们知道不同群体使用不同的术语，而使用技术术语的描述语言与业务人员沟通将会变得比较困难。与其谈论模式、工具和编程概念，架构设计师需要使用听众熟悉的术语与之交流，诸如风险回报、成本和收益等。这比单纯使用技术词汇进行沟通来得更好。架构设计师还需要认识到团队内部沟通与外部沟通同样重要，可以使用图表和小组讨论的方式来建立和完善技术愿景，并进行书面记录（如架构决策日志或 Wiki 等），从而为将来留下可追溯的历史。

总之，做一个技术全面的架构设计师并不容易，因为有很多方面需要关注，而每个方面都有很多作为开发人员经常不会专注并练习的技能。其实最重要的不一定是一个架构设计师的能力，而是他们在每个不同的领域都有足够的专业知识。有价值的架构设计师需要在上述 6 个方面都具备良好的专业知识。

1.3.2　从工程师到系统架构设计师的演化

人们通常把系统架构设计师类比为建筑师，其共同点都是做好顶层设计，充当需求方和实施者的桥梁。但是系统架构设计师和建筑师存在许多不同，对于建筑师而言，在成为建筑设计师之前，是不会成为建筑工人或工程师的；而系统架构设计师一定是从工程师成长起来的。

工程师和架构设计师的本质区别主要体现在技术、组织和个人成长上。

在技术上，架构设计师的首要工作是抽象建模，而比首要工作更重要的是要了解自己所处的业务领域。只有对业务足够了解，才能更好地抽象和建模，也更能沉淀通用的设计方法论。另一方面，架构设计师需要了解甚至精通业务领域所涉及的技术领域，譬如对于互联网行业的架构设计师，小到语言、算法、数据库，大到网络协议、分布式系统、服务器、中间件、IDC等等都需要涉猎。一句话，架构设计师是技术团队的对外接口人，也应该是外部团队技术问题的终结者。除广度之外还要有深度，对于关键技术模块的设计，架构设计师需要有技术的权威性。而工程师则属于开发团队成员，主要负责项目的具体实现工作，在架构设计师的指导和帮助下，要熟悉相关业务流程，懂得建模方法，使用已确定的开发方法进行设计、编码和测试等工作，从掌握专用技术知识层面来讲，工程师必须熟练掌握详细的设计方法、编程语言、工具和环境。

架构设计师要成为业务和技术的桥梁，因此需要精通业务和技术的语言，要锻炼沟通能力，不只是口头沟通能力，也包括用标准化的图表表达设计思路的能力。架构设计师需要一种学会掌握"中庸之道"的方法。不管是技术的选型，团队的协作、培养和分工，商业诉求和成本控制，产品需求和技术诉求的匹配，很多时候都是在做权衡。可以说，架构的工作主题就是权衡，这可能也是工程师成长为架构设计师的最大挑战。工程师经常是完美主义的，程序也总是精准而精确的，但是架构设计师要习惯于不完美和一定条件下的不精确。工程师主要是追求产品的完美形态，通过自己设计出的漂亮程序以充分展示自我能力，很少考虑团队与协同，开发团队相互间为了提升，往往存在相互竞争。

系统架构设计师一般都具备计算机科学或软件工程的知识，由工程师做起，然后再慢慢成长为架构设计师。

成为系统架构设计师的关键是要培养自己的判断力、执行力和创新力。判断力是能够准确判断系统的复杂度在哪里，能准确地看出系统的脆弱点；执行力是能够使用合适的方案解决复杂度问题；创新力是能够创造新的解决方案解决复杂度问题。因此，要成为一个系统架构设计师，就需要不断地锻炼自己的内功，这些内功来源于经验、视野和思考。因此，要从工程师成长为架构设计师，应遵循积累经验，拓宽视野和深度思考的原则。下面说明从工程师到架构设计师的成长过程。

1. 工程师阶段

要从一名技术员（助理工程师）成为一个合格的工程师需要参加相关工作 1～3 年时间，其典型特征是"在别人的指导下完成开发"，这里的"别人"主要是"高级工程师"或者"技术专家"。通常情况下，高级工程师或者技术专家负责需求分析、讨论和方案设计，工程师负责编码实现，高级工程师或者技术专家会指导工程师进行编码实现。工程师阶段应该是原始的"基础技能积累阶段"，主要积累基础知识，包括编程语言、基本数据结构、开发环境、操作系统、数据库以及相关软件开发流程等。

2. 高级工程师阶段

从工程师成长为高级工程师需要 3～5 年时间，其典型特征是"独立完成开发"，包括需求分析、方案设计和编码实现，其中需求分析和方案设计已经包含了"判断"和"选择"，只是范围相对来说小一些，更多是在已有架构下进行设计。高级工程师主要需要"积累方案设计经验"，简单来说就是业务当前用到的相关技术的设计经验。

高级工程师阶段相比工程师阶段有两个典型的差异：其一是深度，如果说工程师是要求知道 How，那高级工程师就要求知道 Why 了。例如 Java 的各种数据结构的实现原理，因为只有深入掌握了这些实现原理，才能对其优缺点和使用场景有深刻理解，这样在做具体方案设计的时候才能选择合适的数据结构。其二是理论，理论就是前人总结出来的成熟的设计经验，例如数据库表设计的 3 个范式、面向对象的设计模式、SOLID 设计原则、缓存设计理论（缓存穿透、缓存雪崩和缓存热点）等。

3. 技术专家阶段

成长为技术专家需要 4 ~ 8 年时间，其典型的特征是"某个领域的专家"，通俗地讲，只要是这个领域的问题，技术专家都可以解决。例如：Java 开发专家、嵌入式开发专家、操作系统开发专家等。通常情况下，"领域"的范围不能太小，例如我们可以说"Java 开发专家"，但不会说"Java 多线程专家"或"Java JDBC 专家"。技术专家与高级工程师的一个典型区别就是：高级工程师主要是在已有的架构框架下完成设计，而技术专家会根据需要修改、扩展和优化架构。从高级工程师成长为技术专家，主要需要"拓展技术宽度"，因为一个"领域"必然会涉及众多的技术面。

需要注意的是，拓展技术宽度并不意味着仅仅只是知道一个技术名词，而是要深入去理解每个技术的原理、优缺点以及应用场景。

4. 系统架构设计师（初级）

成长为初级架构设计师需要 5 ~ 8 年时间，其典型特征就是能够"独立完成一个系统的架构设计"，可以是从 0 到 1 设计一个新系统，也可以是将架构从 1.0 重构到 2.0。初级架构设计师负责的系统复杂度相对来说不高，例如后台管理系统、某个业务下的子系统等。初级架构设计师和技术专家的典型区别是：初级架构设计师是基于完善的架构设计方法论的指导来进行架构设计，而技术专家更多的是基于经验进行架构设计。简单来说，即使是同样一个方案，初级架构设计师能够清晰地阐述架构设计的理由和原因，而技术专家可能就是因为自己曾经这样做过，或者看到别人这样做过而选择设计方案。但在实践工作中，技术专家和初级架构设计师的区别并不很明显，事实上很多技术专家其实就承担了初级架构设计师的角色，因为在系统复杂度相对不高的情况下，架构设计的难度不高，用不同的备选方案最终都能够较好地完成系统设计。

从技术专家成长为初级架构设计师，最主要的是形成自己的"架构设计方法论"。形成自己的架构设计方法论的主要手段有：系统学习架构方法论，包括订阅专栏或者阅读书籍等；深入研究成熟开源系统的架构设计；结合架构设计方法论，分析和总结自己团队甚至公司的各种系统的架构设计的优缺点，尝试思考架构的重构方案。

5. 系统架构设计师（中级）

成长为中级架构设计师需要 8~10 年以上时间，其典型特征是"能够完成复杂系统的架构设计"，包含高性能、高可用、可扩展、海量存储等复杂系统，例如设计一个总共 100 人参与开发的业务系统等。中级架构设计师与初级架构设计师的典型区别在于系统复杂度的不同，中级架构设计师面对的系统复杂度要高于初级架构设计师。以开源项目为例，初级架构设计师可能引入某个开源项目就可以完成架构设计，而中级架构设计师可能发现其实没有哪个开源项目是合适的，而需要自己开发一个全新的项目，事实上很多开源项目就是这样诞生出来的。从初级架构设计师成长为中级架构设计师，最关键的是"技术深度和技术理论的积累"。

6. 系统架构设计师（高级）

成长为高级架构设计师需要 10 年以上时间，其典型特征是"创造新的架构模式"，例如：谷歌的分布式存储架构、分布式计算 MapReduce 架构和列式存储架构等开创了大数据时代；在虚拟机很成熟的背景下，Docker 创造了容器化的技术潮流。高级架构设计师与中级架构设计师相比，典型区别在于"创造性"，高级架构设计师能够创造新的架构模式，开创新的技术潮流。

　　总之，关于如何在专业领域内提升，有个著名的"10000 小时定律"，简单来说要成为某个领域顶尖的专业人才，需要 10000 小时持续不断的练习，例如小提琴、足球、国际象棋、围棋等领域，无一例外都遵循这个定律，而技术人员的成长也基本遵循这个定律。系统架构设计师的成长其实最关键的还是技术人员对技术的热情以及持续不断地投入，包括学习、实践、思考和总结等。

第2章 计算机系统基础知识

2.1 计算机系统概述

计算机系统（Computer System）是指用于数据管理的计算机硬件、软件及网络组成的系统。它是按人的要求接收和存储信息，自动进行数据处理和计算，并输出结果信息的机器系统。人们在谈及计算机系统时，一般指由硬件子系统和软件子系统组成的系统，简称为计算机。而将连接多个计算机以实现计算机间数据交换能力的网络设备，则称之为计算机网络，简称网络。

计算机系统可划分为硬件（子系统）和软件（子系统）两部分。硬件由机械、电子元器件、磁介质和光介质等物理实体构成，例如处理器（含运算单元和控制单元）、存储器、输入设备和输出设备等。软件是一系列按照特定顺序组织的数据和指令，并控制硬件完成指定的功能。可将计算机软件进一步分为系统软件和应用软件，系统软件是指支持应用软件的运行，为用户开发应用软件提供平台支撑的软件，而应用软件是指计算机用户利用计算机的软、硬件资源为某一专门的应用目的而开发的软件。典型的计算机系统组成如图 2-1 所示。

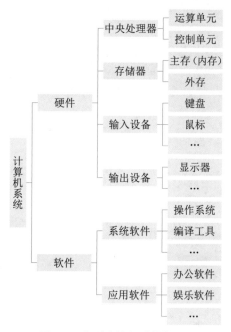

图 2-1　典型计算机系统的组成

从存在形式上看，计算机硬件是有形的，而软件是无形的；从计算机功能来看，硬件与软件的界限正在逐渐模糊。在不同的应用场合，基于设计考虑，某些功能可能由硬件实现，也可能由软件实现。比如，较典型的可编程逻辑，它在设计阶段可作为软件对待，但运行中则是以逻辑门的物理形态而存在。随着科技的发展，计算机系统的组成越来越复杂，多功能设备越来越多。

计算机系统的分类维度很多，也较为复杂，可以从硬件的结构、性能、规模上划分，亦可从软件的构成、特征上划分，或者从系统的整体用途、服务对象等进行分类。这里结合计算机系统的构成特征、应用领域和用途等描述一种常见分类，如图 2-2 所示。

由于篇幅限制，在图 2-2 所示的分类中，各结点的具体内容此处不再一一列举说明。由于技术的交叉和融合，同一设备可以具有多种特征，可以归属于不同的父分类，如电话手表、具备通信功能的平板电脑、具备路由功能的电视盒等，故该分类并没有严格的界限，仅能够从主体功能进行大致分类。

图 2-2　一种计算机系统的分类示意

2.2　计算机硬件

2.2.1　计算机硬件组成

计算机组成结构（Computer Architecture）源于冯·诺依曼计算机结构，该结构成为现代计算机系统发展的基础。冯·诺依曼计算机结构将计算机硬件划分为 5 部分，但在现实的硬件构成中，控制单元和运算单元被集成为一体，封装为通常意义上的处理器（但处理器并不是只有上述两部分）；输入设备和输出设备则经常被设计者集成为一体，按照传输过程被划分为总线、接口和外部设备。下面按照处理器、存储器、总线、接口和外部设备进行阐述。

2.2.2　处理器

处理器（Central Processing Unit，CPU）作为计算机系统运算和控制的核心部件，经历了长期演化过程。在位宽上由 4 位处理器发展到 64 位处理器；在能力构成上从仅具有运算和控制功能发展到集成多级缓存、多种通信总线和接口；在内核上从单核处理器发展为多核、异构多核和众核处理器等。

处理器的指令集按照其复杂程度可分为复杂指令集（Complex Instruction Set Computers，CISC）与精简指令集（Reduced Instruction Set Computers，RISC）两类。CISC 以 Intel、AMD 的 x86CPU 为代表，RISC 以 ARM 和 Power 为代表。随着研究的深入，除了由于历史原因而仍然存在的 CISC 结构外，RISC 已经成为计算机指令集发展的趋势，几乎所有后期出现的指令集均为 RISC 架构。

典型的处理器系统结构如图 2-3 所示。

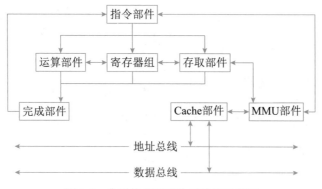

图 2-3　典型的处理器体系结构示意图

在图 2-3 中，指令部件通过 MMU-Cache 的存储结构，从内存等存储设备中取得相应的软件代码指令并完成译码和控制操作，控制存取部件从存储设备中取得新的数据，控制寄存器组为运算器准备有关寄存器数据，并准备好结果寄存器，控制整型、浮点、向量等运算部件开展运算。运算部件、寄存器单元、存取部件将执行结果通知完成部件，并在完成部件中完成结果的排队，由完成部件向指令部件反馈执行结果，控制指令的顺序执行、跳转等时序。

随着微电子技术发展，用于专用目的处理器芯片不断涌现，常见的有图形处理器（Graphics Processing Unit，GPU）处理器、信号处理器（Digital Signal Processor，DSP）以及现场可编程逻辑门阵列（Field Programmable Gate Array，FPGA）等。GPU 是一种特殊类型的处理器，具有数百或数千个内核，经过优化可并行运行大量计算，因此近些年在深度学习和机器学习领域得到了广泛应用。DSP 专用于实时的数字信号处理，通过采用饱和算法处理溢出问题，通过乘积累加运算提高矩阵运算的效率，以及为傅里叶变换设计专用指令等方法，在各类高速信号采集的设备中得到广泛应用。

随着我国国家政策的日益完善，国产处理器也呈现百花齐放的局面。在市场上占有率和知名度较高的包括龙芯、飞腾、申威、兆芯、国微、国芯、华睿、翔腾微和景嘉微等产品，各自在不同的行业领域中得到应用。

2.2.3　存储器

存储器是利用半导体、磁、光等介质制成用于存储数据的电子设备。根据存储器的硬件结构可分为 SRAM、DRAM、NVRAM、Flash、EPROM、Disk 等。计算机系统中的存储器通常采用分层的体系（Memory Hierarchy）结构，按照与处理器的物理距离可分为 4 个层次。

（1）片上缓存：在处理器核心中直接集成的缓存，一般为 SRAM 结构，实现数据的快速读取。它容量较小，一般为 16kB~512kB，按照不同的设计可能划分为一级或二级。

（2）片外缓存：在处理器核心外的缓存，需要经过交换互联开关访问，一般也是由 SRAM 构成，容量较片上缓存略大，可以为 256kB~4MB。按照层级被称为 L2Cache 或 L3Cache，或者称为平台 Cache（PlatformCache）。

（3）主存（内存）：通常采用 DRAM 结构，以独立的部件 / 芯片存在，通过总线与处理器连接。DRAM 依赖不断充电维持其中的数据，容量在数百 MB 至数十 GB 之间。

（4）外存：可以是磁带、磁盘、光盘和各类 Flash 等介质器件，这类设备访问速度慢，但容量大，且在掉电后能够保持其数据。不同的介质类型容量有所不同，如 Nor Flash 容量一般在 MB 级别，磁盘容量则在 GB 和 TB 级别。外存能够在掉电后保持数据，但并非所有介质都能够永久性保存数据，每种介质都有一定的年限，如 Flash 外存的维持数据的年限在 10 年左右，光盘年限在数年至数十年，磁盘年限在 10 年以上，磁带年限为 30 年以上。

2.2.4　总线

总线（Bus）是指计算机部件间遵循某一特定协议实现数据交换的形式，即以一种特定格式按照规定的控制逻辑实现部件间的数据传输。

按照总线在计算机中所处的位置划分为内总线、系统总线和外部总线。其中内总线用于各类芯片内部互连，也可称为片上总线（On-Chip Bus）或片内总线。系统总线是指计算机中 CPU、主存、I/O 接口的总线，计算机发展为多总线结构后，系统总线的含义有所变化，狭义的系统总线仍为 CPU 与主存、通信桥连接的总线；广义上，还应包含计算机系统内，经由系统总线再次级联的总线，常被称为局部总线（Local Bus）。外部总线是计算机板和外部设备之间，或者计算机系统之间互联的总线，又称为通信总线。总线之间通过桥（Bridge）实现连接，它是一种特殊的外设，主要实现总线协议间的转换。总线的性能指标常见的有总线带宽、总线服务质量 QoS、总线时延和总线抖动等。

目前，计算机总线存在许多种类，常见的有并行总线和串行总线。并行总线主要包括 PCI、PCIe 和 ATA（IDE）等，串行总线主要包括 USB、SATA、CAN、RS-232、RS-485、RapidIO 和以太网等。在一些专业领域中还定义了多种类型的总线，比如航空领域的 ARINC429、ARINC659、ARINC664 和 MIL-STD-1553B 等；工业控制领域的 CAN、IEEE1394、PCI、PCIe 和 VME 等。

2.2.5　接口

接口是指同一计算机不同功能层之间的通信规则。计算机接口有多种，常见的包括显示类接口（HDMI、DVI 和 DVI 等），音频输入输出类接口（TRS、RCA、XLR 等），网络类接口（RJ45、FC 等），PS/2 接口，USB 接口，SATA 接口，LPT 打印接口和 RS-232 接口等。此外，像离散量接口与 A/D 转换接口等这类接口一般属于非标准接口，而是随需求而设计。

对于总线而言，一种总线可能存在多种接口，比如，以太网总线可以通过 RJ-45 或同轴电缆与之连接，PCIe 总线则具有多种形态的接口实现连接。

2.2.6　外部设备

外部设备也称为外围设备，是计算机的非必要设备（但各类计算机必然会有一些）。现代计算机的外部设备种类日益丰富，包括所有的输入输出设备以及部分存储设备（即外存）。

　　常见的外部设备包括键盘、鼠标、显示器、扫描仪、摄像头、麦克风、打印机、光驱、各型网卡和各型存储卡/盘等。在移动和穿戴设备中，常见的包括加速计、GPS、陀螺仪、感光设备和指纹识别设备等。在工业控制、航空航天和医疗等领域，还存在更多种类的外部设备，例如测温仪、测速仪、轨迹球、各型操作面板、红外/NFC 等感应设备、各种场强测量设备、功率驱动装置、各型机械臂、各型液压装置、油门杆和驾驶杆，等等。

　　随着人们日益增长的物质需求，还会有更多形态各异、功能多样的外部设备产生。各型外部设备虽然种类多样，但都是通过接口实现与计算机主体的连接，并通过指令、数据实现预期的功能。

2.3　计算机软件

　　早期的计算机软件和计算机程序（Computer Program）的概念几乎不加区别，后来计算机软件的概念在计算机程序的基础上得到了延伸。计算机软件是指计算机系统中的程序及其文档，是计算任务的处理对象和处理规则的描述。任何以计算机为处理工具的任务都是计算任务。处理对象是数据（如数字、文字、图形、图像和声音等，他们只是表示，而无含义）或信息（数据及有关的含义）。处理规则一般指处理的动作和步骤，文档是为了便于了解程序所需的阐述性资料。

2.3.1　计算机软件概述

　　软件系统是指在计算机硬件系统上运行的程序、相关的文档资料和数据的集合。计算机软件用来扩充计算机系统的功能，提高计算机系统的效率。按照软件所起的作用和需要的运行环境的不同，通常将计算机软件分为系统软件和应用软件两大类。

　　系统软件是为整个计算机系统配置的不依赖特定应用领域的通用软件。这些软件对计算机系统的硬件和软件资源进行控制和管理，并为用户使用和其他应用软件的运行提供服务。也就是说，只有在系统软件的作用下，计算机硬件才能协调工作，应用软件才能运行。根据系统软件功能的不同，可将其划分为：操作系统、程序设计语言翻译系统、数据库管理系统和网络软件等。

　　应用软件是指为某类应用需要或解决某个特定问题而设计的软件，如图形图像处理软件、财务软件、游戏软件和各种软件包等。在企事业单位或机构中，应用软件发挥着巨大的作用，承担了许多计算任务，如人事管理、财务管理和图书管理等。按照应用软件使用面的不同，可进一步把应用软件分为专用的应用软件和通用的应用软件两类。

2.3.2　操作系统

　　操作系统是计算机系统的资源管理者，它包含对系统软、硬件资源实施管理的一组程序，其首要作用就是通过 CPU 管理、存储管理、设备管理和文件管理对各种资源进行合理地分配，改善资源的共享和利用程度，最大限度地发挥计算机系统的工作效率，提高计算机系统在单位时间内处理工作的能力。操作系统是配置在计算机硬件上的第 1 层软件，它向下管理裸机及其中的文件，向上为其他的系统软件（汇编程序、编译程序、数据库管理系统等）和大量应用软件提供支持，以及为用户提供方便使用系统的接口。

1. 操作系统的组成

操作系统是一种大型、复杂的软件产品，它们通常由操作系统内核（Kernel）和其他许多附加的配套软件所组成，包括图形用户界面程序、常用的应用程序（如日历、计算器、资源管理器和网络浏览器等）、实用程序（任务管理器、磁盘清理程序、杀毒软件和防火墙等）以及为支持应用软件开发和运行的各种软件构件（如应用框架、编译器和程序库等）。

操作系统内核指的是能提供进程管理（任务管理）、存储管理、文件管理和设备管理等功能的那些软件模块，它们是操作系统中最基本的部分，用于为众多应用程序访问计算机硬件提供服务。由于应用程序直接对硬件操作非常复杂，所以操作系统内核对硬件设备进行了抽象，为应用软件提供了一套简洁、统一的接口（称为系统调用接口或应用程序接口 API）。内核通常都驻留在内存中，它以 CPU 的最高优先级运行，能执行指令系统中的特权指令，具有直接访问各种外设和全部主存空间的特权，负责对系统资源进行管理和分配。

2. 操作系统的作用

操作系统主要有以下 3 个方面的重要作用。

（1）管理计算机中运行的程序和分配各种软硬件资源。计算机中一般总有多个程序在运行，这些程序在运行时都可能要求使用系统中的资源（如访问硬盘，在屏幕上显示信息等），此时操作系统就承担着资源的调度和分配任务，以避免冲突，保证程序正常有序地运行。操作系统的资源管理功能主要包括处理器管理、存储管理、文件管理、I/O 设备管理等几个方面。

（2）为用户提供友善的人机界面。人机界面的任务是实现用户与计算机之间的通信（对话）。几乎所有操作系统都向用户提供图形用户界面（GUI），它通过多个窗口分别显示正在运行的各个程序的状态，采用图标（Icon）来形象地表示系统中的文件、程序和设备等对象，用户借助单击"菜单"的方法来选择要求系统执行的命令或输入某个参数，利用鼠标器或触摸屏控制屏幕光标的移动，并通过单击操作以启动某个操作命令的执行，甚至还可以采用拖放方式执行所需要的操作。这些措施使用户能够比较直观、灵活、有效地使用计算机。

（3）为应用程序的开发和运行提供一个高效率的平台。安装了操作系统之后，实际上呈现在应用程序和用户面前的是一台"虚拟计算机"。操作系统屏蔽了几乎所有物理设备的技术细节，它以规范、高效的方式（例如系统调用、库函数等）向应用程序提供了有力的支持，从而为开发和运行其他系统软件及各种应用软件提供了一个平台。

除了上述 3 个方面的作用之外，操作系统还具有辅导用户操作（帮助功能）、处理软硬件错误、监控系统性能、保护系统安全等许多作用。总之，有了操作系统，计算机才能成为一个高效、可靠、通用的数据处理系统。

3. 操作系统的特征

1）并发性

在多道程序环境下，并发性是指在一段时间内，宏观上有多个程序同时运行，但实际上在单 CPU 的运行环境，每一个时刻只有一个程序在执行。因此，从微观上来说，各个程序是交替、轮流执行的，如果计算机系统中有多个 CPU，则可将多个程序分配到不同 CPU 上实现并行运行。

2）共享性

共享是指操作系统中的资源（包括硬件资源和信息资源）可以被多个并发执行的进程（线程）共同使用，而不是被一个进程所独占。出于经济上的考虑，一次性向每个用户程序分别提供它所需的全部资源不但是浪费的，有时也是不可能的。现实的方法是让操作系统和多个用户程序共用一套计算机系统的所有资源，因此必然会产生共享资源的需要。共享资源的方式可以分为同时共享和互斥共享。

3）虚拟性

虚拟性是指操作系统中的一种管理技术，它是把物理上的一个实体变成逻辑上的多个对应物，或把物理上的多个实体变成逻辑上的一个对应物的技术。前者是实际存在的，而后者是虚构假想的，是用户感觉上的东西。采用虚拟技术的目的是为用户提供易于使用且方便高效的操作环境。

4）不确定性

在多道程序环境中，允许多个进程并发执行，但由于资源有限，在多数情况下进程的执行不是一贯到底的，而是"走走停停"。例如一个进程，在 CPU 上运行一段时间后，由于等待资源或某事件发生，它被暂停执行，将 CPU 转让给另一个进程执行。系统中的进程何时执行，何时暂停，以什么样的速度向前推进，进程总共要花多少时间执行才能完成，这些都是不可预知的。或者说该进程是以不确定的方式运行的，其导致的直接后果是程序执行结果可能不唯一。

4. 操作系统的分类

通常，操作系统可分为批处理操作系统、分时操作系统、实时操作系统、网络操作系统、分布式操作系统、微型计算机操作系统和嵌入式操作系统等类型。

1）批处理操作系统

批处理操作系统分为单道批处理和多道批处理。

单道批处理操作系统是一种早期的操作系统，用户可以向系统提交多个作业，"单道"的含义是指一次只有一个作业装入内存执行。作业由用户程序、数据和作业说明书（作业控制语言）3 个部分组成。当一个作业运行结束后，随即自动调入同批的下一个作业，从而节省了作业之间的人工干预时间，提高了资源的利用率。

多道批处理操作系统允许多个作业装入内存执行，在任意一个时刻，作业都处于开始点和终止点之间。每当运行中的一个作业由于输入 / 输出操作需要调用外部设备时，就把 CPU 交给另一个等待运行的作业，从而将主机与外部设备的工作由串行改变为并行，进一步避免了因主机等待外设完成任务而浪费宝贵的 CPU 时间。多道批处理系统主要有 3 个特点：多道、宏观上并行运行和微观上串行运行。

2）分时操作系统

在分时操作系统中，一个计算机系统与多个终端设备连接。分时操作系统是将 CPU 的工作时间划分为许多很短的时间片，轮流为各个终端的用户服务。例如，一个带 20 个终端的分时系统，若每个用户每次分配一个 50ms 的时间片，则每隔 1s 即可为所有的用户服务一遍。因此，尽管各个终端上的作业是断续运行的，但由于操作系统每次对用户程序都能做出及时响应，因此用户感觉整个系统均归其一人占用。

分时系统主要有 4 个特点：多路性、独立性、交互性和及时性。

3）实时操作系统

实时是指计算机对于外来信息能够以足够快的速度进行处理，并在被控对象允许的时间范围内做出快速反应。实时系统对交互能力要求不高，但要求可靠性有保障。

实时系统分为实时控制系统和实时信息处理系统。实时控制系统主要用于生产过程的自动控制，例如数据自动采集、武器控制、火炮自动控制、飞机自动驾驶和导弹的制导系统等。实时信息处理系统主要用于实时信息处理，例如飞机订票系统、情报检索系统等。

4）网络操作系统

网络操作系统是使联网计算机能方便而有效地共享网络资源，为网络用户提供各种服务的软件和有关协议的集合。因此，网络操作系统的功能主要包括高效、可靠的网络通信；对网络中共享资源（在 LAN 中有硬盘、打印机等）的有效管理；提供电子邮件、文件传输、共享硬盘和打印机等服务；网络安全管理；提供互操作能力。

一个典型的网络操作系统的特征包括硬件独立性和多用户支持等。其中，硬件独立性是指网络操作系统可以运行在不同的网络硬件上，可以通过网桥或路由器与其他网络连接；多用户支持，应能同时支持多个用户对网络的访问，应对信息资源提供完全的安全和保护功能；支持网络实用程序及其管理功能，如系统备份、安全管理、容错和性能控制；多种客户端支持；提供目录服务，以单一逻辑的方式让用户访问位于世界范围内的所有网络服务和资源的技术；支持多种增值服务，如文件服务、打印服务、通信服务和数据库服务等。

5）分布式操作系统

分布式计算机系统是由多个分散的计算机经连接而成的计算机系统，系统中的计算机无主、次之分，任意两台计算机可以通过通信交换信息。通常，为分布式计算机系统配置的操作系统称为分布式操作系统。

分布式操作系统能直接对系统中的各类资源进行动态分配和调度、任务划分、信息传输协调工作，并为用户提供一个统一的界面与标准的接口，用户通过这一界面实现所需要的操作和使用系统资源，使系统中若干台计算机相互协作完成共同的任务，有效地控制和协调诸任务的并行执行。

分布式操作系统是网络操作系统的更高级形式，它保持网络系统所拥有的全部功能，同时又有透明性、可靠性和高性能等特性。

6）微型计算机操作系统

微型计算机操作系统简称微机操作系统，常用的有 Windows、Mac OS、Linux。

7）嵌入式操作系统

嵌入式操作系统运行在嵌入式智能设备环境中，对整个智能硬件以及它所操作、控制的各种部件装置等资源进行统一协调、处理、指挥和控制，其主要特点如下。

- 微型化：从性能和成本角度考虑，希望占用的资源和系统代码量少，如内存少、字长短、运行速度有限、能源少（用微小型电池）。
- 可定制：从减少成本和缩短研发周期考虑，要求嵌入式操作系统能运行在不同的微处理器平台上，能针对硬件变化进行结构与功能上的配置，以满足不同应用需要。
- 实时性：嵌入式操作系统主要应用于过程控制、数据采集、传输通信、多媒体信息及关键要害领域需要迅速响应的场合，所以对实时性要求较高。
- 可靠性：系统构件、模块和体系结构必须达到应有的可靠性，对关键要害应用还要提供容错和防故障措施。
- 易移植性：为了提高系统的易移植性，通常采用硬件抽象层（Hardware Abstraction Level，HAL）和板级支撑包（Board Support Package，BSP）的底层设计技术。

常见的嵌入式实时操作系统有 VxWorks、μClinux、PalmOS、WindowsCE、μC/OS-II 和 eCos 等。

2.3.3 数据库

在信息处理领域，由于数据量庞大，如何有效组织、存储数据对实现高效率的信息处理至关重要。数据库技术是目前最有效的数据管理技术。数据库（DataBase，DB）是指长期存储在计算机内、有组织的、统一管理的相关数据的集合。它不仅描述事物的数据本身，而且还包括相关事物之间的联系。数据库可以直观地理解为存放数据的仓库，只不过这个仓库是在计算机的存储设备上，而且数据是按一定格式存放的，具有较小的冗余度、较高的数据独立性和易扩展性，可为多个用户共享。

早期数据库种类有 3 种，分别是层次式数据库、网络式数据库和关系型数据库。目前最常见的数据库种类是关系型数据库和非关系型数据库。根据数据库存储体系分类，还可分为关系型数据库、键值（Key-Value）数据库、列存储数据库、文档数据库和搜索引擎数据库等类型。

（1）关系型数据库。这种类型的数据库是最传统的数据库类型，关系型数据库模型是把复杂的数据结构归结为简单的二元关系，在数据库中，对数据的操作几乎全部建立在一个或多个关系表格上。在大型系统中通常有多个表，且表之间有各种关系。实际使用就是通过对这些关联的表格进行分类、合并、连接或选取等运算来实现数据库的管理。

（2）键值数据库。键值数据库是一种非关系型数据库，它使用简单的键值方法来存储数据。键值数据库将数据存储为键值对集合，其中键作为唯一标识符。

（3）列存储数据库。列式存储（Column-Based）是相对于传统关系型数据库的行式存储（Row-Basedstorage）来说的。简单来说两者的区别就是对表中数据的存储形式的差异。

（4）文档数据库。此类数据库可存放并获取文档，可以是 XML、JSON、BSON 等格式，这些文档具备可述性（Self-Describing），呈现分层的树状结构（Hierarchical Tree Data Structure），可以包含映射表、集合和纯量值。数据库中的文档彼此相似，但不必完全相同。文档数据库所存放的文档，就相当于键值数据库所存放的"值"。文档数据库可视为其值可查的键值数据库。

（5）搜索引擎数据库。搜索引擎数据库是应用在搜索引擎领域的数据存储形式，由于搜索引擎会爬取大量的数据，并以特定的格式进行存储，这样在检索的时候才能保证性能最优。

下面简要介绍常用的关系数据库和分布式数据库。

1. 关系数据库

数据模型是数据特征的抽象，它是对数据库组织方式的一种模型化表示，是数据库系统的核心与基础。它具有数据结构、数据操作和完整性约束条件三要素。

关系可以理解为二维表。一个关系模型就是指用若干关系表示实体及其联系，用二维表的形式存储数据。例如，对某高校学生的选课（不同年级甚至同一年级学生所选课程可以不同）进行管理，可以用二维表表示，如图 2-4 所示。

学号	姓名	年龄	系别
S1	许文秀	21	电信系
S2	赵国兴	23	计算机系
S3	周新娥	22	计算机系
S4	刘德峰	24	电信系

（a）学生关系

课程号	课程名	学分
C1	计算机导论	2.0
C2	C++ 程序设计	3.0
C3	数据库原理及应用	3.5
C4	数字信号处理	3.0

（b）课程关系

学号	课程号	分数
S1	C2	78
S1	C4	85
S2	C1	88
S2	C2	90
S2	C3	76
S3	C1	91
S3	C2	92
S3	C3	84
S4	C1	8
S4	C4	76

（c）选课关系

图 2-4　二维表表示

用关系表示如下，其中带下画线的属性为主码，主码能唯一确定某个实体，如学号能唯一确定某个学生。

学生（<u>学号</u>，姓名，年龄，系别）

课程（<u>课程号</u>，课程名，学分）

选课（<u>学号</u>，<u>课程号</u>，分数）

1）关系数据库设计的特点及方法

数据库设计是指对于一个给定的应用环境构造最优的数据库，建立数据库及其应用系统，使之能有效地存储数据，满足各种用户的需求。数据库设计包括结构特性和行为特性的设计两方面的内容。

数据库设计的很多阶段都可以和软件工程的各阶段对应起来，数据库设计的特点有：从数据结构即数据模型开始，并以数据模型为核心展开，这是数据库设计的一个主要特点；静态结构设计与动态行为设计分离；试探性；反复性和多步性。

目前已有的数据库设计方法可分为 4 类，即直观设计法、规范设计法、计算机辅助设计法和自动化设计法。常用的有基于 3NF 的设计方法、基于实体联系（E-R）模型的数据库设计方法、基于视图概念的数据库设计方法、面向对象的关系数据库设计方法、计算机辅助数据库设计方法、敏捷数据库设计方法等。

2）关系数据库设计的基本步骤

数据库设计分为需求分析、概念结构设计、逻辑结构设计、物理结构设计、应用程序设计和运行维护 6 个阶段，如图 2-5 所示。

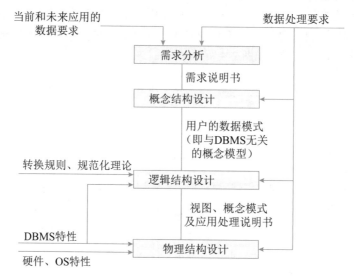

图 2-5　数据库的设计步骤

需求分析阶段的任务是对现实世界要处理的对象（组织、部门和企业等）进行详细调查，在了解现行系统的概况和确定新系统功能的过程中，收集支持系统目标的基础数据及其处理方法。需求分析是在用户调查的基础上，通过分析逐步明确用户对系统的需求，包括数据需求和围绕这些数据的业务处理需求。

数据库概念结构设计是在需求分析的基础上，依照需求分析中的信息需求，对用户信息加以分类、聚集和概括，建立信息模型，并依照选定的数据库管理系统软件，把它们转换为数据的逻辑结构，再依照软硬件环境，最终实现数据的合理存储。这一过程也称为数据建模。

设计数据库概念模型的最著名、最常用的方法是 E-R 方法。采用 E-R 方法的数据库概念结构设计可分为三步：设计局部 E-R 模型、设计全局 E-R 模型以及全局 E-R 模型的优化。

逻辑结构设计是在概念结构设计基础上进行的数据模型设计，可以是层次、网状模型和关系模型。逻辑结构设计阶段的主要任务是确定数据模型，将 E-R 图转换为指定的数据模型，确定完整性约束，确定用户视图。

数据库在物理设备上的存储结构与存取方法称为数据库的物理结构。数据库的物理结构设计是对已确定的数据库逻辑结构，利用 DBMS 所提供的方法、技术，以较优的存储结构和数据存取路径、合理的数据存放位置以及存储分配，设计出一个高效的、可实现的数据库物理结构。

数据库应用系统开发是 DBMS 的二次开发，一方面是对用户信息的存储；另一方面就是对用户处理要求的实现。

数据库应用程序设计要做的工作有选择设计方法、制订开发计划、选择系统架构和设计安全性策略。在应用程序设计阶段，设计方法有结构化设计方法和面向对象设计方法两种。安全性策略主要是指硬件平台、操作系统、数据库系统、网络及应用系统的安全。

数据库的正常运行和优化也是数据库设计的内容之一。在数据库运行维护阶段要做的工作主要有数据库的转储和恢复，数据库的安全性和完整性控制，数据库性能的监督、分析和改造，数据库的重组和重构等。

2. 分布式数据库

分布式数据库系统（Distributed DataBase System，DDBS）是针对地理上分散，而管理上又需要不同程度集中管理的需求而提出的一种数据管理信息系统。满足分布性、逻辑相关性、场地透明性和场地自治性的数据库系统被称为完全分布式数据库系统。

分布式数据库系统的特点是数据的集中控制性、数据独立性、数据冗余可控性、场地自治性和存取的有效性。

1）分布式数据库体系结构

我国在多年研究与开发分布式数据库及制定《分布式数据库系统标准》中，提出了把分布式数据库抽象为 4 层的结构模式，如图 2-6 所示。这种结构模式得到了国内外一定程度的支持和认同。

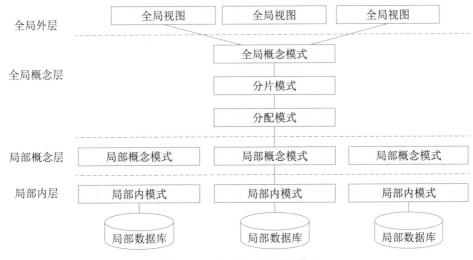

图 2-6　分布式数据库结构模式

4 层模式划分为全局外层、全局概念层、局部概念层和局部内层，在各层间还有相应的层间映射。这种 4 层模式适用于同构型分布式数据库系统，也适用于异构型分布式数据库系统。

2）分布式数据库的应用

分布式数据库的应用领域有分布式计算、Internet 应用、数据仓库、数据复制以及全球联网查询等，Sybase 公司的 Replication Server 即是一种典型的分布式数据库系统。

3. 常用数据库管理系统

计算机科学技术不断发展，数据库管理系统也不断发展进化，MySQL AB 公司（2009 年被 Oracle 公司收购）的 MySQL、Microsoft 公司的 Access 等是小型关系数据库管理系统的代表，Oracle 公司的 Oracle、Microsoft 公司的 SQL Server、IBM 公司的 DB2 等是功能强大的大型关系数据库管理系统的代表。

1）Oracle

Oracle 是一种适用于大型、中型和微型计算机的关系数据库管理系统。Oracle 的结构包括数据库的内部结构、外存储结构、内存储结构和进程结构。在 Oracle 中，数据库不仅指物理上的数据，还包括处理这些数据的程序，即 DBMS 本身。Oracle 使用 PL/SQL（Procedural Language/SQL）语言执行各种操作。Oracle 除了以关系格式存储数据外，Oracle 8 以上的版本还支持面向对象的结构（如抽象数据类型）。

Oracle 产品主要包括数据库服务器、开发工具和连接产品三类。Oracle 还提供了一系列的工具产品，如逻辑备份工具 Export、Import 等。

2）IBM DB2

DB2 是 IBM 的一种分布式数据库解决方案。简单地说，DB2 就是 IBM 开发的一种大型关系型数据库平台，它支持多用户或应用程序在同一条 SQL 语句中查询不同 Database 甚至不同 DBMS 中的数据。

DB2 核心数据库的特色有支持面向对象编程，支持多媒体应用程序，支持备份和恢复功能，支持存储过程和触发器，支持 SQL 查询，支持异构分布式数据库访问，支持数据复制。

DB2 采用多进程多线索体系结构，可运行于多种操作系统之上。IBM 还提供了 Visualizer、Visualage、Visualgen 等开发工具。

3）Sybase

Sybase 是美国 SYBASE 公司在 20 世纪 80 年代中期推出的客户机 / 服务器（Client/Server，C/S）结构的关系数据库系统，也是世界上第一个真正的基于客户机 / 服务器结构的 RDBMS 产品。

Sybase 数据库主要由三部分组成：进行数据库管理和维护的联机关系数据库管理系统 Sybase SQLServer，支持数据库应用系统建立与开发的一组前端工具 Sybase SQLToolset，可把异构环境下其他厂商的应用软件和任何类型的数据连接在一起的接口 Sybase OpenClient/OpenServer。

Sybase 提供了 Sybase Adaptive Server Enterprise 高性能企业智能型关系数据库管理系统、EAServer 电子商务解决方案应用服务器、系统分析设计工具 PowerDesigner 和应用开发工具 PowerBuilder。

4）Microsoft SQL Server

Microsoft SQL Server 是一种典型的关系型数据库管理系统，可运行于多个操作系统上，它使用 Transact-SQL 语言完成数据操作。

SQL Server 的基本服务器组件包括 Open Data Services、MS SQL Server、SQL Server Agent 和 MSDTC（Microsoft Distributed Transaction Coordinator）。

SQL Server 数据平台包括以下工具：关系型数据库、复制服务、通知服务、集成服务、分析服务、报表服务、管理工具和开发工具。

4. 大型数据库管理系统的特点

大型数据库管理系统主要有如下 7 个特点。

（1）基于网络环境的数据库管理系统。可以用于 C/S 结构的数据库应用系统，也可以用于 B/S 结构的数据库应用系统。

（2）支持大规模的应用。可支持数千个并发用户、多达上百万的事务处理和超过数百 GB 的数据容量。

（3）提供的自动锁功能使得并发用户可以安全而高效地访问数据。

（4）可以保证系统的高度安全性。

（5）提供方便而灵活的数据备份和恢复方法及设备镜像功能，还可以利用操作系统提供容错功能，确保设计良好的应用中的数据在发生意外的情况下可以最大限度地被恢复。

（6）提供多种维护数据完整性的手段。

（7）提供了方便易用的分布式处理功能。

2.3.4　文件系统

1. 文件与文件系统

文件（File）是具有符号名的、在逻辑上具有完整意义的一组相关信息项的集合，例如，一个源程序、一个目标程序、编译程序、一批待加工的数据和各种文档等都可以各自组成一个文件。文件是一种抽象机制，它隐藏了硬件和实现细节，提供了将信息保存在外存上而且便于以后读取的手段，使用户不必了解信息存储的方法、位置以及存储设备实际操作方式便可存取信息。一个文件包括文件体和文件说明。文件体是文件真实的内容；文件说明是操作系统为了管理文件所用到的信息，包括文件名、文件内部标识、文件类型、文件存储地址、文件长度、访问权限、建立时间和访问时间等。

文件系统是操作系统中实现文件统一管理的一组软件和相关数据的集合，是专门负责管理和存取文件信息的软件机构。文件系统的功能包括按名存取，即用户可以"按名存取"，而不是"按地址存取"；统一的用户接口，在不同设备上提供同样的接口，方便用户操作和编程；并发访问和控制，在多道程序系统中支持对文件的并发访问和控制；安全性控制，在多用户系统中的不同用户对同一文件可有不同的访问权限；优化性能，采用相关技术提高系统对文件的存储效率、检索和读 / 写性能；差错恢复，能够验证文件的正确性，并具有一定的差错恢复能力。

2. 文件的类型

（1）按文件的性质和用途分类可将文件分为系统文件、库文件和用户文件。

（2）按信息保存期限分类可将文件分为临时文件、档案文件和永久文件。

（3）按文件的保护方式分类可将文件分为只读文件、读 / 写文件、可执行文件和不保护文件。

（4）UNIX 系统将文件分为普通文件、目录文件和设备文件（特殊文件）。

目前常用的文件系统类型有 FAT、VFAT、NTFS、Ext2 和 HPFS 等。

文件分类的目的是对不同文件进行管理，提高系统效率，提高用户界面友好性。当然，根据文件的存取方法和物理结构的不同，还可以将文件分为不同的类型。

3. 文件的结构和组织

文件的结构是指文件的组织形式。从用户角度看到的文件组织形式称为文件的逻辑结构，文件系统的用户只要知道所需文件的文件名就可以存取文件中的信息，而无须知道这些文件究竟存放在什么地方。从实现的角度看，文件在文件存储器上的存放方式称为文件的物理结构。

1）文件的逻辑结构

文件的逻辑结构可分为两大类：一是有结构的记录式文件，它是由一个以上的记录构成的文件；二是无结构的流式文件，它是由一串顺序字符流构成的文件。

在记录式文件中，所有的记录通常都是描述一个实体集的，有着相同或不同数目的数据项，记录的长度可分为定长（指文件中所有记录的长度相同）和不定长（指文件中各记录的长度不相同）两类。

无结构的流式文件的文件体为字节流，不划分记录。无结构的流式文件通常采用顺序访问方式，并且每次读 / 写访问可以指定任意数据长度，其长度以字节为单位。对于流式文件的访问，是利用读 / 写指针指出下一个要访问的字符。可以把流式文件看作是记录式文件的一个特例。

2）文件的物理结构

文件的物理结构是指文件的内部组织形式，即文件在物理存储设备上的存放方法。由于文件的物理结构决定了文件在存储设备上的存放位置，所以文件的逻辑块号到物理块号的转换也是由文件的物理结构决定的。根据用户和系统管理上的需要，可采用多种方法来组织文件，下面介绍几种常见的文件物理结构。

（1）连续结构。

连续结构也称顺序结构，它将逻辑上连续的文件信息（如记录）依次存放在连续编号的物理块上。只要知道文件的起始物理块号和文件的长度，就可以很方便地进行文件的存取。

（2）链接结构。

链接结构也称串联结构，它是将逻辑上连续的文件信息（如记录）存放在不连续的物理块上，每个物理块设有一个指针指向下一个物理块。因此，只要知道文件的第 1 个物理块号，就可以按链指针查找整个文件。

（3）索引结构。

在采用索引结构时，将逻辑上连续的文件信息（如记录）存放在不连续的物理块中，系统为每个文件建立一张索引表。索引表记录了文件信息所在的逻辑块号对应的物理块号，并将索引表的起始地址放在与文件对应的文件目录项中。

（4）多个物理块的索引表。

索引表是在文件创建时由系统自动建立的，并与文件一起存放在同一文件卷上。根据一个文件大小的不同，其索引表占用物理块的个数不等，一般占一个或几个物理块。多个物理块的索引表可以有两种组织方式：链接文件和多重索引方式。

4. 文件存取的方法和存储空间的管理

1）文件的存取方法

文件的存取方法是指读 / 写文件存储器上的一个物理块的方法。通常有顺序存取和随机存取两种方法。顺序存取方法是指对文件中的信息按顺序依次进行读 / 写；随机存取方法是指对文件中的信息可以按任意的次序随机地读 / 写。

2）文件存储空间的管理

要将文件保存到外部存储器（简称外存或辅存）上，首先必须知道存储空间的使用情况，即哪些物理块是被“占用”的，哪些是“空闲”的。特别是对大容量的磁盘存储空间被多用户共享时，用户执行程序经常要在磁盘上存储文件和删除文件，因此，文件系统必须对磁盘空间进行管理。外存空闲空间管理的数据结构通常称为磁盘分配表（Disk Allocation Table）。常用的空闲空间管理方法有空闲区表、位示图和空闲块链 3 种。

（1）空闲区表。将外存空间上的一个连续的未分配区域称为“空闲区”。操作系统为磁盘外存上的所有空闲区建立一张空闲表，每个表项对应一个空闲区，空闲表中包含序号、空闲区的第 1 块号、空闲块的块数和状态等信息，如表 2-1 所示。它适用于连续文件结构。

表 2-1　空闲区表

序号	第 1 个空闲块号	空闲块数	状态
1	18	5	可用
2	29	8	可用
3	105	19	可用
4	—	—	未用

（2）位示图。这种方法是在外存上建立一张位示图（Bitmap），记录文件存储器的使用情况。每一位对应文件存储器上的一个物理块，取值 0 和 1 分别表示空闲和占用。例如，某文件存储器上位示图的大小为 n，物理块依次编号为 0，1，2，…。假如计算机系统中字长为 32 位，那么在位示图中的第 0 个字（逻辑编号）对应文件存储器上的 0，1，2，…，31 号物理块；第 1 个字对应文件存储器上的 32，33，34，…，63 号物理块，依此类推，如图 2-7 所示。

第0字	1	0	1	0	0	1	…	0	1
第1字	0	1	1	1	0	0	…	1	1
第2字	0	1	1	1	1	0	…	1	0
第3字	1	1	1	1	0	0	…	0	1
……			……						
第n-1字	0	1	0	1	0	1	…	1	1

图 2-7　位示图例

这种方法的主要特点是位示图的大小由磁盘空间的大小（物理块总数）决定，位示图的描述能力强，适合各种物理结构。

（3）空闲块链。每个空闲物理块中有指向下一个空闲物理块的指针，所有空闲物理块构成一个链表，链表的头指针放在文件存储器的特定位置上（如管理块中），不需要磁盘分配表，节省空间。每次申请空闲物理块只需根据链表的头指针取出第1个空闲物理块，根据第一个空闲物理块的指针可找到第2个空闲物理块，依此类推。

（4）成组链接法。UNIX系统采用该方法。例如，在实现时系统将空闲块分成若干组，每100个空闲块为一组，每组的第1个空闲块登记了下一组空闲块的物理盘块号和空闲块总数。假如某个组的第1个空闲块号等于0，意味着该组是最后一组，无下一组空闲块。

5. 文件共享和保护

1）文件的共享

文件共享是指不同用户进程使用同一文件，它不仅是不同用户完成同一任务所必须的功能，还可以节省大量的主存空间，减少由于文件复制而增加的访问外存次数。文件共享有多种形式，采用文件名和文件说明分离的目录结构有利于实现文件共享。常见的文件链接有硬链接和符号链接两种。

（1）硬链接。文件的硬链接是指两个文件目录表目指向同一个索引结点的链接，该链接也称基于索引结点的链接。换句话说，硬链接是指不同文件名与同一个文件实体的链接。文件硬链接不利于文件主删除它拥有的文件，因为文件主要删除它拥有的共享文件，必须首先删除（关闭）所有的硬链接，否则就会造成共享该文件的用户的目录表目指针悬空。

（2）符号链接。符号链接建立新的文件或目录，并与原来文件或目录的路径名进行映射，当访问一个符号链接时，系统通过该映射找到原文件的路径，并对其进行访问。采用符号链接可以跨越文件系统，甚至可以通过计算机网络连接到世界上任何地方的机器中的文件，此时只须提供该文件所在的地址以及在该机器中的文件路径。

2）文件的保护

文件系统对文件的保护常采用存取控制的方式进行。所谓存取控制，就是规定不同的用户对文件的访问有不同的权限，以防止文件被未经文件主同意的用户访问。

（1）存取控制矩阵。理论上，存取控制的方法可用存取控制矩阵实现，它是一个二维矩阵，一维列出计算机的全部用户，另一维列出系统中的全部文件，矩阵中的每个元素 A_{ij} 表示第 i 个用户对第 j 个文件的存取权限。通常，存取权限有可读 R、可写 W、可执行 X 以及它们的组合，如表 2-2 所示。

表 2-2　存取控制矩阵

用户 ＼ 文件	ALPHA	BETA	REPORT	SQRT	…
张军	RWX	—	R-X	—	…
王伟	—	RWX	R-X	R-X	…

（续表）

用户＼文件	ALPHA	BETA	REPORT	SQRT	…
赵凌	—	—	—	RWX	…
李晓钢	R-X	—	RWX	R-X	…
…	…	…	…	…	…

（2）存取控制表。存取控制矩阵由于太大往往无法实现。一个改进的办法是按用户对文件的访问权力的差别对用户进行分类，由于某一文件往往只与少数几个用户有关，所以这种分类方法可使存取控制表简化。UNIX 系统就是使用了这种存取控制表方法，它把用户分成三类：文件主、同组用户和其他用户，每类用户的存取权限为可读、可写、可执行以及它们的组合。

（3）用户权限表。改进存取控制矩阵的另一种方法是以用户或用户组为单位将用户可存取的文件集中起来存入表中，这称为用户权限表。表中的每个表目表示该用户对应文件的存取权限，这相当于存取控制矩阵一行的简化。

（4）密码。在创建文件时，由用户提供一个密码，在文件存入磁盘时用该密码对文件的内容加密。在进行读取操作时，要对文件进行解密，只有知道密码的用户才能读取文件。

2.3.5　网络协议

在计算机网络中要实现资源共享以及信息交换，必须实现不同系统中实体的通信。两个实体要想成功通信，它们必须具有相同的语言，在计算机网络中称为协议（或规程）。所谓协议，指的是网络中的计算机与计算机进行通信时，为了能够实现数据的正常发送与接收必须要遵循的一些事先约定好的规则（标准或约定），在这些规程中明确规定了通信时的数据格式、数据传送时序以及相应的控制信息和应答信号等内容。

常用的网络协议包括局域网协议（LAN）、广域网协议（WAN）、无线网协议和移动网协议。互联网使是 TCP/IP 协议簇。

2.3.6　中间件

由于应用软件是在系统软件基础上开发和运行的，而系统软件又有多种，如果每种应用软件都要提供能在不同系统上运行的版本，开发成本将大大增加。因而出现了一类称为"中间件"（Middleware）的软件，它们作为应用软件与各种操作系统之间使用的标准化编程接口和协议，可以起承上启下的作用，使应用软件的开发相对独立于计算机硬件和操作系统，并能在不同的系统上运行，实现相同的应用功能。中间件是基础软件的一大类，属于可复用软件的范畴。顾名思义，中间件处在操作系统、网络和数据库之上，应用软件的下层，如图 2-8 所示。也有人认为中间件应该属于操作系统中的一部分。

图 2-8　中间件图示

1. 中间件分类

按照中间件在分布式系统中承担的职责不同，可以划分以下几类中间件产品。

1）通信处理（消息）中间件

正如，人们通过安装红绿灯，设立交通管理机构，制定出交通规则，才能保证道路交通畅通一样，在分布式系统中，人们要建网和制定出通信协议，以保证系统能在不同平台之间通信，实现分布式系统中可靠的、高效的、实时的跨平台数据传输，这类中间件称为消息中间件，也是市面上销售额最大的中间件产品，目前主要产品有 BEA 的 eLink、IBM 的 MQSeries、TongLINK 等。实际上，一般的网络操作系统如 Windows 已包含了其部分功能。

2）事务处理（交易）中间件

正如城市交通中要运行各种运载汽车，以此来完成日常的运载工作，同时随时监视汽车的运行，在出现故障时及时排堵保畅。在分布式事务处理系统中，经常要处理大量事务，特别是 OLTP 中，每项事务常常要多台服务器上的程序按顺序协调完成，一旦中间发生某种故障，不但要完成恢复工作，而且要自动切换系统保证系统永不停机，实现高可靠性运行。要使大量事务在多台应用服务器上能实时并发运行，并进行负载平衡的调度，实现与昂贵的可靠性机和大型计算机系统的同等功能，为了实现这个目标，要求中间件系统具有监视和调度整个系统的功能。BEA 的 Tuxedo 由此而闻名，它成为增长率最高的厂商。

3）数据存取管理中间件

在分布式系统中，重要的数据都集中存放在数据服务器中，它们可以是关系型的、复合文档型、具有各种存放格式的多媒体型，或者是经过加密或压缩存放的，该中间件将为在网络上虚拟缓冲存取、格式转换、解压等带来方便。

4）Web 服务器中间件

浏览器图形用户界面已成为公认规范，然而它的会话能力差，不擅长做数据的写入任务，受 HTTP 协议的限制多等，就必须对其进行修改和扩充，因此出现了 Web 服务器中间件，如 SilverStream 公司的产品。

5）安全中间件

一些军事、政府和商务部门上网的最大障碍是安全保密问题，而且不能使用国外提供的安全措施（如防火墙、加密和认证等），必须用国产产品。产生不安全因素是由操作系统引起的，但必须要用中间件去解决，以适应灵活多变的要求。

6）跨平台和架构的中间件

当前开发大型应用软件通常采用基于架构和构件技术，在分布式系统中，还需要集成各结点上的不同系统平台上的构件或新老版本的构件，由此产生了架构中间件。功能最强的是 CORBA，可以跨任意平台，但是其过于庞大；JavaBeans 较灵活简单，很适合用于浏览器，但运行效率有待改善；COM+ 模型主要适合 Windows 平台，已在桌面系统广泛使用。由于国内新建系统多基于 UNIX（包括 Linux）和 Windows，因此，针对这两个平台建立相应的中间件市场相对要大得多。

7）专用平台中间件

专用平台中间件为特定应用领域设计领域参考模式，建立相应架构，配置相应的构件库和中间件，为应用服务器开发和运行特定领域的关键任务（如电子商务、网站等）。

8）网络中间件

它包括网管、接入、网络测试、虚拟社区和虚拟缓冲等，也是当前最热门的研发项目。

2. 中间件产品介绍

主流的中间件产品有 IBM MQSeries 和 BEA Tuxedo。

1）IBM MQSeries

IBM 公司的 MQSeries 是 IBM 的消息处理中间件。MQSeries 提供一个具有工业标准、安全、可靠的消息传输系统，它用于控制和管理一个集成的系统，使得组成这个系统的多个分支应用（模块）之间通过传递消息完成整个工作流程。MQSeries 基本由一个信息传输系统和一个应用程序接口组成，其资源是消息和队列。

MQSeries 的关键功能之一是确保信息的可靠传输，即使在网络通信不可靠或出现异常时也能保证信息的传输。MQSeries 的异步消息处理技术能够保证当网络或者通信应用程序本身处于"忙"状态或发生故障时，系统之间的信息不会丢失，也不会阻塞。这样的可靠性是非常关键的，否则大量的金钱和客户信誉就会面临极大的损害。

同时，MQSeries 是灵活的应用程序通信方案。MQSeries 支持所有的主要计算平台和通信模式，也能够支持先进的技术（如 Internet 和 Java），拥有连接至主要产品（如 LotusNotes 和 SAP/R3 等）的接口。

2）BEA Tuxedo

BEA 公司的 Tuxedo 作为电子商务交易平台，属于交易中间件。它允许客户机和服务器参与一个涉及多个数据库协调更新的交易，并能够确保数据的完整性。BEA Tuxedo 一个特色功能是能够保证对电子商务应用系统的不间断访问。它可以对系统构件进行持续的监视，查看是否有应用系统、交易、网络及硬件的故障。一旦出现故障，BEA Tuxedo 会从逻辑上把故障构件排除，然后进行必要的恢复性步骤。

BEA Tuxedo 根据系统的负载指示，自动开启和关闭应用服务，可以均衡所有可用系统的负载，以满足对应用系统的高强度使用需求。借助 DDR（数据依赖路由），BEA Tuxedo 可按照消息的上下文来选择消息路由。其交易队列功能，可使分布式应用系统以异步"少连接"方式协同工作。

BEA Tuxedo 的 LLE 安全机制可确保用户数据的保密性，应用 / 交易管理接口为 50 多种硬件平台和操作系统提供了一致的应用编程接口。BEA Tuxedo 基于网络的图形界面管理可以简化对电子商务的管理，为建立和部署电子商务应用系统提供了端到端的电子商务交易平台。

2.3.7　软件构件

构件又称为组件，是一个自包容、可复用的程序集。构件是一个程序集，或者说是一组程序的集合。这个集合可能会以各种方式体现出来，如源程序或二进制的代码。这个集合整体向外提供统一的访问接口，构件外部只能通过接口来访问构件，而不能直接操作构件的内部。构件的两个最重要的特性是自包容与可重用。

1. 软件构件的组装模型

随着软件构件技术的发展，人们开始尝试利用软件构件进行搭积木式的开发，即构件组装模型。在构件组装模型中，当经过需求分析定义出软件功能后，将对构件的组装结构进行设计，将系统划分成一组构件的集合，明确构件之间的关系。在确定了系统构件后，则将独立完成每一个构件，这时既可以开发软件构件，也可以重用已有的构件，当然也可以购买或选用第三方的构件。构件是独立的、自包容的，因此架构的开发也是独立的，构件之间通过接口相互协作。

构件组装模型的一般开发过程如图 2-9 所示。

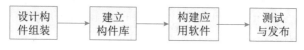

图 2-9　构件组装模型的开发过程

构件组装模型的优点如下：构件的自包容性让系统的扩展变得更加容易；设计良好的构件更容易被重用，降低软件开发成本；构件的粒度较整个系统更小，因此安排开发任务更加灵活，可以将开发团队分成若干组，并行地独立开发构件。

构件组装模型也有明显的缺点：对构件的设计需要经验丰富的架构设计师，设计不良的构件难以实现构件的优点，降低构件组装模型的重用度；在考虑软件的重用度时，往往会对其他方面做出让步，如性能等；使用构件组装应用程序时，要求程序员能熟练地掌握构件，增加了研发人员的学习成本；第三方构件库的质量会最终影响到软件的质量，而第三方构件库的质量往往是开发团队难以控制的。

2. 商用构件的标准规范

当前，主流的商用构件标准规范包括对象管理组织（Object Management Group，OMG）的 CORBA、Sun 的 J2EE 和 Microsoft 的 DNA。

1）CORBA

公共对象请求代理架构（Common Object Request Broker Architecture，CORBA）主要分为 3 个层次：对象请求代理、公共对象服务和公共设施。最底层的对象请求代理（Object Request Broker，ORB）规定了分布对象的定义（接口）和语言映射，实现对象间的通信和互操作，是分布对象系统中的"软总线"；在 ORB 之上定义了很多公共服务，可以提供诸如并发服务、名字服务、事务（交易）服务、安全服务等各种各样的服务；最上层的公共设施则定义了构件框架，提供可直接为业务对象使用的服务，规定业务对象有效协作所需的协定规则。

CORBA CCM（CORBA Component Model）构件模型是 OMG 组织制定的一个用于开发和配置分布式应用的服务器端构件模型规范，它主要包括如下 3 项内容。

（1）抽象构件模型：用以描述服务器端构件结构及构件间互操作的结构。

（2）构件容器结构：用以提供通用的构件运行和管理环境，并支持对安全、事务、持久状态等系统服务的集成。

（3）构件的配置和打包规范：CCM 使用打包技术来管理构件的二进制、多语言版本的可执行代码和配置信息，并制定了构件包的具体内容和文档内容标准。

2）J2EE

在 J2EE 中，SUN 给出了完整的基于 Java 语言开发面向企业分布的应用规范。其中，在分布式互操作协议上，J2EE 同时支持远程方法调用（Remote Method Invocation，RMI）和互联网内部对象请求代理协议（Internet Inter-ORB Protocol，IIOP），而在服务器端分布式应用的构造形式，则包括了 Java Servlet、JSP、EJB 等多种形式，以支持不同的业务需求。而且 Java 应用程序具有跨平台的特性，使得 J2EE 技术在发布计算领域得到了快速发展。其中，EJB 给出了系统的服务器端分布构件规范，这包括了构件、构件容器的接口规范以及构件打包、构件配置等的标准规范内容。EJB 技术的推出，使得用 Java 基于构件方法开发服务器端分布式应用成为可能。从企业应用多层结构的角度，EJB 是业务逻辑层的中间件技术。与 JavaBeans 不同，它提供了事务处理的能力，自从三层结构提出以后，中间层（也就是业务逻辑层）是处理事务的核心，从数据存储层分离，取代了存储层的大部分地位。从 Internet 技术应用的角度，EJB、Servlet 和 JSP 一起成为新一代应用服务器的技术标准。EJB 中的 Bean 可以分为会话 Bean 和实体 Bean，前者维护会话，后者处理事务，通常由 Servlet 负责与客户端通信，访问 EJB，并把结果通过 JSP 产生页面传回客户端。

3）DNA 2000

Microsoft DNA 2000 是 Microsoft 在推出 Windows 2000 系列操作系统平台的基础上，在扩展了分布计算模型以及改造 BackOffice 系列服务器端分布计算产品后发布的新的分布计算架构和规范。在服务器端，DNA 2000 提供了 ASP、COM、Cluster 等的应用支持。DNA 2000 融合了当今最先进的分布计算理论和思想，如事务处理、可伸缩性、异步消息队列和集群等内容。DNA 可以开发基于 Microsoft 平台的服务器构件应用，其中，如数据库事务服务、异步通信服务和安全服务等，都由底层的分布对象系统提供。

Microsoft 的 DCOM/COM/COM+ 技术在 DNA 2000 分布计算结构基础上，展现了一个全新的分布构件应用模型。首先，DCOM/COM/COM+ 的构件仍然采用普通的构件对象模型（Component Object Model，COM）。COM 最初作为 Microsoft 桌面系统的构件技术，主要为本地的对象连接与嵌入（Object Linking and Embedding，OLE）应用服务，但是随着 Microsoft 服务器操作系统 Windows NT 和分布式构件对象模型（Distributed Component Object Model，DCOM）的发布，COM 通过底层的远程支持使得构件技术延伸到了分布应用领域。DCOM/COM/COM+ 更将其扩充为面向服务器端分布应用的业务逻辑中间件。通过 COM+ 的相关服务设施，如负载均衡、内存数据库、对象池、构件管理与配置等，DCOM/COM/COM+ 将 COM、DCOM、MTS（Microsoft Transaction Server，微软事物处理服务器）的功能有机地统一在一起，形成了一个功能强大的构件应用架构。

通过购买商用构件（平台）并遵循其开发标准来进行应用开发，是提高应用软件开发效率的常见选择。

2.3.8 应用软件

应用软件是为了利用计算机解决某类问题而设计的程序的集合，是为满足用户不同领域、不同问题的应用需求而提供的软件。有些软件是为个人用户设计的，有些软件则是为企业应用设计的。应用软件种类繁多，包括办公软件、图形图像、系统管理、文件管理、邮件处理、学习娱乐、即时通信、音频视频工具和浏览器等。

按照应用软件的开发方式和适用范围，应用软件可再分成通用应用软件和定制应用软件两大类。

1. 通用软件

常见的通用软件分文字处理软件、电子表格软件、媒体播放软件、网络通信软件、个人信息管理软件、演示软件、绘图软件、信息检索软件和游戏软件等（见表2-3）。这些软件设计得很精巧，易学易用，在用户几乎不经培训就能普及到计算机应用的进程中，它们起到了很大的作用。

表 2-3　通用应用软件的主要类别和功能

类别	功能	流行软件举例
文字处理软件	文本编辑、文字处理、桌面排版等	WPS、Word、Adobe、FrontPage 等
电子表格软件	表格设计、数值计算、制表、绘图	Excel 等
图形图像软件	图像处理、几何图形绘制、动画制作等	AutoCAD、Photoshop、3DMAX、Flash 等
媒体播放软件	播放各种数字音频和视频文件	Microsoft Media Player、RealPlayer 等
网络通信软件	电子邮件、聊天、IP 电话、微博、微信等	Outlook、Express、MSN、QQ、ICQ 等
演示软件	投影片制作与播放	PowerPoint 等
信息检索软件	在因特网中查找需要的信息	百度、Google、天网等
个人信息管理软件	记事本、日程安排、通信录	Notepad、Lotus Notes 等
游戏软件	游戏和娱乐	下棋、扑克、休闲游戏、角色游戏等

2. 专用软件

专用软件是按照不同领域用户的特定应用要求而专门设计开发的，如超市的销售管理和市场预测系统、汽车制造厂的集成制造系统、大学教务管理系统、医院信息管理系统、酒店客房管理系统等。这类软件专用性强，设计和开发成本相对较高，主要是机构用户购买，因此价格比通用应用软件贵得多。

所有得到广泛使用的应用软件，一般都具有以下的共同特点：它们能替代现实世界已有的工具，而且使用起来比已有工具更方便、有效；它们能完成已有工具很难完成甚至完全不可能完成的任务，扩展了人们的能力。

2.4　嵌入式系统及软件

嵌入式系统（Embedded System）是为了特定应用而专门构建且将信息处理过程和物理过程紧密结合为一体的专用计算机系统。嵌入式系统随着 20 世纪 70 年代单片微型计算机（SCM）发明而兴起，目前已涵盖军事、自动化、医疗、通信、工业控制、消费电子、交通运输等各个应用领域。

嵌入式软件则是指可运行在嵌入式系统中的程序代码和帮助这些软件开发所用的工具或环境软件的总称。

2.4.1　嵌入式系统的组成及特点

嵌入式系统是以应用为中心、以计算机技术为基础，并将可配置与可裁减的软、硬件集成于一体的专用计算机系统，需要满足应用对功能、可靠性、成本、体积和功耗等方面的严格要求。嵌入式系统通常通过外部接口采集相关输入信息或人机接口输入的命令，对输入数据进行加工和计算，并将计算结果通过外部接口输出，以控制受控对象，如图 2-10 所示。

图 2-10　嵌入式系统的基本工作原理

从计算机角度看，嵌入式系统是指嵌入各种设备及应用产品内部的计算机系统。它主要完成信号控制的功能，体积小、结构紧凑，可作为一个部件埋藏于所控制的装置中。它提供用户接口，管理有关信息的输入输出和设备监控工作，使设备及应用系统有较高智能和性价比。从技术角度看，嵌入式系统是计算机技术、通信技术、半导体技术、微电子技术、语音图像、数据传输技术，以及传感器等先进技术和具体应用对象相结合后的换代产品，是技术密集、投资规模大、高度分散、不断创新的知识密集型系统，反映了当代最新技术的先进水平。从综合角度看，嵌入式系统定义为现代科学多学科相互融合的以应用技术产品为核心，以计算机技术为基础，以通信技术为载体，以消费类产品为对象，引入各类传感器，引入 Internet 网络技术的连接，从而适应应用环境的产品。

1. 嵌入式系统的组成

一般嵌入式系统由嵌入式处理器、相关支撑硬件、嵌入式操作系统、支撑软件以及应用软件组成。

（1）嵌入式处理器。由于嵌入式系统一般是在恶劣的环境条件下工作，与一般处理器相比，嵌入式处理器应可抵抗恶劣环境的影响，比如高温、寒冷、电磁、加速度等环境因素。为适应恶劣环境，嵌入式处理器芯片除满足低功耗、体积小等需求外，根据不同环境需求，其工艺可分为民用、工业和军用等三个档次。

（2）相关支撑硬件。相关支撑硬件是指除嵌入式处理器以外的构成系统的其他硬件，包括存储器、定时器、总线、IO 接口以及相关专用硬件。基于 ARM 处理器的嵌入式计算机硬件组成图如图 2-11 所示，其中嵌入式 ARM 处理器是嵌入式计算机的核心部件，也是整个系统的运算中心。相关支撑硬件主要包括 4 类：存储器、输出设备、输入设备、接口和网络总线。本嵌入式存储器配备了非易失存储器（Flash）、内存（SDRAM）、硬盘（非线性 Flash 盘），显示设备配备了 LCD 显示，输入设备配备了键盘设备，提供了 RS-232 串行接口、USB 接口和 JTAG 等三路 I/O 接口，配备了 TCP/IP 网络和 CAN 总线。

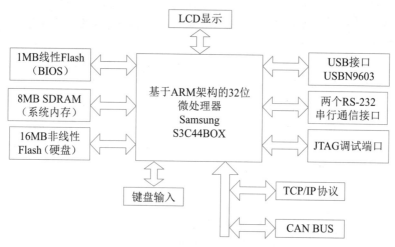

图 2-11　基于 ARM 处理器的嵌入式计算机硬件组成

（3）嵌入式操作系统。嵌入式操作系统是指运行在嵌入式系统中的基础软件，主要用于管理计算机资源和应用软件。与通用操作系统不同，嵌入式操作系统应具备实时性、可剪裁性和安全性等特征。

（4）支撑软件。支撑软件是指为应用软件开发与运行提供公共服务、软件开发、调试能力的软件，支撑软件的公共服务通常运行在操作系统之上，以库的方式被应用软件所引用。

（5）应用软件。应用软件是指为完成嵌入式系统的某一特定目标所开发的软件。

2. 嵌入式系统的特点

根据嵌入式系统的应用背景及其在应用中所起作用，嵌入式系统应具备以下特性。

（1）专用性强。嵌入式系统面向特定应用需求，能够把通用 CPU 中许多由板卡完成的任务集成在芯片内部，从而有利于嵌入式系统的小型化。

（2）技术融合。嵌入式系统将先进的计算机技术、通信技术、半导体技术和电子技术与各个行业的具体应用相结合，是一个技术密集、资金密集、高度分散、不断创新的知识集成系统。

（3）软硬一体软件为主。软件是嵌入式系统的主体，有 IP 核。嵌入式系统的硬件和软件都可以高效地设计，量体裁衣，去除冗余，可以在同样的硅片面积上实现更高的性能。

（4）比通用计算机资源少。由于嵌入式系统通常只完成少数几个任务。设计时考虑到其经济性，不能使用通用 CPU，这就意味着管理的资源少，成本低，结构更简单。

（5）程序代码固化在非易失存储器中。为了提高执行速度和系统可靠性，嵌入式系统中的软件一般都固化在存储器芯片或单片机本身中，而不是存在磁盘中。

（6）需专门开发工具和环境。嵌入式系统本身不具备开发能力，即使设计完成以后，用户通常也不能对其中的程序功能进行修改，必须有一套开发工具和环境才能进行开发。

（7）体积小、价格低、工艺先进、性能价格比高、系统配置要求低、实时性强。

（8）对安全性和可靠性的要求高。

2.4.2　嵌入式系统的分类

由于嵌入式系统是一个"深埋"于设备中，对设备的各种传感器进行管理与控制的系统，可从不同角度去划分嵌入式系统。通常，根据不同用途可将嵌入式系统划分为嵌入式实时系统和嵌入式非实时系统两种，而实时系统又可分为强实时（Hard Real-Time）系统和弱实时（Weak Real-Time）系统。如果从安全性要求看，嵌入式系统还可分为安全攸关（Safety-Critical 或 Life-Critical）系统和非安全攸关系统。嵌入式系统的分类如图 2-12 所示。

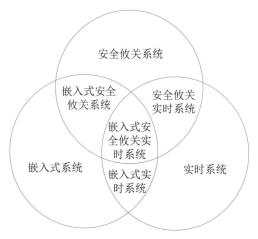

图 2-12　嵌入式系统分类

（1）实时系统（Real-Time System，RTS）。实时系统是指能够在指定或者确定的时间内完成系统功能和外部或内部、同步或异步时间做出响应的系统。也就是说，系统计算的正确性不仅取决于程序的逻辑正确性，也取决于结果产生的时间，如果系统的时间约束条件得不到满足，将会发生系统错误。

（2）安全攸关系统（Safety-Critical System）。安全攸关系统也称为安全关键系统或者安全生命关键系统（Life-Critical System），是指其不正确的功能或者失效会导致人员伤亡、财产损失等严重后果的计算机系统。

2.4.3　嵌入式软件的组成及特点

嵌入式系统的最大特点就是系统的运行和开发是在不同环境中进行的，通常将运行环境称为"目标机"环境，称开发环境为"宿主机"环境，其结构如图 2-13 所示。

在目标机环境运行时，系统与被控对象直接相关联，其系统架构的优劣也影响着被控对象功能的好坏。下面所介绍的嵌入式系统通用架构主要指目标机环境架构。

嵌入式系统的能力与应用需求密不可分，同时也与硬件配置存在着紧密的耦合性。通常，嵌入式系统软件组成架构采用层次化结构，并且具备可配置、可剪裁能力。从现代嵌入式系统观看，人们把嵌入式系统分为硬件层、抽象层、操作系统层、中间件层和应用层等 5 层，如图 2-14 所示。

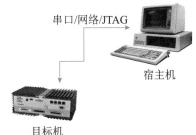

图 2-13　嵌入式系统开发环境

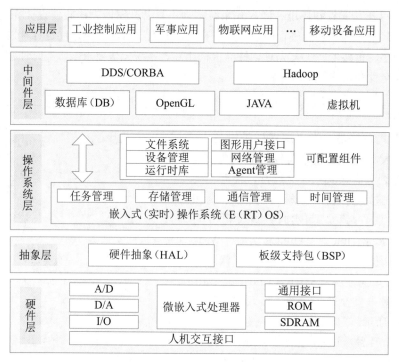

图 2-14　嵌入式系统软件组成架构

（1）硬件层。硬件层主要是为嵌入式系统提供运行支撑的硬件环境，其核心是微处理器、存储器（ROM、SDRAM、Flash 等）、I/O 接口（A/D、D/A、I/O 等）和通用设备以及总线、电源、时钟等。

（2）抽象层。在硬件层和软件层之间为抽象层，主要实现对硬件层的硬件进行抽象（Hardware Abstract Layer，HAL），为上层应用（操作系统）提供虚拟的硬件资源；板级支持包（Board Support Package，BSP）是一种硬件驱动软件，它是面向硬件层的硬件芯片或电路进行驱动，为上层操作系统提供对硬件进行管理的支持。

（3）操作系统层。操作系统层主要由嵌入式操作系统、文件系统、图形用户接口、网络系统和通用组件等可配置模块组成。嵌入式操作系统的功能主要包括任务管理、内部存储器管理、任务间通信管理和时钟/中断管理等，主要完成系统的硬件资源、软件资源进行调度和管理；可配置组件是对操作系统的基本功能的扩展，为用户提供更加丰富的公共能力，这些组件具备可配置和可剪裁特性，用户可根据自己设计的应用系统需求，做适当组合。通常可配置组件包括了文件系统、设备管理、运行时库（RTL）、图形用户接口（GUI）、网络管理（如 TCP/IP）和支持系统软件调试用的目标机代理（Agent）等组件。

（4）中间件（Middleware）层。中间件是指一种独立的系统软件或服务程序，分布式应用系统借助这种软件可在不同的技术之间共享资源。中间件层一般位于操作系统之上，管理计算机资源和网络通信，中间件层是连接两个独立应用的桥梁。通常，中间件可分为服务中间件、集成中间件、数据中间件、消息中间件和安全中间件等 5 类。在嵌入式系统中，比较常用的中间件产品有嵌入式数据库、OpenGL 图形图像处理软件、JAVA 中间件、虚拟机（VM）、DDS/CORBA 和 Hadoop 等。

（5）应用层。应用层是指嵌入式系统的具体应用，主要包括不同的应用软件。

外部环境的变化会对系统的硬件性能产生影响，硬件的变化必然会引发软件的异常现象，比如，航天领域的辐射会引起存储器的负离子反转，那么存储器中存储的程序或数据就会发生变化，因此，嵌入式软件也要适应恶劣环境的影响。

嵌入式软件的主要特点如下。

（1）可剪裁性。嵌入式软件能够根据系统功能需求，通过工具进行适应性功能的加或减，删除掉系统不需要的软件模块，使得系统更加紧凑。可剪裁性通常采用的设计方法包括静态编译、动态库和控制函数流程实现功能控制等。

（2）可配置性。嵌入式软件需要具备根据系统运行功能或性能需要而被配置的能力，使得嵌入式软件能够根据系统的不同状态、不同容量和不同流程，对软件工作状况进行能力的扩展、变更和增量服务。可配置通常采用的设计方法包括数据驱动、静态编译和配置表等。

（3）强实时性。嵌入式系统中的大多数都属于强实时性系统，要求任务必须在规定的时限（Deadline）内处理完成，因此，嵌入式软件采用的算法优劣是影响实时性的主要原因。强实时性通常采用的设计方法包括表驱动、配置、静/动态结合、汇编语言等。

（4）安全性（Safety）。安全性是指系统在规定的条件下和规定的时间内不发生事故的能力。安全性是判断、评价系统性能的一个重要指标，可直接反映系统失效后所带来损失大小。通常，在嵌入式系统中根据软件危害程度可将软件分成不同安全等级，例如，机载领域 DO-178 适航标准将软件分为 A~E 5 个安全等级。提高安全性通常采用的设计方法包括编码标准、安全保障机制、FMECA（故障模式、影响及危害性分析）。

（5）可靠性。可靠性是指系统在规定的条件下和规定的时间周期内程序执行所要求的功能的能力。可靠性也是判断、评价系统性能的一个重要指标。软件可靠性与硬件可靠性的衡量指标是完全不同的，软件是不可能随着时间发生变化。在安全攸关系统中，其系统的可靠性指标通常要达到 $10^{-6} \sim 10^{-9}$。提高安全性通常采用的设计方法包括容错技术、余度技术和鲁棒性设计等。

（6）高确定性。嵌入式系统运行的时间、状态和行为是预先设计规划好的，其行为不能随时间、状态的变迁而变化。也就是说，在嵌入式系统中，任务、资源、状态、错误和时限等都是预先由设计师规划好的，在系统运行期间，不能发生资源枯竭和未预计的状态出现等情况，尤其是在系统失效后不能由于未预计到的错误而引发灾难。确保软件确定性通常采用的设计方法包括静态分配资源、越界检查、状态机、静态任务调度等。

此外，嵌入式软件的开发也与传统的软件开发方法存在比较大的差异，主要表现在以下方面。

（1）嵌入式软件开发是在宿主机（PC 机或工作站）上使用专门的嵌入式工具开发，生成二进制代码后，需要使用工具卸载到目标机或固化在目标机储存器上运行。

（2）嵌入式软件开发时更强调软/硬件协同工作的效率和稳定性。

（3）嵌入式软件开发的结果通常需要固化在目标系统的储存器或处理器内部储存器资源中。

（4）嵌入式软件的开发一般需要专门的开发工具、目标系统和测试设备。

（5）嵌入式软件对实时性的要求更高。

（6）嵌入式软件对安全性和可靠性的要求较高。

（7）嵌入式软件开发是要充分考虑代码规模。

（8）在安全攸关系统中的嵌入式软件，其开发还应满足某些领域对设计和代码审定。

（9）模块化设计即将一个较大的程序按功能划分成若干程序模块，每个模块实现特定的功能。

2.4.4　安全攸关软件的安全性设计

美国电气和电子工程协会（IEEE）将安全攸关软件定义为："用于一个系统中，可能导致不可接受的风险的软件"。在航空航天、轨道交通和核工业等领域中，其系统的安全性保障是至关重要的。因为一旦飞行器出现安全问题，将会带来机毁人亡的重大灾难。如今，嵌入式计算机及软件在这些领域中起着主导作用。如何设计一款高安全、高可靠的嵌入式软件，已成为软件业亟待解决的问题。

NASA 8719.13A 给出了软件安全（Safety）的定义，即"在软件生命周期内，应用安全性工程技术，确保软件采取积极的措施提高系统安全性，确保降低系统安全性的错误，使其减少或控制在一个风险可接受的水平内"。严格来说，安全性属于一种系统特性，软件自身从本质上无从谈起是安全还是不安全。然而，当软件是一个安全攸关系统的一部分时，它可能引起或助长不安全的因素，从而影响系统的安全性。也正因如此，对于是否存在软件安全性说法一直存在较大争议，认为安全性只用系统才有。安全性分析应自上而下，安全性分析离不开所适用的场景。

为了开发出能强化安全性的软件，必须首先理解软件所运行的系统，对整个系统进行安全性评估，通过对系统功能需求和系统体系结构的安全性分析，也能识别出相应的安全性需求，并将之反馈到系统需求中，作为系统需求的一部分共同作为软件、硬件开发的基础。根据软件对安全性的不同影响程度，利用软件开发保证级别的概念来对软件进行分类和区别对待，即对安全攸关软件分配不同的开发保证级别，对级别越高的功能要求执行越多的开发和验证活动，要求越多的依赖性证据，要求越多的错误要被识别和排除。不同软件开发保证级别，软件开发成本不同，甚至相差极大，因此开发保证级别的分配对于一个组织来说也不是越高越好，因为越高的开发保证级别代表了越大的成本。合理的功能分配、体系结构设计会帮助改善软件开发保证级别分配，从而降低软件研发成本和风险。

在安全攸关软件设计中有很多方法可以参考，而 Do-178 标准中的 Software Considerations in Airborne System and Equipment Certification 是美国 FAA 制定的一套民用飞机适航标准中针对机载软件而制定的"机载系统/设备合格审定中的软件考虑"唯一标准，此标准被航空、航天等安全攸关领域普遍采用。本节概要介绍 DO-178B 对高安全软件开发的要求。

1982 年由 RTCA 和 EUROCAE 正式发布了 DO-178 版，这是民用航空机载软件开发中安全保证的一个里程碑。1992 年发布的 Do-178 第三版（B 版）称为 Do-178B。现在，DO-178B 早就成了国际公认的民用航空机载软件的开发标准。一架民用飞机（相对军用飞机而言）不经过

"民航标准体系"的适航认证，是不可以飞行的。而这个"民航标准体系"中，针对机载软件适航认证的，就是 DO-178B 标准。经过再次完善和补充，2011 年形成了 DO-178C 标准，它将工具鉴定、基于模型的开发验证技术、面向对象的技术和形式化验证技术纳入适航验证中。

1. DO-178B 的目的和内容

DO-178B 的目的是为制造机载系统和设备的机载软件提供指导，使其能够提供在满足符合适航要求的安全性水平下完成预期功能。为了满足该目标，DO-178B 给予了以下 3 方面的指导。

（1）软件生命周期过程的目标。

（2）为满足上述目标要进行的活动。

（3）证明上述目标已经达到的证据，也即软件生命周期数据。

在 DO-178B 中，目标、过程、数据是软件适航的基本要求。这三方面适航要求是辩证统一的关系，即一旦选择了 DO-178B 标准作为符合性方法，就必须满足该标准所定义的所有适航目标，而满足这些适航目标的途径则是执行该标准所建议的过程和活动，为证明这些适航目标被满足，应按照该标准所定义的软件生命周期数据来组织相关证据。DO-178B 的主要内容就是介绍目标、过程、数据这三个方面的适航要求。目标、过程和数据三个因素是 DO-178B 的精髓，它贯穿在整个软件生命周期各个过程之中。

（1）目标。DO-178B 标准规定了软件整个生命周期需要达到的 66 个目标。在 DO-178B 中，根据软件在系统中的重要程度将软件的安全等级分为 A~E 五级，不同安全等级的软件，需要达到目标要求不同，其分布详见表 2-4。

表 2-4　软件安全等级与目标关系

等级	失效状态	简要说明	目标数量
A 级	灾难性的	软件异常会导致的后果是：航空器无法安全飞行和着陆	66
B 级	危害性的	软件异常会导致的后果是：严重降低了航空器或机组在克服不利运行情况时的能力	65
C 级	严重的	软件异常会导致的后果是：显著降低了航空器或机组在克服不利运行情况时的能力	56
D 级	不严重的	软件异常会导致的后果是：轻微降低了航空器或机组在克服不利运行情况时的能力	28
E 级	没有影响的	软件异常会导致的后果是：不会影响航空器或机组任何能力	0

（2）过程。DO-178B 标准把软件生命周期分为"软件计划过程""软件开发过程"和"软件综合过程"，其中软件开发过程和软件综合过程又分别被细分成 4 个子过程。

（3）数据。DO-178B 把软件生命周期中产生的文档、代码、报表、记录等所有产品统称为软件生命周期数据。

DO-178B 仅仅定义的是软件生命周期过程，在嵌入式系统中，软件的需求是来自系统分解给它的需求，二者是密不可分的。图 2-15 展示了软件生存周期与系统生存周期的关系。

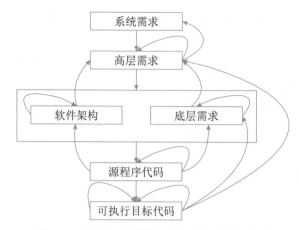

图 2-15　软件生存周期与系统生存周期的关系

2. DO-178B 的软件生命周期

DO-178B 标准将软件生命周期分为"软件计划过程""软件开发过程"和"软件综合过程"，其中软件开发过程和软件综合过程又分别被细分成 4 个子过程。

1）软件计划过程

软件计划过程策划和协调软件生命周期的所有活动，预测软件生命周期的过程和数据是否符合适航要求，制订一系列软件计划和软件标准，用以指导软件开发过程和软件综合过程活动。

2）软件开发过程

软件开发过程包含了生产软件产品的所有活动。整个过程所有活动的共同目标就是实现软件产品的自顶向下、由粗及细、从无到有的生产。软件开发过程又包括了软件需求过程、软件设计过程、软件编码过程和集成过程 4 个子过程。

（1）软件需求过程。它包含了根据系统生命周期的输出来开发软件高层需求的所有活动。

（2）软件设计过程。它包含了对高层需求进行细化，开发软件体系结构和低层需求的所有活动。

（3）软件编码过程。它包含了根据软件体系结构和低层需求编写源代码的所有活动。

（4）集成过程。它包含了对源代码和目标码进行编译、链接并加载到目标机，形成机载系统或设备的所有活动。

3）软件综合过程

软件综合过程包含了验证软件产品、管理软件产品、控制软件产品，以保证软件产品和软件过程的正确、受控和可信的所有活动。软件综合过程又包含了软件验证过程、软件配置管理过程、软件质量保证过程、审定联络过程 4 个子过程。

（1）软件验证过程。它包含了对软件产品和软件验证结果进行技术评估以保证其正确性、合理性、完好性、一致性、无歧义性等特性的所有活动。软件验证依然是一项十分复杂的活动，DO-178B 中根据验证活动的分类，列出了这些验证活动应该实现的目标。

（2）软件配置管理过程。它包含对数据进行配置标识、基线建立、更改控制、软件产品归档等一系列活动。这个过程中所有活动的目标就是实现软件生命周期数据的配置管理。

（3）软件质量保证过程。它包含对数据和过程进行审计的所有活动。整个过程所有活动的共同目标就是评价软件生命周期过程及其输出，保证过程的目标得以实现，缺陷得以检测，软件产品和软件生命周期数据与合格审查要求一致。

（4）审定联络过程。它包含了软件研制单位与合格审查机构之间建立交流和沟通的所有活动。

从工作流关系分析 DO-178B 定义的软件生命周期全过程的流程关系如图 2-16 所示。这里把计划过程、开发过程和综合过程纵向并排，并在过程的流向之间标明了软件生存周期的数据项，可以清晰地展示出过程与过程、过程与数据的关系。在图的顶部指明了来自系统生命周期过程的输入。

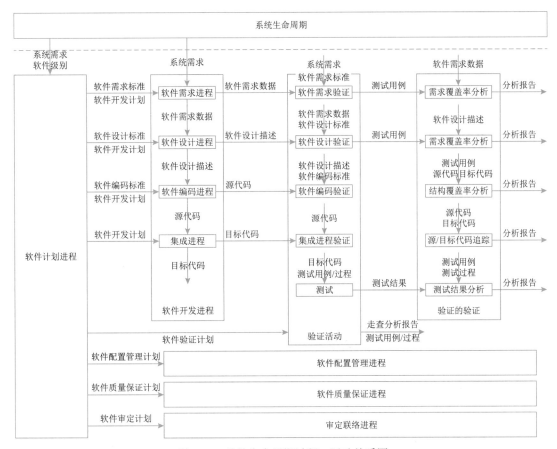

图 2-16　软件生命周期过程、活动关系图

3. DO-178 与 CMMI 差异

CMM 能力成熟度模型是 1994 年由美国国防部与卡内基 - 梅隆大学的软件工程研究中心以及美国国防工业协会共同开发和研制的，其目的是帮助软件企业对软件工程过程进行管理和

改进，增强开发与改进能力，从而能按时、不超预算地开发出高质量的软件，同时也用于采办方评估和选择软件供应商。2002 年推出了能力成熟度模型集成（CMMI），把开发模型 CMMI-Dev、服务模型 CMMI-SVC、采购模型 CMMI-ACQ、人力模型 P-CMM 等多个领域能力成熟度模型集成到一个框架中去。

DO-178 与 CMMI 是目前承担安全攸关软件开发企业最为关注的两个标准，二者的主要区别如下。

（1）CMMI 是从过程改进的视角，对软件开发的技术与管理提出要求，覆盖了从个人、项目及组织三个层次的要求，更关注组织整体软件能力提升。DO-178 是从适航审定视角，对软件开发的技术与管理过程提出要求，更关注项目软件质量对于安全性的影响。所以 DO-178 覆盖的过程范围比 CMMI 少，比如 DO-178C 对于项目监控过程、风险管理过程、培训过程等并没有提出明确要求。

（2）CMMI 主要由实践组成，实践是各行业最佳实践的抽象（去环境、方法）提炼，而 DO-178C 过程主要由目标、活动与数据组成，活动虽不代表具体工作步骤，但活动要求比较具体，并且对过程输出（数据）提出了明确要求，结合 DO-178 的配置管理过程，对数据管理与控制的要求也较为具体。

（3）CMMI 是集成了系统、软件和硬件等视角，所以在内容和措辞上必须兼顾多个场景，容易产生歧义。而 DO-178 聚焦软件，更容易为软件工程师所理解（不代表容易做到）。

总之，DO-178 比 CMMI 的目标更清晰，要求更具体，而且是针对安全攸关软件的。这两个标准都侧重于要求，而不是具体方法和步骤。对一个企业而言，不仅要关注一个项目的成功，还要在多个项目中持续获得成功，而且是商业成功（包括质量、进度、成本等），这就需要建立更为系统的软件过程体系，在这一点上 CMMI 更有指导性。过程改进思想的本质是过程不断丰富和优化的过程，在这个过程中需要融合不同标准与方法的要求以及实践中的经验与教训的总结。

2.5　计算机网络

计算机网络是利用通信线路将地理上分散的、具有独立功能的计算机系统和通信设备按不同的形式连接起来，并依靠网络软件及通信协议实现资源共享和信息传递的系统。

计算机网络技术主要涵盖通信技术、网络技术、组网技术和网络工程等四个方面。

2.5.1　网络的基本概念

1. 计算机网络的发展

纵观计算机网络发展，其大致经历了诞生、形成、互联互通和高速发展等 4 个阶段。

1）诞生阶段

20 世纪 60 年代中期之前的第一代计算机网络是以单个计算机为中心的远程联机系统，典型应用是由一台计算机和全美范围内 2000 多个终端组成的飞机订票系统，终端是一台计算机的外围设备，包括显示器和键盘，无 CPU 和内存。随着远程终端的增多，在主机之前增加了前端机（FEP）。当时，人们把计算机网络定义为"以传输信息为目的而连接起来，实现远程信息处理或资源共享的系统"，这样的通信系统已具备网络的雏形。

2）形成阶段

20 世纪 60 年代中期至 70 年代的第二代计算机网络，是以多个主机通过通信线路互联起来为用户提供服务。它兴起于 20 世纪 60 年代后期，典型代表是美国国防部高级研究计划局协助开发的 ARPANET。主机之间不是直接用线路相连，而是由接口报文处理机（IMP）转接后互联的。IMP 和它们之间互联的通信线路一起负责主机间的通信任务，构成了通信子网。通信子网互联的主机负责运行程序，提供资源共享，组成资源子网。这个时期，网络概念为"以能够相互共享资源为目的互联起来的具有独立功能的计算机之集合体"，形成了计算机网络的基本概念。

3）互联互通阶段

20 世纪 70 年代末至 90 年代的第三代计算机网络是具有统一的网络体系结构并遵守国际标准的开放式和标准化网络。ARPANET 兴起后，计算机网络发展迅猛，各大计算机公司相继推出自己的网络体系结构及实现这些结构的软硬件产品。由于没有统一的标准，不同厂商的产品之间互联很困难，人们迫切需要一种开放性的标准化实用网络环境，因此产生了两种国际通用的最重要的体系结构，即 TCP/IP 体系结构和国际标准化组织的 OSI 体系结构。

4）高速发展阶段

20 世纪 90 年代至今的第四代计算机网络，由于局域网技术发展成熟，出现光纤及高速网络技术，整个网络就像一个对用户透明的庞大的计算机系统，发展为以因特网（Internet）为代表的互联网。

2. 计算机网络的功能

1）数据通信

数据通信是计算机网络最主要的功能之一。数据通信是依照一定的通信协议，利用数据传输技术在两个通信结点之间传递信息的一种通信方式。它可实现计算机和计算机、计算机和终端以及终端与终端之间的数据信息传递，是继电报、电话业务之后的第 3 种最大的通信业务。数据通信中传递的信息均以二进制数据形式表示。数据通信的另一个特点是，它通常与远程信息处理相联系，是包括科学计算、过程控制、信息检索等内容的广义的信息处理。

2）资源共享

资源共享是人们建立计算机网络的主要目的之一。计算机资源包括硬件资源、软件资源和数据资源。硬件资源的共享可以提高设备的利用率，避免设备的重复投资，如利用计算机网络建立网络打印机、计算资源池等，供网络上的用户或应用来共享；软件资源和数据资源的共享可以充分利用已有的信息资源，比如可减少软件开发过程中的重复劳动，也可避免大型数据库的重复建设等。

3）管理集中化

计算机网络技术的发展和应用，已使得现代的办公手段、经营管理等发生了深刻变化。迄今已经有了许多管理信息系统、办公自动化系统等，通过这些系统可以实现日常工作的集中管理，提高工作效率，增加经济效益。

4）实现分布式处理

网络技术的发展，使得分布式计算成为可能。对于大型的课题，可以分为许许多多小题目，由不同的计算机分别完成，然后再集中来解决问题。

5）负荷均衡

负荷均衡是指工作负荷（Workload）被均匀地分配给网络上各台计算机系统。网络控制中心负责分配和检测，当某台计算机负荷过重时，系统会自动转移负荷到较轻的计算机系统来处理。

综上所述，计算机网络可以极大扩展计算机系统的功能及其应用范围，提高可靠性，在为用户提供方便的同时，减少了整体系统费用，提高了系统性价比。

3. 网络有关指标

计算机网络性能是衡量网络服务质量的重要体现，除了性能指标外，还有一些非性能特征，它们对计算机网络的性能也有很大影响。

1）性能指标

可以从速率、带宽、吞吐量和时延等不同方面来度量计算机网络的性能。

（1）速率。网络速率指的是连接在计算机网络上的主机或通信设备在数字信道上传送数据的速率，它也称为数据率（Data Rate）或比特率（Bit Rate）。速率是计算机网络中最重要的性能指标之一。速率的单位是 b/s（比特每秒）。

（2）带宽。"带宽"有以下两种不同的意义。

其一，带宽是指一个信号具有的频带宽度。信号的带宽表示一个信号所包含的各种不同频率成分所占据的频率范围。例如，在传统的通信线路上传送的电话信号的标准带宽是 3.1kHz（300Hz~3.4kHz 为话音的主要成分的频率范围）。带宽的单位是赫兹（或千赫、兆赫、吉赫等）。

其二，在计算机网络中，带宽用来表示网络的通信线路传送数据的能力。网络带宽表示在单位时间内从网络中一个结点到另一个结点所能通过的"最高数据率"。此处带宽单位是"比特每秒"，记为 b/s。

（3）吞吐量。吞吐量表示在单位时间内通过某个网络（或信道、接口）的数据量。吞吐量受网络的带宽或网络额定速率所限制。例如，对于一个带宽为 100Mb/s 的以太网，其额定速率是 100Mb/s，那么这个数值也是该以太网的吞吐量的绝对上限值。因此，对 100Mb/s 的以太网，其典型的吞吐量可能也只有 70Mb/s。有时吞吐量还可用每秒传送的字节数或帧数来表示。

（4）时延。时延是指数据（一个报文、分组甚至比特）从网络（或链路）的一端传送到另一端所需的时间。时延是个很重要的性能指标，它有时也称为延迟或迟延。网络中的时延由以下几个不同部分组成，如发送时延、传播时延、处理时延、排队时延等组成。

（5）往返时间。往返时间（RTT）也是一个重要的网络性能指标，它表示从发送方发送数据开始，到发送方收到来自接收方的确认（接受方收到数据后便立即发送确认）总共经历的时间。

（6）利用率。利用率有信道利用率和网络利用率两种。信道利用率指信道被利用的概率（即有数据通过），通常以百分数表示。完全空闲的信道利用率是零。网络利用率是全网络的信道利用率的加权平均值。

　　2）非性能指标

费用、质量、标准化、可靠性、可扩展性、可升级性、易管理性和可维护性等非性能指标与前面介绍的性能指标有很大相关性。

（1）费用。构建网络的费用（网络价格）包括设计和实现的费用。网络的性能与其价格密切相关。一般说来，网络的速率越高，其价格也越高。

（2）质量。网络的质量取决于网络中所有构件的质量以及由它们构建网络的方式。网络的质量体现在诸多方面，如网络可靠性、网络管理简易性以及网络性能等。高质量的网络往往价格不菲。

（3）标准化。网络硬件和软件的设计既可以按照通用的国际标准，也可以遵循特定的专用网络标准。采用国际标准设计的网络，具有更好的互操作性，更易于升级换代和维护，也更容易得到技术上的支持。

（4）可靠性。可靠性与网络的质量和性能都有密切关系。速率更高的网络，其可靠性不一定会更差。但速率更高的网络要可靠地运行，则往往更加困难，同时所需费用也会更高。

（5）可扩展性和可升级性。网络在构造时就应当考虑到日后可能需要的扩展（即规模扩大）和升级（即性能和版本的提高）。网络性能越好，其扩展和升级的难度与费用往往也越高。

（6）易管理和维护性。如果对网络不进行良好的管理和维护，就很难达到和保持所设计的性能。

4. 网络应用前景

21 世纪人类将全面进入信息时代。信息时代的重要特征就是数字化、网络化和信息化。网络可以非常迅速地传递信息，要实现信息化就需要完善的网络。网络现在已经成为信息社会的命脉和发展知识经济的重要基础。网络对社会生活、社会经济的发展已经产生了不可估量的影响。

从 20 世纪 90 年代以后，以因特网（Internet）为代表的计算机网络得到了飞速的发展，已从最初的教育科研网络逐步发展成为商业网络，并已成为仅次于全球电话网的世界第二大网络。因特网正在改变着人们工作和生活的方方面面，它已经给人类社会带来了巨大益处，并加速了全球信息革命的进程。因特网是人类自印刷术发明以来在通信方面最大的变革。现在，人们的生活、工作、学习和交往都已离不开因特网了。

2.5.2　通信技术

计算机网络是利用通信技术将数据从一个结点传送到另一结点的过程。通信技术是计算机网络的基础。这里所说的数据，指的是模拟信号和数字信号，它们通过信道来传输。

信道可分为物理信道和逻辑信道。物理信道由传输介质和设备组成，根据传输介质的不同，分为无线信道和有线信道。逻辑信道是指在数据发送端和接收端之间存在的一条虚拟线路，可以是有连接的或无连接的。逻辑信道以物理信道为载体。

1. 信道

信息传输就是信源和信宿通过信道收发信息的过程。信源发出信息，发信机负责将信息转换成适合在信道上传输的信号，收信机将信号转化成信息发送给信宿。

（1）信道是信息的传输通道。

（2）发信机接收信源发送的信息，进行编码和调制，将信息转化成适合在信道上传输的信号，发送到信道上。

（3）收信机负责从信道上接收信号，进行解调和译码，将信息恢复出来发送给信宿。不是所有频率的信号都可以通过信道传输，频率响应决定了哪些可以通过，可以通过的频率范围大小是信道的带宽。

（4）香农公式。信道容量就是信道的最大传输速率，可通过香农公式计算得到。

$$C = B \times \log_2(1 + \frac{S}{N}) \tag{2-1}$$

C 代表信道容量，单位是 b/s

B 代表信号带宽，单位是 Hz

S 代表信号平均功率，单位是 W

N 代表噪声平均功率，单位是 W

S/N 代表信噪比，单位是 dB（分贝）

提升信道容量可以使用比较大的带宽，降低信噪比；也可以使用比较小的带宽，升高信噪比。

2. 信号变换

发信机进行的信号处理包括信源编码、信道编码、交织、脉冲成形和调制。相反地，收信机进行的信号处理包括解调、采样判决、去交织、信道译码和信源译码。

1）信源编码

将模拟信号进行模数转换，再进行压缩编码（去除冗余信息），最后形成数字信号。例如 GSM（全球移动通信系统）先通过 PCM（脉冲编码调制）编码将模拟语音信号转化成二进制数字码流，再利用 RPE-LPT（规则脉冲激励 - 长期预测编码）算法对其进行压缩。

2）信道编码

信道编码通过增加冗余信息以便在接收端进行检错和纠错，解决信道、噪声和干扰导致的误码问题，一般只能纠正零星的错误，对于连续的误码无能为力。

3）交织

为了解决连续误码导致的信道译码出错问题，通过交织将信道编码之后的数据顺序按照一定规律打乱，到了接收端在信道译码之前再通过交织将数据顺序复原，这样连续的误码到了接收端就变成了零星误码，信道译码就可以正确纠错了。

4）脉冲成形

为了减小带宽需求，需要将发送数据转换成合适的波形，这就是脉冲成形。

矩形脉冲要求的信道会很宽，主要原因是矩形脉冲的竖边是垂直的，想要达到这一点要很高的频率，脉冲成形并不要求是垂直的，所以频率要求降低了。

5）调制

调制是将信息承载到满足信号要求的高频载波信号的过程。

3. 复用技术和多址技术

在一条信道上只传输一路数据的情况下，只需要经过信源编码、信道编码、交织、脉冲成形、调制之后就可以发送到信道上进行传输了；但如果同时传递多路数据就需要复用技术和多址技术。

1）复用技术

复用技术是指在一条信道上同时传输多路数据的技术，如 TDM 时分复用、FDM 频分复用和 CDM 码分复用等。ADSL 使用了 FDM 的技术，语音的上行和下行占用了不同的带宽。

2）多址技术

多址技术是指在一条线上同时传输多个用户数据的技术，在接收端把多个用户的数据分离（TDMA 时分多址、FDMA 频分多址和 CDMA 码分多址）。

多路复用技术是多址技术的基础，多址技术还涉及信道资源分配算法，Walsh 码分配算法等。

4. 5G 通信网络

作为新一代的移动通信技术，5G 的网络结构、网络能力和应用场景等都与过去有很大不同，其特征体现在以下方面。

1）基于 OFDM 优化的波形和多址接入

5G 采用基于 OFDM 优化的波形和多址接入技术，因为 OFDM 技术被当今的 4G LTE 和 WiFi 系统广泛采用，因其可扩展至大带宽应用，具有高频谱效率和较低的数据复杂性，能够很好地满足 5G 要求。OFDM 技术可实现多种增强功能，例如，通过加窗或滤波增强频率本地化，在不同用户与服务间提高多路传输效率，以及创建单载波 OFDM 波形，实现高能效上行链路传输。

2）实现可扩展的 OFDM 间隔参数配置

通过 OFDM 子载波之间的 15kHz 间隔（固定的 OFDM 参数配置），LTE 最高可支持 20 MHz 的载波带宽。为了支持更丰富的频谱类型 / 带（为了连接尽可能丰富的设备，5G 将利用所有可利用的频谱，如毫米微波、非授权频段）和部署方式。5G NR（New Radio）将引入可扩展的 OFDM 间隔参数配置。这一点至关重要，因为当快速傅里叶变换（Fast Fourier Transform，FFT）为更大带宽扩展尺寸时，必须保证不会增加处理的复杂性。而为了支持多种部署模式的不同信道宽度，5G NR 必须适应同一部署下不同的参数配置，在统一的框架下提高多路传输效率。另外，5G NR 也能跨波形实现载波聚合，比如聚合毫米波和 6GHz 以下频段的载波。

3）OFDM 加窗提高多路传输效率

5G 将被应用于大规模物联网，这意味着会有数十亿设备相互连接，5G 势必要提高多路传输的效率，以应对大规模物联网的挑战。为了相邻频带不相互干扰，频带内和频带外信号辐射必须尽可能小。OFDM 能实现波形后处理（Post-Processing），如时域加窗或频域滤波，来提升频率局域化。

4）灵活框架设计

5G NR 采用灵活的 5G 网络架构，进一步提高 5G 服务多路传输的效率。这种灵活性既体现在频域，更体现在时域上，5G NR 的框架能充分满足 5G 的不同服务和应用场景。这包括可扩展的传输时间间隔（Scalable Transmission Time Interval，STTI）和自包含集成子帧（Self-Contained Integrated Subframe）。

5）大规模 MIMO（Multiple-Input Multiple-Output）

5G 将 2×2 MIMO 提高到了 4×4 MIMO。更多的天线也意味着占用更多的空间，要在空间有限的设备中容纳更多天线显然不现实，只能在基站端叠加更多 MIMO。从目前的理论来看，5G NR 可以在基站端使用最多 256 根天线，而通过天线的二维排布，可以实现 3D 波束成型，从而提高信道容量和覆盖。

6）毫米波

全新 5G 技术首次将频率大于 24GHz 以上的频段（通常称为毫米波）应用于移动宽带通信。大量可用的高频段频谱可提供极致的数据传输速度和容量，这将重塑移动体验。但毫米波的利用并非易事，使用毫米波频段传输更容易造成路径受阻与损耗（信号衍射能力有限）。通常情况下，毫米波频段传输的信号甚至无法穿透墙体，此外，它还面临着波形和能量消耗等问题。

7）频谱共享

用共享频谱和非授权频谱，可将 5G 扩展到多个维度，实现更大容量，使用更多频谱，支持新的部署场景。这不仅将使拥有授权频谱的移动运营商受益，而且会为没有授权频谱的厂商创造机会，如有线运营商、企业和物联网垂直行业，使他们能够充分利用 5G NR 技术。5G NR 原生地支持所有频谱类型，并通过前向兼容灵活地利用全新的频谱共享模式。

8）先进的信道编码设计

现有移动通信网络编码（如 LTE Turbo 码）不足以应对未来无线数据传输需求。在 5G 通信信道编码中拟采用更符合 5G 网络应用场景的编码方式，如 LDPC 码和 Polar 码等。

低密度奇偶校验（Low-Density Parity-Check，LDPC）码是一种具有稀疏校验矩阵的分组纠错码，性能逼近香农容量极限，实现简单，译码简单且可实行并行操作，适合硬件实现。LDPC 码传输效率远超 LTE Turbo，且易于平行化的解码设计，能以低复杂度和低时延途径进行扩展，获得更高传输速率。

Polar 码是一种前向错误更正编码方式。在编码侧采用此方式使各个子信道呈现出不同的可靠性，当码长持续增加时，部分信道将趋向于容量近于 1 的完美信道（无误码），另一部分信道趋向于容量接近于 0 的纯噪声信道，选择在容量接近于 1 的信道上直接传输信息以逼近信道容量；在解码侧，极化后的信道可用简单的逐次干扰抵消解码的方法，以较低的复杂度获得与最大自然解码相近的性能。由于没有误码率，极化编码可以支持 99.999% 的可靠性，这正迎合了 5G 应用的超高可靠性诉求。Polar 码是用作 5G 控制信道的主要编码方式。

2.5.3　网络技术

网络通常按照网络的覆盖区域和通信介质等特征来分类，可分为局域网（LAN）、无线局域网（WLAN）、城域网（MAN）、广域网（WAN）和移动通信网等。

1. 局域网（LAN）

局域网（Local Area Network，LAN）是指在有限地理范围内将若干计算机通过传输介质互联成的计算机组（即通信网络），通过网络软件实现计算机之间的文件管理、应用软件共享、打印机共享、工作组内的日程安排、电子邮件和传真通信服务等功能。局域网是封闭型的，比如可以由办公室内的两台及以上计算机组成，也可以由一个公司内的若干台计算机组成。

1）网络拓扑

局域网专用性非常强，具有比较稳定和规范的拓扑结构。常见的局域网拓扑结构有星状结构、树状结构、总线结构和环形结构。

（1）星状结构。网络中的每个结点设备都以中心结点为中心，通过连接线与中心结点相连，如果一个结点设备需要传输数据，它首先必须通过中心结点，如图 2-17 所示。

这种结构的网络系统中，中心结点是控制中心，任意两个结点间的通信最多只需两步，所以，传输速度快、网络构简单、建网容易、便于控制和管理。这种结构的缺点是可靠性低，网络共享能力差，并且一旦中心结点出现故障则导致全网瘫痪。

（2）树状结构。树状结构网络也被称为分级的集中式网络，如图 2-18 所示，其特点是网络成本低，结构简单。在网络中，任意两个结点之间不产生回路，每个链路都支持双向传输，结点扩充方便、灵活，方便寻查链路路径。但在这种结构的网络系统中，除叶结点及其相连的链路外，任何一个工作站或链路产生故障都会影响整个网络系统的正常运行。

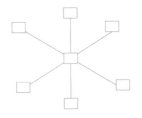

图 2-17　星状结构网络

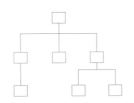

图 2-18　树状结构网络

（3）总线结构。总线结构网络是将各个结点设备和一根总线相连，如图 2-19（a）所示。网络中所有的结点设备都是通过总线进行信息传输的。在总线结构中，作为数据通信必经的总线的负载能力是有限度的，这是由通信媒体本身的物理性能决定的。

总线作为连接各结点设备通信的枢纽，它的故障将影响总线上每个结点的通信。

（4）环形结构。将网络中各结点通过一条首尾相连的通信链路连接起来，形成一个闭合环形结构网，如图 2-19（b）所示。环形结构的网络中各结点设备的地位相同，信息按照固定方向单向流动，两个节点之间仅有一条通路，系统中无信道选择问题，任一结点的故障将导致物理瘫痪。由于环路是封闭的，所以环形结构的网络不便于扩充，系统响应延时长，且信息传输效率相对较低。

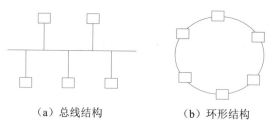

（a）总线结构　　　　　　（b）环形结构

图 2-19　总线结构和环形结构网络

（5）网状结构。网状网络中的任何结点彼此之间均存在一条通信链路，任何结点故障不会影响其他结点之间的通信。但这种拓扑结构的网络布线较为烦琐，且建设成本高，控制方法复杂。

2）以太网技术

以太网（Ethernet）是一种计算机局域网组网技术。IEEE 制定的 IEEE 802.3 标准给出了以太网的技术标准。它规定了包括物理层的连线、电信号和介质访问层协议的内容。以太网是当前应用最普遍的局域网技术。

（1）以太网帧结构。在以太网链路上的数据包被称作以太帧，其结构如图 2-20 所示。

| DMAC | SMAC | Length/Type | DATA/PAD | FCS |

图 2-20　以太帧结构

DMAC 代表目的终端的 MAC 地址，SMAC 代表源 MAC 地址，而 Length/Type 字段长度是 2 字节，若该字段的值大于 1500，则代表该数据帧的类型（比如该帧是属于哪个上层协议的数据单元）；若该字段的值小于 1500，则代表该数据帧的长度。DATA/PAD 代表具体数据，以太网数据帧的最小长度必须不小于 64 字节（根据半双工模式下最大距离计算获得的），如果数据长度加上帧头不足 64 字节，需要在数据部分增加填充内容。当 Length/Type 取值大于 1500 的时候，MAC 子层可以根据 Length/Type 的值直接把数据帧提交给上层协议，由上层协议进行分帧处理。这种结构为当前较为流行的 ETHERNET_II 协议，大部分计算机都支持这种结构。FCS 则是帧校验字段，用于判断该数据帧是否出错。

（2）最小帧长。由于 CSMA / CD 算法限制，以太网帧的最小长度为 64 字节。高层协议要保证此长度。如果实际数据不足 64 个字节，则高层协议必须进行填充。数据域的长度上限可以灵活设置，但通常被设置为 1500 字节。

规定最小帧长的原因是为了避免发生某结点已经将一个数据包的最后一个 BIT 发送完毕，

但这个报文的第一个 BIT 还未传送到距离较远的结点。这可能使得这些结点认为线路空闲而发送数据，导致链路上数据发送冲突。

（3）最大传输距离。以太网的最大传输距离没有严格限制，由线路质量、信号衰减程度等因素决定。

（4）流量控制。当通过交换机端口流量过大，超过了它的处理能力时，就会发生端口阻塞。网络拥塞一般是由于线速不匹配（如 100M 向 10M 端口发送数据）和突发的集中传输而产生的，它可能导致延时增加、丢包和重传增加这几种情况，使网络资源不能有效利用。流量控制的作用是防止在设备出现阻塞情况下丢帧。

在半双工方式下，流量控制通过反压（Back-Pressure）技术实现，模拟产生碰撞，使得信息源降低发送速度。

在全双工方式下，流量控制一般遵循 IEEE 802.3 标准。IEEE 802.3x 规定了一种 64 字节的"PAUSE" MAC 控制帧格式。当端口发生阻塞时，交换机向信息源发送"PAUSE"帧，告诉信息源暂停一段时间再发送信息。

在实际网络中，尤其是一般局域网产生网络拥塞情况极少，所以有的厂家交换机并不支持流量控制。高性能的交换机通常都支持半双工方式下的反向压力和全双工的 IEEE 802.3x 流控。有的交换机的流量控制将阻塞整个 LAN 的输入，降低整个 LAN 的性能；高性能的交换机采用的策略是仅仅阻塞向交换机拥塞端口输入帧的端口，保证其他端口用户的正常工作。

2. 无线局域网（WLAN）

无线局域网 WLAN（Wireless Local Area Networks）利用无线技术在空中传输数据、话音和视频信号。无线局域网所使用的关键技术，除了红外传输技术、扩频技术、窄带微波技术外还有一些其他技术，如调制技术、加解扰技术、无线分集接收技术、功率控制技术和节能技术。无线局域网在室外主要有以下几种结构：点对点型、点对多点型、多点对点型和混合型。与有线网络相比，无线局域网具有安装便捷、使用灵活、经济节约、易于扩展等优点。

1）WLAN 标准

IEEE 802.11 是最早的无线局域网技术标准，当时传输速率只有 1～2Mb/s，采用无连接的协议。

IEEE 802.11 b 标准的速率可达 11Mb/s，IEEE 802.11a 标准的传输速率可达到 54Mb/s。同时还出现了 IEEE 802.11g 标准，该标准具有与 IEEE 802.11a 标准一样的接入速率，同时兼容 IEEE 802.11b 标准，工作于免费的 2.4GHz 频段，价格比 IEEE802.11a 更便宜。之后出现了 IEEE 802.11n 新标准，其传输速率可达 200Mb/s 以上。

2）WLAN 拓扑结构

在 WLAN 中，通常使用的拓扑结构主要有 3 种形式：点对点型、HUB 型和全分布型。这 3 种结构解决问题的方法各有优缺点，目的都是让用户在无线信道中，获得与有线 LAN 兼容或相近的传输速率。

（1）点对点型。典型的点对点结构是通过单频或扩频微波电台、红外发光二极管、红外激光等方法，连接两个固定的有线 LAN 网段，实际上是作为一种网络互联方案。无线链路与有线

LAN 是通过桥路器或中继器完成连接的。点对点拓扑结构简单，采用这种方案可获得中远距离的高速率链路。由于不存在移动性问题，收发信机的波束宽度可以很窄，虽然这会增加设备调试难度，但可减小由波束发散引起的功率衰耗。

（2）HUB 型。由一个中心结点（HUB）和若干外围节点组成，外围结点既可以是独立的结点，也可与多个用户相连。中心 HUB 作为网络管理设备，为访问有线 LAN 或服务器提供逻辑接入点，并监控所有节点对网路的访问，管理外围设备对广播带宽的竞争，其管理功能由软件具体实现。在此拓扑中，任何两外围结点间的数据通信都须经过 HUB，是典型的集中控制式通信。

采用这种结构的网络具有用户设备简单，维护费用低，网络管理单一等优点，并可与微蜂窝技术结合，实现空间和频率复用。但是，用户之间的通信延迟增加，网络抗毁性能较差，中心结点的故障容易导致整个网络的瘫痪。

（3）完全分布型。完全分布结构目前还无具体应用，仅处于理论探讨阶段，它要求相关结点在数据传输过程中发挥作用，类似于分组无线网的概念。对每一结点而言，一般仅只有网络的部分拓扑信息，但它可与邻近结点以某种方式分享各自拓扑结构信息，基于此完成一种分布路由算法，使得传输路径上的每一结点都要协助源结点数据传送至目的结点。

分布式结构抗毁性能好，移动能力强，可形成多跳网，适合较低速率的中小型网络，但对于用户结点而言，复杂性和成本较其他结构大幅度提高，网络管理困难，并存在多径干扰问题，同时随着网络规模的扩大，其性能指标快速下降。但在军事领域中，分布式 WLAN 具有很好的应用前景。

3. 广域网（WAN）

广域网是一种将分布于更广区域（比如一个城市、一个国家甚至国家之间）的计算机设备联接起来的网络。它通常是电信部门负责组建、经营和管理，并向社会公众提供通信服务。

广域网由通信子网与资源子网组成。通信子网主要是由一些通信结点设备和连接这些设备的链路组成。通信结点设备负责网络中数据的转发，其链路用于承载用户的数据，一般分为传输主干链路和末端用户线路。广域网的通信子网可以利用公用分组交换网、卫星通信网和无线分组交换网来构建，将分布在不同地区的局域网或计算机系统互连起来，达到资源共享的目的。资源子网是指网络中实现资源共享功能的设备及其软件的集合。资源子网主要指网络资源设备，如信息服务或业务服务器、用户计算机、网络存储系统、独立运行的网络数据设备、网络上运行的各种软件资源、数据资源等。

1）广域网相关技术

（1）同步光网络。同步光网络（Synchronous Optical Networking，SONET）是使用光纤进行数字化信息通信的一个标准。同步数字体系（Synchronous Digital Hierarchy，SDH）标准从SONET 发展而来。SONET 是由美国标准化组织颁布的标准，SDH 是国际电信联盟颁布的标准，两者均为传输网络物理层技术。SONET 和 SDH 两种技术都被广泛应用，SONET 应用在美国和加拿大，SDH 应用于其他国家。SONET 和 SDH 体制都能够用来封装较早的数字传输标准，比如 PDH（Plesiochronous Digital Hierarchy）标准，或者直接用来支持 ATM 以及 SONET 上的分组业务（Packet Over SONET）。

（2）数字数据网。数字数据网 DDN（Digital Data Network）利用数字信道提供半永久性连接电路以传输数据。它可以满足各类租用数据专线业务的需要。它具有传输速率高、传输质量高、协议简单、连接方式灵活、电路可靠性高和网络运行管理简便等优点。

（3）帧中继。帧中继 FR（Frame Relay）是一种高性能广域网技术，运行于 OSI/RM 的物理层和数据链路层，是一种数据包交换技术，是 X.25 网络的简化版本，但具有更高性能和传输效率。

帧中继采用虚电路技术，充分利用网络资源，具有吞吐量高，时延低，适合突发性业务等特点。

（4）异步传输技术。异步传输模式（Asynchronous Transfer Mode，ATM）是以信元为基础的面向连接的一种分组交换和复用技术。它具有高速数据传输率，可满足多种业务（如语音、数据、传真、实时视频等）传输的需要。在 ATM 中信元不仅是传输的基本单位，也是交换的信息单位。由于信元长度固定（53 个字节），可高速地进行处理和交换，去除不必要的数据校验，交换速率大大高于其他传统数据网，其典型速率为 150Mb/s。

2）广域网的特点

广域网具有下述特点：（1）主要提供面向数据通信的服务，支持用户使用计算机进行远距离的信息交换。（2）覆盖范围广，通信的距离远，广域网没有固定拓扑结构。（3）由电信部门或公司负责组建、管理和维护，并向全社会提供面向通信的有偿服务等。

3）广域网的分类

广域网可以分为公共传输网络、专用传输网络和无线传输网络。

（1）公共传输网络一般是由政府电信部门组建、管理和控制，网络内的传输和交换装置可以提供（或租用）给任何部门和单位使用。公共传输网络大体可以分为电路交换网络和分组交换网络两类。

（2）专用传输网络是由单个组织或团体自己建立、使用、控制和维护的私有通信网络。一个专用网络起码要拥有自己的通信和交换设备，它可以建立自己的线路服务，也可以向公用网络或其他专用网络进行租用。专用传输网络主要是数字数据网（DDN）。DDN 可以在两个端点之间建立一条永久的、专用的数字通道。它的特点是在租用该专用线路期间，用户独占该线路的带宽。

（3）无线传输网络主要是移动无线网，典型的有 GSM、TD-SCDMA/WCDMA/CDMA2000、LTE 和 5G 等。

4. 城域网（MAN）

城域网是在单个城市范围内所建立的计算机通信网，简称 MAN（Metropolitan Area Network）。由于采用有源交换元件的局域网技术，网络中传输时延较小，它的传输媒介主要采用光缆，传输速率在 100 Mb/s 以上。MAN 基于一种大型的 LAN，通常使用与 LAN 相似的技术，但 MAN 的标准称为分布式队列双总线 DQDB（Distributed Queue Dual Bus），即 IEEE 802.6。DQDB 是由双总线构成，将加入 MAN 的所有计算机都连接起来。

如果说局域网或广域网通常是为了一个单位或系统服务的，那么城域网则是为整个城市而非某个特定部门服务。它向上与骨干网相连，向下将本地所有的联网用户与城市骨干网相连。城域网络通常分为 3 个层次：核心层、汇聚层和接入层。核心层主要提供高带宽的业务承载和传输，完成和已有网络（如 ATM、FR、DDN、IP 网络）的互联互通，其特征为宽带传输和高速调度。汇聚层的主要功能是给业务接入结点提供用户业务数据的汇聚和分发处理，同时要实现业务的服务等级分类。接入层利用多种接入技术，进行带宽和业务分配，实现用户的接入。

5. 移动通信网

1）移动通信网发展

移动通信网络自从 20 世纪 80 年代出现以来，经历近 40 年的发展历程。最初采用模拟信号传输，即将电磁波进行频率调制后，将语音信号转换到载波电磁波上，载有信息的电磁波发布到空间后由接收设备接收，并从载波电磁波上还原语音信息，完成人与人之间的通话，即 1G 通信时代。由于 1G 采用模拟信号传输，所以其容量非常有限，一般只能传输语音信号，且存在语音品质低、信号不稳定、涵盖范围不够全面、安全性差和易受干扰等问题。之后出现的 2G 移动通信采用数字调制技术。移动通信系统的容量有了增加，此时手机可以上网了，虽然数据传输速度很慢，速率为 9.6~14.4kb/s，但可传输文字信息。这也是移动互联网发展的起点。随后，移动通信网络发展到 3G 时代。3G 延续 2G 数字数据传输技术，但通过开辟新电磁波频谱及研发新标准，使得 3G 传输速率可达 384kb/s，在室内稳定环境下甚至可达 2 Mb/s 的速率，比 2G 提升了百倍之多。由于采用更宽频带，传输稳定性大大提高。正是由于速度大幅提升和通信稳定性的提高，使大数据的传送成为可能，催生了移动通信多样化的应用。随着移动通信自身演进以及移动互联网发展的需要，诞生了 4G 移动通信技术。4G 采用更先进的通信协议和技术，理论上网速度为 3G 的几十倍，实际用户上网体验与固网 20Mb/s 家庭宽带相当。4G 可满足人们使用手机流畅观看高清电影，进行大数据传输等需要。4G 已经像“水电”一样成为人们生活中不可或缺的基本资源，像微信、微博、视频、移动支付等手机应用成为生活中的必需，人们无法想象离开手机的生活。因此，4G 将人类带进了移动互联网快速发展的时代。随着社会信息化发展步伐的加快，以及社会各个领域对移动通信需求的日益多样化的驱动，诞生了 5G 通信网络，5G 不再由某项业务能力或者某个典型技术特征加以定义。它不仅是更高速率、更大带宽、更强能力的技术，而且是一个多业务、多技术融合的网络，更是面向业务应用和用户体验的智能网络，最终打造以用户为中心的信息生态系统。5G 网络的基本特征是高速率（峰值速率可大于 20Gb/s，相当于 4G 的 20 倍）、低时延（网络时延从 4G 的 50ms 缩减到 1ms）、海量设备连接（满足 1000 亿量级的连接）、低功耗（基站更节能，终端更省电）。

2）5G 网络的主要特征

（1）服务化架构。为满足 5G 时代行业应用的差异化需求，网络需要具备软件快速迭代和升级的能力，以加快业务创新，低成本试错，实现商业敏捷，3GPP（3rd Generation Partnership Project）在 5G 核心网中引入了 SBA（Service-based Architecture）服务化架构，实现网络功能的灵活定制和按需组合。图 2-21 给出了 5G 网络的系统架构。

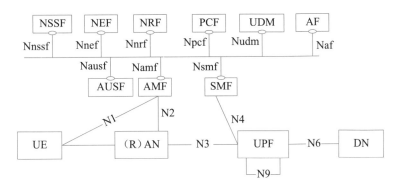

图 2-21　5G 网络的系统架构

在 5G 通信系统中涉及的主要网元 NF（Network Function）如图 2-21 所示，其中控制面 NF 包括：认证服务功能（Authentication Server Function，AUSF），接入和移动性管理功能（Access and Mobility Management Function，AMF），网络能力开放功能（Network Exposure Function，NEF），网络存储功能（Network Repository Function，NRF），网络切片选择功能（Network Slice Selection Function，NSSF），策略控制功能（Policy Control Function，PCF），会话管理功能（Session Management Function，SMF），统一数据管理功能（Unified Data Management，UDM），应用功能（Application Function，AF）等。用户面 NF 包括用户面功能（User Plane Function，UPF），另外包括用户设备（User Equipment，UE），接入网或无线接入网（（Radio）Access Network，（R）AN）等。数据网（Data Network，DN ）泛指运营商服务网络、Internet 互联网或者是第三方服务网络等。它是 5G 通信系统要接入的业务网络。

5G 系统控制面网元（如 AMF、SMF、NRF、NSSF 等）之间采用服务化接口（Service Based Interface，SBI）互通，使 HTTP 协议作为承载协议。其中 AMF 和接入网（AN）采用点到点方式通信，使用 SCTP 协议作为承载协议，SMF 和用户面网元（UPF）之间采用点到点通信，使用 UDP 协议作为承载协议。UPF 和（R）AN 之间采用点到点方式通信，使用 UDP 作为承载协议。UDP 和 DN 之间基于 /IP 协议通信。

（2）网络切片。5G 时代网络服务的对象不再是单纯的移动手机，而是各种类型的设备，如移动手机、平板、固定传感器和车辆等；应用场景也更加多样化，如移动宽带、大规模物联网、任务关键型互联网等；要满足的要求也愈加多样化，如移动性、安全性、时延性和可靠性等。这便催生了网络切片的诞生。通过网络切片技术在单个独立的物理网络上切分出多个逻辑网络，从而避免了为每一个服务建设一个专用的物理网络，极大地降低了建网和运维成本。图 2-22 描述了根据不同群体与不同需求（应用场景）划分的不同网络切片。

在图 2-22 中，移动宽带（eMBB）的应用场景如面向 4K/8K 超高清视频、全息技术、增强现实 / 虚拟现实等应用，对网络带宽和速率要求较高；海量大规模物联网（mMTC）的应用场景如海量的物联网传感器部署于测量、建筑、农业、物流、智慧城市、家庭等领域，这些传感器设备是非常密集的，规模庞大，且大部分是静止的，对时延和移动性要求不高；关键任务物联网（uRLLC）的应用场景如无人驾驶、车联网、自动工厂、远程医疗等领域，要求超低时延和超高可靠性。

图 2-22　5G 网络切片组成

为了满足 5G 网络切片组网的需要，引入了 SPN（Slicing Packet Network）技术，其中包括基于灵活以太网（Flexible Ethernet，FlexE）的硬切片技术。FlexE 基于 PHY 层的切片转发，提供刚性管道隔离，实现带宽灵活分配。基于 FlexE Cross-connection 的 FlexE Channel 则将业务隔离从端口级扩展到网络级，可对不同业务实现端到端子信道隔离，为 5G 承载网络切片提供最佳转发面支撑。同时，基于 FlexE Channel 技术的保护倒换能做到 1ms 以内，把电信级保护提升到了工业控制级。

2.5.4　组网技术

1. 网络设备及其工作层级

网络设备是连接到网络中的物理实体。网络设备的种类繁多，且与日俱增。基本的网络设备有集线器、中继器、网桥、交换机、路由器和防火墙等。

1）集线器

集线器是最简单的网络设备。在集线器中，从一个端口收到的数据被转送到所有其他端口，无论与端口相连的系统是否准备好。集线器还有一个端口被指定为上联端口，用来将该集线器连接到其他集线器或路由设备等以便形成更大的网络。

2）中继器

中继器是局域网互连设备，工作于 OSI 体系结构的物理层，它接收并识别网络信号，然后再生信号，将其发送到网络的其他分支上。为了保证中继器正常工作，需要保证每一个分支中的数据包和逻辑链路协议相同。此外，中继器可以用来连接不同物理介质，并在各种物理介质中传输数据包。

3）网桥

网桥工作于 OSI 体系的数据链路层。OSI 模型数据链路层以上各层的信息对网桥来说是透明的。网桥包含了中继器的功能和特性，不仅可以连接多种介质，还能连接不同的物理分支，如以太网、令牌网，能将数据包在更大的范围内进行传送。

4）交换机

交换机是一种工作在 OSI 七层协议中的数据链路层，为接入交换机的任意两个网络结点提供独享的转发通路，将从一个端口接收的数据通过内部处理转发到指定端口。交换机具备自动寻址和交换的功能，同时具有避免端口冲突、提高网络吞吐（Throughput）的能力。

5）路由器

路由器工作在 OSI 体系结构中的网络层，它可以在多个网络上交换和路由数据包。路由器可通过在相互独立网络中交换路由信息以生成路由表来达到数据包的路径选择。路由表包含网络地址、连接信息、路径信息和发送代价等属性。路由器通常用于广域网或广域网与局域网的互连。

6）防火墙（Firewall）

防火墙是网络中一种重要设备，它通常作为网络的门户，为网络的安全运行提供保障。通过在防火墙设置若干安全规则实现对进出网络的数据进行监视和过滤。在网络中通常采用硬件防火墙。硬件防火墙是指把防火墙程序做到芯片里面，由硬件执行这些功能，能减少 CPU 的负担，使路由更稳定。它的安全和稳定，直接关系到整个网络的安全。

2. 网络协议

1）开放系统互连模型

开放系统是指遵从国际标准的、能够通过互连而相互作用的系统。系统之间的相互作用只涉及系统的外部行为，而与系统内部的结构和功能无关。国际标准化组织（International Standard Organization，ISO）公布了开放系统互连参考模型（OSI/RM）。OSI/RM 为开放系统互连提供了一种功能结构的框架。OSI/RM 是一种分层的体系结构，参考模型共有 7 层，分层的基本想法是每一层都在它的下层提供的服务基础上提供更高级的增值服务，而最高层提供能运行分布式应用程序的服务。这样，通过分层的方法将复杂的问题分解，并保持层次之间的独立性。OSI/RM 的网络体系结构如图 2-23 所示，由低层至高层分别为物理层（Physical Layer）、数据链路层（Datalink Layer）、网络层（Network Layer）、传输层（Transport Layer）、会话层（Session Layer）、表示层（Presentation Layer）和应用层（Application Layer）。

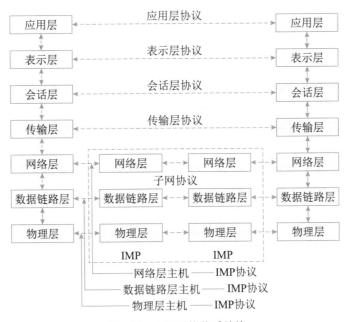

图 2-23　OSI 网络体系结构

2）OSI 协议集

国际标准化组织除了定义开放系统互连（Open System Interconnection，OSI）参考模型，还开发了实现 7 个功能层次的各种协议和服务标准，通称为 OSI 协议。与其他协议一样，OSI 协议是实现某些功能的过程描述和说明。每一个 OSI 协议都详细地规定了特定层次的功能特性。OSI 协议集如表 2-5 所示。

表 2-5   OSI 协议集

网络分层	协议集				
应用层	VT	DS	FTMA	CNIP/CMIS	MHS	ANS.1
	ACSE，RTSE，ROSE，CCR				
表示层	OSI 表示层协议				
会话层	OSI 会话层协议				
传输层	TP0，TP1，TP2，TP3，TP4				
网络层	ES-IS，IS-IS				
	X.25 PLP			CLNP	
数据链路层	IEEE 802.2			HDLC PAP-B	
物理层	802.3 802.4 802.5 FDDI			RS-232 RS-449 X-21 V.35 ISDN	

3）TCP/IP 协议集

TCP/IP（Transmission Control Protocol /Internet Protocol）作为 Internet 的核心协议，已被广泛应用于局域网和广域网中，TCP/IP 的主要特性为逻辑编址、路由选择、域名解析、错误检测和流量控制以及对应用程序的支持等。TCP/IP 是个协议族，主要包括因特网协议（IP）、传输控制协议（TCP）、用户数据报协议（UDP）、虚拟终端协议（TELNET）、文件传输协议（FTP）、电子邮件传输协议（SMTP）、网上新闻传输协议（NNTP）和超文本传送协议（HTTP）等 8 个。

TCP/IP 网络协议模型共分为网络接口层、网际层、传输层和应用层 4 层。对于网络访问层，在 TCP/IP 参考模型中并没有详细描述，只是指出主机必须使用某种协议与网络相连。网际层是整个 TCP/IP 体系结构的关键部分，其功能是使主机可以把分组发往任何网络，并使分组独立地传向目标。传输层使源端和目的端机器上的对等实体可以进行会话。这一层定义了两个端到端的协议：传输控制协议（TCP）和用户数据报协议（UDP）。

4）ISO/OSI 模型与 TCP/IP 模型的对比

ISO/OSI 模型与 TCP/IP 模型的对比如表 2-6 所示。

表 2-6   ISO/OSI 模型与 TCP/IP 模型的对比

ISO/OSI 模型	TCP/IP 协议					TCP/IP 模型
应用层	文件传输协议 FTP	远程登录协议 Telnet	电子邮件协议 SMTP	网络文件服务协议 NFS	网络管理协议 SNMP	应用层
表示层						
会话层						

（续表）

ISO/OSI 模型	TCP/IP 协议				TCP/IP 模型	
传输层	TCP		UDP		传输层	
网络层	IP		ICMP	ARP　　RARP	网际层	
数据链路层	Enternet IEEE 802.3	FDDI	Token-Ring/IEEE 802.3 硬件层	ARCnet	PPP/ SLIP	网络接口层
物理层						硬件层

如表 2-6 所示，TCP/IP 分层模型由 4 个层次构成，即应用层、传输层、网际层和网络接口层。网际层定义的协议除了 IP 外，还有 ICMP（Internet Control Message Protocol）、ARP（Address Resolution Protocol）和 RARP（Reverse Address Resolution Protocol）等几个重要协议。应用层的协议有 NFS（Network File Serve）、Telnet、SMTP（Simple Mail Transport Protocol）、SNMP（Simple Network Management Protocol）和 FTP（File Transfer Protocol）等。

Internet 的地址主要有两种表示形式：域名格式和 IP 地址格式。域名和 IP 地址是一一对应的。IP 协议版本号为 4，也称之为 IPv4；IP 协议版本号为 6 时，称之为 IPv6。

WWW（World Wide Web）也称万维网，是指在因特网上以超文本为基础形成的信息网。它采用统一的资源定位器（Uniform Resource Locator，URL）和图文声并茂的用户界面，可以方便地浏览 Internet 上的信息和利用各种网络服务。互联网常用的服务包括域名服务（Domain Name Server，DNS）、WWW 服务、E-mail 电子邮件服务、FTP 文件传输服务、Telnet 远程登录服务、Gopher，等等。

3. 交换技术

数据在网络中转发通常离不开交换机。人们日常使用的计算机通常就是通过交换机接入网络的。交换机功能包括：

（1）集线功能。提供大量可供线缆连接的端口达到部署星状拓扑网络的目的。

（2）中继功能。在转发帧时重新产生不失真的电信号。

（3）桥接功能。在内置的端口上使用相同的转发和过滤逻辑。

（4）隔离冲突域功能。将部署好的局域网分为多个冲突域，而每个冲突域都有自己独立的带宽，以提高交换机整体宽带利用效率。

1）基本交换原理

交换机是一种基于 MAC 地址识别，能完成封装转发数据包功能的网络设备。交换机可以"学习"MAC 地址，并把其存放在内部地址表中，通过在数据帧的始发者和目标接收者之间建立临时的交换路径，使数据帧直接由源地址到达目的地址，交换机需要实现的功能如下所述。

（1）转发路径学习。根据收到数据帧中的源 MAC 地址建立该地址同交换机端口的映射，写入 MAC 地址表中。

（2）数据转发。如果交换机根据数据帧中的目的 MAC 地址在建立好的 MAC 地址表中查询到了，就向对应端口进行转发。

（3）数据泛洪。如果数据帧中的目的 MAC 地址不在 MAC 地址表中，则向所有端口转发，也就是泛洪。广播帧和组播帧向所有端口（不包括源端口）进行转发。

（4）链路地址更新。MAC 地址表会每隔一定时间（如 300s）更新一次。

2）交换机协议

在交换机组网中，为保证链路的可靠性通常会采用一条以上的物理链路来连接设备，因此，如果在一个交换网络中两台设备之间连接多条链路时就会产生环路。而环路的出现会导致数据转发异常，影响交换机的正常工作。而生成树协议（STP）就可以很好解决链路环路问题。

另外，为提高链路可靠性，或提升与邻接交换设备之间端口带宽，可采用链路聚合协议，如 802.3ad。

4. 路由技术

应用或业务数据在网络中的传输，是依照网络路由机制来进行的。路由功能由路由器（Router）来提供，具体包括：（1）异种网络互连，比如具有异种子网协议的网络互连；（2）子网协议转换，不同子网间包括局域网和广域网之间的协议转换；（3）数据路由，即将数据从一个网络依照路由规则转发到另一个网络；（4）速率适配，利用缓存和流控协议进行适配；（5）隔离网络，防止广播风暴，实现防火墙；（6）报文分片和重组，超过接口的 MTU 报文被分片，到达目的地之后的报文被重组；（7）备份、流量控制，如主备线路的切换和复杂流量控制等。

1）路由原理

路由器工作在 OSI 七层协议中的第 3 层，即网络层。其主要任务是接收来源于一个网络接口的数据包，通常根据此数据包的目地址决定待转发的下一个地址（即下一跳地址）。路由器中维持着数据转发所需的路由表，所有数据包的发送或转发都通过查找路由表来实现。这个路由表可以静态配置，也可以通过动态路由协议自动生成。

2）路由器协议

路由器是通过路由表来转发接收到的数据。转发策略可以是人工指定的，即通过静态配置路由的方法来指定。在较小规模网络中，人工指定转发策略没有任何问题，但是在较大规模网络中（如跨国企业网络、ISP 网络等），如果通过人工指定路由或转发策略的话，将会给网络管理员带来巨大工作量，并且管理、维护路由表也变得十分困难。为了解决这个问题，路由协议应运而生。

路由协议（Routing Protocol）是一种指定数据包转送方式的协议。路由协议是运行在路由器上的协议，可以让路由器自动学习到其他路由器的网络，并且在网络拓扑发生改变后自动更新其维护的路由表。网络管理员只需要简单配置路由协议即可，相比人工配置转发策略、路由，工作量大大减少，同时避免了人为配置可能带来的差错。

路由协议通过在路由器之间共享路由信息来支持可路由协议。路由信息在相邻路由器之间传递，使得所有路由器获悉其他路由器的路径，以此路由协议创建路由表，描述网络拓扑结构；路由协议与路由器协同工作，执行路由选择和数据包转发功能。

一般来说，路由协议可分为内部网关协议（IGP）和外部网关协议（EGP）两类。

（1）内部网关协议。在一个自治系统 AS（Autonomous System）内运行的路由协议称为内部网关协议（Interior Gateway Protocol）。内部网关协议可以划分为两类：距离矢量路由协议和链路状态路由协议。

距离矢量路由协议采用的是距离向量算法；IS-IS 和 OSPF 采用的是链路状态算法。对于小型网络，采用基于距离向量算法的路由协议易于配置和管理，且应用广泛，但在面对大型网络时，不但其固有的环路问题变得更难解决，所占用的带宽也迅速增长，以至于网络无法承受。因此对于大型网络，采用链路状态算法的 IS-IS 和 OSPF 更为有效，并得到广泛应用。

（2）外部网关协议。在 AS 之间的路由协议称为外部网关协议（Exterior Gateway Protocol，EGP）。外部网关协议最初采用的是 EGP。EGP 是为简单的树形拓扑结构设计的，随着越来越多的用户和网络加入 Internet，给 EGP 带来了很多局限性。为了摆脱 EGP 局限性，IETF 边界网关协议工作组制定了标准的边界网关协议（BGP）。

2.5.5　网络工程

网络建设是一个复杂的系统工程，是对计算机网络、信息系统建设和项目管理等领域知识进行综合利用的过程。作为系统架构设计师，应充分分析和调研市场，确定网络建设方案。网络建设工程可分为网络规划、网络设计和网络实施三个环节。

1. 网络规划

网络规划是网络建设的首要环节，也是至关重要的步骤，同时也是系统性过程。网络规划需要以需求为导向，兼顾技术和工程可行性。网络规划包括网络需求分析、可行性分析以及对现有网络的分析（需对现有网络进行优化升级时）。

2. 网络设计

网络设计是在网络规划基础上设计一个能解决用户问题的方案。网络设计包括网络总体目标确定、总体设计原则确定以及通信子网设计，设备选型，网络安全设计等。

3. 网络实施

网络实施是依据网络设计结果进行设备采购、安装、调试和系统切换（需对原有系统改造升级时）等。网络实施具体包括工程实施计划、网络设备验收、设备安装和调试、系统试运行和切换、用户培训等。

2.6　计算机语言

2.6.1　计算机语言的组成

计算机语言（Computer Language）是指用于人与计算机之间交流的一种语言，是人与计算机之间传递信息的媒介。计算机语言主要由一套指令组成，而这种指令一般包括表达式、流程控制和集合三大部分内容。

表达式又包含变量、常量、字面量和运算符。流程控制有分支、循环、函数和异常。集合包括字符串、数组、散列表等数据结构。编程人员可以通过这些指令来指挥计算机进行各种工作。

2.6.2　计算机语言的分类

计算机语言的种类繁多，早期人们把计算机语言分成机器语言、汇编语言和高级语言三大类，而针对不同的处理器架构，机器语言和汇编语言又存在着许多种语言类。近年来，随着计算机语言的不断发展，涌现出了众多其他语言，这里主要分别介绍机器语言、汇编语言、高级语言、建模语言和形式化语言等。

1. 机器语言

机器语言是最早使用的程序设计语言，是第一代计算机语言，是计算机自身具有的"本地语"。在计算机设计时，围绕的中心是指令，指令是一种基本的操作。一台计算机处理功能的大小与指令的功能以及指令的多少有关。所有指令的集合称为指令系统，也就是机器语言。机器语言是计算机能够直接接收并能识别和执行操作的语言，其优点是可以被计算机直接理解和执行，而且执行速度快、占用内存少。

由于每条机器指令就是一个0、1串，使用机器语言编程十分烦琐，且不易学、不易记、不易用、不易调试和维护，而且由于每台计算机的指令系统往往各不相同，所以，在一台计算机上执行的程序，要想在另一台计算机上执行必须另编程序，造成了重复工作。因此，机器语言是不可或缺的，但它又阻碍了计算机应用的发展，使计算机仅为少数专业人员所使用。

1）机器语言的指令格式

机器语言指令是一种二进制代码，由操作码和操作数两部分组成。计算机是通过执行指令来处理各种数据的。为了指出数据的来源、操作结果的去向及所执行的操作，一条指令必须包含下列信息。

（1）操作码。它具体说明了操作的性质及功能。一台计算机可能有几十条至几百条指令，每一条指令都有一个相应的操作码，计算机通过识别该操作码来完成不同的操作。

（2）操作数的地址。CPU通过该地址就可以取得所需的操作数。

（3）操作结果的存储地址。把对操作数的处理所产生的结果保存在该地址中，以便再次使用。

（4）下条指令的地址。执行程序时，大多数指令按顺序依次从主存中取出执行，只有在遇到转移指令时，程序指令的执行顺序才会改变。为了压缩指令的长度，可以用一个程序计数器（Program Counter，PC）存放指令地址。每执行一条指令，PC的指令地址就自动+1（设该指令只占一个主存单元），指出将要执行的下一条指令的地址。当遇到执行转移指令时，则用转移地址修改PC的内容。由于使用了PC，指令中就不必明显地给出下一条将要执行指令的地址。

一条指令实际上包括两种信息即操作码和地址码。操作码用来表示该指令所要完成的操作（如加、减、乘、除、数据传送等），其长度取决于指令系统中的指令条数。地址码用来描述该指令的操作对象，它或者直接给出操作数，或者指出操作数的存储器地址或寄存器地址（即寄存器名）。

指令包括操作码域和地址域两部分。根据地址域所涉及的地址数量，常见的指令格式有以下几种。

（1）三地址指令。一般地址域中 A1、A2 分别确定第 1、第 2 操作数地址，A3 确定结果地址。下一条指令的地址通常由程序计数器按顺序给出。

（2）二地址指令。地址域中 A1 确定第 1 操作数地址，A2 同时确定第 2 操作数地址和结果地址。

（3）单地址指令。地址域中 A 确定第 1 操作数地址。固定使用某个寄存器存放第 2 操作数和操作结果。因而在指令中隐含了它们的地址。

（4）零地址指令。在堆栈型计算机中，操作数一般存放在堆栈顶的两个单元中，结果又放入栈顶，地址均被隐含，因而大多数指令只有操作码而没有地址域。

（5）可变地址数指令。地址域所涉及的地址的数量随操作定义而改变。如有的计算机的指令中的地址数可少至 0 个，多至 6 个。

2. 汇编语言

为了降低使用机器语言编程的难度，人们进行了一种有益的改进，即用一些简洁的英文字母、符号串来替代一个特定指令的二进制串，例如，用 ADD 代表加法，MOV 代表数据传递等，这样一来，人们很容易读懂并理解程序在做什么，编程、纠错及维护都变得方便了，这种程序设计语言就称为汇编语言，即第二代计算机语言。

与机器语言相比，汇编语言有许多优点。程序设计人员用汇编语言写出的程序，代码短、省空间、效率高。但是汇编语言仍是一种面向机器的语言，通用性差。它要求程序设计人员详细了解计算机的硬件结构，如计算机的指令系统、CPU 中寄存器的结构及存储单元的寻址方式等，并且要求程序设计人员具有较高的编程技巧。

汇编语言是机器语言的符号化描述，所以也是面向机器的程序设计语言。然而，计算机并不认识这些符号，这就需要一个专门的程序，专门负责将这些符号翻译成二进制的机器语言，这种翻译程序被称为汇编程序。汇编语言同样十分依赖于机器硬件，可移植性不好，但效率十分高，针对计算机特定硬件编制的汇编语言程序，能准确发挥计算机硬件的功能和特长，程序精炼且质量高，所以至今仍是一种常用的强有力的软件开发工具。

1）汇编语言的语句格式

语句（Statements）是汇编语言程序的基本组成单位。在汇编语言源程序中有 3 种语句：指令语句、伪指令语句和宏指令语句（或宏调用语句）。

（1）指令语句。指令语句又称为机器指令语句，将其汇编后能产生相应的机器代码，这些代码能被 CPU 直接识别并执行相应的操作。基本的指令有 ADD、SUB 和 AND 等，书写指令语句时必须遵循指令的格式要求。

指令语句可分为传送指令、算术运算指令、逻辑运算指令、移位指令、转移指令和处理机控制指令等类型。

（2）伪指令语句。伪指令语句指示汇编程序在汇编源程序时完成某些工作，例如为变量分配存储单元地址，给某个符号赋一个值等。伪指令语句与指令语句的区别是：伪指令语句经汇编后不产生机器代码，而指令语句经汇编后要产生相应的机器代码。另外，伪指令语句所指示的操作是在源程序被汇编时完成的，而指令语句的操作必须在程序运行时完成。

（3）宏指令语句。在汇编语言中，还允许用户将多次重复使用的程序段定义为宏。宏的定义必须按照相应的规定进行，每个宏都有相应的宏名。在程序的任意位置，若需要使用这段程序，只要在相应的位置使用宏名，即相当于使用了这段程序。因此，宏指令语句就是宏的引用。

2）指令语句和伪指令语句格式

指令语句和伪指令语句有相同的语句格式，每条语句均由如下 4 个字段（Fields）组成：名字、操作符、操作数和注释。其中，每个字段的意义如下。

（1）名字字段（Name Field）。除少数伪指令语句必选外，其他多数语句是一个任选字段。在指令语句中，这个字段的名字叫标号，且一定是用冒号"："作为名字字段的结束符。标号是一条指令的符号地址，它代表该指令代码的第 1 个字节单元地址。通常在一个程序段的入口指令语句处选用标号。当程序需要转入这个程序时，就可直接引用这个标号。在伪指令语句中，对于不同的伪指令这个字段的名字有所不同，它们可以是常量名、变量名、段名、过程名等。伪指令语句的名字字段后面用空格作为结束符，不得使用冒号，这是它与指令语句的一个重要区别。伪指令语句的这些名字，有的代表一个具体常数值，有的作为存储单元的符号地址。它们都可以在指令语句和伪指令语句的操作数字段中直接加以引用。

（2）操作符字段（Operator Field）。这是一条语句不可缺少的主要字段，它反映了这个语句的操作要求。在指令语句中，这个字段就是指令助记符，如 MOV、ADD 和 SUB 等，它表示程序在运行时 CPU 完成的操作功能。在伪指令语句中，这个字段就是本章后面将要介绍的各种伪指令，如数据定义伪指令 DB、DW、DD；段定义伪指令 SEGMENT；过程定义伪指令 PROC 等，它表示汇编程序如何汇编（翻译）源程序各条语句。这些伪指令的操作要求都是由汇编程序在汇编源程序时完成的。

（3）操作数字段（Operand Field）。在一条语句中，本字段是否需要、需要几个以及需要什么形式的操作数等都由该语句的操作符字段（指令助记符 / 伪指令）确定。如果需要本字段，那么本字段与操作符字段用空格或制表符 Tab 作为分界符。如果本字段要求有两个或两个以上操作数，那么各操作数之间用逗号"，"或空格分隔。

（4）注释字段（Comment Field）。这是一个任选字段。如选用本字段，必须以分号"；"作为字段的开始符。本字段可由程序设计人员编写任意字符串，其内容不影响程序和指令的功能，它们也不出现在目标程序中。这个字段为提高程序的可读性和可维护性提供了方便，它对某些程序段或指令加以注解，说明它们的功能和意义。当需要进行较多的文字说明时，一条语句可以只有注释字段，这时该语句的第 1 个有效字符必须是分号。

3. 高级语言

由于汇编语言依赖于硬件，使得程序的可移植性极差，而且编程人员在使用新的计算机时还需学习新的汇编指令，大大增加了编程人员的工作量，为此诞生计算机高级语言。高级语言不是一门语言，而是一类语言的统称，它比汇编语言更贴近于人类使用的语言，易于理解、记忆和使用。由于高级语言和计算机的架构、指令集无关，因此它具有良好的可移植性。高级语言应用非常广泛，世界上绝大多数编程人员都在使用高级语言进行程序开发。常见的高级语言包括 C、C++、Java、VB、C#、Python、Ruby 等。下面介绍几种常见的高级语言。

1）C

C 语言是 20 世纪 70 年代由美国 Bell 实验室为描述 UNIX 操作系统而开发的一种系统描述语言。C 语言同时具有汇编语言和高级语言的优点：语言简洁紧凑，使用方便灵活，运算符极其丰富，可移植性好，可以直接操作硬件，生成的目标代码质量高，程序执行效率高。因此，C 语言一出现便在国际上广泛流行起来。

20 世纪 80 年代初，随着微型计算机的日益普及，出现了许多 C 语言版本。由于没有统一的标准，所以这些 C 语言之间出现了一些不兼容的地方。美国国家标准学会（ANSI）于 1989 年发布了第 1 个完整的 C 语言标准，称为 ANSI C 标准，简称 C89。1990 年 C89 被国际标准化组织（International Standard Organization，ISO）采纳，称为 ISO/IEC 9899:1990（简称为 C90）标准。1999 年，在对 C 语言做了一些必要的修正和完善后，发布命名为 ISO/IEC 9899:1999（简称为 C99）C 语言新标准。之后还有 2011 年发布的 ISO/IEC 9899:2011（简称为 C11），最新的 C 语言标准是 ISO/IEC 9899:2018（简称为 C18）。

2）C++

美国 Bell 实验室于 1980 年开始对 C 语言进行改进和扩充，引入面向对象程序设计思想，并于 1983 年将这个扩充的 C 语言正式命名为 C++。C++ 不仅保持了 C 语言简洁、高效和可取代汇编语言等优点，而且还在模块化结构的基础上增加了对面向对象程序设计的支持。美国国家标准化协会 ANSI 和国际标准化组织 ISO 一起对 C++ 语言进行了标准化工作，并于 1998 年正式发布了 C++ 语言的第 1 个国际标准 ISO/IEC 14882:1998（简称为 C++ 98）。此后，在 C++ 98 的基础上增加了许多新特性后，发布了 ISO/IEC 14882:2011（简称为 C++11）标准，进一步改进后依次发布了 ISO/IEC 14882:2014（C++14）、ISO/IEC 14882:2017（C++17）、ISO/IEC 14882:2020（C++20），C++20 中引入了更多特性，以更简单地编写和维护代码。

面向对象程序设计是软件开发方法的一场革命，它代表了计算机程序设计的新的思维方法。该方法与通常的结构化程序设计不同，它支持一种概念，即旨在使计算机问题的求解更接近人的思维活动，人们能够利用 C++ 语言充分挖掘硬件的潜力，在减少开销的前提下提供更有力的软件开发工具。

3）Java

Java 语言是 1991 年美国 SUN 公司提出的面向计算机网络、完全面向对象的程序设计语言。Java 语言的口号是"一次编写，处处运行"。随着 Internet/Intranet 的发展，加上 Java 语言本身结构的新颖、能实时操作、可靠又安全、最适合于浏览器编程的特点，Java 语言被公认为 Internet 上的"世界语"。

Java 是纯面向对象的语言，其可重用性好，编程效率高，安全性好，程序运行时系统不容易崩溃。更重要的是其跨平台的特性，Java 语言新颖的、完全开放的软件技术思路，做到了与硬 / 软件平台无关，使 Java 程序可以在网络上任何装有 Java 解释器的计算机上运行。

4）Python

Python 是一种结合了解释性、编译性、互动性和面向对象的脚本语言，由荷兰人吉多·范罗苏姆（Guido van Rossum）于 1989 年设计，1991 年公开发布了 Python 的第 1 个版本。

Python 是纯粹的自由软件，具有简洁、易学、易读、易维护、可移植、可嵌入、可扩展、互动等特点，特别是具有强大的标准库，提供了系统管理、网络通信、文本处理、数据库接口、图形系统、XML 处理等额外的功能。Python 的主要应用包括 Web 应用、科学计算、大数据分析处理等。

4. 建模语言

软件开发技术和模型的表现手法层出不穷，但在目前的软件开发方法中，面向对象的方法占据着主导地位。面向对象方法的主导地位也决定着软件开发过程模型化技术的发展，面向对象的建模技术方法也就成为主导的方法。

公认的面向对象建模语言出现于 20 世纪 70 年代中期。从 1989 年到 1994 年，其数量从不到 10 种增加到了 50 多种。20 世纪 90 年代中期，一批新方法出现了，其中最引人注目的是 Booch1993、OOSE 和 OMT-2 等。面对众多的建模语言，用户由于没有能力区别不同语言之间的差别，因此很难找到一种比较适合其应用特点的语言；其次，众多的建模语言实际上各有千秋，极大地妨碍了用户之间的交流。因此，在客观上有必要在精心比较不同的建模语言优缺点及总结面向对象技术应用实践的基础上，组织联合设计小组，根据应用需求，取其精华，去其糟粕，求同存异，统一建模语言工作，之后先后推出了 UML 的多个版本。UML 的发展历史如图 2-24 所示。

在美国，截至 1996 年 10 月，UML 获得了工业界、科技界和应用界的广泛支持，已有 700 多个公司表示支持采用 UML 作为建模语言。1997 年 10 月 17 日，OMG 采纳 UML1.1 作为面向对象技术的标准建模语言。在我国，UML 也成为广大软件公司的建模语言。1999 年底，UML 已稳占面向对象技术市场的 90%，成为可视化建模语言事实上的工业标准。

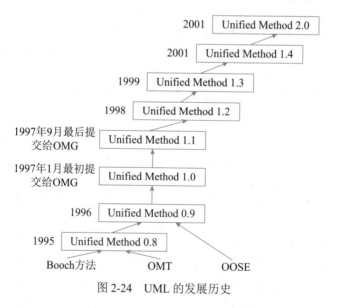

图 2-24   UML 的发展历史

　　UML 是一种定义良好、易于表达、功能强大且普遍适用的建模语言。它的作用不限于支持面向对象的分析与设计，还支持从需求分析开始的软件开发的全过程。UML 成为"标准"建模语言的原因之一在于与程序设计语言无关。而且，UML 符号集只是一种语言而不是一种方法学，不需要任何正式的工作产品。因为语言与方法学不同，它可以在不做任何更改的情况下很容易地适应任何公司的业务运作方式。

　　1）UML 组成要素

　　UML 由 3 个要素构成：UML 的基本构造块（事物、关系）、图（支配基本构造块如何放置在一起的规则）和运用于整个语言的公用机制。

　　（1）事物。UML 中有 4 种事物：结构事物、行为事物、分组事物和注释事物。

　　①结构事物。结构事物是 UML 模型中的名词。它们通常是模型的静态部分，描述概念或物理元素。结构事物包括类（Class）、接口（Interface）、协作（Collaboration）、用例（Use Case）、主动类（Active Class）、构件（Component）、制品（Artifact）和结点（Node）。

　　各种结构事物的图形化表示如图 2-25 所示。

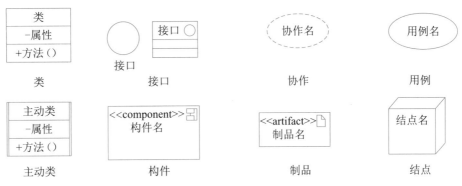

图 2-25　结构事物的图形表示

　　②行为事物。行为事物是 UML 模型的动态部分。它们是模型中的动词，描述了跨越时间和空间的行为。行为事物包括交互（Interaction）、状态机（State Machine）和活动（Activity）。各种行为事物的图形化表示如图 2-26 所示。

图 2-26　行为事务的图形表示

　　状态机描述了一个对象或一个交互在生命期内响应事件所经历的状态序列。单个类或一组类之间协作的行为可以用状态机来描述。一个状态机涉及一些其他元素，包括状态、转换（从一个状态到另一个状态的流）、事件（触发转换的事物）和活动（对一个转换的响应）。在图形上，把状态表示为一个圆角矩形，通常在圆角矩形中含有状态的名称及其子状态。

　　活动是描述计算机过程执行的步骤序列，注重步骤之间的流而不关心哪个对象执行哪个步骤。活动的一个步骤称为一个动作。在图形上，把动作画成一个圆角矩形，在其中含有指明其用途的名字。状态和动作通过不同的语境来区别。

　　交互、状态机和活动是可以包含在 UML 模型中的基本行为事物。在语义上，这些元素通常与各种结构元素（主要是类、协作和对象）相关。

③分组事物。分组事物是 UML 模型的组织部分，是一些由模型分解成的"盒子"。在所有的分组事物中，最主要的分组事物是包（Package）。包是把元素组织成组的机制，这种机制具有多种用途。结构事物、行为事物甚至其他分组事物都可以放进包内。包与构件（仅在运行时存在）不同，它纯粹是概念上的，即它仅在开发时存在。包的图形化表示如图 2-27 所示。

④注释事物。注释事物是 UML 模型的解释部分。这些注释事物用来描述、说明和标注模型的任何元素。注解（Note）是一种主要的注释事物。注解是一个依附于一个元素或者一组元素之上，对它进行约束或解释的简单符号。注解的图形化表示如图 2-28 所示。

图 2-27　包　　　　　　　　　　　图 2-28　注解

（2）关系。UML 中有 4 种关系：依赖、关联、泛化和实现。

①依赖是两个事物间的语义关系，其中一个事物（独立事物）发生变化会影响另一个事物（依赖事物）的语义。在图形上，把一个依赖画成一条可能有方向的虚线，如图 2-29 所示。

②关联是一种结构关系，它描述了一组链，链是对象之间的连接。聚集是一种特殊类型的关联，它描述了整体和部分间的结构关系。关联和聚集的图形化表示如图 2-30 和图 2-31 所示。在关联上可以标注重复度和角色。

图 2-29　依赖　　　　　　　　图 2-30　关联　　　　　　　　图 2-31　聚集

③泛化是一种特殊 / 一般关系，特殊元素（子元素）的对象可替代一般元素（父元素）的对象。用这种方法，子元素共享了父元素的结构和行为。在图形上，把一个泛化关系画成一条带有空心箭头的实线，它指向父元素，如图 2-32 所示。

④实现是类元之间的语义关系，其中一个类元指定了由另一个类元保证执行的契约。在两种情况下会使用实现关系：一种是在接口和实现它们的类或构件之间；另一种是在用例和实现它们的协作之间。在图形上，把一个实现关系画成一条带有空心箭头的虚线，如图 2-33 所示。

图 2-32　泛化　　　　　　　　　　图 2-33　实现

这 4 种关系是 UML 模型中可以包含的基本关系事物。它们也有变体，例如，依赖的变体有精化、跟踪、包含和延伸。

（3）UML 中的图。图是一组元素的图形表示，大多数情况下把图画成顶点（代表事物）和弧（代表关系）的连通图。为了对系统进行可视化，可以从不同的角度画图，这样图是对系统的投影。

UML 2.0 提供了 13 种图，分别是类图、对象图、用例图、序列图、通信图、状态图、活动图、构件图、部署图、组合结构图、包图、交互概览图和计时图。序列图、通信图、交互概览图和计时图均被称为交互图。

用例图（Use Case Diagram）展现了一组用例、参与者（Actor）以及它们之间的关系。用例图通常包括用例和参与者以及它们之间的关系，如图 2-34 所示。

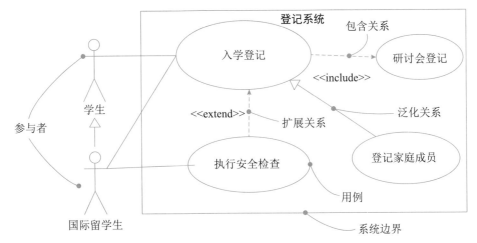

图 2-34　UML 用例图

用例之间有扩展关系（<<extend>>）和包含关系（<<include>>），参与者和用例之间有关联关系，用例与用例、参与者与参与者之间有泛化关系。

用例图用于对系统的静态用例视图进行建模。这个视图主要支持系统的行为，即该系统在它的周边环境的语境中所提供的外部可见服务。当对系统的静态用例视图建模时，可以用下列两种方式来使用用例图。

①对系统的语境建模。对一个系统的语境进行建模，包括围绕整个系统画一条线，并声明有哪些参与者位于系统之外并与系统进行交互。在这里，用例图说明了参与者以及他们所扮演的角色的含义。

②对系统的需求建模。对一个系统的需求进行建模，包括说明这个系统应该做什么（从系统外部的一个视点出发），而不考虑系统应该怎样做。在这里，用例图说明了系统想要的行为。通过这种方式，用例图使人们能够把整个系统看作一个黑盒子，采用矩形框表示系统边界；可以观察到系统外部有什么，系统怎样与哪些外部事物相互作用，但却看不到系统内部是如何工作的。

2）UML 5 种视图

对于同一个系统，不同人员所关心的内容并不一样。因此一个系统应从不同的角度进行描述，从一个角度观察到的系统称为一个视图（View），每个视图表示系统的一个特殊的方面。按照图本身具有的特点，可以把图形划分为 5 类视图，分别是用例视图、逻辑视图、进程视图、实现视图和部署视图，其中的用例视图居于中心地位。

（1）用例视图：描述系统的功能需求，方便找出用例和执行者；它展示了一个外部用户能够观察到的系统功能模型，主要包括用例图。对此关心的开发团队成员主要包括客户、分析者、设计者、开发者和测试者。

（2）逻辑视图：描述如何实现系统内部的功能；系统的静态结构和因发送消息而出现的动态协作关系。逻辑视图包含类图和对象图、状态图、顺序图、合作图和活动图。

（3）进程视图：描述系统的并发性，并处理这些线程间的通信和同步；它将系统分割成并发执行的控制线程及处理这些线程的通信和同步。进程视图主要包括状态图、顺序图、合作图、活动图、构件图和配置图；对此关心的开发团队成员主要包括开发者和系统集成者。

（4）实现视图：描述系统代码构件组织和实现模块及它们之间的依赖关系；实现视图主要包括构件图；对此关心的开发团队成员主要有设计者、开发者和测试者。

（5）部署视图：定义系统中软硬件的物理体系结构及连接、哪个程序或对象驻留在哪台计算机上执行；主要包括配置图；对此关心的开发团队成员主要包括开发者、系统集成者和测试者。

5. 形式化语言

形式化方法是把概念、判断、推理转化成特定的形式符号后，对形式符号表达系统进行研究的方法，是用具有精确语义的形式语言书写的程序功能描述，它是设计和编制程序的出发点，也是验证程序是否正确的依据。形式化方法就是用符号化的数学变换把需求分析准确地表述出来，这样可以确保和需求的一致性，并能用于分析和验证应用程序。毕竟，一个程序本身就是一个正式的规范化语言。

1）形式化规格说明语言

为了书写形式化的规格说明，许多计算机科学家从不同的角度，提出了多种不同的形式化规格说明语言。由于所根据的数学基础不同，方法与途径不同，形成了以下几个主要流派。

（1）公理方法，利用前置条件与后置条件描述程序的行为，这个学派的代表人物有 Floyd、Hoare 和 Dijkstra。

（2）基于集合论和一阶谓词演算的 meta-IV 语言和 Z 语言，这种语言已广泛用于书写大型软件的规格说明与设计。在描述程序语言的指称语义时，利用这类语言可以方便地定义高阶函数，并由此定义程序语言的复杂控制构造的意义。利用 meta-IV 描述的形式化软件开发方法，称为维也纳开发方法，简称 VDM。

（3）代数规格说明，是关于抽象数据类型的代数描述，语言有 OBJ 及 ACT。

（4）进程描述语言，用于描述开发进程的行为。主要有 Hoare 的顺序通信进程 CSP 及 R.Milner 的通信系统理论 CCS。

专用的规格说明语言已有大量的成功实例，例如，在计算机网络与通信系统中，广泛地使用形式化方法来研制与开发各种网络协议。目前国际标准化组织认可的形式化规格说明语言有 ISO LOTOS、ISO ESTELLE、ISO SDL、CCITT Z.100 和 CCITT SDL 等。

2）形式化方法的分类

针对不同的系统，需要采用不同的形式化方法，每一种形式化方法都有不同的数学定义，可通过类型分析决定应用程序采用何种形式化方法。一是面向对象的形式化方法，通过定义状态和操作进行建模，如 Z 语言、VDM、B、Object-Z 等方法；二是面向属性的形式化方法，如 OBJ3、Larch 等方法；三是基于并发性的形式化方法，如 CCS、ACP、CSP、LOTOS 等；四是基于实时性的形式化方法，如 TRIO、RTOZ 等方法。

（1）根据描述方式，可将形式化方法归为模型描述的形式化方法和性质描述的形式化方法两类。

模型描述的形式化方法通过构造一个数学模型来直接描述系统或程序；性质描述的形式化方法通过对目标软件系统中不同性质的描述来间接描述系统或程序。

（2）根据表达能力，可将形式化方法大致分为模型方法、代数方法、进程代数方法、逻辑方法和网络模型方法 5 类。

模型方法对系统状态和改变系统状态的动作直接给出抽象定义，并进行显式描述。该方法的缺陷是不能显式地表示并发。

代数方法通过定义不同操作系统的关系，隐式地描述操作。代数方法也不能显式地表示并发。

进程代数方法通过一个显式模型来描述并发过程，将并发性归为非确定性，通过交错语义来表示系统行为。

逻辑方法通过描述程序状态规范和时间状态规范的逻辑方法来描述系统特性，如 CSS、CSP 和 ACP 等。

网络模型方法通过独立描述网络中每一个结点，显式地给出系统的并发模型。如 Petri 网。

3）形式化方法的开发过程

按照软件工程"自顶向下、逐步求精"的原则，软件生命周期可分为可行性分析、需求分析、体系结构设计、详细设计、编码和测试发布 6 个阶段，形式化方法贯穿软件工程整个生命周期。

（1）可行性分析。可行性分析是对待开发系统提供一种综合性的分析方法。综合各方面因素论证待开发系统是否可行，为开发过程提出综合评价和决策依据。由于形式化方法的符号演算系统仍不能完全表达自然语言，所以在此阶段的应用仍是一项巨大挑战。

（2）需求分析。需求分析是在软件开发过程的早期阶段，将用户需求转换为说明文档。一般非形式化的描述可能导致描述的不明确和需求的不一致，可能导致编程错误，影响程序的使用和可靠性。形式化方法则要求明确描述用户需求。

（3）体系结构设计。体系结构设计阶段的根本目的是将用户需求转换为计算机可以实现的目标系统。本阶段侧重描述软件系统的接口、功能和结构。形式化方法对于软件需求描述的优点同样适用于软件设计的描述。由于需求阶段功能描述并不能完全实现，所以形式化方法在此阶段的应用仍存在问题。使用者可采用半形式化方法来完成此阶段的工作。

（4）详细设计。详细设计阶段的形式化是以体系结构规范为基础进行精化描述的过程。通过此阶段的形式化描述能够检验需求描述和用户需求是否一致。为使形式化方法更适用于详细设计和精化过程，可将各种形式的规范联系起来。

（5）编码。自动代码生成器目前能将一些规模较小软件系统的形式化描述直接转换成可执行程序。在简化软件开发过程的同时不仅节约了资源，还增强了软件的可靠性。

（6）测试发布。软件开发的最后阶段是测试发布。在软件投入运行前，需要对软件开发各阶段的文档以及程序源代码进行检查。对于测试来讲，形式化方法可用于测试用例的自动生成，保证测试用例的覆盖率。

4）形式化规格语言——Z语言

Z语言是一种形式化语言，它是具有"状态—操作"风格的形式化规格说明语言，在很多大型软件项目中获得成功应用。它以一阶逻辑和集合论作为形式语义基础，将函数、映射、关系等教学方法用于规格说明。Z语言借助模式来表达系统结构，它提供了一种能独立于实现的、可推理的系统数学模型，具有精确、简洁、无二义性的优点，有利于保证程序的正确性，尤其是适用于无法进行现场调试的高安全性系统的开发。Z语言最主要的结构是模式，一个模式由变量说明和谓词约束两部分组成，可用来描述系统状态和操作。

Z语言建立于集合论和数理逻辑的基础上。集合论包括标准的集合运算符、笛卡尔积和幂集，数理逻辑包括一阶谓词演算，二者合二为一，形成了一个易学易用的数学语言。

Z语言具备将数学进行结构化的方式。数学对象与它上面的操作结合起来形成构型（Schema）。构型语言可被用来描述系统的状态及改变系统的性质，对一个设计的可能求精细化进行推理。

Z语言是一个强类型系统。数学语言中的每个对象都有唯一的类型，类型作为当前的规格说明中一个最大集合来表示。类型在程序设计实践中是非常有用的概念，据此可以检查一个规格说明中每个对象的类型的一致性。

Z语言可以使用自然语言。人们用数学陈述问题，发掘解法，证明所做的设计满足规格说明的要求。同时，人们可以使用自然语言将数学与现实世界中的对象相关联，因为人们可以选择富有含义的变量名和辅以注文。一个好的规格说明应当是读者一看就懂的白话文。

Z语言可以进行求精。通过构造一项设计的模型，利用简单的数学类型标识所需的行为，可以开发一个系统。通过构造关于一个系统设计决策的另一个模型，作为第1个模型的一个实现，就是一次求精。这种求精的过程可以一直继续到产生可执行的代码。

Z语言是具有强大构造机构的数学语言，同自然语言结合起来，它可被用来产生形式化的规格说明。利用数理逻辑的证明技术，可以对执行规格说明进行推理。对一个规格说明进行求精，得到接近于可执行代码的另一个描述。但是，Z语言没有提供关于计时的或并发的行为的描述，而有些语言适于做这样的描述，如CSP和CCS。可以将Z语言与这些形式化方法结合起来，产生含并发行为的系统的规格说明。

2.7　多媒体

2.7.1　多媒体概述

媒体（Media）是承载信息的载体，即信息的表现形式（或者传播形式），如文字、声音、图像、动画和视频等。按照 ITU-T 建议的定义，媒体可分为感觉媒体、表示媒体、显示媒体、存储媒体和传输媒体。

（1）感觉媒体（Perception Medium），指的是用户接触信息的感觉形式，如视觉、听觉和触觉等。

（2）表示媒体（Representation Medium），指的是信息的表示形式，如图像、声音、视频等。

（3）表现媒体（Presentation Medium）也称为显示媒体，指表现和获取信息的物理设备，如键盘、鼠标、扫描仪、话筒和摄像机等为输入媒体；显示器、打印机和音箱等为输出媒体。

（4）存储媒体（Storage Medium），指用于存储表示媒体的物理介质，如硬盘、软盘、磁盘、光盘、ROM 及 RAM 等。

（5）传输媒体（Transmission Medium），指传输表示媒体的物理介质，如电缆、光缆和电磁波等。

多媒体（Multimedia）就是指利用计算机技术把文本、图形、图像、声音、动画和电视等多种媒体综合起来，使多种信息建立逻辑连接，并能对它们进行获取、压缩、加工处理和存储，集成为一个具有交互性的系统。当前，多媒体技术已被广泛应用于工业、医疗、军事、轨道交通、办公、教学、娱乐和智能家电等领域。

1. 多媒体的重要特征

多媒体有 4 个重要的特征。

（1）多维化。多维化是指媒体的多样化。它提供了多维化信息空间下的交互能力和获得多维化信息空间的方法，如输入、输出、传输、存储和处理的手段与方法等。

（2）集成性。集成性不仅指多媒体设备集成，而且指多媒体信息集成或表现集成。

（3）交互性。交互性是人们获取和使用信息时变被动为主动的最重要的标志。交互性可向用户提供更有效地控制和使用信息的手段，可增加人们对信息的注意和理解。

（4）实时性。实时性是指多媒体技术中涉及的一些媒体。例如，音频和视频信息具有很强的时间特性，会随着时间的变化而变化。

多媒体技术主要包括感觉媒体的表示技术、数据压缩技术、多媒体存储技术、多媒体数据库技术、超文本与超媒体技术、多媒体信息检索技术、多媒体通信技术、人机交互技术以及多媒体计算机及外部设备等。

2. 多媒体系统的基本组成

多媒体系统通常由硬件和软件组成。其中，多媒体硬件主要包括计算机主要配置和外部设备以及与各种外部设备的控制接口。多媒体软件主要包括多媒体驱动软件、多媒体操作系统、多媒体数据处理软件、多媒体创作工具软件和多媒体应用软件等。图 2-35 给出了多媒体系统的基本组成。

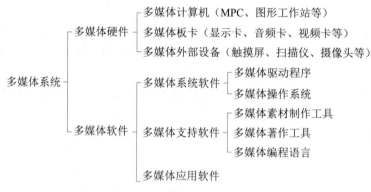

图 2-35　多媒体系统的基本组成

3. 多媒体技术应用

目前，多媒体技术主要涉及以下几个方面，且在这些方面具有非常广阔的应用前景。首先是对图像信息的处理，通过多媒体的压缩功能，能够将图像信息进行各种形式的转换，从而保证图像信息的传递性。其次是对音频信息的处理，多媒体技术能够通过音频的合成产生人们需要的一些特定语音信息。此外，当前非常流行的语音转换功能能够实现语音信息和文本信息之间的良好转换，从而极大地方便人们的生活和工作。

2.7.2　多媒体系统的关键技术

1. 视音频技术

视频技术包括视频数字化和视频编码技术两个方面。视频数字化是将模拟视频信号经模数转换变换为计算机可处理的数字信号，使计算机可以显示和处理视频信号。视频编码技术是将数字化的视频信号经过编码成为视频信号，从而可以录制或播放。

音频技术包括音频数字化、语音处理、语音合成及语音识别 4 个方面。随着计算机的普及，如何给不熟悉计算机的人提供一个友好的人机交互手段，是人们感兴趣的问题，而语音识别技术就是其中自然的一种交流手段。

1）视音频编码

编解码器指的是能够对一个信号或者一个数据流进行变换的设备或者程序。视音频编码的目的是对视音频数据进行传输和存储，在很多多媒体数据流中，往往需要同时包含音频数据和视频数据，这时通常会加入一些用于音频和视频数据同步的元数据（如字幕）。通常，这种编码后的封装是通过视频文件格式来实现的，如常见的 *.mpg、*.avi、*.mov、*.mp4、*.rm、*.ogg 和 *.tta 等。

2）视音频压缩方法

目前，视音频压缩方法有上百种，这些方法总体上可归类为有损（Lossy）压缩和无损

（Lossless）压缩两类。无损压缩也即压缩前和解压缩后的数据完全一致。多数的无损压缩都采用 RLE 行程编码算法。而有损压缩意味着解压缩后的数据与压缩前的数据不一致，在压缩的过程中要丢失一些人眼和人耳不敏感的图像或音频信息，这些丢失的信息是不可恢复的。无损压缩常见的格式有 WAV、PCM、TTA、FLAC、AU、APE、TAK 和 WavPack（WV）等；有损压缩常见的格式有 MP3、Windows Media Audio（WMA）、Ogg Vorbis（OGG）等。

2. 通信技术

通信技术是多媒体系统中的一项关键技术，是指将信息从一个地点传送到另一个地点所采取的方法和措施。这里所说的通信技术仅仅涵盖多媒体系统采用的通信方法。

通信技术通常包括了数据传输信道技术和数据传输技术。数据传输信道是指通信的物理介质，包括同轴电缆、双绞线、光纤、越洋海底电缆、微波信道、短波信道、无线通信和卫星通信等。数据传输技术是指在物理介质上如何组织、传送数据的方法，包括基带传输、频带传输及调制技术、同步技术、多路复用技术、数据交换技术、编码、加密、差错控制技术和数据通信网、设备、协议等。

3. 数据压缩技术

在多媒体系统中，由于所涉及的各种媒体信息主要是非常规数据类型，如图形、图像、视频和音频等，这些数据所需要的存储空间是十分巨大的。为了使多媒体技术达到实用水平，除了采用新技术手段增加存储空间和通信带宽外，对数据进行有效压缩将是多媒体发展中必须解决的最关键技术之一。

数据压缩的算法非常多，不同特点的数据有不同的数据压缩算法（也就是编码方式），按类别分主要存在以下 3 类。

（1）即时压缩和非即时压缩。即时 / 非即时压缩的区别在于信息在传输过程中被压缩还是信息压缩后再传输。即时压缩一般应用在影像、声音数据的传送中。即时压缩常用到专门的硬件设备，如压缩卡等。

（2）数据压缩和文件压缩。数据压缩是专指一些具有时间性的数据，这些数据常常是即时采集、即时处理或传输的。而文件压缩是指对将要保存在磁盘等物理介质的数据进行压缩。

（3）无损压缩与有损压缩。无损压缩是利用数据的统计冗余进行压缩，通常无损压缩的压缩比比较低。而有损压缩是利用了人类对视觉、听觉对图像、声音中的某些频率成分不敏感的特性，允许压缩的过程中损失一定的信息。

国际上已广泛使用数据压缩技术处理各类图形、图像、视频数据，比较流行的几种编码格式已形成国际编码标准。

（1）静态图像压缩编码的国际标准。

联合图像专家小组标准（Joint Photographic Experts Group，JPEG）是一种对静态图像压缩的编码算法。"联合"的含义是：国际电报电话咨询委员会（Consultative Committee on International Telephone and Telegraph，CCITT）和国际标准化协会联合组成的图像专家小组。静态图像压缩标准有 JPEG、JPEG 2000。

（2）动态图像视频编码标准（MPEG）。

运动图像专家组（Moving Picture Experts Group，MPEG）是专门制定多媒体领域内的国际标准的一个组织。该组织成立于 1988 年，由全世界大约 300 名多媒体技术专家组成。MPEG标准是面向运动图像压缩的一个系列标准。目前有 MPEG-1、MPEG-2、MPEG-4、MPEG-7、MPEG-21、DVI。

（3）视频编解码器标准（H.26L）。

H.26L 标准最初是由 ITU-T 的 VCEG（Video Coding Experts Group）在 1997 年制定的一个视频编码标准，ISO/IEC MPEG 和 ITU-T VCEG 联合组成了新的组织 Joint Video Team（JVT）的 H.26L 研究，在 2002 年第 H.26L 标准正式确定。H.26L 旨在提供更高的压缩效率和更灵活的网络适应性，以及增强对于差错的健壮性，适用于可视电话和视频会议等实时视频通信应用。

4. 虚拟现实（VR）/ 增强现实（AR）技术

虚拟现实（Virtual Reality，VR）又称人工现实、临境等，是近年来十分活跃的技术领域，是多媒体发展的更高境界，VR 技术涵盖了传统多媒体技术的所有内容。VR 是一种可以创建和体验虚拟世界的计算机仿真系统，它利用计算机生成一种模拟环境，使用户沉浸到该环境中，让人有种身临其境的感觉。

VR 采用计算机技术生成一个逼真的视觉、听觉、触觉、味觉及嗅觉的感知系统，用户可以用人的自然技能与这个生成的虚拟实体进行交互操作，其概念包含 3 层含义。

- 虚拟实体是用计算机生成的一个逼真的实体。
- 用户可以通过人的自然技能（头部转动、眼动、手势或其他身体动作）与该环境交互。
- 要借助一些三维传感设备来完成交互动作，常用的有头盔立体显示器、数据手套、数据服装和三维鼠标等。

增强现实（Augmented Reality，AR）技术是指把原本在现实世界的一定时间和空间范围内很难体验到的实体信息（视觉信息、声音、味道和触觉等），通过模拟仿真后，再叠加到现实世界中被人类感官所感知，从而达到超越现实的感官体验。增强现实的出现与计算机图形图像技术、空间定位技术和人文智能（Humanistic Intelligence）等技术的发展密切相关。

（1）计算机图形图像技术。增强现实的用户可以戴上透明的护目镜，透过它看到整个世界，连同计算机生成而投射到这一世界表面的图像，从而使物理世界的景象超出用户的日常经验之外。这种增强的信息可以是在真实环境中与之共存的虚拟物体，也可以是实际存在的物体的非几何信息。

（2）空间定位技术。为了改善效果，增强现实所投射的图像必须在空间定位上与用户相关。当用户转动或移动头部时，视野变动，计算机产生的增强信息随之做相应的变化。

（3）人文智能。该技术以将处理设备和人的身心能力结合起来为特点，并非仿真人的智能，而是试图发挥传感器、可穿戴计算等技术的优势，使人们能够捕获自己的日常经历、记忆及所见所闻，并与他人进行更有效的交流。

随着计算机图形学、人机接口技术、多媒体技术、传感技术和网络技术等快速发展，虚拟现实和增强现实技术已进入应用阶段，开始对教育、工业生产、旅游、建筑、医疗等领域带来颠覆性影响。

VR/AR 技术主要分为桌面式、分布式、沉浸式和增强式 4 种。表 2-7 给出了这 4 类 VR/AR 的具体定义和特点。

表 2-7　VR/AR 技术分类

名称	定义	特点
桌面式 VR	利用计算机形成三维交互场景，通过鼠标、力矩球等输入设备交互，由屏幕呈现出虚拟环境	易实现、应用广泛、成本较低，但因会受到环境干扰而缺乏体验感
分布式 VR	将 VR 与网络技术相融合，在同一 VR 环境下，多用户之间可以相互共享任何信息	忽略地域限制因素，共享度高，同时研发成本极高，适合专业领域
沉浸式 VR	借助各类型输入设备与输出设备，给予用户一个可完全沉浸，全身心参与的环境	良好的实时交互性和体验感，但对硬件配置、混合技术要求较高，开发成本高
增强式 VR（AR）	将虚拟现实模拟仿真的世界与现实世界叠加到一起，用户无须脱离真实世界即可提高感知	体验更完美，但对混合技术要求更高，开发成本高，起步晚

VR/AR 技术发展至今，虽然被广泛应用，其主要关键技术还有待深入研究，这些关键技术主要包括：

（1）数据采集与优化传输技术。数据采集主要解决如何获取光照、火焰、动态地形等自然现象的数据问题，通常用 3 种设备获取，即全向相机、高速摄像机和激光设备。优化数据传输技术是要满足低功耗、低延时、高效率等特点，保证数据传输的可靠性。

（2）交互与情形实时再现技术。交互技术的接触方式可分为力觉反馈和触觉反馈两种。力觉反馈是指借助操作控制杆的反作用力效果将虚拟物体的运动轨迹转换成真实物体的机械运动；触觉反馈是指通过手戴 3D 数据手套获取手掌和手指的形态和温度等信息，来满足用户对虚拟物体的移动、抓取和触摸等操作。情形实时再现包含了跟踪定位技术、高效可靠的渲染技术和逼真的显示技术等。

2.8　系统工程

系统工程是一种组织管理技术。所谓系统，首先是把要研究的对象或工程管理问题看作一个由很多相互联系、相互制约的组成部分构成的总体，然后运用运筹学的理论和方法以及电子计算机技术，对构成系统的各组成部分进行分析、预测和评价，最后进行综合，从而使该系统达到最优。

2.8.1　系统工程概述

系统工程产生于第二次世界大战期间，在 1950 年有了初步发展。1960 年，美国的阿波罗登月计划成功地运用了系统工程的科学方法，按预定目标第一次把人送到了月球。以此为转机，系统工程受到了世界各国的高度重视，获得迅速发展，被广泛应用到自然科学和社会科学的各个领域，开创了系统工程发展的新时期。近年来，我国对系统工程非常重视，在许多重大项目中得到广泛应用。

系统工程是运用系统方法，对系统进行规划、研究、设计、制造、试验和使用的组织管理技术。ISO/IEC 15288:2008 中对系统工程做了进一步说明，系统是人造的，被创建用于在定义明确的环境中提供产品或服务，使用户和其他利益攸关者受益。这些系统可配置有一个或多个系统元素：硬件、软件、数据、人员、流程、程序或指令、设施、材料和自然界存在的实体。系统是由交互的元素组织起来的组合，用以实现一个或多个特定的目的。

一个特指的系统及其架构和对系统元素的理解和定义取决于观察者的兴趣和职责。一个人感兴趣的系统可能是另一个人感兴趣系统的系统元素。此外，一个人感兴趣的系统也可能是另一个人感兴趣系统的运行环境的一部分。

系统是一组综合的元素、子系统或组件，用以完成一个确定的目标。这些元素包括产品（硬件、软件或固件）、流程、人员、信息、技术、设施、服务和其他支持元素。例如，航空运输系统是系统的一个实例。

系统之系统（System of System，SoS）适用于其系统元素本身也是系统的情况。这些系统之系统带来了大规模跨学科问题，涉及多重、混合和分布式的系统。这些部件系统的互操作集合通常能产生单个系统无法单独达成的结果。例如，全球定位系统（GPS）是飞机机载导航系统的基本组成部分，作为一个子系统其自身的复杂性不亚于航空运输系统。SoS 的另一个特点是部件系统可以是其他无关系统的一部分。例如，GPS 也是汽车导航系统的基本组成部分。

系统工程是一个视角、一个流程或一门专业，从其出现到现在，系统工程有多种不同的定义和说明。

系统工程是为了最好地实现系统的目的，对系统的组成要素、组织结构、信息流、控制机构等进行分析研究的科学方法。它运用各种组织管理技术，使系统的整体与局部之间的关系协调和相互配合，实现总体的最优运行。系统工程不同于一般的传统工程学，它所研究的对象不限于特定的工程物质对象，而是任何一种系统。它是在现代科学技术基础之上发展起来的一门跨学科的边缘学科。

系统工程是从整体出发，合理开发、设计、实施和运用系统科学的工程技术。它根据总体协调的需要，综合应用自然科学和社会科学中有关的思想、理论和方法，利用电子计算机作为工具，对系统的结构、要素、信息和反馈等进行分析，以达到最优规划、最优设计、最优管理和最优控制的目的。

系统工程从系统观念出发，以最优化方法求得系统整体最优的、综合化的组织、管理、技术和方法的总称。钱学森教授在 1978 年指出："'系统工程'是组织管理'系统'的规划、研究、设计、制造、试验和使用的科学方法，是一种对所有'系统'都具有普遍意义的科学方法。"

国际系统工程学会（INCOSE）认为，系统工程（SE）是一种使系统能够成功实现的跨学科的方法和手段。系统工程专注于：在开发周期的早期阶段，就定义客户需求与所要求的功能，将需求文件化；然后再考虑完整问题，即运行、成本、进度、性能、培训、保障、实验、制造和退出问题，并进行设计综合和系统确认。SE 以提供满足用户需求的高质量产品为目的，同时考虑了所有用户的业务和技术需求。

这些定义中出现了一些关键词，比如跨学科、技术和整体性等。SE 视角基于系统思维，系统思维来自于感知、建模以及探讨真实世界以更好地理解和定义与之一起工作的系统的过程中的发现、学习、诊断和对话。系统思维是对现实的一种独特的视角，提高了人们的整体意识，从而理解整体内的各部分是如何相互关联的。

总之，系统工程是人们用科学方法解决复杂问题的一门技术。它的核心集中在分析和设计与其部分截然不同的整体。它坚持全面看问题，考虑所有的侧面和一切可变因素，并且把问题的社会方面与技术方面联系起来。采用系统工程方法的主要步骤包括：对系统提出要求；根据要求设计系统，评价设计方案；修改要求，再设计。如此反复，经过若干循环，求得最佳方案，即最后综合成一个技术上合理、经济上合算、研制周期短并能协调运转的工程系统。

2.8.2 系统工程方法

系统工程方法是一种现代的科学决策方法，也是一门基本的决策技术。系统工程方法分门别类地处理将要解决的问题及相关情况并确定边界，又强调把握各门类之间和各门类内部诸因素之间的内在联系的完整性与整体性，否定片面和静止的观点和方法。在此基础上，它针对主要问题、主要情况和全过程，运用有效工具进行全面的分析和处理。

系统工程方法的特点是整体性、综合性、协调性、科学性和实践性。系统工程方法是人类在自然科学和社会科学领域，不断实践中产生的一系列科学处理问题的方法，它包括整体观念、综合观念、科学观念和创新观念等。

1. 霍尔的三维结构

霍尔三维结构又称霍尔的系统工程，是美国系统工程专家霍尔（A. D. Hall）等人在大量工程实践的基础上，于 1969 年提出的一种系统工程方法论。后人将其与软系统方法论对比，称为硬系统方法论（Hard System Methodology，HSM）。其内容可以直观展示在系统工程各项工作内容的三维结构图中。霍尔三维结构集中体现了系统工程方法的系统化、综合化、最优化、程序化和标准化等特点，是系统工程方法论的重要基础内容。

霍尔三维结构是将系统工程整个活动过程分为前后紧密衔接的 7 个阶段和 7 个步骤，同时还考虑了为完成这些阶段和步骤所需的各种专业知识和技能。这样，就形成了由时间维、逻辑维和知识维组成的三维空间结构。其中，时间维表示系统工程活动从开始到结束按时间顺序排列的全过程，分为规划、拟订方案、研制、生产、安装、运行、更新 7 个时间阶段。逻辑维是指时间维的每个阶段内所要进行的工作内容和应该遵循的思维程序，包括明确问题、确定目标、系统综合、系统分析、优化、决策、实施 7 个逻辑步骤。知识维需要运用包括工程、医学、建筑、商业、法律、管理、社会科学、艺术等各种知识和技能。三维结构体系形象地描述了系统工程研究的框架，对其中任意一个阶段和步骤又可进一步展开，形成了分层次的树状体系。

霍尔的三维结构模式的出现，为解决大型复杂系统的规划、组织、管理问题提供了一种统一的思想方法，因而在世界各国得到了广泛应用。

2. 切克兰德方法

20 世纪 40—60 年代，系统工程主要用来寻求各种"战术"问题的最优策略，或用来组织和管理大型工程建设项目，最适合应用霍尔方法论。

进入 20 世纪 70 年代以来，系统工程越来越多地用于研究社会经济发展战略和组织管理问题，涉及的人、信息和社会等因素相当复杂，使得系统工程的对象系统软化，并导致其中的许多因素难以量化。从 70 年代中期开始，许多学者在霍尔方法论基础上，进一步提出了各种软系统工程方法论。80 年代中前期由英国 P. 切克兰德（P.Checkland）提出的方法比较系统且具有代表性。

P. 切克兰德认为完全按照解决工程问题的思路来解决社会问题或"软科学"问题，会碰到许多困难，尤其在设计价值系统、模型化和最优化等步骤方面，有许多因素很难进行定量分析。P. 切克兰德把霍尔方法论称为"硬科学"的方法论，他提出了自己的方法论，并把它称之为"软科学"方法论。

社会经济系统中的问题往往很难和工程技术系统中的问题一样，事先将需求确定清楚，难以按价值系统的评价准则设计出符合这种需求的最优系统方案。切克兰德方法论的核心不是"最优化"而是"比较"与"探寻"。从模型和现状的比较中来学习改善现状的途径。"比较"这一步骤，含有组织讨论、听取各方面有关人员意见的意思，不拘泥于非要进行定量分析的要求，能更好地反映人的因素和社会经济系统的特点。

切克兰德方法将工作过程分为 7 个步骤。

（1）认识问题。收集与问题有关的信息，表达问题现状，寻找构成和影响因素及其关系，以便明确系统问题结构、现存过程及其相互之间的不适应之处，确定有关的行为主体和利益主体。

（2）根底定义。初步弄清、改善与现状有关的各种因素及其相互关系。根底定义的目的是弄清系统问题的关键要素以及关联因素，为系统的发展及其研究确立各种基本的看法，并尽可能选择出最合适的基本观点。

（3）建立概念模型。在不能建立精确数学模型的情况下，用结构模型或语言模型来描述系统的现状。概念模型来自于根底定义，是通过系统化语言对问题抽象描述的结果，其结构及要素必须符合根底定义的思想，并能实现其要求。

（4）比较及探寻。将现实问题和概念模型进行对比，找出符合决策者意图且可行的方案或途径。有时通过比较，需要对根底定义的结果进行适当修正。

（5）选择。针对比较的结果，考虑有关人员的态度及其他社会、行为等因素，选出现实可行的改善方案。

（6）设计与实施。通过详尽和有针对性的设计，形成具有可操作性的方案，并使得有关人员乐于接受和愿意为方案的实现竭尽全力。

（7）评估与反馈。根据在实施过程中获得的新认识，修正问题描述、根底定义及概念模型等。

3. 并行工程方法

并行工程（Concurrent Engineering）是对产品及其相关过程（包括制造过程和支持过程）进

行并行、集成化处理的系统方法和综合技术。它要求产品开发人员从设计开始就考虑产品生命周期的全过程，不仅考虑产品的各项性能，如质量、成本和用户要求，还应考虑与产品有关的各工艺过程的质量及服务的质量。它通过提高设计质量来缩短设计周期，通过优化生产过程来提高生产效率，通过降低产品整个生命周期的消耗，如产品生产过程中原材料消耗、工时消耗等，以降低生产成本。

并行工程的目标是提高质量、降低成本、缩短产品开发周期和产品上市时间。

并行工程的具体做法是：在产品开发初期，组织多种职能协同工作的项目组，使有关人员从一开始就获得对新产品需求的要求和信息，积极研究涉及本部门的工作业务，并将相应的要求提供给设计人员，使许多问题在开发早期就得到解决，从而保证了设计的质量，避免了大量的返工浪费。

并行工程强调以下 3 点。

（1）在产品的设计开发期间，将概念设计、结构设计、工艺设计、最终需求等结合起来，保证以最快的速度按要求的质量完成。

（2）各项工作由与此相关的项目小组完成。进程中小组成员各自安排自身的工作，但可以随时或定期反馈信息，并对出现的问题协调解决。

（3）依据适当的信息系统工具，反馈与协调整个项目的进行。利用现代 CIM 技术，在产品的研制与开发期间，辅助项目进程的并行化。

4. 综合集成法

1990 年初，钱学森等首次把处理开放的复杂巨系统的方法命名为从定性到定量的综合集成法。综合集成是从整体上考虑并解决问题的方法论。钱学森指出，这个方法不同于近代科学一直沿用的培根式的还原论方法，是现代科学条件下认识方法论上的一次飞跃。

开放的复杂巨系统，是由我国科学家钱学森于 1990 年提出的概念，并认为复杂性问题实际上是开放复杂巨系统的动力学特性问题。

钱学森等提出从系统的本质出发对系统进行分类的新方法，并首次公布了"开放的复杂巨系统"这一新的科学领域及其基本观点。从系统的本质出发，根据组成子系统及子系统种类的多少和它们之间关联关系的复杂程度，可以把系统分为简单系统和巨系统两大类。

（1）如果组成系统的子系统数量比较少，它们之间的关系比较单纯的系统称为简单系统，如一台测量仪器。

（2）如果子系统数量非常巨大（如成千上万），则称作巨系统。

（3）如巨系统中子系统种类不太多（几种、几十种），且它们之间的关联关系又比较简单，就称作简单巨系统，如激光系统。

（4）如果子系统种类很多并有层次结构，它们之间的关联关系又很复杂，这就是复杂巨系统，如果这个系统又是开放的，就称作开放的复杂巨系统（Open Complex Giant Systems）。

开放的复杂巨系统的一般基本原则与一般系统论的原则相一致：一是整体论原则；二是相互联系的原则；三是有序性原则；四是动态原则。

开放的复杂巨系统的主要性质可以概括为：

（1）开放性。系统对象及其子系统与环境之间有物质、能量、信息的交换。

（2）复杂性。系统中子系统的种类繁多，子系统之间存在多种形式、多种层次的交互作用。

（3）进化与涌现性。系统中子系统或基本单元之间的交互作用，从整体上演化、进化出一些独特的新性质，如通过自组织方式形成某种模式。

（4）层次性。系统部件与功能上具有层次关系。

（5）巨量性。数目极其巨大。

钱学森教授在 1992 年又提出建设从定性到定量的综合集成研讨厅体系的设想。指出研究和解决开放的复杂巨系统的方法应以系统论为指导。综合集成研讨厅体系就其实质而言，是将专家群体（各方面的专家）、数据和各种信息与计算机、网络等信息技术有机结合起来，把各种学科的科学理论和人的认识结合起来，由这三者构成的系统，这个系统是基于网络的。

应用综合集成法对开放的复杂巨系统进行探索研究，成为系统科学发展的里程碑，开辟了系统科学新的发展方向和研究领域。综合集成方法的主要特点有：

（1）定性研究与定量研究有机结合，贯穿全过程。

（2）科学理论与经验知识结合，把人们对客观事物的知识综合集成解决问题。

（3）应用系统思想把多种学科结合起来进行综合研究。

（4）根据复杂巨系统的层次结构，把宏观研究与微观研究统一起来。

（5）必须有大型计算机系统支持，不仅有管理信息系统、决策支持系统等功能，而且还要有综合集成的功能。

5. WSR 系统方法

WSR 是物理（Wuli）- 事理（Shili）- 人理（Renli）方法论的简称，是中国著名系统科学专家顾基发教授和朱志昌博士于 1994 年在英国 HULL 大学提出的。它既是一种方法论，又是一种解决复杂问题的工具。在观察和分析问题时，尤其是观察分析具备复杂特性的系统时，WSR 体现其独特性，并具有中国传统哲学的思辨思想，是多种方法的综合统一。根据具体情况，WSR 将多种方法条理化、层次化，起到化繁为简之功效；属于定性与定量分析综合集成的东方系统思想。

顾名思义，WSR 是物理、事理和人理三者如何巧妙配置、有效利用以解决问题的一种系统方法论。"懂物理、明事理、通人理"就是 WSR 方法论的实践准则，形容一个人的"通情达理"，就是对其成功实践了 WSR 的概括。

WSR 系统方法论的内容易于理解，而具体实践方法与过程应按实践领域与考察对象而灵活调整。WSR 方法论一般工作过程可理解为这样的 7 步：理解意图、制定目标、调查分析、构造策略、选择方案、协调关系和实现构想。

这些步骤不一定严格依照顺序，协调关系始终贯穿于整个过程。协调关系不仅仅是协调人与人的关系，实际上协调关系可以是协调每一步实践中物理、事理和人理的关系；协调意图、目标、现实、策略、方案、构想间的关系；协调系统实践的投入、产出与成效的关系。这些协调都是由人完成的，着眼点与手段应根据协调对象的不同而有所不同。

有关处理物理的方法主要应用自然科学中的各种科学方法。而事理主要使用各种运筹学、系统工程、管理科学、控制论和一些数学方法。特别是近年来软计算方法（进化计算、模糊计算和网络计算等），各种模型和仿真技术等，还有一些定性方法以及定性和定量结合的方法，如特尔斐法、层次分析法都是经常采用的。

人理可以细分为关系、感情、习惯、知识、利益、斗争、和解、和谐和管理等。

（1）关系。人之间都有相互关系，需要去深入了解，并将它们适当表示出来。

（2）感情。人之间是有感情的，可以用各种方法直接或间接地找出来。

（3）习惯。人们在待人、处世、办事和做决策时都有一定的习惯，就像物体运动时会有惯性。人们可以从一个人过去的习惯去判断这个人会怎样做事，也可以改造一些不好的习惯，建立一些好的习惯。

（4）知识。人能拥有知识和创造知识的能力，因此找到知识的表达，特别是把隐性知识如何变成更多人可以掌握的显性知识。

（5）利益。不同人有不同的利益，如何去协调，争取利益。

（6）在协调管物、管事中人的管理。例如，在计划协调技术和统筹法中，要安排好项目中的时间、设备，同时还要考虑人的资源。

2.8.3　系统工程的生命周期

按照 ISO / IEC 15288:2008 的定义：生命周期根据系统的本质属性、目的、用途和当时环境而变化。每个阶段都具有不同的目的和对全生命周期的贡献，并且在计划和执行该系统生命周期时保持不变，因此，这些阶段为组织提供了一个框架，在该框架内，组织管理对于项目和技术流程有着高层级的可见性和可控性。

定义系统生命周期的目的是以有序而且高效的方式建立一个满足利益攸关者需求的框架。一般通过定义生命周期阶段，并使用一些决策来确定是否处于就绪状态，以便从一个阶段进入下一个阶段来实现这一目的。跳过某些阶段和省去一些"耗时"的决策可能会大幅度增加风险（成本和进度），减少系统工程的投入程度也可能对技术开发造成不利影响。

系统工程的任务通常集中在生命周期的初期，但商业组织和政府组织都认识到贯穿系统生命跨度的系统工程的需求，因为往往系统产品或服务进入生产阶段或运行阶段后还经常被修改或改变。进而，系统工程成为所有生命周期阶段的重要部分。

1. 生命周期阶段

下面是系统工程流程的 7 个一般生命周期阶段。

1）探索性研究阶段

探索性研究阶段的目的是识别利益攸关者的需求，探索创意和技术。许多行业使用探索性研究阶段来研究诸多新的创意或使能技术和能力，然后使其发展进入到一个新项目的启动阶段。大量的创造性系统工程在该阶段中完成，领导这些研究的系统工程师，作为项目推动者，有可能将一个新创意引入到概念阶段。

2）概念阶段

概念阶段的目的是细化利益攸关者的需求，探索可行概念，提出有望实现的解决方案。

概念阶段是对探索性研究阶段所开展的研究、实验和工程模型的细化与拓展。需要对利益攸关者的需求进行识别、明确并文档化。若没有探索性研究阶段，则在概念阶段完成该项工作。

3）开发阶段

开发阶段的目的是细化系统需求，创建解决方案的描述，构建系统，验证并确认系统。

开发阶段包括详细计划、开发和验证与确认（V&V）活动。该阶段可以完全自主地选择开发模型，并不局限于瀑布或其他计划驱动的方法。开发阶段与所有阶段一样，组织将选择最适合项目需求的流程和活动。

4）生产阶段

生产阶段的目的是生产系统并进行检验和验证。

生产阶段是系统被生产或制造的阶段。该阶段可能需要产品更改以解决生产问题，以降低生产成本，或提高产品或系统的能力。上述任何一点均可能影响系统需求，且需要系统重新验证或重新确认。所有这些变化都需要在被批准前进行系统工程评估。

5）使用阶段

使用阶段的目的是运行系统以满足用户需求。

使用阶段是系统在预期环境中运行以交付预期服务的阶段。该阶段通常在系统运行期间有计划地引入产品更改，这样的升级能提高系统的能力。这些变化应由系统工程师评估以确保其与运行的系统能顺利融合，对应的技术流程是运行流程。

6）保障阶段

保障阶段的目的是提供持续的系统能力。

保障阶段是为系统提供服务，使之能持续运行的阶段。该阶段可建议进行更改以解决保障性问题，降低运行成本或延长系统寿命。这些变化需要进行系统工程评估以避免运行时丧失系统性能，对应的技术流程是维护流程。

7）退役阶段

退役阶段的目的是存储、归档或退出系统。

退役阶段是系统及其相关服务从运行中移除的阶段。这一阶段中的 SE 活动主要集中于确保退出需求被满足。实际上，退出计划是在概念阶段系统定义的一部分。在 21 世纪早期，许多国家已经更改了它们的法律，强制系统的创建者负责系统生命终止时恰当地退出。

2. 生命周期方法

1）计划驱动方法

需求、设计、构建、测试、部署范式被认为是构建系统的传统方式。在一些需要协调多家公司人员参与的大型团队项目中，计划驱动方法提供一种基础的框架，为生命周期流程提供规程。计划驱动方法的特征在于整个过程始终遵守规定流程的系统化方法。特别关注文档的完整性、需求的可追溯性以及每种表示的事后验证。

2）渐进迭代式开发

20 世纪 60 年代以来就已经开始使用渐进迭代式开发（IID）方法。该方法允许为项目提供一个初始能力，随之提供连续交付以达到期望的系统。目标在于快速产生价值并提供快速响应能力。

当需求不清晰不确定或者客户希望在系统中引入新技术时，则使用 IID 方法。基于一系列最初的假设，开发候选的系统，然后对其进行评估以确定是否满足用户需求。若不满足，则启动另一轮演进，并重复该流程，直到交付的系统满足利益攸关者的要求或直到组织决定终止这项工作。

一般而言，IID 方法适用于较小的、不太复杂的系统。这种方法的重点在于灵活性，通过剪裁突出了产品开发的核心活动。

3）精益开发

精益思想中的精益开发和更广泛的方法均起源于丰田的"准时化"哲学思想，其目标是"通过彻底消除生产线上的浪费、不一致性及不合理需求，高效率地生产出优质产品"。精益 SE 是将精益思想应用到 SE，以及组织与项目管理的相关方面。SE 聚焦于促使复杂技术系统无缺陷开发的规程。精益思想是一种整体性的范式，聚焦于向客户交付最大价值并使浪费活动最小化。精益思想已成功地应用于制造、飞机库管、行政管理、供应链管理、健康医疗、产品开发和工程等领域。

精益思想是一个动态的、知识驱动的、以客户为中心的过程，通过这一过程使特定企业的所有人员以创造价值为目标不断地消除浪费。

精益系统工程是将精益原则、实践和工具应用到系统工程，以提升对系统利益攸关者的价值交付。

4）敏捷开发

敏捷联盟致力于开发迭代和敏捷的方法，寻求更快、更好的软件和系统开发方法，挑战更多的传统模型。敏捷的关键目标在于灵活性，当风险可接受时允许从序列中排除选定的事件。

适用于系统工程的敏捷原则如下：

- 最高的优先级是通过尽早地和持续地交付有价值的软件来满足客户。
- 欢迎需求变更，即使是在项目开发后期。敏捷流程利用需求变更帮助客户获得竞争优势。
- 不断交付可用的软件，周期从几周到几个月不等，且越短越好。
- 在项目中业务人员与开发人员每天在一起工作，业务人员始终参与到开发工作中。
- 在开发团队内部和团队之间，传递信息最有效的方法是面对面交谈。
- 工作软件是进展的主要度量。
- 对技术的精益求精以及对设计的不断完善将提升敏捷性。
- 简单性（尽最大可能减少不必要的工作的艺术）是精髓。
- 最佳的架构、需求和设计出自于自组织的团队。
- 团队要定期反省如何能够做到更加高效，并相应地调整团队的行为。

2.8.4　基于模型的系统工程

2007 年，国际系统工程学会（INCOSE）在《系统工程 2020 年愿景》中，正式提出了基于模型的系统工程（Model-Based Systems Engineering，MBSE）的定义：MBSE 是建模方法的形式化应用，以使建模方法支持系统需求、分析、设计、验证和确认等活动，这些活动从概念性设计阶段开始，持续贯穿到设计开发以及后来的所有生命周期阶段。

MBSE 仍然还是系统工程，其层层分解、综合集成的思路并没有变化，核心就是采用形式化、图形化、关联化的建模语言及相应的建模工具，改造系统工程的技术过程，充分利用计算机、信息技术的优势，开展建模（含分析、优化、仿真）工作，为系统实现、验证奠定更为坚实的基础，从而提升整个研制过程的效率。

系统工程过程的三个阶段分别产生三种图形：在需求分析阶段，产生需求图、用例图及包图；在功能分析与分配阶段，产生顺序图、活动图及状态机（State Machine）图；在设计综合阶段，产生模块定义图、内部块图及参数图等。

MBSE 的三大支柱分别是建模语言、建模工具和建模思路。

1）建模语言

对象管理组织 OMG 在对 UML 2.0 的子集进行重用和扩展的基础上，提出了一种新的系统建模语言 SysML（Systems Modeling Language），作为系统工程的标准建模语言。SysML 的目的是统一系统工程中使用的建模语言。

系统建模语言在知识的表示和处理方面有若干优点：一是相当于在现有的各个学科之间、各类人员之间建立了一门新的通用语言，各门学科的知识都可以"翻译"转换成系统建模语言的形式；二是可以对知识进行图形化、可视化的表示，便于读者的理解；三是便于计算机的处理（由于系统建模语言形式化、关联化的特点）。因此，系统建模语言便于系统研制中对知识的理解、继承、重用和集成，便于各方的技术沟通。

2）建模工具

MBSE 的建模工具主要就是支持系统建模语言画图的计算机和网络环境，当然核心是支持系统建模语言的软件。建模者使用屏幕上给出的系统建模语言的各种符号建模，底层利用系统建模语言的语法对相关数据进行关联，并形成模型库。人们可以构建分布式的建模环境，方便研制团队的协同设计。

同时，国际系统工程界已经制定了相关数据转换标准，能够和已有的各种软件分析工具进行数据交换，如专业的热学分析软件、力学分析软件，可以从系统建模语言构建的系统模型中读取数据，进行分析、计算、优化后再把数据写回系统模型中，不断地迭代优化，大幅度提高工程分析的效率。

3）建模思路

建模思路就是设计团队如何利用系统建模语言的各种图形来建立系统模型，也就是工作流程。目前主要的方法包括 IBM Telelogic Harmony-SE、Weilkiens System Modeling（SYSMOD）method、INCOSE Object-Oriented Systems Engineering Method（OOSEM）等。

目前，国内许多大型企业，如航空、航天企业等，使用 MBSE 方法进行项目的研制工作。

在使用 MBSE 时，建模思路以及工作流程的研究、探索、试用，应该是重点工作和前置性工作，因为系统建模语言是统一的，不同的建模工具虽然各有特点，但本质是一样的，因此，关键就在于根据组织机构的特点，研究适合自身的建模思路和工作流程，这需要在试点型号中探索应用，然后进行推广。

2.9　系统性能

系统性能是一个系统提供给用户的所有性能指标的集合。它既包括硬件性能（如处理器主频、存储器容量、通信带宽等）和软件性能（如上下文切换、延迟、执行时间等），也包括部件性能指标和综合性能指标。系统性能包含性能指标、性能计算、性能设计和性能评估 4 个方面的内容。

2.9.1　性能指标

性能指标是软、硬件的性能指标的集成。在硬件中，包括计算机、各种通信交换设备、各类网络设备等；在软件中，包括操作系统、数据库、网络协议以及应用程序等。

1. 计算机的性能指标

评价计算机的主要性能指标有时钟频率（主频）、运算速度、运算精度、内存的存储容量、存储器的存取周期、数据处理速率（Processing Data Rate，PDR）、吞吐率、各种响应时间、各种利用率、RASIS 特性（即可靠性（Reliability）、可用性（Availability）、可维护性（Serviceability）、完整性和安全性（Integrity and Security））、平均故障响应时间、兼容性、可扩充性和性能价格比。

2. 路由器的性能指标

评价路由器的主要性能指标有设备吞吐量、端口吞吐量、全双工线速转发能力、背靠背帧数、路由表能力、背板能力、丢包率、时延、时延抖动、VPN 支持能力、内部时钟精度、队列管理机制、端口硬件队列数、分类业务带宽保证、RSVP、IP DiffServ、CAR 支持、冗余、热插拔组件、路由器冗余协议、网管、基于 Web 的管理、网管类型、带外网管支持、网管粒度、计费能力 / 协议、分组语音支持方式、协议支持、语音压缩能力、端口密度、信令支持。

3. 交换机的性能指标

评价交换机所依据的性能指标有交换机类型、配置、支持的网络类型、最大 ATM 端口数、最大 SONET 端口数、最大 FDDI 端口数、背板吞吐量、缓冲区大小、最大 MAC 地址表大小、最大电源数、支持协议和标准、路由信息协议（RIP）、RIP2、开放式最短路径优先第 2 版、边界网关协议（BGP）、无类别域间路由（CIDR）、互联网成组管理协议（IGMP）、距离矢量多播路由协议（DVMRP）、开放式最短路径优先多播路由协议（MOSPF）、协议无关的多播协议（PIM）、资源预留协议（RSVP）、802.1p 优先级标记，多队列、路由、支持第 3 层交换、支持多层（4~7 层）交换、支持多协议路由、支持路由缓存、可支持最大路由表数、VLAN、最大

VLAN 数量、网管、支持网管类型、支持端口镜像、QoS、支持基于策略的第 2 层交换、每端口最大优先级队列数、支持基于策略的第 3 层交换、支持基于策略的应用级 QoS、支持最小 / 最大带宽分配、冗余、热交换组件（管理卡、交换结构、接口模块、电源、冷却系统）、支持端口链路聚集协议、负载均衡。

4. 网络的性能指标

评价网络的性能指标有设备级性能指标、网络级性能指标、应用级性能指标、用户级性能指标和吞吐量。

5. 操作系统的性能指标

评价操作系统的性能指标有系统上下文切换、系统响应时间、系统的吞吐率（量）、系统资源利用率、可靠性和可移植性。

6. 数据库管理系统的性能指标

衡量数据库管理系统的主要性能指标包括数据库本身和管理系统两部分，有数据库的大小、数据库中表的数量、单个表的大小、表中允许的记录（行）数量、单个记录（行）的大小、表上所允许的索引数量、数据库所允许的索引数量、最大并发事务处理能力、负载均衡能力、最大连接数，等等。

7. Web 服务器的性能指标

评价 Web 服务器的主要性能指标有最大并发连接数、响应延迟和吞吐量。

2.9.2 性能计算

性能指标计算的主要方法有定义法、公式法、程序检测法和仪器检测法。

常用的性能指标的计算过程（Millions of Instructions Per Second，MIPS）的计算方法、峰值计算、等效指令速度（吉普森（Gibson）法）。

在实际应用中，往往是对这些常用性能指标的复合计算，然后通过算法加权处理得到最终结果。

2.9.3 性能设计

1. 性能调整

当系统性能降到最基本的水平时，性能调整由查找和消除瓶颈组成。对于数据库系统，性能调整主要包括 CPU/ 内存使用状况、优化数据库设计、优化数据库管理以及进程 / 线程状态、硬盘剩余空间、日志文件大小等；对于应用系统，性能调整主要包括应用系统的可用性、响应时间、并发用户数以及特定应用的系统资源占用等。

在开始性能调整之前，必须做的准备工作有识别约束、指定负载、设置性能目标。在建立了性能调整的边界和期望值后，就可以开始调整了，这是一系列重复的、受控的性能试验，循环的调整过程为收集、分析、配置和测试。

2. 阿姆达尔解决方案

阿姆达尔（Amdahl）定律是指计算机系统中对某一部件采用某种更快的执行方式所获得的系统性能改变程度，取决于这种方式被使用的频率，或所占总执行时间的比例。

阿姆达尔定律定义了采用特定部件所取得的加速比。假定人们使用某种增强部件，计算机的性能就会得到提高，加速比定义如下：

$$加速比 = \frac{不使用增强部件时完成整个任务的时间}{使用增强部件时完成整个任务的时间} \tag{2-2}$$

加速比反映了使用增强部件后完成一个任务比不使用增强部件完成同一任务加快了多少。加速比主要取决于两个因素：

（1）在原有的计算机上，能被改进并增强的部分在总执行时间中所占的比例。这个值称为增强比例，它永远小于等于 1。

（2）通过增强的执行方式所取得的改进，即如果整个程序使用了增强的执行方式，那么这个任务的执行速度会有多少提高，这个值是在原来条件下程序的执行时间与使用增强功能后程序的执行时间之比。

原来的机器使用了增强功能后，执行时间等于未改进部分的执行时间加上改进部分的执行时间。

$$新的执行时间 = 原来的执行时间 \times \left(\left(1 - 增强比例\right) + \frac{增强比例}{增强加速比} \right) \tag{2-3}$$

总加速比等于两种执行时间的比：

$$总加速比 = \frac{原来的执行时间}{新的执行时间} = \frac{1}{\left(\left(1 - 增强比例\right) + \dfrac{增强比例}{增强加速比} \right)} \tag{2-4}$$

2.9.4　性能评估

性能评估是为了一个目的，按照一定的步骤，选用一定的度量项目，通过建模和实验，对一个系统的性能进行各项检测，对测试结果做出解释，并形成一份文档的技术。性能评估的一个目的是为性能的优化提供参考。

1. 基准测试程序

大多数情况下，为测试新系统的性能，用户必须依靠评价程序来评价机器的性能。下面列出了 4 种评价程序，它们评测的准确程度依次递减：真实的程序、核心程序、小型基准程序和合成基准程序。

把应用程序中用得最多、最频繁的那部分核心程序作为评价计算机性能的标准程序，称为基准测试程序（benchmark）。基准测试程序有整数测试程序 Dhrystone、浮点测试程序 Linpack、Whetstone 基准测试程序、SPEC 基准测试程序和 TPC 基准程序。

2. Web 服务器的性能评估

在 Web 服务器的测试中，反映其性能的指标主要有：最大并发连接数、响应延迟和吞吐量等。

常见的 Web 服务器性能评测方法有基准性能测试、压力测试和可靠性测试。

3. 系统监视

进行系统监视的方法通常有 3 种方式：一是通过系统本身提供的命令，如 UNIX/Linux 中的 W、ps、last，Windows 中的 netstat 等；二是通过系统记录文件查阅系统在特定时间内的运行状态；三是集成命令、文件记录和可视化技术，如 Windows 的 Perfmon 应用程序。

第3章　信息系统基础知识

信息系统（Information System，IS）一般泛指收集、存储、处理和传播各种信息的具有完整功能的集合体。现代信息系统总是与计算机技术和互联网技术的应用联系在一起，主要是指以计算机为信息处理工具，以网络为信息传输手段的信息系统。本章主要介绍了信息系统的基本概念和发展现状，并就典型的 6 类信息系统的相关知识进行了详细讲解，最后介绍典型的信息系统架构模型。

3.1　信息系统概述

3.1.1　信息系统的定义

信息系统是由计算机硬件、网络和通信设备、计算机软件、信息资源、信息用户和规章制度组成的以处理信息流为目的的人机一体化系统。从技术上可以定义为一系列支持决策和控制的相关要素，这些要素主要包括信息的收集、检索、加工处理和信息服务。除了支持决策、协作和控制外，信息系统还帮助管理人员和生产人员分析问题，使复杂问题可视化，创造产生新的产品和服务。它的任务是对原始数据进行收集、加工、存储，并处理产生各种所需信息，以不同的方式提供给各类用户使用。

信息系统的 5 个基本功能：输入、存储、处理、输出和控制。

- 输入功能。输入功能决定于系统所要达到的目的及系统的能力和信息环境的许可。
- 存储功能。存储功能指的是系统存储各种信息资料和数据的能力。
- 处理功能。它是数据处理工具。处理功能基于数据仓库技术的联机分析处理（OLAP）和数据挖掘（DM）技术。
- 输出功能。信息系统的各种功能都是为了保证最终实现最佳的输出功能。
- 控制功能。控制功能对构成系统的各种信息处理设备进行控制和管理，对整个信息加工、处理、传输、输出等环节通过各种程序进行控制。

从概念上说，任何一个组织都有信息系统的存在，例如，一个工厂的正常运转，离不开计划的执行情况、物资器材的库存情况、流动资金的周转情况以及市场情况等信息。因而，任何企业单位占有信息的数量和质量以及处理信息的能力决定了其工作成效。进一步说，人类社会的发展速度，将取决于人们对信息的利用水平。信息系统既可以是基于计算机的，又可以是基于手工的。手工的信息系统采用纸笔等手段实现信息的传递和交流，而基于计算机的信息系统则是依赖于计算机硬、软件技术来加工处理和传输信息的。人们通常说的"信息系统"这一术语，是指基于计算机的信息系统，即依赖于计算机技术、规范的、有组织的信息系统。计算机信息系统是利用计算机技术将原始数据处理加工成为有意义的信息，但从某种意义上讲，计算机和信息系统之间仍存在着明显的区别。计算机只提供了存储、处理信息的设备和现代管理信息系统的技术功能，但信息系统的许多工作，诸如输入数据或使用系统的输出结果等还需要作为用户的人来完成，计算机仅仅是信息系统中的一部分。用户和计算机共同构成了一个整合的系统，提出问题以及对问题的具体解答都是通过计算机和用户之间的一系列交互活动来实现的，这充分体现了信息系统的性质所在，即信息系统是以计算机为基础的人机交互系统。

信息系统的性质影响着系统开发者和系统用户的知识需求。"以计算机为基础"要求系统设计者必须具备计算机及其在信息处理中的应用知识。"人机交互"要求系统设计者还需要了解人作为系统组成部分的能力以及人作为信息使用者的各种行为。

从广域上讲，信息化工作是信息系统发展带来的系统层面上的信息战略规划。所谓信息化（Informationalization）是指在国家宏观信息政策指导下，通过信息技术开发、信息产业的发展、信息人才的配置，最大限度地利用信息资源以满足全社会的信息需求，从而加速社会各个领域的共同发展以推进信息社会的过程。信息化应该是以信息资源开发利用为核心，以网络技术、通信技术等高科技技术为依托的一种新技术扩散的过程。在信息化过程中，信息技术自身和整个社会都发生着质的变化。信息化不仅仅是生产力的变革，而且伴随着生产关系的重大变革。

3.1.2 信息系统的发展

现代信息系统与 70 年来计算机技术和网络技术的发展保持同步。随着社会的进步和技术的发展，信息系统的内容和形式也都在不断发生着巨大的变化。1979 年，美国管理信息系统专家诺兰（Richard L. Nolan）通过对 200 多个公司、部门发展信息系统的实践和经验做出的总结，提出了著名的信息系统进化的阶段模型，即诺兰模型。诺兰认为，任何组织由手工信息系统向以计算机为基础的信息系统发展时，都存在着一条客观的发展道路和规律。数据处理的发展涉及技术的进步、应用的拓展、计划和控制策略的变化以及用户的状况等 4 个方面。诺兰将计算机信息系统的发展道路划分为 6 个阶段，即：初始阶段、传播阶段、控制阶段、集成阶段、数据管理阶段和成熟阶段。

1. 初始阶段

计算机刚进入企业时只作为办公设备使用，应用非常少，通常用来完成一些报表统计工作，甚至大多数时候被当作打字机使用。在这一阶段，IT 的需求只被作为简单的办公设施改善的需求来对待，采购量少，只有少数人使用，在企业内没有普及。这一阶段的主要特点是：

（1）组织中只有个别人具有使用计算机的能力。

（2）该阶段一般发生在一个组织的财务部门。

2. 传播阶段

企业对计算机有了一定了解，想利用计算机解决工作中的问题，比如进行更多的数据处理，给管理工作和业务带来便利。于是，应用需求开始增加，企业对 IT 应用开始产生兴趣，并对开发软件热情高涨，投入开始大幅度增加。这一阶段的主要特点是：

（1）数据处理能力得到迅速发展。

（2）出现许多新问题（如数据冗余、数据不一致性、难以共享等）。

（3）计算机使用效率不高等。

3. 控制阶段

在前一阶段盲目购机、盲目定制开发软件之后，企业管理者意识到计算机的使用超出控制，IT 投资增长快，但效益不理想，于是开始从整体上控制计算机信息系统的发展，在客观上要求组织协调、解决数据共享问题。此时，企业 IT 建设更加务实，对 IT 的利用有了更明确的认识和目标。在这一阶段，一些职能部门内部实现了网络化，如财务系统、人事系统、库存系统等，但各软件系统之间还存在"部门壁垒"与"信息孤岛"。信息系统呈现单点、分散的特点，系统和资源利用率不高。这一阶段的主要特点是：

（1）成立了一个领导小组。

（2）采用了数据库（DB）技术。

（3）这一阶段是计算机管理变为数据管理的关键。

4. 集成阶段

在控制的基础上，企业开始重新进行规划设计，建立基础数据库，并建成统一的信息管理系统。企业的 IT 建设开始由分散和单点发展到成体系。企业 IT 主管开始把企业内部不同的 IT 机构和系统统一到一个系统中进行管理，使人、财、物等资源信息能够在企业集成共享，更有效地利用现有的 IT 系统和资源。这一阶段的主要特点是：

（1）建立集中式的 DB 及相应的 IS。

（2）增加大量硬件，预算费用迅速增长。

5. 数据管理阶段

企业高层意识到信息战略的重要，信息成为企业的重要资源，企业的信息化建设也真正进入到数据处理阶段。这一阶段中，企业开始选定统一的数据库平台、数据管理体系和信息管理平台，统一数据的管理和使用，各部门、各系统基本实现资源整合和信息共享。IT 系统的规划及资源利用更加高效。

6. 成熟阶段

信息系统已经可以满足企业各个层次的需求，从简单的事务处理到支持高效管理的决策。企业真正把 IT 与管理过程结合起来，将组织内部、外部的资源充分整合和利用，从而提升了企业的竞争力和发展潜力。

这 6 个阶段模型反映了企业计算机应用发展的规律性，前 3 个阶段具有计算机时代的特征，后 3 个阶段具有信息时代的特征，其转折点是进行信息资源规划的时机。"诺兰模型"的预见性，被其后国际上许多企业的计算机应用发展情况所证实。

3.1.3　信息系统的分类

从信息系统的发展和系统特点来看，传统的信息系统可分为业务（数据）处理系统、管理信息系统、决策支持系统、专家系统和办公自动化系统等 5 类。这 5 类经历了一个从低级到高级、从局部到全局、从简单到复杂的过程。

1. 业务（数据）处理系统

随着企业业务需求的增长和技术条件的发展，人们逐步将计算机应用于企业局部业务（数据）的管理，如财会管理、销售管理、物资管理和生产管理等，即计算机应用发展到对企业的局部事务的管理，形成了所谓业务（数据）处理系统（Transaction/DATA Processing System，TPS/DPS），但它并未形成对企业全局的、整体的管理。

2. 管理信息系统

管理信息系统（Management Information System，MIS）最早出现在 20 世纪 80 年代初，是用系统思想建立起来，以电子计算机为基本信息处理手段，现代通信设备为基本传输工具，且能为管理决策提供信息服务的人机系统。即管理信息系统是一个由人和计算机等组成的，能进行管理信息的收集、传输、存储、加工、维护和使用的系统。在管理信息系统发展过程中，形成了对企业全局性的、整体性的计算机应用。MIS 强调以企业管理系统为背景，以基层业务系统为基础，强调企业各业务系统间的信息联系，以完成企业总体任务为目标，它能提供企业各级领导从事管理需要的信息，但其收集信息的范围还更多地侧重于企业内部。

3. 决策支持系统

决策支持系统（Decision Support System，DSS）是管理信息系统应用概念的深化，是在管理信息的基础上发展起来的系统。DSS 是能帮助决策者利用数据和模型去解决半结构化决策问题和非结构化决策问题的交互式系统。服务于高层决策的管理信息系统，按功能可分为专用DSS、DSS 工具和 DSS 生成器。专用 DSS 是为解决某一领域问题的 DSS。DSS 工具是指某种语言、某种操作系统、某种数据库系统。DSS 生成器是通用决策支持系统，一般 DSS 包括数据库、模型库、方法库、知识库和会话部件。

4. 专家系统

专家系统（Expert System，ES）是一个智能计算机程序系统，其内部含有某个领域具有专家水平的大量知识与经验，能够利用人类专家的知识和解决问题的方法来处理该领域的问题。也就是说，专家系统是一个具有大量的专门知识与经验的程序系统，它应用人工智能技术和计算机技术，根据某领域一个或多个专家提供的知识和经验，进行推理和判断，模拟人类专家的决策过程，以便解决那些需要人类专家处理的复杂问题。简而言之，专家系统是一种模拟人类专家解决领域问题的计算机程序系统。

5. 办公自动化系统

办公自动化系统（Office Automation System，OAS）是一个人机结合的综合性的办公事务管理系统，或称办公事务处理系统。该系统将当代各种先进技术和设备包括计算机、文字处理机、声音图形（图像）识别、数值计算、光学、微电子学、通信和管理科学等，应用于办公室的办公活动中，使办公活动实现科学化、自动化，以达到改善工作环境、最大限度地提高办公事务工作质量和工作效率。

6. 综合性信息系统

信息系统之间的关系并不是取代关系，而是互相促进、共同发展的关系。在一个企业里，以上 5 个类型的信息系统，可能同时都存在，也可能只有其中的 1 种、2 种或 3 种。更高级的是几种信息系统互相融合成一体。同时，以上这 5 种信息系统本身也是与时俱进发展的，不断有新的技术、新的方法和新的工具融入其中。

随着各国信息化工程的不断推行，智能制造和信息化技术的融合，为企业带来了丰厚的利益。目前企业主要使用的信息化系统主要有 ERP 系统（企业资源管理）、WMS 系统（仓储管理系统）、MES 系统（也称之为 SFC，即制造过程管理系统）和产品数据管理系统（PDM）。

- ERP 系统：主要管理公司的各种资源，负责处理进销存、供应链、生产计划 MPS、MRP 计算、生产订单、管理会计，是财务数据的强力支撑。
- WMS 系统：主要包括库房货位管理，主要有收发料，通过扫码进出库，对库存进行库位、先进先出与盘点；栈板出货管控、库龄管理等内容，主要是立体仓库或大批量仓库数据需求。
- MES 系统：负责生产过程和生产过程中防呆、自动化设备集成，是各个客户审核的重点，是生产全流程管控，也有企业称之为 SFC，其实大同小异，但是它是生产过程、生产工艺、生产设备、自动化生产直接的核心。
- PDM 系统：管理研发阶段的物料、BOM、工程变更数据，负责产品数据为主。PDM 系统是产品研发全过程管理，主要涉及协同研发等能力。

3.1.4 信息系统的生命周期

一般来说，信息系统的生命周期分为 4 个阶段，即产生阶段、开发阶段、运行阶段和消亡阶段。

1. 信息系统的产生阶段

信息系统的产生阶段，也是信息系统的概念阶段或者是信息系统的需求分析阶段。这一阶段又分为两个过程，一是概念的产生过程，即根据企业经营管理的需要，提出建设信息系统的初步想法；二是需求分析过程，即对企业信息系统的需求进行深入地调研和分析，并形成需求分析报告。

2. 信息系统的开发阶段

信息系统的开发阶段是信息系统生命周期中最重要和关键的阶段。该阶段又可分为 5 个阶段，即，总体规划、系统分析、系统设计、系统实施和系统验收阶段。

（1）总体规划阶段。信息系统总体规划是系统开发的起始阶段，它的基础是需求分析。以计算机和互联网为工具的信息系统是企业管理系统的重要组成部分，是实现企业总体目标的重要工具。因此，它必须服从和服务于企业的总体目标和企业的管理决策活动。总体规划的作用主要有：指明信息系统在企业经营战略中的作用和地位；指导信息系统的开发；优化配置和利用各种资源，包括内部资源和外部资源。通过规划过程规范企业的业务流程，一个比较完整的总体规划，应当包括信息系统的开发目标、信息系统的总体架构、信息系统的组织结构和管理流程、信息系统的实施计划、信息系统的技术规范等。

（2）系统分析阶段。系统分析阶段的目标是为系统设计阶段提供系统的逻辑模型。系统分析阶段以企业的业务流程分析为基础，规划即将建设的信息系统的基本架构，它是企业的管理流程和信息流程的交汇点。系统分析的内容主要包括组织结构及功能分析、业务流程分析、数据和数据流程分析、系统初步方案等。

（3）系统设计阶段。系统设计阶段是根据系统分析的结果，设计出信息系统的实施方案。系统设计的主要内容包括系统架构设计、数据库设计、处理流程设计、功能模块设计、安全控制方案设计、系统组织和队伍设计、系统管理流程设计等。

（4）系统实施阶段。系统实施阶段是将设计阶段的结果在计算机和网络上具体实现，也就是将设计文本变成能在计算机上运行的软件系统。由于系统实施阶段是对以前的全部工作的检验，因此，系统实施阶段用户的参与特别重要。系统实施阶段以后，用户逐步变为系统的主导地位。

（5）系统验收阶段。信息系统实施阶段结束以后，系统就要进入试运行。通过试运行，系统性能的优劣以及是否做到了用户友好等问题都会暴露在用户面前，这时就进入了系统验收阶段。

3. 信息系统的运行阶段

当信息系统通过验收，正式移交给用户以后，系统就进入了运行阶段。一般来说，一个性能良好的系统，运行过程中会较少出现故障，即使出现故障，也较容易排除；而那些性能较差的系统，运行过程中会故障不断，而且可能会出现致命性故障，有时故障会导致系统瘫痪。因此，长时间的运行是检验系统质量的试金石。

另外，要保障信息系统正常运行，一项不可缺少的工作就是系统维护。在软件工程中，把维护分为 4 种类型，即排错性维护、适应性维护、完善性维护和预防性维护。一般在系统运行初期，排错性维护和适应性维护比较多，而到后来，完善性维护和预防性维护就会比较多。

4. 信息系统的消亡阶段

通常人们比较重视信息系统的开发阶段，轻视信息系统运行阶段，而几乎完全忽视信息系统的消亡阶段。计算机技术和互联网技术的发展迅速，新的技术、新的产品不断出现；同时，由于企业处在瞬息万变的市场竞争的环境之中，在这种情况下，企业开发好一个信息系统想让它一劳永逸地运行下去，是不现实的。企业的信息系统会经常不可避免地会遇到系统更新改造、功能扩展，甚至报废重建的情况。对此，在信息系统建设的初期企业就应当注意系统的消亡条件和时机，以及由此而花费的成本。

3.1.5　信息系统建设原则

为了能够适应开发的需要，在信息系统规划设计以及系统开发的过程中，必须要遵守一系列原则，这是系统成功的必要条件。以下是信息系统开发的常用原则。

1. 高层管理人员介入原则

一个信息系统的建设目标总是为企业的总体目标服务，否则，这个系统就不应当建设。而真正能够理解企业总体目标的人必然是那些企业的高层管理人员，只有他们才能知道企业究竟需要什么样的信息系统，而不需要什么样的信息系统；也只有他们才知道企业有多大的投入是值得的，而超过了这个界限就是浪费。这是那些身处某一部门的管理人员或者是技术人员所无法做到的。因此，信息系统从概念到运行都必须有企业高层管理人员介入。当然，这里的"介入"有着其特定的含义，它可以是直接参加，也可以是决策或指导，还可以是在政治、经济、人事等方面的支持。

这里需要说明的是，高层管理人员介入原则在现阶段已经逐步具体化，那就是企业的"首席信息官"（Chief Information Officer，CIO）的出现。CIO 是企业设置的相当于副总裁的一个高级职位，负责公司信息化的工作，主持制定公司信息规划、政策、标准，并对全公司的信息资源进行管理控制的公司行政官员。在大多数企业里，CIO 是公司最高管理层中的核心成员之一。毫无疑问，深度介入信息系统开发建设以及运行是 CIO 的职责所在。

2. 用户参与开发原则

在我国信息系统开发中流行所谓"用户第一"或"用户至上"的原则。当然，这个原则并没有错，一个成功的信息系统，必须把用户放在第一位，这应该是毫无疑义的。用户参与开发原则主要包括以下几项含义：

一是"用户"有确定的范围。人们通常把"用户"仅仅理解成为用户单位的领导，其实，这是很片面的。当然，用户单位领导应该包括在用户范围之内，但是，更重要的用户或是核心用户是那些信息系统的使用者，而用户单位的领导只不过是辅助用户或是外围用户。

二是用户，特别是那些核心用户，不应是参与某一阶段的开发，而应当是参与全过程的开发，即用户应当参与从信息系统概念规划和设计阶段，直到系统运行的整个过程。而当信息系统交接以后，他们就成为系统的使用者。

三是用户应当深度参与系统开发。用户以什么身份参与开发是一个很重要的问题。一般说来，参与开发的用户人员，既要以甲方代表身份出现，又应成为真正的系统开发人员，与其他开发人员融为一体。

3. 自顶向下规划原则

在信息系统开发的过程中，经常会出现信息不一致的问题，这种现象的存在对于信息系统来说往往是致命的，有时一个信息系统会因此而造成报废的结果。研究表明，信息的不一致是由计算机应用的历史性演变造成的，它通常发生在没有一个总体规划的指导就来设计实现一个信息系统的情况之下。因此，坚持自顶向下规划原则对于信息系统的开发和建设来说是至关重要的。自顶向下规划的一个主要目标是达到信息的一致性。同时，自顶向下规划原则还有另外一个方面，那就是这种规划绝不能取代信息系统的详细设计。必须鼓励信息系统各子系统的设计者在总体规划的指导下，进行有创造性的设计。

4. 工程化原则

在 20 世纪 70 年代，出现了世界范围内的"软件危机"。所谓软件危机是指一个软件编制好以后，谁也无法保证它能够正确地运行，也就是软件的可靠性成了问题。软件危机曾一度引起人们特别是工业界的恐慌。经过探索人们认识到，之所以会出现软件危机，是因为，软件产品是一种个体劳动产品，最多也就是作坊式的产品。因此，没有工程化是软件危机发生的根本原因。此后，发展成了"软件工程"这门工程学科，在一定程度上解决了软件危机。

信息系统也经历了与软件开发大致相同的经历。在信息系统发展的初期，人们也像软件开发初期一样，只要做出来就行，根本不管实现的过程。这时的信息系统，大都成了少数开发者的"专利"，系统可维护性、可扩展性都非常差。后来，信息工程、系统工程等工程化方法被引入到信息系统开发过程之中，才使问题得到了一定程度的解决。其实，工程化不仅是一种有效的方法，它也应当是信息系统开发的一项重要原则。

5. 其他原则

对于信息系统开发，人们还从不同的角度提出了一系列原则，例如：创新性原则，用来体现信息系统的先进性；整体性原则，用来体现信息系统的完整性；发展性原则，用来体现信息系统的超前性；经济性原则，用来体现信息系统的实用性。

3.1.6 信息系统开发方法

企业信息系统对于企业信息化的重要意义是不言而喻的。从实际运行的效果来看，有些信息系统运行得很成功，取得了巨大的经济效益和社会效益；但也有些信息系统效果并不显著，甚至还有个别信息系统开始时还能正常运行，可时间一长，系统就故障不断，最后走上报废之路。这里的原因可能很复杂，但有一个原因是十分重要和关键的，那就是信息系统的开发方法问题。

信息系统是一个极为复杂的人 - 机系统，它不仅包含计算机技术、通信技术，以及其他的工程技术，而且，它还是一个复杂的管理系统，还需要管理理论和方法的支持。下面简单介绍几种最常用的信息系统开发方法。

1. 结构化方法

结构化方法是由结构化系统分析和设计组成的一种信息系统开发方法，是目前最成熟、应用最广泛的信息系统开发方法之一。它假定被开发的系统是一个结构化的系统，因而，其基本思想是将系统的生命周期划分为系统调查、系统分析、系统设计、系统实施、系统维护等阶段。这种方法遵循系统工程原理，按照事先设计好的程序和步骤，使用一定的开发工具，完成规定的文档，在结构化和模块化的基础上进行信息系统的开发工作。结构化方法的开发过程一般是先把系统功能视为一个大的模块，再根据系统分析设计的要求对其进行进一步的模块分解或组合。结构化生命周期法主要特点如下：

（1）开发目标清晰化。结构化方法的系统开发遵循"用户第一"的原则，开发中要保持与用户的沟通，取得与用户的共识，这使得信息系统的开发建立在可靠的基础之上。

（2）工作阶段程式化。结构化方法的每个阶段的工作内容明确，注重开发过程的控制。每一阶段工作完成后，要根据阶段工作目标和要求进行审查，这使得各阶段工作有条不紊，也避免为以后的工作留下隐患。

（3）开发文档规范化。结构化方法的每一阶段工作完成后，要按照要求完成相应的文档，以保证各个工作阶段的衔接与系统维护工作的便利。

（4）设计方法结构化。结构化方法采用自上而下的结构化、模块化分析与设计方法，使各个子系统间相对独立，便于系统的分析、设计、实现与维护。结构化方法被广泛地应用于不同行业信息系统的开发中，特别适合于那些业务工作比较成熟、定型的系统，如银行、电信、商品零售等行业。

2. 原型法

原型法是一种根据用户需求，利用系统开发工具，快速地建立一个系统模型展示给用户，在此基础上与用户交流，最终实现用户需求的信息系统快速开发的方法。在现实生活中，一个大型工程项目建设之前制作的沙盘，以及大型建筑的模型等都与快速原型法有同样的效果。应用快速原型法开发过程包括系统需求分析、系统初步设计、系统调试、系统检测等阶段。用户仅需在系统分析与系统初步设计阶段完成对应用系统的简单描述，开发者在获取一组基本需求定义后，利用开发工具生成应用系统原型，快速建立一个目标应用系统的最初版本，并把它提交给用户试用、评价，根据用户提出的意见和建议进行修改和补充，从而形成新的版本再返回给用户。通过这样多次反复，使得系统不断地细化和扩充，直到生成一个用户满意的方案为止。

3. 面向对象方法

面向对象方法是对客观世界的一种看法，它是把客观世界从概念上看成一个由相互配合、协作的对象所组成的系统。信息系统开发的面向对象方法的兴起是信息系统发展的必然趋势。数据处理包括数据与处理两部分。但在信息系统的发展过程的初期却是有时偏重这一面，有时偏重那一面。在 20 世纪 70~80 年代，偏重数据处理者认识到初期的数据处理工作是计算机相对复杂而数据相对简单。因此，先有结构化程序设计的发展，随后产生面向功能分解的结构化设计与结构化分析。偏重于数据方面人员同时提出了面向数据结构的分析与设计。到了 20 世纪 80 年代，兴起了信息工程方法，使信息系统开发发展到了新的阶段。

信息工程在实际应用中既表现出其优越性的一面，同时，也暴露了一些缺点，例如，过于偏重数据，致使应用开发受到影响。而面向对象方法则集成了以前各种方法的优点，避免了各自的一些缺点。

面向对象的分析方法是利用面向对象的信息建模概念，如实体、关系、属性等，同时运用封装、继承、多态等机制来构造模拟现实系统的方法。传统的结构化设计方法的基本点是面向过程，系统被分解成若干个过程。而面向对象的方法是采用构造模型的观点，在系统的开发过程中，各个步骤的共同目标是建造一个问题域的模型。在面向对象的设计中，初始元素是对象，然后将具有共同特征的对象归纳成类，组织类之间的等级关系，构造类库。在应用时，在类库中选择相应的类。

4. 面向服务的方法

面向对象的应用构建在类和对象之上，随后发展起来的建模技术将相关对象按照业务功能进行分组，就形成了构件的概念。对于跨构件的功能调用，则采用接口的形式暴露出来。进一步将接口的定义与实现进行解耦，则催生了服务和面向服务的开发方法。

从应用的角度来看，组织内部、组织之间各种应用系统的互相通信和互操作性直接影响着组织对信息的掌握程度和处理速度。如何使信息系统快速响应需求与环境的变化，提高系统可复用性、信息资源共享和系统之间的互操作性，成为影响信息化建设效率的关键问题，而面向服务的开发方法的思维方式恰好满足了这种需求。

目前，面向服务的开发方法是一个较新的领域，许多研究和实践还有待进一步深入。但是，它代表着不拘泥于具体技术实现方式的一种新的系统开发思想，已经成为信息系统建设的大趋势，越来越多的组织开始实施面向服务的信息系统。

3.2　业务处理系统（TPS）

业务处理系统（Transaction Processing System，TPS）又可称为电子数据处理系统（Electronic Data Processing System，EDP），是计算机在管理方面早期应用的最初级形式的信息系统。自从 l946 年世界上第一台电子计算机诞生之后，TPS 即开始获得广泛的应用，20 世纪 50 至 60 年代出现了 TPS 的应用高潮，随着信息技术及相关学科的发展，TPS 的功能越来越强大，应用的范围也越来越广。可以这样说，在当今世界的各行业各领域的管理系统中，几乎都有 TPS 的存在。

3.2.1　业务处理系统的概念

企业在经营活动过程中产生各种数据。这些数据利用传票记录、传送和保管，将传票的内容再转记到账目上。企业内建立反映各种活动的账簿，然后对账簿的内容进行统计、分类等处理，整理出各种用于管理决策的报表。这些"传票""账簿""报表"按组织体系有机地结合起来反映和支持整个经营管理活动，如图 3-1 所示。所谓事务处理系统，就是针对管理中具体的事务（如财会、销售、库存等）来辅助管理人员将所发生的数据进行记录、传票、记账、统计和分类，并制成报表等活动，为经营决策提供有效信息的基于计算机的信息系统。

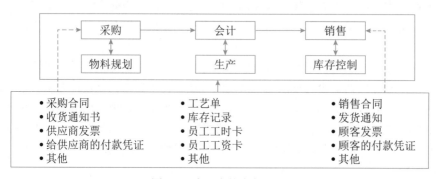

图 3-1　企业中的事务处理

TPS 是服务于组织管理层次中最低层、最基础的信息系统。这些系统通常是一种分离式单独处理某一项具体事务的系统，如账务处理系统、工资管理系统、物料进出库管理系统、合同管理系统等。各个子系统有自己专有的软、硬件和专有的数据文件，它们之间一般不交流、不共享某些专用数据库文件。

在作业层上，要处理的任务、所需的资源及要实现的目标都是预先确定的、高度结构化的。例如，一个公司的订货、发货业务，其处理过程可预先明确规定由如下事务组成。

①接待顾客，商洽订货业务。

②将订货内容记入订货台账。

③检查库存。

④检查顾客的信用度。

⑤生成各种传票。

⑥按出库传票备货。

⑦将出库数量记入出、入库台账。

⑧将送货司机带回的收据和销售传票的内容进行核对。

⑨将结账单相销售传票进行核对。

⑩将结账单内容记入赊销台账。

上述业务大体可分成四个功能：

第 1 个功能：由事务①②④构成，它们的主要作用是根据所接受的订货要求，确定是否接受这个要求，这组事务完成了订货受理功能。

第 2 个功能：由事务⑤⑥构成，它们的主要作用是根据所接受的订货要求进行发货准备，如检查库存储状况，向仓库发出出库指示等，这组事务完成了发货准备功能。

第 3 个功能：由事务⑥⑦构成，是仓库的具体发货工作，称为发货功能。

第 4 个功能：由事务⑧⑨⑩构成，主要是对每一笔订货业务进行发货后的检查核对，并进行财务结账，以便向顾客发出付款通知，完成了付款通知各功能。

构造支持类似上述业务处理过程的 TPS 的主要目的在于帮助作业层管理人员减轻处理原始数据负担，提高具体事务的处理效率。在某些情况下，甚至可以完全取代业务层的手工操作。因此，TPS 主要放置于车间或一般的行政管理办公室，而处于企业系统边界的 TPS 则能将企业和它的外部环境联系起来。

3.2.2　业务处理系统的功能

由于 TPS 的主要功能就是对企业管理中日常事务所发生的数据进行输入、处理和输出。因此，如图 3-2 所示，TPS 的数据处理周期由以下 5 个阶段构成：数据输入、数据处理、数据库的维护、文件报表的生成和查询处理。下面对这 5 个阶段的工作过程作进一步的阐述。

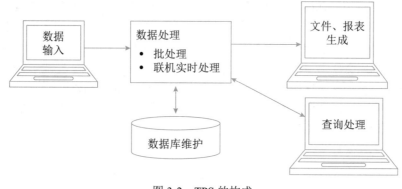

图 3-2　TPS 的构成

1. 数据输入

数据输入是 TPS 工作过程的第 1 个阶段，该阶段主要解决如何将企业经营活动中产生的大量原始数据准确、迅速地输入到计算机系统中并存储起来，这是信息系统进行信息处理的"瓶颈"。因此，数据的输入方式和进度是这个阶段的关键问题。

常见的数据输入方式有 3 种，即人工、自动及二者结合。若用人工输入数据，在运行 TPS 中的数据输入模块时，屏幕上就会显示出与原始数据凭证相似格式的画面，而后由作业层的管理人员通过键盘等输入装置进行数据输入，输入的数据以 TPS 预先确定好的格式（即数据库结构）存储或由 TPS 直接使用。这种传统的数据输入方式的缺点是显而易见的，即费时、费力，需要大量存储空间，而且还极易出错。

随着计算机及相关技术的迅速发展，原始数据的输入也朝着自动化方向发展，只要将自动化数据录入装置，与远程 TPS 的计算机系统连接起来，就可以实现原始数据的自动化或半自动化输入。常见的自动化输入装置有：

（1）POS 终端：获取条码或磁卡中的信息。

（2）光读机 OCR：阅读条码信息。

（3）ATM：接收各种信用卡信息。

（4）扫描仪：输入图像信息。

（5）语音识别系统：输入声音信息。

（6）触摸屏：直接接收用户输入的信息。

2. 数据处理

TPS 中常见的数据处理方式有两种，一种是批处理方式；另一种是联机事务处理方式。

1）批处理（Batch Processing）

这种方式是将事务数据积累到一段时间后进行定期处理（如每日、每周、每月等），批处理的主要作用：

（1）收集原始数据文件，如销售合同、发票等，结组成批。

（2）转储其他输入介质上的事务数据。

（3）将事务文件中数据进行分类，使之与主文件中的数据顺序一致。

（4）获取和存储远程的成批事务数据，或又可称为远程作业录入（Remote Job Entry，RJE）。

一个典型的例子就是银行每日的账目处理，银行总是将白天的所有账目储存成批，等到白天的对外营业停止后再进行一次性处理，这样每个储户的银行平衡表就是每天修改一次，并产生相关的报表，其处理过程如图 3-3 所示。

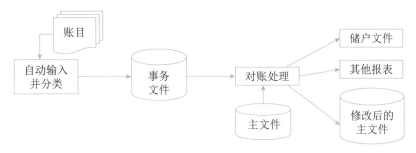

图 3-3 银行的账目批处理

批处理方式的优点是：当有大量的事务数据需要处理时，使用批处理是一种较经济的方式，因为它可以缩减因频繁修改数据库所需的费用。这种方式适合于在事务发生时无须即时修改数据库以及只须定期产生文件、报表的应用。例如，在每周发放工资的情况下，员工的考勤数据及其他有关的工资数据就可以收集成批之后每周处理一次。

批处理方式的缺点是：在定期事务处理的间隔期，主文件易过时而且也无法满足实时的查询需求。

2）联机事务处理（OnLine Transaction Processing，OLTP）

这种方式又可称为实时处理，即能对所发生的事务数据进行立即处理，并将处理结果提供给终端用户。事务数据一旦产生，则无须积累成批，也无须经过分类，就直接从联机的终端上输入到计算机系统中并进行处理。因此，这些事务数据总是从联机存储在接存取文件中，有关文件及数据库也立刻得到更新，并能即时响应终端用户的查询需求。OLIP 方式主要依赖于网络来实现事务终端、工作站和其他计算机系统之间的通信。

某些实时处理是不能被中断的，如证券的股票交易、航空公司的客户订单等。为保证在硬件系统运行出现故障时这些实时处理仍能继续进行，通常要在 TPS 中采用有关的容错处理。常用的容错技术有：双 CPU 的计算机、后备机、保存冗余数据等。

OLIP 方式的优点是当事务数据产生时能即时更新有关的文件和数据库，并能立刻响应终端用户的查询请求。其缺点是成本高，由于是对数据库进行联机直接存取，为防止数据被非法存取或被偶然破坏，需要有一定授权机制。同时为保证实时处理不被中断，要采用有关的容错技术，这也需要额外的开支。但是，在某些情况下，以费用换取速度、效率和更优质的服务是值得的。

3. 数据库的维护

一个组织的数据库通过 TPS 来更新，以确保数据库中的数据能及时、正确地反映当前最新的经营状况，因此数据库的维护是 TPS 的一项主要功能。这些数据库是一个企业的数据资源，能为支持中、高层管理人员决策的管理信息系统、决策支持系统和专家系统等提供有用的基础信息。对数据库的访问形式基本有 4 种：检索、修改、存入和删除。

4. 文件报表的产生

TPS 的输出就是为终端用户提供所需的有关文件和报表，这些文件和报表根据其用途不同可分为以下几类。

（1）行动文件（Action Documents）：即该文件的接收者持有文件后可进行某项事务处理，例如，采购订单交给采购员，采购员即可向有关的供应商购货；工资支票交给银行后，银行便向员工支付工资等。

（2）信息文件（Information Documents）：该类文件向其持有者表明某项业务已发生了，例如订单确认书及客户发票向购货方表明供货方已供货了。这类文件有时也可作为控制文件使用。

（3）周转文件（Turnaround Documents）：这类文件交给接受者之后通常还要返回到发送者手中，故称为周转文件。例如计算机印制的发票（多联）交给客户，客户必须将付款凭证与其中一联发票再一起交回，因此这类文件的信息可通过自动数据录入装置输入到计算机系统中。

TPS 还产生一些其他类型的报表，用于记录和监控某段时间内业务发生或处理的结果，它们并不是因管理的需要而特别编制的，例如流水账（即业务日志）等。因此 TPS 产生的文件、报表是原始数据经简单的分类、汇总之后形成，几乎未经任何分析和概括，无法对中、高层管理人员的决策提供直接支持。

5. 查询处理

TPS 支持终端用户的批次查询或联机实时查询，典型的查询方式是用户通过屏幕显示获得查询结果，例如，销售人员可查询客户的合同情况，读者可查询图书馆的借书情况等。这种查询实际上是对数据库进行有条件的检索，因此，为保证数据的安全性和保密性，必须对不同级别的用户授以不同的访问权限。

3.2.3　业务处理系统的特点

业务处理系统（TPS）是信息系统发展的最初级形式，但这并不意味着 TPS 不重要甚至不需要。实际上，TPS 是其他类型信息系统的信息产生器，企业在推进全面信息化的过程中往往是从开发 TPS 入手的。由于 TPS 支持的是企业的日常业务管理，TPS 一旦出现故障，就有可能导致企业的正常运作发生紊乱，例如航空公司的订票系统、银行的存取款/转账系统、企业的物料进出库系统等。同时，许多 TPS 是处于企业系统的边界，它是将企业与外部环境联系起来的"桥梁"。因此，TPS 性能的好坏将直接影响着组织的整体形象，是提高企业市场竞争力的重要因素。

由于 TPS 面对的是结构化程度很高的管理问题，因此可以采用结构化生命周期法来进行开发。而且同行业事务处理的相似性，使得越来越多的 TPS 都已商品化。所以，许多企业可直接购买现成的 TPS，只要再进行一些简单的二次开发，就能投入使用，避免了低水平的重复开发工作。

3.3　管理信息系统（MIS）

　　管理信息系统（Manage Information System，MIS）是由业务处理系统发展而成的，是在TPS 基础上引进大量管理方法对企业整体信息进行处理，并利用信息进行预测、控制、计划、辅助企业全面管理的信息系统。从 MIS 应用的历史和现状来看，MIS 是一个高度集成化的人机信息系统，它是企业信息系统中职能明确、体系结构较为稳定、处理技术成熟、应用也最为成功的分支。管理信息系统中包含各种模型和方法，数据共享能力更大，能够提供分析、计划和辅助决策功能的系统，并具有改进企业组织的效能。

3.3.1　管理信息系统的概念

　　从管理信息系统概念出发，管理信息系统由四大部件组成，即信息源、信息处理器、信息用户和信息管理者，见图 3-4。

图 3-4　管理信息系统总体结构

　　首先，根据各部件之间的联系可分为开环和闭环。开环结构是在执行一个决策的过程中不收集外部信息，不根据信息情况改变决策，直至产生本次决策的结果，事后的评价只供以后的决策作参考。闭环结构是在决策过程中不断收集信息，不断发送给决策者，不断调整决策。事实上最后执行的决策已不是当初设想的决策，见图 3-5。

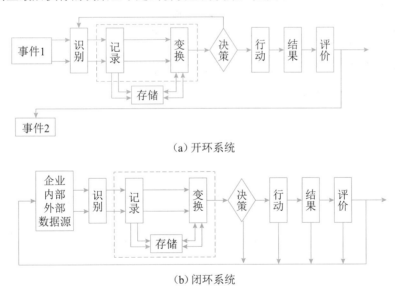

（a）开环系统

（b）闭环系统

图 3-5　开环与闭环结构

　　计算机实时处理的系统均属于闭环系统，而批处理系统均属于开环系统，但对于一些较长的决策过程来说批处理系统也能构成闭环系统。其次，根据处理的内容及决策的层次来看，我们可以把管理信息系统看成一个金字塔式的结构，见图 3-6。

组织管理均是分层次的，例如分为战略计划、管理控制和运行控制 3 层。由于一般管理均是按职能分条的，信息系统也就可以分为销售与市场、生产、财务与会计、人事及其他。一般来说，下层的系统处理量大，上层的处理量小，组成了纵横交织的金字塔结构。管理信息系统的结构又可以用子系统及它们之间的连接来描述，所以又有管理信息系统的纵向综合、横向

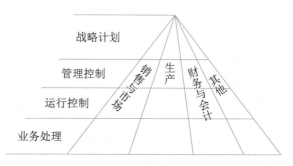

图 3-6　管理信息系统的金字塔结构

综合以及纵横综合的概念。横向综合是按层划分子系统，纵向综合就是按条划分子系统。例如，把车间、科室以及总经理层的所有人事问题划分成一个子系统。纵横综合则是金字塔中任何一部分均可与任何其他部分组成子系统，达到随意组合自如使用的目的。

3.3.2　管理信息系统的功能

一个管理信息系统从使用者的角度看，它总是有一个目标，具有多种功能，各种功能之间又有各种信息联系，构成一个有机结合的整体，形成一个功能结构。例如，一个企业的内部管理系统可以具有图 3-7 所示的结构。

由图 3-7 可以看出，这里子系统的名称所标注的是管理的功能或职称，而不是计算机的名词。它说明管理信息系统能实现哪些管理功能。职能的完成往往是通过"过程"实现，过程是逻辑上相关活动的集合，因而往往把管理信息系统的功能结构表示成功能 – 过程结构，见图 3-8。

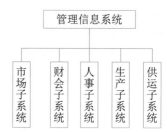

图 3-7　管理信息系统的功能结构

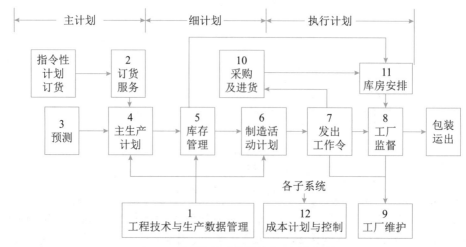

图 3-8　管理信息系统的功能 – 过程结构

这个系统标明了企业各种功能子系统怎样互相联系并形成一个全企业的管理系统，是企业各种管理过程的一个缩影。整个流程自左至右展开，这里的企业主生产计划 4 是根据指令性计划、订货服务以及预测的结果来制订的。通过库存管理决定需要多少原料、半成品、外购件以及资金，而且确定物料的到达时间及库存水平。要产生这些信息用到的产品数据由系统 1 得到，根据系统 5 的安排，系统 10 决定何时进行采购和订货手续；系统 11 决定何时何地接收货物；系统 6 决定何时何车间进行何种生产工作；系统 6 所安排的只是一个计划，只有通过系统 7 发出命令，一切工作才见行动；系统 11 在整个工作开始后，不断监视各种工作的完成情况，并进行调整和应急计划安排；最后进行包装并运出。图 3-8 中的工厂维护系统 9 的功能是安排大修，系统 12 是进行成本计划与控制。

3.3.3　管理信息系统的组成

一个管理系统可用一个功能 / 层次矩阵表示，见图 3-9。

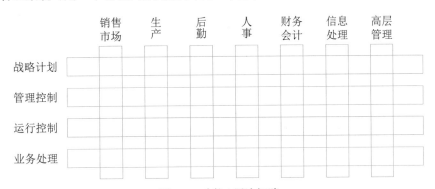

图 3-9　功能 / 层次矩阵

图 3-9 的每一列代表一种管理功能。其实这种功能没有标准的分法，因组织不同而异。图中每一行表示一个管理层次，行列交叉表示每一种功能于系统。各个职能子系统的简要职能如下。

（1）销售市场子系统。它包括销售和推销，在运行控制方面包括雇用和训练销售人员、销售和推销的日常调度，还包括按区域、产品、顾客销售数量的定期分析等。在管理控制方面，包含总的成果和市场计划的比较，它所用的信息有顾客、竞争者、竞争产品和销售力量要求等。在战略计划方面包含新市场的开发和战略，它使用的信息包含顾客分析、竞争者分析、顾客评价、收入预测、入口预测和技术预测等。

（2）生产子系统。它包括产品设计、生产设备计划、生产设备的调度和运行、生产人员的雇用和训练、质量控制和检查等。典型的业务处理是生产订货、装配订货、成品票、废品票和工时票等。运行控制要求将实际进度与计划相比较，发现问题环节；管理控制要求进行总进度、单位成本和工事消耗的计划比较；战略计划要考虑加工方法和自动化的方法。

（3）后勤子系统。它包括采购、收货、库存控制和分发。典型的业务包括采购的征收、采购订货、制造订货、收货报告、库存票、运输票和装货票、脱库项目、超库项目、库营业额报告、卖主性能总结、运输单位性能分析等。管理控制包括每一后勤工作的实际与计划的比较，如库存水平、采购成本、出库项目和库存营业额等；战略分析包括信息的分配战略分析、对卖主的新政策、"做或买"的战略、新技术信息、分配方案等。

（4）人事子系统。它包括雇用、培训、考核记录、工资和解雇等。其典型的业务有雇用需求的说明、工作岗位责任说明、培训说明、人员基本情况数据、工资变化、工作小时和离职说明等。运行控制关心的是雇佣、培训、终止、变化工资率、产生效果。管理控制主要进行实情与计划的比较，包括雇用数、招募费用、技术库存成分、培训费用、支付工资、工资率的分配和政府要求符合的情况。战略计划包括雇用战略和方案评价、工资、训练、收益、建筑位置及对留用人员的分析等，把本国的人员流动、工资率、教育情况和世界的情况进行比较。

（5）财务和会计子系统。按原理说财务和会计有不同的目标，财务的目标是保证企业的财务要求，并使其花费尽可能的低；会计则是把财务业务分类、总结，填入标准财务报告，准备预算、成本数据的分析与分类等。运行控制关心每天的差错和异常情况报告、延迟处理的报告和未处理业务的报告等；管理控制包括预算和成本数据的分析比较，如财务资源的实际成本，处理会计数据的成本和差错率等，战略计划关心的是财务保证的长期计划、减少税收影响的长期计划，成本会计和预算系统的计划。

（6）信息处理子系统。该系统的作用是保证企业的信息需要。典型的任务是处理请求、收集数据、改变数据和程序的请求、报告硬件和软件的故障及规划建议等。运行控制的内容包括日常任务调度、差错率、设备故障。对于新项目的开发还应当包括程序员的进展和调试时间。管理控制关心计划和实际的比较，如设备成本、全体程序员的水平、新项目的进度和计划的对比等。战略计划关心功能的组织是分散还是集中、信息系统总体计划、硬件软件的总体结构。办公室自动化也可算作与信息处理分开的一个子系统或者是合一的系统。当前办公室自动化主要的作用是支持知识工作和文书工作，如字符处理、电子信件、电子文件和数据与声音通信。

（7）高层管理子系统。每个组织均有一个最高领导层，如公司总经理和各职能域的副总经理组成的委员会，这个子系统主要为他们服务。其业务包括查询信息和支持决策，编写文件和信件便笺，向公司其他部门发送指令。运行控制层的内容包括会议进度、控制文件、联系文件。管理控制层要求各功能子系统执行计划的总结和计划的比较等。战略计划层关心公司的方向和必要的资源计划。高层战略计划要求广泛而综合的外部信息和内部信息，这里可能包括特级数据检索和分析以及决策支持系统。它所需要的外部信息可能包括：竞争者的信息、区域经济指数、顾客的喜好、提供的服务质量等。

对应于这个管理系统，在管理信息系统中的软件系统或模块组成一个软件结构，见图3-10。

图3-10中每个方块是一段程序块或是一个文件，每一个纵行是支持某一管理领域的软件系统。

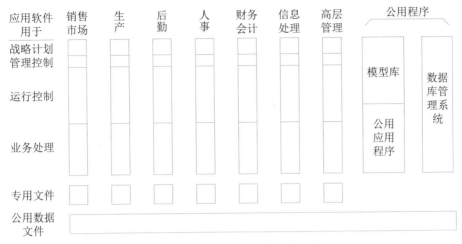

图 3-10　管理信息系统的软件结构

3.4　决策支持系统（DSS）

3.4.1　决策支持系统的概念

1. 决策支持系统的发展

20 世纪 70 年代中期，首次提出了决策支持系统（Decision Support System，DSS）一词，标志着利用计算机与信息支持决策的研究与应用进入了一个新的阶段，并形成了决策支持系统新学科。

20 世纪 70 年代末期，DSS 大都由模型库、数据库及人机交互系统 3 个部件组成。20 世纪 80 年代初，DSS 增加了知识库与方法库，构成了三库系统或四库系统。80 年代后期，人工智能技术与 DSS 相结合，充分利用两者优点，形成了智能决策支持系统。提高了 DSS 支持非结构化决策问题的能力。近年来，DSS 与计算机网络技术结合，构成了新型的能供异地决策者共同参与决策的群体决策支持系统。群体决策支持系统利用便捷的网络通信技术在多位决策者之间沟通信息，提供良好的协商与综合决策环境，以支持需要集体做出决定的重要决策。在此基础上，为了支持范围更广的群体，人们又将分布式数据库、模型库与知识库等决策资源有机地集成起来，构建分布式决策支持系统。

DSS 的发展与信息技术、管理科学、人工智能及运筹学等科学技术的发展密切相关。随着 DSS 研究与应用范围的扩大和层次的提高，新技术、新方法的不断推出与引入，DSS 会逐步走向成熟，实用性与有效性会进一步提高。

2. 决策支持系统的定义

对 DSS 的定义始终存在着不同的观点，但都基本一致认为其定义必须建立在对象所具有的特征之上，下面列举几个比较典型的定义。

1）定义一

DSS 是一个由语言系统、知识系统和问题处理系统 3 个互相关联的部分组成的，基于计算机的系统。

DSS 应具有的特征是：

（1）数据和模型是 DSS 的主要资源。

（2）DSS 用来支援用户作决策而不是代替用户作决策。

（3）DSS 主要用于解决半结构化及非结构化问题。

（4）DSS 的作用在于提高决策的有效性而不是提高决策的效率。

2）定义二

DSS 应当是一个交互式的、灵活的、适应性强的基于计算机的信息系统，能够为解决非结构化管理问题提供支持，以改善决策的质量。DSS 使用数据，提供容易使用的用户界面，并可以体现决策者的意图。DSS 可以提供即时创建的模型，支持整个决策过程中的活动，并可能包括知识成分。

DSS 应具有的特征是：

（1）主要针对上层管理人员经常面临的结构化程度不高、说明不够充分的问题。

（2）界面友好，容易被非计算机人员所接受。

（3）将模型、分析技术与传统的数据存取与检索技术结合起来。

（4）具有对环境及决策方法改变的灵活性与适应性。

（5）支持但不是代替高层决策者进行决策。

（6）充分利用先进信息技术快速传递和处理信息。

3. 决策支持系统的基本模式

DSS 由若干部件按一定的结构组成，部件不同或结构不同会构成功能略有差异的 DSS，但各种 DSS 的结构都建立在某种基本模式之上。DSS 的基本模式反映 DSS 的形式及其与"真实系统"、人和外部环境的关系，如图 3-11 所示。其中管理者处于核心地位，运用自己的知识和经验，结合决策支持系统提供的支持，对其管理的"真实系统"进行决策。

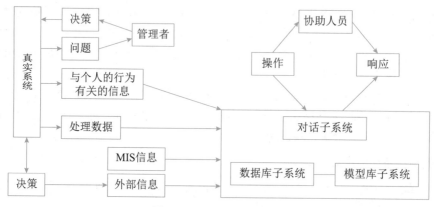

图 3-11   DSS 的基本模式

4. 决策支持系统的结构

具有不同功能特色的 DSS，其系统结构也不相同。DSS 的两种基本结构形式是两库结构和基于知识的结构，实际中的 DSS 由这两种基本结构通过分解或增加某些部件演变而来。

两库结构由数据库子系统、模型库子系统和对话子系统形成三角形分布的结构，如图 3-12 所示。

图 3-12　DSS 的两库结构

3.4.2　决策支持系统的功能

决策支持系统的总体功能是支持各种层次的人们进行决策。从功能上分解，决策支持系统可细分为以下功能。

（1）决策支持系统用来整理和提供本系统与决策问题有关的各种数据。各种不同的待决策的问题可能需要不同方面、不同层次的数据，如生产数据、库存数据、财务数据、设备运行数据等。

（2）决策支持系统要尽可能地收集、存储和及时提供与决策有关的外部信息。外部信息是保证正确决策的重要依据，如市场需求、商品价格、原材料供应、竞争对手的经营状况等。

（3）决策支持系统能及时收集和提供有关各项活动的反馈信息，包括系统内和与系统相关的信息，如计划完成情况、产品销售情况、用户反映信息等。

（4）决策支持系统对各种与决策有关的模型具有存储和管理的能力。不同的决策内容需要不同的决策模型的支持，如库存控制模型、生产调度模型、投入产出模型等。

（5）决策支持系统提供对常用的数学方法、统计方法和运筹方法的存储和管理，如统计检验方法、回归分析方法、线性规划方法等。

（6）决策支持系统能对各种数据、模型、方法进行有效管理，为用户提供查找、变更、增加、删除等操作功能，以使用户可以对系统所提供的数据、模型和方法进行有效而灵活的运用，如数据的变更、模型的修改、方法的增删等，都可以通过系统来完成。

（7）决策支持系统运用所提供的模型和方法对数据进行加工，并得出有效支持决策的信息，如对数据进行汇总、分析、预测等。

（8）决策支持系统具有人-机对话接口和图形加工、输出功能，不仅用户可以对所需要的数据进行查询，而且可以输出相应的图形，如回答"What...if..."等类型的问题和输出各种统计、分析图表。

（9）决策支持系统应能支持分布使用方式，提供有效的传输功能，以保证分散在不同地点的用户能共享系统所提供的模型、方法和可共享的数据，如系统在局域网的环境中运行，并提供了可共享的数据、模型和方法。由上述功能可见，决策支持系统应是在一种网络环境下，提供对数据、模型和方法进行管理功能的，并具有良好的人-机界面的完整的软件系统。一个实用的决策支持系统，更重要的是它拥有能对决策起辅助作用的丰富的数据和成熟的模型以及有效的方法。

3.4.3   决策支持系统的特点

从决策支持系统的任务和功能，可以归纳出决策支持系统不同于其他计算机信息系统的特点。

（1）决策支持系统面向决策者，系统在开发中遵循的需求和操作是设计系统的依据和原则。系统的收集、存储和输出的一切信息，都是为决策者服务。

（2）决策支持系统支持对半结构化问题的决策。半结构化问题的复杂性致使传统的计算机信息系统，如电子数据处理系统、管理信息系统都难以解决，而决策支持系统则可以辅助决策者对决策信息过程和方案进行较系统且全面的分析。

（3）决策支持系统的作用是辅助决策者、支持决策者。由于决策过程的复杂性和决策过程中的重要作用，系统不可能取代人而做出决策。在整个决策过程中系统不可能也不应该提供答案，也不应该强加给决策者预先规定的决策顺序。

（4）决策支持系统体现决策过程的动态性。用户或用户通过模型，根据决策层次、决策环境、问题理解、知识积累等多方面变化的情况来动态地确定问题的解答，并在决策的动态运行过程中完善和调整系统。

（5）决策支持系统提倡交互式处理。通过人 - 机对话的方式将决策人的经验、观念和判断纳入系统，进而将人们主观的、经验的判断与客观的信息反映相结合，最后确定决策方案。

3.4.4   决策支持系统的组成

1. 数据的重组和确认

与决策支持系统相关的数据库的问题是，获得正确的数据并且可用理想的形式操作这些数据。有时这是非常困难的，因为从事务处理系统收集的数据必须经过重组和确认才能对决策支持有效。这个问题可以通过数据仓库的概念解决。

2. 数据字典的建立

大多数支持商业信息系统的数据库并不能满足管理者决策支持的需要。现存数据库的问题是数据以特定的格式存储，同一个数据在不同系统中的表示不同。最重要的是，管理者不能得到他们需要的日常问题的答案。例如，去年同期的某一产品的特殊促销手段的影响，将对今年产品的定价产生什么样的影响。

大多数现存作业层的数据库没有按有利于分析类型和查询应用的方式组织。起初，公司通过产生一些从查询得到的固定的数据析取来解决这样的问题。但这种方法使析取的数据固定在一个时间点上，并随时间的推移很快就不适用了。

数据仓库是一个与作业层系统分离存在的数据库。通过对数据仓库的存取，管理者可以做出以事实为根据的决策来解决许多业务问题。例如，什么定价策略最有效，什么样的客户能带来更多的利润，什么样的产品有最大利润。

生成数据仓库的过程十分直接。首先，数据被"提炼"出来，确认它们是有意义的、一致的和准确的，然后载入关系表中以便支持分析及查询应用。通常数据必须从多个生产系统和外部来源获得，这是一个困难的过程，包括识别相应数据、数据混合、提炼数据阶段以保证其有效性。最后数据需要与建立的逻辑数据模型相一致。

3. 数据挖掘和智能体

一旦建成数据仓库，管理者们需要运用工具进行数据存取和查询，这个过程为数据挖掘，使用的工具称为智能体。智能体是管理者用来在关系数据库中搜寻相应数据的软件，用来做趋势分析、异常情况识别和结果跟踪。数据挖掘工具同时也被用来识别数据的模式，从模式中得出规则，并且利用另外的数据检验来精炼这些规则。数据挖掘的结果类型包括：

（1）联合：把各个事件联系在一起的过程。例如，将学生们经常同时选修的两门课程联系起来，以便这两门课程不被安排在同一时间。

（2）定序：识别模式的过程。例如，识别学生们多个学期课程的次序。

（3）分类：根据模式组织数据的过程。例如，以学生完成学业的时间（4 年以内，4 年以上）为标准分成几个小组。

（4）聚类：推导特定小组与其他小组相区分的判断规则的过程。例如，通过兴趣、年龄、工作经验来划分学生。

数据仓库的主要优点是向管理者提供所需要的数据和用来分析这些数据的工具。数据仓库的概念使信息系统专业人员从日常定制报告的编程中解脱出来，给决策者提供真正的决策支持工具。此外，许多数据仓库工具还配有图形用户界面，以便用户的使用。

4. 模型建立

模型管理的目的就是帮助决策者理解与选择有关的现象。例如，在一场广告竞争中，能够知道一种产品对年轻未婚的职业人员或年轻已婚的蓝领工人是否具有吸引力是有益的。大量业务问题需要分析可选的方案设计，模型是建立分析框架的一种有利的工具。

每种模型都有不同的应用范围，例如，统计模型包括回归分析、方差和指数平滑，会计模型包括折旧、纳税计划和成本分析，人事管理模型包括环境模拟、角色练习，市场营销模型包括广告策略分析、消费者选择倾向及消费者行为转变分析。建立一个决策支持系统的难点在于，必须清楚系统应包括什么样的模型，如何使这些模型对决策者有意义。

模型也有不同的特点，有一些是经验的，有一些是客观的。经验模型包括判断和专家的意见，例如，一个内科医生使用一个经验模型去诊断心脏的状况，客观模型意味着数据分析独立于决策者的经验。建立模型的方法有穷枚举法、算法、启发式和模拟法。

（1）神经网络经常支持穷枚举法。一个神经网络包括许多简单的处理单元，它们结合成网络，每个处理单元基于输入的特性及权重产生一个输出。神经网络可以帮助解决复杂模式匹配、不完全信息和大规模数据的问题。神经网络通过一组例子训练，当网络通过训练样本训练过之后，用另一组例子来测试它的性能。不同于规则推理，训练后神经网络得出的决策标准可能与传统或常规规则相矛盾，但是决策结果是有效的。

（2）算法或算法模型是一组可以循环执行以获得结果的过程。算法支持许多类型的业务决策，包括如何投资，何时对商品进行广告宣传，如何把员工分派到项目中去。

（3）另外一个建立模型的基础是启发式，启发式是经验法则，用于分析结构化程度低的问题。启发式模型经常在专家系统设计中使用，因为这些模型可以使用户应用规则来重复专家解决结构化程度低的技巧。

（4）第 4 个建模的方法是模拟，模拟的目标是仿真。如模拟工厂的运作、业务的操作或一个国家的政治气候。通过这些，用户能在每个环境中进行策略改变分析。

3.5 专家系统（ES）

3.5.1 专家系统的概念

1. 专家系统

基于知识的专家系统简称为专家系统（Expert System，ES）是人工智能的一个重要分支。专家系统的能力来自于它所拥有的专家知识，知识的表示及推理的方法则提供了应用的机理。因此这种基于知识的系统设计是以知识库和推理机为中心而展开的。

知识 + 推理 = 系统

而传统的软件的结构是：

数据结构 + 算法 = 程序

专家系统是一种智能的计算机程序，该程序使用知识与推理过程，求解那些需要资深专家的专门知识才能解决的高难度问题。

由此定义可以看出，专家系统既不同于传统的应用程序，也不同于其他类型的人工智能问题求解程序。不同点主要表现在以下 5 个方面。

（1）专家系统属于人工智能范畴，其求解的问题不是传统程序求解的结构化问题，而是半结构化或非结构化问题，需要应用启发法或弱方法来解决，它不同于传统应用程序的算法。

（2）传统应用程序通过建立数学模型去模拟问题领域，而专家系统模拟的是人类专家在问题领域的推理，而不是模拟问题领域本身。从模拟对象的不同，足以区分出专家系统与传统的应用程序。

（3）专家系统由 3 个要素组成：描述问题状态的综合数据库、存放启发式经验知识的知识库和对知识库的知识进行推理的推理机。三要素分别对应数据级、知识库级和控制级三级知识，而传统应用程序只有数据和程序两级结构。它将描述算法的过程性计算信息与控制性判断信息合而为一地编码在程序中，缺乏专家系统的灵活性。

（4）专家系统处理的问题属于现实世界中必须具备人类专家的大量专门知识才能解决的问题，它必须可靠地工作，并在合理的时间内对求解的问题给出可用的解答。所以它面对的往往是实际的问题，而不是纯学术的问题。

（5）从求解手段来看，专家系统的高性能是通过将问题领域局限在相对狭窄的特定领域内，它更强调该领域中人类专家的专门知识的应用。专家系统所拥有的这种启发式知识的数量和质量，将决定专家系统的性能和效率。从这个方面讲，专家系统的问题求解的通用性是较差的。

总之，专家系统是使用某个领域内实际专家所拥有的领域知识来求解问题，而不是用那些从数学或计算机科学中导出的与领域关系不大的方法来解决问题。所以专家系统适合于完成那些没有公认的理论和方法、信息不完整、人类专家短缺或专门知识相对昂贵的工作，诸如规划、设计及决策制定、医疗诊断、质量监控等。

2. 人工智能

人工智能（Artificial Intelligence，AI）旨在利用机械、电子、光电或生物器件等制造的装置或机器模仿人类的智能。自古以来，人类对人工智能就有持久、狂热的追求，想用机器来代替人的部分脑力劳动，从而用机器来延伸和扩展人类的智能行为。1956 年夏季，在美国的达特茅斯大学（Dartmouth University）的一次学术讨论会上，由当时的年轻数学助教，现为斯坦福大学教授的麦卡锡（J.MeCarthy）首次提出用人工智能来描述具有模仿或复制人脑功能能力的计算机系统，从而开创了人工智能作为一门独立学科的研究方向。麦卡锡因此也被成为人工智能之父。

1）人工智能的特点

AI 研究的重点放在开发具有智能行为的计算机系统上，智能行为表现出以下 5 个特点。

（1）从过去的事件或情形中汲取经验，并将从经验中得到的知识应用于新的环境和场景。然而汲取经验并应用知识不是计算机系统的本性，它需要精心为其设计的软件提供支持。

（2）具有在缺乏重要信息时解决问题的能力。

（3）具有处理和操纵各种符号、理解形象化图片（图像）的能力。

（4）想象力和创造力。

（5）善于启发。

上面列出的仅是智能行为的部分特征。目前人工智能与人的智能还有巨大的差别。

2）人工智能的主要分支

人工智能是一个极为广泛的领域，AI 的主要分支有专家系统、机器人技术、视觉系统、自然语言处理、学习系统和神经网络等，如图 3-13 所示。各个分支之间的相互密切关联的，一个领域取得的进展往往会引起其他领域的进步。

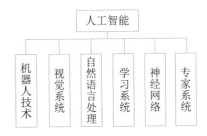

图 3-13　人工智能主要分支

3.5.2　专家系统的特点

专家系统与一般的计算机系统相比有着特殊的设置，二者的相异之处如表 3-1 所示。进一步剖析专家系统，可发现它具有以下主要特性：

表 3-1　专家系统与一般计算机系统的比较

系统	专家系统	一般计算机系统
功能	解决问题、解释结果、进行判断与决策	解决问题
处理能力	处理数字与符号	处理数字
处理问题种类	多属准结构性或非结构性，可处理不确定的知识，使用于特定的领域	多属结构性，处理确定的知识

1. 超越时间限制

人类专家的工作时间有限，但专家系统是恒久的，一旦开发完成，可随时使用，并可 24 小时持续运作。

2. 操作成本低廉

人类专家稀少且昂贵，虽然专家系统在起步发展时必须花一笔不小的经费，但日常操作的成本比起人类专家便宜许多。因此在专家不在或经济上请专家不合算的情况下，利用专家系统仍能处理与专家水平相等的工作。

3. 易于传递与复制

专家与专家知识是稀有的资源，在知识密集的工作环境下，新进人员需要做相当多的训练，而关键人物的知识随着人事变动不能储存，在传递起来亦耗时费力但专家系统则不然，它能轻易地将知识传递或复制。

4. 处理手段一致

人类专家判断决策的结果常会因时或因人而异，而专家系统对于所处理的问题则具有一致性的输出。

5. 善于克服难题

由于专家系统具有既定的知识库与严谨的推理程序，因此往往比人类专家还能胜任一些执行起来较费时、复杂度较高的工作，如需要庞大计算量的问题。另外，若工作的内容重复性很高，专家系统比人类专家能有更佳的表现。

6. 适用特定领域

由于建构搜集知识库以及推理规则有一定的困难，因此专家系统通常只使用小范围的特定知识领域。而当问题的知识牵涉较广，或是没有一定的处理程序时，就必须靠人类专家的智慧来处理。

目前，专家系统和人工智能所关注的是，把数据和信息转换为可使用知识的能力，吸取和分享专家意见，并且把知识管理成一种至关重要的竞争资源。虽然人工智能和专家系统在物流方面的应用还很有限，但是目前已显示出其提高物流生产率和物流质量的能力，许多原型都已取得了很大的收益。作为集物流、商流、信息流、资金流于一身的配送中心，智能系统发挥的作用将愈来愈明显。

3.5.3 专家系统的组成

由于专家系统的应用领域不同，求解问题的类型不同，专家系统的结构也略有差别。但总的来说，专家系统的核心部分基本相同，其一般结构如图 3-14 所示。

专家系统的结构与系统的适用性和有效性密

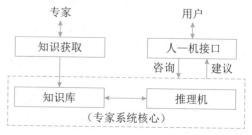

图 3-14 专家系统的一般结构

切相关，选择什么样的系统结构，要根据系统的应用环境和所执行任务的特点而定。

1. 知识库

专家系统的知识库用来存放系统求解实际问题的领域知识。一般来说，知识库中的知识可分成两类：一类为事实性知识；另一类是启发性知识。这些知识可以从书籍中或亲身实践中获得。事实通常指的是公共定义的或已经发生的具体事件。事实性知识尽管相对容易获得，但在求解问题时是不可或缺的。启发性知识是领域专家在长期的工作中获得的经验总结，一般条例性差，较难理解，且适用范围窄，但对求解问题却十分有效，它使专家系统的决策在领域中具有专家的水平。

知识库中的知识主要供推理机求解问题时使用。知识库要具有知识存储、检索、排序、增删改等管理功能。知识的表示方法和组织结构是设计知识库时必须考虑的问题。知识表示方法要尽量简洁、准确地表达领域专家的知识。知识的组织结构要增强知识的模块性和独立性，便于知识库的管理和维护。

2. 综合数据库

综合数据库是专家系统在执行与推理过程中用以存放所需要和产生的各种信息的工作存储器，通常包括欲解决问题的初始状态描述、中间结果、求解过程的记录、用户对系统提问的回答等信息，因此，综合数据库又叫动态知识库，其内容在系统运行过程中是不断变化的。相应地把专家系统的知识库称为静态知识库，因为它在一次推理中其内容是保持不变的，只有领域专家或知识工程师通过知识获取模块或系统通过自学习功能才能改变它的内容。可以认为，综合数据库和知识库一起才构成专家系统的完整知识库。在设计专家系统时，一般使综合数据库的数据表示与组织和知识库的知识表示与组织相一致。这样可以方便推理机的推理。

3. 推理机

推理机和知识库一起构成专家系统的核心。甚至有人认为专家系统等于知识库加推理机。推理机也被称为控制结构或规则解释器，通常包括推理机制和控制策略，是一组用来控制系统的运行、执行各种任务、根据知识库进行各种搜索和推理的程序模块。

专家系统中常用的推理方式有 3 种：正向推理或前向推理、反向推理或逆向推理、双向推理或混合推理。正向推理又称数据驱动策略，即从条件出发推出结论。反向推理又称目标驱动策略，即先假设结论正确，再去验证条件是否满足，若诸条件都满足，则证明结论正确；否则，再由另一个假设去推断结论。正向推理适用于目标解空间很大的问题。反向推理适用于解空间较小的问题。双向推理是正向推理和反向推理同时进行，以期在某一时刻使正、反向推理过程达到某种一致状态而获得问题的解。在双向推理中，常常用正向推理来确定各种假设证实的先后次序，一旦确定后，又用反向推理验证假设是否成立。

推理机的构成与实现依赖于领域问题的性质和知识表示方法及组织结构。在设计专家系统时，一般使知识库和推理机相分离，即求解问题的知识与使用知识的程序相分离，以保证专家系统的模块性、灵活性和可维护性。

4. 知识获取

知识获取模块主要有两方面功能：一是知识的编辑和求精；二是知识自学习。两者相辅相成，负责管理知识库中的知识，根据需要添加、修改或删除知识以及由此产生的一些必要的改动，维护知识库的一致性和完整性。知识的编辑与求精，可使领域专家的经验或书本上的知识转化为系统所需的内部形式，作为新知识移入知识库，同时也可以使领域专家方便地修改知识库。自学习功能可以根据系统运行过程中积累的经验自动地修改和补充知识库的知识，发现求解问题的规律，提高系统的性能和处理效率。

5. 解释程序

解释程序是面向用户服务的，负责解答用户提出的各种问题。这些问题既可以是和系统运行过程有关的，也可以是关于系统性能和行为的。当用户得到一个问题的答案时，可以通过向专家系统提问的方式，验证推理结果的合理性或正确性，了解专家系统对问题求解过程的细节。这时，通过解释程序，专家系统可以针对性地以一种用户易于理解的形式对用户的问题进行解释，回答推导结论的步骤、每个步骤的根据、所用的各种数据和知识等。目前，解释程序的实现方法大多是在推理过程中，把每步推理所用的数据和知识按推理的顺序连接起来，一旦需要解释时，就把这个推理链一步一步地显示给用户，以此作为对用户提问的回答。

6. 人—机接口

人—机接口通常包括两部分：一部分是专家系统与用户的接口；另一部分是专家系统与领域专家和知识工程师的接口。与用户的接口可直接处理用户的操作命令和提出的问题，通过对命令的解释和对问题的分析，将结果传送到推理机、综合数据库和知识库，以启动系统的问题求解过程，同时也将系统对用户的提问以及对问题求解过程的跟踪解释传递给用户，使用户对专家系统的执行动态有所了解。与领域专家和知识工程师的接口可接受领域专家或知识工程师的知识，使领域专家或知识工程师了解系统的性能，并进一步改善和提高系统求解问题的能力。

不论是哪种接口，都要包括输入和输出，完成系统的内部表示形式和外部表示形式（用户、领域专家和知识工程师易于理解和接受的形式）的相互转换。随着自然语言理解、语音识别、图像处理、文字识别等技术的不断完善和逐步成熟，专家系统将会更多地采用包含图、文、声、像的多媒体接口。

一般的专家系统通过推理机与知识库和综合数据库的交互作用来求解领域问题。这种求解过程有如下几个步骤。

（1）根据用户的问题对知识库进行搜索，寻找有关的知识。

（2）根据有关的知识和系统的控制策略形成解决问题的途径，即知识操作算子序列，从而构成一个假设集合。

（3）对解决问题的一组可能假设方案进行排序，并挑选其中在某些准则下最优的假设方案。

（4）根据挑选的解决方案去求解具体问题。

（5）如果该方案不能真正解决问题，则追溯到假设方案序列中的下一个假设方案，重复求解问题。

（6）上述过程循环进行，直至问题已经解决或者所有的求解方案都不能解决问题而宣告"本系统该问题无解"为止。

3.6　办公自动化系统（OAS）

3.6.1　办公自动化系统的概念

1. 办公活动

自从人类社会形成以来就存在着办公活动，办公可以说是处理群体公务的活动。具体地说，办公活动就是抄写、打字、发布文件、传达批示、批阅文件、安排日程表、开会、分析、判断、决策等；办公室则是人们管理信息的场所。办公活动所涉及的信息类型十分复杂，通常有以下几种：数据，指各种计算数据和原始数据，以数值型为主；文字，指用各种语言文字所表示的文件、公文、信函、报告、电报等；声音，指用声音形式表达的各种信息、命令、指示、通知、电报等；图形，指静态的图形如各种产品样本、照片、图案、图表、文件上的公章及首长亲笔签字等；图像，指动态的图形如电视转播、电视会议、闭路电视图像等。

在办公室工作的有 4 类人员：第 1 类是主管人员即领导；第 2 类是专业人员，从事技术、财务、销售等专门工作；第 3 类是秘书，他们协助主管人员或专业人员，进行一些日常工作处理，如接电话、收发信函、接待来访、约定会晤时间等；第 4 类是办事员，帮秘书做复印文件、邮寄、归档等具体事务工作。这 4 类人主要承担的工作有：

（1）处理数据：如编制定期的报表，准备会议用的数字材料等，这些工作有的是手工处理，有的是在计算机上处理，其中一部分便是事务处理系统的任务。

（2）文字处理：包括起草、修改、审阅分发、收缴文件报告或者函件、通知等。

（3）分类归档：不论数据报表还是文字报告文件的存储，都有分类归档保存以备日后查询的需要。一般都设专人管理。

（4）沟通：办公室人员要花很多时间在开会和打电话上，个人独自思考和读、写文件时间反而很少。

（5）决策：这是主管人员的基本任务，至于专业人员，他们或是自己对具体问题做出决定，或是辅助主管人员做出决定。决策是办公室内关键性的活动。

从上面 5 项活动可以看出，越是底层人员则承担前两三项的任务越多，高层人员则集中在后两项工作上。

2. 办公自动化的概念

办公自动化就是办公信息处理手段的自动化。从 20 世纪 50 年代电子打字机的出现，70 年代文字处理机的出现，直至 80 年代迅速发展起来的办公自动化系统，表明办公自动化的发展历史虽短，但是办公手段却发生了翻天覆地的变化，经历了从低级到高级、从简单到复杂、从单功能到多功能的发展过程，并逐步向系统化、综合化、数字化、标准化、智能化、网络化方向发展。与业务处理系统和管理信息系统等以数据处理的信息系统有所不同，OAS 要解决的是包括数据、文字、声音、图像等信息的一体化处理问题。

目前，对办公自动化这一概念还没有一个公认的定义。从本质上讲，办公自动化就是以先进的科学技术为基础，利用有关办公自动化设备协助办公人员管理各项办公信息，主要利用资源以提高办公效率和办公质量。它是一个集文字、数据、语言、图像为一体的综合性、跨学科的人机信息处理系统，计算机技术、通信技术、系统科学和行为科学是它的 4 大支柱。其中以行为科学为主导，系统科学为理论基础，结合运用计算机技术和通信技术。

3.6.2 办公自动化系统的功能

OAS 的功能就是要能完成办公信息处理各个环节的任务，准确并及时地为有关单位人员提供信息服务，改善办公环境，提高办公效率。从业务性质来看，OAS 的主要功能有 3 项。

1. 事务处理

企业中各个办公部门都有大量的烦琐事情，如发送通知、草拟文件、打字文印、数据汇总、报表合成、日程安排和会议组织等，一般由企业内的文案工作者来完成的。实行 OAS 可以把这类大量、繁杂、反复性强的事务交由有关的设备及相应的软件来完成，以达到提高工作效率，减轻工作负担和节省人力的目的。这种办公自动化系统称为事务办公系统，它又可分为两种，即单机处理系统和可以支持一个机构内的各办公室的多机处理系统。

（1）单机系统主要完成以下任务：①文字处理，完成各类文件、报告、通知等书面材料的起草、修改、编辑及存储，并能通过相应的输出设备（如打印机、轻印刷设备等）输出符合需求、排版精美的书面文本；②日程安排，为各级办公人员或某一部门安排活动日程工作计划，具有自动提醒、提示、警告等能力；③文档管理，能对各类文件档案资料收发登记，处理领导批示、检阅登记、分类存储、建立目录、主题词等索引，方便查询，并有行文追踪的随机查询和自动提示的功能；④电子报表，能对各种数据进行报表格式处理并对各种报表格式的数据进行输入、加工、计算及输出；⑤数据处理，能对各种办公数据包括人事、工资、财务、房屋、基、建、车辆和各种办公用品等进行数据采集、计算和存储，主要是利用数据库管理系统来构造小型办公事务处理数据库。

（2）多机系统具有通信功能，实现信息共享，主要功能有：①电子会议，包括会议日程安排、资料查问、发言记录、会议纪要等；②电子邮件，利用计算机及其网络系统对各种公文、信函、报表和资料进行编辑、加工、收发、存储及传递，实现无纸办公；③语音处理，利用电子设备对语音进行识别、合成、存储并传输，如电话会议、语音信箱等；④图形图像处理，对办公事务中的图形（静态）、图像（动态）进行输入、加工、传输和输出，如电视会议、图形扫描、文字传真等；⑤联机情报检索，对国内、国际上的大型综合情报资料数据库进行联机检索，以获得所需相关领域的信息。

2. 信息管理

对信息流的控制管理是每个办公部门最本质的工作，主要包括信息的收集、加工、传递、交流、存取、提供、分析、判断、应用和反馈那些办公人员的综合性工作，一般由企业中层管理人员完成。支持这类办公活动的办公自动化系统可称为管理型办公系统，它能将事务型办公系统中各项孤立的事务处理通过信息交换和共享资源联系起来，获得准确、快捷、及时、优质的功效。管理型办公系统是一种分布式的处理系统，具有计算机通信和网络功能。

3. 辅助决策

决策是根据预定目标做出的行动决定，它是办公活动的重要组成部分，一般由企业高层领导人及其"智囊团"（即专业人员）来完成。担任辅助决策的办公自动化系统可称为决策型办公系统，以经理型办公系统提供的大量信息作为决策工作的基础，建立起能综合分析、预测发展、判断利弊的计算机可运行的决策模型，根据原始数据信息，自动做出比较符合实际的决策方案。

3.6.3　办公自动化系统的组成

办公自动化系统是现代企业办公的一类信息系统，OAS 的组成包括以下 4 部分。

1. 计算机设备

计算机设备包括主机系统、终端设备及外部设备。办公自动化系统通常是一个局域网系统，它由主机系统连接各种终端以及远地工作站、远程终端。因此，主机系统至少要由超级微机来担任，它必须具备有高速的处理机，有大容量的存储设备，有各种高低档的外部设备。终端设备是安置在各办公室内供工作人员使用的，一般情况下系统都会为用户提供一个用户界面，如菜单式提示，以方便用户使用。外部设备包括输入设备、输出设备。在办公自动化系统中使用的输入设备除了常用的键盘输入以外，经常使用的还有语音输入、手写输入、图像输入等形式。输出设备有各种类型的打印机，如针式打印机、喷墨打印机、激光打印机等，可以输出各类印制要求较高的公文和报表。

2. 办公设备

办公设备包括电话机、传真机、电传机、复印机和轻印刷设备。各种大容量存储介质（如光盘、缩微胶片等）以及电子会议支持设备（如闭路电视、投影仪等）等。

3. 数据通信及网络设备

数据通信及网络设备应能连接各远程结点，便于快速处理数据，及时上传下达。

4. 软件系统

软件系统体现了办公自动化的全部功能，可分为以下 3 大类：系统软件，如操作系统软件、网络系统软件等，提供应用软运行的系统支持；专用软件，根据实际应用，利用一定的系统开发方法和开发工具进行各项办公信息、事务处理和管理的专用程序；支持软件，辅助专用软件完成相应的管理工作，如文字处理软件、数据库管理系统、电子邮件支持软件、图形图像处理软件等几类软件与系统软件一般都是通过购买而直接使用的。

3.7　企业资源规划（ERP）

企业资源规划（Enterprise Resource Planning，ERP）是企业在生产制造过程普遍使用的一种信息系统。它由美国 Gartner Group 公司于 1990 年提出。企业资源规划是企业制造资源规划（Manufacturing Resource Planning II，MRP II）的下一代制造业系统和资源计划系统软件。除了 MRP II 已有的生产资源计划、制造、财务、销售、采购等功能外，还有质量管理，实验室管理，业务流程管理，产品数据管理，存货、分销与运输管理，人力资源管理和定期报告系统。目前，在我国 ERP 所代表的含义已经被扩大，用于企业的各类软件，已经统统被纳入 ERP 的范畴。它跳出了传统企业边界，从供应链范围去优化企业的资源，是基于网络经济时代的新一代信息系统。它主要用于改善企业业务流程以提高企业核心竞争力。

3.7.1　企业资源规划的概念

企业的所有资源包括三大流：物流、资金流和信息流。ERP 也就是对这 3 种资源进行全面集成管理的管理信息系统。概括地说，ERP 是建立在信息技术基础上，利用现代企业的先进管理思想，全面地集成了企业的所有资源信息，并为企业提供决策、计划、控制与经营业绩评估的全方位和系统化的管理平台。ERP 系统是一种管理理论和管理思想，不仅仅是信息系统。它利用企业的所有资源，包括内部资源与外部市场资源，为企业制造产品或提供服务创造最优的解决方案，最终达到企业的经营目标。

ERP 理论与系统是从 MRP-II 发展而来的。MRP-II 的核心是物流，主线是计划，但 ERP 已将管理的重心转移到财务上，在企业整个经营运作过程中贯穿了财务成本控制的概念。ERP 极大地扩展了业务管理的范围及深度，包括质量、设备、分销、运输、多工厂管理、数据采集接口等。ERP 的管理范围涉及企业的所有供需过程，是对供应链的全面管理。企业运作的供需链结构，如图 3-15 所示。

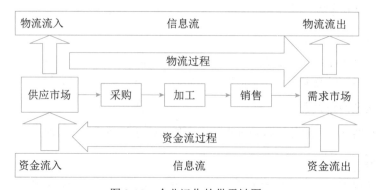

图 3-15　企业运作的供需链图

3.7.2　企业资源规划的结构

ERP 中的企业资源包括企业的"三流"资源，即物流资源、资金流资源和信息流资源。ERP 实际上就是对这"三流"资源进行全面集成管理的管理信息系统。

ERP 的结构原理如图 3-16 所示。由图可知，ERP 主要包括了以下 11 个基本模块。

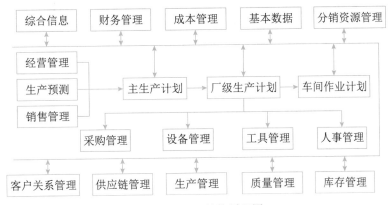

图 3-16　ERP 结构原理图

1）生产预测

市场需求是企业生存的基础，在 ERP 中首先需要对市场进行较准确的预测。预测主要用于计划，在 ERP 的 5 个层次的计划中，前 3 个层次计划，即经营计划、生产计划大纲和主生产计划的编制都离不开预测。常用的预测方法有德尔菲（Delphi）方法、移动平移法、指数平滑法和非线性最小二乘曲线拟合法。

2）销售管理（计划）

销售管理主要是针对企业的销售部门的相关业务进行管理。企业销售部门是企业与市场连接的桥梁，其主要职能是为客户和最终用户提供服务，从而使企业获得利润，实现其经济和社会价值。销售管理从其计划角度来看，属于最高层计划的范畴，是企业最重要的决策层计划之一。

3）经营计划（生产计划大纲）

生产计划大纲（Production Planning，PP）是根据经营计划的生产目标制定的，是对企业经营计划的细化，用以描述企业在可用资源的条件下，在一定时期中的产量计划。生产计划大纲在企业决策层的 3 个计划中有承上启下的作用，一方面它是企业经营计划和战略规划的细化，另一方面它又用于指导企业编制主生产计划，指导企业有计划地进行生产。

4）主生产计划

主生产计划（Master Production Schedule，MPS）是对企业生产计划大纲的细化，说明在一定时期内的下计划：生产什么，生产多少和什么时候交货。主生产计划的编制以生产大纲为准，其汇总结果应当等同于生产计划大纲，同时，主生产计划又是其下一层计划——物料需求计划的编制依据。

主生产计划的编制是 ERP 的主要工作内容。主生产计划的质量将大大影响企业的生产组织工作和资源的利用。

5）物料需求计划

物料需求计划是对主生产计划的各个项目所需的全部制造件和全部采购件的网络支持计划

和时间进度计划。它根据主生产计划对最终产品的需求数量和交货期，推导出构成产品的零部件及材料的需求数量和需求时期，再导出自制零部件的制作订单下达日期和采购件的采购订单发送日期，并进行需求资源和可用能力之间的进一步平衡。物料需求计划是生产管理的核心，它将主生产计划安排生产的产品分解成各自制零部件的生产计划和采购件的采购计划。物料需求计划属于 ERP 管理层计划。

6）能力需求计划

能力需求计划（Capacity Requirements Planning，CRP）是对物料需求计划所需能力进行核算的一种计划管理方法。旨在通过分析比较 MRP 的需求和企业现有生产能力，及早发现能力的瓶颈所在，为实现企业的生产任务而提供能力方面的保障。

7）车间作业计划

车间作业计划（Production Activity Control，PAC）是在 MRP 所产生的加工制造订单（即自制零部件生产计划）的基础上，按照交货期的前后和生产优先级选择原则以及车间的生产资源情况（如设备、人员、物料的可用性、加工能力的大小等），将零部件的生产计划以订单的形式下达给适当的车间。车间作业计划属于 ERP 执行层计划。当前主流的车间作业计划模式是 JIT（Just In Time）模式。

8）采购与库存管理

采购与库存管理是 ERP 的基本模块，其中采购管理模块是对采购工作，即从采购订单产生至货物收到的全过程进行组织、实施与控制，库存管理（Inventory Management，IM）模块则是对企业物料的进、出、存进行管理。

9）质量与设备管理

质量管理贯穿于企业管理的始终。企业经营活动中的各环节、各项工作以及各种产品都离不开质量，都要讲究质量。全面质量管理（Total Quality Management，TQM）是质量管理的主要实施模式，它要求对企业的全过程进行质量管理，而且明确指出执行质量职能是企业全体人员的责任。

设备管理是指依据企业的生产经营目标，通过一系列的技术、经济和组织措施，对设备寿命周期内的所有设备物资运动形态和价值运动形态进行的综合管理。

10）财务管理

会计工作是企业管理的重要组成部分，是以货币的形式反映和监督企业的日常经济活动，并对这些经济业务的数据进行分类、汇总，以便为企业管理和决策提供必要的信息支持。企业财务管理是企业会计工作和活动的统称，财务管理是一种综合性的管理，它渗透在企业全面的经济活动之中，哪里有经济活动，哪里就有资金运动，哪里就有财务管理。

11）ERP 有关扩展应用模块

与 ERP 有关的扩展应用模块，如客户关系管理、分销资源管理、供应链管理和电子商务等。这几个扩展模块本身也是一个独立的系统，在市场上它们常作为独立的软件产品进行出售和实施。

3.7.3　企业资源规划的功能

ERP 为企业提供的功能是多层面的和全方位的，主要包括：

（1）支持决策的功能。ERP 在 MRP II 的基础上扩展了管理范围，给出了新的结构，将企业内部业务流程划分成几个相互协同作业的支持子系统，如财务、市场营销、生产制造、质量控制、服务维护和工程技术等，并在功能上增加了质量控制、运输、分销、售后服务与维护，以及市场开发、人事管理等功能，把企业的制造系统、营销系统、财务系统等都紧密地结合在一起，可以实现全球范围内的多工厂、多地点的跨国经营运作。因而，能够不断地收到来自各个业务过程的运作信息，并且提供了对质量控制、市场变化、客户满意度、经营效绩等关键问题的实时分析，从而有力地支持企业的各个层面上的决策。

（2）为处于不同行业的企业提供有针对性的 IT 解决方案。ERP 打破了 MRP-II 只局限在传统制造业的格局，把应用扩展到其他行业，并逐渐形成了针对于某种行业的解决方案。有些 ERP 供应商除了传统的制造业解决方案外，还推出了商业与零售业、金融业、能源、公共事业、工程与建筑业等行业的解决方案，以财务、人事、后勤等功能为核心，加入每一行业特殊的需求。

（3）从企业内部的供应链发展为全行业和跨行业的供应链。当前企业只有联合该行业中其他上下游企业，建立一条业务关系紧密、经济利益相连的供应链实现优势互补，才能适应社会化大生产的竞争环境，共同增强市场竞争实力。因此，供应链的概念就由狭义的企业内部业务流程扩展为广义的全行业供应链及跨行业的供应链，ERP 的管理范围亦相应地由企业的内部拓展到整个行业的原材料供应、生产加工、配送环节、流通环节以及最终消费者。在整个行业中建立一个环环相扣的供应链，使多个企业能在一个整体的 ERP 管理下实现协作经营和协调运作。把这些企业的分散计划纳入整个供应链的计划中，从而大大增强该供应链在大市场环境中的整体优势，同时也使每家企业之间均可实现以最小的个别成本和转换成本来获得成本优势。

3.8　典型信息系统架构模型

3.8.1　政府信息化与电子政务

1. 电子政务的概念

电子政务实质上是对现有的、工业时代形成的政府形态的一种改造，即利用信息技术和其他相关技术，将其管理和服务职能进行集成，在网络上实现政府组织结构和工作流程优化重组，超越时间、空间与部门分隔的制约，实现公务、政务、商务、事务的一体化管理与运行。电子政务主要包括 3 个组成部分：

（1）政府部门内部的电子化和网络化办公。

（2）政府部门之间通过计算机网络进行的信息共享和实时通信。

（3）政府部门通过网络与居民之间进行的双向信息交流。

电子政务的发展过程实质上是对原有的政府形态进行信息化改造的过程，通过不断地摸索和实践，最终构造出一个与信息时代相适应的政府形态。

2. 电子政务的内容

在社会中，与电子政务相关的行为主体主要有 3 个，即政府、企（事）业单位及居民。因此，政府的业务活动也主要围绕着这 3 个行为主体展开。政府与政府，政府与企（事）业，以及政府与居民之间的互动构成了下面 5 个不同的、却又相互关联的领域。

（1）政府与政府。

政府与政府之间的互动包括首脑机关与中央和地方政府组成部门之间的互动；中央政府与各级地方政府之间；政府的各个部门之间、政府与公务员和其他政府工作人员之间的互动。这个领域涉及的主要是政府内部的政务活动，包括国家和地方基础信息的采集、处理和利用，如人口信息；政府之间各种业务流所需要采集和处理的信息，如计划管理；政府之间的通信系统，如网络系统；政府内部的各种管理信息系统，如财务管理；以及各级政府的决策支持系统和执行信息系统，等等。

（2）政府对企（事）业。

政府面向企业的活动主要包括政府向企（事）业单位发布的各种方针、政策、法规、行政规定，即企（事）业单位从事合法业务活动的环境；政府向企（事）业单位颁发的各种营业执照、许可证、合格证和质量认证等。

（3）政府对居民。

政府对居民的活动实际上是政府面向居民所提供的服务。政府对居民的服务首先是信息服务，让居民知道政府的规定是什么，办事程序是什么，主管部门在哪里，以及各种关于社区公安和水、火、天灾等与公共安全有关的信息。户口、各种证件和牌照的管理等政府面向居民提供的各种服务。政府对居民提供的服务还包括各公共部门，如学校、医院、图书馆和公园等。

（4）企业对政府。

企业面向政府的活动包括企业应向政府缴纳的各种税款，按政府要求应该填报的各种统计信息和报表，参加政府各项工程的竞、投标，向政府供应各种商品和服务，以及就政府如何创造良好的投资和经营环境，如何帮助企业发展等提出企业的意见和希望，反映企业在经营活动中遇到的困难，提出可供政府采纳的建议，向政府申请可能提供的援助，等等。

（5）居民对政府。

居民对政府的活动除了包括个人应向政府缴纳的各种税款和费用，按政府要求应该填报的各种信息和表格，以及缴纳各种罚款等外，更重要的是开辟居民参政、议政的渠道，使政府的各项工作不断得以改进和完善。政府需要利用这个渠道来了解民意，征求群众意见，以便更好地为人民服务。此外，报警服务（盗贼、医疗、急救、火警等）即在紧急情况下居民需要向政府报告并要求政府提供的服务，也属于这个范围。

当前，世界各国电子政务的发展就是围绕着上述 5 个方面展开的，其目标除了不断地改善政府、企业与居民三个行为主体之间的互动，使其更有效、更友好、更精简、更透明之外，更强调在电子政务的发展过程中对原有的政府结构以及政府业务活动组织的方式和方法等进行重要的、根本的改造，从而最终构造出一个信息时代的政府形态。

3. 电子政务的技术形式

电子政务在世界范围内的迅速发展经过了近 50 年的信息化进程，西方发达国家政府内部的管理信息系统和各种决策支持系统已经基本完成。当前，电子政务在世界范围内的发展有 2 个主要的特征：第 1 个特征是以互联网为基础设施，构造和发展电子政务。第 2 个特征是，就电子政务的内涵而言，更强调政府服务功能的发挥和完善，包括政府对企业、对居民的服务以及政府各部门之间的相互服务。

电子政务的发展大致经历了以下 4 个阶段。

（1）起步阶段。政府信息网上发布是电子政务发展起步阶段较为普遍的一种形式。大体上是通过网站发布与政府有关的各种静态信息，如法规、指南、手册、政府机构、组织、官员和通信联络等。

（2）政府与用户单向互动。在这个阶段，政府除了在网上发布与政府服务项目有关的动态信息之外，还向用户提供某种形式的服务。

（3）政府与用户双向互动。在这个发展阶段，政府与用户可以在网上完成双向的互动。一个典型的例子是用户可以在网上取得报税表，在网上填完报税表，然后，从网上将报税表发送至国税局。

（4）网上事务处理。沿用上面举过的例子，如果国税局在网上收到企业或居民的报税表并审阅后，向报税人寄回退税支票；或者在网上完成划账，将企业或居民的退税所得直接汇入企业或居民的账户。这样，居民或企业在网上就完成了整个报税过程的事务处理。到了这一步，可以说，电子政务在居民报税方面是趋于成熟了。因为，它是以电子的方式实实在在地完成了一项政府业务的处理。

一般来说，电子政务所要处理的业务流有数百个之多。在电子政务的发展中，这数百个业务流的信息化不可能同时进行，更不可能同时趋于成熟。相反地，只能按照轻重缓急，根据需要和可能，一批一批地开发。因此，建设一个成熟的电子政务可能需要十几年甚至数十年的时间，是一个持续的发展过程。

4. 电子政务的应用领域

按照电子政务的应用结构，我国电子政务的应用领域可以集中在以下 6 个方面。

（1）面向社会的应用，主要包括：政府通过自己的网站向社会发布信息，为社会公众提供查询服务；面向社会的各类信访、建议、反馈以及数据收集和统计系统；各类公共服务性业务的信息发布和实施，如工商管理、税务管理、保险管理、城建管理等；面向社会的各类项目的申报、申请；相关文件、法规的发布。

（2）政府部门之间的应用，主要包括：各级政府间的公文信息审核、传递系统；各级政府间的多媒体信息应用平台，如视频会议、多媒体数据交换等；同级政府间的公文传递、信息交换。

（3）政府部门内部的各类应用系统，主要包括：政府内部的公文流转、审核、处理系统；政府内部的各类专项业务管理系统，如日程安排、会议管理、机关事务管理等；政府内部面向不同管理层的统计、分析系统。

（4）涉及政府部门内部的各类核心数据的应用系统，主要包括：机要、秘密文件及相关管理系统；领导事务管理系统，如日程安排等；涉及重大事件的决策分析、决策处理系统；涉及国家重大事务的数据分析、处理系统。

（5）政府电子化采购，也就是政府的电子商务。

（6）电子社区，即城市社区管理中信息手段的应用。

3.8.2　企业信息化与电子商务

1. 企业信息化的概念

企业作为国民经济的基本单元，其信息化程度是国家信息化建设的基础和关键。企业信息化就是企业利用现代信息技术，通过信息资源的深入开发和广泛利用，实现企业生产过程的自动化、管理方式的网络化、决策支持的智能化和商务运营的电子化，不断提高生产、经营、管理、决策的效率和水平，进而提高企业经济效益和企业竞争力的过程。

如果从动态的角度来看，企业信息化就是企业应用信息技术及产品的过程，或者更确切地说，企业信息化是信息技术由局部到全局，由战术层次到战略层次向企业全面渗透，运用于流程管理、支持企业经营管理的过程。这个过程表明，信息技术在企业的应用，在空间上是一个从无到有、由点到面的过程；在时间上具有阶段性和渐进性，起初是战术阶段，经过逐步深化，发展到战略阶段；信息化的核心和本质是企业运用信息技术，进行知识的挖掘和编码，对业务流程进行管理。企业信息化的实施，一般来说，可以沿两个方向进行，一是自上而下，必须与企业的制度创新、组织创新和管理创新结合；二是自下而上，必须以作为企业主体的业务人员的直接受益和使用水平逐步提高为基础。

2. 企业信息化的目的

企业信息化的具体目标是优化企业业务活动，使之更加有效，它的根本目的在于提高企业竞争能力，使得企业具有平稳和有效的运作能力，对紧急情况和机会做出快速反应，为企业内外部用户提供有价值的信息。企业信息化涉及对企业管理理念的创新，管理流程的优化，管理团队的重组和管理手段的革新。

（1）技术创新。现实的情况是：一方面，我国企业能够拥有并掌握的技术创新成果甚少，相关信息闭塞；另一方面，又有大量的技术开发成果被沉淀和搁置，造成惊人的浪费。对此，必须运用信息技术，通过在生产工艺设计、产品设计中计算机辅助设计系统的应用，通过互联网及时了解和掌握创新的技术信息，才能加快技术向生产的转化。还有，生产技术与信息技术相结合，能够大幅度地提高技术水平和产品的竞争力。

（2）管理创新。按照市场发展的要求，要对企业现有的管理流程重新整合，从作为管理核心的财务、资金管理，转向技术、物资、人力资源的管理，并延伸到企业技术创新、工艺设计、产品设计、生产制造过程的管理，进而扩展到客户关系管理、供应链的管理乃至发展到电子商务。实现这样的管理目标，就必须借助信息技术，发挥计算机的信息采集、储存功能和网络的传递与共享功能。

（3）制度创新。在建立现代企业制度的过程中，信息化起着重要的作用。特别是在由计划经济体制向市场经济体制转轨的过程中，赋予企业信息化一系列特殊的使命，那些不适应企业信息化的管理体制、管理机制和管理制度必须得到创新。同时，通过计算机网络系统管理，建立起明确的岗位责任和精准的监管体系；借助互联网获取全面、系统、及时的信息，彻底改变企业一直沿用的计划经济体制的资源分配方式和管理方式，注重市场信息的分析和研究，提供准确及时的决策信息；应用科学的方法实施管理。因此，建立在计算机网络技术基础上的管理，才更科学、更有效。我们在倡导企业技术改造、技术创新的同时，还应当倡导企业加快管理改造和管理创新。

3. 企业信息化的规划

企业信息化一定要建立在企业战略规划基础之上，以企业战略规划为基础建立的企业管理模式是建立企业战略数据模型的依据。

企业信息化就是技术和业务的融合。这个"融合"并不是简单地利用信息系统对手工的作业流程进行自动化改造，而是需要从 3 个层面来实现。

（1）企业战略的层面。在规划中必须对企业目前的业务策略和未来的发展方向作深入分析。通过分析，确定企业的战略对企业内外部供应链和相应管理模式，从中找出实现战略目标的关键要素，分析这些要素与信息技术之间的潜在关系，从而确定信息技术应用的驱动因素，达到战略上的融合。

（2）业务运作层面。针对企业所确定的业务战略，通过分析获得实现这些目标的关键驱动力和实现这些目标的关键流程。这些关键流程的分析和确定要根据它们对企业价值产生过程中的贡献程度来确定。关键的业务需求是从那些关键的业务流程分析中获得的，它们将决定未来系统的主要功能。这一环节非常重要，因为，信息系统如果能够与这些直接创造价值的关键业务流程相融合，这对信息化投资回报的贡献是非常巨大的，也是信息化建设的成败的一个衡量指标。

（3）管理运作层面。虽然这一层面从价值链的角度上来说，是属于辅助流程，但它对企业日常管理的科学性、高效性是非常重要的。另外，在企业战略层面的分析中，我们可以获得适应企业未来业务发展的管理模式，这个模式的实现是离不开信息技术的支撑的。所以，在管理运作层面的规划上，除了提出应用功能的需求外，还必须给出相应的信息技术体系，这些将确保管理模式和组织架构适应信息化的需要。

企业战略数据模型分为数据库模型和数据仓库模型，数据库模型用来描述日常事务处理中数据及其关系；数据仓库模型则描述企业高层管理决策者所需信息及其关系。在企业信息化过程中，数据库模型是基础，一个好的数据库模型应该客观地反映企业生产经营的内在联系。数据库是办公自动化、计算机辅助管理系统、开发与设计自动化、生产过程自动化、Intranet 的基础和环境。

信息技术和网络技术都在飞速发展，企业信息化是多种类、多层次信息系统建设、集成和应用的过程，因而，不是一蹴而就的事情，需要结合企业的实际，全面规划，分步实施。

4. 企业信息化方法

通过二三十年的发展，人们已经总结出了许多非常实用的企业信息化方法，并且还在探索新的方法。这里只简单介绍几种常用的企业信息化方法。

（1）业务流程重构方法。企业业务流程重构的中心思想是，在信息技术和网络技术迅猛发展的时代，企业必须重新审视企业的生产经营过程，利用信息技术和网络技术，对企业的组织结构和工作方法进行"彻底的、根本性的"重新设计，以适应当今市场发展和信息社会的需求。

（2）核心业务应用方法。任何一家企业，要想在市场竞争的环境中生存发展，都必须有自己的核心业务，否则，必然会被市场所淘汰。当然，不同的企业，其核心业务是不同的。比如，一个石油生产企业，原油的勘探开发生产就是它的核心业务。围绕核心业务应用计算机技术和网络技术是很多企业信息化成功的秘诀。

（3）信息系统建设方法。对大多数企业来说，建设信息系统是企业信息化的重点和关键。因此，信息系统建设成了最具普遍意义的企业信息化方法。

（4）主题数据库方法。主题数据库就是面向企业业务主题的数据库，也就是面向企业的核心业务的数据库。有些企业，特别是在业务数量浩繁，流程错综复杂的大型企业里，建设覆盖整个企业的信息系统往往很难成功。但是，各个部门的局部开发和应用又有很大弊端，会造成系统分割严重，形成许多"信息孤岛"，造成大量的无效或低效投资。在这样的企业里，应用主题数据库方法推进企业信息化无疑是一个投入少、效益好的方法。

（5）资源管理方法。计算机技术和网络技术的应用为企业资源管理提供了强大的能力。目前，流行的企业信息化的资源管理方法有很多，最常见的有企业资源计划（Enterprise Resource Planning，ERP）、供应链管理（Supply Chain Management，SCM）等。

（6）人力资本投资方法。人力资本的概念是经济学理论发展的产物。人力资本与人力资源的主要区别是人力资本理论把一部分企业的优秀员工看作是一种资本，能够取得投资收益。人力资本投资方法特别适用于那些依靠智力和知识而生存的企业，例如，各种咨询服务、软件开发等企业。

第4章 信息安全技术基础知识

信息是一种重要的战略资源，信息的获取、处理和安全保障能力成为一个国家综合国力的重要组成部分，信息安全事关国家安全和社会稳定。信息安全理论与技术的内容十分广泛，包括密码学与信息加密、可信计算、网络安全和信息隐藏等多个方面。

4.1 信息安全基础知识

4.1.1 信息安全的概念

信息安全包括 5 个基本要素：机密性、完整性、可用性、可控性与可审查性。

（1）机密性：确保信息不暴露给未授权的实体或进程。

（2）完整性：只有得到允许的人才能修改数据，并且能够判别出数据是否已被篡改。

（3）可用性：得到授权的实体在需要时可访问数据，即攻击者不能占用所有的资源而阻碍授权者的工作。

（4）可控性：可以控制授权范围内的信息流向及行为方式。

（5）可审查性：对出现的信息安全问题提供调查的依据和手段。

信息安全的范围包括：设备安全、数据安全、内容安全和行为安全。

1）设备安全

信息系统设备的安全是信息系统安全的首要问题，是信息系统安全的物质基础，它包括 3 个方面。

（1）设备的稳定性：指设备在一定时间内不出故障的概率。

（2）设备的可靠性：指设备在一定时间内正常执行任务的概率。

（3）设备的可用性：指设备可以正常使用的概率。

2）数据安全

数据信息可能泄露，可能被篡改，数据安全即采取措施确保数据免受未授权的泄露、篡改和毁坏，包括以下 3 个方面。

（1）数据的秘密性：指数据不受未授权者知晓的属性。

（2）数据的完整性：指数据是正确的、真实的、未被篡改的、完整无缺的属性。

（3）数据的可用性：指数据可以随时正常使用的属性。

3）内容安全

内容安全是信息安全在政治、法律、道德层次上的要求，包括以下 3 个方面。

（1）信息内容在政治上是健康的。

（2）信息内容符合国家的法律法规。

（3）信息内容符合中华民族优良的道德规范。

4）行为安全

信息系统的服务功能是指最终通过行为提供给用户，确保信息系统的行为安全，才能最终确保系统的信息安全。行为安全的特性如下。

（1）行为的秘密性：指行为的过程和结果不能危害数据的秘密性。

（2）行为的完整性：指行为的过程和结果不能危害数据的完整性，行为的过程和结果是预期的。

（3）行为的可控性：指当行为的过程偏离预期时，能够发现、控制和纠正。

4.1.2　信息存储安全

信息的存储安全包括信息使用的安全（如用户的标识与验证、用户存取权限限制、安全问题跟踪等）、系统安全监控、计算机病毒防治、数据的加密和防止非法的攻击等。

1. 信息使用的安全

1）用户的标识与验证

用户的标识与验证主要是限制访问系统的人员。它是访问控制的基础，是对用户身份的合法性验证。用户的标识与验证方法有两种，一是基于人的物理特征的识别，包括签名识别法、指纹识别法和语音识别法；二是基于用户所拥有特殊安全物品的识别，包括智能 IC 卡识别法、磁条卡识别法。

2）用户存取权限限制

用户存取权限限制主要是限制进入系统的用户所能做的操作。存取控制是对所有的直接存取活动通过授权进行控制以保证计算机系统安全的保密机制，是对处理状态下的信息进行保护。它一般有两种方法：隔离控制法和限制权限法。

（1）隔离控制法。隔离控制法是在电子数据处理成分的周围建立屏障，以便在该环境中实施存取。隔离控制技术的主要实现方式包括物理隔离方式、时间隔离方式、逻辑隔离方式和密码技术隔离方式等。

（2）限制权限法。限制权限法是有效地限制进入系统的用户所进行的操作。即对用户进行分类管理，安全密级、授权不同的用户分在不同类别；对目录、文件的访问控制进行严格的权限控制，防止越权操作；放置在临时目录或通信缓冲区的文件要加密，用完尽快移走或删除。

2. 系统安全监控

系统必须建立一套安全监控系统，全面监控系统的活动，并随时检查系统的使用情况，一旦有非法入侵者进入系统，能及时发现并采取相应措施，确定和填补安全及保密的漏洞。还应当建立完善的审计系统和日志管理系统，利用日志和审计功能对系统进行安全监控。管理员还应该经常做以下 4 方面的工作。

（1）监控当前正在进行的进程和正在登录的用户情况。

（2）检查文件的所有者、授权、修改日期情况和文件的特定访问控制属性。

（3）检查系统命令安全配置文件、口令文件、核心启动运行文件、任何可执行文件的修改情况。

（4）检查用户登录的历史记录和超级用户登录的记录，如发现异常应及时处理。

3. 计算机病毒防治

计算机网络服务器必须加装网络病毒自动检测系统，以保护网络系统的安全，防范计算机病毒的侵袭，并且必须定期更新网络病毒检测系统。

由于计算机病毒具有隐蔽性、传染性、潜伏性、触发性和破坏性等特点，所以需要建立计算机病毒防治管理制度。

（1）经常从软件供应商网站下载、安装安全补丁程序和升级杀毒软件。

（2）定期检查敏感文件。对系统的一些敏感文件定期进行检查，以保证及时发现已感染的病毒和黑客程序。

（3）使用高强度的口令。尽量选择难以猜测的口令，对不同的账号选用不同的口令。

（4）经常备份重要数据，要坚持做到每天备份。

（5）选择、安装经过公安部认证的防病毒软件，定期对整个硬盘进行病毒检测和清除工作。

（6）可以在计算机和因特网之间安装使用防火墙，提高系统的安全性。

（7）当计算机不使用时，不要接入因特网，一定要断掉网络连接。

（8）重要的计算机系统和网络一定要严格与因特网物理隔离。

（9）不要打开陌生人发来的电子邮件，无论它们有多么诱人的标题或者附件，同时要小心处理来自于熟人的邮件附件。

（10）正确配置系统和使用病毒防治产品。正确配置系统，充分利用系统提供的安全机制，提高系统防范病毒的能力，减少病毒侵害事件。了解所选用防病毒产品的技术特点，正确配置以保护自身系统的安全。

4.1.3　网络安全

1. 网络安全漏洞

通常，入侵者寻找网络存在的安全弱点，从缺口处无声无息地进入网络。因而开发黑客反击武器的思想是找出现行网络中的安全弱点，演示、测试这些安全漏洞，然后指出应如何堵住安全漏洞。当前，信息系统的安全性非常弱，主要体现在操作系统、计算机网络和数据库管理系统都存在安全隐患，这些安全隐患表现在以下方面。

（1）物理安全性。凡是能够让非授权机器物理接入的地方都会存在潜在的安全问题，也就是能让接入用户做本不允许做的事情。

（2）软件安全漏洞。"特权"软件中带有恶意的程序代码，从而可以导致其获得额外的权限。

（3）不兼容使用安全漏洞。当系统管理员把软件和硬件捆绑在一起时，从安全的角度来看，可以认为系统将有可能产生严重安全隐患。所谓的不兼容性问题，即把两个毫无关系但有用的事物连接在一起，从而导致了安全漏洞。一旦系统建立并运行，这种问题很难被发现。

（4）选择合适的安全哲理。这是一种对安全概念的理解和直觉。完美的软件，受保护的硬件和兼容部件并不能保证正常而有效地工作，除非用户选择了适当的安全策略和打开了能增加其系统安全的部件。

由于网络传播信息快捷且隐蔽性强，在网络上难以识别用户的真实身份，网络犯罪、黑客攻击、有害信息传播等方面的问题日趋严重，网络安全已成为网络发展中的一个重要课题。网络安全的产生和发展，标志着传统的通信保密时代过渡到了信息安全时代。

2. 网络安全威胁

一般认为，目前网络存在的威胁主要表现在以下 5 个方面。

（1）非授权访问。没有预先经过同意就使用网络或计算机资源被看作非授权访问，如有意避开系统访问控制机制，对网络设备及资源进行非正常使用或擅自扩大权限，越权访问信息。它主要有以下几种形式：假冒、身份攻击、非法用户进入网络系统进行违法操作、合法用户以未授权方式进行操作等。

（2）信息泄露或丢失。信息泄露或丢失指敏感数据在有意或无意中被泄露出去或丢失，它通常包括信息在传输中丢失或泄露、信息在存储介质中丢失或泄露以及通过建立隐蔽隧道等方式窃取敏感信息等。如黑客利用电磁泄露或搭线窃听等方式可截获机密信息，或通过对信息流向、流量、通信频度和长度等参数的分析，推测出有用信息，如用户口令、账号等重要信息。

（3）破坏数据完整性。以非法手段窃得对数据的使用权，删除、修改、插入或重发某些重要信息，以取得有益于攻击者的响应；恶意添加，修改数据，以干扰用户的正常使用。

（4）拒绝服务攻击。它不断对网络服务系统进行干扰，改变其正常的作业流程，执行无关程序使系统响应减慢甚至瘫痪，影响正常用户的使用，甚至使合法用户被排斥而不能进入计算机网络系统或不能得到相应的服务。

（5）利用网络传播病毒。通过网络传播计算机病毒的破坏性大大高于单机系统，而且用户很难防范。

3. 安全措施的目标

安全措施的目标包括如下几个方面。

（1）访问控制。确保会话对方（人或计算机）有权做它所声称的事情。

（2）认证。确保会话对方的资源（人或计算机）与它声称的一致。

（3）完整性。确保接收到的信息与发送的一致。

（4）审计。确保任何发生的交易在事后可以被证实，发信者和收信者都认为交换发生过，即所谓的不可抵赖性。

（5）保密。确保敏感信息不被窃听。

4.2　信息系统安全的作用与意义

随着信息产业的空前繁荣，危害信息安全的事件也在不断发生。比如：黑客入侵已经成为一种经常性、多发性事件，每年都有许多黑客入侵的严重事件发生。利用计算机进行经济犯罪已超过普通经济犯罪。目前，钓鱼网站、电信诈骗、QQ 诈骗等犯罪活动，已经成为直接骗取民众钱财的常见形式，严重扰乱了社会治安。计算机病毒已超过几万种，而且还在继续增加，追求经济和政治利益、团体作案、形成地下产业链，已经成为计算机病毒的新特点。

2010 年，美国和以色列黑客利用 APT（Advanced Persistent Threaten）攻击，物理摧毁了伊朗纳坦兹核工厂上千台铀浓缩离心机，重创伊朗核计划，这一事件表明黑客攻击已经从过去的窃取信息为主的"软打击"，上升到毁坏硬件设备的"硬摧毁"阶段。

敌对势力的破坏、恶意软件的入侵、黑客攻击、利用计算机犯罪、网络有害信息泛滥、个人隐私泄露等等，对信息安全构成了极大威胁，严重危害人民的身心健康，危害社会的安定团结，危害了国家的主权与发展。我国正处于建设有中国特色社会主义现代化强国的关键时期，必须采取强有力措施确保我国的信息安全。

我国政府高度重视信息安全，2014 年中央成立了中央网络安全与信息化领导小组，集中领导与规划我国的信息化发展与信息安全保障，习近平主席亲自担任中央网络安全与信息化领导小组组长。2014 年 2 月，他指出：没有网络安全就没有国家安全，没有信息化就没有现代化。网络安全和信息化是事关国家安全和国家发展、事关广大人民群众工作生活的重大战略问题，要从国际国内大势出发，总体布局，统筹各方，创新发展，努力把我国建成为网络强国。

4.3　信息安全系统的组成框架

信息系统安全系统框架通常由技术体系、组织机构体系和管理体系共同构建。

4.3.1　技术体系

从实现技术上来看，信息安全系统涉及基础安全设备、计算机网络安全、操作系统安全、数据库安全、终端设备安全等多方面技术。

（1）基础安全设备包括密码芯片、加密卡、身份识别卡等，此外还涵盖运用到物理安全的物理环境保障技术，建筑物、机房条件及硬件设备条件满足信息系统的机械防护安全，通过对电力供应设备以及信息系统组件的抗电磁干扰和电磁泄漏性能的选择性措施达到相应的安全目的。

（2）计算机网络安全指信息在网络传输过程中的安全防范，用于防止和监控未经授权破坏、更改和盗取数据的行为。通常涉及物理隔离，防火墙及访问控制，加密传输、认证、数字签名、摘要，隧道及 VPN 技术，病毒防范及上网行为管理，安全审计等实现技术。

（3）操作系统安全是指操作系统的无错误配置、无漏洞、无后门、无特洛伊木马等，能防止非法用户对计算机资源的非法存取，一般用来表达对操作系统的安全需求。操作系统的安全机制包括标识与鉴别机制、访问控制机制、最小特权管理、可信通路机制、运行保障机制、存储保护机制、文件保护机制、安全审计机制，等等。

（4）数据库安全可粗略划分为数据库管理系统安全和数据库应用系统安全两个部分，主要涉及物理数据库的完整性、逻辑数据库的完整性、元素安全性、可审计性、访问控制、身份认证、可用性、推理控制、多级保护以及消除隐通道等相关技术。

（5）终端安全设备从电信网终端设备的角度分为电话密码机、传真密码机、异步数据密码机等。

4.3.2 组织机构体系

组织机构体系是信息系统安全的组织保障系统，由机构、岗位和人事机构三个模块构成一个体系。机构的设置分为3个层次：决策层、管理层和执行层。岗位是信息系统安全管理机关根据系统安全需要设定的负责某一个或某几个安全事务的职位。人事机构是根据管理机构设定的岗位，对岗位上在职、待职和离职的雇员进行素质教育、业绩考核和安全监管的机构。

4.3.3 管理体系

管理是信息系统安全的灵魂。信息系统安全的管理体系由法律管理、制度管理和培训管理3个部分组成。所谓"三分技术，七分管理"。

（1）法律管理是根据相关的国家法律、法规对信息系统主体及其与外界关联行为的规范和约束。

（2）制度管理是信息系统内部依据系统必要的国家、团体的安全需求制定的一系列内部规章制度。

（3）培训管理是确保信息系统安全的前提。

4.4 信息加解密技术

4.4.1 数据加密

数据加密是防止未经授权的用户访问敏感信息的手段，这就是人们通常理解的安全措施，也是其他安全方法的基础。研究数据加密的科学叫作密码学（Cryptography），它又分为设计密码体制的密码编码学和破译密码的密码分析学。密码学有着悠久而光辉的历史，古代的军事家已经用密码传递军事情报了，而现代计算机的应用和计算机科学的发展又为这一古老的科学注入了新的活力。现代密码学是经典密码学的进一步发展和完善。由于加密和解密此消彼长的斗争永远不会停止，这门科学还在迅速发展之中。

一般的保密通信模型如图4-1所示。

图4-1 保密通信模型

从图中可以看出，发送端把明文 P 用加密算法 E 和密钥 K 加密，变换成密文 C，即 C=E（K，P）；接收端利用解密算法 D 和密钥 K 对 C 解密得到明文 P，即 P =D（K，C）。

这里加 / 解密函数 E 和 D 是公开的，而密钥 K（加解密函数的参数）是秘密的。在传送过程中偷听者得到的是无法理解的密文，而他又得不到密钥，这就达到了对第三者保密的目的。

需要说明的是，不论偷听者获取了多少密文，但是密文中没有足够的信息，使得可以确定出对应的明文，则这种密码体制叫作是无条件安全的，或称为是理论上不可破解的。在无任何限制的条件下，几乎目前所有的密码体制都不是理论上不可破解的。能否破解给定的密码，取决于使用的计算资源。所以密码专家们研究的核心问题就是要设计出在给定计算费用的条件下，计算上（而不是理论上）安全的密码体制。

4.4.2　对称密钥加密算法

对称密钥加密算法中加密密钥和解密密钥是相同的，称为共享密钥算法或对称密钥算法。

1. DES（Data Encryption Standard）

1977 年 1 月，美国 NSA（National Security Agency）根据 IBM 的专利技术 Lucifer 制定了 DES。明文被分成 64 位的块，对每个块进行 19 次变换（替代和换位），其中 16 次变换由 56 位的密钥的不同排列形式控制（IBM 使用的是 128 位的密钥），最后产生 64 位的密文块，如图 4-2 所示。

图 4-2　DES 加密算法

由于 NSA 减少了密钥，而且对 DES 的制定过程保密，甚至为此取消了 IEEE 计划的一次密码学会议。人们怀疑 NSA 的目的是保护自己的解密技术，因而对 DES 从一开始就充满了怀疑和争论。

1977 年，Diffie 和 Hellman 设计了 DES 解密机。只要知道一小段明文和对应的密文，该机器就可以在一天之内穷试 2^{56} 种不同的密钥（这叫作野蛮攻击）。据估计，这个机器当时的造价为 2 千万美元。

三重 DES（Triple-DES）是 DES 的改进算法，它使用两把密钥对报文做三次 DES 加密，效果相当于将 DES 密钥的长度加倍，克服了 DES 密钥长度较短的缺点。本来应该使用 3 个不同的密钥进行 3 次加密，这样就可以把密钥的长度加长到 $3 \times 56 = 168$ 位。但许多密码设计者认为 168 位的密钥已经超过了实际需要，所以便在第 1 层和第 3 层中使用相同的密钥，产生一个有效长度为 112 位的密钥。之所以没有直接采用两重 DES，是因为第 2 层 DES 不是十分安全，它对一种称为"中间可遇"的密码分析攻击极为脆弱，所以最终还是采用了利用两个密钥进行三重 DES 加密操作。

假设两个密钥分别是 K1 和 K2，其算法的步骤如下：

（1）用密钥 K1 进行 DES 加密。

（2）用 K2 对步骤（1）的结果进行 DES 解密。

（3）对步骤（2）的结果使用密钥 K1 进行 DES 加密。

这种方法的缺点是要花费原来 3 倍的时间，但从另一方面来看，112 位密钥长度的三重 DES 是很"强壮"的加密方式。

2. IDEA（International Data Encryption Algorithm）

1990 年，瑞士联邦技术学院的来学嘉和 Massey 建议了一种新的加密算法。这种算法使用 128 位的密钥，把明文分成 64 位的块，进行 8 轮迭代加密。IDEA 可以用硬件或软件实现，并且比 DES 快。在苏黎世技术学院用 25MHz 的 VLSI 芯片，加密速率是 177Mb/s。

IDEA 经历了大量的详细审查，对密码分析具有很强的抵抗能力，在多种商业产品中得到应用，已经成为全球通用的加密标准。

3. 高级加密标准（Advanced Encryption Standard，AES）

1997 年 1 月，美国国家标准与技术局（NIST）为高级加密标准征集新算法。最初从许多响应者中挑选了 15 个候选算法，经过世界密码共同体的分析，选出了其中的 5 个。经过用 ANSI C 和 Java 语言对 5 个算法的加 / 解密速度、密钥和算法的安装时间，以及对各种攻击的拦截程度等进行了广泛的测试后，2000 年 10 月，NIST 宣布 Rijndael 算法为 AES 的最佳候选算法，并于 2002 年 5 月 26 日发布为正式的 AES 加密标准。

AES 支持 128、192 和 256 位 3 种密钥长度，能够在世界范围内免版税使用，提供的安全级别足以保护未来 20 ～ 30 年内的数据，可以通过软件或硬件实现。

4.4.3　非对称密钥加密算法

非对称加密算法中使用的加密密钥和解密密钥是不同的，称为不共享密钥算法或非对称密钥算法。1976 年，斯坦福大学的 Diffie 和 Hellman 提出了使用不同的密钥进行加密和解密的公钥加密算法。设 P 为明文，C 为密文，E 为公钥控制的加密算法，D 为私钥控制的解密算法，这些参数满足下列 3 个条件：

（1）D（E（P））=P。

（2）不能由 E 导出 D。

（3）选择明文攻击（选择任意明文 - 密文对以确定未知的密钥）不能破解 E。

加密时计算 C=E（P），解密时计算 P=D（C）。加密和解密是互逆的。用公钥加密，私钥解密，可实现保密通信；用私钥加密，公钥解密，可实现数字签名。

RSA（Rivest Shamir and Adleman）这是一种公钥加密算法，方法是按照下面的要求选择公钥和密钥：

（1）选择两个大素数 p 和 q（大于 10^{100}）。

（2）令 $n=pq$、$z=(p–1)(q–1)$。

（3）选择 d 与 z 互质。

（4）选择 e，使 $ed=1$（mod z）。

明文 P 被分成 k 位的块，k 是满足 $2k<n$ 的最大整数，于是有 $0 \leqslant P<n$。加密时计算

$$C=P^e \ (\mathrm{mod} \ n)$$

这样公钥为（e，n）。解密时计算

$$P=C^d \ (\mathrm{mod} \ n)$$

即私钥为（d，n）。

用例子说明这个算法，设 $p=3$，$q=11$，$n=33$，$z=20$，$d=7$，$e=3$，$C=P^3$（mod 33），$P=C^7$（mod 33）。则有

$$C=2^3（mod\ 33）=8（mod\ 33）=8$$
$$P=8^7（mod33）=2097152（mod\ 33）=2$$

RSA 算法的安全性基于大素数分解的困难性。如果攻击者可以分解已知的 n，得到 p 和 q，然后可得到 z，最后用 Euclid 算法，由 e 和 z 得到 d。然而要分解 200 位的数，需要 40 亿年；分解 500 位的数，则需要 10^{25} 年。

4.5　密钥管理技术

4.5.1　对称密钥的分配与管理

密钥分配一般要解决两个问题：一是引进自动分配密钥机制，以提高系统的效率；二是尽可能减少系统中驻留的密钥量。这两个问题也可以同步解决。

1. 密钥的使用控制

两个用户（主机、进程、应用程序）在进行保密通信时，必须拥有一个共享的并且经常更新的秘密密钥。密钥的分配技术从一定程度上决定着密码系统的强度。

控制密钥的安全性主要有以下两种技术。

1）密钥标签

例如用于 DES 的密钥控制，将 DES 中的 8 个校验位作为控制这个密钥的标签，其中前 3 位分别代表了该密钥的不同信息：主 / 会话密钥、加密、解密。但是长度过于限制，且须经解密方能使用，带来了一定的不便性。

2）控制矢量

被分配的若干字段分别说明不同情况下密钥是被允许使用或者不允许，且长度可变。它在密钥分配中心 KDC（Key Distribution Center）产生密钥时加在密钥之中：首先由一杂凑函数将控制矢量压缩到加密密钥等长，然后与主密钥异或后作为加密会话密钥的密钥，即：

$H = h（CV）$

$K_{in} = Km\ XOR\ H$

$K_{out} = EKm\ XOR\ H\ [KS]$

其恢复过程为：$KS = DKm\ XOR\ H[EKm\ XOR\ H[KS]]$

用户只有使用与 KDC 共享的主密钥以及 KDC 发送过来的控制矢量才能恢复会话密钥，因此，须保证保留会话密钥和他控制矢量之间的对应关系。

2. 密钥的分配

两个用户 A 和 B 在获得共享密钥时可以有 4 种方式。

（1）经过 A 选取的密钥通过物理手段发送给另一方 B。

（2）由第 3 方选取密钥，在通过物理手段分别发送给 A 和 B。

（3）A、B 事先已有一个密钥，其中一方选取新密钥后，用已有密钥加密该新密钥后发送给另一方。

（4）三方 A、B、C 各有一保密信道，C 选取密钥后，分别通过 A、B 各自的保密信道发送。

前两种方法称为人工发送。若网络中 N 个用户都要求支持加密服务，则任意一对希望通信的用户各需要一个共享密钥，这导致密钥数目多达 N（N-1）/2。第 3 种方法攻击者一旦获得一个密钥就可获取以后所有的密钥，这就给安全性带来隐患。这 3 种方法的公共弱点在于当 N 很大时，密钥的分配代价也变得非常大。但是，这种无中心的密钥控制技术在整个网络的局部范围内却显得非常有用。如图 4-3 所示，其中 N 表示随机数。

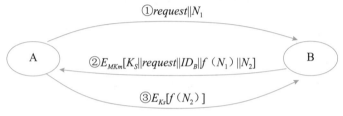

图 4-3　无 KDC 的密钥分配

第 4 种方法是较常用的。第 3 方 C 是为用户分配密钥的 KDC，每个用户和 KDC 有一个共享密钥，即主密钥。主密钥再分配给每对用户会话密钥，用于用户间的保密通信。会话密钥在通信结束后立即销毁。虽然此种方法的会话密钥数目是 N（N-1）/2，但是主密钥的数目却只需要 N 个，可以通过物理手段进行发送。如图 4-4 所示，其中 N 表示随机数，Ks 表示会话密钥。

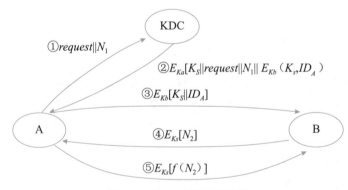

图 4-4　有 KDC 的密钥分配

由于网络中用户数目非常多并且地域分布非常广泛，因此有时需要使用多个 KDC 的分层结构。可在每个小范围（如一个 LAN 或一个建筑物）内，建立本地 KDC；不同范围的两个本地间可再用一个全局 KDC 连接。这样建立的两层 KDC 不但减少了主密钥的分布，更可以将虚假的 KDC 的危害限制到一个局部的区域。

另外，应注意会话密钥有效期的设置。会话密钥更换得越频繁，系统的安全性也就越高。但是另一方面，频繁更换会话密钥会造成网络负担，延迟用户之间的交换。因此在决定其有效期时，应权衡矛盾的两个方面。

4.5.2　公钥加密体制的密钥管理

1. 公开发布

公开发布是指用户将自己的公钥发给每一其他用户，或向某一团体广播。例如：PGP（Pretty Good Privacy）中采用 RSA 算法，很多用户就可将自己的公钥附加到消息上，发送到公开区域。这种方法虽然简单，但有一个非常大的缺点：任何人都可以伪造密钥公开发布。如果某个用户假装是用户 A，并以 A 的名义向另一用户发送或广播自己的公开钥，则在 A 发现假冒者以前，这一假冒者可解读所有发向 A 的加密消息，甚至还能用伪造的密钥获得认证。

2. 公用目录表

公用目录表指一个公用的公钥动态目录表，由某个可信的实体或组织（公用目录的管理员）承担该共用目录表的建立、维护以及公钥的分布等。管理员为每个用户在目录表中建立一个目录，其中包括用户名和用户的公开钥两个数据项，并且定期公布和更新目录表。每个用户都亲自或以某种安全的认证通信在管理者那里注册自己的公开钥，可通过电子手段访问目录表，还可随时替换新密钥。但是，这种公用目录表的管理员秘密钥一旦被攻击者获取，同样面临被假冒的危险。

3. 公钥管理机构

与公用目录表类似的，不过用公钥管理机构来为各用户建立、维护动态的公钥目录，这种对公钥分配更加严密的控制措施可以增强其安全性。特别注意的是，每个用户都可靠地知道管理机构的公开钥，但是只有管理机构自己知道相应的秘密钥。

例如：当用户 A 向公钥管理机构发送一个请求时，该机构对请求作出应答，并用自己的秘密钥 SK_{AU} 加密后发送给 A，A 再用机构的公开钥解密。

它的缺点在于因为每一用户要想和他人联系都须求助于管理机构，所以容易使管理机构成为系统的瓶颈，并且管理机构维护的公钥目录表也容易被敌手窜扰。

4. 公钥证书

公钥证书可以从一定程度上解决以上策略存在的一些不足之处。公钥证书是由证书管理机构 CA（Certificate Authority）为用户建立的，其中的数据项有与该用户的秘密钥相匹配的公开钥及用户的身份和时戳等，所有的数据项经 CA 用自己的秘密钥签字后就形成证书，即证书的形式为 $CA=ESK_{CA}[T, ID_A, PK_A]$。T 是当前的时戳，$ID_A$ 是用户 A 的身份，PK_A 是 A 的公钥，SK_{CA} 是 CA 的秘密钥，CA 则是用户 A 产生的证书。

用户将自己的公开钥通过公钥证书发给另一用户，而接受方则可用 CA 的公开钥 PK_{CA} 对证书加以验证。这样通过证书交换用户之间的公钥而无须再与公钥管理机构联系，从而避免了由统一机构管理所带来的不便和安全隐患。

4.5.3　公钥加密分配单钥密码体制的密钥

公开钥分配完之后，用户可用公钥加密体制进行保密通信。但是，这种加密体制的加密速度比较慢，因此比较适合于单钥密码体制的密钥分配，如图 4-5 所示。

$$①E_{PKB}[N_1\|ID_A]$$
$$②E_{PKA}[N_1\|N_2]$$
$$③E_{PKB}[N_2]$$
$$④E_{PKB}[E_{SKA}[K_S]]$$

图 4-5　密钥分配

假定 A、B 双方用户已完成公钥交换，则可利用公钥加密体制按照如下步骤建立共享会话密钥。

（1）A 将用 B 的公钥加密得到的身份 ID_A 和一个用于唯一标志这个业务的一次性随机数 N_1 发往 B。

（2）预使 A 确定对方是 B，则 B 用 A 的公钥加密 N_1 和另一新产生的随机数 N_2，因为只有 B 能解读①中的加密。

（3）A 用 B 的公钥 PKB 对 N_2 加密后返回给 B，以使 B 相信对方确是 A。

（4）A 将 $M=E_{PKB}[ESKA[K_S]]$ 发送给 B，其中 K_S 为会话密钥，用 B 的公开钥加密是为保证只有 B 能解读加密结果，用 A 的秘密钥加密是保证该加密结果只有 A 能发送。

（5）B 以 $D_{PKA}[D_{SKB}[M]]$ 恢复会话密钥。

这种分配过程的保密性和认证性均非常强，既可防止被动攻击，又可防止主动攻击。

4.6　访问控制及数字签名技术

4.6.1　访问控制技术

互联网络的蓬勃发展，为信息资源的共享提供了更加完善的手段，企业在信息资源共享的同时也要阻止非授权用户对企业敏感信息的访问。访问控制的目的是为了保护企业在信息系统中存储和处理的信息的安全。

1. 访问控制的基本模型

访问控制是指主体依据某些控制策略或权限对客体本身或是其资源进行的不同授权访问。访问控制包括 3 个要素，即主体、客体和控制策略。访问控制模型是一种从访问控制的角度出发，描述安全系统，建立安全模型的方法。

（1）主体（Subject）：是可以对其他实体施加动作的主动实体，简记为 S。有时我们也称为用户（User）或访问者（被授权使用计算机的人员），记为 U。主体的含义是广泛的，可以是用户所在的组织（以后我们称为用户组）、用户本身，也可是用户使用的计算机终端、卡机、手持终端（无线）等，甚至可以是应用服务程序程序或进程。

（2）客体（Object）：是接受其他实体访问的被动实体，简记为 O。客体的概念也很广泛，凡是可以被操作的信息、资源、对象都可以认为是客体。在信息社会中，客体可以是信息、文件和记录等的集合体，也可以是网路上的硬件设施，无线通信中的终端，甚至一个客体可以包含另外一个客体。

（3）控制策略：是主体对客体的操作行为集和约束条件集，简记为 KS。简单讲，控制策略是主体对客体的访问规则集，这个规则集直接定义了主体对可以的作用行为和客体对主体的条件约束。访问策略体现了一种授权行为，也就是客体对主体的权限允许，这种允许不超越规则集，由其给出。

访问控制的实现首先要考虑对合法用户进行验证，然后是对控制策略的选用与管理，最后要对没有非法用户或是越权操作进行管理。所以，访问控制包括认证、控制策略实现和审计 3 方面的内容：

（1）认证。主体对客体的识别认证和客体对主体的检验认证。主体和客体的认证关系是相互的，当一个主体受到另外一个客体的访问时，这个主体也就变成了客体。一个实体可以在某一时刻是主体，而在另一时刻是客体，这取决于当前实体的功能是动作的执行者还是动作的被执行者。

（2）控制策略的具体实现。如何设定规则集合从而确保正常用户对信息资源的合法使用，既要防止非法用户，也要考虑敏感资源的泄露，对于合法用户而言，更不能越权行使控制策略所赋予其权利以外的功能。

（3）审计。审计的重要意义在于，比如客体的管理者即管理员有操作赋予权，他有可能滥用这一权利，这是无法在策略中加以约束的。必须对这些行为进行记录，从而达到威慑和保证访问控制正常实现的目的。

2. 访问控制的实现技术

建立访问控制模型和实现访问控制都是抽象和复杂的行为，实现访问的控制不仅要保证授权用户使用的权限与其所拥有的权限对应，制止非授权用户的非授权行为；还要保证敏感信息的交叉感染。为了便于讨论这一问题，我们以文件的访问控制为例对访问控制的实现做具体说明。通常用户访问信息资源（文件或是数据库），可能的行为有读、写和管理。为方便起见，用 Read 或是 R 表示读操作，Write 或是 W 表示写操作，Own 或是 O 表示管理操作。之所以将管理操作从读写中分离出来，是因为管理员也许会对控制规则本身或是文件的属性等做修改。

1）访问控制矩阵

访问控制矩阵（Access Control Matrix，ACM）是通过矩阵形式表示访问控制规则和授权用户权限的方法。也就是说，对每个主体而言，都拥有对哪些客体的哪些访问权限；而对客体而言，又有哪些主体对他可以实施访问；将这种关联关系加以阐述，就形成了控制矩阵。其中，特权用户或特权用户组可以修改主体的访问控制权限。

访问矩阵是以主体为行索引，以客体为列索引的矩阵，矩阵中的每一个元素表示一组访问方式，是若干访问方式的集合。矩阵中第 i 行第 j 列的元素记录着第 i 个主体 S_i 可以执行的对第 j 个客体 O_j 的访问方式，比如 M_{ij} 等于表示 S_i 可以对 O_j 进行读和写访问。

访问控制矩阵的实现很易于理解，但是查找和实现起来有一定的难度，而且，如果用户和文件系统要管理的文件很多，那么控制矩阵将会成几何级数增长。因为在大型系统中访问矩阵很大而且其中会有很多空值，所以目前使用的实现技术都不是保存整个访问矩阵，而是基于访问矩阵的行或者列来保存信息。

2）访问控制表

访问控制表 ACLs（Access Control Lists）是目前最流行、使用最多的访问控制实现技术。每个客体有一个访问控制表，是系统中每一个有权访问这个客体的主体的信息。这种实现技术实际上是按列保存访问矩阵。访问控制表提供了针对客体的方便的查询方法，通过查询一个客体的访问控制表，很容易决定某一个主体对该客体的当前访问权限。删除客体的访问权限也很方便，把该客体的访问控制表整个替换为空表即可。但是用访问控制表来查询一个主体对所有客体的所有访问权限是很困难的，必须查询系统中所有客体的访问控制表来获得其中每一个与该主体有关的信息。类似地，删除一个主体对所有客体的所有访问权限也必须查询所有客体的访问控制表，删除与该主体相关的信息。

3）能力表

能力表（Capabilities）对应于访问控制表，这种实现技术实际上是按行保存访问矩阵。每个主体有一个能力表（Cap-ability Lists），是该主体对系统中每一个客体的访问权限信息。使用能力表实现的访问控制系统可以很方便地查询某一个主体的所有访问权限，只需要遍历这个主体的能力表即可。然而查询对某一个客体具有访问权限的主体信息就很困难了，必须查询系统中所有主体的能力表。20世纪70年代，很多操作系统的访问控制安全机制是基于能力表实现的，但并没有取得商业上的成功，现代的操作系统大多改用基于访问控制表的实现技术，只有少数实验性的安全操作系统使用基于能力表的实现技术。在一些分布式系统中，也使用了能力表和访问控制表相结合的方法来实现其访问控制安全机制。

4）授权关系表

访问矩阵也有既不对应于行也不对应于列的实现技术，那就是对应访问矩阵中每一个非空元素的实现技术——授权关系表（Authorization Relations）。授权关系表的每一行（或者说元组）就是访问矩阵中的一个非空元素，是某一个主体对应于某一个客体的访问权限信息。如果授权关系表按主体排序，查询时就可以得到能力表的效率；如果按客体排序，查询时就可以得到访问控制表的效率。安全数据库系统通常用授权关系表来实现其访问控制安全机制。

4.6.2 数字签名

与人们手写签名的作用一样，数字签名系统向通信双方提供服务，使得 A 向 B 发送签名的消息 P，以便达到以下几点：

（1）B 可以验证消息 P 确实来源于 A。

（2）A 以后不能否认发送过 P。

（3）B 不能编造或改变消息 P。

1. 数字签名的条件

可用的数字签名应保证以下几个条件：

（1）签名是可信的。签名使文件的接收者相信签名者是慎重地在文件上签字的。

（2）签名不可伪造。签名证明是签字者而不是其他人慎重地在文件上签字。

（3）签名不可重用。签名是文件的一部分，不法之徒不可能将签名移到不同的文件上。

（4）签名的文件是不可改变的。在文件签名后，文件不能改变。

（5）签名是不可抵赖的。签名和文件是物理的东西。签名者事后不能声称他没有签过名。

在现实生活中，关于签名的这些特性没有一个是完全真实的。签名能够被伪造，签名能够从文章中盗用移到另一篇文章中，文件在签名后能够被改变。在计算机上做这种事情，同样存在一些问题。首先计算机文件易于复制。即使某人的签名难以伪造（例如，手写签名的图形），但是从一个文件到另一个文件剪切和粘贴有效的签名都是很容易的。这种签名并没有什么意义；其次文件在签名后也易于修改，并且不会留下任何修改的痕迹。为解决这些问题，数字签名技术就应运而生。

2. 对称密钥签名

基于对称密钥的签名如图 4-6 所示。设 BB 是 A 和 B 共同信赖的仲裁人。K_A 和 K_B 分别是 A 和 B 与 BB 之间的密钥，而 K_{BB} 是只有 BB 掌握的密钥，P 是 A 发给 B 的消息，t 是时间戳。BB 解读了 A 的报文 $\{A, K_A(B, R_A, t, P)\}$ 以后产生了一个签名的消息 $K_{BB}(A, t, P)$，并装配成发给 B 的报文 $\{K_B(A, R_A, t, P, K_{BB}(A, t, P))\}$。B 可以解密该报文，阅读消息 P，并保留证据 $K_{BB}(A, t, P)$。由于 A 和 B 之间的通信是通过中间人 BB 的，所以不必怀疑对方的身份。又由于证据 $K_{BB}(A, t, P)$ 的存在，A 不能否认发送过消息 P，B 也不能改变得到的消息 P，因为 BB 仲裁时可能会当场解密 $K_{BB}(A, t, P)$，得到发送人、发送时间和原来的消息 P。

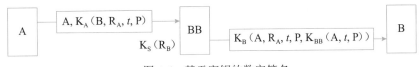

图 4-6　基于密钥的数字签名

3. 公开密钥签名

在对称密码体制中由于加密密钥和解密密钥是可以相互推导的。密钥暴露会使系统变得不安全。而公钥密码体制可以很容易地解决密钥交换问题。在公钥密码系统中，解密密钥和加密密钥是不同的，并且很难从一个推导出另外一个。

利用公钥加密算法的数字签名系统如图 4-7 所示。如果 A 方否认，B 可以拿出 $D_A(P)$，并用 A 的公钥 E_A 解密得到 P，从而证明 P 是 A 发送的。如果 B 篡改消息 P，当 A 要求 B 出示原来的 $D_A(P)$ 时，B 拿不出来。

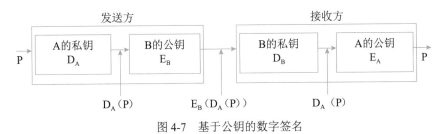

图 4-7　基于公钥的数字签名

在实践中，对长文件签名采用公钥密码算法效率太低。为了节约时间，数字签名协议经常和单向 Hash 函数一起使用，即并不对整个文件签名，只对文件的 Hash 值签名。基于消息摘要大大地提高了数字签名的计算速度。此外该协议还有其他优点：首先，签名和文件可以分开保存。其次，接收者对文件和签名的存储量要求大大降低。档案系统可用这类协议来验证文件的存在而不需保存它们的内容。用户将文件的 Hash 值传给数据库，数据库加上时间标记并保存，如果对某文件的存在发生争执，数据库可通过找到文件的 Hash 值来解决争端。

4.7 信息安全的抗攻击技术

4.7.1 密钥的选择

密钥在概念上被分成两大类：数据加密密钥（DK）和密钥加密密钥（KK）。前者直接对数据进行操作，后者用于保护密钥，使之通过加密而安全传递。算法的安全性在于密钥。如果密钥由脆弱的密码程序生成，那么整个系统都将处于极其脆弱的环境中，当攻击者能够分析密钥生成算法时，也就无须分析密码算法了。为对抗攻击者的攻击，密钥生成需要考虑 3 个方面的因素。

1. 增大密钥空间

一个密码算法的密钥若设为 N 位，那么该密钥空间为 2^N。显然，若某加密程序限制了密钥的位数，那么密钥空间随之减小，特别是当密钥生成程序比较脆弱的话，将导致密钥能够轻易被破译。例如，采用各种专用蛮力攻击硬件和并行技术，无论是对于一台机器甚至是多台机器并行处理，只要每秒测试 100 万个密钥，破译 8 字节以下小写字母和小写字母与数字构成的密钥、7 字节以下字母数字密钥、6 字节以下可打印字母密钥和 ASCII 字符密钥以及 5 字节以下 8 位的 ASCII 字符密钥都是可以的。另外随着计算机设备的不断改进，对破译的时间和条件要求也越来越少。

加长密钥位数，增大密钥空间，对阻止攻击是很有帮助的。例如，采用穷举搜索所有密钥的时间，对于 8 位 ASCII 字符（256 个）在 4 字节密钥空间下只需要 1.2 小时，在 6 字节密钥空间下需要 8.9 年，而在 8 字节情况下需要 580 000 年！明显增加了攻击的难度。

2. 选择强钥

在实际应用中，人们为了能方便记忆，往往选择较弱的密钥，如选择 "Klone"，而不是 "*9（hH\A-"。简单的密钥方便了人们的记忆，也方便了攻击者的测试。对于公钥算法，不同的算法对强钥的选择也有不同的规定。

3. 密钥的随机性

好的生成密钥是一个随机位串。会话密钥的产生，用随机数作为会话密钥；公钥密码算法也采用随机数作为密钥。密钥位可从可靠的随机源获得，如一些物理噪声产生器、离子辐射脉冲检测器、气体放电关、漏电容等；也可从安全的伪随机数发生器借助于安全的密码算法来产生，只要设计得好，能通过各种随机性检验就具有伪随机性。

随机数序列需满足随机性和不可预测性的要求。首先，均匀分布和独立性可以用来保证随机数的随机性，数列中每个数的出现频率应基本相等且均不能由其他数推出。在设计密码算法时，经常会使用一种称为伪随机数列的数列。例如在 RSA 算法中素数的产生。一般情况下，决定一个大数 N 是否为素数是很困难的。最原始的方法就是用每个比 $N1/2$ 小的数去除 N，如果 N 很大，比如 10 160，这一方法则超出人类的分析能力和计算能力。另外在相互认证和会话密钥的产生等应用中，更要求数列中以后的数是不可预测的。

4.7.2　拒绝服务攻击与防御

拒绝服务攻击 DoS（Denial of Service）是由人为或非人为发起的行动，使主机硬件、软件或者两者同时失去工作能力，使系统不可访问并因此拒绝合法的用户服务要求。拒绝服务攻击的主要企图是借助于网络系统或网络协议的缺陷和配置漏洞进行网络攻击，使网络拥塞、系统资源耗尽或者系统应用死锁，妨碍目标主机和网络系统对正常用户服务请求的及时响应，造成服务的性能受损甚至导致服务中断。

由于目前个人计算机或者服务器系统的性能逐渐在提升，网络带宽也由原来的 10Mb/s 逐步提升到 1000Mb/s 甚至是 10kMb/s，个人对其他主机发起攻击行为，要使其性能受损或者服务中断，非常困难。目前常见的拒绝服务攻击为分布式拒绝服务攻击 DDoS（Distributed Denial of Service）。

要对服务器实施拒绝服务攻击，有两种思路：

（1）服务器的缓冲区满，不接收新的请求。

（2）使用 IP 欺骗，迫使服务器把合法用户的连接复位，影响合法用户的连接。这也是 DoS 攻击实施的基本思想。

1. 传统拒绝服务攻击的分类

拒绝服务攻击有许多种，网络的内外部用户都可以发动这种攻击。内部用户可以通过长时间占用系统的内存、CPU 处理时间使其他用户不能及时得到这些资源，而引起拒绝服务攻击；外部黑客也可以通过占用网络连接使其他用户得不到网络服务。本节主要讨论外部用户实施的拒绝服务攻击。

外部用户针对网络连接发动拒绝服务攻击主要有以下几种模式：

（1）消耗资源。计算机和网络需要一定的条件才能运行，如网络带宽、内存、磁盘空间、CPU 时间。攻击者利用系统资源有限这一特征，或者是大量地申请系统资源，并长时间地占用；或者是不断地向服务程序发请求，使系统忙于处理自己的请求，而无暇为其他用户提供服务。攻击者可以针对以下几种资源发起拒绝服务攻击。

● 针对网络连接的拒绝服务攻击；

● 消耗磁盘空间；

● 消耗CPU资源和内存资源。

（2）破坏或更改配置信息。计算机系统配置上的错误也可能造成拒绝服务攻击，尤其是服务程序的配置文件以及系统、用户的启动文件。这些文件一般只有该文件的属主才可以写入，如果权限设置有误，攻击者（包括已获得一般访问权的黑客与恶意的内部用户）可以修改配置文件，从而改变系统向外提供服务的方式。

（3）物理破坏或改变网络部件。这种拒绝服务针对的是物理安全，一般来说，通过物理破坏或改变网络部件以达到拒绝服务的目的。其攻击的目标有：计算机、路由器、网络配线室、网络主干段、电源、冷却设备、其他的网络关键设备。

（4）利用服务程序中的处理错误使服务失效。最近出现了一些专门针对 Windows 系统的攻击方法，如 LAND 等等。被这些工具攻击之后，目标机的网络连接就会莫名其妙地断掉，不能访问任何网络资源或者出现莫名其妙的蓝屏，系统进入死锁状况。这些攻击方法主要利用服务程序中的处理错误，发送一些该程序不能正确处理的数据包，引起该服务进入死循环。

2. 分布式拒绝服务攻击 DDoS

分布式拒绝服务 DDoS 攻击是对传统 DoS 攻击的发展，攻击者首先侵入并控制一些计算机，然后控制这些计算机同时向一个特定的目标发起拒绝服务攻击。传统的拒绝服务攻击有受网络资源的限制和隐蔽性差两大缺点，而分布式拒绝服务攻击却克服了传统拒绝服务攻击的这两个致命弱点。分布式拒绝服务攻击的隐蔽性更强。通过间接操纵网络上的计算机实施攻击，突破了传统攻击方式从本地攻击的局限性。被 DDoS 攻击时可能的现象有：

（1）被攻击主机上有大量等待的 TCP 连接。

（2）大量到达的数据分组（包括 TCP 分组和 UDP 分组）并不是网站服务连接的一部分，往往指向机器的任意端口。

（3）网络中充斥着大量无用的数据包，源地址为假。

（4）制造高流量的无用数据造成网络拥塞，使受害主机无法正常和外界通信。

（5）利用受害主机提供的服务和传输协议上的缺陷，反复发出服务请求，使受害主机无法及时处理所有正常请求。

（6）严重时会造成死机。

DDoS 引入了分布式攻击和 Client/Server 结构，使 DoS 的威力激增。同时，DDoS 囊括了已经出现的各种重要的 DoS 攻击方法，比 DoS 的危害性更大。现有的 DDoS 工具一般采用三级结构，如图 4-8 所示，其中 Client（客户端）运行在攻击者的主机上，用来发起和控制 DDoS 攻击；Handler（主控端）运行在已被攻击者侵入并获得控制的主机上，用来控制代理端；Agent（代理端）运行在已被攻击者侵入并获得控制的主机上，从主控端接收命令，负责对目标实施实际的攻击。

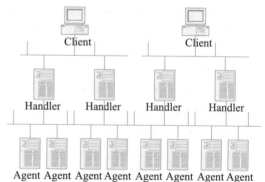

图 4-8　DDoS 的三级控制结构

3. 拒绝服务攻击的防御方法

操作系统和网络设备的缺陷在不断地被发现，并被攻击者利用来进行恶意的攻击。如果清楚地认识到这一点，应当使用下面的方法尽量阻止拒绝服务攻击。

（1）加强对数据包的特征识别，攻击者在传达攻击命令或发送攻击数据时，虽然都加入了伪装甚至加密，但是其数据包中还是有一些特征字符串。通过搜寻这些特征字符串，就可以确定攻击服务器和攻击者的位置。

（2）设置防火墙监视本地主机端口的使用情况。对本地主机中的敏感端口，如 UDP 31335、UDP 27444、TCP 27665 进行监视，如果发现这些端口处于监听状态，则系统很可能受到攻击。即使攻击者已经对端口的位置进行了一定的修改，但如果外部主机主动向网络内部高标号端口发起连接请求，则系统也很可能受到侵入。

（3）对通信数据量进行统计也可获得有关攻击系统的位置和数量信息。例如，在攻击之前，目标网络的域名服务器往往会接收到远远超过正常数量的反向和正向的地址查询。在攻击时，攻击数据的来源地址会发出超出正常极限的数据量。

（4）尽可能的修正已经发现的问题和系统漏洞。

4.7.3　欺骗攻击与防御

1. ARP 欺骗

1）ARP 欺骗原理

ARP 原理：某机器 A 要向主机 C 发送报文，会查询本地的 ARP 缓存表，找到 C 的 IP 地址对应的 MAC 地址后，就会进行数据传输。如果未找到，则广播一个 ARP 请求报文（携带主机 A 的 IP 地址 Ia——物理地址 AA:AA:AA:AA），请求 IP 地址为 Ic 的主机 C 回答物理地址 Pc。网上所有主机包括 C 都收到 ARP 请求，但只有主机 C 识别自己的 IP 地址，于是向 A 主机发回一个 ARP 响应报文。其中就包含有 C 的 MAC 地址 CC:CC:CC:CC，A 接收到 C 的应答后，就会更新本地的 ARP 缓存。接着使用这个 MAC 地址发送数据（由网卡附加 MAC 地址）。因此，本地高速缓存的这个 ARP 表是本地网络流通的基础，而且这个缓存是动态的。

ARP 协议并不只在发送了 ARP 请求才接收 ARP 应答。当计算机接收到 ARP 应答数据包的时候，就会对本地的 ARP 缓存进行更新，将应答中的 IP 和 MAC 地址存储在 ARP 缓存中。因此，局域网中的机器 B 首先攻击 C，使 C 瘫痪，然后向 A 发送一个自己伪造的 ARP 应答，而如果这个应答是 B 冒充 C 伪造来的，即 IP 地址为 C 的 IP，而 MAC 地址是 B 的，则当 A 接收到 B 伪造的 ARP 应答后，就会更新本地的 ARP 缓存，这样在 A 看来 C 的 IP 地址没有变，而它的 MAC 地址已经变成 B 的了。由于局域网的网络流通不是根据 IP 地址进行，而是按照 MAC 地址进行传输。如此就造成 A 传送给 C 的数据实际上是传送到 B。这就是一个简单的 ARP 欺骗，如图 4-9 所示。

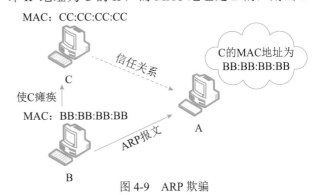

图 4-9　ARP 欺骗

2）ARP 欺骗的防范措施

（1）在 Win XP 下输入命令：arp -s gate-way-ip gate-way-mac 固化 ARP 表，阻止 ARP 欺骗。

（2）使用 ARP 服务器。通过该服务器查找自己的 ARP 转换表来响应其他机器的 ARP 广播。确保这台 ARP 服务器不被黑。

（3）采用双向绑定的方法解决并且防止 ARP 欺骗。

（4）ARP 防护软件——ARP Guard。通过系统底层核心驱动，无须安装其他任何第三方软件（如 WinPcap），以服务及进程并存的形式随系统启动并运行，不占用计算机系统资源。无须对计算机进行 IP 地址及 MAC 地址绑定，从而避免了大量且无效的工作量。也不用担心计算机会在重启后新建 ARP 缓存列表，因为此软件是以服务与进程相结合的形式存在于计算机中，当计算机重启后软件的防护功能也会随操作系统自动启动并工作。

2. DNS 欺骗

DNS 欺骗是一种比较常见的攻击手段。一个著名的利用 DNS 欺骗进行攻击的案例是，全球著名网络安全销售商 RSA Security 的网站所遭到的攻击。其实 RSA Security 网站的主机并没有被入侵，而是 RSA 的域名被黑客劫持，当用户连上 RSA Security 时，发现主页被改成了其他的内容。

1）DNS 欺骗的原理

DNS 欺骗首先是冒充域名服务器，然后把查询的 IP 地址设为攻击者的 IP 地址，这样的话，用户上网就只能看到攻击者的主页，而不是用户想要取得的网站的主页了，这就是 DNS 欺骗的基本原理。DNS 欺骗其实并不是真的"黑掉"了对方的网站，而是冒名顶替、招摇撞骗罢了。

2）DNS 欺骗的现实过程

如图 4-10 所示，www.xxx.com 的 IP 地址为 202.109.2.2，如果 www.angel.com 向 xxx.com 的子域 DNS 服务器查询 www.xxx.com 的 IP 地址时，www.heike.com 冒充 DNS 向 www.angel.com 回复 www.xxx.com 的 IP 地址为 200.1.1.1，这时 www.angel.com 就会把 200.1.1.1 当 www.xxx.com 的地址了。当 www.angel.com 连 www.xxx.com 时，就会转向那个虚假的 IP 地址了，这样对 www.xxx.com 来说，就算是给黑掉了。因为别人根本连接不上他的域名。

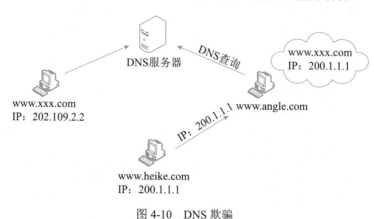

图 4-10   DNS 欺骗

3）DNS 欺骗的检测

根据检测手段的不同，将其分为被动监听检测、虚假报文探测和交叉检查查询 3 种。

（1）被动监听检测。该检测手段是通过旁路监听的方式，捕获所有 DNS 请求和应答数据包，并为其建立一个请求应答映射表。如果在一定的时间间隔内，一个请求对应两个或两个以上结果不同的应答包，则怀疑受到了 DNS 欺骗攻击，因为 DNS 服务器不会给出多个结果不同的应答包，即使目标域名对应多个 IP 地址，DNS 服务器也会在一个 DNS 应答包中返回，只是有多个应答域（Answer Section）而已。

（2）虚假报文探测。该检测手段采用主动发送探测包的手段来检测网络内是否存在 DNS 欺骗攻击者。这种探测手段基于一个简单的假设：攻击者为了尽快地发出欺骗包，不会对域名服务器 IP 的有效性进行验证。这样如果向一个非 DNS 服务器发送请求包，正常来说不会收到任何应答，但是由于攻击者不会验证目标 IP 是否是合法 DNS 服务器，他会继续实施欺骗攻击，因此如果收到了应答包，则说明受到了攻击。

（3）交叉检查查询。所谓交叉检查即在客户端收到 DNS 应答包之后，向 DNS 服务器反向查询应答包中返回的 IP 地址所对应的 DNS 名字，如果二者一致说明没有受到攻击，否则说明被欺骗。

3. IP 欺骗

1）IP 欺骗的原理

通过编程的方法可以随意改变发出的包的 IP 地址，但工作在传输层的 TCP 协议是一种相对可靠的协议，不会让黑客轻易得逞。由于 TCP 是面向连接的协议，所以在双方正式传输数据之前，需要用"三次握手"来建立一个值得信赖的连接。假设是 hosta 和 hostb 两台主机进行通信，hostb 首先发送带有 SYN 标志的数据段通知 hosta 建立 TCP 连接，TCP 的可靠性就是由数据包中的多位控制字来提供的，其中最重要的是数据序列 SYN 和数据确认标志 ACK。B 将 TCP 报头中的 SYN 设为自己本次连接中的初始值（ISN）。

假如想冒充 hostb 对 hosta 进行攻击，就要先使 hostb 失去工作能力。也就是所谓的拒绝服务攻击，让 hostb 瘫痪。

2）IP 欺骗的防范

虽然 IP 欺骗攻击有着相当难度，但这种攻击非常广泛，入侵往往由这里开始。预防这种攻击可以删除 UNIX 中所有的 /etc/hosts.equiv、$HOME/.rhosts 文件，修改 /etc/inetd.conf 文件，使得 RPC 机制无法应用。另外，还可以通过设置防火墙过滤来自外部而信源地址却是内部 IP 的报文。

4.7.4　端口扫描

网络中的每一台计算机如同一座城堡，在这些城堡中，有的对外完全开放，有的却是紧锁城门。在网络技术中，把这些城堡的城门称之为计算机的"端口"。端口扫描是入侵者搜集信息的几种常用手法之一，也正是这一过程最容易使入侵者暴露自己的身份和意图，所以利用暴露的信息可以防范此类攻击。一般来说，扫描端口有如下目的。

（1）判断目标主机上开放了哪些服务。

（2）判断目标主机的操作系统。

如果入侵者掌握了目标主机开放了哪些服务，运行何种操作系统，他们就能够使用相应的手段实现入侵。

1. 端口扫描原理

端口在计算机网络领域中是个非常重要的概念。它是专门为计算机通信而设计的，它不是硬件，不同于计算机中的"插槽"，可以说是个"软插槽"。如果有需要的话，一台计算机中可以有上万个端口。

端口是由计算机的通信协议 TCP/IP 协议定义的。TCP/IP 协议规定，用 IP 地址和端口作为套接字，它代表 TCP 连接的一个连接端，一般称为 Socket。具体来说，就是用 [IP：端口] 来定位一台主机中的进程。可以做这样的比喻，端口相当于两台计算机进程间的大门，可以随便定义，其目的只是为了让两台计算机能够找到对方的进程。计算机就像一座大楼，这个大楼有好多入口（端口），进到不同的入口中就可以找到不同的公司（进程）。如果要和远程主机 A 的程序通信，那么只要把数据发向 [A：端口] 就可以实现通信了。

端口扫描就是尝试与目标主机的某些端口建立连接，如果目标主机该端口有回复（见三次握手中的第二次），则说明该端口开放，即为"活动端口"。

2. 扫描原理分类

（1）全 TCP 连接。这种扫描方法使用三次握手，与目标计算机建立标准的 TCP 连接。需要说明的是，这种古老的扫描方法很容易被目标主机记录。

（2）半打开式扫描（SYN 扫描）。在这种扫描技术中，扫描主机自动向目标计算机的指定端口发送 SYN 数据段，表示发送建立连接请求。

- 如果目标计算机的回应TCP报文中SYN=1，ACK=1，则说明该端口是活动的，接着扫描主机传送一个RST给目标主机拒绝建立TCP连接，从而导致三次握手的过程失败。
- 如果目标计算机的回应是RST，则表示该端口为"死端口"，这种情况下，扫描主机不用做任何回应。

由于扫描过程中，全连接尚未建立，所以大大降低了被目标计算机记录的可能性，并且加快了扫描的速度。

（3）FIN 扫描。在前面介绍过的 TCP 报文中，有一个字段为 FIN，FIN 扫描则依靠发送 FIN 来判断目标计算机的指定端口是否是活动的。

发送一个 FIN=1 的 TCP 报文到一个关闭的端口时，该报文会被丢掉，并返回一个 RST 报文。但是，如果当 FIN 报文到一个活动的端口时，该报文只是被简单的丢掉，不会返回任何回应。

从 FIN 扫描可以看出，这种扫描没有涉及任何 TCP 连接部分。因此，这种扫描比前两种都安全，可以称之为秘密扫描。

（4）第三方扫描。第三方扫描又称"代理扫描"，这种扫描是利用第三方主机来代替入侵者进行扫描。这个第三方主机一般是入侵者通过入侵其他计算机而得到的，该"第三方"主机常被入侵者称之为"肉鸡"。这些"肉鸡"一般为安全防御系数极低的个人计算机。

4.7.5　强化TCP/IP堆栈以抵御拒绝服务攻击

针对 TCP/IP 堆栈的攻击方式有多种类型,下面分别介绍攻击原理及抵御方法。

1. 同步包风暴(SYN Flooding)

同步包风暴是当前最流行的 DoS(拒绝服务攻击)与 DDoS(分布式拒绝服务攻击)的方式之一,是应用最广泛的一种 DoS 攻击方式,它的原理虽然简单,但使用起来却十分有效。

问题出在 TCP 连接的三次握手中,假设一个用户向服务器发送了 SYN 报文后突然死机或掉线,那么服务器在发出 SYN + ACK 应答报文后是无法收到客户端的 ACK 报文的(第三次握手无法完成),这种情况下服务器端一般会重试(再次发送 SYN + ACK 给客户端),并等待一段时间后丢弃这个未完成的连接,这段时间的长度称为 SYN Timeout,一般来说这个时间是分钟的数量级(大约为 30 秒~ 2 分钟);一个用户出现异常导致服务器的一个线程等待 1 分钟并不是什么很大的问题,但如果有一个恶意的攻击者大量模拟这种情况,服务器端将为了维护一个非常大的半连接列表而消耗非常多的资源——数以万计的半连接,即使是简单的保存并遍历也会消耗非常多的 CPU 时间和内存,何况还要不断对这个列表中的 IP 进行 SYN + ACK 的重试。实际上如果服务器的 TCP/IP 堆栈不够强大,最后的结果往往是堆栈溢出崩溃。即使服务器端的系统足够强大,服务器端也将忙于处理攻击者伪造的 TCP 连接请求而无暇理睬客户的正常请求(毕竟客户端的正常请求比率非常之小),此时从正常客户的角度看来,服务器失去响应。这种情况被称作:服务器端受到了 SYN Flooding 攻击。

如果攻击者盗用的是某台可达主机 X 的 IP 地址,由于主机 X 没有向主机 D 发送连接请求,所以当它收到来自 D 的 SYN + ACK 包时,会向 D 发送 RST 包,主机 D 会将该连接重置。因此,攻击者通常伪造主机 D 不可达的 IP 地址作为源地址。攻击者只要发送较少的、来源地址经过伪装,而且无法通过路由达到的 SYN 连接请求至目标主机提供 TCP 服务的端口,将目的主机的 TCP 缓存队列填满,就可以实施一次成功的攻击。实际情况下,攻击者往往会持续不断地发送 SYN 包,故称为 "SYN 洪水"。

可以通过修改注册表防御 SYN Flooding 攻击,修改键值位于注册表项 HKEY_LOCAL_MACHINE\SYSTEM\CurrentControlSet\Services 的下面,如表 4-1 所示。

表 4-1　防御 SYN Flooding 攻击所需修改键值

值名称	值(REG_DWORD)
SynAttackProtect	2
TcpMaxPortsExhausted	1
TcpMaxHalfOpen	500
TcpMaxHalfOpenRetried	400
Tcp Max ConnectResponseRetransmissions	2
TcpMaxDataRetransmissions	2
EnablePMTUDiscovery	0
KeepAliveTime	300000(5 分钟)
NoNameReleaseOnDemand	1

2. ICMP 攻击

ICMP 协议是 TCP/IP 协议集中的一个子协议，主要用于在主机与路由器之间传递控制信息，包括报告错误、交换受限控制和状态信息等。当遇到 IP 数据无法访问目标，IP 路由器无法按当前的传输速率转发数据包等情况时，会自动发送 ICMP 消息。我们可以通过 Ping 命令发送 ICMP 回应请求消息并记录收到 ICMP 回应的回复消息，通过这些消息来对网络或主机的故障提供参考依据。

ICMP 协议本身的特点决定了它非常容易被用于攻击网络上的路由器和主机。比如，前面提到的"Ping of Death"攻击就是利用操作系统规定的 ICMP 数据包的最大尺寸不超过 64KB 这一规定，达到使 TCP/IP 堆栈崩溃、主机死机的效果。

可以通过修改注册表防御 ICMP 攻击，修改键值位于注册表项

HKLM\System\CurrentControlSet\Services\AFD\Parameters 的下面，如表 4-2 所示。

表 4-2　防御 ICMP 攻击所需修改键值

值名称	值（REG_DWORD）
EnableICMPRedirect	0

3. SNMP 攻击

SNMP 是 TCP/IP 网络中标准的管理协议，它允许网络中的各种设备和软件，包括交换机、路由器、防火墙、集线器、操作系统、服务器产品和部件等，能与管理软件通信，汇报其当前的行为和状态。但是，SNMP 还能被用于控制这些设备和产品，重定向通信流，改变通信数据包的优先级，甚至断开通信连接。总之，入侵者如果具备相应能力，就能完全接管你的网络。

可以通过修改注册表项

HKLM\System\CurrentControlSet\Services\Tcpip\Parameters 的键值防御 SNMP 攻击，如表 4-3 所示。

表 4-3　防御 SNMP 攻击所需修改键值

值名称	值（REG_DWORD）
EnableDeadGWDetect	0

4.7.6　系统漏洞扫描

系统漏洞扫描指对重要计算机信息系统进行检查，发现其中可能被黑客利用的漏洞。系统漏洞扫描的结果是对系统安全性能的一个评估，指出了哪些攻击是可能的，因此，成为安全方案的一个重要组成部分。目前，从底层技术来划分，可以将系统漏洞扫描分为基于网络的扫描和基于主机的扫描这两种类型。

1. 基于网络的漏洞扫描

基于网络的漏洞扫描器，是通过网络来扫描远程计算机中的漏洞。比如，利用低版本的

DNS Bind 漏洞，攻击者能够获取 root 权限，侵入系统或者攻击者能够在远程计算机中执行恶意代码。使用基于网络的漏洞扫描工具，能够监测到这些低版本的 DNS Bind 是否在运行。一般来说，基于网络的漏洞扫描工具可以看作为一种漏洞信息收集工具，根据不同漏洞的特性，构造网络数据包，发给网络中的一个或多个目标服务器，以判断某个特定的漏洞是否存在。基于网络的漏洞扫描器，一般由以下几个方面组成。

（1）漏洞数据库模块。漏洞数据库包含了各种操作系统的各种漏洞信息，以及如何检测漏洞的指令。

（2）用户配置控制台模块。用户配置控制台与安全管理员进行交互，用来设置要扫描的目标系统以及扫描哪些漏洞。

（3）扫描引擎模块。扫描引擎是扫描器的主要部件。根据用户配置控制台部分的相关设置，扫描引擎组装好相应的数据包，发送到目标系统，将接收到的目标系统的应答数据包与漏洞数据库中的漏洞特征进行比较，来判断所选择的漏洞是否存在。

（4）当前活动的扫描知识库模块。通过查看内存中的配置信息，该模块监控当前活动的扫描，将要扫描的漏洞的相关信息提供给扫描引擎。

（5）结果存储器和报告生成工具。报告生成工具，利用当前活动扫描知识库中存储的扫描结果，生成扫描报告。

基于网络的漏洞扫描器有很多优点：

（1）基于网络的漏洞扫描器的价格相对来说比较便宜。

（2）基于网络的漏洞扫描器在操作过程中，不需要涉及目标系统的管理员。

（3）基于网络的漏洞扫描器在检测过程中，不需要在目标系统上安装任何东西。

（4）维护简便。当企业的网络发生了变化的时候，只要某个结点能够扫描网络中的全部目标系统，基于网络的漏洞扫描器不需要进行调整。

2. 基于主机的漏洞扫描

基于主机的漏洞扫描器，扫描目标系统漏洞的原理与基于网络的漏洞扫描器的原理类似，但是两者的体系结构不一样。基于主机的漏洞扫描器通常在目标系统上安装了一个代理（Agent）或者是服务（Services），以便能够访问所有的文件与进程，这也使得基于主机的漏洞扫描器能够扫描更多的漏洞。

基于主机的漏洞扫描优点：

（1）扫描的漏洞数量多。

（2）集中化管理。基于主机的漏洞扫描器通常都有个集中的服务器作为扫描服务器。所有扫描的指令，均从服务器进行控制，这一点与基于网络的扫描器类似。服务器下载到最新的代理程序后，再分发给各个代理。这种集中化管理模式，使得基于主机的漏洞扫描器在部署上能够快速实现。

（3）网络流量负载小。由于 ESM 管理器与 ESM 代理之间只有通信的数据包，漏洞扫描部分都由 ESM 代理单独完成，这就大大减少了网络的流量负载。当扫描结束后，ESM 代理再次与 ESM 管理器进行通信，将扫描结果传送给 ESM 管理器。

4.8 信息安全的保障体系与评估方法

4.8.1 计算机信息系统安全保护等级

《计算机信息系统安全保护等级划分准则》（GB 17859—1999）规定了计算机系统安全保护能力的5个等级。

（1）第1级：用户自主保护级（对应TCSEC的C1级）。本级的计算机信息系统可信计算基（Trusted Computing Base）通过隔离用户与数据，使用户具备自主安全保护的能力。它具有多种形式的控制能力，对用户实施访问控制，即为用户提供可行的手段，保护用户和用户组信息，避免其他用户对数据的非法读写与破坏。

（2）第2级：系统审计保护级（对应TCSEC的C2级）。与用户自主保护级相比，本级的计算机信息系统可信计算基实施了粒度更细的自主访问控制，它通过登录规程、审计安全性相关事件和隔离资源，使用户对自己的行为负责。

（3）第3级：安全标记保护级（对应TCSEC的B1级）。本级的计算机信息系统可信计算基具有系统审计保护级所有功能。此外，还提供有关安全策略模型、数据标记以及主体对客体强制访问控制的非形式化描述；具有准确地标记输出信息的能力；消除通过测试发现的任何错误。

（4）第4级：结构化保护级（对应TCSEC的B2级）。本级的计算机信息系统可信计算基建立于一个明确定义的形式化安全策略模型之上，它要求将第三级系统中的自主和强制访问控制扩展到所有主体与客体。此外，还要考虑隐蔽通道。本级的计算机信息系统可信计算基必须结构化为关键保护元素和非关键保护元素。计算机信息系统可信计算基的接口也必须明确定义，使其设计与实现能经受更充分的测试和更完整的复审。它加强了鉴别机制；支持系统管理员和操作员的职能；提供可信设施管理；增强了配置管理控制。系统具有相当的抗渗透能力。

（5）第5级：访问验证保护级（对应TCSEC的B3级）。本级的计算机信息系统可信计算基满足访问监控器需求。访问监控器仲裁主体对客体的全部访问。访问监控器本身是抗篡改的；必须足够小，能够分析和测试。为了满足访问监控器需求，计算机信息系统可信计算基在其构造时，排除了那些对实施安全策略来说并非必要的代码；在设计和实现时，从系统工程角度将其复杂性降低到最小程度。支持安全管理员职能；扩充审计机制，当发生与安全相关的事件时发出信号；提供系统恢复机制。系统具有很高的抗渗透能力。

4.8.2 安全风险管理

信息系统的安全风险，是指由于系统存在的脆弱性，人为或自然的威胁导致安全事件发生所造成的影响。信息安全风险评估，则是指依据国家有关信息安全技术标准，对信息系统及由其处理、传输和存储的信息的保密性、完整性和可用性等安全属性进行科学评价的过程，它要评估信息系统的脆弱性、信息系统面临的威胁以及脆弱性被威胁源利用后所产生的实际负面影响，并根据安全事件发生的可能性和负面影响的程度来识别信息系统的安全风险。信息安全风险评估是信息安全保障体系建立过程中重要的评价方法和决策机制。没有准确及时的风险评估，将使得各个机构无法对其信息安全的状况做出准确的判断。

风险评估的准备过程是组织进行风险评估的基础，是整个风险评估过程有效性的保证。组织对自身信息及信息系统进行风险评估的结果将受到业务需求及战略目标、文化、业务流程、安全要求、规模和结构的影响。不同组织对于风险评估的实施过程可能存在不同的要求，因此在风险评估实施前，应该考虑如下内容。

（1）确定风险评估的范围。进行风险评估可能是由于自身的商业要求、战略目标的要求、相关方的要求或其他原因，因此应根据上述原因确定风险评估范围。风险评估的范围可能是组织全部的信息和信息系统，可能是单独的信息系统，可能是组织的关键业务流程，也可能是客户的知识产权。

（2）确定风险评估的目标。组织应明确风险评估的目标，为风险评估的过程提供导向。支持组织的信息、系统、应用软件和网络是组织重要的资产。资产的保密性、完整性和可用性对于维持竞争优势、现金流动、获利能力、法规要求和组织形象是必要的。组织要面对来自四面八方日益增长的安全威胁，系统、应用软件和网络可能是严重威胁的目标。同时，由于组织的信息化程度的不断提高，对基于信息系统和服务技术的依赖日益增加，一个组织则可能出现更多的脆弱性。组织风险评估的目标基本上来源于组织业务持续发展的需要、满足相关方的要求、满足法律法规的要求等方面。

（3）建立适当的组织结构。在风险评估过程中，组织应建立适当的组织结构，以支持整个过程的推进，如成立由管理层、相关业务骨干、IT 技术人员等组成的风险评估小组。组织结构的建立应考虑其结构和复杂程度，以保证能够满足风险评估的范围、目标。

（4）建立系统性的风险评估方法。风险评估方法应考虑评估的范围、目的、时间、效果、组织文化、人员素质以及开展程度等因素来确定，使之能够与环境和安全要求相适应。

（5）获得最高管理者对风险评估策划的批准。上述所有内容应得到组织的最高管理者的批准，并对管理层和员工进行传达。

根据评估实施者的不同，将风险评估形式分为自评估和他评估两大类。自评估是由被评估信息系统的拥有者依靠自身的力量，对其自身的信息系统进行的风险评估活动。他评估则是被评估信息系统拥有者的上级主管机关或业务主管机关发起的，依据已经颁布的法规或标准进行的具有强制意味的检查活动，是通过行政手段加强信息安全的重要措施。他评估也是经常提及的检查评估，自评估和他评估都可以通过信息安全风险评估服务机构进行风险评估的咨询、服务、培训以及得到风险评估有关工具。

风险评估的基本要素为脆弱性、资产、威胁、风险和安全措施，与这些要素相关的属性分别为业务战略、资产价值、安全需求、安全事件和残余风险，这些也是风险评估要素的一部分。风险评估的工作是围绕其基本要素展开的，在对这些要素的评估过程中需要充分考虑业务战略、资产价值、安全事件和残余风险等与这些基本要素相关的各类因素。这些要素之间存在着以下关系：业务战略依赖于资产去完成；资产拥有价值，单位的业务战略越重要，对资产的依赖度越高，资产的价值则就越大，风险也越大，并可能演变成安全事件；威胁都要利用脆弱性，脆弱性越大则风险越大；脆弱性使资产暴露，是未被满足的安全需求，威胁要通过利用脆弱性来危害资产，从而形成风险；资产的重要性和对风险的意识会导出安全需求；安全需求要通过安全措施来得以满足，且是有成本的；安全措施可以抗击威胁，降低风险，减弱安全事件的影响；风险不可能也没有必要降为零，在实施了安全措施后还会有残留下来的风险——一部分残余风险来自于安全措施可能不当或无效，在以后需要继续控制这部分风险，另一部分残余风险则是在综合考虑了安全的成本与资产价值后，有意未去控制的风险，这部分风险是可以被接受的；残余风险应受到密切监视，因为它可能会在将来诱发新的安全事件，参见图 4-11。

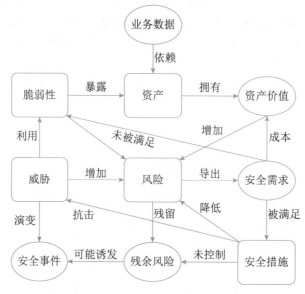

图 4-11　风险评估各要素关系图

　　在一般的评估体系中，资产大多属于不同的信息系统，业务生产系统的数量还可能会很多，需要将信息系统及其中的信息资产进行恰当的分类，才能进行下一步的风险评估工作。在实际项目中，具体的资产分类方法根据具体环境由评估者来灵活把握。资产赋值是对资产安全价值的估价，而不是以资产的账面价格来衡量。在对资产进行估价时，不仅要考虑资产的成本价格，还要考虑资产对于组织业务的安全重要性，即根据资产损失所引发的潜在商务影响来决定。为确保资产估价时的一致性和准确性，机构应该建立一个资产价值尺度，明确如何对资产进行赋值。资产估价的过程也就是对资产保密性、完整性和可用性影响分析的过程。影响就是由人为或突发性引起的安全事件对资产破坏的后果，这一后果可能毁灭某些资产，危及信息系统并使其丧失保密性、完整性和可用性，最终还会导致财政损失、市场份额或公司形象的损失。特别重要的是，即使每一次影响引起的损失并不大，但长期积累的众多意外事件的影响总和则可造成严重损失。一般情况下，影响主要从以下几方面来考虑。

　　（1）违反了有关法律或（和）规章制度。

　　（2）影响了业务执行。

　　（3）造成了信誉、声誉损失。

　　（4）侵犯了个人隐私。

　　（5）造成了人身伤害。

（6）对法律实施造成了负面影响。

（7）侵犯了商业机密。

（8）违反了社会公共准则。

（9）造成了经济损失。

（10）破坏了业务活动。

（11）危害了公共安全。

资产安全属性的不同通常也意味着安全控制、保护功能需求的不同。通过考察保密性、完整性和可用性 3 种不同的安全属性，能够基本反映资产的价值。

安全威胁是一种对机构及其资产构成潜在破坏的可能性因素或者事件。无论对于多么安全的信息系统，安全威胁都是一个客观存在的事物，它是风险评估的重要因素之一。产生安全威胁的主要因素可以分为人为因素和环境因素。人为因素又可区分为有意和无意两种。环境因素包括自然界的不可抗的因素和其他物理因素。威胁作用形式可以是对信息系统直接或间接的攻击，例如非授权的泄露、篡改、删除等，在保密性、完整性或可用性等方面造成损害。也可能是偶发的或蓄意的事件。一般来说，威胁总是要利用网络、系统、应用或数据的弱点才可能成功地对资产造成伤害。安全事件及其后果是分析威胁的重要依据。但是有相当一部分威胁发生时，由于未能造成后果或者没有意识到，而被安全管理人员忽略。这将导致对安全威胁的认识出现偏差。在威胁评估过程中，首先就要对组织需要保护的每一项关键资产进行威胁识别。在威胁识别过程中，应根据资产所处的环境条件和资产以前遭受威胁损害的情况来判断。一项资产可能面临着多个威胁，同样一个威胁可能对不同的资产造成影响。

脆弱性评估是安全风险评估中的重要内容。弱点包括物理环境、组织、过程、人员、管理、配置、硬件、软件和信息等各种资产的脆弱性。弱点是资产本身存在的，它可以被威胁利用、引起资产或商业目标的损害。值得注意的是，弱点虽然是资产本身固有的，但它本身不会造成损失，它只是一种条件或环境，可能导致被威胁利用而造成资产损失。如果没有相应的威胁发生，单纯的弱点并不会对资产造成损害。那些没有安全威胁的弱点可以不需要实施安全保护措施，但它们必须记录下来以确保当环境、条件有所变化时能随之加以改变。需要注意的是不正确的、起不到应有作用的或没有正确实施的安全保护措施本身就可能是一个安全薄弱环节。脆弱性评估将针对每一项需要保护的信息资产，找出每一种威胁所能利用的脆弱性，并对脆弱性的严重程度进行评估，即对脆弱性被威胁利用的可能性进行评估，最终为其赋相对等级值。在进行脆弱性评估时，提供的数据应该来自于这些资产的拥有者或使用者，来自于相关业务领域的专家以及软硬件信息系统方面的专业人员。脆弱性评估所采用的方法主要有问卷调查、人员问询、工具扫描、手动检查、文档审查、渗透测试等。脆弱性主要从技术和管理两个方面进行评估，涉及物理层、网络层、系统层、应用层、管理层等各个层面的安全问题。其中在技术方面主要是通过远程和本地两种方式进行系统扫描，对网络设备和主机等进行人工抽查，以保证技术脆弱性评估的全面性和有效性；管理脆弱性评估方面可以按照 BS7799 等标准的安全管理要求对现有的安全管理制度及其执行情况进行检查，发现其中的管理漏洞和不足。

风险计算模型包含信息资产、弱点 / 脆弱性、威胁等关键要素。每个要素有各自的属性，信息资产的属性是资产价值，弱点的属性是弱点被威胁利用后对资产带来的影响的严重程度，威胁的属性是威胁发生的可能性。风险计算的过程如下。

（1）对信息资产进行识别，并对资产赋值。

（2）对威胁进行分析，并对威胁发生的可能性赋值。

（3）识别信息资产的脆弱性，并对弱点的严重程度赋值。

（4）根据威胁和脆弱性计算安全事件发生的可能性。

（5）结合信息资产的重要性和发生安全事件的可能性，计算信息资产的风险值。

第5章　软件工程基础知识

本章主要讨论软件工程的基本概念，论述软件工程中基本的软件开发方法。按照常见的软件开发阶段划分，分别讨论需求、分析、设计、编码和测试等环节中的常见方法和技术，并介绍近年来出现的一些新的软件工程开发方法。

5.1　软件工程

20 世纪 60 年代以前，计算机刚刚投入实际使用，软件设计往往只是为了一个特定的应用而在指定的计算机上进行设计和编制，采用密切依赖于计算机的机器代码或汇编语言，软件规模比较小，文档资料通常也不存在，很少使用系统化的开发方法，设计软件往往等同于编制程序，基本上是个人设计、个人使用、个人操作、自给自足的私人化的软件生产方式。

60 年代中期，大容量、高速度计算机的出现，使计算机的应用范围迅速扩大，软件开发量急剧增长，软件系统的规模越来越大，复杂程度越来越高，软件可靠性问题也越来越突出。1968 年，北大西洋公约组织（NATO）在联邦德国的国际学术会议首次提出了软件危机（Software Crisis）概念。

软件危机的具体表现为：

- 软件开发进度难以预测；
- 软件开发成本难以控制；
- 软件功能难以满足用户期望；
- 软件质量无法保证；
- 软件难以维护；
- 软件缺少适当的文档资料。

为了解决软件危机，1968、1969 年 NATO 连续召开了两次会议，提出了软件工程的概念。

5.1.1　软件工程定义

软件工程一直以来都缺乏一个统一的定义，很多学者和组织机构都分别给出了自己的定义：

- Barry Boehm：运用现代科学技术知识来设计并构造计算机程序及为开发、运行和维护这些程序所必须的相关文件资料。
- IEEE：软件工程是：①将系统化的、严格约束的、可量化的方法应用于软件的开发、运行和维护，即将工程化应用于软件；②对①中所述方法的研究。
- Fritz Bauer：在NATO会议上给出的定义，建立并使用完善的工程化原则，以较经济的手段获得能在实际机器上有效运行的可靠软件的一系列方法。

- 《计算机科学技术百科全书》：软件工程是应用计算机科学、数学、逻辑学及管理科学等原理，开发软件的工程。软件工程借鉴传统工程的原则和方法，以提高质量、降低成本和改进算法。其中，计算机科学、数学用于构建模型与算法；工程科学用于制定规范、设计范型（Paradigm）、评估成本及确定权衡；管理科学用于计划、资源、质量、成本等管理。

软件工程过程是指为获得软件产品，在软件工具的支持下由软件工程师完成的一系列软件工程活动，包括以下 4 个方面。

（1）P（Plan）——软件规格说明。规定软件的功能及其运行时的限制。

（2）D（Do）——软件开发。开发出满足规格说明的软件。

（3）C（Check）——软件确认。确认开发的软件能够满足用户的需求。

（4）A（Action）——软件演进。软件在运行过程中不断改进以满足客户新的需求。

5.1.2　软件过程模型

软件要经历从需求分析、软件设计、软件开发、运行维护，直至被淘汰这样的全过程，这个全过程称为软件的生命周期。软件生命周期描述了软件从生到死的全过程。

为了使软件生命周期中的各项任务能够有序地按照规程进行，需要一定的工作模型对各项任务给予规程约束，这样的工作模型被称为软件过程模型，有时也称之为软件生命周期模型。

1. 瀑布模型

瀑布模型（Waterfall Model）是最早使用的软件过程模型之一，包含一系列活动。这些活动从一个阶段到另一个阶段逐次下降，它的工作流程在形式上很像瀑布，因此被称为瀑布模型，如图 5-1 所示。

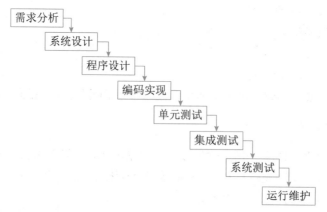

图 5-1　瀑布模型

瀑布模型的特点是因果关系紧密相连，前一个阶段工作的输出结果，是后一个阶段工作的输入。每一个阶段都是建筑在前一个阶段正确实施的结果之上。每一个阶段工作完成后都伴随着一个里程碑（一组检查条件），对该阶段的工作进行审查和确认。历史上，瀑布模型起到了重要作用，它的出现有利于人员的组织管理，有利于软件开发方法和工具的研究。

瀑布模型的主要缺点有：

（1）软件需求的完整性、正确性等很难确定，甚至是不可能和不现实的。因为用户不理解计算机和软件系统，无法回答目标系统"做什么"，对系统将来的改变也难以确定，往往用"我不能准确地告诉你"回答开发人员。

（2）瀑布模型是一个严格串行化的过程模型，使得用户和软件项目负责人要相当长的时间才能得到一个可以看得见的软件系统。如果出现与用户的期望不一致，或者出现需求变更，将会带来巨大的损失（例如人力、财力、时间等）。

（3）瀑布模型的基本原则是在每个阶段一次性地完全解决该阶段的工作，不会出现遗漏、错误等情况，而实际上这是不现实或不可能的。

2. 原型化模型

原型模型（Prototype Model）又称快速原型。由于瀑布型的缺点，人们借鉴建筑师、工程师建造原型的经验，提出了原型模型。该模型如图 5-2 所示。

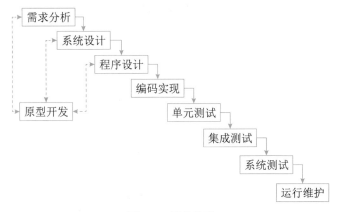

图 5-2　原型模型

原型模型主要有以下两个阶段。

（1）原型开发阶段。软件开发人员根据用户提出的软件系统的定义，快速地开发一个原型。该原型应该包含目标系统的关键问题和反映目标系统的大致面貌，展示目标系统的全部或部分功能、性能等。

开发原型可以考虑以下 3 种途径。

● 利用模拟软件系统的人机界面和人机交互方式。

● 真正开发一个原型。

● 找来一个或几个正在运行的类似软件进行比较。

（2）目标软件开发阶段。在征求用户对原型的意见后对原型进行修改完善，确认软件系统的需求并达到一致的理解，进一步开发实际系统。但是，在实际工作中，由于各种原因，大多数原型都废弃不用，仅仅把建立原型的过程当作帮助定义软件需要的一种手段。原型模型的使用应该注意以下内容。

- 用户对系统的认识模糊不清，无法准确回答目标系统的需求。
- 要有一定的开发环境和工具支持。
- 经过对原型的若干次修改，应收敛到目标范围内，否则可能会失败。
- 对大型软件来说，原型可能非常复杂而难以快速形成，如果没有现成的原型模型，就不应考虑用原型法。

原型模型后续也发生了一些演变，按照原型的作用不同，出现了抛弃型原型和演化性原型。抛弃型原型是将原型作为需求确认的手段，在需求确认结束后，原型就被抛弃不用，重新采用一个完整的瀑布模型进行开发。演化性原型是在需求确认结束后，不断补充和完善原型，直至形成一个完整的产品。原型的概念也被后续出现的过程模型采纳，如螺旋模型和敏捷方法。

3. 螺旋模型

螺旋模型（Spiral Model）是在快速原型的基础上扩展而成。也有人把螺旋模型归到快速原型，实际上，它是生命周期模型与原型模型的结合，如图 5-3 所示。这种模型把整个软件开发流程分成多个阶段，每一个阶段都由 4 部分组成，它们是：

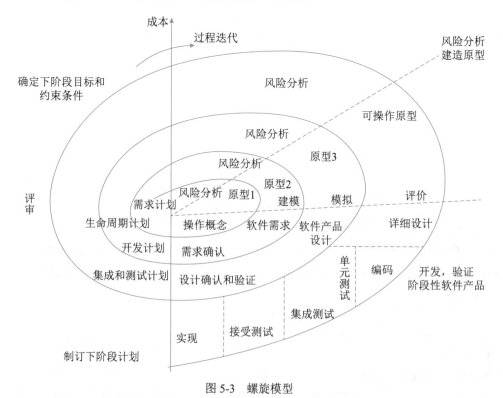

图 5-3　螺旋模型

（1）目标设定。为该项目进行需求分析，定义和确定这一个阶段的专门目标，指定对过程和产品的约束，并且制订详细的管理计划。

（2）风险分析。对可选方案进行风险识别和详细分析，制定解决办法，采取有效措施避免这些风险。

（3）开发和有效性验证。风险评估后，可以为系统选择开发模型，并且进行原型开发，即开发软件产品。

（4）评审。对项目进行评审，以确定是否需要进入螺旋线的下一次回路，如果决定继续，就要制订下一阶段计划。

螺旋模型的软件开发过程实际是上述 4 个部分的迭代过程，每迭代一次，螺旋线就增加一圈，软件系统就生成一个新版本，这个新版本实际上是对目标系统的一个逼近。经过若干次的迭代后，系统应该尽快地收敛到用户允许或可以接受的目标范围内，否则也有可能中途夭折。

该模型支持大型软件开发，适用于面向规格说明、面向过程和面向对象的软件开发方法，也适用于几种开发方法的组合。

5.1.3　敏捷模型

软件开发在 20 世纪 90 年代受到两个大的因素影响：对内，面向对象编程开始取代面向过程编程；对外，互联网泡沫导致快速投向市场以及公司的快速发展成为关键商业因素。快速变化的需求需要短的产品交付周期，这与传统软件开发流程并不兼容。

2001 年 2 月，17 位著名的软件开发专家齐聚在美国犹他州雪鸟镇，举行了一次敏捷方法发起者和实践者的聚会。在这次会议上，正式提出了 Agile（敏捷）的概念，并共同签署了敏捷宣言。

1. 敏捷方法的特点

敏捷型方法主要有两个特点，这也是其区别于其他方法，尤其是计划驱动或重型开发方法的最主要的特征。

敏捷型方法是"适应性"（adaptive）而非"预设性"（predictive）的。重型方法试图对一个软件开发项目在很长的时间跨度内做出详细的计划，然后依计划进行开发。这类方法在计划制订完成后拒绝变化，而敏捷型方法欢迎变化。其实，敏捷的目的就是成为适应变化的过程，甚至能允许改变自身来适应变化。

敏捷型方法是"面向人的"（People-oriented）而非"面向过程的"（Process-oriented）。它们试图使软件开发工作能够充分发挥人的创造能力。它们强调软件开发应当是一项愉快的活动。

下面是对上面两点的详细解释。

1）适应性和预设性

传统软件开发方法的基本思路一般是从其他工程领域借鉴而来，比如土木工程等。在这类工程实践中，通常非常强调施工前的设计规划。只要图纸设计得合理并考虑充分，施工队伍可以完全遵照图纸顺利建造，并且可以很方便地把图纸划分为许多更小的部分，交给不同的施工人员分别完成。

但是，软件开发与上面的土木工程有着显著的不同。软件的设计是难以实现的，并且需要昂贵的有创造性的人员。土木工程师在设计时所使用的模型是基于多年的工程实践，而且一些设计上的关键部分都是建立在坚实的数学分析之上。而在软件设计中，完全没有类似的基础。软件开发无法将设计和实施分离开来，一些设计错误只能在编码和测试时才能发现，根本无法做出一个交给程序员就能直接编码的软件设计。

所以，软件过程不可能照搬其他工程领域原有的方法，需要有适应其特点的新开发方法。

软件的设计之所以难以实现，问题在于软件需求的不稳定，从而导致软件过程的不可预测。但是，传统的控制项目的模式都是针对可预测的环境，在不可预测的环境下，往往无法使用这些方法。

但是，必须对这样的过程进行监控，以使得整个过程能向期望的目标前进。于是 Agile 方法引入"适应性"方法，该方法使用反馈机制对不可预测过程进行控制。

2）面向人而非面向过程

传统计划驱动方法的目标之一是使得一个项目的参与人员成为可替代的部件。这样的一种过程将人看成是一种资源，他们具有不同的角色，如分析员、程序员、测试员及管理人员。个体是不重要的，只有角色才是重要的。这样考虑的一个重要的出发点就是：尽量减少人为因素对开发过程的影响。但是，敏捷型方法则正好相反。

计划驱动方法是让软件开发人员"服从"一个过程而非"接受"一个过程。但是，一个常见的情况是：软件的开发过程是由管理人员决定的，而管理人员已经脱离实际开发活动相当长的时间了，如此设计出来的开发过程是难以为开发人员所接受的。

敏捷开发过程还要求开发人员必须有权做技术方面的所有决定。IT 行业和其他行业不同，其技术变化速度非常之快。今天的新技术可能几年后就过时了。只有在第一线的开发人员才能真正掌握和理解开发过程中的技术细节。所以技术方面的决定必须由他们来做出。这样一来，就使得开发人员和管理人员在一个软件项目的领导方面有同等的地位，他们共同对整个开发过程负责。

敏捷方法特别强调开发中相关人员之间的信息交流。Alistair Cockburn 在对数十个项目的案例调查分析后得出一个结论，"项目失败的原因最终都可以追溯到信息没有及时准确地传递到应该接受它的人"。在开发过程中，项目的需求是在不断变化的，管理人员之间、开发人员之间以及管理人员和开发人员之间，都必须不断地了解这些变化，对这些变化做出反应，并实施在随后的开发过程中。

敏捷方法还特别提倡直接的面对面交流。Alistair Cockburn 认为面对面交流的成本要远远低于文档交流的成本。因此，敏捷方法一般都按照高内聚、低耦合的原则将项目划分为若干小组，以增加沟通，提高敏捷性及应变能力。

2. 敏捷方法的核心思想

敏捷方法的核心思想主要有下面 3 点。

（1）敏捷方法是适应型，而非可预测型。与传统方法不同，敏捷方法拥抱变化，也可以说它的初衷就是适应变化的需求，利用变化来发展，甚至改变自己，最后完善自己。

（2）敏捷方法是以人为本，而非以过程为本。传统方法以过程为本，强调充分发挥人的特性，不去限制它。并且软件开发在无过程控制和过于严格烦琐的过程控制中取得一种平衡，以保证软件的质量。

（3）迭代增量式的开发过程。敏捷方法以原型开发思想为基础，采用迭代增量式开发，发行版本小型化。它根据客户需求的优先级和开发风险，制订版本发行计划，每一发行版都是在前一成功发行版的基础上进行功能需求扩充，最后满足客户的所有功能需求。

3. 主要敏捷方法简介

这里简单介绍几种影响比较大的敏捷方法。

（1）极限编程（Extreme Programming，XP）。在所有的敏捷型方法中，XP 是最引人瞩目的。极限编程是一个轻量级的、灵巧的软件开发方法；同时它也是一个非常严谨和周密的方法。它的基础和价值观是交流、朴素、反馈和勇气，即任何一个软件项目都可以从 4 个方面入手进行改善：加强交流；从简单做起；寻求反馈；勇于实事求是。

XP 是一种近螺旋式的开发方法，它将复杂的开发过程分解为一个个相对比较简单的小周期；通过积极的交流、反馈以及其他一系列的方法，开发人员和客户可以非常清楚开发进度、变化、待解决的问题和潜在的困难等，并根据实际情况及时地调整开发过程。

（2）水晶系列方法。水晶系列方法是由 Alistair Cockburn 提出的敏捷方法系列。它与 XP 方法一样，都有以人为中心的理念，但在实践上有所不同。其目的是发展一种提倡"机动性的"方法，包含具有共性的核心元素，每个都含有独特的角色、过程模式、工作产品和实践。Crystal 家族实际上是一组经过证明、对不同类型项目非常有效的敏捷过程，它的发明使得敏捷团队可以根据其项目和环境选择最合适的 Crystal 家族成员。

（3）Scrum。该方法侧重于项目管理。Scrum 是迭代式增量软件开发过程，通常用于敏捷软件开发。Scrum 包括了一系列实践和预定义角色的过程骨架（是一种流程、计划、模式，用于有效率地开发软件）。

在 Scrum 中，使用产品 Backlog 来管理产品的需求，产品 Backlog 是一个按照商业价值排序的需求列表。根据 Backlog 的内容，将整个开发过程被分为若干个短的迭代周期（Sprint）。在 Sprint 中，Scrum 团队从产品 Backlog 中挑选最高优先级的需求组成 Sprint backlog。在每个迭代结束时，Scrum 团队将递交潜在可交付的产品增量。当所有 Sprint 结束时，团队提交最终的软件产品。

（4）特征驱动开发方法（Feature Driven Development，FDD）。FDD 是由 Jeff De Luca 和大师 Peter Coad 提出来的。FDD 是一个迭代的开发模型。FDD 认为有效的软件开发需要 3 个要素：人、过程和技术。

FDD 定义了 6 种关键的项目角色：项目经理、首席架构设计师、开发经理、主程序员、程序员和领域专家。根据项目大小，部分角色可以重复。

FDD 有 5 个核心过程：开发整体对象模型、构造特征列表、计划特征开发、特征设计和特征构建。其中，计划特征开发根据构造出的特征列表、特征间的依赖关系进行计划，设计出包含特征设计和特征构建过程组成的多次迭代。

5.1.4　统一过程模型（RUP）

软件统一过程（Rational Unified Process，RUP）是 Rational 软件公司创造的软件工程方法。RUP 描述了如何有效地利用商业的、可靠的方法开发和部署软件，是一种重量级过程。RUP 类似一个在线的指导者，它可以为所有方面和层次的程序开发提供指导方针、模版以及事例支持。

1. RUP 的生命周期

RUP 软件开发生命周期是一个二维的软件开发模型，RUP 中有 9 个核心工作流，这 9 个核心工作流如下。

- 业务建模（Business Modeling）：理解待开发系统所在的机构及其商业运作，确保所有参与人员对待开发系统所在的机构有共同的认识，评估待开发系统对所在机构的影响。
- 需求（Requirements）：定义系统功能及用户界面，使客户知道系统的功能，使开发人员理解系统的需求，为项目预算及计划提供基础。
- 分析与设计（Analysis & Design）：把需求分析的结果转化为分析与设计模型。
- 实现（Implementation）：把设计模型转换为实现结果，对开发的代码做单元测试，将不同实现人员开发的模块集成为可执行系统。
- 测试（Test）：检查各子系统之间的交互、集成，验证所有需求是否均被正确实现，对发现的软件质量上的缺陷进行归档，对软件质量提出改进建议。
- 部署（Deployment）：打包、分发、安装软件，升级旧系统；培训用户及销售人员，并提供技术支持。
- 配置与变更管理（Configuration & Change Management）：跟踪并维护系统开发过程中产生的所有制品的完整性和一致性。
- 项目管理（Project Management）：为软件开发项目提供计划、人员分配、执行、监控等方面的指导，为风险管理提供框架。
- 环境（Environment）：为软件开发机构提供软件开发环境，即提供过程管理和工具的支持。

需要说明的是表示核心工作流的术语 Discipline，其的中文意义较多，根据 RUP 的定义，Discipline 是相关活动的集合，这些活动都和项目的某一个方面有关，如这些活动都是和业务建模相关的，或者都是和需求相关的，或者都是和分析设计相关的，等等。

RUP 把软件开发生命周期划分为多个循环（Cycle），每个循环生成产品的一个新的版本，每个循环依次由 4 个连续的阶段（Phase）组成，每个阶段完成确定的任务。这 4 个阶段如下。

- 初始（inception）阶段：定义最终产品视图和业务模型，并确定系统范围。
- 细化（elaboration）阶段：设计及确定系统的体系结构，制订工作计划及资源要求。
- 构造（construction）阶段：构造产品并继续演进需求、体系结构、计划直至产品提交。
- 移交（transition）阶段：把产品提交给用户使用。

每一个阶段都由一个或多个连续的迭代（Iteration）组成。迭代并不是重复地做相同的事，而是针对不同用例的细化和实现。每一个迭代都是一个完整的开发过程，它需要项目经理根据当前迭代所处的阶段以及上次迭代的结果，适当地对核心工作流中的行为进行裁剪。

在每个阶段结束前有一个里程碑（Milestone）评估该阶段的工作。如果未能通过该里程碑的评估，则决策者应该做出决定，是取消该项目还是继续做该阶段的工作。

2. RUP 中的核心概念

RUP 中定义了如下一些核心概念，理解这些概念对于理解 RUP 很有帮助。

- 角色（Role）：Who 的问题。角色描述某个人或一个小组的行为与职责。RUP 预先定义了很多角色，如体系结构师（Architect）、设计人员（Designer）、实现人员（Implementer）、测试员（tester）和配置管理人员（Configuration Manager）等，并对每一个角色的工作和职责都做了详尽的说明。
- 活动（Activity）：How 的问题。活动是一个有明确目的的独立工作单元。
- 制品（Artifact）：What 的问题。制品是活动生成、创建或修改的一段信息。也有些书把 Artifact 翻译为产品、工件等，和制品的意思差不多。
- 工作流（Workflow）：When 的问题。工作流描述了一个有意义的连续的活动序列，每个工作流产生一些有价值的产品，并显示了角色之间的关系。

RUP 2003 对这些概念有比较详细的解释，并用类图描述了这些概念之间的关系，除了角色、活动、制品和工作流这 4 个核心概念外，还有其他一些基本概念，如工具教程（Tool Mentor）、检查点（Checkpoints）、模板（Template）和报告（Report）等。

3. RUP 的特点

RUP 是用例驱动的、以体系结构为中心的、迭代和增量的软件开发过程。下面对这些特点做进一步的分析。

1）用例驱动

RUP 中的开发活动是用例驱动的，即需求分析、设计、实现和测试等活动都是用例驱动的。

2）以体系结构为中心

RUP 中的开发活动是围绕体系结构展开的。软件体系结构的设计和代码设计无关，也不依赖于具体的程序设计语言。软件体系结构是软件设计过程中的一个层次，这一层次超越计算过程中的算法设计和数据结构设计。体系结构层次的设计问题包括系统的总体组织和全局控制、通信协议、同步、数据存取、给设计元素分配功能、设计元素的组织、物理分布、系统的伸缩性和性能等。

体系结构的设计需要考虑多方面的问题：在功能性特征方面要考虑系统的功能；在非功能性特征方面要考虑系统的性能、安全性和可用性等；与软件开发有关的特征要考虑可修改性、可移植性、可重用性、可集成性和可测试性等；与开发经济学有关的特征要考虑开发时间、费用、系统的生命期等。当然，这些特征之间有些是相互冲突的，一个系统不可能在所有的特征上都达到最优，这时就需要系统体系结构设计师在各种可能的选择之间进行权衡。

对于一个软件系统，不同人员所关心的内容是不一样的。因此，软件的体系结构是一个多维的结构，也就是说，会采用多个视图（View）来描述软件体系结构。RUP 采用如图 5-4 所示的"4+1"视图模型来描述软件系统的体系结构。

　　在"4+1"视图模型中，分析人员和测试人员关心的是系统的行为，会侧重于用例视图；最终用户关心的是系统的功能，会侧重于逻辑视图；程序员关心的是系统的配置、装配等问题，会侧重于实现视图；系统集成人员关心的是系统的性能、可伸缩性、吞吐率等问题，会侧重于进程视图；系统工程师关心的是系统的发布、安装、拓扑结构等问题，会侧重于部署视图。

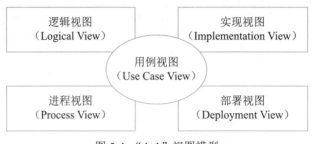

图 5-4　"4+1"视图模型

3）迭代与增量

　　RUP 强调采用迭代和增量的方式来开发软件，把整个项目开发分为多个迭代过程。在每次迭代中，只考虑系统的一部分需求，进行分析、设计、实现、测试和部署等过程；每次迭代是在已完成部分的基础上进行的，每次增加一些新的功能实现，以此进行下去，直至最后项目的完成。软件开发采用迭代和增量的方式有以下好处。

　　（1）在软件开发的早期就可以对关键的、影响大的风险进行处理。

　　（2）可以提出一个软件体系结构来指导开发。

　　（3）可以更好地处理不可避免的需求变更。

　　（4）可以较早得到一个可运行的系统，鼓舞发团队的士气，增强项目成功的信心。

　　（5）为开发人员提供一个能更有效工作的开发过程。

5.1.5　软件能力成熟度模型

　　软件能力成熟度模型（Capability Maturity Model for Software，CMM）是一个概念模型，模型框架和表示是刚性的，不能随意改变，但模型的解释和实现有一定弹性。CMM 模型自 20 世纪 80 年代末推出，并于 20 世纪 90 年代广泛应用于软件过程的改进以来，极大地促进了软件生产率的提高和软件质量的提高。

　　CMMI（Capability Maturity Model Integration for Software，软件能力成熟度模型集成）是在 CMM 的基础上发展而来的。CMMI 是由美国卡耐基梅隆大学软件工程研究所（Software Engineering Institute，SEI）组织全世界的软件过程改进和软件开发管理方面的专家历时四年而开发出来的，并在全世界推广实施的一种软件能力成熟度评估标准，主要用于指导软件开发过程的改进和进行软件开发能力的评估。CMMI 的推出，为软件产业的发展和壮大做出了巨大的贡献。

CMMI 提供了一个软件能力成熟度的框架，它将软件过程改进的步骤组织成 5 个成熟度等级，共包括 18 个关键过程域，52 个过程目标，3168 种关键时间，它为软件过程不断改进奠定了一个循序渐进的基础。

1）Level 1 初始级

处于成熟度级别 1 级时，过程通常是随意且混乱。这些组织的成功依赖于组织内人员的能力与英雄主义。成熟度 1 级的组织也常常能产出能用的产品与服务，但它们经常超出在计划中记录的预算与成本。

2）Level 2 已管理级

在该等级下，意味着组织要确保策划、文档化、执行、监督和控制项目级的过程，并且需要为过程建立明确的目标，并能实现成本、进度和质量目标等。

3）Level 3 已定义级

在这一等级，企业能够根据自身的特殊情况定义适合自己企业和项目的标准流程，将这套管理体系与流程予以制度化，同时企业开始进行项目积累，企业资产的收集。

4）Level 4 量化管理级

在成熟度 4 级，组织建立了产品质量、服务质量以及过程性能的定量目标。成熟度级别 3 级与 4 级的关键区别在于对过程性能的可预测。

5）Level 5 优化级

在优化级水平上，企业的项目管理达到了最高的境界。成熟度级别 5 级关注于通过增量式的与创新式的过程与技术改进，不断地改进过程性能。处于成熟度 5 级时，组织使用从多个项目收集来的数据对整体的组织级绩效进行关注。

有关软件能力成熟度模型的详细介绍，可参考 CMM 相关专业书籍。

5.2 需求工程

软件需求目前并没有统一的定义，但都包含以下几方面的内容。

（1）用户解决问题或达到目标所需条件或权能（Capability）。

（2）系统或系统部件要满足合同、标准、规范或其他正式规定文档所需具有的条件或权能。

（3）一种反映上面（1）或（2）所述条件或权能的文档说明。它包括功能性需求及非功能性需求，非功能性需求对设计和实现提出了限制，比如性能要求、质量标准或者设计限制。

在经典的瀑布软件过程模型中，将需求分析作为软件开发的第 1 个阶段，明确指出该阶段的输出成果为用户原始需求说明书和软件需求描述规约。从这点看，需求阶段首先需要定义用户的原始需求，并与用户、客户达成一致；其次，需要这对原始需求进行分析，给出一个初步的软件解决方案，并给出该软件的需求描述规约，以指导后续的软件开发。这两个文档之间存在一个转换过程。

软件需求包括 3 个不同的层次：业务需求、用户需求和功能需求（也包括非功能需求）。

（1）业务需求（business requirement）反映了组织机构或客户对系统、产品高层次的目标要求。

（2）用户需求（user requirement）描述了用户使用产品必须要完成的任务，是用户对该软件产品的期望。这两种构成了用户原始需求文档的内容。

（3）功能需求（functional requirement）定义了开发人员必须实现的软件功能，使得用户能完成他们的任务，从而满足业务需求。所谓特性（feature）是指逻辑上相关的功能需求的集合，给用户提供处理能力并满足业务需求。作为补充，软件需求规格说明还应包括非功能需求，它描述了系统展现给用户的行为和执行的操作等。它包括产品必须遵从的标准、规范和合约；外部界面的具体细节；性能要求；设计或实现的约束条件及质量属性。所谓约束是指对开发人员在软件产品设计和构造上的限制，常见的有设计约束和过程约束。质量属性是通过多种角度对产品的特点进行描述，从而反映产品功能。多角度描述产品对用户和开发人员都极为重要。

开发软件系统最困难的部分就是准确说明开发什么，因为用户往往很难给出完整正确的原始需求，也很难想象出未来的软件应该提供哪些功能，以解决自己的业务问题。这些都需要软件开发人员协助，通过多次的讨论方能最终确认。而如果前期需求分析不透彻，一旦出错，将最终会给系统带来极大损害，并且以后再对它进行修改也极为困难，容易导致项目失败。

1987 年，Frederick Brooks 在 "No Silver Bullet: Essence and Accidents of Software Engineering" 中，充分说明了需求过程在软件项目中扮演的重要角色。

20 世纪 80 年代中期，形成了软件工程的子领域，需求工程（Requirement Engineering，RE）。需求工程是随着计算机的发展而发展的，在计算机发展的初期，软件规模不大，软件开发所关注的是代码编写，需求分析很少受到重视。随着软件系统规模的扩大，需求分析与定义在整个软件开发与维护过程中越来越重要，直接关系到软件的成功与否。人们逐渐认识到需求分析活动不再仅限于软件开发的最初阶段，它贯穿于系统开发的整个生命周期。

需求工程是指应用已证实有效的原理、方法，通过合适的工具和记号，系统地描述待开发系统及其行为特征和相关约束。需求工程覆盖了体系结构设计之前的各项开发活动，主要包括分析客户要求、对未来系统的各项功能性及非功能性需求进行规格说明。需求工程的目标简单明了：确定客户需求，定义设想中系统的所有外部特征。

需求工程的活动主要被划分为以下几个阶段。

（1）需求获取：通过与用户的交流，对现有系统的观察及对任务进行分析，从而开发、捕获和修订用户的需求。

（2）需求分析：为系统建立一个概念模型，作为对需求的抽象描述，并尽可能多的捕获现实世界的语义。

（3）形成需求规格（或称之为需求文档化）：按照相关标准，生成需求模型的文档描述，用户原始需求书作为用户和开发者之间的一个协约，往往被作为合同的附件；软件需求描述规约作为后续软件系统开发的指南。

（4）需求确认与验证：以需求规格说明为输入，通过用户确认、复审会议、符号执行、模拟仿真或快速原型等途径与方法，确认和验证需求规格的完整性、正确性、一致性、可测试性和可行性，包含有效性检查、一致性检查、可行性检查和确认可验证性。

（5）需求管理：包括需求文档的追踪管理、变更控制、版本控制等管理性活动。

软件需求开发的最终文档经过评审批准后，则定义了开发工作的需求基线（Baseline）。这个基线在客户和开发者之间构筑了计划产品功能需求和非功能需求的一个约定（Agreement）。需求约定是需求开发和需求管理之间的桥梁。

需求管理是一个对系统需求变更、了解和控制的过程。需求管理过程与需求开发过程相互关联，当初始需求导出的同时就启动了需求管理规划，一旦形成了需求文档的初稿，需求管理活动就开始了。需求管理的主要活动如图 5-5 所示。

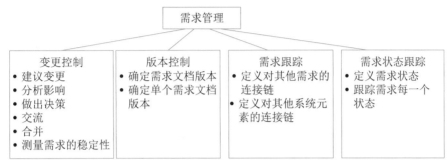

图 5-5　需求管理的主要活动

需求管理强调的内容如下。

（1）控制对需求基线的变动。

（2）保持项目计划与需求一致。

（3）控制单个需求和需求文档的版本情况。

（4）管理需求和联系链，或管理单个需求和其他项目可交付产品之间的依赖关系。

（5）跟踪基线中的需求状态。

由于需求分析的方法有很多种，后面将结合具体的开发方法进行相关论述。

5.2.1　需求获取

用户需求陈述可能由用户单方面写出，也可能由业务分析员、系统分析员配合用户共同写出。需求陈述的内容包括问题范围、功能需求、应用环境及假设条件等。此外，也包含涉及相关软件工程标准、技术方案、将来可能做的扩充及可维护性要求等方面的约束条件。总之，需求陈述应该阐明"做什么"，而不是"怎样做"。

需求获取是开发者、用户之间为了定义新系统而进行的交流，需求获取是获得系统必要的特征，或者是获得用户能接受的、系统必须满足的约束。如果双方所理解的领域内容在系统分析、设计过程出现问题，通常在开发过程的后期才会被发现，将会使整个系统交付延迟，或上线的系统无法或难以使用，最终导致项目失败。例如，遗漏的需求或理解错误的需求。

1. 需求获取的基本步骤

对于不同规模及不同类型的项目，需求获取的过程不会完全一样。下面给出需求获取过程的参考步骤。

1）开发高层的业务模型

所谓应用领域，即目标系统的应用环境，如银行、电信公司等。如果系统分析员对该领域有了充分了解，就可以建立一个业务模型，描述用户的业务过程，确定用户的初始需求。然后通过迭代，更深入地了解应用领域，之后再对业模型进行改进。

2）定义项目范围和高层需求

在项目开始之前，应当在所有涉众（项目的利益攸关方）之间建立共同的项目愿景，即定义项目范围和高层需求。项目范围描述系统的边界以及系统与系统交互的参与者之间（包括组织、人、硬件设备、其他软件等）的关系。高层需求不涉及过多的细节，主要表示系统需求的概貌。常见的建模手段包括系统上下文图和系统顶层用例图等。

3）识别用户角色和用户代表

涉众不仅包括传统的用户、客户等，还包括测试人员、维护人员、市场人员等，他们也对项目有利益诉求。因此，首先确定所有涉众，然后挑选出每一类涉众并与他们一起工作。

用户角色可以是人，也可以是与系统打交道的其他应用程序或硬件部件。如果是其他应用程序或硬件部件，则需要以熟悉这些系统或硬件的人员作为用户代表。

4）获取具体的需求

确定了项目范围和高层需求，并确定了所有涉众后，就需要获取每个涉众的具体、完整和详细的需求。

5）确定目标系统的业务工作流

具体到当前待开发的应用系统，确定系统的业务工作流和主要的业务规则。往往需要采取多重方法来获取所需的信息。

6）需求整理与总结

最后对上面步骤取得的需求资料进行整理和总结，确定对软件系统的综合要求，即软件的需求。并提出这些需求的实现条件，以及需求应达到的标准。这些需求包括功能需求、性能需求、环境需求、可靠性需求、安全保密需求、用户界面需求、资源使用需求、软件成本消耗与开发进度需求等。

2. 需求获取方法

针对不同类型的软件项目，需要采用不同的需求获取方法。常见的需求获取方法如下。

1）用户面谈

这是一种最为常见的需求获取方法，是理解用户需求的最有效方法。面谈过程需要认真的计划和准备；面谈之后，需要复查笔记的准确性、完整性和可理解性；把所收集的信息转化为适当的模型和文档；确定需要进一步澄清的问题。

2）需求专题讨论会

需求专题讨论会也是需求获取的一种有力技术。在短暂而紧凑的时间段内将相关涉众集中在一起集体讨论，与会者可以在应用需求上达成共识，对操作过程尽快取得统一的意见。参加会议的人员包括主持人、用户、技术人员、项目组人员。

专题讨论会具有以下优点。

（1）协助建立一支高效的团队，围绕项目成功的目标。

（2）所有的风险承担人都畅所欲言。

（3）促进风险承担人和开发团队之间达成共识。

（4）揭露和解决那些妨碍项目成功的行政问题。

（5）能够很快地产生初步的系统定义。

（6）可以有效地解决不同涉众之间的需求冲突。

3）问卷调查

问卷调查可用于确认假设和收集统计倾向数据。存在的问题是：相关问题不能事先决定，问题背后的假设对答案造成偏颇，难以探索一些新领域，难以继续用户的模糊响应。在完成最初的面谈和分析后，问卷调查可作为一项协作技术收到良好效果。

4）现场观察

该方法主要是通过观察用户实际执行业务的过程，来直观地了解业务的执行过程，全面了解需求细节。执行业务可能是手工操作，也可能是在原有的业务系统上执行。

5）原型化方法

在需求的早期，用户往往在具体的需求定义上存在很多不确定性，尤其是信息系统的人机交互界面和查询报表类的需求上。此时往往可以通过在需求阶段采用原型化方法，通过开发系统原型以及与用户的多次迭代反馈，解决在早期阶段需求不确定的问题，尤其是在人机界面等高度不确定的需求。

6）头脑风暴法

在一些新业务拓展的软件项目中，由于业务是新出现的，而且业务流程存在高度的不确定性，例如互联网上的新业务系统、App 等，一群人围绕该业务，发散思维，不断产生新的观点，参会者敞开思想使各种设想在相互碰撞中激起大脑的创造性风暴，从而确定具体的需求。

5.2.2　需求变更

在当前的软件开发过程中，需求变更已经成为一种常态。需求变更的原因有很多种，可能是需求获取不完整，存在遗漏的需求；可能是对需求的理解产生了误差；也可能是业务变化导致了需求的变化等。一些需求的改进是合理的而且不可避免，要使得软件需求完全不变更，基本上是不可能的。但毫无控制的变更会导致项目陷入混乱，不能按进度完成或者软件质量无法保证。

事实上，迟到的需求变更会对已进行的工作产生非常大的影响。如果不控制变更的影响范围，在项目开发过程中持续不断地采纳新功能，不断地调整资源、进度或者质量标准是极为有害的。如果每一个建议的需求变更都采用，该项目将有可能永远不能完成。

软件需求文档应该精确描述要交付的产品，这是一个基本的原则。为了使开发组织能够严格控制软件项目，应该确保以下事项：

- 仔细评估已建议的变更。
- 挑选合适的人选对变更做出判定。
- 变更应及时通知所有相关人员。
- 项目要按一定的程序来采纳需求变更，对变更的过程和状态进行控制。

1. 变更控制过程

变更控制过程用来跟踪已建议变更的状态，使已建议的变更确保不会丢失或疏忽。一旦确定了需求基线，应该使所有已建议的变更都遵循变更控制过程。

需求变更管理过程如图 5-6 所示。

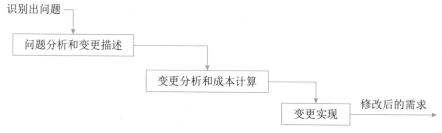

图 5-6　需求变更管理过程

（1）问题分析和变更描述。当提出一份变更提议后，需要对该提议做进一步的问题分析，检查它的有效性，从而产生一个更明确的需求变更提议。

（2）变更分析和成本计算。当接受该变更提议后，需要对需求变更提议进行影响分析和评估。变更成本计算应该包括对该变更所引起的所有改动的成本，例如修改需求文档、相应的设计、实现等工作成本。一旦分析完成并且被确认，应该进行是否执行这一变更的决策。

（3）变更实现。当确定执行该变更后，需要根据该变更的影响范围，按照开发的过程模型执行相应的变更。在计划驱动过程模型中，往往需要回溯到需求分析阶段开始，重新作对应的需求分析、设计和实现等步骤；在敏捷开发模型中，往往会将需求变更纳入到下一次迭代的执行过程中。

变更控制过程并不是给变更设置障碍。相反地，它是一个渠道和过滤器，通过它可以确保采纳最合适的变更，使变更产生的负面影响降到最低。

控制需求变更与项目其他配置的管理决策也有着密切的联系。项目管理应该达成一个策略，用来描述如何处理需求变更，而且策略应具有现实可行性。

常见的需求变更策略：

（1）所有需求变更必须遵循变更控制过程。

（2）对于未获得批准的变更，不应该做设计和实现工作。

（3）变更应该由项目变更控制委员会决定实现哪些变更。

（4）项目风险承担者应该能够了解变更的内容。

（5）绝不能从项目配置库中删除或者修改变更请求的原始文档。

（6）每一个集成的需求变更必须能跟踪到一个经核准的变更请求，以保持水平可追踪性。

目前存在很多需求变更跟踪工具，这些工具用来收集、存储和管理需求变更。问题跟踪工具也可以随时按变更状态分类报告变更请求的数目。

2. 变更控制委员会

变更控制委员会（Change Control Board，CCB）是项目所有者权益代表，负责裁定接受哪些变更。CCB 由项目所涉及的多方成员共同组成，通常包括用户和实施方的决策人员。CCB 是决策机构，不是作业机构，通常 CCB 的工作是通过评审手段来决定项目是否能变更，但不提出变更方案。

变更控制委员会可能包括如下方面的代表。

（1）产品或计划管理部门。

（2）项目管理部门。

（3）开发部门。

（4）测试或质量保证部门。

（5）市场部或客户代表。

（6）制作用户文档的部门。

（7）技术支持部门。

（8）帮助桌面或用户支持热线部门。

（9）配置管理部门。

变更控制委员会应该有一个总则，用于描述变更控制委员会的目的、授权范围、成员构成、做出决策的过程及操作步骤。总则也应该说明举行会议的频度和事由。管理范围描述该委员会能做什么样的决策，以及有哪一类决策应上报到高一级的委员会。过程及操作步骤如下。

1）制定决策

制定决策过程的描述应确认：

● 变更控制委员会必须到会的人数或做出有效决定必须出席的人数。

● 决策的方法（例如投票，一致通过或其他机制）。

● 变更控制委员会主席是否可以否决该集体的决定。

变更控制委员会应该对每个变更权衡利弊后做出决定。"利"包括节省的资金或额外的收入、增强的客户满意度、竞争优势、减少上市时间；"弊"是指接受变更后产生的负面影响，包括增加的开发费用、推迟的交付日期、产品质量的下降、减少的功能、用户不满意度。

2）交流情况

一旦变更控制委员会做出决策，指派的人员应及时更新请求的状态。

3）重新协商约定

变更总是有代价的，即使拒绝的变更也因为决策行为（提交、评估、决策）而耗费了资源。当项目接受了重要的需求变更时，为了适应变更情况要与管理部门和客户重新协商约定。协商的内容可能包括推迟交货时间、要求增加人手、推迟实现尚未实现的较低优先级的需求，或者质量上进行折中。

5.2.3　需求追踪

需求跟踪包括编制每个需求同系统元素之间的联系文档，这些元素包括其他需求、体系结构、其他设计部件、源代码模块、测试、帮助文件和文档等，是要在整个项目的工件之间形成水平可追踪性。跟踪能力信息使变更影响分析十分便利，有利于确认和评估实现某个建议的需求变更所必须的工作。

需求跟踪提供了由需求到产品实现整个过程范围的明确查阅的能力。需求跟踪的目的是建立与维护"需求 - 设计 - 编程 - 测试"之间的一致性，确保所有的工作成果符合用户需求。

需求跟踪有两种方式：

（1）正向跟踪。检查《产品需求规格说明书》中的每个需求是否都能在后继工作成果中找到对应点。

（2）逆向跟踪。检查设计文档、代码、测试用例等工作成果是否都能在《产品需求规格说明书》中找到出处。

正向跟踪和逆向跟踪合称为"双向跟踪"。不论采用何种跟踪方式，都要建立与维护需求跟踪矩阵（即表格）。需求跟踪矩阵保存了需求与后继工作成果的对应关系。

跟踪能力是优秀需求规格说明书的一个特征，为了实现可跟踪能力，必须统一地标识出每一个需求，以便能明确地进行查阅。

需求跟踪是个要求手工操作且劳动强度很大的任务，要求组织提供支持。随着系统开发的进行和维护的执行，要保持关联信息与实际一致。跟踪能力信息一旦过时，可能再也不会重建它。在实际项目中，往往采用专门的配置管理工具来实现需求跟踪。

5.3　系统分析与设计

系统分析阶段是应用系统思想和方法，把复杂的对象分解为简单的组成部分，找出这些部分的基本属性和彼此之间的关系的过程，其基本任务是系统分析师和用户在充分了解用户需求的基础上，把双方对新系统的理解表达为系统需求规格说明书。

系统设计的目标是根据系统分析的结果，完成系统的构建过程。其主要目的是绘制系统的蓝图，权衡和比较各种技术和实施方法的利弊，合理分配各种资源，构建新系统的详细设计方案和相关模型，指导系统实施工作的顺利开展。系统设计的主要内容包括概要设计和详细设计。

5.3.1　结构化方法

1978 年，E.Yourdon 和 L.L.Constantine 提出了结构化方法，即 SASD（Structured Analysis and Structured Design）方法，也可称为面向功能的软件开发方法或面向数据流的软件开发方法。Yourdon 方法是 20 世纪 80 年代使用最广泛的软件开发方法。

结构化开发方法提出了一组提高软件结构合理性的准则，如分解与抽象、模块独立性、信息隐蔽等。针对软件生存周期各个不同的阶段，它有结构化分析（SA）、结构化设计（SD）和结构化编程（SP）等方法。

1. 结构化分析

结构化分析方法给出一组帮助系统分析人员产生功能规约的原理与技术。它一般利用图形表达用户需求，使用的手段主要有数据流图、数据字典、结构化语言、判定表以及判定树等。

结构化分析的步骤如下：

（1）分析业务情况，做出反映当前物理模型的数据流图（Data Flow Diagram，DFD）；

（2）推导出等价的逻辑模型的 DFD；

（3）设计新的逻辑系统，生成数据字典和基元描述；

（4）建立人机接口，提出可供选择的目标系统物理模型的 DFD；

（5）确定各种方案的成本和风险等级，据此对各种方案进行分析；

（6）选择一种方案；

（7）建立完整的需求规约。

结构化分析的常用手段是数据流图（DFD）和数据字典。

1）数据流图

DFD 需求建模方法，也称为过程建模和功能建模方法。DFD 建模方法的核心是数据流，从应用系统的数据流着手以图形方式刻画和表示一个具体业务系统中的数据处理过程和数据流。DFD 建模方法首先抽象出具体应用的主要业务流程，然后分析其输入，如其初始的数据有哪些，这些数据从哪里来，将流向何处，又经过了什么加工，加工后又变成了什么数据，这些数据流最终将得到什么结果。通过对系统业务流程的层层追踪和分析把要解决的问题清晰地展现及描述出来，为后续的设计、编码及实现系统的各项功能打下基础。

DFD 方法由 4 种基本元素（模型对象）组成：数据流、处理 / 加工、数据存储和外部项。

（1）数据流（Data Flow）。数据流用一个箭头描述数据的流向，箭头上标注的内容可以是信息说明或数据项。

（2）处理（Process）。表示对数据进行的加工和转换，在图中用矩形框表示。指向处理的数据流为该处理的输入数据，离开处理的数据流为该处理的输出数据。

（3）数据存储。表示用数据库形式（或者文件形式）存储的数据，对其进行的存取分别以指向或离开数据存储的箭头表示。

（4）外部项。也称为数据源或者数据终点。描述系统数据的提供者或者数据的使用者，如教师、学生、采购员、某个组织或部门或其他系统，在图中用圆角框或者平行四边形框表示。

建立 DFD 图的目的是描述系统的功能需求。DFD 方法利用应用问题域中数据及信息的提供者与使用者、信息的流向、处理、存储 4 种元素描述系统需求，建立应用系统的功能模型。具体的建模过程及步骤如下。

（1）明确目标，确定系统范围。

首先要明确目标系统的功能需求，并将用户对目标系统的功能需求完整、准确、一致地描述出来，然后确定模型要描述的问题域。虽然在建模过程中这些内容是逐步细化的，但必须自始自终保持一致、清晰和准确。

（2）建立顶层 DFD 图。

顶层 DFD 图表达和描述了将要实现的系统的主要功能，同时也确定了整个模型的内外关系，表达了系统的边界及范围，也构成了进一步分解的基础。

（3）构建第一层 DFD 分解图。

根据应用系统的逻辑功能，把顶层 DFD 图中的处理分解成多个更细化的处理。

（4）开发 DFD 层次结构图。

对第一层 DFD 分解图中的每个处理框作进一步分解，在分解图中要列出所有的处理及其相关信息，并要注意分解图中的处理与信息包括父图中的全部内容。分解可采用以下原则：保持均匀的模型深度；按困难程度进行选择；如果一个处理难以确切命名，可以考虑对它重新分解。

（5）检查确认 DFD 图。

按照规则检查和确定 DFD 图，以确保构建的 DFD 模型是正确的、一致的，且满足要求。具体规则包括：父图中描述过的数据流必须要在相应的子图中出现；一个处理至少有一个输入流和一个输出流；一个存储必定有流入的数据流和流出的数据流；一个数据流至少有一端是处理端；模型图中表达和描述的信息是全面的、完整的、正确的和一致的。

经过以上过程与步骤后，顶层图被逐层细化，同时也把面向问题的术语逐渐转化为面向现实的解法，并得到最终的 DFD 层次结构图。层次结构图中的上一层是下一层的抽象，下一层是上一层的求精和细化，而最后一层中的每个处理都是面向一个具体的描述，即一个处理模块仅描述和解决一个问题。

2）数据字典

数据字典（Data Dictionary）是一种用户可以访问的记录数据库和应用程序元数据的目录。数据字典是指对数据的数据项、数据结构、数据流、数据存储、处理逻辑等进行定义和描述，其目的是对数据流程图中的各个元素做出详细的说明。简而言之，数据字典是描述数据的信息集合，是对系统中使用的所有数据元素定义的集合。

数据字典最重要的作用是作为分析阶段的工具。任何字典最重要的用途都是供人查询，在结构化分析中，数据字典的作用是给数据流图上每个元素加以定义和说明。换句话说，数据流图上所有元素的定义和解释的文字集合就是数据字典。数据字典中建立的严密一致的定义，有助于改进分析员和用户的通信与交互。数据字典各部分的描述如下。

（1）数据项：数据流图中数据块的数据结构中的数据项说明。数据项是不可再分的数据单位。对数据项的描述通常包括以下内容：

数据项描述 ={ 数据项名，数据项含义说明，别名，数据类型，长度，取值范围，取值含义，与其他数据项的逻辑关系 }

其中"取值范围""与其他数据项的逻辑关系"定义了数据的完整性约束条件，是设计数据检验功能的依据。若干个数据项可以组成一个数据结构。

（2）数据结构：数据流图中数据块的数据结构说明。数据结构反映了数据之间的组合关系。一个数据结构可以由若干个数据项组成，也可以由若干个数据结构组成，或由若干个数据项和数据结构混合组成。对数据结构的描述通常包括以下内容：

数据结构描述 ={ 数据结构名，含义说明，组成：{ 数据项或数据结构 }}

（3）数据流：数据流图中流线的说明。数据流是数据结构在系统内传输的路径。对数据流的描述通常包括以下内容：

数据流描述 ={ 数据流名，说明，数据流来源，数据流去向，组成：{ 数据结构 }，平均流量，高峰期流量 }

其中"数据流来源"是说明该数据流来自哪个过程，即数据的来源。"数据流去向"是说明该数据流将到哪个过程去，即数据的去向。"平均流量"是指在单位时间（每天、每周、每月等）里的传输次数。"高峰期流量"则是指在高峰时期的数据流量。

（4）数据存储：数据流图中数据块的存储特性说明。数据存储是数据结构停留或保存的地方，也是数据流的来源和去向之一。对数据存储的描述通常包括以下内容：

数据存储描述 ={ 数据存储名，说明，编号，流入的数据流，流出的数据流，组成：{ 数据结构 }，数据量，存取方式 }

其中"数据量"是指每次存取多少数据，每天（或每小时、每周等）存取几次等信息。"存取方式"包括是批处理，还是联机处理；是检索还是更新；是顺序检索还是随机检索等。另外"流入的数据流"要指出其来源，"流出的数据流"要指出其去向。

（5）处理过程：数据流图中功能块的说明。数据字典中只需要描述处理过程的说明性信息，通常包括以下内容：

处理过程描述 ={ 处理过程名，说明，输入：{ 数据流 }，输出：{ 数据流 }，处理：{ 简要说明 }}

其中"简要说明"中主要说明该处理过程的功能及处理要求。功能是指该处理过程用来做什么（并不是怎么样做）；处理要求包括处理频度要求，如单位时间里处理多少事务，多少数据量，响应时间要求等，这些处理要求是后面物理设计的输入及性能评价的标准。

2. 结构化设计

结构化设计（Structured Design，SD）是一种面向数据流的设计方法，它以 SRS 和 SA 阶段所产生的数据流图和数据字典等文档为基础，是一个自顶向下、逐步求精和模块化的过程。SD 方法的基本思想是将软件设计成由相对独立且具有单一功能的模块组成的结构，分为概要设计和详细设计两个阶段，其中概要设计的主要任务是确定软件系统的结构，对系统进行模块划分，确定每个模块的功能、接口和模块之间的调用关系；详细设计的主要任务是为每个模块设计实现的细节。

1）模块结构

系统是一个整体，它具有整体性的目标和功能，但这些目标和功能的实现又是由相互联系的各个组成部分共同工作的结果。人们在解决复杂问题时使用的一个很重要的原则，就是将它分解成多个小问题分别处理，在处理过程中，需要根据系统总体要求，协调各业务部门的关系。在 SD 中，这种功能分解就是将系统划分为模块，模块是组成系统的基本单位，它的特点是可以自由组合、分解和变换，系统中任何一个处理功能都可以看成一个模块。

（1）信息隐藏与抽象。

信息隐藏原则要求采用封装技术，将程序模块的实现细节（过程或数据）隐藏起来，对于不需要这些信息的其他模块来说是不能访问的，使模块接口尽量简单。按照信息隐藏的原则，系统中的模块应设计成"黑盒"，模块外部只能使用模块接口说明中给出的信息，例如，操作和数据类型等。模块之间相对独立，既易于实现，也易于理解和维护。

抽象原则要求抽取事物最基本的特性和行为，忽略非本质的细节，采用分层次抽象的方式可以控制软件开发过程的复杂性，有利于软件的可理解性和开发过程的管理。通常，抽象层次包括过程抽象、数据抽象和控制抽象。

（2）模块化。

在 SD 方法中，模块是实现功能的基本单位，它一般具有功能、逻辑和状态 3 个基本属性，其中功能是指该模块"做什么"，逻辑是描述模块内部"怎么做"，状态是该模块使用时的环境和条件。在描述一个模块时，必须按模块的外部特性与内部特性分别描述。模块的外部特性是指模块的模块名、参数表和给程序乃至整个系统造成的影响，而模块的内部特性则是指完成其功能的程序代码和仅供该模块内部使用的数据。对于模块的外部环境（例如，需要调用这个模块的上级模块）来说，只需要了解这个模块的外部特性就足够了，不必了解它的内部特性。而软件设计阶段，通常是先确定模块的外部特性，然后再确定它的内部特性。

（3）耦合。

耦合表示模块之间联系的程度。紧密耦合表示模块之间联系非常强，松散耦合表示模块之间联系比较弱，非直接耦合则表示模块之间无任何直接联系。模块的耦合类型通常分为 7 种，根据耦合度从低到高排序如表 5-1 所示。

表 5-1　模块的耦合类型

耦合类型	描述
非直接耦合	两个模块之间没有直接关系，它们之间的联系完全是通过上级模块的控制和调用来实现的
数据耦合	一组模块借助参数表传递简单数据
标记耦合	一组模块通过参数表传递记录等复杂信息（数据结构）
控制耦合	模块之间传递的信息中包含用于控制模块内部逻辑的信息
通信耦合	一组模块共用了一组输入信息，或者它们的输出需要整合以形成完整数据，即共享了输入或输出
公共耦合	多个模块都访问同一个公共数据环境，公共的数据环境可以是全局数据结构、共享的通信区、内存的公共覆盖区等
内容耦合	一个模块直接访问另一个模块的内部数据；一个模块不通过正常入口转到另一个模块的内部；两个模块有一部分程序代码重叠；一个模块有多个入口等

对于模块之间耦合的强度，主要依赖于一个模块对另一个模块的调用、一个模块向另一个模块传递的数据量、一个模块施加到另一个模块的控制的多少，以及模块之间接口的复杂程度。

（4）内聚。

内聚表示模块内部各代码成分之间联系的紧密程度，是从功能角度来度量模块内的联系，一个好的内聚模块应当恰好做目标单一的一件事情。模块的内聚类型通常也可以分为 7 种，根据内聚度从高到低的排序如表 5-2 所示。

表 5-2　模块的内聚类型

内聚类型	描述
功能内聚	完成一个单一功能，各个部分协同工作，缺一不可
顺序内聚	处理元素相关，而且必须顺序执行
通信内聚	所有处理元素集中在一个数据结构的区域上
过程内聚	处理元素相关，而且必须按特定的次序执行
时间内聚	所包含的任务必须在同一时间间隔内执行
逻辑内聚	完成逻辑上相关的一组任务
偶然内聚	完成一组没有关系或松散关系的任务

一般说来，系统中各模块的内聚越高，则模块间的耦合就越低，但这种关系并不是绝对的。耦合低使得模块间尽可能相对独立，各模块可以单独开发和维护；内聚高使得模块的可理解性和维护性大大增强。因此，在模块的分解中应尽量减少模块的耦合，力求增加模块的内聚，遵循"高内聚、低耦合"的设计原则。

2）系统结构图

系统结构图（Structure Chart，SC）又称为模块结构图，它是软件概要设计阶段的工具，反映系统的功能实现和模块之间的联系与通信，包括各模块之间的层次结构，即反映了系统的总体结构。在系统分析阶段，系统分析师可以采用 SA 方法获取由 DFD、数据字典和加工说明等组成的系统的逻辑模型；在系统设计阶段，系统设计师可根据一些规则，从 DFD 中导出系统初始的 SC。

详细设计的主要任务是设计每个模块的实现算法、所需的局部数据结构。详细设计的目标有两个：实现模块功能的算法要逻辑上正确和算法描述要简明易懂。详细设计必须遵循概要设计来进行。详细设计方案的更改，不得影响到概要设计方案；如果需要更改概要设计，必须经过项目经理的同意。详细设计，应该完成详细设计文档，主要是模块的详细设计方案说明。

设计的基本步骤如下。

（1）分析并确定输入 / 输出数据的逻辑结构。

（2）找出输入数据结构和输出数据结构中有对应关系的数据单元。

（3）按一定的规则由输入、输出的数据结构导出程序结构。

（4）列出基本操作与条件，并把它们分配到程序结构图的适当位置。

（5）用伪码写出程序。

详细设计的表示工具有图形工具、表格工具和语言工具。

（1）图形工具。

利用图形工具可以把过程的细节用图形描述出来。具体的图形有业务流图、程序流程图、

PAD（Problem Analysis Diagram）图、NS 流程图（由 Nassi 和 Shneiderman 开发，简称 NS）等。

程序流程图又称为程序框图，是使用最广泛然的一种描述程序逻辑结构的工具。它用方框表示一个处理步骤，菱形表示一个逻辑条件，箭头表示控制流向。其优点是：结构清晰，易于理解，易于修改。缺点是：只能描述执行过程而不能描述有关的数据。

NS 流程图，也称为盒图，是一种强制使用结构化构造的图示工具，也称为方框图。其具有以下特点：功能域明确、不可能任意转移控制、很容易确定局部和全局数据的作用域、很容易表示嵌套关系及模板的层次关系。

PAD 图是一种改进的图形描述方式，可以用来取代程序流程图，相比程序流程图更直观，结构更清晰。最大的优点是能够反映和描述自顶向下的历史和过程。PAD 提供了 5 种基本控制结构的图示，并允许递归使用。PAD 的特点如下：

- 使用PAD符号设计出的程序代码是结构化程序代码；
- PAD所描绘的程序结构十分清晰；
- 用PAD图表现程序的逻辑易读、易懂和易记；
- 容易将PAD图转换成高级语言源程序自动完成；
- 既可以表示逻辑，也可用来描绘数据结构；
- 支持自顶向下方法的使用。

（2）表格工具。

可以用一张表来描述过程的细节，在这张表中列出了各种可能的操作和相应的条件。

（3）语言工具。

用某种高级语言来描述过程的细节，例如伪码和 PDL（Program Design Language）等。

PDL 也可称为伪码或结构化语言，它用于描述模块内部的具体算法，以便开发人员之间比较精确地进行交流。语法是开放式的，其外层语法是确定的，而内层语法则不确定。外层语法描述控制结构，它用类似于一般编程语言控制结构的关键字表示，所以是确定的。内层语法描述具体操作，考虑到不同软件系统的实际操作种类繁多，内层语法因而不确定，它可以按系统的具体情况和不同的设计层次灵活选用。

- PDL的优点：可以作为注释直接插在源程序中；可以使用普通的文本编辑工具或文字处理工具产生和管理；已经有自动处理程序存在，而且可以自动由PDL生成程序代码。
- PDL的不足：不如图形工具形象直观，描述复杂的条件组合与动作间对应关系时，不如判定树清晰简单。

3. 结构化编程

结构化程序设计（Structured Programing，SP）思想是最早由 E.W.Dijikstra 在 1965 年提出的。"面向结构"的程序设计方法即结构化程序设计方法，是"面向过程"方法的改进，结构上将软件系统划分为若干功能模块，各模块按要求单独编程，再组合构成相应的软件系统。该方法强调程序的结构性，所以容易做到易读易懂。该方法思路清晰，做法规范，程序的出错率和维护费用大大减少。

结构化程序设计采用自顶向下、逐步求精的设计方法，各个模块通过"顺序、选择、循环"

的控制结构进行连接，并且只有一个入口和一个出口。

结构化程序设计的原则可表示为：程序 =（算法）+（数据结构）。

算法是一个独立的整体，数据结构（包含数据类型与数据）也是一个独立的整体。两者分开设计，以算法（函数或过程）为主。

结构化程序设计提出的原则可以归纳为 32 个字：自顶向下，逐步细化；清晰第一，效率第二；书写规范，缩进格式；基本结构，组合而成。

4. 数据库设计

数据库设计是指根据用户的需求，在某一具体的数据库管理系统上，设计数据库的结构和建立数据库的过程。数据库设计的内容包括：需求分析、概念结构设计、逻辑结构设计、物理结构设计、数据库的实施和数据库的运行和维护。本小节主要讨论数据库的概念结构设计，其他内容详见数据库章节。

1）概念结构设计

概念结构设计是对用户要求描述的现实世界（可能是一个工厂、商场、学校或企业等），通过对其中实体事物的分类、聚集和概括，建立抽象的概念数据模型。这个概念模型应反映现实世界各部门的信息结构、信息流动情况、信息间的互相制约关系以及各部门对信息储存、查询和加工的要求等。通常采用实体 - 联系图（Entity Relationship Diagram，E-R 图）来表示。

E-R 图提供了表示实体类型、属性和联系的方法，用来描述现实世界的概念模型。它是描述现实世界关系概念模型的有效方法，是表示概念关系模型的一种方式。

在 E-R 图中有如下成分：矩形框表示实体；菱形框表示联系；椭圆形框表示实体或联系的属性，对于主属性名，则在其名称下画一条下画线。

（1）实体。一般认为，客观上可以相互区分的事物就是实体，实体可以是具体的人和物，也可以是抽象的概念与联系。关键在于一个实体能与另一个实体相区别，具有相同属性的实体具有相同的特征和性质。用实体名及其属性名集合来抽象和刻画同类实体。在 E-R 图中用矩形表示，矩形框内写明实体名；比如学生张三、学生李四都是实体对象。

（2）属性。实体所具有的某一特性，一个实体可由若干个属性来刻画。属性不能脱离实体，属性是相对实体而言的。在 E-R 图中用椭圆形表示，并用无向边将其与相应的实体连接起来；比如学生的姓名、学号、性别都是属性。如果是多值属性的话，在椭圆形外面再套实线椭圆。如果是派生属性则用虚线椭圆表示。

（3）联系。联系也称关系，信息世界中反映实体内部或实体之间的关联。实体内部的联系通常是指组成实体的各属性之间的联系；实体之间的联系通常是指不同实体集之间的联系。在 E-R 图中用菱形表示，菱形框内写明联系名，并用无向边分别与有关实体连接起来，同时在无向边旁标上联系的类型（1∶1，1∶n 或 m∶n）。比如老师给学生授课存在授课关系，学生选课存在选课关系。如果是弱实体的联系则在菱形外面再套菱形。

E-R 图中的联系存在 3 种一般性约束：一对一约束（联系）、一对多约束（联系）和多对多约束（联系），它们用来描述实体集之间的数量约束。

（1）一对一联系（1：1）。

对于两个实体集 A 和 B，若 A 中的每一个值在 B 中至多有一个实体值与之对应，反之亦然，则称实体集 A 和 B 具有一对一的联系。

一个学校只有一个正校长，而一个校长只在一个学校中任职，则学校与校长之间具有一对一联系。

（2）一对多联系（1：N）。

对于两个实体集 A 和 B，若 A 中的每一个值在 B 中有多个实体值与之对应，反之 B 中每一个实体值在 A 中至多有一个实体值与之对应，则称实体集 A 和 B 具有一对多的联系。

例如，某校教师与课程之间存在一对多的联系"教"，即每位教师可以教多门课程，但是，每门课程只能由一位教师来教，教师与课程之间具有一对多联系。一个专业中有若干名学生，而每个学生只在一个专业中学习，专业与学生之间具有一对多联系。

（3）多对多联系（M：N）。

对于两个实体集 A 和 B，若 A 中每一个实体值在 B 中有多个实体值与之对应，反之亦然，则称实体集 A 与实体集 B 具有多对多联系。实际上，一对一联系是一对多联系的特例，而一对多联系又是多对多联系的特例。

例如，表示学生与课程间的联系"选修"是多对多的，即一个学生可以学多门课程，而每门课程可以有多个学生来学。

联系也可能有属性。例如，学生"选修"某门课程所取得的成绩，既不是学生的属性也不是课程的属性。由于"成绩"既依赖于特定学生又依赖于某门特定的课程，所以它是学生与课程之间的联系"选修"的属性。

E-R 图的基本作图步骤如下。

（1）确定所有的实体集合。

（2）选择每个实体集应该包含的属性。

（3）确定实体集之间的联系。

（4）确定实体集的关键字，用下画线在属性上表明关键字的属性组合。

（5）确定联系的类型，在用线将表示联系的菱形框联系到实体集时，在线旁注明是 1 或 n 来表示联系的类型。

5.3.2　面向对象方法

面向对象（Object-Oriented，OO）开发方法将面向对象的思想应用于软件开发过程中，指导开发活动，是建立在"对象"概念基础上的方法学。面向对象方法的本质是主张参照人们认识一个现实系统的方法，完成分析、设计与实现一个软件系统，提倡用人类在现实生活中常用的思维方法来认识和理解描述客观事物，强调最终建立的系统能映射问题域，使得系统中的对象，以及对象之间的关系能够如实地反映问题域中固有的事物及其关系。

面向对象开发方法认为客观世界是由对象组成的，对象由属性和操作组成，对象可按其属性进行分类，对象之间的联系通过传递消息来实现，对象具有封装性、继承性和多态性。面向对象开发方法是以用例驱动的、以体系结构为中心的、迭代的和渐增式的开发过程，主要包括需求分析、系统分析、系统设计和系统实现 4 个阶段，但是，各个阶段的划分不像结构化开发方法那样清晰，而是在各个阶段之间迭代进行的。

1. 面向对象分析

面向对象的分析方法（Object-Oriented Analysis，OOA），是在一个系统的开发过程中进行了系统业务调查以后，按照面向对象的思想来分析问题。OOA 与结构化分析有较大的区别。OOA 所强调的是在系统调查资料的基础上，针对 OO 方法所需要的素材进行的归类分析和整理，而不是对管理业务现状和方法的分析。

OOA 模型由 5 个层次（主题层、对象类层、结构层、属性层和服务层）和 5 个活动（标识对象类、标识结构、定义主题、定义属性和定义服务）组成。在这种方法中定义了两种对象类之间的结构，一种称为分类结构；另一种称为组装结构。分类结构就是所谓的一般与特殊的关系。组装结构则反映了对象之间的整体与部分的关系。

1）OOA 原则

OOA 的基本原则包括如下内容。

（1）抽象。抽象是从许多事物中舍弃个别的、非本质的特征，抽取共同的、本质性的特征。抽象是形成概念的必须手段。抽象是面向对象方法中使用最为广泛的原则。抽象原则包括过程抽象和数据抽象两个方面。过程抽象是指，任何一个完成确定功能的操作序列，其使用者都可以把它看作一个单一的实体，尽管实际上它可能是由一系列更低级的操作完成的。数据抽象是根据施加于数据之上的操作来定义数据类型，并限定数据的值只能由这些操作来修改和观察。数据抽象是 OOA 的核心原则。它强调把数据（属性）和操作（服务）结合为一个不可分的系统单位（即对象），对象的外部只需要知道它做什么，而不必知道它如何做。

（2）封装。封装就是把对象的属性和服务结合为一个不可分的系统单位，并尽可能隐蔽对象的内部细节。这个概念也经常用于从外部隐藏程序单元的内部表示或状态。

（3）继承。特殊类的对象拥有其对应的一般类的全部属性与服务，称作特殊类对一般类的继承。在 OOA 中运用继承原则，在特殊类中不再重复地定义一般类中已定义的东西，但是，在语义上，特殊类却自动地、隐含地拥有一般类（以及所有更上层的一般类）中定义的全部属性和服务。继承原则的好处是：使系统模型比较精练也比较清晰。

（4）分类。分类就是把具有相同属性和服务的对象划分为一类，用类作为这些对象的抽象描述。分类原则实际上是抽象原则运用于对象描述时的一种表现形式。

（5）聚合。聚合又称组装，其原则是：把一个复杂的事物看成若干比较简单的事物的组装体，从而简化对复杂事物的描述。

（6）关联。关联是人类思考问题时经常运用的思想方法：通过一个事物联想到另外的事物。能使人发生联想的原因是事物之间确实存在着某些联系。

（7）消息通信。这一原则要求对象之间只能通过消息进行通信，而不允许在对象之外直接地存取对象内部的属性。通过消息进行通信是由于封装原则而引起的。在 OOA 中要求用消息连接表示出对象之间的动态联系。

（8）粒度控制。一般来讲，人在面对一个复杂的问题域时，不可能在同一时刻既能纵观全局，又能洞察秋毫。因此需要控制自己的视野：考虑全局时，注意其大的组成部分，暂时不考虑具体的细节；考虑某部分的细节时则暂时撇开其余的部分。这就是粒度控制原则。

（9）行为分析。现实世界中事物的行为是复杂的，由大量的事物所构成的问题域中各种行为往往相互依赖、相互交织。

2）基本步骤

OOA 大致上遵循如下 5 个基本步骤。

（1）确定对象和类。这里所说的对象是对数据及其处理方式的抽象，它反映了系统保存和处理现实世界中某些事物的信息的能力。类是多个对象的共同属性和方法集合的描述，它包括如何在一个类中建立一个新对象的描述。

（2）确定结构。结构是指问题域的复杂性和连接关系。类成员结构反映了泛化 - 特化关系，整体 - 部分结构反映整体和局部之间的关系。

（3）确定主题。主题是指事物的总体概貌和总体分析模型。

（4）确定属性。属性就是数据元素，可用来描述对象或分类结构的实例，可在图中给出，并在对象的存储中指定。

（5）确定方法。方法是在收到消息后必须进行的一些处理方法：方法要在图中定义，并在对象的存储中指定。对于每个对象和结构来说，那些用来增加、修改、删除和选择的方法本身都是隐含的（虽然它们是要在对象的存储中定义的，但并不在图上给出），而有些则是显示的。

2. 面向对象设计

面向对象设计方法（Object-Oriented Design，OOD）是 OOA 方法的延续，其基本思想包括抽象、封装和可扩展性，其中可扩展性主要通过继承和多态来实现。在 OOD 中，数据结构和在数据结构上定义的操作算法封装在一个对象之中。由于现实世界中的事物都可以抽象出对象的集合，所以 OOD 方法是一种更接近现实世界、更自然的系统设计方法。

类封装了信息和行为，是面向对象的重要组成部分，它是具有相同属性、方法和关系的对象集合的总称。在系统中，每个类都具有一定的职责，职责是指类所担任的任务。一个类可以有多种职责，设计得好的类一般至少有一种职责。在定义类时，将类的职责分解为类的属性和方法，其中属性用于封装数据，方法用于封装行为。设计类是 OOD 中最重要的组成部分，也是最复杂和最耗时的部分。

在 OOD 中，类可以分为 3 种类型：实体类、控制类和边界类。

1）实体类

实体类映射需求中的每个实体，是指实体类保存需要存储在永久存储体中的信息，例如，在线教育平台系统可以提取出学员类和课程类，它们都属于实体类。实体类通常都是永久性的，它们所具有的属性和关系是长期需要的，有时甚至在系统的整个生存期都需要。

实体类对用户来说是最有意义的类，通常采用业务领域术语命名，一般来说是一个名词，在用例模型向领域模型的转化中，一个参与者一般对应于实体类。通常可以从 SRS 中的那些与数据库表（需要持久存储）对应的名词着手来找寻实体类。通常情况下，实体类一定有属性，但不一定有操作。

2）控制类

控制类是用于控制用例工作的类，一般是由动宾结构的短语（"动词＋名词"或"名词＋动词"）转化来的名词，例如，用例"身份验证"可以对应于一个控制类"身份验证器"，它提供了与身份验证相关的所有操作。控制类用于对一个或几个用例所特有的控制行为进行建模，控制对象（控制类的实例）通常控制其他对象，因此，它们的行为具有协调性。

控制类将用例的特有行为进行封装，控制对象的行为与特定用例的实现密切相关，当系统执行用例的时候，就产生了一个控制对象，控制对象经常在其对应的用例执行完毕后消亡。通常情况下，控制类没有属性，但一定有方法。

3）边界类

边界类用于封装在用例内、外流动的信息或数据流。边界类位于系统与外界的交接处，包括所有窗体、报表、打印机和扫描仪等硬件的接口，以及与其他系统的接口。要寻找和定义边界类，可以检查用例模型，每个参与者和用例交互至少要有一个边界类，边界类使参与者能与系统交互。边界类是一种用于对系统外部环境与其内部运作之间的交互进行建模的类。常见的边界类有窗口、通信协议、打印机接口、传感器和终端等。实际上，在系统设计时，产生的报表都可以作为边界类来处理。

边界类用于系统接口与系统外部进行交互，边界对象将系统与其外部环境的变更（例如，与其他系统的接口的变更、用户需求的变更等）分隔开，使这些变更不会对系统的其他部分造成影响。通常情况下，边界类可以既有属性也有方法。

3. 面向对象编程

面向对象程序设计（Object Oriented Programming，OOP）是一种计算机编程架构。OOP 的一条基本原则是计算机程序由单个能够起到子程序作用的单元或对象组合而成。OOP 达到了软件工程的 3 个主要目标：重用性、灵活性和扩展性。OOP= 对象＋类＋继承＋多态＋消息，其中核心概念是类和对象。

面向对象程序设计方法是尽可能模拟人类的思维方式，使得软件的开发方法与过程尽可能接近人类认识世界、解决现实问题的方法和过程，也即使得描述问题的问题空间与问题的解决方案空间在结构上尽可能一致，把客观世界中的实体抽象为问题域中的对象。

面向对象程序设计以对象为核心，该方法认为程序由一系列对象组成。类是对现实世界的抽象，包括表示静态属性的数据和对数据的操作，对象是类的实例化。对象间通过消息传递相互通信，来模拟现实世界中不同实体间的联系。在面向对象的程序设计中，对象是组成程序的基本模块。

OOP 的基本特点有封装、继承和多态。

1）封装

封装是指将一个计算机系统中的数据以及与这个数据相关的一切操作语言（即描述每一个对象的属性以及其行为的程序代码）组装到一起，一并封装在一个有机的实体中，把它们封装在一个"模块"中，也就是一个类中，为软件结构的相关部件所具有的模块性提供良好的基础。在面向对象技术的相关原理以及程序语言中，封装的最基本单位是对象，而使得软件结构的相关部件的实现"高内聚、低耦合"的"最佳状态"便是面向对象技术的封装性所需要实现的最基本的目标。对于用户来说，对象是如何对各种行为进行操作、运行、实现等细节是不需要刨根问底了解清楚的，用户只需要通过封装外的通道对计算机进行相关方面的操作即可。

2）继承

继承是面向对象技术中的另外一个重要特点，其主要指的是两种或者两种以上的类之间的联系与区别。在面向对象技术中，继承是指一个对象针对于另一个对象的某些独有的特点、能力进行复制或者延续。如果按照继承源进行划分，则可以分为单继承（一个对象仅仅从另外一个对象中继承其相应的特点）与多继承（一个对象可以同时从另外两个或者两个以上的对象中继承所需要的特点与能力，并且不会发生冲突等现象）；如果从继承中包含的内容进行划分，则继承可以分为 4 类，分别为取代继承（一个对象在继承另一个对象的能力与特点之后将父对象进行取代）、包含继承（一个对象在将另一个对象的能力与特点进行完全的继承之后，又继承了其他对象所包含的相应内容，结果导致这个对象所具有的能力与特点大于等于父对象，实现了对于父对象的包含）、受限继承和特化继承。

3）多态

从宏观的角度来讲，多态是指在面向对象技术中，当不同的多个对象同时接收到同一个完全相同的消息之后，所表现出来的动作是各不相同的，具有多种形态；从微观的角度来讲，多态是指在一组对象的一个类中，面向对象技术可以使用相同的调用方式来对相同的函数名进行调用，即便这若干个具有相同函数名的函数所执行的动作是不同的。

4. 数据持久化与数据库

在面向对象开发方法中，对象只能存在于内存中，而内存不能永久保存数据，如果要永久保存对象的状态，需要进行对象的持久化（Persistence），对象持久化是把内存中的对象保存到数据库或可永久保存的存储设备中。在多层软件设计和开发中，为了降低系统的耦合度，一般会引入持久层（Persistence Layer），即专注于实现数据持久化应用领域的某个特定系统的一个逻辑层面，将数据使用者和数据实体相关联，持久层的设计实现了数据处理层内部的业务逻辑和数据逻辑的解耦。

目前，关系数据库仍旧是使用最为广泛的数据库，如 DB2、Oracle、SQL Server 等，因此，将对象持久化到关系数据库中，需要进行对象 / 关系的映射（Object/Relation Mapping，ORM）。

随着对象持久化技术的发展，诞生了越来越多的持久化框架，目前，主流的持久化技术框架包括 Hibernate、iBatis 和 JDO 等。

Hibernate 是一个开放源代码的对象关系映射框架，它对 JDBC 进行了非常轻量级的对象封装，它将 POJO 与数据库表建立映射关系，是一个全自动的 ORM 框架，Hibernate 可以自动生成 SQL 语句，自动执行，使得 Java 程序员可以随心所欲地使用对象编程思维来操纵数据库。

iBatis 提供 Java 对象到 SQL（面向参数和结果集）的映射实现，实际的数据库操作需要通过手动编写 SQL 实现，与 Hibernate 相比，iBatis 最大的特点就是小巧，上手较快。如果不需要太多复杂的功能，iBatis 是既可满足要求又足够灵活的最简单的解决方案。

JDO（Java Data Object，Java 数据对象）是 SUN 公司制定的描述对象持久化语义的标准

API，它是 Java 对象持久化的新规范。JDO 提供了透明的对象存储，对开发人员来说，存储数据对象完全不需要额外的代码（例如，JDBC API 的使用）。这些烦琐的例行工作已经转移到 JDO 产品提供商身上，使开发人员解脱出来，从而集中时间和精力在业务逻辑上。

另外，JDO 很灵活，因为它可以在任何数据底层上运行。JDBC 只能应用于关系型数据库，而 JDO 更通用，提供到任何数据底层的存储功能，包括关系型数据库、普通文件、XML 文件和对象数据库等，使得应用的可移植性更强。

5.4　软件测试

软件测试是使用人工或自动的手段来运行或测定某个软件系统的过程，其目的在于检验它是否满足规定的需求或弄清预期结果与实际结果之间的差别。

软件测试的目的就是确保软件的质量、确认软件以正确的方式做了用户所期望的事情，所以软件测试工作主要是发现软件的错误、有效定义和实现软件成分由低层到高层的组装过程、验证软件是否满足任务书和系统定义文档所规定的技术要求、为软件质量模型的建立提供依据。软件测试不仅是要确保软件的质量，还要给开发人员提供信息，以方便其为风险评估做相应的准备，重要的是软件测试要贯穿在整个软件开发的过程中，保证整个软件开发的过程是高质量的。

5.4.1　测试方法

软件测试方法的分类有很多种，以测试过程中程序执行状态为依据可分为静态测试（Static Testing，ST）和动态测试（Dynamic Testing，DT）；以具体实现算法细节和系统内部结构的相关情况为根据可分黑盒测试、白盒测试和灰盒测试 3 类；从程序执行的方式来分类，可分为人工测试（Manual Testing，MT）和自动化测试（Automatic Testing，AT）。

（1）静态测试。静态测试是被测程序不运行，只依靠分析或检查源程序的语句、结构、过程等来检查程序是否有错误。即通过对软件的需求规格说明书、设计说明书以及源程序做结构分析和流程图分析，从而来找出错误。例如不匹配的参数，未定义的变量等。

（2）动态测试。动态测试与静态测试相对应，是通过运行被测试程序，对得到的运行结果与预期的结果进行比较分析，同时分析运行效率和健壮性能等。这种方法可简单分为 3 个步骤：构造测试实例、执行程序以及分析结果。

（3）黑盒测试。黑盒测试将被测程序看成是一个黑盒，工作人员在不考虑任何程序内部结构和特性的条件下，根据需求规格说明书设计测试实例，并检查程序的功能是否能够按照规范说明准确无误的运行。其主要是对软件界面和软件功能进行测试。对于黑盒测试行为必须加以量化才能够有效的保证软件的质量。

（4）白盒测试。白盒测试主要是借助程序内部的逻辑和相关信息，通过检测内部动作是否按照设计规格说明书的设定进行，检查每一条通路能否正常工作。白盒测试是从程序结构方面出发对测试用例进行设计。主要用于检查各个逻辑结构是否合理，对应的模块独立路径是否正常以及内部结构是否有效。常用的白盒测试法有控制流分析、数据流分析、路径分析、程序变异等。根据测试用例的覆盖程度，分为语句覆盖、判定覆盖、分支覆盖和路径覆盖等。

（5）灰盒测试。灰盒测试介于黑盒与白盒测试之间。灰盒测试除了重视输出相对于输入的正确性，也看重其内部的程序逻辑。但是，它不可能像白盒测试那样详细和完整。它只是简单地靠一些象征性的现象或标志来判断其内部的运行情况，因此在内部结果出现错误，但输出结果正确的情况下可以采取灰盒测试方法。因为在此情况下灰盒比白盒高效，比黑盒适用性广的优势就凸显出来了。

（6）自动化测试。自动化测试就是软件测试的自动化，即在预先设定的条件下自动运行被测程序，并分析运行结果。总的来说，这种测试方法就是将以人驱动的测试行为转化为机器执行的一种过程。

5.4.2　测试阶段

从阶段上划分，软件测试可以分为单元测试、集成测试和系统测试，系统测试中又包含了多种不同的测试种类，例如功能测试、性能测试、验收测试、压力测试等。

1. 单元测试

主要是对该软件的模块进行测试，通过测试以发现该模块的功能不符合 / 不满足期望的情况和编码错误。

由于模块的规模不大，功能单一，结构较简单，且测试人员可通过阅读源程序清楚知道其逻辑结构，首先应通过静态测试方法，比如静态分析、代码审查等，对该模块的源程序进行分析，按照模块的程序设计的控制流程图，以满足软件覆盖率要求的逻辑测试要求。另外，也可采用黑盒测试方法提出一组基本的测试用例，再用白盒测试方法进行验证。若用黑盒测试方法所产生的测试用例满足不了软件的覆盖要求，可采用白盒法增补出新的测试用例，以满足所需的覆盖标准。其所需的覆盖标准应视模块的实际具体情况而定。对一些质量要求和可靠性要求较高的模块，一般要满足所需条件的组合覆盖或者路径覆盖标准。

2. 集成测试

集成测试通常要对已经严格按照程序设计要求和标准组装起来的模块同时进行测试，明确该程序结构组装的正确性，发现和接口有关的问题。在这一阶段，一般采用白盒测试和黑盒测试结合的方法进行测试，验证这一阶段设计的合理性以及需求功能的实现性。

3. 系统测试

一般情况下，系统测试采用黑盒测试，以此来检查该系统是否符合软件需求。本阶段的主要测试内容包括功能测试、性能测试、健壮性测试、安装或反安装测试、用户界面测试、压力测试、可靠性及安全性测试等。为了有效保证这一阶段测试的客观性，必须由独立的测试小组来进行相关的系统测试。另外，系统测试过程较为复杂，由于在系统测试阶段不断变更需求造成功能的删除或增加，从而使程序不断出现相应的更改，而程序在更改后可能会出现新的问题，或者原本没有问题的功能由于更改导致出现问题。所以，测试人员必须进行多轮回归测试。系统测试的结束标志是测试工作已满足测试目标所规定的需求覆盖率，并且测试所发现的缺陷都已全部归零。

4. 性能测试

性能测试是通过自动化的测试工具模拟多种正常、峰值以及异常负载条件来对系统的各项性能指标进行测试。负载测试和压力测试都属于性能测试，两者可以结合进行。通过负载测试，确定在各种工作负载下系统的性能，目标是测试当负载逐渐增加时，系统各项性能指标的变化情况。压力测试是通过确定一个系统的瓶颈或者不能接受的性能点，来获得系统能提供的最大服务级别的测试。

5. 验收测试

验收测试是最后一个阶段的测试，是软件产品投入正式交付前的测试工作。和系统测试相比，验收测试是要满足用户需求或者与用户签订的合同（包括技术协议、技术协调单以及各个阶段用户参与的评审意见等）的各项要求，此外系统测试是软件开发过程中一项工作，而验收测试是由用户对要交付软件开展的一种测试工作。验收测试的主要目标是为用户展示所开发出来的软件符合预定的要求和有关标准，并验证软件实际工作的有效性和可靠性，确保用户能用该软件顺利完成既定的任务和功能。

通过了验收测试，该产品就可进行发布。但是，在实际交付给用户之后，开发人员是无法预测该软件用户在实际运用过程中是如何使用该程序的，所以从用户的角度出发，测试人员还应进行 Alpha 测试或 Beta 测试。Alpha 测试是在软件开发环境下由用户进行的测试，或者模拟实际操作环境进而进行的测试。Alpha 测试主要是对软件产品的功能、局域化、界面、可使用性以及性能等等方面进行评价。而 Beta 测试是在实际环境中由多个用户对其进行测试，并将在测试过程中发现的错误有效反馈给软件开发者。

6. 其他测试

除了上述各种常规的测试种类之外，近年来由于 Web 应用和 App 应用的大规模兴起，也出现了一些新型的测试种类，例如 AB 测试、Web 测试中的链接测试、表单测试等。

（1）AB 测试是为 Web 或 App 界面或流程制作两个（A/B）或多个（A/B/n）版本，在同一时间维度，分别让组成成分相同（相似）的访客群组（目标人群）随机的访问这些版本，收集各群组的用户体验数据和业务数据，最后分析、评估出最好版本，正式采用。

（2）Web 测试是软件测试的一部分，是针对 Web 应用的一类测试。由于 Web 应用与用户直接相关，又通常需要承受长时间的大量操作，因此 Web 项目的功能和性能都必须经过可靠的验证。通过测试可以尽可能地多发现浏览器端和服务器端程序中的错误并及时加以修正，以保证应用的质量。由于 Web 具有分布、异构、并发和平台无关的特性，因而它的测试要比普通程序复杂得多，包含的测试种类也非常多。

（3）链接测试。链接是 Web 应用系统的一个主要特征，它是在页面之间切换和指导用户去一些未知地址页面的主要手段。链接测试可分为 3 个方面。首先，测试所有链接是否按指示的那样确实链接到了该链接的页面；其次，测试所链接的页面是否存在；最后，保证 Web 应用系统上没有孤立的页面。

（4）表单测试。当用户通过表单提交信息的时候，都希望表单能正常工作。如果使用表单来进行在线注册，要确保提交按钮能正常工作，当注册完成后应返回注册成功的消息。如果使用表单收集配送信息，应确保程序能够正确处理这些数据，最后能让用户收到信息。要测试这些程序，需要验证服务器是否能正确保存这些数据，而且后台运行的程序能否正确解释和使用这些信息。当用户使用表单进行用户注册、登录、信息提交等操作时，必须测试提交操作的完整性，从而校验提交给服务器的信息的正确性。如果使用默认值，还要检验默认值的正确性。如果表单只能接受指定的某些值，则也要进行测试。

5.5 净室软件工程

净室（Cleaning Room）软件工程是一种应用数学与统计学理论以经济的方式生产高质量软件的工程技术，力图通过严格的工程化的软件过程达到开发中的零缺陷或接近零缺陷。净室方法不是先制作一个产品，再去消除缺陷，而是要求在规约和设计中消除错误，然后以"净"的方式制作，可以降低软件开发中的风险，以合理的成本开发出高质量的软件。

净室软件工程（Cleanroom Software Engineering，CSE）是一种在软件开发过程中强调在软件中建立正确性的需要的方法。在净室软件工程背后的哲学是：通过在第 1 次正确地书写代码增量，并在测试前验证它们的正确性，来避免对成本很高的错误消除过程的依赖。它的过程模型是在代码增量积聚到系统的过程的同时，进行代码增量的统计质量验证。它甚至提倡开发者不需要进行单元测试，而是进行正确性验证和统计质量控制。

净室是一种以合理的成本开发高质量软件的基于理论、面向工作组的方法。净室是基于理论的，因为坚实的理论基础是任何工程学科所不可缺少的。再好的管理也代替不了理论基础。净室是面向工作组的，因为软件是由人开发出来的，并且理论必须简化到实际应用才能引导人的创造力和协作精神。净室是针对经济实用软件的生产的，因为在现实生活中，业务和资源的限制必须在软件工程中予以满足。最后，净室是针对高质量软件的生产的，因为高质量改进管理，降低风险及成本，满足用户需求，提供竞争优势。

5.5.1 理论基础

净室软件工程的理论基础主要是函数理论和抽样理论。

1.函数理论

一个函数定义了从定义域到值域的映射。一个特定的程序好似定义了一个从定义域（所有可能的输入序列的集合）到值域（所有对应于输入的输出集合）的映射。这样，一个程序的规范就是一个函数的规范。

一个明确定义的函数应当具有以下特性。

- 完备性：对定义域中的每个元素，值域中至少有一个元素与之对应。对程序而言，每种可能的输入都必须定义，并有一个输出与之对应。

- 一致性：在值域中最多有一个元素与定义域中的同一元素对应。对程序而言，每个输入只能对应一个输出。

- 正确性：函数的正确性可以由上述性质判断。对程序而言，某项设计的正确性可以通过基于函数理论的推理来验证。

2. 抽样理论

不可能对软件的所有可能应用都进行测试。把软件的所有可能的使用情况看作总体，通过统计学手段对其进行抽样，并对样本进行测试，根据测试结果分析软件的性能和可靠性。

5.5.2　技术手段

净室软件工程中应用的技术手段主要有以下 4 种。

1. 统计过程控制下的增量式开发（Incremental Development）

增量开发基于产品开发中受控迭代的工程原理——控制迭代。增量开发不是把整个开发过程作为一个整体，而是将其划分为一系列较小的累积增量。小组成员在任何时刻只须把注意力集中于工作的一部分，而无须一次考虑所有的事情。

2. 基于函数的规范与设计

盒子结构方法按照函数理论定义了 3 种抽象层次：行为视图、有限状态机视图和过程视图。规范从一个外部行为视图（称为黑盒）开始，然后被转化为一个状态机视图（称为状态盒），最后由一个过程视图（明盒）来实现。盒子结构是基于对象的，并支持软件工程的关键原则：信息隐藏和实现分离。

3. 正确性验证

正确性验证被认为是 CSE 的核心，正是由于采用了这一技术，净室项目的软件质量才有了极大的提高。

4. 统计测试（Statistically Based Testing）和软件认证

净室测试方法采用统计学的基本原理，即当总体太大时必须采取抽样的方法。首先确定一个使用模型（Usage Model）来代表系统所有可能使用的（一般是无限的）总体。然后由使用模型产生测试用例。因为测试用例是总体的一个随机样本，所以可得到系统预期操作性能的有效统计推导。

净室软件工程是软件开发的一种形式化方法，它可以生成质量非常高的软件。它使用盒子结构规约进行分析和设计建模，并且强调将正确性验证（而不是测试）作为发现和消除错误的主要机制。

5.5.3　应用与缺点

第一项净室软件项目由 IBM 的 Richard Linger 于 20 世纪 80 年代中期负责实施。COBOL 结构化设施项目开发出一项商业软件再工程产品，该产品显示出了卓越的质量水平，净室方法得到了初步确认。

20 世纪 90 年代初，IBM 生产出运用净室方法开发的海量存储控制单元适配器，售出了数千单元，直至 1997 年产品超过使用寿命后，仍未收到任何反映现场故障的报告。

从 20 世纪 80 年代末到 90 年代初，美国国家宇航局（NASA）哥达德飞行控制中心（GSFC）软件工程实验室（SEL）进行了一系列净室试验。这些试验被认为是迄今为止软件工程领域进行的一次最完整的研究。4 个规模依次扩大的地面控制软件系统按净室工程方法开发出来，结果表明，与 NASA GSFC 的质量和生产力有一致的提高。

20 世纪 90 年代初，美国陆军执行了一个净室项目，并在这个项目中获得了 20 倍于引进净室技术所用的投资回报。1996 年美国国防部软件数据与分析中心在其所做的软件方法比较分析中，报告净室具有真实的价值和质量优势。其他留有软件生产和质量方面历史数据的机构也用净室进行了大型项目的研发，它们公开发表了其结果。净室实践明显改进了 IBM、Ericsson、NASA、DoD 及许多其他机构的软件项目产出。

但是，净室软件工程在使用的过程中，也显示出一些缺点。

1）CSE 太理论化，需要更多的数学知识。其正确性验证的步骤比较困难且比较耗时。CSE 要求采用增量式开发、盒子结构、统计测试方法，普通工程师必须经过加强训练才能掌握，开发软件的成本比较高昂。

2）CSE 开发小组不进行传统的模块测试，这是不现实的。工程师可能对编程语言和开发环境还不熟悉，而且编译器或操作系统的 bug 也可能导致未预期的错误。

3）CSE 毕竟脱胎于传统软件工程，不可避免地带有传统软件工程的一些弊端。

5.6 基于构件的软件工程

基于构件的软件工程（Component-Based Software Engineering，CBSE）是一种基于分布对象技术、强调通过可复用构件设计与构造软件系统的软件复用途径。基于构件的软件系统中的构件可以是 COTS（Commercial-Off-The-Shelf）构件，也可以是通过其他途径获得的构件（如自行开发）。CBSE 体现了"购买而不是重新构造"的哲学，将软件开发的重点从程序编写转移到了基于已有构件的组装，以更快地构造系统，减轻用来支持和升级大型系统所需要的维护负担，从而降低软件开发的费用。

CBSE 正在改变大型软件系统被开发的方式。CBSE 体现了 Fred Brooks 等人支持的"购买，而非建造"的思想。就像早期的子例程将程序员从思考细节中解放出来一样，CBSE 将考虑的重点从编程软件移到组装软件系统。工程师的焦点从"实现"变成了"集成"。这样做的基础是假定在很多大型软件系统中存在足够多的共性，从而使得开发可复用软件组件来满足这些共性是值得的。

5.6.1 构件和构件模型

在软件复用领域，一般观点认为构件是一个独立的软件单元，可以与其他构件构成一个软件系统。然而也有其他专家提出了其他的构件定义。

不管构件如何定义，用于 CBSE 的构件应该具备以下特征。

（1）可组装型：对于可组装的构件，所有外部交互必须通过公开定义的接口进行。同时它还必须对自身信息的外部访问。

（2）可部署性：软件必须是自包含的，必须能作为一个独立实体在提供其构件模型实现的构件平台上运行。构件总是二进制形式，无须在部署前编译。

（3）文档化：构件必须是完全文档化的，用户根据文档来判断构件是否满足需求。

（4）独立性：构件应该是独立的，应该可以在无其他特殊构件的情况下进行组装和部署，如确实需要其他构件提供服务，则应显示声明。

（5）标准化：构件标准化意味着在 CBSE 过程中使用的构件必须符合某种标准化的构件模型。

构件模型定义了构件实现、文档化以及开发的标准。这些标准是为构件开发者确保构件的互操作性而设立的，也是为那些提供中间件的构件执行基础设施供应商支持构件操作而设立的。目前主流的构件模型是 Web Services 模型、Sun 公司的 EJB 模型和微软的 .NET 模型。

构件模型包含了一些模型要素，这些要素信息定义了构件接口、在程序中使用构件需要知道的信息，以及构件应该如何部署。

（1）接口。构件通过构件接口来定义，构件模型规定应如何定义构件接口以及在接口定义中应该包含的要素，如操作名、参数以及异常等。

（2）使用信息。为使构件远程分布和访问，必须给构件一个特定的、全局唯一的名字或句柄。构件元数据是构件本身相关的数据，比如构件的接口和属性信息。用户可以通过元数据找到构件提供的服务。构件模型的实现通常包括访问构件的元数据的特定方法。构件是通用实体，在部署的时候，必须对构件进行配置来适应应用系统。

（3）部署。构件模型包括一个规格说明，指出应该如何打包构件使其部署成为一个独立的可执行实体。部署信息中包含有关包中内容的信息和它的二进制构成的信息。

构件模型提供了一组被构件使用的通用服务，这种服务包括以下两种。

● 平台服务，允许构件在分布式环境下通信和互操作。

● 支持服务，这是很多构件需要的共性服务。例如，构件都需要的身份认证服务。

中间件实现共性的构件服务，并提供这些服务的接口。为了利用构件模型基础设施提供的服务，可以认为构件被部署在一个容器中。容器是支持服务的一个实现加上一个接口定义，构件必须提供该接口定义以便和容器整合在一起。

5.6.2　CBSE过程

CBSE 过程是支持基于构件组装的软件开发过程，需要考虑构件复用的可能性，以及在开发和使用可复用的构件中所涉及的不同过程活动。成功的构件复用需要一个经过裁剪、适配的开发过程，以便在软件开发过程中包含可复用的构件。

CBSE 过程中的主要活动包括：

（1）系统需求概览；

（2）识别候选构件；

（3）根据发现的构件修改需求；

（4）体系结构设计；

（5）构件定制与适配；

（6）组装构件，创建系统。

这种 CBSE 过程与传统的软件开发过程存在几点不同。

（1）CBSE 早期需要完整的需求，以便尽可能多地识别出可复用的构件。而增量式开发中，早期并不需要完整的需求。

（2）在过程早期阶段根据可利用的构件来细化和修改需求。如果可利用的构件不能满足用户需求，就应该考虑由复用构件支持的相关需求。通过劝说用户修改需求，以便能节省开支且快速开发系统。

（3）在系统体系结构设计完成后，会有一个进一步的对构件搜索及设计精化的活动。可能需要为某些构件寻找备用构件，或者修改构件以适合功能和架构的要求。

（4）开发就是将已经找到的构件集成在一起的组装过程。其中包括将构件与构件模型基础设施集成在一起，有时还需要开发适配器来协调不匹配的构件接口，可能还需要开发额外的功能。

在 CBSE 中，体系结构设计阶段特别重要。在这个阶段，将选择一个构件模型和一个实现平台。而模型和平台也决定和限制了可选构件的范围。

5.6.3　构件组装

构件组装是指构件相互直接集成或是用专门编写的"胶水代码"将它们整合在一起来创造一个系统或另一个构件的过程。

常见的组装构件有以下 3 种组装方式。

1. 顺序组装

通过按顺序调用已经存在的构件，可以用两个已经存在的构件来创造一个新的构件。顺序组装的类型可能适用于作为程序元素的构件或是作为服务的构件。需要特定的胶水代码，来保证两个构件的组装：上一个构件的输出，与下一个构件的输入相兼容。

2. 层次组装

这种情况发生在一个构件直接调用由另一个构件所提供的服务时。被调用的构件为调用的构件提供所需的服务。因此，被调用构件的"提供"接口必须和调用构件的"请求"接口兼容。如果接口相匹配，则调用构件可以直接调用被调用构件，否则就需要编写专门的胶水代码来实现转换。

3. 叠加组装

这种情况发生在两个或两个以上构件放在一起来创建一个新构件的时候。这个新构件合并了原构件的功能，从而对外提供了新的接口。外部应用可以通过新接口来调用原有构件的接口，而原有构件不互相依赖，也不互相调用。这种组装类型适合于构件是程序单元或者构件是服务的情况。

当创建一个系统时，可能会用到所有的构件组装方式，对所有情况都必须编写胶水代码来连接构件。而当编写构件尤其是为了组装来写构件时，经常可能会面临接口不兼容的问题，即所要组装的构件的接口不一致。一般会出现 3 种不兼容情况。

（1）参数不兼容。接口每一侧的操作有相同的名字，但参数类型或参数个数不相同。

（2）操作不兼容。提供接口和请求接口的操作名不同。

（3）操作不完备。一个构件的提供接口是另一个构件请求接口的一个子集，或者相反。

针对上述不兼容情况，必须通过编写适配器构件来解决不兼容的问题，适配器构件使两个可复用构件的接口相一致；适配器构件将一个接口转换为另外一个接口。

当用户选择组装方式时，必须考虑系统所需要的功能性需求、非功能性需求，以及当系统发生改变时，一个构件能被另一个构件替代的难易程度。

5.7　软件项目管理

5.7.1　项目管理概述

软件项目管理的提出是在 20 世纪 70 年代中期的美国，当时美国国防部专门研究了软件开发不能按时提交、预算超支和质量达不到用户要求的原因，结果发现 70% 的项目是因为管理不善引起的，而非技术原因。于是软件开发者开始逐渐重视起软件开发中的各项管理。到了 20 世纪 90 年代中期，软件研发项目管理不善的问题仍然存在。

软件项目管理和其他的项目管理相比有一定的特殊性。首先，软件是纯知识产品，其开发进度和质量很难估计和度量，生产效率也难以预测和保证。其次，软件系统的复杂性也导致了开发过程中各种风险的难以预见和控制。

软件项目管理的对象是软件工程项目。它所涉及的范围覆盖了整个软件工程过程。为使软件项目开发获得成功，关键问题是必须对软件项目的工作范围、可能风险、需要资源（人、硬件 / 软件）、要实现的任务、经历的里程碑、花费工作量（成本）、进度安排等进行预先计划和执行。这种管理在技术工作开始之前就应开始，在软件从概念到实，的过程中继续进行，当软件工程过程最后结束时才终止。

软件项目管理是为了使软件项目能够按照预定的成本、进度、质量顺利完成，而对人员（People）、产品（Product）、过程（Process）和项目（Project）进行分析和管理的活动。

下面对软件进度、配置、质量和风险管理进行简单介绍。

5.7.2　软件进度管理

按时完成软件项目是项目经理最大的挑战之一。所谓进度，指的是对执行活动和里程碑所制定的工作计划，而进度管理指的是为了确保项目按期完成所需要的管理过程。在软件进度管理过程中，一般包括：活动定义、活动排序、活动资源估计、活动历时估计、制定进度计划和进度控制。

1. 工作分解结构

软件项目往往是比较大而复杂的，往往需要进行层层分解，将大的任务分解成一个个的单一小任务进行处理。工作分解结构（Work Breakdown Structure，WBS）如图 5-7 所示，就是把一个项目，按一定的原则分解成任务，任务再分解成一项项工作，再把一项项工作分配到每个人的日常活动中，直到分解不下去为止。即：项目→任务→工作→日常活动。工作分解结构以可交付成果为导向，对项目要素进行的分组，它归纳和定义了项目的整个工作范围，每下降一层代表对项目工作的更详细定义。WBS 总是处于计划过程的中心，也是制订进度计划、资源需求、成本预算、风险管理计划和采购计划等的重要基础。

图 5-7　WBS 示意图

WBS 树形结构中最底层的被称为工作包，是最低层次的可交付成果，它应当由唯一主体负责完成。

WBS 常见的分解方式包括：按产品的物理结构分解、按产品或项目的功能分解、按照实施过程分解、按照项目的实施单位分解、按照项目的目标分解、按部分或只能进行分解等。不管采用哪种分解方式，最终都要满足以下对任务分解的基本要求。

（1）WBS 的工作包是可控和可管理的，不能过于复杂。

（2）任务分解也不能过细，一般原则 WBS 的树形结构不超过 6 层。

（3）每个工作包要有一个交付成果。

（4）每个任务必须有明确定义的完成标准。

（5）WBS 必须有利于责任分配。

2. 任务活动图

经过工作分解之后，会得到一组活动任务，这是需要对每个活动进行定义，并确定活动之间的关系。

活动定义是指确定完成项目的各个交付成果所必须进行的各项具体活动，需要明确每个活动的前驱、持续时间、必须完成日期、里程碑或交付成果。前驱指的是该活动开始之前必须发生的事件或事件集；持续时间是指完成该活动的时间长度（一般单位为天或周）；必须完成日期指的是该活动必须完成的具体日期；里程碑指的是判定该活动完成的一组条件。

每个活动在明确了前驱、必须完成日期等内容后，就确定了活动之间的相互关系，也就是活动执行的前后顺序。根据活动顺序就可以得到对应的任务活动图。任务活动图是项目进度管理、项目成本管理等一系列项目管理活动的基础。

在项目管理中，目前通常采用甘特图等方式来展示和管理项目活动。

5.7.3　软件配置管理

软件配置管理（Software Configuration Management，SCM）是一种标识、组织和控制修改的技术。软件配置管理应用于整个软件工程过程。在软件建立时变更是不可避免的，而变更加剧了项目中软件开发者之间的混乱。SCM 活动的目标就是为了标识变更、控制变更、确保变更正确实现并向其他有关人员报告变更。从某种角度讲，SCM 是一种标识、组织和控制修改的技术，目的是使错误降为最小并最有效地提高生产效率。

软件配置管理核心内容包括版本控制和变更控制。

（1）版本控制（Version Control）。版本控制是指对软件开发过程中各种程序代码、配置文件及说明文档等文件变更的管理，是软件配置管理的核心思想之一。版本控制最主要的功能就是追踪文件的变更。它将什么时候、什么人更改了文件的什么内容等信息忠实地记录下来。每一次文件的改变，文件的版本号都将增加。除了记录版本变更外，版本控制的另一个重要功能是并行开发。软件开发往往是多人协同作业，版本控制可以有效地解决版本的同步以及不同开发者之间的开发通信问题，提高协同开发的效率。并行开发中最常见的不同版本软件的错误（Bug）修正问题也可以通过版本控制中分支与合并的方法有效地解决。

（2）变更控制（Change Control）。变更控制的目的并不是控制变更的发生，而是对变更进行管理，确保变更有序进行。对于软件开发项目来说，发生变更的环节比较多，因此变更控制显得格外重要。项目中引起变更的因素有两个：一是来自外部的变更要求，如客户要求修改工作范围和需求等；二是开发过程内部的变更要求，如为解决测试中发现的一些错误而修改源码甚至设计。比较而言，最难处理的是来自外部的需求变更，因为 IT 项目需求变更的概率大，引发的工作量也大（特别是到项目的后期）。

5.7.4　软件质量管理

软件质量就是软件与明确地和隐含地定义的需求相一致的程度，更具体地说，软件质量是软件符合明确地叙述的功能和性能需求、文档中明确描述的开发标准以及所有专业开发的软件都应具有的隐含特征的程度。

从管理角度出发，可以将影响软件质量的因素划分为 3 组，分别反映用户在使用软件产品时的 3 种不同倾向和观点。这 3 组分别是：产品运行、产品修改和产品转移（如图 5-8 所示）。

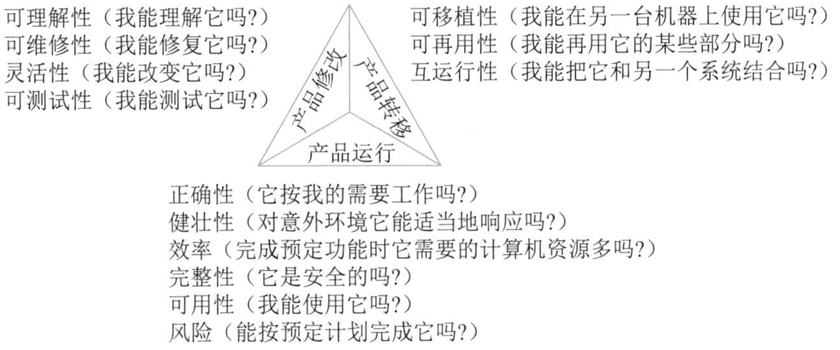

可理解性（我能理解它吗？）　　可移植性（我能在另一台机器上使用它吗？）
可维修性（我能修复它吗？）　　可再用性（我能再用它的某些部分吗？）
灵活性（我能改变它吗？）　　互运行性（我能把它和另一个系统结合吗？）
可测试性（我能测试它吗？）

产品修改　产品转移
产品运行

正确性（它按我的需要工作吗？）
健壮性（对意外环境它能适当地响应吗？）
效率（完成预定功能时它需要的计算机资源多吗？）
完整性（它是安全的吗？）
可用性（我能使用它吗？）
风险（能按预定计划完成它吗？）

图 5-8　影响软件质量的三个主要因素关系图

1. 软件质量保证

软件质量保证（Software Quality Assurance，SQA）是建立一套有计划，有系统的方法，来向管理层保证拟定出的标准、步骤、实践和方法能够正确地被所有项目所采用。软件质量保证的目的是使软件过程对于管理人员来说是可见的。它通过对软件产品和活动进行评审和审计来验证软件是合乎标准的。软件质量保证组在项目开始时就一起参与建立计划、标准和过程。这些使软件项目满足机构方针的要求。

软件质量保证的关注点集中在于一开始就避免缺陷的产生。质量保证的主要目标是：

（1）事前预防工作，例如，着重于缺陷预防而不是缺陷检查。

（2）尽量在刚刚引入缺陷时即将其捕获，而不是让缺陷扩散到下一个阶段。

（3）作用于过程而不是最终产品，因此它有可能会带来广泛的影响与巨大的收益。

（4）贯穿于所有的活动之中，而不是只集中于一点。

软件质量保证的目标是以独立审查的方式，从第三方的角度监控软件开发任务的执行，就软件项目是否正确遵循已制订的计划、标准和规程给开发人员和管理层提供反映产品和过程质量的信息和数据，提高项目透明度，同时辅助软件工程取得高质量的软件产品。

软件质量保证的主要作用是给管理者提供预定义的软件过程的保证，因此 SQA 组织要保证如下内容的实现：选定的开发方法被采用、选定的标准和规程得到采用和遵循、进行独立的审查、偏离标准和规程的问题得到及时的反映和处理、项目定义的每个软件任务得到实际的执行。

软件质量保证的主要任务是以下 3 个方面。

（1）SQA 审计与评审。SQA 审计包括对软件工作产品、软件工具和设备的审计，评价这几项内容是否符合组织规定的标准。SQA 评审的主要任务是保证软件工作组的活动与预定的软件过程一致，确保软件过程在软件产品的生产中得到遵循。

（2）SQA 报告。SQA 人员应记录工作的结果，并写入到报告之中，发布给相关的人员。SQA 报告的发布应遵循三条原则：SQA 和高级管理者之间应有直接沟通的渠道；SQA 报告必须发布给软件工程组，但不必发布给项目管理人员；在可能的情况下向关心软件质量的人发布 SQA 报告。

（3）处理不符合问题。这是 SQA 的一个重要的任务，SQA 人员要对工作过程中发现的问题进行处理及时向有关人员及高级管理者反映。

2. 软件质量认证

质量认证用来检验整个企业的质量水平，注重软件企业的整体资质，全面考察软件企业的整体质量体系，检验该企业是否具有设计、开发和生产符合质量要求的软件的能力。目前国内软件企业主要采用的是 ISO 9000 和能力成熟度模型（Capability Maturity Model，CMM）。

1）ISO 9000

ISO 9000 标准是国际标准化组织（ISO）在 1994 年提出的概念，是指由 ISO/Tc176（国际标准化组织质量管理和质量保证技术委员会）制定的国际标准。ISO 9001 用于证实组织具有提供满足顾客要求和适用法规要求的产品的能力，目的在于增进顾客满意；ISO 9000 不是指一个标准，而是一组标准的统称。软件企业经常采用的是 ISO 9001：1994《品质体系设计、开发、生产、安装的品质保证模式》。

ISO 9001 包括设计、开发、生产、安装和服务等活动的质量保障模式，该标准规定了质量体系的 20 个方面的质量要求，覆盖了全部设计和开发活动。如果软件开发企业能够达到这些要求，表明该企业具备质量保证能力，达到了 ISO 9001 认证。

2）CMM

CMM 是由美国卡内基梅隆大学软件工程研究所 1987 年研制成功的，是软件生产过程标准和软件企业成熟度等级认证标准，我国软件企业大多采用 CMM 认证。有关 CMM 的内容见 5.1.5 节。

5.7.5　软件风险管理

软件项目风险管理是软件项目管理的重要内容。在进行软件项目风险管理时，要辨识风险，评估它们出现的概率及产生的影响，然后建立一个规划来管理风险。风险管理的主要目标是预防风险。软件项目风险是指在软件开发过程中遇到的预算和进度等方面的问题以及这些问题对软件项目的影响。软件项目风险会影响项目计划的实现，如果项目风险变成现实，就有可能影响项目的进度，增加项目的成本，甚至使软件项目不能实现。

美国 Boehm 的软件风险管理体系，把风险管理活动分成风险估计（风险辨识、风险分析、风险排序）和风险控制（风险管理计划、风险处理、风险监督）两大阶段。该体系偏重理论。

美国 Charette 的风险分析和管理体系，把风险分成分析（辨识、估计、评价）和管理（计划、控制、监督）两大阶段。该体系偏重理论，与 Boehm 体系接近。

美国卡内基梅隆大学软件研究所的 CMU-SEI 风险管理体系，包括 SRE、CRM（Continuous Risk Management）、TRM（Team Risk Management）与 CMM 配合的软件风险管理，是基于实践的全面风险管理体系，并将软件需求方作为软件风险管理的要素。

第6章 数据库设计基础知识

本章主要讨论数据库设计的基本概念和方法。首先介绍数据库的基本概念,包括数据库技术的发展历程以及数据模型、数据库管理系统等基本概念;其次介绍主流的关系数据库概念以及关系数据库设计的基础理论方法;然后介绍数据库设计的基本步骤和方法;最后,介绍新型的 No SQL 数据库的基本概念。

6.1 数据库基本概念

数据(Data)是描述事物的符号记录,它具有多种表现形式,可以是文字、图形、图像、声音和语言等。信息(Information)是现实世界事物的存在方式或状态的反映。信息具有可感知、可存储、可加工、可传递和可再生等自然属性,信息已是社会各行各业不可缺少的资源,这也是信息的社会属性。数据是信息的符号表示,而信息是具有特定释义和意义的数据。

数据库系统(DataBase System,DBS)是一个采用了数据库技术,有组织地、动态地存储大量相关联数据,从而方便多用户访问的计算机系统。广义上讲,DBS 包括了数据库管理系统(DataBase Management System,DBMS)。

数据库(DataBase,DB)是统一管理的、长期储存在计算机内的,有组织的相关数据的集合。其特点是数据间联系密切、冗余度小、独立性较高、易扩展,并且可为各类用户共享。一般主要指的是存储数据的各种物理设备以及数据本身。

DBMS 是数据库系统的核心软件,是由一组相互关联的数据集合和一组用以访问这些数据的软件组成。DBMS 要在操作系统的支持下工作,它是一种解决如何科学地组织和储存数据,如何高效地获取和维护数据的系统软件。其主要功能包括数据定义功能、数据操纵功能、数据库的运行管理和数据库的建立与维护。

6.1.1 数据库技术的发展

数据处理是对各种数据进行收集、存储、加工和传播的一系列活动。数据管理是对数据进行分类、组织、编码、存储、检索和维护的活动。数据管理技术的发展经历了 3 个阶段:人工管理、文件系统和数据库系统阶段。

1. 人工管理阶段

早期的数据处理都是通过手工进行的,因为当时的计算机主要用于科学计算。计算机上没有专门管理数据的软件,也没有诸如磁盘之类的设备来存储数据。在人工管理阶段,数据处理具有以下几个特点。

(1)数据量较少。数据和程序一一对应,即一组数据对应一个程序,数据面向应用,独立性很差。

（2）数据不保存。该阶段计算机主要用于科学计算，一般不需要将数据长期保存，只在计算一个题目时，将数据输入计算机，计算完成得到计算结果即可。

（3）没有软件系统对数据进行管理。程序员不仅要规定数据的逻辑结构，而且在程序中还要设计物理结构，包括存储结构、数据存取方法、输入输出方式等。

手工处理数据有两个缺点。

（1）应用程序与数据之间的依赖性太强，不相互独立。

（2）数据组和数据组之间可能有许多重复数据，造成数据冗余。

2. 文件系统阶段

由于大容量的磁盘等辅助存储设备的出现，专门管理辅助存储设备上数据的文件系统应运而生。在文件系统中，按一定的规则将数据组织成为一个文件，应用程序通过文件系统对文件中的数据进行存取和加工。

在文件系统阶段中数据管理的特点如下。

（1）数据可以长期保留，数据的逻辑结构和物理结构有了区别，程序可以按照文件名称访问文件，不必关心数据的物理位置，由文件系统提供存取方法。

（2）数据不属于某个特定的应用，即应用程序和数据之间不再是直接的对应关系，数据可以重复使用。但是文件系统只是简单地存取数据，相互之间并没有有机的联系，即数据存取依赖于应用程序的使用方法，不同的应用程序仍然很难共享同一数据文件。

（3）文件组织形式的多样化，有索引文件、链接文件和 Hash 文件等。但文件之间没有联系，相互独立，数据间的联系要通过程序去构造。

文件系统具有如下缺点。

（1）数据冗余（Data Redundancy）。文件与应用程序密切相关，相同的数据集合在不同的应用程序中使用时，经常需要重复定义、重复存储，数据冗余度大。

（2）数据不一致性（Data Inconsistency）。由于相同数据的重复存储，单独管理，同样的数据可能存在于多个不同的文件中，给数据的修改和维护带来难度，容易造成数据的不一致。

（3）数据孤立（Data Isolation），即数据联系弱。由于数据分散在不同的文件中，而这些文件可能具有不同的文件格式，文件之间是孤立的，所以从整体上看文件之间没有反映现实世界事物之间的内在联系，因此很难对数据进行合理的组织以适应不同应用的需要。

3. 数据库系统阶段

数据库系统是由计算机软件、硬件资源组成的系统，它有组织地、动态地存储大量关联数据，方便多用户访问，它与文件系统重要的区别是数据的充分共享、交叉访问、与应用程序的高度独立性。

数据库系统阶段数据管理的特点如下。

（1）采用复杂的数据模型表示数据结构。数据模型不仅描述数据本身的特点，还描述数据之间的联系。数据不再面向某个应用，而是面向整个应用系统。数据冗余明显减少，实现了数据共享。

（2）有较高的数据独立性。数据库也是以文件方式存储数据的，但是它是数据的一种更高级的组织形式，在应用程序和数据库之间由 DBMS 负责数据的存取。DBMS 对数据的处理方式和文件系统不同，它把所有应用程序中使用的数据以及数据间的联系汇集在一起，以便于应用程序查询和使用。

数据库系统与文件系统的区别是：数据库对数据的存储是按照同一种数据结构进行的，不同的应用程序都可以直接操作这些数据（即对应用程序的高度独立性）。数据库系统对数据的完整性、一致性和安全性都提供了一套有效的管理手段（即数据的充分共享性）。数据库系统还提供管理和控制数据的各种简单操作命令，容易掌握，使用户编写程序简单（即操作方便性）。

6.1.2　数据模型

数据库的基础结构是数据模型，是用来描述数据的一组概念和定义。数据模型的三要素是数据结构、数据操作和数据的约束条件。

（1）数据结构。对象类型的集合，是对系统静态特性的描述。

（2）数据操作。对数据库中各种对象（型）的实例（值）允许执行的操作集合，包括操作及操作规则。如操作有检索、插入、删除和修改，操作规则有优先级等。数据操作是对系统动态特性的描述。

（3）数据的约束条件。是一组完整性规则的集合。也就是说，对于具体的应用数据必须遵循特定的语义约束条件，以保证数据的正确、有效和相容。

按照不同的数据模型，可以将数据库的发展历史分为 3 个阶段。

1. 层次和网状数据库系统

层次模型采用树形结构表示数据与数据间的联系。在层次模型中，每个结点表示一个记录类型（实体），记录之间的联系用结点之间的连线表示，并且根结点以外的其他结点有且仅有一个双亲结点。上层和下一层类型的联系是 1：n 联系（包括 1：1 联系）。

采用网络结构表示数据间联系的数据模型称为网状模型。在网状模型中，允许一个以上的结点无双亲，或者一个结点可以有多于一个的双亲。

网状模型是一个比层次模型更具有普遍性的数据结构，层次模型是网状模型的一个特例。网状模型可以直接地描述现实世界，因为去掉了层次模型的两个限制，允许两个结点之间有多种联系（称之为复合联系）。需要说明的是，网状模型不能表示记录之间的多对多联系，需要引入联结记录来表示多对多联系。

层次或网状模型，底层的数据结构均可用图来表示。二者的共同特点如下。

- 支持三级模式的体系结构；
- 用存取路径来表示数据之间的联系；
- 独立的数据定义语言；
- 导航的数据操纵语言。

2. 关系数据库系统

关系模型（Relation Model）是目前最常用的数据模型之一。关系数据库系统采用关系模型作为数据的组织方式，在关系模型中用表格结构表达实体集以及实体集之间的联系，其最大特色是描述的一致性。关系模型是由若干个关系模式组成的集合。一个关系模式相当于一个记录型，对应于程序设计语言中类型定义的概念。关系是一个实例，也是一张表，对应于程序设计语言中变量的概念。变量的值随时间可能会发生变化，类似地，当关系被更新时，关系实例的内容也发生了变化。

由于关系模型比网状、层次模型更为简单灵活，因此，数据处理领域中，关系数据库的使用已相当普遍。

3. 第三代数据库系统

层次、网状和关系数据库系统的设计目标源于商业事务处理，面对当前层出不穷的新型应用显得力不从心。从 20 世纪 80 年代开始，出现了许多新型应用，数据管理出现了许多新的数据模型，如面向对象模型、语义数据模型、XML 数据模型、半结构化数据模型等。数据模型的发展，需要数据库系统支持日益复杂的数据类型。其中最典型的是 No SQL（Not Only of SQL）运动。

No SQL 一词最早出现于 1998 年，是 Carlo Strozzi 开发的一个轻量、开源、不提供 SQL 功能的关系数据库。2009 年，Last.fm 的 Johan Oskarsson 发起了一次关于分布式开源数据库的讨论，来自 Rackspace 的 Eric Evans 再次提出了 No SQL 的概念，这时的 No SQL 主要指非关系型、分布式、不提供 ACID 的数据库设计模式。2009 年在亚特兰大举行的讨论会是一个里程碑，其口号是 "select fun, profit from real_world where relational=false;"。因此，对 NoSQL 最普遍的解释是 "非关联型的"，强调 Key-Value Stores 和文档数据库的优点，而不是单纯的反对 RDBMS。

随着互联网 Web 2.0 网站的兴起，传统的关系数据库在处理 Web 2.0 网站，特别是超大规模和高并发的 SNS 类型的 Web 2.0 纯动态网站已经显得力不从心，出现了很多难以克服的问题，而非关系型的数据库则由于其本身的特点得到了非常迅速的发展。No SQL 数据库的产生就是为了面对大规模数据集合和多重数据种类带来的挑战，特别是大数据应用难题。

6.1.3　数据库管理系统

DBMS 实现了对共享数据有效地组织、管理和存取，因此 DBMS 应具有如下几个方面的功能及特征。

1. DBMS 功能

DBMS 功能主要包括数据定义、数据库操作、数据库运行管理、数据组织、存储和管理、数据库的建立和维护。

（1）数据定义。

DBMS 提供数据定义语言（Data Definition Language，DDL），可以对数据库的结构进行描述，包括外模式、模式和内模式的定义；数据库的完整性定义；安全保密定义，如口令、级别和存取权限等。这些定义存储在数据字典中，是 DBMS 运行的基本依据。

（2）数据库操作。

DBMS 向用户提供数据操纵语言（Data Manipulation Language，DML），实现对数据库中数据的基本操作，如检索、插入、修改和删除。

（3）数据库运行管理。

数据库在运行期间，多用户环境下的并发控制、安全性检查和存取控制、完整性检查和执行、运行日志的组织管理、事务管理和自动恢复等都是 DBMS 的重要组成部分。这些功能可以保证数据库系统的正常运行。

（4）数据组织、存储和管理。

DBMS 分类组织、存储和管理各种数据，包括数据字典、用户数据和存取路径等。要确定以何种文件结构和存取方式在存储级别上组织这些数据，以提高存取效率。实现数据间的联系、数据组织和存储的基本目标是提高存储空间的利用率。

（5）数据库的建立和维护。

数据库的建立和维护，包括数据库的初始建立、数据的转换、数据库的转储和恢复、数据库的重组和重构、性能监测和分析等。

（6）其他功能。

如 DBMS 与网络中其他软件系统的通信功能，一个 DBMS 与另一个 DBMS 或文件系统的数据转换功能等。

2. DBMS 的特点

通过 DBMS 来管理数据具有如下特点。

（1）数据结构化且统一管理。数据库中的数据由 DBMS 统一管理。由于数据库系统采用数据模型表示数据结构，数据模型不仅描述数据本身的特点，还描述数据之间的联系。数据不再面向某个应用，而是面向整个企业内的所有应用。数据易维护、易扩展，数据冗余明显减少，真正实现了数据的共享。

（2）有较高的数据独立性。数据的独立性是指数据与程序独立，将数据的定义从程序中分离出去，由 DBMS 负责数据的存储，应用程序关心的只是数据的逻辑结构，无须了解数据在磁盘上的存储形式，从而简化应用程序，大大减少应用程序编制的工作量。数据的独立性包括数据的物理独立性和数据的逻辑独立性。

（3）数据控制功能。DBMS 提供了数据控制功能，以适应共享数据的环境。数据控制功能包括对数据库中数据的安全性、完整性、并发和恢复的控制。

- 数据库的安全性（Security）是指保护数据库以防止不合法的使用所造成的数据泄露、更改或破坏。这样，用户只能按规定对数据进行处理，例如，划分了不同的权限，有的用户只有读数据的权限，有的用户有修改数据的权限，用户只能在规定的权限范围内操纵数据库。
- 数据的完整性（Integrality）是指数据库正确性和相容性，是防止合法用户使用数据库时向数据库加入不符合语义的数据。保证数据库中数据是正确的，避免非法的更新。
- 并发控制（concurrency control）是指在多用户共享的系统中，许多用户可能同时对同一数据进行操作。DBMS的并发控制子系统负责协调并发事务的执行，保证数据库的完整性不受破坏，避免用户得到不正确的数据。

● 故障恢复（recovery from failure）。数据库中的常见故障是事务内部故障、系统故障、介质故障及计算机病毒等。故障恢复主要是指恢复数据库本身，即在故障导致数据库状态不一致时，将数据库恢复到某个正确状态或一致状态。恢复的原理非常简单，就是要建立冗余（redundancy）数据。换句话说，确定数据库是否可恢复的方法就是其包含的每一条信息是否都可以利用冗余的存储在别处的信息重构。

6.1.4　数据库三级模式

站在数据库管理系统的角度看，数据库系统一般采用三级模式结构，其体系结构如图 6-1 所示。事实上，一个可用的数据库系统必须能够高效地检索数据。这种高效性的需求促使数据库设计者使用复杂的数据结构来表示数据。由于大多数数据库系统用户并未受过计算机的专业训练，因此系统开发人员需要通过视图层、逻辑层和物理层三个层次上的抽象来对用户屏蔽系统的复杂性，简化用户与系统的交互。

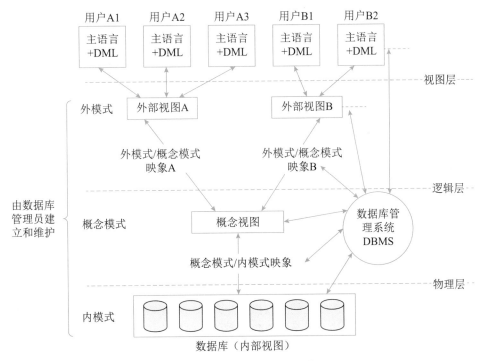

图 6-1　数据库系统体系结构

（1）视图层（View Level）是最高层次的抽象，描述整个数据库的某个部分的数据。因为数据库系统的很多用户并不关心数据库中的所有信息，而只关心所需要的那部分数据。可以通过构建视图层来实现用户的数据需求，这样做不仅使用户与系统交互简化，而且还可以保证数据的保密性和安全性。

（2）逻辑层（Logical Level）是比物理层更高一层的抽象，描述数据库中存储的数据以及这些数据间存在的关系。逻辑层通过相对简单的结构描述了整个数据库。尽管逻辑层简单结构的实现涉及了复杂的物理层结构，但逻辑层的用户不必知道这些复杂性。因为，逻辑层抽象是数据库管理员的职责，管理员确定数据库应保存哪些信息。

（3）物理层（Physical Level）是最低层次的抽象，描述数据在存储器中是如何存储的。物理层详细地描述复杂的底层结构。

实际上，数据库的产品很多，它们支持不同的数据模型，使用不同的数据库语言，建立在不同的操作系统上，而且数据的存储结构也各不相同，但基本上都支持三级模式。

数据库系统采用三级模式结构，这是数据库管理系统内部的系统结构。数据库有"型"和"值"的概念，"型"是指对某一数据的结构和属性的说明，"值"是型的一个具体赋值。

从数据库管理系统的角度，数据库也分为三级模式，分别是外模式、概念模式和内模式。

概念模式也称模式，是数据库中全部数据的逻辑结构和特征的描述，它由若干个概念记录类型组成，只涉及"型"的描述，不涉及具体的值。概念模式的一个具体值称为模式的一个实例，同一个模式可以有很多实例。概念模式反映的是数据库的结构及其联系，所以是相对稳定的；而实例反映的是数据库某一时刻的状态，是相对变动的。

需要说明的是，概念模式不仅要描述概念记录类型，还要描述记录间的联系、操作、数据的完整性和安全性等要求。但是，概念模式不涉及存储结构、访问技术等细节。只有这样，概念模式才算做到了"物理数据独立性"。

外模式也称用户模式或子模式，是用户与数据库系统的接口，是用户需要使用的部分数据的描述。它由若干个外部记录类型组成。用户使用数据操纵语言对数据库进行操作，实际上是对外模式的外部记录进行操作。

内模式也称存储模式，是数据物理结构和存储方式的描述，是数据在数据库内部的表示方式。定义所有的内部记录类型、索引和文件的组织方式，以及数据控制方面的细节。

总之，数据按外模式的描述提供给用户，按内模式的描述存储在磁盘上，而概念模式提供了连接这两极模式的相对稳定的中间观点，并使得两级的任意一级的改变都不受另一级的牵制。

6.2   关系数据库

关系数据库是目前应用非常广泛的数据库之一，有一套完整的理论支持。关系模型是关系数据库的基础，由关系数据结构、关系操作集合和关系完整性规则3部分组成。本节介绍关系模型的基本概念、关系代数、关系演算和关系数据库设计理论方面的内容。

6.2.1   关系数据库基本概念

关系数据库系统是支持关系数据模型的数据库系统。关系数据库应用数学方法来处理数据库中的数据。最早提出将这类方法用于数据处理的是 1962 年 CODASYL 发表的"信息代数"一文，之后 1968 年 David Child 在 7090 机上实现了集合论数据结构，但系统而严格地提出关系模型的是美国 IBM 公司的 E.F.Codd。

1970 年 E.F.Codd 在美国计算机学会会刊 Communication of the ACM 上发表的题为 *A*

Relational Model of Data for Shared Data Banks 的论文，开创了数据库系统的新纪元。此后，他连续发表了多篇论文，奠定了关系数据库的理论基础。

几十年来，关系数据库系统的研究取得了辉煌的成就。关系方法从实验室走向了社会，涌现出许多性能良好的商业化关系数据库管理系统（RDBMS），如著名的 IBM DB2、Oracle、Ingres、SYBASE、Informix 等。数据库的应用领域迅速扩大。

1. 关系的基本术语

（1）属性（Attribute）：在现实世界中，要描述一个事物常常取若干特征来表示。这些特征称为属性。例如学生通过学号、姓名、性别、系别、年龄、籍贯等属性来描述。

（2）域（Domain）：每个属性的取值范围对应一个值的集合，称为该属性的域。例如，学号的域是 6 位整型数；姓名的域是 10 位字符；性别的域为 { 男，女 } 等。一般在关系数据模型中，对域还加了一个限制，即所有的域都应是原子数据（Atomic Data）。例如，整数、字符串是原子数据，而集合、记录、数组是非原子数据。关系数据模型的这种限制称为第一范式（First Normal Form，1NF）条件。但也有些关系数据模型突破了 1NF 的限制。

（3）目或度（Degree）：目或度指的是一个关系中属性的个数。

（4）候选码（Candidate Key）：若关系中的某一属性或属性组的值能唯一的标识一个元组，则称该属性或属性组为候选码。

（5）主码（Primary Key）：或称主键，若一个关系有多个候选码，则选定其中一个作为主码。

（6）主属性（Prime Attribute）：包含在任何候选码中的属性称为主属性。不包含在任何候选码中的属性称为非主属性（Non-Prime Attribute）。

（7）外码（Foreign Key）：如果关系模式 R 中的属性或属性组不是该关系的码，但它是其他关系的码，那么该属性集对关系模式 R 而言是外码。

例如，客户与贷款之间的借贷联系 c-l（<u>c-id</u>，<u>loan-no</u>），属性 c-id 是客户关系中的码，所以 c-id 是外码；属性 loan-no 是贷款关系中的码，所以 loan-no 也是外码。

（8）全码（All-key）：关系模型的所有属性组是这个关系模式的候选码，称为全码。

例如，关系模式 R（T，C，S），属性 T 表示教师，属性 C 表示课程，属性 S 表示学生。假设一个教师可以讲授多门课程，某门课程可以由多个教师讲授，学生可以听不同教师讲授的不同课程，那么，要想区分关系中的每一个元组，这个关系模式 R 的码应为全属性 T、C 和 S，即 ALL-KEY。

（9）笛卡尔积：

【定义 6.1】设 D_1，D_2，D_3,…，D_n 为任意集合，定义 D_1，D_2，D_3,…，D_n 的笛卡尔积为：

$$D_1 \times D_2 \times D_3 \times \cdots \times D_n = \{(d_1, d_2, d_3, \cdots, d_n) \,|\, d_i \in D_i, \ i=1,2,3,\cdots,n\}$$

其中，集合中的每一个元素 $(d_1, d_2, d_3, \cdots, d_n)$ 叫作一个 n 元组（n-tuple，即 n 个属性的元组），元素中的每一个值 d_i 叫作元组一个分量。若 $D_i=(i=1,2,3,\cdots,n)$ 为有限集，其基数（Cardinal Number，元组的个数）为 $m_i(i=1,2,3,\cdots,n)$，则 $D_1 \times D_2 \times D_3 \times \cdots \times D_n$ 的基数 M 为：$M=\prod_{i=1}^{n} m_i$。

2. 关系数据库模式

在数据库中要区分型和值。关系数据库中的型也称为关系数据库模式，是关系数据库结构的描述。它包括若干域的定义以及在这些域上定义的若干关系模式。关系数据库的值是这些关系模式在某一时刻对应的关系的集合，通常称之为关系数据库。

【定义 6.2】关系的描述称为关系模式（Relation Schema）。可以形式化地表示为：

$$R（U, D, dom, F）$$

其中，R 表示关系名；U 是组成该关系的属性名集合；D 是属性的域；dom 是属性向域的映像集合；F 为属性间数据的依赖关系集合。

通常将关系模式简记为：

$$R（U）或 R（A_1, A_2, A_3, \cdots, A_n）$$

其中，R 为关系名，$A_1, A_2, A_3, \cdots, A_n$ 为属性名或域名，属性向域的映像常常直接说明属性的类型、长度。通常在关系模式主属性上加下画线表示该属性为主码属性。

例如：学生关系 S 有学号 Sno、学生姓名 Same、系名 SD、年龄 SA 属性；课程关系 C 有课程号 Cno、课程名 Cname、先修课程号 PCno 属性；学生选课关系 SC 有学号 Sno、课程号 Cno、成绩 Grade 属性。定义关系模式及主码如下（本题未考虑 F 属性间数据的依赖，该问题在后续内容讨论）。

（1）学生关系模式 S（Sno, Sname, SD, SA）。

（2）课程关系模式 C（Cno, Cname, PCno），Dom（PCno）=Cno。这里，PCno 是先行课程号，来自 Cno 域，但由于 PCno 属性名不等于 Cno 值域名，所以要用 Dom 来定义。但是，不能将 Pcno 直接改为 Cno，因为在关系模型中，各列属性必须取相异的名字。

（3）学生选课关系模式 SC（Sno, Cno, Grade）。SC 关系中的 Sno、Cno 又分别为外码。因为它们分别是 S、C 关系中的主码。

3. 关系的完整性约束

完整性规则提供了一种手段来保证当授权用户对数据库做修改时不会破坏数据的一致性。因此，完整性规则防止的是对数据的意外破坏。关系模型的完整性规则是对关系的某种约束条件。例如，若某企业实验室管理员的基本薪资小于 2000 元，则可用完整性规则来进行约束。

关系的完整性约束共分为 3 类：实体完整性、参照完整性（也称引用完整性）和用户定义完整性。

（1）实体完整性（Entity Integrity）。实体完整性规则要求每个数据表都必须有主键，而作为主键的所有字段，其属性必须是唯一且非空值。

（2）参照完整性（Referential Integrity）。现实世界中的实体之间往往存在某种联系，在关系模型中实体及实体间的联系是用关系来描述的，这样自然就存在着关系与关系间的引用。

参照完整性规定：若 F 是基本关系 R 的外码，它与基本关系 S 的主码 Ks 相对应（基本关系 R 和 S 不一定是不同的关系），则对于 R 中每个元组在 F 上的值或者取空值（F 的每个属性值均为空值），或者等于 S 中某个元组的主码值。

例如，某企业员工 Emp 关系模式和部门 Dept 关系模式表示如下：

Emp（<u>员工号</u>，姓名，性别，参加工作时间，<u>部门号</u>）

Dept（<u>部门号</u>，名称，电话，负责人）

Emp 和 Dept 关系存在着属性的引用，即员工关系中的"部门号"值必须是确实存在的部门的部门号。按照关系的完整性规则，员工关系中的"部门号"属性取值要参照部门关系的"部门号"属性取值。如果新入职的员工还未分配具体的部门，那么部门号取空值。

注意：本书若在关系模式主属性上加实下画线，通常表示该属性为主码属性；如果在关系模式属性上加虚下画线，通常表示该属性为**外码属性**。

（3）用户定义完整性（User Defined Integrity）。就是针对某一具体的关系数据库的约束条件，反映某一具体应用所涉及的数据必须满足的语义要求，由应用的环境决定。例如，银行的用户账户规定必须大于等于 100 000，小于 999 999。

6.2.2　关系运算

关系操作的特点是操作对象和操作结果都是集合。

关系代数运算符有 4 类：集合运算符、专门的关系运算符、算术比较符和逻辑运算符。根据运算符的不同，关系代数运算可分为传统的集合运算和专门的关系运算。传统的集合运算是从关系的水平方向进行的，包括并、交、差及广义笛卡儿积。专门的关系运算既可以从关系的水平方向进行运算，又可以向关系的垂直方向运算，包括选择、投影、连接以及除法，如表 6-1 所示。

表 6-1　关系代数运算符

运算符		含义	运算符	含义
集合运算符	$\cup$ $-$ $\cap$ $\times$	并 差 交 笛卡儿积	比较运算符	$>$ $\geqslant$ $<$ $\leqslant$ $=$ $\neq$	大于 大于等于 小于 小于等于 等于 不等于
专门的关系运算符	σ π $\bowtie$ $\div$	选择 投影 连接 除	逻辑运算符	$\neg$ $\wedge$ $\vee$	非 与 或

5 种基本的关系代数运算包括并、差、笛卡尔积、投影和选择，其他运算可以通过基本的关系运算导出。

1. 并（Union）

关系 R 与 S 具有相同的关系模式，即 R 与 S 的元数相同（结构相同）。关系 R 与 S 的并由属于 R 或属于 S 的元组构成的集合组成，记作 $R \cup S$，其形式定义如下，式中 t 为元组变量。

$$R \cup S = \{t \mid t \in R \vee t \in S\}$$

2. 差（Difference）

关系 R 与 S 具有相同的关系模式，关系 R 与 S 的差是由属于 R 但不属于 S 的元组构成的集合，记作 $R-S$，其形式定义如下：

$$R-S = \{t \mid t \in R \wedge t \notin S\}$$

3. 广义笛卡尔积（Extended Cartesian Product）

两个元数分别为 n 目和 m 目的关系 R 和 S 的广义笛卡尔积是一个（$n+m$）列的元组的集合。元组的前 n 列是关系 R 的一个元组，后 m 列是关系 S 的一个元组，记作 $R \times S$，其形式定义如下：

$$R \times S = \{t \mid t = <t^n, t^m> \wedge t^n \in R \wedge t^m \in S\}$$

如果 R 和 S 中有相同的属性名，可在属性名前加关系名作为限定，以示区别。若 R 有 K_1 个元组，S 有 K_2 个元组，则 R 和 S 的广义笛卡尔积有 $K_1 \times K_2$ 个元组。

注意：本书中的 $<t^n, t^m>$ 意为元组 t^n 和 t^m 拼接成的一个元组。

4. 投影（Projection）

投影运算是从关系的垂直方向进行运算，在关系 R 中选择出若干属性列 A 组成新的关系，记作 $\pi_A(R)$，其形式定义如下：

$$\pi_A(R) = \{t[A] \mid t \in R\}$$

5. 选择（Selection）

选择运算是从关系的水平方向进行运算，是从关系 R 中选择满足给定条件的诸元组，记作 $\sigma_F(R)$，其形式定义如下：

$$\sigma_F(R) = \{t \mid t \in R \wedge F(t) = \text{True}\}$$

其中，F 中的运算对象是属性名（或列的序号）或常数，由运算符、算术比较符（$<$、$\leqslant$、$>$、$\geqslant$、$\neq$）和逻辑运算符（$\wedge$、$\vee$、$\neg$）构成。例如，$\sigma_{1 \geqslant 6}(R)$ 表示选取 R 关系中第 1 个属性值大于等于第 6 个属性值的元组；$\sigma_{1 > '6'}(R)$ 表示选取 R 关系中第 1 个属性值大于等于 6 的元组。

扩展的关系运算可以从基本的关系运算中导出，主要包括：选择、投影、连接、除法、广义笛卡尔积、外连接。

6. 交（Intersection）

关系 R 与 S 具有相同的关系模式，关系 R 与 S 的交是由属于 R 同时又属于 S 的元组构成的集合，关系 R 与 S 的交可记为 $R \cap S$，其形式定义如下：

$$R \cap S = \{t \mid t \in R \wedge t \in S\}$$

显然，$R \cap S = R - (R - S)$，或者 $R \cap S = S - (S - R)$。

7. 连接（Join）

连接分为 θ 连接、等值连接及自然连接 3 种。连接运算是从两个关系 R 和 S 的笛卡尔积中选取满足条件的元组。因此，可以认为笛卡尔积是无条件连接，其他的连接操作是有条件连接。下面分述如下。

1）θ 连接

θ 连接是从 R 与 S 的笛卡尔积中选取属性满足一定条件的元组。其形式定义如下：

$$R \underset{X\theta Y}{\bowtie} S = \left\{ t \mid t = <t^n, t^m> \wedge t^n \in R \wedge t^m \in S \wedge t^n[X]\theta t^m[Y] \right\}$$

其中：'$X\theta Y$' 为连接的条件，θ 是比较运算符，X 和 Y 分别为 R 和 S 上度数相等，且可比的属性组。$t^n[X]$ 表示 R 中 t^n 元组的相应于属性 X 的一个分量。$t^m[Y]$ 表示 S 中 t^m 元组的相应于属性 Y 的一个分量。需要说明的是：

（1）θ 连接也可以表示为：

$$R \underset{i\theta j}{\bowtie} S = \left\{ t \mid t = <t^n, t^m> \wedge t^n \in R \wedge t^m \in S \wedge t^n[i]\theta t^m[j] \right\}$$

其中：$i = 1, 2, 3, \cdots, n$，$j = 1, 2, 3, \cdots, m$，'$i\theta j$' 的含义为从两个关系 R 和 S 中选取 R 的第 i 列和 S 的第 j 列之间满足 θ 运算的元组进行连接。

（2）θ 连接可以由基本的关系运算笛卡尔积和选取运算导出。因此 θ 连接可表示为：

$$R \underset{X\theta Y}{\bowtie} S = \sigma_{X\theta Y}\left(R \times S \right) \text{ 或 } R \underset{i\theta j}{\bowtie} S = \sigma_{i\theta(i+j)}\left(R \times S \right)$$

2）等值连接（Equijoin）

当 θ 为 "=" 时，称之为等值连接，记为 $R \underset{X=Y}{\bowtie} S$。其形式定义如下：

$$R \underset{X=Y}{\bowtie} S = \left\{ t \mid t = <t^n, t^m> \wedge t^n \in R \wedge t^m \in S \wedge t^n[X] = t^m[Y] \right\}$$

3）自然连接（Natural Join）是一种特殊的等值连接，它要求两个关系中进行比较的分量必须是相同的属性组，并且在结果集中将重复属性列去掉。

若 t^n 表示 R 关系的元组变量，t^m 表示 S 关系的元组变量；R 和 S 具有相同的属性组 B，且 $B = \left(B_1, B_2, \cdots, B_K\right)$；并假定 R 关系的属性为 $A_1, A_2, \cdots, A_{n-k}, B_1, B_2, \cdots, B_k$，$S$ 关系的属性为 $B_1, B_2, \cdots, B_K, B_{K+1}, B_{K+2}, \cdots, B_m$；为 S 的元组变量 t^m 去掉重复属性 B 所组成的新的元组变量为 t^{m^*}。自然连接可以记为 $R \bowtie S$，其形式定义如下：

$$R \bowtie S = \left\{ t \mid t = <t^n, t^{m^*}> \wedge t^n \in R \wedge t^m \in S \wedge R.B_1 = S.B_1 \wedge R.B_2 = S.B_2 \wedge \cdots \wedge R.B_n = S.B_n \right\}$$

自然连接可以由基本的关系运算笛卡尔积和选取运算导出，因此自然连接可表示为：

$$R \bowtie S = \prod_{A_1, A_2, \cdots, A_{n-k}, R.B_1, R.B_2 \cdots, R.B_K, B_{K+1}, B_{K+2}, \cdots, B_m} \left(\sigma_{R.B_1 = S.B_1 \wedge R.B_2 = S.B_2 \wedge \cdots \wedge R.B_k = S.B_k} \left(R \times S \right) \right)$$

特别需要说明的是：一般连接是从关系的水平方向运算，而自然连接不仅要从关系的水平方向，而且也要从关系的垂直方向运算。因为自然连接要去掉重复属性，如果没有重复属性，那么自然连接就转化为笛卡儿积。

8. 除（Division）

除运算同时从关系的水平方向和垂直方向进行运算。给定关系 $R(X,Y)$ 和 $S(Y,Z)$，X、Y、Z 为属性组。$R \div S$ 应当满足元组在 X 上的分量值 x 的象集 Y_x 包含关系 S 在属性组 Y 上投影的集合。其形式定义如下：

$$R \div S = \left\{ t^n[X] \mid t^n \in R \land \pi_y(S) \subseteq Y_x \right\}$$

其中：Y_x 为 x 在 R 中的象集，$x = t^n[X]$。且 $R \div S$ 的结果集的属性组为 X。

9. 广义投影（Generalized Projection）

广义投影运算允许在投影列表中使用算术运算，实现了对投影运算的扩充。

若有关系 R，条件 $F_1, F_2, \cdots, F_n$ 中的每一个都是涉及 R 中常量和属性的算术表达式，那么广义投影运算的形式定义为：$\pi_{F_1, F_2, \cdots, F_n}(R)$。

10. 外连接（Outer Jion）

外连接运算是连接运算的扩展，可以处理缺失的信息。外连接运算有三种：左外连接、右外连接和全外连接。

①左外连接（Left Outer Jion）⟖

左外连接：取出左侧关系中所有与右侧关系中任一元组都不匹配的元组，用空值 null 充填所有来自右侧关系的属性，构成新的元组，将其加入自然连接的结果中。

② 右外连接（Right Outer Jion）⟕

右外连接：取出右侧关系中所有与左侧关系中任一元组都不匹配的元组，用空值 null 填充所有来自左侧关系的属性，构成新的元组，将其加入自然连接的结果中。

③全外连接（Full Outer Jion）⟗

全外连接：完成左外连接和右外连接的操作。即填充左侧关系中所有与右侧关系中任一元组都不匹配的元组，又填充右侧关系中所有与左侧关系中任一元组都不匹配的元组，将产生的新元组加入自然连接的结果中。

11. 聚集函数

聚集运算是关系代数运算中的一个非常重要的扩展。聚集函数输入一个值的集合，返回单一值作为结果。例如，集合 {2,4,6,8,10,15}。将聚集函数 sum 用于该集合时返回和 45；将聚集函数 avg 用于该集合时返回平均值 7.5；将聚集函数 count 用于该集合时返回集合中元数的个数 6；将聚集函数 min 用于该集合时返回最小值 2；将聚集函数 max 用于该集合时返回最大值 15。

需要说明的是，使用聚集函数的集合中，一个值可以出现多次，值出现的顺序是无关紧要的，这样的集合称之为多重集。集合是多重集的一个特例，其中每个值都只出现一次。

但是，有时在计算聚集函数前必须去掉重复值，此时可以将 distinct 用连接符附加在函数名后，如 count-distinct。

6.2.3　关系数据库设计基本理论

关系数据理论是指导数据库设计的基础，关系数据库设计是数据库语义学的问题。要保证构造的关系既能准确地反应现实世界，又有利于应用和具体的操作。关系数据库设计的目标是生成一组合适的、性能良好的关系模式，以减少系统中信息存储的冗余度，但又可以方便地获取信息。

1. 函数依赖

数据依赖是通过一个关系中属性间值的相等与否体现出来的数据间的相互关系，是现实世界属性间联系和约束的抽象，是数据内在的性质，是语义的体现。函数依赖则是一种最重要、最基本的数据依赖。

【定义 6.3】设 R（U）是属性集 U 上的关系模式，X、Y 是 U 的子集。若对 R（U）的任何一个可能的关系 r，r 中不可能存在两个元组在 X 上的属性值相等，而在 Y 上的属性值不等，则称 X 函数决定 Y 或 Y 函数依赖于 X，记作：$X \rightarrow Y$。

如果 $X \rightarrow Y$，但 $Y \nsubseteq X$，则称 $X \rightarrow Y$ 是非平凡的函数依赖。一般情况下总是讨论非平凡的函数依赖。

如果 $X \rightarrow Y$，但 $Y \subseteq X$，则称 $X \rightarrow Y$ 是平凡的函数依赖。

注意：函数依赖 $X \rightarrow Y$ 的定义要求关系模式 R 的任何可能的 r 都满足上述条件。因此不能仅考察关系模式 R 在某一时刻的关系 r，就断定某函数依赖成立。

例如，关系模式 Student（Sno，Sname，SD，Sage，Sex）可能在某一时刻，Student 的关系 r 中每个学生的年龄都不同，也就是说没有两个元组在 Sage 属性上取值相同，而在 Sno 属性上取值不同，但我们决不可据此就断定 Sage $\rightarrow$ Sno。很有可能在某一时刻，Student 的关系 r 中有两个元组在 Sage 属性上取值相同，而在 Sno 属性上取值不同。

函数依赖是语义范畴的概念，我们只能根据语义来确定函数依赖。例如，在没有同名的情况下，Sname $\rightarrow$ Sage，而在允许同名的情况下，这个函数依赖就不成立了。

【定义 6.4】在 R（U）中，如果 $X \rightarrow Y$，并且对于 X 的任何一个真子集 X'，都有 X' 不能决定 Y，则称 Y 对 X 完全函数依赖，记作：$X \xrightarrow{\;f\;} Y$。如果 $X \rightarrow Y$，但 Y 不完全函数依赖于 X，则称 Y 对 X 部分函数依赖，记作：$X \xrightarrow{\;P\;} Y$。部分函数依赖也称作局部函数依赖。

例如：给定一个学生选课关系 SC（Sno，Cno，G），我们可以得到 $F=\{$（Sno，Cno）$\rightarrow G\}$，对（Sno，Cno）中的任何一个真子集 Sno 或 Cno 都不能决定 G，所以，G 完全依赖于 Sno，Cno。

【定义 6.5】在 R（U，F）中，如果 $X \rightarrow Y$，$Y \nsubseteq X$，$Y \nrightarrow X$，$Y \rightarrow Z$，则称 Z 对 X 传递依赖。

2. 多值依赖

【定义 6.6】若关系模式 R（U）中，X、Y、Z 是 U 的子集，并且 $Z=U-X-Y$。当且仅当对 R（U）的任何一个关系 r，给定一对（x，z）值，有一组 Y 的值，这组值只由 x 值决定而与 z 值无关，则称"Y 多值依赖于 X"或"X 多值决定 Y"成立。记为：$X \rightarrow \rightarrow Y$。

多值依赖具有以下 6 条性质：

● 多值依赖具有对称性。即若 $X \rightarrow \rightarrow Y$，则 $X \rightarrow \rightarrow Z$，其中 $Z=U-X-Y$。

- 多值依赖具有传递性。即若$X \rightarrow\rightarrow Y$，$Y \rightarrow\rightarrow Z$，则$X \rightarrow\rightarrow Z\text{-}Y$。
- 函数依赖可以看成是多值依赖的特殊情况。
- 若$X \rightarrow\rightarrow Y$，$X \rightarrow\rightarrow Z$，则$X \rightarrow\rightarrow YZ$。
- 若$X \rightarrow\rightarrow Y$，$X \rightarrow\rightarrow Z$，则$X \rightarrow\rightarrow Y \cap Z$。
- 若$X \rightarrow\rightarrow Y$，$X \rightarrow\rightarrow Z$，则$X \rightarrow\rightarrow Z\text{-}Y$。

3. 规范化

关系数据库设计的方法之一就是设计满足适当范式的模式，通常可以通过判断分解后的模式达到几范式来评价模式规范化的程度。范式有：1NF、2NF、3NF、BCNF、4NF 和 5NF，其中 1NF 级别最低。这几种范式之间 1NF$\supseteq$2NF$\supseteq$3NF$\supseteq$BCNF$\supseteq$4NF$\supseteq$5NF 成立。

通过分解，可以将一个低一级范式的关系模式转换成若干个高一级范式的关系模式，这种过程叫作规范化。下面将给出 1NF 到 4NF 的定义。

1）1NF

【定义 6.7】若关系模式 R 的每一个分量都是不可再分的数据项，则关系模式 R 属于第一范式。记为 R$\in$1NF。

例如，供应者和它所提供的零件信息，关系模式 FIRST 和函数依赖集 F 如下：

FIRST（Sno，Sname，Status，City，Pno，Qty）

F={ Sno $\rightarrow$ Sname，Sno $\rightarrow$ Status，Status $\rightarrow$ City，（Sno，Pno）$\rightarrow$ Qty}

对具体的关系 FIRST 如表 6-2 所示。从表 6-2 中可以看出，每一个分量都是不可再分的数据项，所以是 1NF 的。但是，1NF 存在 4 个问题。

表 6-2　FITST

Sno	Sname	Status	City	Pno	Qty
S1	精益	20	天津	P1	200
S1	精益	20	天津	P2	300
S1	精益	20	天津	P3	480
S2	盛锡	10	北京	P2	168
S2	盛锡	10	北京	P3	500
S3	东方红	30	北京	P1	300
S3	东方红	30	北京	P2	280
S4	泰达	40	上海	P2	460

（1）冗余度大。例如每个供应者的 Sno、Sname、Status、City 要与其供应的零件的种类一样多。

（2）引起修改操作的不一致性。例如供应者 S1 从"天津"搬到"上海"，若不注意，会使一些数据被修改，另一些数据未被修改，导致数据修改的不一致性。

（3）插入异常。关系模式 FRIST 的主码为 Sno、Pno，按照关系模式实体完整性规定主码不能取空值或部分取空值。这样，当某个供应者的某些信息未提供时（如 Pno），则不能进行插入操作，这就是所谓的插入异常。

（4）删除异常。若供应商 S4 的 P2 零件销售完了，并且以后不再销售 P2 零件，那么应删除该元组。这样，在基本关系 FIRST 找不到 S4，可 S4 又是客观存在的。

正因为上述 4 个原因，所以要对模式进行分解，并引入了 2NF。

2）2NF

【定义 6.8】若关系模式 $R \in$ 1NF，且每一个非主属性完全依赖于码，则关系模式 $R \in$ 2NF。

换句话说，当 1NF 消除了非主属性对码的部分函数依赖，则称为 2NF。

例如：FIRST 关系中的码是 Sno、Pno，而 Sno → Status，因此非主属性 Status 部分函数依赖于码，故非 2NF 的。

若此时，将 FIRST 关系分解为：

$FIRST_1$（Sno，Sname，Status，City）$\in$ 2NF

$FIRST_2$（Sno，Pno，Qty）$\in$ 2NF

因为分解后的关系模式 $FIRST_1$ 的码为 Sno，非主属性 Sname、Status、City 完全依赖于码 Sno，所以属于 2NF；关系模式 $FIRST_2$ 的码为 Sno、Pno，非主属性 Qty 完全依赖于码，所以也属于 2NF。

3）3NF

【定义 6.9】若关系模式 R（U，F）中不存在这样的码 X，属性组 Y 及非主属性 Z（$Z \nsubseteq Y$）使得 $X \rightarrow Y$，（$Y \nrightarrow X$）$Y \rightarrow Z$ 成立，则关系模式 $R \in$ 3NF。

即当 2NF 消除了非主属性对码的传递函数依赖，则称为 3NF。

例如：$FIRST_1 \notin$ 3NF，因为在分解后的关系模式 $FIRST_1$ 中有 Sno → Status，Status → City，存在着非主属性 City 传递依赖于码 Sno。若此时将 $FIRST_1$ 继续分解为：

$FIRST_{11}$（Sno，Sname，Status）$\in$ 3NF

$FIRST_{12}$（Status，City）$\in$ 3NF

通过上述分解，数据库模式 FIRST 转换为 $FIRST_{11}$（Sno，Sname，Status），$FIRST_{12}$（Status，City），$FIRST_2$（Sno，Pno，Qty）3 个子模式。由于这 3 个子模式都达到了 3NF，因此称分解后的数据库模式达到了 3NF。

可以证明，3NF 的模式必是 2NF 的模式。产生冗余和异常的两个重要原因是部分依赖和传递依赖。因为 3NF 模式中不存在非主属性对码的部分函数依赖和传递函数依赖，所以具有较好的性能。对于非 3NF 的 1NF、2NF 来说，其性能弱，一般不宜作为数据库模式，通常要将它们变换成为 3NF 或更高级别的范式，这种变换过程称为"关系模式的规范化处理"。

4）BCNF（Boyce Codd Normal Form，巴克斯范式）

【定义 6.10】关系模式 $R \in$ 1NF，若 $X \rightarrow Y$ 且 $Y \nsubseteq X$ 时，X 必含有码，则关系模式 $R \in$ BCNF。

也就是说，当 3NF 消除了主属性对码的部分函数依赖和传递函数依赖，则称为 BCNF。

结论：一个满足 BCNF 的关系模式，应有如下性质：

（1）所有非主属性对每一个码都是完全函数依赖；

（2）所有非主属性对每一个不包含它的码，也是完全函数依赖；

（3）没有任何属性完全函数依赖于非码的任何一组属性。

例如，设 R（Pno，Pname，Mname）的属性分别表示零件号、零件名和厂商名，如果约定，每种零件号只有一个零件名，但不同的零件号可以有相同的零件名；每种零件可以有多个厂商生产，但每家厂商生产的零件应有不同的零件名。这样我们可以得到如下一组函数依赖：

Pno → Pname，（Pname，Mname）→ Pno

由于该关系模式 R 中的候选码为（Pname，Mname）或（Pno，Mname），因而关系模式 R 的属性都是主属性，不存在非主属性对码的传递依赖，所以 R 是 3NF 的。但是，主属性 Pname 传递依赖于码（Pname，Mname），因此 R 不是 BCNF 的。当一种零件由多个生产厂家生产时，零件名与零件号间的联系将多次重复，带来冗余和操作异常现象。若将 R 分解成：

R1（Pno，Pname）和 R2（Pno，Mname）

就可以解决上述问题，并且分解后的关系模式 R1、R2 都属于 BCNF。

5）4NF

【定义 6.11】关系模式 $R \in$ 1NF，若对于 R 的每个非平凡多值依赖 $X \rightarrow\rightarrow Y$ 且 $Y \nsubseteq X$ 时，X 必含有码，则关系模式 $R(U,F) \in$ 4NF。

4NF 是限制关系模式的属性间不允许有非平凡且非函数依赖的多值依赖。

注意：如果只考虑函数依赖，关系模式最高的规范化程度是 BCNF；如果考虑多值依赖，关系模式最高的规范化程度是 4NF。

6.3 数据库设计

数据库设计的任务是针对一个给定的应用环境，在给定的硬件环境和操作系统及数据库管理系统等软件环境下，创建一个性能良好的数据库模式，建立数据库及其应用系统，使之能有效地存储和管理数据，满足各类用户的需求。

数据库设计（Database Design）属于系统设计的范畴。通常把使用数据库的系统统称为数据库应用系统，把对数据库应用系统的设计简称为数据库设计。目前主流的数据库系统多数为关系数据库系统，所以本节的论述基本是关系数据库的设计。

6.3.1 数据库设计的基本步骤

多年来，人们提出了多种数据库设计方法，多种设计准则和规范。但考虑数据库和应用系统开发全过程，一般将数据库设计分为如下 6 个阶段。

（1）用户需求分析。数据库设计人员采用一定的辅助工具对应用对象的功能、性能、限制等要求进行科学的分析。

（2）概念结构设计。概念结构设计是对信息分析和定义，如视图模型化、视图分析和汇总。对应用对象精确地抽象、概括而形成独立于计算机系统的企业信息模型。描述概念模型的较理想的工具是 E-R 图。

（3）逻辑结构设计。将抽象的概念模型转化为与选用的 DBMS 产品所支持的数据模型相符合的逻辑模型，它是物理结构设计的基础。包括模式初始设计、子模式设计、应用程序设计、模式评价以及模式求精。

（4）物理结构设计。是逻辑模型在计算机中的具体实现方案。

（5）数据库实施阶段。数据库设计人员根据逻辑设计和物理设计阶段的结果建立数据库，编制与调试应用程序，组织数据入库，并进行试运行。

（6）数据库运行和维护阶段。数据库应用系统经过试运行即可投入运行，但该阶段需要不断地对系统进行评价、调整与修改。

6.3.2　数据需求分析

数据需求分析是在项目确定之后，用户和设计人员对数据库应用系统所要涉及的内容（数据）和功能（行为）的整理和描述，是以用户的角度来认识系统。这一过程是后续开发的基础，因为逻辑设计、物理设计以及应用程序的设计都会以此为依据。

需求分析阶段的任务：综合各个用户的应用需求，对现实世界要处理的对象（组织、部门和企业等）进行详细调查，在了解现行系统的概况，确定新系统功能的过程中，收集支持系统目标的基础数据及处理方法。

参与需求分析的主要人员是分析人员和用户，由于数据库应用系统是面向企业和部门的具体业务，分析人员一般并不了解，而同样用户也不会具有系统分析的能力，这就需要双方进行有效的沟通，使得设计人员对用户的各项业务了解和熟悉，进行分析和加工，将用户眼中的业务转换成为设计人员所需要的信息组织。

分析和表达用户需求的方法主要包括自顶向下和自底向上两类方法。自顶向下的结构化分析（Structured Analysis，SA）方法从最上层的系统组织机构入手，采用逐层分解的方式分析系统，并把每一层用数据流图和数据字典描述。需求分析的重点是调查组织机构情况、调查各部门的业务活动情况、协助用户明确对新系统的各种要求、确定新系统的边界，以此获得用户对系统的如下要求。

（1）信息要求。用户需要在系统中保存哪些信息，由这些保存的信息要得到什么样的信息，这些信息以及信息间应当满足的完整性要求。

（2）处理要求。用户在系统中要实现什么样的操作功能，对保存信息的处理过程和方式，各种操作处理的频度、响应时间要求、处理方式等以及处理过程中的安全性要求和完整性要求。

（3）系统要求。包括安全性要求、使用方式要求和可扩充性要求。安全性要求：系统有几种用户使用，每一种用户的使用权限如何。使用方式要求：用户的使用环境是什么，平均有多少用户同时使用，最高峰时有多少用户同时使用，有无查询相应的时间要求等。可扩充性要求：对未来功能、性能和应用访问的可扩充性的要求。

6.3.3　概念结构设计

概念结构设计的目标是产生反映系统信息需求的数据库概念结构，即概念模式。概念结构是独立于支持数据库的 DBMS 和使用的硬件环境的。此时，设计人员从用户的角度看待数据以及数据处理的要求和约束，产生一个反映用户观点的概念模式，然后再把概念模式转换为逻辑模式。

概念结构设计最著名最常用的方法是 P.P.S Chen 于 1976 年提出的实体 - 联系方法（Entity-Relationship Approach），简称 E-R 方法。它采用 E-R 模型将现实世界的信息结构统一由实体、属性，以及实体之间的联系来描述。使用 E-R 方法，对现实事物加以抽象认识，以 E-R 图的形式描述出来。对现实事物抽象认识的 3 种方法分别是分类、聚集和概括。分类（Classification）：对现实世界的事物，按照其具有的共同特征和行为，定义一种类型。聚集（Aggregation）：定义某一类型所具有的属性。概括（Generalization）：由一种已知类型定义新的类型。通常把已知类型称为超类（Superclass），新定义的类型称为子类（Subclass）。子类是超类的一个子集，即 "is subset of"，例如，研究生是学生的一个子集。

E-R 图的设计要依照上述的抽象机制，对需求分析阶段所得到的数据进行分类、聚集和概括，确定实体、属性和联系。概念结构设计工作步骤包括：选择局部应用、逐一设计分 E-R 图和 E-R 图合并。

1. 选择局部应用

需求分析阶段会得到大量的数据，这些数据分散杂乱，许多数据应用于不同的处理，数据与数据之间的关联关系也较为复杂，要最终确定实体、属性和联系，就必须根据数据流图这一线索，理清数据。

数据流图是对业务处理过程从高层到底层的一级级抽象，高层抽象流图一般反映系统的概貌，对数据的引用较为笼统，而底层又可能过于细致，不能体现数据的关联关系，因此要选择适当层次的数据流图，让这一层的每一部分对应一个局部应用，实现某一项功能。从这一层入手，就能很好地设计分 E-R 图。

2. 逐一设计分 E-R 图

划分好各个局部应用之后，就要对每一个局部应用逐一设计分 E-R 图，又称为局部 E-R 图。

对于每一局部应用，其所用到的数据都应该收集在数据字典中了，依照该局部应用的数据流图，从数据字典中提取出数据，使用抽象机制，确定局部应用中的实体、实体的属性、实体标识符及实体间的联系和其类型。

事实上，在形成数据字典的过程中，数据结构、数据流和数据存储都是根据现实事物来确定的，因此都已经基本上对应了实体及其属性，以此为基础，加以适当调整，增加联系及其类型，就可以设计分 E-R 图。

3. E-R 图合并

根据局部应用设计好各局部 E-R 图之后，就可以对各分 E-R 图进行合并。合并的目的在于在合并过程中解决分 E-R 图中相互间存在的冲突，消除在分 E-R 图之间存在的信息冗余，使之成为能够被全系统所有用户共同理解和接受的统一的、精炼的全局概念模型。

合并的方法是将具有相同实体的两个或多个 E-R 图合二为一，在合成后的 E-R 图中把相同实体用一个实体表示，合成后的实体的属性是所有分 E-R 图中该实体的属性的并集，并以此实体为中心，并入其他所有分 E-R 图。再把合成后的 E-R 图以分 E-R 图看待，合并剩余的分 E-R 图，直至所有的 E-R 图全部合并，就构成一张全局 E-R 图。

注意分 E-R 图进行合并时，它们之间存在的冲突主要有以下 3 类。

（1）属性冲突。同一属性可能会存在于不同的分 E-R 图中，由于设计人员不同或是出发点不同，对属性的类型、取值范围、数据单位等可能会不一致，这些属性数据将来只能以一种形式在计算机中存储，这就需要在设计阶段进行统一。

（2）命名冲突。相同意义的属性，在不同的分 E-R 图上有着不同的命名，或是名称相同的属性在不同的分 E-R 图中代表着不同的意义，这些也需要进行统一。

（3）结构冲突。同一实体在不同的分 E-R 图中有不同的属性，同一对象在某一分 E-R 图中被抽象为实体而在另一分 E-R 图中又被抽象为属性。对于这种结构冲突问题需要统一。

分 E-R 图的合并过程中要对其进行优化，具体可以从以下几个方面实现。

（1）实体类型的合并。两个具有 1∶1 联系或 1∶* 联系的实体，可以予以合并，使实体个数减少，有利于减少将来数据库操作过程中的连接开销。

（2）冗余属性的消除。一般在各分 E-R 图中的属性是不存在冗余的，但合并后就可能出现冗余。因为合并后的 E-R 图中的实体继承了合并前该实体在分 E-R 图中的全部属性，属性间就可能存在冗余，即某一属性可以由其他属性确定。

（3）冗余联系的消除。在分 E-R 图合并过程中，可能会出现实体联系的环状结构，即某一实体 A 与另一实体 B 有直接联系，同时 A 又通过其他实体与实体 B 发生间接联系，通常直接联系可以通过间接联系所表达，可消除直接联系。

6.3.4　逻辑结构设计

逻辑结构设计即是在概念结构设计的基础上进行数据模型设计，可以是层次模型、网状模型和关系模型。逻辑结构设计阶段的主要工作步骤包括确定数据模型、将 E-R 图转换成为指定的数据模型、确定完整性约束和确定用户视图。

1. E-R 图转换为关系模式

E-R 图方法所得到的全局概念模型是对信息世界的描述，并不适用于计算机处理，为适合关系数据库系统的处理，必须将 E-R 图转换为关系模式。E-R 图是由实体、属性和联系三要素构成的，而关系模型中只有唯一的结构——关系模式，通常采用下述方法加以转换。

（1）将 E-R 图中的实体逐一转换成为一个关系模式，实体名对应关系模式的名称，实体的属性转换为关系模式的属性，实体标识符就是关系的码。

（2）E-R 图中的联系有 3 种：一对一联系（1∶1）、一对多联系（1∶*）和多对多联系（*∶*），针对这 3 种不同的联系，转换方法如下。

- 一对一联系的转换。通常一对一联系不需要将其转换为一个独立的关系模式，只需要将联系归并到关联的两个实体的任一方，给待归并的一方实体属性集中增加另一方实体的码和该联系的属性即可，归并后的实体码保持不变。

- 一对多联系的转换。通常一对多联系也不需要将其转换为一个独立的关系模式，只需要将联系归并到关联的两个实体的多方，给待归并的多方实体属性集中增加一方实体的码和该联系的属性即可，归并后的多方实体的码保持不变。
- 多对多联系的转换。多对多联系只能转换成一个独立的关系模式，关系模式的名称取联系的名称，关系模式的属性取该联系所关联的两个多方实体的码及联系的属性，关系的码是多方实体的码构成的属性组。

2. 关系模式规范化

由 E-R 图转换得来的初始关系模式并不能完全符合要求，还会有数据冗余、更新异常存在，这就需要经过进一步的规范化处理，具体步骤如下。

（1）根据语义确定各关系模式的数据依赖。在设计的前一阶段，只是从关系及其属性来描述关系模式，并没有考虑到关系模式中的数据依赖。关系模式包含着语义，要根据关系模式所描述的自然语义写出关系数据依赖。

（2）根据数据依赖确定关系模式的范式。由关系的码及数据依赖，根据规范化理论，就可以确定关系模式所属的范式，判定关系模式是否符合要求，即是否达到了 3NF 或 BCNF。

（3）如果关系模式不符合要求，要根据关系模式的分解算法对其进行分解，使其达到 3NF 或 BCNF。

（4）关系模式的评价及修正。根据规范化理论，对关系模式分解之后，就可以在理论上消除冗余和更新异常。但根据处理要求，可能还需要增加部分冗余以满足处理要求，这就需要做部分关系模式的处理，分解、合并或增加冗余属性，提高存储效率和处理效率。

3. 确定完整性约束

根据规范化理论确定了关系模式之后，还要对关系模式加以约束，包括数据项的约束、表级约束及表间约束，可以参照 SQL 标准来确定不同的约束，如检查约束、主码约束、参照完整性约束，以保证数据的正确性。

4. 确定用户视图

确定了整个系统的关系模式之后，还要根据数据流图及用户信息建立视图模式，提高数据的安全性和独立性。

（1）根据数据流图确定处理过程使用的视图。数据流图是某项业务的处理，使用了部分数据，这些数据可能要跨越不同的关系模式，建立该业务的视图，可以降低应用程序的复杂性，并提高数据的独立性。

（2）根据用户类别确定不同用户使用的视图。不同的用户可以处理的数据可能只是整个系统的部分数据，而确定关系模式时并没有考虑这一因素，如学校的学生管理，不同的院系只能访问和处理自己的学生信息，这就需要建立针对不同院系的视图来达到这一要求，这样可以在一定程度上提高数据的安全性。

5. 反规范化

在关系模式的规范化过程中，会导致关系的概念愈来愈单一化，在响应用户查询时，往往需要涉及多表的关联操作，导致查询性能下降。为此需要对关系模式进行修正，对部分影响性能的关系模式进行处理，包括分解、合并、增加冗余属性等。

这种修正称之为反规范化设计，反规范化（Denormalization）是加速读操作性能（数据检索）的方法，一般用这种方法有选择地在数据结构标准化后添加特定的冗余数据实例。反规范化数据库不应该与从未进行过标准化的数据库相混淆。常见的反规范化操作由冗余列、派生列、表重组和表分割，其中表分割又分为水平分割和垂直分割。

反规范化都会在数据库中形成数据冗余，在提高查询性能的同时，也带来设计复杂和更新异常的问题。由于反规范化形成了数据冗余，为解决数据冗余带来的数据不一致性问题，设计人员往往需要额外采用数据同步的方法来解决这种数据不一致性。常见的方法有应用程序同步、批量处理同步和触发器同步等。

6.3.5　物理设计

一般来说，物理设计的主要工作步骤包括确定数据分布、存储结构和访问方式。

1. 确定数据分布

从企业计算机应用环境出发，需要确定数据是集中管理还是分布式管理，目前企业内部网及因特网的应用越来越广泛，数据大都采用分布式管理。对于数据如何分布需要从以下几个方面进行考虑。

（1）根据不同应用分布数据。企业的不同部门一般会使用不同数据，将与部门应用相关的数据存储在相应的场地，使得不同的场地上处理不同的业务，对于应用多个场地的业务，可以通过网络进行数据处理。

（2）根据处理要求确定数据的分布。对于不同的处理要求，也会有不同的使用频度和响应时间，对于使用频度高、响应时间短的数据，应存储在高速设备上。

（3）对数据的分布存储必然会导致数据的逻辑结构的变化，要对关系模式作新的调整，需要回到数据库逻辑设计阶段作必要的修改。

2. 确定数据的存储结构

存储结构具体指数据文件中记录之间的物理结构。在文件中，数据是以记录为单位存储的，可以采用顺序存储、哈希存储、堆存储和 B^+ 树存储等方式。在实际应用中，要根据数据的处理要求和变更频度选定合理的物理结构。

为提高数据的访问速度，通常会采用索引技术。在物理设计阶段，要根据数据处理和修改要求，确定数据库文件的索引字段和索引类型。

3. 确定数据的访问方式

数据的访问方式是由其存储结构所决定的，采用什么样的存储结构，就使用什么样的访问方式。数据库物理结构主要由存储记录格式、记录在物理设备上的安排及访问路径（存取方法）等构成。

1）存储记录结构设计

存储记录结构包括记录的组成、数据项的类型、长度和数据项间的联系，以及逻辑记录到存储记录的映射。在设计记录的存储结构时，并不改变数据库的逻辑结构，但可以在物理上对记录进行分割。数据库中数据项的被访问频率是很不均匀的，基本上符合公认的"80/20 规则"，即"从数据库中检索的 80% 的数据由其中的 20% 的数据项组成"。

当多用户同时访问常用数据项时，往往会因为访盘冲突而等待。若将这些数据分布在不同的磁盘组上，当多用户同时访问常用数据项时，系统可并行地执行 I/O，从而减少访盘冲突，提高数据库的性能。可见对于常用关系，最好将其水平分割成多个片，分布到多个磁盘组上，以均衡各个磁盘组的负荷，发挥多磁盘组并行操作的优势，提高系统性能。

2）存储记录布局

存储记录的布局，就是确定数据的存放位置。存储记录作为一个整体，如何分布在物理区域上，是数据库物理结构设计的重要环节。采用聚簇功能可以大大提高按聚簇码进行查询的效率。聚簇不但可用于单个关系，也适用于多个关系。

建立聚簇索引的原则如下。

（1）聚簇码的值相对稳定，没有或很少需要进行修改。

（2）表主要用于查询，并且通过聚簇码进行访问或连接是该表的主要应用。

（3）对应每个聚簇码值的平均元组数既不太多，也不太少。

任何事物都有两面性，聚簇对于某些特定的应用可以明显地提高性能，但对于与聚簇码无关的查询却毫无益处。相反地，当表中数据有插入、删除、修改时，关系中有些元组就要被搬动后重新存储，所以建立聚簇的维护代价是很大的。

3）存取方法的设计

存取方法是为存储在物理设备（通常是外存储器）上的数据提供存储和检索的能力，是快速存取数据库中数据的技术。存取方法包括存储结构和检索机制两部分。其中存储结构限定了可能访问的路径和存储记录；检索机制定义了每个应用的访问路径。数据库系统是多用户共享系统，对同一个关系建立多条存取路径才能满足多用户的多种应用要求。为关系建立多种存取路径是数据库物理设计的任务之一。

在数据库中建立存取路径最普遍的方法是建立索引。确定索引的一般顺序如下。

（1）首先可确定关系的存储结构，即记录的存放是无序的，还是按某属性（或属性组）聚簇存放。这在前面已讨论过，这里不再重复。

（2）确定不宜建立索引的属性或表。对于太小的表、经常更新的属性或表、属性值很少的表、过长的属性、一些特殊数据类型的属性（大文本、多媒体数据）和不出现或很少出现在查询条件中的属性不宜建立索引。

（3）确定宜建立索引的属性。例如，关系的主码或外部码、以查询为主或只读的表、范围查询、聚集函数（Min、Max、Avg、Sum、Count）或需要排序输出的属性可以考虑建立索引。

索引一般还需在数据库运行测试后，再加以调整。在 RDBMS 中，索引是改善存取路径的重要手段。使用索引的最大优点是可以减少检索的 CPU 服务时间和 I/O 服务时间，改善检索效率。但是，不能对进行频繁存储操作的关系建立过多的索引，因为过多的索引也会影响存储操作的性能。

6.3.6　数据库实施

根据逻辑和物理设计的结果，在计算机上建立起实际的数据库结构，数据加载（或称装入），进行试运行和评价的过程，叫作数据库的实施（或称实现）。

1. 建立实际的数据库结构

用 DBMS 提供的数据定义语言（DDL）编写描述逻辑设计和物理设计结果的程序（一般称为数据库脚本程序），经计算机编译处理和执行后，就生成了实际的数据库结构。所用 DBMS 的产品不同，描述数据库结构的方式也不同。有的 DBMS 提供数据定义语言，有的提供数据库结构的图形化定义方式，有的两种方法都提供。在定义数据库结构时，应包含以下内容。

（1）数据库模式与子模式，以及数据库空间等的描述。例如，在 Oracle 系统中，数据库逻辑结果的描述包括表空间（Tablespace）、段（Segment）、范围（Extent）和数据块（Data block）。DBA 或设计人员通过对数据库空间的管理和分配，可以控制数据库中数据的磁盘分配，将确定的空间份额分配给数据库用户，能够控制数据的可用性，将数据存储在多个设备上，以此提高数据库性能等。

（2）数据库完整性描述。所谓数据的完整性，是指数据的有效性、正确性和一致性。在数据库设计时，如果没有一定的措施确保数据库中数据的完整性，就无法从数据库中获得可信的数据。数据的完整性设计，应该贯穿在数据库设计的全过程中。例如，在数据需求分析阶段，收集数据信息时，应该向有关用户调查该数据的有效值范围。在模式与子模式中，可以用 DBMS 提供的 DDL 语句描述数据的完整性。

（3）数据库安全性描述。数据安全性设计同数据完整性设计一样，也应在数据库设计的各个阶段加以考虑。在进行需求分析时，分析人员除了收集信息及数据间的联系之外，还必须收集关于数据的安全性说明。在设计数据库逻辑结构时，对于保密级别高的数据，可以单独进行设计。子模式是实现安全性要求的一个重要手段，可以为不同的应用设计不同的子模式。在数据操纵上，系统可以对用户的数据操纵进行两方面的控制：一是给合法用户授权，目前主要有身份验证和口令识别；二是给合法用户不同的存取权限。

（4）数据库物理存储参数描述。物理存储参数因 DBMS 的不同而不同。一般可设置的参数包括块大小、页面大小（字节数或块数）、数据库的页面数、缓冲区个数、缓冲区大小和用户数等。详细内容请参考 DBMS 的用户手册。

2. 数据加载

数据库应用程序的设计应该与数据库设计同时进行。一般地，应用程序的设计应该包括数据库加载程序的设计。在数据加载前，必须对数据进行整理。由于用户缺乏计算机应用背景知识，常常不了解数据的准确性对数据库系统正常运行的重要性，因而未对提供的数据作严格的检查。所以，数据加载前要建立严格的数据登录、录入和校验规范，设计完善的数据校验与校正程序，排除不合格数据。

数据加载分为手工录入和使用数据转换工具两种。现有的 DBMS 都提供了 DBMS 之间数据转换的工具。如果用户原来就使用数据库系统，可以利用新系统的数据转换工具。先将原系统中的表转换成新系统中相同结构的临时表，然后对临时表中的数据进行处理后插入到相应表中。数据加载是一项费时费力的工作。另外，由于还需要对数据库系统进行联合调试，所以大部分的数据加载工作应在数据库的试运行和评价工作中分批进行。

3. 数据库试运行和评价

当加载了部分必须的数据和应用程序后，就可以开始对数据库系统进行联合调试，称为数据库的试运行。一般将数据库的试运行和评价结合起来的目的是测试应用程序的功能；测试数据库的运行效率是否达到设计目标，是否为用户所容忍。测试的目的是为了发现问题，而不是为了说明能达到哪些功能。所以，测试中一定要有非设计人员的参与。

用户数据可能是以前旧系统的数据，并不完全满足新系统的数据要求，需要进行处理，同时还要做好新系统的数据库的转储和恢复工作，以免发生故障时丢失数据。

6.3.7 数据库运行维护

数据库一旦投入运行，就标志着数据库维护工作的开始。数据库维护工作的主要内容包括对数据库性能的监测和改善、故障恢复、数据库的重组和重构。在数据库运行阶段，对数据库的维护主要由 DBA 完成。

1. 对数据库性能的监测和改善

性能可以用处理一个事务的 I/O 量、CPU 时间和系统响应时间来度量。由于数据库应用环境、物理存储的变化，特别是用户数和数据量的不断增加，数据库系统的运行性能会发生变化。某些数据库结构（如数据页和索引）经过一段时间的使用以后，可能会被破坏。所以，DBA 必须利用系统提供的性能监控和分析工具，经常对数据库的运行、存储空间及响应时间进行分析，结合用户的反映确定改进措施。目前的 DBMS 都提供一些系统监控或分析工具。例如，在 SQL Server 中使用 SQL Server Profiler 组件、Transaction-SQL 工具和 Query Analyzer 组件等都可进行系统监测和分析。

2. 数据库的备份及故障恢复

数据库是企业的一种资源，所以在数据库设计阶段，DBA 应根据应用要求制定不同的备份方案，保证一旦发生故障能很快地将数据库恢复到某种一致性状态，尽量减少损失。数据库的备份及故障恢复方案，一般基于 DBMS 提供的恢复手段。

3. 数据库重组和重构

数据库运行一段时间后，由于记录的增、删、改，数据库物理存储碎片记录链过多，影响数据库的存取效率。这时，需要对数据库进行重组和部分重构。数据库的重组是指在不改变数据库逻辑和物理结构的情况下，去除数据库存储文件中的废弃空间以及碎片空间中的指针链，使数据库记录在物理上紧连。

数据库系统运行过程中，会因为一些原因而对数据库的结构做修改，称为数据库重构。重构包括表结构的修改和视图的修改。表结构的修改有数据列的增删和修改、约束的修改、表的分解与合并。需要注意的是 DBMS 有一定的逻辑独立性，某些修改可能不需要修改应用程序，以减少系统运维的代价。

视图机制的优点是可以实现数据的逻辑独立性，并且可以实现数据的安全性。采用视图机制可将不允许应用程序访问的数据屏蔽在视图之外。但是在数据库重构过程中引入或修改视图，可能会影响数据的安全性，所以必须对视图进行评价和验证，保证不能因为数据库的重构而引起数据的泄密。

6.4　应用程序与数据库的交互

在普通的情况下，用户可以通过 SQL 和过程性 SQL（如 PL/SQL、T-SQL 等）来访问数据库中的数据。但是在应用系统中，需要高级程序语言来完成与用户之间的交互，用户不能直接访问后台的数据库。因此数据库管理系统需要提供程序级别的接口来访问数据。常见应用程序与数据库的数据交互方式有库函数、嵌入式 SQL、通用数据接口标准和对象关系映射（Object Relational Mapping，ORM）等。

6.4.1　库函数级别访问接口

库函数级别的数据访问接口往往是数据库提供的最底层的高级程序语言访问数据接口，如 Oracle 数据库的 Oracle Call Interface（OCI）。开发者可以使用高级程序语言编写程序实现人机交互和业务逻辑，而使用 OCI 来访问数据库。

OCI 是由一组应用程序开发接口（API）组成的，Oracle 提供 API 的方式是提供一组库。这组库包含一系列的函数调用。这组函数包含了连接数据库、调用 SQL 和事务控制等。在安装 DBMS Server 或者客户端的时候，就安装了 OCI。

OCI 开发方法实际上是将结构化查询语言（SQL）和高级程序语言相结合的一种方法。对数据库的访问是通过调用 OCI 库函数实现的，若将 C 语言作为宿主语言，那么 Oracle 数据库调用其实就是 C 程序中的函数调用，一个含 OCI 调用的 C 程序其实就是用 C 语言编写的应用程序。这样的程序既具有 SQL 语言非过程性的优点又具有 C 语言过程性的优点，同时还可具有 SQL 语言的扩展，PL/SQL 语言过程性和结构性的优点，因此使得开发出的应用程序具有高度灵活性。

OCI 开发方法的缺点是往往强依赖于特定的数据库，需要数据库开发人员对该数据库机制有较深的理解，学习难度较大，开发效率不是很高。

6.4.2　嵌入SQL访问接口

嵌入式 SQL（Embedded SQL）是一种将 SQL 语句直接写入某些高级程序语言，如 C、COBOL、Java、Ada 等编程语言的源代码中的方法。借此方法，可使得应用程序拥有了访问数据以及处理数据的能力。

在 SQL 86 规范中定义了对于 COBOL、FORTRAN、PI/L 等语言的嵌入式 SQL 的规范。在

SQL 89 规范中，定义了对于 C 语言的嵌入式 SQL 的规范。一些大型的数据库厂商发布的数据库产品中，都提供了对于嵌入式 SQL 的支持，如 Oracle、DB2 等。

在这一方法中，将 SQL 文嵌入的目标源码的语言称为宿主语言。

提供对于嵌入式 SQL 的支持，需要数据库厂商除了提供 DBMS 之外，还必须提供一些工具。为了实现对于嵌入式 SQL 的支持，技术上必须解决以下问题。

（1）宿主语言的编译器不能识别和接受 SQL 程序，需要解决如何将 SQL 的宿主语言源代码编译成可执行码。

（2）宿主语言的应用程序如何与 DBMS 之间传递数据和消息。

（3）如何把对数据的查询结果逐次赋值给宿主语言程序中的变量，以供其处理。

（4）数据库的数据类型与宿主语言的数据类型有时不完全对应或等价，如何解决必要的数据类型转换问题。

为了解决上述这些问题，数据库厂商需要提供一个嵌入式 SQL 的预编译器，把包含有嵌入式 SQL 的宿主语言源码转换成纯宿主语言的代码。这样一来，源码即可使用宿主语言对应的编译器进行编译。通常情况下，经过嵌入式 SQL 的预编译之后，原有的嵌入式 SQL 会被转换成一系列函数调用。因此，数据库厂商还需要提供一系列函数库，以确保链接器能够把代码中的函数调用与对应的实现链接起来。

嵌入式 SQL 中除了可以执行标准 SQL 程序之外，为了对应嵌入的需要，还增加了一些额外的语法成分。主要包括宿主变量使用声明、数据库访问、事务控制、游标操作的语法等。

6.4.3 通用数据接口标准

开放数据库连接（Open DataBase Connectivity，ODBC）是为解决异构数据库间的数据共享而产生的。ODBC 为异构数据库访问提供统一接口，允许应用程序以 SQL 为数据存取标准，存取不同 DBMS 管理的数据；使应用程序直接操纵数据库中的数据，免除随数据库的改变而改变，也可以访问如 Excel 表和 ASCII 数据文件这类非数据库对象。

一个基于 ODBC 的应用程序对数据库进行操作时，用户直接将 SQL 语句传送给 ODBC，同时 ODBC 对数据库的操作也不依赖任何 DBMS，不直接与 DBMS 打交道，所有的数据库操作由对应的 DBMS 的 ODBC 驱动程序完成，由对应 DBMS 的 ODBC 驱动程序对 DBMS 进行操作。也就是说，不论哪种数据库系统，均可用 ODBC API 进行访问。ODBC 的最大优点就是能以统一的方式处理所有的关系数据库。

在具体操作时，首先必须用 ODBC 管理器注册一个数据源，管理器根据数据源提供的数据库位置、数据库类型及 ODBC 驱动程序等信息，建立起 ODBC 与具体数据库的联系。这样，只要应用程序将数据源名提供给 ODBC，ODBC 就能建立起与相应数据库的连接。

直接使用 ODBC API 比较麻烦，微软后来又发展出来 DAO、RDO、ADO 这些数据库接口，使用这些数据库接口开发程序更容易。

- 数据库访问对象（Database Access Object，DAO），就是因素与数据库打交道的，位于业务逻辑层与数据资源层之间，是微软的一种用来访问 Jet 引擎的方法，主要适用于单系统应用程序或在小范围本地分布使用，访问桌面数据库（如 Access、FoxPro、 dBase等）。

● 远程数据库对象（Remote Database Object，RDO）。为了弥补DAO访问远程数据库能力的不足，微软推出了RDO数据库访问接口，可以方便地用来访问远程数据库。它封装了ODBC API的对象层，因此在访问ODBC兼容数据库时，具有比DAO更高的性能，而且比ODBC更易用。

● ActiveX数据对象（ActiveX Data Objects，ADO）是Microsoft提出的应用程序接口，用以实现访问关系或非关系数据库中的数据。ADO从原来的RDO而来。RDO与ODBC一起工作访问关系数据库，但不能访问如ISAM和VSAM的非关系数据库。ADO是对微软所支持的数据库进行操作的最有效、最简单和最直接的方法，使得大部分数据源可编程的属性得以直接扩展到Active Server页面上。可以使用ADO去编写紧凑、简明的脚本以便连接到ODBC兼容的数据库和OLE DB兼容的数据源，这样ASP程序员就可以访问任何与ODBC兼容的数据库，包括MS SQL Server、Access、Oracle等。

ADO.NET 是微软在 .NET 框架下开发设计的一组用于和数据源进行交互的面向对象类库。ADO.NET 提供了对关系数据、XML 和应用程序的访问，允许和不同类型的数据源以及数据库进行交互。

Java 数据库连接（Java Database Connectivity，JDBC）是 Java 语言中用来规范客户端程序如何访问数据库的应用程序接口，提供了诸如查询和更新数据库中数据的方法。JDBC 是一种用于执行 SQL 语句的 Java API，可以为多种关系数据库提供统一访问，它由一组用 Java 语言编写的类和接口组成。

JDBC 用于直接调用 SQL 命令，被设计为一种基础接口，在它之上可以建立高级接口和工具。

6.4.4 ORM访问接口

对象关系映射（Object Relational Mapping，简称 ORM 或 O/RM 或 O/R mapping）是一种程序设计技术，用于实现面向对象编程语言里不同类型系统数据之间的转换。

ORM 是通过使用描述对象和数据库之间映射的元数据，将程序中的对象与关系数据库相互映射；ORM 可以解决数据库与程序间的异构性。

ORM 是一种将内存中的对象保存到关系型数据库中的技术，主要负责实体域对象的持久化，封装数据库访问细节，提供了实现持久化层的另一种模式，采用映射元数据（XML）来描述对象 - 关系的映射细节，使得 ORM 中间件能在任何一个应用的业务逻辑层和数据库之间充当桥梁。

从软件开发效率上来讲，ORM 的使用也降低了程序员数据库知识的要求。在编程过程中，程序员只须考虑对象即可，无须关心数据库中的数据模式以及对应的 SQL 语句。目前在 Java 语言环境中，典型的 ORM 框架有 Hibernate、Mybatis 和 JPA 等。

（1）Hibernate：全自动的框架，强大、复杂、笨重、学习成本较高。

（2）Mybatis：半自动的框架。

（3）JPA（Java Persistence API）：JPA 通过 JDK 5.0 注解或 XML 描述对象 - 关系表的映射关系，是 Java 自带的框架。

6.5　NoSQL 数据库

NoSQL 最常见的解释是 Non-Relational，Not Only SQL 也被很多人接受。NoSQL 仅仅是一个概念，泛指非关系型的数据库，区别于关系数据库，它们不保证关系数据的 ACID 特性。

6.5.1　分类与特点

当前出现了很多不同类型、面向不同应用的 No SQL 产品，按照所使用的数据结构的类型，一般可以将 NoSQL 数据库分为以下 4 种类型。

1. 列式存储数据库

行式数据库即传统的关系型数据库，数据按记录存储，每一条记录的所有属性存储在一行。列式数据库是按数据库记录的列来组织和存储数据的，数据库中每个表由一组页链的集合组成，每条页链对应表中的一个存储列。

这类数据库通常是用来应对分布式存储的海量数据。键仍然存在，但是它们的特点是指向了多个列。这些列是由列家族来安排的。现有产品如 Cassandra、HBase、Riak。

2. 键值对存储数据库

键值存储的典型数据结构一般为数组链表：先通过 Hash 算法得出 Hashcode，找到数组的某一个位置，然后插入链表。

这类数据库主要会用到一个哈希表，表中有一个特定的键和一个指针指向特定的数据。Key-value 模型对于 IT 系统来说，其优势在于简单、易部署。但是如果数据库管理员只对部分值进行查询或更新的时候，Key-value 就显得效率低下了。现有产品如 Tokyo Cabinet/Tyrant、Redis、Voldemort、Oracle BDB。

3. 文档型数据库

文档型数据库同键值对存储数据库类似。文档型数据库的灵感来自于 Lotus Notes 办公软件，而且它同键值存储相类似。该类型的数据模型是版本化的文档，半结构化的文档以特定的格式存储，比如 JSON。文档型数据库可以看作是键值数据库的升级版，允许嵌套键值，在处理网页等复杂数据时，文档型数据库比传统键值数据库的查询效率更高。现有产品如 CouchDB、MongoDb，国内也有文档型数据库 SequoiaDB，已经开源。

4. 图数据库

图形结构的数据库同其他采用行列以及刚性结构的 SQL 数据库不同，它使用灵活的图形模型，并且能够扩展到多个服务器上。NoSQL 数据库没有标准的查询语言（SQL），因此进行数据库查询需要指定数据模型。许多 NoSQL 数据库都有 REST 式的数据接口或者查询 API。适合存储通过图进行建模的数据，例如社交网络数据，生物信息网络数据，交通网络数据等。常见的产品有 Neo4J、InfoGrid、Infinite Graph 等。

目前业界对于 NoSQL 并没有一个明确的范围和定义，但是它们普遍存在下面一些共同特征：

- 易扩展：去掉了关系数据库的关系型特性。数据之间无关系，这样就非常容易扩展。
- 大数据量，高性能：NoSQL数据库都具有非常高的读写性能，尤其在大数据量下。这得益于它的无关系性，数据库的结构简单。
- 灵活的数据模型：NoSQL无须事先为要存储的数据建立字段，随时可以存储自定义的数据格式。
- 高可用：NoSQL在不太影响性能的情况下，就可以方便地实现高可用的架构，有些产品通过复制模型也能实现高可用。

6.5.2 体系框架

NoSQL 整体框架分为 4 层，由下至上分为数据持久层（Data Persistence）、数据分布层（Data Distribution Model）、数据逻辑模型层（Data Logical Model）和接口层（Interface），层次之间相辅相成，协调工作。

（1）数据持久层定义了数据的存储形式，主要包括基于内存、硬盘、内存和硬盘接口、订制可插拔 4 种形式。基于内存形式的数据存取速度最快，但可能会造成数据丢失；基于硬盘的数据存储可能保存很久，但存取速度慢于基于内存形式的数据；内存和硬盘相结合的形式，结合了前两种形式的优点，既保证了速度，又保证了数据不丢失；订制可插拔则保证了数据存取具有较高的灵活性。

（2）数据分布层定义了数据是如何分布的，相对于关系型数据库，NoSQL 可选的机制比较多，主要有 3 种形式：一是 CAP 支持，可用于水平扩展；二是多数据中心支持，可以保证在横跨多数据中心时也能够平稳运行；三是动态部署支持，可以在运行着的集群中动态地添加或删除结点。

（3）数据逻辑层表述了数据的逻辑表现形式。

（4）接口层为上层应用提供了方便的数据调用接口，提供的选择远多于关系型数据库。接口层提供了 5 种选择：Rest、Thrift、Map/Reduce、Get/Put、特定语言 API，使得应用程序和数据库的交互更加方便。

NoSQL 分层架构并不代表每个产品在每一层只有一种选择。相反，这种分层设计提供了很大的灵活性和兼容性，每种数据库在不同层面可以支持多种特性。

NoSQL 数据库在以下这几种情况比较适用：

- 数据模型比较简单；
- 需要灵活性更强的IT系统；
- 对数据库性能要求较高；
- 不需要高度的数据一致性；

对于给定 key，比较容易映射复杂值的环境。

第7章　系统架构设计基础知识

Shaw 和 Garlan 在他们划时代的著作中以如下方式讨论了软件的体系结构：从第一个程序被划分成模块开始，软件系统就有了体系结构。现在，有效的软件体系结构及其明确的描述和设计，已经成为软件工程领域中重要的主题。

由于历史原因，研究者和工程人员对 Software Architecture（简称 SA）的翻译不尽相同，本书中软件"体系结构"和"架构"具有相同的含义。

7.1　软件架构概念

7.1.1　软件架构的定义

Bass、Clements 和 Kazman 对于这个难懂的概念给出了如下的定义：

一个程序和计算系统软件体系结构是指系统的一个或者多个结构。结构中包括软件的构件，构件的外部可见属性以及它们之间的相互关系。

体系结构并非可运行软件。确切地说，它是一种表达，使软件工程师能够：

（1）分析设计在满足所规定的需求方面的有效性；

（2）在设计变更相对容易的阶段，考虑体系结构可能的选择方案；

（3）降低与软件构造相关联的风险。

上面的定义强调在任意体系结构的表述中"软件构件"的角色。在体系结构设计的环境中，软件构件简单到可以是程序模块或者面向对象的类，也可以扩充到包含数据库和能够完成客户与服务器网络配置的"中间件"（也可以是作为包含数据库和能够完成客户与服务器网络配置的"中间件"的扩充）。

软件体系结构的设计通常考虑到设计金字塔中的两个层次——数据设计和体系结构设计。数据设计体现传统系统中体系结构的数据构件和面向对象系统中类的定义（封装了属性和操作），体系结构设计则主要关注软件构件的结构、属性和交互作用。

建立体系结构层"内聚的、良好设计的表示"所需的方法，其目标是提供一种导出体系结构设计的系统化方法，而体系结构设计是构建软件的初始蓝图。

7.1.2　软件架构设计与生命周期

1. 需求分析阶段

需求分析阶段的 SA 研究还处于起步阶段。在本质上，需求分析和 SA 设计面临的是不同的对象：一个是问题空间；另一个是解空间。保持二者的可追踪性和可转换性，一直是软件工程领域追求的目标。从软件需求模型向 SA 模型的转换主要关注两个问题。

（1）如何根据需求模型构建 SA 模型。

（2）如何保证模型转换的可追踪性。

针对这两个问题的解决方案，因所采用的需求模型的不同而异。在采用 Use Case 图描述需求的方法中，从 Use Case 图向 SA 模型（包括类图等）的转换一般经过词法分析和一些经验规则来完成，而可追踪性则可通过表格或者 Use Case Map 等来维护。

从软件复用的角度看，SA 影响需求工程也有其自然性和必然性，已有系统的 SA 模型对新系统的需求工程能够起到很好的借鉴作用。在需求分析阶段研究 SA，有助于将 SA 的概念贯穿于整个软件生命周期，从而保证了软件开发过程的概念完整性，有利于各阶段参与者的交流，也易于维护各阶段的可追踪性。

2. 设计阶段

设计阶段是 SA 研究关注的最早和最多的阶段，这一阶段的 SA 研究主要包括：SA 模型的描述、SA 模型的设计与分析方法，以及对 SA 设计经验的总结与复用等。有关 SA 模型描述的研究分为 3 个层次。

（1）SA 的基本概念，即 SA 模型由哪些元素组成，这些组成元素之间按照何种原则组织。传统的设计概念只包括构件（软件系统中相对独立的有机组成部分，最初称为模块）以及一些基本的模块互联机制。随着研究的深入，构件间的互联机制逐渐独立出来，成为与构件同等级别的实体，称为连接子。现阶段的 SA 描述方法是构件和连接子的建模。近年来，也有学者认为应当把 Aspect 等引入 SA 模型。

（2）体系结构描述语言（Architecture Description Language，ADL），支持构件、连接子及其配置的描述语言就是如今所说的体系结构描述语言。ADL 对连接子的重视成为区分 ADL 和其他建模语言的重要特征之一。典型的 ADL 包括 UniCon、Rapide、Darwin、Wright、C2 SADL、Acme、xADL、XYZ/ADL 和 ABC/ADL 等。

（3）SA 模型的多视图表示，从不同的视角描述特定系统的体系结构，从而得到多个视图，并将这些视图组织起来以描述整体的 SA 模型。多视图作为一种描述 SA 的重要途径，也是近年来 SA 研究领域的重要方向之一。系统的每一个不同侧面的视图反映了一组系统相关人员所关注的系统的某一特定方面，多视图体现了关注点分离的思想。

把体系结构描述语言和多视图结合起来描述系统的体系结构，使系统更易于理解，方便系统相关人员之间进行交流，并且有利于系统的一致性检测以及系统质量属性的评估。学术界已经提出若干多视图的方案，典型的包括 4+1 模型（逻辑视图、进程视图、开发视图、物理视图，加上统一的场景）、Hofmesiter 的 4 视图模型（概念视图、模块视图、执行视图和代码视图）、CMU-SEI 的 Views and Beyond 模型（模块视图、构件和连接子视图、分配视图）等。此外，工业界也提出了若干多视图描述 SA 模型的标准，如 IEEE 标准 1471-2000（软件密集型系统体系结构描述推荐实践）、开放分布式处理参考模型（RM-ODP）、统一建模语言（UML）以及 IBM 公司推出的 Zachman 框架等。需要说明的是，现阶段的 ADL 大多没有显式地支持多视图，并且上述多视图并不一定只是描述设计阶段的模型。

3. 实现阶段

最初的 SA 研究往往只关注较高层次的系统设计、描述和验证。为了有效实现从 SA 设计向实现的转换，实现阶段的体系结构研究表现在以下几个方面。

（1）研究基于 SA 的开发过程支持，如项目组织结构、配置管理等。

（2）寻求从 SA 向实现过渡的途径，如将程序设计语言元素引入 SA 阶段、模型映射、构件组装、复用中间件平台等。

（3）研究基于 SA 的测试技术。

SA 提供了待生成系统的蓝图，根据该蓝图较好地实现系统需要的开发组织结构和过程管理技术。以体系结构为中心的软件项目管理方法，开发团队的组织结构应该和体系结构模型有一定的对应关系，从而提高软件开发的效率和质量。

对于大型软件系统而言，由于参与实现的人员较多，所以需要提供适当的配置管理手段。SA 引入能够有效扩充现有配置管理的能力，通过在 SA 描述中引入版本、可选择项（Options）等信息，可以分析和记录不同版本构件和连接子之间的演化，从而可用来组织配置管理的相关活动。典型的例子包括支持给构件指定多种实现的 UniCon、支持给构件和连接子定义版本信息和可选信息的 xADL 等。

为了填补高层 SA 模型和底层实现之间的鸿沟，可通过封装底层的实现细节、模型转换、精化等手段缩小概念之间的差距。典型的方法如下。

（1）在 SA 模型中引入实现阶段的概念，如引入程序设计语言元素等。

（2）通过模型转换技术，将高层的 SA 模型逐步精化成能够支持实现的模型。

（3）封装底层的实现细节，使之成为较大粒度构件，在 SA 指导下通过构件组装的方式实现系统，这往往需要底层中间件平台的支持。

4. 构件组装阶段

在 SA 设计模型的指导下，可复用构件的组装可以在较高层次上实现系统，并能够提高系统实现的效率。在构件组装的过程中，SA 设计模型起到了系统蓝图的作用。研究内容包括如下两个方面。

（1）如何支持可复用构件的互联，即对 SA 设计模型中规约的连接子的实现提供支持。

（2）在组装过程中，如何检测并消除体系结构失配问题。

对设计阶段连接子的支持：不少 ADL 支持在实现阶段将连接子转换为具体的程序代码或系统实现，如 UniCon 定义了 Pipe、FileIO、ProcedureCall 等多种内建的连接子类型，它们在设计阶段被实例化，并可以在实现阶段中在工具的支持下转化为具体的实现机制，如过程调用、操作系统数据访问、Unix 管道和文件、远程过程调用等。支持从 SA 模型生成代码的体系结构描述语言，如 C2 SADL、Rapide 等，也都提供了一定的机制以生成连接子的代码。

中间件遵循特定的构件标准，为构件互联提供支持，并提供相应的公共服务，如安全服务、命名服务等。中间件支持的连接子实现有如下优势。

（1）中间件提供了构件之间跨平台交互的能力，且遵循特定的工业标准，如 CORBA、J2EE、COM 等，可以有效地保证构件之间的通信完整性。

（2）产品化的中间件可以提供强大的公共服务能力，这样能够更好地保证最终系统的质量属性。设计阶段连接子的规约可以用于中间件的选择，如消息通信连接子最好选择提供消息通信机制的中间件平台。从某种意义上说，随着中间件技术的发展，也导致一类新的 SA 风格，即中间件导向的体系结构风格（Middleware-Induced Architectural Style）的出现。

检测并消除体系结构失配：体系结构失配问题由 David Garlan 等人在 1995 年提出。失配是指在软件复用的过程中，由于待复用构件对最终系统的体系结构和环境的假设（Assumption）与实际状况不同而导致的冲突。在构件组装阶段的失配问题主要包括 3 个方面。

（1）由构件引起的失配，包括由于系统对构件基础设施、构件控制模型和构件数据模型的假设存在冲突引起的失配。

（2）由连接子引起的失配，包括由于系统对构件交互协议、连接子数据模型的假设存在冲突引起的失配。

（3）由于系统成分对全局体系结构的假设存在冲突引起的失配等。要解决失配问题，首先需要能够检测出失配问题，并在此基础上通过适当的手段消除检测出的失配问题。

5. 部署阶段

随着网络与分布式软件的发展，软件部署逐渐从软件开发过程中独立出来，成为软件生命周期中一个独立的阶段。为了使分布式软件满足一定的质量属性要求，如性能、可靠性等，部署需要考虑多方面的信息，如待部署软件构件的互联性、硬件的拓扑结构、硬件资源占用（如CPU、内存）等。SA 对软件部署作用如下。

（1）提供高层的体系结构视图来描述部署阶段的软硬件模型。

（2）基于 SA 模型可以分析部署方案的质量属性，从而选择合理的部署方案。

现阶段，基于 SA 的软件部署研究更多地集中在组织和展示部署阶段的 SA、评估分析部署方案等方面，部署方案的分析往往停留在定性的层面，并需要部署人员的参与。

6. 后开发阶段

后开发阶段是指软件部署安装之后的阶段。这一阶段的 SA 研究主要围绕维护、演化、复用等方面来进行。典型的研究方向包括动态软件体系结构、体系结构恢复与重建等。

1）动态软件体系结构

传统的 SA 研究设想体系结构总是静态的，即软件的体系结构一旦建立，就不会在运行时刻发生变动。但人们在实践中发现，现实中的软件往往具有动态性，即它们的体系结构会在运行时发生改变。SA 在运行时发生的变化包括两类：一类是软件内部执行所导致的体系结构改变。比如，很多服务器端软件会在客户请求到达时创建新的构件来响应用户的请求。某个自适应的软件系统可能根据不同的配置状况采用不同的连接子来传送数据。另一类变化是软件系统外部的请求对软件进行的重配置。比如，有很多高安全性的软件系统，这些系统在升级或进行其他修改时不能停机。因为修改是在运行时刻进行的，体系结构也就动态地发生了变化。在高安全性系统之外也有很多软件需要进行动态修改，比如很多操作系统期望能够在升级时无须重新启动系统，在运行过程中就完成对体系结构的修改。

　　由于软件系统会在运行时刻发生动态变化，这就给体系结构的研究提出了很多新的问题。如何在设计阶段捕获体系结构的这种动态性，并进一步指导软件系统在运行时刻实施这些变化，从而实现系统的在线演化或自适应甚至自主计算，是动态体系结构所要研究的内容。现阶段，动态软件体系结构研究可分为以下两个部分。

　　（1）体系结构设计阶段的支持：主要包括变化的描述、如何根据变化生成修改策略、描述修改过程、在高抽象层次保证修改的可行性以及分析、推理修改所带来的影响等。

　　（2）运行时刻基础设施的支持：主要包括系统体系结构的维护、保证体系结构修改在约束范围内、提供系统的运行时刻信息、分析修改后的体系结构符合指定的属性、正确映射体系结构构造元素的变化到实现模块、保证系统的重要子系统的连续执行并保持状态、分析和测试运行系统等。

　　2）体系结构恢复与重建

　　当前系统的开发很少是从头开始的，大量的软件开发任务是基于已有的遗产系统进行升级、增强或移植。这些系统在开发的时候没有考虑SA，在将这些系统进行构件化包装、复用的时候，会得不到体系结构的支持。因此，从这些系统中恢复或重构体系结构是有意义的，也是必要的。

　　SA重建是指从已实现的系统中获取体系结构的过程。一般地，SA重建的输出是一组体系结构视图。现有的体系结构重建方法可以分为4类。

　　（1）手工体系结构重建。

　　（2）工具支持的手工重建。通过工具对手工重建提供辅助支持，包括获得基本体系结构单元、提供图形界面允许用户操作SA模型、支持分析SA模型等。如KLOCwork inSight工具使用代码分析算法直接从源代码获得SA构件视图，用户可以通过操作图形化的SA来设定体系结构规则，并可在工具的支持下实现对体系结构的理解、自动控制和管理。

　　（3）通过查询语言来自动建立聚集。这类方法适用于较大规模的系统，基本思路是：在逆向工程工具的支持下分析程序源代码，然后将得到的体系结构信息存入数据库，并通过适当的查询语言得到有效的体系结构显示。

　　（4）使用其他技术，比如数据挖掘等。

7.1.3　软件架构的重要性

　　软件架构设计是降低成本、改进质量、按时和按需交付产品的关键因素。

1. 架构设计能够满足系统的品质

　　系统的功能性是软件架构设计师通过组成体系架构的多种元素之间的交互作用来支持的。架构设计用于实现系统的品质，如性能、安全性和可维护性等。通过架构设计文档化，可以尽早地评估项目的这些品质。

2. 架构设计使受益人达成一致的目标

　　架构设计的过程使得不同的受益人达成一致的目标，体系架构的设计过程需要确保架构设计被清楚地传达与理解。一个被有效传达的体系架构使得涉众们可以辩论、决议和权衡，反复讨论，最终达成共识。文档化体系架构是非常重要的，这是软件架构设计师的主要职责。

3. 架构设计能够支持计划编制过程

架构设计将确定组件之间的依赖关系，直接支持项目计划和项目管理的活动，例如，细节划分、日程安排、工作分配、成本分析、风险管理和技能开发等；架构设计师还能协助估算项目成本，例如，体系架构决定使用第三方组件的成本，以及支持开发的所有工具的成本；架构设计师支持技术风险的管理，包括制订每一个风险的优先次序，以及确定一个恰当的风险缓解策略。

4. 架构设计对系统开发的指导性

架构设计的主要目标就是确保体系架构能够为设计人员和实现人员所承担的工作提供可靠的框架。很明显，这比简单的传送一个体系架构视图要复杂得多。为了确保最终体系架构的完整性，架构设计师必须明确地定义体系架构，因为它确定了体系架构的重要元素，例如系统的组件，组件之间的接口以及组件之间的通信。

架构设计师同时还必须定义恰当的标准和指导方针，它们将会引导设计人员和实现人员的工作。对开发过程活动采取恰当的架构回顾和评估，能够确保体系架构的完整性。这些质量保障（Quality Assurance，QA）活动的任务是确定体系架构的标准和指导方针的有效性。

5. 架构设计能够有效地管理复杂性

如今的系统越来越复杂，这种复杂性需要我们去管理。体系架构通过构件及构件之间关系，描述了一个抽象的系统，因而提供了高层次的复杂的管理的方法。同样，架构设计过程考虑组件地递归分解。这是处理一个大问题很好的方法，它可以把这个大问题分解成很多小问题，再逐个解决。

6. 架构设计为复用奠定了基础

架构设计过程可以同时支持使用和建立复用资源。复用资源可以降低一个系统的成本，并且可以改进系统的质量，这些好处已经被证明。一个体系架构的建立，能够支持大粒度的资源复用。例如，体系架构的重要组件和它们之间的接口和质量，能够支持现货供应的组件，存在的系统和封装的应用程序等的选择，从而可以用来实现这些组件。

7. 架构设计能够降低维护费用

架构设计过程可以在很多方面帮助我们降低维护费用。首先最重要的是架构设计过程要确保系统的维护人员是一个主要的涉众，并且他们的需求被作为首要的任务满足。一个被恰当文档化的体系架构不应该仅仅为了减轻系统的可维护性，架构设计师还应该确保结合了恰当的系统维护机制，并且在建立体系架构的时候还要考虑系统的适应性和可扩充性。

8. 架构设计能够支持冲突分析

架构设计的一个重要的好处是，它可以允许人们在采取改变之前推断它所产生的影响。一个软件构架确定了主要的组件和它们之间的交互作用，两个组件之间的依赖性以及这些组件对于需求的可追溯性。有了这个信息，例如需求的改变等可以通过组件的影响来分析。同样的，改变一个组件的影响可以在依靠它的其他组件上分析出来。

7.2　基于架构的软件开发方法

7.2.1　体系结构的设计方法概述

基于体系结构的软件设计（Architecture-Based Software Design，ABSD）方法。ABSD 方法是由体系结构驱动的，即指由构成体系结构的商业、质量和功能需求的组合驱动的。使用 ABSD 方法，设计活动可以从项目总体功能框架明确就开始，这意味着需求抽取和分析还没有完成（甚至远远没有完成），就开始了软件设计。设计活动的开始并不意味着需求抽取和分析活动就可以终止，而是应该与设计活动并行。特别是在不可能预先决定所有需求时（例如，产品线系统或长期运行的系统），快速开始设计是至关重要的。

ABSD 方法有 3 个基础。第 1 个基础是功能的分解。在功能分解中，ABSD 方法使用已有的基于模块的内聚和耦合技术。第 2 个基础是通过选择体系结构风格来实现质量和商业需求。第 3 个基础是软件模板的使用，软件模板利用了一些软件系统的结构。

ABSD 方法是递归的，且迭代的每一个步骤都是清晰定义的。因此，不管设计是否完成，体系结构总是清晰的，这有助于降低体系结构设计的随意性。

7.2.2　概念与术语

1. 设计元素

ABSD 方法是一个自顶向下，递归细化的方法，软件系统的体系结构通过该方法得到细化，直到能产生软件构件和类。

ABSD 方法中使用的设计元素如图 7-1 所示。在最顶层，系统被分解为若干概念子系统和一个或若干个软件模板。在第 2 层，概念子系统又被分解成概念构件和一个或若干个附加软件模板。

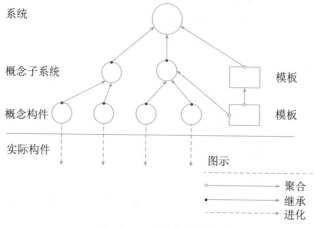

图 7-1　ABSD 方法过程

2. 视角与视图

考虑体系结构时，要从不同的视角（Perspective）来观察对架构的描述，这需要软件设计师考虑体系结构的不同属性。例如，展示功能组织的静态视角能判断质量特性，展示并发行为的动态视角能判断系统行为特性，因此，选择的特定视角或视图（如逻辑视图、进程视图、实现视图和配置视图）可以全方位的考虑体系结构设计。使用逻辑视图来记录设计元素的功能和概念接口，设计元素的功能定义了它本身在系统中的角色，这些角色包括功能、性能等。

3. 用例和质量场景

用例已经成为推测系统在一个具体设置中的行为的重要技术，用例被用在很多不同的场合，用例是系统的一个给予用户一个结果值的功能点，用例用来捕获功能需求。

在使用用例捕获功能需求的同时，人们通过定义特定场景来捕获质量需求，并称这些场景为质量场景。这样一来，在一般的软件开发过程中，人们使用质量场景捕获变更、性能、可靠性和交互性，分别称之为变更场景、性能场景、可靠性场景和交互性场景。质量场景必须包括预期的和非预期的场景。例如，一个预期的性能场景是估计每年用户数量增加 10% 的影响，一个非预期的场景是估计每年用户数量增加 100% 的影响。非预期场景可能不会真正实现，但它们在决定设计的边界条件时很有用。

7.2.3　基于体系结构的开发模型

本节讨论基于体系结构的软件开发模型。传统的软件开发过程可以划分为从概念直到实现的若干个阶段，包括问题定义、需求分析、软件设计、软件实现及软件测试等。如果采用传统的软件开发模型，软件体系结构的建立应位于需求分析之后，概要设计之前。

传统软件开发模型存在开发效率不高，不能很好地支持软件重用等缺点。ABSD 模型把整个基于体系结构的软件过程划分为体系结构需求、设计、文档化、复审、实现和演化 6 个子过程，如图 7-2 所示。

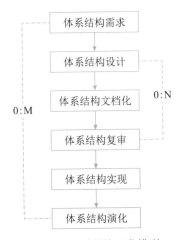

图 7-2　体系结构开发模型

7.2.4　体系结构需求

需求是指用户对目标软件系统在功能、行为、性能、设计约束等方面的期望。体系结构需求受技术环境和体系结构设计师的经验影响。需求过程主要是获取用户需求，标识系统中所要用到的构件。体系结构需求过程如图 7-3 所示。如果以前有类似的系统体系结构的需求，我们可以从需求库中取出，加以利用和修改，以节省需求获取的时间，减少重复劳动，提高开发效率。

1. 需求获取

体系结构需求一般来自 3 个方面，分别是系统的质量目标、系统的商业目标和系统开发人员的商业目标。软件体系结构需求获取过程主要是定义开发人员必须实现的软件功能，使得用户能完成他们的任务，从而满足业务上的功能需求。与此同时，还要获得软件质量属性，满足一些非功能需求。

2. 标识构件

在图7-3中虚框部分属于标识构件过程，该过程为系统生成初始逻辑结构，包含大致的构件。这一过程又可分为3步来实现。

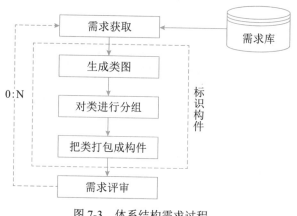

图7-3　体系结构需求过程

第1步：生成类图。生成类图的CASE工具有很多，例如Rational Rose 2000能自动生成类图。

第2步：对类进行分组。在生成的类图基础上，使用一些标准对类进行分组可以大大简化类图结构，使之更清晰。一般地，与其他类隔离的类形成一个组，由概括关联的类组成一个附加组，由聚合或合成关联的类也形成一个附加组。

第3步：把类打包成构件。把在第2步得到的类簇打包成构件，这些构件可以分组合并成更大的构件。

3. 架构需求评审

组织一个由不同代表（如分析人员、客户、设计人员和测试人员）组成的小组，对体系结构需求及相关构件进行仔细地审查。审查的主要内容包括所获取的需求是否真实地反映了用户的要求，类的分组是否合理，构件合并是否合理等。必要时，可以在"需求获取—标识构件—需求评审"之间进行迭代。

7.2.5　体系结构设计

体系结构需求用来激发和调整设计决策，不同的视图被用来表达与质量目标有关的信息。体系结构设计是一个迭代过程，如果要开发的系统能够从已有的系统中导出大部分，则可以使用已有系统的设计过程。软件体系设计过程如图7-4所示。

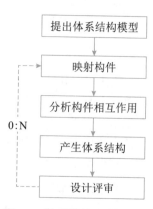

图7-4　体系结构设计过程

1. 提出软件体系结构模型

在建立体系结构的初期，选择一个合适的体系结构风格是首要的。在这个风格的基础上，开发人员通过体系结构模型，可以获得关于体系结构属性的理解。此时，虽然这个模型是理想化的（其中的某些部分可能错误地表示了应用的特征），但是，该模型为将来的实现和演化过程建立了目标。

2. 把已标识的构件映射到软件体系结构中

把在体系结构需求阶段已标识的构件映射到体系结构中，将产生一个中间结构，这个中间结构只包含那些能明确适合体系结构模型的构件。

3. 分析构件之间的相互作用

为了把所有已标识的构件集成到体系结构中，必须认真分析这些构件的相互作用和关系。

4. 产生软件体系结构

一旦决定了关键构件之间的关系和相互作用，就可以在第 2 阶段得到的中间结构的基础上进行精化。

5. 设计评审

一旦设计了软件体系结构，必须邀请独立于系统开发的外部人员对体系结构进行评审。

7.2.6　体系结构文档化

绝大多数的体系结构都是抽象的，由一些概念上的构件组成。例如，层的概念在任何程序设计语言中都不存在。因此，要让系统分析员和程序员去实现体系结构，还必须将体系结构进行文档化。文档是在系统演化的每一个阶段，系统设计与开发人员的通信媒介，是为验证体系结构设计和提炼或修改这些设计（必要时）所执行预先分析的基础。

体系结构文档化过程的主要输出结果是两个文档：体系结构规格说明和测试体系结构需求的质量设计说明书。生成需求模型构件的精确的形式化的描述，作为用户和开发者之间的一个协约。软件体系结构的文档要求与软件开发项目中的其他文档是类似的。文档的完整性和质量是软件体系结构成功的关键因素。文档要从使用者的角度进行编写，必须分发给所有与系统有关的开发人员，且必须保证开发者手上的文档是最新的。

7.2.7　体系结构复审

从图 7-2 中可以看出，体系结构设计、文档化和复审是一个迭代过程。从这个方面来说，在一个主版本的软件体系结构分析之后，要安排一次由外部人员（用户代表和领域专家）参加的复审。

鉴于体系结构文档标准化以及风险识别的现实情况，通常人们根据架构设计，搭建一个可运行的最小化系统用于评估和测试体系架构是否满足需要。是否存在可识别的技术和协作风险。

复审的目的是标识潜在的风险，及早发现体系结构设计中的缺陷和错误，包括体系结构能否满足需求、质量需求是否在设计中得到体现、层次是否清晰、构件的划分是否合理、文档表达是否明确、构件的设计是否满足功能与性能的要求等。

7.2.8　体系结构实现

所谓"实现"就是要用实体来显示出一个软件体系结构，即要符合体系结构所描述的结构性设计决策，分割成规定的构件，按规定方式互相交互。体系结构的实现过程如图 7-5 所示。

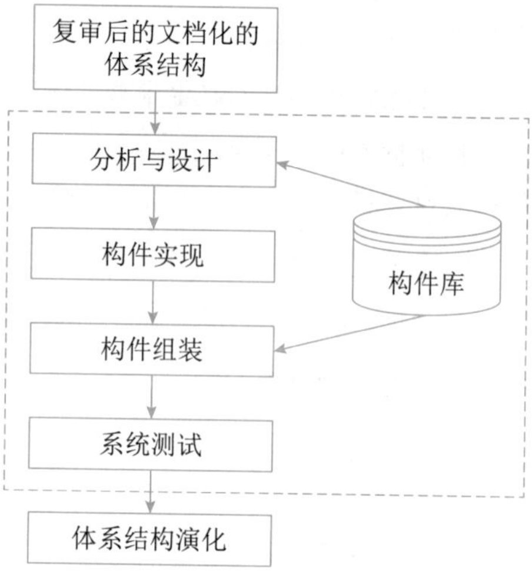

图 7-5 中的虚框部分是体系结构的实现过程。整个实现过程是以复审后的文档化的体系结构说明书为基础的，每个构件必须满足软件体系结构中说明的对其他构件的责任。这些决定即实现的约束是在系统级或项目范围内给出的，每个构件上工作的实现者是看不见的。

在体系结构说明书中，已经定义系统中的构件与构件之间的关系。因为在体系结构层次上，构件接口约束对外唯一地代表了构件，所以可以从构件库中查找符合接口约束的构件，必要时开发新的满足要求的构件。然后，按照设计提供的结构，通过组装支持工具把这些构件的实现体组装起来，完成整个软件系统的连接与合成。

最后一步是测试，包括单个构件的功能性测试和被组装的应用的整体功能和性能测试。

图 7-5　体系结构实现过程

7.2.9　体系结构的演化

在构件开发过程中，用户的需求可能还有变动。在软件开发完毕正常运行后，由一个单位移植到另一个单位，需求也会发生变化。在这两种情况下，就必须相应地修改软件体系结构，以适应已发生变化的软件需求。体系结构演化过程如图 7-6 所示。

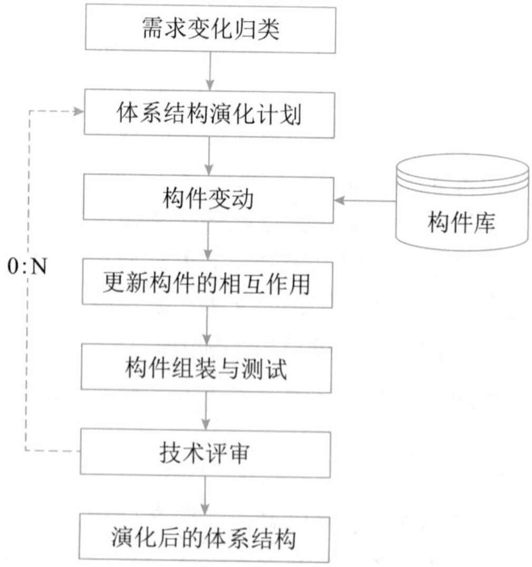

体系结构演化是使用系统演化步骤去修改应用，以满足新的需求。主要包括以下 6 个步骤。

图 7-6　体系结构演化过程

1. 需求变化归类

首先必须对用户需求的变化进行归类，使变化的需求与已有构件对应。对找不到对应构件的变动，也要做好标记，在后续工作中，将创建新的构件，以对应这部分变化的需求。

2. 制订体系结构演化计划

在改变原有结构之前，开发组织必须制订一个周密的体系结构演化计划，作为后续演化开发工作的指南。

3. 修改、增加或删除构件

在演化计划的基础上，开发人员可根据在第 1 步得到的需求变动的归类情况，决定是否修改或删除存在的构件、增加新构件。最后，对修改和增加的构件进行功能性测试。

4. 更新构件的相互作用

随着构件的增加、删除和修改，构件之间的控制流必须得到更新。

5. 构件组装与测试

通过组装支持工具把这些构件的实现体组装起来，完成整个软件系统的连接与合成，形成新的体系结构。然后对组装后的系统整体功能和性能进行测试。

6. 技术评审

对以上步骤进行确认，进行技术评审。评审组装后的体系结构是否反映需求变动、符合用户需求。如果不符合，则需要在第 2 到第 6 步之间进行迭代。

在原来系统上所做的所有修改必须集成到原来的体系结构中，完成一次演化过程。

7.3　软件架构风格

软件体系结构设计的一个核心目标是重复的体系结构模式，即达到体系结构级的软件重用。也就是说，在不同的软件系统中，使用同一体系结构。基于这个目标，主要任务是研究和实践软件体系结构风格和类型问题。

7.3.1　软件架构风格概述

软件体系结构风格是描述某一特定应用领域中系统组织方式的惯用模式。体系结构风格定义一个系统家族，即一个体系结构定义一个词汇表和一组约束。词汇表中包含一些构件和连接件类型，而这组约束指出系统是如何将这些构件和连接件组合起来的。体系结构风格反映了领域中众多系统所共有的结构和语义特性，并指导如何将各个模块和子系统有效地组织成一个完整的系统。对软件体系结构风格的研究和实践促进对设计的重用，一些经过实践证实的解决方案也可以可靠地用于解决新的问题。例如，如果某人把系统描述为"客户 / 服务器"模式，则不必给出设计细节，人们立刻就会明白系统是如何组织和工作的。

7.3.2　数据流体系结构风格

数据流体系结构是一种计算机体系结构，直接与传统的冯·诺依曼体系结构或控制流体系结构进行了对比。数据流体系结构没有概念上的程序计数器：指令的可执行性和执行仅基于指令输入参数的可用性来确定，因此，指令执行的顺序是不可预测的，即行为是不确定的。数据流体系结构风格主要包括批处理风格和管道 - 过滤器风格。

1. 批处理体系结构风格

在批处理风格（见图 7-7）的软件体系结构中，每个处理步骤是一个单独的程序，每一步必须在前一步结束后才能开始，并且数据必须是完整的，以整体的方式传递。它的基本构件是独立的应用程序，连接件是某种类型的媒介。连接件定义了相应的数据流图，表达拓扑结构。

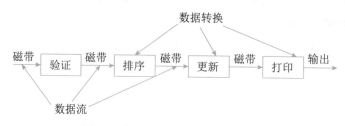

图 7-7　批处理体系结构风格示意图

2. 管道 - 过滤器体系结构风格

当数据源源不断地产生，系统就需要对这些数据进行若干处理（分析、计算、转换等）。现有的解决方案是把系统分解为几个序贯的处理步骤，这些步骤之间通过数据流连接，一个步骤的输出是另一个步骤的输入。每个处理步骤由一个过滤器（Filter）实现，处理步骤之间的数据传输由管道（Pipe）负责。每个处理步骤（过滤器）都有一组输入和输出，过滤器从管道中读取输入的数据流，经过内部处理，然后产生输出数据流并写入管道中。因此，管道 - 过滤器风格（见图 7-8）的基本构件是过滤器，连接件是数据流传输管道，将一个过滤器的输出传到另一过滤器的输入。

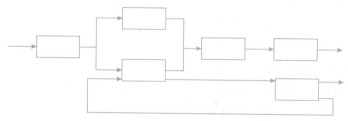

图 7-8　管道 / 过滤器体系结构风格

7.3.3　调用/返回体系结构风格

调用 / 返回风格是指在系统中采用了调用与返回机制。利用调用 - 返回实际上是一种分而治之的策略，其主要思想是将一个复杂的大系统分解为若干子系统，以便降低复杂度，并且增加可修改性。程序从其执行起点开始执行该构件的代码，程序执行结束，将控制返回给程序调用构件。调用 / 返回体系结构风格主要包括主程序 / 子程序风格、面向对象风格、层次型风格以及

客户端 / 服务器风格。

1. 主程序 / 子程序风格

主程序 / 子程序风格一般采用单线程控制，把问题划分为若干处理步骤，构件即为主程序和子程序。子程序通常可合成为模块。过程调用作为交互机制，即充当连接件。调用关系具有层次性，其语义逻辑表现为子程序的正确性取决于它调用的子程序的正确性。

2. 面向对象体系结构风格

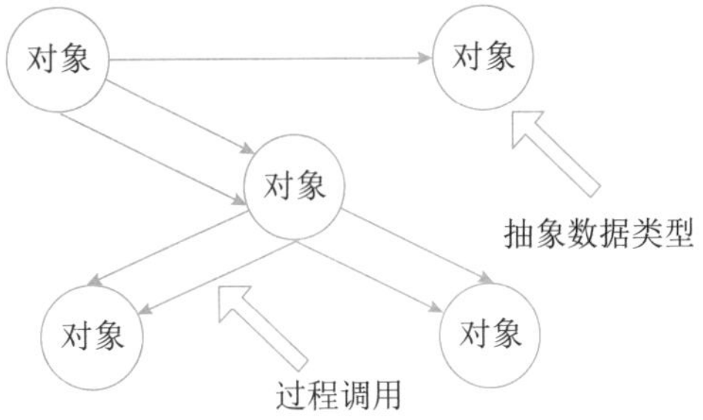

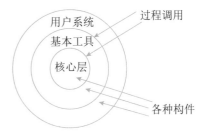

图 7-9　面向对象体系结构风格

抽象数据类型概念对软件系统有着重要作用，目前软件界已普遍转向使用面向对象系统。这种风格建立在数据抽象和面向对象的基础上，数据的表示方法和它们的相应操作封装在一个抽象数据类型或对象中。这种风格的构件是对象，或者说是抽象数据类型的实例（见图 7-9）。

3. 层次型体系结构风格

层次系统（见图 7-10）组成一个层次结构，每一层为上层提供服务，并作为下层的客户。在一些层次系统中，除了一些精心挑选的输出函数外，内部的层接口只对相邻的层可见。这样的系统中构件在层上实现了虚拟机。连接件由通过决定层间如何交互的协议来定义，拓扑约束包括对相邻层间交互的约束。由于每一层最多只影响两层，同时只要给相邻层提供相同的接口，允许每层用不同的方法实现，这同样为软件重用提供了强大的支持。

图 7-10　层次型体系结构风格

4. 客户端 / 服务器体系结构风格

C/S（客户端 / 服务器）软件体系结构（见图 7-11）是基于资源不对等，且为实现共享而提出的，在 20 世纪 90 年代逐渐成熟起来。两层 C/S 体系结构有 3 个主要组成部分：数据库服务器、客户应用程序和网络。服务器（后台）负责数据管理，客户机（前台）完成与用户的交互任务，称为"胖客户机，瘦服务器"。

图 7-11　C/S 体系结构风格

与两层 C/S 结构相比，三层 C/S 结构（见图 7-12）增加了一个应用服务器。整个应用逻辑驻留在应用服务器上，只有表示层存在于客户机上，故称为"瘦客户机"。应用功能分为表示层、功能层和数据层三层。表示层是应用的用户接口部分，通常使用图形用户界面；功能层是应用的主体，实现具体的业务处理逻辑；数据层是数据库管理系统。以上三层逻辑上独立。

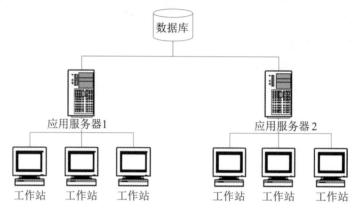

图 7-12　三层 C/S 体系结构风格

7.3.4　以数据为中心的体系结构风格

以数据为中心的体系结构风格主要包括仓库体系结构风格和黑板体系结构风格。

1. 仓库体系结构风格

仓库（Repository）是存储和维护数据的中心场所。在仓库风格（见图 7-13）中，有两种不同的构件：中央数据结构说明当前数据的状态以及一组对中央数据进行操作的独立构件，仓库与独立构件间的相互作用在系统中会有大的变化。这种风格的连接件即为仓库与独立构件之间的交互。

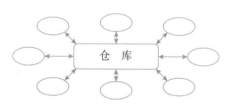

图 7-13　仓库体系结构风格

2. 黑板体系结构风格

黑板体系结构风格（见图 7-14）适用于解决复杂的非结构化的问题，能在求解过程中综合运用多种不同知识源，使得问题的表达、组织和求解变得比较容易。黑板系统是一种问题求解模型，是组织推理步骤、控制状态数据和问题求解之领域知识的概念框架。它将问题的解空间组织成一个或多个应用相关的分级结构。分级结构的每一层信息由一个唯一的词汇来描述，它代表了问题的部分解。领域相关的知识被分成独立的知识模块，它将某一层次中的信息转换成同层或相邻层的信息。各种应用通过不同知识表达方法、推理框架和控制机制的组合来实现。影响黑板系统设计的最大因素是应用问题本身的特性，但是支撑应用程序的黑板体系结构有许多相似的特征和构件。

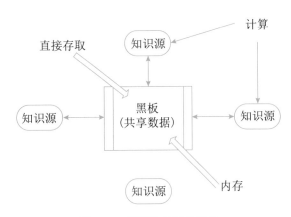

图 7-14　黑板体系结构风格

对于特定应用问题，黑板系统可通过选取各种黑板、知识源和控制模块的构件来设计，也可以利用预先定制的黑板体系结构的编程环境。黑板系统的传统应用是信号处理领域，如语音识别和模式识别。另一应用是松耦合代理数据共享存取。

7.3.5　虚拟机体系结构风格

虚拟机体系结构风格的基本思想是人为构建一个运行环境，在这个环境之上，可以解析与运行自定义的一些语言，这样来增加架构的灵活性。虚拟机体系结构风格主要包括解释器风格和规则系统风格。

1.解释器体系结构风格

一个解释器通常包括完成解释工作的解释引擎，一个包含将被解释的代码的存储区，一个记录解释引擎当前工作状态的数据结构，以及一个记录源代码被解释执行进度的数据结构。

具有解释器风格（见图 7-15）的软件中含有一个虚拟机，可以仿真硬件的执行过程和一些关键应用。解释器通常被用来建立一种虚拟机以弥合程序语义与硬件语义之间的差异。其缺点是执行效率较低。典型的例子是专家系统。

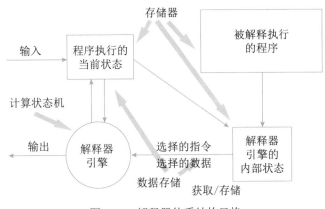

图 7-15　解释器体系结构风格

2. 规则系统体系结构风格

基于规则的系统（见图7-16）包括规则集、规则解释器、规则/数据选择器及工作内存。

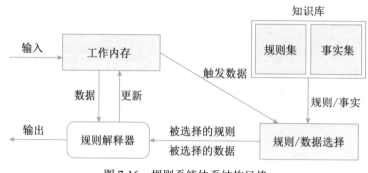

图 7-16　规则系统体系结构风格

7.3.6　独立构件体系结构风格

独立构件风格主要强调系统中的每个构件都是相对独立的个体，它们之间不直接通信，以降低耦合度，提升灵活性。独立构件风格主要包括进程通信和事件系统风格。

1. 进程通信体系结构风格

在进程通信结构体系结构风格中，构件是独立的过程，连接件是消息传递。这种风格的特点是构件通常是命名过程，消息传递的方式可以是点到点、异步或同步方式及远程过程调用等。

2. 事件系统体系结构风格

事件系统风格（见图7-17）基于事件的隐式调用风格的思想是构件不直接调用一个过程，而是触发或广播一个或多个事件。系统中的其他构件中的过程在一个或多个事件中注册，当一个事件被触发，系统自动调用在这个事件中注册的所有过程，这样，一个事件的触发就导致了另一模块中的过程的调用。

从架构上说，这种风格的构件是一些模块，这些模块既可以是一些过程，又可以是一些事件的集合。过程可以用通用的方式调用，也可以在系统事件中注册一些过程，当发生这些事件时，过程被调用。

基于事件的隐式调用风格的主要特点是事件的触发者并不知道哪些构件会被这些事件影响。这使得不能假定构件的处理顺序，甚至不知道哪些过程会被调用，因此，许多隐式调用的系统也包含显式调用作为构件交互的补充形式。

支持基于事件的隐式调用的应用系统很多。例如，在编程环境中用于集成各种工具，在数据库管理系统中确保数据的一致性约束，在用户界面系统中管理数据，以及在编辑器中支持语法检查。例如在某系统中，编辑器和变量监视器可以登记相应 Debugger 的断点事件。当 Debugger 在断点处停下时，它声明该事件，由系统自动调用处理程序，如编辑器可以卷屏（返回）到断点，变量监视器刷新变量数值。而 Debugger 本身只声明事件，并不关心哪些过程会启动，也不关心这些过程做什么处理。

图 7-17 事件系统体系结构风格

7.4 软件架构复用

7.4.1 软件架构复用的定义及分类

软件产品线是指一组软件密集型系统，它们共享一个公共的、可管理的特性集，满足某个特定市场或任务的具体需要，是以规定的方式用公共的核心资产集成开发出来的。即围绕核心资产库进行管理、复用、集成新的系统。核心资产库包括软件架构及其可剪裁的元素，更广泛地，它还包括设计方案及其文档、用户手册、项目管理的历史记录（如预算和进度）、软件测试计划和测试用例。复用核心资产（特别是软件架构），更进一步采用产品线将会惊人地提高生产效率、降低生产成本和缩短上市时间。

软件复用是指系统化的软件开发过程：开发一组基本的软件构造模块，以覆盖不同的需求／体系结构之间的相似性，从而提高系统开发的效率、质量和性能。软件复用是一种系统化的软件开发过程，通过识别、开发、分类、获取和修改软件实体，以便在不同的软件开发过程中重复的使用它们。

软件架构复用的类型包括机会复用和系统复用。机会复用是指开发过程中，只要发现有可复用的资产，就对其进行复用。系统复用是指在开发之前，就要进行规划，以决定哪些需要复用。

7.4.2 软件架构复用的原因

软件架构复用可以减少开发工作、减少开发时间以及降低开发成本，提高生产力。不仅如此，它还可以提高产品质量使其具有更好的互操作性。同时，软件架构复用会使产品维护变得更加简单。

7.4.3 软件架构复用的对象及形式

基于产品间共性的"软件"产品线代表了软件工程中一个创新的、不断发展的概念。软件产品线的本质是在生产产品家族时，以一种规范的、策略性的方法复用资产。可复用的资产非常广，包括以下几个方面。

（1）需求。许多需求与早期开发的系统相同或部分相同，如网上银行交易与银行柜面交易。

（2）架构设计。原系统在架构设计方面花费了大量的时间与精力，系统成功验证了架构的合理性，如果新产品能复用已有的架构，将会取得很好的效益。

（3）元素。元素复用不只是简单的代码复用，它旨在捕获并复用设计中的可取之处，避免（不要重复）设计失败的地方。

（4）建模与分析。各类分析方法（如性能分析）及各类方案模型（如容错方案、负载均衡方案）都可以在产品中得到复用。

（5）测试。采用产品线可积累大量的测试资源，即在考虑测试时不是以项目为单位，而是以产品线为单位。这样整个测试环境都可以得到复用，如测试用例、测试数据、测试工具，甚至测试计划、过程、沟通渠道都可以得到复用。

（6）项目规划。利用经验对项目的成本、预算、进度及开发小组的安排等进行预测，即不必每次都建立工作分解结构。

（7）过程、方法和工具。有了产品线这面旗帜，企业就可以建立产品线级的工作流程、规范、标准、方法和工具环境，供产品线中所有产品复用。如编码标准就是一例。

（8）人员。以产品线来培训的人员，适应于整个系列的各个产品的开发。

（9）样本系统。将已部署（投产）的产品作为高质量的演示原型和工程设计原型。

（10）缺陷消除。产品线开发中积累的缺陷消除活动，可使新系统受益，特别是整个产品家族中的性能、可靠性等问题的一次性解决，能取得很高的回报。同时也使得开发人员和客户心中有"底"。

一般形式的复用主要包括函数的复用，库的复用（比如在 C、C++ 语言中），以及在面向对象开发中的类、接口和包的复用。可以看出，在当前的趋势下，复用体由小粒度向大粒度的方向发展。

7.4.4　软件架构复用的基本过程

复用的基本过程主要包括 3 个阶段：首先构造 / 获取可复用的软件资产，其次管理这些资产，最后针对特定的需求，从这些资产中选择可复用的部分，以开发满足需求的应用系统（见图 7-18）。

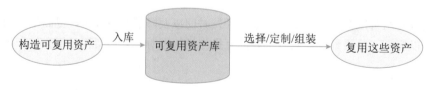

图 7-18　软件架构复用的基本过程

1. 复用的前提：获取可复用的软件资产

首先需要构造恰当的、可复用的资产，并且这些资产必须是可靠的、可被广泛使用的、易于理解和修改的。

2. 管理可复用资产

该阶段最重要的是：构件库（Component Library），由于对可复用构件进行存储和管理，它是支持软件复用的必要设施。构件库中必须有足量的可复用构件才有意义。构件库应提供的主要功能包括构件的存储、管理、检索以及库的浏览与维护等，以及支持使用者有效地、准确地发现所需的可复用构件。

在这个过程中，存在两个关键问题：一是构件分类，构件分类是指将数量众多的构件按照某种特定方式组织起来；二是构件检索，构件检索是指给定几个查询需求，能够快速准确地找到相关构件。

3. 使用可复用资产

在最后阶段，通过获取需求，检索复用资产库，获取可复用资产，并定制这些可复用资产：修改、扩展、配置等，最后将它们组装与集成，形成最终系统。

7.5　特定领域软件体系结构

早在 20 世纪 70 年代就有人提出程序族、应用族的概念，特定领域软件体系结构的主要目的是在一组相关的应用中共享软件体系结构。

7.5.1　DSSA的定义

简单地说，DSSA（Domain Specific Software Architecture）就是在一个特定应用领域中为一组应用提供组织结构参考的标准软件体系结构。对 DSSA 研究的角度、关心的问题不同导致了对 DSSA 的不同定义。

Hayes Roth 对 DSSA 的定义如下："DSSA 就是专用于一类特定类型的任务（领域）的、在整个领域中能有效地使用的、为成功构造应用系统限定了标准的组合结构的软件构件的集合。"

Tracz 的定义为："DSSA 就是一个特定的问题领域中支持一组应用的领域模型、参考需求、参考体系结构等组成的开发基础，其目标就是支持在一个特定领域中多个应用的生成。"

通过对众多的 DSSA 的定义和描述的分析，可知 DSSA 的必备特征如下。

（1）一个严格定义的问题域和问题解域。

（2）具有普遍性，使其可以用于领域中某个特定应用的开发。

（3）对整个领域的构件组织模型的恰当抽象。

（4）具备该领域固定的、典型的在开发过程中可重用元素。

一般的 DSSA 的定义并没有对领域的确定和划分给出明确说明。从功能覆盖的范围的角度有两种理解 DSSA 中领域的含义的方式。

（1）垂直域：定义了一个特定的系统族，包含整个系统族内的多个系统，结果是在该领域中可作为系统的可行解决方案的一个通用软件体系结构。

（2）水平域：定义了在多个系统和多个系统族中功能区域的共有部分。在子系统级上涵盖多个系统族的特定部分功能。

在垂直域上定义的 DSSA 只能应用于一个成熟的、稳定的领域，但这个条件比较难以满足。若将领域分割成较小的范围，则相对更容易，也容易得到一个一致的解决方案。

7.5.2　DSSA的基本活动

实施 DSSA 的过程中包含了一些基本的活动。虽然具体的 DSSA 方法可能定义不同的概念、步骤和产品等，但这些基本活动大体上是一致的。下面将分 3 个阶段介绍这些活动。

1. 领域分析

这个阶段的主要目标是获得领域模型。领域模型描述领域中系统之间的共同需求，即领域模型所描述的需求为领域需求。在这个阶段中首先要进行一些准备性的活动，包括定义领域的边界，从而明确分析的对象。识别信息源，即整个领域工程过程中信息的来源。可能的信息源包括现存系统、技术文献、问题域和系统开发的专家、用户调查和市场分析、领域演化的历史记录等。在此基础上就可以分析领域中系统的需求，确定哪些需求是领域中的系统广泛共享的，从而建立领域模型。当领域中存在大量系统时，需要选择它们的一个子集作为样本系统。对样本系统的需求地考察将显示领域需求的一个变化范围。一些需求对所有被考察的系统是共同的，一些需求是单个系统所独有的。很多需求位于这两个极端之间，即被部分系统共享。

2. 领域设计

这个阶段的主要目标是获得 DSSA。DSSA 描述在领域模型中表示的需求的解决方案，它不是单个系统的表示，而是能够适应领域中多个系统的需求的一个高层次的设计。建立了领域模型之后，就可以派生出满足这些被建模的领域需求的 DSSA，由于领域模型中的领域需求具有一定的变化性，DSSA 也要相应地具有变化性。它可以通过多选一的（Alternative）、可选的（Optional）解决方案等来做到这一点。因此在这个阶段通过获得 DSSA，也就同时形成了重用基础设施的规约。

3. 领域实现

这个阶段的主要目标是依据领域模型和 DSSA 开发和组织可重用信息。这些可重用信息可能是从现有系统中提取得到，也可能需要通过新的开发得到。它们依据领域模型和 DSSA 进行组织，也就是领域模型和 DSSA 定义了这些可重用信息的重用时机，从而支持了系统化的软件重用。这个阶段也可以看作重用基础设施的实现阶段。

值得注意的是，以上过程是一个反复的、逐渐求精的过程。在实施领域工程的每个阶段中，都可能返回到以前的步骤，对以前的步骤得到的结果进行修改和完善，再回到当前步骤，在新的基础上进行本阶段的活动。

7.5.3　参与DSSA的人员

参与 DSSA 的人员可以划分为 4 种角色：领域专家、领域分析人员、领域设计人员和领域实现人员。

1. 领域专家

领域专家可能包括该领域中系统的有经验的用户、从事该领域中系统的需求分析、设计、实现以及项目管理的有经验的软件工程师等。领域专家的主要任务包括提供关于领域中系统的需求规约和实现的知识，帮助组织规范的、一致的领域字典，帮助选择样本系统作为领域工程的依据，复审领域模型、DSSA 等领域工程产品等。

领域专家应该熟悉该领域中系统的软件设计和实现、硬件限制、未来的用户需求及技术走向等。

2. 领域分析人员

领域分析人员应由具有知识工程背景的有经验的系统分析员来担任。领域分析人员的主要任务包括控制整个领域分析过程，进行知识获取，将获取的知识组织到领域模型中，根据现有系统、标准规范等验证领域模型的准确性和一致性，维护领域模型。

领域分析人员应熟悉软件重用和领域分析方法；熟悉进行知识获取和知识表示所需的技术、语言和工具；应具有一定的该领域的经验，以便于分析领域中的问题及与领域专家进行交互；应具有较高的进行抽象、关联和类比的能力；应具有较高的与他人交互和合作的能力。

3. 领域设计人员

领域设计人员应由有经验的软件设计人员来担任。领域设计人员的主要任务包括控制整个软件设计过程，根据领域模型和现有的系统开发出 DSSA，对 DSSA 的准确性和一致性进行验证，建立领域模型和 DSSA 之间的联系。

领域设计人员应熟悉软件重用和领域设计方法；熟悉软件设计方法；应有一定的该领域的经验，以便于分析领域中的问题及与领域专家进行交互。

4. 领域实现人员

领域实现人员应由有经验的程序设计人员来担任。领域实现人员的主要任务包括根据领域模型和 DSSA，或者从头开发可重用构件，或者利用再工程的技术从现有系统中提取可重用构件，对可重用构件进行验证，建立 DSSA 与可重用构件间的联系。

领域实现人员应熟悉软件重用、领域实现及软件再工程技术；熟悉程序设计；具有一定的该领域的经验。

7.5.4　DSSA的建立过程

因所在的领域不同，DSSA 的创建和使用过程也各有差异，Tract 曾提出一个通用的 DSSA 应用过程，这些过程也需要根据所应用到的领域来进行调整。一般情况下，需要用所应用领域的应用开发者习惯使用的工具和方法来建立 DSSA 模型。同时 Tract 强调了 DSSA 参考体系结构文档工作的重要性，因为新应用的开发和对现有应用的维护都要以此为基础。

DSSA 的建立过程分为 5 个阶段，每个阶段可以进一步划分为一些步骤或子阶段。每个阶段包括一组需要回答的问题，一组需要的输入，一组将产生的输出和验证标准。本过程是并发的（Concurrent）、递归的（Recursive）、反复的（Iterative）。或者可以说，它是螺旋模型（Spiral）。完成本过程可能需要对每个阶段经历几遍，每次增加更多的细节。

（1）定义领域范围。本阶段的重点是确定什么在感兴趣的领域中以及本过程到何时结束。这个阶段的一个主要输出是领域中的应用需要满足一系列用户的需求。

（2）定义领域特定的元素。本阶段的目标是编译领域字典和领域术语的同义词词典。在领域工程过程的前一个阶段产生的高层块圈将被增加更多的细节，特别是识别领域中应用间的共同性和差异性。

（3）定义领域特定的设计和实现需求约束。本阶段的目标是描述解空间中有差别的特性。不仅要识别出约束，并且要记录约束对设计和实现决定造成的后果，还要记录对处理这些问题时产生的所有问题的讨论。

（4）定义领域模型和体系结构。本阶段的目标是产生一般的体系结构，并说明构成它们的模块或构件的语法和语义。

（5）产生、搜集可重用的产品单元。本阶段的目标是为 DSSA 增加构件，使它可以被用来产生问题域中的新应用。

DSSA 的建立过程是并发的、递归的和反复进行的。该过程的目的是将用户的需求映射为基于实现限制集合的软件需求，这些需求定义了 DSSA。在此之前的领域工程和领域分析过程并没有对系统的功能性需求和实现限制进行区分，而是统称为"需求"。图 7-19 是 DSSA 的一个三层次系统模型。

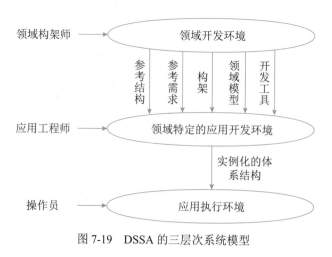

图 7-19　DSSA 的三层次系统模型

第8章　系统质量属性与架构评估

软件系统属性包括功能属性和质量属性，软件架构重点关注的是质量属性。架构的基本需求是在满足功能属性的前提下，关注软件系统质量属性。为了精确、定量地表达系统的质量属性，通常会采用质量属性场景的方式进行描述。

在确定软件系统架构，精确描述质量属性场景后，就需要对系统架构进行评估。软件系统架构评估是在对架构分析、评估的基础上，对架构策略的选取进行决策。它也可以灵活地运用于软件架构评审等工作。

8.1　软件系统质量属性

8.1.1　质量属性概念

软件系统的质量就是"软件系统与明确地和隐含地定义的需求相一致的程度"。更具体地说，软件系统质量是软件与明确地叙述的功能和性能需求文档中明确描述的开发标准以及任何专业开发的软件产品都应该具有的隐含特征相一致的程度。根据 GB/T 16260.1 定义，从管理角度对软件系统质量进行度量，可将影响软件质量的主要因素划分为 6 种维度特性：功能性、可靠性、易用性、效率、维护性与可移植性。其中功能性包括适合性、准确性、互操作性、依从性、安全性；可靠性包括容错性、易恢复性、成熟性；易用性包括易学性、易理解性、易操作性；效率包括资源特性和时间特性；维护性包括可测试性、可修改性、稳定性和易分析性；可移植性包括适应性、易安装性、一致性和可替换性。

软件系统质量属性（Quality Attribute）是一个系统的可测量或者可测试的属性，用来描述系统满足利益相关者（Stakeholders）需求的程度。基于软件系统的生命周期，可以将软件系统的质量属性分为开发期质量属性和运行期质量属性 2 个部分。

1. 开发期质量属性

开发期质量属性主要指在软件开发阶段所关注的质量属性，主要包含 6 个方面。

（1）易理解性：指设计被开发人员理解的难易程度。

（2）可扩展性：软件因适应新需求或需求变化而增加新功能的能力，也称为灵活性。

（3）可重用性：指重用软件系统或某一部分的难易程度。

（4）可测试性：对软件测试以证明其满足需求规范的难易程度。

（5）可维护性：当需要修改缺陷、增加功能、提高质量属性时，识别修改点并实施修改的难易程度。

（6）可移植性：将软件系统从一个运行环境转移到另一个不同的运行环境的难易程度。

2. 运行期质量属性

运行期质量属性主要指在软件运行阶段所关注的质量属性，主要包含 7 个方面。

（1）性能：性能是指软件系统及时提供相应服务的能力，如速度、吞吐量和容量等的要求。

（2）安全性：指软件系统同时兼顾向合法用户提供服务，以及阻止非授权使用的能力。

（3）可伸缩性：指当用户数和数据量增加时，软件系统维持高服务质量的能力。例如，通过增加服务器来提高能力。

（4）互操作性：指本软件系统与其他系统交换数据和相互调用服务的难易程度。

（5）可靠性：软件系统在一定的时间内持续无故障运行的能力。

（6）可用性：指系统在一定时间内正常工作的时间所占的比例。可用性会受到系统错误，恶意攻击，高负载等问题的影响。

（7）鲁棒性：是指软件系统在非正常情况（如用户进行了非法操作、相关的软硬件系统发生了故障等）下仍能够正常运行的能力，也称健壮性或容错性。

8.1.2 面向架构评估的质量属性

为了评价一个软件系统，特别是软件系统的架构，需要进行架构评估。在架构评估过程中，评估人员所关注的是系统的质量属性。评估方法所普遍关注的质量属性有以下几种。

1. 性能

性能（Performance）是指系统的响应能力，即要经过多长时间才能对某个事件做出响应，或者在某段事件内系统所能处理的事件的个数。经常用单位时间内所处理事务的数量或系统完成某个事务处理所需的时间来对性能进行定量表示。性能测试经常要使用基准测试程序。

2. 可靠性

可靠性（Reliability）是软件系统在应用或系统错误面前，在意外或错误使用的情况下维持软件系统的功能特性的基本能力。可靠性是最重要的软件特性，通常用来衡量在规定的条件和时间内，软件完成规定功能的能力。可靠性通常用平均失效等待时间（Mean Time To Failure，MTTF）和平均失效间隔时间（Mean Time Between Failure，MTBF）来衡量。在失效率为常数和修复时间很短的情况下，MTTF 和 MTBF 几乎相等。可靠性可以分为两个方面。

（1）容错。容错的目的是在错误发生时确保系统正确的行为，并进行内部"修复"。例如在一个分布式软件系统中失去了一个与远程构件的连接，接下来恢复了连接。在修复这样的错误之后，软件系统可以重新或重复执行进程间的操作，直到错误再次发生。

（2）健壮性。这里说的是保护应用程序不受错误使用和错误输入的影响，在发生意外错误事件时确保应用系统处于预先定义好的状态。值得注意的是，和容错相比，健壮性并不是说在错误发生时软件可以继续运行，它只能保证软件按照某种已经定义好的方式终止执行。软件架构对软件系统的可靠性有巨大的影响。例如，软件架构设计上通过在应用程序内部采用冗余机制，或集成监控构件和异常处理，以提升系统可靠性。

3. 可用性

可用性（Availability）是系统能够正常运行的时间比例。经常用两次故障之间的时间长度或在出现故障时系统能够恢复正常的速度来表示。

4. 安全性

安全性（Security）是指系统在向合法用户提供服务的同时能够阻止非授权用户使用的企图或拒绝服务的能力。安全性可根据系统可能受到的安全威胁类型来分类。安全性又可划分为机密性、完整性、不可否认性及可控性等特性。其中，机密性保证信息不泄露给未授权的用户、实体或过程；完整性保证信息的完整和准确，防止信息被非法修改；不可否认性是指信息交换的双方不能否认其在交换过程中发送信息或接收信息的行为；可控性保证对信息的传播及内容具有控制的能力，防止为非法者所用。

5. 可修改性

可修改性（Modifiability）是指能够快速地以较高的性价比对系统进行变更的能力。通常以某些具体的变更为基准，通过考查这些变更的代价来衡量可修改性。可修改性包含以下 4 个方面。

（1）可维护性（Maintainability）。这主要体现在问题的修复上，在错误发生后"修复"软件系统。可维护性好的软件架构往往能做局部性的修改并能使对其他构件的负面影响最小化。

（2）可扩展性（Extendibility）。这一点关注的是使用新特性来扩展软件系统，以及使用改进版本方式替换构件并删除不需要或不必要的特性和构件。为了实现可扩展性，软件系统需要松散耦合的构件。其目标是实现一种架构，能使开发人员在不影响构件客户的情况下替换构件。支持把新构件集成到现有的架构中也是必要的。

（3）结构重组（Reassemble）。这一点处理的是重新组织软件系统的构件及构件间的关系，例如通过将构件移动到一个不同的子系统而改变它的位置。为了支持结构重组，软件系统需要精心设计构件之间的关系。理想情况下，它们允许开发人员在不影响实现的主体部分的情况下灵活地配置构件。

（4）可移植性（Portability）。可移植性使软件系统适用于多种硬件平台、用户界面、操作系统、编程语言或编译器。为了实现可移植，需要按照硬件、软件无关的方式组织软件系统。可移植性是系统能够在不同计算环境下运行的能力，这些环境可能是硬件、软件，也可能是两者的结合。如果移植到新的系统需要做适当更改，则该可移植性就是一种特殊的可修改性。

6. 功能性

功能性（Functionality）是系统能完成所期望的工作的能力。一项任务的完成需要系统中许多或大多数构件的相互协作。

7. 可变性

可变性（Changeability）是指架构经扩充或变更而成为新架构的能力。这种新架构应该符合预先定义的规则，在某些具体方面不同于原有的架构。当要将某个架构作为一系列相关产品（例如，软件产品线）的基础时，可变性是很重要的。

8. 互操作性

作为系统组成部分的软件不是独立存在的，通常与其他系统或自身环境相互作用。为了支持互操作性，软件架构必须为外部可视的功能特性和数据结构提供精心设计的软件入口。程序和用其他编程语言编写的软件系统的交互作用就是互操作性的问题，这种互操作性也影响应用的软件架构。

8.1.3 质量属性场景描述

为了精确描述软件系统的质量属性，通常采用质量属性场景（Quality Attribute Scenario）作为描述质量属性的手段。质量属性场景是一个具体的质量属性需求，是利益相关者与系统的交互的简短陈述。

质量属性场景是一种面向特定质量属性的需求。它由 6 部分组成：

- 刺激源（Source）：这是某个生成该刺激的实体（人、计算机系统或者任何其他刺激器）。
- 刺激（Stimulus）：该刺激是当刺激到达系统时需要考虑的条件。
- 环境（Environment）：该刺激在某些条件内发生。当激励发生时，系统可能处于过载、运行或者其他情况。
- 制品（Artifact）：某个制品被激励。这可能是整个系统，也可能是系统的一部分。
- 响应（Response）：该响应是在激励到达后所采取的行动。
- 响应度量（Measurement）：当响应发生时，应当能够以某种方式对其进行度量，以对需求进行测试。

质量属性场景主要关注可用性、可修改性、性能、可测试性、易用性和安全性等 6 类质量属性，下面分别列表进行介绍。

1. 可用性质量属性场景

可用性质量属性场景所关注的方面包括系统故障发生的频率、出现故障时会发生什么情况、允许系统有多长是非正常运行、什么时候可以安全地出现故障、如何防止故障的发生以及发生故障时要求进行哪种通知，表 8-1 给出了详细描述。

表 8-1 可用性质量属性场景描述

场景要素	可能的情况
刺激源	系统内部、系统外部
刺激	疏忽、错误、崩溃、时间
环境	正常操作、降级模式
制品	系统处理器、通信信道、持久存储器、进程
响应	系统应该检测事件、并进行如下一个或多个活动： 将其记录下来通知适当的各方，包括用户和其他系统；根据已定义的规则禁止导致错误或故障的事件源 在一段预先指定的时间间隔内不可用，其中，时间间隔取决于系统的关键程度在正常或降级模式下运行

（续表）

场景要素	可能的情况
响应度量	系统必须可用的时间间隔 可用时间 系统可以在降级模式下运行的时间间隔 故障修复时间

2. 可修改性质量属性场景

可修改性质量属性场景主要关注系统在改变功能、质量属性时需要付出的成本和难度，可修改性质量属性场景可能发生在系统设计、编译、构建、运行等多种情况和环境下，表 8-2 给出了详细描述。

表 8-2　可修改性质量属性场景描述

场景要素	可能的情况
刺激源	最终用户、开发人员、系统管理员
刺激	希望增加、删除、修改、改变功能、质量属性、容量等
环境	系统设计时、编译时、构建时、运行时
制品	系统用户界面、平台、环境或与目标系统交互的系统
响应	查找架构中需要修改的位置，进行修改且不会影响其他功能，对所做的修改进行测试，部署所做的修改
响应度量	根据所影响元素的数量度量的成本、努力、资金；该修改对其他功能或质量属性所造成影响的程度

3. 性能质量属性场景

性能质量属性场景主要关注系统的响应速度，可以通过效率、响应时间、吞吐量、负载来客观评价性能的好坏，表 8-3 给出了详细描述。

表 8-3　性能质量属性场景描述

场景要素	可能的情况
刺激源	用户请求，其他系统触发等
刺激	定期事件到达、随机事件到达、偶然事件到达
环境	正常模式、超载（Overload）模式
制品	系统
响应	处理刺激、改变服务级别
响应度量	等待时间、期限、吞吐量、抖动、缺失率、数据丢失率

4. 可测试性质量属性场景

可测试性质量属性场景主要关注系统测试过程中的效率，发现系统缺陷或故障的难易程度等，表 8-4 给出了详细描述。

表 8-4　可测试性质量属性场景描述

场景要素	可能的情况
刺激源	开发人员、增量开发人员、系统验证人员、客户验收测试人员、系统用户
刺激	已完成的分析、架构、设计、类和子系统集成；所交付的系统
环境	设计时、开发时、编译时、部署时
制品	设计、代码段、完整的应用
响应	提供对状态值的访问，提供所计算的值，准备测试环境
响应度量	已执行的可执行语句的百分比 如果存在缺陷出现故障的概率 执行测试的时间 测试中最长依赖的长度 准备测试环境的时间

5. 易用性质量属性场景

易用性质量属性场景主要关注用户在使用系统时的容易程度，包括系统的学习曲线、完成操作的效率、对系统使用过程的满意程度等，表 8-5 给出了详细描述。

表 8-5　易用性质量属性场景描述

场景要素	可能的情况
刺激源	最终用户
刺激	想要学习系统特性、有效使用系统、使错误的影响最低、适配系统、对系统满意
环境	系统运行时或配置时
制品	系统
响应	（1）系统提供以下一个或多个响应来支持"学习系统特性"： 帮助系统与环境联系紧密；界面为用户所熟悉；在不熟悉的环境中，界面是可以使用的 （2）系统提供以下一个或多个响应来支持"有效使用系统"： 数据和（或）命令的聚合；已输入的数据和（或）命令的重用；支持在界面中的有效导航；具有一致操作的不同视图；全面搜索；多个同时进行的活动 （3）系统提供以下一个或多个响应来"使错误的影响最低"： 撤销；取消；从系统故障中恢复；识别并纠正用户错误；检索忘记的密码；验证系统资源 （4）系统提供以下一个或多个响应来"适配系统"： 定制能力；国际化 （5）系统提供以下一个或多个响应来使客户"对系统的满意"： 显示系统状态；与客户的节奏合拍
响应度量	任务时间、错误数量、解决问题的数量、用户满意度、用户知识的获得、成功操作在总操作中所占的比例、损失的时间 / 丢失的数据量

6. 安全性质量属性场景

安全性质量属性场景主要关注系统在安全性方面的要素，衡量系统在向合法用户提供服务的同时，阻止非授权用户使用的能力，表 8-6 给出了详细描述。

表 8-6 安全性质量属性场景描述

场景要素	可能的情况
刺激源	正确识别、非正确识别身份未知的来自内部 / 外部的个人或系统；经过了授权 / 未授权它访问了有限的资源 / 大量资源
刺激	试图显示数据，改变 / 删除数据，访问系统服务，降低系统服务的可用性
环境	在线或离线、联网或断网、连接有防火墙或者直接连到了网络
制品	系统服务、系统中的数据
响应	对用户身份进行认证；隐藏用户的身份；阻止对数据或服务的访问；允许访问数据或服务；授予或收回对访问数据或服务的许可；根据身份记录访问、修改或试图访问、修改数据、服务；以一种不可读的格式存储数据；识别无法解释的对服务的高需求；通知用户或另外一个系统，并限制服务的可用性
响应度量	用成功的概率表示，避开安全防范措施所需要的时间、努力、资源；检测到攻击的可能性；确定攻击或访问、修改数据或服务的个人的可能性；在拒绝服务攻击的情况下仍然获得服务的百分比；恢复数据、服务；被破坏的数据、服务和（或）被拒绝的合法访问的范围

8.2 系统架构评估

系统架构评估是在对架构分析、评估的基础上，对架构策略的选取进行决策。它利用数学或逻辑分析技术，针对系统的一致性、正确性、质量属性、规划结果等不同方面，提供描述性、预测性和指令性的分析结果。

系统架构评估的方法通常可以分为 3 类：基于调查问卷或检查表的方式、基于场景的方式和基于度量的方式。

（1）基于调查问卷或检查表的方法。该方法的关键是要设计好问卷或检查表，充分利用系统相关人员的经验和知识，获得对架构的评估。该方法的缺点是在很大程度上依赖于评估人员的主观推断。

（2）基于场景的评估方法。基于场景的方式由卡耐基梅隆大学软件工程研究所首先提出并应用在架构权衡分析法（Architecture Tradeoff Analysis Method，ATAM）和软件架构分析方法（Software ArchitectureAnalysis Method，SAAM）中。它是通过分析软件架构对场景（也就是对系统的使用或修改活动）的支持程度，从而判断该架构对这一场景所代表的质量需求的满足程度。

（3）基于度量的评估方法。它是建立在软件架构度量的基础上的，涉及 3 个基本活动，首先需要建立质量属性和度量之间的映射原则，然后从软件架构文档中获取度量信息，最后根据映射原则分析推导出系统的质量属性。

本节首先介绍系统架构评估中的重要概念，然后对 SAAM、ATAM 和 CBAM 等 3 种重要的架构评估方法进行详细论述，并简要说明其他评估方法。

8.2.1 系统架构评估中的重要概念

（1）**敏感点**（Sensitivity Point）**和权衡点**（Tradeoff Point）。敏感点和权衡点是关键的架构决策。敏感点是一个或多个构件（和／或构件之间的关系）的特性。研究敏感点可使设计人员或分析员明确在搞清楚如何实现质量目标时应注意什么。权衡点是影响多个质量属性的特性，是多个质量属性的敏感点。例如，改变加密级别可能会对安全性和性能产生非常重要的影响。提高加密级别可以提高安全性，但可能要耗费更多的处理时间，影响系统性能。如果某个机密消息的处理有严格的时间延迟要求，则加密级别可能就会成为一个权衡点。

（2）**风险承担者**（Stakeholders）或者称为利益相关人。系统的架构涉及很多人的利益，这些人都对架构施加各种影响，以保证自己的目标能够实现。表 8-7 列出在架构评估中可能涉及的一些风险承担者及其所关心的问题。

表 8-7　系统架构评估涉及的问题

风险承担者	职责	所关心的问题
系统生产者		
软件系统架构师	负责软件架构的质量需求间进行权衡的人	对其他风险承担者提出的质量需求的折中和调停
开发人员	设计人员或程序员	架构描述的清晰与完整、各部分的内聚性与受限耦合、清楚的交互机制
维护人员	系统初次部署完成后对系统进行更改的人	可维护性，确定出某个更改发生后必须对系统中哪些地方进行改动的能力
集成人员	负责构件集成和组装的开发人员	与上同
测试人员	负责系统测试的开发人员	集成、一致的错误处理协议，受限的构件耦合、构件的高内聚性、概念完整性
标准专家	负责所开发软件必须满足的标准细节的开发人员	对所关心问题的分离、可修改性和互操作性
性能工程师	分析系统的工作产品以确定系统是否满足其性能及吞吐量需求的人员	易理解性、概念完整性、性能、可靠性
安全专家	负责保证系统满足其安全性需求的人员	安全性
项目经理	负责为各小组配置资源、保证开发进度、保证不超出预算的人员，负责与客户沟通	架构层次清晰，便于组建小组；任务划分结构、进度标志和最后期限等
产品线经理	设想该架构和相关资产怎样在该组织的其他开发中得以重用的人员	可重用性、灵活性
系统消费者		
客户	系统的购买者	开发的进度、总体预算、系统的有用性、满足需求的情况
最终用户	所实现系统的使用者	功能性、可用性
应用开发者（对产品架构而言）	利用该架构及其他已有可重用构件，通过将其实例化而构建产品的人员	架构的清晰性、完整性、简单交互机制、简单裁减机制

（续表）

风险承担者	职责	所关心的问题
任务专家、任务规划者	知道系统将会怎样使用以实现战略目标的客户代表	功能性、可用性、灵活性
系统服务人员		
系统管理员	负责系统运行的人员	容易找到可能出现问题的地方
网络管理员	管理网络的人员	网络性能、可预测性
技术支持人员	为系统在该领域中的使用和维护提供支持的人员	使用性、可服务性、可裁减性
其他人员		
领域代表	类似系统或所考察系统将要在其中运行的系统的构建者或拥有者	可互操作性
系统设计师	整个系统的架构设计师，负责在软件和硬件之间进行权衡并选择硬件环境的人	可移植性、灵活性、性能和效率
设备专家	熟悉该软件必须与之交互的硬件的人员，能够预测硬件技术的未来发展趋势的人员	可维护性、性能

（3）场景（scenarios）。在进行架构评估时，一般首先要精确地得出具体的质量目标，并以之作为判定该架构优劣的标准。为得出这些目标而采用的机制称之为场景。场景是从风险承担者的角度对与系统的交互的简短描述。在架构评估中，一般采用刺激（Stimulus）、环境（Environment）和响应（Response）三方面来对场景进行描述。

8.2.2　系统架构评估方法

1. SAAM 方法

SAAM（Scenarios-based Architecture Analysis Method）是卡耐基梅隆大学软件工程研究所（SEI at CMU）的 Kazman 等人于 1983 年提出的一种非功能质量属性的架构分析方法，是最早形成文档并得到广泛使用的软件架构分析方法。最初它用于比较不同软件体系的架构，以分析系统架构的可修改性，后来实践证明它也可用于其他质量属性如可移植性、可扩充性等，最终发展成了评估一个系统架构的通用方法。

（1）特定目标。SAAM 的目标是对描述应用程序属性的文档，验证基本的架构假设和原则。此外，该分析方法有利于评估架构固有的风险。SAAM 指导对架构的检查，使其主要关注潜在的问题点，如需求冲突，或仅从某一参与者观点出发得出的不全面的系统设计。SAAM 不仅能够评估架构对于特定系统需求的使用能力，也能被用来比较不同的架构。

（2）评估技术。SAAM 所使用的评估技术是场景技术。场景代表了描述架构属性的基础，描述了各种系统必须支持的活动和可能存在的状态变化。

（3）质量属性。这一方法的基本特点是把任何形式的质量属性都具体化为场景，但可修改性是 SAAM 分析的主要质量属性。

（4）风险承担者。SAAM协调不同参与者之间感兴趣的共同方面，作为后续决策的基础，达成对架构的共识。

（5）架构描述。SAAM用于架构的最后版本，但早于详细设计。架构的描述形式应当被所有参与者理解。功能、结构和分配被定义为描述架构的3个主要方面。

（6）方法活动。SAAM的主要输入是问题描述、需求声明和架构描述。图8-1描绘了SAAM分析活动的相关输入及评估过程。

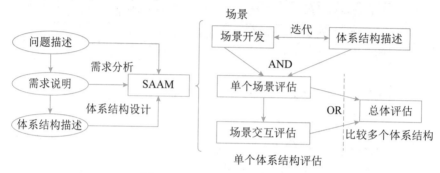

图8-1　SAAM输入与评估过程

SAAM分析评估架构的过程包括5个步骤，即场景开发、架构描述、单个场景评估、场景交互和总体评估。

通过各类风险承担者协商讨论，开发一些任务场景，体现系统所支持的各种活动。

用一种易于理解的、合乎语法规则的架构描述软件架构，体现系统的计算构件、数据构件以及构件之间的关系（数据和控制）。对场景（直接场景和间接场景）生成一个关于特定架构的场景描述列表。通过对场景交互的分析，能得出系统中所有场景对系统中的构件所产生影响的列表。最后，对场景和场景间的交互作一个总体的权衡和评价。

（7）已有知识库的可重用性：SAAM不考虑这个问题。

（8）方法验证：SAAM是一种成熟的方法，已被应用到众多系统中，这些系统包括空中交通管制、嵌入式音频系统、WRCS（修正控制系统）、KWIC（根据上下文查找关键词系统）等。

2. ATAM方法

架构权衡分析方法（Architecture Tradeoff Analysis Method，ATAM）是在SAAM的基础上发展起来的，主要针对性能、实用性、安全性和可修改性，在系统开发之前，对这些质量属性进行评价和折中。

（1）特定目标。ATAM的目标是在考虑多个相互影响的质量属性的情况下，从原则上提供一种理解软件架构的能力的方法。对于特定的软件架构，在系统开发之前，可以使用ATAM方法确定在多个质量属性之间折中的必要性。

（2）质量属性。ATAM方法分析多个相互竞争的质量属性。开始时考虑的是系统的可修改性、安全性、性能和可用性。

（3）风险承担者。在场景、需求收集相关活动中，ATAM方法需要所有系统相关人员的参与。

（4）架构描述。架构空间受到历史遗留系统、互操作性和以前失败的项目约束。架构描述基于 5 种基本结构来进行，这 5 种结构是从 Kruchten 的 4+1 视图派生而来的。其中逻辑视图被分为功能结构和代码结构。这些结构加上它们之间适当的映射可以完整地描述一个架构。

用一组消息顺序图表示运行时的交互和场景，对架构描述加以注解。ATAM 方法被用于架构设计中，或被另一组分析人员用于检查最终版本的架构。

（5）评估技术。可以把 ATAM 方法视为一个框架，该框架依赖于质量属性，可以使用不同的分析技术。它集成了多种优秀的单一理论模型，其中每种都能够高效、实用地处理属性。该方法使用了场景技术。从不同的架构角度，有 3 种不同类型的场景，分别是用例（包括对系统典型的使用、引出信息）、增长场景（用于涵盖那些对它的系统的修改）、探测场景（用于涵盖那些可能会对系统造成过载的极端修改）。

ATAM 还使用定性的启发式分析方法（Qualitative Analysis Heuristics），在对一个质量属性构造了一个精确分析模型时要进行分析，定性的启发式分析方法就是这种分析的粗粒度版本。

（6）方法的活动。ATAM 被分为 4 个主要的活动领域（或阶段），分别是场景和需求收集、架构视图和场景实现、属性模型构造和分析、折中。图 8-2 描述了与每个阶段相关的步骤，还描述了架构设计和分析改进中可能存在的迭代。

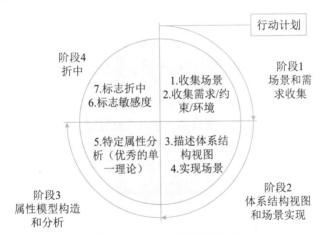

图 8-2　ATAM 分析评估过程

属性专家独立地创建和分析他们的模型，然后交换信息（澄清和创建新的需求）。属性分析是相互依赖的，因为每个属性都会涉及其他属性。获得属性关联的方法有两种，即使用敏感度分析来发现折中点和通过检查假设。

在架构设计中，ATAM 提供了迭代的改进。除了通常从场景派生而来的需求，还有很多对行为模式和执行环境的假设。由于属性之间存在着折中，每一个假设都要被检查、验证和询问，以此作为 ATAM 方法的结果。在完成所有这些操作之后，把分析的结果和需求进行比较；如果系统预期的行为大多接近于需求，设计者就可以继续进行下一步更为详细的设计或实现。

（7）领域知识库的可重用性。领域知识库通过基于属性的架构风格（Attribute Based Architecture Style）维护。ABAS 有助于从架构风格的概念转向基于特定质量属性模型的推理能力。获取一组基于属性的架构风格的目标在于要把架构设计变得更为惯例化和更可预测，并得到一个基于属性的架构分析的标准问题集合，使设计与分析之间的联系更为紧密。

（8）方法验证。该方法已经应用到多个软件系统，但仍处在研究之中。虽然软件架构分析与评价已经取得了很大的进步，但是在某些方面也存在一些问题。例如，架构的描述、质量特征的分析、场景不确定性的处理、度量的应用架构分析和评价支持工具等，这些都影响和制约着分析评估技术的发展。Clement 认为在未来的 5 ～ 10 年内，架构的分析是架构发展的 5 个方向之一。

ATAM 方法采用效用树（Utility tree）这一工具来对质量属性进行分类和优先级排序。效用树的结构包括：树根—质量属性—属性分类—质量属性场景（叶子节点）。需要注意的是，ATAM 主要关注 4 类质量属性：性能、安全性、可修改性和可用性，这是因为这 4 个质量属性是利益相关者最为关心的。

得到初始的效用树后，需要修剪这棵树，保留重要场景（通常不超过 50 个），再对场景按重要性给定优先级（用 H/M/L 的形式），再按场景实现的难易度来确定优先级（用 H /M/ L 的形式），这样对所选定的每个场景就有一个优先级对（重要度、难易度），如（H、L）表示该场景重要且易实现。

3. CBAM 方法

在大型复杂系统的构建过程中，经济性通常是需要考虑的首要因素。因此，需要从经济角度建立成本、收益、风险和进度等方面软件的"经济"模型。成本效益分析法（the Cost Benefit Analysis Method，CBAM）是在 ATAM 上构建，用来对架构设计决策的成本和收益进行建模，是优化此类决策的一种手段。CBAM 的思想就是架构策略影响系统的质量属性，反过来这些质量属性又会为系统的项目干系人带来一些收益（称为"效用"），CBAM 协助项目干系人根据其投资回报（Return On Investment，ROI）选择架构策略。CBAM 在 ATAM 结束时开始，它实际上使用了 ATAM 评估的结果。

CBAM 方法分为以下 8 个步骤。

（1）整理场景。整理 ATAM 中获取的场景，根据商业目标确定这些场景的优先级，并选取优先级最高的 1/3 的场景进行分析。

（2）对场景进行求精。为每个场景获取最坏情况、当前情况、期望情况和最好情况的质量属性响应级别。

（3）确定场景的优先级。项目关系人对场景进行投票，其投票是基于每个场景"所期望的"响应值，根据投票结果和票的权值，生成一个分值（场景的权值）。

（4）分配效用。对场景的响应级别（最坏情况、当前情况、期望情况和最好情况）确定效用表。

（5）架构策略涉及哪些质量属性及响应级别，形成相关的"策略—场景—响应级别"的对应关系。

（6）使用内插法确定"期望的"质量属性响应级别的效用。即根据第 4 步的效用表以及第 5 步的对应关系，确定架构策略及其对应场景的效用表。

（7）计算各架构策略的总收益。根据第 3 步的场景的权值及第 6 步的架构策略效用表，计算出架构策略的总收益得分。

（8）根据受成本限制影响的 ROI 选择架构策略。根据开发经验估算架构策略的成本，结合第 7 步的收益，计算出架构策略的 ROI，按 ROI 排序，从而确定选取策略的优先级。

4. 其他评估方法

上面所介绍的 SAAM、ATAM 和 CBAM 方法是架构评估中被公认的 3 种方法。当然，针对架构评估的研究刚刚起步，方法众多，下面再简要介绍一些其他评估方法，详细算法描述请参考相关资料。

1）SAEM 方法

SAEM 方法将软件架构看作一个最终产品以及设计过程中的一个中间产品，从外部质量属性和内部质量属性两个角度来阐述它的评估模型，旨在为软件架构的质量评估创建一个基础框架。

外部属性指用户定义的质量属性，而内部属性指开发者决定的质量属性。该软件架构评估模型包含以下几个流程。

（1）对待评估的质量属性进行规约建模，参考 ISO/IEC 9126-1 标准中的质量模型，先从用户的角度描述架构的外部质量属性，再基于外部质量属性规约从开发者的角度描述架构的内部质量属性。

（2）为外部和内部的质量属性创建度量准则，先从评估目的（如软件架构比较、最终产品的质量预测），评估角度（如开发者、用户、维护者），评估环境（架构作为最终产品或设计中间产品）出发来定义架构评估的目标，再根据目标相关的属性来提出问题，然后回答每个问题并提出相应的度量准则。

（3）评估质量属性，包括数据收集、度量和结果分析 3 个活动。该模型已在相关系统领域得到应用。

2）SAABNet 方法

软件架构定性的评估技术依赖于专家知识，包括某些特定类型问题的解决方案以及可能的诱导因素、统计知识（如 60% 的系统消耗花费在维护上）、审美观等，这些定性的知识比较含糊且难以文档化。SAABNet 是一种用来表达和使用定性知识以辅助架构的定性评估。

该方法来源于人工智能（AI），允许不确定、不完整知识的推理。该方法使用 BBN（Bayesian Belief Networks）来表示和使用开发过程中的知识，包含定性和定量的描述，其中定性的描述是所有结点的图，定量的描述是每个结点状态相关的条件概率，为了将软件架构开发中的定性知识放到 BBN 中，需要经过以下几个步骤。

（1）识别架构中的相关变量。

（2）定义变量之间的概率依赖，这就是 BBN 的定性描述。

（3）评估条件概率，这就是 BBN 的定量描述。

（4）测试 BBN 来验证其输出是否正确。

基于 BBN 正确的定量规约和定性规约，可以数学方法推导出架构正确性概率。根据该方法创建了 SAABNet，其中的变量可分为 3 类，即架构质量属性变量（如可维护性、灵活性等）、质量属性的度量准则变量（如容错性、响应性等）和架构特征变量（如继承深度、编程语言等），高层抽象的质量属性变量分解为低层抽象的度量准则变量，度量准则变量则分解为更低层抽象的架构特征变量。至于 SAABNet 的定量规约，由于难以获取足够的架构信息，只有通过实验的方法来获取质量属性满足的概率，另外由于缺乏详细的信息，只能大概估计结点之间的条件概率，SAABNet 的目的是辅助架构的定性评估，因此定量规约不是必要的。SAABNet 可以帮助诊断软件架构问题的可能导致原因，以及分析架构中的修改给质量属性带来的影响、预测架构的质量属性，帮助架构设计做决策。

SAABNet 度量的对象包括架构属性、质量准则和质量因素 3 部分，其中每部分包含的可能变量如表 8-8 所示。

表 8-8 架构属性、质量准则和质量因素

架构属性变量			
属性	**可选值**	**属性**	**可选值**
架构风格	管道 - 过滤器、代理、层、平台	动态绑定	high、low
类继承深度	深、不深	异常处理	有、无
组件粒度	细粒度、粗粒度	执行语言	C++、Java
组件互依赖性	多、少	接口粒度	细粒度、粗粒度
内容选择	多、少	多重继承	有、无
组合	静态、松散	线程应用	high、low
文档	好、坏		

质量准则变量			
属性	**可选值**	**属性**	**可选值**
容错	高容错、低容错	可测试性	好、坏
水平复杂度	高、低	数据吞吐量	好、坏
内存使用	高、低	易理解性	好、坏
响应	好、坏	垂直复杂度	高、低
安全性	安全、不安全		

质量因素变量			
属性	**可选值**	**属性**	**可选值**
复杂度	高、低	性能	好、坏
配置	好、坏	可信度	好、坏

3）SACMM 方法

当一个软件发生修改时，一个重要的问题是，在修改流程中其软件架构是否也发生了修改。伴随着架构修改的软件修改通常是比较困难的，因为软件架构的修改涉及多个组件之间连接件的修改，度量架构的修改可以为描述软件的修改和预测修改的消耗提供有用的信息。一般的研究在类似大小、复杂性、耦合度和内聚度这样的架构度量准则层次考虑架构的修改，但这样的抽象层次太高了，无法度量两个架构之间的不同，架构需要一个结构化的描述方式，而不是一个简单的标量值。很多逆向工程研究从软件程序中抽取出一个图结构的软件架构，可以利用这样的图结构来比较两个架构之间的不同。

SACMM 方法是一种软件架构修改的度量方法，首先基于图内核定义差异度量准则来计算两个软件架构之间的距离，图内核的基本思想是将结构化的对象描述为它的子结构的集合，通过子结构的配对比较来分析对象之间的相似性。假设可以提取到软件架构实际值的属性向量，表示为 $\phi(A)=\{\phi 1(A), \phi 2(A),\cdots\}$，两个架构 A_x 和 A_y 相似度（即内核）可以通过其内含子结构的相似度总和来计算：

$$K(A_x, A_y) = \langle \phi(A_x), \phi(A_y) \rangle = \sum_i \phi_i(A_x)\phi_i(A_y)$$

使用该定义，可以计算 A_x 和 A_y 之间的距离：

$$d(A_x, A_y) = \sqrt{K(A_x, A_x) - 2K(A_x, A_y) + K(A_y, A_y)}$$

由于 A_x 和 A_y 的子结构的个数可能是指数级的大小，$\phi(A_x)$ 和 $\phi(A_y)$ 的计算通常是不可行的，可以将 $K(A_x, A_y)$ 递归地分解为子结构内核的卷积，即 A_x 和 A_y 中所有可能子结构内核的权重和：

$$K(A_x, A_y) = \sum_{s \in S(A_x)} \sum_{s' \in S(A_y)} f(s|A_x)f(s'|A_y)K_s(s,s')$$

其中，$S(A_x)$ 和 $S(A_y)$ 是 A_x 和 A_y 的子结构；$f(s|A_x)$ 和 $f(s'|A_y)$ 是 $s \in S(A_x)$ 和 $s' \in S(A_y)$ 的权重。

若架构的图表达由带有标签的结点和连接组成，那么子结构就定义为图中的路径，可以通过图上的随机游走获得，即选择一个开始结点，然后移动到它的相邻结点直到结束，用 γ 表示在每一步停止随机游走的概率，避免了指数级项目的加法，相似度公式可以重新定义如下：

$$K(A_x, A_y) = \sum_{h_1 \in A_x, h_1' \in A_y, s.t. l_{h_1}=l_{h_1'}} \frac{1}{|A_x \| A_y|} R_\infty(h_1, h_1')$$

其中，h_1 和 h_1' 是随机游走的开始结点，$l*$ 是节点的标签。

$$R_\infty(h_1, h_1) = \gamma^2 + \sum_{i,j s,t,l_j=l_j, l i \overline{h_1}=l \, \overline{jk_1'}} \left(R_\infty(i,j) \times \frac{1-\gamma}{(\#\text{of } h_1's \text{ neighbors})} \frac{1-\gamma}{(\#\text{of } h_1''s \text{ neighbors})} \right)$$

使用以上的图内核函数来计算软件架构的距离时，先要将软件架构用图模型来描述，选择一个合适的模型需要考虑 3 个因素：①抽象层次。每个组件对应一个结点，该组件可以是文件、类/接口或者方法，最详细的层次可以是每个表达式对应一个结点，但是太详细的抽象会导致模型的计算过于复杂，若对表达式层次的修改不感兴趣，还会导致相似度的结果不精确。②结点标签的赋值。决定了两个架构中哪些结点可以匹配。若将源文件的名字赋给结点标签，文件在修改过程中重命名会导致无法匹配，另一个极端是给所有的结点赋同样的标签，但这样得出的相似度会偏高，因此可以采取中间的方法，如给不同类的结点赋不同的标签。③连接标签的赋值。与结点的赋值类似，但可能更难，因为连接的类型很多。

　　基于距离度量可以描述架构在修改过程中的转换模型，将架构修改过程的两个端点 A_0 和 A_n 设为参考点，根据这两个参考点检查中间软件架构中连接件的修改 $d(A_i, A_0)$ 和 $d(A_i, A_n)$，从而将架构修改过程建模为一系列架构转换 $A_0, A_1, \cdots, A_n$ 的轨道，描述了架构在何时以及如何修改，有助于定量和定性的分析。进一步定义了软件版本 Pi 的修改准则为 $L(P_i)$，它应该满足：

$$|L(P_i) - L(P_0)| : |L(P_i) - L(P_n)| = d(A_i, A_0) : d(A_i, A_n)$$

假设 $L(P_0) \leqslant L(Pi) \leqslant L(Pn)$，从而得到修改准则的公式：

$$L(P_i) = \frac{d(A_i, A_0)L(P_n) + d(A_i, A_n)L(P_0)}{d(A_i, A_0) + (A_i, A_n)}$$

　　该方法考虑了软件架构中组件之间连接件的修改，适用于任何图描述的软件架构，解决了传统软件结构比较方法中重命名组件的匹配问题以及比较结果的稳定性问题。除了该方法的理论分析，该方法还应用于 4 个开源软件中，以评价该方法的正确性和有用性。

　　Nakamura 等人应用 SACMM 方法对 Azureus 等 4 个开源工具进行了度量，获取了 Azureus 从 2004 年 3 月 1 日至 2005 年 3 月 1 日这一年的架构信息，并度量计算其架构变化差距，如图 8-3 所示。

　　图 8-4 展示了架构转移矩阵与 LOC 变化，其中左侧纵轴是转移矩阵，右侧纵轴是 LOC。

　　当 LOC 持续增加至相比初始 2.2 倍时，并没有任何迹象表明架构有剧烈的变化。这可能意味着工程被较好地控制来保持当前架构，或者人们的计划未能捕获到架构的变化。

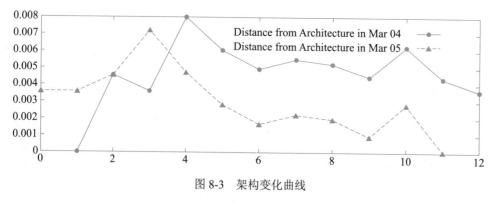

图 8-3　架构变化曲线

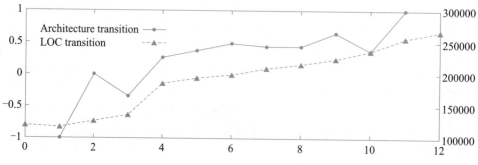

图 8-4　架构转移矩阵与 LOC 变化趋势

4）SASAM 方法

SASAM 方法通过对预期架构（架构设计阶段的相关描述材料）和实际架构（源代码中执行的架构）进行映射和比较来静态地评估软件架构，并将静态评估与架构开发方法 PuLSE-DSSA 结合，识别出 10 种不同的目的和需求来指导静态的架构评估。

静态评估方法对预期架构模型和实际架构模型中的每个元素进行映射，比较某个模型元素或关联是否在两个架构模型中都存在，还是只存在于其中某个架构模型中，从而得到评估结果，其中映射需要手工完成，比较评估可以在软件架构可视化和评估工具 SAVE 中执行。10 个评估目的包括：

（1）产品线可能性。分析几个不相干的系统是否适用于某个共有的架构，即分析它们是否能成为预期产品线的一部分。

（2）产品对准性。评估系统的软件架构是否与产品线的软件架构一致。

（3）重用可能性。分析组件是否能重用。

（4）组件充分性。评估组件的内在质量。

（5）对软件架构的理解。

（6）一致性。评估架构文档和执行的一致性。

（7）完备性。检测未被文档化的架构实体。

（8）软件系统或产品线的文档。

（9）控制演化。

（10）支持架构结构的分解。

5）ALRRA 方法

可靠性风险主要包含两个因素：故障发生的可能性以及故障所致后果的严重性。ALRRA 是一种软件架构可靠性风险评估方法，该方法使用动态复杂度准则和动态耦合度准则来定义组件和连接件的复杂性因素，其中，动态复杂度准则在某个场景的执行中分析组件的动态行为来度量组件的复杂性，动态耦合度准则在某个场景的执行中分析连接件的消息传递协议来度量连接件的复杂性。该方法利用失效模式和影响分析（FMEA）来定义故障引起的后果的严重性因素，并将复杂度和严重性因素组合起来定义组件和连接件的启发式风险因素，然后基于组件依赖图定义风险分析模型和风险分析算法，将组件和连接件的风险因素集成到架构层次的风险因素中。

使用 ALRRA 方法进行软件架构可靠性风险评估的步骤：

（1）使用架构描述语言（ADL）建模软件架构。

（2）使用仿真进行复杂性分析。

（3）使用 FMEA 和失效严重性分析。

（4）为组件和连接件启发式地定义可靠性风险因素。

（5）构造架构的 CDG，对每个结点 C_i 赋予组件的可靠性风险 hrf_i，对 C_i 和 C_j 之间连接件赋连接件的可靠性风险 hrf_{ij}。

（6）用图遍历算法执行架构的风险评估和分析，架构的可靠性风险因素可以通过集成其组件和连接件的风险因素获取。

6）AHP 方法

在软件架构评估量化方式中，层次分析法（Analytical Hierarchy Process，AHP）是多种架构评估度量方法的基础理论。AHP 在 20 世纪 70 年代由美国运筹学家 T.L.Saaty 提出，它是对定性问题进行定量分析的一种简便、灵活而又实用的多准则决策方法。AHP 方法的特点是把复杂问题中的各种因素通过划分为相联系的有序层次使之条理化，并在一般情况下通过两两对比，根据一定客观现实的主观判断结构，把专家意见和分析者的客观判断结果直接、有效地结合起来，将一定层次上元素的某些重要性进行定量描述，之后利用数学方法计算反映每一层次元素的相对重要性次序的权值，并最后通过所有层次之间的总排序计算所有元素的相对权重及对权重进行排序。该方法可以把定性分析和定量计算相结合，并对各种决策因素进行处理，而且该方法的使用过程较为简单，已经在包括软件架构分析与评估、能源系统分析、城市规划、经济管理、科研评估等很多领域得到广泛的重视与应用。

层次分析法对 AHP 问题域的分析、度量一般分为 5 步。

（1）通过对系统的深入认识，确定该系统的总目标，得出规划决策所涉及的范围、所要采取的措施方案和政策、实现目标的准则以及策略和各种约束条件等，并广泛收集在分析过程中要用到的多种信息。

（2）建立一个多层次的递阶结构，按目标的不同、实施功能的差异，将系统分为几个等级层次。

（3）确定以上递阶结构中相邻层次元素间的相关程度，通过构造比较判断矩阵及矩阵运算的数学方法，确定对于上一层次的某个元素而言本层次中与其相关元素的重要性排序，即相对权值。

（4）计算各层元素对系统目标的合成权重，进行总排序，确定递阶结构图中底层的各个元素的重要程度。

（5）根据分析计算结果，考虑相应的决策。

软件架构评估包括对各种质量属性的评估以及其他一些非功能非质量因素的评估，这些属性之间有时存在某些冲突。AHP 是一种重要的辅助决策方法，通常被用来解决这种冲突。AHP 可以帮助对提供的设计方案进行整体排名。

7）COSMIC+UML 方法

基于面向对象系统源代码的可维护性度量准则（包括复杂度、耦合度和内聚度的度量准则），Anjos 等人提出了基于度量模型来评估软件架构可维护性的方法。针对不同表达方式的软件架构，采用统一的软件度量 COSMIC 方法来进行度量和评估。例如，针对 UML 组件图描述的软件架构，其可维护性度量包括以下 3 个步骤。

（1）将面向对象的度量准则与 COSMIC 方法相关联。

（2）对 COSMIC 标记进行完善以适用于描述 UML 组件图。

（3）提出 UML 组件图的度量准则：复杂度、耦合度和内聚度等。

该方法主要是为了辅助分析软件架构的演化方案是否可行，并在开源软件 DCMMS 的软件架构 UML 组件图上得以验证。

8.3　ATAM 方法架构评估实践

用 ATAM 方法评估软件体系结构，其工作分为 4 个基本阶段，即演示、调查和分析、测试和报告 ATAM（如图 8-5 所示）。下面就每个阶段的实践进行详细介绍。

8.3.1　阶段1——演示（Presentation）

这是使用 ATAM 评估软件体系结构的初始阶段。此阶段有 3 个主要步骤。在本文中，我们将重点介绍下面的 3 个演示步骤。

第 1 步：介绍 ATAM

这一步涉及 ATAM 评估过程的描述。在此步骤中，评估负责人向所有相关参与者提供有关 ATAM 过程的一般信息。领导者说明评估中使用的分析技术以及评估的预期结果。领导者解决小组成员的任何疑虑、期望或问题。

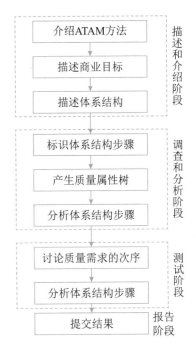

图 8-5　ATAM 方法的评估实践
阶段划分

第 2 步：介绍业务驱动因素

在这一步中，提到了系统体系结构驱动程序的业务目标。这一步着重于系统的业务视角。它提供了有关系统功能、主要利益相关方、业务目标和系统其他限制的更多信息。

本步骤将定义被评估系统的主要功能以及涉及的利益相关方。在对体系结构的评估工作中，应用程序使用 Event 框架。Event 框架的主要功能是处理和处理事件。该任务通过框架中现有的不同组件之间的交互来完成。应用程序组件是利用框架的系统的另一部分。

评估这两种架构时考虑的主要利益相关者包括：最终用户、架构师和应用程序开发人员。这三个利益相关者在两个系统中执行不同的重要任务。最终用户通过在命令行界面向系统提供输入来使用"成品"；架构师是事件框架的创建者；应用程序开发人员负责构建使用事件框架的事件驱动的应用程序。所有利益相关者在系统中都有不同的期望和关切。

第 3 步：介绍要评估的体系结构

在这一步中，架构团队描述了要评估的架构。它侧重于体系结构、时间可用性以及体系结构的质量要求。此步骤中的体系结构演示非常重要，因为它会影响分析的质量。这里涉及的关键问题包括技术约束，与正在评估的系统交互的其他系统，以及为满足质量属性而实施的架构方法。系统的质量属性是代表系统所需质量的问题。这些属性的例子包括性能、可靠性等。

下面将详细介绍胡佛事件架构和"银行"事件架构。

1）胡佛（Hoover）事件架构

胡佛事件架构的简单类图如图 8-6 所示，随后描述了系统及其组件。

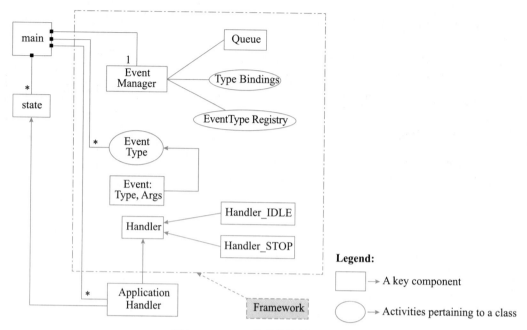

图 8-6　Hoover 体系结构的简单类图

胡佛的事件架构由组成事件框架的组件和利用框架服务的应用程序组成。

如前所述，该框架基于事件框架，根据事件不同的类型进行相应处理。一个事件由两个主要部分组成：事件类型（Event Type）和事件需要处理的参数（Args）。为了处理多个事件，系统中存在一个事件队列（Queue）组件。

事件队列（Event Queue）保存系统中的事件，并以先来先服务（FIFO）模式进行分派。事件队列能够存储任意时间内产生的事件，并支持检索以供将来处理。

该框架的核心组件是事件管理器（Event Manager）。该组件绑定事件队列和事件类型（Type Bindings）。事件管理器还维护事件类型注册表（Event Type Registry）数据结构，并将事件类型注册到相关关联的处理程序中。一个事件可能关联多个处理程序。当事件正在执行时，由于事件管理器维护着事件类型注册表。它能将事件动态绑定到相应的处理程序中，这大大增加了框架的灵活性。

该框架还有一个 Handler 组件，它是所有处理程序的基类。基本处理程序组件包含两个主要处理程序：

● STOP handler：此处理程序负责系统终止。

● IDLE handler：此处理程序执行"空闲等待"，直到用户输入一个输入事件。它将系统维持在空闲状态，直到有任意输入被提交给系统处理。

应用程序在某些定义的"挂钩"处挂钩到上述框架。如图 8-6 所示，灰色背景阴影区域代表了胡佛架构的框架。主进程控制事件类型和应用程序的状态，它也控制着事件管理器。所有应用程序处理程序都会修改系统的状态（在图 8-6 中由应用程序处理程序组件旁边的 * 表示）。

但是，只有一个事件管理器控制系统。

2）"银行"（Banking）事件架构

图 8-7 显示了一个简单的"银行"体系结构类图，其后是对系统及其组件的描述。

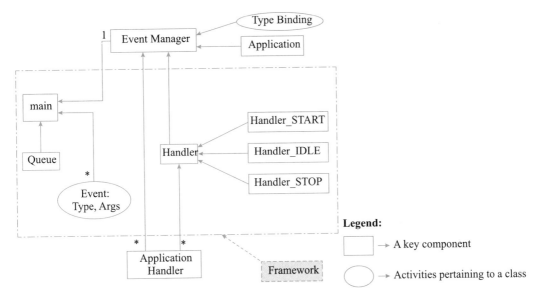

图 8-7　一个简单的"银行"体系结构类图

"银行"体系结构由组成事件框架的组件和利用框架服务的应用程序组成。

这个框架与上面描述的架构类似，但有一些区别。在这种架构中，即使没有特有的事件组件，底层主题也可看作是一种事件（框架默认）。在这种架构中，事件有两个主要部分：类型（Type）及其参数（Args）。

事件队列（Queue）组件对事件进行排队，并以先进先出 FIFO 模式进行处理。如果没有要返回的事件，则会生成"空闲"事件。

框架中有一个基本的处理程序（Handler）组件，该组件由三个标准的指定处理程序和相应的扩展接口。

- START handler：在启动时初始化系统。
- STOP handler：终止系统。
- IDLE handler：此处理程序执行"空闲等待"，直到用户输入一个事件。当用户输入事件后，该处理程序验证输入事件是否有效。如果有效，则事件排队；否则会产生另一个空闲事件。该处理程序将系统保持在空闲状态，直到系统处理任何输入事件。

在这个架构中，主模块（Main）是框架的一部分。该组件将事件管理器和事件队列绑定到一起。该模块的基本功能是从事件队列中取出一个事件并将其分派给事件管理器进行处理。该组件中没有应用程序的特定信息。

在此框架中，应用程序挂接在事件管理器，应用程序处理器（Application Handler）也链接到此事件处理器中。框架支持定义多个系统事件和多个应用程序处理程序，但只有一个事件队列和一个事件管理器。

8.3.2 阶段2——调查和分析

这是使用 ATAM 技术评估架构的第 2 阶段。在这个阶段，人们对评估期间需要重点关注的一些关键问题进行彻底调查。这个阶段被细分为后边的 3 个步骤。

第 4 步：确定架构方法

这一步涉及能够理解系统关键需求的关键架构方法。在这一步中，架构团队解释了架构的流程控制，并提供了关于如何达成关键目标以及是否达到关键目标的适当解释。以下是与正在评估的两种体系结构有关的两种体系结构方法的讨论。

1）胡佛的架构

在此体系结构中，系统从闲置处理程序生成的命令提示符处接受输入。输入事件被传递给事件管理器，事件管理器将事件存储在事件队列中。主进程从事件队列中取出事件，并将其分派给事件管理器进行处理。事件管理器将事件绑定到其相应的事件处理程序。如果事件未被注册，则事件管理器丢弃该事件并将控制传递给主进程。下一个要处理的事件从事件队列中取出，并再次发送给事件管理器。如果没有要处理的事件，则会生成空闲事件，执行空闲等待，直到从系统用户接收到输入为止。如果事件在事件管理器事件注册表中已注册，则事件与正确的事件处理程序匹配。该处理程序执行该事件，可能导致系统状态的变化。

从质量属性角度来看结构，可以提出以下几点。从图 8-6 中可以清楚地看出框架之外的应用。每个组件都可以独立出来并重新使用。因此，该架构具有高度的可修改性。另外，这些组件相互之间适当地进行交互并执行其预期的工作，实现功能的质量属性。由于应用程序构建器提供了明确的钩子接口，使得架构也可以扩展。

2）"银行"活动架构

在此体系结构中，系统由"开始"事件初始化，该事件在内部生成并处理。从空闲处理程序生成的命令提示符处接收输入。当输入事件输入时，IDLE_Handler 检查它的有效性，将事件传递并存储在事件队列的主模块中，作为有效输入。处理事件时，首先从队列中提取事件并分派给事件管理器进一步处理。由于在初始阶段消除了有缺陷的输入，并且事件管理器知道应用程序处理程序会将相应的处理程序与事件进行匹配，并执行事件。如果事件队列中没有可处理的事件，则事件队列发送空闲事件。

关于这个架构中提到的质量属性，需要注意以下几点：1）这种体系结构的一个明显缺陷是，事件管理器组件暴露给了应用程序，没有在框架中封装（见图 8-7）。因此可修改性较差。2）这些组件高度相互依赖，互相协同以完成特定功能。由于组件的相互依赖性，此架构的可重用性较差。3）空闲事件的输入需要额外的处理空间，因为对其进行解析并消除任何有缺陷的输入，才能保证架构的可靠性。

第 5 步：生成质量属性效用树

在评估阶段，系统最重要的质量属性目标被确定，并确定优先次序和完善。这一步至关重要，因为它将所有利益相关方和评估人员的注意力集中在关系到体系成功至关重要的体系结构的不同方面。这是通过建立效用树来实现的。

效用树提供了一种使系统目标更加具体的方法，还提供了质量属性目标重要性的比较方式。因此，效用树表达了系统的整体"良好"程度。最重要的是，效用树包含了与系统有关的质量属性，以及对利益相关者重要的质量属性要求（称之为情景）。情景是一个说明利益相关者和系统之间的相互作用的陈述。这些情景用来判断架构的质量目标。

此阶段完成的结果将成为 ATAM 评估步骤其余部分使用的情景优先列表。它缩小了在架构中探索的风险和架构的选择范围。因此，这一步在评估过程中是非常宝贵的。

在这个项目中，Event 系统有两个相互竞争的体系结构，在这一步中，将会有一个实用程序树代表系统的质量目标，这些场景是代表三个利益相关者生成的：最终用户、架构师和应用程序开发人员。如上所述，质量属性需求（场景）在这一步中是非常重要的。经过仔细地思考，利益相关者会提出可能的情景。

1）情景生成

情景生成是创建效用树之前的重要步骤。表 8-9 显示了与每个利益相关者有关的情景以及它所代表的质量属性。

表 8-9　与利益相关者有关的情景和其代表的质量属性

利益相关者	场景	质量属性
用户	针对系统的未授权访问	安全性
	所有操作以尽可能快的速度处理	性能
	失效发生后应该立即回复	可用性
	处理使用系统过程中的用户错误	可靠性
	处理针对系统功能的新需求	可修改性
架构师	框架的主要部分应该支持重用	可变性
	框架的修改开销小、速度快、时间短	可修改性
	框架中的组件能够协同交互	功能性
	框架能够扩展以支持更复杂的选项	可变性
	可以在不同环境中执行	可移植性
	合适的数据封装和安全的数据结构	安全性
	可以用其他编程语言灵活实现	可移植性
	架构层面上期望有着全局一致的行为	概念一致性
应用开发人员	框架应该完整、清晰并与需求一致	功能性

2）质量属性效用树生成

效用树以"效用"作为根结点，质量属性构成效用树的辅助级别。这些属性位于表 8-9 中的第 3 列。在每个质量属性中都会包含特定的质量属性说明，以提供对方案更精确的描述。后者形成了实用程序树中的叶节点。效用树沿着两个维度进行优先顺序：每个场景对系统成功的重要性以及对此场景实现（从架构师的角度来看）所带来的难易程度的估计。效用树中的优先级排名为高（H）、中（M）和低（L）。

第 6 步：分析体系结构方法

这是"调查和分析"阶段的最后一步。在这一步中，人们分析前一步生成的效用树的输出，并进行彻底调查和分析，找出处理相应质量属性架构的方法。人们根据这些质量属性分析这两种架构，并为它们提供适当的解释。这里还确定了每种架构方法的风险、非风险、敏感点和权衡点。

从步骤 5 的效用树中，提取高优先级场景。例如，请考虑步骤 5 中效用程序树的以下两个方案：

- （L，M）所有操作都以最快的速度处理（性能）。
- （H，M）应该处理系统中的用户错误（可靠性）。

场景旁边的（L，M）和（H，M）所示这些场景的优先级，从而决定选择哪个质量属性。在这个例子中，选择第 2 种方案是因为它对系统的成功和架构师的中等难度具有高度重要性。第 1 种情况不被考虑，因为它对系统的重要性不高。从效用树中获得的高优先级属性是可变性、可靠性、集成性（Conceptual Integrity）、功能性和可修改性。质量属性（如性能、可用性、安全性和可移植性）没有被赋予高优先级，因为它们对系统目标不那么重要。

这一步可分为四个主要阶段：

- 调查架构方法。
- 创建分析问题。
- 分析问题的答案。
- 找出风险、非风险、敏感点和权衡点。

1）调查架构方法

在识别出对系统目标至关重要的质量属性后，我们分析两种架构并确定它们如何支持这些质量属性。我们对体系结构进行详细的调查，以了解这些质量属性要求是否得到满足。

（1）可变性。可变性是定义如何扩展或修改架构以生成新体系结构的属性。

①胡佛架构。胡佛架构如图 8-6 所示，该框架非常灵活。Event 框架维护一个队列，其独立于应用程序的处理程序和事件组件。由于该应用程序未嵌入许多组件，因此该系统具有高度可修改性。例如，如果架构团队希望包含主模块调用队列的新方案，则可以在稍后阶段完成。由于架构清楚地显示了所有组件的交互作用，因此可以重构任何组件，或者可以将任何新组件添加到架构中，而不会影响任何其他组件。因此，胡佛架构高度支持可变性。

②银行体系结构。如图 8-7 所示，架构的组件是高度相互依赖的，并且许多组件包含特定于应用程序的信息。例如，如果主模块调用应用程序处理程序，则事件管理器会受到影响，因

为后者包含特定于应用程序的信息。但是，架构的某些部分支持可变性。例如，如果事件队列更改为绑定到事件管理器，而不是当前体系结构中的主模块，则不会影响其他组件。因此，这种架构在一定程度上支持变化。

另外，这种架构的一个主要缺陷是事件管理器被排除在框架之外，因为它包含与应用程序相关的信息。事件管理器应该是框架内的核心组件。如果这种架构在未来得到扩展，这个缺陷将会造成很大的困难。一般而言，某些组件的更改或新组件的包含很可能会影响其他相关组件。

（2）可靠性。可靠性是决定系统响应故障的行为以及系统如何随时间运行的特性。

①胡佛架构。在这个架构中的输入阶段，任何输入都是在没有消除任何"有缺陷"的输入的情况下处理的。传播有缺陷的输入直到事件绑定时的主要原因是，它是一个特定于应用程序的细节。因此，无论应用程序是否与之相关，框架保持不变。然而，最终在事件管理器组件中以适当的方式处理有缺陷的输入。因此，该体系结构支持可靠性。

②银行体系结构。在此体系结构中，在空闲事件的输入活动中识别有缺陷的输入。因此，在事件存储到队列中之前，将检查类型和参数的有效性。请注意：这是一个特定于应用程序的细节。尽管这是一个与应用程序相关的活动，但系统在任何有缺陷的输入和可靠性得到满足后都会恢复。但是，如果任何其他应用程序挂钩到框架，则此验证过程必须更改。

（3）集成性（Conceptual Integrity）。该属性定义了统一各级系统设计的基础主题。架构应该是一致的，在执行架构的所有进程时使用最少的数据和控制机制。

①胡佛架构。在这个架构中，事件在整个系统中以类似的方式处理。无论事件类型如何，主模块都将事件传递给事件管理器，后者将事件绑定到执行该过程的处理程序。在系统中执行任何操作都涉及很少的控制机制，并且后者以有效的方式执行。因此，概念完整性得以实现。

②银行体系结构。在这个架构中，所有事件都以类似的方式处理，但所使用的控制机制的数量相当多。在这个体系结构中，事件从事件队列中提取并传递给事件管理器，事件管理器相对于某些特定于应用程序的细节处理事件。处理事件后，事件管理器通过调用应用程序处理程序将该事件传播到其处理程序，处理程序依次处理该事件。虽然类似的方法被用于架构中的所有事件，但是使用的控制机制的数量可以被最小化。因此，在这个架构中，概念完整性的属性没有得到妥善处理。

（4）功能性。此属性标识系统中组件之间的交互以及系统是否执行预期的任务。

①胡佛架构。如前所述，在这个架构中，组件之间展示了适当的相互作用。该体系结构还以有效的方式执行事件处理的预期任务。组件之间的交互是合理和适当的。事件队列保存事件，根据请求分派给事件管理器。另外，事件管理器与应用程序处理程序协调，并将事件绑定到相应的处理程序。因此，在这种架构中，功能的属性显然是需要关注的。

②银行体系结构。在这种架构中，组件之间存在适当的交互，系统通常适当地执行预期的任务。尽管在系统的许多组件中都嵌入了特定于应用程序的细节，但组件协调也是合理的。因此，在这种架构中适度地解决了功能问题。

（5）可修改性。顾名思义，该属性验证系统是否能够以一种快速、经济、高效的方式进行修改。它验证了体系结构如何处理对组件所做的更改，以及是否可以将任何不同的应用程序挂接到框架。

①胡佛架构。在此体系结构中，可修改性的程度很高，因为所有框架组件都与应用程序分离。如果要包含任何新的特定于应用程序的组件，该体系结构有能力以经济有效的方式适应这种修改。事件管理器组件维护一个事件类型的注册表，它将每个事件注册到它的处理程序。此注册表的内容不固定，但依赖于使用事件框架的应用程序。这确保了架构中的高度可修改性。

②银行体系结构。在这种架构中，应用程序嵌入在许多组件中。因此，重新使用不同应用程序的框架或添加任何新的应用程序特定组件都会涉及很多困难和修改。因此修改过程可能不是成本有效的。鉴于这些观点，这种架构没有表现出足够的可修改性。

2）创建分析问题

本步骤的下一个阶段涉及收集上面讨论过的高优先级场景中产生的分析问题。在现实生活中，所有利益相关者都会收集分析问题。在这个项目中，我们只是简单地创建了优先场景中显著的示例问题。分析问题与上面讨论的每种架构方法相关联；并面向重要的质量属性。以下是分析问题列表和正在解决的属性：

①架构的组件可以重复用于未来的项目吗？（变化性）

②未来可以扩展框架以适应新的应用程序或新组件吗？（变化性）

③系统会处理用户提供的任何输入并处理无效输入吗？（可靠性）

④架构的行为是否一致？（概念完整）

⑤是否可以将任何新的应用程序特定功能添加到架构中？（可修改性）

⑥系统能否以短时间和成本效益的方式进行修改？（修改性）

⑦组件是否正确交互？（功能性）

⑧体系结构是否正确执行其事件处理任务？（功能）

3）分析问题的答案

这一步的第三阶段是根据两种评估架构对上述分析问题提供合理的解释或答案。以下是在每个架构中如何处理这些问题的讨论。

（1）胡佛架构。

①架构的组件可以重复用于未来的项目吗？

如前所述，此体系结构中的每个组件都是相互独立的，并以适当的方式进行协调。例如，无论它链接到哪个组件，事件管理器都会在使用任何注册的事件类型调用时，将事件绑定到相应的处理程序。

②未来可以扩展框架以适应新的应用程序或新组件吗？

是的。这个架构可以很容易地扩展以适应更多的组件和任何给定的应用程序。这是由于上一个问题中给出的原因。

③系统是否处理用户提供的任何输入并处理无效输入？

虽然有缺陷的输入在稍后阶段被识别，但系统会处理用户给出的所有输入并处理任何无效输入。

④架构的行为是否一致？

是的。胡佛的架构在处理所有事件时的行为是一致的。另外，它利用最少数量的控制机制来执行任何给定的任务。

⑤是否可以将任何新的特定于应用程序的功能添加到架构中？

由于应用程序完全独立于此框架组件。在这个体系结构中，可以将任何新功能添加到架构中，而不会影响其他组件。该应用程序被添加到框架中的"挂钩"，这在架构中有明确定义。

⑥系统是否可以在短时间内以具有成本效益的方式进行修改？

是的。因为应用程序没有嵌入到许多组件中，并且在极小的地方与框架链接，所以可以在更短的时间内以经济高效的方式进行修改。

⑦组件是否正确交互？

正如上述架构方法的讨论中所解释的，此架构中的组件以协调的方式进行交互。

⑧体系结构是否正确执行其事件处理任务？

胡佛的体系结构提供了所需的结果，因为事件处理的主要任务是通过系统中各组件之间的适当交互来处理的。

（2）银行体系结构。

①架构的组件可以重复用于未来的项目吗？

这些组件可以重用，但会涉及一些重大更改，因为应用程序嵌入了许多组件。但是，像事件队列这样的组件可以被重用。

②未来可以扩展框架以适应新的应用程序或新组件吗？

使用框架来改变应用程序并不是一件容易的事情，因为必须对框架的主要部分进行重大更改。事件管理器组件在此体系结构中是高度特定于应用程序的，并且如果要添加任何应用程序，则必须对其进行修改。出于同样的原因，添加任何新功能都需要付出很大的努力。

③系统是否处理用户提供的任何输入并处理无效输入？

是的。系统处理系统用户给出的所有输入，并丢弃无效的输入事件。

④架构的行为是否一致？

在这种体系结构中，一致性没有充分显示，因为控制权被转移到一系列组件中以执行任何任务。

⑤是否可以将任何新的特定于应用程序的功能添加到架构中？

即使涉及许多组件，也可以向系统添加任何新功能。

⑥系统是否可以在短时间内以具有成本效益的方式进行修改？

鉴于该应用程序嵌入到系统中涉及的许多组件中，所以修改需要更多时间，并且可能不具有成本效益优势。

⑦组件是否正确交互？

这些组件以适当的方式进行交互（如上面在架构方法讨论中所述）。

⑧体系结构是否正确执行其事件处理任务？

我们的体系结构提供了所需的结果，因为事件处理的主要任务得到处理，即使系统中还存在其他缺陷。

4）找出风险、非风险、敏感点和权衡点。

此步骤的最后阶段是确定风险、无风险、敏感点和权衡点。

风险是架构中的一个问题点，后者不支持给定的优先级质量属性。非风险是体系结构的优势，后者实现特定的优先级质量属性。敏感点是一个或多个组件的属性，对于实现给定的质量属性至关重要。如果架构对多个属性敏感，那么该点称为权衡点。敏感点和权衡点的确切定义见8.2.1节。胡佛架构与银行体系结构的风险和非风险对比，如表8-10所示。

表8-10　两种体系结构的风险和非风险对比

架构	风险	非风险
胡佛架构	—	可变性 可靠性 概念一致性 功能性 可修改性
银行体系结构	可变性 概念一致性 可修改性	可靠性 功能性

（1）敏感点。

这两种体系结构的敏感点：

● 更改体系结构的范围对应用程序嵌入到系统中的位置数量很敏感。

● 错误输入的处理对应用程序中事件类型的数量很敏感（因为在验证过程中，输入事件是针对已知事件进行验证的）。

● 系统一致性水平对用于处理流程的控制机制的数量很敏感。

● 从系统获取所需输出的过程，对组件协调的方式以及彼此之间的交互方式非常敏感。

● 向应用程序添加新功能的能力，对应用程序嵌入到系统中的位置数量很敏感。

（2）权衡点。

从敏感点可以清楚地看出，应用程序嵌入系统的地方，数量会影响变化性和可修改性质量属性。因此，这形成了一个权衡点。

基于这一观察，人们发现银行业务体系结构具有上述的权衡点，而胡佛的体系结构则没有。

8.3.3　阶段3——测试

第7步——头脑风暴和优先场景

这是ATAM测试阶段的第一步。前者代表利益相关者的利益，用于理解质量属性要求。在效用树生成步骤中，主要结果是从架构师的角度来理解质量属性。在这一步中，目标是让更大的利益相关者参与其中。

将头脑风暴情景的优先列表与在步骤5中从树中获得的优先方案进行比较。利益相关者需要使用头脑风暴的三种场景：

- 用例场景：在这种情况下，利益相关者就是最终用户。
- 增长情景：代表了架构发展的方式。
- 探索性场景：代表架构中极端的增长形式。

这一步执行的活动如下：

- 首先，情景是在利益相关者的大风暴活动之后收集的。
- 场景优先。与相同质量属性有关的所有场景都被合并，利益相关者投票选出他们认为最重要的场景。每个利益相关者都被分配了一定数量的选票：

$$票数 = 场景总数 \times 30\%。$$

- 投票结束后，投票结果会被记录下来，场景按总票数排序。采取截止线以上的情况，其余不予考虑。
- 将优先头脑风暴情景列表与优先情景进行比较。优先方案从步骤5中的效用树中获得，增加头脑风暴中的场景。

在实用程序树中适当的分支可能是树中已经存在的场景的副本，或者它可能在新的叶子下，或者可能不适合任何分支。

在这个阶段提及这一点很重要，因为我们可以进行两次 ATAM。

一个项目中的体系结构只能模拟利益相关者以及他们的想法和兴趣。这个阶段有一些步骤，在现实生活中有很多利益相关者，如评估团队、架构师和开发人员，这些步骤更加明智。在这个项目中，应尽可能地尝试表示这个过程的不同部分。

这里，首先介绍这一步中的头脑风暴情景列表，用于正在评估的架构中的三个利益相关者。场景列表不需要与步骤 5 中生成的场景不同，但也可以通过头脑风暴过程生成新场景。表 8-11 显示了编号方案的列表、类型以及所代表的质量属性。

表 8-11　编号方案的列表、类型以及所代表的质量属性

Scenario Type 场景分类	Scenario 场景	Quality Attribute 质量属性	场景编号
Use case 用例场景	No unauthorized access to the system 禁止非法访问系统	Security 安全性	1
	All operations are processed in fastest possible speed 所有的操作都以最快的速度处理	Performance 性能	2
	Any failure should be followed by immediate recovery 在任何发生的故障之后，立即修复	Availability 可用性	3
	User errors in using system should be handled 处理用户在使用系统时出现的错误	Reliability 可靠性	4
	New demands on system functionality should be accommodated 适应系统新的功能需求	Modifiability 可修改性	5

（续表）

Scenario Type 场景分类	Scenario 场景	Quality Attribute 质量属性	场景编号
Growth Scenarios 增长场景	New demands on system functionality should be accommodated 适应系统新的功能需求	Modifiability 可修改性	5
	Major parts of the framework should be reusable for future architectures 未来的体系结构可重用框架的主体部分	Variability 可变性	6
	Framework modification is cost-effective, fast and in minimal time 框架的修改应高效、快速，并在最短的时间内完成	Modifiability 可修改性	7
	Components in framework interact in a coordinated manner 框架中的组件通过交互协议交互	Functionality 功能性	8
	Framework expansion is possible to allow for more sophisticated options 框架可以向更复杂的方向扩展	Variability 可变性	9
	Implementation allows for execution in different environments 系统可以在不同的环境中运行	Portability 可移植性	10
	Proper data encapsulation and secure data structures 适当的数据封装和安全的数据结构	Security 安全性	11
	Flexible implementation using other programming languages 系统的实现方式可灵活使用其他编程语言	Portability 可移植性	12
	Overall consistent behavior expected from the architecture 架构预期的整体行为一致	Functionality 功能性 （此处有修改）	13
	Framework should be complete clear and perform exactly as required 框架应该是完全清晰的，并且完全按照需求执行	Functionality 功能性	14
Exploratory Scenarios 探索性场景	Hook up multiple applications to the framework at same time 同时将多个应用程序连接到框架	Functionality 功能性	15
	Change interface from command-driven to window-based 将交互方式从基于命令行的方式修改为基于窗口的方式	Variability 可变性	16

在这一点上，头脑风暴的场景清单已经准备就绪。下一步是让利益相关者为他们认为重要的情景进行投票。分配给每个利益相关者的票数定义如下：

票数 = 情景总数 ×30%= 0.3×16（到最近的整数）= 5

因此，三个利益相关者都有 5 张投票可供选择。接下来，我们模拟一个投票活动，每个利益相关者对他们最感兴趣的情景进行投票。在这个阶段，我们根据不同的利益相关者进行思考，并对各种情况进行投票。示例投票活动的结果显示在下面的表 8-12 中（得到 0 张选票的情况均不包含在此表中）。最终，根据不同的需求类别对投票结果进行整理统计，统计结果如表 8-13 所示。

表 8-12　示例投票活动的结果

Sc # 场景 编号	Scenario 场景	Quality Attribute 质量属性	User votes 用户投 票	Architect votes 架构师投 票	App. Dev votes 开发人 员投票	Total Votes 总票数
14	Framework should be complete clear and perform exactly as required 框架应该是完全清晰的，并且完全按照需求执行	Functionality 功能性	0	0	3	3
4	User errors in using system should be handled 处理用户在使用系统时出现的错误	Reliability 可靠性	2	0	1	3
5	New demands on system functionality should be accommodated. 适应系统新的功能需求	Modifiability 可修改性	1	1	0	2
8	Components in framework interact in a coordinated manner 框架中的组件通过交互协议交互	Functionality 功能性	0	2	0	2
1	No unauthorized access to the system 禁止非法访问系统	Security 安全性	1	0	1	2
2	All operations are processed in fastest possible speed 所有的操作都以最快的速度处理	Performance 性能	1	0	0	1
13	Overall consistent behavior expected from the architecture 架构预期的整体行为一致	Functionality 概念上的完整性	0	1	0	1
6	Major parts of the framework should be reusable for future architectures 未来的体系结构可重用框架的主体部分	Variability 可变性	0	1	0	1

表 8-13　示例统计结果

Sc # 场景 编号	Scenario 场景	Quality Attribute 质量属性
8	Components in framework interact in a coordinated manner 框架中的组件通过交互协议交互	
13	Overall consistent behavior expected from the architecture 架构预期的整体行为一致	Functionality 功能性
14	Framework should be complete clear and perform exactly as required. 框架应该是完全清晰的，并且完全按照需求执行	

（续表）

Sc # 场景 编号	Scenario 场景	Quality Attribute 质量属性
4	User errors in using system should be handled 处理用户在使用系统时出现的错误	Reliability 可靠性
5	New demands on system functionality should be accommodated. 适应系统新的功能需求	Modifiability 可修改性
1	No unauthorized access to the system 禁止非法访问系统	Security 安全性
2	All operations are processed in fastest possible speed 所有的操作都以最快的速度处理	Performance 性能
6	Major parts of the framework should be reusable for future architectures 未来的体系结构可重用框架的主体部分	Variability 可变性

第 8 步——分析架构方法

这是"测试"阶段的最后一步。在这一步中，我们分析上一步中高优先级的质量属性。我们找到了处理这些质量属性的架构设计方案，并检查相应的架构设计方案是否可支持满足这些属性。这一步重复"调查和分析"阶段的第 6 步。唯一的区别在于，在步骤 6 中，高优先级质量属性来自效用树，而这一步需要考虑在头脑风暴投票中，高得票数的质量属性。一些在步骤 6 中被认为是高优先级的质量属性可能在头脑风暴的步骤中，仍被认为是高优先级的质量属性。同时，头脑风暴的过程也可能产生一些新的高优先级的质量属性。最后，分析架构设计方案中的风险、非风险、敏感点和权衡点。

从上一步的投票表中，高质量的质量属性是功能性、可靠性、可修改性、安全性、性能和可变性。由于其中一些质量属性已经在步骤 6 中讨论过，所以这里只关注新出现的属于安全和性能质量属性的情况。在这一步中，仅根据这两种情况分析两种体系结构。

这一步分为四个主要阶段：

● 调查架构方法。

● 创建分析问题。

● 分析问题的答案。

● 找出风险、非风险、敏感点和权衡点。

1）调查架构方法

（1）安全性。此属性验证系统是否有能力限制未经授权的访问，以及体系结构是否提供任何数据机密性。

①胡佛架构。在这种架构中，一些组件以适当的方式使用数据封装。例如，只有事件管理器执行事件注册表活动，因此未经授权的组件不能执行此任务或者操作事件注册表数据结构。由于框架完全独立于特定于应用程序的信息，因此组件的协调可以确保正确的数据封装，并且

信息仅对需要它的组件可见。因此，解决了安全问题。

②银行体系结构。在这种体系结构中，特定于应用程序的信息被嵌入到架构中的许多组件中，因此数据机密性处理不当。因此，框架的结构非常"开放"。但是，在某些情况下，保密性是可以达到标准。例如，应用程序处理程序仅由事件管理器调用，并且不能由其他组件访问。这支持一些受限组件的安全性，但不支持整体体系结构。

（2）性能。该属性使我们能够了解系统的响应性。性能因素通常表示为每单位时间的交易次数或执行一次交易所花费的时间。

①胡佛架构。在此体系结构中，用户界面是命令驱动的，因此整个系统的性能不能以每单位时间的事务数量来衡量。但是，由于执行任何给定流程所涉及的组件都很少，因此可以推断执行一项事务所花费的时间很少。因此，该体系结构解决了性能问题。

②银行体系结构。这种体系结构也是由命令驱动的，并且如果根据处理任何事件所涉及的组件数量来计算性能，则可以说该体系结构中的这个数字更高。因此，这种体系结构中的性能不足。

2）创建分析问题

以下是利益相关方收集的分析问题清单，并基于高投票数的情景。

①系统是否允许未经授权的访问？（安全）

②架构是否描绘数据机密性？（安全）

③架构是否以最快的速度处理任何任务？（性能）

3）分析问题的答案

现在我们在这两种体系结构中找到这些分析问题的合理答案。

（1）胡佛架构。

①系统是否允许未经授权的访问？

在组件层面，胡佛的架构中未经授权的访问受到限制。但是，在应用程序级别，如果需要，可以通过修改应用程序组件来限制访问。

②架构是否描绘数据机密性？

如前所述，特定于应用程序的信息并未嵌入组件的不同部分，因此数据得到了很好的保护。

③架构是否以最快的速度处理任何任务？

由于执行任何任务所涉及的组件数量极少，并且每个组件中的处理量在此架构中最小，因此后者以最快的速度执行操作。

（2）银行体系结构。

①系统是否允许未经授权的访问？

在组件级别，某些组件受到限制，而体系结构中的大多数组件都可用于访问未经授权的组件。

②架构是否描绘数据机密性？

考虑到应用程序特定的信息在许多组件中可用，这些信息分散在架构中，因此不存在数据机密性。

③架构是否以最快的速度处理任何任务？

由于涉及事件处理的组件数量很多，因此此架构不能以最快的速度执行操作。

4）找出风险、非风险、敏感点和权衡点。

（1）风险与非风险见表 8-14。

表 8-14　两种体系结构涉及的风险和非风险

Architecture 架构	Risks 风险	Non-Risks 非风险
Hoover's Architecture 胡佛架构	-	Security 安全性 Performance 性能
Banking Architecture 银行架构	Security 安全性 Performance 性能	-

（2）敏感点。

- 数据保密级别对嵌入应用程序的地点数量很敏感。
- 执行任务的平均速度对处理任务所涉及的组件数量敏感。

（3）权衡点。

考虑到上述敏感点和步骤 6 中列出的敏感点，我们得出以下权衡点。

- 应用程序嵌入的地点数量。
- 处理任务所涉及的组件数量。

基于这些权衡点，我们可以推断胡佛的架构在框架中没有应用程序特定信息，并且执行任务所涉及的组件数量很少。而在银行架构中，这两个权衡点都不被处理正确。

8.3.4　阶段4——报告ATAM

这是 ATAM 评估的最后阶段，其中提供了评估期间收集的所有信息。ATAM 团队将他们的发现呈现给利益相关者。

ATAM 团队的主要发现通常包括：

- 一种效用树；
- 一组生成的场景；
- 一组分析问题；
- 一套确定的风险和非风险；
- 确定的架构方法。

报告中包含的所有内容在前述的 8 个步骤中已经进行了介绍。

第9章 软件可靠性基础知识

随着软件复杂度的增加，软件设计的正确性验证成本也越来越高。可靠和可信的计算模型首先在军事和高要求的商业系统中开始研究，可靠性和其他质量属性一样是衡量软件架构的重要指标。实践证明，保障软件可靠性最有效、最经济、最重要的手段是在软件设计阶段采取措施进行可靠性控制。

本章探讨软件可靠性的概念、模型、设计、测试以及评价等相关技术。

9.1 软件可靠性基本概念

在现代军事和商用系统中，以软件为核心的产品得到了广泛的应用。随着系统中软件成分的不断增加，使得系统对软件的依赖性越来越强，对软件可靠性的要求也越来越高。软件可靠性技术研究成为当今可靠性工程研究领域中一个重要领域。

国外从 20 世纪 60 年代后期开始加强对软件可靠性的研究工作，经过 40 多年的研究，推出了各种可靠性模型和预测方法，于 1990 年前后形成了较为系统的软件可靠性工程体系。同时，从 20 世纪 80 年代中期开始，西方各主要工业强国均确立了专门的研究计划和课题，如英国的AIVEY（软件可靠性和度量标准）计划、欧洲的 ESPRIT（欧洲信息技术研究与发展战略）计划、SPMMS（软件生产和维护管理保障）课题和 Eureka（尤里卡）计划等。每年都有大量的人力、物力投入到软件可靠性研究项目中，并取得了一定的成果。

国内对于软件可靠性的研究工作起步较晚，在软件可靠性量化理论、度量标准（指标体系）、建模技术、设计方法和测试技术等方面与国外差距较大。

9.1.1 软件可靠性定义

软件可靠性（Software Reliability）是软件产品在规定的条件下和规定的时间区间完成规定功能的能力。规定的条件是指直接与软件运行相关的使用该软件的计算机系统的状态和软件的输入条件，或统称为软件运行时的外部输入条件；规定的时间区间是指软件的实际运行时间区间；规定功能是指为提供给定的服务，软件产品所必须具备的功能。

软件与硬件有很多不同点，但从可靠性的角度来看，它们主要有如下 4 个不同点。

（1）复杂性。软件内部逻辑高度复杂，硬件则相对简单，这就在很大程度上决定了设计错误是导致软件失效的主要原因，而导致硬件失效的可能性则很小。

（2）物理退化。软件不存在物理退化现象，硬件失效则主要是由于物理退化所致。这就决定了软件正确性与软件可靠性密切相关，一个正确的软件任何时刻均可靠。然而，一个正确的硬件元器件或系统，则可能在某个时刻失效。

（3）唯一性。软件是唯一的，软件复制不改变软件本身，而任何两个硬件不可能绝对相同。

这就是为什么概率方法在硬件可靠性领域取得巨大成功，而在软件可靠性领域不令人满意的原因。

（4）版本更新较快。硬件的更新周期通常较慢，硬件产品一旦定型一般就不会更改，而软件产品通常受需求变更、软件缺陷修复的需要，造成软件版本更新较快，这也给软件可靠性评估带来较大的难度。

1983 年，美国 IEEE 计算机学会对"软件可靠性"做出了明确的定义，随后，此定义经美国标准化研究所批准为美国的国家标准。在 1989 年，我国国家标准 GB/T-11457 也采用了这个定义。这个定义就是：在规定的条件下，在规定的时间内，软件不引起系统失效的概率，该概率是系统输入和系统使用的函数，也是软件中存在的缺陷函数；系统输入将确定是否会遇到已存在的缺陷（如果缺陷存在的话）。

简言之，就是在规定的时间周期内，在所述条件下程序执行所要求的功能的能力。显而易见，美国 IEEE 计算机学会关于"软件可靠性"的定义仍然沿用了"产品可靠性"的定义，但有了更具体的定位和更深入的描述。

下面来分析一下软件可靠性的框架性定义。

（1）规定的时间。

软件可靠性只是体现在其运行阶段，所以将"运行时间"作为"规定的时间"的度量。"运行时间"包括软件系统运行后工作与挂起（开启但空闲）的累计时间。由于软件运行的环境与程序路径选取的随机性，软件的失效为随机事件，所以运行时间属于随机变量。

（2）规定的条件。

规定的条件主要指软件的运行环境。它涉及软件系统运行时所需的各种支持要素，如支持硬件平台（服务器、台式机和网络平台等）、操作系统、数据库管理系统、中间件，以及其他支持软件、输入数据格式和范围及操作规程等。不同的环境条件下软件的可靠性是不同的，具体地说，规定的环境条件主要是描述软件系统运行时计算机的配置情况及对输入数据的要求，并假定其他一切因素都是理想的。有了明确规定的环境条件，还可以有效地判断软件失效的责任在用户方还是开发方。

（3）所要求的功能。

软件可靠性还与规定的任务和功能有关。由于要完成的任务不同，软件的运行情况会有所区别，则调用的子模块就不同（包括程序选择路径不同），其可靠性也就可能不同。所以，要准确度量软件系统的可靠性，必须先明确它的任务和功能。

（4）"软件可靠性"定义具有以下特点。

①用内在的"缺陷"和外在的"失效"关系来描述可靠性，更能深刻地体现软件的本质特点。

②定义使人们对软件可靠性进行量化评估成为可能。对于软件的可靠性这样一个质量特性，很难用一个明确直观的数值去体现。而依据这个定义，人们有可能通过分析影响可靠性的因素，用函数的形式，按照不同的目的建立各种数学模型去分析软件可靠性。

③用概率的方法去描述可靠性是比较科学的。前面讲到，软件失效是随机的外部表现，完全是一个随机事件，而软件缺陷是软件固有的没有损耗的内在特点。定义用规定时间内其操作

不出现软件失效的概率，也就是输入未碰到软件缺陷的概率来描述可靠性，这种方法就是用概率来描述纯粹的随机事件，是比较合理的，也是可行的。

9.1.2　软件可靠性的定量描述

从软件可靠性的定义可以看到，软件的可靠性可以基于使用条件、规定时间、系统输入、系统使用和软件缺陷等变量构建的数学表达式。下面从可靠性定义中的术语"规定时间""失效概率"开始，探讨软件可靠性的定量描述，并相应地引入一些概念。

1. 规定时间

对于"规定时间"有 3 种概念：一种是自然时间，也就是日历时间，指人们日常计时用的年、月、周、日等自然流逝的时间段；一种是运行时间，指软件从启动开始，到运行结束的时间段；最后一种是执行时间，指软件运行过程中，中央处理器（CPU）执行程序指令所用的时间总和。

例如，某单位有一套供会计人员使用的财务软件，我们来关注一整天的时间，上午 9:00 上班开机运行，下午 5:00 下班退出程序。在这里，自然时间是一天，也就是 24 小时，运行时间是 8 个小时，而 CPU 处理程序的执行时间可能不到 2 小时，这要视会计的业务繁忙状况、使用软件的频度和软件本身的设计而定。

很明显，在这三种时间中，人们使用执行时间来度量软件的可靠性最为准确，效果也最好。如果运行的软件系统处于一种相对稳定的工作状态，可以根据一定的经验值，按一定的换算比例，对这三种时间进行折算。

2. 失效概率

从软件运行开始，到某一时刻 t 为止，出现失效的概率可以看作是关于软件运行时间的一个随机函数，用 $F(t)$ 表示。根据我们对软件可靠性的分析，函数 $F(t)$ 有如下特征。

（1）$F(0)=0$，即软件运行初始时刻失效概率为 0。

（2）$F(t)$ 在时间域（0，$+\infty$）上是单调递增的。

（3）$F(+\infty)=1$，即失效概率在运行时间不断增长时趋向于 1，这也和"任何软件都存在缺陷"的思想相吻合。

为了简化分析，把 $F(t)$ 看作关于时间 t 的一个连续函数，并且可导。

3. 可靠度

人们用来表示可靠性最为直接的方式就是可靠度，根据可靠性的定义，可靠度就是软件系统在规定的条件下、规定的时间内不发生失效的概率。如果用 $F(t)$ 来表示到 t 时刻止，软件不出现失效的概率，则可靠度的公式为

$$R(t)=1-F(t) \tag{9-1}$$

同样，我们知道 $R(0)=1$，$R(+\infty)=0$。

4. 失效强度

失效强度（Failure Intensity）的物理解释就是单位时间软件系统出现失效的概率。在 t 时刻

到 $t+\Delta t$ 时刻之间软件系统出现失效的平均概率为 $(F(t+\Delta t) - F(t))/\Delta t$，当 Δt 趋于很小时，就表现为 t 时刻的失效强度。用 $f(t)$ 表示失效强度函数，则

$$f(t) = \lim_{\Delta t \to 0} \frac{F(t+\Delta t) - f(t)}{\Delta t} = F'(t) \qquad (9\text{-}2)$$

5. 平均失效前时间

可靠度为 $R(t)$ 的系统平均失效前时间（Mean Time To Failure，MTTF）定义为从 $t=0$ 时到故障发生时系统的持续运行时间的期望值：

$$\text{MTTF} = \int_0^{\infty} R(t)\,dt$$

对于不可修复系统，系统的平均寿命指系统发生失效前的平均工作（或存储）时间或工作次数，也称为系统在失效前的平均时间。MTTF 的长短，通常与使用周期中的产品有关，其中不包括老化失效。

6. 平均恢复前时间

平均恢复前时间（Mean Time To Restoration，MTTR）是随机变量恢复时间的期望值，就是从出现故障到修复成功中间的这段时间，它包括确认失效发生所必需的时间，记录所有任务的时间，还有将设备重新投入使用的时间。MTTR 越短表示易恢复性越好。

7. 平均故障间隔时间

MTBF（Mean Time Between Failures，平均故障间隔时间）定义为：失效或维护中所需的平均时间，包括故障时间以及检测和维护设备的时间。

对于可靠度服从指数分布的系统，从任一时刻 t_0 到达故障的期望时间都是相等的，因此有：

$$\text{MTBF=MTTF+MTTR}$$

当讨论完对软件可靠性的定量描述问题之后，需要对软件可靠度这个直接反映软件可靠性的度量指标作下列补充说明。

（1）描述的软件对象必须明确，即需指明它与其他软件的界限。

（2）软件失效必须明确定义。

（3）必须假设硬件无故障（失效）和软件有关变量的输入值正确。

（4）运行环境包括硬件环境、软件支持环境和确定的软件输入域。

（5）规定的时间必须指明时间基准，可以是自然时间（日历时间）、运行时间、执行时间（CPU 时间）或其他时间基准。

（6）软件无失效运行的机会通常以概率度量，但也可以是模糊数学中的可能性加以度量。

（7）上述定义是在时间域上进行的，这时软件可靠度是一种动态度量。也可以是在数据域上将软件可靠度定义为一种表态度量，表示软件成功执行一个回合的概率。软件回合（Run）是指软件在规定环境下的一个基本执行过程，如给定一组输入数据，到软件给定相应的输出数据这一过程。软件回合是软件运行最小的、不可分的执行单位，软件的运行过程由一系列软件回合组成。

（8）有时将软件运行环境简单地理解为软件运行剖面（Operational Profile）。欧空局（ESA）

标准 PSS-01-21（1991）"ESA 软件产品保证要求"中，"软件运行剖面"的定义为："对系统使用条件的定义。系统的输入值都用其按时间的分布或按它们在可能输入范围内的出现概率的分布来定义"。简单来说，运行剖面定义了关于软件可靠性描述中的"规定条件"，也就是相当于可靠性测试中需要考虑的测试环境、测试数据等一系列问题。

9.1.3　可靠性目标

前面定量分析软件的可靠性时，使用失效强度来表示软件缺陷对软件运行的影响程度。然而在实际情况中，对软件运行的影响程度不仅取决于软件失效发生的概率，还和软件失效的严重程度有很大关系。这里引出另外一个概念——失效严重程度类（Failure Severity Class）。

失效严重程度类就是对用户具有相同程度影响的失效集合。

对失效严重程度的分级可以按照不同的标准进行，最为常见的是按对成本影响、对系统能力的影响等标准划分软件失效的严重程度类。

对成本的影响可能包括失效引起的额外运行成本、修复和恢复成本、现有或潜在的业务机会的损失等。由于失效严重程度类的影响分布很广泛，为了按照一定数量的等级去定义失效严重程度类，通常用数量级去划分等级。

表 9-1 给出了一个按照对成本的影响划分失效严重程度类的例子，这个例子涉及的软件系统是某电子商务运营系统。

表 9-1　按照对成本的影响划分失效严重程度类

失效严重程度类	定义（人民币万元）	失效严重程度类	定义（人民币万元）
1	成本＞100	4	0.1＜成本≤1
2	10＜成本≤100	5	成本＜0.1
3	1＜成本≤10		

对系统能力的影响常常表现为关键数据的损失、系统异常退出、系统崩溃、导致用户操作无效等。对于不同性质的软件系统，相同的表现可能造成的失效严重程度是不同的，例如对可用性要求较高的系统，导致长时间停机的失效常常会划分到较高的严重级别中去。

表 9-2 给出了一个按照对系统能力的影响划分失效严重程度类的例子，这个例子涉及的软件系统是某电信实时计费系统。

表 9-2　按照对系统能力的影响划分失效严重程度类

失效严重程度类	定义
1	系统崩溃，重要数据不可恢复
2	系统出错停止响应，重要数据可恢复
3	用户重要操作无响应，可恢复
4	部分操作无响应，但可用其他操作方式替代

有了失效严重程度的划分，现在可以结合失效强度来定量地表示一个软件系统的可靠性目标了。

可靠性目标是指客户对软件性能满意程度的期望。通常用可靠度、故障强度和平均失效时间（MTTF）等指标来描述，根据不同项目的不同需要而定。建立定量的可靠性指标需要对可靠性、交付时间和成本进行平衡。为了定义系统的可靠性指标，必须确定系统的运行模式，定义故障的严重性等级，确定故障强度目标。

例如，对于表 9-1 的例子，可以根据经验和用户的需求确定软件系统需要达到的可靠程度，按照前面的公式，换算成失效强度和平均无失效时间，如表 9-3 所示。

表 9-3　可靠性目标参考表

失效严重程度类	可靠性要求 /%	失 效 强 度	平均无失效时间
1	99.9999	10^{-6}	114 年
2	99.99	10^{-4}	417 天
3	99	10^{-1}	4 天
4	90	1	9 小时

9.1.4　可靠性测试的意义

软件可靠性问题已被越来越多的软件工程专家所重视，人们已开始投入大量的人力、物力去研究软件可靠性的设计、评估和测试等课题。以下多个方面可以反映出软件可靠性问题对软件工程实践，乃至对生产活动和社会活动产生的深远影响。

（1）软件失效可能造成灾难性的后果。一个最显著的例子就是由于控制系统的 Fortran 程序中少了个逗点，致使控制系统未能发出正确的指令，最终使美国的一次宇宙飞行失败。而目前由于计算机和软件在各行各业中应用的日益广泛和深入，例如军用作战系统、民航指挥系统、银行支付系统和交通调控系统等，一旦发生严重级别的软件失效，轻则造成经济损失，重则危及人们的生命安全，危害国家安全。

（2）软件的失效在整个计算机系统失效中的比例较高。某研究机构曾经作过统计，在计算机系统的失效中，有 80% 和软件有关。原因是软件系统的内容结构太复杂了，一个较简单的程序，其所有的路径数就可能是一个天文数字。在软件开发的过程中，很难用全路径覆盖方式的测试去发现软件系统中隐藏的所有缺陷，也就是说，很难完全排除软件缺陷。

（3）相比硬件可靠性技术，软件可靠性技术很不成熟，这就加剧了软件可靠性问题的重要性。例如在硬件可靠性领域，故障树分析（Fault Tree Analysis，FTA）、失效模式与效应分析（Failure Made And Effect Analysis，FMEA）等技术比较成熟，容错技术也有广泛应用，但在软件可靠性领域，这些技术似乎尚未定型。

（4）与硬件元器件成本急剧下降形成鲜明对比的是，软件费用呈有增无减的势头，而软件可靠性问题是造成费用增长的主要原因之一。

（5）计算机技术获得日益广泛的应用，随着计算机应用系统中软件成分的不断增加，使得系统对于软件的依赖性越来越强，软件对生产活动和社会生活的影响越来越大，从而增加了软件可靠性问题在软件工程领域乃至整个计算机工程领域的重要性。

软件可靠性问题的重要性凸显了发展以发现软件可靠性缺陷为目的的可靠性设计与测试技术的迫切性。

9.1.5　广义的可靠性测试与狭义的可靠性测试

广义的软件可靠性测试是指为了最终评价软件系统的可靠性而运用建模、统计、试验、分析和评价等一系列手段对软件系统实施的一种测试。一个完整的软件可靠性测试包括如图 9-1 所示的过程。

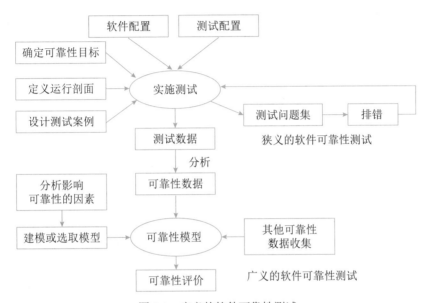

图 9-1　广义的软件可靠性测试

狭义的软件可靠性测试是指为了获取可靠性数据，按预先确定的测试用例，在软件的预期使用环境中，对软件实施的一种测试。狭义的软件可靠性测试也叫"软件可靠性试验"（Software Reliability Test），它是面向缺陷的测试，以用户将要使用的方式来测试软件，每一次测试代表用户将要完成的一组操作，使测试成为最终产品使用的预演。这就使得所获得的测试数据与软件的实际运行数据比较接近，可用于软件可靠性评价。

其实，软件可靠性测试是软件测试的一种形式，和易用性测试、性能测试、标准符合性测试等前面介绍的测试类型一样，是针对软件的某个重要质量特性，使用一定的测试用例对软件进行测试的过程。

可靠性测试是对软件产品的可靠性进行调查、分析和评价的一种手段。它不仅仅是为了用测试数据确定软件产品是否达到可靠性目标，还要对检测出的失效的分布、原因及后果进行分析，并给出纠正建议。总的来说，可靠性测试的目的可归纳为以下 3 个方面。

（1）发现软件系统在需求、设计、编码、测试和实施等方面的各种缺陷。

（2）为软件的使用和维护提供可靠性数据。

（3）确认软件是否达到可靠性的定量要求。

9.2　软件可靠性建模

9.2.1　影响软件可靠性的因素

在讲到软件可靠性评估的时候，我们不得不提到软件可靠性模型。软件可靠性模型（Software Reliability Model）是指为预计或估算软件的可靠性所建立的可靠性框图和数学模型。建立可靠性模型是为了将复杂系统的可靠性逐级分解为简单系统的可靠性，以便于定量预计、分配、估算和评价复杂系统的可靠性。

为了构建软件的可靠性模型，首先要来分析一下影响软件可靠性的因素。影响软件可靠性的因素是纷杂而众多的，甚至包括技术以外的许多因素。首先必须考虑影响软件可靠性的主要因素：缺陷的引入、发现和清除。缺陷的引入主要取决于软件产品的特性和软件的开发过程特性。软件产品的特性指软件本身的性质，开发过程特性包括开发技术、开发工具、开发人员的水平、需求的变化频度等。缺陷的发现依靠用户对软件的操作方式、运行环境等，也就是运行剖面。缺陷的清除依赖于失效的发现和修复活动及可靠性方面的投入。

从技术的角度来看，影响软件可靠性的主要因素如下。

（1）运行剖面（环境）。软件可靠性的定义是相对运行环境而言的，一样的软件在不同的运行剖面下，其可靠性的表现是不一样的。

（2）软件规模。软件规模也就是软件的大小，一个只有数十行代码的软件和几千、几万行代码的软件是不能相提并论的。

（3）软件内部结构。结构对软件可靠性的影响主要取决于软件结构的复杂程度，一般来说，内部结构越复杂的软件，所包含的软件缺陷数就可能越多。

（4）软件的开发方法和开发环境。软件工程表明，软件的开发方法对软件的可靠性有显著影响。例如，与非结构方法相比，结构化方法可以明显减少软件的缺陷数。

（5）软件的可靠性投入。软件在生命周期中可靠性的投入包括开发者在可靠性设计、可靠性管理、可靠性测试和可靠性评价等方面投入的人力、资金、资源和时间等。经验表明，在早期重视软件可靠性并采取措施开发出来的软件，可靠性有明显的提高。

总之，有许许多多的因素影响着软件的可靠性，有些至今也无法确定它们与软件可靠性之间的定量关系，甚至定性关系也不甚清楚。

9.2.2　软件可靠性的建模方法

一个软件可靠性模型通常（但不是绝对）由以下几部分组成。

（1）模型假设。模型是实际情况的简化或规范化，总要包含若干假设，例如测试的选取代表实际运行剖面，不同软件失效独立发生等。

（2）性能度量。软件可靠性模型的输出量就是性能度量，如失效强度、残留缺陷数等。在软件可靠性模型中性能度量通常以数学表达式给出。

（3）参数估计方法。某些可靠性度量的实际值无法直接获得，例如残留缺陷数，这时需通过一定的方法估计参数的值，从而间接确定可靠性度量的值。当然，对于可直接获得实际值的可靠性度量，就无须参数估计了。

（4）数据要求。一个软件可靠性模型要求一定的输入数据，即软件可靠性数据。不同类型的软件可靠性模型可能要求不同类型的软件可靠性数据。

绝大多数的模型包含 3 个共同假设。这些假设至今主宰着软件可靠性建模的研究发展，人们尚未找到克服这些假设局限性的有效方法。

（1）代表性假设。此假设认为软件测试用例的选取代表软件实际的运行剖面，甚至认为测试用例是独立随机地选取。此假设实质上是指可以用测试产生的软件可靠性数据预测运行阶段的软件可靠性行为。

（2）独立性假设。此假设认为软件失效是独立发生于不同时刻，一个软件失效的发生不影响另一个软件失效的发生。例如在概率范畴，假设相邻软件失效间隔构成一组独立随机变量，或假设一定时间内软件失效次数构成一个独立增量过程。在模糊数学范畴，则相邻软件失效间隔构成一组不相关的模糊变量。

（3）相同性假设。此假设认为所有软件失效的后果（等级）相同，即建模过程只考虑软件失效的具体发生时刻，不区分软件的失效严重等级。

软件可靠性模型要描述失效过程对上一节所分析因素的一般依赖形式。由于这些因素大多数在本质上是概率性的，并且表现与时间相关联，所以通过失效数据的概率分布和随机过程随时间的变化的特性来整体区分软件可靠性模型。

人们常常通过下面估计或预测的方法来确定模型的参数。估计是通过收集到的失效数据进行统计分析，利用一定的推导过程归纳出模型的参数；预测则是使用软件产品自身的属性和开发过程来确定模型的参数，这种方法可以在开始执行程序前完成。

确定了模型的参数后，就可以来表示失效过程的很多不同的特性。例如，大多数模型都会对如下的内容进行解析表达。

（1）任何时间点所经历的平均失效数。

（2）一段时间间隔内的平均失效数。

（3）任何时间点的失效强度。

（4）失效区间的概率分布。

在对将来的故障行为进行预测时，应保证模型参数的值不发生变化。如果在进行预测时发现引入了新的错误，或修复行为使新的故障不断发生，就应停止预测，并等足够多的故障出现后，再重新进行模型参数的估计。否则，这样的变化会因为增加问题的复杂程度而使模型的实用性降低。

一般来说，软件可靠性模型是以在固定不变的运行环境中运行的不变的程序作为估测实体的。这也就是说，程序的代码和运行剖面都不发生变化，但它们往往总要发生变化的，于是在这种情况之下，就应采取分段处理的方式来进行工作。因此，模型主要集中注意力于排错。但是，也有的模型具有能处理缓慢地引进错误情况的能力。

对于一个已发行并正在运行的程序，应暂缓安装新的功能和对下一次发行的版本的修复。如果能保持一个不变的运行剖面，则程序的故障密度将显示为一个常数。

一般来说，一个好的软件可靠性模型增加了关于开发项目的交流，并对了解软件开发过程提供了一个共同的工作基础。它也增加了管理的透明度和其他令人感兴趣的东西。即使在特殊的情况之下，通过模型做出的预测并不是很精确的话，上面的这些优点也仍然是明显而有价值的。

　　要建立一个有用的软件可靠性模型必须有坚实的理论研究工作、有关工具的建造和实际工作经验的积累。通常这些工作要许多人一年的工作量。相反，要应用一个好的软件可靠性模型，则要求以极少的项目资源就可以在实际工作中产生好的效益。

　　一个好的软件可靠性模型应该具有如下重要特性。

（1）基于可靠的假设。

（2）简单。

（3）计算一些有用的量。

（4）给出未来失效行为的好的映射。

（5）可广泛应用。

9.2.3　软件的可靠性模型分类

　　一个有效的软件可靠性模型应尽可能地将上面所述的因素在软件可靠性建模时加以考虑，尽可能简明地反映出来。自 1972 年第一个软件可靠性分析模型发表的 30 多年来，见之于文献的软件可靠性统计分析模型将近百种。这些可靠性模型大致可分为如下 10 类。

- 种子法模型。
- 失效率类模型。
- 曲线拟合类模型。
- 可靠性增长模型。
- 程序结构分析模型。
- 输入域分类模型。
- 执行路径分析方法模型。
- 非齐次泊松过程模型。
- 马尔可夫过程模型。
- 贝叶斯分析模型。

下面分别对这些模型进行简单介绍。

1. 种子法模型

　　种子法模型利用捕获一再捕获抽样技术估计程序中的错误数，在程序中预先有意"播种"一些设定的错误"种子"，然后根据测试出的原始错误数和发现的诱导错误的比例，来估计程序中残留的错误数。其优点是简便易行，缺点是诱导错误的"种子"与实际的原始错误之间的类比性估量困难。

2. 失效率类模型

　　失效率类模型用来研究程序的失效率，主要有下列内容。

- Jelinski-Moranda的De-eutrophication模型。
- Jelinski-Moranda的几何De-eutrophication模型。
- Schick-Wolverton模型。
- 改进的Schick-Wolverton模型。
- Moranda的几何泊松模型。
- Goal和Okumoto不完全排错模型。

3. 曲线拟合类模型

曲线拟合类模型用回归分析的方法研究软件复杂性、程序中的缺陷数、失效率、失效间隔时间，包括参数方法和非参数方法两种。

4. 可靠性增长模型

这类模型预测软件在检错过程中的可靠性改进，用增长函数来描述软件的改进过程。这类模型如下。

- Duane模型。
- Weibull模型。
- Wagoner的Weibull改进模型。
- Yamada和Osaki的逻辑增长曲线。
- Gompertz的增长曲线。

5. 程序结构分析模型

程序结构分析模型是根据程序、子程序及其相互间的调用关系，形成一个可靠性分析网络。网络中的每个结点代表一个子程序或一个模块，网络中的每一有向弧代表模块间的程序执行顺序。假定各结点的可靠性是相互独立的，通过对每个结点可靠性、结点间转换的可靠性和网络在结点间的转换概率，得出该持续程序的整体可靠性。这类模型如下。

- Littewood马尔可夫结构模型。
- Cheung的面向用户的马尔可夫模型。

6. 输入域分类模型

输入域分类模型选取软件输入域中的某些样本"点"运行程序，根据这些样本点在"实际"使用环境中的使用概率的测试运行时的成功／失效率，推断软件的使用可靠性。这类模型的重点（亦是难点）是输入域的概率分布的确定及对软件运行剖面的正确描述。这类模型如下。

- Nelson模型。
- Bastani的基于输入域的随机过程模型。

7. 执行路径分析方法模型

执行路径分析方法类模型的分析方法与上面的模型相似，先计算程序各逻辑路径的执行概率和程序中错误路径的执行概率，再综合出该软件的使用可靠性。Shooman 分解模型属于此类。

8. 非齐次泊松过程模型

非齐次泊松过程模型（NHPP），是以软件测试过程中单位时间的失效次数为独立泊松随机变量，来预测在今后软件的某使用时间点的累计失效数。这类模型如下。

- Musa的指数模型。
- Goel和Okumoto的NHPP模型。
- S_型可靠性增长模型。
- 超指数增长模型。
- Pham改进的NHPP模型。

9. 马尔可夫过程模型

马尔可夫过程模型如下。

- 完全改错的线性死亡模型。
- 不完全改错的线性死亡模型。
- 完全改错的非静态线性死亡模型。

10. 贝叶斯模型

贝叶斯模型是利用失效率的试验前分布和当前的测试失效信息，来评估软件的可靠性。这是一类当软件可靠性工程师对软件的开发过程有充分地了解，软件的继承性比较好时具有良好效果的可靠性分析模型。这类模型如下。

- 连续时间的离散型马尔可夫链。
- Shock模型。

另外，Musa 和 Okumoto 依据模型的不同属性对可靠性模型进行以下分类。

- 时间域：有两种，自然或日历时间与执行（CPU）时间。
- 失效数类：取决于无限时间内发生的失效数是有限的还是无限的。
- 失效数分布：相对于时间系统失效数的统计分布形式，主要的两类是泊松分布型和二项分布型。
- 有限类：对有限失效数的类别适用，用时间表示的失效强度的函数形式。
- 无限类：对无限失效数的类别适用，用经验期望失效数表示的失效强度的函数形式。

9.3 软件可靠性管理

为了进一步提高软件可靠性，人们又提出了软件可靠性管理的概念，把软件可靠性活动贯穿于软件开发的全过程。

软件可靠性管理是软件工程管理的一部分，它以全面提高和保证软件可靠性为目标，以软件可靠性活动为主要对象，是把现代管理理论用于软件生命周期中的可靠性保障活动的一种管理形式。

软件可靠性管理的内容包括软件工程各个阶段的可靠性活动的目标、计划、进度、任务和修正措施等。

　　软件工程各个阶段可能进行的主要软件可靠性活动如下所述。由于软件之间的差异较大，并且人们对可靠性的期望不同，对可靠性的投入不同，所以下面的每项活动并不是每一个软件系统的可靠性管理的必须内容，也不是软件可靠性管理的全部内容。

1. 需求分析阶段

（1）确定软件的可靠性目标。
（2）分析可能影响可靠性的因素。
（3）确定可靠性的验收标准。
（4）制定可靠性管理框架。
（5）制定可靠性文档编写规范。
（6）制订可靠性活动初步计划。
（7）确定可靠性数据收集规范。

2. 概要设计阶段

（1）确定可靠性度量。
（2）制定详细的可靠性验收方案。
（3）可靠性设计。
（4）收集可靠性数据。
（5）调整可靠性活动计划。
（6）明确后续阶段的可靠性活动的详细计划。
（7）编制可靠性文档。

3. 详细设计阶段

（1）可靠性设计。
（2）可靠性预测（确定可靠性度量估计值）。
（3）调整可靠性活动计划。
（4）收集可靠性数据。
（5）明确后续阶段的可靠性活动的详细计划。
（6）编制可靠性文档。

4. 编码阶段

（1）可靠性测试（含于单元测试）。
（2）排错。
（3）调整可靠性活动计划。
（4）收集可靠性数据。
（5）明确后续阶段的可靠性活动的详细计划。
（6）编制可靠性文档。

5. 测试阶段

（1）可靠性测试（含于集成测试、系统测试）。

（2）排错。

（3）可靠性建模。

（4）可靠性评价。

（5）调整可靠性活动计划。

（6）收集可靠性数据。

（7）明确后续阶段的可靠性活动的详细计划。

（8）编制可靠性文档。

6. 实施阶段

（1）可靠性测试（含于验收测试）。

（2）排错。

（3）收集可靠性数据。

（4）调整可靠性模型。

（5）可靠性评价。

（6）编制可靠性文档。

可靠性管理目前还停留在定性描述的水平上，很难用量化的指标来进行可靠性管理。可靠性管理规范的制定水平和实施效果也有待提高。怎样利用有限的可靠性投入，达到预期的可靠性目标是软件项目管理者常常要面对的难题。因此，可靠性管理研究是一个长期的课题。

9.4 软件可靠性设计

在测试阶段，利用测试手段收集测试数据，并利用软件可靠性模型，可以评估或预测软件的可靠性。这些软件可靠性测试活动虽然能通过查错和排错活动有限地改善软件可靠性，但不能从根本上提高软件的可靠性，也难以保证软件可靠性，并且修改由于设计导致的软件缺陷，有可能付出比较昂贵的代价。实践证明，保障软件可靠性最有效、最经济、最重要的手段是在软件设计阶段采取措施进行可靠性控制。为了从根本上提高软件的可靠性，降低软件后期修改的成本和难度，人们提出了可靠性设计的概念。

可靠性设计其实就是在常规的软件设计中，应用各种方法和技术，使程序设计在兼顾用户的功能和性能需求的同时，全面满足软件的可靠性要求，即采用一些技术手段，把可靠性"设计"到软件中去。软件可靠性设计技术就是以提高和保障软件的可靠性为目的，在软件设计阶段运用的一种特殊的设计技术。

在软件工程中已有很多比较成熟的设计技术，如结构化设计、模块化设计、自顶向下设计及自底向上设计等，这些技术是为了保障软件的整体质量而采用的。在此基础上，为了进一步提高软件的可靠性，通常会采用一些特殊设计技术。虽然软件可靠性设计技术与普通的软件设计技术没有明显的界限，但软件可靠性设计仍要遵循一些自己的原则。

（1）软件可靠性设计是软件设计的一部分，必须在软件的总体设计框架中使用，并且不能与其他设计原则相冲突。

（2）软件可靠性设计在满足提高软件质量要求的前提下，以提高和保障软件可靠性为最终目标。

（3）软件可靠性设计应确定软件的可靠性目标，不能无限扩大化，并且排在功能度、用户需求和开发费用之后考虑。

可靠性设计概念被广为引用，但并没有多少人能提出非常实用并且广泛运用的可靠性设计技术。一般来说，被认可的且具有应用前景的软件可靠性设计技术主要有容错设计、检错设计和降低复杂度设计等技术。

9.4.1　容错设计技术

对于软件失效后果特别严重的场合，如飞机的飞行控制系统、空中交通管制系统及核反应堆安全控制系统等，可采用容错设计方法。常用的软件容错技术主要有恢复块设计、N 版本程序设计和冗余设计 3 种方法。

1）恢复块设计

程序的执行过程可以看成是由一系列操作构成的，这些操作又可由更小的操作构成。恢复块设计就是选择一组操作作为容错设计单元，从而把普通的程序块变成恢复块。被选择用来构造恢复块的程序块可以是模块、过程、子程序和程序段等。

一个恢复块包含有若干个功能相同、设计差异的程序块文本，每一时刻有一个文本处于运行状态。一旦该文本出现故障，则用备份文本加以替换，从而构成"动态冗余"。软件容错的恢复块方法就是使软件包含有一系列恢复块。

2）N 版本程序设计

N 版本程序的核心是通过设计出多个模块或不同版本，对于相同初始条件和相同输入的操作结果，实行多数表决，防止其中某一软件模块 / 版本的故障提供错误的服务，以实现软件容错。为使此种容错技术具有良好的结果，必须注意以下两个方面。

（1）使软件的需求说明具有完全性和精确性。这是保证软件设计错误不相关的前提，因为软件的需求说明是不同设计组织和人员的唯一共同出发点。

（2）设计全过程的不相关性。它要求各个不同的软件设计人员彼此不交流，程序设计使用不同的算法、不同的编程语言、不同的编译程序、不同的设计工具、不同的实现方法和不同的测试方法。为了彻底保证软件设计的不相关性，甚至提出设计人员应具有不同的受教育背景，来自不同的地域、不同的国家。

3）冗余设计

改善软件可靠性的一个重要技术是冗余设计。在硬件系统中，在主运行的系统之外备用额外的元件或系统，如果出现一个元件故障或系统故障，则立即更换冗余的元件或切换到冗余的系统，则该硬件系统仍可以维持运行。在软件系统中，冗余技术的运用有所区别。如果采用相同两套软件系统互为备份，其意义不大，因为在相同的运行环境中，一套软件出故障的地方，另外一套也一定会出现故障。软件的冗余设计技术实现的原理是在一套完整的软件系统之外，设计一种不同路径、不同算法或不同实现方法的模块或系统作为备份，在出现故障时可以使用冗余的部分进行替换，从而维持软件系统的正常运行。

从表面上看，设计开发完成同样功能但实现方法完全不同的两套软件系统，需要的费用可能接近于单个版本软件开发费用的两倍，但采用冗余技术设计软件所增加的额外费用肯定远低于重新设计一个版本软件的费用。这是因为大多数设计花费，例如文档、测试以及人力都是有可能复用的。冗余设计还有可能导致软件运行时所花费的存储空间、内存消耗以及运行时间有所增加，这就需要在可靠性要求和额外付出代价之间做出折中。

9.4.2　检错技术

在软件系统中，对无须在线容错的地方或不能采用冗余设计技术的部分，如果对可靠性要求较高，故障有可能导致严重的后果。一般采用检错技术，在软件出现故障后能及时发现并报警，提醒维护人员进行处理。检错技术实现的代价一般低于容错技术和冗余技术，但它有一个明显的缺点，就是不能自动解决故障，出现故障后如果不进行人工干预，将最终导致软件系统不能正常运行。

采用检错设计技术要着重考虑几个要素：检测对象、检测延时、实现方式和处理方式。

（1）检测对象：包含两个层次的含义，即检测点和检测内容。在设计时应考虑把检测点放在容易出错的地方和出错对软件系统影响较大的地方；检测内容选取那些有代表性的、易于判断的指标。

（2）检测延时：从软件发生故障到被自检出来是有一定延时的，这段延时的长短对故障的处理是非常重要的。因此，在软件检错设计时要充分考虑到检测延时。如果延时长到影响故障的及时报警，则需要更换检测对象或检测方式。

（3）实现方式：最直接的一种实现方式是判断返回结果，如果返回结果超出正常范围，则进行异常处理。计算运行时间也是一种常用的技术，如果某个模块或函数运行超过预期的时间，可以判断出现故障。另外，还有置状态标志位等多种方法，自检的实现方式要根据实际情况来选用。

（4）处理方式：大多数检错采用"查出故障—停止软件系统运行—报警"的处理方式，但也有采用不停止或部分停止软件系统运行的情况，这一般由故障是否需要实时处理来决定。

9.4.3　降低复杂度设计

前面讲到，软件和硬件最大的区别之一就是软件的内部结构比硬件复杂得多，人们用软件复杂度来定量描述软件的复杂程度。软件复杂性常分为模块复杂性和结构复杂性。模块复杂性主要包含模块内部数据流向和程序长度两个方面，结构复杂性用不同模块之间的关联程度来表示。软件复杂度可用涉及模块复杂性和结构复杂性的一些统计指标来进行定量描述，在这里就不进行详细叙述了。

软件的复杂性与软件可靠性有着密切的关系，软件复杂性是产生软件缺陷的重要根源。有研究表明，当软件的复杂度超过一定界限时，软件缺陷数会急剧上升，软件的可靠性急剧下降。

因此，在设计时就应考虑降低软件的复杂性，使之处于一个合理的阈值之内，这是提高软件可靠性的有效方法。

降低复杂度设计的思想就是在保证实现软件功能的基础上，简化软件结构，缩短程序代码长度，优化软件数据流向，降低软件复杂度，从而提高软件可靠性。

除了容错设计、检错设计和降低复杂度设计技术外，人们尝试着把硬件可靠性设计中比较成熟的技术，如故障树分析（FTA）、失效模式与效应分析（FMEA）等运用到软件可靠性设计领域，这些技术大多是运用一些分析、预测技术，在软件设计时就充分考虑影响软件可靠性的因素，并采取一些措施进行优化。由于软件与硬件内部性质的巨大差异，这些技术在软件可靠性设计领域的应用效果和范围极其有限。

9.4.4　系统配置技术

通常在系统配置中可以采用相应的容错技术，通过系统的整体来提供相应的可靠性，主要有双机热备技术和服务器集群技术。

1）双机热备技术

双机热备技术是一种软硬件结合的较高容错应用方案。该方案是由两台服务器系统和一个外接共享磁盘阵列柜和相应的双机热备份软件组成。

在这个容错方案中，操作系统和应用程序安装在两台服务器的本地系统盘上，整个网络系统的数据是通过磁盘阵列集中管理和数据备份的。用户的数据存放在外接共享磁盘阵列中，在一台服务器出现故障时，备机主动替代主机工作，保证网络服务不间断。

双机热备系统采用"心跳"方法保证主系统与备用系统的联系。所谓"心跳"，指的是主从系统之间相互按照一定的时间间隔发送通信信号，表明各自系统当前的运行状态。一旦"心跳"信号表明主机系统发生故障，或者备用系统无法收到主机系统的"心跳"信号，则系统的高可用性管理软件认为主机系统发生故障，立即将系统资源转移到备用系统上，备用系统替代主机工作，以保证系统正常运行和网络服务不间断。

双机热备方案中，根据两台服务器的工作方式可以有 3 种不同的工作模式，即：双机热备模式、双机互备模式和双机双工模式。

（1）双机热备模式，即通常所说的 Active/Standby 方式，Active 服务器处于工作状态；而 Standby 服务器处于监控准备状态，服务器数据包括数据库数据同时往两台或多台服务器写入（通常各服务器采用 RAID 磁盘阵列卡），保证数据的即时同步。当 Active 服务器出现故障的时候，通过软件诊测或手工方式将 Standby 机器激活，保证应用在短时间内完全恢复正常使用。这是目前采用较多的一种模式，但由于另外一台服务器长期处于后备的状态，就存在一定的计算资源浪费。

（2）双机互备模式，是两个相对独立的应用在两台机器同时运行，但彼此均设为备机，当某一台服务器出现故障时，另一台服务器可以在短时间内将故障服务器的应用接管过来，从而保证了应用的持续性，但对服务器的性能要求比较高。

（3）双机双工模式是集群的一种形式，两台服务器均处于活动状态，同时运行相同的应用，以保证整体系统的性能，也实现了负载均衡和互为备份，通常使用磁盘柜存储技术。Web 服务器或 FTP 服务器等用此种方式比较多。

2）服务器集群技术

集群技术是指一组相互独立的服务器在网络中组合成为单一的系统工作，并以单一系统的模式加以管理。此单一系统为客户工作站提供高可靠性的服务。大多数情况下，集群中所有的计算机拥有一个共同的名称，集群内任一系统上运行的服务可被所有的网络客户所使用。

集群必须可以协调管理分离的构件出现的错误和故障，并可透明地向集群中加入构件。一个集群包含多台服务器。每台服务器的操作系统和应用程序文件存储在其各自的本地储存空间上。

集群内各结点服务器通过内部局域网相互通信，当某结点服务器发生故障时，这台服务器上所运行的应用程序将在另一结点服务器上被自动接管。当一个应用服务发生故障时，应用服务将被重新启动或被另一台服务器接管。当以上的任一故障发生时，客户都将能很快连接到其他应用服务器上。

9.5 软件可靠性测试

9.5.1 软件可靠性测试概述

软件测试者可以使用很多方法进行软件测试，如按行为或结构来划分输入域的划分测试，纯粹随机选择输入的随机测试，基于功能、路径、数据流或控制流的覆盖测试等。对于给定的软件，每种测试方法都局限于暴露一定数量和一些类别的缺陷。通过这些测试能够查找、定位、改正和消除某些缺陷，实现一定意义上的软件可靠性增长。但是，由于它们都是面向错误的测试，测试所得的结果数据不能直接用于软件可靠性评价，必须经过一定的分析处理后方可使用可靠性模型进行可靠性评价。

软件可靠性测试由可靠性目标的确定、运行剖面的开发、测试用例的设计、测试实施、测试结果的分析等主要活动组成。

软件可靠性测试还必须考虑对软件开发进度和成本的影响，最好是在受控的自动测试环境下，由专业测试机构完成。

软件可靠性测试是一种有效的软件测试和软件可靠性评价技术。尽管软件可靠性测试也不能保证软件中残存的缺陷数最少，但经过软件可靠性测试可以保证软件的可靠性达到较高的要求，对于开发高可靠性与高安全性软件系统很有帮助。

软件可靠性测试要在工程上获得广泛应用，还有许多实际问题需要解决。

9.5.2 定义软件运行剖面

定义运行剖面首先需要为软件的使用行为建模，建模可以采用马尔可夫链来完成。用马尔可夫链将输入域编码为一个代表用户观点的软件使用的状态集。弧用来连接状态并表示由各种激励导致的转换，这些激励可能由硬件、人机接口或其他软件等产生。将转换概率分配给每个弧，用来代表一个典型用户最有可能施加给系统的激励。这种类型的马尔可夫链是一个离散的有限状态集，这类模型可以用有向图或转换矩阵表示。

定义运行剖面的下一步是开发使用模型，明确需要测试的内容。软件系统可能会有许多用户和用户类别，每类用户都可能以不同的方式使用系统。开发使用模型涉及将输入域分层，有两种类型的分层形式：用户级分层和用法级分层。用户级分层依赖于谁或什么能激励系统；用法级分层依赖于在测试状态下系统能做什么。换句话说，用户级分层考虑各种类型的用户以及他们如何使用系统；用法级分层则要求考虑系统能够提供的所有功能。一旦用户和用法模型被开发出来，弧上的概率将被分配。这些概率估计主要是基于如下几个方面。

（1）从现有系统收集到的数据。

（2）与用户的交谈或对用户进行观察获得的信息。

（3）原型使用与测试分析的结果。

（4）相关领域专家的意见。

定义使用概率的最佳方法是使用实际的用户数据，如来自系统原型、前一版本的使用数据；其次是由该软件应用领域的用户和专家提供的预期使用数据；在没有任何数据可用的情况下，只能是将每个状态现有的弧分配相同的概率，这是最差的一种方法。

由于软件可靠性行为是相对于软件实际的运行剖面而言的，同一软件在不同运行剖面下其可靠性表现可能大不相同，所以用于可靠性测试准备的运行剖面的开发与定义必须充分分析和考虑软件的实际运行情况。

软件可靠性测试假设每个操作的数据输入都有同样的发生错误的概率，这样最频繁出现的操作和输入将表现出最高的故障率。对于特定的操作环境这是正确的，但无法贯穿系统的全部操作集合。典型的例子是飞机的飞行控制软件，在正常飞行、起飞、降落、地面运动和地面等待这5个状态中，尽管起飞和降落在运行剖面上只占有很小的百分比，但是它们却占有很大的故障比例。对于高安全性要求的软件，一个看起来很少使用的代码路径也可能带来灾难性的后果。因此，对于边界、跃迁情况和关键功能不应该用简单的运行剖面来对待，应该构造专门的运行剖面，补充统计模型之外的测试用例。在覆盖率水平不够时，可根据具体空白，进行适当的补充测试。如果补充测试发现了错误，就可分析这些错误，估计其对可靠性产生的影响。

一个产品有可能需要开发多个运行剖面，这取决于它所包含的运行模式和关键操作，通常需要为关键操作单独定义运行剖面。

9.5.3　可靠性测试用例设计

为了对软件可靠性进行良好的预计，必须在软件的运行域上对其进行测试。首先定义一个相应的剖面来镜像运行域，然后使用这个剖面驱动测试，这样可以使测试真实地反映软件的使用情况。

由于可能的输入几乎是无限的，测试必须从中选择出一些样本，即测试用例。测试用例要能够反映实际的使用情况，反映系统的运行剖面。将统计方法运用到运行剖面开发和测试用例生成中去，并为在运行剖面中的每个元素都定量地赋予一个发生概率值和关键因子，然后根据这些因素分配测试资源，挑选和生成测试用例。

在这种测试中，优先测试那些最重要或最频繁使用的功能，释放和缓解最高级别的风险，有助于尽早发现那些对可靠性有最大影响的故障，以保证软件的按期交付。

设计测试用例就是针对特定功能或组合功能设计测试方案，并编写成文档。测试用例的选择既要有一般情况，也应有极限情况以及最大和最小的边界值情况。因为测试的目的是暴露应用软件中隐藏的缺陷，所以在设计选取测试用例和数据时要考虑那些易于发现缺陷的测试用例和数据，结合复杂的运行环境，在所有可能的输入条件和输出条件中确定测试数据，来检查应用软件是否都能产生正确的输出。

一个典型的测试用例应该包括下列组成部分。

（1）测试用例标识。

（2）被测对象。

（3）测试环境及条件。

（4）测试输入。

（5）操作步骤。

（6）预期输出。

（7）判断输出结果是否符合标准。

（8）测试对象的特殊需求。

由于可靠性测试的主要目的是评估软件系统的可靠性，因此，除了常规的测试用例集仍然适用外，还要着重考虑和可靠性密切相关的一些特殊情况。在测试中，可以考虑进行"强化输入"，即比正常输入更恶劣（合理程度的恶劣）的输入。表 9-4 给出了一些参考实例。

表 9-4　可靠性测试用例设计时重点考虑的特殊情况

序号	测试目的	描述
1	屏蔽用户操作错误	考虑对用户常见的误操作的提示和屏蔽情况
2	错误提示的准确性	对用户的错误提示准确描述
3	错误是否导致系统异常退出	有无操作错误引起系统异常退出的情况
4	数据可靠性	系统应对输入的数据进行有效性检查，对冗余的数据进行过滤、校验和清洗，保证数据的正确性和可靠性
5	异常情况的影响	考察数据和系统的受影响程度，若受损，是否提供补救工具，补救的情况如何。异常情况包括： ● 硬件故障 ● 网络故障 ● 部分软件模块失效

9.5.4　可靠性测试的实施

在进行应用软件的可靠性测试前有必要检查软件需求与设计文档是否一致，检查软件开发过程中形成的文档的准确性、完整性以及与程序的一致性，检查所交付程序和数据以及相应的软件支持环境是否符合要求。

这些检查虽然增加了工作量，但对于在测试早期发现错误和提高软件的质量是非常必要的。

软件可靠性测试必须是受控测试，在运行此类测试时，为了保证统计数据的有效性，测试过程中的每个测试用例必须用相同的软件版本，新的软件版本意味着新测试的开始。

在有些情况下，不能进行纯粹的可靠性测试。因为客户的要求、合同的规定或者标准的约束，需要补充其他形式的非统计测试。这时的最佳选择是既执行可靠性测试，也执行非统计测试（如覆盖测试）。如果非统计测试在可靠性测试之前完成，由统计测试产生的统计数据仍然有效。但是在可靠性测试之后执行非统计测试，可能会影响软件可靠性评估的准确性。

软件可靠性测试同样依赖于软件的可测试性。可靠性测试的难点就在于判断测试用例的运行是成功还是失败。在控制系统及类似的软件中，失效由详细说明、时间（通常是 CPU 时间或时钟时间）来客观地定义。而在一般应用系统中，失效的定义更主观些，它不仅依赖于程序是否符合规格说明的要求，也取决于指定的性能是否能够达到用户的期望，但是否达到期望没有确定的标准。在一些科学计算中，计算结果只能由计算机给出，在这种情况下，如果软件只是输出了错误的结果而不是整个系统发生失效，错误就不可能被发现。此时可以将测试分成两个阶段进行。第一阶段运行较少量的测试用例，并对照规范进行仔细检查。第二阶段再运行大量测试用例。第二阶段不用人工检查输出的每项内容，而是找失效现象，包括错误信息、断电、崩溃和死机。也可把输出记录到文件中，采用搜索或过滤方法进行处理。如果软件有足够的可测试性，这种方法不会漏掉很多的严重失效。如果计算的正确性无法验证，就需要对软件进行一些形式化的证明。

开发方交付的任何软件文档中与可靠性质量特性有关的部分、程序以及数据都应当按照需求说明和质量需求进行测试。在项目合同、需求说明书和用户文档中规定的所有配置情况下，程序和数据都必须进行测试。

软件可靠性数据是可靠性评价的基础。为了获得更多的可靠性数据，应该使用多台计算机同时运行软件，以增加累计运行时间。应该建立软件错误报告、分析与纠正措施系统。按照相关标准的要求，制定和实施软件错误报告和可靠性数据收集、保存、分析和处理的规程，完整、准确地记录软件测试阶段的软件错误报告和收集可靠性数据。

用时间定义的软件可靠性数据可以分为 4 类，这 4 类数据可以互相转化，具体内容如下。

（1）失效时间数据：记录发生一次失效所累积经历的时间。

（2）失效间隔时间数据：记录本次失效与上一次失效间的间隔时间。

（3）分组时间内的失效数：记录某个时间区内发生了多少次失效。

（4）分组时间的累积失效数：记录到某个区间的累积失效数。

在测试过程中必须真实地进行记录，每个测试记录必须包含如下信息。

（1）测试时间。

（2）含有测试用例的测试说明或标识。

（3）所有与测试有关的测试结果，包括失效数据。

（4）测试人员。

测试活动结束后要编写《软件可靠性测试报告》，对测试用例及测试结果在测试报告中加以总结归纳。编写时可以参考 GJB 438A-97 中提供的《软件测试报告》格式，并应根据情况进行剪裁。测试报告应具备如下内容。

（1）软件产品标识。

（2）测试环境配置（硬件和软件）。

（3）测试依据。

（4）测试结果。

（5）测试问题。

（6）测试时间。

把可靠性测试过程进行规范化，有利于获得真实有效的数据，为最终得到客观的可靠性评价结果奠定基础。

9.6   软件可靠性评价

9.6.1   软件可靠性评价概述

软件可靠性评价是软件可靠性活动的重要组成部分，既适用于软件开发过程，也可针对最终软件系统。在软件开发过程中使用软件可靠性评价，可以使用软件可靠性模型，估计软件当前的可靠性，以确认是否可以终止测试并发布软件，同时还可以预计软件要达到相应的可靠性水平所需要的时间和工作量，评价提交软件时的软件可靠性水平。对于最终软件产品，软件可靠性评价结合可靠性验证测试，确认软件的执行与需求的一致性，确定最终软件产品所达到的可靠性水平。

这一节阐述的软件可靠性评价工作是指选用或建立合适的可靠性数学模型，运用统计技术和其他手段，对软件可靠性测试和系统运行期间收集的软件失效数据进行处理，并评估和预测软件可靠性的过程。这个过程包含如下 3 个方面。

（1）选择可靠性模型。

（2）收集可靠性数据。

（3）可靠性评估和预测。

9.6.2   怎样选择可靠性模型

在前面讨论了软件的可靠性模型以及一个实例，一些可靠性研究者试图寻找一个最好的模型，能适用于所有的软件系统，但这样的工作是徒劳的。因为对于不同的软件系统，出于不同的可靠性分析目的，模型的适用性是不一样的。但究竟怎样来为可靠性评价选用不同的模型，却又是一个不小的难题。

针对可靠性模型的构成以及使用模型来进行可靠性评价的目的，可以从以下几个方面进行比较和选择。

1. 模型假设的适用性

模型假设是可靠性模型的基础，模型假设要符合软件系统的现有状况，或与假设冲突的因素在软件系统中应该是可忽略的。例如，有的模型假定检测或发现的软件缺陷是立即排除掉的，而且排除时间忽略不计，如果现有的软件系统对于严重程度类较低的软件缺陷不进行立即排错，那么这个模型显然是不适用的。

往往一个模型的假设有许多条，我们需要在选用模型的时候对每一条假设进行细致地分析，评估现有的软件系统中不符合假设的因素对可靠性评价的影响如何，以确定模型是否适合软件系统的可靠性评价工作。

2. 预测的能力与质量

预测的能力与质量是指模型根据现在和历史的可靠性数据，预测将来的可靠性和失效概率的能力，以及预测结果的准确程度。显然，模型预测的能力与质量是比较难于评价的，但任何一个模型只有在实践中加以实验和不断改善，才能得到认可。所以，在满足其他条件的前提下，应尽量选用比较成熟、应用较广的模型作为分析模型。

3. 模型输出值能否满足可靠性评价需求

使用模型进行可靠性评价的最终目的，是想得到软件系统当前的可靠性定量数据，以及预测一定时间后的可靠性数据，可以根据可靠性测试目的来确定哪些模型的输出值满足可靠性评价需求。一般来说，最重要的几个需要精确估计的可靠性定量指标包括如下内容。

（1）当前的可靠度。

（2）平均无失效时间。

（3）故障密度。

（4）期望达到规定可靠性目标的日期。

（5）达到规定的可靠性目标的成本要求。

4. 模型使用的简便性

模型使用的简便性一般包含如下 3 层含义。

（1）模型需要的数据在软件系统中应该易于收集，而且收集需要投入的成本不能超过可靠性计划的预算。

（2）模型应该简单易懂，进行可靠性分析的软件测试人员不会花费太多的时间去研究专业的数学理论，他们只需要知道哪些假设适用，需要收集哪些数据，能够得到哪些分析结果就可以了。

（3）模型应该便于使用，最好能用工具实现数据的输入。也就是说，测试人员除了输入可靠性数据外，不需要深入模型内部进行一些额外的工作。

尽管这样，由于可靠性研究理论在软件工程领域发展的限制，可供选择的可靠性模型极其有限，这已在相当大的程度上制约了可靠性测试的开展。

9.6.3　可靠性数据的收集

面向缺陷的可靠性测试产生的测试数据经过分析后，可以得到非常有价值的可靠性数据，是可靠性评价所用数据的一个重要来源，这部分数据取决于定义的运行剖面和选取的测试用例集。可靠性数据主要是指软件失效数据，是软件可靠性评价的基础，主要是在软件测试、实施阶段收集的。在软件工程的需求、设计和开发阶段的可靠性活动，也会产生影响较大的其他可靠性数据。因此，可靠性数据的收集工作是贯穿于整个软件生命周期的。

由于软件开发过程中的特殊复杂性及许多潜在因素的影响，可靠性数据收集工作会极为困难。目前，关于数据的收集工作，存在许多有待解决的问题。

（1）可靠性数据的规范不统一，对软件进行度量的定义混乱不清。例如，时间、缺陷、失效和模型结构等的定义就相当含糊，缺乏统一的标准。这样就使得在进行软件可靠性数据的收集时，目标不明确，甚至无从下手。

（2）数据收集工作的连续性不能保证。可靠性数据的收集是连续的、长期的过程，而且需要投入一定的资金、人力、时间，往往这些投入会在软件的开发计划中被忽略，以至于不能保证可靠性数据收集工作的正常进行。

（3）缺乏有效的数据收集手段。进行数据收集同样需要方便实用的工具，然而除了在可靠性测试方面有了一些可用的数据收集工具外，其他方面的工具还十分缺乏。

（4）数据的完整性不能保证。即使可靠性活动计划做得再周密，收集到的数据仍有可能是不完全的，而且遗漏的数据往往会影响到可靠性评价的结果。

（5）数据质量和准确性不能保证。不完全的排错及诊断，使收集的数据中含有不少虚假的成分，它们不能正确反映软件的真实状况。使用不准确的可靠性数据进行的可靠性评价，误差有可能会比利用可靠性模型进行预测产生的误差大一个数量级，这说明数据质量的重要性。

为了给软件可靠性评价提供一套准确、有效的可靠性数据，有必要在软件工程中重视软件可靠性数据的收集工作，采取一些措施尽量解决上述问题。在现有条件下可行的办法如下。

（1）及早确定所采用的可靠性模型，以确定需要收集的可靠性数据，并明确定义可靠性数据规范中的一些术语和记录方法，如时间、失效、失效严重程度类的定义，制定标准的可靠性数据记录和统计表格等。

（2）制订可实施性较强的可靠性数据收集计划，指定专人负责，抽取部分开发人员、质量保证人员、测试人员、用户业务人员参加，按照统一的规范收集记录可靠性数据。

（3）重视软件测试特别是可靠性测试产生的测试数据的整理和分析，因为这部分数据是用模拟软件实际运行环境的方法、模拟用户实际操作的测试用例测试软件系统产生的数据，对软件可靠性评价和预测有较高的实用价值。

（4）充分利用数据库来完成可靠性数据的存储和统计分析。一方面减少数据管理的混乱，一方面提高数据处理的效率。

9.6.4 软件可靠性的评估和预测

软件可靠性的评估和预测的主要目的，是为了评估软件系统的可靠性状况和预测将来一段时间的可靠性水平。

下面是一些常见的需要利用软件可靠性评价进行解答的问题。

（1）判断是否达到了可靠性目标，是否达到了软件付诸使用的条件，是否达到了中止测试的条件。

（2）如未能达到，要再投入多少时间、人力和资金才能达到可靠性目标或投入使用。

（3）在软件系统投入实际运行一年或若干时间后，经过维护、升级和修改，软件能否达到交付或部分交付用户使用的可靠性水平。

目前有不少支持软件可靠性估计的软件工具，只要将收集的失效数据分类并录入，选择合适的可靠性模型就可以获得软件可靠性的评价结果。

然而，对于那些可靠性要求很高的系统，必须进行很多测试才能预计出高置信度的可靠性结果。即便如此，仍然可能没有任何失效发生。没有失效就无法估计可靠性，不能认为程序的可靠度是 1.0。除非已经进行了完全的测试，否则程序不失效就无法做出估计，而完全的测试几乎总是不可能的。如果在测试期间没有失效发生，可以简单地假设测试是基于二项式分布的，这样就可以对可靠性作保守估计。也可以凭经验，根据无故障运行的测试用例的数量，在一定的置信度水平上，估计可靠性的等级。

软件可靠性评价技术和方法主要依据选用的软件可靠性模型，其来源于统计理论。软件可靠性评估和预测以软件可靠性模型分析为主，但也要在模型之外运用一些统计技术和手段对可靠性数据进行分析，作为可靠性模型的补充、完善和修正。这些辅助方法如下。

（1）失效数据的图形分析法。运行图形处理软件失效数据，可以直观地帮助人们进行分析，图形指标如下。

①累积失效个数图形。

②单位时间段内的失效数的图形。

③失效间隔时间图形。

（2）试探性数据分析技术（Exploratory Data Analysis，EDA）。对于失效数据图形进行一定的数字化分析，能发现和揭示出数据中的异常。对可靠性分析有用的信息如下。

①循环相关。

②短期内失效数的急剧上升。

③失效数集中的时间段。

这种分析方法常可以发现因排错引入新的缺陷、数据收集的质量问题及时间域的错误定义等问题。

还有其他一些分析方法，这里就不一一赘述了。

第10章　软件架构的演化和维护

软件架构一般会经历初始设计、实际使用、修改完善和退化弃用的过程，其中修改完善的过程实际上就是软件架构的演化和维护过程，演化和维护的目的就是为了使软件能够适应环境的变化而进行的纠错性修改和完善性修改等。软件架构的演化和维护过程是一个不断迭代的过程，通过演化和维护，软件架构逐步得到完善，以满足用户需求。本章详细讨论软件架构的演化和维护问题，包括基本概念、演化类型和维护手段，还介绍了一些实际有用的软件架构演化原则。

10.1　软件架构演化和定义的关系

10.1.1　演化的重要性

为了适应用户的新需求、业务环境和运行环境的变化等，软件架构需要不断地进行自身的演化，也就是说软件架构的演化就是为了维持软件架构自身的有用性。

本质上讲，软件架构的演化就是软件整体结构的演化，演化过程涵盖软件架构的全生命周期，包括软件架构需求的获取、软件架构建模、软件架构文档、软件架构实现以及软件架构维护等阶段。所以，人们通常说软件架构是演化来的，而不是设计来的。

为什么软件架构演化如此重要？首先，软件架构作为软件系统的骨架支撑着整个软件系统，是软件系统具备诸多好的特性的重要保障。因为最终软件系统的性能、可靠性、安全性和易维护性等是软件系统最重要的质量和功能属性，是决定软件系统是否被用户接受、是否具有市场竞争力、是否具有进一步改造升级的可能性、是否具有较长生命周期的重要因素；软件架构自身的好坏直接影响着它们是否满足用户需求，而软件架构演化正是为了保障这些方面向人们预期的方向发展的重要措施。

其次，软件架构作为软件蓝图为人们宏观管控软件系统的整体复杂性和变化性提供了一条有效途径，而且基于软件架构进行的软件检测和修改成本相对较低，所以要刻画复杂的软件演化，并对演化中的影响效应进行观察和控制，从软件架构演化出发更加合理。

软件架构的演化可以更好地保证软件演化的一致性和正确性，而且明显降低软件演化的成本，并且软件架构演化使得软件系统演化更加便捷，这里主要有 3 个原因。

（1）对系统的软件架构进行的形式化、可视化表示提高了软件的可构造性，便于软件演化。

（2）软件架构设计方案涵盖的整体结构信息、配置信息、约束信息等有助于开发人员充分考虑未来可能出现的演化问题、演化情况和演化环境。

（3）架构设计时对系统组件之间的耦合描述有助于软件系统的动态调整。

10.1.2　演化和定义的关系

由于软件架构的定义很多，根据不完全统计已有近百种不同的定义。不同的定义确定了不同的软件架构组成方式和组成规则。同时在这些定义中，一些定义给出的架构又有很多共性的描述。所以，软件架构演化根据这些定义体现了相同面，也体现了不同面。所以，我们在理解软件架构演化时，需要考虑具体的软件架构定义。

例如，如果软件架构定义是 SA={components，connectors，constraints}，也就是说，软件架构包括组件（Components）、连接件（Connectors）和约束（Constraints）三大要素，这类软件架构演化主要关注的就是组件、连接件和约束的添加、修改与删除等。

组件是软件架构的基本要素和结构单元，表示系统中主要的计算元素、数据存储以及一些重要模块，当需要消除软件架构存在的缺陷、增加新的功能、适应新的环境时几乎都涉及组件的演化。组件的演化体现在组件中模块的增加、删除或修改。通常模块的增加、删除和修改会产生波及效应，其中增加模块会导致增加新的交互消息，删除模块会导致删除已有交互消息，改变模块会导致改变已有交互消息。

连接件是组件之间的交互关系，大多数情况下组件的演化牵涉到连接件的演化。连接件的演化体现在组件交互消息的增加、删除或改变，它除了伴随模块的改变而改变外，还有一种情况是由于系统内部结构调整导致的人与系统交互流程的改变，即组件之间交互消息的增加、删除或改变。

约束是组件和连接件之间的拓扑关系和配置，它为组件和连接件提供额外数据支撑，可以是架构的约束数据，也可以是架构的参数。约束的演化体现在知识库中仿真数据的增加、删除或改变。无论是组件、连接件还是约束的演化都可能导致一系列的波及效应，从而分为受变更直接影响的组件、连接件、约束，以及受到变更波及的组件、连接件、约束两类变更元素。最终这两类变更元素和不受影响的元素共同组成了演化后的软件架构。

10.2　面向对象软件架构演化过程

假设软件架构对应到具体的架构风格或模式，我们就可以讨论演化的各种具体操作了。下面以面向对象软件架构为例，结合 UML 顺序图来进一步讨论各种演化操作。

10.2.1　对象演化

在顺序图中，组件的实体为对象。组件本身包含了众多的属性，如接口、类型、语义等，这些属性的演化是对象自身的演化，对于描述对象之间的交互过程并无影响。因此，会对架构设计的动态行为产生影响的演化只包括 AddObject（AO）和 DeleteObject（DO）两种，如图 10-1 所示。

AO 表示在顺序图中添加一个新的对象。这种演化一般是在系统需要添加新的对象来实现某种新的功能，或需要将现有对象的某个功能独立以增加架构灵活性的时候发生。

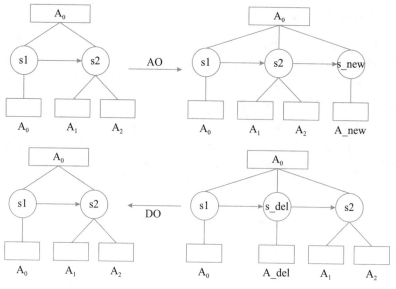

图 10-1　对象演化的自动机表示

　　DO 删除顺序图中现有的一个对象。这种演化一般在系统需要移除某个现有的功能，或需要合并某些对象及其功能来降低架构的复杂度的时候发生。

　　对于发生演化的对象，如果其没有与现有的任何一个对象产生交互关系，则可以认为其对于系统而言没有任何意义，因为这种演化不会对当前的架构正确性或时态属性产生影响。因此，在发生对象演化时，一般会伴随着相应的消息演化，新增相应的消息以完成交互，从而对架构的正确性或时态属性产生影响。

10.2.2　消息演化

　　消息是顺序图中的核心元素，包含了名称、源对象、目标对象、时序等信息。这些信息与其他对象或消息相关联，产生的变化会直接影响到对象之间的交互，从而对架构的正确性或时态属性产生影响。另外，消息自身的属性，如接口、类型等，产生的变化不会影响到对象之间交互的过程，则不考虑其发生的演化类型。因此，我们将消息演化分为 AddMessage（AM）、DeleteMessage（DM）、SwapMessageOrder（SMO）、OverturnMessage（OM）、ChangeMessageModule（CMM）5 种，如图 10-2 所示，其中状态里的是行为信息，即对象发出的消息；边上的是转移信息，即对象接收到的消息。由于消息是由一个对象发送给另一个对象，因此每次消息产生演化时均会涉及两个对象的自动机的变化，而 obj1 和 obj2 分别为产生变化的两个对象。为了表示消息的发送和接收的对应关系，这里用 m1、m2 来表示消息的一一对应关系。

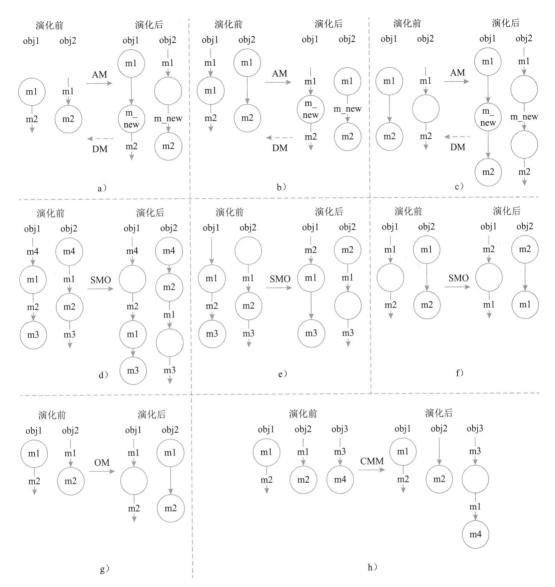

图 10-2 消息演化的自动机表示

AM 增添一条新的消息，产生在对象之间需要增加新的交互行为的时候。DM 删除当前的一条消息，产生在需要移除某个交互行为的时候，是 AM 的逆向演化。SMO 交换两条消息的时间顺序，发生在需要改变两个交互行为之间关系的时候。OM 反转消息的发送对象与接收对象，发生在需要修改某个交互行为本身的时候。CMM 改变消息的发送或接收对象，发生在需要修改某个交互行为本身的时候。

消息与约束直接相关，消息的演化会直接影响到对象之间的交互行为，但不一定会违背约束。我们可以将这种演化分为 3 类。第 1 类演化与当前约束无关，如 AddMessage 在大多数情况下与当前的约束无关，这些演化不会对架构设计的正确性或时态属性产生影响。第2类演化与约束直接关联但不会违背约束，如 ChangeMessageModule 后的消息不会违背"在某处产生"的约束，这些演化同样不会对架构设计的正确性或时态属性产生影响。第3类演化与约束直接关联并会违背约束，如 DeleteMessage 删除的某条消息是某条约束的内容之一，这种演化后的架构违背了约束，其是不正确的演化。

消息是顺序图的核心内容，消息演化是顺序图演化的核心。对象的演化会伴随着消息演化，否则没有意义；复合片段和约束均基于消息存在，二者的演化也直接受到消息演化的影响。因此，对其他演化进行分析研究的同时，也要对相关联的消息演化进行分析。

10.2.3　复合片段演化

复合片段是对象交互关系的控制流描述，表示可能发生在不同场合的交互，与消息同属于连接件范畴。复合片段本身的信息包括类型、成立条件和内部执行序列，其中内部执行序列的演化等价于消息序列演化。通常，会产生分支的复合片段包括 ref、loop、break、alt、opt、par，其余的复合片段类型并不会产生分支，因此主要考虑这些会产生分支的复合片段所产生的演化。复合片段的演化分为 AddFragment（AF）、DeleteFragment（DF）、FragmentTypeChange（FTC）和 FragmentConditionChange（FCC），如图 10-3 所示。实际上的复合片段的修改与相应的语义有关，会有非常多可能的控制流，这里仅仅列出了其中一些常见的示例。

FCC 改变复合片段内部执行的条件，发生在改变当前控制流的执行条件时。自动机中与控制流执行条件相对应的转移包括两个，一个是符合条件时的转移，另一个是不符合条件时的转移，因此每次发生 FFC 演化时会同时修改这两个转移的触发事件。

AF 在某几条消息上新增复合片段，发生在需要增添新的控制流时。复合片段所产生的分支是不同类型的，例如 ref 会关联到另一个顺序图，par 会产生并行消息，其余的则为分支过程。

DF 删除某个现有的复合片段，发生在需要移除当前某段控制流时。DF 与 AF 互为逆向演化过程，因此这里不再单独说明。

FTC 改变复合片段的类型，发生在需要改变某段控制流时。类型演化意味着交互流程的改变，一般伴随着条件、内部执行序列的同时演化，可以视为复合片段的删除与添加的组合。

复合片段的演化对应着对象之间交互流程的变化，因此会对架构设计的正确性及其他时态属性产生影响。新的复合片段的增加、条件的改变可能会直接改变消息的执行流程，从而使得违背约束的情况出现。因此需要对复合片段演化的情况进行验证，以保证演化后不会产生预料之外的错误。

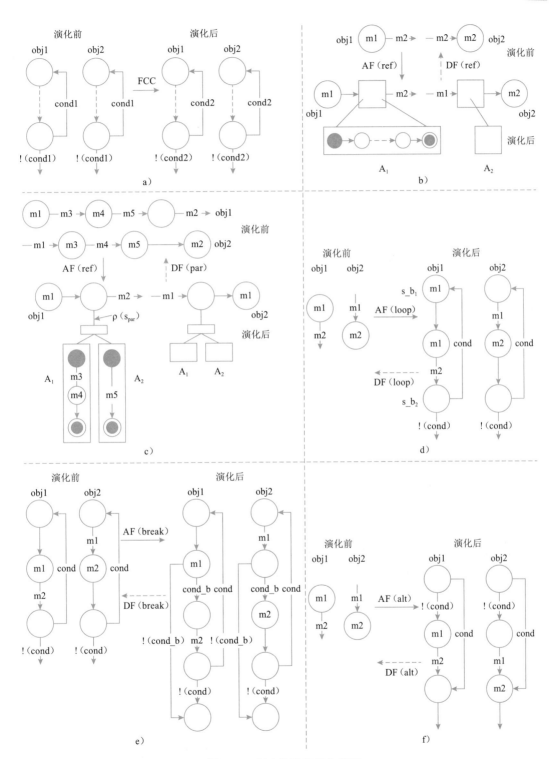

图 10-3　复合片段的演化说明

10.2.4   约束演化

顺序图中的约束信息以文字描述的方式存储于对象或消息中，如通常可以用 LTL 来描述时态属性约束。约束演化对应着架构配置的演化，一般来源于系统属性的改变，而更多情况下约束会伴随着消息的改变而发生改变。由于其不存在可视化的描述，因此约束演化的信息并未存储于定义的层次自动机中，其不存在自动机描述方式。约束演化即直接对约束信息进行添加和删除。

AC（Add Constraint）直接添加新的约束信息，会对架构设计产生直接的影响，需要判断当前设计是否满足新添加的约束要求。

DC（Delete Constraint）直接移除某条约束信息，发生在去除某些不必要条件的时候，一般而言架构设计均会满足演化后的约束。

由于约束缺乏可视化的描述，因此如果对约束信息进行修改，可以视同为删除了原有约束并添加了新的约束，这里不再另外列出。

10.3   软件架构演化方式的分类

目前，软件架构演化方式没有一种公认的分类法，分类方法很多，以下举例说明 3 种较典型的分类方法：

（1）按照软件架构的实现方式和实施粒度分类：基于过程和函数的演化、面向对象的演化、基于组件的演化和基于架构的演化。

（2）按照研究方法将软件架构演化方式分为 4 类（Jeffrey M.Barnes 等人的分类方法）：第 1 类是对演化的支持，如代码模块化的准则、可维护性的指示（如内聚和耦合）、代码重构等；第 2 类是版本和工程的管理工具，如 CVS 和 COCOMO；第 3 类是架构变换的形式方法，包括系统结构和行为变换的模型，以及架构演化的重现风格等；第 4 类是架构演化的成本收益分析，决定如何增加系统的弹性。

（3）针对软件架构的演化过程是否处于系统运行时期，可以将软件架构演化分为静态演化（Static Evolution）和动态演化（Dynamic Evolution），前者发生在软件架构的设计、实现和维护过程中，软件系统还未运行或者处在运行停止状态；后者发生在软件系统运行过程中。

本章重点介绍软件架构的静态演化和动态演化。

10.3.1   软件架构演化时期

1. 设计时演化

设计时演化（Design-Time Evolution）是指发生在体系结构模型和与之相关的代码编译之前的软件架构演化。

2. 运行前演化

运行前演化（Pre-Execution Evolution）是指发生在执行之前、编译之后的软件架构演化，这时由于应用程序并未执行，修改时可以不考虑应用程序的状态，但需要考虑系统的体系结构，且系统需要具有添加和删除组件的机制。

3. 有限制运行时演化

有限制运行时演化（Constrained Runtime Evolution）是指系统在设计时就规定了演化的具体条件，将系统置于"安全"模式下，演化只发生在某些特定约束满足时，可以进行一些规定好的演化操作。

4. 运行时演化

运行时演化（Runtime Evolution）是指系统的体系结构在运行时不能满足要求时发生的软件架构演化，包括添加组件、删除组件、升级替换组件、改变体系结构的拓扑结构等。此时的演化是最难实现的。

10.3.2　软件架构静态演化

1. 静态演化需求

软件架构静态演化的需求是广泛存在的，可以归结为两个方面。

（1）设计时演化需求。在架构开发和实现过程中对原有架构进行调整，保证软件实现与架构的一致性以及软件开发过程的顺利进行。

（2）运行前演化需求。软件发布之后由于运行环境的变化，需要对软件进行修改升级，在此期间软件的架构同样要进行演化。

下面分别介绍软件演化中的架构静态演化和适应该静态演化的应用实例——正交软件架构，以及软件开发过程中的架构静态演化。

2. 静态演化的一般过程

软件静态演化是系统停止运行期间的修改和更新，即一般意义上的软件修复和升级。与此相对应的维护方法有 3 类：更正性维护、适应性维护和完善性维护。

软件的静态演化一般包括如下 5 个步骤，如图 10-4 所示。

- 软件理解：查阅软件文档，分析软件架构，识别系统组成元素及其之间的相互关系，提取系统的抽象表示形式。
- 需求变更分析：静态演化往往是由于用户需求变化、系统运行出错和运行环境发生改变等原因所引起的，需要找出新的软件需求与原有的差异。
- 演化计划：分析原系统，确定演化范围和成本，选择合适的演化计划。
- 系统重构：根据演化计划对系统进行重构，使之适应当前的需求。
- 系统测试：对演化后的系统进行测试，查找其中的错误和不足之处。

在系统未运行的情况下，软件功能的变更或环境变化可能会带来架构中组件元素的增加、替换、删除、组合和拆分操作。架构静态演化需要对这些操作给其他组件和系统本身带来的影响进行分析。通过对组件间的影响关系进行建模，按照可达矩阵的方式即可计算出每种组件变更操作所影响的范围。

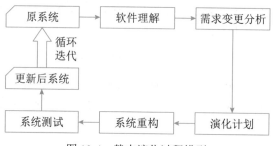

图 10-4　静态演化过程模型

3. 静态演化的原子演化操作

一次完整软件架构演化过程可以看作经过一系列原子演化操作组合而成。所谓原子演化操作是指基于 UML 模型表示的软件架构，在逻辑语义上粒度最小的架构修改操作。这些操作并非物理结构上不可分割。例如增加一个新的模块，该模块需要与架构其余部分相关联，必然导致模块间依赖关系的增加。然而模块的增加还涉及模块内部的类、接口以及与模块相关的规约条件，这些对架构相关质量属性的度量均有影响，因而我们认为模块的增加是单独的原子粒度不可再拆分的架构修改操作。每经过一次原子演化操作，架构会形成一个演化中间版本 Ai。对于不同的质量属性度量和评估，影响该质量属性变化的原子演化操作类型不同，形成软件架构的中间版本序列 A0，A1，A2，…，An 也不同。例如，假设我们需要度量软件架构的可维护性和可靠性，就应该讨论影响可维护性和可靠性的度量结果的各种原子演化操作。

1）与可维护性相关的架构演化操作

架构演化的可维护性度量基于组件图表示的软件架构，在较高层次上评估架构的某个原子修改操作对整个架构所产生的影响。这些原子修改操作包括增加 / 删除模块间的依赖、增加 / 删除模块间的接口、增加 / 删除模块、拆分 / 聚合模块等，如表 10-1 所示。

表 10-1　可维护性相关架构演化操作

名称	说明
AMD（Add Module Dependence）	增加模块间的依赖关系
RMD（Remove Module Dependence）	删除模块间的依赖关系
AMI（Add Module Interface）	增加模块间的接口
RMI（Remove Module Interface）	删除模块间的接口
AM（Add Module）	增加一个模块
RM（Remove Module）	删除一个模块
SM（Split Module）	拆分模块
AGM（Aggregate Modules）	聚合模块

● AMD/RMD：模块间的依赖关系体现了模块逻辑组织结构和控制关系，包含模块对其他模块的直接依赖和间接依赖，对模块依赖关系的修改改变了模块的控制关系以及逻辑响

应，从整体上影响了架构的组织结构，可能导致架构的外部质量属性发生变化。

● AMI/RMI：模块间的接口表示模块间的调用方式，模块通过接口直接提供相应可执行功能，对接口的修改可直接改变模块间的调用关系和调用方式，并可能导致具体的执行事件的顺序和方式发生更改。

● AM/RM：在架构中，模块封装了一系列逻辑耦合度高或部署紧密的子模块，用来表达完整的功能。模块的增加、删除不仅仅表示软件功能的更改，该模块与其他模块的耦合方式可能使得架构整体组织结构的变化，从而引入AMD和RMD操作。过多的耦合会造成修改影响范围增大，不利于软件的维护以及持续演化。另外模块本身内部设计的正确性、合理性等问题将会影响软件潜在风险。

● SM/AGM：拆分和聚合模块通常发生在软件调整过程中，对模块的拆分和聚合可直接影响软件的内聚度和耦合度，从而影响软件整体复杂性。

2）与可靠性相关的架构演化操作

架构演化的可靠性评估基于用例图、部署图和顺序图，分析在架构模块的交互过程中某个原子演化操作对交互场景的可靠程度的影响。这些原子修改操作包括增加/删除消息、增加/删除交互对象、增加/删除/修改消息片段、增加/删除用例执行、增加/删除角色等，如表 10-2 所示。

表 10-2　可靠性相关架构修改操作

名称	说明
AMS（Add Message）	在顺序图中增加模块交互消息
RMS（Remove Message）	在顺序图中删除模块交互消息
AO（Add Object）	在顺序图中增加交互对象
RO（Remove Object）	在顺序图中删除交互对象
AF（Add Fragment）	在顺序图中增加消息片段
RF（Remove Fragment）	在顺序图中删除消息片段
CF（Change Fragment）	在顺序图中修改消息片段
AU（Add Use Case）	在用例图中为参与者增加一个可执行用例
RU（Remove Use Case）	在用例图中为参与者删除某个可执行用例
AA（Add Actor）	在用例图中增加参与者
RA（Remove Actor）	在用例图中删除参与者

● AMS/RMS：模块间的消息交互体现在UML顺序图中。消息变化包含增加消息、删除消息和修改消息。消息的修改可能为顺序更改、交互对象更改等，该变化可通过删除原消息和增加新的消息等操作组合而成，因而这里只讨论原子粒度的增加消息和删除消息两种操作。消息的删减导致交互过程中时序复杂度的变化，可能引入运行时风险。

- AO/RO：在顺序图中增加或删除交互对象将引入AMS/DMS操作，即与该对象相关的消息将同时被增加或删除，同时，在部署图中还须将该模块添加到相关站点或从相关站点删除该模块。由于一个执行场景的可靠性直接取决于组件和连接件的可靠性，交互对象的增减将直接影响一个或多个包含该模块的场景的交互复杂性。

- AF/RF/CF：消息片段为顺序图中一组交互消息的循环调用，消息片段的增加、删除或者调用次数的修改将影响交互过程的复杂度，从而影响该场景的执行风险。

- AU/RU：为参与者增加或删除可执行用例，表示参与者执行权限的变化，一般来说可执行用例越多的参与者其权限越高。用户在运行系统时以某一参与者的身份执行用例，由于其参与的执行事件的增加或者事件执行方式的多样化，将导致系统运行更为复杂，运行时风险增加。

- AA/RA：增加或删除某一参与者意味着执行权限的增加或减少，该操作将引入AU/RU操作。参与者的增减虽然不会导致软件结构上的变化，然而不同的参与者有不同的执行方式，因而会导致系统动态交互上的变化，对程序运行时的风险有影响。

4. 静态演化实例：正交软件架构（Orthogonal Software Architecture）

在静态演化中，为了高效地对修改进行分析和管理，一种应用广泛的处理方式就是使用正交软件架构。

对于复杂的应用系统，通过对功能进行分层和线索化，可以形成正交体系结构，同一层次中的组件不允许相互调用，故每个变动仅影响一条线索，如图10-5所示。

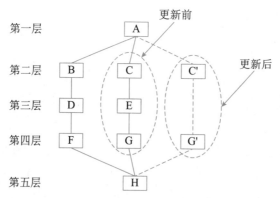

图10-5　正交软件体系结构的演化

这样，正交体系的演化过程概括如下：①需求变动归类，使需求的变化和现有组件及线索相对应，判断重用情况；②制订架构演化计划；③修改、增加或删除组件；④更新组件之间的相互作用；⑤产生演化后的软件架构，作为系统更新的详细设计方案和实现基础。

10.3.3　软件架构动态演化

动态演化是在系统运行期间的演化，需要在不停止系统功能的情况下完成演化，较之静态演化更加困难。具体发生在有限制的运行时演化和运行时演化阶段。

1. 动态演化的需求

架构的动态演化主要来自两类需求：①软件内部执行所导致的体系结构改变，例如，许多服务器端软件会在客户请求到达时创建新的组件来响应用户需求；②软件系统外部的请求对软件进行的重配置，例如，操作系统在升级时无须重新启动，在运行过程中就完成对体系结构的修改。

对于一些需要长期运行且具有特殊使命的系统（如航空航天、生命维持、金融、交通等），如果系统需求或环境发生了变化，此时停止系统运行进行更新或维护将会产生高额的费用和巨大的风险，对系统的安全性也会产生很大的影响。静态体系结构缺乏表示动态更新的机制，很难用其分析、描述这样的系统，更不能用它来指导系统进行动态演化。因此，动态演化架构的研究应运而生。随着网络和许多新兴软件技术（如 Agent、网格计算、普适计算、移动计算、网构软件等）的发展，对架构提出了许多更高的要求，如架构的扩展性、复用性、适应性等，而传统的静态体系结构已难以满足这些要求。

2. 动态演化的类型

1）软件动态性的等级

CarlosE.Cuesta 等人将软件的动态性分为 3 个级别（见图 10-6）：①交互动态性（Interactive Dynamism），要求数据在固定的结构下动态交互；②结构动态性（Structural Dynamism），允许对结构进行修改，通常的形式是组件和连接件实例的添加和删除，这种动态性是研究和应用的主流；③架构动态性（Architectural Dynamism），允许软件架构的基本构造的变动，即结构可以被重定义，如新的组件类型的定义。以 Cuesta 划分标准衡量，目前软件架构的动态演化研究大多仅支持发生在级别 1 和 2 上的动态性，而对级别 3 上的动态性支持甚少，但是 Cuesta 坚持认为只有级别 3 的架构才是真正的动态架构。

图 10-6　软件的三级动态性

2）动态演化的内容

根据所修改的内容不同，软件的动态演化主要包括以下 4 个方面。

- 属性改名：目前所有的ADL都支持对非功能属性的分析和规约，而在运行过程中，用户可能会对这些指标进行重新定义（如服务响应时间）。
- 行为变化：在运行过程中，用户需求变化或系统自身服务质量的调节都将引发软件行为的变化。诸如，为了提高安全级别而更换加密算法；将HTTP协议改为HTTPS协议；组件和连接件的替换和重新配置。
- 拓扑结构改变：如增删组件，增删连接件，改变组件与连接件之间的关联关系等。
- 风格变化：一般软件演化后其架构风格应当保持不变，如果非要改变软件的架构风格，也只能将架构风格变为其衍生风格，如将两层C/S结构调整为三层C/S结构或C/S与B/S的混合结构，将"1对1"的请求响应结构改为"1对N"的请求响应结构，以实现负载的平衡。

目前，实现软件架构动态演化的技术主要有两种：采用动态软件架构（Dynamic Software Architecture，DSA）和进行动态重配置（Dynamic Reconfiguration，DR）。DSA是指在运行时刻会发生变化的系统框架结构，允许在运行过程中通过框架结构的动态演化实现对架构的修改；DR从组件和连接件的配置入手，允许在运行过程中增删组件，增删连接件，修改连接关系等操作。二者从不同的侧面对软件和架构的动态演化进行研究，尚无明确的分类。在此，我们将DSA归结为架构动态性，将DR归结为结构动态性。下面分别对二者进行讨论。

3. 动态软件架构

Perry在2000年第十六届世界计算机大会中提出，软件架构中最为重要的3个研究方向，即软件架构风格、软件架构连接件和DSA。DSA指那些在软件运行时刻会发生变化的体系结构。与静态软件架构相比，DSA的特殊之处在于它的动态性。软件架构的动态性指由于系统需求、技术、环境、分布等因素的变化而导致软件架构在软件运行时刻的变化，主要通过软件架构的动态演化来体现。

Bradbury等人为DSA做了如下定义：动态软件架构（DSA）可以修改自身的架构，并在系统执行期间进行修改。

DSA的意义主要在于能够减少系统开发的费用和风险。由于采用DSA，一些具有特殊使命的系统能够在系统运行时根据需求对系统进行更新，并降低更新的费用和风险。此外，DSA能增强用户自定义性和可扩展性，并可为用户提供更新系统属性的服务。

1）基于DSA实现动态演化的基本原理

实现软件架构动态演化的基本原理是使DSA在可运行应用系统中以一类有状态、有行为、可操作的实体显式地表示出来，并且被整个运行环境共享，作为整个系统运行的依据。也就是说，运行时刻体系结构相关信息的改变可用来触发、驱动系统自身的动态调整。此外，对系统自身所做的动态调整结果可反映在体系结构这一抽象层面上。

在系统结构上，通过引入运行时体系结构对象，使得相关协同逻辑可从计算组件中分离出来，显式、集中地得以表达，符合关注分离的原则；同时又解除了系统组件之间的直接耦合，这些都有助于系统的动态调整。由于动态演化实现起来比静态演化复杂得多，系统必须提供SA动态演化的一些相关功能。首先，系统必须提供保存当前软件架构信息（拓扑结构、组件状态和数目等）的功能；其次，实施动态演化还须设置一个监控管理机制，对系统有无需求变化进行监视。当发现有需求变化时，应能分析并判断可否实施演化，以及何时演化和演化范围，并最终分析或生成演化策略。再者，还应保证演化操作原子性，即在动态变化过程中，如果其中之一的操作失败了，整个操作集都要被撤销，从而避免系统出现不稳定的状态。

DSA实施动态演化大体遵循以下4步：①捕捉并分析需求变化；②获取或生成体系结构演化策略；③根据步骤2得到的演化策略，选择适当的演化策略并实施演化；④演化后的评估与检测。完成这4个步骤还需要DSA描述语言和演化工具的支持。

2）DSA 描述语言

按照描述视角可将软件动态性建模语言分为 3 类：①基于行为视角的 π-ADL，使用进程代数来描述具有动态性的行为；②基于反射视角的 Pilar，利用反射理论显式地为元信息建立模型；③基于协调视角的 LIME，注重计算和协调部分的分离，利用协调论的原理来解决动态性交互。

（1）π-ADL。

一般来说，软件架构的描述分为两个部分：结构相关描述和行为相关描述。DSA 的重点是运行时对结构进行改变的行为，因此需要对这些行为进行描述和验证。进程代数是处理这一问题的形式化方法，其中以序列化方式执行的一系列行为被抽象为进程，行为的交互被简化为进程的合成。

目前主流的进程代数语言之一就是 π 演算，π-ADL 就是以此为基础设计的架构描述语言，它采用运行时的观点对系统进行建模，其模型包括组件、连接件和行为。所有元素都会随时间演化。

π-ADL 是为移动系统建模设计的，由于移动通信领域中动态性特别明显（如手机移动时会动态改变与服务器的连接关系），移动系统本身就需要使用 DSA。

（2）Pilar。

对于动态架构的直观解决方案就是实现架构反射，将模型与系统相关联，模型的修改会反映到系统的修改上，系统的变化也会表现为模型的变化。

形式化的反射模型是一个基于层的模型，其中每一层都作为它的基层的元系统（Meta-System），而基层就称为基系统（Base-System）。对于每一个元 - 基系统对，元系统描述了系统如何感知或修改自身，而基系统则提供常规的应用操作和结构。

反射模型并没有限定层的数量，但是在实际应用中一般采用少于 3 层的反射模型。

MARMOL（Meta Architecture Model）是第一个试图将反射和架构结合起来的形式化模型，其主要思想在于：在架构描述中引入多个层次，并利用反射的概念来表示它们。要注意 MARMOL 既不是针对特定问题或项目的模型，也不是一种架构风格或模式，而是一种描述风格，它能够与其他 ADL 结合起来应用，如使用 MARMOL 描述层模型，而对于单个的层则使用其他 ADL 进行描述。

基于 MARMOL 的动态架构描述语言 Pilar 已经出现。在 Pilar 中只有一种顶级元素—组件，而每个组件都由 4 部分组成，即接口、配置、具化（Reification）和约束。

（3）LIME。

在分布式和并行系统的演化中，协调模型（Coordination Model）的应用广泛。它提供了增强模块性、组件复用性、移植性和语言互操作性的框架。

协调模型与 DSA 的关系在于：大规模并行系统分布在许多逻辑结点上，这些结点的交互行为本质上就是动态的，对于 DSA 的需求即来自于此。

Linda 首次将协调模型应用于计算机科学，而 LIME（Linda In a Mobile Environment）则是 Linda 的扩展，支持移动应用的开发。它既能描述物理移动性，也能描述逻辑移动性，通过分离计算部分和协调部分使得时间、空间因素分离，简化了分布式系统的开发。

3）DSA 演化工具

动态演化的工具需要支持系统在演化过程中与其软件架构的一致性检查，并能够对架构演化过程进行管理，主要有以下几种方法。

- 使用反射机制：Dowling等人设计了K-Component框架元模型，该模型使用有类型的有向配置图对架构进行表示，能够支持系统的动态调整。北京大学研究的PKUAS系统引入运行时软件架构（RSA）作为全局视图，支持置于单个EJB容器内的组件演化。李长云等提出的基于体系结构空间支持动态演化的软件模型（SASM）使用运行时体系结构（RSAS）作为架构模型，是一个在运行期间有状态、有行为、可访问的对象，支持面向服务架构的动态演化。余萍等人提出的Artemis-ARC系统是以ACME为语义设计的运行时可编程架构模型，支持构架和服务架构演化，可以对DSA进行追溯、验证和框架代码检查。

- 基于组件操作：主要有王海燕等提出的一种基于组件的动态体系结构模型和李长云等设计的一个面向应用的、开放的、SA驱动的分布式运行环境SACDRE。此类工具用于支持基于组件的系统构架进行动态演化。

- 基于π演算：π演算是在CCS（Calculus of Communicating System）的基础上提出的、基于命名概念的进程代数并发通信行为演算方法，可以用来描述结构不断变化的并发系统。于振华等提出的软件体系抽象模型（Software Architecture Abstract Model，SAAM）便是通过一系列π演算进程对SA实施演化，并利用π演算的相关分析方法对SA的一致性进行分析。

- 利用外部的体系结构演化管理器：加州大学欧文分校提出了基于SA的开发和运行环境ArchStudio，该执行工具包含3种体系结构变更源工具——Argo、ArchShell和扩展向导。Argo提供一个体系结构的图形描述和操作手段，ArchShell提供一个文本的、命令式的体系结构变更语言，扩展向导提供一个可执行的脚本更改语言，用来对体系结构进行连续演化。其所定义的系统动态演化方法是如何将体系结构层面表达的动态调整在具体系统中实施的一个典型代表。

4. 动态软件架构应用实例——PKUAS

PKUAS 是一个符合 Java EE 规范的组件运行支撑平台，支持 3 种标准 EJB 容器，包括无态会话容器、有态会话容器和实体容器，并支持远程接口和本地接口，提供 IIOP、JRMP、SOAP 以及 EJBLocal 互操作机制，内置命名服务、安全服务、事务服务、日志服务、数据库连接服务；通过了 Java EE 蓝图程序 JPS v1.1 的测试。

为了能够明确标识、访问和操纵系统中的计算实体，反射式中间件必须具备组件化的基础设施体系。

基于 Java 虚拟机，PKUAS 将平台自身的实体划分为如下 4 种类型。

（1）容器系统：容器是组件运行时所处的空间，负责组件的生命周期管理（如类装载、实例化、缓存、释放等）以及组件运行需要的上下文管理（如命名服务上下文、数据库连接等）。

在 PKUAS 内置的 3 种 EJB 容器中，一个容器实例管理一个 EJB 组件的所有实例，而一个应用中所有 EJB 组件的容器实例组成一个容器系统。这种组织模式有利于实现特定于单个应用的配置和管理，如不同应用使用不同的通信端口、认证机制与安全域。

（2）公共服务：其实现系统的非功能性约束，如通信、安全、事务等。由于这些服务可通过微内核动态增加、替换和删除，因此，为了保证容器或组件正确调用服务并避免服务卸载的副作用，必须提供服务功能的动态调用机制。对于供容器使用的服务，必须开发相应的截取器作为容器调用服务的执行点。对于供组件使用的服务，必须在命名服务中加以注册。

（3）工具：辅助用户使用和管理 PKUAS 的工具集合，主要包括部署工具、配置工具与实时监控工具。其中，部署工具既可热部署整个应用，也可热部署单个组件，从而实现应用的在线演化；配置工具允许用户配置整个服务器或单个应用；而实时监控工具允许用户实时观察系统的运行状态并做出相应调整。

（4）微内核：上述 3 类实体统称为系统组件，微内核负责这些系统组件的装载、配置、卸载，以及启动、停止、挂起等状态管理。PKUAS 微内核符合 Java 平台管理标准 JMX（Java Managemente Extension），继承了 JMX 可移植、伸缩性强、易于集成其他管理方案、有效利用现有 Java 技术、可扩展等优点。

其中，容器系统、服务、工具等被管理的系统组件组成资源层，通过 MBean 接口对外提供与管理相关的属性和操作。负责注册资源的 MBean Server 和管理资源的插件组成管理层。MBean Server 对外提供所有资源的管理接口，允许资源动态地增加或删除。管理插件则是执行其他管理功能的 MBean，如 PKUAS 实时监控管理工具的核心功能就是通过管理插件实现的。

5. 动态重配置

基于软件动态重配置的软件架构动态演化主要是指在软件部署之后对配置信息的修改，常常被用于系统动态升级时需要进行的配置信息修改。一般来说，动态重配置可能涉及的修改有：①简单任务的相关实现修改；②工作流实例任务的添加和删除；③组合任务流程中的个体修改；④任务输入来源的添加和删除；⑤任务输入来源的优先级修改；⑥组合任务输出目标的添加和删除；⑦组合任务输出目标的优先级修改等。

1）动态重配置模式

每种重配置模式说明了软件模式中组件是如何协作的，以及如何通过协作来完成整个产品线的动态重配置过程（即从一种配置转化为另一种配置）。

下面介绍 4 种重配置模式。

（1）主从（Master-Slave）模式：在主从模式中，主组件接收客户端的服务请求，它将工作划分给从组件，然后合并、解释、总结或整理从组件的响应。当主组件没有对从组件分配工作时，从组件处于空闲（Idle）状态，并会在新的任务分配时被重新激活。主从模式由主操作重配置状态图描述，其中包含两个正交的图，即主操作状态图和主重配置状态图，主操作状态图定义了主组件的操作状态，主重配置状态图描述了主组件如何安排重配置的过程。

（2）中央控制（Centralized Control）模式：中央控制模式广泛应用于实时系统之中。在该模式中，一个中央控制器会控制多个组件，其状态图会维持两个状态，分别标识中央控制器是否处于空闲状态。

（3）客户端／服务器（Client/Server）模式：客户端／服务器模式中的客户端组件需要服务器组件所提供的服务，二者通过同步消息进行交互，在客户端／服务器重配置模式中，当客户端发起的事务完成之后可以添加或删除客户端组件；当顺序服务器（Sequential Server）完成了当前的事务，或者并发服务器（Concurrent Server）完成了当前事务的集合，且将新的事务在服务器消息缓冲中排队完毕之后，可以添加或删除服务器组件。

（4）分布式控制（Decentralized Control）模式：分布式控制模式下系统的功能整合在多个分布式控制组件之中。该模式广泛用于分布式应用之中，且有着多种相似的类型，如环形（Ring）模式和顺序（Serial）模式。环形模式中每个组件有着相同的功能，且在其左右均有一个组件（称为前驱和后继）与之交互；顺序模式中每个组件使用相同的连接与自己的前驱和后继交互，每个组件向自己的前驱发送请求并获得响应。

2）例子：可重用、可配置的产品线架构

软件产品线是一种软件开发和配置的方法论，促进了软件的有效开发，但是尚存一些不足：配置复杂性高，用户可定制的弹性不足，而且关注点有所偏移，从产品转移到了领域。为此Bayer 等人给出了 PuLSE（Product Line Software Engineering）方法论（如图 10-7 所示），其能够在各种企业环境中进行软件产品线构想和部署。这是通过以下元素来实现的：在 PuLSE 各步骤中以产品为核心关注点，包括组件的可定制性、增量（组件）导入的能力、结构演化的成熟度，以及主要产品开发过程的适应性调整等。

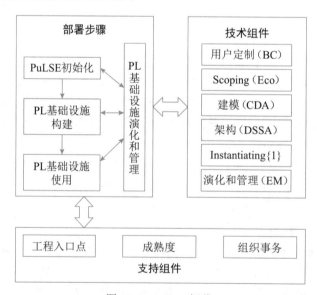

图 10-7　PuLSE 概览

Gomaa 等人提出了一种使用 UML 对软件产品线建立多视角元模型的方法。该模型是一种面向对象的领域模型，能够从多个方面对一个软件产品线进行描述，包括用例模型、静态模型、交互模型、状态机模型和特性模型，并使用对象约束语言（OCL）对各个模型的一致性进行检查。他们开发了一个原型系统 Product Line UML Based Software Engineering Environment（PLUSEE）用以实施该方法。

3）动态重配置的难点

Tamura 等人提出了在带有服务质量（Quality of Service，QoS）约束的情况下，基于扩展图进行架构重配置的方法。针对此类重配置说明了动态重配置的 4 个难点：①约束定义困难；②性能约束难以静态衡量，需要在软件运行时进行评估；③某些重配置方案能够解决性能约束的某一方面，但是难以管理所有方面；④重配置需要同时保证两个方面，即维持组件系统的完整性和重配置策略的正确和安全性。

10.4　软件架构演化原则

本节列举了 18 种软件架构可持续演化原则，并针对每个原则设计了相应的度量方案。这些度量方案看似简单，但每个方案都能紧抓该原则的本质，可以做到从架构（系统的整体结构）层面提供有价值的信息，帮助对架构进行有效观察。

1. 演化成本控制原则

- 原则名称：演化成本控制（Evolution Cost Control，ECC）原则。
- 原则解释：演化成本要控制在预期的范围之内，也就是演化成本要明显小于重新开发成本。
- 原则用途：用于判断架构演化的成本是否在可控范围内，以及用户是否可接受。
- 度量方案：CoE<<CoRD。
- 方案说明：CoE为演化成本，CoRD为重新开发成本，CoE远小于CoRD最佳。

2. 进度可控原则

- 原则名称：进度可控（Schedule Control）原则。
- 原则解释：架构演化要在预期时间内完成，也就是时间成本可控。
- 原则用途：根据该原则可以规划每个演化过程的任务量；体现一种迭代、递增（持续演化）的演化思想。
- 度量方案：ttask=|Ttask-T'task|。
- 方案说明：某个演化任务的实际完成时间（Ttask）和预期完成时间（T'task）的时间差，时间差ttask越小越好。

3. 风险可控原则

- 原则名称：风险可控（Risk Control）原则。
- 原则解释：架构演化过程中的经济风险、时间风险、人力风险、技术风险和环境风险等必须在可控范围内。
- 原则用途：用于判断架构演化过程中各种风险是否易于控制。

- 度量方案：分别检验。
- 方案说明：时间风险、经济风险、人力风险、技术风险都不存在。

4. 主体维持原则

- 原则名称：主体维持原则。
- 原则解释：对称稳定增长（the Average Incremental Growth，AIG）原则所有其他因素必须与软件演化协调，开发人员、销售人员、用户必须熟悉软件演化的内容，从而达到令人满意的演化。因此，软件演化的平均增量的增长须保持平稳，保证软件系统主体行为稳定。
- 原则用途：用于判断架构演化是否导致系统主体行为不稳定。
- 度量方案：计算AIG即可，AIG=主体规模的变更量/主体的规模。
- 方案说明：根据度量动态变更信息（类型、总量、范围）来计算。

5. 系统总体结构优化原则

- 原则名称：系统总体结构优化（Optimization of Whole Structure）原则。
- 原则解释：架构演化要遵循系统总体结构优化原则，使得演化之后的软件系统整体结构（布局）更加合理。
- 原则用途：用于判断系统整体结构是否合理，是否最优。
- 度量方案：检查系统的整体可靠性和性能指标。
- 方案说明：判断整体结构优劣的主要指标是系统的可靠性和性能。

6. 平滑演化原则

- 原则名称：平滑演化（Invariant Work Rate，IWR）原则。
- 原则解释：在软件系统的生命周期里，软件的演化速率趋于稳定，如相邻版本的更新率相对固定。
- 原则用途：用于判断是否存在剧烈架构演化。
- 度量方案：计算IWR即可，IWR=变更总量/项目规模。
- 方案说明：根据度量动态变更信息（类型、总量、范围等）来计算。

7. 目标一致原则

- 原则名称：目标一致（Objective Conformance）原则。
- 原则解释：架构演化的阶段目标和最终目标要一致。
- 原则用途：用于判断每个演化过程是否达到阶段目标，所有演化过程结束是否能达到最终目标。
- 度量方案：otask=|Otask-O'task|。
- 方案说明：阶段目标的实际达成情况（Otask）和预期目标（O'task）的差，Otask越小越好。

8. 模块独立演化原则

- 原则名称：模块独立演化原则，或称为修改局部化原则（Local Change）。
- 原则解释：软件中各模块（相同制品的模块，如Java的某个类或包）自身的演化最好相互独立，或者至少保证对其他模块的影响比较小或影响范围比较小。
- 原则用途：用于判断每个模块自身的演化是否相互独立。
- 度量方案：检查模块的修改是否是局部的。
- 方案说明：可以通过计算修改的影响范围来进行度量。

9. 影响可控原则

- 原则名称：影响可控（Impact Limitation）原则。
- 原则解释：软件中一个模块如果发生变更，其给其他模块带来的影响要在可控范围内，也就是影响范围可预测。
- 原则用途：用于判断是否存在对某个模块的修改导致大量其他修改的情况。
- 度量方案：检查影响的范围是否可控。
- 方案说明：可以通过计算修改的影响范围来进行度量。

10. 复杂性可控原则

- 原则名称：复杂性可控（Complexity Controllability）原则。
- 原则解释：架构演化必须要控制架构的复杂性，从而进一步保障软件的复杂性在可控范围内。
- 原则用途：用于判断演化之后的架构是否易维护、易扩展、易分析、易测试等。
- 度量方案：CC<某个阈值；方案说明：CC增长可控。

11. 有利于重构原则

- 原则名称：有利于重构（Useful for Refactoring）原则。
- 原则解释：架构演化要遵循有利于重构原则，使得演化之后的软件架构更便于重构。
- 原则用途：用于判断架构易重构性是否得到提高。
- 度量方案：检查系统的复杂度指标。
- 方案说明：系统越复杂越不容易重构。

12. 有利于重用原则

- 原则名称：有利于重用（Useful for Reuse）原则。
- 原则解释：架构演化最好能维持，甚至提高整体架构的可重用性。
- 原则用途：用于判断整体架构可重用性是否遭到破坏。
- 度量方案：检查模块自身的内聚度、模块之间的耦合度。
- 方案说明：模块的内聚度越高，该模块与其他模块之间的耦合度越低，越容易重用。

13. 设计原则遵从性原则

- 原则名称：设计原则遵从性（Design Principles Conformance）原则。
- 原则解释：架构演化最好不能与架构设计原则冲突。
- 原则用途：用于判断架构设计原则是否遭到破坏（架构设计原则是好的设计经验总结，要保障其得到充分使用）。
- 度量方案：RCP=|CDP|/|DP|。
- 方案说明：冲突的设计原则集合（CDP）和总的设计原则集合（DP）的比较，RCP 越小越好。

14. 适应新技术原则

- 原则名称：适应新技术（Technology Independence，TI）原则。
- 原则解释：软件要独立于特定的技术手段，这样才能够让软件运行于不同平台。
- 原则用途：用于判断架构演化是否存在对某种技术依赖过强的情况。
- 度量方案：TI=1-DDT，其中 DDT=|依赖的技术集合|/|用到的技术合集|。
- 方案说明：根据演化系统对关键技术的依赖程度进行度量。

15. 环境适应性原则

- 原则名称：环境适应性（Platform Adaptability）原则。
- 原则解释：架构演化后的软件版本能够比较容易适应新的硬件环境与软件环境。
- 原则用途：用于判断架构在不同环境下是否仍然可使用，或者容易进行环境配置。
- 度量方案：硬件/软件兼容性。
- 方案说明：结合软件质量中兼容性指标进行度量。

16. 标准依从性原则

- 原则名称：标准依从性（Standard Conformance）原则。
- 原则解释：架构演化不会违背相关质量标准（国际标准、国家标准、行业标准、企业标准等）。
- 原则用途：用于判断架构演化是否具有规范性，是否有章可循；而不是胡乱或随意地演化。
- 度量方案：需要人工判定。

17. 质量向好原则

- 原则名称：质量向好（Quality Improvement，QI）原则。
- 原则解释：通过演化使得所关注的某个质量指标或某些质量指标的综合效果变得更好或者更满意，例如可靠性提高了。
- 原则用途：用于判断架构演化是否导致某些质量指标变得很差。
- 度量方案：EQI≥Q。

- 方案说明：演化之后的质量（EQI）比原来的质量（SQ）要好。

18. 适应新需求原则

- 原则名称：适应新需求（New Requirement Adaptability）原则。
- 原则解释：架构演化要很容易适应新的需求变更；架构演化不能降低原有架构适应新需求的能力；架构演化最好可以提高适应新需求的能力。
- 原则用途：用于判断演化之后的架构是否降低了架构适应新需求的能力。
- 度量方案：RNR=|ANR|/|NR|。
- 方案说明：适应的新需求集合（ANR）和实际新需求集合（NR）的比较，RNR越小越好。

10.5 软件架构演化评估方法

本节主要介绍软件架构演化的评估方法，根据演化过程是否已知可将评估过程分为：演化过程已知的评估和演化过程未知的评估。

10.5.1 演化过程已知的评估

演化过程已知的评估其目的在于通过对架构演化过程进行度量，比较架构内部结构上的差异以及由此导致的外部质量属性上的变化，对该演化过程中相关质量属性进行评估。本小节主要对演化过程已知的架构演化评估工作进行阐述，给出评估流程以及具体的相关指标的计算方法。

1. 评估流程

架构演化评估的基本思路是将架构度量应用到演化过程中，通过对演化前后的不同版本的架构分别进行度量，得到度量结果的差值及其变化趋势，并计算架构间质量属性距离，进而对相关质量属性进行评估。

架构演化评估的执行过程如图 10-8 所示。图中 A_0 和 A_n 表示一次完整演化前后的相邻版本的软件架构。我们可以将 A_0 演化到 A_n 的过程拆分为一系列原子演化操作，一次完整的架构演化可以视为不同类型的原子演化操作形成的序列。每经过一次原子演化，即可得到一个架构中间演化版本 A_i（$i=1$, 2, $\cdots$, $n-1$），因而经过一次完整的软件演化后可以得到架构中间版本形成的序列 A_0, A_1, A_2, $\cdots$, A_n。对每个中间版本架构进行度量，得到架构 A_i 的质量属性度量值 Q_i，进而得到演化过程中架构质量度量结果形成的序列 $Q_0, Q_1, \cdots, Q_n$。对于相邻版本的架构 A_i-1 和 A_i，可以根据它们的质量属性度量值 Q_i-1 和 Q_i，计算相邻版本间的架构质量属性距离 D（$i-1$, i）。最后，软件架构相邻版本 A_0 和 A_n 间的架构质量属性距离 D（0, n）可以通过 Q_0 和 Q_n 计算得出。最后综合各个版本架构的度量结果，对架构演化相关质量属性进行评估。

2. 架构演化中间版本度量

对于不同类型的质量属性，其度量方法不同，度量结果的类型也不同。本章主要度量的是架构的可维护性和可靠性，其具体度量方法在前面已经进行过详细阐述。其中对于可靠性，架构质量属性度量结果 Q_i 是一个实数值；而对于可维护性，它包含圈复杂度、扇入扇出度、模块间耦合度、模块的响应、紧内聚度、松内聚度这 6 个子度量指标，度量结果 Q_i 是这 6 个指标的度量值形成的六元组（q_1，q_2，…，q_6）。对于每一次原子粒度的演化，我们可以明确该原子演化对架构内部逻辑结构或交互过程的影响；通过比较原子演化前后架构质量属性 Q_{i-1} 和 Q_i 间的变化，可以分析该类演化对待评估系统的外部质量属性的影响，进而找出架构内部结构变化和外部质量属性变化间的关联。

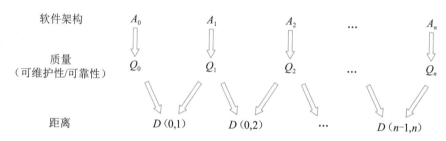

图 10-8   演化过程已知的架构演化评估执行过程

3. 架构质量属性距离

架构质量属性距离 $D(i-1, i)$ 用来评估相邻版本架构间质量属性的差异。由于架构质量属性距离的计算直接依赖于架构质量属性度量值 Q_{i-1} 和 Q_i，所以对于不同的质量属性，$D(i-1, i)$ 的计算有所不同。本节分别介绍架构可维护性和可靠性的质量属性距离计算方法，并介绍架构质量属性距离更一般的用法。

1）可维护性距离计算方法

可以将一次完整的演化操作拆分成如表 10-1 所示的原子演化操作序列，对于每次原子演化操作，我们度量架构在演化前后可维护性指标的值（包括 CCN、FFC 等共 6 项），得到演化前后架构 A 和 B 的可维护性指标向量（a_1，a_2，…，a_6）和（b_1，b_2，…，b_6），求取两个向量归一化的笛卡儿距离，如公式 10-1 所示。

$$D_m(A,B) = \sqrt{\left(\frac{a_1 - b_1}{a_1 + b_1}\right)^2 + \left(\frac{a_2 - b_2}{a_2 + b_2}\right)^2 + \ldots + \left(\frac{a_n - b_n}{a_n + b_n}\right)^2} \tag{10-1}$$

a_i 和 b_i 表示的是不同版本的架构在同一质量指标上的值，计算出的值越大，表明两个架构可维护性质量差距越大。由于软件可能经过许多轮演化，其架构与原始架构会有很大差距，某些实现与原设计不符，从而导致一些不易察觉的质量问题。而即使是相邻版本的架构也会产生某些质量属性的极大差距。因而我们试图追踪和控制软件质量属性，将其控制在某个适当区间，保持当前软件的正确性和可用性等，且为其之后的演化提供良好的扩展性和适应性，使得软件能够持续演化和重用。

2）可靠性距离计算方法

我们也可以将一次完整的演化操作拆分成如表 10-2 所示的原子演化操作序列，对于每次原子演化操作，度量演化前后架构 A 和 B 的可靠性度量值 a 和 b（a，b 为实数），架构 A 和 B 之间的可靠性距离计算公式如公式 10-2 所示。

$$D_r(A,B)=\sqrt{\left(\frac{a-b}{a+b}\right)^2} \tag{10-2}$$

该公式可以看作一个简化的向量归一化的笛卡儿距离，计算出的值越大，表明两个架构的可靠性差距越大。值得注意的是，可靠性度量值为一个实数值，它表示该软件的潜在风险率，而与架构的物理组织结构（模块间的逻辑依赖和调用等）没有必然因果联系。两个完全不同的软件在架构上的相似度很低，但它们的可靠性度量值可能相等；而同一个软件经过演化，相邻版本之间的架构可能由于某些不适当的修改而造成可靠性大幅度降低。同理，我们也无法通过可靠性度量值推断两个架构结构上的变化或差异。可靠性与软件运行过程中的逻辑交互复杂度相关，可靠性的升高或降低表示交互场景的复杂或简化。

3）非相邻版本的架构质量属性距离

对于可维护性距离 Dm（A，B）和可靠性距离 Dr（A，B），当 A 和 B 为相邻版本的架构时，所得结果即为相邻版本架构间的质量属性距离。一般地讲，若 A 和 B 为任意两个架构演化版本，计算结果即为任意演化过程中两个架构在相关质量属性上的差异。对于可维护性和可靠性，质量属性间的差异与架构本身内部结构的差异并没有正相关关系。对于两个完全不同的软件架构，它们的质量属性度量结果可能相近，导致质量属性距离较小，此时度量这两个架构的质量属性距离并没有实际意义。因而质量属性距离应针对同一架构的不同演化版本进行度量，以对架构演化过程进行监控，保障架构能够持续健康演化。

值得注意的是，在架构中间版本序列 A_0，A_1，A_2，$\cdots$，A_n 中，架构 A_0 和 A_n 间的质量属性距离 D（0，n）并不等于 D（0，1）、D（1，2）、D（2，3）$\cdots$的叠加，即原子演化操作所产生的架构质量属性影响并不具有累加性，然而它却可以帮助我们观察在该次演化过程中每一步物理结构的变化对整体的影响范围，并对关键模块风险控制以及故障定位等有积极的作用。

4. 架构演化评估

基于度量的架构演化评估方法，其基本思路在于通过对演化前后的软件架构进行度量，比较架构内部结构上的差异以及由此导致的外部质量属性上的变化。基于度量的架构演化评估，可以帮助我们分析架构内部结构的修改对外部质量属性所产生的影响、监控演化过程中架构质量的变化、归纳架构演化趋势，并有助于开发和维护等相关工作开展，具体包括如下几个方面：①架构修改影响分析：为了更好地归纳和说明架构演化的相关规律，本节对演化进行分类，比较不同类型的演化操作对架构相关质量属性的影响。通过将演化过程拆分成粒度很细的原子演化操作序列，具体分析架构内部逻辑结构和交互过程的修改会对哪些相关外部质量属性产生影响，并分析修改影响范围，进一步分析架构版本距离和相关质量属性距离的关联。②监控演化过程：通过对架构演化过程中的中间版本架构进行度量，我们可以得到架构相关质量属性随时间推移的变化曲线。通过对架构演化过程中质量属性的监控，将有利于保持架构健康持续地演化。③分析关键演化过程：架构质量属性距离评估不同版本的架构在质量属性上的差异。从质量属性距离形成的曲线可以观察到架构质量发生较大改变的时刻，在该时刻架构的逻辑依赖或交互过程可能发生重大改变，在开发和维护过程中应该予以重视，这将有利于架构维护及故障定位等。

10.5.2 演化过程未知的评估

当演化过程未知时，我们无法像演化过程已知时那样追踪架构在演化过程中的每一步变化，只能根据架构演化前后的度量结果逆向推测出架构发生了哪些改变，并分析这些改变与架构相关质量属性的关联关系。

图 10-9 显示了演化过程未知时的架构演化评估过程。对于演化前后的相邻版本的架构，可以利用基于度量的架构评估方法分别对它们进行度量，得到架构演化前后的不同版本的度量结果，并根据度量结果的差异计算它们之间的质量属性距离。通过分析架构演化前后质量属性的变化以及质量属性间的距离，可以逆向推测出架构可能发生了哪些演化操作，以及这些演化操作发生的位置和作用的对象。更进一步地，对于每一个演化操作，分别找出其对架构相关质量属性的影响，并分析发生该演化操作的高层驱动原因（修复代码错误、提高性能、平台移植等）。最终，我们找到针对某演化驱动原因的

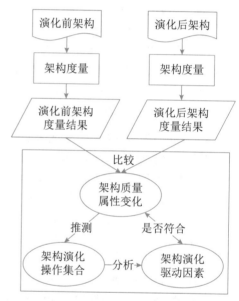

图 10-9 演化过程未知时的架构演化评估过程示意图

演化操作集合，并分析这些演化操作所产生的架构质量属性变化是否符合预期。若这些演化操作对架构相关质量属性的影响符合预期，例如，我们希望对代码进行重构以使得架构更加清晰、易于维护和扩展，而最终分析得出此次版本演化确实使得架构的可维护性获得提高（圈复杂度减少、模块间耦合度降低等），则说明这次演化确实根据演化需求完成了任务；否则说明这次演化并没有解决架构原先存在的问题，或者在演化过程中引入了新的错误或相关质量问题，即该次演化并不十分恰当，需要进一步演化来完善。

10.6 大型网站系统架构演化实例

大型网站的技术挑战主要来自于庞大的用户，高并发的访问和海量的数据，任何简单的业

务一旦需要处理数以 P 计的数据和面对数以亿计的用户，问题就会变得很棘手。通常大型网站架构主要解决这类问题。

10.6.1　第一阶段：单体架构

大型网站都是从小型网站发展而来，网站架构也是一样，是从小型网站架构逐步演化而来。小型网站最开始没有太多人访问，只需要一台服务器就绰绰有余，这时的网站架构如图 10-10 所示，应用程序、数据库、文件等所有资源都在一台服务器上。

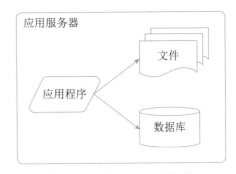

图 10-10　第一阶段网站架构

10.6.2　第二阶段：垂直架构

随着网站业务的发展，一台服务器逐渐不能满足需求，越来越多的用户访问导致性能越来越差，越来越多的数据导致存储空间不足，这时就需要将应用和数据分离。应用和数据分离后整个网站使用 3 台服务器：应用服务器、文件服务器和数据库服务器。这 3 台服务器对硬件资源的要求各不相同：

- 应用服务器需要处理大量的业务逻辑，因此需要更快更强大的处理器速度。
- 数据库服务器需要快速磁盘检索和数据缓存，因此需要更快的磁盘和更大的内存。
- 文件服务器需要存储大量用户上传的文件，因此需要更大容量的硬盘。

此时，网站系统的架构如图 10-11 所示，应用和数据分离后，不同特性的服务器承担不同的服务角色，网站的并发处理能力和数据存储空间得到了很大改善，支持网站业务进一步发展。但是随着用户逐渐增多，网站又一次面临挑战：数据库压力太大导致访问延迟，进而影响整个网站的性能，用户体验受到影响。这时需要对网站架构进一步优化。

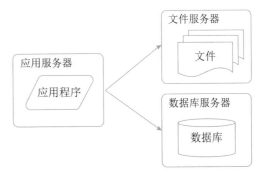

图 10-11　第二阶段网站架构

10.6.3　第三阶段：使用缓存改善网站性能

网站访问的特点和现实世界的财富分配一样遵循二八定律：80% 的业务访问集中在 20% 的数据上。既然大部分业务访问集中在一小部分数据上，那么如果把这一小部分数据缓存在内存中，就可以减少数据库的访问压力，提高整个网站的数据访问速度，改善数据库的写入性能了。网站使用的缓存可以分为两种：缓存在应用服务器上的本地缓存和缓存在专门的分布式缓存服务器上的远程缓存。

- 本地缓存的访问速度更快一些，但是受应用服务器内存限制，其缓存数据量有限，而且会出现和应用程序争用内存的情况。

● 远程分布式缓存可以使用集群的方式，部署大内存的服务器作为专门的缓存服务器，可以在理论上做到不受内存容量限制的缓存服务。

此时，网站系统的架构如图 10-12 所示。

使用缓存后，数据访问压力得到有效缓解，但是单一应用服务器能够处理的请求连接有限，在网站访问高峰期，应用服务器成为整个网站的瓶颈。

10.6.4　第四阶段：使用服务集群改善网站并发处理能力

使用集群是网站解决高并发、海量数据问题的常用手段。当一台服务器的处理能力、存储空间不足时，不要企图去更换更强大的服务器，对大型网站而言，不管多么强大的服务器，都满足不了网站持续增长的业务需求。这种情况下，更恰当的做法是增加一台服务器分担原有服务器的

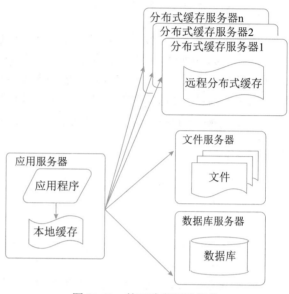

图 10-12　第三阶段网站架构

访问及存储压力。对网站架构而言，只要能通过增加一台服务器的方式改善负载压力，就可以同样的方式持续增加服务器不断改善系统性能，从而实现系统的可伸缩性。应用服务器实现集群是网站可伸缩架构设计中较为简单成熟的一种。

此时，网站系统架构如图 10-13 所示。

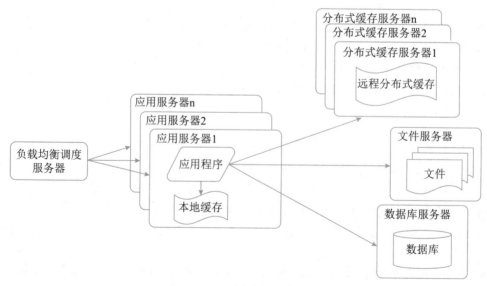

图 10-13　第四阶段网站架构

通过负载均衡调度服务器，可以将来自用户浏览器的访问请求分发到应用服务器集群中的任何一台服务器上，如果有更多用户，就在集群中加入更多的应用服务器，使应用服务器的压力不再成为整个网站的瓶颈。

10.6.5　第五阶段：数据库读写分离

网站在使用缓存后，使对大部分数据读操作访问都可以不通过数据库就能完成，但是仍有一部分读操作（缓存访问不命中、缓存过期）和全部的写操作都需要访问数据库，在网站的用户达到一定规模后，数据库因为负载压力过高而成为网站的瓶颈。目前大部分的主流数据库都提供主从热备功能，通过配置两台数据库主从关系，可以将一台数据库服务器的数据更新同步到另一台服务器上。网站利用数据库的这一功能，实现数据库读写分离，从而改善数据库负载压力。

应用服务器在写数据的时候，访问主数据库，主数据库通过主从复制机制将数据更新同步到从数据库，这样当应用服务器读数据的时候，就可以通过从数据库获得数据。为了便于应用程序访问读写分离后的数据库，通常在应用服务器端使用专门的数据访问模块，使数据库读写分离对应用透明。

此时，网站系统架构如图 10-14 所示。

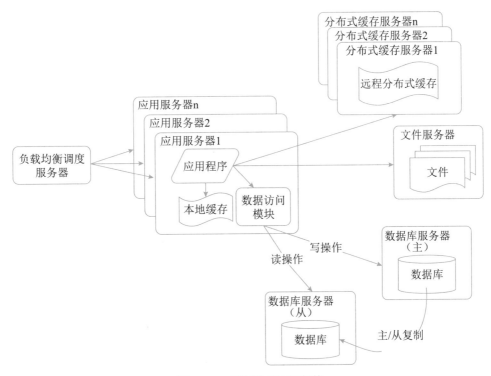

图 10-14　第五阶段网站架构

10.6.6　第六阶段：使用反向代理和 CDN 加速网站响应

随着网站业务不断发展，用户规模越来越大，由于区域的差别使得网络环境异常复杂，不同地区的用户访问网站时，速度差别也极大。有研究表明，网站访问延迟和用户流失率正相关，网站访问越慢，用户越容易失去耐心而离开。为了提供更好的用户体验，留住用户，网站需要加速网站访问速度。主要手段有使用 CDN 和反向代理。CDN 和反向代理的基本原理都是缓存。

- CDN 部署在网络提供商的机房，使用户在请求网站服务时，可以从距离自己最近的网络提供商机房获取数据。
- 反向代理则部署在网站的中心机房，当用户请求到达中心机房后，首先访问的服务器是反向代理服务器，如果反向代理服务器中缓存着用户请求的资源，就将其直接返回给用户。

使用 CDN 和反向代理的目的都是尽早返回数据给用户，一方面加快用户访问速度，另一方面也减轻后端服务器的负载压力。

此时，网站系统架构如图 10-15 所示。

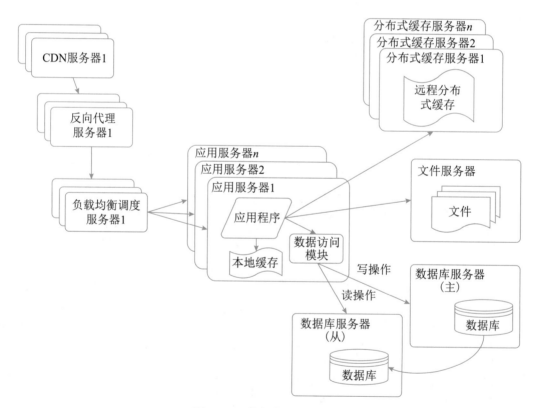

图 10-15　第六阶段网站架构

10.6.7　第七阶段：使用分布式文件系统和分布式数据库系统

　　任何强大的单一服务器都满足不了大型网站持续增长的业务需求。数据库经过读写分离后，从一台服务器拆分成两台服务器，但是随着网站业务的发展依然不能满足需求，这时需要使用分布式数据库。文件系统也一样，需要使用分布式文件系统。分布式数据库是网站数据库拆分的最后手段，只有在单表数据规模非常庞大的时候才使用。不到不得已时，网站更常用的数据库拆分手段是业务分库，将不同业务的数据部署在不同的物理服务器上。

　　此时，网站系统架构如图 10-16 所示。

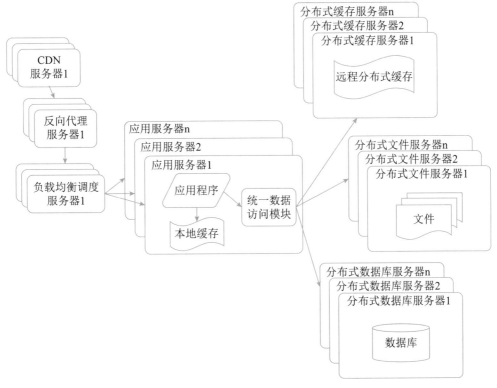

图 10-16　第七阶段网站架构

10.6.8　第八阶段：使用NoSQL和搜索引擎

　　随着网站业务越来越复杂，对数据存储和检索的需求也越来越复杂，网站需要采用一些非关系数据库技术如 NoSQL 和非数据库查询技术如搜索引擎。NoSQL 和搜索引擎都是源自互联网的技术手段，对可伸缩的分布式特性具有更好的支持。应用服务器则通过一个统一数据访问模块访问各种数据，减轻应用程序管理诸多数据源的麻烦。

　　此时，网站系统架构如图 10-17 所示。

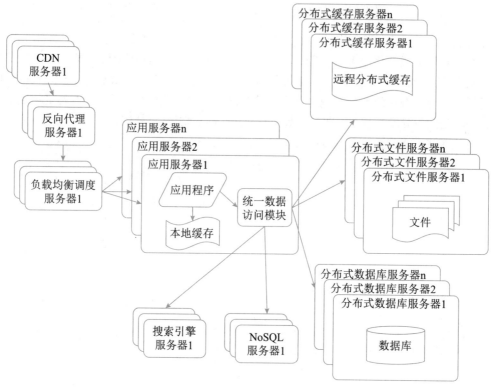

图 10-17　第八阶段网站架构

10.6.9　第九阶段：业务拆分

大型网站为了应对日益复杂的业务场景，通过使用分而治之的手段将整个网站业务分成不同的产品线。如大型购物交易网站都会将首页、商铺、订单、买家、卖家等拆分成不同的产品线，分归不同的业务团队负责。

具体到技术上，也会根据产品线划分，将一个网站拆分成许多不同的应用，每个应用独立部署。应用之间可以通过一个超链接建立关系（在首页上的导航链接每个都指向不同的应用地址），也可以通过消息队列进行数据分发，当然最多的还是通过访问同一个数据存储系统来构成一个关联的完整系统。

此时，网站系统架构如图 10-18 所示。

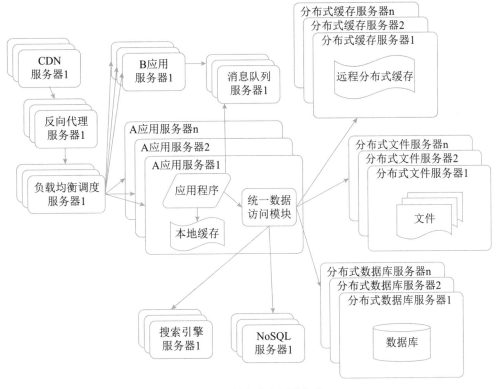

图 10-18　第九阶段网站架构

10.6.10　第十阶段：分布式服务

随着业务拆分越来越小，存储系统越来越庞大，应用系统的整体复杂度呈指数级增加，部署维护越来越困难。由于所有应用要和所有数据库系统连接，在数万台服务器规模的网站中，这些连接的数目是服务器规模的平方，导致数据库连接资源不足，拒绝服务。

既然每一个应用系统都需要执行许多相同的业务操作，比如用户管理、商品管理等，那么可以将这些共用的业务提取出来，独立部署。由这些可复用的业务连接数据库，提供共用业务服务，而应用系统只需要管理用户界面，通过分布式服务调用共用业务服务完成具体业务操作。

此时，网站系统架构如图 10-19 所示。

大型网站的架构演化到这里，基本上大多数的技术问题都得以解决，诸如跨数据中心的实时数据同步和具体网站业务相关的问题也都可以通过组合改进现有技术架构解决。

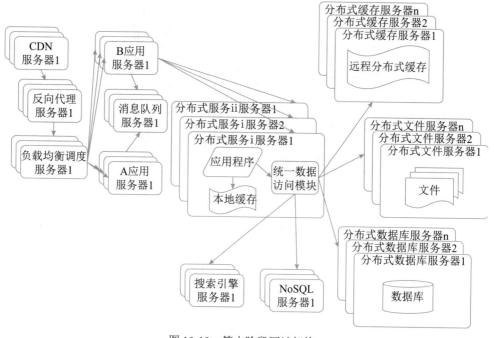

图 10-19   第十阶段网站架构

10.7   软件架构维护

软件架构是软件开发和维护过程中的一个重点制品，是软件需求和设计、实现之间的桥梁。软件架构的开发和维护是基于架构软件生命周期中的关键环节，与之相关的步骤包括导出架构需求、架构开发、架构文档化、架构分析、架构实现和架构维护。软件架构的维护与演化密不可分，维护需要对软件架构的演化过程进行追踪和控制，以保障软件架构的演化过程能够满足需求（亦有说法将架构维护作为架构演化的一个部分）。

由于软件架构维护过程一般涉及架构知识管理、架构修改管理和架构版本管理等内容，下面分别对它们进行简要介绍。

10.7.1   软件架构知识管理

软件架构知识管理是对架构设计中所隐含的决策来源进行文档化表示，进而在架构维护过程中帮助维护人员对架构的修改进行完善的考虑，并能够为其他软件架构的相关活动提供参考。

1. 架构知识的定义

Lago 等人给出了架构知识的定义：架构知识 = 架构设计 + 架构设计决策。即需要说明在进行架构设计时采用此种架构的原因。

2. 架构知识管理的含义

架构知识管理侧重于软件开发和实现过程所涉及的架构静态演化，从架构文档等信息来源中捕捉架构知识，进而提供架构的质量属性及其设计依据以进行记录和评价。架构知识管理不仅要涵盖架构的解决方案，也要涵盖产生该方案的架构设计决策、设计依据与其他信息，以有助于架构进一步的演化。

3. 架构知识管理的需求

许多人认为架构知识的可获得性能够极大地提升软件开发流程。如果对架构知识不进行管理的话，那么关键的设计知识就会"沉没"在软件架构之中，如果开发组人员发生变动，那么"沉没"的架构知识就会"腐蚀"。

4. 架构知识管理的现状

对于软件架构知识的讨论侧重于对架构信息的整理、存储和恢复。尽管如此，当前尚无实用的架构知识整理策略，构建架构的利益相关者（即拥有架构知识的人）通常不会使用文档来记录架构知识，原因在于对架构知识文档化和维护的动机不足：其好处看起来不够重大而成本相对较高；利益相关者对工程的短期兴趣比起长远的架构知识重用显得更重要；开发者被设计中的创造性工作所吸引，而不会反思设计决策的长远影响；缺乏此方面的培训。更为严重的是，即使实现了文档化，通常架构知识也不能在整个组织中得到充分的分享。例如，架构知识没有传播给合适的利益相关者；架构知识的接收者没有将之应用于他们的任务之中；知识笨重，难以在应用的时候快速地搜索和定位到合适的知识。

10.7.2　软件架构修改管理

在软件架构修改管理中，一个主要的做法就是建立一个隔离区域（Region of Quiescence），保障该区域中任何修改对其他部分的影响比较小，甚至没有影响。为此，需要明确修改规则、修改类型，以及可能的影响范围和副作用等。

10.7.3　软件架构版本管理

软件架构版本管理为软件架构演化的版本演化控制、使用和评价等提供了可靠的依据，并为架构演化量化度量奠定了基础。

例如，王映辉等人在描述 SA 的组件 - 连接件模型的基础上，首先针对 SA 的静态演化建立了 SA 邻接矩阵和可达矩阵，凭借矩阵变换与运算对 SA 静态演化中的波及效应进行了深入的分析和量化界定，同时给出了组件在 SA 中贡献大小相对量的计算方法。同时针对 SA 的动态演化，给出了 SA 动态语义网络模型，分析了 SA 动态语义网络中基于不动点的浸润过程收敛的判定依据，提出了邻接矩阵原子过滤的概念，进而指出 SA 动态演化过程可用一系列邻接矩阵来描述。他们还给出了在两个层面上对 SA 演化波及效应进行分析的框架。

10.7.4 软件架构可维护性度量实践

架构可维护性评估针对架构组件图进行度量，评估高层次上的架构复杂程度，待评估的 Web 读写系统的组件图如图 10-20 所示。将该图导出为 XML 文件并输入架构评估系统 MSAES，解析出可维护性度量所需的数据，根据可维护性的 6 个子度量指标的计算公式进行计算。

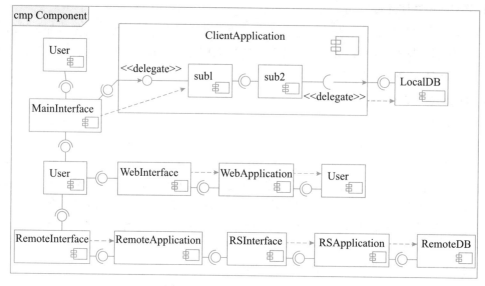

图 10-20　Web 读写程序组件图

从待评估系统的组件图中解析出的评估所需数据如表 10-3 所示。L、totalN 和 totalE 分别表示组件图数目、组件图中所有外部组件及其相连的边的数目（不包括组件内部的子组件以及子组件之间的连接边）。然后针对每个组件，我们获取该组件的内部组件数目 S、依赖出边数目 E、依赖入边数目 X、使用接口数目 R 和提供接口数目 W。由于组件 ClientApplication 具有子组件，需要获取其内部组件的依赖关系形成的邻接矩阵来度量该模块的内聚度。此处 sub1 和 sub2 之间只有接口关系，没有依赖关系，因而其邻接矩阵是一个 2×2 的零矩阵。

表 10-3　Web 读写程序组件图解析数据

	L		talalE		totalN
组件图	1		19		13
	S	E	X	R	W
sub2	0	0	0	1	1
sub1	0	0	1	1	1
RemoteDB	0	0	1	0	1
RSApplication	0	1	1	1	1
RSInterface	0	1	0	1	1

（续表）

		L	talalE		totalN
RemoteApplication	0	0	1	1	1
RemoteInterface	0	1	0	1	1
WebApplication	0	1	1	1	1
WebInterface	0	1	0	1	1
Loca1DB	0	0	1	0	1
ClientApplication	2	1	0	1	1
MainInterface	0	1	0	2	1
User	0	0	0	1	0

　　然后根据可维护性的 6 个子度量指标的度量公式，利用解析得到的架构评估数据分别进行度量。其中圈复杂度（CCN）度量整个架构的独立执行路径的条数，该结果值即为待评估架构的最终度量结果；而对于扇入扇出度（FFC）、模块间耦合度（CBO）、模块的响应（RFC）、紧内聚度（TCC）、松内聚度（LCC）这 5 个度量指标，它们针对每个组件进行度量，则待评估架构的最终度量结果为所有组件结果的平均值。我们以组件 Client Application 为例分析各个子度量指标的计算方法。

$$CCN = (tota1E - tota1N) + 2L = (19 - 13) + 2 \times 1 = 8$$

$$FFC = CCN \times ((E + W) \times (X + R))^2 = 8 \times ((1 + 1) \times (0 + 1))^2 = 32$$

$$CBO = \frac{E + X + W + R}{tota1N} = \frac{1 + 0 + 1 + 1}{13} = 0.231$$

$$RFC = S + E + R = 2 + 1 + 1 = 4$$

$$TCC = \frac{E + X + W + R}{P(S)} = \frac{1 + 0 + 1 + 1}{2 \times (2 - 1) / 2} = 3$$

$$LCC = \frac{E + X + W + R + NIC(S)}{P(S)} = \frac{E + X + W + R + 0}{P(S)} = TCC = 3$$

　　待评估系统中其他组件的度量方法与 Client Application 相同。但是由于其他组件均没有子组件，使得 $P(S)$ 的计算结果为 0，TCC 和 LCC 的计算公式中分母为 0。此时无法计算该组件模块的内聚度，以 "not applied" 表示。当一个组件没有子组件时，我们认为该组件的内聚度最小。

　　在依次计算出每个模块的相关指标度量结果后，除 CCN 外，其余架构可维护性度量指标的最终结果为各个模块的度量结果的平均值，如表 10-4 所示。值得注意的是，我们只对组件图中的外部模块进行度量，即度量架构中的所有最高层模块，而其余模块均作为内部子模块，用来度量高层模块的内聚度。

表 10-4　Web 读写系统可维护性度量结果

	FFC	RFC	CBO	LCC	TCC
RSInterface	32	2	0.231	not applied	not applied
RcmoteApplication	32	1	0.231	not applied	not applied
RcmotcInterface	32	1	0.231	not applied	not applied
RemoteDB	8	0	0.154	not applied	not applied
LocalDB	8	0	0.154	not applied	not applied
RSApplication	128	2	0.308	not applied	not applied
ClientApplication	32	4	0.231	3	3
WebApplication	128	2	0.308	not applied	not applied
WebInterface	32	2	0.231	not applied	not applied
MainInterface	128	3	0.308	not applied	not applied
User	0	1	0.077	not applied	not applied
DB	8	0	0.154	not applied	not applied
Browser	32	2	0.231	not applied	not applied
	CCN	FFC	RFC	CBO	LCC	TCC
最终结果	8	46.154	1.615	0.219	3	3

　　根据表 10-4 所示的 Web 读写系统的度量结果，我们分别对架构可维护性的 6 个度量指标进行分析：图 10-21～图 10-23 分别显示基于 Web 读写系统的各个组件的 FFC、CBO、RFC 度量结果，并按照结果值从高到低排序。

　　1）圈复杂度（CCN）

　　由于在组件图中组件是独立的，每个组件代表一个系统或子系统中的封装单位，封装了完整的事务处理行为，组件图能够通过组件之间的控制依赖关系来体现整个系统的组成结构。对架构的组件图进行圈复杂度的度量，可以对整个系统的复杂程度做出初步评估，在设计早期发现问题和做出调整，并预测待评估系统的测试复杂度，及早规避风险，提高软件质量。圈复杂度高的程序往往是最容易出现错误的程序，实践表明程序规模以 CCN ≤ 10 为宜。

　　2）扇入扇出度（FFC）

　　基于 Web 读写系统的各个组件的 FFC 度量值按照从高到低显示在图 10-21 中。扇入是指直接调用该模块的上级模块的个数，扇出指该模块直接调用的下级模块的个数。本文中用扇入扇出度综合评估组件主动调用以及被调用的频率。扇入扇出度越大，表明该组件与其他组件间的接口关联或依赖关联越多。从图 10-20 和图 10-21 中可以发现，RSApplication、WebApplication 及 MainInterface 的关联关系最多，FFC 度量值最大，而 User、DB 等组件与其他组件关联较少，FFC 度量值也较小，验证了度量模型和结果的一致性。

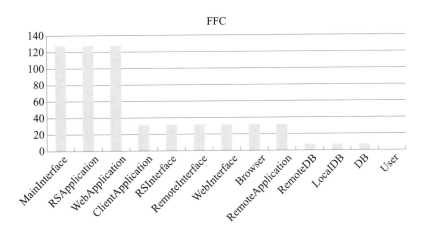

图 10-21　Web 读写系统各模块 FFC 度量结果

3）模块间耦合度（CBO）

基于 Web 读写系统的各个组件的 CBO 度量值按照从高到低显示在图 10-22 中。模块间耦合度 CBO 度量模块与其他模块交互的频繁程度。CBO 越大的模块，越容易受到其他模块中修改和错误的影响，因而可维护性越差，风险越高。一般来说，组件与其他组件的依赖关系及接口越多，该组件的耦合度越大。从图 10-20 和图 10-22 中可以发现，RSApplication、WebApplication 等关联关系较多的组件，其 CBO 度量值也较大；反之，User、DB 等与其他组件关联较少的组件，其 CBO 度量值也较小。

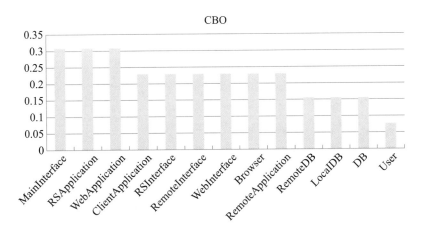

图 10-22　Web 读写系统各模块 CBO 度量结果

4）模块的响应（RFC）

基于 Web 读写系统的各个组件的 RFC 度量值按照从高到低显示在图 10-23 中。RFC 度量组件执行所需的功能的数量，包括接口提供的功能、依赖的其他模块提供的功能以及子模块提供的功能。从图 10-20 和图 10-23 中观察，ClientApplication 包含子模块，MainInterface 对其他组件的依赖较多，因而它们的 RFC 度量值较大；而 DB、RemoteDB、LocalDB 等没有对其他模块的依赖和调用，且不包含子模块，因而其 RFC 度量值为 0。

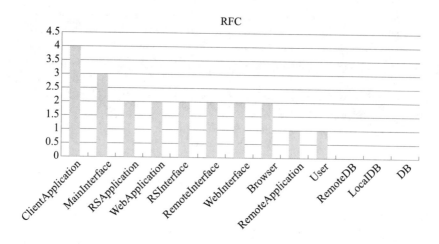

图 10-23　Web 读写系统各模块 RFC 度量结果

5）模块间内聚度 TCC 和 LCC

由于只有组件 ClientApplication 具有子模块，因而对该组件进行度量，并将该组件的度量值作为待评估系统的最终结果。好的架构设计应该遵循"高内聚 – 低耦合"原则，提高模块的独立性，降低模块间接口调用的复杂性。

第11章　未来信息综合技术

未来信息综合技术是指近年来新技术发展而提出的一些新概念、新知识、新产品，本章将综合概述这些新技术的相关知识、定义和应用。本章主要包括信息物理系统（CPS）、人工智能（AI）、机器人、边缘计算、数字孪生、云计算和大数据等技术。这些技术涉及多学科、多领域，具有很强的技术综合性，但是，其核心是计算机信息技术的延伸，也是当前应用技术发展的前沿。

11.1　信息物理系统技术概述

11.1.1　信息物理系统的概念

1. 信息物理系统的来源

信息物理系统（Cyber-Physical Systems，CPS）这一术语，最早由美国国家航空航天局于1992年提出，到2006年，美国国家科学基金会科学家海伦·吉尔在国际上第一个关于信息物理系统的研讨会上将这一概念进行了详细描述。

信息物理系统是控制系统、嵌入式系统的扩展与延伸，其涉及的相关底层理论技术源于对嵌入式技术的应用与提升。然而，随着信息化和工业化的深度融合发展，传统嵌入式系统中解决物理系统相关问题所采用的单点解决方案已不能适应新一代生产装备信息化和网络化的需求，急需对计算、感知、通信、控制等技术进行更为深度的融合。因此，在云计算、新型传感、通信、智能控制等新一代信息技术的迅速发展与推动下，信息物理系统顺势出现。

2. CPS 的本质和定义

CPS 是多领域、跨学科不同技术融合发展的结果。CPS 已经引起了国内外的广泛关注。通过对现有各国科研机构及学者的观点进行系统全面研究综合得出 CPS 的定义，即：CPS 通过集成先进的感知、计算、通信、控制等信息技术和自动控制技术，构建了物理空间与信息空间中人、机、物、环境、信息等要素相互映射、适时交互、高效协同的复杂系统，实现系统内资源配置和运行的按需响应、快速迭代、动态优化。

基于硬件、软件、网络、工业云等一系列工业和信息技术构建起的智能系统其最终目的是实现资源优化配置。实现这一目标的关键要靠数据的自动流动，在流动过程中数据经过不同的环节，在不同的环节以不同的形态（隐性数据、显性数据、信息、知识）展示出来，在形态不断变化的过程中逐渐向外部环境释放蕴藏在其背后的价值，为物理空间实体"赋予"实现一定范围内资源优化的"能力"。因此，CPS 的本质就是构建一套信息空间与物理空间之间基于数据自动流动的状态感知、实时分析、科学决策、精准执行的闭环赋能体系，解决生产制造、应用服务过程中的复杂性和不确定性问题，提高资源配置效率，实现资源优化。

11.1.2　CPS的实现

1. CPS 的体系架构

基于对 CPS 的认识，本节描述一个 CPS 最小单元体系架构，即单元级 CPS 体系架构，然后逐级扩展出系统级和 SoS 级两个层级的体系架构。

1）单元级

单元级 CPS 是具有不可分割性的 CPS 最小单元，其本质是通过软件对物理实体及环境进行状态感知、计算分析，并最终控制到物理实体，构建最基本的数据自动流动的闭环，形成物理世界和信息世界的融合交互。同时，为了与外界进行交互，单元级 CPS 应具有通信功能。单元级 CPS 是具备可感知、可计算、可交互、可延展、自决策功能的 CPS 最小单元，一个智能部件、一个工业机器人或一个智能机床都可能是一个 CPS 最小单元。

2）系统级

在实际运行中，任何活动都是多个人、机、物共同参与完成的。例如，在制造业中，实际生产过程中的冲压可能是有传送带进行传送，工业机器人进行调整，然后由冲压机床进行冲压，这是多个智能产品共同活动的结果，这些智能产品组合在一起就形成了一个系统。

多个最小单元（单元级）通过工业网络（如工业现场总线、工业以太网等），实现更大范围、更宽领域的数据自动流动，实现了多个单元级 CPS 的互联、互通和互操作，进一步提高制造资源优化配置的广度、深度和精度。系统级 CPS 基于多个单元级 CPS 的状态感知、信息交互、实时分析，实现了局部制造资源的自组织、自配置、自决策、自优化。在单元级 CPS 功能的基础上，系统级 CPS 还主要包含互联互通、即插即用、边缘网关、数据互操作、协同控制、监视与诊断等功能。其中互连互通、边缘网关和数据互操作主要实现单元级 CPS 的异构集成；即插即用主要在系统级 CPS 实现组件管理，包括组（单元级 CPS）的识别，配置，更新和删除等功能；协同控制是指对多个单元级 CPS 的联动和协同控制等；监视与诊断主要是对单元级 CPS 的状态实时监控和诊断其是否具备应有的能力。

3）SoS 级

多个系统级 CPS 的有机组合构成 SoS 级 CPS。例如，多个工序（系统的 CPS）形成一个车间级的 CPS 或者形成整个工厂的 CPS。

SoS 级 CPS 主要实现数据的汇聚，从而对内进行资产的优化和对外形成运营优化服务。其主要功能包括：数据存储、数据融合、分布式计算、大数据分析、数据服务，并在数据服务的基础上形成了资产性能管理和运营优化服务。

SoS 级 CPS 可以通过大数据平台，实现跨系统、跨平台的互联、互通和互操作，促成了多源异构数据的集成、交换和共享的闭环自动流动，在全局范围内实现信息全面感知、深度分析、科学决策和精准执行。这些数据部分存储在 CPS 智能服务平台，部分分散在各组成的组件内。对于这些数据进行统一管理和融合，并具有对这些数据的分布式计算和大数据分析能力，是这些数据能够提供数据服务，有效支撑高级应用的基础。

2. CPS 的技术体系

CPS 技术体系主要分为 CPS 总体技术、CPS 支撑技术、CPS 核心技术。CPS 总体技术主要包括系统架构、异构系统集成、安全技术、试验验证技术等，是 CPS 的顶层设计技术；CPS 支撑技术主要包括智能感知、嵌入式软件、数据库、人机交互、中间件、SDN（软件定义网络）、物联网、大数据等，是基于 CPS 应用的支撑；CPS 核心技术主要包括虚实融合控制、智能装备、MBD、数字孪生技术、现场总线、工业以太网、CAX\MES\ERP\PLM\CRM\SCM 等，是 CPS 的基础技术。

上述技术体系可以分为四大核心技术要素即"一硬"（感知和自动控制）、"一软"（工业软件）、"一网"（工业网络）、"一平台"（工业云和智能服务平台）。其中感知和自动控制是 CPS 实现的硬件支撑；工业软件固化了 CPS 计算和数据流程的规则，是 CPS 的核心；工业网络是互联互通和数据传输的网络载体；工业云和智能服务平台是 CPS 数据汇聚和支撑上层解决方案的基础，对外提供资源管控和能力服务。

1）感知和自动控制

（1）智能感知技术。

CPS 系统主要使用的智能感知技术是传感器技术。传感器是一种检测装置，能感受到被测量的信息，并能将检测感受到的信息，按一定规律变换成为电信号或其他所需形式的信息输出，以满足信息的传输、处理、存储、显示、记录和控制等要求。

（2）虚实融合控制技术。

CPS 虚实融合控制是多层"感知 - 分析 - 决策 - 执行"循环，建立在状态感知的基础上，感知往往是实时进行的，向更高层次同步或即时反馈。包括嵌入控制、虚体控制、集控控制和目标控制四个层次。其中嵌入控制主要针对物理实体进行控制、虚体控制是指在信息空间进行的控制计算，主要针对信息虚体进行控制、集控控制是指在信息空间内，主要通过 CPS 总线的方式进行信息虚体的集成和控制、目标控制是指在实际生产的测量结果或追溯信息收集到产品数据过程中，通过即时比对判断来生产是否达成目标。

2）工业软件

工业软件是指专用于工业领域，为提高工业企业研发、制造、生产、服务与管理水平以及工业产品使用价值的软件。工业软件通过应用集成能够使机械化、电气化、自动化的生产系统具备数字化、网络化、智能化特征，从而为工业领域提供一个面向产品生命周期的网络化、协同化、开放式的产品设计、制造和服务环境。

3）工业网络

CPS 中的工业网络技术是基于分布式的全新范式，由于各种智能设备的引入，设备可以相互连接从而形成一个网络服务。每一个层面，都拥有更多的嵌入式智能和响应式控制的预测分析；每一个层面，都可以使用虚拟化控制和工程功能的云计算技术。与传统工业控制系统严格的基于分层的结构不同，高层次的 CPS 是由低层次 CPS 互连集成，灵活组合而成。

4）工业云和智能服务平台

工业云和智能服务平台通过边缘计算、雾计算、大数据分析等技术进行数据的加工处理，形成对外提供数据服务的能力，并在数据服务基础上提供个性化和专业化智能服务。

11.1.3　信息物理系统的建设和应用

1. CPS 应用场景概览

目前，CPS 受到工业领域的广泛关注，并已在多个环节得到应用和体现。通过对目前 CPS 在工业领域中的应用程度、重要性、代表性进行筛选和考量，本文选择从智能设计、智能生产、智能服务、智能应用这四个方面，结合 CPS 的关键特征和关键技术实现对 CPS 的应用场景进行阐述和说明。

2. CPS 典型应用场景

1）智能设计

随着 CPS 的成熟，在产品及工艺设计、工厂设计过程中的大部分工作都可以在虚拟空间中进行仿真，并实现迭代和改进。通过基于仿真模型的"预演"，可以及早发现设计中的问题，减少或避免实际生产中的问题，从而缩短产品设计到生产的周期，并提高产品的可靠性。

（1）产品及工艺设计。

在例如机械产品包括结构强度、热力学等仿真设计中，CPS 能够避免传统系统各自独立的问题，在仿真过程中完整模拟产品的综合应用环境，从而实现更全面、真实的产品工况仿真，同时通过数据驱动形成产品优化设计方案，实现产品设计与产品使用的高度协同。在产品工艺设计方面，为了使产品的制造工艺设计更加精准、高效，需要对实际制造工艺的具体参数进行采集，例如机加工中刀具的切削参数、电机功率参数等。软件系统将工艺信息进行处理。将实时采集的工艺数据进行仿真，并以已有的工艺方案作为支撑，形成制造工艺优化方案。

（2）生产线 / 工厂设计。

在生产线 / 工厂设计方面，综合考虑生产线 / 工厂中不同设备、不同系统之间的集成，根据生产线 / 工厂建设的现有条件下采集到的数据来分析计算出合理的设备布局、人员布局、工装工具物料布局、车间运输布局，建立生产线 / 工厂生产仿真模型，依据仿真结果优化生产线 / 工厂的设计方案。

2）智能生产

生产制造是制造企业运营过程中非常重要的活动，CPS 可以打破生产过程的信息孤岛现象，实现设备的互联互通，实现生产过程监控，合理管理和调度各种生产资源，优化生产计划，达到资源和制造协同，实现"制造"到"智造"的升级。

（1）设备管理应用场景。

CPS 可以将各个系统或终端连接成一个智能网络，构建形成设备网络平台。实现了人、设备、服务之间互联互通，使数据和信息能够通畅流转，具备了对设备的实时监控。进而对工序设备进行实时优化控制，使各种组成单元能够根据工作任务需要自行集结成一种超柔性组织结构，并最大限度地利用各类信息资源。

（2）生产管理应用场景。

在生产管理过程中通过 CPS 对生产过程的实时数据信息进行实时处理分析，实现对生产制造环节的智能决策，从资源管理、生产计划与调度来对整个生产制造进行管理、控制以及科学决策，使整个生产环节的资源处于有序可控的状态。

（3）柔性制造应用场景。

CPS 的数据驱动和异构集成特点为应对生产现场的快速变化提供了可能，而柔性制造的要求就是能够根据快速变化的需求变更生产，因此，CPS 契合了柔性制造的要求，为企业柔性制造提供了很好的实施方案。

3）智能服务

通过 CPS 按照需要形成本地与远程云服务相互协作、个体与群体、群体与系统的相互协同一体化工业云服务体系，能够更好地服务于生产，解决装备运行日益复杂、使用难度日益增大的困扰，实现智能装备的协同优化，支持企业用户经济性、安全性和高效性经营目标落地。

（1）健康管理。

将 CPS 与装备管理相结合，实时应用健康评估模型对装备进行分析预演及评估，将运行决策和维护建议反馈到控制系统，为装备最优使用和及时维护提供自主认知、学习、记忆、重构的能力，实现装备健康管理。

（2）智能维护。

应用仿真测试等技术，基于装备虚拟健康的预测性智能维护模型，构建装备智能维护 CPS 系统。通过采集装备的实时运行数据，进行装备性能、安全、状态等特性分析，预测装备可能出现的状态，进而提前对异常状态采取预测性维护。

（3）远程征兆性诊断。

在 CPS 应用场景下，当装备发生故障时，远程专家可以调取装备的报警信息、日志文件等数据，在虚拟的设备健康诊断模型中进行预演推测，实现远程的故障诊断并及时、快速地解决故障，从而减少停机时间并降低维修成本。

（4）协同优化。

以飞机运营为例，运营中对乘客人数、飞行时间、环境数据、机场数据等数据的采集，同步共享给相关方：飞机设计与制造部门通过飞机虚拟模拟模型推演出最优方案指导飞机操作人员、航空运营商和地勤运营等。

（5）共享服务。

CPS 将单一智能装备的信息进行共享，于是智能装备可以利用自身的感知和运算能力帮助其他智能装备进行分析运算，智能装备可依据云端群体知识进行活动优化。

4）智能应用

工业产品不同于大众消费品，可以将企业用户作为生产工具纳入再生产体系当中，创造服务、获取利润。通过上述"新四基"的建设，将设计者、生产者和使用者的单调角色转变为新价值创造的参与者，并通过新型价值链的创建反馈到产业链的转型，从根本上调动各个参与者的积极性，实现制造业转型。

（1）无人装备。

建立在"新四基"之上的 CPS 可以应用于装备智能化的问题。通过数据学习认知装备操控过程知识，并通过行为认知迭代增强决策正确率，逐渐实现物的智慧代替人的智慧，建立无人智能设备。同时在同类型的装备上进行模型移植，实现设备智能化能力的低成本快速推进。

（2）产业链互动。

在市场需求饱和时，设计者、生产者可以利用工业网络，构建信息空间，通过机器学习等手段，分析产品的使用状况，预测用户需求和市场趋势，提供设计修改建议，智能优化配置资源。同时，通过 CPS 让用户参与到产品的设计生产过程中，激发用户的需求，增加购买欲望，共同实现敏捷设计和柔性生产。

（3）价值链共赢。

制造企业要实现向服务商的转型，由单一的依靠销售产品收入变为通过交付后的产品服务实现长期稳定的收入。可以通过 CPS 建立人、装备和环境在信息空间中的映射，以较低成本向用户提供定制化服务。通过服务，进一步参与到产品交付后的持续盈利过程中，在分担用户管理使用风险的同时实现共赢。

3. CPS 建设路径

CPS 在状态感知、实时分析、科学决策、精准执行的数据闭环下，可以实现生产制造的自主协调、智能优化和持续创新，对于企业制造的各个环节都可以得到很大的提升。但是企业在建设 CPS 的过程中要充分考虑 CPS 的层级特征，根据实际情况采取不同的应对措施。CPS 的建设不可能一蹴而就，一定是循序渐进、逐渐深入的，其建设路径可以分为如下几个阶段：CPS 体系设计、单元级 CPS 建设、系统级 CPS 建设和 SoS 级 CPS 建设阶段。

其中在建设 CPS 的初期，应该从行业背景出发，结合自身特点，针对应用模式、层次架构、安全体系、标准规范体系等方面开展 CPS 建设相关的整体体系设计。当企业处于单元级 CPS 建设阶段，首先应明确单元级 CPS 的建设目标，即通过物理硬件、嵌入式软件及通信模块构成含有"感知 - 分析 - 决策执行"数据自由流动的闭环，实现资源的优化配置。在具体建设上应将感控设备安装、制造工艺与流程数字化作为重点。当企业处于系统级 CPS 建设阶段，需要实现更大范围、更宽领域的数据自由流动，更多关注多个单元级 CPS 之间的互联互通、协同控制。在具体建设上应将工业网络的建设作为重点。当企业处于 SoS 级 CPS 建设阶段，要实现多个系统级 CPS 的有机组合，更多关注于数据存储和分布式处理能力、智能服务能力，在具体建设上应将大数据平台、智能服务平台的建设作为重点。

11.2　人工智能技术概述

11.2.1　人工智能的概念

人工智能（Artificial Intelligence，AI）是利用数字计算机或者数字计算机控制的机器模拟、延伸和扩展人的智能，感知环境、获取知识并使用知识获得最佳结果的理论、方法、技术及应用系统。

人工智能的目标是了解智能的实质，并生产出一种新的能以人类智能相似的方式做出反应的智能机器。该领域的研究包括机器人、自然语言处理、计算机视觉和专家系统等。

根据人工智能是否能真正实现推理、思考和解决问题，可以将人工智能分为弱人工智能和强人工智能。

1. 弱人工智能

弱人工智能是指不能真正实现推理和解决问题的智能机器，这些机器表面看像是智能的，但是并不真正拥有智能，也不会有自主意识。迄今为止的人工智能系统都还是实现特定功能的专用智能，而不是像人类智能那样能够不断适应复杂的新环境并不断涌现出新的功能，因此都还是弱人工智能。目前的主流研究仍然集中于弱人工智能，并取得了显著进步，如在语音识别、图像处理和物体分割、机器翻译等方面都取得了重大突破，某些方面甚至可以接近或超越人类水平。

2. 强人工智能

强人工智能是指真正能思维的智能机器，并且认为这样的机器是有知觉的和有自我意识的，这类机器可分为类人（机器的思考和推理类似人的思维）与非类人（机器产生了和人完全不一样的知觉和意识，使用和人完全不一样的推理方式）两大类。从一般意义来说，达到人类水平的、能够自适应地应对外界环境挑战的、具有自我意识的人工智能称为"通用人工智能""强人工智能"或"类人智能"。强人工智能在技术上的研究具有极大的挑战性，当前鲜有进展，美国私营部门的专家及国家科技委员会认为，强人工智能至少在未来几十年内难以实现。

11.2.2　人工智能的发展历程

长期以来，制造具有智能的机器一直是人类的梦想。早在 1950 年，艾伦·图灵（Alan Turing）在《计算机与智能》中就阐述了对人工智能的思考，提出了著名的图灵测试：如果一台机器能够与人类展开对话（通过电传设备）而不能被辨别出其机器身份，那么称这台机器具有智能。同时图灵还预言了存在真正具备智能机器的可行性。

1956 年夏季，马文·明斯基（Marvin Lee Minsky）与约翰·麦卡锡（John MeCarthy）等人在达特茅斯学院（Dartmouth College）举办了一个人工智能夏季研讨会，会上正式使用了"人工智能"这一术语，标志着人工智能研究领域的诞生。1959 年，阿瑟·塞缪尔（Arthur Samuel）提出了机器学习，将传统的制造智能演化为通过学习能力来获取智能，推动人工智能进入了第一次繁荣期。1968 年，爱德华·费根鲍姆（Edward Feigenbaum）提出首个专家系统 DENDRAL，并对知识库给出了初步的定义，实现了人工智能从理论研究走向实际应用的重大突破，将人工智能的研究推向了新高潮。

20 世纪 70 年代，由于计算机的运算能力不足，以当时计算机有限的内存和处理速度不足以解决任何实际的 AI 问题。计算复杂性呈指数增长，许多问题只可能在指数时间内获解，AI 中的许多算法难以发展为实用的系统。重要的 AI 应用的程序需要知道它在看什么或者在说什么，这就要求程序对这个世界具有一定的认识水平，而在当时没人能够做出如此巨大的数据库，也没人知道一个程序怎样才能学到如此丰富的信息。这一时期，人工智能的研究者们遭遇了无法克服的基础性障碍，人工智能的发展进入"寒冬"。

20 世纪 80 年代初，人工智能因专家系统的商业成功而复兴，进入了第二次浪潮。其标志事件是 1980 年汉斯·贝利纳（Hans Berliner）打造的计算机战胜双陆棋世界冠军。随后，基于行为的机器人学在罗德尼·布鲁克斯（Rodney Brooks）和萨顿（R. Sutton）等人的推动下快速发展，格瑞·特索罗（Gerry Tesauro）等人打造的自我学习双陆棋程序为后来增强学习的发展奠定了基础。

20 世纪 80 年代中期，随着美国、日本立项支持人工智能研究以及以知识工程为主导的机器学习方法的发展，出现了具有更强可视化效果的决策树模型和突破早期感知局限的多层人工神经网络，由此带来了人工智能的又一次繁荣期。然而，当时的计算机难以模拟复杂度高、规模大的神经网络，仍有一定的局限性。1987 年由于 LISP 机市场崩塌，美国取消了人工智能预算，日本第五代计算机项目失败并退出市场，专家系统进展缓慢，人工智能又进入了萧瑟期。

20 世纪 90 年代末，人工智能技术开始进入平稳发展时期。1997 年，IBM 深蓝（Deep Blue）战胜国际象棋世界冠军加里·卡斯帕罗夫（Garry Kasparov）。这是一次具有里程碑意义的成功，代表了基于规则的人工智能的胜利。2006 年，在杰弗里·辛顿（Geoffrey Hinton）和他的学生的推动下，深度学习开始备受关注，为人工智能的发展带来了重大影响。

从 2010 年开始，人工智能进入爆炸式发展阶段，得益于大数据时代的到来，运算能力及算法得到提高，许多先进的机器学习技术得到了成功应用，产业界开始不断涌现出新的研发成果：2011 年，IBM 的问答系统 Waston 在综艺节目《危险边缘》中战胜了最高奖金得主和连胜纪录保持者；2012 年，Google Brain 通过模仿人类大脑在没有人类指导的情况下，利用非监督深度学习方法从大量视频中成功学习到识别出一只猫的能力；2014 年，Microsoft 公司推出了一款实时口译系统，可以模仿说话者的声音并保留其口音；2014 年，Microsoft 公司发布全球第一款个人智能助理 Microsoft Cortana；2014 年，Amazon 发布智能音箱产品 Echo 和个人助手 Alexa；2016 年，Google Alpha Go 机器人在围棋比赛中击败了世界冠军李世石。

人工智能，未来已来。2020 年，在全球抗击疫情的背景下，人工智能被赋予了更多期待和重任，它在信息收集、数据汇总及实时更新、流行病调查、疫苗药物研发、新型基础设施建设等领域大显身手。随着新技术新业态的不断涌现，人工智能凝聚全球智慧、助力全球经济复苏的力量更加凸显，人工智能在我们的生活中无处不在。

11.2.3　人工智能关键技术

1. 自然语言处理（Natural Language Processing，NLP）

自然语言处理是计算机科学与语言学的交叉学科，也是人工智能的重要方向，研究实现人与计算机之间用自然语言进行有效通信的各种理论和方法。自然语言处理涉及的领域主要包括机器翻译（利用计算机实现从一种自然语言到另外一种自然语言的翻译）、语义理解（利用计算机理解文本篇章内容，并回答相关问题）和问答系统（让计算机像人类一样用自然语言与人交流）等。

2. 计算机视觉（Computer Vision）

计算机视觉是使用计算机模仿人类视觉系统的科学，让计算机拥有类似人类提取、处理、理解和分析图像以及图像序列的能力，将图像分析任务分解为便于管理的小块任务。自动驾驶、机器人、智能医疗等领域均需要通过计算机视觉技术从视觉信号中提取并处理信息。近年来随着深度学习的发展，预处理、特征提取与算法处理渐渐融合，形成端到端的人工智能算法技术。

3. 知识图谱（Knowledge Graph）

知识图谱本质上是结构化的语义知识库，是一种由节点和边组成的图数据结构，以符号形式描述物理世界中的概念及其相互关系。知识图谱就是把所有不同种类的信息连接在一起而得到的一个关系网络，提供了从"关系"的角度去分析问题的能力。知识图谱可用于反欺诈、不一致性验证、组团欺诈等对公共安全保障形成威胁的领域，需要用到异常分析、静态分析、动态分析等数据挖掘方法。知识图谱在搜索引擎、可视化展示和精准营销方面有很大的优势，已成为业界的热门工具。

4. 人机交互（Human-Computer Interaction，HCI）

人机交互主要研究人和计算机之间的信息交换，包括人到计算机和计算机到人的两部分信息交换，是人工智能领域的重要的外围技术。人机交互是与认知心理学、人机工程学、多媒体技术、虚拟现实技术等密切相关的综合学科的交叉。传统的人与计算机之间的信息交换主要依靠交互设备进行，主要包括键盘、鼠标、操纵杆、数据服装、眼动跟踪器、位置跟踪器、数据手套、压力笔等输入设备，以及打印机、绘图仪、显示器、头盔式显示器、音箱等输出设备。人机交互技术除了传统的基本交互和图形交互外，还包括语音交互、情感交互、体感交互及脑机交互等技术。

5. 虚拟现实或增强现实（Virtual Reality / Augmented Reality，VR/AR）

虚拟现实或增强现实是以计算机为核心的新型视听技术。结合相关科学技术，在一定范围内生成与真实环境在视觉、听觉等方面高度近似的数字化环境。用户借助必要的装备与数字化环境中的对象进行交互，相互影响，获得近似真实环境的感受和体验，通过显示设备、跟踪定位设备、触力觉交互设备、数据获取设备、专用芯片等实现。

6. 机器学习

机器学习（Machine Learning，ML）是人工智能的核心研究领域之一，是一门涉及统计学、系统辨识、逼近理论、神经网络、优化理论、计算机科学、脑科学等诸多领域的交叉学科。其最初的研究动机是为了让计算机系统具有人的学习能力以便实现人工智能。具体来说，机器学习是以数据为基础，通过研究样本数据寻找规律，并根据所得规律对未来数据进行预测。目前，机器学习广泛应用于数据挖掘、计算机视觉、自然语言处理、生物特征识别等领域。

1）机器学习定义

广义上来说，机器学习指专门研究计算机怎么模拟或实现人类的学习行为以获取新的知识或技能的学科，使计算机重新组织已有的组织结构并不断改善自身的性能。更加精确地说，一个机器学习的程序就是可以从经验数据 E 中对任务 T 进行学习的算法，它在任务 T 上的性能度量 P 会随着对于经验数据 E 的学习而变得更好。

2）机器学习分类

首先，按照学习模式的不同，机器学习可分为监督学习、无监督学习、半监督学习、强化学习。其中，监督学习需要提供标注的样本集，无监督学习不需要提供标注的样本集，半监督学习需要提供少量标注的样本，而强化学习需要反馈机制。

（1）监督学习。

监督学习是利用已标记的有限训练数据集，通过某种学习策略 / 方法建立一个模型，从而实现对新数据 / 实例的标记（分类）/ 映射。监督学习要求训练样本的分类标签已知，分类标签的精确度越高，样本越具有代表性，学习模型的准确度越高。目前，监督学习在自然语言处理、信息检索、文本挖掘、手写体辨识、垃圾邮件侦测等领域获得了广泛应用。最典型的监督学习算法包括回归和分类等。

（2）无监督学习。

无监督学习是利用无标记的有限数据描述隐藏在未标记数据中的结构 / 规律。无监督学习不需要以人工标注数据作为训练样本，这样不仅便于压缩数据存储、减少计算量、提升算法速度，还可以避免正负样本偏移引起的分类错误问题。无监督学习主要用于经济预测、异常检测、数据挖掘、图像处理、模式识别等领域，例如组织大型计算机集群、社交网络分析、市场分割、天文数据分析等。无监督学习常见算法包括 Apriori 算法、KMeans 算法、随机森林、主成分分析等。

（3）半监督学习。

半监督学习介于监督学习与无监督学习之间，可以利用少量的标注样本和大量的未标识样本进行训练和分类，从而达到减少标注代价、提高学习能力的目的。半监督学习的应用场景包括分类和回归，算法包括一些常用监督学习算法的延伸，这些算法首先试图对未标识数据进行建模，在此基础上再对标识的数据进行预测。例如，图论推理算法或者拉普拉斯支持向量机等。

（4）强化学习。

强化学习可以学习从环境状态到行为的映射，使得智能体选择的行为能够获得环境的最大奖赏，最终目标是使外部环境对学习系统在某种意义下的评价最佳。由于外部环境提供的信息很少，强化学习系统必须靠自身的经历进行学习。目前，强化学习在机器人控制、无人驾驶、工业控制等领域获得成功应用。强化学习的常见算法包括 Q-Learning、时间差学习等。

其次，按照学习方法的不同，机器学习可分为传统机器学习和深度学习。区别在于，传统机器学习的领域特征需要手动完成，且需要大量领域专业知识；深度学习不需要人工特征提取，但需要大量的训练数据集以及强大的 GPU 服务器来提供算力。

（1）传统机器学习。

传统机器学习从一些观测（训练）样本出发，试图发现不能通过原理分析获得的规律，实现对未来数据行为或趋势的准确预测。传统机器学习的相关算法包括逻辑回归、隐马尔科夫方法、支持向量机方法、K 近邻方法、三层人工神经网络方法、Adaboost 算法、贝叶斯方法以及决策树方法等。传统机器学习平衡了学习结果的有效性与学习模型的可解释性，为解决有限样本的学习问题提供了一种框架。传统机器学习方法在自然语言处理、语音识别、图像识别、信息检索等许多计算机领域获得了广泛应用。

（2）深度学习。

深度学习是一种基于多层神经网络并以海量数据作为输入规则的自学习方法，依靠提供给它的大量实际行为数据（训练数据集），进行参数和规则调整。深度学习算法网络的隐藏层数量多，算法复杂，相比传统机器学习，深度学习更注重特征学习的重要性。典型的深度学习算法包括卷积神经网络（CNN）、循环神经网络（RNN）等。

最后，机器学习的常见算法还包括迁移学习、主动学习和演化学习。

（1）迁移学习。

迁移学习是指当在某些领域无法取得足够多的数据进行模型训练时，利用另一领域数据获得的关系进行的学习。迁移学习可以把已训练好的模型参数迁移到新的模型指导新模型训练，更有效的学习底层规则、减少数据量。目前的迁移学习技术主要在变量有限的小规模应用中使用，如基于传感器网络的定位、文字分类和图像分类等。未来迁移学习将被广泛应用于解决更有挑战性的问题，如视频分类、社交网络分析、逻辑推理等。

（2）主动学习。

主动学习通过一定的算法查询最有用的未标记样本，并交由专家进行标记，然后用查询到的样本训练分类模型来提高模型的精度。主动学习能够选择性地获取知识，通过较少的训练样本获得高性能的模型，最常用的策略是通过不确定性准则和差异性准则选取有效的样本。

（3）演化学习。

演化学习基于演化算法提供的优化工具设计机器学习算法，针对机器学习任务中存在大量的复杂优化问题，应用于分类、聚类、规则发现、特征选择等机器学习与数据挖掘问题中。演化算法通常维护一个解的集合，并通过启发式算子来从现有的解产生新解，并通过挑选更好的解进入下一次循环，不断提高解的质量。演化算法包括粒子群优化算法、多目标演化算法等。

3）机器学习综合应用

如今，机器学习已经"无处不在"，应用遍及人工智能的各个领域，包括数据挖掘、计算机视觉、自然语言处理、语音和手写识别、生物特征识别、搜索引擎、医学诊断、信用卡欺诈检测、证券市场分析、汽车自动驾驶、军事决策等。举例如下：

互联网广告是互联网公司主要的盈利手段，互联网广告交易的双方是广告主和媒体。广告主为自己的产品投放广告并为广告付费。媒体提供广告的展示平台，并收取广告费，比如各大门户网站、各种论坛。

广告点击率是指广告的点击到达率。在实际应用中，从海量的广告历史点击日志中提取训练样本，构建特征并训练广告点击率模型，评估各方面因素对点击率的影响。

当有新的广告请求到达时，就可以使用训练好的模型，根据广告交易平台传过来的相关特征去预估这次展示中各个广告的点击概率，结合广告出价来计算广告点击收益，从而选出收益最高的广告向广告交易平台付费。

4）机器学习的未来

机器学习虽然取得了长足的进步，也解决了很多实际问题，但是客观地讲，机器学习领域仍然存在着巨大的挑战。

首先，主流的机器学习技术是黑箱技术，因此就无法预知暗藏的危机，为解决这个问题，需要让机器学习具有可解释性、可干预性。其次，目前主流的机器学习的计算成本很高，亟待发明轻量级的机器学习算法。另外，在物理、化学、生物、社会科学中，人们常常用一些简单而美的方程（比如像薛定谔方程这样的二阶偏微分方程）来描述表象背后的深刻规律。那么在机器学习领域也试图能追求到简单而美的规律。

如此的挑战还有很多，但是由于机器学习领域具有巨大的研究和应用潜能，研究者们对于这个领域未来的发展仍然充满信心。

11.3　机器人技术概述

11.3.1　机器人的概念

机器人的英文名词是 Robot，Robot 一词最早出现在 1920 年捷克作家卡雷尔·卡佩克（Karel Capek）所写的剧本中，剧中的人造劳动者取名为 Robot，捷克语的意思是"苦力""奴隶"。英语的 Robot 一词就是由此而来的，以后世界各国都用 Robot 作为机器人的代名词。

机器人问世已有几十年，机器人的定义仍没有一个统一的意见，原因之一是机器人还在发展。新的机型、新的功能不断涌现。同时由于机器人涉及人的概念，因此成为一个难以回答的哲学问题。

11.3.2　机器人的定义和发展历程

1967 年日本召开的第一届机器人学术会议上，人们提出了两个具有代表性的定义。一是森政弘与合田周平提出的："机器人是一种具有移动性、个体性、智能性、通用性、半机械半人性、自动性、奴隶性等 7 个特征的柔性机器。"从这一定义出发，森政弘又提出了用自动性、智能性、个体性、半机械半人性、作业性、通用性、信息性、柔性、有限性、移动性等 10 个特性来表示机器人的形象；另一个是加藤一郎提出的，具有如下 3 个条件的机器可以称为机器人：

（1）具有脑、手、脚等三要素的个体；

（2）具有非接触传感器（用眼、耳接收远方信息）和接触传感器；

（3）具有平衡觉和固有觉的传感器。

该定义强调了机器人应当具有仿人的特点，即它靠手进行作业，靠脚实现移动，由脑来完成统一指挥的任务。非接触传感器和接触传感器相当于人的五官，使机器人能够识别外界环境，而平衡觉和固有觉则是机器人感知本身状态所不可缺少的传感器。

机器人的发展过程可以简单地分为 3 个阶段：

（1）第一代机器人：示教再现型机器人。1947 年，为了搬运和处理核燃料，美国橡树岭国家实验室研发了世界上第一台遥控的机器人。1962 年美国又研制成功 PUMA 通用示教再现型机器人，这种机器人通过一个计算机，来控制一个多自由度的机械，通过示教存储程序和信息，工作时把信息读取出来，然后发出指令，这样的机器人可以重复地根据人当时示教的结果，再现出这种动作。比方说汽车的点焊机器人，它只要把这个点焊的过程学会以后，它总是重复这样一种工作。

（2）第二代机器人：感觉型机器人。示教再现型机器人对于外界的环境没有感知，这个操作力的大小，这个工件存在不存在，焊接的好与坏，它并不知道，因此，在 20 世纪 70 年代后期，人们开始研究第二代机器人，叫感觉型机器人，这种机器人拥有类似人在某种功能的感觉，如力觉、触觉、滑觉、视觉、听觉等，它能够通过感觉来感受和识别工件的形状、大小、颜色。

（3）第三代机器人：智能型机器人。20 世纪 90 年代以来发明的机器人。这种机器人带有多种传感器，可以进行复杂的逻辑推理、判断及决策，在变化的内部状态与外部环境中，自主决定自身的行为。

关于机器人的分类，国际上没有制定统一的标准，可以从机器人的操控方式、应用环境、功能用途和作业空间等不同方面进行划分，从不同的角度可以有不同的分类。

经历了几十年的发展，机器人技术已经形成了一门新的综合性学科——机器人学（Robotics）。机器人学包括有基础研究和应用研究两个方面，主要的研究内容包括：

- 机械手设计；
- 机器人运动学、动力学和控制；
- 轨迹设计和路径规划；
- 传感器；
- 机器人视觉；
- 机器人语言；
- 装置与系统结构；
- 机器人智能等。

如今，随着电子技术和计算机技术的飞速发展，机器人技术已经准备进入 4.0 时代。所谓机器人 4.0 时代，就是把云端大脑分布在各个地方，充分利用边缘计算的优势，提供高性价比的服务，把要完成任务的记忆场景的知识和常识很好地组合起来，实现规模化部署。特别强调机器人除了具有感知能力实现智能协作，还应该具有一定的理解和决策能力，进行更加自主的服务。

我们目前的服务机器人大多可以做到物体识别和人脸识别。在机器人 4.0 时代，我们需要加上更强的自适应能力。我们目前在使用深度学习进行物体识别或人脸识别需要大量数据的来源，但是真正到了日常生活的场景中，我们很难拥有这么多的数据，这就需要机器人可以通过少量的数据来建立识别能力，自己从不同的位置和角度进行训练。

11.3.3　机器人4.0的核心技术

机器人 4.0 主要有以下几个核心技术：包括云 - 边 - 端的无缝协同计算、持续学习与协同学习、知识图谱、场景自适应和数据安全。

1. 云 - 边 - 端的无缝协同计算

由于目前网络带宽和延迟的制约，当前机器人主要采用以机器人本身进行运算为主，云端处理非实时、大计算量的任务为辅的系统架构。机器人的主要任务也可以简单地划分为感知，推理和执行三个步骤。随着 5G 时代的来临和边缘计算的部署，机器人到基站的延迟会大大降低。同时，边缘服务器可以在网络的边缘来处理机器人的数据，大大减少云端处理数据的压力，形成一个高效的数据处理架构。云 - 边 - 端一体的机器人系统是面向大规模机器人的服务平台，信息处理和生成主要在云 - 边 - 端上分布处理完成。通常情况下，云侧可以提供高性能的计算和知识存储，边缘侧用来进一步处理数据并实现协同和共享。机器人端只用完成实时操作的功能。由于目前对于机器人的需求日益增加，机器人 4.0 系统还要实现动态的任务迁移机制，可以合理地将任务迁移到云 - 边 - 端，实现云 - 边 - 端的协同计算。

2. 持续学习与协同学习

持续学习与协同学习在机器人 4.0 时代也十分重要。在之前的机器人学习过程中，我们主要采用的方法是基于大量数据进行的监督学习方法。但是在机器人 4.0 时代，我们需要加上持续学习与协同学习的能力，使我们的机器人可以适应更加复杂的环境。具体来说，我们希望机器人可以通过少量数据来建立基本的识别能力，然后可以自主地去找到更多的相关数据并进行自动标注。然后用这些自主得到的数据来对自己已有的模型进行重新训练来提高性能。随着这个过程的不断推移，我们可以把机器人的性能逐步提高。但是在实际的应用中，由于接触数据不一定会非常广泛，我们机器人学习的速度可能会受到很大的限制。所以我们同时也要采用大数据和云端的处理能力，让各种机器人之间的数据进行共享，保证机器人持续学习与协同学习的能力。进一步提高机器人学习的速度与精度。

3. 知识图谱

目前在互联网和语音助手已经有了十分广泛的应用。但是不同于通常的百科类知识图谱，机器人应用的知识图谱应该具有一些不同的需求：

（1）需要更加动态和个性化的知识。机器人在与人交互的同时，往往需要根据当前的环境来深入理解，从而提供更好的服务。因此，机器人必须具有记录不同时间不同环境发生的事件以及对应的信息，这些都是知识图谱不能提供的，必须从环境中获取。如果可以收集这些环境信息，机器人就可以提供更加个性化的服务。

（2）知识图谱需要和机器人的感知与决策能力相结合，帮助机器人实现更高级的持续学习能力。从人工智能的发展来看，单一的算法并不能完全解决现有的 AI 问题，未来的发展一定是设计多种方法结合的 AI 系统。不同于以往的知识图谱独立运作的做法，知识图谱以后必须和感知决策更深入、有机的结合。具体来说，知识图谱可以从感知中获取信息，通过基础的感知加上场景理解，将获得的知识存入图谱，然后使用这部分信息可以进一步进行模式的挖掘（比如时间空间相关的模式）来获得更深层次的信息。知识图谱的知识也可以作为环境上下文信息提供给感知算法进行学习，从而实现自适应的感知算法。

由于云 - 边 - 端融合的需要，知识图谱分别存在于机器人侧，云侧和边缘侧。由于协同学

习与实时处理的需求，知识以及其他相关信息（数据或者模型）也可以通过云侧、边缘侧进行
分享。在未来的 5G 网络下，延迟已经不存在问题，我们更应该考虑充分利用边缘端和机器人
端的计算能力，达到资源的最优利用。

4. 场景自适应

主要通过对当前场景进行三维语义理解的基础上，主动观察场景内人和物之间的变化，预
测可能发生的事件，从而影响之后的行动模式。这个技术的关键问题在于场景预测能力。场景
预测就是机器人通过对场景内的各种人和物进行细致的观察，结合相关的知识和模型进行分析，
并预测之后事件即将发生的时间，改变自己的行为模式。这部分的研究目前还属于比较初级的
阶段，但是相信以后在持续学习、知识图谱等技术充分结合的基础上，这个方向未来会有更大
的突破。使机器人实现感知 - 认知 - 行动，变得更加智能化和人性化。同时，云端融合在这里也
会起到非常重要的作用，主要是在知识的共享方面，有可能单个机器人很难去根据当前场景来
预测即将发生的情况，但是通过云 - 边 - 端融合，只要有一个机器人见过这种情况的发生，它就
会将当时的数据保存到云端，进而分享给所有的机器人，其他机器人就可以来预测未来可能发
生的这些危险情况。除了通过实际的物理世界进行观察以外，在云端通过大规模的模拟来预演
可能发生的情况，可能也是另外一个获得更多的事件模式的有效方法。

5. 数据安全

由于机器人配备了各种各样的传感器，在工作的过程中，会收集到很多信息，包括视觉数
据、位置数据、语音数据等，这些重要的数据都需要得到保护。在机器人处于云 - 边 - 端融合的
环境下，网络有可能会受到攻击，保护用户的数据安全变得尤其重要。云 - 边 - 端融合的机器人
系统需要完整的数据安全保障机制，既要保证端到端的安全传输，也要保障服务器端的安全存
储。只有确保了数据的输入输出都是安全的情况下，才能保证机器人的物理安全逻辑得到正确
执行。除了保证原始的隐私数据外，通过用户数据推理得出的个性化数据包含了用户的隐私信
息，同样也需要得到安全的保障。在云 - 边 - 端融合的环境下，机器人侧，云侧，边缘侧的数据
安全需求也是不同的。因此需要不同的安全保障机制。在机器人本体方面需要重要的隐私数据
的物理安全以及安全相关应用的代码安全。云侧和边缘侧需要对用户本身的数据以及推理得到
的用户数据中的隐私信息做好保护，只有被授权的用户才有访问权。尽量避免敏感数据上传到
云端，存储在云端的数据需要提供安全存储鉴别机制。

11.3.4　机器人的分类

由于机器人的用途广泛，有许多种分类。行业不同，机器人的应用场景不一样，由于要求
的不同，机器人的控制方式也存在许多差异，这里简要描述两种分类。

如果按照要求的控制方式分类，机器人可分为操作机器人、程序机器人、示教再现机器人、
智能机器人和综合机器人。

1. 操作机器人

操作机器人的典型代表是在核电站处理放射性物质时远距离进行操作的机器人。在这种机

器人中，具有人手操纵功能的部分称为主动机械手，进行类似于动作的部分称为从动机械手。其中从动机械手要大些，是用经过放大的力进行作业的机器人；主动机械手要小些。还有既可以用显微镜进行观察，又可以进行精密作业的机器人。

2. 程序机器人

程序机器人可以按预先给定的程序、条件、位置进行作业。

3. 示教再现机器人

示教再现机器人与盒式磁带的录放相似，机器人可以将所教的操作过程自动地记录在磁盘、磁带等存储器中，当需要再现操作时，可重复所教过的动作过程。示教方法有直接示教与遥控示教两种。

4. 智能机器人

智能机器人既可以进行预先设定的动作，还可以按照工作环境的改变而变换动作。

5. 综合机器人

综合机器人是由操纵机器人、示教再现机器人、智能机器人组合而成的机器人，如火星机器人。1997年7月4日，"火星探路者"（Mars Pathfinder）在火星上着陆，着陆体是四面体形状，在能上下左右动作的摄像机平台上有两台CCD摄像机，通过立体观测而得到空间信息。整个系统可以看作是由地面指令操纵的操作机器人。

如果按照应用行业来分，机器人可分为工业机器人、服务机器人和特殊领域机器人。

1. 工业机器人

工业机器人包括搬运、焊接、装配、喷漆、检查等机器人，主要应用于现代化的工厂和柔性加工系统中。

2. 服务机器人

比如娱乐机器人包括弹奏乐器的机器人、舞蹈机器人、玩具机器人等（具有某种程度的通用性），也包括根据环境而改变动作的机器人。

3. 特殊领域机器人

主要包括建筑、农业等机器人，主要应用于人们难以进入的核电站、海底、宇宙空间等场合。

11.4 边缘计算概述

11.4.1 边缘计算概念

在介绍边缘计算之前，就有必要先介绍一下章鱼。章鱼就是用"边缘计算"来解决实际问题的。作为无脊椎动物中智商最高的一种动物，章鱼拥有巨量的神经元，但60%分布在章鱼的八条腿（腕足）上，脑部仅有40%。也就是说章鱼是用"腿"来解决问题的。

类比于边缘计算，边缘计算将数据的处理、应用程序的运行甚至一些功能服务的实现，由网络中心下放到网络边缘的节点上。在网络边缘侧的智能网关上就近采集并且处理数据，不需要将大量未处理的原生数据上传到远处的大数据平台。

如果能像章鱼一样，采用边缘计算的方式，海量数据则能够就近处理，大量的设备也能实现高效协同的工作，诸多问题迎刃而解。因此，边缘计算理论上可满足许多行业在敏捷性、实时性、数据优化、应用智能，以及安全与隐私保护等方面的关键需求。

未来边缘计算市场空间广阔。据 IDC 预测，2020 年将有超过 500 亿的终端与设备联网，而有 50% 的物联网将面临网络带宽的限制，40% 的数据需要在网络边缘分析、处理与储存。边缘计算市场规模将超万亿，将成为与云计算平分秋色的新兴市场。边缘计算的广阔市场空间将为整个产业界带来无限的想象空间和崭新的发展机遇。

11.4.2　边缘计算的定义

1. 边缘计算产业联盟（ECC）对于边缘计算的定义

边缘计算的业务本质是云计算在数据中心之外汇聚节点的延伸和演进，主要包括云边缘、边缘云和云化网关三类落地形态；以"边云协同"和"边缘智能"为核心能力发展方向；软件平台需要考虑导入云理念、云架构、云技术，提供端到端实时、协同式智能、可信赖、可动态重置等能力；硬件平台需要考虑异构计算能力，如鲲鹏、ARM、X86、GPU、NPU、FPGA 等。

（1）云边缘：云边缘形态的边缘计算，是云服务在边缘侧的延伸，逻辑上仍是云服务，主要的能力提供依赖于云服务或需要与云服务紧密协同。如华为云提供的 IEF 解决方案，阿里云提供的 Link Edge 解决方案，AWS 提供的 Greengrass 解决方案等均属于此类。

（2）边缘云：边缘云形态的边缘计算，是在边缘侧构建中小规模云服务能力，边缘服务能力主要由边缘云提供；集中式 DC 侧的云服务主要提供边缘云的管理调度能力。如多接入边缘计算（MEC）、CDN、华为云提供的 IEC 解决方案等均属于此类。

（3）云化网关：云化网关形态的边缘计算，以云化技术与能力重构原有嵌入式网关系统，云化网关在边缘侧提供协议/接口转换、边缘计算等能力，部署在云侧的控制器提供边缘节点的资源调度、应用管理与业务编排等能力。

2. OpenStack 社区的定义概念

"边缘计算是为应用开发者和服务提供商在网络的边缘侧提供云服务和 IT 环境服务；目标是在靠近数据输入或用户的地方提供计算、存储和网络带宽。"OpenStack 社区是一个由 NASA 和 Rackspace 合作研发并发起的。

3. ISO/IEC JTC1/SC38 对边缘计算给出的定义

边缘计算是一种将主要处理和数据存储放在网络的边缘节点的分布式计算形式。边缘计算产业联盟对边缘计算的定义是指在靠近物或数据源头的网络边缘侧，融合网络、计算、存储、应用核心能力的开放平台，就近提供边缘智能服务，满足行业数字化在敏捷连接、实时业务、数据优化、应用智能、安全与隐私保护等方面的关键需求。

4.国际标准组织的定义

ETSI（European Telecommunications Standards Institute，欧洲电信标准协会）提供了移动网络边缘 IT 服务环境和计算能力，强调靠近移动用户，以减少网络操作和服务交付的时延，提高用户体验。

11.4.3　边缘计算的特点

边缘计算是在靠近物或数据源头的网络边缘侧，融合网络、计算、存储、应用核心能力的分布式开放平台（架构），就近提供边缘智能服务，满足行业数字化在敏捷联接、实时业务、数据优化、应用智能、安全与隐私保护等方面的关键需求。它可以作为联接物理和数字世界的桥梁，使能智能资产、智能网关、智能系统和智能服务。

边缘计算具有以下特点：

（1）联接性：联接性是边缘计算的基础。所联接物理对象的多样性及应用场景的多样性，需要边缘计算具备丰富的联接功能，如各种网络接口、网络协议、网络拓扑、网络部署与配置、网络管理与维护。联接性需要充分借鉴吸收网络领域先进研究成果，如 TSN、SDN、NFV、Network as a Service、WLAN、NB-loT、5G 等，同时还要考虑与现有各种工业总线的互联互通。

（2）数据第一入口：边缘计算作为物理世界到数字世界的桥梁，是数据的第一入口，拥有大量、实时、完整的数据，可基于数据全生命周期进行管理与价值创造，将更好的支撑预测性维护、资产效率与管理等创新应用；同时，作为数据第一入口，边缘计算也面临数据实时性、确定性、多样性等挑战。

（3）约束性：边缘计算产品需适配工业现场相对恶劣的工作条件与运行环境，如防电磁、防尘、防爆、抗振动、抗电流/电压波动等。在工业互联场景下，对边缘计算设备的功耗、成本、空间也有较高的要求。边缘计算产品需要考虑通过软硬件集成与优化，以适配各种条件约束，支撑行业数字化多样性场景。

（4）分布性：边缘计算实际部署天然具备分布式特征。这要求边缘计算支持分布式计算与存储、实现分布式资源的动态调度与统一管理、支撑分布式智能、具备分布式安全等能力。

11.4.4　边云协同

边缘计算与云计算各有所长，云计算擅长全局性、非实时、长周期的大数据处理与分析，能够在长周期维护、业务决策支撑等领域发挥优势；边缘计算更适用局部性、实时、短周期数据的处理与分析，能更好地支撑本地业务的实时智能化决策与执行。因此边缘计算与云计算之间不是替代关系，而是互补协同关系，边云协同将放大边缘计算与云计算的应用价值：边缘计算既靠近执行单元，更是云端所需高价值数据的采集和初步处理单元，可以更好地支撑云端应用；反之，云计算通过大数据分析优化输出的业务规则或模型可以下发到边缘侧，边缘计算基于新的业务规则或模型运行。边缘计算不是单一的部件，也不是单一的层次，而是涉及 EC-laas、EC-Paas、EC-Saas 的端到端开放平台。因此边云协同的能力与内涵涉及 Laas、PaaS、SaaS 各层面的全面协同，主要包括六种协同：资源协同、数据协同、智能协同、应用管理协同、业务管理协同、服务协同。

（1）资源协同：边缘节点提供计算、存储、网络、虚拟化等基础设施资源、具有本地资源调度管理能力，同时可与云端协同，接受并执行云端资源调度管理策略，包括边缘节点的设备管理、资源管理以及网络连接管理。

（2）数据协同：边缘节点主要负责现场 / 终端数据的采集，按照规则或数据模型对数据进行初步处理与分析，并将处理结果以及相关数据上传给云端；云端提供海量数据的存储、分析与价值挖掘。边缘与云的数据协同，支持数据在边缘与云之间可控有序流动，形成完整的数据流转路径，高效低成本对数据进行生命周期管理与价值挖掘。

（3）智能协同：边缘节点按照 AI 模型执行推理，实现分布式智能；云端开展 AI 的集中式模型训练，并将模型下发边缘节点。

（4）应用管理协同：边缘节点提供应用部署与运行环境，并对本节点多个应用的生命周期进行管理调度；云端主要提供应用开发、测试环境，以及应用的生命周期管理能力。

（5）业务管理协同：边缘节点提供模块化、微服务化的应用 / 数字孪生 / 网络等应用实例；云端主要提供按照客户需求实现应用 / 数字孪生 / 网络等的业务编排能力。

（6）服务协同：边缘节点按照云端策略实现部分 ECSaaS 服务，通过 ECSaaS 与云端 SaaS 的协同实现面向客户的按需 SaaS 服务；云端主要提供 SaaS 服务在云端和边缘节点的服务分布策略，以及云端承担的 SaaS 服务能力。

11.4.5　边缘计算的安全

边缘计算的 CROSS（Connectivity、Realtime、data Optimization、Smart、Security）价值推动计算模型从集中式的云计算走向更加分布式的边缘计算，为传统的网络架构带来了极大的改变，这些改变促进了技术和业务的发展，同时也将网络攻击威胁引入了网络边缘。以工业场景为例，根据《中国工业互联网安全态势报告》，截至 2018 年 11 月，全球范围内暴露在互联网上的工控系统及设备数量已超 10 万台。边缘安全是边缘计算的重要保障。边缘安全涉及跨越云计算和边缘计算纵深的安全防护体系，增强边缘基础设施、网络、应用、数据识别和抵抗各种安全威胁的能力，为边缘计算的发展构建安全可信环境，加速并保障边缘计算产业发展。边缘安全的价值体现在下述几方面：

提供可信的基础设施：主要包括了计算、网络、存储类的物理资源和虚拟资源。基础设施是包含路径、数据交互和处理模型的平台面，应对镜像篡改、DDoS 攻击、非授权通信访问、端口入侵等安全威胁。

为边缘应用提供可信赖的安全服务：从运行维护角度，提供应用监控、应用审计、访问控制等安全服务；从数据安全角度，提供轻量级数据加密、数据安全存储、敏感数据处理与监测的安全服务，进一步保证应用业务的数据安全。

保障安全的设备接入和协议转换：边缘计算节点数量庞大，面向工业行业存在中心云、边缘云、边缘网关、边缘控制器等多种终端和边缘计算形态，复杂性异构性突出。保证安全的接入和协议转换，有助于为数据提供存储安全、共享安全、计算安全、传播和管控以及隐私保护。

提供安全可信的网络及覆盖：安全可信的网络除了传统的运营商网络安全保障（如：鉴权、

密钥、合法监听、防火墙技术）以外，目前面向特定行业的 TSN、工业专网等，也需要定制化的网络安全防护。提供端到端全覆盖的包括威胁监测、态势感知、安全管理编排、安全事件应急响应、柔性防护在内的全网安全运营防护体系。

11.4.6 边缘计算应用场合

1. 智慧园区

智慧园区建设是利用新一代信息与通信技术来感知、监测、分析、控制、整合园区各个关键环节的资源，在此基础上实现对各种需求做出智慧的响应，使园区整体的运行具备自我组织、自我运行、自我优化的能力，为园区企业创建一个绿色、和谐的发展环境，提供高效、便捷、个性化的发展空间。全国智慧园区存量市场超过 10000 家，复合年均增长率超过 10%。智慧园区场景中，边缘计算主要功能包括：

（1）海量网络连接与管理：包含各类传感器、仪器仪表、控制器等海量设备的网络接入与管理；接口包括 RS485、PLC 等，协议包括 Modbus、OPC 等；确保连接稳定可靠，数据传输正确；可基于软件定义网络 SDN 实现网络管理与自动化运维。

（2）实时数据采集与处理：如车牌识别、人脸识别、安防告警等智慧园区应用，要求实时数据采集与本地处理，快速响应。

（3）本地业务自治：如楼宇智能自控、智能协同等应用要求在网络连接中断的情况下，能够实现本地业务自治，继续正常执行本地业务逻辑，并在网络连接恢复后，完成数据与状态同步。

2. 安卓云与云游戏

目前备受关注的安卓云场景，将安卓的全栈能力云化，为终端提供统一的服务，可以节省终端的成本，促进安卓生态的发展。其中比较典型的是云游戏场景。云游戏通常指将原本运行在手机等终端上的游戏应用程序集中在边缘数据中心运行，原本由手机等终端进行的游戏加速、视频渲染等对芯片有高要求的任务，现在可以由边缘服务器代替运行。边缘服务器与终端之间传输的信息包括两类，一类是从边缘服务器向终端发送的游戏视频流信息，另一类是从终端向边缘服务器发送的操作指令信息。云游戏场景下，终端只是相当于一个视频播放设备，完全不需要高端的系统和芯片支持，就可以得到很好的游戏体验。云游戏场景的优势包括：游戏免安装、免升级、免修复、即点即玩，以及终端成本降低，具有很好的推广性。云游戏场景中，边缘计算主要功能包括：

- 安卓全栈能力云化，匹配游戏运行环境。
- 云端视频的渲染、压缩传输，支持终端良好呈现。
- 端到端低时延响应，支撑游戏操作体验。

3. 视频监控

视频监控正在从"看得见""看得清"向"看得懂"发展。行业积极构建基于边缘计算的视频分析能力，使得部分或全部视频分析迁移到边缘处，由此降低对云中心的计算、存储和网络带宽需求，提高视频图像分析的效率。同时构建基于边缘计算的智能视频数据存储机制，可根据目标行为特征确定视频存储策略，实现有效视频数据的高效存储，提高存储空间利用率。边缘计算为安防领域"事前预警、事中制止、事后复核"的理念走向现实，提供有力技术支撑。视频监控场景中，边缘计算主要功能包括：

（1）边缘节点图像识别与视频分析，支撑边缘视频监控智能化。

（2）边缘节点智能存储机制，可根据视频分析结果，联动视频数据存储策略，既高效保留价值视频数据，同时提高边缘节点存储空间利用率。

（3）边云协同，云端 AI 模型训练，边缘快速部署与推理，支持视频监控多点布控与多机联动。

4. 工业物联网

工业物联网应用场景相对复杂，不同行业的数字化和智能化水平不同，对边缘计算的需求也存在较大差别。以离散制造为例，边缘计算在预测性维护、产品质量保证、个性化生产以及流程优化方面有较大需求。边缘计算可以支持解决如下普遍存在问题：

（1）现场网络协议众多，互联互通困难，且开放性差。

（2）数据多源异构，缺少统一格式，不利数据交换与互操作。

（3）产品缺陷难以提前发现。

（4）预测性维护缺少有效数据支撑。

（5）工艺与生产关键数据安全保护措施不够。

工业物联网场景中，边缘计算主要功能包括：

（1）基于 OPC UA over TSN 构建的统一工业现场网络，实现数据的互联互通与互操作。

（2）基于边缘计算虚拟化平台构建的 vPLC（可编程逻辑控制器），支持生产工艺与流程的柔性。

（3）图像识别与视频分析，实现产品质量缺陷检测。

（4）适配制造场景的边缘计算安全机制与方案。

5. Cloud VR

VR（Virtual Reality，虚拟现实）指对真实或虚拟环境的模拟或复制，通过深度感知与交互实现用户的沉浸式体验。VR 不仅用于娱乐领域，在社交、通信、房产、旅游、教育等行业也有广泛应用。VR 已经成为国家战略性新兴产业。根据 IDC 最新预测数据，2021 年全球 AR/VR 市场总投资规模接近 146.7 亿美元，并有望在 2026 年增至 747.3 亿美元，五年的复合增长率（CAGR）将达 38.5%。网络与云基础设施的升级带动了云 VR 业务的发展，传统的 VR 业务和终端服务器逐步迁移上云。Cloud VR 配套的终端设备"瘦"身，Cloud VR 业务逐步走入个人、家庭和工业场景。无线网络从 4G 向 5G 推进，将迎来 Cloud VR 业务在移动端的体验变革，推动云 VR 业务在 5G 网络下快速发展。Cloud VR 业务的大通量、低时延特性促使平台由集中服务向边缘分布式服务发展。部分业务，如渲染计算、转码和缓存加速，卸载分流到边缘处理。相比中心平台直接提供服务，边缘节点靠近用户终端，从距离上节省传输时延，网络带宽可降低 30%，网络响应时延降低 50%。从数据安全的角度，边缘计算有利于部分仅限本地处理的垂直行业的 VR 应用。

11.5　数字孪生体技术概述

数字孪生体技术是跨层级、跨尺度的现实世界和虚拟世界建立沟通的桥梁，是第四次工业革命的通用目的技术和核心技术体系之一，是支撑万物互联的综合技术体系，是数字经济发展的基础，是未来智能时代的信息基础设施。未来十年将成为"数字孪生体时代"。

11.5.1　数字孪生体发展历程

当前，以物联网、大数据、人工智能等新技术为代表的数字浪潮席卷全球，物理世界和与之对应的数字世界形成两大体系平行发展，相互作用。数字世界为了服务物理世界而存在，物理世界因为数字世界变得高效有序。在这种背景下，数字孪生体技术应运而生。

数字孪生体最早的概念模型由当时的 PLM 咨询顾问 Michael Grieves 博士（现任佛罗里达理工学院先进制造首席科学家）于 2002 年 10 月在美国制造工程协会管理论坛上提出。数字孪生体（Digital Twin）这一名称最早出现在美国空军实验室 2009 年提出的"机身数字孪生体（Airframe Digital Twin）"概念中。2010 年，NASA 在《建模、仿真、信息技术和处理》和《材料、结构、机械系统和制造》两份技术路线图中直接使用了"数字孪生体（Digital Twin）"这一名称。2011 年 Michael Grieves 博士在其新书《虚拟完美》中引用 NASA 先进材料和制造领域首席技术专家 John Vickers（现任马歇尔中心材料与工艺实验室副主任和 NASA 国家先进制造中心主任）所建议的"数字孪生体（Digital Twin）"这一名称，作为其信息镜像模型的别名。2013 年，美国空军将数字孪生体和数字线程作为游戏规则改变者列入其《全球科技愿景》。

回顾数字孪生体的发展历程，可以看到航天发射任务和航空武器装备研制的需求拉动作用，也可以看到建模、仿真、系统工程等的技术推动作用。总结数字孪生体的发展历程，可以分为四个阶段。

（1）1960—21 世纪初，是数字孪生体的技术准备期，主要是指 CAD/CAE 建模仿真、传统系统工程等预先技术的准备。

（2）2002—2010 年，是数字孪生体的概念产生期，指数字孪生体模型的出现和英文术语名称的确定。这段时间，预先技术继续成熟，出现了仿真驱动的设计、基于模型的系统工程（MBSE）等先进设计范式。

（3）2010—2020 年，是数字孪生体的领先应用期，主要指 NASA、美军方和 GE 等航空航天、国防军工机构的领先应用。这段时间也是物联网、大数据、机器学习、区块链、云计算等外围使能技术的准备期。目前数字孪生体的定义不下 20 个，大部分 IT 厂商、工业巨头和咨询机构都有自己的定义或与自身业务相关的数字孪生体解决方案。从 2018 年开始，ISO、IEC、IEEE 三大标准化组织陆续开始着手数字孪生体相关标准化工作，第一个数字孪生体国际标准将于明年发布。

（4）2020—2030 年，是数字孪生体技术的深度开发和大规模扩展应用期。可以看出，PLM领域，或者说以航空航天为代表的离散制造业，是数字孪生体概念和应用的发源地。目前，数字孪生体技术的开发正与上述外围使能技术深度融合，其应用领域也正从智能制造等工业化领域向智慧城市、数字政府等城市化、全球化领域拓展。

11.5.2　数字孪生体的定义

AFRL 于 2009 年提出，机身数字孪生体是一个由数据、模型分析工具构成的集成系统。该系统不仅可以在整个生命周期内表达飞机机身，还可以依据非确定信息对整个机队和单架机身进行决策，包括当前诊断和未来预测。

Dr.Michael Grieves 于 2011 年提出，虚拟产品是与某种特定用途相关的基于比特的信息化表达，和基于原子的物理产品及其自然行为所构成的基于规则的关联环境。虚拟化是为基于原子的物理产品创建基于比特的信息化表达的过程。信息镜像模型作为概念化 PLM 的框架，揭示了物理产品和虚拟产品二元性的含义。使用虚拟产品代替物理产品的能力体现了信息镜像模型的价值。

DOD 于 2014 年提出，数字线程：一个可扩展、可配置和组件化的企业级分析框架，基于数字系统模型的模板，可以无缝加速企业数据信息知识系统中授权技术数据、软件、信息和知识受控交互，通过访问和集成不同数据并转换为可操作信息，可在系统整个生命周期中为决策者提供支持。数字孪生体：数字线程支持的已建系统的多物理场、多尺度和概率集成仿真，通过使用最佳可用模型、传感器更新和输入数据来镜像和预测其对应物理孪生体全生命期内的活动和性能。

PTC 于 2015 年提出，数字孪生体是中物（产生数据的设备和产品）、连接（搭接网络）、数据管理（云计算、存储和分析）和应用构成的数。因此，它将深度参与物联网平台的定义与构建。

Michael Grieves & John Vickers 于 2016 年提出，数字孪生体是一组虚拟信息结构，可以从微观原子级别到宏观几何级别全面地描述现有或将有的物理制成品。在最佳状态下，可以通过数字孪生体获得任何实测得到的物理制成品的信息。数字孪生体有三种类型：数字孪生原型体、数字孪生实例体和数字孪生聚合体。而数字孪生环境则是数字孪生体的操作环境。

2017 年有专家提出，智慧城市数字孪生体是一个智能的、支持物联网、数据丰富的城市虚拟平台，可用于复制和模拟真实城市中发生的变化，以提升城市的弹复性、可持续发展和宜居性。

SAP 于 2018 年提出，单个数字孪生体是物理对象或系统的虚拟表达，但不仅仅是高科技外观。众多数字孪生体使用数据、机器学习和物联网来帮助企业优化、创新和提供新服务。

ISO CD 23247 于 2019 年提出，数字孪生体：是现实事物（或过程）具有特定目的的数字化表达，并通过适当频率的同步使物理实例与数字实例之间趋向一致。

从以上美军军方和各企业的定义后，我们可以得到数字孪生体的定义如下：数字孪生体是现有或将有的物理实体对象的数字模型，通过实测、仿真和数据分析来实时感知、诊断、预物理实体对象的状态，通过优化和指令来调控物理实体对象的行为，通过相关数字模型间的相互学习来进化自身，同时改进利益相关方在物理实体对象生命周期内的决策。将"Digital Twin"译为"数字孪生体"。加上这个"体"字，是为了借用了中文"体"字语义的模糊性来应对和减少 Digital Twin 译成中文时在不同使用场景下的不确定性。"体"字的中文语义的模糊性表现在它有两种含义：

（1）事物的本身或全部，如物体、实体（object，entity）；

（2）事物的格局或规矩，如体制、体系。中文中，体系一词也是多义词：系统（system），如技术体系；系统之系统（system of systems），如体系工程。

为数字孪生加上"体"字后，数字孪生体就是一个名词，这样为 digital（ly）twinned/twinning 的翻译挪出了空间，方便相关术语体系的构建。因此，"数字孪生体"这个术语有如下几种使用场合和含义：

（1）Digital Twin 这一现象背后所包含的技术体系、所代表的跨学科工程领域，以及作为通用目的技术引发的商业、经济和社会影响体系，如数字孪生体时代。

（2）物理实体对象的某种数字化孪生模型的抽象类型或实例，如数字孪生体可分为数字孪生原型体、数字孪生实例体和数字孪生聚合体。

（3）具体应用场景下物理实体对象的数字化孪生模型，如某个或某类产品、工厂、城市、产业、战场等的数字孪生体。此时，如果是强调物理实体对象或者物理实体与数字孪生体并重，也可将数字孪生作为形容词定语，放在物理实体对象之前，而不用"体"字，相当于英文的 digitally twinned。例如，数字孪生制造、数字孪生城市等。

（4）在某些物理实体与数字孪生体并重的场合，如架构设计或实现等，可将数字孪生体与对应物理实体对象及相关使能实体对象所构成的系统称为数字孪生系统。

11.5.3　数字孪生体的关键技术

建模、仿真和基于数据融合的数字线程是数字孪生体的三项核心技术。能够做到统领建模、仿真和数字线程的系统工程和 MBSE，则成为数字孪生体的顶层框架技术，物联网是数字孪生体的底层伴生技术，而云计算、机器学习、大数据、区块链则成为数字孪生体的外围使能技术。

1. 建模

数字化建模技术起源于 20 世纪 50 年代。建模的目的是将我们对物理世界的理解进行简化和模型化。而数字孪生体的目的或本质是通过数字化和模型化，用信息换能量，以使少的能量消除各种物理实体、特别是复杂系统的不确定性。所以建立物理实体的数字化模型或信息建模技术是创建数字孪生体、实现数字孪生的源头和核心技术，也是"数化"阶段的核心。

将数字孪生体放在工业化、城市化和全球化所指向的人类文明可持续发展的大目标下，数字孪生体所需的建模技术也需要放在数字孪生体应用场景的参考框架下考察。具体地说，数字孪生体的概念模型中数字模型的视角类型的三个维度：需求指标、生存期阶段和空间尺度构成了数字孪生体建模技术体系的三维空间。

在某个应用场景下的某种建模技术，只能提供某类物理实体某个视角的模型视图。这时数字孪生体和对应物理实体间的互动（状态感知和对象控制的数据流和信息流传递），一般只能满足单个低层次具体需求指标的要求。对于复合的、高层次需求指标，通常需要有反映若干建模视角的多视图模型所对应的多个数字孪生体与同一个物理实体对象实现互动。这时的多视图或多视角一般来自物实体对象的不同生存期阶段或多个系统层次 / 物质尺度，多视图模型间的协同就需要数字线程技术的支持。

2. 仿真

从技术角度看，建模和仿真是一对伴生体。如果说建模是模型化我们对物理世界或问题的理解，那么仿真就是验证和确认这种理解的正确性和有效性。所以，数字化模型的仿真技术是创建和运行数字孪生体、保证数字孪生体与对应物理实体实现有效闭环的核心技术。

仿真是将包含了确定性规律和完整机理的模型转化成软件的方式来模拟物理世界的一种技术。只要模型正确，并拥有了完整的输入信息和环境数据，就可以基本准确地反映物理世界的特性和参数。

3. 其他技术

除了核心的建模仿真技术，目前 VR、AR 以及 MR 等增强现实技术、数字线程、系统工程和 MBSE、物联网、云计算、雾计算、边缘计算、大数据技术、机器学习和区块链技术，仍为数字孪生体构建过程中的内外围核心技术。

11.5.4　数字孪生体的应用

数字孪生体主要应用于制造、产业、城市和战场。

1. 制造

在制造领域，一些传统的技术，如 CAD 和 CAE，天然就是为物理产品数字化而生，一些新兴技术，如 AI、AR、IoT 也为更逼真、更智能、更交互的数字孪生体插上了翅膀。可以预见，数字孪生体在研发设计和生产制造环节将会起到越来越大的作用，成为智能制造的基石。

在产品的设计阶段，使用数字孪生体可提高设计的准确性，并验证产品在真实环境中的性能，主要功能包括数字模型设计、模拟和仿真。对产品的结构、外形、功能和性能（强度、刚度、模态、流场、热、电磁场等）进行仿真，用于优化设计、改进性能的同时，也降低成本。在个性化定制需求盛行的今天，设计需求及其变更信息的实时获取成为企业的一项重要竞争力，可以实时反馈产品当前运行数据的数字孪生体，成为解决这一问题的关键。曾经在实验科学中广为应用的半实物仿真也将在数字孪生体中发挥重要作用。

在产品的制造阶段，使用数字孪生体可以使产品导入时间短，提高设计质量，降低生产成本和加快上市速度。制造阶段的数字孪生体是一个高度协同的过程，通过数字化手段构建起来的数字生产线，将产品本身的数字孪生体同生产设备、生产过程等其他形态的数字孪生体形成共智关系，实现生产过程的仿真、数字化、关键指标的监控和过程能力的评估。同时，数字生产线与物理生产线实时交互，物理环境的当前状态作为每次仿真的初始条件和计算环境，数字生产线的参数优化之后，实时反馈到物理生产线进行调控。在敏捷制造和柔性制造大为盛行的今天，对多个生产线之间的协调生产提出更高要求，多个生产线的数字孪生体之间的"共智"将是满足这一需求的有效方案。

2. 产业

数字孪生体以云计算、大数据、物联网、人工智能和区块链等 IT 和 DT 使能技术为支撑，与行业趋势和产业升级需求相结合，构建实体的数字镜像。通过多种组合集成形式，按照数化、互动、先知、先觉、共智的顺序逐渐深入应用，最终实现"服务型制造"和"数字经济"等产业发展目标。

数字孪生体与各种或 DT 使能技术结合，在复杂产品的产业链中具有广泛的应用价值。构建全产业链的数字孪生体，同时与制造技术相结合，促进传统产业向智慧化和服务型制造转型，迎接批量个性化定制时代的到来。主要有在市场营销和电子商务、供应链和物流领域，侧重于如何向"批量"订单的挑战，在产品使用和维保领域，则侧重于如何迎接"复杂"产品高可靠性的挑战。

数字孪生体在全产业链上的应用，除研发和制造领域外，还在市场营销、供应链物流和维保服务三大领域发挥巨大作用。

3. 城市

要建成新型智慧城市，首先要构建城市的数字孪生体。城市级的整体数字化是城级智慧化的前提条件。数字孪生城市的发展与应用内涵，直接体现了新型智慧城市想要达到的愿景和目标。它是城市实现智慧管理的重要设施和基础能力，是技术驱动下城市信息化从量变走向质变的里程碑。

数字孪生体在城市建设与发展中的核心价值在于，它能够在现实世界和数字世界之间全面建立实时联系，进而对城市物理实体全生命期的变化进行数字化、模型化和可视化。数字孪生城市具有传感监控即时性、城市信息集成性、信息传递交互性、发展决策科学性、控制管理智能性、城市服务便捷性等特征。通过数字孪生城市的建设，在数字空间再造一个城市，作为现实城市的映射和镜像。通过大规模仿真、推演、预测，定位分析未来城市运行中可能遇到的瓶颈问题与社会风险，以及与其他数字孪生城市进行"共智"，更好地实现传统智慧城市建设向数字孪生城市的过渡，进一步提高城市建设的智慧化程度，以及促进城市群之间的互动协作。

4. 战场

人类文明史也可以说是一部战争史，战争是人类发展的主旋律。绝大多数技术总是首先应用并成熟于军事。虽然目前国内外数字孪生体在军事领域应用的报告、文章和报道不多，但并不代表不用。

总体来讲，数字孪生体作为一种新理论和新技术在战争应用的作用谓之于"察"，使战争进行和战争效果显性化，从而辅助于战争决策，数字孪生体技术在军事方面的应用又可以分为单体装备应用和战场综合应用。前者主要用于装备的研发、维护和保养等，属于数字孪生制造的范畴；后者要是通过数字孪生体完成或服务于战场目标的达到，是一个复杂的、体系级的数字孪生体高层次应用。

军事战争从上到下可以分为战略（决策）、战役、战术三个层次，从未来和理想角度上讲，数字孪生体技术应当满足所有战争层面的应用。

11.6 云计算和大数据技术概述

大数据和云计算已成为 IT 领域的两种主流技术。"数据是重要资产"这一概念已成为大家的共识，众多公司争相分析、挖掘大数据背后的重要财富。同时学术界、产业界和政府都对云计算产生了浓厚的兴趣：全球范围内讨论云计算技术学术活动如火如荼；谷歌、亚马逊、IBM、微软等 IT 巨头大力推动云计算技术的宣传和产品的普及。各国政府斥巨资纷纷打造大规模数据中心与计算中心。而本节将分别对云计算和大数据技术进行一个概述。

11.6.1　云计算技术概述

1. 云计算相关概念

云计算（Cloud Computing）这一概念于 2007 年 10 月 8 日正式出现，其标志性事件是谷歌和 IBM 宣布联合加入"云计算"的研究工作，给出"云计算"的定义。同年 11 月 15 日，IBM 上海和阿莫科（Armok，NY）同时发布了"Blue Cloud"，Blue Cloud 是一系列的云计算产品，使得共同的数据中心像互联网一样运作。本章以 IBM 的"云计算"定义为例进行解读。

2007 年 10 月，IBM 的 Greg Boss 等人以技术白皮书的形式给出了"云计算"的定义：

"'云计算'是同时描述一个系统平台或者一类应用程序的术语。云计算平台按需进行动态部署、配置、重新配置以及取消服务等。在云计算平台中的服务器可以是物理或虚拟的服务器。高级的计算云通常包含一些其他的计算资源，例如存储区域网络（SANs），网络设备，防火墙以及其他安全设备等。

在应用方面，云计算描述了一类可以通过互联网进行访问的可扩展应用程序。这类云应用基于大规模数据中心及高性能服务器来运行网络应用程序与 Web 服务。用户可以通过合适的互联网接入设备以及标准的浏览器就能够访问云计算应用程序。"

IBM 的定义明确指出云计算概念的内涵包含两个方面：平台和应用。平台即基础设施，其地位相当于 PC 上的操作系统，云计算应用程序需要构建在平台之上；云计算应用所需的计算与存储通常在"云端"完成，客户端需要通过互联网访问计算与存储能力。

2. 云计算的服务方式

在对云计算定义深入理解的基础上，产业界和学术界对云计算的服务方式进行了总结。目前一致认为云计算自上而下具有"软件即服务（Software as a Service）"、"平台即服务（Platform as a Service，PaaS）"和"基础设施即服务（Infrastructure as a Service，IaaS）"三类典型的服务方式，下面将依次简要论述。

1）软件即服务（SaaS）

在 SaaS 的服务模式下，服务提供商将应用软件统一部署在云计算平台上，客户根据需要通过互联网向服务提供商订购应用软件服务，服务提供商根据客户所订购软件的数量、时间的长短等因素收费，并且通过标准浏览器向客户提供应用服务。

2）平台即服务（PaaS）

在 PaaS 模式下，服务提供商将分布式开发环境与平台作为一种服务来提供。这是一种分布式平台服务，厂商提供开发环境、服务器平台、硬件资源等服务给客户，客户在服务提供商平台的基础上定制开发自己的应用程序，并通过其服务器和互联网传递给其他客户。

3）基础设施即服务（IaaS）

在 IaaS 模式下，服务提供商将多台服务器组成的"云端"基础设施作为计量服务提供给客户。具体来说，服务提供商将内存、I/O 设备、存储和计算能力等整合为一个虚拟的资源池，为客户提供所需要的存储资源、虚拟化服务器等服务。

对三种服务方式进行分析后，可以看出这三种服务模式有如下特征：

（1）在灵活性方面，SaaS → PaaS → IaaS 灵活性依次增强。这是因为用户可以控制的资源越来越底层，粒度越来越小，控制力增强，灵活性也增强。

（2）在方便性方面，IaaS → PaaS → SaaS 方便性依次增强。这是因为 IaaS 只是提供 CPU、存储等底层基本计算能力，用户必须在此基础上针对自身需求构建应用系统，工作量较大，方便性较差。而 SaaS 模式下，服务提供商直接将具有基本功能的应用软件提供给用户，用户只要根据自身应用的特定需求进行简单配置后就可以使得应用系统上线，工作量较小，方便性较好。

PaaS 是云计算服务模式中最为关键的一层，在整个云计算体系中起着支撑的作用。PaaS 通常以特定的互联网资源为中心，采用开放平台的形式，对外提供基于 Web 的 API 服务。PaaS 的地位相当于系统软件，需要为上层 SaaS 应用提供 API，以支持各种 SaaS 应用的开发。除了一些基础性的 API 之外，PaaS 还要提供更多高级的服务型 API。这样，上层的应用就可以利用这些高级服务，构建面向最终用户的具体应用。

3. 云计算的部署模式

根据 NIST 的定义，云计算从部署模式上看可以分为公有云、社区云、私有云和混合云四种类型。下面将分别进行介绍。

1）公有云

在公有云模式下，云基础设施是公开的，可以自由地分配给公众。企业、学术界与政府机构都可以拥有和管理公用云，并实现对公有云的操作。

公有云能够以低廉的价格为最终用户提供有吸引力的服务，创造新的业务价值。作为支撑平台，公有云还能够整合上游服务（如增值业务、广告）提供商和下游终端用户，打造新的价值链和生态系统。

2）社区云

在社区云模式下，云基础设施分配给一些社区组织所专有，这些组织共同关注任务、安全需求、政策等信息。云基础设施被社区内的一个或多个组织所拥有、管理及操作。

"社区云"是"公有云"范畴内的一个组成部分，指在一定的地域范围内，由云计算服务提供商统一提供计算资源、网络资源、软件和服务能力所形成的云计算形式。即基于社区内的网络互连优势和技术易于整合等特点，通过对区域内各种计算能力进行统一服务形式的整合，结合社区内的用户需求共性，实现面向区域用户需求的云计算服务模式。

3）私有云

在私有云模式下，云基础服务设施分配给由多种用户组成的单个组织。它可以被这个组织或其他第三方组织所拥有、管理及操作。

4）混合云

混合云是公有云、私有云和社区云的组合。由于安全和控制原因，并非所有的企业信息都能放置在公有云上，因此企业将会使用混合云模式，将公有信息和私有信息分别放置在公有云和私有云环境中。在混合云构建方面，大部分企业选择同时使用公有云和私有云，有一些也会同时建立社区云。

4. 云计算的发展历程

根据云计算的定义和内涵，这里将从虚拟化技术、分布式计算技术和软件应用模式三个方面对云计算的历史发展进行简要论述。其中虚拟化技术的发展可以看作是 IaaS 服务模式的发展历程，分布式计算技术的发展可以看作是 PaaS 服务模式的发展历程，软件应用模式的发展可以看作是 SaaS 的发展历程。

1）虚拟化技术的历史

1959 年 6 月的国际信息处理大会（International Conference on Information Processing）上，计算机科学家 Christopher Strachev 发表了论文《大型高速计算机中的时间共享》（Time Sharing in Large Fast Computers），首次提出并论述了虚拟化技术。

虚拟化的核心思想是使用虚拟化软件在一台物理机上虚拟出一台或多台虚拟机，虚拟机是指使用系统虚拟化技术，运行在一个隔离环境中、具有完整硬件功能的逻辑计算机系统，包括客户操作系统和其中的应用程序。采用虚拟化技术可以实现计算机资源利用的最大化。

自 x86 平台软件虚拟化技术逐步发展，存储虚拟化从 NAS/SAN 向 VTL 发展，网络虚拟化随着服务器虚拟化而出现。

2）分布式计算技术的发展

分布式计算是指具有多个处理和存储的硬件和软件系统、并发进程或多个程序在松耦合或集中控制的方式下进行任务处理的计算方式。在分布式计算中，一个程序被分割成若干部分，在一个计算机网络环境中执行。分布式计算是并行计算的一种形式，但是并行计算通常描述一个程序的不同部分在同一台计算机内多个处理器中的运行情况。这两种计算方式都需要将程序划分为可以同时执行的部分，但是分布式程序通常强调环境的异构性：即具有不同延迟的网络连接以及在网络中或计算机之间不可预知的失效。

分布式计算技术从 20 世纪 70 年代左右出现至今，大致经历了程序在多处理器上的运行、分布式对象、Web 服务、网格计算、对等计算和效用计算等几个主要的阶段。

3）软件应用模式的发展

SaaS 的概念起源于 1999 年之前。2000 年 12 月，贝内特等人指出"SaaS 将在市场上获得接受"。"软件即服务"的常见用法和简称始于刊登在 2001 年 2 月 SIIA 的白皮书"战略背景：软件即服务"。

2003 年以 Salesforce 为代表，当时的 ASP（Application Service Provider，应用软体租赁服务提供者）企业开始以 SaaS 为模式提供软件服务。从本质上说，SaaS 和 ASP 的差异不大，基于在线软件服务模式的技术与市场已经变得相对成熟。

2003 年后，美国 Salesforce、WebEx Communication、Digital Insight 等企业 SaaS 模式取得成功。国内厂商也开始涉足 SaaS 应用，包括用友、金算盘、金碟、阿里巴巴、XTools、八百客等。与此同时，微软、谷歌、IBM、甲骨文、SAP 等 IT 厂商也开始进入中国 SaaS 市场。

SaaS 虽然在中国起步较晚，但由于国内行业特征非常适合 SaaS 应用模式，目前备受业界的关注。据统计我国约有 1200 万家中小企业，这是一个数量非常庞大的潜在 SaaS 消费群体。企业用户可以根据自己的应用需要从服务提供商那里定购相应的应用软件服务，并且可以根据企业发展的变化来调整所使用的服务内容，具有很强的伸缩性和扩展性，同时这些应用服务所需要的维护与技术支持也都是由服务商的专业人员来承担。

在客户通过 SaaS 获得收益的同时，对于服务提供商而言就变成了巨大的潜在市场。因为以前那些数量庞大的、因为无法承担软件许可费用或没有能力招募专业 IT 人员的中小型企业，在 SaaS 模式下都变成了潜在客户。同时，SaaS 模式还可以帮助厂商增强差异化的竞争优势，降低开发成本和维护成本，加快产品或服务进入市场的节奏，有效降低营销成本，改变自身的收入模式，改善与客户之间的关系。SaaS 对客户和厂商而言，都具有强大的吸引力，将会给客户和厂商之间带来双赢的大好局面。因此，SaaS 是云计算技术下具有旺盛生命力的应用模式。

11.6.2　大数据技术概述

1. 大数据的定义

1）维基百科的定义

大数据是指其大小或复杂性无法通过现有常用的软件工具，以合理的成本并在可接受的时限内对其进行捕获、管理和处理的数据集。这些困难包括数据的收入、存储、搜索、共享、分析和可视化。

2）Granter 的定义

Granter 公司关注大数据的三个量化指标：数据量、数据种类和处理速度。Granter 认为传统的存储技术难以应付大数据处理，主要存在以下三大挑战。

挑战一：不断增长的数据量。在大数据背景下，数据这一宝贵财富通常是不能删除的，因此数据将不断积累增长，增长速度经常超出人们预计。信息中心需要管理 TB 级甚至 PB 级数据。要为这些数据提供存储、保护和使用的方案，信息系统需要不断地作相应升级或重构，需要投入大量人力物力。

挑战二：多格式数据。海量数据包括了越来越多不同格式的数据，这些不同格式的数据也需要不同的处理方法。从简单的电子邮件、数据日志和信用卡记录，再到仪器收集到的科学研究数据、医疗数据、财务数据以及丰富的媒体数据（包括照片、音乐、视频等），都具有这个特点。

挑战三：性能。速度是指数据从客户端到处理器和存储的移动速度，涉及终端数据处理能力、数据流访问和交付、服务器计算处理能力和后端存储的吞吐能力。速度意味着要求数据必须以足够快的频率被处理。大数据处理需要不同于交易类应用的速度，通常其对带宽的要求比 I/O 操作的速度更重要。

3）IBM 的定义

IBM 认为大数据横跨三个层面：数量，速度和品种。IBM 将大数据概括为三个 V，即大规模（Volume）、高速度（Velocity）和多样化（Variety），这些特点也反映了大数据所潜藏的价值（Value，第四个 "V"）。因此大数据的特征可以整体概括为："海量 + 多样化 + 快速处理 + 价值"。

4）SAS 的定义

SAS 在大数据传统 "3V" 模型定义的基础上加入了 "可变性" 和 "复杂性" 两个重要特征。

可变性主要反映了数据流可能具有高度的不一致性，并存在周期性的峰值。对日常的、季节性和时间驱动的峰值数据流的管理具有挑战性，特别是当社交媒体介入的情况下。

复杂性主要体现在数据来源的多样性上。连接、匹配、清洗和转化来自多个系统的数据是一件非常复杂的事情。除此以外，还需要考虑不同数据源之间的连接关系、关联关系和层次关系等。需要实施数据治理策略，帮助企业系统地集成结构化和非结构化数据资产，产生高质量、恰当的、最新的有用信息。

2. 大数据的研究内容

2012 年冬季，来自 IBM、微软、谷歌、HP、MIT、斯坦福、加州大学伯克利分校、UIUC 等产业界和学术界的数据库领域专家通过在线的方式共同发布了一个关于大数据的白皮书。该白皮书首先指出大数据面临着 5 个主要问题，分别是异构性（Heterogeneity）、规模（Scale）、时间性（Timeliness）、复杂性（Complexity）和隐私性（Privacy）。在这一背景下，大数据的研究工作将面临 5 个方面的挑战：

- 挑战一：数据获取问题。我们需要决策哪些数据需要保持或丢弃等问题，目前这些决策还只能采用特设方法给出。
- 挑战二：数据结构问题。如何将没有语义的内容转换为结构化的格式，并进行后续处理。
- 挑战三：数据集成问题。只有将数据之间进行关联，才能充分发挥数据的作用，因此数据集成也是一项挑战。
- 挑战四：数据分析、组织、抽取和建模是大数据本质的功能性挑战。数据分析是许多大数据应用的瓶颈，目前底层算法缺乏伸缩性、对待分析数据的复杂性估计不够，等等。
- 挑战五：如何呈现数据分析的结果，并与非技术的领域专家进行交互。

为了应对上述挑战，白皮书建议采用现有成熟技术解决大数据带来的挑战，并给出了大数据分析的分析步骤，大致分为数据获取 / 记录、信息抽取 / 清洗 / 注记、数据集成 / 聚集 / 表现、数据分析 / 建模和数据解释 5 个主要阶段。在每个阶段都面临着各自的研究问题。

1）数据获取和记录

研究数据压缩中的科学问题，能够智能地处理原始数据，在不丢失信息的情况下，将海量数据压缩到人可以理解的程度；研究 "在线" 数据分析技术，能够处理实时流数据；研究元数据自动获取技术和相关系统；研究数据来源技术，追踪数据的产生和处理过程。

2）信息抽取和清洗

一般来说，收集到的信息需要一个信息抽取过程，才能用来进行数据分析。抽取的对象可能包含图像、视频等具有复杂结构的数据，而且该过程通常是与应用高度相关的。

一般认为，大数据通常会反映事实情况，实际上大数据中广泛存在着虚假数据。关于数据清洗的现有工作通常假设数据是有效的、良好组织的，或对其错误模型具有良好的先验知识，这些假设在大数据领域将不再正确。

3）数据集成、聚集和表示

由于大量异构数据的存在，大数据处理不能仅仅是对数据进行记录，然后就将其放入存储中。如果仅仅是将一堆数据放入存储中，那么其他人就可能无法查找、修改数据，更不能使用数据了。即使各个数据源都存在元数据，将异构数据整合在一起仍然是一项巨大的挑战。

对大规模数据进行有效分析需要以自动化的方式对数据进行定位、识别、理解和引用。为了实现该目标，需要研究数据结构和语义的统一描述方式与智能理解技术，实现机器自动处理，从这一角度看，对数据结构与数据库的设计也显得尤为重要。

4）查询处理、数据建模和分析

大数据中的噪声很多，具有动态性、异构性、关联性、不可信性等多种特征。尽管如此，即使是充满噪声的大数据也可能比小样本数据更有价值，因为通过频繁模式和相关性分析得到的一般统计数据通常强于具有波动性的个体数据，往往透露更可靠的隐藏模式和知识。互联的大数据可形成大型异构的信息网络，可以披露固有的社区，发现隐藏的关系和模式。此外，信息网络可以通过信息冗余以弥补缺失的数据、交叉验证冲突的情况、验证可信赖的关系。

数据挖掘需要完整的、经过清洗的、可信的、可被高效访问的数据，以及声明性的查询（例如 SQL）和挖掘接口，还需要可扩展的挖掘算法及大数据计算环境。在 TB 级别上的可伸缩复杂交互查询技术是目前数据处理的一个重要的开放性研究问题。当前的大数据分析的一个问题是缺乏数据库系统之间的协作，需要研究并实现将声明性查询语言与数据挖掘、数据统计包有机整合在一起的数据分析系统。

5）解释

仅仅有能力分析大数据本身，而无法让用户理解分析结果，这样的效果价值不大。如果用户无法理解的分析。最终，一个决策者需要对数据分析结果进行解释。对数据的解释不能凭空出现，通常包括检查所有提出的假设并对分析过程进行追踪和折回分析。此外，分析过程中可能引入许多可能的误差来源：计算机系统可能有缺陷、模型总有其适用范围和假设、分析结果可能基于错误的数据等。在这种情况下，大数据分析系统应该支持用户了解、验证、分析电脑所产生的结果。大数据由于其复杂性，这一过程特别具有挑战性，是一个重要的研究内容。

在大数据分析的情景下，仅仅向用户提供结果是不够的。相反，系统应该支持用户不断提供附加资料，解释这种结果是如何产生的。这种附加资料（结果）称之为数据的出处（data provenance）。通过研究如何最好地捕获、存储和查询数据出处，同时配合相关技术捕获足够的元数据，就可以创建一个基础设施，为用户提供解释分析结果，重复分析不同假设、参数和数据集的能力。

具有丰富可视化能力的系统是为用户展示查询结果，进而帮助用户理解特定领域问题的重要手段。早期的商业智能系统主要基于表格形式展示数据，大数据时代下的数据分析师需要采用强大的可视化技术对结果进行包装和展示，辅助用户理解系统，并支持用户进行协作。

此外，通过简单的单击操作，用户应该能够向下钻取到每一块数据，看到和了解数据的出处。针对上述需求，需要研究新的交互方式，支持用户采用"玩"的方式对数据分析过程进行小的调整，并立即对增量化的结果进行查看。通过这种方法，用户能够对分析结果有一个直观的理解，从而帮助用户更好地理解大数据背后的价值。

3. 大数据的应用领域

1）制造业的应用

制造业目前正在向信息化和自动化的方向发展。在产品的设计、生产和销售中，越来越多的企业使用计算机辅助设计（CAD）、计算机辅助制造（CAM）等软件，数控机床、传感器等设备，物料需求计划（MRP）、企业资源计划（ERP）等系统。这些信息技术的应用大大提高了工作效率和产品质量。

然而，随着信息化的不断深入，制造业目前所面临的挑战是在产业信息化之后，如何提升获取和开拓市场需求的能力，从而创造出更有价值的商品。如今，企业管理信息系统中存储的信息，各种工业传感器和数控设备中产生的数据，都将汇集到一起形成大数据，以提高生产效率为目标的信息化制造业转变成以掌握用户需求为目标的智慧化制造业。大数据为制造业的创新转型（无论是精益化提升还是服务化转型）提供了新的路径和方式。

另一方面，海量数据扩大了算法和运筹学的应用领域。例如，在部分制造企业，算法对生产线的传感器信息进行分析，形成了自我调节的流程，从而减少了浪费，避免了代价高昂（有时还十分危险）的人为干预，最终提升产量。

现在，从复印机到喷气发动机等各种产品都可以产生能跟踪其使用情况的数据流。制造商能够分析输入数据，并有可能主动纠正软件缺陷或派遣服务代表到现场维修。一些计算机硬件供应商正在收集和分析这些信息，在发生故障导致客户运营中断前未雨绸缪，提前维护。这些信息还可以用于实施产品变化、预防未来问题的发生、提供客户使用信息等方面，为下一代产品开发提供灵感和思路。

2）服务业的应用

传统的服务业有着悠久的历史。当信息时代到来的时候，服务业就衍化出现了两种形态：一种是信息技术与服务业相结合的信息服务业，另一种是应用信息技术改造传统服务业而来的服务业。前者包括计算机软件、通信服务、信息咨询服务等，后者包括信息化改造后的商业、金融业、旅游业等。大数据恰恰就在这两者之间起到牵线搭桥的作用：一方面它使得信息服务业从提供软硬件技术服务升级到提供智慧解决方案，另一方面它将改变现有的服务业业态模式，将关注点转向数据。

在信息服务业，最常见的大数据分析当属网络公司收集用户的网页点击行为提供有个性化的广告与信息推送服务，需要注意的是这些行为需要考虑用户隐私的保护问题。

在信息化改造后的服务业，大数据更是无处不在。在零售行业，厂商可以通过互联网点击流实时跟踪客户行为、更新客户偏好、建立可能行为的模型。在此基础上，厂商能够确定客户下次购买的时间，通过捆绑优选商品、提供省钱的奖励性计划、对交易实施微调等措施，最终使得整个销售圆满结束。在金融行业，银行可以从大量数据中发现信用卡欺诈和盗用；理财网站从统计的消费数据中来预测宏观的经济趋势；保险公司通过大数据能够找出可疑的权利要求。在旅游行业，企业致力于旅游预订数据的收集、分析与处理，例如，微软的 Bing 搜索引擎能够根据其存储的机票历史数据，帮助用户决定购买航班的最佳时间和最优惠价格。

3）交通行业的应用

当前，出行难问题对各大城市来说都亟待解决。当前，可以利用先进的传感技术、网络技术、计算技术、控制技术、智能技术，对道路和交通进行全面感知。而在大数据时代下的智慧交通，需要融合传感器、监视视频和 GPS 等设备产生的海量数据，甚至与气象监测设备产生的天气状况等数据相结合，从中提取出人们真正需要的信息，及时而准确地进行发布和推送，通过计算直接提供最佳的出行方式和路线。

4）医疗行业的应用

医疗健康问题是当前社会普遍关注的焦点问题。以往，人们总是在发现自己生病时才看病就医，而且到了医院还要经历挂号、求诊、配药等复杂流程，整个过程需要耗费大量时间，容易形成就医难的困境。如今，基于电子医疗记录技术，电子病历正逐渐被各大医疗机构所采用。在去医院前，可以通过网上预约挂号；在就医时，仅使用一张 IC 卡就能付费；医生还可以将问诊过程中的记录，病人的化验单、拍片等诊断数据输入电脑以备随时调用。

在大数据时代，可以将医疗机构的电子病历记录标准化，形成全方位多维度的大数据仓库。系统首先全面分析患者的基本资料、诊断结果、处方、医疗保险情况和付款记录等诸多数据，再将这些不同的数据综合起来，在医生的参与下通过决策支持系统选择最佳的医疗护理解决方案。

下 篇

第12章 信息系统架构设计理论与实践

信息系统架构（Information System Architecture，ISA）是一种体系结构，它反映了一个政府、企业或事业单位信息系统的各个组成部分之间的关系，以及信息系统与相关业务，信息系统与相关技术之间的关系。本章主要介绍信息系统架构的基本概念及其发展历程，阐述信息系统架构的基本原理、分类、常用架构风格和架构模型，以及企业信息系统架构框架。重点分两部分讲解架构开发方法论（ADM）和信息化工程的相关知识。最后给出了信息系统架构案例分析。

12.1 信息系统架构基本概念及发展

随着技术的进步，信息系统的规模越来越大，复杂程度越来越高，系统的结构显得越来越重要。对于大规模的复杂系统来说，对总体的系统结构设计比起对计算算法和数据结构的选择已经变得更重要。在这种情况下，人们认识到系统架构的重要性，设计并确定系统整体结构的质量成为了重要的议题。系统架构对于系统开发时所涉及的成熟产品与相关的组织整合问题具有非常重要的作用，而系统架构师正是解决这些问题的专家。系统架构作为集成技术框架规范了开发和实现系统所必需的技术层面的互动，作为开发内容框架影响了开发组织和个人的互动，因此，技术和组织因素也是系统架构要讨论的主要话题。在系统开发项目中，系统架构师是项目的总设计师，是企业生产新产品、新技术体系的构建者，是目前系统开发中急需的高层次技术人才。

12.1.1 信息系统架构的概述

信息就是对客观事物的反映，从本质上看信息是对社会、自然界的事物特征、现象、本质及规律的描述。信息通常是指音讯、消息、通信系统传输和处理的对象，泛指人类社会传播的一切内容。人通过获得、识别自然界和社会的不同信息来区别不同事物，得以认识和改造世界。1948年，数学家香农在题为《通信的数学理论》的论文中指出："信息是用来消除随机不定性的东西。"创建一切宇宙万物的最基本万能单位是信息。

信息系统架构（Information System Architecture，ISA）则是指对某一特定内容里的信息进行统筹、规划、设计、安排等一系列有机处理的活动。它的主体对象是信息，由信息建筑师来加以设计结构、决定组织方式以及归类，好让使用者与用户容易寻找与管理的一项艺术与科学。

现代信息系统的"架构"本质上存在两个层次：一个是概念层次，一个是物理层次。而概念层次则包含了艺术、科学、方法和建设风格。物理层次是指在一系列的架构工作之后而产生的物理结构及其相互作用的结果。

在实际工作中，为了有效地管理公司和运营业务，首先必须定义和建立一系列清晰的、实用的信息及其处理流程。这就是在一个企业中的企业总体业务架构观念，所谓信息系统架构必须支持这一观念。

目前，信息系统架构已经成为软件工程领域的研究热点。作为大型软件系统与软件产品线开发中的关键技术之一，已发展为软件工程领域的一个独立学科分支。由于所属的专业领域、学术研究和实践内容的不同，研究人员对信息系统架构有不同的理解和定义。

信息系统架构是关于软件系统的结构、行为和属性的高级抽象。在描述阶段，其对象是直接构成系统的抽象组件以及各个组件之间的连接规则，特别是相对细致地描述组件之间的通信。在实现阶段，这些抽象组件被细化为实际的组件，比如具体类或者对象。软件系统架构不仅指定了软件系统的组织结构和拓扑结构，而且表示了系统需求和构成组件之间的对应关系，包括设计决策的基本方法和基本原理。

12.1.2   信息系统架构的发展

20 世纪 80 年代中期，在 IBM 工作的 John Zachman 首先引入"信息系统架构框架"的概念。Zachman 被公认为是企业架构领域的开拓者，他认为使用一个逻辑的企业构造蓝图（即一个架构）来定义和控制企业系统和其组件的集成是非常有用的。为此，Zachman 提出从信息、流程、网络、人员、时间和基本原理等 6 个视角来分析企业，并提供了与这些视角相对应的 6 个模型，包括语义、概念、逻辑、物理、组件和功能模型。

1999 年 9 月，美国联邦 CIO 委员会公布了联邦企业架构框架，意图是为联邦机构提供一个架构的公共结构，以利于这些联邦机构间的公共业务流程、技术引入、信息流和系统投资的协调等。

联邦企业架构框架定义了一个 IT 企业架构作为战略信息资产库，它定义了业务、运营业务所必须的业务信息，支持业务运行的必要的 IT 技术，响应业务变革实施新技术所必须的变革流程等要素。

随后，政府、应用企业、咨询和研究机构、厂商广泛参与，企业架构标准化的工作越来越重要，也产生了一些研究团体和标准框架。目前，业界最有名的企业架构框架是 TOGAF（The Open Group Architecture Framework，Open Group 架构框架），TOGAF 是一个行业标准的架构框架，它可以被任何希望开发一个信息系统架构的组织在组织内免费使用。

企业信息系统架构实施的主体是企业，企业的需求才是信息系统架构发展的引擎。而企业软件的需求来源广泛，企业信息化需要支持市场需求、环境要求、经营需要、技术发展、用户要求以及法律需求，涉及企业的各个业务领域，而几乎所有领域都能够和信息技术相结合构成企业信息化项目。

信息系统架构的研究已发展为软件工程领域的一个独立学科分支，研究主要包括信息系统架构描述语言、信息系统架构的描述与表示、信息系统架构的分析与验证、基于架构的软件维护与演化、信息系统架构的可靠性等方面。

12.1.3   信息系统架构的定义

信息系统架构仍在不断发展中，还没有形成一个统一的、公认的定义，这里仅举出几个较权威的定义。

定义 1：软件或计算机系统的信息系统架构是该系统的一个（或多个）结构，而结构由软件元素、元素的外部可见属性及它们之间的关系组成。

定义 2：信息系统架构为软件系统提供了一个结构、行为和属性的高级抽象，由构成系统元素的描述、这些元素的相互作用、指导元素集成的模式及这些模式的约束组成。

定义 3：信息系统架构是指一个系统的基础组织，它具体体现在：系统的构件，构件之间、构件与环境之间的关系，以及指导其设计和演化的原则上。

前两个定义都是按"元素—结构—架构"这一抽象层次来描述的，它们的基本意义相同，其中定义 1 较通俗，因此，本章采用这一定义。该定义中的"软件元素"是指比"构件"更一般的抽象，元素的"外部可见属性"是指其他元素对该元素所做的假设，如它所提供的服务、性能特征等。

为了更好地理解信息系统架构的定义，特作如下说明：

（1）架构是对系统的抽象，它通过描述元素、元素的外部可见属性及元素之间的关系来反映这种抽象。因此，仅与内部具体实现有关的细节是不属于架构的，即定义强调元素的"外部可见"属性。

（2）架构由多个结构组成，结构是从功能角度来描述元素之间的关系的，具体的结构传达了架构某方面的信息，但是个别结构一般不能代表大型信息系统架构。

（3）任何软件都存在架构，但不一定有对该架构的具体表述文档。即架构可以独立于架构的描述而存在。如文档已过时，则该文档不能反映架构。

（4）元素及其行为的集合构成架构的内容。体现系统由哪些元素组成，这些元素各有哪些功能（外部可见），以及这些元素间如何连接与互动。即在两个方面进行抽象：在静态方面，关注系统的大粒度（宏观）总体结构（如分层）；在动态方面，关注系统内关键行为的共同特征。

（5）架构具有"基础"性：它通常涉及解决各类关键重复问题的通用方案（复用性），以及系统设计中影响深远（架构敏感）的各项重要决策（一旦贯彻，更改的代价昂贵）。

（6）架构隐含有"决策"，即架构是由架构设计师根据关键的功能和非功能性需求（质量属性及项目相关的约束）进行设计与决策的结果。不同的架构设计师设计出来的架构是不一样的，为避免架构设计师考虑不周，重大决策应经过评审。特别是架构设计师自身的水平是一种约束，不断学习和积累经验才是摆脱这种约束走向优秀架构师的必经之路。

在设计信息系统架构时也必须考虑硬件特性和网络特性，因此，信息系统架构与系统架构二者间的区别其实不大。但是，在大多情况下，架构设计师在软件方面的选择性较之硬件方面，其自由度大得多。因此，使用"信息系统架构"这一术语，也表明了一个观点：架构设计师通常将架构的重点放在软件部分。

将信息系统架构置于商业背景中进行观察，可以发现信息系统架构对企业非常重要。

（1）影响架构的因素。软件系统的项目干系人（客户、用户、项目经理、程序员、测试人员、市场人员等）对软件系统有不同的要求、开发组织（项目组）有不同的人员知识结构、架构设计师的素质与经验、当前的技术环境等方面都是影响架构的因素。这些因素通过功能性需求、非功能性需求、约束条件及相互冲突的要求，影响架构设计师的决策，从而影响架构。

（2）架构对上述诸因素具有反作用，例如，影响开发组织的结构。架构描述了系统的大粒度（宏观）总体结构，因此可以按架构进行分工，将项目组分为几个工作组，从而使开发有序；影响开发组织的目标，即成功的架构为开发组织提供了新的商机，这归功于：系统的示范性、架构的可复用性及团队开发经验的提升，同时，成功的系统将影响客户对下一个系统的要求等。这种反馈机制构成了架构的商业周期。

12.2   信息系统架构

12.2.1   架构风格

信息系统架构设计的一个核心问题是能否使用重复的信息系统架构模式，即能否达到架构级别的软件重用。也就是说，能否在不同的软件系统中，使用同一架构。

信息系统架构风格是描述某一特定应用领域中系统组织方式的惯用模式。架构风格定义了一个系统家族，即一个架构定义一个词汇表和一组约束。词汇表中包含一些构件和连接件类型，而这组约束指出系统是如何将这些构件和连接件组合起来的。架构风格反映了领域中众多系统所共有的结构和语义特性，并指导如何将各个模块和子系统有效地组织成一个完整的系统。按这种方式理解，信息系统架构风格定义了用于描述系统的术语表和一组指导构建系统的规则。

信息系统架构风格为大粒度的软件重用提供了可能。然而，对于应用架构风格来说，由于视点的不同，架构设计师有很大的选择余地。要为系统选择或设计某一个架构风格，必须根据特定项目的具体特点，进行分析比较后再确定，架构风格的使用几乎完全是特定的。

信息系统架构风格通常也遵循通用的架构风格，Garlan 和 Shaw 给出的通用架构风格包括：

（1）数据流风格：批处理序列；管道 / 过滤器。

（2）调用 / 返回风格：主程序 / 子程序；面向对象风格；层次结构。

（3）独立构件风格：进程通信；事件系统。

（4）虚拟机风格：解释器；基于规则的系统。

（5）仓库风格：数据库系统；超文本系统；黑板系统。

有关通用架构风格已在 7.3 节给出详细描述，这里不再说明。

12.2.2   信息系统架构分类

12.1.1 节已经提到，信息系统架构可分为物理结构与逻辑结构两种，物理结构是指不考虑系统各部分的实际工作与功能结构，只抽象地考察其硬件系统的空间分布情况。逻辑结构是指信息系统各种功能子系统的综合体。

1. 信息系统物理结构

按照信息系统硬件在空间上的拓扑结构，其物理结构一般分为集中式与分布式两大类。

1）集中式结构

集中式结构是指物理资源在空间上集中配置。早期的单机系统是最典型的集中式结构，它将软件、数据与主要外部设备集中在一套计算机系统之中。由分布在不同地点的多个用户通过终端共享资源组成的多用户系统，也属于集中式结构。

集中式结构的优点是资源集中，便于管理，资源利用率较高。但是随着系统规模的扩大，以及系统的日趋复杂，集中式结构的维护与管理越来越困难，也不利于用户发挥在信息系统建设过程中的积极性与主动性。此外，资源过于集中会造成系统的脆弱，一旦主机出现故障，就会使整个系统瘫痪。在信息系统建设中，一般很少使用集中式结构。

2）分布式结构

随着数据库技术与网络技术的发展，分布式结构的信息系统开始产生，分布式系统是指通过计算机网络把不同地点的计算机硬件、软件、数据等资源联系在一起，实现不同地点的资源共享。各地的计算机系统既可以在网络系统的统一管理下工作，也可以脱离网络环境利用本地资源独立运作。由于分布式结构适应了现代企业管理发展的趋势，即企业组织结构朝着扁平化、网络化方向发展，分布式结构已经成为信息系统的主流模式。

分布式结构的主要特征是：可以根据应用需求来配置资源，提高信息系统对用户需求与外部环境变化的应变能力，系统扩展方便，安全性好，某个结点所出现的故障不会导致整个系统停止运作。然而由于资源分散，且又分属于各个子系统，系统管理的标准不易统一，协调困难，不利于对整个资源的规划与管理。

分布式结构又可分为一般分布式与客户机/服务器模式。

一般分布式系统中的服务器只提供软件与数据的文件服务，各计算机系统根据规定的权限存取服务器上的数据文件与程序文件。

客户机/服务器结构中，网络上的计算机分为客户机与服务器两大类。服务器包括文件服务器、数据库服务器、打印服务器等；网络结点上的其他计算机系统则称为客户机。用户通过客户机向服务器提出服务请求，服务器根据请求向用户提供经过加工的信息。

2. 信息系统的逻辑结构

信息系统的逻辑结构是其功能综合体和概念性框架。由于信息系统种类繁多，规模不一，功能上存在较大差异，其逻辑结构也不尽相同。

对于一个工厂的管理信息系统，从管理职能角度划分，包括供应、生产、销售、人事、财务等主要功能的信息管理子系统。一个完整的信息系统支持组织的各种功能子系统，使得每个子系统可以完成事务处理、操作管理、管理控制与战略规划等各个层次的功能。在每个子系统中可以有自己的专用文件，同时可以共用系统数据库中的数据，通过接口文件实现子系统之间的联系。与之相类似，每个子系统有各自的专用程序，也可以调用服务于各种功能的公共程序，以及系统模型库中的模型。

信息系统结构的综合：

从不同的侧面，人们可对信息系统进行不同的分解。在信息系统研制的过程中，最常见的方法是将信息系统按职能划分成一个个职能子系统，然后逐个研制和开发。显然，即使每个子系统的性能均很好，并不能确保每个系统的优良性能，切不可忽视对整个系统的全盘考虑，尤其是对各个子系统之间的相互关系应做充分的考虑。因此，在信息系统开发中，强调各子系统之间的协调一致性和整体性。要达到这个目的，就必须在构造信息系统时注意对各种子系统进行统一规划，并对各子系统进行综合。

1）横向综合

将同一管理层次的各种职能综合在一起，例如，将运行控制层的人事和工资子系统综合在一起，使基层业务处理一体化。

2）纵向综合

把某种职能的各个管理层次的业务组织在一起，这种综合沟通了上下级之间的联系，如工厂的会计系统和公司的会计系统综合在一起，它们都有共同之处，能形成一体化的处理过程。

3）纵横综合

主要是从信息模型和处理模型两个方面来进行综合，做到信息集中共享，程序尽量模块化，注意提取通用部分，建立系统公用数据库和统一的信息处理系统。

12.2.3　信息系统架构的一般原理

在信息系统中使用体系结构一词，不如计算机体系结构，网络体系结构和数据体系结构那么显而易见。这是因为信息系统是基于计算机、通信网络等现代化工具和手段，服务于信息处理的人机系统，不仅包括了计算机、网络和数据等，并且还包含了大量人的因素，因此对信息系统架构的研究比计算机体系结构、网络体系结构、数据体系结构要复杂得多。

信息系统架构指的是在全面考虑企业的战略、业务、组织、管理和技术的基础上，着重研究企业信息系统的组成成分及成分之间的关系，建立起多维度分层次的、集成的开放式体系结构，并为企业提供具有一定柔性的信息系统及灵活有效的实现方法。

对于每个具体的企业，其管理方式、运作模式、组织形式、机构大小、工作习惯、经营策略都各不相同，反映在信息系统的建设上，为软硬件产品的选择、系统环境的构造、用户界面的形式、数据库的要求，以及程序的编制都不一样。并且随着社会的变革、企业的发展、技术的进步，不仅要求信息系统具有较强的适应性，即在环境变化的情况下，系统的变化能达到最小，而且要求信息系统具有对自身进行改进、扩充和完善的能力，同时不影响企业的正常运转，对企业不造成风险。虽然软件工程在软件开发方法学、软件工具与软件工程环境，以及软件工程管理方法学上都取得了很大进展，极大地提高了软件的生产率与可靠性，实现了软件产品的优质高产。但是，对信息系统柔性化需求没有实质性的改变。

一个事物对环境的变化具有适应能力，意味着该事物能根据环境变化进行适当的改变，这种改变可能是局部的、表面的，也可能是全局的、本质性的。事物改变自己的程度与环境的变化程度，以及环境变化对事物产生的压力程度有关。事物之所以具有适应能力，是因为该事物中存在着一些基本部分，无论外界环境怎样变化，这些基本部分始终不变，另外还存在一些可随环境变化而变化的部分。对于不同的事物，不变的部分和变化的部分所占的比例是不同的。

因此，这里认为架构包含两个基本部分：组成成分和组成成分之间的关系。在外界环境方式变化时架构中组成成分和关系有些可能是不变的，有些则可能要产生很大的变化。在信息系统中，析出相对稳定的组成成分与关系，并在相对稳定部分的支持下，对相对变化较多的部分进行重新组织，以满足变化的要求，就能够使得信息系统对环境的变化具有一定的适应能力，即具有一定的柔性 . 这就是信息系统架构的基本原理。

12.2.4　信息系统常用4种架构模型

本节主要介绍几种常用的信息系统结构模式，可以供应用系统设计时参考。这些模式主要包括：单机应用系统、两层 / 多层 C/S、MVC 结构、面向服务的 SOA 与多服务集合和数据交换总线等。

1. 单机应用模式（Standalone）

准确地讲，单机应用系统是最简单的软件结构，是指运行在一台物理机器上的独立应用程序。当然，该应用可以是多进程或多线程的。

在信息系统普及之前的时代，大多数软件系统其实都是单机应用系统。这并不意味着它们简单，实际情况是这样的系统有时更加复杂，因为软件技术最初普及时，多数行业只是将软件技术当作辅助手段来解决自己专业领域的问题，其中大多都是较深入的数学问题或图形图像处理算法的实现。

有些系统非常庞大，可多达上百万行代码，而这些程序当时可都是一行行写出来的。这样一个大型的软件系统，要有许多个子系统集成在一个图形界面上执行，并可在多种如 UNIX 和 DOS 平台下运行。而这些软件系统，从今天的软件架构上来讲，是很简单，是标准的单机系统。当然至今，这种复杂的单机系统也有很多，它们大多都是专业领域的产品，如 CAD/CAM 领域的 CATIA、Pro/Engineer，Autodesk 的 AutoCAD，还有熟悉的 Photoshop、CorelDraw，等等。

软件架构设计较为重要的应用领域就是信息系统领域，即以数据处理（数据存储、传输、安全、查询、展示等）为核心的软件系统。

2. 客户机 / 服务器（Client/Server）模式

客户机 / 服务器模式是信息系统中最常见的一种。C/S 概念可理解为基于 TCP/IP 协议的进程间通信 IPC 编程的"发送"与"反射"程序结构，即 Client 方向 Server 方发送一个 TCP 或 UDP 包，然后 Server 方根据接收到的请求向 Client 方回送 TCP 或 UDP 数据包，目前 C/S 架构非常流行下面介绍四种常见的客户机 / 服务器的架构。

1）两层 C/S

两层 C/S，其实质就是 IPC 客户端 / 服务器结构的应用系统体现。两层 C/S 结构通俗地说就是人们常说的"胖客户端"模式。在实际的系统设计中，该类结构主要是指前台客户端 + 后台数据库管理系统，如图 12-1 所示。

在两层 C/S 结构中，图 12-1 前台界面 + 后台数据库服务的模式最为典型，传统的很多数据库前端开发工具（如 Power Builder、Delphi、VB）等都是用来专门制作这种结构的软件工具。两层 C/S 结构实际上就是将前台界面与相关的业务逻辑处理服务的内容集成在一个可运行单元中了。

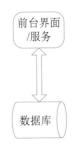

图 12-1　典型的两层
客户机 / 服务器架构

2）三层 C/S 与 B/S 结构

三层 C/S 结构如图 12-2（a）所示，其前台界面送往后台的请求中，除了数据库存取操作以外，还有很多其他业务逻辑需要处理。三层 C/S 的前台界面与后台服务之间必须通过一种协议（自开发或采用标准协议）来通信（包括请求、回复、远程函数调用等），通常包括以下 7 种：

（1）基于 TCP/IP 协议，直接在底层 Socket API 基础上自行开发。这样做一般只适合需求与功能简单的小型系统。

（2）首先建立自定义的消息机制（封装 TCP/IP 与 Socket 编程），然后前台与后台之间的通信通过该消息机制来实现。消息机制可以基于 XML，也可以基于字节流（Stream）定义。虽然是属于自定义通信，但是，它可以基于此构建大型分布式系统。

（3）基于 RPC 编程。

（4）基于 CORBA/IIOP 协议。

（5）基于 Java RMI。

（6）基于 J2EE JMS。

（7）基于 HTTP 协议。比如浏览器与 Web 服务器之间的信息交换。这里需要指出的是 HTTP 不是面向对象的结构，面向对象的应用数据会被首先平面化后进行传输。

目前最典型的基于三层 C/S 结构的应用模式便是我们最熟悉、较流行的 B/S（Brower/Server，浏览器 / 服务器）模式，如图 12-2（b）所示。

图 12-2（b）的 B/S 结构中，Web 浏览器是一个用于文档检索和显示的客户应用程序，并通过超文本传输协议 HTTP（Hyper Text Transfer Protocol）与 Web 服务器相连。该模式下，通用的、低成本的浏览器节省了两层结构的 C/S 模式客户端软件的开发和维护费用。这些浏览器大家都很熟悉，包括 MS Internet Explorer、Mozilla FireFox、NetScape 等。

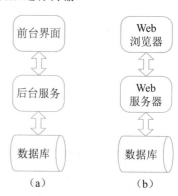

图 12-2   三层 C/S 与 B/S 架构

Web 服务器是指驻留于因特网上某种类型计算机的程序。当 Web 浏览器（客户端）连到服务器上并请求文件或数据时，服务器将处理该请求并将文件或数据发送到该浏览器上，附带的信息会告诉浏览器如何查看该文件（即文件类型）。服务器使用 HTTP 进行信息交流，可称为 HTTP 服务器。

我们每天都在 Web 浏览器上进行各种操作，这些操作中绝大多数其实都是在 Web 服务器上执行的，Web 浏览器只是将我们的请求以 HTTP 协议格式发送到 Web 服务器端或将返回的查询结果显示而已。当然，驻留 Web 浏览器与服务器的硬件设备可以是位于 Web 网络上的两台相距千里的计算机。

应该强调的是 B/S 模式的浏览器与 Web 服务器之间的通信仍然是 TCP/IP，只是将协议格式在应用层进行了标准化。实际上 B/S 是采用了通用客户端界面的三层 C/S 结构。

3）多层 C/S 结构

多层 C/S 结构一般是指三层以上的结构，在实践中主要是三层与四层，四层即前台界面

（如浏览器）、Web 服务器、中间件（或应用服务器）及数据库服务器，典型的客户机 / 服务器软件结构如图 12-3 所示。

图 12-3　典型多层客户机 / 服务器架构

多层客户机 / 服务器模式主要用于较有规模的企业信息系统建设，其中中间件一层主要完成以下几个方面的工作：

（1）提高系统可伸缩性，增加并发性能。在大量并发访问发生的情况下，Web 服务器可处理的并发请求数可以在中间件一层得到更进一步的扩展，从而提高系统整体并发连接数。

（2）中间件 / 应用层这一层专门完成请求转发或一些与应用逻辑相关的处理，具有这种作用的中间件一般可以作为请求代理，也可作为应用服务器。中间件的这种作用在 J2EE 的多层结构中比较常用，如 BEA WebLogic、IBM WebSphere 等提供的 EJB 容器，就是专门用以处理复杂企业逻辑的中间件技术组成部分。

（3）增加数据安全性。在网络结构设计中，Web 服务器一般都采用开放式结构，即直接可以被前端用户访问，如果是一些在公网上提供服务的应用，则 Web 服务器一般都可以被所有能访问与联网的用户直接访问。因此，如果在软件结构设计上从 Web 服务器就可以直接访问企业数据库是不安全的。因此，中间件的存在，可以隔离 Web 服务器对企业数据库的访问请求：Web 服务器将请求先发给中间件，然后由中间件完成数据库访问处理后返回。

4）MVC

MVC（Model-View-Controller）的概念在目前信息系统设计中非常流行，严格来讲，MVC 实际上是上述多层 C/S 结构的一种常用的标准化模式，或者可以说是从另一个角度去抽象这种多层 C/S 结构。

在 J2EE 架构中，View 表示层指浏览器层，用于图形化展示请求结果；Controller 控制器指 Web 服务器层，Model 模型层指应用逻辑实现及数据持久化的部分。目前流行的 J2EE 开发框架，如 JSF、Struts、Spring、Hibernate 等及它们之间的组合，如 Struts+Spring+Hibernate（SSH）、JSP+Spring+Hibernate 等都是面向 MVC 架构的。另外，PHP、Perl、MFC 等语言都有 MVC 的实现模式。

MVC 主要是要求表示层（视图）与数据层（模型）的代码分开，而控制器则可以用于连接不同的模型和视图来完成用户的需求。从分层体系的角度来讲，MVC 的层次结构如图 12-4 所示，控制器与视图通常处于 Web 服务器一层，而根据"模型"有没有将业务逻

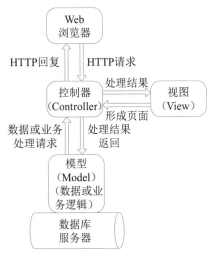

图 12-4　MVC 架构的分层体系

辑处理分离成单独服务处理，MVC 可以分为三层或四层体系。

3. 面向服务架构（SOA）模式

上面所论述的客户机 / 服务器模式，无论多少层的 C/S 软件结构，对外来讲，都只是一个单结点应用（无论它由多个不同层的"服务"相互配合来完成其功能），具体表现为一个门户网站、一个应用系统等。而多个单点应用相互通信的多服务结构也是一种信息系统常用的架构模式。

1）面向服务架构

如果两个多层 C/S 结构的应用系统之间需要相互进行通信，那么，就产生了面向服务架构，称为 Service Oriented Architecture，简称 SOA，如图 12-5 所示。

图 12-5　多服务结构

在 SOA 的概念中，将由多层服务组成的一个结点应用看作是一个单一的服务。在 SOA 的定义里，对"服务"的概念进行的广义化，即它不是指计算机层面的一个 Daemon，而是指向提供一组整体功能的独立应用系统。所谓独立应用系统是指：无论该应用系统由多少层服务组成，去掉任何一层，它都将不能正常工作，对外可以是一个提供完整功能的独立应用。这个特征便可以将面向服务架构与多层单服务体系完全区分开来。

两个应用之间一般通过消息来进行通信，可以互相调用对方的内部服务、模块或数据交换和驱动交易等。在实践中，通常借助中间件来实现 SOA 的需求，如消息中间件、交易中间件等。面向服务架构在实践中，又可以具体分为异构系统集成、同构系统聚合、联邦体系结构等。

2）Web Service

面向服务架构体现在 Web 应用之间，就成为了 Web Service，即两个互联网应用之间可以相互向对方开放一些内部"服务"（这种服务可以理解为功能模块、函数、过程等）。目前，Web 应用对外开放其内部服务的协议主要有 SOAP 与 WSDL，具体资料可以查阅相关标准。

Web Service 是面向服务架构的一个最典型、最流行的应用模式，但除了由 Web 应用为主而组成的特点以外，Web Service 最主要的应用是一个 Web 应用向外提供内部服务，而不像传统意义上 SOA 那样有更加丰富的应用类型。

3）面向服务架构的本质

面向服务架构的本质是消息机制或远程过程调用（RPC）。虽然其具体的实现底层并不一定是采用 RPC 编程技术，但两个应用之间的相互配合确实是通过某种预定义的协议来调用对方的"过程"实现的，这与前节所讲多层架构的单点应用系统中，两个处于不同层的运行实例相互之间通信的协议类型基本是相同的。

4. 企业数据交换总线

实践中，还有一种较常用的架构，即企业数据交换总线，即不同的企业应用之间进行信息交换的公共通道，如图 12-6 所示。

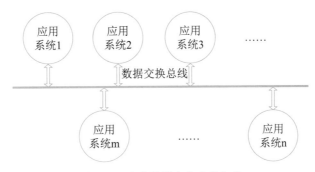

图 12-6　企业数据交换总线架构

　　这种架构在大型企业不同应用系统进行信息交换时使用较普遍，在国内，主要是银行或电信等信息化程度较高的行业采用此种结构，其他的许多行业虽然也有类似的需求，但大多都仍处于半信息化阶段，没有达到"企业数据交换总线"的层次。

　　关于数据总线本身，其实质应该是一个称之为连接器的软件系统（Connector），它可以基于中间件（如：消息中间件或交易中间件）构建，也可以基于 CORBA/IIOP 协议开发，主要功能是按照预定义的配置或消息头定义，进行数据（data）、请求（request）或回复（response）的接收与分发。

　　从理论上来讲，企业数据交换总线可以同时具有实时交易与大数据量传输的功能，但在实践中，成熟的企业数据交换总线主要是为实时交易而设计的，而对可靠的大数据量级传输需求往往要单独设计。如果采用 CORBA 为通信协议，交换总线就是对象请求代理（ORB），也被称之为"代理（Agent）体系"。另外，在交换总线上挂接的软件系统，有些也可以实现代理的功能，各代理之间可以以并行或串行的方式进行工作，通过挂接在同一交换总线上的控制器来协调各代理之间的活动。

12.2.5　企业信息系统的总体框架

　　信息系统的架构（Information System Architecture，ISA）中的 Architecture 含义具有丰富内涵和作用，相比计算机领域的 Architecture 来说它的单一性、片面性模型是难以描述 ISA 的全部的，ISA 模型应该是多维度，分层次、高度集成化的模型。

　　要在企业中建立一个有效集成的 ISA，必须考虑企业中的四个方面：战略系统、业务系统、应用系统和信息基础设施。信息系统体系结构的总体参考框架如图 12-7 所示。

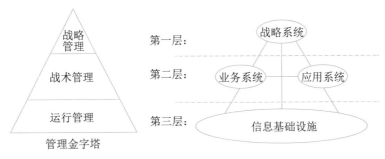

图 12-7　信息系统体系结构的总体框架

信息系统体系结构总体参考框架由四个部分组成，即战略系统、业务系统、应用系统和信息基础设施。这四个部分相互关联，并构成与管理金字塔相一致的层次。战略系统处在第一层，其功能与战略管理层次的功能相似，一方面向业务系统提出重组的要求。另一方面向应用系统提出集成的要求。业务系统和应用系统同在第二层，属于战术管理层，业务系统在业务处理流程的优化上对企业进行管理控制和业务控制，应用系统则为这种控制提供计算机实现的手段，并提高企业的运行效率。信息基础设施处在第三层，是企业实现信息化的基础部分，相当于运行管理层，它在为应用系统和战略系统提供数据上支持的同时，也为企业的业务系统实现重组提供一个有效的、灵活响应的技术上和管理上的支持平台。

1. 战略系统

战略系统是指企业中与战略制定、高层决策有关的管理活动和计算机辅助系统。

在 ISA 中战略系统由两个部分组成，其一是为以计算机为基础的高层决策支持系统，其二是企业的战略规划体系。在 ISA 中设立战略系统有两重含义：一是它表示信息系统对企业高层管理者的决策支持能力；二是它表示企业战略规划对信息系统建设的影响和要求。

通常企业战略规划分成长期规划和短期规划两种，长期规划相对来说，比较稳定，如：调整产品结构；短期规划一般是根据长期规划的目的而制定，相对来说，容易根据环境、企业运作情况而改变，如：决定新产品的类型。

2. 业务系统

业务系统是指企业中完成一定业务功能的各部分（物质、能量、信息和人）组成的系统。企业中有许多业务系统，如：生产系统、销售系统、采购系统、人事系统、会计系统等，每个业务系统由一些业务过程来完成该业务系统的功能，例如：会计系统，包括应付账款、应收账款、开发票、审计等业务过程。业务过程可以分解成一系列逻辑上相互依赖的业务活动，业务活动的完成有先后次序，每个业务活动都有执行的角色，并处理相关数据。

企业业务过程重组是以业务流程为中心，打破企业的职能部门分工，对现有的业务过程进行改进或重新组织，以求在生产效率、成本、质量、交货期等方面取得明显改善，提高企业的市场竞争力。据估计，企业业务过程重组可使企业的经济效率提高 70% ～ 80%。

业务系统作为一个组成成分在 ISA 中的作用是：对企业现有业务系统、业务过程和业务活动进行建模，并在企业战略的指导下，采用业务流程重组（Business Process Reengineering，BPR）的原理和方法进行业务过程优化重组，并对重组后的业务领域、业务过程和业务活动进行建模，从而确定出相对稳定的数据，以此相对稳定的数据为基础，进行企业应用系统的开发和信息基础设施的建设。

3. 应用系统

应用系统即应用软件系统，指信息系统中的应用软件部分。软件按其与计算机硬件和用户的关系，可以分为系统软件、支持性软件和应用软件，它们具有层次性关系。

对于企业信息系统中的应用软件（应用系统），一般按完成的功能可包含：事务处理系统TPS、管理信息系统 MIS、决策支持系统 DSS、专家系统 ES、办公自动化系统 OAS、计算机辅

助设计 / 计算机辅助工艺设计 / 计算机辅助制造 CAD/CAPP/CAM、制造资源计划系统 MRP Ⅱ 等。对于其中的 MIS、MRP Ⅱ 又可按所处理的业务，再细分为子系统：生产控制子系统、销售管理子系统、采购管理子系统、库存管理子系统、运输管理子系统、财务管理子系统、人事管理子系统、设备管理子系统等。

无论哪个层次上的应用系统，从架构的角度来看，都包含两个基本组成部分：内部功能实现部分和外部界面部分。

这两个基本部分由更为具体的组成成分及组成成分之间的关系构成。界面部分是应用系统中相对变化较多的部分，主要由用户对界面形式要求的变化引起，功能实现部分中，相对来说，处理的数据变化较小，而程序的算法和控制结构的变化较多，主要由用户对应用系统功能需求的变化和对界面形式要求的变化引起。

4. 企业信息基础设施

企业信息基础设施（Enterprises Information Infrastructure，EII）是指根据企业当前业务和可预见的发展趋势，及对信息采集、处理、存储和流通的要求，构筑由信息设备、通信网络、数据库、系统软件和支持性软件等组成的环境。这里可以将企业信息基础设施分成三部分：技术基础设施、信息资源设施和管理基础设施。

- 技术基础设施由计算机、网络、系统软件、支持性软件、数据交换协议等组成；
- 信息资源设施由数据与信息本身、数据交换的形式与标准、信息处理方法等组成；
- 管理基础设施指企业中信息系统部门的组织结构、信息资源设施管理人员的分工、企业信息基础设施的管理方法与规章制度等。

技术基础设施由于技术的发展和企业系统需求的变化，在信息系统的设计、开发和维护中，面临的变化因素较多，并且由于实现技术的多样性，完成同一功能有多种实现方式。信息资源设施在系统建设中的相对变化较小，无论企业完成何种功能，业务流程如何变化，都要对数据和信息进行处理，它们中的大部分不随业务改变而改变。企业为了适应环境的变化和满足竞争的需要，尤其在我国向市场经济转轨的阶段，我国经济政策的出台或改变，将在很大程度上造成企业规章制度、管理方法、人员分工以及组织结构的改变，因此，管理基础设施相对变化较多。

上面只是对信息基础设施中的三个基本组成部分的相对稳定与相对变化程度的笼统说明，在技术基础设施、信息资源设施、管理基础设施中都有相对稳定的部分和相对易变的部分，不能一概而论。

12.3　信息系统架构设计方法

12.3.1　ADM架构开发方法

1. TOGAF 概述

TOGAF（The Open Group Architecture Framework，TOGAF）是一种开放式企业架构框架标准，它为标准、方法论和企业架构专业人员之间的沟通提供一致性保障。TOGAF 的能力框架见图 12-8。

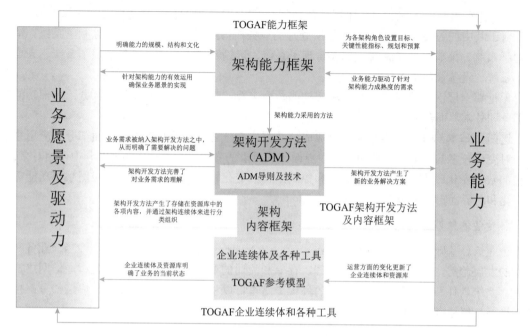

图 12-8　TOGAF 能力框架

　　TOGAF 由国际标准权威组织 The Open Group 制定。The Open Group 于 1993 年开始应客户要求制定系统架构的标准，在 1995 年发表 TOGAF 架构框架。TOGAF 的基础是美国国防部的信息管理技术架构（Technical Architecture For Information Management，TAFIM）。它是基于一个迭代（Iterative）的过程模型，支持最佳实践和一套可重用的现有架构资产。它可让设计、评估、并建立组织的正确架构。在国际上，TOGAF 已经被验证，可以灵活、高效地构建企业 IT 架构。引进 TOGAF，将对国内软件产业产生重要影响。

　　该框架旨在通过以下四个目标帮助企业组织和解决所有关键业务需求。

　　（1）确保从关键利益相关方到团队成员的所有用户都使用相同的语言。这有助于每个人以相同的方式理解框架，内容和目标，并让整个企业在同一页面上打破任何沟通障碍。

　　（2）避免被"锁定"到企业架构的专有解决方案。只要该公司在内部使用 TOGAF 而不是用于商业目的，该框架就是免费的。

　　（3）节省时间和金钱，更有效地利用资源。

　　（4）实现可观的投资回报（ROI）。

　　TOGAF 反映了企业内部架构能力的结构和内容，TOGA 9 版本包括六个组件：

　　（1）架构开发方法：这部分是 TOGAF 的核心。它描述了 TOGAF 架构开发方法（ADM），即一种开发企业架构的分步方法。

　　（2）ADM 指南和技术：这部分包含一系列可用于应用 ADM 的指南和技术。

　　（3）架构内容框架：这部分描述了 TOGAF 内容框架，包括架构工件的结构化元模型、可重用架构构建块（ABB）的使用以及典型架构可交付成果的概述。

（4）企业连续体和工具：这部分讨论分类法和工具，用于对企业内部架构活动的输出进行分类和存储。

（5）TOGAF 参考模型：这部分提供了两个架构参考模型，即 TOGAF 技术参考模型（TRM）和集成信息基础设施参考模型（III-RM）。

（6）架构能力框架：这部分讨论在企业内建立和运营架构实践所需的组织、流程、技能、角色和职责。

其框架的核心思想是：

（1）模块化架构：TOGAF 标准采用模块化结构。

（2）内容框架：TOGAF 标准包括了一个使遵循架构开发方法（ADM）所产出结果更加一致的内容框架。TOGAF 内容框架为架构产品提供了详细的模型。

（3）扩展指南：TOGAF 标准的一系列扩展概念和规范为大型组织内部团队开发多层级集成架构提供支持，这些架构均在一个总体架构治理模式内运行。

（4）架构风格：TOGAF 标准在设计上注重灵活性，可用于不同的架构风格。

TOGAF 的关键是架构开发方法（Architecture Development Method: ADM）。它是一个可靠的、行之有效的方法，能够满足商务需求的企业架构。

2. ADM 架构开发方法

架构开发方法（Architecture Development Method，ADM）为开发企业架构所需要执行各个步骤以及它们之间的关系进行详细的定义，同时它也是 TOGAF 规范中最为核心的内容。一个组织中企业架构的发展过程可以看成是其企业连续体从基础架构开始，历经通用基础架构和行业架构阶段而最终达到组织特定架构的演进过程，而在此过程中用于对组织开发行为进行指导的正是架构开发方法。由此可见，架构开发方法是企业连续体得以顺利演进的保障，而作为企业连续体在现实中的实现形式或信息载体，企业架构资源库也与架构开发方法有着千丝万缕的联系。企业架构资源库为架构开发方法的执行过程提供了各种可重用的信息资源和参考资料，而企业架构开发方法中各步骤所产生的交付物和制品也会不停地填充和刷新企业架构资源库中的内容，因此在刚开始执行企业架构开发方法时，各个企业或组织常常会因为企业架构资源库中内容的缺乏和简略而举步维艰，但随着一个又一个架构开发循环的持续进行，企业架构资源库中的内容将日趋丰富和成熟，从而企业架构的开发也会越发明快。

1）ADM 的架构开发阶段

ADM 方法是由一组按照架构领域的架构开发顺序而排列成一个环的多个阶段所构成。通过这些开发阶段的工作，设计师可以确认是否已经对复杂的业务需求进行了足够全面的讨论。TOGAF 中最为著名的一个 ADM 架构开发的全生命周期模型见图 12-9。此模型将 ADM 全生命周期划分为准备、需求管理、架构愿望、业务架构、信息系统架构（应用和数据）、技术架构、机会和解决方案、迁移规划、实施治理、架构变更管理等十个阶段，这十个阶段是反复迭代的过程。

ADM 方法被迭代式的应用在架构开发的整个过程中、阶段之间和每个阶段内部。在 ADM

的全生命周期中，每个阶段都需要根据原始业务需求对设计结果进行确认，这也包括业务流程中特有的一些阶段。确认工作需要对企业的覆盖范围、时间范围、详细程度、计划和里程碑进行重新审议。每个阶段都应该考虑到架构资产的重用。

因此，ADM 便形成了 3 个级别的迭代概念：

（1）基于 ADM 整体的迭代：用一种环形的方式来应用 ADM 方法，表明了在一个架构开发工作阶段完成后会直接进入随后的下一个阶段。

（2）多个开发阶段间的迭代：例如在完成了技术架构阶段的开发工作后又重新回到业务架构开发阶段。

（3）在一个阶段内部的迭代，TOGAF 支持基于一个阶段内部的多个开发活动，对复杂的架构内容进行迭代开发。

2）ADM 方法各阶段的活动

ADM 各个开发阶段的主要活动见表12-1。

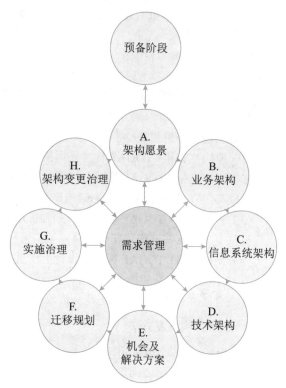

图 12-9　ADM 架构开发方法的全生命周期模型

表 12-1　ADM 架构设计方法各阶段主要活动

ADM 阶段	ADM 阶段内的活动
准备阶段	为实施成功的企业架构项目做好准备，包括定义组织机构、特定的架构框架、架构原则和工具
需求管理	完成需求的识别、保管和交付，相关联的 ADM 阶段则按优先级顺序对需求进行处理 TOGAF 项目的每个阶段，都是建立在业务需求之上并且需要对需求进行确认
阶段 A：架构愿景	设置 TOGAF 项目的范围、约束和期望。创建架构愿景，包括： ● 定义利益相关者； ● 确认业务上下文环境； ● 创建架构工作说明书； ● 取得上级批准
阶段 B：业务架构 阶段 C：信息系统架构（应用 & 数据） 阶段 D：技术架构	从业务、信息系统和技术三个层面进行架构开发，在每一个层面分别完成以下活动： ● 开发基线架构描述； ● 开发目标架构描述； ● 执行差距分析

（续表）

ADM 阶段	ADM 阶段内的活动
阶段 E：机会和解决方案	进行初步实施规划，并确认在前面阶段中确定的各种构建块的交付物形式； ● 确定主要实施项目； ● 对项目分组并纳入过渡架构； ● 决定途径（制造/购买/重用、外包、商用、开源）； ● 评估优先顺序； ● 识别相依性
阶段 F：迁移规划	对阶段 E 确定的项目进行绩效分析和风险评估，制订一个详细的实施和迁移计划
阶段 G：实施治理	定义实施项目的架构限制； ● 提供实施项目的架构监督； ● 发布实施项目的架构合同； ● 监测实施项目以确保符合架构要求
阶段 H：架构变更管理	提供持续监测和变更管理的流程，以确保架构可以响应企业的需求并且将架构对于业务的价值最大化

3）ADM 方法的详细说明

在以下按表格方式详细说明 ADM 各个阶段具体内容，重点从目标、步骤、输入和输出几个方面对 ADM 环中的每个阶段进行了分析和描述，见表 12-2。

（1）准备阶段。

表 12-2　准备阶段活动的详细说明

目标	步骤
● 对进行企业架构活动的组织的背景和环境进行审查； ● 确认利益相关者、他们的需求、优先级和需要承担的义务； ● 确定并审视企业机构中受到影响的部分，并对其范围进行界定，定义约束条件和假设条件，这一点在大型企业体系结构环境的大型机构中特别重要； ● 定义组织的"架构足迹"，包括确定执行架构开发工作的人是谁、他们在哪里以及他们的责任是什么； ● 定义用于进行企业架构建设的框架和详细方法，这里通常是对ADM 进行适应性的改变； ● 确定一个治理和支持框架，用来在整个ADM过程中为架构治理提供业务流程和资源方面的支持，此种框架将会确保目标架构的适用性（fitness for purpose），并对其在进行过程中的效能进行评测； ● 选择和落实用于支持架构活动的各种工具和基础设施； ● 定义架构原则，而这些原则将会成为约束架构工作的一个部分	● 界定将要受到影响的企业组织的范围； ● 确定治理和支持框架； ● 建立企业架构团队； ● 定义架构原则； ● 选择架构框架并剪裁定制； ● 落实相关架构工具
输入	输出
● TOGAF架构框架资料； ● 其他的架构框架资料； ● 业务原则、业务目标和驱动力；	● 企业架构的组织模型； ● 定制的企业架构框架，包括架构原则；

（续表）

输入	输出
● 架构治理策略； ● IT战略； ● 当前企业架构组织模型； ● 当前企业架构框架； ● 当前企业架构原则； ● 当前企业架构资源库	● 企业架构资源库的雏形； ● 针对业务目标、原则和驱动力的声明或引用； ● 治理框架； ● 架构工作要求书

（2）阶段 A——架构愿景。

在架构愿景阶段，将启动一次架构开发过程的迭代，设置迭代工作的范围、约束和期望，创建架构愿景、验证业务上下文，创建架构工作说明书并取得大家的一致认可。

愿景表达了我们对架构的期望结果，阐明重要涉众关注的问题和目标，可帮助团队关注架构的核心领域，详细说明见表 12-3。

表 12-3　架构愿景阶段活动的详细说明

目标	步骤
● 获取管理层对这次特定的ADM循环的相关承诺； ● 制订一个架构开发周期； ● 确认业务原则、业务目标、驱动力和KPI（key performance indicators）； ● 定义基线架构的范围，明确其所包含的组件以及组件的优先级； ● 确认相关干系人、他们的关注点和目标； ● 定义架构工作所要解决的关键业务需求，以及必须应对的各项约束； ● 阐明架构愿景，并定制价值主张，这些价值主张被用来阐述对于那些需求和约束的回应； ● 创建一个符合企业项目管理框架要求的综合计划； ● 取得继续下一个步骤工作的正式批准； ● 理解与其他并行的企业架构开发循环之间的相互影响	● 成立架构项目； ● 识别干系人、关注点和业务需求； ● 确定并阐述业务目标、驱动力和约束； ● 评估业务能力； ● 评估业务转型的准备情况； ● 定义范围； ● 确认并阐述架构原则，包括业务原则； ● 开发架构愿景； ● 定义目标架构的价值主张和KPI； ● 识别业务转型风险和应对措施； ● 开发企业架构计划和架构工作说明书，并确保被批准
输入	输出
● 架构工作要求书； ● 业务原则、业务目标和驱动力； ● 企业架构的组织模型，包括受影响的组织范围、成熟度评测、差距及解决办法、架构团队所担当的角色和职责； ● 定制的架构框架，包括定制的架构方法、架构内容、架构原则和配置部署工具； ● 初具内容的架构资源库（包含初始的框架说明、架构描述和基线描述内容）	● 得到批准的架构工作说明书： 　● 范围和约束 　● 架构工作计划 　● 角色和职责 　● 风险与应对措施 　● 工作产品效能评测 　● 业务案例与KPI指标 ● 改善的业务原则、业务目标和驱动力说明； ● 架构原则；

（续表）

输入	输出
	<ul><li>能力评估；</li><li>定制的架构框架（方法、内容、工具）；</li><li>架构愿景：<ul><li>改善的关键高层次干系人的需求</li><li>基线业务架构0.1版</li><li>基线数据架构0.1版</li><li>基线应用架构0.1版</li><li>基线技术架构0.1版</li><li>目标业务架构0.1版</li><li>目标应用架构0.1版</li><li>目标数据架构0.1版</li><li>目标技术架构0.1版</li></ul></li><li>沟通计划</li><li>纳入到架构资源库中的新增内容</li></ul>

（3）阶段 B——业务架构。

在业务架构阶段，将开发一个支持架构愿景的业务架构。架构愿景中概括的基线和目标业务架构将在此被细化，从而使它们可以作为技术分析的有效输入。业务过程建模、业务目标建模和用例建模是用于生成业务架构的一些技术，这里还包含了所期望状态的差距分析。

本阶段的核心内容包括组织如何满足业务目标；企业静态特征（业务目标、业务组织结构、业务角色）；企业动态特征（流程、功能、服务），具体活动见表 12-4。

表 12-4　业务架构阶段活动的详细说明

目标	步骤
<ul><li>描述基线业务架构；</li><li>开发目标业务架构；</li><li>执行以上二者间的差距分析；</li><li>选择和开发相关的架构视角，通过这些视角架构师可以阐述业务架构是如何对各干系人的关注点进行解答的；</li><li>确定与架构视角相关的工具和技术</li></ul>	<ul><li>选择参考模型、视角和工具；</li><li>开发基线业务架构描述；</li><li>开发目标业务架构描述；</li><li>执行差距分析；</li><li>定义架构路线图组件；</li><li>分析对整个架构的影响；</li><li>评审；</li><li>最终确定业务架构；</li><li>创建架构定义文档</li></ul>
输入	输出
<ul><li>架构工作要求书；</li><li>业务原则、业务目标和驱动力；</li><li>能力评估；</li><li>沟通计划；</li><li>企业架构的组织模型；</li></ul>	<ul><li>架构工作说明书（Update）；</li><li>经过验证的业务原则、业务目标和驱动力；</li><li>详细的业务架构原则；</li><li>架构定义文档草稿<ul><li>基线业务架构1.0版本，如果有的话；</li></ul></li></ul>

（续表）

输入	输出
<ul><li>得到批准的架构工作说明书；</li><li>业务架构原则，包括在此之前已经存在了的业务原则；</li><li>定制的架构框架；</li><li>企业连续体；</li><li>架构资源库：<ul><li>可重用的构件块</li><li>公开且可得的参考模型</li><li>组织特定的参考模型</li><li>组织标准</li></ul></li><li>架构愿景：<ul><li>经过改善的关键高层次干系人的需求</li><li>基线业务架构0.1版</li><li>基线数据架构0.1版</li><li>基线应用架构0.1版</li><li>基线技术架构0.1版</li><li>目标业务架构0.1版</li><li>目标应用架构0.1版</li><li>目标数据架构0.1版</li><li>目标技术架构0.1版</li></ul></li></ul>	<ul><li>目标业务架构1.0版本<ul><li>组织结构</li><li>业务目标</li><li>业务功能</li><li>业务服务</li><li>业务流程，包括测评和交付物</li><li>业务角色，包括相关技能需求的发展与改进</li><li>业务数据模型</li><li>组织和功能之间的相互关联</li></ul></li><li>主要涉众关注的业务架构视图；</li><li>架构需求说明书草稿：<ul><li>差距分析的结果；</li><li>技术需求；</li><li>更新的业务需求；</li></ul></li><li>架构路线图的业务架构组件</li></ul>

（4）阶段C——信息系统架构。

在信息系统架构设计阶段，确定主要的信息类型和处理这些信息的应用系统。在本阶段有两个主要的步骤，数据架构设计和应用架构设计，二者既可以依次开发，也可以并行开发。核心内容为：信息系统如何满足企业的业务目标；信息以及信息之间的关系；应用以及应用之间的关系。

数据架构见表12-5：

表12-5 信息系统架构设计阶段活动的详细说明（数据架构）

目标	步骤
定义业务运行所需的数据源和数据类型	<ul><li>选择参考模型、视角和工具；</li><li>开发基线数据架构1.0版；</li><li>开发目标数据架构1.0版；</li><li>执行差距分析；</li><li>定义组件；</li><li>分析对整个架构的影响；</li><li>评审；</li><li>确定最终的数据架构；</li><li>完善架构定义文档</li></ul>

（续表）

输入	输出
<ul><li>架构工作要求书；</li><li>能力评估；</li><li>沟通计划；</li><li>企业架构的组织模型；</li><li>定制的架构框架；</li><li>数据原则（如果有的话）；</li><li>架构工作说明书；</li><li>架构资源库：<ul><li>可重用的构件块</li><li>公开可得的参考模型</li><li>组织特定的参考模型</li><li>组织标准</li></ul></li><li>架构定义文档草稿，包括：<ul><li>基线业务架构1.0版</li><li>目标业务架构1.0版</li><li>基线数据架构0.1版</li><li>目标数据架构0.1版</li><li>基线应用架构（0.1或1.0版）</li><li>目标应用架构（0.1或1.0版）</li><li>基线技术架构（0.1版）</li><li>目标技术架构（0.1版）</li></ul></li><li>架构需求说明书草稿，包括：<ul><li>差距分析结果</li><li>适用于此阶段的相关技术需求</li></ul></li><li>在架构路线图中的业务架构组件</li></ul>	<ul><li>经过改善或更新的架构愿景阶段中的各交付物：<ul><li>架构工作说明（Update）；</li><li>经过验证的数据原则或新增的数据原则；</li></ul></li><li>更新的架构定义文档草稿：<ul><li>基线数据架构1.0版；</li><li>目标数据架构1.0版：<ul><li>业务数据模型</li><li>逻辑数据模型</li><li>数据管理流程模型</li><li>数据实体/业务功能矩阵</li></ul></li><li>主要涉众关注的数据架构视图；</li></ul></li><li>更新的架构需求说明书：<ul><li>差距分析结果</li><li>数据集成需求</li><li>适用于当前阶段的相关技术需求</li><li>对于下一步将要设计的技术架构的约束</li><li>更新的业务需求</li><li>更新的应用需求</li></ul></li><li>架构路线图中的数据架构组件</li></ul>

应用架构见表 12-6：

表 12-6　信息系统架构设计阶段活动的详细说明（应用架构）

目标	步骤
定义处理数据并支撑业务运行所需的各种应用系统	<ul><li>选择参考模型、视角和工具；</li><li>开发基线应用架构1.0版；</li><li>开发目标应用架构1.0版；</li><li>执行差距分析；</li><li>定义组件；</li><li>分析对整个架构的影响；</li><li>评审；</li><li>最终确定应用架构；</li><li>完善架构定义文档</li></ul>

（续表）

输入	输出

● 架构工作要求书；
 ● 能力评估；
 ● 沟通计划；
 ● 企业架构的组织模型；
 ● 定制的架构框架；
 ● 应用原则；
 ● 架构工作说明书；
 ● 架构资源库：
   ● 可重用的构建块
   ● 公开且可得的参考模型
   ● 组织特定的参考模型
   ● 组织标准
 ● 架构定义文档草稿，包括：
   ● 基线业务架构1.0版
   ● 目标业务架构1.0版
   ● 基线数据架构（0.1版或1.0版）
   ● 目标数据架构（0.1版或1.0版）
   ● 基线应用架构0.1版
   ● 目标应用架构0.1版
   ● 基线技术架构0.1版
   ● 目标技术架构0.1版
 ● 架构需求说明书草稿，包括：
   ● 差距分析结果
   ● 适用于此阶段的相关技术需求
 ● 架构路线图的业务架构组件和数据架构组件
	● 经过改善和更新的架构愿景阶段中的各交付物：
	   ● 架构工作说明（Update）
	   ● 经过验证的应用原则或新增的应用原则
	 ● 更新的架构定义文档：
	   ● 基线应用架构1.0版
	   ● 目标应用架构1.0版
	   ● 主要涉众关注的应用架构视图
	 ● 更新的架构需求说明书：
	   ● 差距分析结果
	   ● 应用交互需求
	   ● 适用于当前阶段的相关技术需求
	   ● 对于将要设计的技术架构的约束
	   ● 更新的业务需求
	   ● 更新的数据需求
	 ● 架构路线图的应用架构组件

（5）阶段 D——技术架构。

在技术架构阶段，完成对系统基础服务设施的设计，定义了架构解决方案的物理实现，包括硬件、软件和通信技术，具体活动见表 12-7。

表 12-7　技术架构阶段活动的详细说明

目标	步骤
● 开发一个目标技术架构，并以此作为后续的实施和迁移计划的基础。 ● 将应用架构中定义的各种应用组件映射为相应的技术组件，这些技术组件代表了各种可以从市场或组织内部获得的软件和硬件组件	● 选择参考模型、视角和工具； ● 开发基线技术架构1.0版； ● 开发目标技术架构1.0版； ● 执行差距分析； ● 定义组件； ● 分析对整个架构的影响； ● 评审； ● 技术架构定稿； ● 完善架构定义文档

（续表）

输入	输出
● 架构工作要求书； ● 能力评估； ● 沟通计划； ● 企业架构的组织模型； ● 定制的架构框架； ● 技术原则； ● 架构工作说明书； ● 架构资源库（4方面）； ● 架构定义文档草稿，包括： 　● 基线业务架构1.0版 　● 目标业务架构1.0版 　● 基线数据架构1.0版 　● 目标数据架构1.0版 　● 基线应用架构1.0版 　● 目标应用架构1.0版 　● 基线技术架构0.1版 　● 目标技术架构0.1版 ● 架构需求说明书草稿，包括： 　● 差距分析结果 　● 来自于之前各阶段的相关技术需求 ● 架构路线图的业务、数据和应用架构组件	● 经过改善和更新的架构愿景阶段中的各交付物： 　● 架构工作说明（Update） 　● 经过验证的或新增的技术原则 ● 更新的架构定义文档： 　● 基线技术架构1.0版 　● 目标技术架构10.版 　　● 各技术组件以及它们与信息系统之间的关系 　　● 各技术平台以及它的结构组成 　　● 环境和位置 　　● 期望的处理负荷以及技术组件间的负荷分布 　　● 物理（网络）通信 　　● 硬件及网络说明 　● 主要涉众关注的技术架构视图 ● 更新的架构需求说明书： 　● 差距分析结果 　● 从业务架构和信息系统架构阶段输出的需求 　● 更新后的技术需求 ● 架构路线图的技术架构组件

（6）阶段 E——机会及解决方案。

这是第一个直接关注实施的阶段，该阶段主要描述确定目标架构交付物（项目、程序或文件）的过程，具体活动见表 12-8。

表 12-8　机会及解决方案阶段活动的详细说明

目标	步骤
● 重新审查业务目标和业务能力，合并从阶段B到阶段D的差距分析，确定主要工作包并分组； ● 重新审查并确认企业承受变化的能力； ● 获得一系列过渡架构，它们可以通过对各种机会的开发利用，来为各构件块的实现提供持续的业务价值； ● 产生概要性的实施与迁移策略，并取得共识	● 确定关键的公司变更属性； ● 确定项目实施的业务约束； ● 审查并合并从阶段B到阶段D的差距分析结果； ● 从功能的角度审查信息需求； ● 确定并加强交互需求； ● 改善并验证依赖关系； ● 确认业务转型的准备情况和风险； ● 制定高层次的实施和迁移策略； ● 识别主要的工作包并进行分组； ● 确定过渡架构； ● 创建项目投资组合和项目章程，同时对架构进行更新

（续表）

输入	输出
<ul><li>产品信息；</li><li>架构工作要求书；</li><li>能力评估；</li><li>沟通计划；</li><li>规划方法；</li><li>企业架构的组织模型；</li><li>定制的架构框架；</li><li>架构工作说明书；</li><li>架构愿景；</li><li>架构资源库；</li><li>架构定义文档草稿（v1.0版的4个基线架构和4个目标架构）；</li><li>架构需求说明书草稿：<ul><li>差距分析结果（业务、数据、应用和技术架构）</li><li>架构需求</li><li>信息服务管理一体化要求</li></ul></li><li>现存业务程序或项目的变更请求</li></ul>	<ul><li>经过改善和更新的架构愿景、业务架构、信息系统架构和技术架构阶段中的各交付物：<ul><li>架构工作说明（Update）</li><li>架构愿景（Update）</li><li>架构定义文档草稿<ul><li>识别出的增量内容</li><li>交互和共存需求</li><li>实现和移植策略</li><li>项目清单和项目章程</li></ul></li><li>架构需求说明书草稿（Update）</li></ul></li><li>能力评估<ul><li>企业架构成熟度概况</li><li>转型准备工作报告</li></ul></li><li>过渡架构1.0版：<ul><li>确定的关于差距、解决方案和依赖性的评估</li><li>风险注册表1.0版本</li><li>影响分析（项目列表）</li><li>依赖性分析报告</li><li>实施因素的评估和推导矩阵（Deduction Matrix）</li></ul></li><li>实施和迁移计划0.1版本（概述）</li></ul>

（7）阶段 F——迁移规划。

该阶段通过制订一个详细的实现和迁移计划完成从基线架构向目标架构的转变，具体活动见表 12-9。

表 12-9   迁移规划阶段活动的详细说明

目标	步骤
<ul><li>确保实施和迁移规划与企业中正在使用的各种管理框架相协调；</li><li>通过分配业务价值和执行业务成本分析，划分所有工作包、项目和构建块的优先级；</li><li>最终确定架构愿景和架构定义文档，使其与共同商定的实施方法一致；</li><li>与相关干系人一起确认在机会和解决方案阶段中定义的过渡架构；</li><li>创建、演进并监控详细的实施和迁移规划，提供实现过渡架构所需的各种资源</li></ul>	<ul><li>确定管理框架与实施和迁移规划之间的相互作用；</li><li>为每个项目指定业务价值；</li><li>估算资源需求、项目时间和交付工具；</li><li>通过绩效评估和风险验证，确定迁移项目的优先级；</li><li>确定过渡架构的增量内容并更新架构定义文档；</li><li>生成架构实现路线图（有时间标识）和迁移计划；</li><li>创建架构演进循环并记录收到的经验教训</li></ul>

（续表）

输入	输出
<ul><li>架构工作要求书；</li><li>能力评估（企业架构成熟度概况和转型准备报告）；</li><li>沟通计划；</li><li>企业架构的组织模型；</li><li>治理模型和框架：<ul><li>企业架构管理框架</li><li>能力管理框架</li><li>投资组合管理框架</li><li>项目管理框架</li><li>运营管理框架</li></ul></li><li>定制的架构框架；</li><li>架构工作说明；</li><li>架构愿景；</li><li>架构资源库；</li><li>架构定义文档草稿：<ul><li>迁移规划策略</li><li>影响分析（项目列表和章程）</li></ul></li><li>架构需求说明书草稿：<ul><li>差距分析结果（业务、数据、应用和技术架构）</li><li>架构需求</li><li>信息服务管理一体化要求</li></ul></li><li>现存业务程序和项目的变更请求；</li><li>经过确认和验证的架构路线图；</li><li>过渡架构1.0版：<ul><li>确定的关于差距、解决方案和依赖性的评估</li><li>风险注册表1.0版本</li><li>影响分析（项目列表）</li><li>依赖性分析报告</li><li>实施因素评估和推导矩阵</li></ul></li><li>实现和迁移计划0.1版</li></ul>	<ul><li>实施和迁移计划1.0版；</li><li>定稿的架构定义文档；</li><li>定稿的架构需求说明书；</li><li>定稿的架构路线图；</li><li>定稿的过渡架构；</li><li>可重用的架构构件块；</li><li>架构工作要求书（各实施项目，如果有的话）；</li><li>架构契约（关于各实施项目）；</li><li>实施治理模型；</li><li>从经验教训中产生的变更请求</li></ul>

（8）阶段 G——实施治理。

该阶段定义了实施项目的架构约束，提供项目构建的架构监督，产生一个架构契约，具体活动见表 12-10。

表 12-10   实施治理阶段活动的详细说明

目标	步骤
● 为每个实施项目给予建议； ● 对涵盖整个实施和部署过程的架构契约进行治理； ● 在解决方案正在实施和部署时，行使恰当的治理职责； ● 确保各实施项目符合于规定的架构； ● 确保按工作计划成功部署了解决方案的相关程序； ● 确保已经部署的解决方案与目标架构一致； ● 组织各种支持性行动，确保被部署的解决方案长期有效	● 通过开发管理工作，确认部署的范围和优先级； ● 明确用于部署的资源和技能； ● 指导部署解决方案的开发工作； ● 执行企业架构合规审查； ● 实施业务和信息运营； ● 执行实施后审查并结束实施工作
输入	输出

● 架构工作要求书；
● 能力评估；
● 企业架构的组织模型：
  ● 受影响的组织范围
  ● 成熟度评测、差距及解决方法
  ● 架构团队所担当的角色和职责
  ● 架构工作的约束
  ● 预算需求
  ● 治理和支持策略
● 定制的架构框架：
  ● 定制的架构方法
  ● 定制的架构内容（交付物和制品）
  ● 配置和部署工具
● 架构工作说明书；
● 架构愿景；
● 架构资源库：
  ● 可重用的构件块
  ● 公开且可得的参考模型
  ● 组织特定的参考模型
  ● 组织标准
● 架构定义文档；
● 架构需求说明书：
  ● 架构需求
  ● 差距分析结果（业务、数据、应用和技术）
● 架构路线图；
● 过渡架构；
● 实施治理模型；
● 架构契约；
● 架构工作要求书（经过机会与解决方案和迁移规划阶段明确的）；
● 实施和迁移计划
	● 架构契约（签字）；
	● 变更请求；
	● 影响分析（实施）；
	● 建议；
	● 可部署的符合架构要求的解决方案：
	  ● 实现的符合架构要求的系统
	  ● 填充了相关资料的架构资源库
	  ● 架构合规性建议与特许
	  ● 对服务交付需求的建议
	  ● 关于效能指标的建议
	  ● 服务水平协议（SLAs）
	  ● 在实施后经过更新的架构愿景
	  ● 在实施后经过更新的架构定义文档
	  ● 在实施后经过更新的过渡架构
	  ● 已实施解决方案的业务和信息运营模型

（9）阶段 H——架构变更管理。

该阶段确保能够以一种可控制的方式对架构的改变进行管理，具体活动见表 12-11。

表 12-11　架构变更管理阶段活动的详细说明

目标	步骤
● 确保基线架构持续符合当前实际情况； ● 评估架构性能并提出改进建议； ● 评估在之前阶段中制定的框架和原则的变化； ● 为实施治理阶段建立的新的企业架构基线建立一个架构变更管理流程； ● 将架构和运营的业务价值最大化； ● 运用治理框架	● 建立价值实现过程； ● 部署监控工具； ● 管理风险； ● 提供架构变更管理分析； ● 开发变更需求以满足性能目标； ● 管理治理过程； ● 启动实施变更的流程
输入	输出
● 在阶段E和F中确认的架构工作要求书； ● 企业架构的组织模型； ● 架构工作说明书； ● 架构愿景； ● 架构资源库； ● 架构定义文档； ● 架构需求说明书； ● 架构路线图； ● 由技术变化产生的变更请求： 　● 新技术报告 　● 资产管理成本削减措施 　● 技术退出报告 　● 各标准举措 ● 由业务变化产生的变更请求： 　● 业务发展 　● 业务异常 　● 业务革新 　● 业务技术革新 　● 战略变化发展 ● 由经验教训产生的变更请求； ● 过渡架构； ● 实施治理模型； ● 架构契约（签字）； ● 合规性的评估； ● 实施和迁移计划	● 架构的各种更新； ● 对架构框架和原则的变更； ● 新的架构工作要求书，用于发起另一次ADM循环； ● 架构工作说明书（Update）； ● 架构契约（Update）； ● 合规性的评估（Update）

（10）需求管理。

架构需求管理适用于 ADM 的所有阶段，这是一个动态的过程，完成对企业需求的识别、存储并把它们插入或取出相应的 ADM 阶段。需求管理是 ADM 流程的中心。处理需求变化的能力对于 ADM 过程是非常重要的，架构通过其天然处理不确定性和变化的能力在涉众诉求之间架起桥梁并交付一个可实践的解决方案，具体活动见表 12-12。

表 12-12　需求管理活动的详细说明

目标	步骤
● 定义一个可以贯穿ADM循环各个阶段的管理架构需求的过程； ● 识别和存储企业需求并与相应的ADM阶段进行交互	● 通过业务情景或其他模拟技术来识别并记录需求（ADM各阶段）； ● 建立需求基线： 　● 确定产生于当前架构开发方法阶段的各优先级事项 　● 确认干系人认可各个结果优先级事项 　● 记录需求优先级并将其放入需求库 ● 监控需求基线； ● 识别发生变更的需求（ADM各阶段）： 　● 增、删、改处理并重新评定优先级 　● 识别并解决冲突 　● 生成需求影响说明 ● 评估变更的需求对现在和之前的ADM阶段产生的影响（ADM各阶段）； ● 实施架构变更管理阶段的需求（ADM架构变更管理阶段）； ● 更新需求资源库； ● 实施当前阶段的需求变更（ADM各阶段）； ● 评估并修订先前阶段的差距分析（ADM各阶段）
输入	输出
● 各个ADM阶段中与需求相关的输出就是需求管理流程的输入； ● 最初高层次的需求是作为一部分的架构愿景所产生； ● 每个架构领域都有相应的详细需求，之后的ADM阶段交付物也包含了对新的需求类型的映射（如一致性需求）	● 更新的架构需求说明（如有必要）； ● 需求影响的评估，识别出需要回到的ADM阶段。最终版本必须包含需求的全部含义（如成本、时间范围和业务流程）

（11）建立架构活动的范围。

ADM 方法不能够确定架构活动的范围，这必须由企业自己确定。需要限定架构活动范围的原因与以下因素有关：

● 创建架构的团队所具备的组织权力；

● 需要在架构中实现的目标和干系人的诉求；

● 可利用的人、资金以及其他资源。

选定的架构活动范围理论上应该支持企业中的架构师高效地完成治理和整合工作。这需要一套一致的"架构分区"，确保架构师不会从事重复劳动或冲突的活动。这同样需要定义重用和多个架构分区间的服从关系。表 12-13 从四个维度对架构活动范围的限定进行了说明。

表 12-13　四个维度对架构活动范围的限定

维度	考察
企业范围或焦点	企业最大的业务范围是什么？其中又有多少是需要架构工作聚焦的？许多企业的规模非常大，实际上形成了一个组织单位成员的联盟，每个成员都有自己独立的企业权利。现代企业越来越突破它的传统界线，包括了一个由供应商、客户和合作伙伴形成的模糊的传统行业企业联盟
架构领域	一个全面的企业架构描述应该包括全部四个架构领域（业务、数据、应用、技术），但是实际的资源和时间约束经常意味着没有充分的时间、资金或其他资源去设计一个自顶而下的、包含全部四个架构领域的架构描述。即使在选定的架构活动范围小于企业整体业务范围时也是这样
详述垂直范围或级别	架构工作应该细化到第几层？怎么样的架构工作才算充分的？架构工作和其他相关工作（系统设计、系统工程以及系统开发）的界线是什么
时间周期	架构愿景的准确时间周期是什么？它是否意味着要在这个时间期间内用详细的架构描述填充满？如果不是，那么需要定义多少个中间级别的目标架构，并且它们的时间周期是多少

12.3.2　信息化总体架构方法

随着中国经济的高速增长，中国信息化有了显著的发展和进步。我国信息化已走过两个阶段正向第三阶段迈进。第三阶段定位为新兴社会生产力，主要以物联网和云计算为代表，这两项技术掀起了计算机、通信、信息内容的监测与控制的大革命，网络功能已开始为社会各行业和社会生活提供全面应用。国家发展改革委印发了《"十四五"推进国家政务信息化规划》，提出了三大任务 11 项具体工程，到 2025 年，推进政务信息化工作迈入以数据赋能、协同治理、智慧决策、优质服务为主要特征的"融慧治理"新阶段。

通常，信息化包含了七个主要平台：知识管理平台、日常办公平台、信息集成平台、信息发布平台、协同工作平台、公文流转平台和企业通信平台。

1. 信息化的一般概念

1）信息化

信息化的概念起源于 20 世纪 60 年代的日本，首先是由日本学者梅棹忠夫提出来的，而后被译成英文传播到西方，西方社会普遍使用"信息社会"和"信息化"的概念是 70 年代后期才开始的。1997 年中国召开了首届全国信息化工作会议，对信息化和国家信息化定义为：

"信息化是指培育、发展以智能化工具为代表的新的生产力并使之造福于社会的历史过程。国家信息化就是在国家统一规划和组织下，在农业、工业、科学技术、国防及社会生活各个方面应用现代信息技术，深入开发广泛利用信息资源，加速实现国家现代化进程"。实现信息化就要构筑和完善 6 个要素（开发利用信息资源，建设国家信息网络，推进信息技术应用，发展信息技术和产业，培育信息化人才，制定和完善信息化政策）的国家信息化体系。

国外比较认可的定义是日本学者 Tadao Umesao 在题为《论信息产业》的文章中，提出的"信息化是指通讯现代化、计算机化和行为合理化的总称"。这里，行为合理化是指人类按公认的合理准则与规范进行；通信现代化是指社会活动中的信息交流基于现代通信技术基础上进行的过程；计算机化是社会组织和组织间信息的产生、存储、处理（或控制）、传递等广泛采用先进计算机技术和设备管理的过程，而现代通信技术是在计算机控制与管理下实现的。因此，社会计算机化的程度是衡量社会是否进入信息化的一个重要标志。

2）信息化生产力

信息化生产力是迄今人类最先进的生产力，它要求要有先进的生产关系和上层建筑与之相适应，一切不适应该生产力的生产关系和上层建筑将随之改变。完整的信息化内涵包括以下四方面内容：

（1）信息网络体系：包括信息资源，各种信息系统，公用通信网络平台等。

（2）信息产业基础：包括信息科学技术研究与开发，信息装备制造，信息咨询服务等。

（3）社会运行环境：包括现代工农业、管理体制、政策法律、规章制度、文化教育、道德观念等生产关系与上层建筑。

（4）效用积累过程：包括劳动者素质，国家现代化水平，人民生活质量不断提高，精神文明和物质文明建设不断进步等。

3）信息化建设

信息化建设指品牌利用现代信息技术来支撑品牌管理的手段和过程。

信息化建设包括了企业规模，企业在电话通信、网站、电子商务方面的投入情况，在客户资源管理、质量管理体系方面的建设成就等。信息化建设是品牌生产、销售、服务各环节的核心支撑平台，并随着信息技术在企业中应用的不断深入显得越来越重要，未来甚至许多企业就是只依靠信息化建设而生存。

品牌指数数据模型中的信息化建设权值为 10 分，当品牌在企业规模、通信系统、网络、电子商务、客户资源管理、质量管理等方面有正向的建设内容时，品牌指数将给予加分。

在品牌 2.0 理论体系中，信息化建设作为品牌母体树冠部分的支撑物，同属自触点，也就是品牌母体可以主导的部分。

品牌信息化建设必须详细分析、系统实施。品牌在进行信息化建设时必须根据该品牌的情况因地制宜地实施，千万别好高骛远，在中国，信息化建设失败的案例极其常见，尤其是 CRM、ERP 领域。对品牌来说，错误的信息化建设决策有可能带来比未进行有效信息化建设更大的风险。

4）信息化特征

信息化主要体现以下 6 种特征：

1）易用性

易用性对软件推广来说最重要，是能否帮助客户成功应用的首要因素，故在产品的开发设计上尤为重点考虑。一套软件功能再强大，但如果不易用，用户会产生抵触情绪，很难向下推广。

2）健壮性

健壮性表现为软件能支撑的最大并发用户数，支持大的数据量，使用多年以后速度、性能不会受到影响。

3）平台化、灵活性、拓展性

通过自定义平台，可以实现在不修改一行源代码的前提下，通过应用人员就可以搭建功能模块，以及小型业务系统，从而实现系统的自我成长。同时通过门户自定义、知识平台自定义、工作流程自定义、数据库自定义、模块自定义，以及大量的设置和开关，让各级系统维护人员对系统的控制力大大加强。

4）安全性

系统能够支持多种如 Windows、Linux、Unix 等操作系统，对安全性要求高的用户通常将系统部署在 LINUX 平台或国内的麒麟基础软件平台，同时，从流程、公文、普通文件等在传输和存储上都是绝对加密的，系统本身有严格的思维管理权限、IP 地址登录范围限制、关键操作的日志记录、电子签章和流程的绑定等多种方式来保证系统的安全性。

5）门户化、整合性

协同办公系统只是起点，后续必然会逐步增加更多的系统建设，如何将各个孤立的系统协同起来，以综合性的管理平台将数据统一展示给用户，选择具有拓展性的协同办公系统就成为向后一体信息化建设的关键。

- 技术上：产品底层设计选择了整合性强的技术架构，系统内预留了大量接口，为整合其他系统提供了技术保障。
- 经验上：成功实施了大量系统整合案例，丰富的系统整合经验确保系统整合达到客户预期的效果。

6）移动性

信息化平台嵌入手机，使用户通过手机也可以方便使用信息化服务。

2. 信息化工程建设方法

1）信息化架构模式

信息化架构一般有两种模式，一种是数据导向架构，一种是流程导向架构。对于数据导向架构重点是在数据中心，BI 商业智能等建设中使用较多，关注数据模型和数据质量；对于流程导向架构，SOA 本身就是关键方法和技术，关注端到端流程整合，以及架构对流程变化的适应度。两种架构并没有严格的边界，而是相互配合和补充。

数据导向架构关注数据对象本身，其研究和切入的方法一般是从主题域分析切入，到主题域中的业务对象分析，再到业务对象关系分析，形成主题域的概念模型视图。最终再转换为逻辑模型和物理模型。因此可以看到数据导向架构研究的是数据对象和数据对象之间的关系，这个是首要的内容。在这个完成后仍然要开始考虑数据的产生、变更、废弃等数据生命周期，这些自然涉及的数据管理的相关流程。

流程导向架构关注的是流程，架构本身的目的是为了端到端流程整合服务。因此研究切入点会是价值链分析，流程分析和分解，业务组件划分。通过这些形成企业的集成架构，系统架构和功能架构。通过业务组件划分后组件关系分析来识别服务，通过流程编排来满足流程整合需要。但是要看到的是流程中传递的仍然是数据，流程导向架构最容易导致的问题就是没有一个完整的数据模型和数据架构，而只是关注单个接口或服务相关的元数据定义。在这种情况下导致无法更好地支撑组合服务，导致数据质量管理等工作无法落地。

我们可以看到主数据管理（MDM）底层架构偏数据导向，而SOA架构偏流程导向，两者必须要更好地结合才能够相互补充，满足业务的需要。在这里对两者的相互需求做个简单描述：

SOA无法解决数据存储和数据质量管理问题，而这些刚好借助MDM系统能力完成。同时MDM完成的数据集中管理和整合，提供的统一数据视图根据有利于SOA提供组合业务服务的能力。而MDM不仅仅是完成数据的存储和数据质量管理，还需要进行数据的收集和分发，为了更好地提供敏捷和实时响应，MDM正好借助SOA能力进行数据的集中分发和路由。

2）信息化建设生命周期

任何事物都有产生、发展、成熟、消亡（更新）的过程，信息系统建设也不例外。信息系统在使用过程中随着其生存环境的变化，要不断维护、修改，当它不再适应的时候就要被淘汰，就要由新系统代替老系统，这种周期循环称为信息系统的生命周期。

信息系统的生命周期可以分为系统规划、系统分析、系统设计、系统实施、系统运行和维护等五个阶段。

（1）系统规划阶段。

系统规划阶段的任务是对企业的环境、目标、现行系统的状况进行初步调查，根据企业目标和发展战略，确定信息系统的发展战略，对建设新系统的需求做出分析和预测，同时考虑建设新系统所受的各种约束，研究建设新系统的必要性和可能性。根据需要与可能，给出拟建系统的备选方案。对这些方案进行可行性分析，写出可行性分析报告。可行性分析报告审议通过后，将新系统建设方案及实施计划编写成系统设计任务书。

（2）系统分析阶段。

系统分析阶段的任务是根据系统设计任务书所确定的范围，对现行系统进行详细调查，描述现行系统的业务流程，指出现行系统的局限性和不足之处，确定新系统的基本目标和逻辑功能要求，即提出新系统的逻辑模型。这个阶段又称为逻辑设计阶段。这个阶段是整个系统建设的关键阶段，也是信息系统建设与一般工程项目的重要区别所在。系统分析阶段的工作成果体现在系统说明书中，这是系统建设的必备文件。它既是给用户看的，也是下一阶段的工作依据。因此，系统说明书既要通俗，又要准确。用户通过系统说明书可以了解未来系统的功能，判断是不是其所要求的系统；系统说明书一旦讨论通过，就是系统设计的依据，也是将来验收系统的依据。

（3）系统设计阶段。

简单地讲，系统分析阶段的任务是回答系统"做什么"的问题，而系统设计阶段要回答的问题是"怎么做"。该阶段的任务是根据系统说明书中规定的功能要求，考虑实际条件，具体设计实现逻辑模型的技术方案，也即设计新系统的物理模型。这个阶段又称为物理设计阶段。这个阶段又可分为总体设计和详细设计两个阶段。这个阶段的技术文档是"系统设计说明书"。

（4）系统实施阶段。

系统实施阶段是将设计的系统付诸实施的阶段。这一阶段的任务包括计算机等设备的购置、安装和调试、程序的编写和调试、人员培训、数据文件转换、系统调试与转换等。这个阶段的特点是几个互相联系、互相制约的任务同时展开，必须精心安排、合理组织。系统实施是按实施计划分阶段完成的，每个阶段应写出实施进度报告。系统测试之后写出系统测试分析报告。

（5）系统运行和维护阶段。

系统投入运行后，需要经常进行维护和评价，记录系统运行的情况，根据一定的规格对系统进行必要的修改，评价系统的工作质量和经济效益。

图 12-10 给出信息化工程建设的全生命周期（五个阶段及任务）。

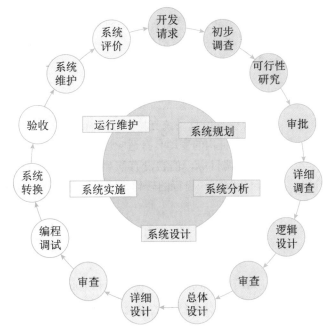

图 12-10　信息化建设生命周期

3）信息化工程总体规划的方法论

用于管理信息系统规划的方法很多，主要是关键成功因素法（Critical Success Factors，CSF）、战略目标集转化法（Strategy Set Transformation，SST）和企业系统规划法（Business System Planning，BSP）。其他还有企业信息分析与集成技术、产出 / 方法分析、投资回收法、征费法（chargout）、零线预算法和阶石法等。用得最多的是前面三种。

（1）关键成功因素法。

在现行系统中，总存在着多个变量影响系统目标的实现，其中若干个因素是关键的和主要的（即关键成功因素）。通过对关键成功因素的识别，找出实现目标所需的关键信息集合，从而确定系统开发的优先次序。

关键成功因素来自于组织的目标，通过组织的目标分解和关键成功因素识别、性能指标识别，一直到产生数据字典。

识别关键成功因素，就是要识别联系于组织目标的主要数据类型及其关系。不同组织关键成功因素不同，不同时期关键成功因素也不相同。当在一个时期内的关键成功因素解决后，新的识别关键成功因素又开始。

关键成功因素法能抓住主要矛盾，使目标的识别突出重点。通常人们比较熟悉这种方法的原因是这种方法可以快速明确目标，因而人们乐于努力去实现。该方法最有利于确定企业的管理目标。

（2）战略目标集转化法。

把整个战略目标看成是一个"信息集合"，由使命、目标、战略等组成，管理信息系统的规划过程即是把组织的战略目标转变成为管理信息系统的战略目标的过程。

战略目标集转化法从另一个角度识别管理目标，它反映了各种人的要求，而且给出了按这种要求的分层，然后转化为信息系统目标的结构化方法。它能保证目标比较全面，疏漏较少，但它在突出重点方面不如关键成功因素法。

（3）企业系统规划法。

信息支持企业运行。通过自上而下地识别系统目标、企业过程和数据，然后对数据进行分析，自下而上地设计信息系统。该管理信息系统支持企业目标的实现，表达所有管理层次的要求，向企业提供一致性信息，对组织机构的变动具有适应性。

企业系统规划法虽然也首先强调目标，但它没有明显的目标导引过程。它通过识别企业"过程"引出了系统目标，企业目标到系统目标的转化是通过企业过程/数据类等矩阵的分析得到的。

12.4   信息系统架构案例分析

目前，信息系统架构技术依然是工业界和学术界探讨并不断发展的学科，属于起步阶段。工业界和学术界都用自己的方式表达对体系结构的概念与思维和探索。本节选择了一些案例或文章，以便于读者分析、研究体系结构。

12.4.1   价值驱动的体系结构——连接产品策略与体系结构

系统的存在是为了为利益相关方创造价值。然而，这种理想往往无法完全实现。当前的开发方法给利益相关方、架构师和开发人员提供的信息是不完全和不充分的。这里介绍两个概念：价值模型和体系结构策略。它们似乎在许多开发过程中被遗忘，但创造定义完善的价值模型可以为提高折中方案的质量提供指导，特别是那些部署到不同环境中的用户众多的系统。

1. 价值模型概述

开发有目的的系统，其目的是为其利益相关者创造价值。在大多数情况下，这种价值被认为是有利的，因为这些利益相关者在其他系统中扮演着重要角色。同样，这些其他系统也是为了为其利益相关者创造价值。系统的这种递归特性是分析和了解价值流的一个关键。下一部分（发现价值模型）将对此进行更深入的讨论。价值模型核心的特征可以简化为三种基本形式。

（1）价值期望值：表示对某一特定功能的需求，包括内容（功能）、满意度（质量）和不同级别质量的实用性。例如，汽车驾驶员对汽车从 60 英里每小时的速度进行急刹车的快慢和安全性有一种价值期望值。

（2）反作用力：系统部署实际环境中，实现某种价值期望值的难度，通常期望越高难度越大，即反作用力。例如，汽车从 60 英里每小时的速度进行紧急刹车的结果如何取决于路面类型、路面坡度和汽车重量等。

（3）变革催化剂：表示环境中导致价值期望值发生变化的某种事件，或者是导致不同结果的限制因素。

反作用力和变革催化剂称为限制因素，把这三个统称为价值驱动因素。如果系统旨在有效满足其利益相关者的价值模型要求，那么它就需要能够识别和分析价值模型。

传统方法，如用例方案和业务/营销需求，都是通过聚焦于与系统进行交互的参与者的类型开始的。这种方法有如下几个突出的局限性。

（1）对参与者的行为模型关注较多，而对其中目标关注较少。

（2）往往将参与者固定化分成几种角色，其中每个角色所在的个体在本质上都是相同的（例如商人、投资经理或系统管理员）。

（3）往往忽略限制因素之间的差别（例如，纽约的证券交易员和伦敦的证券交易员是否相同？市场开放交易与每天交易是否相同？）。

（4）结果简单。要求得到满足或未得到满足，用例成功完成或未成功完成。

这种方法有一个非常合乎逻辑的实际原因。它使用顺序推理和分类逻辑，因此易于教授和讲解，并能生成一组易于验证的结果。

2. 体系结构挑战

体系结构挑战是因为一个或多个限制因素使得满足一个或多个期望值变得更困难。在任何环境中，识别体系结构挑战都涉及评估。

（1）哪些限制因素影响一个或多个期望值？

（2）如果知道了影响，它们满足期望值更容易（积极影响）还是更难（消极影响）？

（3）各种影响的影响程度如何？在这种情况下，简单的低、中和高三个等级通常就已经够用了。

必须在体系结构挑战自己的背景中对其加以考虑。虽然跨背景平均效用曲线是可能的，但对于限制因素对期望值的影响不能采用同样的处理方法。例如，假设 Web 服务器在两种情况下提供页面：一种情况是访问静态信息，如参考文献，它们要求相应时间为 1～3s；另一种情况是访问动态信息，如正在进行的体育项目的个人得分表，其响应时间为 3～6s。

两种情况都有 CPU、内存、磁盘和网络局限性。不过，当请求量增加 10 或 100 倍时，这两种情况可能遇到大不相同的可伸缩性障碍。对于动态内容，更新和访问的同步成为重负载下的一个限制因素。对于静态内容，重负载可以通过频繁缓存读页来克服。

制定系统的体系结构策略始于：

（1）识别合适的价值背景并对其进行优先化。

（2）在每一背景中定义效用曲线和优先化期望值。

（3）识别和分析每一背景中的反作用力和变革催化剂。

（4）检测限制因素使满足期望值变难的领域。

最早的体系结构决策产生最大价值才有意义。有几个标准可用于优先化体系结构。建议对以下几点进行权衡。

（1）重要性：受挑战影响的期望值的优先级有多高？如果这些期望值是特定于不多的几个背景，那么这些背景的相对优先级如何？

（2）程度：限制因素对期望值产生了多大影响？

（3）后果：大概多少种方案可供选择？这些方案的难度或有效性是否有很大差异？

（4）隔离：对最现实的方案的隔离情况如何？影响越广，该因素的重要性越高。

一旦体系结构挑战的优先级确定之后，就要确定处理最高优先级挑战的方法。尽管体系结构样式和模式技术非常有用，不过在该领域，在问题和解决方案领域的身后经验仍具有无法估量的价值。应对的有效方法源于技能、洞察力、奋斗和辛勤的工作。这个论断千真万确，不管问题是关于外科学、行政管理还是软件体系结构。

当制定了应对高优先级的方法之后，体系结构策略就可以表达出来了。架构是会分析这组方法，并给出一组关于以下领域的指导原则。

（1）组织：如何系统性地组织子系统和组件？它们的组成和职责是什么？系统如何部署在网络上？都有哪些类型的用户和外部系统？它们位于何处？是如何连接的？

（2）操作：组件如何交互？在哪些情况下通信是同步的？在哪些情况下是异步的？组件的各种操作是如何协调的？何时可以配置组件或在其上运行诊断？如何检测、诊断和纠正错误条件？

（3）可变性：系统的哪些重要功能可以随部署环境的变化而变化？对于每一功能，哪些方案得到支持？何时可以做出选择（例如，编译、链接、安装、启动或在运行时）？各个分歧点之间有什么相关性？

（4）演变：为了支持变更同时保持其稳定性，系统是如何设计的？哪些特定类型的重大变革已在预料之中，应对这些变更有哪些可取的方法？

总之，体系结构策略就是帆船的舵和龙骨，可以确定方向和稳定性。它应该是简短的高标准方向的陈述，必须能够被所有利益相关者所理解，并应在系统的整个生存期内保持相对稳定。

3. 结论

价值模型有助于了解和传达关于价值来源的重要信息。它解决一些重要问题，如价值如何流动，期望值和外部因素中存在的相似性和区别，系统要实现这些价值有哪些子集。架构师分解系统产生一般影响的力，特定于某些背景的力和预计随着时间的推移而变化的力，以实现这些期望值。价值模型和软件体系结构的联系是明确而又合乎逻辑的，可以用以下 9 点来表述。

（1）软件密集型产品和系统的存在是为了提供价值。

（2）价值是一个标量，它融合了对边际效用理解和诸多不同目标之间的相对重要性。目标折中是一个极其重要的问题。

（3）价值存在于多个层面，其中某些层面包含了目标系统，并将其作为一个价值提供者。用于这些领域的价值模型包含了软件体系结构的主要驱动因素。

（4）该层次结构中高于上述层面的价值模型可以导致其下层价值模型发生变化。这是制定系统演化原则的一个重要依据。

（5）对于每一个价值群，价值模型都是同类的。暴露于不同环境条件的价值背景具有不同的期望值。

（6）对于满足不同价值背景需要，系统的开发赞助商有着不同的优先级。

（7）体系结构挑战是由环境因素由某一背景中对期望的影响引起的。

（8）体系结构方法试图通过首先克服最高优先级体系结构挑战来实现价值的最大化。

（9）体系结构策略是通过总结共同规则、政策和组织原则、操作、变化和演变从最高优先级体系结构方法综合得出的。

12.4.2　Web服务在HL7上的应用——Web服务基础实现框架

今天，由于商业与法律的需要，例如美国的健康保险便利和义务法案（Health Insurance Portability and Accountability Act，HIPAA）——卫生保健组织机构很清楚要与它们的商业结合起来。遗憾的是，大多数的健康信息系统一直是私有，而且在一个卫生保健行业它们只为一个部门服务。

Health Level Seven（HL7）是美国国家标准化协会（ANSI）认可的标准化开发组织中的一个，它正在全世界保健行业里运行着（Level Seven 引用了开放系统互连模型 OSI 的最高层——应用层）。传统上，它从事临床建模与数据的管理工作，最近的一个版本——HL7 3.0 版本扩展到了各种卫生保健行业，如制药业、医疗设备及成像设备。

HL7 标准也指定了一些适当的信息基层组织，如 Web Services，它就适合传送 HL7 信息，并且在应用软件之间对于如何确保这个信息的传送的交互性，提供了一个说明性的向导。将 HL7 应用软件应用在 Web Services 上，意味着首先设计一个正确的体系结构，其次是提供一个可执行且满足 Web Services 的环境。本文只是涉及 HL7 Web Services Basic profile（HL7WSP）。

1. HL7 模型概念

通过对 HL7 标准规格说明书以及本文以外的一些工具的描述，这部分将介绍一些主要的 HL7 模型概念和人工制品，这些都与我们的讨论相关。

1）参考信息模型

对于一个给定的卫生保健领域，HL7 3.0 版本说明书是基于参考信息模型的（RIM）。这是一种公共的模型框架，包括病例模型、信息模型、交互模型、消息模型和实现信息说明书。

HL7 的参考信息模型是一个静态的卫生保健信息模型，它代表了至今为止负责 HL7 标准发展行为的卫生保健领域的各个方面。HL7 3.0 版本标准开发过程定义了一些规则，这些规则用于从参考信息模型中获取一些具体领域信息模型，从而在 HL7 规格说明书中使这些模型更精确，最后产生 XML 表单定义（XSD）与一个具体的消息类型联合起来。

2）消息结构

HL7 应用软件之间的交互行为是通过消息的交换来完成的。这样，在提供 envelopes 支持应用程序之间的消息交换期间，这个标准就提供了一个真实的功能水准。HL7 消息的封装被称为 wrappers，最初是通过 RIM 中类的定义和关联模型化的。然后，这些说明书被用来为消息 wrappers 创建 XML 表单。接下来，在 HL7 消息开发框架中所列的过程在图 12-11 中有所描述。

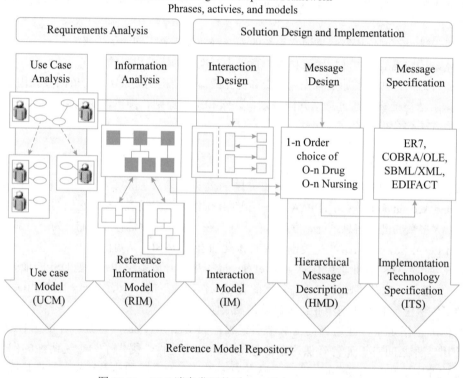

图 12-11　HL7 消息发展体系——引自 HL7 V3 Ballot 7

所有的 HL7 消息都被放在 Transmission Wrapper，Wrapper 的目的是支持应用软件之间消息的传输（和确认）。Wrapper 的重要部分是一些元素，如消息标志符、消息的创建时间、交互标志符、发送者和接收者标志符、确认编码和消息序列号（可选）。认为 HL7 消息是在合理的 HL7 应用软件之间进行交换这一点是很重要的。也就是说，特殊的软件应用或是组成成分（像"顺序实体"）都代表着有组织的或是可管理的实体。所以，在传输层，发送者和接收者概念不会被看成是一个规格说明书的一部分。

3）交互

一次 HL7 交互就是信息特殊转移过程中的一次联合，一个触发事件就开始了消息的转移，应用软件进行接收和发送消息。在 HL7 里，一个触发事件是引起信息在应用软件之间进行转移的一系列精确条件，它也代表着一个真实的事件。例如，实验室顺序的安排或是一个病人的登记。

4）应用程序角色

HL7 里的每一个应用属于一个具体的应用程序角色。根据一个应用程序提供给其他应用程序的服务或是一个应用程序为了获得特定的服务而发送给其他应用程序的消息，这样一个角色就体现了应用程序的职责。

5）Storyboard

像消息类型、交互作用和应用程序角色这些概念都集合在了一个 HL7 Storyboard 里，它是用来指定在 HL7 标准化行为范围内与任意卫生保健领域相关联的用例。

一个 Storyboard 是由一小段记叙了它本身的目的及交互作用图表的描述所组成的（在应用层）应用程序角色间相互作用的级数。交互作用的图表指明了相应交互作用的职责（就是应用程序角色）、交换信息的类型以及期望的信息交换的顺序。

2. 体系结构

基于刚刚介绍的 HL7 概念模型，现在我们能更精确地定义出 HL7 应用。这些都是在支持应用程序角色软件组成中的设计与实现，这些角色是作为交互行为中的一部分来实现发送者/接收者的职责，通过使用 Web 服务通信基层结构来满足 HL7Web 服务的（如图 12-12 所示）。

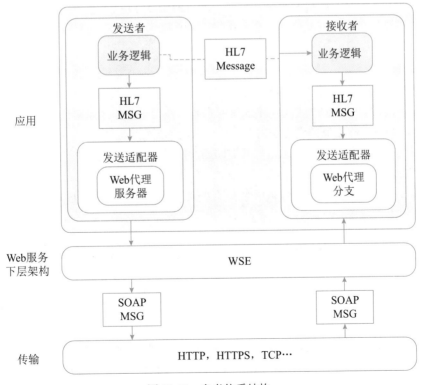

图 12-12　参考体系结构

在图 12-12 所示的结构里，能够抽象出 HL7 发送者 / 接收者内部的这两组功能：商业逻辑和 Web 服务适配器（需要强调的是，这里商业逻辑的范围是在 HL7 应用进行它们的发送者的角色和 / 或信息的接收者内部。也就是说，它支持一种具体的通信模式。应用层商业逻辑、消息的产生，或是为了响应需求而提供的具体服务这些都是在范围之外的）。

至于 HL7 消息的扩展，我们需要关注一下。商业逻辑的任务如下。

（1）发送端：创建一种具体 HL7 消息类型的 XML 描述，消息类型包含消息体、Transmission and Control Wrappers。将消息传送到 Web 服务适配器，适配器负责传送到接收应用端。

（2）接收端："找回"由 Web 服务适配器接收的 HL7 消息，同时从接收到的 XML 消息那里打开 Transmission Wrapper、Control Wrapper 和消息体；验证 HL7 消息是否满足用来交互的商业规则和约束；核实发送应用端是否需要一个应用层的确认信息（HL7 消息类型 MCI）——如果是那样的话，发送那个消息。

Web 服务适配器的功能主要是用来处理消息的分发和确认信息。因此，主要包括如下内容。

1）发送端

（1）读取接收到的 HL7 消息的 Transmission Wrapper，以便决定如何到达 Web 服务基层结构上的发送容器（例如接收应用软件），从而配置 SOAP。

（2）基于 HL7 消息类型、应用配置和规则（如安全性）来准备一个 SOAP 消息，包括作为一个 SOAP 消息体部分的 HL7XML 消息，这个消息被发送到 Web 服务基层组织。

（3）把 SOAP 消息传递到 Web 服务代理，通过网络进行传输。

（4）无论发送端什么时候请求，都准备接收并存储来自接收端的相应信息或是应用层的确认消息。

2）接收端

（1）从 Web 服务站处接收 SOAP 消息。

（2）验证接收到的 SOAP 消息满足应用配置和一些约束条件（如安全性）。

（3）或者将这些接收到的消息在内存中以永久的形式保留。

（4）有选择性地从 SOAP 消息里打开 HL7 XML 消息，同时核对接收到的 HL7 消息是否与期望的 HL7 消息类型相符合。

（5）验证是否任意通信层的确认信息都需要被执行，在哪种情况下需要返回一个合适的消息发送到源消息发送端。

（6）传递 HL7 消息给接收应用端。

在适配器层，这些情况都能够当作多个单行道方式或是请求 / 就答消息扩展模式来实现。在一个真正的实施过程中，适配器的结构也需要处理综合性应用和互操作能力。例如，如果一个应用业务逻辑不能直接与一个 Web 服务环境进行交互或是它被搭建在一个与以前实现时不同的平台上。

3. 开发 HL7 Web 服务适配器

原则上，尤其是当范围被限制在只是支持 HL7 Web 服务时，开发 HL7 Web 服务就与开发普通的 Web 服务相类似了。事实上，RIM 的标准化模型的有效性，消息类型的说明书，通信模式及 Web 服务都在一定程序上影响着开发过程。为了高效地开发 HL7 Web 服务适配器，需要按如下步骤来做。

（1）消息和数据类型的设计。在一个像 HL7 这样面向消息的环境里开发一个 Web 服务，必须首先设计可交换的消息、已用的数据类型以及 XSD 表单里它们的说明书。这项活动完全受益于 HL7（使 XSD 表单自动化产生）所构造的消息和数据类型工具。

（2）适配器模式的选择。创建 Web 服务适配器的下一步是选择哪一个适配器结构模式能够最好地适合 HL7 通信模式，这个通信模式是由步骤（1）中所获得的消息类型来指定的。这一步要定义，比如说，一个（仅仅一个）代理 /Stub 组成成分是必要的。

（3）HL7 Web 服务契约开发。从一个普通的角度考虑，在创建一个面向消息的 Web 服务的下一步就能够定义它的契约了，用一种标准化的可用计算机处理的语言称作 Web 服务描述语言，或者在支持 Web 服务标准的编程语言里实现它的开发。

（4）产生 Web 服务 Stub 和代理的实现。一旦 WSDL 契约完成，它就可能创建使用一些工具的 Web 服务 Stub 和代理服务器，这些工具是由像 WSDL.exe 这样的开发平台所提供的。

（5）开发适配器业务逻辑。这一步是建立在前一步代码生成的基础上的，添加了必要的逻辑来支持适配器的功能。

一个普通的 WSDL 契约都详细说明了一个 Web 服务的名字和端口，通过这些端口，Web 服务器可以和客户端应用程序进行通信。一个端口指定了网络中服务生效的位置。每个端口也指定了端口上的一些有用的操作（portTypes），和客户与服务器在那个端口上进行通信的协议间的一个绑定。端口类型代表了暴露在 Web 服务上的各种接口。操作是接口的方法，它们定义了客户端请求服务端的输入信息，以及定义了服务器用于应答客户的输出信息。消息的格式也是基于 WSDL 契约中所定义的类型的格式（XML 表单）。

4. 案例研究

一个参考实现案例已经构建了，包括两个系统之间的交互：医疗信息系统（Hospital Information System，HIS）和实验室信息系统（Laboratory Information System，LIS）。

（1）HIS 是由两个 Sub-systems 排序和报告组成的，为此应用程序和 Web 服务已经被开发。

（2）类似地，LIS 是由 Web 服务和业务逻辑组成的，Web 服务从 HIS 排序系统接收命令，业务逻辑是将确认信息返回到 HIS 排序或报告系统。

（3）这里，设想中用到的通信模式交换与前面所描述的"发送消息负载—附有确认信息—立即"是相符的。

（4）为了保持业务逻辑的简单实施，当允许一些用户与样品应用程序进行交互时，两个 Windows 客户应用程序必须被开发。

HIS 客户应用程序发送命令请求给 HIS Web 服务器，并且显示发送命令的接收确认信息。它的用户界面允许用户发送一个命令（发送按钮），因为全球唯一的标识符（GUID）是由客户应用程序自动产生的。当 HIS 系统接收确认、信息确认和通信结果时，HIS 客户用户界面也会通过 LIS 系统（用三个验证框：OrderAck、ActiveConf 和 Result）显示出来。

图 12-13 是用来交换 HL7 信息的流程，这些信息存在于提前设想的模板的上下文里。

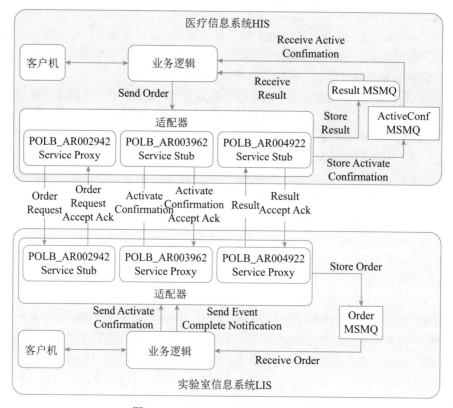

图 12-13　HL7 Web 服务信息交换流程

（1）当用户接口从 HIS 客户机那里收到信号时，HIS 业务逻辑就会产生一个序号标识符，同时通过创建一个 XML 文件以及在 HL7 负载里加入一个序号 ID 来构造 POLB_IN2120 信息。

（2）业务逻辑发送一个 POLB_IN2120 信息（Send Order）给适配器，通过它的代理服务（POLB_AR002942 服务代理）来调用 LIS 服务。

（3）在 Laboratory 端，POLB_AR002942 Service Stub 接收到 SOAP 信息，同时使它对于 LIS Web 服务适配器是可用的。

（4）LIS 适配器从 SOAP 信息里得到 HL7 信息（Order），同时依据 HL7 信息类型表单来验证从 SOAP 那得到的被封装的 HL7 负载。

（5）LIS 适配器从 SOAP 信息里得到 HL7 信息（Order），同时依据 HL7 信息类型表单来验证从 SOAP 那得到的被封装的 HL7 负载。

（6）如果需要，它会准备确认序列，这个确认序列是通过构造一个 XML 文件同时在文件里附上一个预先定义的应答确认来实现的。

（7）当一个新的信息到达时，LIS 业务逻辑重新从顺序队列里得到 HL7 信息，并且将信息发送给 LIS 客户端。

事实上，对于给定的应用程序角色和交互活动，可以构造一个能自动产生代码的工具，用这个工具来创建需求信息队列和存储引入的信息。这是一种用来构建 Web 服务适配器代码的方法。

5. 结论

在卫生保健领域，HL7 是用来为协同工作而创建的基层结构。HL7 使用参考信息模型（RIM）来获得具体领域的信息模型，同时把它们精炼到 HL7 说明书中，结合具体的消息类型自动产生 XML 表单定义（XSD）。因为能够被设计所公用，因此这些概念就对它们进行建模，而不是只集中在关于互操作能力的一些技术问题上。我们能够考虑说明书，同时知道如何构建一个应用程序软件，包括角色、协作模式和消息。

从理论到实践，HL7 并没有告诉我们怎么构建和设计一些方案，而是当 Web 服务被用时，本文提到的参考体系结构就是一个相应的出发点。

12.4.3　以服务为中心的企业整合

以一个经过简化的实际案例为例，介绍了以服务为中心的企业集成的基本步骤，从业务分析到服务建模，到架构设计，到系统开发的整个生命周期。以服务为中心的企业集成涉及的主要技术被穿插在各个步骤中进行了详细的讲解。

1. 案例背景

某航空公司的信息系统已有好几十年的历史。该航空公司的主要业务系统构建于 20 世纪七八十年代，以 IBM 的主机系统为主——包括运行于 TPF 上的订票系统和运行在 IMS 上的航班调度系统等。在这些核心系统周围也不乏基于 UNIX 的非核心作业系统，和基于 .Net 的简单应用。这些形形色色的应用，有的用汇编或 COBOL 编写，运行于主机和 IMS 之上；有的以 PRO*C 编写，运行在 UNIX 和 Oracle 上。这些应用虽然以基于主机终端的界面，但是基于 Web 和 GUI 的应用也为数众多。

近年来，该公司在企业集成方面也是煞费苦心——已经在几个主要的核心系统之间构建了用于信息集成的信息 Hub（Information Hub），其他应用间也有不少点到点的集成。尽管这些企业集成技术在一定程度上增进了系统间的信息共享，但是面对如此异构的系统，技术人员依然觉得企业集成困难重重。

（1）因为大部分核心应用构建在主机之上，所以 Information Hub 是基于主机技术开发，很难被开放系统使用。

（2）Information Hub 对 Event 支持不强，被集成的系统间的事件以点到点流转为主，被集成系统间耦合性强。

（3）牵扯到多个系统间的业务协作以硬编码为主，将业务活动自动化的成本高，周期长，被开发的业务活动模块重用性差。

为了解决这些企业集成中的问题，该公司决定以 Ramp Control 系统为例探索一条以服务为中心的企业集成道路。本文将以 Ramp Control 系统中的 Ramp Coordination 流程为例，说明如何用以服务为中心的企业集成技术一步步解决该公司 IT 技术人员面临的企业集成问题。

2. 业务环境分析

在航空业中，Ramp Coordination 是指飞机从降落到起飞过程中所需要进行的各种业务活动的协调过程。通常，每个航班都有一个人负责 Ramp Coordination，这人通常称为 Ramp

Coordinator。由 Ramp Coordinator 协调的业务活动有：检查机位环境是否安全，以及卸货、装货和补充燃料是否方便和安全等。

实际上，Ramp Coordination 的流程因航班类型的不同，机型的不同有很大差异。图 12-14 所示的流程主要针对降落后不久就起飞的航班，这种类型的航班称为 short turn around 航班。除了 short turn around 航班外，还有其他两种类型的航班。Arrival Only 航班指降落后需要隔夜才起飞的，Departure Only 航班是指每天一早第一班飞机。这些航班的 Ramp Coordination 的流程和 Short Turn Around 类型的流程大部分的业务活动是相似的。这三种类型的航班根据长途 / 短途，国内 / 国外等因素还可以进一步细分。每种细分的航班类型的 Ramp Coordination 的流程都是略有不同。

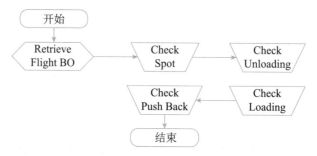

图 12-14　Ramp Coordination 流程图

很明显，如此多的流程之间共享着一个业务活动的集合，如此多种类型的流程都是这些业务活动的不同组装方式。以服务为中心的企业集成中流程服务就是通过将这些流程间共享的业务活动抽象为可重用的服务，并通过流程服务提供的流程编排的能力将它们组成各种大同小异的流程类型，来降低流程集成成本，加快流程集成开发效率的。以服务为中心的企业集成，通过服务建模过程发现这些可重用的服务，并通过流程模型将这些服务组装在一起。

3. 服务建模

IBM 推荐使用组件业务建模（Component Business Model）和面向服务的建模和架构（Service-Oriented Model and Architecture）两种方法建立业务的组件模型、服务模型和流程模型。

服务模型是服务建模的主要结果。Ramp Coordination 相关的服务模型和 Ramp Coordination 流程相关的有两个业务组件：① Ramp Control 负责 Ramp Control 相关各种业务活动的组件；② Flight Management 负责航班相关信息的管理，包括航班日程，乘客信息等。这两个业务组件分别输出如下服务。

（1）Retrieve Flight BO：由 Flight Management 输出，主要用于提取和航班相关的数据信息。

（2）Ramp Coordination：由 Ramp Control 输出，主要用于 Ramp Coordination 流程的编排。

（3）Check Spot：由 Ramp Control 输出，用于检测机位安全信息。

（4）Check Unloading：由 Ramp Control 输出，用于检查卸货状况。

（5）Check Loading：由 Ramp Control 输出，用于检查装货状况。

（6）Check Push Back：由 Ramp Control 输出，用于检查关门动作。

在服务建模确定系统相关的服务输出后，还需要确定服务在当前环境下的实现方式。在我们的案例中，Retrieve Flight BO 被实现为信息服务，Ramp Coordination 被实现为流程服务，通过 BPEL4WS 方式实现。其他 4 个服务都是 Staff Service。需要注意的是，因为环境的不同和随着系统的演化，我们可能会改变服务的实现方式，如 Check Push Back 现在通过 Staff Service 即人工服务实现。将来随着自动化程度的增强，Check Push Back 完全可能通过自动化的系统实现。到那时，只需重新实现这个服务，而无需改变整个流程。这是服务的可替换性的一个典型实例。

4. IT 环境分析

在构建 Ramp Control 系统之前，该航空公司已经有大量的信息系统。作为架构设计的重要步骤对现有 IT 环境调研，描绘了和 Ramp Control 相关的 IT 系统的状况，包括周围应用和应用提供的接口，这些应用和 Ramp Control 交互的类型和数据格式。简化的 IT 环境视图，描绘了 Ramp Coordination 流程和周围系统交互状况。目前，Ramp Coordination 流程需要 4 种类型的外围应用交互。

（1）从乘务人员管理系统提取航班乘务员的信息。

（2）从订票系统中提取乘客信息。

（3）从机务人员管理系统中提取机务人员信息。

（4）接收来自航班调度系统的航班到达事件。

通过将主机应用中的信息集中为粗粒度的业务对象，并通过信息服务输出，为该公司的核心系统提供了更加通用的连接能力，同时为 IT 系统的平滑演进提供了必要的条件。

5. 高层架构设计

据需求和设计阶段的业务模型和现有 IT 环境调研结果，再结合传统的 IT 应用开发方法，Ramp Coordination 系统的高层架构被设计了出来，如图 12-15 所示。

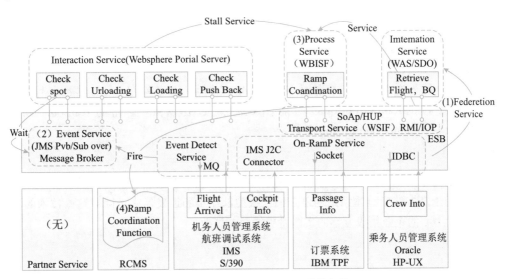

图 12-15　Ramp Coordination 系统架构

本案例中的主要架构元素以及它们之间的工作关系如下。

（1）信息服务。Federation Service 是 Ramp Coordination 流程中需要从已有系统中提取 4

类信息，在 Service 建模阶段这 4 类信息被聚合为 Flight BO（Business Object）。如上文所述，Retrieve Flight BO 服务用于从已有系统中提取 Flight BO。它实际上是一个 Federation Service，将来自乘务人员管理系统、机务人员管理系统和订票系统中的信息聚合在一起。从这三个已有系统来的 Crew Info、Cockpit Info 和 Passage Info 是在已有系统中已经存在的业务逻辑或业务数据，它们属于可接入服务（on-ramp Service），接入的协议分别为 JDBC、IMS J2C Connector 和 socket。乘务人员管理系统基于 Oracle 数据库，Crew Info 可以直接通过 JDBC 获取。机务人员管理系统基于 S/390 上的 IMS，IBM 已经提供了 IMS 的 J2C Connector，所以 Cockpit Info 可以通过 J2C connector 获得。订票系统构建在 IBM TPF 之上，由于实时性的要求，socket 是比较好的接入方法。Retrieve Flight BO 被实现为一个 EJB，外部访问通过 RMI/IIOP 绑定访问这个服务。在 Retrieve Flight BO 内部，Flight BO 以 SDO 来表示。

（2）企业服务总线中的事件服务。Event Service 是在检查机务环境安全（Check Spot）前，Ramp Coordiator 需要被通知航班已经到达。这个业务事件由航班调度系统激发，Flight Arrival 是典型事件发现服务（Event Detect Service），它通过 MQ 将事件传递给 Message Broker，通过 JMS 的 Pub/Sub，这个事件被分发给 Check Spot。这里的 Event Service 是本例中 ESB 的重要组成部分。通过 ESB 上的通用事件服务，现有 Information Hub 的缺陷得到了克服。应用程序间的事件集成不再需要点到点的方式，而是通过 ESB 的事件服务完成订阅发布，应用程序间的耦合性得到了极大的缓解。

（3）流程服务。Process Service 是 Ramp Coordination 被实现为一个 Process Service，它被 WBI SF 的 BPEL4WS 容器执行，BPEL4WS 容器提供 Choreograph Service、Transaction Service 和 Staff Service 支持。Ramp Coordination 通过 RMI/IIOP 协议调用，在 BPEL4WS 容器中 WSIF 被用于通过各种协议调用服务，它成为 ESB 中 Transport Service 的一部分。Ramp Coordination 中的人工动作被实现为 Staff Service 而集成到流程中。这里，Staff Service 通过 Portlet 实现，运行在 Websphere Portal Server 上。Portal Service 实现部分 Delivery Service 支持 PDA 设备，Ramp Coordinator 通过 PDA 设备访问系统。

（4）企业服务总线中的传输服务。RCMS 是即将新建系统，用于提供包括 Ramp Coordination 在内的 Ramp Control 的功能。RCMS 通过由 WSIF 实现的 Transport Service 以 SOAP/HTTP 调用 Ramp Coordination 服务。

6. 结论

通过一个简单的案例，讲解了以服务为中心的企业集成的主要步骤和涉及的技术。这些集成的技术，无论是方法学、体系结构还是编程模型都在不断地发展中。随着这些技术的不断完善，以服务为中心的企业集成方案的实施将更加简单高效。

第13章 层次式架构设计理论与实践

层次式架构是软件体系结构设计中最为常用的一种架构形式，它为软件系统提供了一种在结构、行为和属性方面的高级抽象，其核心思想是将系统组成为一种层次结构，每一层为上层服务，并作为下层客户。本章重点介绍了层次式架构中的表现层、中间层、访问层和数据层的体系结构设计技术，给出了层次式架构的案例分析。

13.1 层次式体系结构概述

软件体系结构可定义为：软件体系结构为软件系统提供了结构、行为和属性的高级抽象，由构成系统的元素描述、这些元素的相互作用、指导元素集成的模式以及这些模式的约束组成。软件体系结构不仅指定了系统的组织结构和拓扑结构，并且显示了系统需求和构成系统的元素之间的对应关系，提供了一些设计决策的基本原理，是构建于软件系统之上的系统级复用。

软件体系结构贯穿于软件研发的整个生命周期内，具有重要的影响。这主要从以下三个方面来进行考察。

（1）利益相关人员之间的交流。软件体系结构是一种常见的系统抽象，代码级别的系统抽象仅仅可以成为程序员的交流工具，而包括程序员在内的绝大多数系统的利益相关人员都借助软件体系结构来作为相互沟通的基础。

（2）系统设计的前期决策。软件体系结构是我们所开发的软件系统最早期设计决策的体现，而这些早期决策对软件系统的后续开发、部署和维护具有相当重要的影响。这也是能够对系统进行分析的最早时间点。

（3）可传递的系统级抽象。软件体系结构是关于系统构造以及系统各个元素工作机制的相对较小、却又能够突出反映问题的模型。由于软件系统具有的一些共通特性，这种模型可以在多个系统之间传递，特别是可以应用到具有相似质量属性和功能需求的系统中，并能够促进大规模软件的系统级复用。

分层式体系结构是一种最常见的架构设计方法，能有效地使设计简化，使设计的系统机构清晰，便于提高复用能力和产品维护能力。

层次式体系结构设计是将系统组成一个层次结构，每一层为上层服务，并作为下层客户。在一些层次系统中，除了一些精心挑选的输出函数外，内部的层接口只对相邻的层可见。连接件通过决定层间如何交互的协议来定义，拓扑约束包括对相邻层间交互的约束。由于每一层最多只影响两层，同时只要给相邻层提供相同的接口，允许每层用不同的方法实现，同样为软件重用提供了强大的支持。

软件层次式体系结构是最通用的架构，也被叫作 N 层架构模式（n-tier architecture pattern）。

这也是 Java EE（也称为 J2EE）应用经常采用的标准模式。这种架构模式非常适合传统的 IT 通信和组织结构，很自然地成为大部分应用的第一架构选择。在分层次体系结构中的组件被划分成几个层，每个层代表应用的一个功能，都有自己特定的角色和职能。分层架构本身没有规定要分成多少层，大部分的应用会分成表现层（或称为展示层）、中间层（或称为业务层）、数据访问层（或称为持久层）和数据层。其结构见图 13-1 所示。

分层架构的一个特性就是关注分离（separation of concerns）。该层中的组件只负责本层的逻辑，组件的划分很容易明确组件的角色和职责，也比较容易开发、测试、管理和维护。

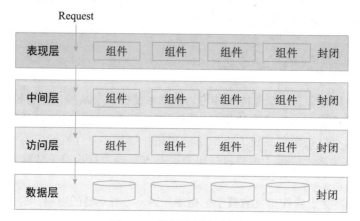

图 13-1　常用的层次式架构

当然，小的应用有时候会将业务层和持久层合在一起，更大规模的应用可能会划分更多的层，比如：增加调用外部服务的层等。

层次式体系结构是一个可靠的通用的架构，对很多应用来说，如果不确定哪种架构适合，可以用它作为一个初始架构。但是，设计时要注意以下两点：

（1）要注意的是污水池反模式。

所谓污水池反模式（architecture sinkhole anti-pattern），就是请求流简单地穿过几个层，每层里面基本没有做任何业务逻辑，或者做了很少的业务逻辑。比如一些 Java EE 例子，业务逻辑层只是简单的调用了持久层的接口，本身没有什么业务逻辑。

每一层或多或少都有可能遇到这样的场景，关键是分析这样的请求的百分比是多少。二八原则可以帮助你决定是否正在遇到污水池反模式。如果请求超过 20%，则应该考虑让一些层变成开放的。

（2）需要考虑的是分层架构可能会让你的应用变得庞大。

即使你的表现层和中间层可以独立发布，但它的确会带来一些潜在的问题，比如：分布模式复杂、健壮性下降、可靠性和性能的不足，以及代码规模的膨胀等。

13.2　表现层框架设计

13.2.1　表现层设计模式

1. MVC 模式

MVC 是一种目前广泛流行的软件设计模式。近年来，随着 Java EE 的成熟，MVC 成为了 Java EE 平台上推荐的一种设计模式。MVC 强制性地把一个应用的输入、处理、输出流程按照视图、控制、模型的方式进行分离，形成了控制器、模型、视图三个核心模块。

（1）控制器（Controller）：接受用户的输入并调用模型和视图去完成用户的需求。该部分是用户界面与 Model 的接口。一方面它解释来自于视图的输入，将其解释成为系统能够理解的对象，同时它也识别用户动作，并将其解释为对模型特定方法的调用；另一方面，它处理来自于模型的事件和模型逻辑执行的结果，调用适当的视图为用户提供反馈。

（2）模型（Model）：应用程序的主体部分。模型表示业务数据和业务逻辑。一个模型能为多个视图提供数据。由于同一个模型可以被多个视图重用，所以提高了应用的可重用性。

（3）视图（View）：用户看到并与之交互的界面。视图向用户显示相关的数据，并能接收用户输入的数据，但是它并不进行任何实际的业务处理。视图可以向模型查询业务状态，但不能改变模型。视图还能接受模型发出的数据更新事件，从而对用户界面进行同步更新。

三者的协作关系如图 13-2 所示。

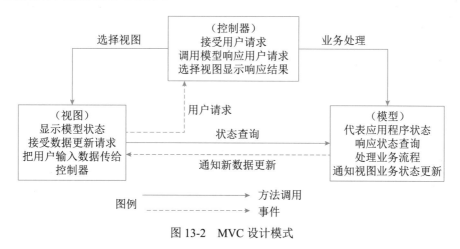

图 13-2　MVC 设计模式

从图 13-2 中可以看到，首先，控制器接收用户的请求，并决定应该调用哪个模型来处理；然后，模型根据用户请求进行相应的业务逻辑处理，并返回数据；最后，控制器调用相应的视图来格式化模型返回的数据，并通过视图呈现给用户。

使用 MVC 模式来设计表现层，可以有以下的优点。

（1）允许多种用户界面的扩展。在 MVC 模式中，视图与模型没有必然的联系，都是通过控制器发生关系，这样如果要增加新类型的用户界面，只需要改动相应的视图和控制器即可，而模型则无须发生改动。

（2）易于维护。控制器和视图可以随着模型的扩展而进行相应的扩展，只要保持一种公共的接口，控制器和视图的旧版本也可以继续使用。

（3）功能强大的用户界面。用户界面与模型方法调用组合起来，使程序的使用更清晰，可将友好的界面发布给用户。

MVC 是构建应用框架的一个较好的设计模式，可以将业务处理与显示分离，将应用分为控制器、模型和视图，增加了应用的可拓展性、强壮性及灵活性。基于 MVC 的优点，目前比较先进的 Web 应用框架都是基于 MVC 设计模式的。

2. MVP 模式

MVP（Model-View-Presenter）模式提供数据，View 负责显示，Controller/Presenter 负责逻辑的处理。MVP 是从经典的模式 MVC 演变而来，它们的基本思想有相通的地方：Controller/Presenter 负责逻辑的处理，Model 提供数据，View 负责显示。当然 MVP 与 MVC 也有一些显著的区别，MVC 模式中元素之间"混乱"的交互主要体现在允许 View 和 Model 直接进行"交流"，这在 MVP 模式中是不允许的。在 MVP 中 View 并不直接使用 Model，它们之间的通信是通过 Presenter（MVC 中的 Controller）来进行的，所有的交互都发生在 Presenter 内部，而在 MVC 中 View 会直接从 Model 中读取数据而不是通过 Controller。

MVP 不仅仅避免了 View 和 Model 之间的耦合，还进一步降低了 Presenter 对 View 的依赖。Presenter 依赖的是一个抽象化的 View，即 View 实现的接口 IView，这带来的最直接的好处，就是使定义在 Presenter 中的 UI 处理逻辑变得易于测试。由于 Presenter 对 View 的依赖行为定义在接口 IView 中，只需要一个实现了这个接口的 View 就能对 Presenter 进行测试。MVP 的结构如图 13-3 所示。

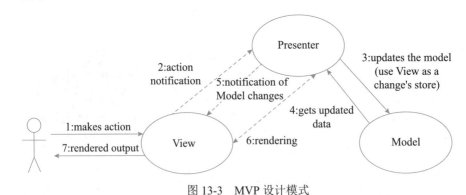

图 13-3 MVP 设计模式

使用 MVP 模式来设计表现层，可以有以下的优点。

（1）模型与视图完全分离，可以修改视图而不影响模型。

（2）可以更高效地使用模型，因为所有的交互都发生在一个地方——Presenter 内部。

（3）可以将一个 Presenter 用于多个视图，而不需要改变 Presenter 的逻辑。这个特性非常的有用，因为视图的变化总是比模型的变化频繁。

（4）如果把逻辑放在 Presenter 中，就可以脱离用户接口来测试这些逻辑（单元测试）。

目前，MVP 模式被更多地用在 Android 开发当中。

3. MVVM 模式

MVVM 模式正是为解决 MVP 中 UI 种类变多，接口也会不断增加的问题而提出的。

MVVM 模式全称是模型 - 视图 - 视图模型（Model-View-ViewModel），它和 MVC、MVP 类似，主要目的都是为了实现视图和模型的分离，不同的是 MVVM 中，View 与 Model 的交互通过 ViewModel 来实现。ViewModel 是 MVVM 的核心，它通过 DataBinding 实现 View 与 Model 之间的双向绑定，其内容包括数据状态处理、数据绑定及数据转换。例如，View 中某处的状态和 Model 中某部分数据绑定在一起，这部分数据一旦变更将会反映到 View 层。而这个机制通过 ViewModel 来实现。

ViewModel，即视图模型，是一个专门用于数据转换的控制器，它可以把对象信息转换为视图信息，将命令从视图携带到对象。它通过 View 发布对象的公共数据，同时向视图提供数据和方法。View 和 ViewModel 之间使用 DataBinding 及其事件进行通信。View 的用户接口事件仍然由 View 自身处理，并把相关事件映射到 ViewModel，以实现 View 中的对象与视图模型内容的同步，且可通过双向数据绑定进行更新。因此，程序员只需编写包含声明绑定的视图模板，以及 ViewModel 中的数据变更逻辑，就能使 View 获得响应式的更新。MVVM 流程设计如图 13-4 所示。

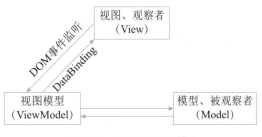

图 13-4　MVVM 设计模式

在 MVVM 模式下 View 和 Model 不能直接通信，两者的通信只能通过 ViewModel 来实现。ViewModel 通常要实现一个观察者，当数据发生变化，ViewModel 能够监听到数据的变化，然后通知对应的视图做自动更新；而当用户操作视图，ViewModel 也能监听到视图的变化，再通知数据做改动，从而形成数据的双向绑定。这使得 MVVM 更适用于数据驱动的场景，尤其是数据操作特别频繁的场景。

但也正是由于数据和视图的双向绑定，导致出现问题时不太好定位来源，有可能由数据问题导致、也有可能由业务逻辑中对视图属性的修改导致。若项目中有计划采用 MVVM，倾向建议使用官方的架构组件 ViewModel、LiveData 等去实现 MVVM。

13.2.2　使用XML设计表现层，统一Web Form与Windows Form的外观

XML（可扩展标记语言）与 HTML 类似，是一种标记语言。与主要用于控制数据的显示和外观的 HTML 标记不同，XML 标记用于定义数据本身的结构和数据类型。XML 已被公认为是优秀的数据描述语言，并且成为了业内广泛采用的数据描述标准。

由于 XML 的设计目标是描述数据并集中于数据的内容，所以虽然 XML 和 HTML 类似，但是业内很少采用 XML 作为表现层技术，表现层技术仍然是 HTML 唱主角。但是，由于 Web 应用程序对特定浏览器的局限以及性能问题，基于窗体表现形式的胖客户端应用程序又开始有

了卷土重来的趋势。这两种应用程序各有优势，在未来很长一段时间这两种技术架构都会并存。因此，许多开发厂商在开发新产品时提出了既要支持胖客户端的表现形式，又要支持 Web 的表现形式。于是，有人提出将 GUI 用一个标准的形式描述，对于不同的表现形式，提供特定形式的转换器，根据 GUI 的描述转换成相应的表现形式。这就要求描述语言有非常好的通用性和扩展性，XML 恰恰是这种描述语言理想的载体。

对于大多数应用系统，GUI 主要是由 GUI 控件组成。控件可以看成是一个数据对象，其包含位置信息、类型和绑定的事件等。这些信息在 XML 中都可以作为数据结点保存下来，每一个控件都可以被描述成一个 XML 结点，而控件的那些相关属性都可以描述成这个 XML 结点的 Attribute。由于 XML 本身就是一种树形结构描述语言，所以可以很好地支持控件之间的层次结构。同时，XML 标记由架构或文档的作者定义，并且是无限制的，所以架构开发人员可以随意约定控件的属性，例如可以约定 type="button" 是一个按钮，type="panel" 是一个控件容器，type="Constraint" 是位置等。这样，整个 GUI 就可以完整而且简单地通过 XML 来描述。例如：

```
<component type="panel" constraint="16, 22, 78, 200"/>
<component type="button" isvisible="false"
constraint="17, 222, 78, 20"/>
</component>
```

这么一段 XML 很清晰地表示一个控件容器位置是（16，22，78，200），包含了一个不可视按钮。用上述的 XML 形式将 GUI 按照数据描述的形式保存下来代替原先特有的表现形式所需要的 GUI 描述载体。然后，对于特定的表现技术，实现不同的解析器解析 XML 配置文件。根据 XML 中的标签，按照特有的表现技术实例化的 GUI 控件实例对象。例如，解析器遇到 button，JFC 解析器会给予 JLabel 对象，XSLT 解析器会给予 <button id=…> 这样一个 HTML 字符串，再调用特定表现技术的 API 将实例化出来的组件对象添加到 GUI 上显示。

从设计模式的角度来说，整个 XML 表现层解析的机制是一种策略模式。在调用显示 GUI 时，不是直接调用特定的表现技术的 API，而是装载 GUI 对应的 XML 配置文件，然后根据特定的表现技术的解析器解析 XML，得到 GUI 视图实例对象。这样，对于 GUI 开发人员来说，GUI 视图只需要维护一套 XML 文件即可。

13.2.3　表现层中UIP设计思想

应用程序通常要用代码来管理用户界面，例如一个窗体可以决定下一个要呈现给用户的窗体。开发人员可以把这些代码写在 UI 代码中间，但是会使得代码复杂，不易复用、维护和扩展。另一方面，应用程序要运行在其他的平台也变得相当困难，因为它进行控制的逻辑和状态都不能被复用。

在大多数情况下，应用程序需要维护一个状态，如状态存储在窗体中，代码需要访问这个窗体以重新恢复状态。这样做会比较困难并且代码也会变得不雅，同时也会对用户接口的重用性和可扩展性产生影响。

用户应用系统的时候，可能会先启动一个任务，离开一段时间后再回来继续。如果在中间用户关闭了应用程序，它将失去当前的状态，要想继续任务的话必须一切从头开始。因此设计程序的时候，必须分开来考虑工作流、导航、与商业服务的交互等各个组成部分，以获取数据并呈现给用户。

UIP（UserInterface Process Application Block）是微软社区开发的众多 Application Block 中的其中之一，它是开源的。UIP 提供了一个扩展的框架，用于简化用户界面与商业逻辑代码的分离的方法，可以用它来写复杂的用户界面导航和工作流处理，并且它能够复用在不同的场景、并可以随着应用的增加而进行扩展。

使用 UIP 框架的应用程序把表现层分为了以下几层。

● User Interface Components：这个组件就是原来的表现层，用户看到的和进行交互都是这个组件，它负责获取用户的数据并且返回结果。

● User Interface Process Components：这个组件用于协调用户界面的各部分，使其配合后台的活动，例如导航和工作流控制，以及状态和视图的管理。用户看不到这一组件，但是这些组件为User Interface Components提供了重要的支持功能。

图 13-5 展示了这两层在基于 .Net 的分布式应用程序中的位置。

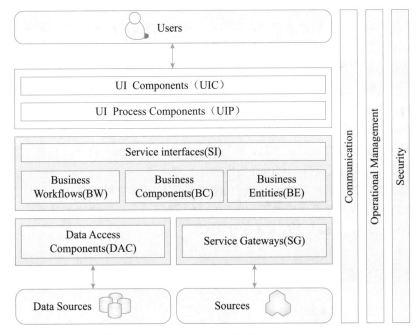

图 13-5　UI Components 和 UIP Components

UIP 的组件主要负责的功能是：管理经过 User Interface Components 的信息流；管理 UIP 中各个事件之间的事务；修改用户过程的流程以响应异常；将概念上的用户交互流程从实现或者涉及的设备上分离出来；保持内部的事务关联状态，通常是持有一个或者多个的与用户交互的事务实体。因此，这些组件也能从 UI 组件收集数据，执行服务器的成组的升级或是跟踪 UIP 中的任务过程的管理。

13.2.4　表现层动态生成设计思想

基于 XML 的界面管理技术可实现灵活的界面配置、界面动态生成和界面定制。其思路是用 XML 生成配置文件及界面所需的元数据，按不同需求生成界面元素及软件界面。

基于 XML 界面管理技术，包括界面配置、界面动态生成和界面定制三部分，如图 13-6 所示。

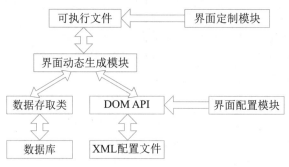

图 13-6　基于 XML 的界面管理技术框图

界面配置是对用户界面的静态定义，通过读取配置文件的初始值对界面配置。由界面配置对软件功能进行裁剪、重组和扩充，以实现特殊需求。

界面定制是对用户界面的动态修改过程，在软件运行过程中，用户可按需求和使用习惯，对界面元素（如菜单、工具栏、键盘命令）的属性（如文字、图标、大小和位置等）进行修改。软件运行结束，界面定制的结果被保存。

系统通过 DOM API 读取 XML 配置文件的表示层信息（如初始界面大小、位置等），通过数据存取类读取数据库中的数据层信息，运行时由界面元素动态生成界面。界面配置和定制模块在软件运行前后修改配置文件、更改界面内容。

基于 XML 的界面管理技术实现的管理信息系统实现了用户界面描述信息与功能实现代码的分离，可针对不同用户需求进行界面配置和定制，能适应一定程度内的数据库结构改动。只须对 XML 文件稍加修改，即可实现系统的移植。

13.3　中间层架构设计

13.3.1　业务逻辑层组件设计

业务逻辑组件分为接口和实现类两个部分。

接口用于定义业务逻辑组件，定义业务逻辑组件必须实现的方法是整个系统运行的核心。通常按模块来设计业务逻辑组件，每个模块设计一个业务逻辑组件，并且每个业务逻辑组件以多个 DAO（Data Access Object）组件作为基础，从而实现对外提供系统的业务逻辑服务。增加业务逻辑组件的接口，是为了提供更好的解耦，控制器无须与具体的业务逻辑组件耦合，而是面向接口编程。

1. 业务逻辑组件的实现类

业务逻辑组件以 DAO 组件为基础，必须接收 Spring 容器注入的 DAO 组件，因此必须为业务逻辑组件的实现类提供对应的 setter 方法。业务逻辑组件的实现类将 DAO 组件接口实例作为属性（面向接口编程），而对于复杂的业务逻辑，可能需要访问多个对象的数据，那么只需在这个方法里调用多个 DAO 接口，将具体实现委派给 DAO 完成。

2. 业务逻辑组件的配置

由于业务逻辑组件的 DAO 组件从未被初始化过，那么业务方法如何完成？ DAO 组件初始化是由 Spring 的反向控制（Inverse of Control，IoC）或者称为依赖注入（Dependency Injection，DI）机制完成的。为此，还需要在 applicationContext.xml 里面配置 FacadeManager 组件。

定义 FacadeManager 组件时必须为其配置所需要的 DAO 组件，配置信息表示 BaseManager 继承刚才配置的事务代理模板。并且由容器给 BaseManager 注入 DAO 的组件，即 BaseDAOHibernate。而 target 则是 TransactionProxy FactoryBean 需要指定的属性，TransactionProxyFactoryBean 负责为某个 bean 实例生成代理，代理必须有个目标，target 属性则用于指定目标。

当然，也可以不使用事务代理模板及嵌套 bean，而是为组件指定单独的事务代理属性，让事务代理的目标引用容器中已经存在的 bean。

applicationContext.xml 文件的源代码配置了应用的数据源和 SessionFactory 等 bean，而业务逻辑组件也被部署在该文件中。

在配置文件中，采用继承业务逻辑组件的事务代理，将原有的业务逻辑组件作为嵌套 bean 配置，避免了直接调用没有事务特性的业务逻辑组件。

系统实现了所有的后台业务逻辑，并且向外提供了统一的 Facade 接口，前台 Web 层仅仅依赖这个 Facade 接口。这样，Web 层与后台业务层的耦合已经非常松散，系统可以在不同的 Web 框架中方便切换，即使将整个 Web 层替换掉也非常容易。

13.3.2　业务逻辑层工作流设计

工作流管理联盟（Workflow Management Coalition）将工作流定义为：业务流程的全部或部分自动化，在此过程中，文档、信息或任务按照一定的过程规则流转，实现组织成员间的协调工作以达到业务的整体目标。工作流参考模型见图 13-7。

工作流管理一直是企业界和学术界关注的热点领域。1993 年，国际上专门成立了工作流管理联盟（WorkFlow Management Coalition，WFMC），以便对工作流实现标准化管理。它是一种反映业务流程的计算机化的模型，是为了在先进计算机环境支持下实现经营过程集成与经营过程自动化而建立的可由工作流管理系统执行的业务模型。它解决的主要问题是：使在多个参与者之间按照某种预定义的规则传递文档、信息或任务的过程自动进行，从而实现某个预期的业务目标，或者是促使此目标的实现。

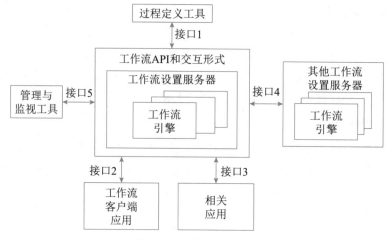

图 13-7　工作流参考模型

（1）interface 1：过程定义导入 / 导出接口。这个接口的特点是：转换格式和 API 调用，从而支持过程定义信息间的互相转换。这个接口也支持已完成的过程定义或过程定义的一部分之间的互相转换。早期标准是 WPDL，后来发展为 XPDL。

（2）interface 2：客户端应用程序接口。通过这个接口工作流机可以与任务表处理器交互，代表用户资源来组织任务。然后由任务表处理器负责，从任务表中选择、推进任务项。由任务表处理器或者终端用户来控制应用工具的活动。

（3）interface 3：应用程序调用接口。允许工作流机直接激活一个应用工具，来执行一个活动。典型的是调用以后台服务为主的应用程序，没有用户接口。当执行活动要用到的工具，需要与终端用户交互，通常是使用客户端应用程序接口来调用那个工具，这样可以为用户安排任务时间表提供更多的灵活性。

（4）interface 4：工作流机协作接口。其目标是定义相关标准，以使不同开发商的工作流系统产品相互间能够进行无缝的任务项传递。WFMC 定义了 4 个协同工作模型，包含多种协同工作能力级别。

（5）interface 5：管理和监视接口。提供的功能包括用户管理、角色管理、审查管理、资源控制、过程管理和过程状态处理器等。

用工作流的思想组织业务逻辑，优点是：将应用逻辑与过程逻辑分离，在不修改具体功能的情况下，通过修改过程模型改变系统功能，完成对生产经营部分过程或全过程的集成管理，可有效地把人、信息和应用工具合理地组织在一起，发挥系统的最大效能。

13.3.3　业务逻辑层实体设计

业务逻辑层实体具有以下特点：业务逻辑层实体提供对业务数据及相关功能（在某些设计中）的状态编程访问。业务逻辑层实体可以使用具有复杂架构的数据来构建，这种数据通常来自数据库中的多个相关表。业务逻辑层实体数据可以作为业务过程的部分 I/O 参数传递。业务逻辑层实体可以是可序列化的，以保持它们的当前状态。例如，应用程序可能需要在本地磁盘、桌面数据库（如果应用程序脱机工作）或消息队列消息中存储实体数据。业务逻辑层实体不直接访问数据库，全部数据库访问都是由相关联的数据访问逻辑组件提供的。业务逻辑层实体不启动任何类型的事务处理，事务处理由使用业务逻辑层实体的应用程序或业务过程来启动。

在应用程序中表示业务逻辑层实体的方法有很多（从以数据为中心的模型到更加面向对象的表示法），如 XML、通用 DataSet、有类型的 DataSet 等。

以下示例显示了如何将一个简单的业务逻辑层实体表示为 XML。该业务逻辑层实体包含一个产品。

```xml
< ?xml version="1.0"? >
< Product xmlns="urn:aUniqueNamespace" >
< ProductID > 1 < /ProductID >
< ProductName > Chai < /ProductName >
< QuantityPerUnit > 10 boxes x 20 bags < /QuantityPerUnit >
< UnitPrice > 18.00 < /UnitPrice >
< UnitsInStock > 39 < /UnitsInStock >
< UnitsOnOrder > 0 < /UnitsOnOrder >
< ReorderLevel > 10 < /ReorderLevel >
< /Product >
```

将业务逻辑层实体表示为 XML 的优点如下。

（1）标准支持。XML 是 World Wide Web Consortium（W3C）的标准数据表示格式。

（2）灵活性。XML 能够表示信息的层次结构和集合。

（3）互操作性。在所有平台上，XML 都是与外部各方及贸易伙伴交换信息的理想选择。

如果 XML 数据将由 ASP.NET 应用程序或 Windows 窗体应用程序使用，则还可以把这些 XML 数据装载到一个 DataSet 中，以利用 DataSet 提供的数据绑定支持。

将业务逻辑层实体表示为通用 DataSet。通用 DataSet 是 DataSet 类的实例，它是在 ADO.NET 的 System.Data 命名空间中定义的。DataSet 对象包含一个或多个 DataTable 对象，用于表示数据访问逻辑组件从数据库检索到的信息。

图 13-8 所示为用于 Product 业务逻辑层实体的通用 DataSet 对象。该 DataSet 对象具有一个 DataTable，用于保存产品信息。该 DataTable 具有一个 UniqueConstraint 对象，用于将 ProductID 列标记为主键。DataTable 和 UniqueConstraint 对象是在数据访问逻辑组件中创建该 DataSet 时创建的。

图 13-8　用于 Product 业务逻辑层实体的通用 DataSet

图 13-9 所示为用于 Order 业务逻辑层实体的通用 DataSet 对象。此 DataSet 对象具有两个 DataTable 对象，分别保存订单信息和订单详细信息。每个 DataTable 具有一个对应的 Unique Constraint 对象，用于标识表中的主键。此外，该 DataSet 还有一个 Relation 对象，用于将订单详细信息与订单相关联。

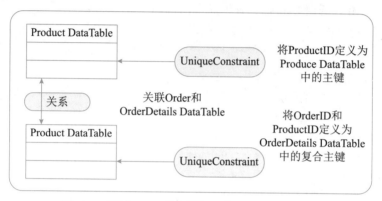

图 13-9　用于 Order 业务逻辑层实体的通用 DataSet

将业务逻辑层实体表示为通用 DataSet 的优点如下。

（1）灵活性。DataSet 可以包含数据的集合，能够表示复杂的数据关系。

（2）序列化。在层间传递时，DataSet 本身支持序列化。

（3）数据绑定。可以把 DataSet 绑定到 ASP.NET 应用程序和 Windows 窗体应用程序的任意用户界面控件。

（4）排序与过滤。可以使用 DataView 对象排序和过滤 DataSet。应用程序可以为同一个 DataSet 创建多个 DataView 对象，以便用不同方式查看数据。

（5）与 XML 的互换性。可以用 XML 格式读写 DataSet。

（6）开放式并发。在更新数据时，可以配合使用数据适配器与 DataSet 方便地执行开放式并发检查。

（7）可扩展性。如果修改了数据库架构，则适当情况下数据访问逻辑组件中的方法可以创建包含修改后的 DataTable 和 DataRelation 对象的 DataSet。

将业务逻辑层实体表示为有类型的 DataSet。有类型的 DataSet 是包含具有严格类型的方法、属性和类型定义以公开 DataSet 中的数据和元数据的类。

将业务逻辑层实体表示为有类型的 DataSet 的优点如下。

（1）代码易读。要访问有类型的 DataSet 中的表和列，可以使用有类型的方法和属性。

（2）有类型的方法和属性的提供使得使用有类型的 DataSet 比使用通用 DataSet 更方便。使用有类型的 DataSet 时，IntelliSense 将可用。

（3）编译时类型检查，无效的表名称和列名称将在编译时而不是在运行时检测。

13.3.4　业务逻辑层框架

　　业务框架位于系统架构的中间层，是实现系统功能的核心组件。采用容器的形式，便于系统功能的开发、代码重用和管理。图 13-10 便是在吸收了 SOA 思想之后的一个三层体系结构的简图。

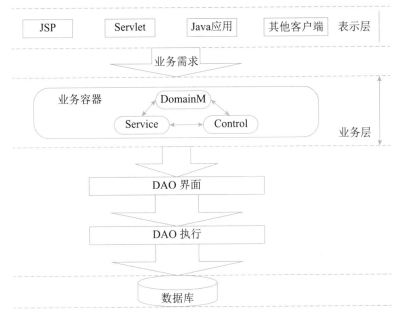

图 13-10　业务框架在整个系统架构中的位置

　　从图 13-10 中可以看到，业务层采用业务容器（Business Container）的方式存在于整个系统当中，采用此方式可以大大降低业务层和相邻各层的耦合，表示层代码只需要将业务参数传递给业务容器，而不需要业务层多余的干预。如此一来，可以有效地防止业务层代码渗透到表示层。

　　在业务容器中，业务逻辑是按照 Domain Model—Service—Control 思想来实现的。

　　（1）Domain Model 是领域层业务对象，它仅仅包含业务相关的属性。

　　（2）Service 是业务过程实现的组成部分，是应用程序的不同功能单元，通过在这些服务之间定义良好的接口和契约联系起来。接口是采用中立的方式进行定义的，这使得构建在各种这样的系统中的服务可以以一种统一和通用的方式进行交互。这种具有中立的接口定义（没有强制绑定到特定的实现上）的特征称为服务之间的松耦合。松耦合系统的好处有两点，一是它的灵活性，二是当组成整个应用程序的每个服务的内部结构和实现逐渐地发生改变时，它能够继续存在。

　　（3）Control 服务控制器，是服务之间的纽带，不同服务之间的切换就是通过它来实现的。通过服务控制器控制服务切换可以将服务的实现和服务的转向控制分离，提高了服务实现的灵活性和重用性。

以下是 Domain Model—Service—Control 三者的互动关系。

（1）Service 的运行会依赖于 Domain Model 的状态，反之，Service 也会根据业务规则改变 Domain Model 的状态。

（2）Control 作为服务控制器，根据 Domain Model 的状态和相关参数决定 Service 之间的执行顺序及相互关系。

Domain Model—Service—Control 的互动关系，是吸取了 Model—View—Control 的优点，在"控制和显示的分离"的基础之上演变而来的，通过将服务和服务控制隔离，使程序具备高度的可重用性和灵活性。

13.4 数据访问层设计

13.4.1 5种数据访问模式

1. 在线访问

在线访问是最基本的数据访问模式，也是在实际开发过程中最常采用的。

如图 13-11 所示，这种数据访问模式会占用一个数据库连接，读取数据，每个数据库操作都会通过这个连接不断地与后台的数据源进行交互。

2. DataAccess Object

如图 13-12 所示，DAO 模式是标准 J2EE 设计模式之一，开发人员常常用这种模式将底层数据访问操作与高层业务逻辑分离开。

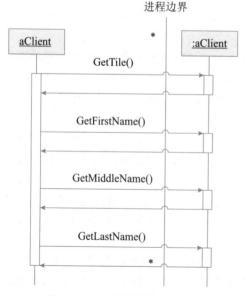

图 13-11　在线访问模式

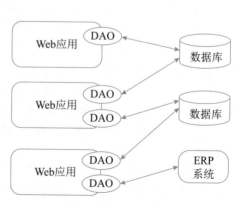

图 13-12　DAO 模式

一个典型的 DAO 实现通常有以下组件。

（1）一个 DAO 工厂类。

（2）一个 DAO 接口。

（3）一个实现了 DAO 接口的具体类。

（4）数据传输对象。

这当中具体的 DAO 类包含访问特定数据源的数据的逻辑。

3. Data Transfer Object

如图 13-13 所示，Data Transfer Object 是经典 EJB 设计模式之一。DTO 本身是这样一组对象或是数据的容器，它需要跨不同的进程或是网络的边界来传输数据。这类对象本身应该不包含具体的业务逻辑，并且通常这些对象内部只能进行一些诸如内部一致性检查和基本验证之类的方法，而且这些方法最好不要再调用其他的对象行为。

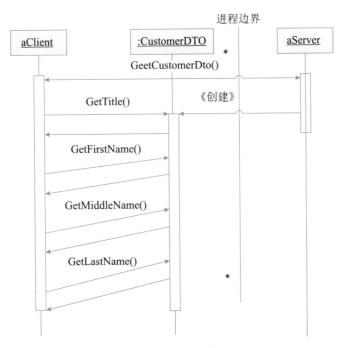

图 13-13　DTO 模式

在具体设计这类对象（DTO）时，通常可以有如下两种选择。

（1）使用编程语言内置的集合对象，它通常只需要一个类，就可以在整个应用程序中满足任何数据传输目的；而且几乎所有的编程语言都内置了集合类型，不需要再另外编写实现代码。同时，使用内置的集合对象来实现 DTO 对象的时候，客户端必须按位置序号（在简单数组的情况下）或元素名称（在键控集合的情况下）访问集合内的字段。不过，集合存储的是同一类型（通常是最基本的 Object 类型）的对象，这有时会导致在编译时碰到一些无法检测到的编码错误。

（2）通过创建自定义类来实现 DTO 对象，通过定义显示的 get 或是 set 方法来访问数据。这种方式能够提供与任何其他对象完全一样的、客户端应用程序可访问的强类型对象。这种对象可以提供编译时的类型检查，但是增加了编码的工作量，若应用程序发出许多远程调用的话，需要编写大量的调用代码。

具体实现中有许多方法试图将上述这两种方法的优点结合在一起。第一种方法是代码生成技术，该技术可以生成脱离现有元数据（如可扩展标记语言 XML 架构）的自定义 DTO 类的源代码；第二种方法是提供更强大的集合，尽管它也是平台内置的一般的集合，但它将关系和数据类型信息与原始数据存储在一起，例如 IBM 提出的 SDO 技术或是微软 ADO.NET 中的 DataSet 就支持这类方法。

4. 离线数据模式

离线数据模式是以数据为中心，数据从数据源获取之后，将按照某种预定义的结构（这种结构可以是 SDO 中的 Data 图表结构，也同样可以是 ADO.NET 中的关系结构）存放在系统中，成为应用的中心。离线，对数据的各种操作独立于各种与后台数据源之间的连接或是事务；与 XML 集成，数据可以方便地与 XML 格式的文档之间互相转换；独立于数据源，离线数据模式的不同实现定义了数据的各异的存放结构和规则，这些都是独立于具体的某种数据源的。

5. 对象 / 关系映射（Object/Relation Mapping，O/R Mapping）

在最近几年，采用 OR 映射的指导思想来进行数据持久层的设计似乎已经成了一种潮流。对象 / 关系映射的基本思想来源于这样一种现实：大多数应用中的数据都是依据关系模型存储在关系型数据库中；而很多应用程序中的数据在开发或是运行时则是以对象的形式组织起来的。那么，对象 / 关系映射就提供了这样一种工具或是平台，能够帮助将应用程序中的数据转换成关系型数据库中的记录；或是将关系数据库中的记录转换成应用程序中代码便于操作的对象。

13.4.2　工厂模式在数据访问层应用

在应用程序的设计中，数据库的访问是非常重要的，数据库的访问需要良好的封装性和可维护性。在 .Net 中，数据库的访问，对于微软自家的 SqlServer 和其他数据库（支持 OleDb），采用不同的访问方法，这些类分别分布于 System.Data.SqlClient 和 System.Data.OleDb 名称空间中。微软后来又推出了专门用于访问 Oracle 数据库的类库。我们希望在编写应用系统的时候，不因这么多类的不同而受到影响，尽量做到数据库无关。

这就需要在实际开发过程中将这些数据库访问类再作一次封装。经过这样的封装，不仅可以达到上述的目标，还可以减少操作数据库的步骤，减少代码编写量。工厂设计模式是使用的主要方法。

工厂模式定义一个用于创建对象的接口，让子类决定实例化哪一个类。工厂方法使一个类的实例化延迟到其子类。这里可能会处理对多种数据库的操作，因此，需要首先定义一个操纵数据库的接口，然后根据数据库的不同，由类工厂决定实例化哪个类。

下面首先来定义这个访问接口。为了方便说明问题，在这里只列出了比较少的方法，其他的方法是很容易参照添加的。

5254148.3 　4啊啊

```
public interface DataAccess
{
    DatabaseType DatabaseType{get;}                    // 数据库类型
    IDbConnection DbConnection{get;}                   // 得到数据库连接
    void Open();                                       // 打开数库连接
    void Close();                                      // 关闭数据库连接
    IDbTransaction BeginTransaction();                 // 开始一个事务
    int ExecuteNonQuery(string commandText);           // 执行 Sql 语句
    DataSet ExecuteDataset(string commandText);        // 执行 Sql，返回 DataSet
}
```

因为 DataAccess 的具体实现类有一些共同的方法，所以先从 DataAccess 实现一个抽象的 AbstractDataAccess 类，包含一些公用方法。然后，分别为 SQL Server、Oracle 和 OleDb 数据库编写三个数据访问的具体实现类。

```
public sealed class MSSqlDataAccess : AbstractDataAccess
{
        …// 具体实现代码
}
public class OleDbDataAccess : AbstractDataAccess
{
…// 具体实现代码
}
public class OracleDataAccess : AbstractDataAccess
{
        …// 具体实现代码
}
```

现在已经完成了所要的功能，下面需要创建一个 Factory 类，来实现自动数据库切换的管理。这个类很简单，主要的功能就是根据数据库类型，返回适当的数据库操纵类。

```
public sealed class DataAccessFactory
{
        private DataAccessFactory(){}
        private static PersistenceProperty defaultPersistenceProperty;
        public static PersistenceProperty DefaultPersistenceProperty
        {
                get{return defaultPersistenceProperty;}
                set{defaultPersistenceProperty=value;}
        }
        public static DataAccess CreateDataAccess(PersistenceProperty pp)
        {
```

```
            DataAccess dataAccess;
            switch(pp.DatabaseType)
            {
                    case(DatabaseType.MSSQLServer):
                            dataAccess = new MSSqlDataAccess(pp.Connection-
                                    String);
                            break;
                    case(DatabaseType.Oracle):
                            dataAccess = new OracleDataAccess(pp.Connection-
                                    String);
                            break;
                    case(DatabaseType.OleDBSupported):
                            dataAccess = new OleDbDataAccess(pp.ConnectionString);
                            break;
                    default:
                            dataAccess=new MSSqlDataAccess(pp.ConnectionString);
                            break;
            }
            return dataAccess;
        }
        public static DataAccess CreateDataAccess()
        {
            return CreateDataAccess(defaultPersistenceProperty);
        }
    }
}
```

现在一切都完成了，客户端在代码调用的时候，可能就是采用如下形式。

```
PersistenceProperty pp = new PersistenceProperty();
pp.ConnectionString = "server=127.0.0.1;uid=sa;pwd=;database=Northwind;";
pp.DatabaseType = DatabaseType.MSSQLServer;
pp.UserID = "sa";
pp.Password = "";
DataAccess db= DataAccessFactory.CreateDataAccess(pp)
db.Open();
…//db.需要的操作
db.Close();
```

或者，如果事先设定了 Data Access Factory 的 Default Persistence Property 属性，可以直接使用 Data Access db= Data Access Factory.Create Data Access() 方法创建 Data Access 实例。

当数据库发生变化时，只需要修改 PersistenceProperty 的值，客户端不会感觉到变化，也不用去关心。这样，实现了良好的封装性。当然，前提是你在编写程序时，没有用到特定数据库的特性，例如，Sql Server 的专用函数。

13.4.3　ORM、Hibernate与CMP2.0设计思想

ORM（Object-Relation Mapping）在关系型数据库和对象之间作一个映射，这样，在具体操纵数据库时，就不需要再去和复杂的 SQL 语句打交道，只要像平时操作对象一样操作即可。

当开发一个应用程序的时候（不使用 OR Mapping），可能会涉及许多数据访问层的代码，用来从数据库保存、删除和读取对象信息等，然而这些代码写起来总是重复的。

一个更好的办法就是引入 OR Mapping。实质上，一个 OR Mapping 会生成 DAL。与其自己写 DAL 代码，不如用 OR Mapping，开发者只需要关心对象就好。

使用 ORM 可以大大降低学习和开发成本。而在实际的开发中，真正对客户有价值的是其独特的业务功能，而不应该把大量时间花费在编写数据访问、CRUD 方法、后期的 Bug 查找和维护上。在使用 ORM 之后，ORM 框架已经把数据库转变成了我们熟悉的对象，我们只需要了解面向对象开发就可以实现数据库应用程序的开发，不需要浪费时间在 SQL 上。同时也可减少代码量，减少数据层出错机会。

通过 Cache 的实现，能够对性能进行调优，实现了 ORM 区隔离实际数据存储和业务层之间的关系，能够对每一层进行单独跟踪，增加了性能优化的可能。

Hibernate 是一个开放源代码的对象关系映射框架，它对 JDBC 进行了轻量级的对象封装，使 Java 程序员可以随心所欲地使用对象编程思维来操纵数据库。它不仅提供了从 Java 类到数据表之间的映射，还提供了数据查询和恢复机制。相对于使用 JDBC 和 SQL 来手工操作数据库，Hibernate 可以大大减少操作数据库的工作量。另外，Hibernate 可以利用代理模式来简化载入类的过程，这将大大减少利用 Hibernate QL 从数据库提取数据的代码的编写量。Hibernate 可以和多种 Web 服务器或者应用服务器良好集成，如今已经支持几乎所有流行的数据库服务器。

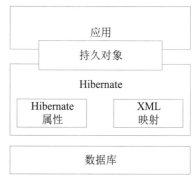

图 13-14　Hibernate 架构图

Hibernate 技术本质上是一个提供数据库服务的中间件，它的架构如图 13-14 所示。

图 13-11 显示了 Hibernate 件（如 hibernate.properties）的工作原理，它是利用数据库以及其他一些配置 XML Mapping 等来为应用程序提供数据持久化服务的。

Hibernate 具有很大的灵活性，但同时它的体系结构比较复杂，提供了好几种不同的运行方式。在轻型体系中，应用程序提供 JDBC 连接，并且自行管理事务，这种方式使用了 Hibernate 的一个最小子集。在全面解决体系中，对于应用程序来说，所有底层的 JDBC/JTA API 都被抽象了，Hibernate 会照管所有的细节。

Hibernate 是一个功能强大，可以有效地进行数据库数据到业务对象的 O/R 映射方案。Hibernate 推动了基于普通 Java 对象模型，用于映射底层数据结构的持久对象的开发。通过将持久层的生成自动扩展到一个更大的范围，Hibernate 使开发人员专心实现业务逻辑而不用分心于

烦琐的数据库方面的逻辑，同时提供了更加合理的模块划分的方法。

13.4.4　灵活运用XML Schema

XML Schema 用来描述 XML 文档合法结构、内容和限制。XML Schema 由 XML 1.0 自描述，并且使用了命名空间，有丰富的内嵌数据类型及其强大的数据结构定义功能，充分地改造了并且极大地扩展了 DTDs（传统描述 XML 文档结构和内容限制的机制）的能力，将逐步替代DTDs，成为 XML 体系中正式的类型语言，同 XML 规范、Namespace 规范一起成为 XML 体系的坚实基础。

XML Schema 由诸如类型定义和元素声明的组件组成，可以用来评估一个格式良好元素和属性信息的有效性。XML Schema 是 Schema 组件的集合，这些组件分为三组：基本组件、组件和帮助组件。其中基本组件包括简单类型定义、复杂类型定义、属性声明和元素声明；组件包括属性组、完整性约束定义、模型组和符号声明；帮助组件包括注释、模型组、小品词、通配符和属性使用。Schema 组件详细说明了抽象数据模型的每个组件的严格语义，每个组件在XML 中的表示，一个 XML Schema 文档类型的 DTD 和 XML Schema 引用。

XML Schema 提供了创建 XML 文档必要的框架，详细说明了一个 XML 文档的不同元素和属性的有效结构、限制和数据类型。XML Schema 规范由如下三部分组成。

（1）XML Schema Part0: Primer。一个非标准化的文档，提供了 XML Schema 的一个简单可读的描述，目的是快速地理解如何利用 XML Schema 语言创建一个 Schema（框架）。

（2）XML Schema Partl: Structures。这一部分详细说明了 XML Schema 定义语言，这个语言为描述 XML 1.0 文档的结构和内容限制提供了便利，包括开发了 XML Namespace（命名空间）的使用。

（3）XML Schema Part2: Datatypes。这一部分定义了可用于 XML Schema 和其他 XML 规范中的定义数据类型的方法。这个数据类型语言，本身由 XML 1.0 自描述，提供了说明元素和属性数据类型的 XML 1.0 文档类型定义（DTDs）的一个超集。这部分提出了标准的数据类型内容集合，其中讲述了目的、需求、范围和术语。XML Schema 与 DTD 相比，有其独特的特点，提供了丰富的数据类型，实现了继承和复用，与命名空间紧密联系，易于使用。

与 DTD 不同，XML Schema 规范提供了丰富的数据类型。其中不仅包括一些内嵌的数据类型，如 string、integer、Boolean、time 和 date 等，还提供了定义新类型的能力，如 complexType和 simpleType。开发者可以利用内嵌的数据类型和用户定义的数据类型，有效地定义和限制XML 文档的属性和元素值。

XML Schema 支持继承是它的另一特点。可以利用从已经存在的 Schema 中获得某些类型而构造新的 Schema，也可以在不需要时使获得的类型无效。同时，XML Schema 能将一个 Schema 分成单独的组件，这样，在写 Schema 时，就可以正确地引用已经定义的组件。继承性使得软件复用更加有效，帮助开发者避免了每一次创建都要从零开始，极大地提高了软件开发和维护的效率。

XML Schema 与 XML Namespace 紧密联系，使得在一个命名空间中创建元素和属性非常容易。这种联系简化了使用多个命名空间定义多个 Schema 的 XML 文档的创建和验证文档有效性。

13.4.5　事务处理设计

事务是现代数据库理论中的核心概念之一。如果一组处理步骤或者全部发生或者一步也不执行，我们称该组处理步骤为一个事务。当所有的步骤像一个操作一样被完整地执行，我们称该事务被提交。由于其中的一部分或多步执行失败，导致没有步骤被提交，则事务必须回滚（回到最初的系统状态）。事务必须服从 ISO/IEC 所制定的 ACID 原则。ACID 是原子性（Atomicity）、一致性（Consistency）、隔离性（Isolation）和持久性（Durability）的缩写。事务的原子性表示事务执行过程中的任何失败都将导致事务所做的任何修改失效。一致性表示当事务执行失败时，所有被该事务影响的数据都应该恢复到事务执行前的状态。隔离性表示在事务执行过程中对数据的修改，在事务提交之前对其他事务不可见。持久性表示已提交的数据在事务执行失败时，数据的状态都应该正确。

一般情况下，J2EE 应用服务器支持 JDBC 事务、JTA（Java Transaction API）事务和容器管理事务。一般情况下，最好不要在程序中同时使用上述三种事务类型，例如在 JTA 事务中嵌套 JDBC 事务。另外，事务要在尽可能短的时间内完成，不要在不同方法中实现事务的使用。下面举例说明两种事务处理方式。

1. JavaBean 中使用 JDBC 方式进行事务处理

在 JDBC 中怎样将多个 SQL 语句组合成一个事务呢？在 JDBC 中，打开一个连接对象 Connection 时，默认是 auto-commit 模式，每个 SQL 语句都被当作一个事务，即每次执行一个语句，都会自动地得到事务确认。为了能将多个 SQL 语句组合成一个事务，要将 auto-commit 模式屏蔽掉。在 auto-commit 模式屏蔽掉之后，如果不调用 commit() 方法，SQL 语句不会得到事务确认。在最近一次 commit() 方法调用之后的所有 SQL 会在方法 commit() 调用时得到确认。

```
public int delete(int sID){
  dbc = new DataBaseConnection();
  Connection con = dbc.getConnection();
  try {
   con.setAutoCommit(false);    // 更改 JDBC 事务的默认提交方式
   dbc.executeUpdate("delete from bylaw where ID=" + sID);
   dbc.executeUpdate("delete from bylaw _content where ID=" + sID);
   dbc.executeUpdate("delete from bylaw _affix where bylawid=" + sID);
   con.commit();                     // 提交 JDBC 事务
   con.setAutoCommit(true);    // 恢复 JDBC 事务的默认提交方式
   dbc.close();
   return 1;
  }
  catch(Exception exc){
   con.rollBack();              // 回滚 JDBC 事务
   exc.printStackTrace();
   dbc.close();
```

```
    return -1;
  }
}
```

2. SessionBean 中的 JTA 事务

JTA 是事务服务的 J2EE 解决方案。本质上，它是描述事务接口（例如 UserTransaction 接口，开发人员直接使用该接口或者通过 J2EE 容器使用该接口来确保业务逻辑能够可靠地运行）的 J2EE 模型的一部分。JTA 具有的三个主要的接口，分别是 UserTransaction 接口、TransactionManager 接口和 Transaction 接口。这些接口共享公共的事务操作，例如 commit() 和 rollback()；但是也包含特殊的事务操作，例如 suspend()、resume() 和 enlist()，它们只出现在特定的接口上，以便在实现中允许一定程度的访问控制。例如，UserTransaction 能够执行事务划分和基本的事务操作，而 TransactionManager 能够执行上下文管理。

应用程序可以调用 UserTransaction.begin() 方法开始一个事务，该事务与应用程序正在其中运行的当前线程相关联。底层的事务管理器实际处理线程与事务之间的关联。UserTransaction.commit() 方法终止与当前线程关联的事务。UserTransaction.rollback() 方法将放弃与当前线程关联的当前事务。

```
public int delete(int sID){
DataBaseConnection dbc = null;
dbc = new DataBaseConnection();
dbc.getConnection();
UserTransaction transaction = sessionContext.getUserTransaction();
                                      // 获得 JTA 事务
try {
 transaction.begin();                                 // 开始 JTA 事务
 dbc.executeUpdate("delete from bylaw where ID=" + sID);
 dbc.executeUpdate("delete from bylaw _content where ID=" + sID);
 dbc.executeUpdate("delete from bylaw _affix where bylawid=" + sID);
 transaction.commit();                               // 提交 JTA 事务
 dbc.close();
 return 1;
}
catch(Exception exc){
 try {
  transaction.rollback();                            //JTA 事务回滚
 }
 catch(Exception ex){
  //JTA 事务回滚出错处理
  ex.printStackTrace();
 }
```

```
      exc.printStackTrace();
      dbc.close();
        return -1;
      }
   }
```

13.4.6　连接对象管理设计

在基于 JDBC 的数据库应用开发中，数据库连接的管理是一个难点，因为它是决定该应用性能的一个重要因素。

对于共享资源，有一个很著名的设计模式——资源池。该模式正是为了解决资源频繁分配、释放所造成的问题。把该模式应用到数据库连接管理领域，就是建立一个数据库连接池，提供一套高效的连接分配、使用策略。

建立连接池的第一步，就是要建立一个静态的连接池。所谓静态，是指池中的连接是在系统初始化时就分配好的，并且不能够随意关闭。Java 中给我们提供了很多容器类，可以方便地用来构建连接池，如 Vector、Stack 等。在系统初始化时，根据配置创建连接并放置在连接池中，以后所使用的连接都是从该连接池中获取的，这样就可以避免连接随意建立、关闭造成的开销（当然，我们没有办法避免 Java 的 Garbage Collection 带来的开销）。

有了这个连接池，下面就可以提供一套自定义的分配、释放策略。当客户请求数据库连接时，首先看连接池中是否有未分配出去的连接。如果存在空闲连接则把连接分配给客户，并作相应处理。具体处理策略，在关键议题中会详述，主要的处理策略就是标记该连接为已分配。若连接池中没有空闲连接，就在已经分配出去的连接中，寻找一个合适的连接给客户，此时该连接在多个客户间复用。

当客户释放数据库连接时，可以根据该连接是否被复用，进行不同的处理。如果连接没有使用者，就放入到连接池中，而不是被关闭。

可以看出，正是这套策略保证了数据库连接的有效复用。

13.5　数据架构规划与设计

13.5.1　数据库设计与类的设计融合

对类和类之间关系的正确识别是数据模型的关键所在。本节将讨论如何发现、识别以及描述类。要想将建模过程缩减为一个简单的、逐步进行的过程是不太可能的。从本质上讲，建模是一项艺术。对一个给定的复杂情况而言，不存在唯一正确的数据模型，然而却存在好的数据模型。一个企业或机构的某个数据模型可能会优于另一个数据模型，但就如何为一个特定的系统建立数据模型，却没有唯一的解决方案。

好模型的目标是将工程项目整个生存期内的花费减至最小，同时也会考虑到随时间的推移系统将可能发生的变化，因而设计时也要考虑能适应这些变化。因此，将目光集中在最大限度地降低开发费用上是一个错误。

13.5.2 数据库设计与XML设计融合

WWW 的迅速发展，使其成为全球信息传递和共享日益重要和最具潜力的资源，电子商务、电子图书和远程教育等全新领域的需求和发展，使 Web 数据变得更加复杂和多样化，利用传统数据库技术很难存储和管理所有不同的 Web 数据。

目前，XML 正在成为 Internet 上数据描述和交换的标准，并且将来会代替 HTML 而成为 Web 上保存数据的主要格式。

XML 文档分为两类：一类是以数据为中心的文档，这种文档在结构上是规则的，在内容上是同构的，具有较少的混合内容和嵌套层次，人们只关心文档中的数据而并不关心数据元素的存放顺序，这种文档简称为数据文档，它常用来存储和传输 Web 数据。另一类是以文档为中心的文档，这种文档的结构不规则，内容比较零散，具有较多的混合内容，并且元素之间的顺序是有关的，这种文档常用来在网页上发布描述性信息、产品性能介绍和 E-mail 信息等。

Web 上存有大量的 XML 文档，并需要持久保存，这一需求引发了人们对 XML 文档的存储技术研究。已经提出的 XML 文档的存储方式有两种：基于文件的存储方式和数据库存储方式。

（1）基于文件的存储方式。基于文件的存储方式是指将 XML 文档按其原始文本形式存储，主要存储技术包括操作系统文件库、通用文档管理系统和传统数据库的列（作为二进制大对象 BLOB 或字符大对象 CLOB）。这种存储方式需维护某种类型的附加索引，以建立文件之间的层次结构。基于文件的存储方式的特点：无法获取 XML 文档中的结构化数据；通过附加索引可以定位具有某些关键字的 XML 文档，一旦关键字不确定，将很难定位；查询时，只能以原始文档的形式返回，即不能获取文档内部信息；文件管理存在容量大、管理难的缺点。

（2）数据库存储方式。数据库在数据管理方面具有管理方便、存储占用空间小、检索速度快、修改效率高和安全性好等优点。一种比较自然的想法是采用数据库对 XML 文档进行存取和操作，这样可以利用相对成熟的数据库技术处理 XML 文档内部的数据。数据库存储方式的特点：能够管理结构化和半结构化数据；具有管理和控制整个文档集合本身的能力；可以对文档内部的数据进行操作；具有数据库技术的特性，如多用户、并发控制和一致性约束等；管理方便，易于操作。

在某种程度上，XML 及其一系列相关技术就是一个数据库系统。它提供了传统数据库所具有的特点，如存储（以 XML 文档形式）、数据库的模式（DTD 或 XMLSchema）、查询语言（XQuery、XPath、XQL 和 XML-QL 等）和编程接口（如 SAX、DOM）等。但与传统数据库相比，它在存储、索引、安全、多用户访问和事务管理等方面还存在不足之处。在一定的环境下，例如当数据量和操作用户较少并且性能要求不高的情况下，XML 文档能够作为数据库在应用程序中使用。如果应用程序有许多操作用户，并且要求严格的数据完整性和性能要求，则不宜采用 XML 文档。

XML 数据库是一组 XML 文档的集合，并且是持久的和可操作的；有专门的 DBMS 管理（不是 XML 文件系统）；文档都是有效的（即符合某一模式）；文档的集合可能基于多个模式文件（即文件扩展名为 .xsd），多个模式文件之间可能有语法和语义上的相互联系。

13.6　物联网层次架构设计

物联网可以分为三个层次，底层是用来感知数据的感知层，即利用传感器、二维码、RFID 等设备随时随地获取物体的信息。第二层是数据传输处理的网络层，即通过各种传感网络与互联网的融合，将对象当前的信息实时准确地传递出去。第三层则是与行业需求结合的应用层，即通过智能计算、云计算等将对象进行智能化控制。

1. 感知层

感知层用于识别物体、采集信息。感知层包括二维码标签和识读器、RFID 标签和读写器、摄像头、GPS、传感器、M2M 终端、传感器网关等，主要功能是识别对象、采集信息，与人体结构中皮肤和五官的作用类似。

感知层解决的是人类世界和物理世界的数据获取问题。它首先通过传感器、数码相机等设备，采集外部物理世界的数据，然后通过 RFID、条码、工业现场总线、蓝牙、红外等短距离传输技术传递数据。感知层所需要的关键技术包括检测技术、短距离无线通信技术等。

对于目前关注和应用较多的 RFID 网络来说，附着在设备上的 RFID 标签和用来识别 RFID 信息的扫描仪、感应器都属于物联网的感知层。在这一类物联网中被检测的信息就是 RFID 标签的内容，现在的电子不停车收费系统（Electronic Toll Collection，ETC）、超市仓储管理系统、飞机场的行李自动分类系统等都用到了这个层次的设备。

2. 网络层

网络层用于传递信息和处理信息。网络层包括通信网与互联网的融合网络、网络管理中心、信息中心和智能处理中心等。网络层将感知层获取的信息进行传递和处理，类似于人体结构中的神经中枢和大脑。

网络层解决的是传输和预处理感知层所获得数据的问题。这些数据可以通过移动通信网、互联网、企业内部网、各类专网、小型局域网等进行传输。特别是在三网融合后，有线电视网也能承担物联网网络层的功能，有利于物联网的加快推进。网络层所需要的关键技术包括长距离有线和无线通信技术、网络技术等。

物联网的网络层将建立在现有的移动通信网和互联网基础上。物联网通过各种接入设备与移动通信网和互联网相连，例如，手机付费系统中由刷卡设备将内置手机的 RFID 信息采集上传到互联网，网络层完成后台鉴权认证，并从银行网络划账。

网络层中的感知数据管理与处理技术是实现以数据为中心的物联网的核心技术，包括传感网数据的存储、查询、分析、挖掘和理解，以及基于感知数据决策的理论与技术。云计算平台作为海量感知数据的存储、分析平台，将是物联网网络层的重要组成部分，也是应用层众多应用的基础。在产业链中，通信网络运营商和云计算平台提供商将在物联网网络层占据重要的地位。

3. 应用层

应用层实现广泛智能化。应用层是物联网与行业专业技术的深度融合，结合行业需求实现行业智能化，这类似于人们的社会分工。

物联网应用层利用经过分析处理的感知数据，为用户提供丰富的特定服务。物联网的应用可分为监控型（物流监控、污染监控）、查询型（智能检索、远程抄表）、控制型（智能交通、智能家居、路灯控制）和扫描型（手机钱包、高速公路不停车收费）等。

应用层解决的是信息处理和人机交互的问题。网络层传输而来的数据在这一层进入各类信息系统进行处理，并通过各种设备与人进行交互。这一层也可按形态直观地划分为两个子层。一个是应用程序层，进行数据处理，它涵盖了国民经济和社会的每一领域，包括电力、医疗、银行、交通、环保、物流、工业、农业、城市管理、家居生活等，其功能可包括支付、监控、安保、定位、盘点、预测等，可用于政府、企业、社会组织、家庭、个人等。这正是物联网作为深度信息化的重要体现。另一个是终端设备层，提供人机接口。物联网虽然是"物物相连的网"，但最终要以人为本，还是需要人的操作与控制，不过这里的人机界面已远远超出现实中人与计算机交互的概念，而是泛指与应用程序相连的各种设备与人的交互。

应用层是物联网发展的体现，软件开发、智能控制技术将会为用户提供丰富多彩的物联网应用。各种行业和家庭应用的开发将会推动物联网的普及，也给整个物联网产业链带来丰厚的利润。

13.7　层次式架构案例分析

13.7.1　电子商务网站（网上商店 PetShop）

PetShop 是一个范例，微软用它来展示 .Net 企业系统开发的能力。PetShop 随着版本的不断更新，至现在基于 .Net 2.0 的 PetShop 4.0 为止，整个设计逐渐变得成熟而优雅，有很多可以借鉴之处。PetShop 是一个小型的项目，系统架构与代码都比较简单，却也凸现了许多颇有价值的设计与开发理念。

PetShop 的表示层是用 ASP.Net 设计的，也就是说，它应是一个 B/S 系统。在 .Net 中，标准的 B/S 分层式结构如图 13-15 所示。

随着 PetShop 版本的更新，其分层式结构也在不断完善，例如 PetShop 2.0，就没有采用标准的三层式结构，如图 13-16 所示。

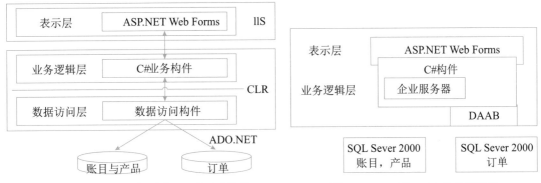

图 13-15　Net 中标准的 BS 分层式结构　　　　图 13-16　PetShop 2.0 的体系架构

从图 13-16 中可以看到，并没有明显的数据访问层设计。这样的设计虽然提高了数据访问的性能，但也同时导致了业务逻辑层与数据访问的职责混乱。一旦要求支持的数据库发生变化，或者需要修改数据访问的逻辑，由于没有清晰的分层，会导致项目做大的修改。而随着硬件系统性能的提高，以及充分利用缓存、异步处理等机制，分层式结构所带来的性能影响几乎可以忽略不计。

PetShop 3.0 纠正了此前层次不明的问题，将数据访问逻辑作为单独的一层独立出来。PetShop 3.0 的体系架构如图 13-17 所示。

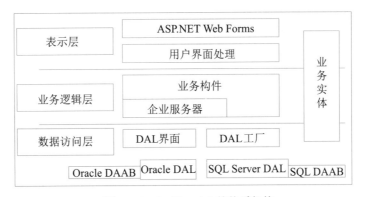

图 13-17　PetShop 3.0 的体系架构

PetShop 4.0 基本上延续了 3.0 的结构，但在性能上作了一定的改进，引入了缓存和异步处理机制，同时又充分利用了 ASP.Net 2.0 的新功能 MemberShip。因此，PetShop 4.0 的系统架构如图 13-18 所示。

比较 3.0 和 4.0 的系统架构图，其核心的内容并没有发生变化。在数据访问层（DAL）中，仍然采用 DAL Interface 抽象出数据访问逻辑，并以 DAL Factory 作为数据访问层对象的工厂模块。对于 DAL Interface 而言，分别有支持 MS-SQL 的 SQL Server DAL 和支持 Oracle 的 Oracle DAL 具体实现，而 Model 模块则包含了数据实体对象，其详细的模块结构如图 13-19 所示。

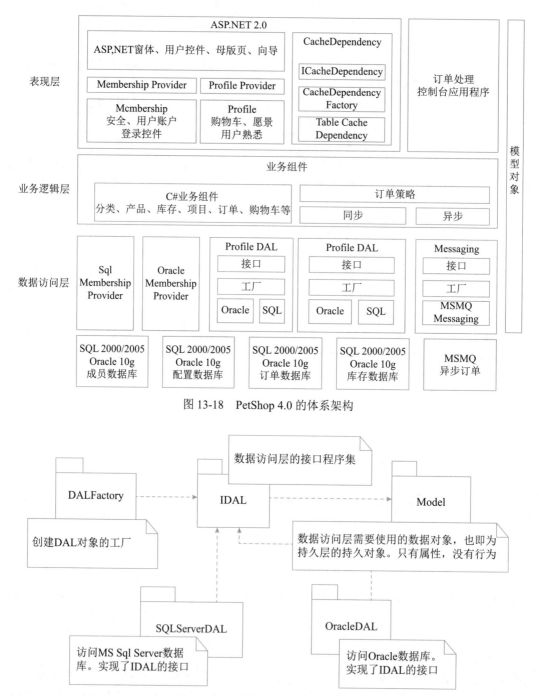

图 13-18   PetShop 4.0 的体系架构

图 13-19   数据访问层的模块结构图

可以看到，在数据访问层中，完全采用了"面向接口编程"思想。抽象出来的 IDAL 模块，脱离了与具体数据库的依赖，从而使得整个数据访问层有利于数据库迁移。DALFactory 模块专门管理 DAL 对象的创建，便于业务逻辑层访问。SQLServerDAL 和 OracleDAL 模块均实现 IDAL 模块的接口，其中包含的逻辑就是对数据库的 Select、Insert、Update 和 Delete 操作。因为数据库类型的不同，对数据库的操作也有所不同，代码也会因此有所区别。

此外，抽象出来的 IDAL 模块，除了解除了向下的依赖之外，对于其上的业务逻辑层同样仅存在弱依赖关系，如图 13-20 所示。

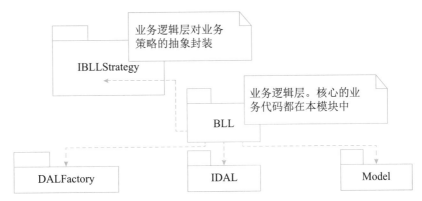

图 13-20　业务逻辑层的模块结构图

图 13-20 中，BLL 是业务逻辑层的核心模块，它包含了整个系统的核心业务。在业务逻辑层中，不能直接访问数据库，而必须通过数据访问层。注意，图 13-20 中对数据访问业务的调用，是通过接口模块 IDAL 来完成的。既然与具体的数据访问逻辑无关，则层与层之间的关系就是松散耦合的。如果此时需要修改数据访问层的具体实现，只要不涉及 IDAL 的接口定义，那么业务逻辑层就不会受到任何影响。毕竟，具体实现的 SQLServerDAL 和 OracalDAL 根本就与业务逻辑层没有半点关系。

因为在 PetShop 4.0 中引入了异步处理机制，插入订单的策略可以分为同步和异步，两者的插入策略明显不同。但对于调用者而言，插入订单的接口是完全一样的，所以 PetShop 4.0 中设计了 IBLLStrategy 模块。虽然在 IBLLStrategy 模块中，仅仅是简单的 IOrderStategy，但同时也给出了一个范例和信息，那就是在业务逻辑的处理中，如果存在业务操作的多样化或者是今后可能的变化，均应利用抽象的原理、或者使用接口、或者使用抽象类，从而脱离对具体业务的依赖。不过在 PetShop 中，由于业务逻辑相对简单，这种思想体现得不够明显。也正因为此，PetShop 将核心的业务逻辑都放到了一个模块 BLL 中，并没有将具体的实现和抽象严格地按照模块分开。所以表示层和业务逻辑层之间的调用关系，其耦合度相对较高。

图 13-21 表示层的模块结构图中，各个层次中还引入了辅助的模块，如数据访问层的 Messaging 模块，是为异步插入订单的功能提供，采用了 MSMQ（Microsoft Messaging Queue）技术，而表示层的 CacheDependency 则提供缓存功能。

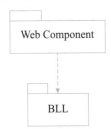

图 13-21　表示层的楼块结构

13.7.2　基于物联网架构的电子小票服务系统

1. 电子小票物联网架构

采用感知层、网络层和应用层的 3 层物联网体系架构模型，电子小票物联网的架构见图 13-22。

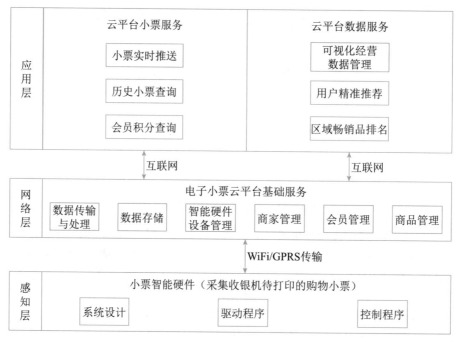

图 13-22　电子小票物联网架构

感知层的小票智能硬件能够取代传统的小票打印机，在不改变商家原有收银系统的前提下，采集收银机待打印的购物小票信息，通过 Wi-Fi/GPRS 传输将其存储到电子小票云平台。

网络层支持感知层电子小票信息的传输、处理和存储，并为顾客和线下商家的应用提供服务支撑，实现的功能为：数据传输与处理、数据存储、智能硬件设备管理、商家管理、会员管理和商品管理等。

应用层是电子小票服务系统与顾客、商家的接口，包括云平台小票服务和数据服务：云平台小票服务基于微信公众平台向顾客提供电子小票实时推送、历史小票查询和会员积分查询等服务；云平台数据服务向线下零售商家提供可视化经营数据管理、用户精准推荐和区域畅销品排名等服务。

2. 电子小票服务系统架构

电子小票服务系统由小票智能硬件、商家收银机、电子小票云平台、微信公众平台、消费者智能手机和商家 PC 终端构成（图 13-23）。小票智能硬件包括 STM32 控制器、薄膜晶体管液晶显示屏（Thin Film Transistor Liquid Crystal Display，TFTLCD）、字模存储 Flash 和无线模块。商家收银机不需要改变原有的收银系统，只需要安装小票智能硬件的驱动程序便可以将小票智能硬件当作一台打印机。小票智能硬件首先接收待打印的购物小票数据和打印命令，经过数据完整性判断后通过串行外设接口（Serial Peripheral Interface，SPI）总线读取数据的字模信息，然后用通用输入 / 输出接口（General Purpose Input / Output，GPIO）模拟 8080 总线将数据在 TFTLCD 屏中显示；同时将购物小票数据通过无线模块（Wi-Fi /GPRS）上传至电子小票云平台。云平台通过微信公众平台将电子小票实时推送到消费者微信应用中。

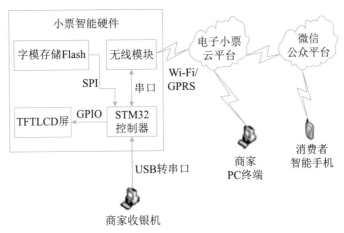

图 13-23　电子小票服务系统结构框图

第14章　云原生架构设计理论与实践

云原生（Cloud Native）是近几年云计算领域炙手可热的话题，云原生技术已成为驱动业务增长的重要引擎。同时，作为新型基础设施的重要支撑技术，云原生也逐渐在人工智能、大数据、边缘计算、5G等新兴领域崭露头角。伴随各行业上云的逐步深化，云原生化转型进程将进一步加速。本章主要介绍了云原生背景、定义、架构以及相关云原生技术等方面知识。

14.1　云原生架构产生背景

"云原生"来自于 Cloud Native 的直译，拆开来看，Cloud 就是指其应用软件是在云端而非传统的数据中心。Native 代表应用软件从一开始就是基于云环境、专门为云端特性而设计，可充分利用和发挥云平台的弹性 + 分布式优势，最大化释放云计算生产力。

对于原来的企业而言，企业内部 IT 建设以"烟筒"模式比较多，每个部门甚至每个应用都相对独立，如何管理与分配资源成了难题。大多数都基于最底层 IDC 设施独自向上构建，需要单独分配硬件资源，这就造成资源被大量占用且难以被共享。但是上云之后，由于云厂商提供了统一的 IaaS 能力和云服务，大幅提升了企业 IaaS 层的复用程度，CIO 或者 IT 主管自然而然想到 IaaS 以上层的系统也需要被统一，使资源、产品可被不断复用，从而能够进一步降低企业运营成本。

对于开发而言，传统的 IT 架构方式，将开发、IT 运营和质量保障分别设置，各自独立，开发与运营之间存在着信息"鸿沟"，开发人员希望基础设施更快响应，运营人员则要求系统的可靠性和安全性，而业务需求则是更快地将更多的特性发布给最终用户使用。这种模式被称为"瀑布式流程"的开发模式，一方面造成了开发上下游的信息不对称，一方面拉长了开发周期和调整难度。但是随着用户需求的快速增加和产品迭代周期的不断压缩，原有的开发流程不再适合现实的需求，这时工程师们引入了一种新的开发模式——敏捷开发。但是，敏捷开发只是解决了软件开发的效率和版本更新的速度，还没有和运维打通。出于协调开发和运维的"信息对称"问题，开发者又推出了一套新的方法——DevOps，DevOps 可以看作是开发、技术运营和质量保障三者的交集，促进之间的沟通、协作与整合，从而提高开发周期和效率。而云原生的容器、微服务等技术正是为 DevOps 提供了很好的前提条件，保证 IT 软件开发实现 DevOps 开发和持续交付的关键应用。换句话说，能够实现 DevOps 和持续交付，已经成为云原生技术价值不可分割的内涵部分，这也是无论互联网巨头企业，还是众多中小应用开发公司和个人，越来越多选择云原生技术和工具的原因。

现在数以亿计的高并发流量都得益于云原生技术的快速弹性扩容来实现。而对于企业而言，选择云原生技术，也就不仅仅是降本增效的考虑，而且还能为企业创造过去难以想象的业务承载量，对于企业业务规模和业务创新来说，云原生技术都正在成为全新的生产力工具。过去企业看重的办公楼、厂房、IT 设施等有形资产，其重要性也逐渐被这些云端数字资产所超越，企业正通过云原生构建一个完整的数字孪生的新体系，而这才是云原生技术的真正价值所在。

所有这些问题都指向一个共同点，那就是云的时代需要新的技术架构，来帮助企业应用能够更好地利用云计算优势，充分释放云计算的技术红利，让业务更敏捷、成本更低的同时又可伸缩性更灵活，而这些正好就是云原生架构专注解决的技术点。

对于整个云计算产业的发展本身来说，云原生区别于早先的虚拟机阶段，也完成了一次全新的技术生产力变革，是从云技术的应用特性和交付架构上进行了创新性的组合，能够极大地释放云计算的生产能力。此外，云原生的变革从一开始自然而然地与开源生态走在了一起，也意味着云原生技术从一开始就选择了一条"飞轮进化"式的道路，通过技术的易用性和开放性实现快速增长的正向循环，又通过不断壮大的应用实例来推动了企业业务全面上云和自身技术版图的不断完善。云原生所带来的种种好处，对于企业的未来业务发展的优势，已经成为众多企业的新共识。可以预见，更多企业在经历了这一轮云原生的变革之痛后，能够穿越企业的原有成长周期，跨越到数字经济的新赛道，在即将到来的全面云化的数字时代更好地开发业务。

开源项目的不断更新和逐步成熟，也促使各企业在 AI、大数据、边缘、高性能计算等新兴业务场景不断采用云原生技术来构建创新解决方案。

大量企业尝试使用容器替换现有人工智能、大数据的基础平台，通过容器更小粒度的资源划分、更快的扩容速度、更灵活的任务调度，以及天然的计算与存储分离架构等特点，助力人工智能、大数据在业务性能大幅提升的同时，更好地控制成本。各云厂商也相继推出了对应的容器化服务，比如华为云的 AI 容器、大数据容器，AWS 的深度学习容器等。

云原生技术与边缘计算相结合，可以比较好地解决传统方案中轻量化、异构设备管理、海量应用运维管理的难题，如目前国内最大的边缘计算落地项目——国家路网中心的全国高速公路取消省界收费站项目，就使用了基于云原生技术的边缘计算解决方案，解决了 10 万＋异构设备管理、30 多万边缘应用管理的难题。主流的云计算厂商也相继推出了云原生边缘计算解决方案，如华为云智能边缘平台 IEF、AWS 的 GreenGrass、阿里云的 ACK@Edge 等等。

云原生在高性能计算（HPC）领域的应用呈现出快速上升的势头。云原生在科研及学术机构、生物、制药等行业率先得到应用，例如欧洲核子研究中心（CERN）、中国科学院上海生命科学研究院、中国农业大学、华大基因、未来组等单位都已经将传统的高性能计算业务升级为云原生架构。为了更好地支撑高性能计算场景，各云计算厂商也纷纷推出面向高性能计算专场的云原生解决方案。

云原生与商业场景的深度融合，不仅为各行业注入了发展与创新的新动能，也促使云原生技术更快发展、生态更加成熟，主要表现为以下几点：

（1）从为企业带来的价值来看，云原生架构有着以下优势通过对多元算力的支持，满足不同应用场景的个性化算力需求，并基于软硬协同架构，为应用提供极致性能的云原生算力；基于多云治理和边云协同，打造高效、高可靠的分布式泛在计算平台，并构建包括容器、裸机、虚机、函数等多种形态的统一计算资源；以"应用"为中心打造高效的资源调度和管理平台，为企业提供一键式部署、可感知应用的智能化调度，以及全方位监控与运维能力。

（2）通过最新的 DevSecOps 应用开发模式，实现了应用的敏捷开发，提升业务应用的迭代速度，高效响应用户需求，并保证全流程安全。对于服务的集成提供侵入和非侵入两种模式辅助企业应用架构升级，同时实现新老应用的有机协同，立而不破。

（3）帮助企业管理好数据，快速构建数据运营能力，实现数据的资产化沉淀和价值挖掘，并借助一系列 AI 技术，再次赋能给企业应用，结合数据和 AI 的能力帮助企业实现业务的智能升级。

（4）结合云平台全方位企业级安全服务和安全合规能力，保障企业应用在云上安全构建，业务安全运行。

14.2   云原生架构内涵

关于云原生的定义有众多版本，云原生架构的理解也不尽相同，本书将根据广泛的云原生技术、产品和上云实践，给出一般性的理解。

14.2.1   云原生架构定义

从技术的角度，云原生架构是基于云原生技术的一组架构原则和设计模式的集合，旨在将云应用中的非业务代码部分进行最大化的剥离，从而让云设施接管应用中原有的大量非功能特性（如弹性、韧性、安全、可观测性、灰度等），使业务不再有非功能性业务中断困扰的同时，具备轻量、敏捷、高度自动化的特点。由于云原生是面向"云"而设计的应用，因此，技术部分依赖于传统云计算的 3 层概念，即基础设施即服务（IaaS）、平台即服务（PaaS）和软件即服务（SaaS）。

云原生的代码通常包括三部分：业务代码、三方软件、处理非功能特性的代码。其中"业务代码"指实现业务逻辑的代码；"三方软件"是业务代码中依赖的所有三方库，包括业务库和基础库；"处理非功能性的代码"指实现高可用、安全、可观测性等非功能性能力的代码。三部分中只有业务代码是核心，是对业务真正带来价值的，另外两个部分都只算附属物，但是，随着软件规模的增大、业务模块规模变大、部署环境增多、分布式复杂性增强，使得今天的软件构建变得越来越复杂，对开发人员的技能要求也越来越高。云原生架构相比较传统架构进了一大步，从业务代码中剥离大量非功能性特性（不会是所有，比如易用性还不能剥离）到 IaaS 和 PaaS 中，从而减少业务代码开发人员的技术关注范围，通过云厂商的专业性提升应用的非功能性能力。

此外，具备云原生架构的应用可以最大程度利用云服务和提升软件交付能力，进一步加快软件开发。

1. 代码结构发生巨大变化

云原生架构产生的最大影响就是让开发人员的编程模型发生了巨大变化。今天大部分的编程语言中，都有文件、网络、线程等元素，这些元素为充分利用单机资源带来好处的同时，也提升了分布式编程的复杂性；因此大量框架、产品涌现，来解决分布式环境中的网络调用问题、高可用问题、CPU 争用问题、分布式存储问题，等等。

在云的环境中,"如何获取存储"变成了若干服务,包括对象存储服务、块存储服务和没有随机访问的文件存储服务。云不仅改变了开发人员获得这些存储能力的界面,还在于云产品解决了分布式场景中的各种挑战,包括高可用挑战、自动扩缩容挑战、安全挑战、运维升级挑战等,应用的开发人员不用在其代码中处理节点宕机前如何把本地保存的内容同步到远端的问题,也不用处理当业务峰值到来时如何对存储节点进行扩容的问题,而应用的运维人员不用在发现 zeroday 安全问题时紧急对三方存储软件进行升级。

云把三方软硬件的能力升级成了服务,开发人员的开发复杂度和运维人员的运维工作量都得到极大降低。显然,如果这样的云服务用得越多,那么开发和运维人员的负担就越少,企业在非核心业务实现上从必须的负担变成了可控支出。在一些开发能力强的公司中,对这些三方软硬件能力的处理往往是交给应用框架(或者说公司内自己的中间件)来做的;在云的时代云厂商提供了更具 SLA 的服务,使得所有软件公司都可以由此获益。

这些使得业务代码的开发人员技能栈中,不再需要掌握文件及其分布式处理技术,不再需要掌握各种复杂的网络技术,简化让业务开发变得更敏捷、更快速。

2. 非功能性特性大量委托

任何应用都提供两类特性,功能性特性和非功能性特性。功能性特性是真正为业务带来价值的代码,比如建立客户资料、处理订单、支付等;即使是一些通用的业务功能特性,比如组织管理、业务字典管理、搜索等也是紧贴业务需求的。非功能性特性是没有给业务带来直接业务价值,但通常又是必不可少的特性,比如高可用能力、容灾能力、安全特性、可运维性、易用性、可测试性、灰度发布能力等。

云计算虽然没有解决所有非功能性问题,但确实有大量非功能性,特别是分布式环境下复杂非功能性问题,被云产品解决了。以大家最头疼的高可用为例,云产品在多个层面为应用提供了解决方案。

虚拟机:当虚拟机检测到底层硬件发生异常时,自动帮助应用做热迁移,迁移后的应用不需重新启动而仍然具备对外服务的能力,应用对整个迁移过程都不会有任何感知。

容器:有时应用所在的物理机是正常的,只是应用自身的问题(比如 bug、资源耗尽等)而无法正常对外提供服务。容器通过监控检查探测到进程状态异常,从而实施异常节点的下线、新节点上线和生产流量的切换等操作,整个过程自动完成而无需运维人员干预。

云服务:如果应用把"有状态"部分都交给了云服务(如缓存、数据库、对象存储等),加上全局对象的持有小型化或具备从磁盘快速重建能力,由于云服务本身是具备极强的高可用能力,那么应用本身会变成更薄的"无状态"应用,高可用故障带来的业务中断会降至分钟级;如果应用是 N-M 的对等架构模式,那么结合负载均衡产品可获得很强的高可用能力。

3. 高度自动化的软件交付

软件一旦开发完成,需要在公司内外部各类环境中部署和交付,以将软件价值交给最终客户。软件交付的困难在于开发环境到生产环境的差异(公司环境到客户环境之间的差异)以及软件交付和运维人员的技能差异,填补这些差异的是一大堆安装手册、运维手册和培训文档。容器以一种标准的方式对软件打包,容器及相关技术则帮助屏蔽不同环境之间的差异,进而基于容器做标准化的软件交付。

对自动化交付而言，还需要一种能够描述不同环境的工具，让软件能够"理解"目标环境、交付内容、配置清单并通过代码去识别目标环境的差异，根据交付内容以"面向终态"的方式完成软件的安装、配置、运行和变更。

基于云原生的自动化软件交付相比较当前的人工软件交付是一个巨大的进步。以微服务为例，应用微服务化以后，往往被部署到成千上万个结点上，如果系统不具备高度的自动化能力，任何一次新业务的上线，都会带来极大的工作量挑战，严重时还会导致业务变更超过上线窗口而不可用。

14.2.2 云原生架构原则

云原生架构本身作为一种架构，也有若干架构原则作为应用架构的核心架构控制面，通过遵从这些架构原则可以让技术主管和架构师在做技术选择时不会出现大的偏差。

1. 服务化原则

当代码规模超出小团队的合作范围时，就有必要进行服务化拆分了，包括拆分为微服务架构、小服务（MiniService）架构，通过服务化架构把不同生命周期的模块分离出来，分别进行业务迭代，避免迭代频繁模块被慢速模块拖慢，从而加快整体的进度和稳定性。同时服务化架构以面向接口编程，服务内部的功能高度内聚，模块间通过公共功能模块的提取增加软件的复用程度。

分布式环境下的限流降级、熔断隔仓、灰度、反压、零信任安全等，本质上都是基于服务流量（而非网络流量）的控制策略，所以云原生架构强调使用服务化的目的还在于从架构层面抽象化业务模块之间的关系，标准化服务流量的传输，从而帮助业务模块进行基于服务流量的策略控制和治理，不管这些服务是基于什么语言开发的。

2. 弹性原则

大部分系统部署上线需要根据业务量的估算，准备一定规模的机器，从提出采购申请，到供应商洽谈、机器部署上电、软件部署、性能压测，往往需要好几个月甚至一年的周期；而这期间如果业务发生变化了，重新调整也非常困难。弹性则是指系统的部署规模可以随着业务量的变化而自动伸缩，无须根据事先的容量规划准备固定的硬件和软件资源。好的弹性能力不仅缩短了从采购到上线的时间，让企业不用操心额外软硬件资源的成本支出（闲置成本），降低了企业的 IT 成本，更关键的是当业务规模面临海量突发性扩张的时候，不再因为平时软硬件资源储备不足而"说不"，保障了企业收益。

3. 可观测原则

大部分企业的软件规模都在不断增长，原来单机可以对应用做完所有调试，但在分布式环境下需要对多个主机上的信息做关联，才可能回答清楚服务为什么宕机，哪些服务违反了其定义的 SLO（Service Level Objective，服务等级目标），目前的故障影响哪些用户，最近这次变更对哪些服务指标带来了影响等问题，这些都要求系统具备更强的可观测能力。可观测性与监控、业务探活、APM 等系统提供的能力不同，前者是在云这样的分布式系统中，主动通过日志、链路跟踪和度量等手段，使得一次点击背后的多次服务调用的耗时、返回值和参数都清晰可见，甚至可以下钻到每次三方软件调用、SQL 请求、节点拓扑、网络响应等，这样的能力可以使运维、开发和业务人员实时掌握软件运行情况，并结合多个维度的数据指标，获得前所未有的关联分析能力，不断对业务健康度和用户体验进行数字化衡量和持续优化。

4. 韧性原则

当业务上线后，最不能接受的就是业务不可用，让用户无法正常使用软件，影响体验和收入。韧性代表了当软件所依赖的软硬件组件出现各种异常时，软件表现出来的抵御能力，这些异常通常包括硬件故障、硬件资源瓶颈（如 CPU/ 网卡带宽耗尽）、业务流量超出软件设计能力、影响机房工作的故障和灾难、软件 bug、黑客攻击等对业务不可用带来致命影响的因素。

韧性从多个维度诠释了软件持续提供业务服务的能力，核心目标是提升软件的平均无故障时间（Mean Time Between Failure，MTBF）。从架构设计上，韧性包括服务异步化能力、重试 /限流 / 降级 / 熔断 / 反压、主从模式、集群模式、AZ 内的高可用、单元化、跨 region 容灾、异地多活容灾等。

5. 所有过程自动化原则

技术往往是把"双刃剑"，容器、微服务、DevOps、大量第三方组件的使用，在降低分布式复杂性和提升迭代速度的同时，因为整体增大了软件技术栈的复杂度和组件规模，所以不可避免地带来了软件交付的复杂性，如果这里控制不当，应用就无法体会到云原生技术的优势。通过 IaC（Infrastructure as Code）、GitOps、OAM（Open Application Model）、Kubernetes Operator 和大量自动化交付工具在 CI/CD 流水线中的实践，一方面标准化企业内部的软件交付过程，另一方面在标准化的基础上进行自动化，通过配置数据自描述和面向终态的交付过程，让自动化工具理解交付目标和环境差异，实现整个软件交付和运维的自动化。

6. 零信任原则

零信任安全针对传统边界安全架构思想进行了重新评估和审视，并对安全架构思路给出了新建议。其核心思想是，默认情况下不应该信任网络内部和外部的任何人 / 设备 / 系统，需要基于认证和授权重构访问控制的信任基础，诸如 IP 地址、主机、地理位置、所处网络等均不能作为可信的凭证。零信任对访问控制进行了范式上的颠覆，引导安全体系架构从"网络中心化"走向"身份中心化"，其本质诉求是以身份为中心进行访问控制。

零信任第一个核心问题就是身份（Identity），赋予不同的实体不同的身份，解决是谁在什么环境下访问某个具体的资源的问题。在研发、测试和运维微服务场景下，身份及其相关策略不仅是安全的基础，更是众多（资源、服务、环境）隔离机制的基础；在员工访问企业内部应用的场景下，身份及其相关策略提供了即时的接入服务。

7. 架构持续演进原则

今天技术和业务的演进速度非常快，很少有一开始就清晰定义了架构并在整个软件生命周期里面都适用，相反往往还需要对架构进行一定范围内的重构，因此云原生架构本身也必须是一个具备持续演进能力的架构，而不是一个封闭式架构。除了增量迭代、目标选取等因素外，还需要考虑组织（例如架构控制委员会）层面的架构治理和风险控制，特别是在业务高速迭代情况下的架构、业务、实现平衡关系。云原生架构对于新建应用而言的架构控制策略相对容易选择（通常是选择弹性、敏捷、成本的维度），但对于存量应用向云原生架构迁移，则需要从架构上考虑遗留应用的迁出成本 / 风险和到云上的迁入成本 / 风险，以及技术上通过微服务 / 应用网关、应用集成、适配器、服务网格、数据迁移、在线灰度等应用和流量进行细颗粒度控制。

14.2.3　主要架构模式

云原生架构有非常多的架构模式，这里选取一些对应用收益更大的主要架构模式进行讨论。

1. 服务化架构模式

服务化架构是云时代构建云原生应用的标准架构模式，要求以应用模块为颗粒度划分一个软件，以接口契约（例如 IDL）定义彼此业务关系，以标准协议（HTTP、gRPC 等）确保彼此的互联互通，结合 DDD（领域模型驱动）、TDD（测试驱动开发）、容器化部署提升每个接口的代码质量和迭代速度。服务化架构的典型模式是微服务和小服务模式，其中小服务可以看作是一组关系非常密切的服务的组合，这组服务会共享数据，小服务模式通常适用于非常大型的软件系统，避免接口的颗粒度太细而导致过多的调用损耗（特别是服务间调用和数据一致性处理）和治理复杂度。

通过服务化架构，把代码模块关系和部署关系进行分离，每个接口可以部署不同数量的实例，单独扩缩容，从而使得整体的部署更经济。此外，由于在进程级实现了模块的分离，每个接口都可以单独升级，从而提升了整体的迭代效率。但也需要注意，服务拆分导致要维护的模块数量增多，如果缺乏服务的自动化能力和治理能力，会让模块管理和组织技能不匹配，反而导致开发和运维效率的降低。

2. Mesh 化架构模式

Mesh 化架构是把中间件框架（如 RPC、缓存、异步消息等）从业务进程中分离，让中间件 SDK 与业务代码进一步解耦，从而使得中间件升级对业务进程没有影响，甚至迁移到另外一个平台的中间件也对业务透明。分离后在业务进程中只保留很"薄"的 Client 部分，Client 通常很少变化，只负责与 Mesh 进程通信，原来需要在 SDK 中处理的流量控制、安全等逻辑由 Mesh 进程完成。整个架构如图 14-1 所示。

实施 Mesh 化架构后，大量分布式架构模式（熔断、限流、降级、重试、反压、隔仓……）都由 Mesh 进程完成，即使在业务代码的制品中并没有使用这些三方软件包；同时获得更好的安全性（比如零信任架构能力）、按流量进行动态环境隔离、基于流量做冒烟 / 回归测试等。

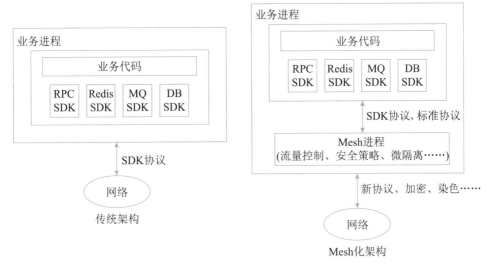

图 14-1　Mesh 化架构

3. Serverless 模式

Serverless 将"部署"这个动作从运维中"收走",使开发者不用关心应用运行地点、操作系统、网络配置、CPU 性能等,从架构抽象上看,当业务流量到来 / 业务事件发生时,云会启动或调度一个已启动的业务进程进行处理,处理完成后云自动会关闭 / 调度业务进程,等待下一次触发,也就是把应用的整个运行都委托给云。

Serverless 并非适用任何类型的应用,因此架构决策者需要关心应用类型是否适合于 Serverless 运算。如果应用是有状态的,由于 Serverless 的调度不会帮助应用做状态同步,因此云在进行调度时可能导致上下文丢失;如果应用是长时间后台运行的密集型计算任务,会无法发挥 Serverless 的优势;如果应用涉及频繁的外部 I/O(网络或者存储,以及服务间调用),也因为繁重的 I/O 负担、时延大而不适合。事件驱动架构图如图 14-2 所示。Serverless 非常适合于事件驱动的数据计算任务、计算时间短的请求 / 响应应用、没有复杂相互调用的长周期任务。

图 14-2　事件驱动架构

4. 存储计算分离模式

分布式环境中的 CAP 困难主要是针对有状态应用,因为无状态应用不存在 C(一致性)这个维度,因此可以获得很好的 A(可用性)和 P(分区容错性),因而获得更好的弹性。在云环境中,推荐把各类暂态数据(如 session)、结构化和非结构化持久数据都采用云服务来保存,从而实现存储计算分离。但仍然有一些状态如果保存到远端缓存,会造成交易性能的明显下降,

比如交易会话数据太大、需要不断根据上下文重新获取等，这时可以考虑通过采用时间日志 +
快照（或检查点）的方式，实现重启后快速增量恢复服务，减少不可用对业务的影响时长。

5. 分布式事务模式

微服务模式提倡每个服务使用私有的数据源，而不是像单体这样共享数据源，但往往大颗
粒度的业务需要访问多个微服务，必然带来分布式事务问题，否则数据就会出现不一致。架构
师需要根据不同的场景选择合适的分布式事务模式。

（1）传统采用 XA 模式，虽然具备很强的一致性，但是性能差。

（2）基于消息的最终一致性（BASE）通常有很高的性能，但是通用性有限。

（3）TCC 模式完全由应用层来控制事务，事务隔离性可控，也可以做到比较高效；但是对
业务的侵入性非常强，设计开发维护等成本很高。

（4）SAGA 模式与 TCC 模式的优缺点类似但没有 try 这个阶段，而是每个正向事务都对应
一个补偿事务，也是开发维护成本高。

（5）开源项目 SEATA 的 AT 模式非常高性能且无代码开发工作量，且可以自动执行回滚操
作，同时也存在一些使用场景限制。

6. 可观测架构

可观测架构包括 Logging、Tracing、Metrics 三个方面，其中 Logging 提供多个级别（verbose/
debug/warning/error/fatal）的详细信息跟踪，由应用开发者主动提供；Tracing 提供一个请求从前
端到后端的完整调用链路跟踪，对于分布式场景尤其有用；Metrics 则提供对系统量化的多维度
度量。

架构决策者需要选择合适的、支持可观测的开源框架（比如 Open Tracing、Open Telemetry
等），并规范上下文的可观测数据规范（例如方法名、用户信息、地理位置、请求参数等），规
划这些可观测数据在哪些服务和技术组件中传播，利用日志和 tracing 信息中的 spanid/traceid，
确保进行分布式链路分析时有足够的信息进行快速关联分析。

由于建立可观测性的主要目标是对服务 SLO（Service Level Objective）进行度量，从而优
化 SLA，因此架构设计上需要为各个组件定义清晰的 SLO，包括并发度、耗时、可用时长、容
量等。

7. 事件驱动架构

事件驱动架构（EDA，Event Driven Architecture）本质上是一种应用 / 组件间的集成架构模式。

事件和传统的消息不同，事件具有 schema，所以可以校验 event 的有效性，同时 EDA 具备
QoS 保障机制，也能够对事件处理失败进行响应。事件驱动架构不仅用于（微）服务解耦，还
可应用于下面的场景中。

（1）增强服务韧性：由于服务间是异步集成的，也就是下游的任何处理失败甚至宕机都不
会被上游感知，自然也就不会对上游带来影响。

（2）CQRS（Command Query Responsibility Segregation）：把对服务状态有影响的命令用事
件来发起，而对服务状态没有影响的查询才使用同步调用的 API 接口；结合 EDA 中的 Event

Sourcing 机制可以用于维护数据变更的一致性，当需要重新构建服务状态时，把 EDA 中的事件重新"播放"一遍即可。

（3）数据变化通知：在服务架构下，往往一个服务中的数据发生变化，另外的服务会感兴趣，比如用户订单完成后，积分服务、信用服务等都需要得到事件通知并更新用户积分和信用等级。

（4）构建开放式接口：在 EDA 下，事件的提供者并不用关心有哪些订阅者，不像服务调用的场景——数据的产生者需要知道数据的消费者在哪里并调用它，因此保持了接口的开放性。

（5）事件流处理：应用于大量事件流（而非离散事件）的数据分析场景，典型应用是基于 Kafka 的日志处理。

基于事件触发的响应：在 IoT 时代大量传感器产生的数据，不会像人机交互一样需要等待处理结果的返回，天然适合用 EDA 来构建数据处理应用。

14.2.4　典型的云原生架构反模式

技术往往像一把双刃剑，企业做云原生架构演进的时候，会充分考虑根据不同的场景选择不同的技术，下面是一些典型云原生架构反模式。

1. 庞大的单体应用

庞大单体应用的最大问题在于缺乏依赖隔离，包括代码耦合带来的责任不清、模块间接口缺乏治理而带来变更影响扩散、不同模块间的开发进度和发布时间要求难以协调、一个子模块不稳定导致整个应用都变慢、扩容时只能整体扩容而不能对达到瓶颈的模块单独扩容等。因此当业务模块可能存在多人开发的时候，就需要考虑通过服务化进行一定的拆分，梳理聚合根，通过业务关系确定主要的服务模块以及这些模块的边界、清晰定义模块之间的接口，并让组织关系和架构关系匹配。

2. 单体应用"硬拆"为微服务

服务的拆分需要适度，过分服务化拆分反而会导致新架构与组织能力的不匹配，让架构升级得不到技术红利，典型的例子包括：

（1）小规模软件的服务拆分：软件规模不大，团队人数也少，但是为了微服务化，强行把耦合度高、代码量少的模块进行服务化拆分，一次性的发布需要拆分为多个模块分开发布和维护。

（2）数据依赖：服务虽然拆分为多个，但是这些服务的数据是紧密耦合的，于是让这些服务共享数据库，导致数据的变化往往被扇出到多个服务中，造成服务间数据依赖。

（3）性能降低：当耦合性很强的模块被拆分为多个微服务后，原来的本地调用变成了分布式调用，从而让响应时间变大了上千倍，导致整个服务链路性能急剧下降。

3. 缺乏自动化能力的微服务

软件架构中非常重要的一个维度就是处理软件复杂度问题，一旦问题规模提升了很多，那就必须重新考虑与之适应的新方案。在很多软件组织中，开发、测试和运维的工作单位都是以进程为单位，比如把整个用户管理作为一个单独的模块进行打包、发布和运行；而进行了微服务拆分后，这个用户管理模块可能被分为用户信息管理、基本信息管理、积分管理、订单管理等多个模块，由于仍然是每个模块分别打包、发布和运行，开发、测试和运维人员的人均负责模块数就会直线上升，造成了人均工作量增大，也就增加了软件的开发成本。

实际上，当软件规模进一步变大后，自动化能力的缺失还会带来更大的危害。由于接口增多会带来测试用例的增加，更多的软件模块排队等待测试和发布，如果缺乏自动化会造成软件发布时间变长，在多环境发布或异地发布时更是需要专家来处理环境差异带来的影响。同时更多的进程运行于一个环境中，缺乏自动化的人工运维容易给环境带来不可重现的影响，而一旦发生人为运维错误又不容易"快速止血"，造成了故障处理时间变长，以及使得日常运维操作都需要专家才能完成。所有这些问题都会导致软件交付时间变长、风险提升以及运维成本的增加。

14.3　云原生架构相关技术

14.3.1　容器技术

1. 容器技术的背景与价值

容器作为标准化软件单元，它将应用及其所有依赖项打包，使应用不再受环境限制，在不同计算环境间快速、可靠地运行。容器部署模式与其他模式的比较如图 14-3 所示。

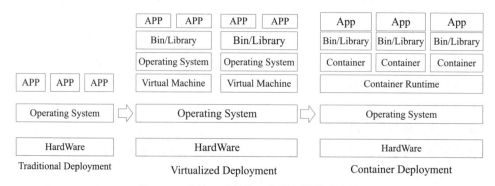

图 14-3　传统、虚拟化、容器部署模式比较

虽然 2008 年 Linux 提供了 Cgroups 资源管理机制、Linux Name Space 视图隔离方案，让应用得以运行在独立沙箱环境中，避免相互间冲突与影响；但直到 Docker 容器引擎的开源，才很大程度上降低了容器技术的使用复杂性，加速了容器技术普及。Docker 容器基于操作系统虚拟化技术，共享操作系统内核、轻量、没有资源损耗、秒级启动，极大提升了系统的应用部署密度和弹性。更重要的是，Docker 提出了创新的应用打包规范——Docker 镜像，解耦了应用与运行环境，使应用可以在不同计算环境一致、可靠地运行。借助容器技术呈现了一个优雅的抽象场景：让开发所需要的灵活性、开放性和运维所关注的标准化、自动化达成相对平衡。容器镜像迅速成为了应用分发的工业标准。

随后开源的 Kubernetes，凭借优秀的开放性、可扩展性以及活跃开发者社区，在容器编排之战中脱颖而出，成为分布式资源调度和自动化运维的事实标准。Kubernetes 屏蔽了 IaaS 层基础架构的差异并凭借优良的可移植性，帮助应用一致地运行在包括数据中心、云、边缘计算在内的不同环境。企业可以通过 Kubernetes，结合自身业务特征来设计自身云架构，从而更好地支持多云 / 混合云，免去被厂商锁定的顾虑。伴随着容器技术逐步标准化，进一步促进了容器生态的分工和协同。基于 Kubernetes，生态社区开始构建上层的业务抽象，比如服务网格 Istio、机器学习平台 Kubeflow、无服务器应用框架 Knative 等。在过去几年，容器技术获得了越发广泛的应用的同时，三个核心价值最受用户关注：敏捷弹性可移植性容器技术提升企业 IT 架构敏捷性的同时，让业务迭代更加迅捷，为创新探索提供了坚实的技术保障。比如疫情期间，教育、视频、公共健康等行业的在线化需求突现爆发性高速增长，很多企业通过容器技术适时把握了突如其来的业务快速增长机遇。据统计，使用容器技术可以获得 3~10 倍交付效率提升，这意味着企业可以更快速地迭代产品，更低成本进行业务试错。在互联网时代，企业 IT 系统经常需要面对促销活动、突发事件等各种预期内外的爆发性流量增长。通过容器技术，企业可以充分发挥云计算弹性优势，降低运维成本。一般而言，借助容器技术，企业可以通过部署密度提升和弹性降低 50% 的计算成本。以在线教育行业为例，面对疫情之下指数级增长的流量，教育信息化应用工具提供商希沃（Seewo）利用阿里云容器服务 ACK 和弹性容器实例 ECI 大大满足了快速扩容的迫切需求，为数十万名老师提供了良好的在线授课环境，帮助百万学生进行在线学习。容器已经成为应用分发和交付的标准技术，将应用与底层运行环境进行解耦；Kubernetes 成为资源调度和编排的标准，屏蔽了底层架构差异性，帮助应用平滑运行在不同基础设施上。CNCF 云原生计算基金会推出了 Kubernetes 一致性认证，进一步保障了不同 K8s 实现的兼容性，这也让企业愿意采用容器技术来构建云时代应用基础设施。

2. 容器编排

Kubernetes 已经成为容器编排的事实标准，被广泛用于自动部署，扩展和管理容器化应用。Kubernetes 提供了分布式应用管理的核心能力。

- 资源调度：根据应用请求的资源量CPU、Memory，或者GPU等设备资源，在集群中选择合适的节点来运行应用。
- 应用部署与管理：支持应用的自动发布与应用的回滚，以及与应用相关的配置的管理；也可以自动化存储卷的编排，让存储卷与容器应用的生命周期相关联。
- 自动修复：Kubernetes能监测这个集群中所有的宿主机，当宿主机或者OS出现故障，节点健康检查会自动进行应用迁移；K8s也支持应用的自愈，极大简化了运维管理的复杂性。
- 服务发现与负载均衡：通过Service资源出现各种应用服务，结合DNS和多种负载均衡机制，支持容器化应用之间的相互通信。
- 弹性伸缩：K8s可以监测业务上所承担的负载，如果这个业务本身的CPU利用率过高，或者响应时间过长，它可以对这个业务进行自动扩容。

Kubernetes 的控制平面包含四个主要的组件：APIServer、Controller、Scheduler 以及 etcd。

- 声明式API：开发者可以关注于应用自身，而非系统执行细节。比如Deployment（无状态应用）、StatefulSet（有状态应用）、Job（任务类应用）等不同资源类型，提供了对不同类型工作负载的抽象；对Kubernetes实现而言，基于声明式API的"level-triggered"实现比"edge-triggered"方式可以提供更加健壮的分布式系统实现。

● 可扩展性架构：所有K8s组件都是基于一致的、开放的API实现和交互；三方开发者也可通过CRD（Custom Resource Definition）/Operator等方法提供领域相关的扩展实现，极大提升了K8s的能力。

● 可移植性：K8s通过一系列抽象如Load Balance Service（负载均衡服务）、CNI（容器网络接口）、CSI（容器存储接口），帮助业务应用可以屏蔽底层基础设施的实现差异，实现容器灵活迁移的设计目标。

14.3.2 云原生微服务

1. 微服务发展背景

过去开发一个后端应用最为直接的方式就是通过单一后端应用提供并集成所有的服务，即单体模式。随着业务发展与需求不断增加，单体应用功能愈发复杂，参与开发的工程师规模可能由最初几个人发展到十几人，应用迭代效率由于集中式研发、测试、发布、沟通模式而显著下滑。为了解决由单体应用模型衍生的过度集中式项目迭代流程，微服务模式应运而生。

微服务模式将后端单体应用拆分为松耦合的多个子应用，每个子应用负责一组子功能。这些子应用称为"微服务"，多个"微服务"共同形成了一个物理独立但逻辑完整的分布式微服务体系。这些微服务相对独立，通过解耦研发、测试与部署流程，提高整体迭代效率。此外，微服务模式通过分布式架构将应用水平扩展和冗余部署，从根本上解决了单体应用在拓展性和稳定性上存在的先天架构缺陷。但也要注意到微服务模型也面临着分布式系统的典型挑战：如何高效调用远程方法、如何实现可靠的系统容量预估、如何建立负载均衡体系、如何面向松耦合系统进行集成测试、如何面向大规模复杂关联应用的部署与运维。

在云原生时代，云原生微服务体系将充分利用云资源的高可用和安全体系，让应用获得更有保障的弹性、可用性与安全性。应用构建在云所提供的基础设施与基础服务之上，充分利用云服务所带来的便捷性、稳定性，降低应用架构的复杂度。云原生的微服务体系也将帮助应用架构全面升级，让应用天然具有更好的可观测性、可控制性、可容错性等特性。

2. 微服务设计约束

相较于单体应用，微服务架构的架构转变，在提升开发、部署等环节灵活性的同时，也提升了在运维、监控环节的复杂性。设计一个优秀的微服务系统应遵循以下设计约束：

1）微服务个体约束

一个设计良好的微服务应用，所完成的功能在业务域划分上应是相互独立的。与单体应用强行绑定语言和技术栈相比，这样做的好处是不同业务域有不同的技术选择权，比如推荐系统采用 Python 实现效率可能比 Java 要高效多。从组织上来说，微服务对应的团队更小，开发效率也更高。"一个微服务团队一顿能吃掉两张披萨饼""一个微服务应用应当能至少两周完成一次迭代"，都是对如何正确划分微服务在业务域边界的隐喻和标准。总结来说，微服务的"微"并不是为了微而微，而是按照问题域对单体应用做合理拆分。

进一步，微服务也应具备正交分解特性，在职责划分上专注于特定业务并将之做好，即 SOLID 原则中单一职责原则（Single Responsibility Principle，SRP）。如果当一个微服务修改或者发布时，不应该影响到同一系统里另一个微服务的业务交互。

2）微服务与微服务之间的横向关系

在合理划分好微服务间的边界后，主要从微服务的可发现性和可交互性处理服务间的横向关系。微服务的可发现性是指当服务 A 发布和扩缩容的时候，依赖服务 A 的服务 B 如何在不重新发布的前提下，如何能够自动感知到服务 A 的变化？这里需要引入第三方服务注册中心来满足服务的可发现性；特别是对于大规模微服务集群，服务注册中心的推送和扩展能力尤为关键。微服务的可交互性是指服务 A 采用什么样的方式可以调用服务 B。由于服务自治的约束，服务之间的调用需要采用与语言无关的远程调用协议，比如 REST 协议很好地满足了"与语言无关"和"标准化"两个重要因素，但在高性能场景下，基于 IDL 的二进制协议可能是更好的选择。另外，目前业界大部分微服务实践往往没有达到 HATEOAS 启发式的 REST 调用，服务与服务之间需要通过事先约定接口来完成调用。为了进一步实现服务与服务之间的解耦，微服务体系中需要有一个独立的元数据中心来存储服务的元数据信息，服务通过查询该中心来理解发起调用的细节。伴随着服务链路的不断变长，整个微服务系统也就变得越来越脆弱，因此面向失败设计的原则在微服务体系中就显得尤为重要。对于微服务应用个体，限流、熔断、隔仓、负载均衡等增强服务韧性的机制成为了标配。为进一步提升系统吞吐能力、充分利用好机器资源，可以通过协程、Rx 模型、异步调用、反压等手段来实现。

3）微服务与数据层之间的纵向约束

在微服务领域，提倡数据存储隔离（Data Storage Segregation，DSS）原则，即数据是微服务的私有资产，对于该数据的访问都必须通过当前微服务提供的 API 来访问。如若不然，则造成数据层产生耦合，违背了高内聚低耦合的原则。同时，出于性能考虑，通常采取读写分离（CQRS）手段。同样，由于容器调度对底层设施稳定性的不可预知影响，微服务的设计应当尽量遵循无状态设计原则，这意味着上层应用与底层基础设施的解耦，微服务可以自由在不同容器间被调度。对于有数据存取（即有状态）的微服务而言，通常使用计算与存储分离方式，将数据下沉到分布式存储，通过这个方式做到一定程度的无状态化。

4）全局视角下的微服务分布式约束

从微服务系统设计一开始，就需要考虑以下因素：高效运维整个系统，从技术上要准备全自动化的 CI/CD 流水线满足对开发效率的诉求，并在这个基础上支持蓝绿、金丝雀等不同发布策略，以满足对业务发布稳定性的诉求。面对复杂系统，全链路、实时和多维度的可观测能力成为标配。为了及时、有效地防范各类运维风险，需要从微服务体系多种事件源汇聚并分析相关数据，然后在中心化的监控系统中进行多维度展现。伴随着微服务拆分的持续，故障发现时效性和根因精确性始终是开发运维人员的核心诉求。

3. 主要微服务技术

Apache Dubbo 作为源自阿里巴巴的一款开源高性能 RPC 框架，特性包括基于透明接口的 RPC、智能负载均衡、自动服务注册和发现、可扩展性高、运行时流量路由与可视化的服务治理。经过数年发展已是国内使用最广泛的微服务框架并构建了强大的生态体系。为了巩固 Dubbo 生态的整体竞争力，2018 年阿里巴巴陆续开源了 Spring Cloud Alibaba（分布式应用框架）、Nacos（注册中心 & 配置中心）、Sentinel（流控防护）、Seata（分布式事务）、Chaosblade（故障注入），以便让用户享受阿里巴巴十年沉淀的微服务体系，获得简单易用、高性能、高可用等核心能力。Dubbo 在 v3 中发展服务网格（ServiceMesh），目前 Dubbo 协议已经被 Envoy 支持，数据层选址、负载均衡和服务治理方面的工作还在继续，控制层目前在继续丰富 Istio/Pilot-discovery 中。

Spring Cloud 作为开发者的主要微服务选择之一，为开发者提供了分布式系统需要的配置管理、服务发现、断路器、智能路由、微代理、控制总线、一次性 Token、全局锁、决策竞选、分布式会话与集群状态管理等能力和开发工具。

Eclipse MicroProfile 作为 Java 微服务开发的基础编程模型，它致力于定义企业 Java 微服务规范，MicroProfile 提供指标、API 文档、运行状况检查、容错与分布式跟踪等能力，使用它创建的云原生微服务可以自由地部署在任何地方，包括服务网格架构。

Tars 是腾讯将其内部使用的微服务框架 TAF（Total Application Framework）多年的实践成果总结而成的开源项目，在腾讯内部有上百个产品使用，服务内部数千名 C++、Java、Golang、Node.Js 与 PHP 开发者。Tars 包含一整套开发框架与管理平台，兼顾多语言、易用性、高性能与服务治理，理念是让开发更聚焦业务逻辑，让运维更高效。

SOFAStack（Scalable Open Financial Architecture Stack）是由蚂蚁金服开源的一套用于快速构建金融级分布式架构的中间件，也是在金融场景里的最佳实践。MOSN 是 SOFAStack 的组件，它一款采用 Go 语言开发的服务网格数据平面代理，功能和定位类似 Envoy，旨在提供分布式、模块化、可观测、智能化的代理能力。MOSN 支持 Envoy 和 Istio 的 API，可以和 Istio 集成。

DAPR（Distributed Application Runtime，分布式应用运行时）是微软新推出的一种可移植的、无服务器的、事件驱动的运行时，它使开发人员可以轻松构建弹性、无状态和有状态微服务，这些服务运行在云和边缘上，并包含多种语言和开发框架。

14.3.3　无服务器技术

1. 技术特点

随着以 Kubernetes 为代表的云原生技术成为云计算的容器界面，Kubernetes 成为云计算的新一代操作系统。面向特定领域的后端云服务（BaaS）则是这个操作系统上的服务 API，存储、数据库、中间件、大数据、AI 等领域的大量产品与技术都开始提供全托管的云形态服务，如今越来越多用户已习惯使用云服务，而不是自己搭建存储系统、部署数据库软件。

当这些 BaaS 云服务日趋完善时，无服务器技术（Serverless）因为屏蔽了服务器的各种运维复杂度，让开发人员可以将更多精力用于业务逻辑设计与实现，而逐渐成为云原生主流技术之一。Serverless 计算包含以下特征：

（1）全托管的计算服务，客户只需要编写代码构建应用，无需关注同质化的、负担繁重的基于服务器等基础设施的开发、运维、安全、高可用等工作；

（2）通用性，结合云 BaaSAPI 的能力，能够支撑云上所有重要类型的应用；

（3）自动弹性伸缩，让用户无需为资源使用提前进行容量规划；

（4）按量计费，让企业使用成本得有效降低，无需为闲置资源付费。

函数计算（Function as a Service，FaaS）是 Serverless 中最具代表性的产品形态。通过把应用逻辑拆分多个函数，每个函数都通过事件驱动的方式触发执行，例如，当对象存储（OSS）中产生的上传 / 删除对象等事件，能够自动、可靠地触发 FaaS 函数处理且每个环节都是弹性和高可用的，客户能够快速实现大规模数据的实时并行处理。同样，通过消息中间件和函数计算的集成，客户可以快速实现大规模消息的实时处理。

目前函数计算这种 Serverless 形态在普及方面仍存在一定困难，例如：

（1）函数编程以事件驱动方式执行，这在应用架构、开发习惯方面，以及研发交付流程上都会有比较大的改变；

（2）函数编程的生态仍不够成熟，应用开发者和企业内部的研发流程需要重新适配；

（3）细颗粒度的函数运行也引发了新技术挑战，比如冷启动会导致应用响应延迟，按需建立数据库连接成本高等。

针对这些情况，在 Serverless 计算中又诞生出更多其他形式的服务形态，典型的就是和容器技术进行融合创新，通过良好的可移植性，容器化的应用能够无差别地运行在开发机、自建机房以及公有云环境中；基于容器工具链能够加快解决 Serverless 的交付。云厂商如阿里云提供了弹性容器实例（ECI）以及更上层的 Serverless 应用引擎（SAE），Google 提供了 CloudRun 服务，这都帮助用户专注于容器化应用构建，而无需关心基础设施的管理成本。此外 Google 也开源了基于 Kubernetes 的 Serverless 应用框架 Knative。

相对函数计算的编程模式，这类 Serverless 应用服务支持容器镜像作为载体，无需修改即可部署在 Serverless 环境中，可以享受 Serverless 带来的全托管免运维、自动弹性伸缩、按量计费等优势。

2. 技术关注点

1）计算资源弹性调度

为了实现精准、实时的实例伸缩和放置，必须把应用负载的特征作为资源调度依据，使用"白盒"调度策略，由 Serverless 平台负责管理应用所需的计算资源。平台要能够识别应用特征，在负载快速上升时，及时扩容计算资源，保证应用性能稳定；在负载下降时，及时回收计算资源，加快资源在不同租户函数间的流转，提高数据中心利用率。因此更实时、更主动、更智能的弹性伸缩能力是函数计算服务获得良好用户体验的关键。通过计算资源的弹性调度，帮助用户完成指标收集、在线决策、离线分析、决策优化的闭环。在创建新实例时，系统需要判断如何将应用实例放置在下层计算节点上。放置算法应当满足如下多方面的目标。

（1）容错：当有多个实例时，将其分布在不同的计算节点和可用区上，提高应用的可用性。

（2）资源利用率：在不损失性能的前提下，将计算密集型、I/O 密集型等应用调度到相同计算节点上，尽可能充分利用节点的计算、存储和网络资源。动态迁移不同节点上的碎片化实例，进行"碎片整理"，提高资源利用率。

（3）性能：例如复用启动过相同应用实例或函数的节点、利用缓存数据加速应用的启动时间。

（4）数据驱动：除了在线调度，系统还将天、周或者更大时间范围的数据用于离线分析。离线分析的目的是利用全量数据验证在线调度算法的效果，为参数调优提供依据，通过数据驱动的方式加快资源流转速度，提高集群整体资源利用率。

2）负载均衡和流控

资源调度服务是 Serverless 系统的关键链路。为了支撑每秒近百万次的资源调度请求，系统需要对资源调度服务的负载进行分片，横向扩展到多台机器上，避免单点瓶颈。分片管理器通过监控整个集群的分片和服务器负载情况，执行分片的迁移、分裂、合并操作，从而实现集群处理能力的横向扩展和负载均衡。在多租户环境下，流量隔离控制是保证服务质量的关键。由于用户是按实际使用的资源付费，因此计算资源要通过被不同用户的不同应用共享来降低系统成本。这就需要系统具备出色的隔离能力，避免应用相互干扰。

3）安全性

Serverless 计算平台的定位是通用计算服务，要能执行任意用户代码，因此安全是不可逾越的底线。系统应从权限管理、网络安全、数据安全、运行时安全等各个维度全面保障应用的安全性。轻量安全容器等新的虚拟化技术实现了更小的资源隔离粒度、更快的启动速度、更小的系统开销，使数据中心的资源使用变得更加细粒度和动态化，从而更充分地利用碎片化资源。

14.3.4 服务网格

1. 技术特点

服务网格（ServiceMesh）是分布式应用在微服务软件架构之上发展起来的新技术，旨在将那些微服务间的连接、安全、流量控制和可观测等通用功能下沉为平台基础设施，实现应用与平台基础设施的解耦。这个解耦意味着开发者无需关注微服务相关治理问题而聚焦于业务逻辑本身，提升应用开发效率并加速业务探索和创新。换句话说，因为大量非功能性从业务进程剥离到另外进程中，服务网格以无侵入的方式实现了应用轻量化，图 14-4 展示了服务网格的典型架构。

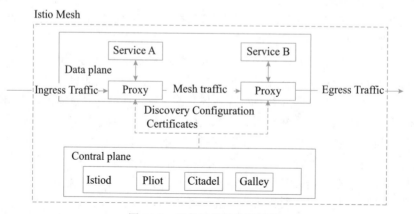

图 14-4 服务网格的典型架构

在这张架构图中，服务 A 调用服务 B 的所有请求，都被其下的服务代理截获，代理服务 A 完成到服务 B 的服务发现、熔断、限流等策略，而这些策略的总控是在控制平面（Control Plane）上配置。

从架构上，以开源的 Istio 服务网格为例，其可以运行在虚拟机或容器中，Istio 的主要组件包括 Pilot（服务发现、流量管理）、Mixer（访问控制、可观测性）、Citadel（终端用户认证、流量加密）；整个服务网格关注连接和流量控制、可观测性、安全和可运维性。虽然相比较没有服务网格的场景多了 4 个 IPC 通信的成本，但整体调用的延迟随着软硬件能力的提升而并不会带来显著的影响，特别是对于百毫秒级别的业务调用而言可以控制在 2% 以内。从另一方面，服务化的应用并没有做任何改造，就获得了强大的流量控制能力、服务治理能力、可观测能力、4 个 9（99.99%）以上高可用、容灾和安全等能力，加上业务的横向扩展能力，整体收益仍然是远大于额外 IPC 通信支出。

服务网格的技术发展上数据平面与控制平面间的协议标准化是必然趋势。大体上，服务网格的技术发展围绕着事实标准去展开——共建各云厂商共同采纳的开源软件。从接口规范的角度：Istio 采纳了 Envoy 所实现的 xDS 协议，将该协议当作是数据平面和控制平面间的标准协议；Microsoft 提出了 SMI（Service Mesh Interface），致力于让数据平面和控制平面的标准化做更高层次的抽象，以期为 Istio、Linkerd 等服务网格解决方案在服务观测、流量控制等方面实现最大程度的开源能力复用。UDPA（Universal Data Plane API）是基于 xDS 协议而发展起来，以便根据不同云厂商的特定需求便捷地进行扩展并由 xDS 去承载。

此外数据平面插件的扩展性和安全性也得到了社区的广泛重视。从数据平面角度，Envoy 得到了包括 Google、IBM、Cisco、Microsoft、阿里云等大厂的参与共建以及主流云厂商的采纳而成为了事实标准。在 Envoy 的软件设计为插件机制提供了良好扩展性的基础之上，目前正在探索将 Wasm 技术运用于对各种插件进行隔离，避免因为某一插件的软件缺陷而导致整个数据平面不可用。Wasm 技术的优势除了提供沙箱功能外，还能很好地支持多语言，最大程度地让掌握不同编程语言的开发者可以使用自己所熟悉的技能去扩展 Envoy 的能力。在安全方面，服务网格和零信任架构天然有很好的结合，包括 PODIdentity、基于 mTLS 的链路层加密、在 RPC 上实施 RBAC 的 ACL、基于 Identity 的微隔离环境（动态选取一组节点组成安全域）。

2. 主要技术

2017 年发起的服务网格 Istio 开源项目，清晰定义了数据平面（由开源软件 Envoy 承载）和管理平面（Istio 自身的核心能力）。Istio 为微服务架构提供了流量管理机制，同时亦为其他增值功能（包括安全性、监控、路由、连接管理与策略等）创造了基础。Istio 利用久经考验的 LyftEnvoy 代理进行构建，可在无需对应用程序代码作出任何发动的前提下实现可视性与控制能力。2019 年 Istio 所发布的 1.12 版已达到小规模集群上线生产环境水平，但其性能仍受业界诟病。开源社区正试图通过架构层面演进改善这一问题。由于 Istio 是建构于 Kubernetes 技术之上的，所以它当然可运行于提供 Kubernetes 容器服务的云厂商环境中，同时 Istio 成为了大部分云厂商默认使用的服务网格方案。

除了 Istio 外，也有 Linkerd、Consul 这样相对小众的 ServiceMesh 解决方案。Linkerd 在数据平面采用了 Rust 编程语言实现了 linkerd-proxy，控制平面与 Istio 一样采用 Go 语言编写。最新的性能测试数据显示，Linkerd 在时延、资源消耗方面比 Istio 更具优势。Consul 在控制面上直接使用 ConsulServer，在数据面上可以选择性地使用 Envoy。与 Istio 不同的是，Linkerd 和 Consul 在功能上不如 Istio 完整。

Conduit 作为 Kubernetes 的超轻量级 ServiceMesh，其目标是成为最快、最轻、最简单且最安全的 ServiceMesh。它使用 Rust 构建了快速、安全的数据平面，用 Go 开发了简单强大的控制平面，总体设计围绕着性能、安全性和可用性进行。它能透明地管理服务之间的通信，提供可测性、可靠性、安全性和弹性的支持。虽然与 Linkerd 相仿，数据平面是在应用代码之外运行的轻量级代理，控制平面是一个高可用的控制器，然而与 Linkerd 不同的是，Conduit 的设计更加倾向于 Kubernetes 中的低资源部署。

14.4　云原生架构案例分析

随着云计算的普及与云原生的广泛应用，越来越多的从业者、决策者清晰地认识到"云原生化将成为企业技术创新的关键要素，也是完成企业数字化转型的最短路径"。因此，具有前瞻思维的互联网企业从应用诞生之初就扎根于云端，谨慎稳重的新零售、政府、金融、医疗等领域的企业与机构也逐渐将业务应用迁移上云，深度使用云原生技术与云原生架构。面对架构设计、开发方式到部署运维等不同业务场景，基于云原生架构的应用通常针对云的技术特性进行技术生命周期设计，最大限度利用云平台的弹性、分布式、自助、按需等产品优势。借助以下几个典型实践案例，我们来看看企业如何使用云原生架构解决交付周期长、资源利用率低等实际业务问题。

14.4.1　某旅行公司云原生改造

1. 背景和挑战

某旅行公司登录香港联交所主板挂牌上市，成为港股"OTA 第一股"。财报显示，2021 年上半年，某艺龙 MAU 约为 2.56 亿元，其中在第二季度，MAU 达到 2.8 亿元，同比增长 58.3%，创下了历史新高。业务量的增长让某旅行的技术团队感到欣喜，但另一方面这也意味着团队需要直面高流量带来的新挑战，云原生改造成了解决问题的关键。

2019 年，某旅行公司主要面临两个问题。首先，由于刚和某网完成公司主体合并不久，两个前身公司各自存在着不同技术体系的构建、发布等系统，这些系统随着公司业务的逐步整合，也必须在技术层面做进一步的收敛，以达到平台统一的目的。同时，在线旅行业务具有较明显的业务波动特性，在季度、节假日、每日时段上都有比较突出的波峰波谷特性。这样的业务特性对技术资源的整体利用率波动影响较大。所以此次云原生改造也面临了不小的挑战。

2. 基于云原生架构的解决方案

改造第一阶段，某旅行技术团队为了提升集群资源利用率，降低资源使用成本。利用云原生思维重构部分技术体系，将多套旧有系统合并、收拢到一套以云原生应用为核心的私有云平台上，同时将 IDC、物理网络、虚拟网络、计算资源、存储资源等通过 IaaS、PaaS 等，实现虚拟化封装、切割、再投产的自动化流程。

基础层面，为了支持 IaaS 层的网络虚拟化，运维人员选择了 Vxlan、大二层技术，并用 KVM 作为计算资源的切割。在容器网络虚拟化这部分，考虑到要降低损耗，采用了 BGP、Host 网络模式等技术，同时开发了绑核、NUMA 等相关技术。容器存储方面，远端存储选择了 Ceph，本地层使用块存储设备、NUMA 设备等。异构资源侧则采用了 GPU 改 CUDA library 的方式来完成虚拟化的切分和分时复用。技术团队将资源调度变成了利用时序数据预测应用规模的方式，提升了资源利用率。

但是在改造完成后服务部署时，有大批量的物理机都出现负载上升的情况，原因是低版本的 Java 程序无法准确识别容器里的规格，导致 GC 时频繁发生资源争抢。由于无法确定其他语言是否会出现同样的问题，研发团队开发了垂直扩缩容，确保 GC 可以使用更多的计算资源。另一方面进行了 JVM 版本升级，并且还引入了隔离性较强的 Kata Container 来彻底解决该问题。

第一阶段改造完成后，平台开始服务同程旅行的大部分在线业务。随着服务器集群规模的扩大，部分机器开始频繁出现故障。此时，保障服务稳定性成了第二阶段改造的首要任务。

基于公有云、私有云和离线专属云集群等新型动态计算环境，某旅行公司的技术团队帮助业务构建和运行具有弹性的云原生应用，促进业务团队开始使用声明式 API，同时通过不可变基础设施、服务网格和容器服务，来构建容错性好、易于管理和观察的应用系统，并结合平台可靠的自动化恢复、弹性计算来完成整个服务稳定性的提升。

技术团队将公有云的镜像预热、分发，专线直连内网机房，解决了内网集群需要镜像快速分发等问题，依赖的缓存资源和持久化数据实现了常驻云上，离线资源所在的专有云集群也同步被打通。同时，依托弹性计算能力，团队将集群间资源使用成本降到最低，并将最高服务稳定性的智能化调度平台的服务动态部署在多个集群上。针对业务专有需求和特殊，平台可以输出基础设施 API 和基础能力 API，供业务构建自己的云服务。

为了解决应用出现了明显的卡顿，影响到用户体验的问题，团队通过弹性计算改造为业务快速提供支持，之后又尝试了 Scale Zero 等方式，最终将该业务的资源使用量降到了之前常备资源的 20%。

2021 年上半年，某旅行公司进入到云原生改造的第三个阶段。通过基础组件、服务的云原生改造、服务依赖梳理和定义等方式，使应用不再需要考虑底层资源、机房、运行时间和供应商等因素。此外，某旅行公司还利用标准的云原生应用模型，实现了服务的跨地域、跨云自动化灾备、自动部署，并向云原生场景下的 DevOps 演进。某旅行公司云原生平台架构图如图 14-5 所示。

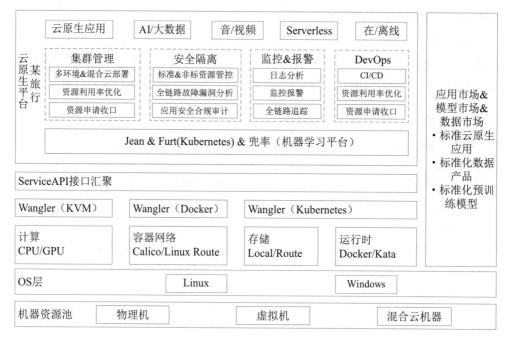

图 14-5　某旅行公司云原生平台架构图

3. 应用效益

通过第一阶段改造，订单业务从原先独享机器集群切换到了共享机器集群，仅使用之前独享机器集群 40% 的机器就完成了对全线服务业务的支撑，同时由于调度算法加入了自研的服务画像技术作为默认调度属性，资源调度的稳定性不降反升。并且同程旅行已实现纳入到该平台部分单机资源利用率提升了 20%，并通过云原生化的旧应用改造，下掉了当时集群内一半的服务器和相应的机房水电资源。

通过第二阶段改造，原本用来应对季节性流量高峰期而采购的机器资源开始减少。通过判断服务当前冗余度来缩容线上服务的实例数，平台可以用最小的实例数量提供线上服务，而节省下来的资源可以提供给离线业务混合部署使用。并且在不额外新增机器的情况下额外获得的算力，成功支持了屡次创纪录的峰值流量。同时 Service Balance 系统可以在服务性能受损时自动尝试修复该节点性能，使得平台能够以较低的成本稳定运行。并借用弹性计算成功撑住爆款应用带来的日常流量 300% 的峰值流量，也顶住了 2021 年上半年的屡次刷新公司峰值流量，为公司同类业务场景提供了坚实的技术支撑。

14.4.2　云原生技术助力某汽车公司数字化转型实践

1. 背景和挑战

汽车行业正迅速步入数字化时代。车企服务的对象发生变化，从购车市场转为覆盖后车市场的全周期，通过互联网渠道直面客户，服务客户急速增多。为适配客户快速变化的需求，互联网营销成为常态。业务开展承担新的使命，对业务交付的数量、周期、复杂度都提出新挑战。

目前汽车制造处于"＋互联网"和"互联网＋"的进程中，面临着互联网业态模式和架构挑战。对业务价值链进行识别，既要满足对产品配置、价格管理、合同管理等稳态业务的支撑，又需要实现商机管理、营销策略、营销管理、电子商务等敏捷业务的快速迭代。两种业态将长期共存。汽车制造正逐渐从传统汽车生产商和销售商，转变为移动服务、自动驾驶和娱乐、车内体验的供应服务商。新的商业模式，要求充分利用创新的技术，融入业务的每一个角落。软件定义汽车的时代即将来临。

某汽车公司自 2016 年开始引入移动互联网、电商等数字化营销系统，逐步布局汽车后服务市场，为更好更快迎合客户需求变化，掌握市场转换的主动权，对某云行为代表的互联网应用进行全面的推广，通过触点连接客户并提供便捷用车和增值服务。同时，积极开拓在线支付、车联网、二手车交易等新型汽车服务业务场景，积累了丰富的实践经验。充分利用容器、微服务、DevOps 云原生转型方法和手段，驱动技术与汽车场景业务深度融合，建立业务与技术之间良性循环。

2. 基于云原生架构的解决方案

战略性构建容器云平台。通过平台实现对某云行 App、二手车、在线支付、优惠券等核心互联网应用承载。以多租户的形式提供弹性计算、数据持久化、应用发布等面向敏捷业务服务，并实现高水平资源隔离。标准化交付部署，快速实现业务扩展，满足弹性要求。利用平台健康检查、智能日志分析和监控告警等手段及时洞察风险，保障云平台和业务应用稳定运行。

数字混合云交付。采用私有云＋公有云的混合交付模式，按照服务的敏态/稳态特性和管控要求划分部署，灵活调度公有云资源来满足临时突发或短期高 TPS 业务支撑的需求。利用 PaaS 平台标准化的环境和架构能力，实现私有云和公有云一致交付体验。

深度融合微服务治理体系，实现架构的革新和能力的沉淀，逐步形成支撑数字化应用的业务中台（其云平台架构如图 14-6 所示）。通过领域设计、系统设计等关键步骤，对原来庞大的某云体系应用进行微服务拆分，形成能量、社群、用户、车辆、订单等多共享业务服务，同步制定了设计与开发规范、实施路径和配套设施，形成一整套基于微服务的分布式应用架构规划、设计方法论。

图 14-6　某容器云平台架构示意图

DevOps 理念贯穿始终。通过 DevOps 平台规避软件黑盒，从软件生命周期的源头开始把控，实现对核心代码资产的自主、透明管理，避免对开发商的过度依赖。利用 DevOps 平台的可视化界面，实现全流程自动化、透明化、标准化，实现业务功能迭代变更的核心掌控。

3. 应用效益

某汽车公司采用云原生技术在多云环境部署混合云平台，推进某云行体系应用的架构革新。满足多样化的业务上云需求，满足业务高可用、高性能、高扩展性、高伸缩性和高安全性要求，为互联网场景业务开展提供有效支撑。提升不同场景下的互联网业务资源使用效率，同时建立以容器为核心的应用交付和运维管理标准，并制定微服务架构应用管理规范。

加强技术管控，提升交付速度。建立适配某汽车公司的 DevOps 实践规范，配合敏捷化开发模式，通过 DevOps 平台实现快速、持续、可靠、规模化地交付业务应用，应用交付周期从两个月缩短到一个月。

通过敏捷基础架构能力，加快业务创新步伐。持续推进车联网、共享出行等新型场景布局，为某汽车公司数字化转型发展提供有力支撑。

14.4.3 某快递公司核心业务系统云原生改造

1. 背景和挑战

作为发展最为迅猛的物流企业之一，某快递公司一直积极探索技术创新赋能商业增长之路，以期达到降本提效的目的。目前，某快递公司日订单处理量已达千万量级，亿级别物流轨迹处理量，每天产生数据已达到 TB 级别，使用 1300+ 个计算结点来实时处理业务。

过往某快递公司的核心业务应用运行在 IDC 机房，原有 IDC 系统帮助某快递公司安稳度过早期业务快速发展期。但伴随着业务体量指数级增长，业务形式愈发多元化。原有系统暴露出不少问题，传统 IOE 架构、各系统架构的不规范、稳定性、研发效率都限制了业务高速发展的可能。软件交付周期过长，大促保障对资源的特殊要求难实现、系统稳定性难以保障等业务问题逐渐暴露。

在与阿里云进行多次需求沟通与技术验证后，某快递公司最终确定阿里云为唯一合作伙伴，采用云原生技术和架构实现核心业务搬迁上阿里云。2019 年开始将业务逐步从 IDC 迁移至阿里云。目前，核心业务系统已经在阿里云上完成流量承接，为申通提供稳定而高效的计算能力。

2. 基于云原生架构的解决方案

某快递公司核心业务系统原架构基于 Vmware+Oracle 数据库进行搭建。随着搬迁上阿里云，架构全面转型为基于 Kubernetes 的云原生架构体系。其中，引入云原生数据库并完成应用基于容器的微服务改造是整个应用服务架构重构的关键点。

1）引入云原生数据库

通过引入 OLTP 跟 OLAP 型数据库，将在线数据与离线分析逻辑拆分到两种数据库中，改变此前完全依赖 Oracle 数据库的现状。满足在处理历史数据查询场景下 Oracle 数据库所无法支持的实际业务需求。

2）应用容器化

伴随着容器化技术的引进，通过应用容器化有效解决了环境不一致的问题，确保应用在开发、测试、生产环境的一致性。与虚拟机相比，容器化提供了效率与速度的双重提升，让应用更适合微服务场景，有效提升产研效率。

3）微服务改造

由于过往很多业务是基于 Oracle 的存储过程及触发器完成的，系统间的服务依赖也需要 Oracle 数据库 OGG（Oracle Golden Gate）同步完成。这样带来的问题就是系统维护难度高且稳定性差。通过引入 Kubernetes 的服务发现，组建微服务解决方案，将业务按业务域进行拆分，让整个系统更易于维护。

综合考虑申通实际业务需求与技术特征，最终选择了"阿里云 ACK＋神龙＋云数据库"的云原生解决方案，从而实现核心应用迁移上阿里云。图 14-7 展示了最终的上云架构。

图 14-7 某快递公司核心业务上云架构示意图

（1）架构阐述。

基础设施，全部计算资源取自阿里云的神龙裸金属服务器。相较于一般云服务器（ECS），Kubernetes 搭配神龙服务器能够获得更优性能及更合理的资源利用率。且云上资源按需取量，对于拥有促活动等短期大流量业务场景的申通而言极为重要。相较于线下自建机房、常备机器，云上资源随取随用。在促活动结束后，云上资源使用完毕后即可释放，管理与采购成本更低，相应效率。

流量接入，阿里云提供两套流量接入，一套是面向公网请求，另外一套是服务内部调用。域名解析采用云 DNS 及 PrivateZone。借助 Kubernetes 的 Ingress 能力实现统一的域名转发，以节省公网 SLB 的数量，提高运维管理效率。

（2）平台层。

基于 Kubernetes 打造的云原生 PaaS 平台优势明显突出。

- 打通DevOps闭环，统一测试，集成，预发、生产环境；
- 天生资源隔离，机器资源利用率高；
- 流量接入可实现精细化管理；
- 集成了日志、链路诊断、Metrics平台；
- 统一APIServer接口和扩展，支持多云及混合云部署。

（3）应用服务层。

每个应用都在 Kubernetes 上面创建单独的一个 Namespace，应用和应用之间实现资源隔离。通过定义各个应用的配置 Yaml 模板，当应用在部署时直接编辑其中的镜像版本即可快速完成版本升级，当需要回滚时直接在本地启动历史版本的镜像快速回滚。

（4）运维管理。

线上 Kubernetes 集群采用阿里云托管版容器服务，免去了运维 Master 结点的工作，只需要制定 Worker 结点上线及下线流程即可。同时业务系统均通过阿里云的 PaaS 平台完成业务日志搜索，按照业务需求投交扩容任务，系统自动完成扩容操作，降低了直接操作 Kubernetes 集群带来的业务风险。

3. 应用效益

成本方面：使用公有云作为计算平台，可以让企业不必因为业务突发增长需求，而一次性投入大量资金成本用于采购服务器及扩充机柜。在公共云上可以做到随用随付，对于一些创新业务想做技术调研十分便捷。用完即释放，按量付费。另外云产品都免运维自行托管在云端，有效节省人工运维成本，让企业更专注于核心业务。

稳定性方面：首先，云上产品提供至少 5 个 9（99.999%）以上的 SLA 服务确保系统稳定，而自建系统稳定性相去甚远。其次，部分开源软件可能存在功能 Bug，造成故障隐患。最后，在数据安全方面云上数据可以轻松实现异地备份，阿里云数据存储体系下的归档存储产品具备高可靠、低成本、安全性、存储无限等特点，让企业数据更安全。

效率方面：借助与云产品深度集成，研发人员可以完成一站式研发、运维工作。从业务需求立项到拉取分支开发，再到测试环境功能回归验证，最终部署到预发验证及上线，整个持续集成流程耗时可缩短至分钟级。排查问题方面，研发人员直接选择所负责的应用，并通过集成的 SLS 日志控制台快速检索程序的异常日志进行问题定位，免去了登录机器查日志的麻烦。

赋能业务：阿里云提供超过 300 余种的云上组件，组件涵盖计算、AI、大数据、IoT 等诸多领域。研发人员开箱即用，有效节省业务创新带来的技术成本。

14.4.4　某电商业务云原生改造

1. 背景和挑战

某是一家致力于线上的化妆品销售品牌。伴随着公司业务高速发展，技术运维面临着非常严峻的挑战。伴随着"双 11"电商大促、"双 12"购物节、小程序、网红直播带货呈现爆发式增长趋势，如何确保微商城系统稳定顺畅地运行成为某面对的首要难题。其中，比较突出几个挑战包含以下几点：

- 系统开发迭代快，线上问题较多，定位问题耗时较长；
- 频繁大促，系统稳定性保障压力很大，第三方接口和一些慢SQL存在导致严重线上故障的风险；
- 压测与系统容量评估工作相对频繁，缺乏常态化机制支撑；
- 系统大促所需资源与日常资源相差较大，需要频繁扩缩容。

2. 云原生解决方案

某与阿里云一起针对所面临问题以及未来业务规划进行了深度沟通与研讨。通过阿里云原生应用稳定性解决方案以解决业务问题。引入阿里云容器服务 ACK、Spring Cloud Alibaba、PTS、AHAS、链路追踪等配套产品，对应用进行容器化改造部署，优化配套的测试、容量评估、扩缩容等研发环节，提升产研效率。图 14-8 展示了某最终的核心应用架构方案。

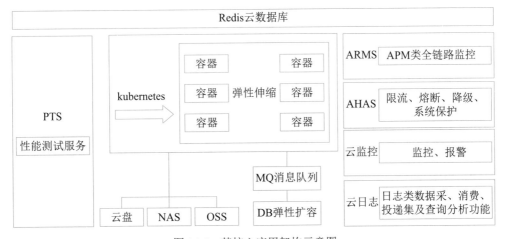

图 14-8　某核心应用架构示意图

方案的关键点是：

- 通过容器化部署，利用阿里云容器服务的快速弹性应对大促时的资源快速扩容。
- 提前接入链路追踪产品，用于对分布式环境下复杂的服务调用进行跟踪，对异常服务进行定位，帮助客户在测试和生产中快速定位问题并修复，降低对业务的影响。
- 使用阿里云性能测试服务（PTS）进行压测，利用秒级流量拉起、真实地理位置流量等功能，以最真实的互联网流量进行压测，确保业务上线后的稳定运营。

- 采集压测数据，解析系统强弱依赖关系、关键瓶颈点，对关键业务接口、关键第三方调用、数据库慢调用、系统整体负载等进行限流保护。
- 配合阿里云服务团队，在大促前进行ECS/RDS/安全等产品扩容、链路梳理、缓存/连接池预热、监控大屏制作、后端资源保障演练等，帮助大促平稳进行。

3. 应用效益

- 高可用：利用应用高可用服务产品（AHAS）的限流降级和系统防护功能，对系统关键资源进行防护，并对整体系统水位进行兜底，确保大促平稳进行，确保顺畅的用户体验。
- 容量评估：利用性能测试服务（PTS）和业务实时监控（ARMS）对系统单机能力及整体容量进行评估，对单机及整体所能承载的业务极限量进行提前研判，以确保未来对业务大促需求可以做出合理的资源规划和成本预测。
- 大促保障机制：通过与阿里云服务团队的多次配合演练，建立大促保障标准流程及应急机制，达到大促保障常态化。

4. 客户声音

"使用 ACK 容器服务可以帮助我们快速拉起测试环境，利用 PTS 即时高并发流量压测确认系统水位，结合 ARMS 监控，诊断压测过程中的性能瓶颈，最后通过 AHAS 对突发流量和意外场景进行实时限流降级，加上阿里云团队保驾护航，保证了我们每一次大促活动的系统稳定性和可用性，同时利用 ACK 容器快速弹性扩缩容，节约服务器成本 50% 以上。"某技术中台负责人如上说。

14.4.5 某体育用品公司基于云原生架构的业务中台构建

1. 背景和挑战

某体育用品公司作为中国领先的体育用品企业之一，在 2016 年，某体育用品公司启动集团第三次战略升级，打造以消费者体验为核心的"3+"（"互联网+"、"体育+"和"产品+"）的战略目标，积极拥抱云计算、大数据等新技术，实现业务引领和技术创新，支撑企业战略变革的稳步推进。在集团战略的促使下，阿里云中间件团队受邀对某体育用品公司 IT 信息化进行了深度调研，挖掘阻碍其战略落地的些许挑战：

（1）商业套件导致无法满足某体育用品公司业务多元化发展要求，例如多品牌拆分重组所涉及的相关业务流程以及组织调整。对某体育用品公司而言，传统应用系统都是紧耦合，业务的拆分重组意味着必须重新实施部署相关系统。

（2）IT 历史包袱严重，内部烟囱系统林立。通过调研，阿里云发现某体育用品公司烟囱系统多达 63 套，仅 IT 供应商就有三十余家。面对线上线下业务整合涉及的销售、物流、生产、采购、订货会、设计等不同环节及场景，想要实现全渠道整合，需要将几十套系统全部打通。

（3）高库存、高缺货问题一直是服装行业的死结，某体育用品公司同样被这些问题困扰着。系统割裂导致数据无法实时在线，并受限于传统单体 SQL Server 数据库并发限制，6000 多家门店数据只能采用 T+1 方式回传给总部，直接影响库存高效协同周转。

（4）IT 建设成本浪费比较严重，传统商业套件带来了"烟囱式"系统的弊端，导致很多功能重复建设、重复数据模型以及不必要的重复维护工作。

2. 云原生解决方案

阿里云根据某体育用品公司业务转型战略需求，为之量身打造了基于云原生架构的全渠道业务中台解决方案，将不同渠道通用功能在云端合并、标准化、共享，衍生出全局共享的商品中心、渠道中心、库存中心、订单中心、营销中心、用户中心、结算中心。无论哪个业务线、哪个渠道、哪个新产品诞生或调整，IT 组织都能根据业务需求，基于共享服务中心现有模块快速响应，打破低效的"烟囱式"应用建设方式。全渠道业务中台遵循互联网架构原则，规划线上线下松耦合云平台架构，不仅彻底摆脱传统 IT 拖业务后腿的顽疾并实现灵活支撑业务快速创新，将全渠道数据融通整合在共享服务中心平台上，为数据化决策、精准营销、统一用户体验奠定了良好的产品与数据基础，让某体育用品公司真正走上了"互联网 +"的快车道。

2017 年 1 月某体育用品公司与阿里云启动全渠道中台建设，耗时 6 个月完成包括需求调研、中台设计、研发实施、测试验证等在内的交付部署，历经 4 个月实现全国 42 家分公司、6000+ 门店全部上线成功。图 14-9 是某体育用品公司全渠道业务中台总体规划示意图。

图 14-9　某体育用品公司全渠道业务中台总体规划示意图

图 14-10 是基于云原生中间件的技术架构示意图。

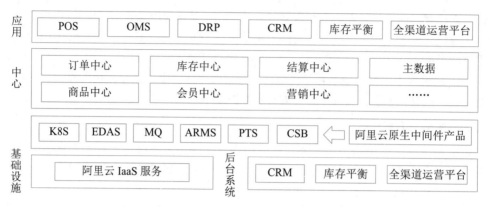

图 14-10　基于云原生中间件的技术架构示意图

架构的关键点：

（1）应用侧：新技术架构全面承载面向不同业务部门的相关应用，包括门店 POS、电商 OMS、分销商管理供销存 DRP、会员客户管理 CRM。此外，在全渠道管理方面也会有一些智能分析应用，比如库存平衡，同时可以通过全渠道运营平台来简化全渠道的一些配置管理。所有涉及企业通用业务能力比如商品、订单等，可以直接调用共享中心的能力，让应用"更轻薄"。

（2）共享中心：全渠道管理涉及参与商品品类、订单寻源、共享库存、结算规则等业务场景，也涉及与全渠道相关的会员信息与营销活动等。这些通用业务能力全部沉淀到共享中心，向不同业务部门输出实时、在线、统一、复用的能力。直接将某体育用品公司所有订单、商品、会员等信息融合、沉淀到一起，从根本上消除数据孤岛。

（3）技术层：为了满足弹性、高可用、高性能等需求，通过 Kubernetes、EDAS、MQ、ARMS、PTS 等云原生中间件产品，目前某体育用品公司核心交易链路并发可支持 10w/tps 且支持无线扩容提升并发能力。采用阿里历经多年"双 11"考验的技术平台，稳定性和效率都得到了高规格保障，让开发人员能够更加专注在业务逻辑实现，再无后顾之忧。

（4）基础设施：底层的计算、存储、网络等 IaaS 层资源。

（5）后台系统：客户内部的后台系统，比如 SAP、生产系统、HR/OA 等。

3. 应用效益

全渠道业务中台为某体育用品公司核心战略升级带来了明显的变化，逐步实现了 IT 驱动业务创新。

经过中台改造后，POS 系统从离线升级为在线化。包括收银、库存、会员、营销在内的 POS 系统核心业务全部由业务中台统一提供服务，从弱管控转变为集团强管控，集团与消费者之间真正建立起连接，为消费者精细化管理奠定了坚实的基础。

中台的出现，实现了前端渠道的全局库存共享，库存业务由库存中心实时处理。借助全局库存可视化，交易订单状态信息在全渠道实时流转，总部可直接根据实时经营数据对线下店铺进行销售指导，实现快速跨店商品挑拨。中台上线后，售罄率提升 8%，缺货率降低 12%，周转率提升 20%，做到赋能一线业务。

　　IT 信息化驱动业务创新，通过共享服务中心将不同渠道类似功能在云端合并共享，打破低效的"烟囱式"应用建设方式，吸收互联网 DDD 领域驱动设计原则，设计线上线下松耦合云平台架构，不仅彻底摆脱了传统 IT 拖业务后腿的顽疾并灵活支撑业务快速创新。全渠道数据融通整合在共享服务中心平台上，沉淀和打造出特步的核心数据资产，培养出企业中最稀缺的"精通业务，懂技术"创新人才，使之在企业业务创新、市场竞争中发挥核心作用。截至 2019 年初，业务部门对 IT 部门认可度持续上升，目前全渠道业务支撑系统几乎全部自主搭建，80% 前台应用已经全部运行在中台之上，真正实现技术驱动企业业务创新。

第15章　面向服务架构设计理论与实践

Massimo Pezzini，Gartner Group 说过，"当有一天，所有的应用都写成 Web 服务，集成也许可以变得更容易"。

服务是一个由服务提供者提供的，用于满足使用者请求的业务单元。服务的提供者和使用者都是软件代理为了各自的利益而产生的角色。

在面向服务的体系结构（Service-Oriented Architecture，SOA）中，服务的概念有了延伸，泛指系统对外提供的功能集。例如，在一个大型企业内部，可能存在进销存、人事档案和财务等多个系统，在实施 SOA 后，每个系统用于提供相应的服务，财务系统作为资金运作的重要环节，也向整个企业信息化系统提供财务处理的服务，那么财务系统的开放接口可以看成是一个服务。

15.1　SOA 的相关概念

15.1.1　SOA的定义

面向服务的体系结构（Service-Oriented Architecture，SOA），从应用和原理的角度看，目前有两种业界公认的标准定义。

从应用的角度定义，可以认为 SOA 是一种应用框架，它着眼于日常的业务应用，并将它们划分为单独的业务功能和流程，即所谓的服务。SOA 使用户可以构建、部署和整合这些服务，且无需依赖应用程序及其运行平台，从而提高业务流程的灵活性。这种业务灵活性可使企业加快发展速度，降低总体拥有成本，改善对及时、准确信息的访问。SOA 有助于实现更多的资产重用、更轻松的管理和更快的开发与部署。

从软件的基本原理定义，可以认为 SOA 是一个组件模型，它将应用程序的不同功能单元（称为服务）通过这些服务之间定义良好的接口和契约联系起来。接口是采用中立的方式进行定义的，它应该独立于实现服务的硬件平台、操作系统和编程语言。这使得构建在各种这样的系统中的服务可以一种统一和通用的方式进行交互。

作为软件架构师，后一种从软件原理方面的定义，对日常工作更具指导性。

15.1.2　业务流程与BPEL

业务流程是指为了实现某种业务目的行为所进行的流程或一系列动作。在计算机领域，业务流程代表的是某一个问题在计算机系统内部得到解决的全部流程。

由于业务流程来源于现实世界，传统上是通过复杂的语言进行描述。在计算机业务系统建模中，需要用到一种特定的、简洁的语言来专门描述计算机系统的业务流程，这便促使了 BPEL 的诞生。

BPEL（Business Process Execution Language For Web Services）翻译成中文的意思是面向 Web 服务的业务流程执行语言，也有的文献简写成 BPEL4WS，它是一种使用 Web 服务定义和执行业务流程的语言。使用 BPEL，用户可以通过组合、编排和协调 Web 服务自上而下地实现面向服务的体系结构。BPEL 提供了一种相对简单易懂的方法，可将多个 Web 服务组合到一个新的复合服务（称作业务流程）中。

BPEL 目前用于整合现有的 Web Services，将现有的 Web Services 按照要求的业务流程整理成为一个新的 Web Services，在这个基础上，形成一个从外界看来和单个 Service 一样的 Service。

15.2　SOA 的发展历史

15.2.1　SOA的发展历史

SOA 的概念最初由 Gartner 公司提出，由于当时的技术水平和市场环境尚不具备真正实施 SOA 的条件，因此当时 SOA 并未引起人们的广泛关注，SOA 在当时沉寂了一段时间。伴随着因特网的浪潮，越来越多的企业将业务转移到因特网领域，带动了电子商务的蓬勃发展。为了能够将公司的业务打包成独立的、具有很强伸缩性的基于因特网的服务，人们提出了 Web 服务的概念，这可以说是 SOA 的起源。

Web 服务开始流行以后，因特网迅速出现了大量的基于不同平台和语言开发的 Web 服务组件。为了能够有效地对这些为数众多的组件进行管理，人们迫切需要找到一种新的面向服务的分布式 Web 计算架构，该架构要能够使这些由不同组织开发的 Web 服务相互学习和交互，保障安全以及兼顾复用性和可管理性。由此，人们重新找回面向服务的架构，并赋予其时代的特征。需求推动技术进步，正是这种强烈的市场需求，使得 SOA 再次成为人们关注的焦点。回顾 SOA 发展历程，我们把其大致分为了三个阶段，下面将分别介绍每个阶段的重要标准和规范。

SOA 的发展最初始于国外，其经历了如下三个阶段。

1. 萌芽阶段

这一阶段以 XML 技术为标志，时间大致从 20 世纪 90 年代末到 21 世纪初。虽然这段时期很少提到 SOA，但 XML 的出现无疑为 SOA 的兴起奠定了稳固的基石。

XML 系 W3C 所创建，源自流行的标准通用标记语言（Standard Generalized Markup Language，SGML），它在 20 世纪 60 年代后期就已存在。这种广泛使用的元语言，允许组织定义文档的元数据，实现企业内部和企业之间的电子数据交换。由于 SGML 比较复杂，实施成本很高，因此很长时间里只用于大公司之间，限制了它的推广和普及。

通过 XML，开发人员摆脱了 HTML 语言的限制，可以将任何文档转换成 XML 格式，然后跨越因特网协议传输。借助 XML 转换语言（eXtensible Stylesheet Language Transformation，XSLT），接受方可以很容易地解析和抽取 XML 的数据。这使得企业既能够将数据以一种统一的格式描述和交换，同时又不必负担 SGML 那样高的成本。事实上，XML 实施成本几乎和 HTML 一样。

XML 是 SOA 的基石。XML 规定了服务之间以及服务内部数据交换的格式和结构。XSD Schemas 保障了消息数据的完整性和有效性，而 XSLT 使得不同的数据表达能通过 Schema 映射而互相通信。

2. 标准化阶段

2000 年以后，人们普遍认识到基于公共因特网之上的电子商务具有极大的发展潜力，因此需要创建一套全新的基于因特网的开放通信框架，以满足企业对电子商务中各分立系统之间通信的要求。于是，人们提出了 Web 服务的概念，希望通过将企业对外服务封装为基于统一标准的 Web 服务，实现异构系统之间的简单交互。这一时期，出现了三个著名的 Web 服务标准和规范：简单对象访问协议（Simple Object Access Protocal，SOAP）、Web 服务描述语言（Web Services Description Language，WSDL）及通用服务发现和集成协议（Universal Discovery Description and Integration，UDDI）。

这三个标准可谓 Web 服务三剑客，极大地推动了 Web 服务的普及和发展。短短几年之间，因特网上出现了大量的 Web 服务，越来越多的网站和公司将其对外服务或业务接口封装成 Web 服务，有力地推动了电子商务和因特网的发展。Web 服务也是因特网 Web 2.0 时代的一项重要特征。

3. 成熟应用阶段

从 2005 年开始，SOA 推广和普及工作开始加速。不仅专家学者，几乎所有关心软件行业发展的人士都开始把目光投向 SOA。一时间，SOA 频频出现在各种技术媒体、新产品发布会和技术交流会上。

各大厂商也逐渐放弃成见，通过建立厂商间的协作组织共同努力制定中立的 SOA 标准。这一努力最重要的成果体现在三个重量级规范上：SCA/SDO/WS-Policy。SCA 和 SDO 构成了 SOA 编程模型的基础，而 WS-Policy 建立了 SOA 组件之间安全交互的规范。这三个规范的发布，标志着 SOA 进入了实施阶段。

从整体架构角度看，人们已经把关注点从简单的 Web 服务拓展到面向服务体系架构的各个方面，包括安全、业务流程和事务处理等。

15.2.2　国内SOA的发展现状与国外对比

在 SOA 概念深入普及的同时，国内也兴起了对 SOA 的研究和初步实践。2007 年，IDC 发布了《SOA 中国路线图》。有观点认为，这是"国际研究机构首次基于中国 IT 背景，针对中国企业实施 SOA 路线所做的特定解读"，这也是目前关于 SOA 这一新兴技术在中国实施的第一份比较权威的报告。

报告中，重点指出了中国和美国在 SOA 领域的差距。

在美国，过去的半个多世纪，美国从主机时代、PC 时代，到了现在的网络时代，积累了大量的应用系统。美国实现 SOA 架构的关键任务是：对已有系统中的功能进行提取和包装，形成标准的"服务"。

在中国，过去近 30 年的 IT 建设多为生产型系统，服务型系统普遍未开始建设，大量"服务"需要全新构造才是中国 SOA 的主要任务。

这份报告的可取之处如下。

（1）指出了中美 IT 系统所面临的根本性问题不同。现阶段，国内主要是以"构建支撑某一业务的应用系统"为主，其中伴随着一部分企业内部应用系统之间的整合。如果用前面的"三个阶段"来做以下匹配，可能更多还处于第一阶段，即使第二阶段的应用也处于起步状态。

（2）为国内大型集团化企业指明了如何解决系统集成和系统构建的融合性问题，基于 SOA 方式下的解决方案。

关于国内实施 SOA 的现状，报告用表 15-1 进行了阐述。

表 15-1　可修改性质量属性场景描述

IT 建设领先领域 （电信、金融）	服务型系统还没开始大规模构造领域 （政府、电力、国防）
1. 采用对遗留系统进行切割和封装的方式，或整个系统包装成一个服务 2. 未来的新建系统用粒度更小、组合更容易、架构更灵活的面向构件技术构造 3. 用 ESB 实现新旧"服务"的注册与管理	1. 首先需要统一标准（SCA/SDO） 2. 用符合 SOA 标准的方法（面向构件）构造粒度更小、组合更容易、架构更灵活的"服务" 3. SOA 的流程管理 4. SOA 的软件治理 5. 多"服务"用 ESB 实现集成

15.2.3　SOA的微服务化发展

随着互联网技术的快速发展，为适应日益增长的用户访问量和产品的快速更新迭代，应用系统架构也经历了从简到繁、从单体架构到 SOA 架构再至微服务架构的演进过程。这导致 SOA 架构向更细粒度、更通用化程度发展，就成了所谓的微服务了。SOA 与微服务的区别在于如下几个方面：

（1）微服务相比于 SOA 更加精细，微服务更多地以独立的进程的方式存在，互相之间并无影响；

（2）微服务提供的接口方式更加通用化，例如 HTTP RESTful 方式，各种终端都可以调用，无关语言、平台限制；

（3）微服务更倾向于分布式去中心化的部署方式，在互联网业务场景下更适合。

SOA 架构是一个面向服务的架构，可将其视为组件模型，其将系统整体拆分为多个独立的功能模块，模块之间通过调用接口进行交互，有效整合了应用系统的各项业务功能，系统各个模块之间是松耦合的。SOA 架构以企业服务总线链接各个子系统，是集中式的技术架构，应用服务间相互依赖导致部署复杂，应用间交互使用远程通信，降低了响应速度。

微服务架构是 SOA 架构的进一步优化，去除了 ESB 企业服务总线，是一个真正意义上去中心化的分布式架构。其降低了微服务之间的耦合程度，不同的微服务采用不同的数据库技术，服务独立，数据源唯一，应用极易扩展和维护，同时降低了系统复杂性。

架构如图 15-1 所示。

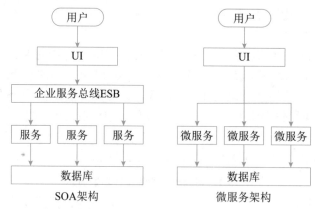

图 15-1　SOA 架构与微服务架构图

总而言之，微服务架构是 SOA 架构思想的一种扩展，更加强调服务个体的独立性、拆分粒度更小。

15.3　SOA 的参考架构

IBM 的 Websphere 业务集成参考架构（如图 15-2 所示，以下称参考架构）是典型的以服务为中心的企业集成架构，接下来的讨论都将以此参考架构为背景进行。

以服务为中心的企业集成采用"关注点分离（Separation of Concern）"的方法规划企业集成中的各种架构元素，同时从服务视角规划每种架构元素提供的服务，以及服务如何被组合在一起完成某种类型的集成。这里架构元素提供的服务既包括狭义的服务（WSDL 描述），也包括广义的服务（某种能力）。从服务为中心的视角来看，企业集成的架构（如图 15-2 所示）可划分为 6 大类。

（1）业务逻辑服务（Business Logic Service）：包括用于实现业务逻辑的服务和执行业务逻辑的能力，其中包括业务应用服务（Business Application Service）、业务伙伴服务（Partner Service）以及应用和信息资产（Application and Information asset）。

（2）控制服务（Control Service）：包括实现人（People）、流程（Process）和信息（Information）集成的服务，以及执行这些集成逻辑的能力。

（3）连接服务（Connectivity Service）：通过提供企业服务总线提供分布在各种架构元素中服务间的连接性。

（4）业务创新和优化服务（Business Innovation and Optimization Service）：用于监控业务系统运行时服务的业务性能，并通过及时了解到的业务性能和变化，采取措施适应变化的市场。

（5）开发服务（Development Service）：贯彻整个软件开发生命周期的开发平台，从需求分析，到建模、设计、开发、测试和维护等全面的工具支持。

（6）IT 服务管理（IT Service Management）：支持业务系统运行的各种基础设施管理能力或服务，如安全服务、目录服务、系统管理和资源虚拟化。

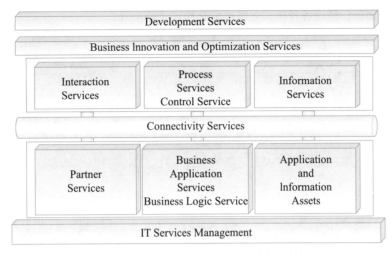

图 15-2　IBM WebSphere 业务集成参考架构

1. 连接服务——企业服务总线

企业服务总线（Enterprise Service Bus，ESB）是过去消息中间件的发展，采用了"总线"这样一种模式来管理和简化应用之间的集成拓扑结构，以广为接受的开放标准为基础来支持应用之间在消息、事件和服务的级别上动态地互联互通。

ESB 的基本特征和能力包括：描述服务的元数据和服务注册管理；在服务请求者和提供者之间传递数据，以及对这些数据进行转换的能力，并支持由实践中总结出来的一些模式如同步模式、异步模式等；发现、路由、匹配和选择的能力，以支持服务之间的动态交互，解耦服务请求者和服务提供者。高级一些的能力，包括对安全的支持、服务质量保证、可管理性和负载平衡等。

ESB 所提供的基于标准的连接服务，将应用中实现的功能或者数据资源转化为服务请求者能以标准的方式来访问的服务；当请求者来请求一个服务时，ESB 中这种中介转换过程可能简单到什么也没有，也可能需要很复杂的中介服务支持，包括动态地查找、选择一个服务，消息的传递、路由和转换、协议的转换。这种中介过程，是 ESB 借助于服务注册管理以及问题域相关的知识（如业务方面的一些规则等）自动进行的，不需要服务请求者和提供者介入，从而实现了解耦服务请求者和提供者的技术基础，使得服务请求者不需要关心服务提供者的位置和具体实现技术，双方在保持接口不变的情况下，各自可以独立地演变。

所以，ESB 采用总线结构模式简化了应用之间的集成拓扑，通过源自实践的模式，提供了基于标准的通用连接服务，使得服务请求者和服务提供者之间可以以松散耦合、动态的方式交互，从而在不同层次上使得 SOA 解决方案是一个松散耦合、灵活的架构。

一个典型的企业服务总线如图 15-3 所示。需要注意的是，ESB 是一种架构模式，不能简单地等同于特定的技术或者产品，但实现 ESB 确实需要各种产品在运行时和工具方面的支持。IBM 有很好的产品支持，运行时支持包括 WebSphere ESB 和 WebSphere Message Broker；而工具方面 IBM 则有 WebSphere Integration Developer，支持用户以图形界面的方式来完成相关的开发任务，如发布服务，使用各种模式、转换消息和定义路由等。

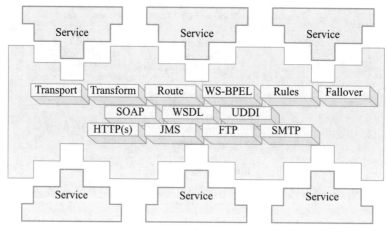

图 15-3　一个典型的企业服务总线

2. 业务逻辑服务

1）整合已有应用——应用和信息访问服务

已有应用和信息是实现业务逻辑和业务数据的重要资产。通过集成已有的应用和信息将可以在已有企业系统上实现更多增值服务，所以集成已有应用和信息是企业集成中重要的一环。

以服务为中心的企业集成通过应用和信息访问服务（Application and Information Access Service）来实现对已有应用和信息的集成。它通过各种适配器技术将已有系统中的业务逻辑和业务数据包装成企业服务总线支持的协议和数据格式。通过企业服务总线，这些被包装起来的业务逻辑和数据就可以方便地参与上层的业务流程，从而已有应用系统的能力可以得以继续发挥。这里的已有应用包括遗留应用、预包装的应用和各种企业数据存储。在参考架构中，主要有两类访问服务。

（1）可接入服务（On-Ramp Service）：通过各种消息通信模式（单向、请求/应答和轮询）将业务逻辑和业务数据包装成企业服务总线可以访问的功能。

（2）事件发现服务（Event Detect Service）：提供事件通知服务将已有应用和数据中的变化通过事件框架发布到企业服务总线上。

2）整合新开发的应用——业务应用服务

同已有应用和数据类似，新开发的应用也作为重要的业务逻辑成为企业集成的目标。以服务为中心的企业集成通过业务应用服务（Business Application Service）实现新应用集成。一方面，业务应用服务帮助程序员开发可重用、可维护和灵活的业务逻辑组件；另一方面，它也提供运行时的集成对业务逻辑组件的自治管理。在参考架构中，有三类业务应用服务。

（1）组件服务（Component Service）：为可重用的组件提供应用的运行时容器管理服务，如对象持久化、组件安全管理和事务管理等。

（2）核心服务（Core Service）：提供运行时的服务，包括内存管理、对象实例化和对象池、性能管理和负载均衡、可用性管理等。

（3）接口服务（Interface Service）：提供和其他企业系统集成的接口，如其他企业应用，数据库、消息系统和管理框架。

3）整合客户和业务伙伴（B2C/B2B）——伙伴服务

以服务为中心的企业集成通过伙伴服务提供与企业外部的 B2B 的集成能力。因为业务伙伴系统的异构性，伙伴服务需要支持多种传输协议和数据格式。在参考架构中，提供如下服务。

（1）社区服务（Community Service）：用于管理和企业贸易的业务伙伴，支持以交易中心（Trade Hub）为主的集中式管理和以伙伴为中心的自我管理。

（2）文档服务（Document Service）：用于支持和业务伙伴交换的文档格式，以及交互的流程和状态管理，支持主流的 RosettaNet、EDI 和 AS1/AS2 等。

（3）协议服务（Protocol Service）：为文档的交互提供传输层的支持，包括认证和路由等。

3. 控制服务

1）数据整合——信息服务

企业数据的分布性和异构性是应用系统方便访问企业数据和在企业数据之上提供增值服务的主要障碍。数据集成和聚合技术在这种背景下诞生，用于提供对分布式数据和异构数据的透明访问。

以服务为中心的企业集成通过信息服务提供集成数据的能力，目前主要包括如下集中信息服务。

（1）联邦服务（Federation Service）：提供将各种类型的数据聚合的能力，它既支持关系型数据，也支持像 XML 数据、文本数据和内容数据等非关系型数据。同时，所有的数据仍然按照自己本身的方式管理。

（2）复制服务（Replication Service）：提供远程数据的本地访问能力，它通过自动的实时复制和数据转换，在本地维护一个数据源的副本。本地数据和数据源在技术实现上可以是独立的。

（3）转换服务（Transformation Service）：用于数据源格式到目标格式的转换，可以是批量的或者是基于记录的。

（4）搜索服务（Search Service）：提供对企业数据的查询和检索服务，既支持数据库等结构化数据，也支持像 PDF 等非结构化数据。

2）流程整合——流程服务

企业部门内部的 IT 系统通过将业务活动自动化来提高业务活动的效率。但是这些部门的业务活动并不是独立的，而是和其他部门的活动彼此关联的。毋庸置疑，将彼此关联的业务活动组成自动化流程可以进一步提高业务活动的效率。业务流程集成正是在这一背景下诞生的。

以服务为中心的企业集成通过流程服务来完成业务流程集成。在业务流程集成中，粒度的业务逻辑被组合成业务流程，流程服务提供自动执行这些业务流程的能力。在参考架构中，流程服务包括如下内容。

（1）编排服务（Choreography Service）：通过预定义的流程逻辑控制流程中业务活动的执

行，并帮助业务流程从错误中恢复。

（2）事务服务（Transaction Service）：用于保证流程执行中的事务特性（ACID）。对于短流程，通常采用传统的两阶段提交技术；对于长流程，一般采用补偿的方法。

（3）人工服务（Staff Service）：用于将人工的活动集成到流程中。一方面，它通过关联的交互服务使得人工可以参与到流程执行中；另一方面，它需要管理由于人工参与带来的管理任务，如任务分派、授权和监管等。

3）用户访问整合——交互服务

将适当的信息、在适当的时间、传递给合适的人一直是信息技术追求的目标。用户访问集成是实现这一目标的重要一环，它负责将信息系统中的信息传递给客户，不管它在哪里，以什么样的设备接入。

以服务为中心的企业集成，通过交互服务来实现用户访问集成。参考架构中的交互服务包括如下类型。

（1）交付服务（Delivery Service）：提供运行时的交互框架，它通过各种技术支持同样的交互逻辑可以在多种方式（图形界面、语音和普及计算消息）和设备（桌面、PDA 和无线终端等）上运行，例如通过页面聚合和标签翻译使得同一个 Portlet 可以在桌面浏览器和 PDA 浏览器上展现。

（2）体验服务（Experience Service）：通过用户为中心的服务增强用户体验，其中的技术包括个性化、协作和单点登录等。

（3）资源服务（Resource Service）：提供运行时交互组件的管理，如安全配置、界面皮肤等。

4. 开发服务

企业集成涉及面很广，不仅需要开发新的应用并使其成为可以被用于企业集成的功能组件，而且需要将被包装的已有的应用和数据用于集成；不仅有企业内部的集成，而且需要和企业外部的系统集成；不仅有交互集成和数据集成，还有功能和应用集成。考虑到这其中的每部分在技术上都会涉及各种平台和中间件，企业集成的技术复杂性是普通应用开发不可比拟的。这种技术复杂性需要更强有力的开发工具支持。企业集成的开发工具需要有标准的工具框架，这些工具能够以即插即用方式支持来自多家厂商的开发工具。同时，企业集成的开发工具需要支持整个软件开发周期，以提高开发过程中各种角色的生产力。

在以服务为中心的企业集成中，除了需要支持整个软件开发周期和标准的工具框架以外，开发服务需要提供和服务开发相关的技术。

（1）用于支持以服务为中心的企业集成方法学和建模，如 SODA 和 IBM 的 SOMA（Service Oriented Modeling and Architecture）。

（2）用于服务为中心的编程模型，如 WSDL、BPEL4WS、SCA 和 SDO 等。

开发环境和工具中为不同开发者的角色提供的功能被称为开发服务。根据开发过程中开发者角色和职责的不同，有如下 4 类服务。

（1）建模服务（Model Service）：用于构建可视化的业务流程模型。

（2）设计服务（Design Service）：根据业务模型，进一步分解为服务组件，设计服务用于设计和开发这些服务组件。

（3）实现服务（Implementation Service）：用于将设计和开发的服务组件部署到生产环境中。

（4）测试服务（Test Service）：支持服务组件的单元测试和系统的集成测试。

5. 业务创新和优化

一方面，以服务为中心的企业集成通过各种集成提高信息流转速度，从而提高生产效率；另一方面，以服务为中心的企业集成也为业务创新和优化提供了支持平台——业务创新和优化服务。

业务创新和优化服务以业务性能管理（Business Process Management，BPM）技术为核心提供业务事件发布、收集和关键业务指标监控能力。具体而言，业务创新和优化服务由以下服务组成。

（1）公共事件框架服务（Common Event Infrastructure Service）：通过一个公共事件框架提供 IT 和业务事件的激发、存储和分类等。

（2）采集服务（Collection Service）：通过基于策略的过滤和相关性分析检测感兴趣的服务。

（3）监控服务（Monitoring Service）：通过事件与监控上下文间的映射，计算和管理业务流程的关键性能指标（Key Performance Indicators，KPI）。

业务创新和优化服务与开发服务是紧密相联的。在建模阶段被确定的业务流程的关键性能指标，被转为特别的事件标志构建到业务流程中，建模过程中的业务流程也被转换为用于监控服务的监控上下文。在业务流程执行过程中，这些事件标志激发的事件被公共事件框架服务截获，经过采集服务的过滤被传递给监控服务用于计算关键性能指标。关键性能指标作为重要的数据被用于重构或优化业务流程，这种迭代的方法使得业务流程处于不断的优化中。

6. IT 服务管理

为业务流程和服务提供安全、高效和健康的运行环境，也是以服务为中心的企业集成重要的部分，它由 IT 服务管理来完成。IT 服务管理包括如下两部分。

（1）安全和目录服务（Security and Directory Service）：企业范围的用户、认证和授权管理，如单点登录（SSO）。

（2）系统管理和虚拟化服务（System Management and Virtualization Service）：用于管理服务器、存储、网络和其他 IT 资源。

IT 服务管理中相当一部分服务是面向软硬件管理的；而另外一部分服务，特别是安全和目录服务，以及操作系统和中间件管理，会通过企业服务总线和其他服务集成在一起，用于实现业务流程和服务的非功能性需求，如性能、可用性和安全性等。

15.4　SOA 主要协议和规范

Web 服务作为实现 SOA 中服务的最主要手段。首先来了跟踪 Web Service 相关的标准。它们大多以"WS-"作为名字的前缀，所以统称"WS-*"。Web 服务最基本的协议包括 UDDI、

WSDL 和 SOAP，通过它们，可以提供直接而又简单的 Web Service 支持，如图 15-4 所示。

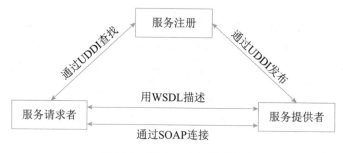

图 15-4   基本 Web 服务协议

15.4.1   UDDI协议

UDDI（统一描述、发现和集成协议）计划是一个广泛的、开放的行业计划，它使得商业实体能够彼此发现；定义它们怎样在 Internet 上互相作用，并在一个全球的注册体系架构中共享信息。UDDI 是这样一种基础的系统构筑模块，它使商业实体能够快速、方便地使用它们自身的企业应用软件来发现合适的商业对等实体，并与其实施电子化的商业贸易。

UDDI 同时也是 Web 服务集成的一个体系框架，包含了服务描述与发现的标准规范。UDDI 规范利用了 W3C 和 Internet 工程任务组织的很多标准作为其实现基础，如 XML、HTTP 和 DNS 等协议。另外，在跨平台的设计特性中，UDDI 主要采用了已经被提议给 W3C 的 SOAP（Simple Object Access Protocol，简单对象访问协议）规范的早期版本。

15.4.2   WSDL规范

WSDL（Web Services Description Language，Web 服务描述语言），是一个用来描述 Web 服务和说明如何与 Web 服务通信的 XML 语言。它是 Web 服务的接口定义语言，由 Ariba、Intel、IBM 和 MS 等共同提出，通过 WSDL，可描述 Web 服务的三个基本属性。

（1）服务做些什么——服务所提供的操作（方法）。

（2）如何访问服务——和服务交互的数据格式以及必要协议。

（3）服务位于何处——协议相关的地址，如 URL。

WSDL 文档以端口集合的形式来描述 Web 服务，WSDL 服务描述包含对一组操作和消息的一个抽象定义，绑定到这些操作和消息的一个具体协议，和这个绑定的一个网络端点规范。WSDL 文档被分为两种类型：服务接口（Service Interface）和服务实现（Service Implementations）。文档基本结构框架如图 15-5 所示。

服务接口文档中主要元素的作用分别如下。

- types：定义了Web服务使用的所有数据类型集合，可被元素的各消息部件所引用。它使用某种类型系统（一般使用XML Schema中的类型系统）。
- message：通信消息数据结构的抽象类型化定义。使用Types所定义的类型来定义整个消息的数据结构。

- operation：对服务中所支持操作的抽象描述。一般单个operation描述了一个访问入口的请求/响应消息对。
- portType：对于某个访问入口点类型所支持操作的抽象集合。这些操作可以由一个或多个服务访问点来支持。
- binding：包含了如何将抽象接口的元素（portType）转变为具体表示的细节，也就是指特定的数据格式和协议的结合，以及特定端口类型的具体协议和数据格式规范的绑定。
- port：定义为协议/数据格式绑定与具体Web访问地址组合的单个服务访问点。
- service：这是一个粗糙命名的元素，代表端口的集合，以及相关服务访问点的集合。

图 15-5　文档基本结构框架

15.4.3　SOAP协议

SOAP 是在分散或分布式的环境中交换信息的简单的协议，是一个基于 XML 的协议。它包括 4 个部分：SOAP 封装（Envelop），定义了一个描述消息中的内容是什么，是谁发送的，谁应当接收并处理它以及如何处理它们的框架；SOAP 编码规则（Encoding Rules），用于表示应用程序需要使用的数据类型的实例；SOAP RPC 表示（RPC Representation）是远程过程调用和应答的协定；SOAP 绑定（Binding）是使用底层协议交换信息。

虽然这 4 个部分都作为 SOAP 的一部分，作为一个整体定义的，但它们在功能上是相交的、彼此独立的。特别地，信封和编码规则是被定义在不同的 XML 命名空间（Namespace）中，这样使得定义更加简单。

SOAP 的两个主要设计目标是简单性和可扩展性，这就意味着有一些传统消息系统或分布式对象系统中的某些性质将不是 SOAP 规范的一部分。例如，分布式垃圾收集（Distributed Garbage Collection）、成批传送消息、对象引用和对象激活等。

15.4.4 REST规范

REST 是 Roy Thomas Fielding 博士在他的一篇论文中提出的一个概念，在这篇论文中设计了一种新的互联网软件架构风格，REST 的设计不只是要适用于互联网环境，而是一个普遍的设计理念，目的是为了让不同的软件或者应用程序在任何网络环境下都可以进行信息的互相传递。微服务对外就是以 REST API 形式暴露给调用者。RESTful 即 REST 式的，是对遵循 REST 设计思想同时满足设计约束的一类架构设计或应用程序的统称，这一类都可称为 RESTful。REST 即 Representational State Transfer，对应的翻译是表述性状态转移，可以理解为资源表述性状态转移。

1. 资源（Resource）

REST 是以资源为中心构建，资源可以是一个订单，也可以是一幅图片。将互联网中一切暴露给客户端的事物都可以看作是一种资源，对资源相关数据和表述进行组合，借助 URI（统一资源标识符）标识 Web 上的资源。但是 URI 和资源又不是一一映射，一个资源可以设计多个 URI，但一个 URI 只能对应一种资源。

2. 表述（Representational）

REST 中用表述描述资源在 Web 中某一个时间的状态。客户端和服务端借助 RESTful API 传递数据，实际就是在进行资源表述的交互。表述在 Web 中常用表现形式有 HTML、JSON、XML、纯文本等，但是资源表述返回客户端的形式只是统一格式，是开发阶段根据实际需求设计一个统一的表述格式。

3. 状态转移（State Transfer）

REST 定义中状态分为两种：应用状态和资源状态。应用状态是对某个时间内用户请求会话相关信息的快照，保存在客户端，由客户端自身维护，可以和缓存配合降低服务端并发请求压力。资源状态在服务端保存，是对某个时间资源请求表述的快照，保证在服务端，如果一段时间内没有对资源状态进行改变，客户端对同一资源请求返回的表述一致。同时状态转移还要借助 HTTP 方法来实现，如 GET 方法、POST 方法、DELETE 方法等。

4. 超链接

超链接是通过在页面中嵌入链接和其他资源建立联系，这里的资源可以是文本、图片、文件等。REST 定义中超链接是很重要的一部分，在资源表述中除了处理当前请求资源信息外，还会添加一些相关资源 URI，将一些资源接口暴露给客户端，便于用户请求这些资源，实现资源状态转移。这些超链接是包含在应用状态中，由客户端维护保存，并不是服务端提前设定好的，是服务请求过程中添加进去，客户端对其解析提供给用户。

REST 是一种设计风格而不是一个架构。RESTful 不可能摒弃 REST 而独立存在，是人们借助 HTTP、JSON、URI、HTML 等 Web 服务开发中广泛使用的标准和协议，同时使用不同的编程语言编写客户端和服务端，通过 HTTP 方法操作资源状态，最后遵循 REST 设计原则实现的应用程序或服务架构。

15.5　SOA 设计的标准要求

15.5.1　文档标准化

SOA 服务具有平台独立的自我描述 XML 文档。Web 服务描述语言是用于描述服务的标准语言。

15.5.2　通信协议标准

SOA 服务用消息进行通信，该消息通常使用 XML Schema 来定义（也称作 XSD，XML Schema Definition）。消费者和提供者，或消费者和服务之间的通信多见于不知道提供者的环境中。服务间的通信也可以看作企业内部处理的关键商业文档。

15.5.3　应用程序统一登记与集成

在一个企业内部，SOA 服务通过一个扮演目录列表（Directory Listing）角色的登记处（Registry）来进行维护。应用程序在登记处（Registry）寻找并调用某项服务。统一描述、定义和集成是服务登记的标准。

15.5.4　服务质量（QoS）

每项 SOA 服务都有一个与之相关的服务质量（Quality of Service，QoS）。QoS 的一些关键元素有安全需求（例如认证和授权）、可靠通信以及谁能调用服务的策略。

在企业中，关键任务系统用来解决高级需求，例如安全性、可靠性和事务。当一个企业开始采用服务架构作为工具来进行开发和部署应用的时候，基本的 Web 服务规范，像 WSDL、SOAP 以及 UDDI 就不能满足这些高级需求。正如前面所提到的，这些需求也称作服务质量。与 QoS 相关的众多规范已经由一些标准化组织（Standards Bodies）提出，像 W3C 和 OASIS(the Organization for the Advancement of Structured Information Standards)。下面的部分将会讨论一些 QoS 服务和相关标准。

1. 可靠性

在典型的 SOA 环境中，服务消费者和服务提供者之间会有几种不同的文档在进行交换。具有诸如"仅且仅仅传送一次（Once-and-only-once Delivery）""最多传送一次（At-most-once Delivery）""重复消息过滤（Duplicate Message Elimination）"和"保证消息传送（Guaranteed Message Delivery）"等特性消息的发送和确认，在关键任务系统（Mission-critical Systems）中变得十分重要。WS-Reliability 和 WS-Reliable Messaging 是两个用来解决此类问题的标准。这些标准现在都由 OASIS 负责。

2. 安全性

Web 服务安全规范用来保证消息的安全性。该规范主要包括认证交换、消息完整性和消息保密。该规范吸引人的地方在于它借助现有的安全标准，例如，SAML（as Security Assertion Markup Language）实现 Web 服务消息的安全。OASIS 正致力于 Web 服务安全规范的制定。

3. 策略

服务提供者有时候会要求服务消费者与某种策略通信。例如，服务提供商可能会要求消费者提供 Kerberos 安全标示才能取得某项服务。这些要求被定义为策略断言（Policy Assertions），一项策略可能会包含多个断言。WS-Policy 用来标准化服务消费者和服务提供者之间的策略通信。

4. 控制

在 SOA 中，进程是使用一组离散的服务创建的。BPEL4WS 或者 WSBPEL（Web Service Business Process Execution Language）是用来控制这些服务的语言。当企业着手于服务架构时，服务可以用来整合数据仓库（Silos of Data），应用程序，以及组件。整合应用意味着像异步通信，并行处理，数据转换，以及校正等进程请求必须被标准化。

5. 管理

随着企业服务的增长，所使用的服务和业务进程的数量也随之增加，一个用来让系统管理员管理所有，运行在多种环境下的服务的管理系统就显得尤为重要。WSDM（Web Services for Distributed Management）的制定，使任何根据 WSDM 实现的服务都可以由一个 WSDM 适应（WSDM-compliant）的管理方案来管理。

其他的 QoS 特性，例如合作方之间的沟通和通信，多个服务之间的事务处理，都在 WS-Coordination 和 WS-Transaction 标准中描述，这些都是 OASIS 的工作。

15.6 SOA 的作用

在一个企业内部，可能存在不同的应用系统，而这些应用系统由于开发的时间不同，采用的开发工具不同，一个业务请求很难有效地调用所有的应用系统。用简单的语言来表述，这些已有应用系统是孤立的，也就是我们常说的"信息孤岛"。

不同种类的操作系统，应用软件，系统软件和应用基础结构相互交织，这是"信息孤岛"的表现症状。一些现存的应用程序被用来处理当前的业务流程，因此从头建立一个新的基础环境是不可能的。企业应该能对业务的变化做出快速的反应，利用对现有的应用程序和应用基础结构的投资来解决新的业务需求，为客户、商业伙伴以及供应商提供新的互动渠道，并呈现一个可以支持有机业务（Organic Business）的构架。SOA 凭借其松耦合的特性，使得企业可以按照模块化的方式来添加新服务或更新现有服务，以解决新的业务需要，提供选择从而可以通过不同的渠道提供服务，并可以把企业现有的或已有的应用作为服务，从而保护了现有的 IT 基础建设投资。

在 SOA 得以普及之前，解决企业内部信息系统"信息孤岛"的问题通常是采用 EAI（企业应用整合）的方式。为了保证所有的应用能够互通互用，每一个应用都需要一个 EAI Server 来对应。打个简单的比方，EAI Server 就好像一个"翻译"一样，让每两个应用之间可以对话，可以互相调用。但是，这样会带来 EAI Server 呈几何倍数的增长，当一个企业只有两个应用的时候需要一个"翻译"，当企业有三个应用需要互通的时候需要三个"翻译"，当有四个应用的时候就需要六个"翻译"，五个应用互通就需要十个"翻译"……这显然不是解决"信息孤岛"的妥善办法。

SOA 对于实现企业资源共享，打破"信息孤岛"的步骤如下。

（1）把应用和资源转换成服务。

（2）把这些服务变成标准的服务，形成资源的共享。

从这个意义上讲，SOA 不仅仅是一个技术，而是一个软件架构。企业的决策者只需要根据企业的策略来制定流程，把应用作为服务"拿来就用"，而无需考虑底层的集成。这样就可以实现 IT 和企业业务之间同步。

一个服装零售组织拥有 500 家国际连锁店，它们常常需要更改设计来赶上时尚的潮流。这可能意味着不仅需要更改样式和颜色，甚至还可能需要更换布料、制造商和可交付的产品。如果零售商和制造商之间的系统不兼容，那么从一个供应商到另一个供应商的更换可能就是一个非常复杂的软件流程。通过利用 WSDL 接口在操作方面的灵活性，每个公司都可以将它们的现有系统保持现状，而仅仅匹配 WSDL 接口并制订新的服务级协定，这样就不必完全重构它们的软件系统了。这是业务的水平改变，也就是说，它们改变的是合作伙伴，而所有的业务操作基本上都保持不变。这里，业务接口可以作少许改变。而内部操作却不需要改变。之所以这样做，仅仅是为了能够与外部合作伙伴一起工作。

15.7　SOA 的设计原则

SOA 架构中，继承了来自对象和组件设计的各种原则，如封装、自我包含等。那些保证服务的灵活性、松散耦合和重用能力的设计原则，对 SOA 架构来说同样是非常重要的。

结构上，服务总线是 SOA 的架构模式之一。

关于服务，一些常见和讨论的设计原则如下。

（1）无状态。以避免服务请求者依赖于服务提供者的状态。

（2）单一实例。避免功能冗余。

（3）明确定义的接口。服务的接口由 WSDL 定义，用于指明服务的公共接口与其内部专用实现之间的界线。WS-Policy 用于描述服务规约，XML 模式（Schema）用于定义所交换的消息格式（即服务的公共数据）。使用者依赖服务规约调用服务，所以服务定义必须长时间稳定，一旦公布，不能随意更改；服务的定义应尽可能明确，减少使用者的不适当使用；不要让使用者看到服务内部的私有数据。

（4）自包含和模块化。服务封装了那些在业务上稳定、重复出现的活动和组件，实现服务的功能实体是完全独立自主的，独立进行部署、版本控制、自我管理和恢复。

（5）粗粒度。服务数量不应该太大，依靠消息交互而不是远程过程调用（RPC），通常消息量比较大，但是服务之间的交互频度较低。

（6）服务之间的松耦合性。服务使用者看到的是服务的接口，其位置、实现技术和当前状态等对使用者是不可见的，服务私有数据对服务使用者是不可见的。

（7）重用能力。服务应该是可以重用的。

（8）互操作性、兼容和策略声明。为了确保服务规约的全面和明确，策略成为一个越来越重要的方面。这可以是技术相关的内容，例如一个服务对安全性方面的要求；也可以是跟业务有关的语义方面的内容，例如需要满足的费用或者服务级别方面的要求，这些策略对于服务在交互时是非常重要的。WS-Policy 用于定义可配置的互操作语义，来描述特定服务的期望、控制其行为。在设计时，应该利用策略声明确保服务期望和语义兼容性方面的完整和明确。

15.8 SOA 的设计模式

15.8.1 服务注册表模式

服务注册表（Service Registry）主要在 SOA 设计时段使用，虽然它们常常也具有运行时段的功能。注册表支持驱动 SOA 治理的服务合同、策略和元数据的开发、发布和管理。因此，它们提供一个主控制点，或者称为策略执行点（Policy Enforcement Point，PEP）。在这个点上，服务可以在 SOA 中注册和被发现。

注册表可以包括有关服务和相关软件组件的配置、遵从性和约束配置文件。任何帮助注册、发现和检索服务合同、元数据和策略的信息库、数据库、目录或其他节点都可以被认为是一个注册表。

主要的服务注册厂商分为两个阵营。一个阵营是提供服务、策略和元数据注册表及信息库的纯 SOA 厂商，其中包括 Flashline、Infravio、LogicLibrary、SOA Software 和 Systinet（Mercury Interactive 下属分公司）；另一个阵营是 SOA 平台厂商，这些厂商将注册表作为集成产品套件的一个组件，厂商的集成产品套件常常包括应用服务器、门户、数据库管理系统、BI 工具、集成中间件和其他功能组件。提供注册表的 SOA 平台厂商包括 BEA、IBM、Microsoft、Novell、Oracle、SAP、Sun 和 WebMethods。UDDI（通用描述、发现与集成）标准定义了 SOA 的一种主要注册环境，尽管这绝非唯一的环境。

大多数纯 SOA 厂商和 SOA 平台厂商还提供 SOA 开发、集成和管理工具。没有自己注册表的 SOA 厂商，常常通过 UDDI v3 和其他开放标准与一个或多个第三方注册表产品进行集成。大多数商用服务注册产品支持下面的 SOA 治理功能。

（1）服务注册：应用开发者，也叫服务提供者，向注册表公布他们的功能。他们公布服务合同，包括服务身份、位置、方法、绑定、配置、方案和策略等描述性属性。实现 SOA 治理最有效的方法之一，是限制哪类新服务可以向主注册表发布、由谁发布以及谁批准和根据什么条件批准。此外，许多注册表包含开发向注册表发布服务可能需要的说明性服务模板。

（2）服务位置：也就是服务应用开发者，帮助他们查询注册服务，寻找符合自身要求的服务。注册表让服务的消费者检索服务合同。对谁可以访问注册表，以及什么服务属性通过注册表暴露的控制，是另一些有效的 SOA 治理手段，注册表产品一般都支持此类功能。

（3）服务绑定：服务的消费者利用检索到的服务合同来开发代码，开发的代码将与注册的服务绑定、调用注册的服务以及与它们实现互动。开发者常常利用集成的开发环境自动将新开发的服务与不同的新协议、方案和程序间通信所需的其他接口绑在一起。工具驱动对服务绑定的控制，有效地管理服务在 ESB 上的互动。

设计时段，SOA 治理中新出现的最佳实践之一是注册表中的配置文件（Profile）管理。配置文件用于说明服务目前的生命周期阶段和该阶段的相关策略。Fiorano 公司的 CTO Atul Saini 是这样描述服务配置是如何在开发时段发挥作用的："有人可能想在某台使用某个输入参数集合的机器上运行一项服务。机器名和参数成为与服务连接在一起的开发配置文件的一部分，一旦服务被开发，它可以被升级到质量保证阶段，运行在使用不同参数的不同机器上。第二台机器／参数集合构成一个新配置文件。这样，可以为某个服务创建多个配置文件，只需在任意时间将不同的配置文件与服务建立联系，这个服务就可以在其生命周期中的不同阶段之间移动。"

配置文件管理常常假设开发部门拥有一个将服务升级到下一阶段的结构化流程。一些 SOA 开发工具包含嵌入式工作流环境，帮助企业满足这方面的设计时段治理需要。LogicLibrary 公司 CTO、合作创始人 Brent Carlson 说："公司的 Logidex 工具帮助开发部门将检查点、角色和多步骤工作流配置到 SOA 开发流程之中。"

他说："您可以自动执行将服务提升到下一阶段所涉及的审查和验证，如果发现定义不一致，在服务向注册表发布之前，可将它退回开发者加以改正。"

15.8.2　企业服务总线模式

在企业基于 SOA 实施 EAI、B2B 和 BMP 的过程中，如果采用点对点的集成方式存在着复杂度高，可管理性差，复用度差和系统脆弱等问题。企业服务总线（Enterprise Service Bus，ESB）技术在这种背景下产生，其思想是提供一种标准的软件底层架构，各种程序组件能够以服务单元的方式"插入"到该平台上运行，并且组件之间能够以标准的消息通信方式来进行交互。它的定义通常如下：企业服务总线是由中间件技术实现的支持面向服务架构的基础软件平台，支持异构环境中的服务以基于消息和事件驱动模式的交互，并且具有适当的服务质量和可管理性。

如图 15-6 所示，ESB 本质上是以中间件形式支持服务单元之间进行交互的软件平台。各种程序组件以标准的方式连接在该"总线"上，并且组件之间能够以格式统一的消息通信的方式来进行交互。一个典型的在 ESB 环境中组件之间的交互过程是：首先由服务请求者触发一次交互过程，产生一个服务请求消息，并将该消息按照 ESB 的要求标准化，然后标准化的消息被发送给服务总线。ESB 根据请求消息中的服务名或者接口名进行目的组件查找，将消息转发至目的组件，并最终将处理结果逆向返回给服务请求者。这种交互过程不再是点对点的直接交互模式，而是由事件驱动的消息交互模式。通过这种方式，ESB 最大限度上解耦了组件之间的依赖关系，降低了软件系统互连的复杂性。连接在总线上的组件无需了解其他组件和应用系统的位置及交互协议，只需要向服务总线发出请求，消息即可获得所需服务。服务总线事实上实现了组件和应用系统的位置透明和协议透明。技术人员可以通过开发符合 ESB 标准的组件（适配器）将外部应用连接至服务总线，实现与其他系统的互操作。同时，ESB 以中间件的方式，提供服务容错、负载均衡、QoS 保障和可管理功能。

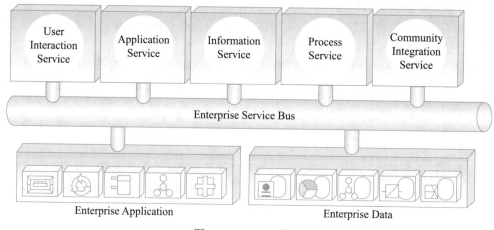

图 15-6　ESB 示意图

ESB 的核心功能如下。

（1）提供位置透明性的消息路由和寻址服务。

（2）提供服务注册和命名的管理功能。

（3）支持多种消息传递范型（如请求 / 响应、发布 / 订阅等）。

（4）支持多种可以广泛使用的传输协议。

（5）支持多种数据格式及其相互转换。

（6）提供日志和监控功能。

由于采用了基于标准的互连技术，ESB 使得企业内部以及外部系统之间可以很容易地进行异步或同步交互。它采用的面向服务的架构为系统提供了易扩展性和灵活性，在提高集成应用的开发效率的同时降低了成本。ESB 技术克服了传统应用集成技术的缺陷，能够对各种技术和应用系统提供支持，具有很强的灵活性和可扩展性，可以说是目前理想的 EAI、B2B 应用系统集成支撑平台。

ESB 本身为 EAI 提供了良好的支持平台，但是，作为最终的企业用户需要的则是包含业务集成软件基础平台、各种预制服务组件、集成应用开发、部署、管理和监控工具为一体的 EAI 环境。因此，作为软件厂商只是以 ESB 中间件作为基础软件平台，为用户提供整套立体的完善的企业应用软件集成平台。

15.8.3　案例研究

协同企业服务总线 SynchroESB 就是基于 SOA 体系结构，以 ESB 为底层架构，包含丰富的预制程序组件，集中式管理工具和可视化应用程序开发界面的服务整合软件平台。该产品在国家高新技术产业化计划的支持下，由西安协同时光软件公司和西北工业大学计算机学院联合研究开发的。系统结构如图 15-7 所示，系统分为 4 个层次设计。

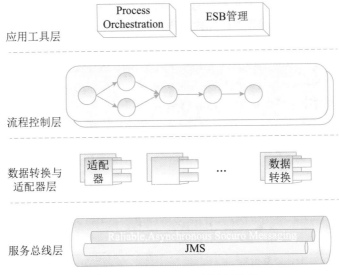

图 15-7 SynchroESB 层次结构图

服务总线层为整个 EAI 应用环境提供底层支持。ESB 层之上的数据转换与适配器层为各种
EAI 应用提供接入功能，它要解决的是应用集成服务器与被集成系统之间的连接和数据接口的
问题。其上是流程整合层，它将不同的应用系统连接在一起，进行协同工作，并提供业务流程
管理的相关功能，包括流程设计、监控和规划，实现业务流程的管理。最上端的用户交互层，
则是为用户在界面上提供一个统一的信息服务功能入口，通过将内部和外部各种相对分散独立
的信息组成一个统一的整体。

SynchroESB 支持企业构建可管理的、可扩展的和经济实用的 EAI 解决方案。它提供简单
经济可扩展的方法和工具，以组件化的方式灵活构建业务流程。应用独创的"粗颗粒"组件
编程模型技术构建可重用的组件库，使得诸如构建、原型化、生产和管理分布式复杂应用的
活动，变得和今天我们习惯使用的电子表格操作一样简单。SynchroESB 支持企业以基于标准
的、面向服务架构的方式将应用系统和流程跨越企业进行集成。通过分布式架构和集中式管理，
SynchroESB 解决了集中式的集成方式中存在的问题，它使企业能够利用企业内任何地方的现有
业务系统来快速组建一个有效的解决方案。SynchroESB 采用事件驱动架构使得企业能够更快地
响应业务的变化。

15.8.4 微服务模式

SOA 的架构中，复杂的 ESB 企业服务总线依然处于非常重要的位置，整个系统的架构并
没有实现完全的组件化以及面向服务，它的学习和使用门槛依然偏高。而微服务不再强调传统
SOA 架构里面比较重的 ESB 企业服务总线，同时 SOA 的思想进入到单个业务系统内部实现真
正的组件化。

1.微服务架构概述

微服务架构将一个大型的单个应用或服务拆分成多个微服务，可扩展单个组件而不是整个应用程序堆栈，从而满足服务等级协议。微服务架构围绕业务领域将服务进行拆分，每个服务可以独立进行开发、管理和迭代，彼此之间使用统一接口进行交流，实现了在分散组件中的部署、管理与服务功能，使产品交付变得更加简单，从而达到有效拆分应用，实现敏捷开发与部署的目的。Amazon、Netflix等互联网巨头的成功案例表明微服务架构在大规模企业应用中具有明显优势。单体架构与微服务架构如图15-8所示。

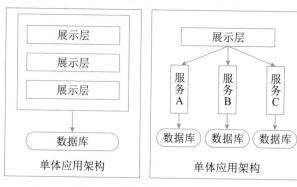

图 15-8　单体架构与微服务架构

1）复杂应用解耦

微服务架构将单一模块应用分解为多个微服务，同时保持总体功能不变。应用按照业务逻辑被分解为多个可管理的分支或服务，避免了复杂度的不断积累。每个服务专注于单一功能，通过良好的接口清晰表述服务边界。由于功能单一、复杂度低，小规模开发团队完全能够掌握，易于保持较高的开发效率，且易于维护。

2）独立

微服务在系统软件生命周期中是独立开发、测试及部署的。微服务具备独立的运行进程，每个微服务可进行独立开发与部署，因此在大型企业互联网系统中，当某个微服务发生变更时无需编译、部署整个系统应用。从测试角度来看，每个微服务具备独立的测试机制，测试过程中不需要建立大范围的回归测试，不用担心测试破坏系统其他功能。因此，微服务组成的系统应用具备一系列可并行的发布流程，使得开发、测试、部署更加高效，同时降低了因系统变更给生产环境造成的风险。

3）技术选型灵活

微服务架构下系统应用的技术选型是去中心化的，每个开发团队可根据自身应用的业务需求发展状况选择合适的体系架构与技术，从而更方便地根据实际业务情况获得系统应用最佳解决方案，并且每个微服务功能单一、结构简单，在架构转型或技术栈升级时面临较低风险，因此系统应用不会被长期限制在某个体系架构或技术栈上。

4）容错

在传统单体应用架构下，当某一模块发生故障时，该故障极有可能在整个应用内扩散，造成全局应用系统瘫痪。然而，在微服务架构下，由于各个微服务相互独立，故障会被隔离在单个服务中，并且系统其他微服务可通过重试、平稳退化等机制实现应用层的容错，从而提高系统应用的容错性。微服务架构良好的容错机制可避免出现单个服务故障导致整个系统瘫痪的情况。

5）松耦合，易扩展

传统单体应用架构通过将整个应用完整地复制到不同节点，从而实现横向扩展。但当系统应用的不同组件在扩展需求上存在差异时，会导致系统应用的水平扩展成本很高。微服务架构中每个服务之间都是松耦合的，可以根据实际需求实现独立扩展，体现微服务架构的灵活性。

2. 微服务架构模式方案

微服务是一种软件架构演变后的新型架构风格，是系统应用开发的一种设计思想，没有固定开发模式。开发团队可根据企业实际业务场景进行架构设计，体现了微服务架构的灵活性。常见的微服务设计模式有聚合器微服务设计模式、代理微服务设计模式、链式微服务设计模式、分支微服务设计模式、数据共享微服务设计模式、异步消息传递微服务设计模式等。

1）聚合器微服务

在聚合器微服务中，聚合器调用多个微服务实现系统应用程序所需功能，具体有两种形式，一种是将检索到的数据信息进行处理并直接展示；另一种是对获取到的数据信息增加业务逻辑处理后，再进一步发布成一个新的微服务作为一个更高层次的组合微服务，相当于从服务消费者转换成服务提供者。与普通微服务特性相同，聚合器微服务也有自己的缓存和数据库。作为聚合器模式的一个变种，在代理微服务器中，客户端并不聚合数据，只会根据实际业务需求差别选择调用具有不同功能的微服务，代理微服务器仅进行委派请求和数据转换工作。同样地，代理微服务器也有自己独立的缓存和数据库。分支微服务器模式是聚合器微服务模式的一种扩展，在分支微服务器模式下，客户端或服务允许同时调用两个不同的微服务链。两个微服务调用链相互独立，互不影响。

2）链式微服务

客户端或服务在收到请求后，会返回一个经过合并处理的响应，该模式即为链式微服务设计模式。例如，服务 A 收到请求后会与服务 B 建立通信，服务 B 收到请求后会与服务 C 建立通信，依次往下游发送请求，并对结果进行合并处理后作为请求响应返回上游服务调用者。显然，该模式下的所有服务调用都采用同步消息传递方式，在一条完整的服务链调用完成之前，客户端或调用服务会一直阻塞。因此，在使用该模式过程中，服务调用链不宜过长，以避免客户端处于长时间等待状态。

3）数据共享微服务

运用微服务架构重构现有单体架构应用时，SQL 数据库反规范化可能会导致数据重复与不一致现象。按照微服务的自治设计原则，在单体架构应用到微服务架构的过渡阶段，可以使用数据共享微服务设计模式。在该模式下，当服务之间存在强耦合关系时，可能存在多个微服务共享缓存与数据库存储的现象。

4）异步消息传递微服务

目前流行开发 RESTful 风格的 API，REST 使用 HTTP 协议控制资源，并通过 URL 加以实现。REST 提供了一系列架构系统参数作为整体使用，强调组件的独立部署、组件交互的扩展性，以及接口的通用性，并且尽量减少产生交互延迟的中间件数量。但是 REST 设计模式是同步的，容易造成阻塞，从而耗费大量时间。消息队列将消息写入一个消息队列中，实现业务逻辑以异步方式运行，从而加快系统响应速度。因此，对于一些不必要以同步方式运行的业务逻辑，可以使用消息队列代替 REST 实现请求、响应，加快服务调用的响应速度。但该模式可能会降低系统可用性，并增加系统复杂性，因而在使用过程中，要做好消息队列的选型。常用消息队列有 ActiveMQ、RabbitMQ、RocketMQ、Kafka 等。

3. 微服务架构面临的问题与挑战

微服务架构在规模较大的应用中具有明显优势，但其优势也是有代价的，微服务架构也会给人们带来新的问题和挑战。其中一个主要缺点是微服务架构分布式特点带来的复杂性，开发过程中，需要基于 RPC 或消息实现微服务之间的调用与通信，使服务发现与服务调用链跟踪变得困难。另一个挑战是微服务架构的分区数据库体系，不同服务拥有不同数据库。受限于 CAP 原理约束以及 NoSQL 数据库的高扩展性，使人们不得不放弃传统数据库的强一致性，转而追求最终一致性，因此对开发人员出了更高要求。微服务架构给系统测试也带来了很大挑战，微服务架构可能涉及多个服务，传统的单体 Web 应用只需测试单一 API 即可，然而对于微服务架构测试，需要启动其依赖的所有服务，该复杂性不可低估。在大规模应用部署中，在监控、管理、分发及扩容等方面，微服务也存在着巨大挑战。

因此，对于微服务架构的取舍，要考虑企业开发团队规模、业务需求变化以及系统用户群体规模等诸多因素。使用微服务架构主要是为了降低应用程序开发、维护等方面的复杂性，如果系统程序架构已无法再扩展，或数据库增长速度过快，并且整个团队（包括产品、设计、研发、测试、运维）都具备微服务思维，采用微服务架构的收益会大于成本。但如果系统现有程序架构还能很好地工作，不需要有太大改动，采用微服务架构则不会有太多收益。综上所述，尽管微服务架构有很多优势，但在使用微服务架构之前要结合系统自身特点，综合评估后再决定是否采用微服务架构。

15.9　构建 SOA 架构时应该注意的问题

15.9.1　原有系统架构中的集成需求

当架构师基于 SOA 来构建一个企业级的系统架构时，一定要注意对原有系统架构中的集成需求进行细致的分析和整理。我们都知道，面向服务的体系结构是当前及未来应用程序系统开发的重点。面向服务的体系结构本质上来说是一种具有特殊性质的体系结构，它由具有互操作性和位置透明的组件集成构建并互连而成。基于 SOA 的企业系统架构通常都是在现有系统架构投资的基础上发展起来的，我们并不需要彻底重新开发全部的子系统，SOA 可以通过利用当前系统已有的资源（开发人员、软件语言、硬件平台、数据库和应用程序）来重复利用系统中现有的系统和资源。SOA 是一种可适应的、灵活的体系结构类型，基于 SOA 构建的系统架构可以在系统的开发和维护中缩短产品上市时间，因而可以降低企业系统开发的成本和风险。因此，当 SOA 架构师遇到一个十分复杂的企业系统时，首先考虑的应该是如何重用已有的投资而不是替换遗留系统，因为如果考虑到有限的预算，整体系统替换的成本是十分高昂的。

当 SOA 架构师分析原有系统中的集成需求时，不应该只限定为基于组件构建的已有应用程序的集成，真正的集成比这要宽泛得多。在分析和评估一个已有系统体系结构的集成需求时，必须考虑一些更加具体的集成的类型，这主要包括以下几个方面：应用程序集成的需求，终端用户界面集成的需求，流程集成的需求以及已有系统信息集成的需求。当 SOA 架构师分析和评估现有系统中所有可能的集成需求时，可以发现实际上所有集成方式在任何种类的企业中都有一定程度的体现。针对不同的企业类型，这些集成方式可能是简化的，或者没有明确地进行定义的。因而，SOA 架构师在着手设计新的体系结构框架时，必须要全面地考虑所有可能的集成需求。例如，在一些类型的企业系统环境中可能只有很少的数据源类型，因此，系统中对消息集成的需求就可能会很简单。但在一些特定的系统中，例如航运系统中的电子数据交换（Electronic Data Interchange，EDI）系统，会有大量的电子数据交换处理的需求，因此也就会存在很多不同的数据源类型，在这种情况下整个系统对于消息数据的集成需求就会比较复杂。因此，如果 SOA 架构师希望所构建的系统架构能够随着企业的发展和变化成功地继续得以保持，则整个系统构架中的集成功能就应该由服务提供，而不是由特定的应用程序来完成。

15.9.2　服务粒度的控制以及无状态服务的设计

当 SOA 架构师构建一个企业级的 SOA 系统架构时，关于系统中最重要的元素，也就是 SOA 系统中服务的构建有两点需要特别注意的地方：首先是对于服务粒度的控制，另外就是对于无状态服务的设计。

1. 服务粒度的控制

SOA 系统中服务粒度的控制是一项十分重要的设计任务。通常来说，对于将暴露在整个系统外部的服务推荐使用粗粒度的接口，而相对较细粒度的服务接口通常用于企业系统架构的内部。从技术上讲，粗粒度的服务接口可能是一个特定服务的完整执行，而细粒度的服务接口可能是实现这个粗粒度服务接口的具体的内部操作。举个例子来说，对于一个基于 SOA 架构的网上商店来说，粗粒度的服务可能就是暴露给外部用户使用的提交购买表单的操作，而系统内部细粒度的服务可能就是实现这个提交购买表单服务的一系列的内部服务，如创建购买记录、设置客户地址和更新数据库等一系列的操作。虽然细粒度的接口能为服务请求者提供更加细化和更多的灵活性，但同时也意味着引入较难控制的交互模式易变性，也就是说服务的交互模式可能随着不同的服务请求者而不同。如果我们暴露这些易于变化的服务接口给系统的外部用户，就可能造成外部服务请求者难于支持不断变化的服务提供者所暴露的细粒度服务接口；而粗粒度服务接口保证了服务请求者将以一致的方式使用系统中所暴露出的服务。虽然面向服务的体系结构并不强制要求一定要使用粗粒度的服务接口，但是建议使用它们作为外部集成的接口。通常架构设计师可以使用 BPEL 来创建由细粒度操作组成的业务流程的粗粒度的服务接口。

2. 无状态服务的设计

SOA 系统架构中的具体服务应该都是独立的、自包含的请求，在实现这些服务的时候不需要前一个请求的状态，也就是说服务不应该依赖于其他服务的上下文和状态，即 SOA 架构中的服务应该是无状态的服务。当某一个服务需要依赖时，最好把它定义成具体的业务流程（BPEL）。在服务的具体实现机制上，可以通过使用 EJB 组件来实现粗粒度的服务。我们通常会利用无状态的 Session Bean 来实现具体的服务，如果基于 Web Service 技术，就可以将无状态的 Session Bean 暴露为外部用户可以调用到的 Web 服务，也就是把传统的 Session Facade 模型转化为 EJB 的 Web 服务端点。这样，就可以向 Web 服务客户提供粗粒度的服务。

如果要在 J2EE 的环境下（基于 WebSphere）构建 Web 服务，Web 服务客户可以通过两种方式访问 J2EE 应用程序。客户可以访问用 JAX-RPC API 创建的 Web 服务（使用 Servlet 来实现）；Web 服务客户也可以通过 EJB 的服务端点接口访问无状态的 Session Bean，但 Web 服务客户不能访问其他类型的企业 Bean，如有状态的 Session Bean、实体 Bean 和消息驱动 Bean。后一种选择（公开无状态 EJB 组件作为 Web 服务）有很多优势，基于已有的 EJB 组件，可以利用现有的业务逻辑和流程。在许多企业中，现有的业务逻辑可能已经使用 EJB 组件编写，通过 Web 服务公开它可能是实现从外界访问这些服务的最佳选择。EJB 端点是一种很好的选择，因为它使业务逻辑和端点位于同一层上。另外，EJB 容器会自动提供对并发的支持，作为无状态 Session Bean 实现的 EJB 服务端点不必担心多线程访问，因为 EJB 容器必须串行化对无状态会话 Bean 任何特定实例的请求。由于 EJB 容器都会提供对于 Security 和 Transaction 的支持，因此 Bean 的开发人员可以不需要编写安全代码以及事务处理代码。性能问题对于 Web 服务来说一直都是个难题，由于几乎所有 EJB 容器都提供了对无状态会话 Bean 群集的支持以及对无状态 Session Bean 池与资源管理的支持，因此当负载增加时，可以向群集中增加机器。Web 服务请求可以定向到这些不同的服务器，同时由于无状态 Session Bean 池改进了资源利用和内存管理，使 Web 服务能够有效地响应多个客户请求。由此可以看到，通过把 Web 服务模型化为 EJB 端点，可以使服务具有更强的可伸缩性，并增强了系统整体的可靠性。

15.10　SOA 实施的过程

15.10.1　选择SOA解决方案

在实施 SOA 之前，选择最佳的解决方案，是保证 SOA 实施成功的前提条件。总体来说，必须从以下三个方面进行选择。

1. 尽量选择能进行全局规划的方案

SOA 的实施，有很大的技术因素在其中，作为用户来讲，既需要选择适当的工具，还需要有专业的技术人才。

作为用户，实施 SOA，首先要对自己的系统做全面的评估，要了解自己已有的系统能用多少，有多少需要改造，还需要上哪些新的系统，自己将来的系统该如何满足自己的需求，自己可能为这个新的系统投入的资本大概有多少等。总之，要有整体的规划，这也是实施 SOA 最为基础的一步。其次，要选择适合的工具和技术。上什么系统，建什么平台，先改造哪个系统，需要一步一步来，而在这个过程中，所选择的产品也必然有所不同，一定要做到心中有数。最后，就是开发的过程了，开发对于大多数的用户来说，也是一个边学习、边实践的过程。

2. 选择时充分考虑企业自身的需求

评估 SOA 项目的方式与评估传统软件项目有所不同，SOA 在企业范围内通过各种渠道表现自己的优势。SOA 通过共享服务来优化业务流程，使全面创新成为可能，其"价值机会"远远超过了传统的软件项目。要建立强大的业务实例，通过 SOA 实现业务创新是一个重要的分水岭。必须认识到，用于构建 SOA 项目的前期投资将产生巨大效益，这些好处会随着时间的推移越来越明显地表现出来。

SOA 具体实施的进度和资金投入一方面取决于企业对 IT 应用的沉淀，另一方面取决于实行 SOA 的目标层次。

3. 从平台、实施等技术方面进行考察

用户在选择 SOA 产品和技术时，应该从平台的选择、实施方法与途径、供应商的选择三个方面进行考量。在选择软件平台时，用户首先要考虑的是平台的开放性和对标准的支持。在实施方法与途径方面，以往的成功经验总结有 6 方面：业务战略和流程、基础架构、构建模块、项目和应用、成本和效益以及规划和管理。在实施 SOA 时，CIO 应该综合考虑这 6 方面的因素。SOA 的实施涉及整个企业的 IT 系统以及业务流程的调整和改变，离不开相应的咨询和专业服务。因此，在选择供应商时，首先要看它的产品是否符合企业的实际需求、是否已经有很多成功的应用案例、现有客户对它的评价如何；其次，还要仔细考察供应商的专业服务能力，是否能够帮助用户分析企业 IT 现状，提出建设性的意见。

15.10.2　业务流程分析

1. 建立服务模型

1）自顶向下分解法

自上而下的领域分解方式从业务着手进行分析，选择端到端的业务流程进行逐层分解至业务活动，并对其间涉及的业务活动和业务对象进行变化分析。

业务组件模型是业务领域分解的输入之一。业务组件模型是一种业务咨询和转型的工具，它根据业务职责、职责间的关系等因素，将业务细分为业务领域、业务执行层次和业务组件。由于企业内部和外部环境的不同，每个业务组件在成本、投资和竞争力等方面不尽相同。因此，每个业务组件在企业发展的过程中战略职责和演化的路径也是不同的。由于角度的不同，就形成了所谓的业务组件的"热点视图"。对于面向服务的分析和设计，业务组件模型提供了进行服

务划分的依据，而且这种划分的方法可以平滑地从业务视图细化到服务视图。

端到端的业务流程是业务领域分解的另一个输入。将业务流程分解成子流程或者业务活动，逐级进行，直到每个业务活动都是具备业务含义的最小单元。流程分解得到的业务活动树上的每一个节点，都是服务的候选者，构成了服务候选者组合。业务领域分解可以帮助发现主要的服务候选者，加上自下而上和中间对齐方式发现的新服务候选者，最终会构成一个服务候选者列表。在 SOA 的方法中，服务是业务组件间的契约，因此将服务候选者划分到业务组件，是服务分析中不可或缺的一步。服务候选者列表经过业务组件的划分，会最终形成层次化的服务目录。

变化分析的目的是将业务领域中易变的部分和稳定的部分区分开来，通过将易变的业务逻辑及相关的业务规则剥离出来，保证未来的变化不会破坏现有设计，从而提升架构应对变化的能力。变化分析可能会从未来需求的分析中发现一些新的服务候选者，这些服务候选者需要加入到服务候选者目录中。

2）业务目标分析法

通过关键性能指标分析来验证已有服务候选者以及发现遗漏的服务候选者，这也可以称为"目标服务建模"。它的思想是这样的：从企业的业务目标出发，目标分解为子目标，子目标再分派给相关的服务来实现，这样就形成了一棵"目标服务树"，处于叶子节点上的每个服务都能回溯到具体的业务目标。第一步的工作必须基于之前对企业关键性能指标的分析之上。

3）自底向上分析法

自底而上方式的目的是利用已有资产来实现服务，已有资产包括已有系统、套装或定制应用、行业规范或业务模型等。这也可以称为"遗留资产分析"，它的主要思想是：通过建立已有系统所具有的功能模块目录列表，可以方便地发现那些在不同的系统中被重复实现的功能模块以及可以复用的功能模块，从而将这些模块包装成服务发布出来。遗留资产分析的来源一般是原有系统的分析和设计文档，遗留系统分析的结果是可以重用的服务列表。

通过对已有资产的业务功能、技术平台、架构及实现方式的分析，除了能够验证服务候选者或者发现新的服务候选者，还能够通过分析已有系统、套装或定制应用的技术局限性，尽早验证服务实现决策的可行性，为服务实现决策提供重要的依据。

2. 建立业务流程

1）建立业务对象

业务对象是对数据进行检索和处理的组件，是简单的真实世界的软件抽象。业务对象通常位于中间层或者业务逻辑层。

业务对象可以在一个应用中自动地加入一个特定的功能来获得增值效应，使知识重用变为可能。例如，如果要开发一个包含多货币处理的应用，可以选择使用一个已经开发完成的，包含所有多货币处理功能的业务对象来开始你的开发，使开发工作量极大地减少。

业务对象的分类如下。

（1）实体业务对象。表达了一个人、地点、事物或者概念。根据业务中的名词从业务域中提取，如客户、订单和物品。

（2）过程业务对象。表达应用程序中业务处理过程或者工作流程任务，通常依赖于实体业务对象，是业务的动词。

（3）事件业务对象。表达应用程序中由于系统的一些操作造成或产生的一些事件。

通过对业务对象的抽象，你的架构系统将体现更高的架构体系高度。

2）建立服务接口

在实现 SOA 解决方案的上下文中，服务接口的结构非常重要。设计糟糕的服务接口可能会极大地导致使用此接口的很多服务使用者应用程序的开发过程变得非常复杂。从业务角度而言，设计糟糕的服务接口可能使得业务流程的开发和优化变得复杂；相反，设计良好的服务接口可以加速开发计划的执行，并对业务级别的灵活性起到促进作用。

服务接口通常应该包含多个操作，定义为单个服务接口一部分的操作应该从语义上相关，仅包含单个操作或少量操作的大部分服务都表明服务粒度不恰当；反过来，采用很少的服务（或者单个服务）来包含大量操作也同样表明服务粒度不恰当。

服务之间的交换可以为有状态、也可以为无状态。当服务提供者保留关于在之前的操作调用期间服务使用者和服务提供者之间交换的数据信息时，服务之间进行的是有状态（或对话型）交换。例如，服务接口可以定义为 setCustomerNumber() 和 getCustomerInfo() 的操作。在有状态交换中，服务请求者将首先调用 setCustomerNumber() 操作，并同时传入客户编号；服务提供者在内存中保留客户编号；接下来，服务请求者调用 getCustomer Info() 操作，服务提供者将随后返回与之前调用中设置的客户编号对应的客户信息响应。

在构建 SOA 的过程中，将无状态接口视为最好的选择。无状态接口可以方便地供很多服务使用者应用程序重用，可以采用最适合每个应用程序的方式管理状态。传入操作的请求消息应该包含完成该操作所必要的所有信息，而不受到调用其他接口操作的顺序的影响。

3）建立业务流程

流程是指定的活动顺序，包含明确确定的用于提供业务值的输入和输出。例如，技术文档搜索流程从 Web 页面提取客户的搜索请求，并生成可选的文档列表。

对流程进行建模应当确保捕获的相关信息的一致性及完整性，以便业务分析员及开发人员能够理解模型所捕获的业务需求。在建模过程中，除了正常操作以外，标准流程的其他操作和异常必须获取，具有不同领域兴趣的专职人员和专家可以构建适合于大范围业务对象的流程模型。例如，分析员需要对流程有高度的见解以做出战略性决策，并进行诸如仿真之类的流程分析；开发人员将流程模型作为输入来实现解决方案。

分析员基于从业务需求所有者中所收集的需求构建业务流程（Business Process，BP）模型。通过使用适当的工具，例如 PowerPoint、Spreadsheets、IBM Rational Requisite Pro 或者其他任意工具组合，并且在适当的时候（可能是流程建模工具本身）来收集这些需求，分析员将这些需求及对现有流程的分析作为构建模型的输入条件，现有的流程模型用于对其进行分析或者通过修改现有的模型来创建新的流程模型，而不用从头重新创建。

通过将 BP 分成子流程开始建模过程。随后是对感兴趣的各子流程进行分析以确定组件、服务、输入输出数据、策略及测量。通过使用 WebSphere Business Integration Modeler 软件工具（Business Integration Modeler）将这些元素编码到 BP 模型中。

使用一种名为流程元素的建模构件来定义 BP 段，将其设计为可复用。流程元素是一种定义流程段的构件资产，在 BP 模型中，这种流程段被设计为可复用的构件来管理。它们将已建立的一系列任务、决策、对数据对象的引用、策略、角色及测试合并起来，例如，登录流程元素包含一系列活动，登录证书数据以及完成用户登录过程的登录规则。

这些流程元素表示可接受的操作行为，类似的需求也可复用它们。例如，作为子流程模型可检验并为购物篮中的商品定价。

BP 分析员与 BP 所有者及领域专家协作来获取所需的全部信息以构建 BP 模型。例如，分析员使用适当的工具收集角色、任务、序列信息、资源、数据、叙述和需求等，并将它们作为构建 BP 模型的输入内容。通过在 Business Integration Modeler 中创建流程模型，业务分析员所获取的信息可以轻易地导出给工作流开发人员，使他们在 Application Developer 工具中使用这些信息。

为流程建模的任务包括定义业务流程的细节，并为所有数据、资源及流程中所使用的其他元素建模。业务流程包含一些流程步骤，它们通过控制流相连接，这些控制流将活动与决策点相连。决策点遵循业务规则（转换条件），使用这些业务规则来确定流程应当依照什么路线进行。建模包括将 BP 分解成子流程并将所需的流程元素添加到模型中；分析员可以将现有的模型构件（例如，服务或流程元素）用于促进并加速模型的构建。

第16章 嵌入式系统架构设计理论与实践

嵌入式系统（Embedded System）是为了特定应用而专门构建的计算机系统，其架构是随着嵌入式系统的逐步应用而发展形成的。嵌入式软件架构的设计与嵌入式系统的体系架构是密不可分的。因此，本章首先介绍嵌入式系统硬件相关知识（系统特征、硬件组成和分类等）。其次，就嵌入式软件的架构设计原理、嵌入式的基础软件、嵌入式架构设计方法等进行详细论述。本章介绍内容对设计嵌入式软件架构非常有益。

16.1 嵌入式系统概述

由于嵌入式系统是为了特定应用而专门构建的计算机系统，其嵌入式软件的架构设计必然与嵌入式系统硬件组成紧密相关，了解嵌入式硬件基本知识对嵌入式软件架构设计有非常大的帮助。因此，本章先从嵌入式系统体系结构入手，逐步展开对嵌入式软件架构原理进行剖析，并分别对几类典型的嵌入式基础软件架构进行介绍。

16.1.1 嵌入式系统发展历程

嵌入式系统的发展大致经历了五个阶段：

第一阶段：单片微型计算机（SCM）阶段，即单片机时代。这一阶段的嵌入式系统硬件是单片机，软件停留在无操作系统阶段，采用汇编语言实现系统的功能。这阶段的主要特点是：系统结构和功能相对单一，处理效率低、存储容量也十分有限，几乎没有用户接口。

第二阶段：微控制器（MUC）阶段。主要的技术发展方向是：不断扩展对象系统要求的各种外围电路和接口电路，突显其对象的智能化控制能力。这一阶段主要以嵌入式微处理器为基础，以简单操作系统为核心，主要特点是硬件使用嵌入式微处理器、微处理器的种类繁多，通用性比较弱，系统开销小，效率高。

第三阶段：片上系统（SoC）。主要特点是：嵌入式系统能够运行于各种不同类型的微处理器上，兼容性好，操作系统的内核小，效率高。

第四阶段：以 Internet 为基础的嵌入式系统。嵌入式网络化主要表现在两个方面，一方面是嵌入式处理器集成了网络接口，另一方是嵌入式设备应用于网络环境中。

第五阶段：在智能化、云技术推动下的嵌入式系统。其特点是低能耗、高速度、高集成、高可信、适用环境广等，此时的嵌入式系统向两个方向发展：一个是面向端 - 端系统微型传感器设备，一个是面向智能服务的设备。

16.1.2 嵌入式系统硬件体系结构

从传统意义上讲，按嵌入式系统主要由嵌入式微处理器（控制器（Micro Control Unit，

MCU））、存储器（RAM/ROM）、内（外）总线逻辑、定时/计数器（Time）、看门狗电路、I/O接口（串口、网络、USB、JTAG等）和外部设备（UART、LED等）等部件组成（如图16-1所示）。

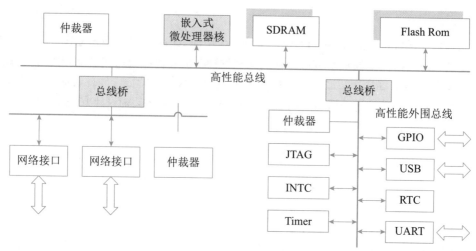

图 16-1 典型嵌入式系统硬件组成结构

1. 嵌入式微处理器

嵌入式微处理器主要用于处理相关任务。由于嵌入式系统通常都在室外使用，可能处于不同环境，因此，选择处理器芯片时，也要根据不同使用环境选择不同级别的芯片。其主要因素是芯片可适应的工作环境温度。通常，我们把芯片分为民用级、工业级和军用级。民用级器件的工作温度范围是 0~70℃、工业级的是 -40~85℃、军用级的是 -55~150℃。当然，除了环境温度外，环境湿度、震动、加速度等也是应考虑的因素。

通常嵌入式处理器的选择还要根据使用场景不同选择不同类型的处理器，从处理器分类看，大致可分为：

- 微处理器（Micro Processor Unit，MPU）
- 微控制器（Micro Control Unit，MCU）
- 信号处理器（Digital Signal Processor，DSP）
- 图形处理器（Graphics Processing Unit，GPU）
- 片上系统（System on Chip，SoC）

（1）微处理器（MPU）：将微处理器装配在专门设计的电路板上，只保留与嵌入式应用有关的母板功能。与工业控制计算机相比，其优点在于体积小，重量轻，成本低以及可靠性高，但是电路板上必须包括 ROM、RAM、总线接口、各种外设等器件，降低了系统的可靠性，技术保密性也较差。嵌入式微处理器目前主要有：Am186/88、386EX、SC-400、PowerPC、68000、MIPS、ARM 系列等。

（2）微控制器（MCU）：又称单片机。微处理器一般以某一种微处理内核为核心，每一种衍生产品的处理器内核都是一样的，不同的是存储器和外设的配置和封装。与 MPU 相比，MCU 的最大优点在于单片化，体积大大减小，从而使功耗和成本下降，可靠性提高。微控制器比较有代表性的通用系列包括：8501，P51XA，MCS-251，MCS-96/196/296，C166/167，MC68HC05/11/12/16，68300 和数目众多的 ARM 系列。

（3）信号处理器（DSP）：DSP 处理器对系统结构和指令进行了特殊设计（通常，DSP 采用一种哈佛结构），使其适合于执行 DSP 算法，编译效率高，指令执行速度也高。DSP 处理器比较有代表性的产品是 TI 公司生产的 TMS320 系列（包括用于控制的 C2000 系列，移动通信的 C5000 系列，以及性能更高的 C6000 系列和 C8000 系列）和 Freescale 公司生产的 DSP56000 系列，另外 PHILIPS 公司近年也推出了基于可重置嵌入式 DSP 结构的采用低成本，低功耗技术制造的 R.E.A.L DSP 处理器。

（4）图形处理器（GPU）：GPU 是图形处理单元的缩写，是一种可执行渲染 3D 图形等图像的半导体芯片（处理器）。GPU 可用于个人电脑、工作站、游戏机和一些移动设备上做图像和图形相关运算工作的为处理器。它可减少对 CPU 的依赖，并进行部分原本 CPU 的工作，尤其是在 3D 图形处理中，GPU 采用了核心技术（如：硬件 T&L、纹理压缩等）保证了快速 3D 渲染能力。

（5）片上系统（SoC）：各种通用处理器内核作为 SoC 设计公司的标准库，与许多其他嵌入式系统的外设一样，成为 VLSI 设计中的一种标准的器件，用标准的 VHDL 等语言描述，存储在器件库中，用户只需要定义出整个应用系统。除个别无法集成的器件以外，整个嵌入式系统大部分都可集成到一块或几块芯片中。

2. 存储器

存储器（memory）主要用于存储程序和各种数据信息的记忆部件，它也是时序逻辑电路的一种。按存储器的使用类型可分为只读存储器（ROM）和随机存储器（RAM），随机存储器在计算期间被用于高速暂存记忆区，数据可以在 RAM 中存储、读取和使用新数据代替；只读存储器被用于存储计算机在必要时的指令集，存储在 ROM 内的信息是一种硬接线方式（即一种物理组成），且不能被计算机改变（即"只读"特性）。可编程只读存储器（PROM）属于可变 ROM，可以将其暴露在一个外部电器设备或光学器件中来改变。通常，存储器根据结构的不同分类多种，其分类如下：

1）RAM（Random Access Memory，随机存取存储器）

RAM 的特点是：打开计算机，操作系统和应用程序的所有正在运行的数据和程序都会放置其中，并且随时可以对存放在里面的数据进行修改和存取。它的工作需要由持续的电力提供，一旦系统断电，存放在里面的所有数据和程序都会自动清空掉，并且再也无法恢复。

根据组成元件的不同，RAM 内存又分为以下 18 种：

（1）DRAM（Dynamic RAM，动态随机存取存储器）。

这是最普通的 RAM，一个电子管与一个电容器组成一个位存储单元，DRAM 将每个内存位作为一个电荷保存在位存储单元中，用电容的充放电来做储存动作，但因电容本身有漏电问题，因此必须每几微秒就要刷新一次，否则数据会丢失。存取时间和放电时间一致，约为

2~4ms。因为成本比较便宜，通常都用作计算机内的主存储器。

（2）SRAM（Static RAM，静态随机存取存储器）。

静态，指的是内存里面的数据可以长驻其中而不需要随时进行存取。每6个电子管组成一个位存储单元，因为没有电容器，因此无须不断充电即可正常运作，因此它可以比一般的动态随机处理内存处理速度更快更稳定，往往用作高速缓存。

（3）VRAM（Video RAM，视频内存）。

它的主要功能是将显卡的视频数据输出到数模转换器中，有效降低绘图显示芯片的工作负担。它采用双数据口设计，其中一个数据口是并行式的数据输出入口，另一个是串行式的数据输出口，多用于高级显卡中的高档内存。

（4）FPM DRAM（Fast Page Mode DRAM，快速页切换模式动态随机存取存储器）。

改良版的 DRAM，大多数为 72Pin 或 30Pin 的模块。传统的 DRAM 在存取一位的数据时，必须送出行地址和列地址各一次才能读写数据。而 FRM DRAM 在触发了行地址后，如果 CPU 需要的地址在同一行内，则可以连续输出列地址而不必再输出行地址了。由于一般的程序和数据在内存中排列的地址是连续的，这种情况下输出行地址后连续输出列地址就可以得到所需要的数据。FPM 将记忆体内部隔成许多页（Pages），从 512B 到数"KB"不等，在读取一连续区域内的数据时，就可以通过快速页切换模式来直接读取各 Page 内的资料，从而大大提高读取速度。在 1996 年以前，在 486 时代和 PENTIUM 时代的初期，FPM DRAM 被大量使用。

（5）EDO DRAM（Extended Data Out DRAM，延伸数据输出动态随机存取存储器）。

这是继 FPM 之后出现的一种存储器，一般为 72Pin、168Pin 的模块。它不需要像 FPM DRAM 那样在存取每一位数据时必须输出行地址和列地址并使其稳定一段时间，然后才能读写有效的数据，而下一位的地址必须等待这次读写操作完成才能输出。因此它可以大大缩短等待输出地址的时间，其存取速度一般比 FPM 模式快 15% 左右。它一般应用于中档以下的 Pentium 主板标准内存，后期的 486 系统开始支持 EDO DRAM，到 1996 年后期，EDO DRAM 开始执行。

（6）BEDO DRAM（Burst Extended Data Out DRAM，爆发式延伸数据输出动态随机存取存储器）。

这是改良型的 EDO DRAM，是由美光公司提出的，它在芯片上增加了一个地址计数器来追踪下一个地址。它是突发式的读取方式，也就是当一个数据地址被送出后，剩下的三个数据每一个都只需要一个周期就能读取，因此一次可以存取多组数据，速度比 EDO DRAM 快。但支持 BEDO DRAM 内存的主板很少，只有极少几款提供支持（如 VIA APOLLO VP2），因此很快就被 DRAM 取代了。

（7）MDRAM（Multi-Bank DRAM，多插槽动态随机存取存储器）。

MoSys 公司提出的一种内存规格，其内部分成数个类别不同的小储存库（BANK），即由数个独立的小单位矩阵所构成，每个储存库之间以高于外部的资料速度相互连接，一般应用于高速显示卡或加速卡中，也有少数主机板用于 L2 高速缓存中。

（8）WRAM（Window RAM，窗口随机存取存储器）。

韩国 Samsung 公司开发的内存模式，是 VRAM 内存的改良版，不同之处是它的控制线路有一二十组的输入/输出控制器，并采用 EDO 的资料存取模式，因此速度相对较快，另外还提供了区块搬移功能（BitBlt），可应用于专业绘图工作。

（9）RDRAM（Rambus DRAM，高频动态随机存取存储器）。

Rambus 公司独立设计完成的一种内存模式，速度一般可以达到 500~530MB/s，是 DRAM 的 10 倍以上。但使用该内存后内存控制器需要作相当大的改变，因此它们一般应用于专业的图形加速适配卡或者电视游戏机的视频内存中。

（10）SDRAM（Synchronous DRAM，同步动态随机存取存储器）。

这是一种与 CPU 实现外频 Clock 同步的内存模式，一般都采用 168Pin 的内存模组，工作电压为 3.3V。所谓 Clock 同步是指内存能够与 CPU 同步存取资料，这样可以取消等待周期，减少数据传输的延迟，因此可提升计算机的性能和效率。

（11）SGRAM（Synchronous Graphics RAM，同步绘图随机存取存储器）。

SDRAM 的改良版，它以区块 Block（32bit）为基本存取单位，减少内存整体读写的次数，另外还针对绘图需要而增加了绘图控制器，并提供区块搬移功能（BitBlt），效率明显高于 SDRAM。

（12）SB SRAM（Synchronous Burst SRAM，同步爆发式静态随机存取存储器）。

一般的 SRAM 是非同步的，为了适应 CPU 越来越快的速度，需要使它的工作时脉变得与系统同步，这就是 SB SRAM 产生的原因。

（13）PB SRAM（Pipeline Burst SRAM，管线爆发式静态随机存取存储器）。

CPU 外频速度的迅猛提升对与其相搭配的内存提出了更高的要求，管线爆发式 SRAM 取代同步爆发式 SRAM 成为必然的选择，因为它可以有效地延长存取时脉，从而有效提高访问速度。

（14）DDR SDRAM（Double Data Rate SDRAM，二倍速率同步动态随机存取存储器）。

作为 SDRAM 的换代产品，它具有两大特点：其一，速度比 SDRAM 快一倍；其二，采用了 DLL（Delay Locked Loop，延时锁定回路）提供一个数据滤波信号。这是目前内存市场上的主流模式。

（15）SLDRAM（Synchronize LinkDRAM，同步链环动态随机存取存储器）。

这是一种扩展型 SDRAM 结构内存，在增加了更先进同步电路的同时，还改进了逻辑控制电路。

（16）CDRAM（Cached DRAM，同步缓存动态随机存取存储器）。

这是三菱电气公司首先研制的专利技术，它是在 DRAM 芯片的外部插针和内部 DRAM 之间插入一个 SRAM 作为二级 Cache 使用。当前，几乎所有的 CPU 都装有一级 Cache 来提高效率，随着 CPU 时钟频率的成倍提高，Cache 不被选中对系统性能产生的影响将会越来越大，而 Cache DRAM 所提供的二级 Cache 正好用以补充 CPU 一级 Cache 之不足，因此能极大地提高 CPU 效率。

（17）DDRII（Double Data Rate Synchronous DRAM，第二代同步双倍速率动态随机存取存储器）。

DDRII 是 DDR 原有的 SLDRAM 联盟于 1999 年解散后将既有的研发成果与 DDR 整合之后的未来新标准。DDRII 的详细规格目前尚未确定。

（18）DRDRAM（Direct Rambus DRAM）。

DRDRAM 是下一代的主流内存标准之一，由 Rambus 公司所设计发展出来，是将所有的接脚都连接到一个共同的 Bus，这样不但可以减少控制器的体积，还可以增加资料传送的效率。

2）ROM（Read Only Memory，只读存储器）

ROM 是线路最简单半导体电路，通过掩模工艺，一次性制造，在元件正常工作的情况下，其中的代码与数据将永久保存，并且不能够进行修改。一般应用于 PC 系统的程序码、主机板上的 BIOS（基本输入 / 输出系统 Basic Input/Output System）等。它的读取速度比 RAM 慢很多。

根据组成元件的不同，ROM 内存又分为以下 5 种：

（1）MASK ROM（掩模型只读存储器）。

制造商为了大量生产 ROM 内存，需要先制作一颗有原始数据的 ROM 或 EPROM 作为样本，然后再大量复制，这一样本就是 MASK ROM，而烧录在 MASK ROM 中的资料永远无法做修改。它的成本比较低。

（2）PROM（Programmable ROM，可编程只读存储器）。

这是一种可以用刻录机将资料写入的 ROM 内存，但只能写入一次，所以也被称为 "一次可编程只读存储器"（One Time Programming ROM，OTP-ROM）。PROM 在出厂时，存储的内容全为 1，用户可以根据需要将其中的某些单元写入数据 0（部分的 PROM 在出厂时数据全为 0，则用户可以将其中的部分单元写入 1），以实现对其 "编程" 的目的。

（3）EPROM（Erasable Programmable，可擦可编程只读存储器）。

这是一种具有可擦除功能，擦除后即可进行再编程的 ROM 内存，写入前必须先把里面的内容用紫外线照射它的 IC 卡上的透明视窗的方式来清除掉。这一类芯片比较容易识别，其封装中包含有 "石英玻璃窗"，一个编程后的 EPROM 芯片的 "石英玻璃窗" 一般使用黑色不干胶纸盖住，以防止遭到阳光直射。

（4）EEPROM（Electrically Erasable Programmable，电可擦可编程只读存储器）。

功能与使用方式与 EPROM 一样，不同之处是清除数据的方式，它是以约 20V 的电压来进行清除的。另外它还可以用电信号进行数据写入。这类 ROM 内存多应用于即插即用（PnP）接口中。

（5）Flash Memory（快闪存储器）。

这是一种可以直接在主机板上修改内容而不需要将 IC 拔下的内存，当电源关掉后储存在里面的资料并不会流失掉，在写入资料时必须先将原本的资料清除掉，然后才能再写入新的资料，缺点为写入信息的速度太慢。

3. 内（外）总线逻辑

总线是计算机各种功能部件之间传输信息的公共通信干线，它是由导电组成的传输线束，按照计算机所传输的信息种类，计算机总线应涵盖数据总线、地址总线和控制总线。数据总线用于在 CPU 与 RAM 之间来回传送需要处理或者需要存储的数据；地址总线用于指定在 RAM

之中存储的数据的地址；控制总线将微处理器控制单元的信号传送到周边设备。而扩展总线和局部总线则是根据系统需要而添加的。

总线存在不同拓扑结构，主要包括星形、树状、环形、总线型和交叉开关型等五种。

按连接部件分类，还可分片内总线、系统总线、局部总线和通信总线等四种。

- 片内总线：CPU芯片内部总线，用于连接芯片内部各个元件（如ALU、寄存器、指令部件）。
- 系统总线：计算机内部总线，它是**连接计算机系统的主要组件**。如用于连接CPU、主存和I/O接口的总结。系统总线又称板级总线或内部总线。
- 局部总线：计算机内部总线，通常是指在少数组件之间交换数据的**总线**，如CPU到北桥的**总线**，内存到北桥的**总线**，**局部总线**的协议一般由设备制造商定义。在体系结构较简单的计算机系统中，局部总线和系统总线为同一条总线。
- 通信总线：嵌入式系统主机外部总线，用于连接外部输入输出设备或者其他不同的计算机系统。通信总线又称外部总线或外设总线。

目前，社会上广泛使用的总线有：Interbus、Mbus、PCI、cPCI、PCMCIA、I2C、SCI、CAN、VXI、IEEE 1394、MIL-STD-1553B 等。

图 16-2 给出各类总线在嵌入式系统中的位置。

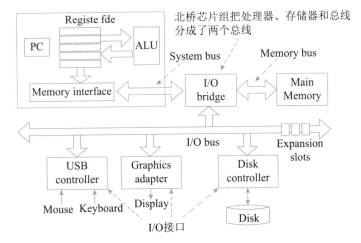

图 16-2　各类总线在嵌入式系统的位置

4.看门狗电路

看门狗电路是嵌入式系统必须具备的一种系统恢复能力。看门狗电路的基本功能是在系统发生软件问题和程序跑飞后使系统重新启动。其基本原理是看门狗计数器正常工作时自动计数，程序流程定期将其复位，如果系统在某处卡死或者跑飞，该定时器将溢出，并将进入中断处理，在设定时间间隔内，系统可保留关键数据，然后系统复位重启。

（1）I/O接口：I/O 接口是计算机与被控对象进行信息交流的纽带，处理器通过 I/O 接口与外部设备进行数据交换。大部分 I/O 接口电路都是可编程的。常用的接口有：

- 串行接口；
- 并行接口；
- 直接数据传送接口；
- 中断控制接口；
- 定时器/计数器接口；
- 离散量接口；
- 数字/模拟接口等。

（2）外部设备：外部设备是指计算机系统中输入、输出设备、外部存储器以及系统调试用的接口的统称。外部设备包含计算机以外的所有设备，这些外部设备都与计算机相连以辅助计算机完成相关操作。常见的计算机设备包括键盘、鼠标、显示器、笔输入设备、扫描仪、打印机、移动存储器、JTAG 调试设备等。

16.1.3　嵌入式软件架构概述

嵌入式系统的软件架构是随着嵌入式系统发展而发展起来的。在早期的单片机时代（20 世纪 80 年代中期），由于嵌入式系统仅仅用于简单控制类系统，当时软件规模很小（一般是几十"KB"），软件开发人员使用汇编语言进行编程，调试手段是一种称之为监控程序（Monitor）的软件，基本没有嵌入式软件架构之说，要说架构也只能说是分为两层，即监控程序和应用软件；到了 20 世纪 90 年代，嵌入式系统开始走向各个领域，人们发现仅仅靠编制汇编语言已不能满足日益发展的需要，并且由于计算机主频不断升级，处理器仅仅处理简单业务已不能完全发挥计算机能力，因此，后期嵌入式系统开始大量采用嵌入式操作系统，实现计算机资源的统一管理，应用软件开发开始使用高级语言，而软件的开发采用了与嵌入式操作系统配套的开发环境，这样，使得嵌入式软件架构逐步形成。图 16-3 给出了简单的嵌入式软件架构。

随着嵌入式系统智能化发展，在半导体技术、电子技术和软件技术等相关技术日异月新发展，物联网、智能手机、智能制造和云计算等技术带领下，在嵌入式软件的重用技术、构件化技术、虚拟化技术以及容器技术等的推动下，嵌入式软件架构得到了快速发展。在保持原层次架构的基础上，采纳了众多非嵌入式系统的软件架构，如事件驱动架构、微服务架构等。由于嵌入式系统的专用性，其架构和目标系统是

图 16-3　简单的嵌入式软件架构

紧密结合的，通常没有统一的架构，要根据嵌入式系统的应用目标的需求，在根据系统的复杂程度、功能大小，来采用不同架构设计方法。目前，比较典型的嵌入式软件架构有两种：层次化模式架构和递归模式架构。

为了对嵌入式系统架构概念的进一步理解，作为用例，图 16-4 给出了美国汽车工程学会（SAE）在 AS4893 标准中定义的一款嵌入式系统的《通用的开放式架构（Generic Open Architecture，GOA）》架构。

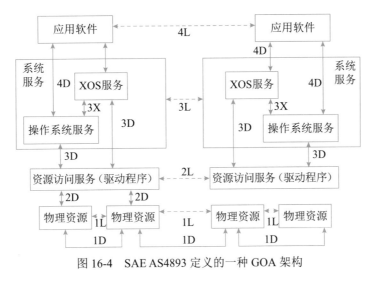

图 16-4　SAE AS4893 定义的一种 GOA 架构

GOA 架构实际上给出了是一种架构框架，其目的是解决嵌入式系统的开放性、软件的可移植性等问题，这里的通用性也是相对而言的，它是针对嵌入式系统的特征，以层次化架构风格为主要思想，采用抽象方法，规定了软件、硬件和接口的结构，以便在不同应用领域中实现系统功能。本架构规定了一组接口，重点是建立确定了关键组件及这些组件之间接口的框架，这些接口的确定可用于支持系统的移植和升级，也可以适应于功能的增加和技术的更新。因此，此架构规定了 4 种直接接口和 4 种逻辑接口，这里的直接接口是指上下层次间程序的功能引用可以直接调用，逻辑接口是指同层间的功能引用可以采用基于消息方式的逻辑接口。

GOA 架构的主要特点如下：

（1）可移植性。各种计算机应用系统可在具有开放结构特性的各种计算机系统间进行移植，不论这些计算机是否同种型号、同种机型。

（2）可互操作性。如计算机网络中的各结点机都具有开放结构的特性，则该网上各结点机间可相互操作和资源共享。

（3）可剪裁性。如某个计算机系统是具有开放结构特性的，则在该系统的低档机上运行的应用系统应能在高档机上运行，原在高档机上运行的应用系统经剪裁后也可在低档机上运行。

（4）易获得性。在具有开放结构特性的机器上所运行的软件环境易于从多方获得，不受某个来源所控制。

从嵌入式系统架构设计的角度看，每一款架构都应满足目标系统的特性要求，架构设计的目的应充分考虑系统的可靠性、安全性、可伸缩性、可定制性、可维护性、客户体验和市场时机等因素。

16.2   嵌入式系统软件架构原理与特征

16.2.1   两种典型的嵌入式系统架构模式

大多数嵌入式系统都具备实时特征，那么，这种嵌入式系统的典型架构可概括为两种模式，即层次化模式架构和递归模式架构。

1. 层次化模式架构

为了达到概念一致性，许多系统通过层次化的方法进行搭建。这样做的结果是：位于高层的抽象概念与低层的更加具体的概念之间存在着依赖关系。即：系统所在的域可以被认为是由一组带有语义的概念构成，并且这些概念位于一个特定的抽象层次之中。域中更加抽象的概念是由位于其他层上更为具体的概念实现。

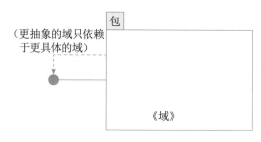

图 16-5   层次化模式架构的示意图

层次化模式依赖于概念的抽象，不同使用者可关注到架构的不同层面的细节。图 16-5 给出层次化模式架构的示意图。

层次化模式架构主要设计思想是：

（1）当一个系统存在高层次的抽象，这些抽象的表现形式是一个个的抽象概念，而这些抽象概念需要具体的低层概念进行实现时，就可采用层次化模式。

（2）分层模式结构只包含了一个主要的元素（域包）和它的接口，以及用来说明模式结构的约束条件。

（3）层次化模式可以分为两种：封闭型和开放性。封闭型的特征是：一层中的对象只能调用同一层或下一个底层的对象提供的方法。而开放型一层中的对象可以调用同一层或低于该层的任意一层的对象提供的方法。这两种的优缺点在于：开放型的性能较好，但由于破坏了封装，所以移植性不如封闭型的系统。

2. 递归模式架构

递归模式解决的问题是：需要将一个非常复杂的系统进行分解，并且还要确保分解过程是可扩展的，即只要有必要，该分解过程就可以持续下去。这样做的好处是：可以将需求阶段得到的一个非常复杂的用例用逐步求精的方法映射到这种设计架构，并在每步求精细化时，进行系统可靠性和实时性的验证。

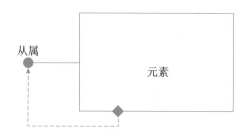

图 16-6   递归模式架构的示意图

递归模式实际上是对系统的抽象：系统中的交互协作可以在不同的层次上进行抽象，只不过每层反映的细节不同而已。图 16-6 给出递归模式架构的示意图。

递归模式的实现实际上就是靠重复应用简单的包含关系。在创建这种模式的实例时，通常使用两种相反的工作流程。

- **自顶向下**：自顶向下的工作流从系统层级开始并标识结构对象，这些对象提供实现协作的服务。在实时系统和嵌入式系统中，大多数情况下是基于某个标准方法，将系统分成一个个子系统。当开发人员逐步降低抽象层级，向下推进时，容易确保开发者的工作没有偏离用例中所规定的需求。
- **自底向上**：自底向上专注于域的构造——首先确定域中的关键类和关系。这种方法之所以可行是因为：开发者以往有丰富的开发经验，并能将其他领域所获得的知识映射到当前开发所在的域中。通过这种方法，最终开发者会到达子系统级的抽象。

16.2.2　嵌入式操作系统

1. 嵌入式操作系统的定义及特点

嵌入式操作系统（Embedded Operating System，EOS）是指用于嵌入式系统的操作系统。嵌入式操作系统是一种用途广泛的系统软件，负责嵌入式系统的全部软、硬件资源分配、任务调度、控制、协调并行活动等工作。通常包括与硬件相关的底层驱动软件、系统内核、设备驱动接口、通信协议、图形界面、标准化浏览器等。

嵌入式操作系统与通用操作系统相比，具备以下主要特点。

（1）可剪裁性：支持开放性和可伸缩性的体系结构；

（2）可移植性：操作系统通常可运行在不用体系结构的处理器和开发板上；

（3）强实时性：嵌入式操作系统实时性通常较强，可用于各种设备的控制；

（4）强紧凑性：由于嵌入式系统的资源受限的特点，嵌入式操作系统代码需要紧凑、精炼，不应存在无用代码；

（5）高质量代码：嵌入式系统已被广泛用于安全攸关系统，要求嵌入式操作系统代码质量要可靠，不存在由于代码的缺陷引发重大损失；

（6）强定制性：嵌入式操作系统可根据目标系统的不同需求，进行专业化定制；

（7）标准接口：嵌入式操作系统可提供设备统一的驱动接口；

（8）强稳定性、弱交互性：嵌入式系统一旦运行就不需要用户过多干预，这就要负责管理的操作系统具有较强的稳定性。EOS 的用户接口一般不提供操作命令，它是通过系统的调用命令向用户程序提供服务的；

（9）强确定性：EOS 对任务调度和资源管理应能够确保其在规定的时间、规定的容量内不发生任务超时和资源枯竭；

（10）操作简洁、方便：EOS 提供友好的图形 GUI 和图形界面，追求易学易用；

（11）较强的硬件适应性：可适应多种类型的硬件资源。这里有两层意思：其一是代码支持的硬件要有较强的可移植性；其二是可最大限度地发挥硬件处理能力；

（12）可固化性：在嵌入式系统中，嵌入式操作系统和应用软件通常是被固化在计算机系统的 ROM 中，系统运行时调入内存运行。

2. 嵌入式操作系统的分类

嵌入式操作系统的通常分为两类，一类是面向控制、通信等领域的嵌入式实时操作系统。如 WindRive 公司 VxWorks、ATI 公司 Nucleus 等；另一类是面向消费电子产品的非实时嵌入式操作系统，这类产品包括移动电话、机顶盒、电子书等，操作系统包括 Google 公司的 Android、Apple 公司的 iOS，以及 Microsoft 公司的 WinCE 等。

3. 嵌入式操作系统的一般架构

嵌入式操作系统通常由硬件驱动程序、调试代理、操作系统内核、文件系统和可配置组件等功能组成，并为应用软件提供标准的 API（Application Programming Interface）接口服务。

从嵌入式操作系统体系架构看，主要存在 4 种结构：整体结构、层次结构、客户 / 服务器结构和面向对象结构。本节主要介绍了整体结构的相关知识。

整体结构也称为模块结构或无序结构，它是基于结构化程序设计的一种软件设计方法。图 16-7 给出了传统嵌入式操作系统的体系结构。

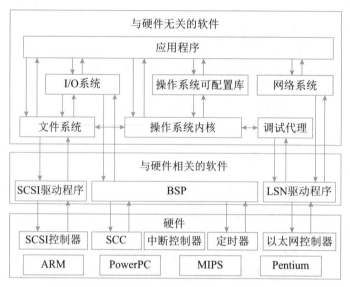

图 16-7   一般嵌入式操作系统的体系结构

如图 16-7 所示，嵌入式操作系统通常应支持多种处理器类型，一般选择嵌入式操作系统产品前，需要考虑对该产品覆盖处理器的能力。对于与硬件相关的软件而言，与处理器硬件相关的驱动称为结构支持包（ASP），与处理器外围芯片相关的驱动称之为板级支持包（BSP），对于特殊硬件配置，如 SCSI 盘、图形处理芯片，其驱动程序应单独设计。嵌入式操作系统通过调用硬件驱动软件实现对硬件资源的管理，其本身软件可与硬件无关，嵌入式操作系统核心是由操作系统内核和操作系统可配置库组成，操作系统内核是系统主体，承载着操作系统核心功能，其主要完成任务管理、内存管理、任务间通信管理、时钟管理和中断管理等功能。操作系统可配置库是操作系统功能的延伸，为应用程序提供更加丰富的服务，可配置库是一种可配置、可剪裁库代码，用户可根据目标系统的需求，进行静态或动态裁剪。其主要包括运行时库、设备管理、人机接口、图形图像以及 API 扩展等。

文件系统是嵌入式操作系统必须支持组件功能，它主要是为嵌入式系统提供数据或程序的存储能力。在嵌入式操作系统中，通常提供了 DosFS 文件系统，为了满足实时性要求，不同操作系统产品还提供了其他类型的文件系统，如 VxWorks 还以提供了 RT11FS，TSFS 和 TFFS 等。

I/O 系统是嵌入式操作系统必须提供的组件功能，它能够为嵌入式系统提供标准的出入输出管理。I/O 系统的主要功能是为数据传输操作选择输入/输出设备、控制被选输入/输出设备与主机之间的信息交换。

网络系统是嵌入式操作系统为满足嵌入式系统的互通互联所支持网络通信协议软件，如 TCP/IP、UDP 等，同时可支持宿主机的软件开发。

4. 嵌入式操作系统的基本功能

1）操作系统内核架构

内核是操作系统的核心部分，它管理着系统的各种资源。内核可以看成连接应用程序和硬件的一座桥梁，是直接运行在硬件上的最基础的软件实体。目前从内核架构来划分，可分为宏内核（Monolithic Kernel）和微内核（Micro Kernel）。

宏内核： 宏内核管理着用户程序和硬件之间的系统资源，在宏内核架构中，用户服务和内核服务在同一空间中实现。具体一点，就是内核可以代表内核进程运行代码，就是通常的内核进程；当用户进程经过系统调用或者中断进入到内核态时，内核也可以代表它运行代码。宏内核代码耦合度非常高，甚至内核的功能组件代码可以互相调用。如：vxworks5.5、VRTX 等嵌入式操作系统均采用的是宏内核。图 16-8 给出了宏内核的基本架构。

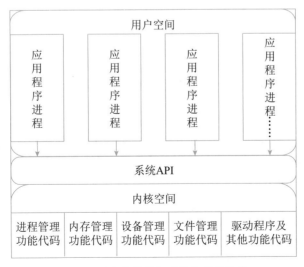

图 16-8　宏内核嵌入式操作系统结构

微内核： 内核管理着所有的系统资源，在微内核中用户服务和内核服务在不同的地址空间中实现。在应用程序和硬件的通信中，内核进程和内存管理的极小的服务，而客户端程序和运行在用户空间的服务通过消息的传递来建立通信，它们之间不会有直接的交互，这样一来，微内核中的执行速度相对就比较慢了，这是微内核架构的一个缺点。微内核系统结构相当清晰，有利于协作开发；微内核有良好的移植性，代码量非常少；微内核有相当好的伸缩性、扩展性。缺点是性能偏低。如：嵌入式 Linux、L4 、WinCE。图 16-9 给出了微内核的基本架构。

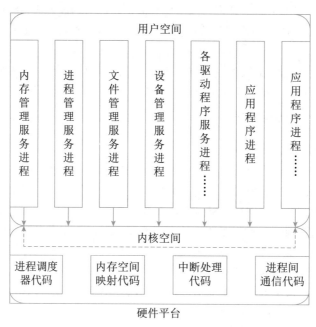

图 16-9　微内核嵌入式操作系统结构

2）任务管理

任务管理是嵌入式操作系统最基本功能之一，这里的任务（task）是指嵌入式操作系统调度的最小单位，类似于一般操作系统进程或线程的概念。任务是运行中的一个程序，一个程序加载到内存后就变成任务：

任务 = 程序 + 执行

任务一旦被加载到计算机内存后，通常会处于不同的工作状态，这种状态可随着计算机运行而转变。在嵌入式操作系统中，任务的工作状态最简单的可分为三种：执行态、就绪态和阻塞态，其转换关系见图 16-10。

- 执行态：当任务已获得处理机，其程序正在处理机上执行，此时的任务状态称为执行状态。
- 就绪状态：当任务已分配到除CPU以外的所有必要的资源，只要获得处理机便可立即执行，这时的任务状态称为就绪状态。
- 阻塞状态：正在执行的任务，由于等待某个事件

图 16-10　任务三种状态的转换

发生而无法执行时，便放弃处理机而处于阻塞状态。引起进程阻塞的事件可有多种，例如，等待I/O完成、申请缓冲区不能满足、等待信件（信号）等。

三种基本状态转换：

- 就绪→执行：处于就绪状态的任务，当任务调度程序为之分配了处理机后，该任务便由就绪状态转变成执行状态。
- 执行→就绪：处于执行状态的任务在其执行过程中，因分配给它的一个时间片已用完而不得不让出处理机，于是任务从执行状态转变成就绪状态。
- 执行→阻塞：正在执行的任务因等待某种事件发生而无法继续执行时，便从执行状态变成阻塞状态。
- 阻塞→就绪：处于阻塞状态的任务，若其等待的事件已经发生，于是任务由阻塞状态转变为就绪状态。

由于嵌入式系统中大部分应用领域是实时系统，因此，嵌入式操作系统的任务实时调度问题是操作系统任务管理的核心技术。许多嵌入式操作系统都支持优先级抢占调度算法和时间片轮转调度算法。

在嵌入式强实时系统中，操作系统必须支持执行一组并发实时任务，使所有时间关键任务满足其指定的截止时限（Deadline）。每个任务需要计算，数据和其他资源（例如输入/输出设备）来执行。而调度问题涉及这些资源的分配以满足所有的时序要求，在实时系统的任务调度中，存在大量的实时调度方法，大致可以概述为主要三种划分，即离线（Off-Line）和在线（On-Line）调度、抢占（Preemptive）和非抢占（Non-Preemptive）调度、静态（Static）和动态（Dynamic）调度等。

（1）离线和在线调度。

根据获得调度信息的时机，调度算法可以分为离线调度和在线调度两类。对于离线调度算法，运行过程中使用的调度信息在系统运行之前就确定了，如时间驱动的调度。离线调度算法具有确定性，但缺乏灵活性，适用于特征能够预先确定，且不容易发生变化的应用。在线调度算法的调度信息则在系统运行过程中动态获得，如优先级驱动的调度（如 EDF、RMS 等）。在线调度算法在形成最佳调度决策上具有较大的灵活性。

（2）抢占和非抢占调度。

根据任务在运行过程中能否被打断的处理情况。调度算法分为抢占式调度和非抢占式调度两类。在抢占式调度方法中，正在运行的任务可能被其他任务打断。在非抢占式调度算法中，一旦任务开始运行，该任务只有在运行完成而主动放弃 CPU 资源，或是因为等待其他资源被阻塞的情况下才会停止运行。实时内核大都采用了抢占式调度算法，使关键任务能够打断非关键任务执行，确保关键任务的截止时间能够得到满足。相对来说，抢占式调度算法要更复杂些，且需要更多的资源，并可能在使用不当的情况下造成低优先级任务出现长时间得不到执行的情况。非抢占式调度算法常用于那些任务需要按照预先确定的顺序执行，且只有当任务主动放弃 CPU 资源后，其他任务才能得到执行的情况。

（3）静态和动态调度。

根据任务优先级的确定时机，调度算法分为静态调度和动态调度两类。在静态调度算法中，所有任务的优先级在设计时已经确定下来，且在运行过程中不会发生变化（如 RMS）。在动态调度算法中，任务的优先级则在运行过程中确定，并可能不断发生变化（如 EDF）。静态调度算法适用于能够完全把握系统中所有任务及其时间约束（如截至时间、运行时间、优先顺序和运行过程中的到达时间）特性的情况。静态调度比较简单，但缺乏灵活性，不利于系统扩展；动态调度有足够的灵活性来处理变化的系统情况，但需要消耗更多的系统资源。

下面介绍几种典型强实时调度算法：

（1）最早截止时间优先（Earliest Deadline First，EDF）算法。

该算法是根据任务的开始截止时间来确定任务的优先级。截止时间愈早，其优先级愈高。该算法要求在系统中保持一个实时任务就绪队列，当一个事件发生时，对应的进程就被加入就绪进程队列。该队列按各任务截止时间的早晚排序，具有最早截止时间的任务排在队列的最前面。调度程序在选择任务时，总是选择就绪队列中的第一个任务，即截止时间最近的那个进程，为之分配处理机，使之投入运行。调度原理见图 16-11。

最早截止时间优先算法既可用于剥夺式调度，也可用于非剥夺式调度方式中。

A和B都是周期性任务，A每隔20秒启动一次，每次执行10秒，B每隔50秒启动一次，每次执行25秒，试用固定优先级和抢占式EDF调度算法分析执行次序。

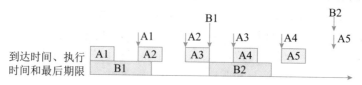

图 16-11   抢占的 EDF 调度算法示例

（2）最低松弛度优先（Least Laxity First，LLF）算法。

该算法是根据任务紧急（或松弛）的程度，来确定任务的优先级。任务的紧急程度愈高，该任务被赋予的优先级就愈高，以使之优先执行。松弛度（又叫富裕度）即进程的富裕时间，例如，一个任务在达到 200ms 时必须完成，而它本身所需的运行时间就有 100ms，因此，调度程序必须在 100ms 之前调度执行，该任务的紧急程度（松弛程度）为 100ms。在实现该算法时首先计算各个进程的松弛度，组织一个按松弛度排序的实时任务就绪队列，松弛度最低的任务排在队列最前面，调度程序总是选择就绪队列中的队首任务，即松弛度最少的进程执行。该算法主要用于可剥夺调度方式中。调度原理见图 16-12（a）。

例如，在嵌入式实时系统中，有两个周期性实时任务 A 和 B，任务 A 要求每 20ms 执行一次，执行时间为 10ms；任务 B 则要求每 50ms 执行一次，执行时间为 25ms。任务 A 和 B 每次必须完成的时间 A1，A2，A3，…和 B1，B2，B3，…。如图 16-12（b）所示。

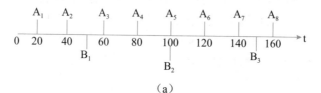

（a）

松弛度=必须完成时间-其本身的运行时间-当前时间

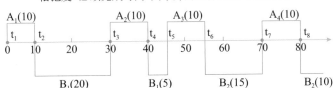

t=0ms时，A1的松弛度是10ms，B1的松弛度是25ms，调度A1执行；

t=10ms时，A2尚未到达，调度B1执行；

t=30ms时，A2的松弛度是0ms，B1的松弛度是15（50-5-30）ms，调度A2执行；

t=40ms时，A3的松弛度是10ms，B1的松弛度是5（50-5-40）ms，重新调度B1执行；

t=45ms时，B1执行完成，A3的松弛度是5（60-10-45）ms，调度A3执行；

t=55ms时，A尚未进入第4周期，B已进入第二周期，故再调度B2执行；

t=70ms时，A4松弛度已减至0ms，而B2的松弛度是20（100-70-10）ms，

故此时又应该抢占B2的处理机而调度A4执行。

（b）

图 16-12　LLF 调度原理示例

（3）单调速率调度算法（Rate Monotonic Scheduling，RMS）。

RMS 是一种静态优先级调度算法，是经典的周期性任务调度算法。RMS 的基本思路是任务的优先级与它的周期表现为单调函数的关系，任务的周期越短，优先级越高；任务的周期越长，优先级越低。如果存在一种基于静态优先级的调度顺序，使得每个任务都能在其期限时间内完成，那么 RMS 算法总能找到这样的一种可行的统调度方案。

例如，我们有两个进程 P_1 和 P_2。P_1 和 P_2 的周期分别为 50ms 和 100ms，即 P_1=50ms 和 P_2=100ms。P_1 和 P_2 的处理时间分别为 t_1=20ms 和 t_2=35ms。每个进程的截止期限要求，它在下一个周期开始之前完成 CPU 执行。

使用单调速率调度，这里 P_1 分配的优先级要高于 P_2 的，因为 P_1 的周期比 P_2 的更短。在这种情况下，这些进程执行如图 16-13 所示。

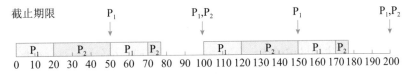

图 16-13　RMS 法原理示例

首先，P_1 开始，并在时间 20ms 完成 CPU 执行，从而满足第一个截止期限。P_2 在这点开始运行，并运行直到时间 50ms。此时，它被 P_1 抢占，尽管它的 CPU 执行仍有 5ms 的时间。P_1 在时间 70ms 完成 CPU 执行，在这点调度器恢复 P_2。P_1 在时间 75ms 完成 CPU 执行，也满足第一个截止期限。然后，系统一直空闲到时间 100ms，这时，P_1 再次被调度。

单调速率调度可认为是最优的，因为如果一组进程不能由此算法调度，它不能由任何其他分配静态优先级的算法来调度。

3）存储管理

存储器管理是嵌入式操作系统的基本功能之一。其管理的对象是主存，也称内存。它的主

要功能包括分配和回收主存空间、提高主存利用率、扩充主存、对主存信息实现有效保护。存储器管理的目的就是要提供一个有价值的内存抽象，其目标包括：

- 地址保护：一个程序不能访问另一个程序地址空间；
- 地址独立：程序并发的地址应与物理主存地址无关。

存储管理方法的主要目的是解决多个用户使用主存的问题，其存储管理方法主要包括分区存储管理、分页存储管理、分段存储管理、段页存储管理以及虚拟存储管理等5种。

（1）分区存储。

分区存储管理又有三种不同的方式：静态分区、可变分区、可重定位分区。

①静态分区。静态分区存储管理是预先把可分配的主存储器空间分割成若干个连续区域，每个区域的大小可以相同，也可以不同。为了说明各分区的分配和使用情况，存储管理需设置一张"主存分配表"。主存分配表指出各分区的起始地址和长度，表中的占用标志位用来指示该分区是否被占用了，当占用的标志位为"0"时，表示该分区尚未被占用。进行主存分配时总是选择那些标志为"0"的分区，当某一分区分配给一个作业后，则在占用标志栏填上占用该分区的作业名。采用静态分区存储管理，主存空间的利用率不高。

②可变分区。可变分区方式是按作业的大小来划分分区。当要装入一个作业时，根据作业需要的主存量查看主存中是否有足够的空间，若有，则按需要量分割一个分区分配给该作业；若无，则令该作业等待主存空间。由于分区的大小是按作业的实际需要量来定的，且分区的个数也是随机的，所以可以克服固定分区方式中的主存空间的浪费。

随着作业的装入、撤离，主存空间被分成许多个分区，有的分区被作业占用，而有的分区是空闲的。当一个新的作业要求装入时，必须找一个足够大的空闲区，把作业装入该区，如果找到的空闲区大于作业需要量，则作业装入后又把原来的空闲区分成两部分，一部分给作业占用了；另一部分又分成为一个较小的空闲区。当一作业结束撤离时，它归还的区域如果与其他空闲区相邻，则可合成一个较大的空闲区，以有利于大作业的装入。可变分区调度算法如下：

- 首次适应算法。每次分配时，总是顺序查找未分配表，找到第一个能满足长度要求的空闲区为止。分割这个找到的未分配区，一部分分配给作业，另一部分仍为空闲区。这种分配算法可能将大的空间分割成小区，造成较多的主存"碎片"。
- 最佳适应算法。从空闲区中挑选一个能满足作业要求的最小分区，这样可保证不去分割一个更大的区域，使装入大作业时比较容易得到满足。采用这种分配算法时可把空闲区按大小以递增顺序排列，查找时总是从最小的一个区开始，直到找到一个满足要求的区为止。
- 最坏适应算法。挑选一个最大的空闲区分割给作业使用，这样可使剩下的空闲区不至于太小，这种算法对中、小作业是有利的。采用这种分配算法时可把空闲区按大小以递减顺序排列，查找时总是从最大的一个区开始。按这种方法，在收回一个分区时也必须对表格重新排列。

③可重定位分区。可重定位分区也可称之为动态重定位分区方法，它是充分利用存储器管理的虚拟 - 物理地址动态映射关系实现存储分配的。其工作原理是作业在动态运行时装入内存的所有地址都是一种相对地址（即逻辑地址），将相对地址转换为物理地址的工作，被推迟到程序指令要真正执行时进行。为使地址的转换不会影响到指令的执行速度，必须有硬件地址变换

机构的支持（如：MMU），即需在系统中增设一个重定位寄存器，用来存放程序（数据）在内存中的起始地址。程序在执行时，真正访问的内存地址是相对地址与重定位寄存器中的地址相加而形成的。

（2）分页存储。

分页存储管理是将一个进程的逻辑地址空间分成若干个大小相等的片，称为页面或页，并为各页加以编号，从 0 开始，如第 0 页、第 1 页等。相应地，也把内存空间分成与页面相同大小的若干个存储块，称为（物理）块或页框（frame），也同样为它们加以编号，如 0# 块、1# 块等等。在为进程分配内存时，以块为单位将进程中的若干个页分别装入到多个可以不相邻的物理块中。由于进程的最后一页经常装不满一块而形成了不可利用的碎片，称为"页内碎片"。

（3）分段存储。

在分段存储管理方式中，作业的地址空间被划分为若干个段，每个段定义了一组逻辑信息。例如，有主程序段 MAIN、子程序段 X、数据段 D 及栈段 S 等。每个段都有自己的名字。为了实现简单起见，通常可用一个段号来代替段名，每个段都从 0 开始编址，并采用一段连续的地址空间。段的长度由相应的逻辑信息组的长度决定，因而各段长度不等。整个作业的地址空间由于是分成多个段，因而是二维的，亦即，其逻辑地址由段号（段名）和段内地址所组成。

（4）段页存储。

段页式系统的基本原理，是基本分段存储管理方式和基本分页存储管理方式原理的结合，即先将用户程序分成若干个段，再把每个段分成若干个页，并为每一个段赋予一个段名。

（5）虚拟存储。

当程序的存储空间要求大于实际的内存空间时，就使得程序难以运行了。虚拟存储技术就是利用实际内存空间和相对大得多的外部储存器存储空间相结合构成一个远远大于实际内存空间的虚拟存储空间，程序就运行在这个虚拟存储空间中。能够实现虚拟存储的依据是程序的局部性原理，即程序在运行过程中经常体现出运行在某个局部范围之内的特点。在时间上，经常运行相同的指令段和数据（称为时间局部性），在空间上，经常运行与某一局部存储空间的指令和数据（称为空间局部性），有些程序段不能同时运行或根本得不到运行。虚拟存储是把一个程序所需要的存储空间分成若干页或段，程序运行用到页和段就放在内存里，暂时不用就放在外存中。当用到外存中的页和段时，就把它们调到内存，反之就把它们送到外存中。装入内存中的页或段可以分散存放。

虚拟存储技术不仅可让我们可以使用更多的内存，它还提供了以下功能：

- 寻址空间：操作系统让系统看上去有比实际内存大得多的内存空间。虚拟内存可以是系统中实际物理空间的许多倍。每个进程运行在其独立的虚拟地址空间中。这些虚拟空间相互之间都完全隔离开来，所以进程间不会互相影响。同时，硬件虚拟内存机构可以将内存的某些区域设置成不可写。这样可以保护代码与数据不会受恶意程序的干扰。
- 内存映射：内存映射技术可以将映象文件和数据文件直接映射到进程的地址空间。在内存映射中，文件的内容被直接连接到进程虚拟地址空间上。
- 物理内存分配：内存管理子系统允许系统中每个运行的进程公平地共享系统中的物理内存。
- 共享虚拟内存：尽管虚拟内存允许进程有其独立的虚拟地址空间，但有时也需要在进程之间共享内存。例如有可能系统中有几个进程同时运行BASH命令外壳程序。为了避免在每个进程的虚拟内存空间内都存在BASH程序的拷贝，较好的解决办法是系统物理内存中只存在一份BASH的拷贝并在多个进程间共享。动态库则是另外一种进程间共享执行代码的方式。共享内存可用来作为进程间通信（IPC）的手段，多个进程通过共享内存来交换信息。 Linux支持SYSTEM V的共享内存IPC机制。

表16-1 给出了 5 种存储器管理比较。

表 16-1　5 种存储管理比较

存储管理	功能描述	优点	缺点
分区存储	分区存储分为静态分区、可变分区、可重定位分区。其主要做法是将内存空间分成几个区域，在加载程序时，选择一个当前闲置且容量够大的分区进行加载。而可变是将内存空间看作一个整体，在加载程序时，就在该片空间里面分出一个大小刚刚满足程序所需的空间	● 管理简单 ● 采用静态地址翻译	● 空间浪费问题：碎片存在 ● 程序受限问题：增长存在，空间增长效率低和增长存在天花板限制
分页存储	核心是将虚拟内存空间和物理内存空间皆划分成大小相同的页面，并以页面作为内存空间的最小分配单位。一个程序的一个页面可以放在任意一个物理页面里	● 不会产生外部碎片 ● 可解决进程空间的增长 ● 页面可共享	● 页表很大，占用大量内存空间 ● 程序全部装入内存，需要有相应的硬件支持
分段存储	核心是将一个程序按照逻辑单元分成多个程序段，每一个段使用自己单独的虚拟地址空间。如编译器，可以将一个程序分成5个虚拟空间，即符号表、代码段、常数段、词法数和调用栈	● 每个逻辑单元可单独占一个虚拟地址空间，使得空间大为增长 ● 段是按逻辑关系而分，共享起来就非常方便 ● 对于空间稀疏程度而言，分段管理将节省大量的空间 ● 可以分别编写和编译，可以对不同类型的段采取不同的保护	● 存在外部碎片和一个段必须全部加载到内存
段页存储	段页式管理就是将程序分为多个逻辑段，在每个段里面又进行分页，即将分段和分页组合起来使用	● 便于程序模块化设计 ● 减少存储空间的浪费 ● 可实现程序的动态链接	● 管理的复杂度和开销增加 ● 需要的硬件及占有内存增加，执行速度下降
虚拟存储	虚拟存储技术就是利用实际内存空间和相对大的外部储存器存储空间相结合构成一个远远大于实际内存空间的虚拟存储空间，程序就运行在这个虚拟存储空间中	● 内存利用率高 ● 程序不受现有内存空间的限制 ● 可提高多道程序度 ● 良好的经济性	● 需要硬件支持 ● 存在带宽瓶颈 ● 系统扩展性差

　　4）任务间通信

　　任务间通信管理也是嵌入式操作系统的关键功能之一。它主要为操作系统的应用程序提供多种类型的数据传输、任务同步 / 异步操作等手段。由于嵌入式操作系统是为应用提供管理、硬件支持、协调任务和中断处理程序等功能，具备着多任务能力，那么操作系统任务之间一般存在以下关系：

　　（1）相互独立：任务之间仅仅存在竞争 CPU 的资源，再无其他关联。

　　（2）竞争：任务之间存在对除 CPU 外的其他资源的竞争（即互斥机制）。共享资源是多任务系统中主要关心的问题，在系统中，大多数的资源在某一时刻仅能被某一任务使用，并且在使用过程中不能被其他任务中断。这些资源主要包括特定的外设、共享内存等。当 CPU 禁止并发操作时，那些包含了使用 CPU 之外的共享资源的代码就不能同时被多个任务调用执行。这样的代码称为"临界区域"。如果两个任务同时进入临界区域，将会产生意想不到的错误。

　　（3）同步：协调彼此运行的步调。

　　（4）通信：彼此间传递数据和信息，以协调完成某项工作。通信可以是在任务与任务之间，或中断服务程序（ISR）与任务之间。

　　因此，要实现多任务间的协同工作，操作系统必须提供任务间的通信手段。嵌入式操作系统一般都会提供多任务间通信的方法，常用的通信方式包括：

● 共享内存：数据的简单共享。
● 信号量：基本的互斥和同步。
● 消息队列：同一CPU内多任务间消息传递。
● Socket和远程调用：任务间透明的网络通信。
● Signals（信号）：用于异常处理。

　　共享内存是任务间最直接、最明显的通信方法，也是访问共享的数据结构，即不同的任务都可以访问同一地址空间。由于大部分嵌入式系统的任务共存于单一的线性地址空间，在多个任务间共享数据结构是非常容易的。因此，共享内存为多任务提供了一种非常简单而且高效的通信机制。只要通信任务双方采用了协商一致的数据结构，包括各种类型的全局变量、双向链表、环行队列等复杂的数据结构，都可以被所用任务直接访问。

　　信号量是提供任务间通信、同步和互斥的最优选择，它提供任务间的最快速通信。也是提供任务间同步和互斥的主要手段。对于互斥，信号量可以上锁对共享资源的访问。并且必禁止中断和禁止抢占提供更精确的互斥粒度。对于同步，信号量可以协调外部事件与任务的执行。

　　针对不同类型的问题，操作系统可以有不同的信号量，一般分为三种：

● 二进制信号量：最快的、最常用的信号量，用于解决任务的同步问题。
● 互斥信号量：为解决具有内在地互斥、优先级继承和递归等问题而设置的一种特殊的二进制信号量。
● 计数信号量：类似于二进制信号量，但是随信号量释放的次数改变而改变。适合于一个资源的多个实例需要保护的情形。

　　消息队列作为一种更高级的通信方式，能够在同一处理器的各个任务间传递任意长度（理论上只受物理内存和机器字长限制）的信息。消息队列是一个类似于缓冲区的对象，通过它，任务和 ISR 发送接收消息，实现带数据的通信和同步。消息队列像一个管道，它暂时保持来自一个发送者的消息，直到有意的接收者准备读这些消息。这个临时缓冲区把发送任务和接收任务分隔开，即它必须同时释放发送和接收消息的任务，其基本原理见图 16-14。

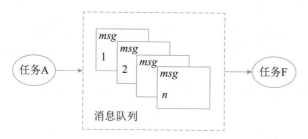

图 16-14　消息队列基本原理

　　在实际应用中，使用消息队列的方法包括非互锁的单向数据通信、互锁的单向数据通信、互锁的双向数据通信和广播通信等。与此同时，消息队列中消息的队列存在多种方式，比如先进先出（FIFO）、先进后出（FILO）、紧急消息、优先级消息、时限消息等。

　　管道（pipeline）是消息队列中的一种，是 UNIX 操作系统中传统的进程通信技术，一般分无名管道和命名管道，以 I/O 系统调用方式进行读写。在传统的实现中管道是单向数据交换。如图 16-15 所示。数据在管道内像一个非结构字节流，按 FIFO 的次序从管道中读出。一个管道提供一个简单的数据流设施。当管道空时，阻塞读任务；当管道满时，阻塞写任务。有些操作系统也允许有多个读任务的管道和有多个写任务。

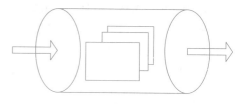

图 16-15　管道的基本原理示意图

　　Socket 和远程调用是在应用层和传输层之间的一个抽象层，它把 TCP/IP 层复杂的操作抽象为几个简单的接口，供应用层调用实现进程在网络中的通信。Socket 起源于 UNIX，在 UNIX 一切皆文件的思想下，进程间通信就被冠名为文件描述符（File Descriptor）。Socket 通信原理是一种"打开—读 / 写—关闭"模式的实现，服务器和客户端各自维护一个"文件"，在建立连接打开后，可以向文件写入内容供对方读取或者读取对方内容，通信结束时关闭文件。

　　Socket 保证了不同计算机之间的通信，也就是网络通信。对于网站，通信模型是服务器与客户端之间的通信。两端都建立了一个 Socket 对象，然后通过 Socket 对象对数据进行传输。通常服务器处于一个无限循环，等待客户端的连接。图 16-16 给出了 Socket 的基本原理。

　　Signals 是 VxWorks 操作系统提供的一种特殊异常处理与任务之间的通信方式，其思想来源于 POSIX。Signals 主要用来通知进程发生了异步事件。在软件层次上是对中断机制的一种模拟，在原理上，一个进程收到一个信号与处理器收到一个中断请求可以说是一样的。信号是进程间通信机制中唯一的异步通信机制，一个进程不必通过任何操作来等待信号的到达，事实上，进程也不知道信号到底什么时候到达。进程之间可以互相通过系统调用发送软中断信号。内核也可以因为内部事件而给进程发送信号，通知进程发生了某个事件。Signals 机制除了基本通知功能外，还可以传递附加信息。

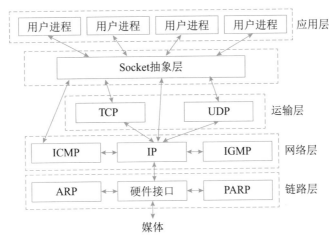

图 16-16　Socket 的基本原理

5. 典型嵌入式操作系统

当前，国际上存在上百种嵌入式操作系统。从来源看，一种是从通用操作系统演化而来的通用性嵌入式操作系统，如 WinCE、Linux 等，而大多数是面向特定领域嵌入式操作系统，表 16-2 所示给出了目前使用较广泛的嵌入式操作系统产品。

表 16-2　主要嵌入式操作系统

名称	简介
VRTX	美国 Ready System 公司研制的国际上最早的一款嵌入式实时多任务操作系统（VRTS/OS）。自 1981 年发表 VRTX1.0 至今 VRTX32 1.08，它已经成功地用于 4000 多种应用环境，安装有 VRTX/OS 的产品已过百种。VRTX 实时多任务操作系统从实时性、可靠性、可用性各方面比较而言，都比以前的 iRMX、iRMK 操作系统有了很大提高，当时它代表嵌入式系统的潮流
VxWorks	美国 WindRiver 公司于 1983 年设计开发的一种嵌入式实时操作系统。它有良好的持续发展能力、高性能的内核以及友好的用户开发环境，在嵌入式实时操作系统领域逐渐占据一席之地。此款产品在我国被广泛应用。它系统十分灵活，具有多达 1800 个功能强大的应用程序接口（API）；适用面广，可以适用于从最简单到最复杂的产品设计。可靠性高，可以用于从防抱死刹车系统到星际探索的关键任务；适用性强，可以用于支持当前流行的 CPU 平台
LynxOS	是由 Lynx Real-time Systems 开发的一个款支持分布式嵌入式实时操作系统。LynxOS 是一个分布式、嵌入式、可规模扩展的实时操作系统，具有 UNIX 的优点，即实时内核、程序可重入和调度确定性和确定的硬实时响应等特征，最早开发于 1988 年。LynxOS 支持线程概念，提供 256 个全局用户线程优先级；硬实时优先级调度；在每个优先级上实现了轮转调度、定量调度和 FIFO 调度策略；快速正文切换和阻塞时间短；抢占式的 RTOS 核心

（续表）

名称	简介
Nucleus	美国 Accelerated Technology 公司（ATI）开发的一个嵌入式实时操作系统最早开发于 1990 年，主要应用在消费电子、网络设备、无线、导航、办公设备、医疗设备和控制等领域。最新产品 nucleus plus 是为实时嵌入式应用而设计的一个抢先式多任务操作系统内核，其 95% 代码是用 ANSI C 写成的，因此非常便于移植并能够支持大多数类型的处理器。nucleus plus 核心代码区一般不超过 20KB 大小。它采用了软件组件的方法。每个组件具有单一而明确的目的，各个组件非常易于替换和复用。其基本组件包括任务控制、内存管理、任务间通信、任务的同步与互斥、中断管理、定时器及 I/O 驱动等
QNX	加拿大 QNX Software Systems Europe 公司研制的一个实时、可扩展操作系统，并部分遵循 POSIX 相关标准，采用微内核结构。微内核小巧，主要提供 4 种基本服务，所有的操作系统服务都是能互相通信的用户进程。目前，支持 X86、Power PC、MIPS 和 ARM 等处理器。主要的应用领域是消费电子、电信、汽车及医疗设备等
Android	美国 Google 公司和开放手机联盟领导及研制的一款开源式嵌入式操作系统。Android 是基于 Linux 内核（不包含 GNU 组件），主要针对移动设备，目前已被大量应用于智能手机、平板、机顶盒等移动设备上。2007 年 11 月，Google 与 84 家硬件制造商、软件开发商及电信营运商组建开放手机联盟共同研发改良 Android 系统。Android 系统的主要特点是：开源、良好的操作体验和网络应用。Android 平台手机的全球市场份额已经达到 78.1%
iOS	美国 Apple 公司研制的一款 Apple iOS 手持设备操作系统。苹果公司最早于 2007 年是设计给 iPhone 使用的，后来陆续套用到 iPod touch、iPad 以及 Apple TV 等苹果产品上。iOS 与苹果的 Mac OS X 操作系统一样，它也是以 Darwin 为基础的，因此同样属于类 Unix 的商业操作系统。原本这个系统名为 iPhone OS，直到 2010 年 6 月 7 日 WWDC 大会上宣布改名为 iOS。Apple iOS 主要特点是：软、硬件整合度高、界面美观易操作、安全性强、应用数量多、品质高
ROS	美国斯坦福大学的 STanford Artificial Intelligence Robot（STAIR）和 Personal Robotics（PR）项目研制了首款机器人操作系统原型。ROS 是机器人操作系统（Robot Operating System）的英文缩写。ROS 是用于编写机器人软件程序的一种具有高度灵活性的软件架构。其主要功能是：ROS 提供一些标准操作系统服务，例如硬件抽象，底层设备控制，常用功能实现，进程间消息以及数据包管理；ROS 是基于一种图状架构，从而不同节点的进程能接受、发布、聚合各种信息（例如传感、控制、状态、规划等等）；ROS 可以分成两层，低层是上面描述的操作系统层，高层则是广大用户群贡献的实现不同功能的各种软件包，例如定位绘图、行动规划、感知、模拟等

截至目前，嵌入式操作系统已被广泛应用于我们的日常生活之中，VRTX、VxWorks、LynxOS、Nucleus 和 QNX 属于在嵌入式实时操作系统范畴，通常被应用在工业控制、医疗设备、军事装备以及轨道交通等领域。而 Android 和 iOS 属于嵌入式操作系统，也是一款移动操作系统，由于 21 世纪手机等移动终端的普及，这两款产品是家喻户晓。当然，以 Linux 内核为基础的延伸开发产品层出不穷，并被服务于各个应用领域。ROS 是面向机器人系统的一款开源嵌入式操作系统，它除了具有操作系统的基本功能外，扩展了众多与机器人相关的功能组件，形成了一套完整的生态环境平台。此外，物联网操作系统（IoTOS）也成为嵌入式操作系统的一个核心分支。

随着我国国力的增强，在国家大力支持下，国产嵌入式操作系统如雨后春笋蓬勃发展。推出了多款嵌入式操作系统，如：天脉（AcoreOS）、瑞华（ReWoks）、麒麟（Kirin）、鸿蒙（HarmonyOS）等，并已被广泛应用。

16.2.3　嵌入式数据库

1. 嵌入式数据库的定义及特点

嵌入式数据库的名称来自其独特的运行模式。这种数据库嵌入到了应用程序进程中，消除了与客户机服务器配置相关的开销。嵌入式数据库实际上是轻量级的，在运行时，它们需要较少的内存。它们是使用精简代码编写的，对于嵌入式设备，其速度更快，效果更理想。嵌入式运行模式允许嵌入式数据库通过 SQL 来轻松管理应用程序数据，而不依靠原始的文本文件。嵌入式数据库还提供零配置运行模式，这样可以启用其中一个并运行一个快照。

在嵌入式系统中，对数据库的操作具有定时限制的特性，这里把应用于嵌入式系统的数据库系统称为嵌入式数据库系统或嵌入式实时数据库系统（ERTDBS）。

可靠性要求是毋庸置疑的，嵌入式系统必须能够在没有人工干预的情况下，长时间不间断地运行。同时要求数据库操作具备可预知性，而且系统的大小和性能也都必须是可预知的，这样才能保证系统的性能。嵌入式系统中会不可避免地与底层硬件打交道，因此在数据管理时，也要有底层控制的能力，如什么时候会发生磁盘操作，磁盘操作的次数，如何控制等。底层控制的能力是决定数据库管理操作的关键。

目前嵌入式软件系统开发的挑战之一，体现在对各种数据的管理能否建立一套可靠、高效、稳定的管理模式，嵌入式数据库可谓应运而生。

嵌入式数据库是嵌入式系统的重要组成部分，也成为对越来越多的个性化应用开发和管理而采用的一种必不可少的有效手段。

嵌入式数据库用途广泛，如可用于消费电子产品、移动计算设备、企业实时管理应用、网络存储与管理以及各种专用设备，这一市场目前正处于高速增长之中。举一个简单例子，比如手机原来只用来打电话、发短信，现在手机增加了很多新的功能，比如彩信、音乐、摄影、视频等，应用的功能多了，系统就变得复杂了。

与传统数据库相比，嵌入式数据库系统有以下几个主要特点：

- 嵌入式：嵌入性是嵌入式数据库的基本特性。嵌入式数据库不仅可以嵌入到其他的软件当中，也可以嵌入到硬件设备当中。
- 实时性：实时性和嵌入性是分不开的。只有具有了实时性的数据库才能够第一时间得到系统的资源，对系统的请求在第一时间内做出响应。但是，并不是具有嵌入性就一定具有实时性。要想嵌入式数据库具有很好的实时性，必须做很多额外的工作。
- 移动性：移动性是目前在国内提得比较多的一个说法，这和目前国内移动设备的大规模应用有关。可以这么说，具有嵌入性的数据库一定具有比较好的移动性，但是具有比较好的移动性的数据库，不一定具有嵌入性。
- 伸缩性：伸缩性在嵌入式场合显得尤为重要。首先嵌入式场合硬件和软件的平台都是千差万别，基本都是客户根据需要自己选择的结果。

2. 嵌入式数据库的分类

嵌入式数据库分类方法很多，可以按照嵌入对象的不同可分类为软件嵌入数据库、设备嵌入数据库、内存数据库；也可以按照系统结构不同可分类嵌入数据库、移动数据库、小型 C/S（客户机 / 服务器）结构数据库等。按照数据库存储位置的不同而进行分类是目前广泛采用的分类方法，它可以划分为基于内存方式、基于文件方式和基于网络方式三类。

（1）基于内存的数据库系统（Main Memory Database System，MMDB）是实时系统和数据库系统的有机结合。实时事务要求系统能较准确地预测事务的运行时间，但对磁盘数据库而言，由于磁盘存取、内外存数据传递、缓冲区管理、排队等待及锁的延迟等，使得事务实际平均执行时间与估算的最坏情况执行时间相差很大。如果将整个数据库或其主要的"工作"部分放入内存，使每个事务在执行过程中不需要访问 I/O 的话，则系统就可以较精确地估算和安排事务的处理时间，这样，为系统可动态预测性提供了有力的支持，同时也为实现事务的定时限制打下基础。

内存数据库是支持实时事务的最佳技术，其本质特征是以其"主拷贝"或"工作版本"常驻内存，即活动事务只与实时内存数据库的内存拷贝打交道。目前，嵌入式内存数据库系统已被广泛应用于航空、军事、电信、电力、工业控制等领域。而这些领域大部分都是分布式的，因此，分布式内存数据库系统将成为新的研究热点。此外，应用于安全攸关系统中的嵌入式数据库还应在可靠性、安全性等方面有更高要求。

（2）基于文件的数据库（File Database，FDB）系统就是以文件方式存储数据库数据，即数据按照一定格式储存在磁盘中。使用时由应用程序通过相应的驱动程序甚至直接对数据文件进行读写。这种数据库的访问方式是被动式的，只要了解其文件格式，任何程序都可以直接读取，因此它的安全性很低。

虽然文件数据库存在诸多弊端，但是，对于嵌入式系统在空间、时间等方面的特殊要求，DBF、Access、Paradox 数据库都是文件型数据库，嵌入式数据库 Pocket Access 也是文件型数据库。

基于网络的数据库（Netware Database，NDB）系统是基于手机 4G/5G 的移动通信基础之上的数据库系统，在逻辑上可以把嵌入式设备看作远程服务器的一个客户端。实际上，嵌入式网络数据库是把功能强大的远程数据库映射到本地数据库，使嵌入式设备访问远程数据库就像访问本地数据库一样方便。

（3）嵌入式网络数据库主要由三部分组成：客户端、通信协议和远程服务器。客户端主要负责提供接口给嵌入式程序，通信协议负责规范客户端与远程服务器之间的通信，还需要解决多客户端的并发问题，远程服务器负责维护服务器上的数据库数据。嵌入式网络数据库系统的特点是：

- 无需解析SQL语句；
- 支持更多的SQL操作；
- 客户端小、无须支持可剪裁性；

● 有利于代码重用。

这里要说明的是，由嵌入式网络数据库、嵌入式本地数据库（内存或文件）和嵌入式 Web 服务器等构成了综合的嵌入式综合信息系统。

3. 嵌入式数据库的一般架构

在我们日常工作中，像 Oracle、Sybase、MySQL 和 SQL Server 等这些大牌数据库产品相信大家已熟知，但是这些数据库都属于数据库服务器（当然不排除某些也提供嵌入式版本），而像 SQLite、Berkeley DB 等是属于嵌入式数据库。嵌入式数据库跟数据库服务器最大的区别在于它们运行的地址空间不同。通常，数据库服务器独立地运行一个守护进程（daemon），而嵌入式数据库与应用程序运行在同一个进程。

在了解嵌入式数据库架构之前，我们必须清楚数据库服务器架构与嵌入式数据库架构差异。

数据库服务器架构：数据库客户端通常通过数据库驱动程序如 JDBC、ODBC 等访问数据库服务器，数据库服务器再操作数据库文件。数据库服务是一种客户端服务器模式，客户端和服务器是完全两个独立的进程。它们可以分别位于在不同的计算机甚至网络中。客户端和服务器通过 TCP/IP 进行通信。这种模式将数据与应用程序分离，便于对数据访问的控制和管理。

嵌入式数据库架构：嵌入式数据库不需要数据库驱动程序，直接将数据库的库文件链接到应用程序中。应用程序通过 API 访问数据库，而不是 TCP/IP。因此，嵌入式数据库的部署是与应用程序在一起的。比如常见的版本控制器 SubVersion，它所用的嵌入式数据库就是跟应用程序放在一起的。

数据库服务器和嵌入式数据库对比如下：

（1）数据库服务器通常允许非开发人员对数据库进行操作，而在嵌入式数据中通常只允许应用程序对其进行访问和控制。

（2）数据库服务器将数据与程序分离，便于对数据库访问的控制。而嵌入式数据库则将数据的访问控制完全交给应用程序，由应用程序来进行控制。

（3）数据库服务器需要独立的安装、部署和管理，而嵌入式数据通常和应用程序一起发布，不需要单独地部署一个数据库服务器，具有程序携带性的特点。

因此，嵌入式数据库的架构与应用对象紧密相关，其架构是以内存、文件和网络等三种方式为主。

1）基于内存的数据库系统

基于内存的数据库系统中比较典型的产品是美国 McObject 公司的 eXtremeDB 嵌入式数据库，2013 年 3 月推出 5.0 版，它采用内存数据结构，基于对象模型，并直接与应用结合，不属于客户端 / 服务器架构。eXtremeDB 内存数据库与其他数据库相比，在提供高性能的数据管理服务的同时，专门针对实时系统的要求进行了优化。

eXtremeDB 嵌入式数据库的架构见图 16-17。

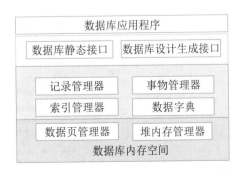

图 16-17　eXtremeDB 嵌入式数据库的架构

eXtremeDB 采用层次化设计结构，最上层代表数据库应用程序。下一层是数据库静态接口和根据数据库设计生成的接口，分别代表 eXtremeDB 提供的外部应用接口和通过数据库设计生成外部接口（主要是数据操作接口），用户调用这些外部接口进行数据库操作；再下层是数据库内核的相关模块，包括记录管理器、事务管理器、索引管理器、数据字典；最下层是存储管理器，直接管理用户分配的内存空间。

eXtremeDB 主要特点：

- 最小化支持持久数据所必需的资源：实质上就是将内存资源减到最小。操作对象都以很小的尺寸保存在数据库中。eXtremeDB引进的额外开销不仅非常低，而且这些开销在应用程序中也是可控制的；另外，数据层提供了对对象数据的压缩。
- 保持极小的必要堆空间：在某些配置上eXtremeDB只需要不到1KB的堆空间。
- 维持极小的代码体积。
- 通过紧密的集成持久存储和宿主应用程序语言消除额外的代码层：通常目标应用程序使用大量小规模的数据库操作而非大数据量的操作。eXtremeDB的数据存取方法使得对持久对象的引用能够和引用临时数据一样快速。
- 提供对动态数据结构的本地支持：例如变长字符串、链表和树。eXtremeDB通过以一种高效（快速）、安全（事务）、紧凑（内存）的方式来支持动态数据，从而"扩展"了C语言。

2）基于文件的嵌入式数据库系统

基于文件的嵌入式数据库系统是以文件方式存储数据库数据。比较典型的产品是由 D. Richard Hipp 建立的公有领域项目开发的 SQLite 轻量型嵌入式数据库系统。SQLite 诞生于 2000 年，其设计目标是嵌入式的，而且已经在很多嵌入式产品中使用。它占用资源非常少，在嵌入式设备中，可能只需要几百"KB"的内存就够了，支持 Windows/Linux/Unix 等主流操作系统，同时能够跟许多程序语言相结合，如：TCL、C#、JAVA 等。

SQLite 轻量型嵌入式数据库系统架构见图 16-18。

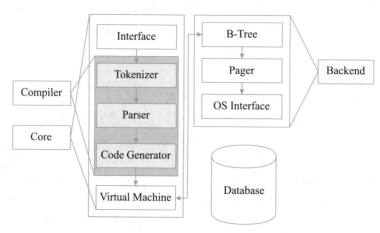

图 16-18　SQLite 嵌入式数据库系统架构

　　SQLite 在架构上采用了模块的设计，它由公共接口、编译器系统、虚拟机和后端四个子系统组成。

　　（1）接口（Interface）。由 SQLite C API 组成，也就是说不管是程序、脚本语言还是库文件，最终都是通过它与 SQLite 交互的（通常使用较多的 ODBC/JDBC 最后也会转变为相应 C API 的调用）。

　　（2）编译器（Compiler）。在编译器中，分词器（Tokenizer）和分析器（Parser）对 SQL 进行语法检查，然后把它转变为底层能更方便处理的分层的数据结构——语法树，然后把语法树传给代码生成器（Code Generator）进行处理。而代码生成器根据它生成一种针对 SQLite 的汇编代码，最后由虚拟机执行。

　　（3）虚拟机（Virtual Machine）。架构中最核心的部分是虚拟机，或者叫作虚拟数据库引擎（Virtual Database Engine，VDBE）。它和 Java 虚拟机相似，解释执行字节代码。VDBE 的字节代码由 128 个操作码（OPCodes）构成，它们主要集中在数据库操作。它的每一条指令都用来完成特定的数据库操作（比如打开一个表的游标）或者为这些操作准备栈空间（比如压入参数）。

　　（4）后端（Back-End）。后端由 B- 树（B-tree），页缓存（page cache，pager）和操作系统接口（即系统调用）构成。B-tree 和 page cache 共同对数据进行管理。B-tree 的主要功能就是索引，它维护着各个页面之间的复杂的关系，便于快速找到所需数据。而 pager 的主要作用就是通过 OS 接口在 B-tree 和 Disk 之间传递页面。

　　SQLite 主要特点：

- SQLite 是一个开源的、内嵌式的关系型数据库。
- SQLite 数据库服务器就在你的数据库应用程序中，其好处是不需要网络配置和管理，也不需要通过设置数据源访问数据库服务器。
- SQLite 数据库的服务器和客户端运行在同一个进程中。这样可以减少网络访问的消耗，简化数据库管理，使你的程序部署起来更容易。
- SQLite 在处理数据类型时与其他的数据库不同。区别在于它所支持的类型以及这些类型是如何存储、比较、强化（enforce）和指派（assign）。

　　3）基于网络的数据库系统

　　基于网络的数据库系统是以远程数据库为存储载体的，客户端通过移动网访问服务器上的远程数据库。由于基于网络的数据库系统被应用在多种领域，其架构千变万化，没有统一相对固定结构和产品，如：C/S 架构的数据库、B/S 架构的数据库以及云数据库等。因此这里仅给出了一种简单的架构描述，见图 16-19。

　　图 16-19 给出的是一款嵌入式数据库管理系统的架构，其目的是在嵌入式设备上使用的数据库管理系统，以解决移动计算环境下数据的管理问题。

　　基于网络的嵌入式数据库系统由基本的几个子系统组成，包括：远程数据库管理系统、远程数据库、同步服务器、嵌入式数据库管理系统、嵌入式数据库和连接网络等。

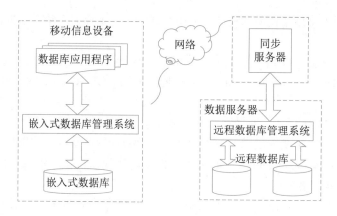

图 16-19 嵌入式数据库管理系统的架构

其中：

- 嵌入式数据库管理系统。嵌入式数据库管理系统是一个功能独立的用户数据库管理系统。它可以独立于同步服务器和远程数据库管理系统运行，对嵌入式系统中的数据进行管理，也可以通过同步服务器连接到数据服务器上，对远程数据库中的数据进行操作，并映射到嵌入式数据库中，还可以通过多种方式进行数据同步。
- 同步服务器：同步服务器是嵌入式数据库和远程数据库之间的连接枢纽，保证嵌入式数据库和远程数据库中数据的一致性。
- 数据服务器：数据服务器的远程数据库及数据库管理系统可以采用Oracle或Sybase等大型通用数据库系统。
- 连接网络：数据服务器和同步服务器之间一般通过高带宽、低延迟的固定网络进行连接。移动设备和同步服务器之间的连接根据设备的具体情况可以是无线局域网、红外连接、通用串行线或以太网等。

4. 嵌入式数据库的主要功能

嵌入式数据库的功能应与通用数据库功能相似，应覆盖数据库的核心功能。通常，嵌入式数据库有其自身的特殊需要，它应具备的功能包括以下 4 点：

- 足够高效的数据存储机制；
- 数据安全控制（锁机制）；
- 实时事务管理机制；
- 数据库恢复机制（历史数据存储）。

这样，一般嵌入式数据库可划分成数据库运行处理、数据库存取、数据管理、数据库维护和数据库定义等功能。

数据库运行处理：主要负责实现嵌入式数据库运行过程的各种功能。包括实时事务管理、并发控制、数据库装入、运行日志维护、安全性和完整性控制等。

数据库存取：主要负责实现嵌入式数据库各种存取和查询功能。包括实时数据更新、历史数据查询、数据添加、数据删除等。

数据管理：主要负责实现嵌入式数据库的数据空间管理功能。包括缓冲区管理、数据存储空间管理、数据索引管理等。

数据库维护：主要负责实现嵌入式数据库的数据维护管理功能。包括数据恢复、实时数据转储、数据装入等。

数据库定义：主要负责实现嵌入式数据库的安全性、完整性的定义功能。

嵌入式数据库系统是介于用户和实时操作系统之间的一层软件，由众多功能模块组成，其作用是对数据库中的共享数据进行有效的组织、管理和存取。上面所述的存储空间管理、安全性和完整性控制、事务并发控制、实时数据转储和运行日志管理等是在嵌入式环境下开发实时数据库系统需要特别解决的以下几个设计问题：

（1）存储空间管理模块。嵌入式实时数据库系统由于采用了内存缓冲的技术，必然要涉及嵌入式操作系统的内存管理，因此，用户必须了解系统对内存的分配机制，并设计自己的内存管理程序。系统运行时，由该模块通过实时 OS 向系统申请内存缓冲区，作为共享的内存数据区使用。之后，将历史数据库中的初始化数据调入内存区对这些空白内存进行初始化。对内存空间的申请，用户可采用静态分配方式，这种方式实现简单，无需复杂的索引结构，缺点是失去了灵活性，必须在设计阶段就预先知道所需内存并对之做出分配；或者采用动态分配方式，这种方式使用灵活，可以根据需要扩充数据节点，但是必须建立合适的索引结构，以加快数据的检索时间。该模块要根据具体的实时 OS 进行设计。

（2）数据安全性、完整性控制模块。实时数据库设计中必须考虑数据的安全性，一方面指用户访问数据的合法性，另一方面是指系统的安全性。完整性是指用户对实时数据或历史数据的各种操作必须符合一定的语义，可通过完整性约束条件来实现。

（3）事务并发控制模块。实时数据库是一个共享资源，允许多个任务共同使用，如果不对并发事务进行控制，可能会造成任务错误的读取或存储数据，破坏数据的一致性，因此实时数据库系统中，必须实现良好的并发控制机制。传统的数据库一般采用加锁的方式，类似于实时操作系统中的信号量，对于封锁粒度的大小要根据具体的应用系统确定，传统数据库获得锁的开销较小，因此通常选用小粒度封锁单位，以增加系统的并行性。但在实时数据库系统中，事务获得锁的开销与处理数据的开销相当，过小的封锁粒度反而会降低系统的性能，因此在实时数据库中的封锁粒度通常选择一张关系表为一个单位（如模拟量关系表为一个封锁单位），这样做减少了并发控制机制的复杂度，减小了系统的开销，提高了事务处理的整体性能。

（4）实时数据转储模块。该模块实现的功能是将实时数据存储为历史数据，通常由该模块先将历史数据保存在内存缓冲区中，缓冲区满时才一次性写入磁盘；读历史数据时，先从缓冲区内取数据，取不到数据时再进行文件的读写，这种方式可以降低磁盘 I/O 操作次数，并且只对变化数据进行存储，即节省了外存空间，又不会影响系统性能。

（5）运行日志管理模块。日志文件在数据库恢复中起着非常重要的作用，可以用来进行事务故障恢复和系统故障恢复。日志缓冲区专门存放数据库操作的记录，传统的数据库日志记录包括记录名、更新前记录的旧值、更新后记录的新值、事务标识、操作类型等。在嵌入式实时数据库系统中，为了减少系统的开销，在日志记录中不包括新旧记录值，对日志记录的写操作只对缓冲区进行，当缓冲区满时，才由磁盘写操作写入日志文件当中。

5. 典型嵌入式数据库系统

目前，嵌入式数据库中比较典型的三个产品是 SQLite、Berkeley DB 和 Firebird 嵌入服务器版，其主要特点见表 16-3。

表 16-3　主要嵌入式数据库特点比较

名称	简介
SQLite	SQLite 诞生于 2000 年 5 月，这几年增长势头迅猛无比，目前版本是 3.3.8。其主要特点是： ● 无须安装配置，应用程序只须携带一个动态链接库 ● 非常小巧，For Windows 3.3.8版本的DLL文件才374KB ● ACID事务支持，ACID即原子性、一致性、隔离性、和持久性（Atomic、Consistent、Isolated和Durable） ● 数据库文件可以在不同字节顺序的机器间自由的共享，比如可以直接从Windows移植到Linux或MAC ● 支持数据库大小至2TB
Berkeley DB	Berkeley DB 是由美国 Sleepycat Software 公司开发的一套开放源码的嵌入式数据库，它于1991 年发布，目前 Sleepycat 现已被甲骨文（ORACLE）公司收购。其主要特点是： ● 嵌入式，无需安装配置 ● 为多种编程语言提供了API接口，其中包括C、C++、Java、Perl、TCL、Python和PHP等 ● 轻便灵活。它可以运行于几乎所有的UNIX和Linux系统及其变种系统、Windows操作系统以及多种嵌入式实时操作系统之下 ● 可伸缩。它的Database library才几百 "KB" 大小，但它能够管理规模高达256TB的数据库。它支持高并发度，成千上万个用户可同时操作同一个数据库
Firebird 嵌入服务器版（Embedded Server）	从 Interbase 开源衍生出了 Firebird 版本。虽然它的体积是 Interbase 的几十分之一，但功能并无丢弃。为了体现 Firebird 短小精悍的特色，开发小组在增加了超级服务器版本之后，又增加了嵌入版本，最新版本为 2.0。其主要特点是： ● 数据库文件与Firebird网络版本完全兼容，差别仅在于连接方式不同，可以实现零成本迁移 ● 数据库文件仅受操作系统的限制，且支持将一个数据库分割成不同文件，突破了操作系统最大文件的限制，提高了I/O吞吐量 ● 完全支持SQL-92标准，支持大部分SQL-99标准功能 ● 丰富的开发工具支持，绝大部分基于Interbase的组件，可以直接使用于Firebird ● 支持事务、存储过程、触发器等关系数据库的所有特性 ● 可自己编写扩展函数（UDF）
eXtremeDB	eXtremeDB 是美国 McObject 公司开发的一款内存式嵌入式数据库。2013 年 3 月推出 5.0版。其主要特点是： ● 内存数据库，实时性强，安全可靠 ● 可最小化支持持久数据所必需的资源 ● 保持极小的必要堆空间 ● 维持极小的代码体积 ● 通过紧密的集成持久存储和宿主应用程序语言消除额外的代码层 ● 提供对动态数据结构的本地支持

16.2.4 嵌入式中间件

1. 嵌入式中间件的定义及特点

中间件（Middleware）属于可复用软件的范畴。顾名思义，中间件处于操作系统软件与用户的应用软件的中间，在操作系统、网络和数据库之上，应用软件之下，其作用是为处于上层应用软件提供运行与开发的环境，帮助用户灵活、高效地开发和集成复杂的应用软件。

在众多关于中间件的定义中，比较普遍被接受的是国际数据公司（International Data Corporation，IDC）表述的：中间件是一种独立的系统软件或服务程序，分布式应用软件借助这种软件在不同的技术之间共享资源。中间件位于客户机/服务器的操作系统之上，管理计算资源和网络通信。这个定义表明，中间件是一类软件，而非一种软件。中间件不仅要实现互连，还要实现应用之间的互操作。

同样，嵌入式中间件（Embedded Middleware）是在嵌入式系统中处于嵌入式应用和操作系统之间层次的中间软件，其主要作用是对嵌入式应用屏蔽底层操作系统的异构性，常见功能有网络通信、内存管理和数据处理等。

从上述定义可以看出，中间件不像其他基础软件那样存在明确的定义，由于它涵盖内容比较丰富，所以在现实中会存在多种类型的中间件产品。通常，在实际应用中是将一组中间件集成在一起，构成一个平台（包括开发平台和运行平台），但在这组中间件中必须要有一个通信中间件，即中间件 = 平台 + 通信。中间件具有以下共性特点：

- 通用性：满足大量应用的需要；
- 异构性：运行于多种硬件和操作系统平台；
- 分布性：支持分布式计算，提供跨网络、硬件和操作系统平台的透明性的应用或服务的交互功能；
- 协议规范性：支持各种标准的协议；
- 接口标准化：支持标准的接口。

具体到嵌入式中间件而言，它还应提供对下列环境的支持：

- 网络化：支持移动、无线环境下的分布应用，适应多种设备特性以及不断变化的网络环境；
- 支持流媒体应用，适应不断变化的访问流量和宽带约束；
- QoS质量品质：在分布式嵌入式实时环境下，适应强QoS的分布应用的软硬件约束；
- 适应性：能够适应未来确定的应用要求。

2. 嵌入式中间件的分类

中间件的范围十分广泛，针对不同的应用需求涌现出了多种各具特色的中间件产品。因此，在不同的角度或不同的层次上，对中间件的分类也会有所不同。

根据 IDC 在 1998 年对中间件进行的分类，把中间件分为终端仿真/屏幕转换中间件、数据访问中间件、远程过程调用中间件、消息中间件、交易中间件和对象中间件六大类。但是，如今所保留下来的只有消息中间件和交易中间件，其他的类型已经被逐步融合到其他产品中，在市场上已经没有单独的产品形态出现。

从现代中间件观点看，通用中间件大致存在以下几类：

- 企业服务总线中间件（Enterprise Service Bus，ESB）：ESB是一种开放的、基于标准的分布式同步/异步信息传递中间件。通过XML、Web服务接口以及标准化基于规则的路由选择文档支持，ESB为企业应用程序提供安全互用性。
- 事务处理（Transaction Processing，TP）监控器：为发生在对象间的事务处理提供监控功能，以保证操作成功。
- 分布式计算环境（Distributed Computing Environment）：指创建运行在不同平台上的分布式应用程序所需的一组技术服务。
- 远程过程调用（Remote Procedure Call）：指客户机向服务器发送关于运行某程序的请求时所需的标准。
- 对象请求代理（Object Request Broker，ORB）：为用户提供与其他分布式网络环境中对象通信的接口。
- 数据库访问中间件（Database Access Middleware）：支持用户访问各种操作系统或应用程序中的数据库。
- 消息传递（Message passing）：电子邮件系统是该类中间件的其中之一。
- 基于XML的中间件（XML-Based Middleware）：XML允许开发人员为实现Internet中交换结构化信息而创建文档。

在嵌入式系统领域，最普遍使用的嵌入式系统实时中间件包括通用对象请求代理体系结构（Common Object Request Broker Architecture，CORBA）和它的衍生结构：数据分发服务（Data Distribution Service，DDS）。这些中间件架构是基于对象管理组织（Object Management Group，OMG）公布的标准。在 CORBA 架构中，有很多专有的衍生标准可供选择，包括实时 CORBA、嵌入 CORBA 和最小化 CORBA。

中间件还可适合更大规模的、由多个软件组件和应用组成的，并可分布在多个处理器和网络上的嵌入式应用。当这些组件由不同的组织开发，系统将会被不同的组织扩展，或者当系统有很长的生存期时，使用标准中间件可以给开发者提供显而易见的好处。这些中间件架构是设计模式的完整集合，例如代理模式（Proxy）、数据总线模式（Data Bus）和中介模式（Broker Pattern）等。

从上述论述来看，嵌入式中间件没有固定技术界限，可根据系统面向的不同应用而被不断扩展，CORBA 和 DDS 是嵌入式系统最为常用的两种中间件。

3. 嵌入式中间件的一般架构

根据嵌入式中间件的不同类型和其应用对象的不同，其架构也有所不同，通常嵌入式中间件没有统一的架构，这里仅仅列举两种中间件架构。

1）消息中间件

消息中间件是消息传输过程中保存消息的一种容器。它将消息从它的源中继到它的目标时充当中间人的作用。在消息中间件中，队列的目的是提供路由并保证消息的传递；如果发送消息时接收者不可用，消息队列会保留消息，直到可以成功的传递它为止，当然，消息队列保存消息也是有期限点的。图 16-20 给出了消息中间件原理架构示意图。

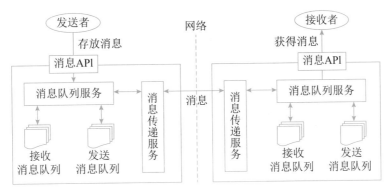

图 16-20　消息中间件原理架构示意图

消息中间件具有两个基本特点：

（1）采用异步处理模式：消息发送者可以发送一个消息而无须等待响应。消息发送者将消息发送到一条虚拟的通道（主题或队列）上，消息接收者则订阅或是监听该通道。一条消息可能最终转发给一个或多个消息接收者，这些接收者都无须对消息发送者做出同步回应。整个过程是异步的。比如用户消息注册，注册完毕后过段时间发送邮件或者短信。

（2）应用程序和应用程序调用关系为松耦合关系：发送者和接收者不必了解对方、只需要确认消息，发送者和接收者不必同时在线。比如在线交易系统为了保证数据的最终一致，在支付系统处理完成后会把支付结果放到消息中间件里通过订单系统修改订单支付状态。两个系统通过消息中间件解耦。

消息传递服务模型有点对点模型（PTP）和发布 - 订阅模型（Pub/Sub）之分。

点对点模型用于消息生产者和消息消费者之间点对点的通信。消息生产者将消息发送到由某个名字标识的特定消费者。这个名字实际上对应于消息服务中的一个队列（Queue），在消息传送给消费者之前它被存储在这个队列中。队列消息可以放在内存中，也可以是持久的，以保证在消息服务出现故障时仍然能够传递消息。

发布者 / 订阅者模型支持向一个特定的消息主题生产消息，或多个订阅者可能对接收各自特定消息主题的消息感兴趣。在这种模型下，发布者和订阅者彼此不知道对方。其模式好比是匿名公告板。

这种模式被概括为：多个消费者可以获得消息。在发布者和订阅者之间存在时间依赖性。发布者需要建立一个订阅（subscription），以便能够让消费者订阅。订阅者必须保持持续的活动状态以接收消息，除非订阅者建立了持久的订阅。在这种情况下，在订阅者未连接时发布的消息将在订阅者重新连接时重新发布。

2）分布式对象中间件

分布式对象中间件是为了解决分布计算和软件复用过程中存在的异构问题而提出的。它的任务是处理分布式对象之间通信，是基于组件的思想，由一组对象来提供系统服务，对象之间能够跨平台通信。这里的基本组件就是对象，它们提供一组服务，对外给出服务接口，对象之间可以相互调用，服务对象之间不存在客户机和服务器的界限。分布式对象中间件使用了分布式技术，它将网络上的所用资源互相连接起来，对外表现为一个统一的整体，对客户是透明的，不必区分本地操作和远程操作；分布式对象中间件使用了面向对象技术，它通过封装、继承及多态提供了良好的代码重用功能。图 16-21 给出分布式对象中间件原理架构示意图。

其中：

（1）对象请求代理（ORB）：规定了分布式对象的定义（接口）和语言映射，实现对象间的通信和互操作。是分布对象系统中的软总线。通过它各个对象可以透明地向本地或远程对象发出请求或接收响应，每一台运行着服务对象的计算机都有自己的对象请求代理。ORB 可以实现单进程中对象间的调用，也可以实现同台计算机中运行的多进程中对象之间的调用，还可以实现运行在网络中多个计算机上多进程中对象间的调用。

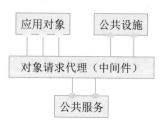

图 16-21　分布式对象中间件
原理架构示意图

（2）公共服务：为创建对象、对象访问控制提供了一套标准函数。提供诸如：并发控制服务、名字服务、事务（交易）服务、安全服务、查询服务等多种服务。

（3）公共设施：向应用对象直接提供应用服务的框架的集合。

（4）应用对象：为用户提供一组完成特定任务的对象，所有应用对象都有用接口定义语言（IDL）定义的接口并且可以运行在对象请求代理之上，各个对象之间可以相互调用。

分布式对象中间件具有三个基本特点：

- 对象组件之间普遍采用软总线技术；
- 具有不依赖于编程语言、软硬件平台和网络协议等特点；
- 对象可以用任何一种软件开发商所支持的语言和平台来实现。

目前，市场上比较著名的分布式对象中间件技术有：

- OMG（对象管理组织）的公共对象请求代理结构（CORBA）：规定了分布式对象之间如何实现互操作；
- Microsoft公司的分布式组件对象模型（DCOM）：主要是为不同网络环境中的分布式对象提供交互标准；
- Java商业应用组件技术EJB：采用一种面向服务器端分布式构件的技术。

4. 嵌入式中间件的主要功能

嵌入式中间件的主要作用是对嵌入式应用屏蔽底层操作系统的异构性。其常用功能有网络通信、存储管理和数据处理等。

（1）网络通信：嵌入式系统的网络通信中间件是实现整个系统的框架结构和基本的通信接口功能。嵌入式中间件中的网络通信功能通常定义成一组较为完整的、标准的应用程序接口，借助嵌入式网络通信，应用程序可以独立于操作系统和硬件平台，可使系统的开放性和可移植更强。

（2）存储管理：嵌入式系统的存储管理中间件是实现整个系统数据跨平台、跨介质的存储接口功能。嵌入式中间件中的存储管理功能通常定义成一组较为完整的、标准的应用程序接口，借助嵌入式数据库（或文件系统），应用程序在异构性数据库（或文件系统）及不同硬件存储介质之上实现数据的共享和互操作，可使系统的开放性、可移植性和兼容性更强。

（3）数据处理：嵌入式系统的数据处理中间件实现了整个分布式系统框架结构和事务间基本互操作的接口功能。

5. 典型嵌入式中间件系统

当前，嵌入式系统使用最为广泛的中间件有两个产品，分别是公共对象请求代理结构（CORBA）和数据分发服务（Data Distribution Service，DDS）。

CORBA 是 OMG 组织在 1991 年提出的公用对象请求代理程序结构的技术规范。CORBA有很广泛的应用，它易于集成各厂商的不同计算机，从大型机一直到微型内嵌式系统的终端桌面，是针对大中型企业应用的优秀的中间件。它使服务器真正能够实现高速度、高稳定性处理大量用户的访问。

CORBA 的技术特征：

- 完整的作为事务代理的中间件；
- 客户端与服务器的可完全分离；
- 提供软件总线机制，支持多环境、多语种的分布式集成；
- 完整的对象内部细节的封装；
- 实时性强。

DDS 是对象管理组织（OMG）在 HLA 及 CORBA 等标准的基础上制定的新一代分布式实时通信中间件技术规范，DDS 采用发布/订阅体系架构，强调以数据为中心，提供丰富的 QoS服务质量策略，能保障数据进行实时、高效、灵活地分发，可满足各种分布式实时通信应用需求。DDS 信息分发中间件是一种轻便的、能够提供实时信息传送的中间件技术。

DDS 的技术特征：

- 灵活的发布/订阅模式；
- 完整DDS规范QoS服务质量策略；
- 已扩展的QoS服务质量策略；
- 互操作；
- 强实时；
- 跨平台；
- 支持多种底层物理通信协议；
- 支持仿真、测试和安装的全生命周期服务。

16.2.5 嵌入式系统软件开发环境

1. 嵌入式系统软件开发环境的定义及特点

嵌入式系统软件开发环境是可帮助用户开发嵌入式软件的一组工具的集合，这种工具的集合被集成为一体，形成一套交叉平台开发方法（Cross Platform Development，CPD）。交叉开发方法是指嵌入式软件在一个通用的平台上开发（称为宿主机），而在另一个嵌入式目标平台上运行（称为目标机）。嵌入式系统软件开发环境主要能力包括：集成开发、工程管理、编译（汇编）器、批处理文件、构建（Make）、配置管理、调试、下载、模拟、版本控制及其他。

嵌入式系统软件开发环境的主要特点：

- 集成开发环境（Integrated Development Environment，IDE）：是指用于提供程序开发环境的应用程序。一般包括代码编辑器、编译器、调试器和图形用户界面等工具。
- 交叉开发（Cross Development）：是指软件开发先在一台通用计算机上进行软件的编辑、编译与连接，然后下载到嵌入式设备中运行调试的开发过程。
- 开放式体系结构：是指开发环境应建立在一种标准的框架体系内，符合相关标准。如：支持ANSI C、C++语言标准、目标程序文件符合ELF格式等。支持开发环境内的工具间可无缝连接，并允许第三方工具的集成。
- 可扩展性：是指开发环境中的工具接口符合相关架构标准，可根据需要进行工具能力的扩充。
- 良好的可操作性：是指两个或多个工具间可以实现自动交换信息功能。
- 可移植性：开发系统中的开发工具基本上采用高级语言实现。
- 可配置性：开发环境中的主要开发工具可以根据需要进行伸缩，也可以根据需要选择支持库中的代码规模。
- 代码的实时性：嵌入式软件一般都是运行在实时环境中，需要编译器生成高效的程序代码。一般开发环境支持多种代码优化功能。
- 可维护性：开发环境中的工具间需要松耦合，可方便地对具体工具进行升级和维护。
- 友好用户界面：开发环境界面要简洁、清晰，符合人们操作习惯。

2. 嵌入式系统软件开发环境的分类

我们说嵌入式系统是与应用需要紧密结合的，是一种定制性系统，通常，提供嵌入式系统设备的厂家必然提供一套开发工具，以帮助用户开发相应的软件。那么，为其提供的开发工具也是各种各样，没用通用的开发环境之说。这里所说的嵌入式软件开发环境分类只是一种观点。

通常，嵌入式软件开发环境都是随嵌入式系统配套软件提供给用户的。根据嵌入式系统软件的调试方法的不同，可分为模拟器方法、在线仿真器方法、监控器方法、JTAG 仿真器等。

模拟器方法是指调试工具和待调试的嵌入式软件都在主机上运行，通过软件手段模拟执行为某种嵌入式处理器编写的源程序。

在线仿真器（ICE）方法是一种完全仿造调试目标 CPU 设计的仪器，目标系统对用户来说是完全透明、可控的。仿真器与目标板通过仿真头连接，与主机可通过串口、并口、以太网或

USB 等连接。

监控器方法是指主机和目标机通过某种接口（如：串口）连接，主机上提供调试界面，被调试程序下载到目标机板上运行，通过与运行在目标机板上的监控程序通信，实现软件调试。目标机板上运行的监控程序（Monitor）主要负责监控目标机上的被调试程序的运行情况，与宿主机端的调试器一起完成对应用程序的调试。

JTAG 仿真器是指采用目标板上的 JTAG 边界扫描接口进行的软件调试。

在嵌入式系统软件开发过程中，常用的工具应包括：编辑器、编译器、汇编器、构建器、调试器、函数库、目标板、在线仿真器等。

根据嵌入式应用软件的开发类型的不同，可分为无操作系统的软件开发和基于操作系统的软件开发两种，而目前基于嵌入式操作系统的软件开发方法是嵌入式系统软件开发方法的主流。因此，在嵌入式系统研制中，选择的嵌入式操作系统产品的不同，其使用的嵌入式系统软件开发环境就存在不同。

3. 嵌入式软件开发环境的一般架构

嵌入式系统软件开发环境是可帮助用户开发嵌入式软件的一组工具的集合，其架构的主要特征离不开"集成"问题，采用什么样的架构框架是决定开发环境优劣主要因素。Eclipse框架是当前嵌入式系统软件开发环境被普遍公认的一种基础环境框架。目前大多数嵌入式软件开发环境都是建立在 Eclipse 框架之上的层次化架构，具备开放式、构件化、即插即用等特征。图 16-22 给出了一种基于 Eclipse 框架嵌入式软件开发环境层次结构。

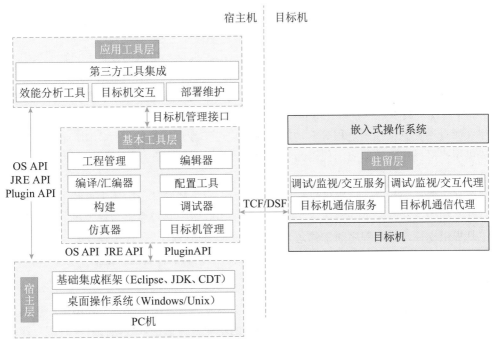

图 16-22　基于 Eclipse 框架的嵌入式软件开发环境通用体系结构

Eclipse 是一个开放源代码的、基于 Java 的可扩展开发平台。就其本身而言，它只是一个框架和一组服务，用于通过插件组件构建开发环境。Eclipse 附带了一个标准的插件集，包括 Java 开发工具（Java Development Kit，JDK）和 C/C++ 开发工具（C/C++ Development Tools，CDT）等。

通常，嵌入式软件开发环境按功能可划分为宿主层、基本工具层、应用工具层和驻留层。宿主层、基本工具层和应用工具层运行在宿主机上，为用户提供嵌入式软件开发所需要的能力工具；驻留层作为一种可剪裁组件，运行在目标机上，为其他层工具运行提供宿主机与目标机间的通信和代理服务。

宿主层是开发环境的基本支撑软件，它是在桌面操作系统（如：Windows、Unix）之上，为开发提供基础平台支持，主要包括 Eclipse、JDK 和 CDT 等。Eclipse 为开发环境提供基础开发框架，它的跨平台特性能够为开发环境屏蔽大多数桌面操作系统特性，开发环境的所有功能均是基于 Eclipse 开放式框架插件机制的构件；JDK 是 SUN 公司提供的一种 Java 语言的软件开发工具包（Java Development Kit），它包括 Java 的运行环境和 Java 工具；CDT 为 C/C++ 语言的开发提供了最基础的支持能力，开发环境可基于 CDT 扩展开发，向用户提供嵌入式 C/C++ 开发调试能力。基本工具层和宿主层之间的接口遵循 Eclipse 插件开发接口（Plugin API）、JRE API 接口和 OS API 接口。

基本工具层是嵌入式软件交叉开发的最基本的工具的集合。它主要包括支持用户编写和组织应用程序使用的项目工程管理能力、支持友好的代码编辑界面、支持将高级语言（或汇编语言）翻译成机器语言的交叉编译能力、支持嵌入式系统软/硬件的可配置能力、支持多文件的装订连接能力、支持应用程序的调试能力、支持目标机管理能力和代码仿真能力。基本工具层提供的功能应覆盖嵌入式软件开发中的编写、构建、编译、下载、调试等所用过程。

应用工具层主要是在基本工具层的基础上，为用户提供一组效能分析、目标机交互和部署维护等目的可视化高级开发工具，同时也可支持第三方嵌入式开发工具的无缝集成。效能分析工具可采集应用软件的运行状态信息，以图示化方法显示，并提供一系列辅助分析功能，如：时间/事件监视、故障定位、统计分析等；目标机交互可以以命令方式给用户提供与目标机交互操作（如查询信息、控制进程等）功能，使用户可干涉目标机的运行，如：shell 命令；部署维护提供用户对操作系统即应用代码的状态管理、批量部署和升级等功能，帮助软件人员开展后期维护工作。

驻留层主要是为开发环境提供目标机支持能力。由于开发环境中的大多数工具都要和目标机进行交互操作，这就要求开发环境必须在目标机中驻留一些程序来与宿主机进行对接，为宿主机工具提供支撑，这些程序通常称之为"代理（Agent）程序"。代理程序是可剪裁组件，可随操作系统一起运行在目标机上，为各类工具提供通信、调试、监视和交互等功能。

4. 嵌入式系统软件开发环境的主要功能

由于嵌入式系统的软件开发通常采用的是交叉开发方式，因此其开发环境中的工具应支持这种交叉开发的特点。嵌入式系统软件开发环境的功能应覆盖嵌入式软件开发过程，即编码过程、编译过程、构建过程、下载过程、调试过程和运行过程等。因此，开发环境的主要功能包括如下。

工程管理功能：工程管理支持将嵌入式软件开发中的各类资源（源代码、目标码、数据文件、配置文件和脚本文件等）以工程项目的方式组织管理，提供规范的项目向导、预定义项目模板以及资源管理能力，同时为其他工具提供操作入口。

编辑器功能：为嵌入式软件开发人员提供对源文件、配置文件、脚本文件等资源进行编辑的工具。编辑器除提供基本的文本编辑功能外，还应提供高级语言（如：C/C++）源码编辑、脚本文件编辑和 XML 配置编辑等高级功能。

构建管理功能：构建（Make）是指将一个工程中的放在若干个目录中、不同类型的多个源文件进行智能批处理的工具。Make 是依据 makefile 中定义的一系列的规则来指定哪些文件需要先编译，哪些文件需要后编译，哪些文件需要重新编译的规划，对工程项目进行自动化批量编译的过程。

编译 / 汇编器功能：编译（汇编）器是在宿主机上运行，能够编译出在嵌入式设备上运行的可执行代码的工具。通常，在嵌入式开发环境中均采用国际上 GNU 开源社区的 GCC 编译环境，它提供将 C/C++ 源文件、汇编文件、链接文件翻译为二进制可执行文件。

配置功能：配置功能是面向嵌入式系统的资源管理功能，根据目标系统需求，为系统进行定制化管理的工具。针对嵌入式系统的可伸缩性、通用性的特点，通过配置工具可形成不同的配置构型，以适应不同的应用场景。

调试器功能：调试是嵌入式软件开发不可或缺的一个环境，也是开发环境最为关键的一项功能。调试器提供对嵌入式软件的源码级、汇编级高级符号交互式调试能力。支持在宿主机上通过加载或介入方式进入软件的运行现场，结合源代码，支持暂停或恢复软件的运行实现对软件运行的控制。调试器一般提供加 / 卸载、运行、停止、断点、单步、修改、查询等调试命令。通常，在嵌入式开发环境中均采用国际上 GNU 开源社区的提供的 GDB 调试工具。

目标机管理功能：目标机管理的主要功能是负责开发环境对连接的多个目标机进行管理和数据交换，为其他工具提供稳定、可靠的宿主机与目标机间的通信服务。它支持建立和维护宿主机与目标机之间的通信连接，支持宿主机与目标机之间一对多、多对一、多对多数据传输方式。目标机管理一般采用面向服务的目标机通信框架（Target Communication Framework，TCF）架构或面向通道共享的调试服务框架（Debugger Services Frameworks，DSF）架构。

仿真器功能：仿真器功能主要是解决嵌入式软件的软硬件并行设计问题。

5. 典型嵌入式开发环境

由于嵌入式系统的开发环境是由众多工具组成，并且具有一定的专用性，是针对某种嵌入式系统或操作系统而定制的一套软件开发手段，因此市面上没有独立于嵌入式对象的软件交叉开发环境。本节给出的三款较典型的、可使用于嵌入式系统软件开发的嵌入式软件开发环境具有一定的代表性。

基于 GCC 开源工具的软件开发环境：GCC 是一个编译器集合，是 GNU Compiler Collection 组织提供的一套面向嵌入式领域的交叉编译环境。GNU GCC 的基本功能包括：

● 输出预处理后的C/C++源程序；
● 输出C/C++源程序的汇编代码；

- 输出二进制目标文件；
- 生成静态库；
- 生成可执行程序；
- 转换文件格式。

GNU 编译器套件主要包括编译器（GCC）、汇编器（AS）、连接器（LD）、库管理器（AR）、Make 以及其他使用程序。可支持 C、C++、Objective-C、Fortran、Java、Ada 和 Go 等语言前端，也包括了这些语言的库（如 libstdc++、libgcj 等）。

目前，大多数嵌入式系统开发环境都采用了 GCC 编译器集合，GCC 的优势在于：
- 支持众多的前端编程语言；
- 支持众多的目标处理器体系结构，具有良好的可移植性；
- 具备丰富的配置工具链支持；
- 提供可靠、高效、高质量的目标代码。

Workbench 软件开发环境：Workbench 是由美国 WindRiver 公司研制的一款嵌入式软件开发环境，是面向本公司 VxWorks 操作系统产品配套的开发环境。Workbench 集成了 WindRiver 自己研制的一款高安全交叉编译器 Diab，此款编译器较 GCC 而言，其编译效率更高、语义更严谨、代码更安全。通常，Workbench 支持 GCC 和 Diab 等两款编译器。Workbench 软件开发环境主要特点：
- 以开放的 Eclipse 平台为框架，调试环境可充分进行客户化定制；
- 单一的全功能平台，涉及产品的整个开发周期；
- 广泛的适用性，特别适合复杂的目标系统；
- 丰富易用的调试手段，大大加快调试进度。包括：动态链接、目标可视、系统观察器和仿真环境等功能。

MULTI® 集成开发环境：MULTI® 是美国由 GreenHills 公司研制的一款具有调试、编译器和闪存编程工具的嵌入式集成开发环境（IDE），主要包括 AUTOSAR 集成、性能分析项目构件器、代码覆盖、运行时错误检查、MISAR C 代码检查和 DoubleCheck 集成式静态代码分析器等功能。可支持本公司 INTEGRITY 操作系统产品，同时也可支持其他嵌入式操作系统（如：嵌入式 Linux）。 MULTI® 集成了 GreenHills 自己研制的一款优化编译器。它是市场上最好、最安全的。在 EEMBC 基准（嵌入式行业中最广泛接受的基准测试）测试中，Green Hills Compilers 始终超越竞争对手的编译器，其编译器的速度比 GNU 编译器提高了 20%，是为 32 位和 64 位处理器生成最快，最小的代码。MULTI 工具链已通过认证，可以达到最高级别的工具认证和 C / C ++ 运行认证：MULTI® 集成开发环境的主要特点：
- 具有追踪和反向追踪能力。用于可以充分利用追踪到的数据，重复追踪指导找错并修正；
- 以可视化的方法呈现整个程序在时间上的各种行为，用户可快速查找定位修复错误；
- 可帮助用户发现错误、进行测试和优化程序，优化嵌入式系统的代码质量，提升嵌入式产品质量；
- 提供独特的代码覆盖工具，确保系统全面测试。

16.3　嵌入式系统软件架构设计方法

嵌入式系统软件架构是开发大型嵌入式系统密集型软件贯穿始终的关键桥梁，同时软件架构也是软件开发的基础。架构设计的目的是：

- 保证应用的代码逻辑清晰，避免重复的设计；
- 实现软件的可移植性；
- 最大限度的实现软件复用；
- 实现代码的高内聚、低耦合。

软件架构并非可运行软件，它是一种表达，使软件工程师能够：

- 分析设计在满足规定需求方面的有效性；
- 考虑体系结构可能的选择方案；
- 降低与软件构造相关联的风险。

在嵌入式软件架构总体设计时，应充分考虑软件的可靠性、安全性、可伸缩性、可定制性、可维护性、客户体验和市场时机等因素。

16.3.1　基于架构的软件设计开发方法的应用

由于嵌入式系统是为某特定对象、特定目标而设计的一种系统，这样的系统通常具备目标明确、用途单一、质量、可靠性要求高等。在嵌入式系统中，其设计通常采用了自顶向下的设计方法，基于架构的软件设计（ABSD）可适应于嵌入式系统的软件设计方法。

基于架构的软件设计（Architecture-Based Software Design，ABSD）方法强调由业务、质量和功能需求的组合驱动软件架构设计。ABSD 是一个自顶向下，递归细化的软件开发方法，它以系统功能的分解为基础，通过选择架构风格实现质量和业务需求，并强调在架构设计过程中使用软件架构模板。ABSD 方法是递归的，并不是说需求抽取和分析活动可以终止，而是应该与设计活动并行。设计活动可以从项目总体功能框架明确后就开始，可以逐步迭代、逐步完善的进行，不管设计是否完成，架构总是清晰的，有利于降低架构设计的随意性。

ABSD 方法在第 7 章中已详细说明，这里不再介绍。作为嵌入式系统软件架构设计，它与硬件结构密切相关，嵌入式软件的需求通常是从系统角度分解而来的，因此。在采用 ABSD 方法时，要关注系统的需求描述。

16.3.2　属性驱动的软件设计方法

嵌入式系统，尤其是安全攸关的系统与通常的软件系统的最大不同点就是高质量属性始终贯穿于整个产品的全生命周期中。属性驱动的软件设计（Attribute-Driven Design，ADD）是把一组质量属性场景作为输入，利用对质量属性实现与架构设计之间的关系的了解（如体系结构风格、质量战术等）对软件架构进行设计的一种方法。ADD 是一种定义软件体系结构的方法，该方法将模块分解过程建立在软件必须满足的质量属性之上。它是一个递归的分解过程，其中在每个阶段都选择体系结构模式和战术来满足一组质量属性场景，然后对功能进行分配，实例化该模式所提供的模块类型。

1. ADD 开发方法的质量属性

1）质量属性

质量属性是指反映软件产品某一方面质量的特征或特性。如：可靠性、安全性、易用性等。软件属性通常包括功能属性和质量属性，架构的基本需求主要是在满足功能属性的前提下，关注软件的质量属性。软件的质量属性可列举很多，在不同应用领域，也有各种不同的分类法和不同的描述。

在嵌入式系统中，质量属性重点关注的是可靠性、安全性、可用性、可修改性、性能、可测试性、易用性和可维护性等。

2）质量场景

质量场景是描述质量属性需求的一种规范，是一种面向特定的质量属性的需求。质量场景通常由刺激源、刺激、环境、制品、响应和响应度量等 6 个部分组成。

- 刺激源：指生成刺激的实体（计算机、人）；
- 刺激：指某事物，当其到达系统后需要对其加以考虑；
- 环境：指刺激发生时的各种条件；
- 制品：指系统或系统的一部分；
- 响应：指刺激到达后采取的反应；
- 响应度量：指能够以某种方式对响应进行度量。

不同质量属性，其场景中 6 部分可能的值存在较大差异。表 16-4 给出某嵌入式系统可用性质量属性的一般场景描述。

表 16-4　某嵌入式系统可用性质量属性的一般场景

场景	可能的值
刺激源	系统内部、外部
刺激	错误：疏忽（未响应）、崩溃、时间（超出）、响应（不正确）
制品	系统处理器、信道、持久存储、进程
响应	记录故障、通知适当的各方（用户及其他系统）、根据已定义的规则禁止事件源、在一定的时间间隔内不可用
响应度量	系统必须有可用时间间隔、可用时间、降级模式下运行的时间间隔、修复时间

通常，用户提出事物需求可能会同时影响性能、安全性和可用性等质量属性。因此，在分析和获取质量场景时，需要考虑某一质量场景可能会影响多个质量属性。同时，需求的获取往往来自于利益相关者，然而不同的利益相关者对于需求的要求也是不一样的，因此不同的利益相关者对于需求的描述也应当反映到质量场景中。在设计质量场景时，我们可采用如图 16-23 所示的三维立方体来进行描述。

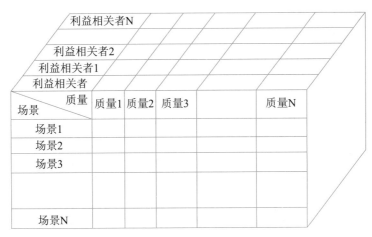

图 16-23　提取质量场景的模型示意图

2. ADD 开发过程

采用 ADD 方法进行软件开发时，需要经历评审、选择驱动因子、选择系统元素、选择设计概念、实体化元素和定义接口、草拟视图和分析评价等七个阶段，如图 16-24 所示。

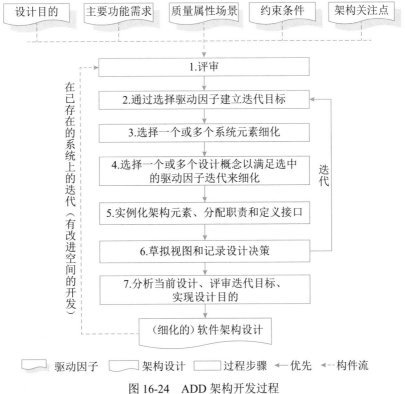

图 16-24　ADD 架构开发过程

步骤一：评审输入

首先需要确保设计流程的输入是可用且正确的。其次，确认设计目的是否符合设计的类型，要确保设计过程中其他的属性驱动因子也是可用的。最后，如果是设计一个已有的系统，还需要分析已经存在的架构设计的输入存在是否合理。这里的架构驱动因子主要包含：设计目的、质量属性、主要功能、架构关注点、约束条件等。驱动因子可用来完成不同的迭代目标。

步骤二：通过选择驱动因子（架构）建立迭代目标

根据使用的开发模型去选择设计的回合。

如果选取的是迭代开发模型，则设计回合是指在开发周期内所执行的架构设计活动；如果选取的是瀑布模型，则设计回合是指全套架构设计活动。通过一个或者多个回合，产生一个符合已建立设计目的的架构。

一个设计回合需要在一系列的设计迭代中进行，每一个迭代着重完成一个目标，特别是满足驱动因子的目标。举个例子：一个迭代的目标可能是创建源自元素的结构，这些元素会支持特殊的性能场景，或者启动一个即将完成的用例。

步骤三：选择一个或者多个系统元素来细化

系统元素可以是指一个软件模块，或者是指包含了多个元素或子模块的整个软件系统。

本步骤主要是指选取可满足驱动因子需要的一个或者多个架构结构，这些结构是由具有内在关联的元素组成的，并且这些元素通常是经过细化前已在之前的迭代中确定的元素获得的。细化就是分解成细粒度的元素、组合成粗粒度的元素或者对之前确定好的元素进行细化。

步骤四：选择一个或者多个设计概念来细化

本步骤是从常用的架构设计模式中选取一种或多种设计概念，对选中的驱动因子进行细化。这里，架构设计模式主要包括结构模式、分层设计和域对象设计等；接口分区主要包括显示接口、代理等。基于高并发的设计主要包括半异步/半同步设计等。

步骤五：实例化架构元素、分配职责和定义接口

选择好了一个或者多个设计概念后，就要求做另一个设计决策了，包括所选择的实例化元素的设计概念。比如，如果选择分层，就需要决定分多少层，这里的这些分层就是实例化后的元素，某些情况下，实例化是可以配置的。

在实例化元素之后，需要给每个元素分配职责。举个例子：比如在局域网络的企业级系统中，通常有三层：表示层、业务层、数据层。

实例化元素只是一个任务，这个任务通过开展创建架构以满足一个驱动因子或者一个关注点。已经被实例化后的元素也需要被关注，以便这些元素之间可以互相配合。通过接口来实现交互。

步骤六：草拟视图和记录设计决策

到此步骤，已经完成了本次迭代中所执行的设计活动了。但是这些活动的结果还没有用任何方式来确保视图能够被保留（或许这些视图还不是很完整，在随后的迭代中这些视图可能还需要重新被审视和细化；或许这些设计决策还需要支持其他的驱动因子），因此，本步骤就是将上述活动的结果用文字或图的方式记录或绘制出来，以供后续迭代使用。

步骤七：分析当前设计、评审迭代目标、实现设计目的

到本步骤，应该说已经创建好了部分设计，可以得到这个迭代设计建立的目标。在这个确定的目标前提下，可以得到项目利益相关者的认同，避免否定，导致返工。

一旦对迭代中执行的设计进行了分析，就可以根据既定的目标进行架构状态评审。这意味着，已经对目标进行了足够的设计迭代，满足了设计回合相关的驱动因子。评判设计目标是否已经实现了，或者在未来项目增量中，是否需要额外的回合。

在理想状态下，对每一个被称为输入组成之一的驱动因子，都要执行额外的迭代，并重复执行步骤二至步骤七。通常情况下，这样的迭代不太可能出现，因为时间或资源的限制，会迫使停止设计活动。

对于是否需要更多的迭代，可以通过风险评估来完成迭代判别。就是说，我们至少找到更高优先级的驱动因子，理论上，应该确保关键驱动因子是被满足的，或者至少设计了足够好的满足驱动因子，最后实施时，能够在每个项目迭代中，执行一个设计回合。第一回合把重点放在定位驱动因子上，随后再为其他回合指定设计决策。

软件质量模型是描述质量场景的最有效的方法。软件质量理想模型可以用来描述、评估和预测质量属性是否在 ADD 设计中被充分体现。图 16-25 给出了 ISO 9126 规定的软件质量理想模型结构图。

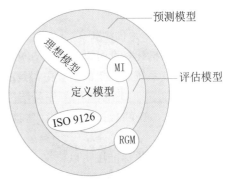

图 16-25　软件质量理想模型结构图

16.3.3　实时系统设计方法

嵌入式系统具有众多自身的特性，这些特性通常和应用场景密切相关，而实时特性常被各类具备控制能力的系统所采用，比如工业控制、航空航天和轨道交通等领域中的嵌入式系统应同时具备高可靠性、高安全性、强实时性等。系统的实时性是这些嵌入式系统的核心特性，针对实时系统，其设计方法也有它的自身特点。实时系统设计方法（Design Approach for Real-Time System，DARTS）常被应用于嵌入式系统的软件设计中。

DARTS 方法主要是将实时系统分解为多个并发任务，并定义这些任务之间的接口。该方法起源于实时系统的实时结构化分析和设计方法（Real-Time Structuring Analysis and Design，RTSAD）。RTSAD 在分析阶段使用实时结构化分析（RTSA）方法，设计阶段使用实时结构化设计（RTSD）方法，但是这个方法没有考虑实时系统是由一些并发任务组成的这个特点。针对实时系统的这个特点，DARTS 方法提供了一些分解规则和一套处理并发任务的设计步骤，还提供了一套把实时系统建造成并发任务的标准和定义并发任务间接口的指南。

1. DARTS 开发方法的基本概念

1）RTSAD 方法
RTSAD 方法是对传统结构化分析和设计方法的补充扩展，专门用于开发实时系统。RTSA

是自顶向下的实时结构化分析方法，用于系统的需求分析阶段，主要有两个不同的派别：Ward/ Mellor 和 Boeing/Hatley。近来出现了第三种方法 ESML（Extended System Modeling Language），它结合了前面两种方法的优点专门用于实时系统的结构化分析。

实时结构化分析（RTSA）主要对传统的结构化分析方法扩充了行为建模部分，它通过状态转换图（STD）刻画系统的行为特征，并利用控制转换（Control Transformation）与数据流图集成在一起。

实时结构化设计（RTSD）是利用内聚和耦合原则进行程序设计的一个方法，它通过事务和变换两种策略将 RTSA 的分析结构 DFD/CFD 转换为程序结构图。

这里所涉及的实时结构化分析表示法、状态转化图和程序结构图等的基本图素要求不再介绍，可参阅相关书籍。

2）任务结构化标准

任务结构化标准可以为设计人员将实时系统分解为并发任务的时候提供帮助。这些标准是从设计并发系统所积累的经验中得到的启发。确定任务过程中主要考虑的问题是系统内部功能的并发特性。在 DARTS 中，任务结构化标准应用到了 RTSA 开发的数据流/控制流图的转换（功能）中。这样的话，根据执行功能的时间顺序，一个功能就可以和其他几个功能划分到一个任务中。

任务结构化标准还可以定义一组并发任务间接口。任务接口可以采用的形式有消息通信、事件同步或者信息隐藏模块（IHM）。消息通信可以是松散耦合或紧密耦合的。但是任务之间没有传递数据的时候就要进行事件同步。对共享数据的访问是通过信息隐藏模块提供的。

3）信息隐藏

信息隐藏作为封装数据存储的标准来使用。信息隐藏模块用于信息数据存储和状态转换表的内容和表示。当有多个任务访问 IHM 的时候，访问过程就必须对数据的访问进行同步。

4）任务架构图

RTSAD 设计方法使用任务架构图来显示系统分解为并发任务的过程，以及采用消息、事件和信息隐藏模块形式的任务间接口。图 16-26 所示的即为任务架构图所使用的表示法。

2. DARTS 开发过程

DARTS 方法由以下 5 部分组成。

1）用实时结构化分析方法（RTSA）开发系统规范

本阶段要开发系统环境图（SCD）和状态转换图（STD）。系统环境图可以分解为层次结构的数据流（DFD）/控制流图（CFD）。此外，还要建立状态转换图与控制转换和数据转换（功能）之间的关系。这里的具体步骤可参考 RTSA 方法中的步骤。

2）将系统划分为多个并发任务

任务结构化标准应用于数据流/控制流图层次集

图 16-26　任务架构图表示法

合中的叶子节点上。初步任务架构图（TAD）可以显示使用任务结构化标准确定的任务。与外部设备之间存在接口的 I/O 数据转换要映射为异步 I/O 任务、周期 I/O 任务或资源监视任务。内部的数据转换映射为控制任务、周期任务或异步任务，并且可以根据它们的顺序、时间或功能内聚标准与其他转换进行合并。

3）定义任务间接口

通过分析在上一阶段确认的任务间的数据/控制流接口可以定义任务间的接口。任务间的数据流被映射为松耦合的或紧密耦合的消息接口。事件流被映射为事件信号。数据存储被映射为信息隐藏模块。此时任务架构图（TAD）就进行更新以便显示任务的接口。

在这个阶段，应该完成时间约束分析了。假设给定外部事件所要求的响应时间，那么就要给每个任务分配时间预算。通过显示从外部输入到系统响应的任务的执行顺序，时间顺序图可以帮助在分析过程中描述响应顺序。

4）设计每个任务

每个任务都代表了一个顺序程序的执行。因此，使用结构化设计方法，每个任务都可以划分为多个模块。转换分析或事务分析方法就是用于实现此目的的。在这个阶段要定义各个模块的功能以及与其他模块之间的接口。此外，还要设计各个模块的内部结构，可以用 PDL 语言进行详细的描述。

5）设计过程的成果

- RTSA规范。
- 任务结构规范：任务结构规范定义了系统中的并发任务，并指定了每个任务的功能以及与其他任务之间的接口。
- 任务分解：任务分解定义了每个任务分解为模块的过程，以及每个模块的功能、接口和使用PDL表示的详细设计。

3. DARTS 开发方法的评价

DARTS 开发方法的主要优势：

- 强调把系统分解成并发的任务，并提供了确认这些任务的标准。强调并发在并发实时系统的设计中非常重要；
- 提供了详细的定义任务间接口的指南；
- 强调了用任务架构图（STD）的重要性，这在实时系统的设计中也非常重要；
- 提供了从RTSA规格到实时设计的转换。DARTS方法提供了一些分解规则和一套处理并发任务的设计步骤，使软件设计者可以从RTSA规格来设计由并发任务组成的软件设计。

DARTS 开发方法的不足之处：

- 虽然DARTS方法用IHM来封装数据存储，但是它并没有像NRL和OOD完全做到了这一点。实际上，它是用结构化的设计方法把任务创建成了程序模块。
- 用的一个潜在问题就是，如果RTSA阶段的工作没有做好，创建任务就非常困难。

16.4　嵌入式系统软件架构案例分析

16.4.1　鸿蒙操作系统架构案例分析

鸿蒙操作系统（HarmonyOS）是华为公司研制的一款自主版权的操作系统，是一款"面向未来"、面向全场景（移动办公、运动健康、社交通信、媒体娱乐等）的分布式操作系统。在传统的单设备系统能力的基础上，HarmonyOS 提出了基于同一套系统能力、适配多种终端形态的分布式理念，能够支持多种终端设备的能力。

鸿蒙（HarmonyOS）整体采用分层的层次化设计，从下向上依次为：内核层、系统服务层、框架层和应用层。系统功能按照"系统"→"子系统"→"功能/模块"逐级展开，在多设备部署场景下，支持根据实际需求裁剪某些非必要的子系统或功能/模块，如图 16-27 所示。

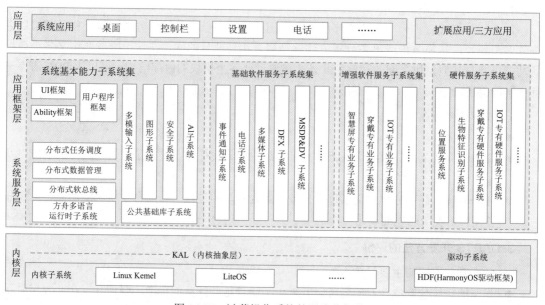

图 16-27　鸿蒙操作系统的层次化架构

1. 鸿蒙的层次化分析

1）内核层

内核层主要由内核子系统和驱动子系统组成。

内核子系统：HarmonyOS 采用多内核设计，支持针对不同资源受限设备选用适合的 OS 内核。内核抽象层（Kernel Abstract Layer，KAL）通过屏蔽多内核差异，对上层提供基础的内核能力，包括进程/线程管理、内存管理、文件系统、网络管理和外设管理等。

驱动子系统：HarmonyOS 驱动框架（HDF）是 HarmonyOS 硬件生态开放的基础，提供统一外设访问能力和驱动开发、管理框架。

2）系统服务层

系统服务层是 HarmonyOS 的核心能力集合，通过框架层对应用程序提供服务。该层包含 4 个部分：系统基本能力子系统集、基础软件服务子系统集、增强软件服务子系统集和硬件服务子系统集。

系统基本能力子系统集：为分布式应用在 HarmonyOS 多设备上的运行、调度、迁移等操作提供了基础能力，由分布式软总线、分布式数据管理、分布式任务调度、方舟多语言运行时、公共基础库、多模输入、图形、安全、AI 等子系统组成。其中，方舟运行时提供了 C/C++/JS 多语言运行时和基础的系统类库，也为使用方舟编译器静态化的 Java 程序（即应用程序或框架层中使用 Java 语言开发的部分）提供运行时。

基础软件服务子系统集：为 HarmonyOS 提供公共的、通用的软件服务，由事件通知、电话、多媒体、DFX、MSDP&DV 等子系统组成。

增强软件服务子系统集：为 HarmonyOS 提供针对不同设备的、差异化的能力增强型软件服务，由智慧屏专有业务、穿戴专有业务、IoT 专有业务等子系统组成。

硬件服务子系统集：为 HarmonyOS 提供硬件服务，由位置服务、生物特征识别、穿戴专有硬件服务、IoT 专有硬件服务等子系统组成。

根据不同设备形态的部署环境，基础软件服务子系统集、增强软件服务子系统集、硬件服务子系统集内部可以按子系统粒度裁剪，每个子系统内部又可以按功能粒度裁剪。

3）框架层

框架层为 HarmonyOS 的应用程序提供了 Java/C/C++/JS 等多语言的用户程序框架和 Ability 框架，以及各种软硬件服务对外开放的多语言框架 API；同时为采用 HarmonyOS 的设备提供了 C/C++/JS 等多语言的框架 API，不同设备支持的 API 与系统的组件化裁剪程度相关。

4）应用层

应用层包括系统应用和第三方非系统应用。HarmonyOS 的应用由一个或多个 FA（Feature Ability）或 PA（Particle Ability）组成。其中，FA 有 UI 界面，提供与用户交互的能力；而 PA 无 UI 界面，提供后台运行任务的能力以及统一的数据访问抽象。基于 FA/PA 开发的应用，能够实现特定的业务功能，支持跨设备调度与分发，为用户提供一致、高效的应用体验。

2. 鸿蒙操作系统的架构分析

鸿蒙操作系统架构具有 4 个技术特性：

1）分布式架构首次用于终端 OS，实现跨终端无缝协同体验

HarmonyOS 的"分布式 OS 架构"具有分布式软总线、分布式数据管理、分布式任务调度和虚拟外设等 4 大能力，将相应分布式应用的底层技术实现难点对应用开发者屏蔽，使开发者能够聚焦自身业务逻辑，像开发同一终端一样开发跨终端分布式应用，也使最终消费者享受到强大的跨终端业务协同能力为各使用场景带来的无缝体验。

2）确定时延引擎和高性能 IPC 技术实现系统天生流畅

HarmonyOS 通过使用确定时延引擎和高性能 IPC 两大技术解决现有系统性能不足的问题。

确定时延引擎可在任务执行前分配系统中任务执行优先级及时限进行调度处理，优先级高的任务资源将优先保障调度，应用响应时延降低 25.7%。鸿蒙微内核结构小巧的特性使 IPC（进程间通信）性能大大提高，进程通信效率较现有系统提升 5 倍。

3）基于微内核架构重塑终端设备可信安全

HarmonyOS 采用全新的微内核设计，拥有更强的安全特性和低时延等特点。微内核设计的基本思想是简化内核功能，在内核之外的用户态尽可能多地实现系统服务，同时加入相互之间的安全保护。微内核只提供最基础的服务，比如多进程调度和多进程通信等。

HarmonyOS 将微内核技术应用于可信执行环境（TEE），通过形式化方法，重塑可信安全。形式化方法是利用数学方法，从源头验证系统正确，无漏洞的有效手段。传统验证方法如功能验证，模拟攻击等只能在选择的有限场景进行验证，而形式化方法可通过数据模型验证所有软件运行路径。HarmonyOS 首次将形式化方法用于终端 TEE，显著提升安全等级。同时由于 HarmonyOS 微内核的代码量只有 Linux 宏内核的千分之一，其受攻击几率也大幅降低。

4）通过统一 IDE 支撑一次开发，多端部署，实现跨终端生态共享

HarmonyOS 凭借多终端开发 IDE，多语言统一编译，分布式架构 Kit 提供屏幕布局控件以及交互的自动适配，支持控件拖拽，面向预览的可视化编程，从而使开发者可以基于同一工程高效构建多端自动运行 App，实现真正的一次开发，多端部署，在跨设备之间实现共享生态。华为方舟编译器是首个取代 Android 虚拟机模式的静态编译器，可供开发者在开发环境中一次性将高级语言编译为机器码。此外，方舟编译器未来将支持多语言统一编译，可大幅提高开发效率。

在 HarmonyOS 架构中，重点关注于分布式架构所带来的优势，主要体现在分布式软总线、分布式设备虚拟化、分布式数据管理和分布式任务调度等四个方面。分布式软总线是多种终端设备的统一基座，为设备之间的互联互通提供了统一的分布式通信能力，能够快速发现并连接设备，高效地分发任务和传输数据；分布式设备虚拟化平台可以实现不同设备的资源融合、设备管理、数据处理，多种设备共同形成一个超级虚拟终端。针对不同类型的任务，为用户匹配并选择能力合适的执行硬件，让业务连续地在不同设备间流转，充分发挥不同设备的资源优势；分布式数据管理基于分布式软总线的能力，实现应用程序数据和用户数据的分布式管理。用户数据不再与单一物理设备绑定，业务逻辑与数据存储分离，应用跨设备运行时数据无缝衔接，为打造一致、流畅的用户体验创造了基础条件；分布式任务调度基于分布式软总线、分布式数据管理、分布式 Profile 等技术特性，构建统一的分布式服务管理（发现、同步、注册、调用）机制，支持对跨设备的应用进行远程启动、远程调用、远程连接以及迁移等操作，能够根据不同设备的能力、位置、业务运行状态、资源使用情况，以及用户的习惯和意图，选择合适的设备运行分布式任务。

HarmonyOS 架构的系统安全性主要体现在搭载 HarmonyOS 的分布式终端上，可以保证"正确的人，通过正确的设备，正确地使用数据"。这里通过"分布式多端协同身份认证"来保证"正确的人"，通过"在分布式终端上构筑可信运行环境"来保证"正确的设备"，通过"分布式数据在跨终端流动的过程中，对数据进行分类分级管理"来保证"正确地使用数据"。

HarmonyOS 架构提供了基于硬件的可信执行环境（TEE，Trusted Execution Environment）来保护用户的个人敏感数据的存储和处理，确保数据不泄露。由于分布式终端硬件的安全能力不同，对于用户的敏感个人数据，需要使用高安全等级的设备进行存储和处理。HarmonyOS 使用基于数学可证明的形式化开发和验证的 TEE 微内核，获得了商用 OS 内核 CC EAL5+ 的认证评级。

图 16-28 给出 HarmonyOS 架构的设备证书认证的传输关系，图中描述了证书从一个设备的 TEE 到另一设备的 TEE 之间的安全通道，实现安全传输。

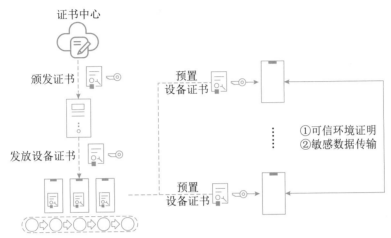

图 16-28　给出 HarmonyOS 架构的设备证书认证流程

16.4.2　面向安全攸关系统的跨领域GENESYS系统架构案例分析

GENESYS（GENeric Embedded SYStem）是一种跨领域的通用嵌入式架构平台，它是于 2008—2009 年由欧洲 ARTEMIS 的专家小组提出的。ARTEMIS 是欧洲联合技术活动（JTT）召集欧洲工业界、学术界与政府部门，制定的一种跨领域的开发嵌入式系统设计的方法。

GENESYS 架构的建立，主要解决了当时嵌入式系统所面临的三方面挑战：

（1）复杂性管理的挑战：针对嵌入式系统不断增加应用和赋予其更强、更多的处理能力，解决所有应用领域如何管理的问题。GENESYS 解决该问题的核心思想是将设计过程提升到更高的抽象级别，也就是说，采用消息交换方式实现软硬件构件的抽象级别的提升。构件是在接口规范基础上可以被重用，并不需要知道构件内部实现。GENESYS 架构支持采用抽象、分区和分段的经典简化策略。

（2）系统健壮性的挑战：嵌入式系统要在即使有软硬件故障和误操作条件下也能提供正确的服务。GENESYS 支持系统健壮性采用的方法是设计出故障或错误的隔离框架，构件在瞬态故障引起失效后，可选择性的重启和用构件复制来屏蔽瞬态和永久错误。在此架构中，信息安全贯穿在架构的所有层次上。

（3）能量有效使用的挑战：能量有效使用是移动服务市场极度关心的问题。GENESYS 支持能量有效使用的方法是采用综合化资源管理方法，即支持将成熟的软件构件从 CPU 中迁移到

ASIC，这样可以减少构件的功率需求或者在不需要时（功率门）完全关闭此构件。而构件间的通信，采用的时间触发通信机制是一种绿色消息传输通信通道。

　　GENESYS整个架构包括两类构成系统：即构件和基础平台。基础平台提供了一种"腰"型核心服务和大量用于实现系统构件的可选择服务的最小集合。可选择系统构件在增强应用领域时，其构件的特殊性可以构建本架构的领域专用实例。图16-29给出了GENESYS腰型架构示意图。

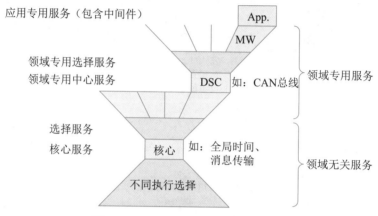

图16-29　GENESYS腰型架构示意图

　　如图16-29所示，GENESYS架构主要提供了三组服务，即领域无关服务、领域专用服务和应用专用服务（包括中间件）。领域无关服务又分为核心服务和选择服务；领域专用服务又分为领域专用中心服务（DSC）和领域专用选择服务（DSO）。

　　（1）核心服务。核心服务是强制性的，是GENESYS架构实例的一部分。核心服务应包含那些可构造较高级服务或者为了维持该结构性质而不可缺少的服务，它是系统服务中的最小集。由于这类核心服务是需要被认证的，因此，它们必须是确定性的和简单的。在许多情况下，安全关键的动态系统服务可被划分成一个极小的基本核心服务和一个较复杂的选择服务，只有基本核心服务可能是需要认证的。比如：嵌入式系统中的全局时间和消息传输等服务为核心服务。

　　（2）选择服务。选择服务是在核心服务之上构造的。它是一种需要时可以扩展的开放式的集合。任何具体架构实例都可以使用所有选择服务或其一个子集。绝大多数选择服务在与应用构件的通用中间件（GEM）协同工作时，采用消息交换的方法进行相互通信的。在选择服务成熟稳定后，可以用硬件构件的形式实现，以提升系统的能量有效性。选择服务的例子有信息安全服务、外部存储器管理器或者Internet网关服务等。

　　（3）领域专用服务。领域专用服务是由领域特有的选择服务子集加上待开发的领域特征的特定服务组合。例如，在汽车领域CAN总线网络是领域专用的服务，因为绝大多数汽车应用都使用CAN协议。

　　GENESYS架构从硬件、软件的观点遵循了面向构件的风格。构件是自包含的，可以独立开发，也可以是用于大型系统设计中的硬件/软件子系统。一个构件是系统中一个封装了设计与实现只披露接口的可更换的部分。每一个构件表示可以被实例化多次，并且可以和其他构件组合起来形成一个系统，或是更高层构件设计的一部分。当和其他构件综合成为系统时，每一个构件可以作为中间形式存在，构件为设计提供了适当抽象单元。

GENESYS 架构的重要思想是分离计算与通信，将计算构件和通信设施作为独立构件进行设计。GENESYS 的通信设施构件是基于消息传输的风格。构件中的基本交往机制是多播单向消息的交换。消息在发送时刻发出，在某个稍后的时刻达到在接收者那里。每一个消息有专门标识的发送者和若干个接受者。在许多实时应用中要求具有多播能力，比如，为了实现主动余度容错，多播可支持故障隔离区对构件往来的非侵入观察。GENESYS 架构的通信与计算的严格分离使得有可能独立地设计和分析这两个部分。只要通信设施接口上的行为保持不变，构件不受其内部实现的修改而变化；只要通信设施的时序性质不变，通信设施的修改对构件行为不产生任何影响。

GENESYS 架构将构件归为四类：硬件构件和软件构件、系统构件和应用构件。硬件构件的功能使用硬件（如 ASIC）被预先确定，因此不能修改。在软件构件中，功能由 FPGA 或者 CPU 上的软件确定。我们将加载在软件构件上的软件称为作业。将作业分配给适当的可以执行该作业的硬件单元就创建了新的构件。软件构件的功能在构件的寿命期中可以修改，也可以与硬件和软件构件混合一体，软件构件为了适应环境的变化允许系统演化。在硬件构件中实现的功能具有优良的非功能性质（如能量有效性）。GENESYS 提供了一种安全保护机制，可以预防企图恶意使用软件构件的使用者。

系统构件是提供某些架构服务的构件。系统构件是符合 GENESYS 架构原则的自包含的构件，可以被认为是 GENESYS 架构的一部分。系统构件可以广泛重用在许多不同的应用场景中，应用设计者只考虑应用构件的开发。

图 16-30 给出了基于 GENESYS 架构的四类基于消息的构件接口。

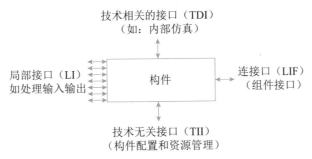

图 16-30　构件的四类基于消息接口

其中：

链接接口（LIF）：LIF 提供了构件与构件之间基于消息的操作服务，它是构件的综合接口。构件的 LIF 可以抽象掉构件的内部结构和局部接口，不披露构件的内部实现细节和局部接口，它应能够精确地为用户及组合性定义时间或值的范围。

局部接口（LI）：LI 是构件连接到外部环境（如 I/O、其他系统）的接口，它建立了构件和局部环境之间的连接关系，如过程控制系统的传感器、输入输出或者具体的人机接口等。

技术无关接口（TII）：TII 是指用于系统运行需要的配置或管理资源的接口，它属于非功能属性范畴，比如赋以构件正常的名字和输入输出端口、复位、启动和重启构件和监控与控制资源需求（如功率）等。

技术相关的接口（TDI）：TDI 是指用于查看构件内部、观察构件的内部变量的接口，如构件诊断。

GENESYS 架构是一种跨领域的嵌入式架构，其架构的主要特征及优势包括：

精确的构件定位：此特征主要体现在 5 个方面。

（1）简单化：通过提升抽象级别，可以将大型系统的复杂性进行简化，使其易于理解和符合逻辑关系。

（2）跨领域重用：基于 LIF 连接接口的精确规格说明，构件可以被跨领域重用。

（3）规模的经济性：标准构件可以大量的生产以提升工业产品的规模经济性。

（4）健壮性：为了降低构件的瞬间或永久的失效影响，独立构件可以被复位、重启、重造和重构。

（5）可降低系统集成的工作量。

开放性：此特征主要体现在 5 个方面。

（1）可集成性：不同供应商生产的各种各样的构件可以通过标准化技术进行集成。

（2）可升级性：优良构件的开放式接口（LIF）可以在不受构件环境影响的情况下进行技术升级。

（3）可扩展性：开放式系统可根据新的需求进行扩展和演变。

（4）遗产系统的集成：优良的开放式接口可以很容易地使用应用特殊网关构件集成遗产系统。

（5）降低成本：标准化的开放式构件（如通信系统、网络网关、防火墙等）可以被大规模生产。

三级集成：GENESYS 定义了三级的集成，即芯片级（Chip Level）、设备级（Device Level）和系统级（System Level）。芯片级的构件是 IP 核，IP 核间可通过 NoC（Network of Chip）相互连接；设备级的构件是芯片，芯片间可以由内部通信芯片互相连接。一个设备可以是在互联网上的一个可寻址实体，也可以是一个 IP 地址；系统级的构件是设备，它们可以由有线或无线通信服务互相连接。系统集成通常分为封闭式系统和开放式系统，封闭式系统其结构往往是静态的，而开放式系统其结构往往是动态的，如设备可以动态加入和移出。

分层的服务：分层、分解对于处理复杂性系统而言是一种优良的策略。分层服务的特征主要体现在 3 个方面。

（1）可重用性：在大多数不同应用的上下文中，少量的通用核心服务可以被定制成可重用构件，并能够用硬件实现。

（2）领域定位：专业领域的中心服务可以用硬件或软件（中间件）在核心服务之上实现。

（3）工效经济性：领域技术人员仅仅需要理解领域专用服务即可。

确定的核心：此特征主要体现在 5 个方面。

（1）及时性：确定性代表着及时性，在许多嵌入式应用中需要对事件的快速响应。

（2）降低复杂性：通常人们是很难处理非确定性行为的，确定性可以通过对线性时间结构的分离来支持行为而达到降低复杂性。

（3）可测试性：如果同一个输入始终产生相同结果的话，那么，测试一个系统就显得非常容易。

（4）认证：认证机构主要关注安全相关服务的确定性行为。

（5）故障掩蔽：从逻辑层面上讲，为了故障掩蔽（如三余度容错）确定性行为是必需的。

标准的互联集成：此特征主要体现在 4 个方面。

（1）对远程访问的保护：对于一个应用或者机器，可以对远程操作或远程诊断进行保护。

（2）降低集成工作难度：标准的实时以太网（RT-Ethernet）可降低项目专用开发成本，并提升半导体技术的规模经济性。

（3）通常的人机互动：使用标准的 Web 浏览器可降低投入人机界面（MMI）设备的数量。

（4）安全性：采用标准的网络防火墙确保了安全性，可避免开发和集成中的失误。

16.4.3　物联网操作系统软件架构案例分析

物联网（Internet of Things，IoT）是指通过信息传感设备，按约定的协议，将任何物体与网络相连接，物体通过信息传播媒介进行信息交换和通信，以实现智能化识别、定位、跟踪、监管等功能。在物联网应用中有三项关键，分别是感知层、网络传输层和应用层。

具体地说，物联网是将无处不在的末端设备和设施，包括具备"内在智能"的传感器、移动终端、工业系统、楼控系统、家庭智能设施、视频监控系统等，和"外在智能"的，如贴上 RFID 的各种资产（Assets）、携带无线终端的个人与车辆等"智能化物件或动物"或"智能尘埃"（Mote），通过各种无线和 / 或有线的长距离和或短距离通信网络连接物联网域名实现互联互通（M2M）、应用大集成（Grand Integration）以及基于云计算的 SaaS 营运等模式，在内网（Intranet）、专网（Extranet）、和 / 或互联网（Internet）环境下，采用适当的信息安全保障机制，提供安全可控乃至个性化的实时在线监测、定位追溯、报警联动、调度指挥、预案管理、远程控制、安全防范、远程维保、在线升级、统计报表、决策支持、领导桌面（集中展示的 Cockpit Dashboard）等管理和服务功能，实现对"万物"的"高效、节能、安全、环保"的"管、控、营"一体化。可以说物联网是一种泛化的嵌入式系统，它把传统的嵌入式设备有机地融为一体，形成更加广域的系统。

物联网操作系统至今没有一个明确的定义。物联网操作系统通常包括了芯片层、终端层、边缘层、云端层等多个层面内容。就单一层次的物联网操作系统与安卓在移动互联网领域的地位和作用类似，也是实现了应用软件与智能终端硬件的解耦。

FreeRTOS 是一款开源的物联网操作系统，是世界上最受开发者欢迎的 RTOS，目前由亚马逊公司托管。FreeRTOS 系统主要由 BSP 驱动、内核和组件等组成（见图 16-31）。

这里，BSP 驱动（Vendor drivers）是一种对硬件资源管理服务程序，称之为驱动，为上层操作系统内核提供硬件操作服务。操作功能的内核包含了传统操作系统的最基本功能，如多任务调度、内存管理、任务间通信等功能，它为上层组件提供相应的标准接口。组件是物联网操作系统的主要功能，为物联网系统提供公共支持，包含网络协议（TCP、TLS 安全传输协议）、外设支持（Wi-Fi、蓝牙等）以及 POSIX 能力等。在这些公共服务之上，是定制性服务组件，如在线升级（OTA Update）、加密消息标准（PKCS #11）支持、安全套件、消息队列遥测传输协议（MQTT）和 Hyper Text 传输协议（HTTPS）等。FreeRTOS 是一种轻量级操作系统，其内核是可剪裁的，组件也是可选的，其核心代码保持在 9000 行左右。

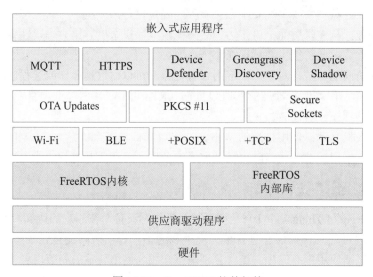

图 16-31　FreeRTOS 软件架构

物联网操作系统的主要特征包括：

（1）内核尺寸伸缩性以及整体架构的可扩展性。

物联网的发展已进入规模化应用，操作系统整体架构的灵活性和可扩展性决定了一个企业的商业发展。为了适应不同的应用场景下的技术要求，需要内核具有良好的伸缩性。

（2）内核的实时性。

物联网操作系统是对末端设备和设施的管理，也应属于强实时系统的实时性要求。比如常见的中断响应和多任务调度等情况下，操作系统的实时性便有了更高的要求，特别是对于大多数的物联网应用而言，良好的响应时间决定了市场的需求。

（3）高可靠性。

在物联网的应用环境下，面对海量节点可以说设备一经投入使用，就很难再去维护。所以节点的平均无故障运行时间和在一些严苛环境下能够正常运行显得尤为重要。

（4）低功耗。

由于物联网的应用场景和网络节点的数量增多，低功耗是一个非常关键的指标。所以在整体架构设计的时候，就需要考虑休眠技术、节能技术和降频技术等，以延长续航能力。

第17章　通信系统架构设计理论与实践

通信系统（也称为通信网络）是利用各种通信线路将地理上分散的、具有独立功能的计算机系统和通信设备按不同的形式连接起来，依靠网络软件及通信协议实现资源共享和信息传递的系统。本章主要介绍通信系统的 5 种常用的网络架构和构建网络的相关技术，以及网络构建的分析和设计方法。

17.1　通信系统概述

随着通信技术和网络技术的不断发展，通信网络发生很大变化，如在接入侧最早使用 Modem 拨号上网，到现在通过光路由器上网，通信线路由最早的电话线传送用户的数据到现在以光纤高速传送用户的数据；在网络核心层，网络接口也由原来的 GE/10GE（1GE=1Gb/s）传输速率提升到现在的 40GE/100GE，甚至 400GE 传输速率。还有网络接入方式的多样化发展，如光线千兆接入、无线 Wi-Fi 千兆接入、移动终端 5G 高速接入；网络的结构也由原来简单独立的总线网络演化到复杂异构多层次结构，再加之移动通信多样化应用迅猛发展催生移动网由原来传统的基于物理设备形态网元演进为基于虚拟化、服务化架构的可灵活定制、便捷部署的 5G 网络功能元素等，这一切都为人们的学习、生活、工作，乃至整个社会、经济、科技、文化等诸多领域信息交互提供了极大的便利，也为人类社会向数字化时代发展提供了强有力的支撑。

17.2　通信系统网络架构

当今，通信网络从大的方面主要包括局域网、广域网、移动通信网等网络形式。不同的网络会采用不同的技术进行网络构建。以下针对不同的网络给出各自的网络架构以及所采用的技术。

17.2.1　局域网网络架构

1. 概述

局域网，即计算机局部区域网络，是一种为单一机构所拥有的专用计算机网络。其特点是：覆盖地理范围小，通常限定在相对独立的范围内，如一座建筑或集中建筑群内（通常 2.5km 内）；数据传输速率高（一般在 10Mb/s 以上，典型 1Gb/s，甚至 10Gb/s）；低误码率（通常在 10^{-9} 以下），可靠性高；通常为单一部门或单位所有；支持多种传输介质支持实时应用。就网络拓扑而言，有总线型、环型、星型、树型等型式。从传输介质来说，包含有线局域网和无线局域网。

2. 网络组成

局域网通常由计算机、交换机、路由器等设备组成。

3. 网络架构

从计算机诞生出现局域网到今天，局域网经历了若干年演进。随着业务场景的多样化，以及业务对网络的要求不断提升，局域网已从早期只提供二层交换功能的简单网络发展到如今不仅提供二层交换功能，还提供三层路由功能的复杂网络。局域网，现代通常用在园区网络的构建中，某种意义上，局域网也称为园区网。以下给出局域网的几种典型架构风格。

1）单核心架构

单核心局域网通常由一台核心二层或三层交换设备充当网络的核心设备，通过若干台接入交换设备将用户设备（如用户计算机、智能设备等）连接到网络中。图 17-1 给出了单核心局域网的架构图。

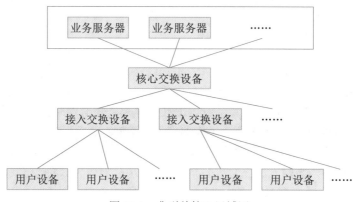

图 17-1　典型单核心局域网

此类局域网可通过连接核心网交换设备与广域网之间的互连路由设备（边界路由器或防火墙）接入广域网，实现业务跨局域网的访问。单核心网具有如下特点：

（1）核心交换设备通常采用二层、三层及以上交换机；如采用三层以上交换机可划分成 VLAN，VLAN 内采用二层数据链路转发，VLAN 之间采用三层路由转发；

（2）接入交换设备采用二层交换机，仅实现二层数据链路转发；

（3）核心交换设备和接入设备之间可采用 100M/GE/10GE 等以太网连接。

用单核心构建网络，其优点是：网络结构简单，可节省设备投资。需要使用局域网的部门接入较为方便，直接通过接入交换设备连接至核心交换设备空闲接口即可；其不足是网络地理范围受限，要求使用局域网的部门分布较为紧凑；核心网交换设备存在单点故障，容易导致网络整体或局部失效；网络扩展能力有限；在局域网接入交换设备较多的情况下，对核心交换设备的端口密度要求高。

作为一种变通，采用此网络架构，对于较小规模网络，用户设备也可直接与核心交换设备互联，进一步减少投资成本。

2）双核心架构

双核心架构通常是指核心交换设备通常采用三层及以上交换机。核心交换设备和接入设备之间可采用 100M/GE/10GE 等以太网连接。图 17-2 给出了典型双核心局域网。

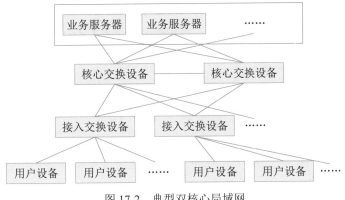

图 17-2　典型双核心局域网

网络内划分 VLAN 时，各 VLAN 之间访问需通过两台核心交换设备来完成。网络中仅核心交换设备具备路由功能，接入设备仅提供二层转发功能。

核心交换设备之间互联，实现网关保护或负载均衡。核心交换设备具备保护能力，网络拓扑结构可靠。在业务路由转发上可实现热切换。接入网络的各部门局域网之间互访，或访问核心业务服务器，有一条以上条路径可选择，可靠性更高。

需要使用局域网的部门接入较为方便，直接通过接入交换设备连接至核心交换设备空闲接口即可。设备投资相比单核心局域网的高。对核心交换设备的端口密度要求较高。所有业务服务器同时连接至两台核心交换设备，通过网关保护协议进行保护，为用户设备提供高速访问。

3）环型架构

环型局域网是由多台核心交换设备连接成双 RPR（Resilient Packet Ring）动态弹性分组环，构建网络的核心。核心交换设备通常采用三层或以上交换机提供业务转发功能。图 17-3 给出了典型环型局域网。

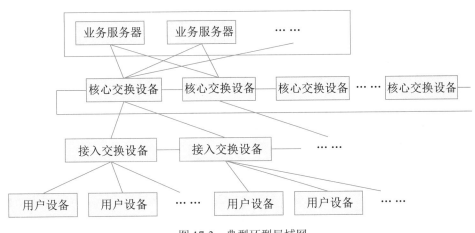

图 17-3　典型环型局域网

典型环型局域网网络内各 VLAN 之间通过 RPR 环实现互访。RPR 具备自愈保护功能，节省光纤资源；具备 MAC 层 50ms 自愈时间的能力，提供多等级、可靠的 QoS 服务，带宽公平机制和拥塞控制机制等。RPR 环双向可用。网络通过两根反向光纤组成环型拓扑结构，节点在环上可从两个方向到达另一节点。每根光纤可同时传输数据和控制信号。RPR 利用空间重用技术，使得环上的带宽得以有效利用。

通过 RPR 组建大规模局域网时，多环之间只能通过业务接口互通，不能实现网络直接互通。环型局域网设备投资比单核心局域网的高。核心路由冗余设计实施难度较高，且容易形成环路。

此网络通过与环上的交换设备互联的边界路由设备接入广域网。

4）层次局域网架构

层次局域网（或多层局域网）由核心层交换设备、汇聚层交换设备和接入层交换设备，以及用户设备等组成。图 17-4 给出了层次局域网模型。

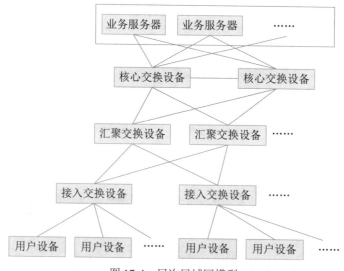

图 17-4　层次局域网模型

层次局域网模型核心层设备提供高速数据转发功能。汇聚层设备提供充足接口，与接入层之间实现互访控制。汇聚层可提供所辖的不同接入设备（部门局域网内）业务的交换功能，减轻对核心交换设备的转发压力。接入层设备实现用户设备的接入。

层次局域网网络拓扑易于扩展。网络故障可分级排查，便于维护。通常，层次局域网通过与广域网的边界路由设备接入广域网，实现局域网和广域网业务互访。

4. 网络协议的应用

通常情况下，网络中互为主备的交换或路由设备之间采用必要保护协议：如 VRRP、HSRP、GLBP 等；网络中二层网络采用多链路机制进行链路保护或带宽扩展时采用 STP、LACP 等协议。网络中三层设备实现网络动态路由控制的路由协议 OSPF、RIP、BGP 等。

17.2.2　广域网网络架构

1. 概述

通俗来讲，广域网是将分布于相比局域网络更广区域的计算机设备联接起来的网络。广域网由通信子网与资源子网组成。通信子网可以利用公用分组交换网、卫星通信网和无线分组交换网来构建，将分布在不同地区的局域网或计算机系统互连起来，实现资源子网的共享。

2. 网络组成

广域网属于多级网络，通常由骨干网、分布网、接入网组成。在网络规模较小时，可仅由骨干网和接入网组成。

例如在广域网规划时，需要根据业务场景及网络规模来进行三级网络的功能进行选择。例如规划某省银行广域网，设计骨干网，如支持数据、语音、图像等信息共享，为全银行系统提供高速、可靠通信服务。设计分布网，提供数据中心与各分行、支行的数据交换，提供长途线路复用和主干访问。设计接入网，提供各分支行与各营业网点数据交换，采用访问路由方式，提供网点线路复用和终端访问。

3. 网络架构

通常，在大型网络构建中，通过广域网将分布在各地域的局域网互连起来，形成一个大的网络。以下给出不同形式的广域网构建模型以及各自的特点。

图 17-5　单核心广域网

1）单核心广域网

单核心广域网通常由一台核心路由设备和各局域网组成，其典型网络架构如图 17-5 所示。

核心路由设备采用三层及以上交换机。网络内各局域网之间访问需要通过核心路由设备。网络中各局域网之间不设立其他路由设备。各局域网至核心路由设备之间采用广播线路，路由设备与各局域网互连接口属于对应局域网子网。核心路由设备与各局域网可采用 10M/100M/GE 以太接口连接。

该类型网络结构简单，节省设备投资。各局域网访问核心局域网，以及相互访问效率高。新的部门局域网接入广域网较为方便，只要核心路由设备留有端口即可。不过，核心路由设备存在单点故障，容易导致整网失效。网络扩展能力欠佳，对核心路由设备端口密度要求较高。

2）双核心广域网

双核心广域网通常由两台核心路由设备和各局域网组成，其典型网络架构如图 17-6 所示。

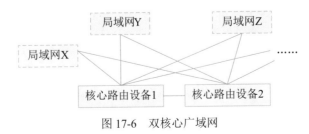

图 17-6　双核心广域网

双核心广域网模型，其主要特征是核心路由设备通常采用三层及以上交换机。核心路由设备与各局域网之间通常采用 10M/100M/GE 等以太网接口连接。网络内各局域网之间访问需经过两台核心路由设备，各局域网之间不存在其他路由设备用于业务互访。核心路由设备之间实现网关保护或负载均衡。各局域网访问核心局域网，以及它们相互访问可有多条路径选择，可靠性更高，路由层面可实现热切换，提供业务连续性访问能力。在核心路由设备接口有预留情况下，新的局域网可方便接入。不过，设备投资较单核心广域网高。核心路由设备路由冗余设计实施难度较高，容易形成路由环路。网络对核心路由设备端口密度要求较高。

3）环型广域网

环型广域网通常是采用三台以上核心路由器设备构成路由环路，用以连接各局域网，实现广域网业务互访，其典型网络架构如图 17-7 所示。

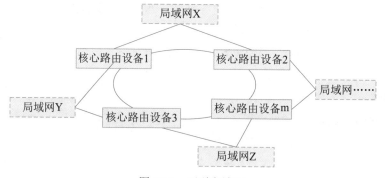

图 17-7 环型广域网

环型广域网主要特征是核心路由设备通常采用三层或以上交换机。核心路由设备与各局域网之间通常采用 10M/100M/GE 等以太网接口连接。网络内各局域网之间访问需要经过核心路由设备构成的环。各局域网之间不存在其他路由设备进行互访。核心路由设备之间具备网关保护或负载均衡机制，同时具备环路控制功能。各局域网访问核心局域网，或互相访问，有多条路径可选择，可靠性更高，路由层面可实现无缝热切换，保证业务访问连续性。

在核心路由设备接口有预留情况下，新的部门局域网可方便接入。不过，设备投资比双核心广域网高，核心路由设备路由冗余设计实施难度较高，容易形成路由环路。环型拓扑结构需要占用较多端口，网络对核心路由设备端口密度要求较高。

4）半冗余广域网

半冗余广域网是由多台核心路由设备连接各局域网而形成的。其典型网络架构如图 17-8 所示。其中，任意核心路由设备至少存在两条以上连接至其他路由设备的链路。如果任何两个核心路由设备之间均存在链接，则属于半冗余广域网特例，即全冗余广域网。

半冗余广域网主要特征是半冗余广域网结构灵活，方便扩展。部分网络核心路由设备可采用网关保护或负载均衡机制或具备环路控制功能。网络结构呈网状，各局域网访问核心局域网，以及相互访问存在多条路径，可靠性高。路由层面，路由选择较为灵活。网络结构适合于部署 OSPF 等链路状态路由协议。不过，网络结构零散，不便于管理和排障。

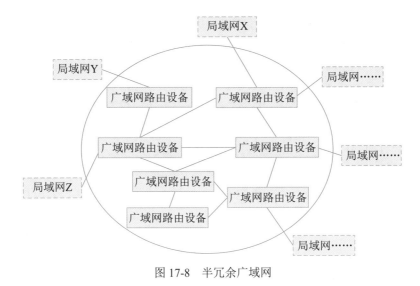

图 17-8　半冗余广域网

5）对等子域广域网

对等子域网络是通过将广域网的路由设备划分成两个独立的子域，每个子域路由设备采用半冗余方式互连。两个子域之间通过一条或多条链路互连，对等子域中任何路由设备都可接入局域网络。典型对等子域网络架构如图 17-9 所示。

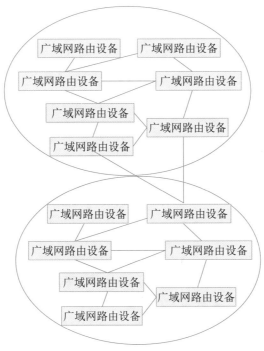

图 17-9　对等子域广域网

对等子域广域网的主要特征是对等子域之间的互访是以对等子域之间互连链路为主。对等子域之间可做到路由汇总或明细路由条目匹配，路由控制灵活。通常，子域之间链路带宽应高于子域内链路带宽。域间路由冗余设计实施难度较高，容易形成路由环路，或存在发布非法路由风险。对域边界路由设备的路由性能要求较高。网络中路由协议主要以动态路由为主。对等子域适合于广域网可以明显划分为两个区域，且区域内部访问较为独立的场景。

6）层次子域广域网

层次子域广域网结构是将大型广域网路由设备划分成多个较为独立的子域，每个子域内路由设备采用半冗余方式互连，多个子域之间存在层次关系，高层次子域连接多个低层次子域。层次子域中任何路由设备都可以接入局域网。典型层次子域网络架构如图 17-10 所示。

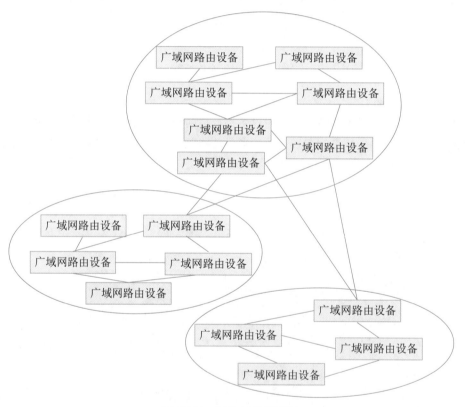

图 17-10　层次子域广域网

层次子域的主要特征是层次子域结构具有较好扩展性。低层次子域之间互访需要通过高层次子域完成。域间路由冗余设计实施难度较高，容易形成路由环路，存在发布非法路由的风险。子域之间链路带宽需高于子域内链路带宽。对用于域互访的域边界路由设备的路由转发性能要求较高。路由设备路由协议主要以动态路由为主，如 OSPF 协议。层次子域与上层外网互连，主要借助高层子域完成；与下层外网互连，主要借助低层子域完成。

17.2.3　移动通信网网络架构

移动通信网为移动互联网提供了强有力的支持，尤其是 5G 网络为个人用户、垂直行业等提供了多样化的服务。以下从业务应用角度给出面向 5G 网络的组网方式。

1. 5GS 与 DN 互连

5GS（5G System）在为移动终端用户（User Equipment，UE）提供服务时通常需要 DN（Data Network）网络，如 Internet、IMS（IP Media Subsystem）、专用网络等互连来为 UE 提供所需的业务。各式各样的上网、语音、AR/VR、工业控制和无人驾驶等 5GS 中 UPF 网元作为 DN 的接入点。5GS 和 DN 之间通过 5GS 定义的 N6 接口互连。图 17-11 给出了 5G 网络与 DN 网络连接关系图。

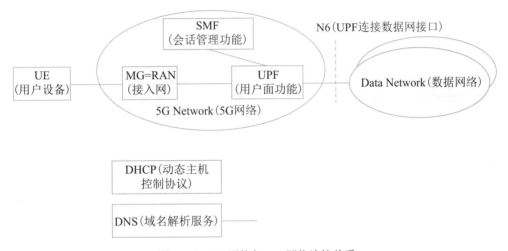

图 17-11　5G 网络与 DN 网络连接关系

如图 17-11 所示，5G Network 属于 5G 范畴，包括若干网络功能实体，如 AMF/SMF/PCF/NRF/NSSF 等。简洁起见，图中仅表示出了与用户会话密切相关的网络功能实体。

在 5GS 和 DN 基于 IPv4/IPv6 互连时，从 DN 来看，UPF 可看作是普通路由器。相反从 5GS 来看，与 UPF 通过 N6 接口互连的设备，通常也是路由器。换言之，5GS 和 DN 之间是一种路由关系。UE 访问 DN 的业务流在它们之间通过双向路由配置实现转发。就 5G 网络而言，把从 UE 流向 DN 的业务流称之为上行（UL，UpLink）业务流；把从 DN 流向 UE 的业务流称为下行（DL，DownLink）业务流。UL 业务流通过 UPF 上配置的路由转发至 DN；DL 业务流通过与 UPF 邻近的路由器上配置的路由转发至 UPF。

此外，从 UE 通过 5GS 接入 DN 的方式来说，存在两种模式，即透明模式和非透明模式。

1）透明模式

在透明模式下，5GS 通过 UPF 的 N6 接口直接连至运营商特定的 IP 网络，然后通过防火墙（Firewall）或代理服务器连至 DN（即外部 IP 网络），如 Internet 等。UE 分配由运营商规划的网络地址空间的 IP 地址。UE 在向 5GS 发起会话建立请求时，通常 5GS 不触发向外部 DN-AAA 服务器发起认证过程。图 17-12 给出了 UE 透明接入 5G 网络的示意图。

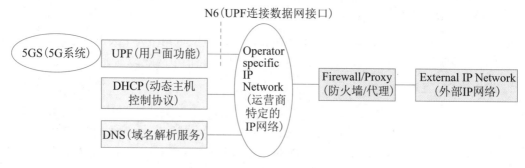

图 17-12　UE 透明接入 5G 网络

在此模式下，5GS 至少为 UE 提供一个基本 ISP 服务。对于 5GS 而言，它只须提供基本的隧道 QoS 流服务即可。UE 访问某个 Intranet 网络时，UE 级别的配置仅在 UE 和 Intranet 网络之间独立完成，这对 5GS 而言是透明的。

2）非透明模式

在非透明模式下，5GS 可直接接入 Intranet/ISP，或通过其他 IP 网络（如 Internet）接入 Intranet/ISP。如 5GS 通过 Internet 方式接入 Intranet/ISP，通常需要在 UPF 和 Intranet/ISP 之间建立专用隧道来转发 UE 访问 Intranet/ISP 的业务。UE 被指派属于 Intranet/ISP 地址空间的 IP 地址。此地址用于 UE 业务在 UPF、Intranet/ISP 中转发。图 17-13（a）和（b）分别给出了 UE 通过 5GS 非透明接入 DN 和 UE 的原理图。

（a）直接接入　　　　　　　　　（b）间接接入

图 17-13　UE 通过 5GS 非透明接入 DN 原理图

综上所述，UE 通过 5GS 访问 Intranet/ISP 的业务服务器，可基于任何网络如 Internet 等来进行，即使不安全也无妨，在 UPF 和 Intranet/ISP 之间可基于某种安全协议进行数据通信保护。至于采用何种安全协议由移动运营商和 Intranet/ISP 提供商之间协商确定。

作为 UE 会话建立的一部分，5GS 中 SMF 通常通过向外部 DN-AAA 服务器（如 Radius、Diameter 服务器）发起对 UE 进行认证。在对 UE 认证成功后，方可完成 UE 会话的建立，之后 UE 才可访问 Internet/ISP 的服务。

2. 5G 网络边缘计算

5G 网络改变以往以设备、业务为中心的导向，倡导以用户为中心的理念。5G 网络在为用户提供服务的同时，更注重用户的服务体验 QoE（Quality of Experience）。其中 5G 网络边缘计算能力的提供正是为垂直行业赋能、提升用户 QoE 的重要举措之一。

　　5G 网络的边缘计算（Moble Edge Computing，MEC）架构如图 17-14 所示，支持在靠近终端用户 UE 的移动网络边缘部署 5G UPF 网元，结合在移动网络边缘部署边缘计算平台（Mobile Edge Platform，MEP），为垂直行业提供诸如以时间敏感、高带宽为特征的业务就近分流服务。于是，一来为用户提供极佳服务体验，二来降低了移动网络后端处理的压力。

　　运营商自有应用或第三方应用 AF（Application Function）通过 5GS 提供的能力开放功能网元 NEF（Network Exposure Function），触发 5G 网络为边缘应用动态地生成本地分流策略，由 PCF（Policy Charging Function）将这些策略配置给相关 SMF，SMF 根据终端用户位置信息或用户移动后发生的位置变化信息动态实现 UPF（即移动边缘云中部署的 UPF）在用户会话中插入或移除，以及对这些 UPF 分流规则的动态配置，达到用户访问所需业务的极佳效果。

　　另外，从业务连续性来说，5G 网络可提供 SSC 模式 1（在用户移动过程中用户会话的 IP 接入点始终保持不变），SSC 模式 2（用户移动过程中网络触发用户现有会话释放并立即触发新会话建立），SSC 模式 3（用户移动过程中在释放用户现有会话之前先建立一个新的会话）供业务提供者 ASP（Application Service Provider）或运营商选择。

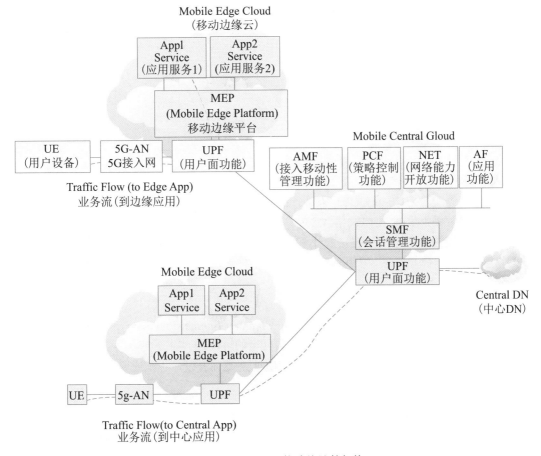

图 17-14　5G 网络边缘计算架构

17.2.4　存储网络架构

一般来说，计算机访问磁盘存储有 3 种方式：

（1）直连式存储（Direct Attached Storage，DAS）：计算机通过 I/O 端口直接访问存储设备的方式。

（2）网络连接的存储（Network Attached Storage，NAS）：计算机通过分布式文件系统访问存储设备的方式。

（3）存储区域网络（Storage Area Network，SAN）：计算机通过构建的独立存储网络访问存储设备的方式。

DAS 采用 I/O 总线架构，如 IDE 或 ATA 等将存储设备挂接在计算机中，实现数据存储。多种存储设备适合用作主机连接存储；包括硬盘驱动器、RAID 阵列、CD、DVD 和磁带驱动器。对主机连接存储设备进行数据传输的 I/O 指令是针对特定存储单元（例如总线 ID 和目标逻辑单元）的逻辑数据块的读和写。

NAS 和 SAN 都是基于网络构建存储系统的。网络存储采用面向网络的存储体系结构，使数据处理和数据存储分离，由专门的系统负责数据处理，存储设备或子系统负责数据的存储。网络存储结构通过网络连接服务器和存储资源，具有灵活的网络寻址能力和远距离数据传输能力，实现了在单一区域或多个区域可靠的数据存储、恢复，以及不同主机不同存储设备之间的资源共享。

1. 网络连接存储（NAS）

NAS 设备是一种专用存储系统，用户计算机通过数据网络（如 LAN/WAN 等网络）来远程访问。如图 17-15 所示，用户计算机通过远程过程调用（RPC）访问 NAS 存储单元。远程过程调用是通过 IP 网络（如基于 TCP 或 UDP）来进行的，NAS 存储单元通常采用 RPC 接口软件来实现。通过 NAS，使得所有通过数据网络连接的计算机与

图 17-15　网络连接存储

主机本地连接存储一样方便命名和访问共享存储池。当然，与主机本地连接的存储相比，它的存储访问效率及性能相对较差。

最常见的 NAS 协议以下：

（1）公共 Internet 文件服务 / 服务器消息块（Common Internet File Services / Server Message Block，CIFS/SMB）。CIFS/SMB 是 Windows 通常使用的协议。

（2）网络文件系统（NFS）。NFS 最早为 UNIX 服务器而开发，也是通用的 Linux 协议。

2. 存储区域网络

存储区域网络（Storage Area Network，SAN）是一种基于块的存储，利用专用高速通信架构将服务器与其逻辑磁盘单元（Logical Disk Unit，LDU）相连。LDU 是一系列通过共享存储池配置的块，以逻辑磁盘的形式呈现给服务器。服务器会对这些块进行分区和格式化，通常使用

文件系统，以便可以像在本地磁盘上存储一样在 LDU 上存储数据。此外，SAN 的设计消除了单点故障，具有极高可用性和故障恢复能力。图 17-16 给出了 SAN 网络的部署示意图。

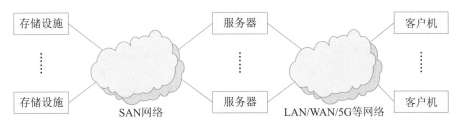

图 17-16　SAN 网络部署

SAN 是企业最常用的存储网络架构。SAN 将数据存储在集中式共享存储中，使企业能够运用统一的方法和工具来实施安全防护、数据保护和灾难恢复。对高吞吐量和低延迟有需求的业务关键型应用尤为适用。

SAN 为专用网络，采用存储协议而不是网络协议连接服务器和存储单元。SAN 交换机允许或禁止主机访问存储，通过配置 SAN 来为主机提供所需存储容量。SAN 可以让服务器集群共享同一存储，让存储阵列为多个主机提供存储服务。可见，SAN 通信具有极大灵活性。

常见的 SAN 有 FC-SAN 和 IP-SAN，其中 FC-SAN 为通过光纤通道协议转发 SCSI 协议，IP-SAN 通过 TCP 协议转发 SCSI 协议。

最常见 SAN 协议包括以下 4 种：

（1）光纤通道协议（Fibre Channel Protocol，FCP）。应用最为广泛的 SAN 或块协议，FCP 使用具有嵌入式 SCSI 命令的光纤通道传输协议。

（2）Internet 小型计算机系统接口（iSCSI）：第二大 SAN 或块协议。iSCSI 将 SCSI 命令封装在以太网帧内，然后使用 IP 以太网络进行传输。

（3）以太网光纤通道（Fibre Channel over Ethernet，FCoE）：其应用相对较少。它与 iSCSI 类似，将 FC 帧封装在以太网数据报中，然后像 iSCSI 一样使用 IP 以太网络进行传输。

（4）基于光纤通道的非易失性内存标准（Non-Volatile Memory Express over Fibre Channel，FC-NVMe）：它是一种用于通过 PCI Express（PCIe）总线访问闪存存储的接口协议。NVMe 支持若干并行序列，每一个序列又能支持若干并发命令。

SAN 有着广泛的应用前景。SAN 主要用于存储量大的工作环境，如 ISP、银行等，特别地在 5G 网络设备部署中得到应用。5G 网络设备通常采用业务处理和数据存储分离的架构进行设计，采用 SAN 存储网络可有效避免网元处理节点故障切换后业务数据丢失。

3. NAS 与 SAN 异同点

SAN 和 NAS 都可以用于集中管理存储，并供多主机（服务器）共享存储。但是，NAS 通常是基于以太网，而 SAN 可使用以太网和光纤通道。此外，NAS 注重易用性、易管理性、可扩展性和更低的总拥有成本（TCO），而 SAN 则注重高性能和低延迟。

实际应用中，应根据业务特点灵活选用适合的网络存储架构。

17.2.5　软件定义网络架构

1. 软件定义网络

软件定义网络（Software Defined Network，SDN）是由美国斯坦福大学 CLean State 课题研究组提出的一种新型网络创新架构。其核心思想是通过对网络设备的控制面与数据面进行分离，控制面集中化管控，同时对外提供开放的可编程接口，为网络应用创新提供极佳的能力开放平台；而数据面则通用化、轻量化，高效转发，以提升网络的整体运行效能。

具体来说，SDN 利用分层的思想，将网络分为控制层和数据层。控制层包括可编程控制器，具有网络控制逻辑的中心，掌握网络的全局信息，方便运营商或网络管理人员配置网络和部署新协议等。数据层包括哑交换机（与传统的二层交换机不同，专指用于转发数据的设备），仅提供简单的数据转发功能，可以快速处理匹配的数据包，适应流量日益增长的需求。两层之间采用开放的统一接口（如 OpenFlow 等）进行交互。通过此接口控制器向转发设备（如交换机等）下发统一标准的转发规则，转发设备仅需按照这些规则执行相应动作即可。

相比传统网络设备，SDN 技术能够更有效降低转发设备复杂度及卸载不必要的运行负载，协助网络运营商更好地控制基础设施，降低整体运营成本，同时打破了传统网络设备的封闭性，因此，SDN 是极具前途的网络技术之一。

2. SDN 网络架构

SDN 架构如图 17-17 所示，由下至上分为数据平面、控制平面和应用平面。

数据平面由网络转发设备（如通常由通用硬件构成）组成，网络转发设备之间通过由不同规则形成的 SDN 数据通路连接起来；控制平面包含了逻辑上为中心的 SDN 控制器，它掌握着网络全局信息，负责转发设备的各种转发规则的下发；应用平面包含各种基于 SDN 的网络应用，应用无须关心网络底层细节就可以编程、部署新应用。

控制平面与数据平面之间通过 SDN 控制 - 数据平面接口，即南向接口 SBI（South Bound Interface）进行通信，它采用统一的通信标准，主要负责将控制器中的转发规则下发至转发设备；控制平面与应用平面之间通过 SDN 北向接口 NBI（North Bound Interface）进行通信，它允许用户根据自身需求定制开发各种网络管理应用。

图 17-17　SDN 网络架构

SDN 中的接口具有开放性，以控制器为逻辑中心，南向接口负责与数据平面进行通信，北向接口负责与应用平面进行通信，东西向接口负责多控制器之间的通信。

南向接口通常采用 OpenFlow 协议，也是当今最主流南向接口协议。它最基本的特点是基于流（Flow）的概念来匹配转发规则。每一个转发设备都维护一个流表（Flow Table），依据流表中的转发规则进行转发，而流表的建立、维护和下发都是由控制器来完成的。

北向接口对应用开放，应用程序通过北向接口编程来调用所需网络资源，实现对网络的快速配置和部署。

东西向接口使控制器具有可扩展性，为网络负载均衡和性能提升提供了技术途径。

17.3　网络构建关键技术

17.3.1　网络高可用设计

1. 网络高可用性概述

随着网络快速发展及应用日益深入，各种核心和增值业务在网络上广泛部署，网络的作用愈来愈凸显出来。即使网络出现短时间中断，都可能对业务带来比较大的影响，甚至给企业造成一定程度的经济损失。因此，网络可用性在网络设计时需高度重视。

网络可用性度量可从两个方面考虑。首先是网络不能频繁出现故障。网络出现故障势必影响业务的运营，特别是实时性强和对丢包时延敏感的业务，如语音、视频以及在线游戏等。退一步讲，网络即使出现故障，应能迅速恢复。如一个网络不常出现故障，但出现一次故障，需要比较长时间才能恢复，如几个小时、几天或甚至更长时间，这样的网络也不能算是高可用性网络。因此，故障次数少和故障恢复时间短是衡量网络高可用性的主要指标。

可用性（Availability）可以下式表示：

A = MTBF/（MTBF+MTTR）

MTBF：平均无故障时间（Mean Time Between Failurs）

MTTR：平均故障修复时间（Mean Time To Repair）

可见，提高网络可用性，提高 MTBF，降低 MTTR 都是行之有效的方法。MTBF 取决于网络设备的硬件和软件本身的质量，而极力提升它们的质量总是有限的，因此无法一味地提高 MTBF 数值来获得网络高可用性。设法减少 MTTR 数值，也是提高网络可用性的有效途径。就 MTTR 的影响因素来说，一是以最快的速度发现网络故障，二是迅速将网络从故障状态恢复出来。

实际上，上述理论公式难以精确计算网络的可用性。通常也会采用某些更具实际意义的工程经验公式变通衡量网络的可用性。

2. 网络高可用架构

网络的高可用性是一个系统级的概念。对于一个网络来说，它由网络元素（或网络部件），按照一定的连接模型连接在一起而构成。因此，构成网络的部件的可用性，以及连接模型的可用性就决定了网络的可用性程度。以下从网络部件、网络连接模型以及有关网络协议等方面来考虑如何保证整个网络的可用性。

1）网络部件

网络部件是组成网络的基本要素，典型代表有各种交换机、路由器等网络设备。网络部件的高可用性是网络高可用性的关键。在网络设计时，它们的高可用设计或选用是需要重点、优先考虑的。

通常，网络部件包括硬件结构和软件系统。因此硬件高可用性和软件系统高可用性，就直接影响着网络部件的高可用性。硬件高可用性包括主控结点冗余设计，如采用 1+1 主备；业务结点热插拔设计；电源风扇冗余设计等。软件系统高可用性包括软件热补丁设计，软件异常保护，数据冗余备份等。

2）网络连接模型

除了网络部件本身的高可用性外，网络物理拓扑连接形式也影响网络的可用性程度。如图 17-18（a）、（b）、（c）、（d）、（e）分别是网络设备 NE1 和网络设备 NE2 两类设备互连的五种拓扑形式。假设网络设备 NE1 的在线率（可用性）为 R1，网络设备 NE2 的在线率（可用性）为 R2。它们的高可用性指标分别是 A1、A2、A3、A4、A5。由 NE1 和 NE2 两类设备组成的这五种型式网络的可用性计算如下。

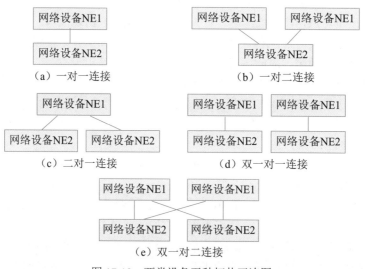

图 17-18　两类设备五种拓扑互连图

（a）是一对一（单点单归）连接方式，其可用性 A1 为：$A1 = R1 \times R2$；

（b）是一对二（单点双归）连接方式，其可用性 A2 为：$A2 = R2 \times (1-(1-R1) \times (1-R1))$；

（c）是二对一（双点单归）连接方式，其可用性 A3 为：$A3 = R1 \times (1-(1-R2) \times (1-R2))$；

（d）是双一对一（双点双归）连接方式，其可用性 A4 为：$A4 = 1-(1-R1 \times R2) \times (1-R1 \times R2))$；

（e）是双一对二（双归属）连接方式，其可用性 A5 为：$A5 = (1-(1-R1) \times (1-R1)) \times (1-(1-R2) \times (1-R2))$。

3）网络协议及配置

高可用性离不开运行于网络中的路由、链路检测等协议。在网络部署中，以基本路由协议如 OSPF/BGP 等为主，除此之外，根据网络拓扑连接和链路情况，同时部署其他链路检测协议如 BFD/NQA 等辅助协议以尽可能缩短网络故障发现时间，为网络故障快速恢复提供有力支撑。

另外，提升网络可靠性的协议还包括 802.3ad、VRRP、路由多下一跳等。

17.3.2   IPv4与IPv6融合组网技术

互联网数字分配机构（IANA）在 2016 年已向国际互联网工程任务组（IETF）提出建议，要求新制定的国际互联网标准只支持 IPv6，不再兼容 IPv4。目前，IPv6 已经成为唯一公认的下一代互联网商用解决方案，也成了互联网升级演进不可逾越的阶段。

2017 年 11 月中共中央办公厅、国务院办公厅印发《推进互联网协议第六版（IPv6）规模部署行动计划》之后，各政府部门、企事业单位、科研机构等积极响应，纷纷制定具体落地实施方案和工作计划。从总体上看，我国 IPv6 规模部署工作呈加速发展态势。

目前国内外主流网络还是 IPv4 网络，IPv6 网络尚未规模化部署。面对 IPv4 网络巨大的投资成本，以及大量应用仍基于 IPv4 协议开发并提供业务的现状，网络演进还存在较长时间 IPv4 到 IPv6 过渡期或 IPv4 和 IPv6 网络共存期。为此，国际标准组织为应对这段较长时间过渡期，形成了相关的过渡技术标准。目前主要存在三种过渡技术：双协议栈、隧道技术、地址翻译机制。

1. 双协议栈

IPv4/IPv6 双协议栈机制就是使 IPv6 网络节点具有一个 IPv6 协议栈和一个 IPv4 协议栈，同时支持 IPv4 和 IPv6 协议的处理。IPv6 和 IPv4 是功能相近的网络层协议，两者均运行于同一物理平台，并均可承载相同的传输层协议 TCP、UDP 等。支持双协议栈的节点既能与支持 IPv4 协议的节点通信，又能与支持 IPv6 协议的节点通信。双栈 IP 协议栈的结构见图 17-19 所示。

图 17-19   双栈 IP 协议栈结构

2. 隧道技术

为了保持现有 IPv4 网络的投资成本，以及现有业务提供的持续性，需在现有 IPv4 网络基础上实现 IPv6 网络的构建。考虑到 IPv6 和 IPv4 的互连互通，以及 IPv6 网络对 IPv4 网络的依赖，需要采用必要的隧道技术。在 IPv4 和 IPv6 融合组网时通常采用下述隧道技术。

1）ISATAP 隧道

ISATAP（Intra-Site Automatic Tunnel Addressing Protocol）是一种 IPv6 转换传送机制，允许 IPv6 数据包通过 IPv4 网络上双栈节点传输。ISATAP 将 IPv4 网络作为一个非广播多路访问网络的数据链路层，但不需要底层 IPv4 网络支持多播工作方式。

ISATAP 是通过将 IPv4 地址嵌入到 IPv6 地址当中，并将 IPv6 协议报文封装在 IPv4 中基于隧道传送的。隧道是在主机相互通信时从 IPv6 地址中抽出 IPv4 地址自动建立的。换言之，当两台 ISATAP 主机基于 IPv6 通信时，自动抽取其中的 IPv4 地址建立隧道，并将 IPv6 协议报文封装在其中完成双方的信息交换。ISATAP 运行环境不需其他特殊网络设备，只要通信双方节点之间 IPv4 网络可达即可。

2）6to4 隧道

6to4 隧道指的是在站点之间进行 IPv6 通信，每个站点应至少部署一台 6to4 路由器作为出入口，使用特定的地址格式，即地址前缀为 "2002:"，将路由器 IPv4 地址嵌入到 IPv6 地址前缀中，因此位于不同 6to4 站点内的主机彼此通信时即可自动抽出 IPv4 地址在路由器之间建立隧道。

当 6to4 站点内主机与外部普通 IPv6 主机通信时，必须经过 6to4 路由器。6to4 路由器必须同时具备 6to4 接口和 IPv6 接口，并提供在这两种接口之间的封装解封装和转发处理。

基于 6to4 隧道机制的通信需要一个全局合法 IPv4 地址，所以对解决 IPv4 地址短缺没有太大帮助。但它不需要申请 IPv6 地址，通过它可使站点迅速升级为 IPv6 网络。

3）4over6 隧道

4over6 是 IPv4 over IPv6 的简称，是 IPv4 网络向 IPv6 网络过渡过程中向纯 IPv6 主干网过渡提出的一种技术。它可以在最大程度地继承基于 IPv4 网络的应用的同时，加快网络从 IPv4 向 IPv6 过渡的进程。

基于 4over6 机制，两个通信节点之间采用 IPv4 进行业务交互，但它们之间交互的 IPv4 业务实际上承载在 IPv6 网络上。

4）6over4 隧道

6over4 隧道技术提供一种转发机制，使得双栈节点之间在组播使能的 IPv4 网络中传送 IPv6 分组。即它在用于承载的 IPv4 网络建立的虚拟数据链路层（虚拟以太网）上供 IPv6 协议传送分组数据。

3. 网络地址翻译技术

网络地址翻译（Network Address Translator）技术将 IPv4 地址和 IPv6 地址分别看作内部地址和外部地址，或者相反，以实现地址转换。

内部的 IPv4 主机要和外部 IPv6 主机通信时，在 NAT 服务器中将 IPv4 地址（内部地址）变换成 IPv6 地址（对外地址），NAT 服务器维护一个 IPv4 和 IPv6 地址的映射表。反之，当内部 IPv6 主机和外部 IPv4 主机进行通信时，则 IPv6 主机地址（内部地址）映射成 IPv4 主机地址（对外地址）。可见，通过 NAT 技术可以解决 IPv4 主机和 IPv6 主机之间的互通问题。

在网络地址翻译技术中涉及 NAT-PT（Network Address Translation-Protocol Translation）（RFC2766）协议、SIIT（Stateless IP/ICMP Translation）（RFC2765）协议等。

17.3.3　SDN技术

SDN 网络在控制平面和转发平面分别采用了不同技术，以满足 SDN 网络控制的全局性和灵活性，业务转发的高效性及高性价比要求。主要关键技术包括：控制平面技术、数据平面技术和转发规则一致性更新技术等。

1. 控制平面技术

控制器是控制平面核心部件，也是整个 SDN 体系架构的逻辑中心。随着 SDN 网络规模的扩大，单一控制器结构的 SDN 网络处理能力遇到了性能瓶颈，因此需要对控制器进行扩展。通常存在两种控制器扩展方式：一种是对网络中单一控制器本身进行扩展，另一种是采用多控制器方式。

单一集中式结构的控制器，一般采用了多线程的方式对控制器进行性能提升，形成 NOX-MT 版本。另一种控制器是 Maestro，它采用良好的并行处理架构，充分发挥了高性能服务器的多核并行处理能力，使其在大规模网络部署下性能表现更佳。

多控制器方式是用扩展的方式优化 SDN 网络。扩展控制器一般可采用两种模型方式：一种是扁平控制模型；另一种是层次控制模型。

2. 数据平面技术

SDN 转发设备（如交换机等）的数据转发形态可分为硬件和软件两种。

1）硬件处理方式

硬件处理方式相比软件处理方式具有更快的速度，但灵活性有所降低。为了使硬件能够更加灵活地进行数据转发操作，Bosshart 等人提出了 RMT（Reconfigurable Match Tables）模型，该模型支持可重配置的匹配表，它允许在流水线阶段支持任意宽度和深度的流表。另一种硬件灵活处理技术是 FlowAdapter，它采用交换机分层的方式来实现多表流水线业务。

2）软件处理方式

与硬件方式不同，软件的处理速度低于硬件，但软件方式可以提升转发规则处理的灵活性。利用交换机 CPU 或 NP 处理转发规则可以避免硬件灵活性差的问题。另外，NP（Network Processor）专门用来处理网络任务，在网络处理性能方面优于 CPU。

3. 转发规则一致性更新技术

在 SDN 网络中不同转发设备转发规则更新可能会出现不一致现象。针对这种问题一般采用"两段提交"的方式来更新规则。

首先，当规则需要更新时，控制器询问每个交换机是否处理完对应旧规则的流，确认后对处理完毕的所有交换机进行规则更新；之后当所有交换机都更新完毕后才真正完成更新，否则撤销之前所有的更新操作。然而，这种方法需要等待旧规则的流全部处理完毕后才能进行规则更新，这样会造成规则空间被占用的情况。增量式一致性更新算法可以解决上述问题，该算法将规则更新分多轮进行，每一轮都采用"二段提交"方式更新一个子集，达到节省规则空间和缩短更新时间的折中。

17.4　网络构建和设计方法

17.4.1　网络需求分析

网络需求分析是网络构建及开发过程的起始环节，也是极其重要的阶段。在该阶段，可尽早明确客户使用网络的真实用途或痛点，以便为后续能够构建和设计出更贴近客户真实诉求的网络打下坚实基础，前期的网络需求分析至关重要。通过对网络需求分析，可为后续网络设计提供以下依据：更准确地评价现有网络体系；更客观做出建网决策；提供的网络交互功能更贴近用户；更好地进行网络功能移植；合理使用用户资源等。

需求分析过程，主要围绕以下几个方面来开展：业务需求、用户需求、应用需求、计算机平台需求和网络需求。

（1）业务需求梳理就是调查和理解业务本质，尽可能保证设计的网络满足业务的需求。其间需要确定业务主要干系人，确定关键时间点以及确定网络的投资规模，明确业务活动，预测业务增长率进而预判网络发展的趋势，确定网络可靠性和可用性指标，确定网络安全性，以及确定网络远程访问要求等。通过梳理，形成业务需求清单。

（2）用户需求收集需从当前网络的用户开始，识别并明确用户需要的重要服务或功能。收集用户需求，可考虑从与用户群交流，准确、深入理解用户服务、需求归档几方面入手。通过与特定个人或群体进行交流，可采取观察和问卷调查，集中访谈、采访关键干系人等方式，以确保网络建设不偏离用户需求；正确理解用户服务，就是从用户描述的碎片化、模糊的、难以量化的需求中分析提取用户的真实需要，如信息传输的及时性，响应时间的容忍度，网络服务的可靠性、可用性，网络的适应性、可伸缩性、安全性，以及建网成本等等。最后，通过需求归档，将梳理的用户需求记录下来，形成用户服务表，作为网络设计需求规范编制的依据。

（3）应用需求收集主要考虑如下因素：应用类型和地点、使用方法、需求增长性、可靠性和可用性要求、网络响应时间要求等。关于应用类型，可按功能分类，也可按共享与否分类，还可按响应及时性分类，甚至也可按网络模型分类等，进行应用需求梳理。关于使用方法，主要考虑用户对资源的存取和访问的要求，可通过各种指标进行量化。通过对应用需求进行分析，输出应用需求表，其中体现应用需求的量化指标。

（4）计算机平台需求主要是明晰网络所接入的设备类型，如个人 PC、工作站、小型机、中型机、大型机等。通过统计，形成所需提供服务的设备类型需求表。

（5）网络需求是需求分析的最后一项工作，就是要考虑网络管理员的需求。网络需求主要涉及局域网功能、网络拓扑结构、网络性能、网络管理、网络安全、城域网 / 广域网连接方案选择。通过对网络需求进行分析，形成网络需求的分项需求表。

通过上述 5 个需求分析后，最终形成约束后续网络设计的网络需求规格说明书。

17.4.2　网络技术遴选及设计

网络遴选工作是通信系统设计中关键的一项工作，根据计划实施的网络建设要求，遴选工作通常分为局域网、广域网和路由协议的选择。

1. 局域网技术遴选

1）生成树协议（Spanning Tree Protocol，STP）

在局域网构建中，几乎离不开二层交换机的选择，在选择了二层交换机组网时，通常为了提高网络的可用性，网络会设计成有冗余或可扩展的结构，这样，极可能形成环路。为了避免此情况发生，需要在二层交换机上采用 STP 协议。STP 协议是在 IEEE802. 标准中定义的，分为 ".1d"".1w""1s" 等多个版本，以适应不同的需求。详细差别可参考相关资料。

2）虚拟局域网

构建虚拟局域网（VLAN），可将一个物理网络划分成若干个相互隔离的逻辑网络，形成不同的广播域，从而将不同部门或用途的设备规划到各自的虚拟网络中，实现信息访问的隔离。

3）无线局域网

由于无线局域网接入的便捷性，目前，无线局域网在企事业单位或组织内被广泛使用。

一个无线局域网是由若干 AP 组成，一个 AP 能覆盖的区域（即一个无线单元）范围是有限的。在设计无线局域网结构时，需要从以下几个方面予以考虑：

- 定位 AP 实现最大覆盖率，确保目标区域得以全覆盖；
- 无线局域网的虚拟网规划，如尽可能将所有无线接入设备划分到一个虚拟网络内；
- 冗余无线接入点布放，确保在一个区域同时由一个以上 AP 提供无线覆盖，从而避免一个 AP 故障后，可由其他 AP 接替以提供接入服务；
- 网络 SSID 配置，在一个园区或企业、组织内，所有 AP 都应设置成同一 SSID。

4）线路冗余设计

为提升局域网高可用性，局域网交换机之间设计冗余链路是颇为常见的做法。冗余链路可采用备份或负荷分担两种方式来提高业务传输能力。备份方式是指采用 STP 协议可避免环路发生。此方式在提升网络高可用性同时也带来了资源浪费；负荷分担方式是指在设备转发业务时需要设置适合的均衡策略，使得业务尽可能均衡分担到不同链路上。此方式在提升网络传输可用性同时，可避免冗余链路在网络中闲置。

5）交换设备功能的合理使用

交换设备（如交换机）是局域网的核心设备，除了实现基本的数据存储转发功能外，还需要考虑其他特殊功能的利用，以提升网络的服务质量。如：链路聚合设置、冗余网关布设、以太网供电、多业务模块灵活支持等。

6）服务器冗余设计

为提升服务器性能和工作负载能力，一些组织或单位会配置多台服务器来提供服务。在实现各台服务器服务均衡上通常需要考虑以下几种方式：

（1）使用负载均衡器：通过使用前置负载均衡设备，将接入的服务请求均衡到不同的业务服务器上。

（2）使用网络地址转换：通过使用负载均衡的地址转换网关，将来自外部的服务请求地址（外部地址）转换为多个内部服务器地址，从而达到服务的均衡调度。

（3）使用 DNS 服务器：通过 DNS 将一组业务服务器（每个服务器设置不同的 IP 地址）的地址映射到同一域名上，使得 DNS 服务器在向用户返回请求服务的业务接入点地址时，循环返回一组地址中的一个，从而达到业务服务器均衡访问的目的。

（4）使用高可用技术：如采用双机热备系统（即高可用集群系统）以保证业务系统服务提

供的连续性。采用双机热备系统提供服务的高可用性，主要有两种工作模式：单活（一主一备，Active-Standby）和双活（Active-Active）。

2. 广域网技术遴选

1）远程接入技术

当今社会，不少组织、企业或公司等单位在运营中规模不断壮大，随之出现异地办公，职员流动办公等运作模式，这就促使单位网络需支持网络用户特殊的接入方式。一般来讲，主要有以下接入技术：PSTN 接入技术、综合业务数据网接入技术、电缆调制解调器远程接入技术、数字用户线路（DSL）远程接入技术、无源光网络（PON）技术、无线宽带接入技术、小区宽带接入和电力通信技术（PLC）等。

远程接入技术选择需要从现有网络的建设情况，用户接入网络需要开展的业务特点或需求，以及接入方式需支付的费用等因素综合考虑加以取舍。

2）广域网互连技术

在企业或组织需要将不同地域的分部网络互连在一起的时候就需要考虑广域网的互连方式。通常有以下互连技术：数字数据网络（Digital Data Network，DDN）技术、同步数字体系（Synchronous Digital Hierarchy，SDH）技术、MSTP（Multi-Service Transport Platform）技术和VPN 接入技术。此外，广域网互连时还需要考虑性能优化方面的问题，如可利用路由器实现预留带宽、利用拨号线路、传输数据压缩、链路聚合、数据基于优先级排序、基于协议带宽预留等策略实现广域网性能的有效提升。

3. 地址规划模型

地址规划分配，是网络管理工作的重点内容。合理的地址规划不仅为网络管理带来便利，也有利于路由协议的收敛。地址分配应遵循以下原则：

（1）使用结构化网络层编址模型，即对地址进行层次化的规划。

（2）通过中心授权机构管理地址，比如由组织的 IT 部门为网络层编址提供一个全局模型。根据网络的核心、汇聚、接入层次化结构，为组织的各个区域、分支机构等进行地址规划。

（3）编址授权下发。即由地址授权管理中心，将编址授权给分支机构来进行地址规划。

（4）为终端用户设备指派动态地址，即对于频繁变更位置、移动性角度的用户分配动态地址。

（5）私有地址合理使用。使用私有地址在组织内互访具有很高安全性，避免来自外部网络攻击。使用私有地址的用户在访问外部网络，需要进行地址转换（NAT），因此，还需要做好NAT 地址池的规划。

4. 路由协议选择

路由协议选择包括以下内容：

（1）路由协议类型的选择：路由协议选择主要包括距离矢量协议和链路状态协议。

（2）路由选择协议度量值的合理设置。

（3）路由选择协议顺序的合理指定。

（4）层次化与非层次化路由选择协议。

（5）内部与外部路由选择协议。

（6）分类与无类路由选择协议。

（7）静态路由指定。

5. 层次化网络模型设计

层次化网络设计模型，可帮助设计者按照层次设计网络架构，并对不同层次赋予特定网络功能，选择适合的设备/系统。在典型层次化网络结构中，核心层通常选用具备高可用性和性能优化的高端路由器/交换机；汇聚层通常选取实现策略的路由器和交换机；接入层通常选用低端交换机连接用户设备。

在 17.2 节网络架构介绍中，层次局域网、层次子域广域网结构，就是层次化网络设计模型分别在局域网和广域网设计中的应用。层次化网络设计模型，由于更适合于网络用户不断增加，网络复杂度不同增大的场景，因此，也成为位于网络主流地位的园区网的经典模型。

1）层次化设计优点

网络采用层次化模型设计具有如下优点：

（1）使用层次化模型可使得网络成本降至最低。各层仅考虑自身的功能实现要求，以及运维资源要求，避免各层中不必要特性所花费的资金。

（2）层次化设计可充分利用不同层次成熟的模块化设备或部件，既避免不必要开发费用，也利于网络稳定运行。

（3）层次化设计使得网络因需求而变化或演化更加容易。

2）三层层次化模型设计思路

层次化模型设计中最为经典的是三层层次化模型。下面给出三层层次化模型设计思路。三层层次化模型将网络分为核心层、汇聚层、接入层。各层提供不同的功能。核心层提供不同区域或者下层的高速连接和最优传送路径；汇聚层将网络业务连接到接入层，执行与安全、流量负载、路由相关的策略；接入层为局域网接入广域网，或终端用户访问网络提供接入能力。

（1）核心层设计思路。核心层是网络互连的枢纽，极其重要，设计中应采用冗余机制，保证其高可用性，并能快速应对变化。功能设计上，应避免使用数据包过滤、策略路由等处理开销大的特性，降低核心层处理时延。另外，核心层覆盖范围不易过大，连接设备也不易过多，确保核心层具备良好的管理性；核心层提供的功能不宜多样化，避免降低核心网络设备性能。

（2）汇聚层设计思路。在汇聚层，应尽量提供出于安全性原因对资源的访问控制功能，以及出于性能原因对核心层流量的控制功能等。通过汇聚层，使得接入层的网络细节信息对核心层透明。譬如接入层的子网划分，在汇聚层向核心层路由通告时进行屏蔽，仅将汇聚后的大的子网信息上报至核心层。另外，汇聚层还应对接入层屏蔽网络其他部分的细节信息，如在路由通告时仅向接入设备宣告自身的默认路由。

（3）接入层设计思路。接入层为用户设备提供在本地网段访问应用系统，以及互访的能力，同时为这些访问提供足够带宽支持。此外，需要负责用户管理功能，如地址认证、用户认证、计费管理等；还需要负责收集一些用户信息的工作，如用户 IP/MAC 地址，访问日志等信息。

3）层次化设计应遵循原则

（1）设计者应尽量控制网络层次，避免过多层次导致网络性能下降，增加网络时延。

（2）应首先从接入层进行设计，通过对流量负荷、行为的分析，来对上层进行精细化容量规划，依次完成各层的设计。

（3）网络设计时应尽量采用模块化方式实现各层的功能，模块间边界清晰。

（4）应在接入层对网络结构进行严格控制，以避免接入层用户改用非正常的访问外部网络的渠道，获得更大的带宽。

（5）严格控制网络的层次化结构，以避免跨层加入额外连接，导致网络非法访问或网络异常等问题。

6. 网络高可用设计方法

在进行网络设计时，必然需要面对网络的可用性（Availability）和可靠性（Reliability）问题。它们是衡量一个网络好坏的重要指标。可靠性指的是网络连续无故障运行时间的长短，无故障运行时间越长，可靠性越高；可用性指的是，在较长时间（比如一年等）里网络可用的时间长短，可用时间越长，可用性越高。

1）提高网络可用性的途径

以下举两个极端例子来说二者的关系。

假如一个网络可靠性很高，平均可以稳定运行 10 年，但是一旦网络出现故障，要用一年的时间来恢复，那么它的可用性只有 90%。再譬如另一个网络，可靠性很差，平均运行 10 秒就会异常一次，但是恢复很快，只需要 1ms 就可恢复，那么它的可用性是 99.99%。

通过这两个例子可以看出，提高网络可用性可采取两条途径：

（1）提高网络可靠性，影响可靠性的因素很多，包括硬件、软件、运维、环境等。其中，软件的 Bug 是影响可靠性的最主要因素。从某种意义上来说，提高软件质量相比较于使用更可靠硬件更具有成本优势。

（2）缩短网络恢复时间，一旦网络出现故障，如能在秒级，甚至毫秒级得以恢复，那么对业务影响则很小。

可见，构建高可用网络，需要从耐久性、容错性及可维护性等方面进行网络规划设计。

2）设计的核心思想

网络系统可靠性/可用性设计的核心思想是通过合理设计组网结构和应用可靠性特性，使得网络系统软件硬件部件运行可靠，具备冗余备份、自动检测和快速恢复机制，同时也应权衡不同类型网络构建成本。

3）设计原则

网络可靠性/可用性设计原则：不同的网络、服务的业务场景不尽相同，其可靠性/可用性设计目标也不同。网络解决方案需要根据实际需求进行设计。高可靠、可用性网络不但涉及网络架构、设备选型、协议选择等技术层面问题，还受用户现有网络状况、投资预算，以及用户管理水平等影响。因此，在网络规划时，须因地制宜，综合考虑各方面影响因素。

网络结构通常规划为核心层、汇聚层和接入层。网络层次越高，其影响面越广，其可靠性、可用性要求也越高。在方案设计时，采用分层架构，不同层次解决不同级别的可靠性、可用性问题。

为保证网络可靠性 / 可用性，有关可靠性 / 可用性技术的实施并非简单叠加和无限制冗余，否则，一来会带来过高的网络建设成本，二来也增加了网络维护复杂度，给网络引入潜在故障隐患。

因此，在网络设计时应根据网络结构、类型、层次，分析网络业务模型，确定网络拓扑，识别影响网络可靠性、可用性的关键节点和链路，合理规划和部署相适应的高可用技术。在网络可靠性规划实施时，应在保证网络各层满足可靠性要求基础上，尽量降低网络复杂度，适度控制成本，设计出最适合的方案。避免一味追求可靠性而忽视系统的整体成本和性能，换言之，构建网络应是一个平衡各方面因素的过程。

17.4.3 网络安全

网络从出现、发展演进都始终伴随着安全方面的问题，只是每个阶段表现的形式不同而已。在网络安全方面，不能不提进行网络攻击的网络病毒，或者说恶意代码（Malware）。所有恶意代码具有目的恶意、形态为计算机程序、通过执行发生作用的共性。实施网络攻击的恶意代码包含多种种类，主要有计算机病毒、网络蠕虫、特洛伊木马、后门、DDoS 程序、僵尸进程、Rootkit、黑客攻击工具、间谍软件、广告软件、垃圾邮件，等等。

以下简单介绍实施网络安全控制的相关技术。

1）防火墙布设

防火墙是设置在两个或多个网络之间的安全屏障，用于保障本地网络资源的安全。其作用在于通过允许、拒绝或重定向经过防火墙的数据流，实现对可信网络的保护，同时对进出网络的服务或访问进行审计。

防火墙可以是基于软件的，也可以是基于硬件的，还可以是嵌入式的等形态。就防火墙采用的技术来说，有包过滤型、应用层网关、代理服务型等种类。就防火墙体系而言，有双重宿主机结构、被屏蔽主机结构、被屏蔽子网结构等形式。实际组网中应根据网络安全要求合理选择。

2）VPN 技术

VPN（Virtual Private Network）是指利用公共网络来建立私有专用网络的一种技术。VPN中数据通过安全加密通道完成传送。使用 VPN 有节省建网成本、方便提供远程访问、网络可扩展性强、便于管理和实现全面控制等益处。主要 VPN 技术包括 IPSec、GRE、MPLS VPN、VPDN 等。

3）访问控制技术

网络的发展为信息共享提供了便利，但同时也给敏感信息任意访问带来潜在风险。因此对网络资源的访问加以控制尤为重要。

访问控制是主体依据控制策略或权限对客体本身或其资源实施的不同授权访问。访问控制涉及认证、控制策略实现和审计三个环节。在实现上，有访问控制矩阵、访问控制表、能力表等技术手段。就访问控制模型而言，有传统的自主型访问控制和强制型访问控制；有基于角色的访问控制、基于任务的访问控制、基于对象的访问控制等多种模型。

在实际网络设计中，需要根据网络的业务特点及安全要求选择适合的访问控制技术。

4）网络安全隔离

网络安全隔离是在网络运行过程中将网络攻击隔离在可信网络之外，同时保证可信网络内信息不被外泄。网络安全隔离又分为分子网隔离、VLAN隔离、逻辑隔离、物理隔离等形式。

5）网络安全协议

网络安全运行离不开安全协议的支撑。其中比较典型的安全协议有SSL/SET/HTTPS等。

SSL协议：是网景公司面向Web应用提出的安全协议。该协议指定了一种在应用层协议和TCP/IP协议之间提供数据安全性控制的机制。它为TCP/IP连接提供数据加密、服务器认证、消息完整性保护、客户机认证等能力。该协议主要包括记录协议、告警协议和握手协议三部分。

SET协议：即安全电子交易协议，由VISA、MasterCard等多家公司联合推出。它主要用于解决用户、商家和银行之间通过信用卡支付的交易问题，保证支付信息的机密、支付过程的完整、商户和持卡人身份合法性及可操作性。

HTTPS协议：是基于SSL或TLS进行HTTP交互的协议，用于在客户计算机和服务器之间交换信息。它使用安全套接字层进行信息交互，所有交互数据均被加密。对于启用HTTPS协议的服务器，需要预先生成一个电子证书。同时，客户计算机需要安装证书。借用证书，客户计算机和服务器之间完成相互身份认证，双方通过密钥对数据加密来实现信息交换。

6）网络安全审计

安全审计是对网络的脆弱性进行测试评估和分析，最大限度保障业务的安全正常运行的一切行为和手段。其主要包括安全审计自动响应、安全审计数据生成、安全审计分析、安全审计浏览、安全审计事件存储和安全审计事件选择等功能。

17.4.4 绿色网络设计方法

1. 绿色网络设计思路

绿色网络的构建，不仅要从网络设备的节能环保下功夫，更要从网络的方案设计上做文章。虽说降低设备的能耗可为网络的节能环保起到积极作用，但网络架构优化有可能使整个网络节能环保有一个质的飞跃。

网络设备作为网络设计方案的基础组成部分，应从全生命周期考虑绿色设计，即遵循精简设计、重用设计和回收设计方法，从节能、减排、可回收利用全方位进行设备绿色设计。类似地，在解决方案上，也应从系统的精简、重用和易维护等维度进行绿色环保设计。

2. 绿色网络设计原则

在网络解决方案制定时为满足上述设计要求，应从标准化、集成化、虚拟化、智能化、安全性、可靠性等维度加以考虑，以下从这些维度给出相应的设计原则。

1）标准化

在构建一个 IT 网络，特别是做跨系统业务整合时，企业为了适应瞬息万变的市场需求，竭力提升产品 / 服务质量，使得 IT 网系统越来越复杂。异构 / 非标准化系统及网络解决方案，不但需要大量专业人员维护，且整合异常困难。因此，在设计之初就应考虑解决方案标准化，而整体架构标准化可大幅减少转换设备，从而大大降低了能耗，使得整体网络系统的绿色设计得以彰显。

另一方面，对于已有的多样化资源，随着数据大集中、IT 快速发展，势必需要有一个能兼容异构 IT 资源的网络解决方案。此解决方案应充分考虑对原有 IT 资源的兼容性，最大化利用已有资源。

2）集成化

集成化是整个节能减排非常重要的指标，集成化也是解决方案绿色设计需要重点考虑的因素之一。集成化设计可使得整个网络系统的通信设备数量尽可能降低，通过减少设备总量、降低设备使用所需资源（空间、机架、线缆、人力等），来实现节能减排目标，达到绿色设计的目的。

具体到方案设计，应通过采用大容量、高密度端口减少方案设计层级、减少方案中所需设备数量，比如网络扁平化设计等；通过采用集成板卡设计，减少独立单功能设备的部署，减少外部线缆、电源的接入，降低对外部环境资源的占用；另外，在数据中心网络构建中采用负荷分担、防火墙、流量管理、应用优化集成方案，在提高集成度的同时简化了运维、提高了可靠性、降低了 TCO。

3）虚拟化

虚拟化是一种网络资源可以灵活调配、按需使用的重要途径。需要强调的是，在考虑网络设备本身虚拟化技术外，还应更多从解决方案虚拟化维度来落地，即考虑如何从用户终端、网络接入，到汇聚、核心，到数据中心，到广域网，端到端实施虚拟化。

随着越来越多的业务要求端到端管理，业务精细化粒度不断提高，方案级虚拟化程度要求势必越来越高，直至要求彻底实现 IT 资源化。

4）智能化

在数据中心节能减排中有人提出过，目前实验室温度的控制是按照人体的舒适度来进行的，而实际设备的耐受度高于人体舒适温度，如果不考虑需要人员现场操作，机房空调用电可以大幅下降。所以设备尽量多的智能化、统一管理，开辟专门的管理区域也是数据中心节能的一大举措。同样，在解决方案设计中如果贯彻智能化原则，一方面可以降低人力投入从而降低 TCO，达到绿色环保目的；另一方面智能化方案可以通过智能处理直接降低资源的占用，实现绿色设计。

在解决方案设计中，需要从智能管理出发，通过智能平台实现多类型、不同厂家设备的管理，通过故障诊断、网络自愈降低现场人员定位时间，在减少人力消耗的同时降低相应的资源消耗。例如，通过统一的安全管理中心解决方案管理不同厂家不同类型安全设备，避免多管理平台的安装，减少平台数量；通过智能分析中心减少人为从海量信息中排查的工作量，把分析经验一次性通过流程、策略固化在软件中，节省大量人力、减少各种无用报表输出；通过与设备管理平台的联动实现异常情况的处理，直接可以对攻击源进行端口关闭、下线等操作，避免维护人员到现场的资源消耗。

在 IP 监控、存储方案中更要重视开发智能化功能减少重复数据量对资源的占用。如 IP 监控方案中的智能处理，可以在停车场等监控环境中，对特定触发条件进行识别，只有移动物体时开始摄像，极大减少对存储资源的占用，提高对关键事件的搜索效率。

标准化、集成化、虚拟化、智能化是解决方案设计的四大原则，可以确保方案从整体架构高度考虑提高效率、降低 TCO，达到绿色环保效果。除此之外在设计中还需考虑安全性、可靠性两个指标，进一步优化绿色效果。

虽然上述从流程、方案级的效率优化不如从设备级降低能耗对减少能源消耗体现更直观，但深入分析，这些效率优化对网络绿色环保的意义往往更大。因为从更本质的因素出发进行网络节能设计更有助于我们拓展节能环保思路以取得更佳效果。

17.5　通信网络构建案例分析

17.5.1　高可用网络构建分析

网络可靠性通常是由组成网络的各功能部件稳定提供连续性服务保证的。只要单独提升每个部件的稳定性即可提升整个网络的可靠性；而网络可用性，通常需要构成网络的各部件相互协同，冗余备份等来提供的。这需要通过复杂的网络连接来保证。以下重点从高可用性角度说明网络是如何构建的。图 17-20 给出了一种高可用的典型组网架构。

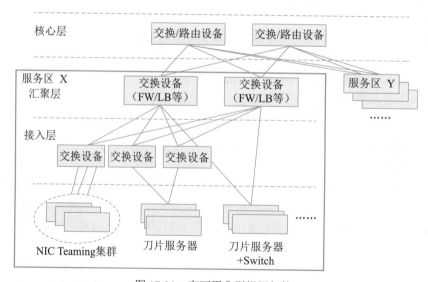

图 17-20　高可用典型组网架构

1. 网络接入层高可用性设计

高可用接入层具有下述特征：

（1）使用冗余引擎和冗余电源获得系统级冗余，为关键用户群提供高可靠性；

（2）与具备冗余系统的汇聚层采用双归属连接，获得默认网关冗余，支持在汇聚层的主备交换机间快速实现故障切换；

（3）通过链路汇聚提供带宽利用率，同时降低复杂度；

（4）通过配置 802.1x，动态 ARP 检查及 IP 源地址保护等功能增加安全性，有效防止非法访问。

接入层到汇聚层有 4 种连接方式，如图 17-21 所示，分别为：倒 U 形接法（组网模型一）、U 形接法（组网模型二）、矩形接法（组网模型三）和三角形接法（组网模型四）。

不同类型的组网模型以二层链路的物理拓扑为评判依据，比如对于矩形接法（组网模型三），接入交换机之间、接入交换机与汇聚交换机之间、汇聚交换机之间均以二层链路互联，这样使得两台接入交换机与两台汇聚交换机构成了矩形二层互联结构（形成环路）。表 17-1 给出四种组网模型的优劣对比。

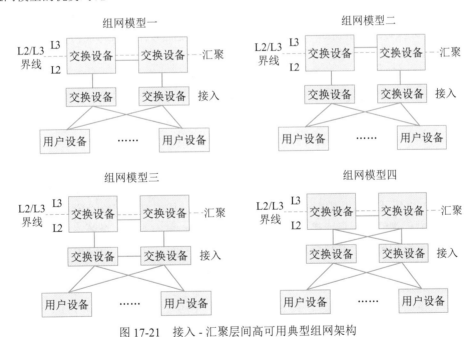

图 17-21　接入 - 汇聚层间高可用典型组网架构

表 17-1　四种组网模型对比

拓扑	优点	缺点
模型一 （倒 U 形）	（1）无环路，不启用 STP，网络管理简单 （2）VLAN 可以跨汇聚层交换机，用户设备二层扩展灵活	汇聚交换机故障会造成其同侧接入交换机所连用户设备不可达，无法实现高可用接入

（续表）

拓扑	优点	缺点
模型二 （U 形）	（1）无环路，不启用 STP，网络管理简单 （2）接入交换机与汇聚交换机之间有冗余链路保护	（1）VLAN 不能跨汇聚交换机，用户设备部署不灵活 （2）接入交换机间链路故障时，VRRP 心跳报文无法传递，网络处于不稳定状态
模型三 （矩形）	（1）接入交换机与汇聚交换机之间有冗余链路保护 （2）VLAN 可以跨汇聚层交换机	（1）存在环路，启用 STP （2）当接入交换机上行链路故障时，所有流量将从另一侧交换机上行，网络收敛比变小，网络易拥塞，降低了网络可用性
模型四 （三角形）	（1）接入交换机与汇聚交换机之间有冗余链路、冗余路径保护 （2）VLAN 可以跨汇聚层交换机，用户设备部署灵活	存在环路，启用 STP，生成树计算较矩形拓扑的复杂

由表 17-1 可以看出，模型四（三角形组网）提供了更高可用性接入能力以及更灵活的用户设备扩展能力。对于有高要求的设备接入，建议采用此模型。

由于三角形组网存在二层环路，所以需要在交换机上使能多生成树协议 MSTP（Multiple Spanning Tree Protocol）。汇聚层交换机（或汇聚交换上的 L4/L7 层设备）部署虚拟路由器冗余协议（Virtual Router Redundancy Protocol，VRRP），并将 VRRP 组的虚拟 IP 地址作为用户设备网关。

2. 网络汇聚层高可用设计

汇聚层到核心层间采用 OSPF 等动态路由协议实现路由层面高可用保障。典型连接方式有两种，如图 17-22 所示，组网模型一为三角形连接方式，从汇聚层到核心层具有全冗余链路和转发路径；组网模型二维矩形连接方式，从汇聚层到核心层为非全冗余链路，当主链路发生故障时，需要通过路由协议计算获得从汇聚到核心的其他路径。可见，组网模型一（即三角形连接方式）的故障收敛时间较小，不足的是，三角形连接方式要占用更多设备端口，建网成本较高。

图 17-22　核心 - 汇聚层典型组网架构

网络汇聚层作为网络接入层的流量会集点和用户设备网关，需要部署防火墙作为整个服务区的安全控制边界，根据需要，部署应用优化设备（服务负载分担、SSL 卸载等）用以减轻用户设备的处理负担，提高应用响应速度。

如图 17-23 所示，给出一种汇聚层 FW 和 LB 的双机高可用组网模型。在汇聚层交换机上部署防火墙模块（FW）和负载均衡模块（LB）。FW 模块作为用户设备（如业务服务器）网关，采用三层路由模式为访问用户设备（如业务服务器）的流量提供转发，并提供攻击防御、策略管理等功能。LB 模块采用单臂旁挂部署方式。缺省网关指定在汇聚交换机上。外部用户访问业务服务器的流量在 LB 模块上进行负载均衡、源目的地址变换后，再通过 FW 传送到内部设备（业务服务器）。

核心与汇聚交换机间运行 OSPF 协议。当任一节点整机或链路故障时，网络依靠 OSPF 进行故障收敛。两个 LB 之间运行 VRRP，汇聚交换机将去往服务器 IP 地址的下一跳指向 LB 的 VRRP 虚 IP 地址，当 LB 主用故障，可通过 VRRP 切换到备用上继续流量转发。两个 FW 之间也运行 VRRP，FW 主用模块故障，可通过 VRRP 切换至备份上恢复流量。另外，汇聚交换机之间需要配置 Trunk 链路，放通 Vx1/Vx4/Vx5。

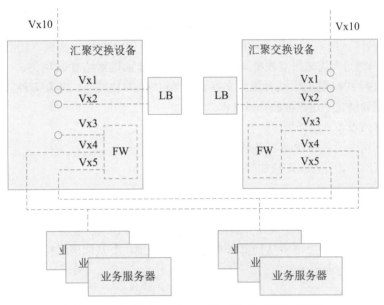

图 17-23　汇聚层 FW 与 LB 的双机高可用组网模型

3. 网络核心层高可用设计

核心层设备是网络的枢纽，需要能提供高速数据交换能力和极高持久性，从系统冗余性角度，应考虑部署双核心或多核心设备，以主备或负荷分担方式工作。就单台设备而言，应选用交换性能和可靠性高的设备，支持主控、电源冗余设计，具备分布式转发特征，并降低设备配置复杂度，减少出错几率。

尽量在核心层采用冗余的点到点层 3 互连，这样可提供最快速和确定的收敛结果。将核心层设计为基于硬件加速业务的层 3 交换环境，要优于层 2 的设计，因为在链路或街道故障时能提供更快的收敛速度，通过减少路由邻接关系和网络拓扑可提高可扩展性，通过等价多路径（ECMP）可提高带宽利用率。

综上，网络高可用性是网络构建必不可少且重要的诉求，需要从不同层次对网络进行高可用设计，方可保证整个网络系统整体的高可用运转。这就要求网络在运行过程中，一旦出现故障，系统能尽可能快地从故障中恢复过来，保证所承载业务的连续性。通常，对网络高可用主要性能指标有下述要求：

（1）核心层设备故障恢复时间：<500ms；

（2）汇聚层设备故障恢复时间：<1s；

（3）核心、汇聚设备双主控切换时间：<200ms；

（4）核心 - 汇聚、接入 - 汇聚链路故障恢复时间：<500ms；

（5）链路聚合故障恢复时间：<1s。

17.5.2　园区网双栈构建分析

园区网在我们身边比比皆是，诸如科研院所、政府组织、社会团体等都有自己的园区网络。在国家层面对 IPv6 网络部署及业务大力推进的大环境下，以及从园区网未来发展的需要考虑，构建基于 IPv6 的园区网势在必行。同时，需要兼顾已有 IPv4 网络投资成本的继承。为此，在构建 IPv6 园区网时可考虑采用双栈模式加以构建，并逐步演进到纯 IPv6 网络。

将一个仅支持 IPv4 的园区网升级为支持 IPv4 和 IPv6 双栈网络，涉及多种技术和升级方式的选择。首先需要制定下述详细的升级流程：

（1）制订网络设备升级计划；

（2）评估现网中设备对 IPv6 支持情况；

（3）评估现网中需升级至双栈的网络服务；

（4）制定 IPv6 地址的分配方案；

（5）制定详细 IPv6 网络升级方案。

依照上述升级流程，逐步将现网升级为双栈网络，在保证现有业务正常提供外，为园区网业务的快速发展，尤其是 IPv6 业务的部署奠定基础。下面主要从园区网构建思路、隧道选用策略，以及地址规划等方面给予说明。

1. 骨干网构建思路

在双栈园区网的骨干网建设中，应采用分层建网模式。重点关注核心层和汇聚层 IPv6 部署。在核心层和汇聚层使用双栈交换机；在接入层使用现有的二层交换机或将不支持 IPv6 的三层交换机降为二层来用，以保护已有投资。

升级后的 IPv6 网络部分与原有 IPv4 网络部分融合，园区网中双栈用户可同时访问 IPv4 和 IPv6 网络。IPv4 网关和 IPv6 网关均布设在汇聚三层交换机上，在汇聚交换机上同时运行 IPv4 和 IPv6 路由协议。

为了提升网络可靠性，在汇聚层和核心层之间，接入层和汇聚层之间均采用双归链路上联，实现链路冗余保护。汇聚层设备作为用户接入点网关设备，为方便用户设备联网配置简单且可靠，在汇聚层设备上运行 VRRP 协议，实现网关冗余保护。核心层设备采用双活方式工作，提供业务转发的冗余保护。

2. 园区网隧道技术选用

园区网中一些用户可能因预算或技术等原因无法部署双栈，或只能将部分园区网升级为双栈网络。为此，可在园区网中采用前述的隧道技术，将纯 IPv6 用户接入 IPv6 网络。比如部署用户端到出口路由器的自动隧道技术（如 ISATAP）来完成 IPv6 用户对网络业务的访问。需要注意的是，在自动隧道部署中，如果网络中有大量的 IPv6 用户需要接入，可通过增加隧道端节点路由器数量以解决可能出现的性能瓶颈问题。

通过使用隧道技术进行 IPv6 部署不仅能够保护原有设备投资，而且原有网络拓扑和路由几乎无需调整，这样既保证原有 IPv4 用户依旧可正常访问网络资源，又可满足升级为双栈用户或纯 IPv6 用户通过 IPv6 协议访问网络资源的诉求。

3. 园区网 IP 地址规划

合理的地址划分能有效保证后续网络部署的稳定性和可维护性。IP 地址的分配与网络组织、路由策略以及网络管理等都密切相关。IP 地址规划应主要从网络资源利用和网络有效管理方面加以考虑。通常，地址规划遵循以下原则：

（1）地址资源应全网统一分配；

（2）地址应分层划分，便于网络互连，同时简化路由表；如地址尽量遵循每个物理区域分配连续地址空间的原则；

（3）地址划分需要考虑网络演进的要求，即地址划分需要考虑一定的预留量，同时充分利用已申请的地址空间，提高地址利用率。

17.5.3　5G 网络应用

5G 网络除了为人提供高品质的通信服务外，还注重为物提供更为广泛的通信服务，如目前正快速发展的物联网应用，无人机和地面车辆等设备的远程控制，以及多人出席并在虚拟环境中相互通信或学生远程与同学和老师进行 360 度视频通信的 VR 应用，还有工厂自动化所需的闭环控制应用，移动医疗保健，远程监控，诊断和治疗，多媒体优先服务（Multimedia Priority Service，MPS），如为国家安全和应急准备授权用户提供优先通信等。这些应用正体现了 5G 网络可提供的高带宽、大连接、低时延及高可靠等特点。

5G 网络在智能电网中的应用如图 17-24 所示，通过 5G 网络将种类繁多数据巨大的设备，如电网智能感知设备（传统电源、新能源电源等），电网中的输变电网设备、配电设备等，用户电表、电动汽车等连接到物联网（IoT）平台中，由 IoT 平台进行电网各个环节的数据采集和智能分析，从而为电网的高级应用（输电业务、配电业务、综合能源管理等业务部门）的科学决策提供有力的支撑。

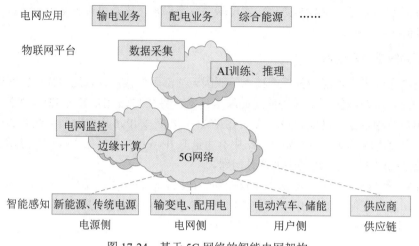

图 17-24　基于 5G 网络的智能电网架构

　　另外，在智能电网中还存在为提高能源分配效率并要求在发生不可预见事件时能迅速响应以重新配置智能电网的需求，如对于任何时刻发生的事件触发消息、任何两个通信点之间的一个跳闸事件的传输时延应小于 8ms。为此，采用 5G 系统的边缘计算技术（MEC）及 uRLLC 切片技术来满足这样的苛刻要求。

第18章　安全架构设计理论与实践

在当今社会，信息化技术发展已经深入到各行各业，从个人事务处理到企业自动化、从政府办公到电子商务，人们工作、生活方面面面几乎都离不开以计算机、网络和软件为载体的数字化信息服务，因此，信息安全已成为当前亟待解决的重要问题。安全架构是架构面向安全性方向上的一种细分，可关注三个安全方面，即产品安全架构、安全技术体系架构和审计架构，这三个方面可组成三道安全防线。本章主要分析安全威胁、介绍安全模型，在此基础上，就系统、信息、网络和数据库的安全框架及设计进行介绍。最后，简要说明系统架构的脆弱性问题。

18.1　安全架构概述

在当今以计算机、网络和软件为载体的数字化服务几乎成为人类社会赖以生存的手段。与之而来的计算机犯罪呈现指数上升趋势，因此，信息的可用性、完整性、机密性、可控性和不可抵赖性等安全保障显得尤为重要，而满足这些诉求，离不开好的安全架构设计。安全保障是以风险和策略为基础，在信息系统的整个生命周期中，安全保障应包括技术、管理、人员和工程过程的整体安全，以及相关组织机构的健全等。当前，信息化技术存在多重威胁，我们要从系统的角度考虑整体安全防御方法。

18.1.1　信息安全面临的威胁

随着信息技术的发展，社会信息化进程得以快速提升，计算机及网络已经在各行各业中得到了广泛的应用，加之我国云计算、边缘技术和人工智能技术的突飞猛进发展，推动了信息化的普及程度。目前，企业将更多的业务托管于混合云之上，保护用户数据和业务变得更加困难，本地基础设施和多种公、私有云共同构成的复杂环境，使得用户对混合云安全有了更高的要求。这种普及和应用将会产生两方面的效应：一是各行各业的业务运转几乎完全依赖于计算机、网络和云存储，各种重要数据如政府文件、档案、银行账目、企业业务和个人信息等将全部依托计算机、网络的存储、传输；二是人们对计算机的了解更加全面，有更多的计算机技术被较高层的人非法利用，他们采用种种手段对信息资源进行窃取或攻击。目前，信息系统可能遭受到的威胁可总结为以下4个方面，如图18-1所示。

对于信息系统来说，威胁可以是针对物理环境、通信链路、网络系统、操作系统、应用系统以及管理系统等方面。物理安全威胁是指对系统所用设备的威胁，如自然灾害、电源故障、操作系统引导失败或数据库信息丢失、设备被盗/被毁造成数据丢失或信息泄露；通信链路安全威胁是指在传输线路上安装窃听装置或对通信链路进行干扰；网络安全威胁是指由于互联网的开放性、国际化的特点，人们很容易通过技术手段窃取互联网信息，对网络形成严重的安全威胁；操作系统安全威胁是指对系统平台中的软件或硬件芯片中植入威胁，如"木马"和"陷阱门"、BIOS 的万能密码；应用系统安全威胁是指对于网络服务或用户业务系统安全的威胁，也受到"木马"和"陷阱门"的威胁；管理系统安全威胁是指由于人员管理上疏忽而引发人为的安全漏洞，如人为的通过拷贝、拍照、抄录等手段盗取计算机信息。

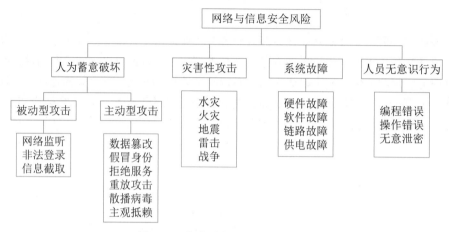

图 18-1　信息系统受到的安全威胁

具体来讲，常见的安全威胁有以下几种。

（1）信息泄露：信息被泄露或透露给某个非授权的实体。

（2）破坏信息的完整性：数据被非授权地进行增删、修改或破坏而受到损失。

（3）拒绝服务：对信息或其他资源的合法访问被无条件地阻止。

（4）非法使用（非授权访问）：某一资源被某个非授权的人或以非授权的方式使用。

（5）窃听：用各种可能的合法或非法的手段窃取系统中的信息资源和敏感信息。例如对通信线路中传输的信号进行搭线监听，或者利用通信设备在工作过程中产生的电磁泄漏截取有用信息等。

（6）业务流分析：通过对系统进行长期监听，利用统计分析方法对诸如通信频度、通信的信息流向、通信总量的变化等态势进行研究，从而发现有价值的信息和规律。

（7）假冒：通过欺骗通信系统（或用户）达到非法用户冒充成为合法用户，或者特权小的用户冒充成为特权大的用户的目的。黑客大多是采用假冒进行攻击。

（8）旁路控制：攻击者利用系统的安全缺陷或安全性上的脆弱之处获得非授权的权利或特权。例如，攻击者通过各种攻击手段发现原本应保密，但是却又暴露出来的一些系统"特性"。利用这些"特性"，攻击者可以绕过防线守卫者侵入系统的内部。

（9）授权侵犯：被授权以某一目的使用某一系统或资源的某个人，却将此权限用于其他非授权的目的，也称作"内部攻击"。

（10）特洛伊木马：软件中含有一个察觉不出的或者无害的程序段，当它被执行时，会破坏用户的安全。这种应用程序称为特洛伊木马（Trojan Horse）。

（11）陷阱门：在某个系统或某个部件中设置了"机关"，使得当提供特定的输入数据时，允许违反安全策略。

（12）抵赖：这是一种来自用户的攻击，例如，否认自己曾经发布过的某条消息、伪造一份对方来信等。

（13）重放：所截获的某次合法的通信数据备份，出于非法的目的而被重新发送。

（14）计算机病毒：所谓计算机病毒，是一种在计算机系统运行过程中能够实现传染和侵害的功能程序。一种病毒通常含有两个功能：一种功能是对其他程序产生"感染"；另外一种或者是引发损坏功能或者是一种植入攻击的能力。

（15）人员渎职：一个授权的人为了钱或利益、或由于粗心，将信息泄露给一个非授权的人。

（16）媒体废弃：信息被从废弃的磁盘或打印过的存储介质中获得。

（17）物理侵入：侵入者通过绕过物理控制而获得对系统的访问。

（18）窃取：重要的安全物品，如令牌或身份卡被盗。

（19）业务欺骗：某一伪系统或系统部件欺骗合法的用户或系统自愿地放弃敏感信息。

18.1.2　安全架构的定义和范围

安全架构是架构面向安全性方向上的一种细分，比如细分领域含有运维架构、数据库架构等。如果安全性体现在产品上，那么，通常的产品安全架构、安全技术体系架构和审计架构可组成三道安全防线。

（1）产品安全架构：构建产品安全质量属性的主要组成部分以及它们之间的关系。产品安全架构的目标是如何在不依赖外部防御系统的情况下，从源头打造自身安全的产品。

（2）安全技术体系架构：构建安全技术体系的主要组成部分以及它们之间的关系。安全技术体系架构的任务是构建通用的安全技术基础设施，包括安全基础设施、安全工具和技术、安全组件与支持系统等，系统性地增强各产品的安全防御能力。

（3）审计架构：独立的审计部门或其所能提供的风险发现能力，审计的范围主要包括安全风险在内的所有风险。

安全架构应具备可用性、完整性和机密性等特性。这里所说的可用性（Availability）是指要防止系统的数据和资源丢失；完整性（Integrity）是指要防止系统的数据和资源在未经授权情况下被修改；机密性（Confidentiality）是指要防止系统的数据和资源在未授权的情况下被披露。

我们在系统设计时，通常要识别系统可能会遇到的安全威胁，通过对系统面临的安全威胁和实施相应控制措施进行合理的评价，提出有效合理的安全技术，形成提升信息系统安全性的安全方案，是安全架构设计的根本目标。在实际应用中，安全架构设计可以从安全技术的角度考虑，主要包括：身份鉴别、访问控制、内容安全、冗余恢复、审计响应、恶意代码防范和密码技术等。

18.1.3　与信息安全相关的国内外标准及组织

1. 国外标准

（1）可信计算机系统评估准则（Trusted Computer System Evaluation Criteria，TCSEC），也称为"橘皮书"，1985 年 12 月由美国国防部公布。

（2）信息技术安全评估准则（Information Technology Security Evaluation Criteria，ITSEC），英、法、德、荷四国联合编制。

（3）加拿大可信计算机产品评估准则（Canadian Trusted Computer Product Evaluation Criteria，CTCPEC），加拿大，1993 年。

（4）美国联邦准则（FC），TCSEC 的升级版，美国，1992 年。

（5）信息技术安全性评价通用准则（The Common Criteria for Information Technology Security Evaluation），由美国国家安全局和国家技术标准研究所联合加、英、法、德、荷等国编制，1993 年。

（6）ISO/IEC 7498-2，信息处理系统，开放系统互联，基本参考模型。第 2 部分：安全结构（Information Processing System；Open System Intercommection；base reference model；Part2：SecurityArchitecture），由国际标准化组织（ISO）发布，1989 年。

（7）信息保障技术框架（Information Assurance Technical Framework，IATF），由美国国家安全局（NSA）发布，1999 年。

（8）ISO/IEC 15408-1999，信息技术安全技术信息技术安全性评估准则，替代原 CC 标准。由国际标准化组织（ISO）发布，1999 年。

（9）IEC 61508-2010，电气／电子／可编程电子安全系统的功能安全（Functional safety of electrical/ electronic/ programmable electronic safety-related systems），由国际电工委员会发布，2010 年。

2. 国内标准

1）标准缩写含义

（1）GA：国家安全行业标准规范。由中国安全技术防范认证中心组织发布。

（2）GB：国家标准规范，由中国国家标准化管理委员会组织发布。

（3）GJB：国家军用标准规范。

2）主要技术标准

（1）GB 15834-1995 信息处理数据加密实体鉴别机制。

（2）GA163-1997 计算机信息系统安全专用产品分类原则。

（3）GB 17859-1999 计算机信息系统安全保护等级划分准则。

（4）GB/T 9387.2-1995 信息处理系统开放系统互连基本参考模型第 2 部分：安全体系结构。

（5）GB/T 20269-2006 信息安全技术信息系统安全管理要求。

（6）GB/T 20270-2006 信息安全技术网络基础安全技术要求。

（7）GB/T 20271-2006 信息安全技术信息系统通用安全技术要求。

（8）GB/T 20272-2006 信息安全技术操作系统安全技术要求。

（9）GB/T 20273-2006 信息安全技术数据库管理系统安全技术要求。

（10）GB/T 20274.1-2006 信息安全技术信息系统安全保障评估框。

（11）GB/T 18231-2000 信息系统低层安全。

（12）GB/T 18237.1-2000 信息技术开放系统互联通用高层第 1 部分：概述、模型和记法。

（13）GB/T 18237.2-2000 信息技术开放系统互联通用高层第 2 部分：安全交换服务元素服务定义。

（14）GB/T 18336-2015 信息系统信息技术安全评估准则。

（15）GB/T 20438.1~7-2017 电气 / 电子 / 可编程电子安全相关系统的功能安全，由中国国家标准化管理委员会发布。

当然，上述仅仅给出了国际组织或国家相关通用标准。然而，信息系统已被广泛应用于不同安全要求的领域，由于其领域安全的特殊性要求，形成了众多领域相关的标准，如：航空电子系统的 DO-178 和 Do-254 适航安全标准、汽车电子系统的 ISO /SAE 21434 汽车网络安全标准以及国军标（GJB）中的有关信息安全的标准等，这里就不一一列举了。图 18-2 给出了系统安全性评估方法的国内外相关标准的发展历程。

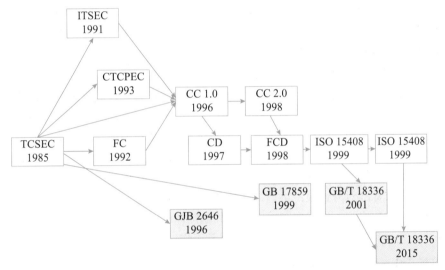

图 18-2　系统安全性评估方法的相关标准的发展历程

3. 相关标准化组织

1）国际标准化组织（ISO）

ISO 的信息技术标准化委员会 TC97 在 1984 年 1 月，专门组织了一个分技术委员会 SC20，负责制定数据加密技术的国际标准；之后在 1987 年，ISO 的 TC97 和 IEC 的 TCs47B/83 合并成为 ISO/IEC 联合技术委员会（JTC1）；1990 年 4 月，ISO 将原来的数据加密分技术委员会 SC20，更名为安全技术分技术委员会 SC27，专门从事信息技术安全一般方法和技术的标准化工作。而 ISO/TC68 负责银行业务应用范围内有关信息安全标准的制定，它主要制定行业应用标准，在组织上和标准之间与 SC27 有着密切的联系。

由于信息技术的发展，开放系统互连的网络体系结构的广泛应用，信息技术安全标准化越来越受到人们的重视。在信息技术安全分委会的成立会上，研究了信息技术安全标准化的发展规划，明确了指导思想，确定了工作目标，制订了实施计划，提出了具体的措施，正在为建立完整的信息技术安全标准体系而积极组织开展研究工作和标准制定工作。

2）国际电工委员会（IEC）

IEC 成立于 1906 年，它是世界上成立最早的国际性电工标准化机构，负责有关电气工程和电子工程领域中的国际标准化工作。国际电工委员会的总部最初位于伦敦，1948 年搬到了位于日内瓦的现总部处。1887—1900 年召开的 6 次国际电工会议上，与会专家一致认为有必要建立一个永久性的国际电工标准化机构，以解决用电安全和电工产品标准化问题。1904 年在美国圣路易召开的国际电工会议上通过了关于建立永久性机构的决议。1906 年 6 月，13 个国家的代表集会伦敦，起草了 IEC 章程和议事规则，正式成立了国际电工委员会。1947 年作为一个电工部门并入国际标准化组织（ISO），1976 年又从 ISO 中分立出来。宗旨是促进电工、电子和相关技术领域有关电工标准化等所有问题上（如标准的合格评定）的国际合作。该委员会的目标是：有效满足全球市场的需求；保证在全球范围内优先并最大程度地使用其标准和合格评定计划；评定并提高其标准所涉及的产品质量和服务质量；为共同使用复杂系统创造条件；提高工业化进程的有效性；提高人类健康和安全；保护环境。

3）中国国家标准化管理委员会（SAC）

中国国家标准化管理委员会是中华人民共和国国务院授权履行行政管理职能、统一管理全国标准化工作的主管机构，正式成立于 2001 年 10 月。2018 年 3 月，根据第十三届全国人民代表大会第一次会议批准的国务院机构改革方案，将中华人民共和国国家标准化管理委员会职责划入国家市场监督管理总局，对外保留牌子。主要职责是以国家标准化管理委员会名义，下达国家标准计划，批准发布国家标准，审议并发布标准化政策、管理制度、规划、公告等重要文件；开展强制性国家标准对外通报；协调、指导和监督行业、地方、团体、企业标准工作；代表国家参加国际标准化组织、国际电工委员会和其他国际或区域性标准化组织；承担有关国际合作协议签署工作；承担国务院标准化协调机制日常工作。

4）全国信息技术标准化技术委员

全国信息技术标准化技术委员会（简称"信标委"），为原全国计算机与信息处理标准化技术委员会，成立于 1983 年，是在国家标准化管理委员会和工业和信息化部的共同领导下，从事全国信息技术领域标准化工作的技术组织。信标委的工作范围是信息技术领域的标准化，涉及信息采集、表示、处理、传输、交换、描述、管理、组织、存储、检索及其技术，系统与产品的设计、研制、管理、测试及相关工具的开发等的标准化工作。

18.2　安全模型

信息系统的安全目标是控制和管理主体（含用户和进程）对客体（含数据和程序）的访问。作为信息系统安全目标，就是要实现：

- 保护信息系统的可用性；
- 保护网络系统服务的连续性；
- 防范资源的非法访问及非授权访问；

- 防范入侵者的恶意攻击与破坏；
- 保护信息通过网上传输过程中的机密性、完整性；
- 防范病毒的侵害；
- 实现安全管理。

　　安全模型是准确地描述安全的重要方面及其与系统行为的关系，安全策略是从安全角度为系统整体和构成它的组件提出基本的目标，它是一个系统的基础规范，使系统集成后评估它的基准。安全策略勾画出的安全目标，是宽泛、模糊而抽象的。而安全模型提供了实现目标应该做什么，不应该做什么，具有实践指导意义，它给出了策略的形式。安全模型有许多种，可针对不同的特性、场景以及控制关系使用不同的安全模型。如图 18-3 所示给出了安全模型的一种分类方法。

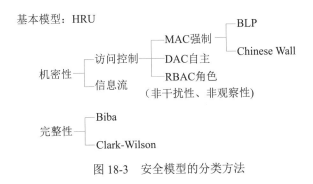

图 18-3　安全模型的分类方法

注：

- HRU：访问控制矩阵模型（Harrison、Ruzzo、Ullman）；
- MAC：强制访问控制模型（Mandatory Access Control）；
- DAC：自主访问控制模型（Discretionary Access Control）；
- RBAC：基于角色的访问控制模型（Role-Based Access Control）。

　　当前比较被公认的模型有：状态机模型（State Machine Model）、Bell-LaPadula（BLP）模型、Biba 模型、Clark-Wilson（CWM）模型、ChineseWall 模型，以及信息流模型（Information Flow Model）、非干涉模型（Noninterference Model）、格子模型（Lattice Model）、Brewer and Nash 模型和 Graham-Denning 模型等。这里简要介绍典型的五种安全模型。

18.2.1　状态机模型

　　状态机模型描述了一种无论处于何种状态都是安全的系统。它是用状态语言将安全系统描述成抽象的状态机，用状态变量表述系统的状态，用转换规则描述变量变化的过程。

　　状态机模型中一个状态（state）是处于系统在特定时刻的一个快照。如果该状态所有方面满足安全策略的要求，则称此状态是安全的；如果所有行为都在系统中允许并且不危及系统使之处于不安全状态，则断言系统执行了一个安全状态模型（Secure State Model）。一个安全状态模型系统，总是从一个安全状态启动，并且在所有迁移中保持安全状态，只允许主体以和安全策略相一致的安全方式访问资源。

状态机模型工作原理如图 18-4 所示，具体步骤描述如下：

（1）状态变量的默认值必须安全；

（2）用户试图使用变量的默认值；

（3）系统检查主体的身份验证；

（4）系统确保变更不会使系统置于不安全状态；

（5）系统允许变量值变更，发生状态改变（STATE CHANGE）；

（6）再重复执行（1）~（5）步，会导致另一次状态变化。

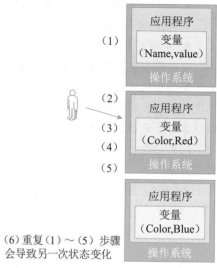

图 18-4　状态机模型工作原理图

18.2.2　Bell–LaPadula 模型

Bell-LaPadula 模型是 David Bell 和 Len LaPadula 于 1973 提出的第一个正式的安全模型。该模型属于强制访问控制模型，以敏感度来划分安全级别。将数据划分为多安全级别与敏感度的系统，即多级安全系统。本模型是为美国国防部多级安全策略形式化而开发，其机密性模型是第一个能够提供分级别数据机密性保障的安全策略模型（即多级安全）。

1. 模型基本原理

Bell-LaPadula 模型使用主体、客体、访问操作（读、写、读 / 写）以及安全级别这些概念，当主体和客体位于不同的安全级别时，主体对客体就存在一定的访问限制。通过该模型可保证信息不被不安全主体访问。

图 18-5 对 Bell-LaPadula 模型基本原理进行描述。

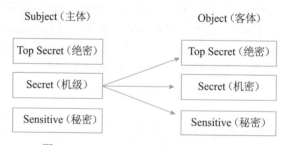

图 18-5　Bell-LaPadula 模型基本原理图

这里：

（1）安全级别为"机密"的主体访问安全级别为"绝密"的客体时，主体对客体可写不可读（No Read Up）；

（2）当安全级别为"机密"的主体访问安全级别为"机密"的客体时，主体对客体可写可读；

（3）当安全级别为"机密"的主体访问安全级别为"秘密"的客体时，主体对客体可读不可写（No Write Down）。

2. 模型安全规则

Bell-LaPadula 模型的安全规则如下：

（1）简单安全规则（Simple Security Rule）：安全级别低的主体不能读安全级别高的客体（No Read Up）；

（2）星属性安全规则（Star Security Property）：安全级别高的主体不能往低级别的客体写（No Write Down）；

（3）强星属性安全规则（Strong Star Security Property）：不允许对另一级别进行读写；

（4）自主安全规则（Discretionary Security Property）：使用访问控制矩阵来定义说明自由存取控制。其存取控制体现在内容相关和上下文相关。

18.2.3　Biba模型

Biba 模型是在 Bell-LaPadula 模型之后开发的，它跟 Bell-LaPadula 模型很相似，被用于解决应用程序数据的完整性问题。Bell-LaPadula 使用安全级别（Top secret、Secret、Sensitive 等），这些安全级别用于保证敏感信息只被授权的个体所访问。

1. 模型基本原理

Biba 模型不关心信息机密性的安全级别，因此它的访问控制不是建立在安全级别上，而是建立在完整性级别上。

完整性的三个目标：保护数据不被未授权用户更改；保护数据不被授权用户越权修改（未授权更改）；维持数据内部和外部的一致性。

Biba 模型的安全策略是基于层次化的完整性级别。它将完整性威胁分为来源于子系统内部和外部的威胁。如果子系统的一个组件是恶意或不正确，则产生内部威胁；如果一个子系统企图通过错误数据或不正确调用函数来修改另一个子系统，则产生外部威胁。内部威胁可以通过程序测试或检验来解决。所以本模型主要针对外部威胁，解决了完整性的第一目标：即防止非授权用户的篡改。图 18-6 对 Bell-LaPadula 模型基本原理进行描述。

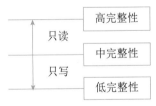

图 18-6　Biba 模型基本原理

这里：

（1）当完整性级别为"中完整性"的主体访问完整性为"高完整性"的客体时，主体对客体可读不可写（No Write Up），也不能调用主体的任何程序和服务；

（2）当完整性级别为"中完整性"的主体访问完整性为"中完整性"的客体时，主体对客体可读读可写；

（3）当完整性级别为"中完整性"的主体访问完整性为"低完整性"的客体时，主体对客体可写不可读；（No Read Down）；

2. 模型安全规则

Biba 模型能够防止数据从低完整性级别流向高完整性级别，其安全规则如下：

（1）星完整性规则（*-integrity Axiom）：表示完整性级别低的主体不能对完整性级别高的客体写数据；

（2）简单完整性规则（Simple Integrity Axiom）：表示完整性级别高的主体不能从完整性级别低的客体读取数据；

（3）调用属性规则（Invocation Property）：表示一个完整性级别低的主体不能从级别高的客体调用程序或服务。

18.2.4　Clark–Wilson模型

Clark-Wilson 模型是由 David Clark 和 David Wilson 于 1987 年提出的完整性模型，简称为 CWM，这个模型实现了成型的事务处理机制，常用于银行系统中以保证数据完整性。

1. 模型基本原理

CWM 是一种将完整性目标、策略和机制融为一体的模型。为了体现用户完整性，CWM 提出了职责隔离（Separation of Duty）目标；为了保证数据完整性，CWM 提出了应用相关的完整性验证进程；为了建立过程完整性，CWM 定义了对于变换过程的应用相关验证。图 18-7 对 CWM 模型的基本原理进行了描述。

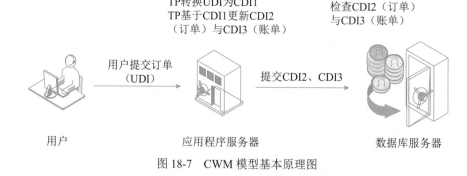

图 18-7　CWM 模型基本原理图

这里：

（1）需要进行完整性保护的客体称之为 CDI，不需要进行完整性保护的客体称之为 UDI；

（2）完整性验证过程（Integrity Verification Procedure，IVP）：确认限制数据项处于一种有效状态，如果 IVP 检验 CDI 符合完整性约束，则系统处于一个有效状态；

（3）转换过程（Transformation Procedures，TP）：将数据项从一种有效状态改变至另一种有效状态；

（4）为了确保对 CDI 的 TP 是有效的，则需要授权 User 做 TP 的认证；

（5）为了防止合法用户对 CDI 做非法或错误操作，将 TP 过程分为多个子过程，将每个子过程授权给不同的 User；

（6）但是如果 TP 的每个子过程被授权的 User 之间存在某种利益同盟，则可能存在欺骗。从而使得 CDI 的完整性得不到保护。

2. 模型特征

CWM 的主要特征是：

（1）采用 Subject/Program /Object 三元素的组成方式。Subject 要访问 Object 只能通过 Program 进行；

（2）权限分离原则：将要害功能分为有 2 个或多个 Subject 完成，防止已授权用户进行未授权的修改；

（3）要求具有审计能力（Auditing）。

18.2.5 Chinese Wall模型

Chinese Wall 模型（又名 Brew and Nash 模型，最初是由 Brewer 和 Nash 提出）是应用在多边安全系统中的安全模型。也就是说，是指通过行政规定和划分、内部监控、IT 系统等手段防止各部门之间出现有损客户利益的利益冲突事件。本模型最初为投资银行设计的，但也可应用在其他相似的场合。

1. 模型基本原理

Chinese Wall 模型的安全策略的基础是客户访问的信息不会与当前他们可支配的信息产生冲突。在投资银行中，一个银行会同时拥有多个互为竞争者的客户，一个银行家可能为一个客户工作，但他可以访问所有客户的信息。因此，应当制止该银行家访问其他客户的数据。比如在某个领域有两个竞争对手同时选择了一个投资银行作为他们的服务机构，而这个银行出于对这两个客户的商业机密的保护就只能为其中一个客户提供服务。Chinese Wall 模型同时包括 DAC 和 MAC 的属性，是强制访问控制模型（MAC）的一种混合策略模型，比如银行家可以选择为谁工作（DAC），一旦选定，他就只能为该客户工作（MAC）。图 18-8 给出了 Chinese Wall 模型的基本原理。

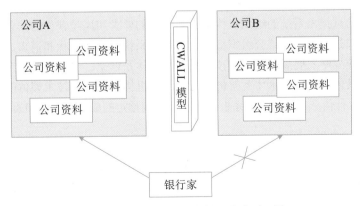

图 18-8　Chinese Wall 模型的基本原理图

2. 模型的安全规则

Chinese Wall 模型的访问客体控制的安全规则如下：

（1）与主体曾经访问过的信息属于同一公司数据集合的信息，即墙内信息可以访问；

（2）属于一个完全不同的利益冲突组的可以访问；

（3）主体能够对一个客体进行写的前提是主体未对任何属于其他公司数据集进行过访问。

定理 1：一个主体一旦访问过一个客体，则该主体只能访问位于同一公司数据集的客体或在不同利益组的客体。

定理 2：在一个利益冲突组中，一个主体最多只能访问一个公司数据集。

比如，假设 Chinese Wall 安全策略包括三个信息存储模块：某家企业的单位信息（C）、该家企业的所有信息集合（Company Data，CD）和该家企业与互为竞争关系企业的全部信息集合（Conflict of Interest，COI）。那么，Chinese Wall 模型规定：

（1）每个 C 只能唯一对应一个 CD；

（2）每个 CD 只能唯一对应一个利益冲突类 COI；

（3）一个 COI 类却可以同时包含多个 CD。

3. 模型举例

在一个企业投资顾问公司里，一个咨询师大部分是同时为若干个企业提供投资咨询服务的，该咨询师就掌握了他所服务的所有企业的全部信息，包括企业的内部机密信息。如果该咨询师所服务的若干企业中有两家企业是在同一行业内的竞争对手，那么我们可以联想到，该咨询师可能会在给一家企业提供咨询过程中，有意或者无意地透露一些自己知道的有关另一家竞争企业的内部信息，使得一方得到利益，另一方遭受损失，这就导致了利益冲突，这是 Chinese Wall 安全模型策略需要解决的首要问题。

18.3　系统安全体系架构规划框架

安全技术体系架构是对组织机构信息技术系统的安全体系结构的整体描述。安全技术体系架构框架是拥有信息技术系统的组织机构根据其策略的要求和风险评估的结果，参考相关技术体系构架的标准和最佳实践，结合组织机构信息技术系统的具体现状和需求，建立的符合组织机构信息技术系统战略发展规划的信息技术系统整体体系框架。这个框架是组织机构信息技术系统战略管理的具体体现。技术体系架构能力是组织机构执行安全技术整体能力的体现，它反映了组织机构在执行信息安全技术体系框架管理，达到预定的成本、功能和质量目标上的度量。

18.3.1　安全技术体系架构

安全技术体系架构的目标是建立可持续改进的安全技术体系架构的能力，信息技术系统千变万化，有各种各样的分类方式，为从技术角度建立一个通用的对象分析模型，这里，我们将信息系统抽象成一个基本完备的信息系统分析模型，如图 18-9 所示。从信息技术系统分析模型出发，建立整个信息技术系统的安全架构。

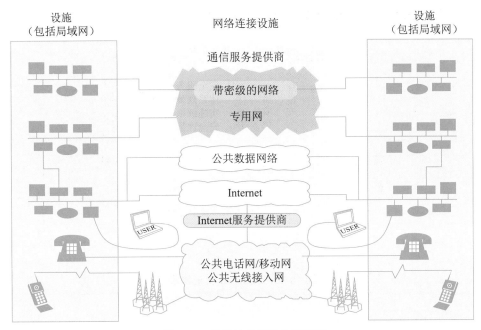

图 18-9 信息技术系统分析模型

一般来说，国际标准化组织（ISO）提出一种网络标准架构（OSI）参考模型将网络划分为物理、数据链路、网络、传输、会话、表示和应用等 7 层，Andrew S.Tanenbau 综合 OSI 参考模型和 TCP/IP 参考模型将网络划分为物理、数据链路、网络、传输和应用等 5 层。在本模型中，首先需要做的就是对网络结构层次进行划分，考虑到安全评估是以安全风险威胁分析入手的，而且在实际的网络安全评估中会发现，主机和存储系统占据了大量的评估考察工作，虽然主机和存储系统都属于应用层，但本模型由于其重要性，特将其单列为一个层次，因此根据网络中风险威胁的存在实体划分出 5 个层次的实体对象：应用、存储、主机、网络和物理。

18.3.2 信息系统安全体系规划

信息系统安全体系规划是一个非常细致和非常重要的工作，首先需要对企业信息化发展的历史情况进行深入和全面的调研，并针对信息系统安全的主要内容进行整体的发展规划工作。图 18-10 给出了一种信息系统安全体系的框架。

从图 18-10 可以看出，信息系统安全体系主要是由技术体系、组织机构体系和管理体系三部分共同构成的。

技术体系是全面提供信息系统安全保护的技术保障系统，该体系由物理安全技术和系统安全技术两大类构成。

组织体系是信息系统的组织保障系统，由机构、岗位和人事三个模块构成。机构分为领导决策层、日常管理层和具体执行层；岗位是信息系统安全管理部门根据系统安全需要设定的负责某一个或某几个安全事务的职位；人事是根据管理机构设定的岗位，对岗位上在职、待职和离职的员工进行素质教育、业绩考核和安全监管的机构。

管理体系由法律管理、制度管理和培训管理三部分组成。

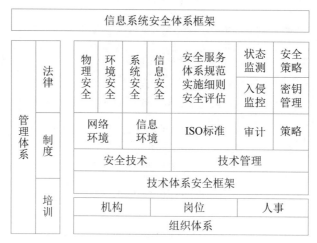

图 18-10　信息系统安全体系

18.3.3　信息系统安全规划框架

建立了信息系统安全体系之后，就可以针对以上描述的内容进行全面的规划。信息系统安全规划的层次方法与步骤可以有不同，但是规划内容与层次应该是相同。规划的具体环节、相互之间的关系和具体方法如图 18-11 所示。

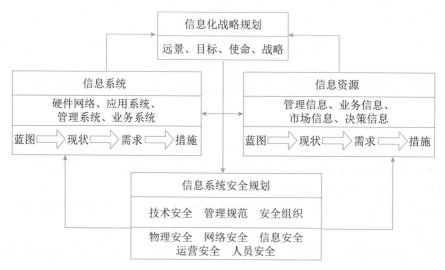

图 18-11　信息系统安全规划框架

1. 信息系统安全规划依托企业信息化战略规划

信息化战略规划是以整个企业的发展目标、发展战略和企业各部门的业务需求为基础，结合行业信息化方面的需求分析、环境分析和对信息技术发展趋势的掌握，定义出企业信息化建设的远景、使命、目标和战略，规划出企业信息化建设的未来架构，为信息化建设的实施提供一幅完整的蓝图，全面系统地指导企业信息化建设的进程。信息系统安全规划依托企业信息化战略规划，对信息化战略的实施起到保驾护航的作用。信息系统安全规划的目标应该与企业信息化的目标是一致的，而且应该比企业信息化的目标更具体明确、更贴近安全。信息系统安全规划的一切论述都要围绕着这个目标展开和部署。

2. 信息系统安全规划需要围绕技术安全、管理安全、组织安全考虑

信息系统安全规划的方法可以不同、侧重点可以不同，但都需要围绕技术安全、管理安全、组织安全进行全面考虑。规划的内容基本上应涵盖：确定信息系统安全的任务、目标、战略以及战略部门和战略人员，并在此基础上制定出物理安全、网络安全、系统安全、运营安全、人员安全的信息系统安全的总体规划。物理安全包括环境设备安全、信息设备安全、网络设备安全、信息资产设备的物理分布安全等。网络安全包括网络拓扑结构安全、网络的物理线路安全、网络访问安全（防火墙、入侵检测系统和 VPN 等）等。系统安全包括操作系统安全、应用软件安全和应用策略安全等。运营安全应在控制层面和管理层面保障，包括备份与恢复系统安全、入侵检测功能、加密认证功能、漏洞检查及系统补丁功能、口令管理等。人员安全包括安全管理的组织机构、人员安全教育与意识机制、人员招聘及离职管理、第三方人员安全管理等。

3. 信息系统安全规划以信息系统与信息资源的安全保护为核心

信息系统安全规划的最终效果应该体现在对信息系统与信息资源的安全保护上，因此规划工作需要围绕着信息系统与信息资源的开发、利用和保护工作进行，要包括蓝图、现状、需求和措施 4 个方面。

（1）对信息系统与信息资源的规划需要从信息化建设的蓝图入手，知道企业信息化发展策略的总体目标和各阶段的实施目标，制定出信息系统安全的发展目标。

（2）对企业的信息化工作现状进行整体的、综合的、全面的分析，找出过去工作中的优势与不足。

（3）根据信息化建设的目标提出未来几年的需求，这个需求最好可以分解成若干个小的方面，以便于今后的实施与落实。

（4）要明确在实施工作阶段的具体措施与方法，提高规划工作的执行力度。信息系统安全规划服务于企业信息化战略目标，信息系统安全规划做得好，企业信息化工作的实现就有了保障。信息系统安全规划是企业信息化发展战略的基础性工作，不是可有可无而是非常重要。由于企业信息化的任务与目标不同，所以信息系统安全规划包括的内容就不同，建设的规模就有很大的差异，因此信息系统安全规划难以从专业书籍或研究资料中找到非常有针对性的适用法则，也难以给出一个规范化的信息系统安全规划的模板。这里给出信息系统安全规划框架与方法，信息系统安全规划工作的一种建设原则、建设内容、建设思路。具体规划还需要深入细致地进行本地化的调查与研究。

18.4　信息安全整体架构设计（WPDRRC模型）

正如前述，构建信息安全保障体系框架应包括技术体系、组织机构体系和管理体系等三部分，也就是说：人、管理和技术手段是信息安全架构设计的三大要素，而构成动态的信息与网络安全保障体系框架是实现系统的安全保障。

18.4.1　WPDRRC信息安全体系架构模型

WPDRRC（Waring/Protect/Detect/React/Restore/Counterattack）信息安全模型是我国"八六三"信息安全专家组提出的适合中国国情的信息系统安全保障体系建设模型。WPDRRC是在PDRR（Protect/Detect/React/React/Restore）信息安全体系模型的基础上前后增加了预警和反击功能。针对网络安全防护问题，美国曾提出了多个网络安全体系模型和架构，其中比较经典的包括PDRR模型、P2DR模型。而WPDRRC模型由中国提出。

在PDRR模型中，安全的概念已经从信息安全扩展到了信息保障，信息保障内涵已超出传统的信息安全保密，它是保护（Protect）、检测（Detect）、反应（React）、恢复（Restore）的有机结合，称为PDRR模型。PDRR模型把信息的安全保护作为基础，将保护视为活动过程，要用检测手段来发现安全漏洞，及时更正；同时采用应急响应措施对付各种入侵；在系统被入侵后，要采取相应的措施将系统恢复到正常状态，这样才能使信息的安全得到全方位的保障。该模型强调的是自动故障恢复能力。

WPDRRC模型有6个环节和3大要素。

6个环节包括：预警、保护、检测、响应、恢复和反击，它们具有较强的时序性和动态性，能够较好地反映出信息系统安全保障体系的预警能力、保护能力、检测能力、响应能力、恢复能力和反击能力。

3大要素包括：人员、策略和技术。人员是核心，策略是桥梁，技术是保证，落实在WPDRRC的6个环节的各个方面，将安全策略变为安全现实。图18-12给出了WPDRRC模型的6个环节和3大要素间的关系。

这里，6个环节说明如下：

- W：预警主要是指利用远程安全评估系统提供的模拟攻击技术来检查系统存在的、可能被利用的薄弱环节，收集和测试网络与信息的安全风险所在，并以直观的方式进行报告，提供解决方案的建议，在经过分析后，分解网络的风险变化趋势和严重风险点，从而有效低网络的总体风险，保护关键业务和数据。

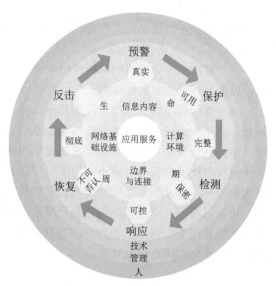

图18-12　WPDRRC模型示意

- P：防护通常是通过采用成熟的信息安全技术及方法来实现网络与信息的安全。主要内容有加密机制，数字签名机制，访问控制机制，认证机制，信息隐藏和防火墙技术等。
- D：检测通过检测和监控网络以及系统，来发现新的威胁和弱点，强制执行安全策略。在这个过程中采用入侵检测、恶意代码过滤等技术，形成动态检测的制度，奖励报告协调机制，提高检测的实时性。主要内容有入侵检测，系统脆弱性检测，数据完整性检测和攻击性检测等。
- R：响应是指在检测到安全漏洞和安全事件之后必须及时做出正确的响应，从而把系统调整到安全状态。为此需要相应的报警、跟踪、处理系统，其中处理包括了封堵、隔离、报告等能力。主要内容有应急策略、应急机制、应急手段、入侵过程分析和安全状态评估等。
- R：恢复灾难恢复系统是当前网络、数据、服务受到黑客攻击并遭到破坏或影响后，通过必要技术手段，在尽可能短的时间内使系统恢复正常。主要内容有容错、冗余、备份、替换、修复和恢复等。
- C：反击是指采用一切可能的高新技术手段，侦察、提取计算机犯罪分子的作案线索与犯罪证据，形成强有力的取证能力和依法打击手段。

网络安全体系模型经过多年发展，形成了 PDP、PPDR、PDRR、MPDRR 和 WPDRRC 等模型，这些模型在信息安全防范方面功能更加完善，表 18-1 给出网络安全体系模型安全防范功能对照表。

表 18-1　安全防范功能对照表

	预警	保护	检测	响应	恢复	反击	管理
PDR	无	有	有	有	无	无	无
PPDR	无	有	有	有	无	无	无
PDRR	无	有	有	有	有	无	无
MPDRR	无	有	有	有	有	无	有
WPDRRC	有	有	有	有	有	有	有

18.4.2　信息安全体系架构设计

对信息系统的安全需求是任何单一安全技术都无法解决的，要设计一个信息安全体系架构，应当选择合适的安全体系结构模型。信息系统安全设计重点考虑两个方面：其一是系统安全保障体系；其二是信息安全体系架构。

1. 系统安全保障体系

安全保障体系是由安全服务、协议层次和系统单元等三个层面组成，且每个层都涵盖了安全管理的内容。图 18-13 给出了安全保障体系结构技术模型示意图。

系统安全保障体系设计工作主要考虑以下几点：

（1）安全区域策略的确定：根据安全区域的划分，主管部门应制定针对性的安全策略。如定时审计评估、安装入侵检测系统、统一授权、认证等；

（2）统一配置和管理防病毒系统：主管部门应当建立整体防御策略，以实现统一的配置和管理。网络防病毒的策略应满足全面性、易用性、实时性和可扩展性等方面要求；

（3）网络安全管理：在网络安全中，除了采用一些技术措施之外，加强网络安全管理，制定有关规章制度。在安全管理中，任何的安全保障措施，最终要落实到具体的管理规章制度以及具体的管理人员职责上，并通过管理人员的工作得到实现。安全管理遵循国家标准 ISO 17799，它强调管理体系的有效性、经济性、全面性、普遍性和开放性，目的是为希望达到一定管理效果的组织提供一种高质量、高实用性的参照。

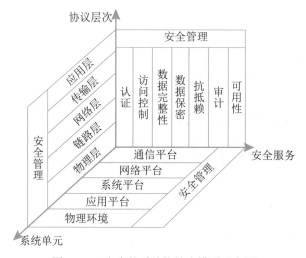

图 18-13   安全体系结构技术模型示意图

网络安全管理要做到总体策划，确保安全的总体目标和所遵循的原则；建立相关组织机构，要明确责任部门，落实具体实施部门；做好信息资产分类与控制，达到职工的安全、物理环境的安全和业务连续性管理等；使用技术方法解决通信与操作的安全、访问控制、系统开发与维护，以支撑安全目标、安全策略和安全内容的实施；实施检查安全措施与审计，主要用于检查安全措施的效果，评估安全措施执行的情况和实施效果。

网络安全管理至少要成立一个安全运行组织，制定一套安全管理制度和建立一个应急响应机制。安全运行组织应包括主管领导、信息中心和业务应用等相关部门，领导是核心，信息中心是实体，业务是使用者；安全管理制度要明确安全职责，制定安全管理细则，做到多人负责、任期有限、职责分离的原则；应急响应机制主要由管理人员和技术人员共同参与的内部机制，要提出应急响应的计划和程序，提供对安全事件的技术支持和指导，提供安全漏洞或隐患信息的通告、分析和安全事件处理等相关培训。

2. 信息安全体系架构

通过对网络应用的全面了解，按照安全风险、需求分析结果、安全策略以及网络的安全目标等方面开展安全体系架构的设计工作。具体在安全控制系统，我们可以从物理安全、系统安全、网络安全、应用安全和管理安全等 5 个方面开展分析和设计工作。

1）物理安全

保证计算机信息系统各种设备的物理安全是保障整个网络系统安全的前提。物理安全是保护计算机网络设备、设施以及其他媒体免受地震、水灾、火灾等环境事故以及人为操作失误或错误及各种计算机犯罪行为导致的破坏过程。它主要包括：环境安全、设备安全、媒体安全等。

2）系统安全

系统安全主要是指对信息系统组成中各个部件的安全要求。系统安全是系统整体安全的基础。它主要包括：网络结构安全、操作系统安全和应用系统安全。网络结构安全是指网络拓扑结构是否合理、线路是否冗余、路由是否冗余和防止单点失败等；操作系统安全包含两个方面，其一是指操作系统的安全防范可以采取的措施，如：尽量采用安全性较高的网络操作系统并进行必要的安全配置、关闭一些不常用但存在安全隐患的应用、使用权限进行限制或加强口令的使用等；其二是通过配备操作系统安全扫描系统对操作系统进行安全性扫描，发现漏洞，及时升级等；应用系统安全是指应用服务器尽量不要开放一些不经常使用的协议及协议端口。如文件服务、电子邮件服务器等。可以关闭服务器上的如 HTTP、FTP、TELNET 等服务。可以加强登录身份认证，确保用户使用的合法性。

3）网络安全

网络安全是整个安全解决方案的关键。它主要包括：访问控制、通信保密、入侵检测、网络安全扫描系统和防病毒等。隔离与访问控制首先要有严格的管制制度，可制定比如：《用户授权实施细则》《口令及账户管理规范》《权限管理制定》等一系列管理办法。其次配备防火墙，以实现网路安全中最基本、最经济、最有效的安全措施。防火墙通过制定严格的安全策略实现内外网络或内部网络不同信任域之间的隔离与访问控制，防火墙可以是实现单向或双向控制，对一些高层协议实现较细粒度的访问控制。入侵检测是根据已有的、最新的攻击手段的信息代码对进出网段的所有操作行为进行实时监控、记录，并按制定的策略实施响应（阻断、报警、发送 E-mail）。从而防止针对网络的攻击与犯罪行为。入侵检测系统一般包括控制台和探测器（网络引擎），控制台用作制定及管理所有探测器（网络引擎），网络引擎用作监听进出网络的访问行为，根据控制台的指令执行相应行为；病毒防护是网络安全的常用手段，由于在网络环境下，计算机病毒有不可估量的威胁性和破坏力。我们知道，网络系统中使用的操作系统一般为 Windows 系统，这个系统比较容易感染病毒，因此计算机病毒的防范也是网络安全建设中应该考虑的重要环节之一，反病毒技术包括预防病毒、检测病毒和杀毒三种。

4）应用安全

应用安全主要是指多个用户使用网络系统时，对共享资源和信息存储操作所带来的安全问题。它主要包括资源共享和信息存储两个方面。

（1）资源共享要严格控制内部员工对网络共享资源的使用，在内部子网中一般不要轻易开放共享目录，否则会因为疏忽而在员工间交换信息时泄露重要信息。对有经常交换信息需求的用户，在共享时也必须加上必要的口令认证机制，即只有通过口令的认证才能允许访问数据。

（2）信息存储是指对有涉及秘密信息的用户主机，使用者在应用过程中应该做到尽量少开放一些不常用的网络服务。对数据服务器中的数据库做安全备份。通过网络备份系统可以对数据库进行远程备份存储。

5）安全管理

安全管理主要体现在三个方面。其一是制定健全的安全管理体制。制定健全安全管理体制将是网络安全得以实现的重要保证，可以根据自身的实际情况制定如安全操作流程、安全事故的奖罚制度以及任命安全管理人员全权负责监督和指导；其二是构建安全管理平台。构建安全管理平台将会降低许多因为无意的人为因素而造成的风险。构建安全管理平台可从技术上进行防护，如：组成安全管理子网、安装集中统一的安全管理软件、网络设备管理系统以及网络安全设备统一管理软件等，通过安全管理平台实现全网的安全管理；其三是增强人员的安全防范意识。应该经常对单位员工进行网络安全防范意识的培训，全面提高员工的整体安全方法意识。

图 18-14 给出一种面向企业安全控制系统的安全架构。这里所谓的安全控制系统是指能提供一种高度可靠的安全保护手段的系统，可以最大限度地避免相关设备的不安全状态，防止恶性事故的发生或在事故发生后尽可能地减少损失，保护生产装置及最重要的人身安全。

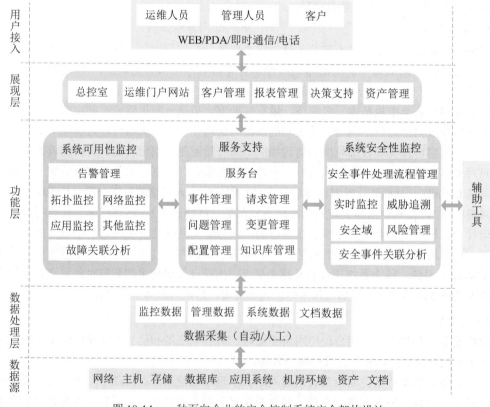

图 18-14　一种面向企业的安全控制系统安全架构设计

从图 18-14 中可以看出，给架构采用了传统的层次化结构，分为数据层、功能层和展现层。数据层主要对企业数据进行统一管理，按数据的不同安全特性进行存储、隔离与保护等；功能层是系统安全防范的主要核心功能，包括可信性监控、服务支持和安全性监控。可信性监控主要实现网络安全、系统安全和应用安全中的监控能力；服务支持主要针对安全管理功能而设计的，实现安全管理平台的大多数功能；安全性监控主要针对系统中发现的任何不安全现象进行相关处理，涵盖了威胁追溯、安全域审计评估、授权、认证等，以及风险分析与评估等；展现层主要完成系统安全架构的使用、维护、决策等功能的实现。

18.5　网络安全体系架构设计

建立信息系统安全体系的目的，就是将普遍性安全原理与信息系统的实际相结合，形成满足信息系统安全需求的安全体系结构，网络安全体系是信息系统体系的核心。

18.5.1　OSI的安全体系架构概述

1. OSI 概述

OSI（Open System Interconnection/Reference Mode，OSI/RM）是由国际化标准组织制定的开放式通信系统互联模型（ISO 7498-2），国家标准 GB/T 9387.2—1995《信息处理系统工程开放系统互联基本参考模型—第二部分：安全体系结构》等同于 ISO 7498-2。OSI 目的在于保证开放系统进程与进程之间远距离安全交换信息。这些标准在参考模型的框架内，建立起一些指导原则与约束条件，从而提供了解决开放互联系统中安全问题的一致性方法。

OSI 安全体系结构提供以下内容。

（1）提供安全服务与有关安全机制在体系结构下的一般描述，这些服务和机制必须是为体系结构所配备的。

（2）确定体系结构内部可以提供这些服务的位置。

（3）保证安全服务完全准确地得以配置，并且在信息系统的安全周期中一直维持，安全功能务必达到一定强度的要求。

GB/T 9387.2—1995 给出了基于 OSI 参考模型的 7 层协议之上的信息安全体系结构。其核心内容是：为了保证异构计算机进程与进程之间远距离交换信息的安全，它定义了该系统 5 大类安全服务，以及提供这些服务的 8 类安全机制及相应的 OSI 安全管理，并可根据具体系统适当地配置于 OSI 模型的 7 层协议中。图 18-15 所示的三维安全空间解释了这一体系结构。安全机制是对安全服务的详细补充，安全服务和安全机制的对应关系如图 18-16 所示。

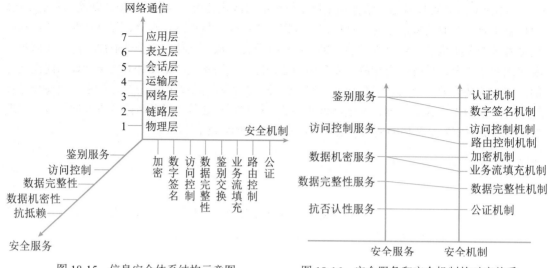

图 18-15　信息安全体系结构示意图　　　　图 18-16　安全服务和安全机制的对应关系

2. OSI 安全架构

OSI 定义了 7 层协议，其中除第 5 层（会话层）外，每一层均能提供相应的安全服务。实际上，最适合配置安全服务的是在物理层、网络层、运输层及应用层上，其他层都不宜配置安全服务。

OSI 开放系统互联安全体系的 5 类安全服务包括鉴别、访问控制、数据机密性、数据完整性和抗抵赖性。

OSI 定义分层多点安全技术体系架构，也称为深度防御安全技术体系架构，它通过以下三种方式将防御能力分布至整个信息系统中。

1）多点技术防御

在对手可以从内部或外部多点攻击一个目标的前提下，多点技术防御通过对以下多个防御核心区域的防御达到抵御所有方式的攻击目的。

（1）网络和基础设施。为了确保可用性，局域网和广域网需要进行保护以抵抗各种攻击，如拒绝服务攻击等。为了确保机密性和完整性，需要保护在这些网络上传送的信息以及流量的特征以防止非故意的泄露。

（2）边界。为了抵御主动的网络攻击，边界需要提供更强的边界防御，例如流量过滤和控制以及入侵检测。

（3）计算环境。为了抵御内部、近距离的分布攻击，主机和工作站需要提供足够的访问控制。

2）分层技术防御

即使最好的可得到的信息保障产品也有弱点，其最终结果将使对手能找到一个可探查的脆弱性，一个有效的措施是在对手和目标间使用多个防御机制。为了减少这些攻击成功的可能性和对成功攻击的可承担性，每种机制应代表一种唯一的障碍并同时包括保护和检测方法。例如，在外部和内部边界同时使用嵌套的防火墙并配合以入侵检测就是分层技术防御的一个实例。

3）支撑性基础设施

支撑性基础设施为网络、边界和计算环境中信息保障机制运行基础的支撑性基础设施，包括公钥基础设施以及检测和响应基础设施。

（1）公钥基础设施。提供一种通用的联合处理方式，以便安全地创建、分发和管理公钥证书和传统的对称密钥，使它们能够为网络、边界和计算环境提供安全服务。这些服务能够对发送者和接收者的完整性进行可靠验证，并可以避免在未获授权的情况下泄露和更改信息。公钥基础设施必须支持受控的互操作性，并与各用户团体所建立的安全策略保持一致。

（2）检测和响应基础设施。检测和响应基础设施能够迅速检测并响应入侵行为。它也提供便于结合其他相关事件观察某个事件的"汇总"性能。另外，它也允许分析员识别潜在的行为模式或新的发展趋势。

这里必须注意的是，信息系统的安全保障不仅仅依赖于技术，还需要集成的技术和非技术防御手段。一个可接受级别的信息保障依赖于人员、管理、技术和过程的综合。

图 18-17 描述了分层多点安全技术体系架构。

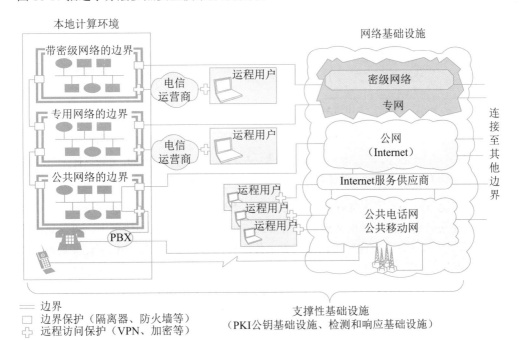

图 18-17 分层多点安全技术体系架构

分层多点安全技术体系架构为信息系统安全保障提供了框架和进一步分析所需的重点区域划分。在具体的技术方案实践中，应从使命和需求的实际情况出发制定适合组织机构要求的技术体系和方案。

18.5.2　认证框架

鉴别（Authentication）的基本目的是防止其他实体占用和独立操作被鉴别实体的身份。鉴别提供了实体声称其身份的保证，只有在主体和验证者的关系背景下，鉴别才是有意义的。鉴别有两种重要的关系背景：一是实体由申请者来代表，申请者与验证者之间存在着特定的通信关系（如实体鉴别）；二是实体为验证者提供数据项来源。图 18-18 给出了申请者、验证者、可信第三方之间的关系及三种鉴别信息类型

鉴别的方式主要基于以下 5 种。

（1）已知的，如一个秘密的口令。

（2）拥有的，如 IC 卡、令牌等。

（3）不改变的特性，如生物特征。

（4）相信可靠的第三方建立的鉴别（递推）。

（5）环境（如主机地址等）。

鉴别信息是指申请者要求鉴别到鉴别过程结束所生成、使用和交换的信息。鉴别信息的类型有交换鉴别信息、申请鉴别信息和验证鉴别信息。

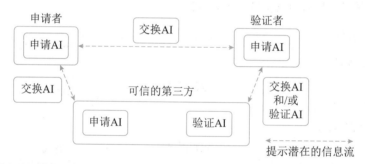

注：在某些特定的情况下，可以不涉及可信任的第三方。验证 AI 可以是主体的，也可以是可信任第三方的。

图 18-18　申请者、验证者、可信的第三方之间的关系及三种鉴别信息类型

在某些情况下，为了产生交换鉴别信息，申请者需要与可信第三方进行交互。类似地，为了验证交换鉴别信息，验证者也需要同可信第三方进行交互。在这种情况下，可信第三方持有相关实体的验证 AI，也可能使用可信第三方来传递交换鉴别信息。实体也可能需要持有鉴别可信第三方中所使用的鉴别信息。

鉴别服务分为以下阶段：安装阶段、修改鉴别信息阶段、分发阶段、获取阶段、传送阶段、验证阶段、停活阶段、重新激活阶段、取消安装阶段。

在安装阶段，定义申请鉴别信息和验证鉴别信息。修改鉴别信息阶段，实体或管理者申请鉴别信息和验证鉴别信息变更（如修改口令）。在分发阶段，为了验证交换鉴别信息，把验证鉴别信息分发到各实体（如申请者或验证者）以供使用。在获取阶段，申请者或验证者可得到为鉴别实例生成特定交换鉴别信息所需的信息，通过与可信第三方进行交互或鉴别实体间的信息交换可得到交换鉴别信息。例如，当使用联机密钥分配中心时，申请者或验证者可从密钥分配中心得到一些信息，如鉴别证书。在传送阶段，在申请者与验证者之间传送交换鉴别信息。在

验证阶段，用验证鉴别信息核对交换鉴别信息。在停活阶段，将建立一种状态，使得以前能被鉴别的实体暂时不能被鉴别。在重新激活阶段，使在停活阶段建立的状态将被终止。在取消安装阶段，实体从实体集合中被拆除。

18.5.3　访问控制框架

访问控制（Access Control）决定开放系统环境中允许使用哪些资源、在什么地方适合阻止未授权访问的过程。在访问控制实例中，访问可以是对一个系统（即对一个系统通信部分的一个实体）或对一个系统内部进行的。

图 18-19 和图 18-20 说明了访问控制的基础性功能。

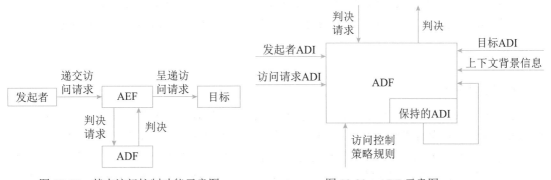

图 18-19　基本访问控制功能示意图　　　　图 18-20　ADF 示意图

ACI（访问控制信息）是用于访问控制目的的任何信息，其中包括上下文信息。ADI（访问控制判决信息）是在做出一个特定的访问控制判决时可供 ADF 使用的部分（或全部）ACI。ADF（访问控制判决功能）是一种特定功能，它通过对访问请求、ADI 以及该访问请求的上下文使用访问控制策略规则而做出访问控制判决。AEF（访问控制实施功能）确保只有对目标允许的访问才由发起者执行。

涉及访问控制的有发起者、AEF、ADF 和目标。发起者代表访问或试图访问目标的人和基于计算机的实体。目标代表被试图访问或由发起者访问的，基于计算机或通信的实体。例如，目标可能是 OSI 实体、文件或者系统。访问请求代表构成试图访问部分的操作和操作数。

当发起者请求对目标进行特殊访问时，AEF 就通知 ADF 需要一个判决来做出决定。为了作出判决，给 ADF 提供了访问请求（作为判决请求的一部分）和下列几种访问控制判决信息（ADI）。

（1）发起者 ADI（ADI 由绑定到发起者的 ACI 导出）。

（2）目标 ADI（ADI 由绑定到目标的 ACI 导出）。

（3）访问请求 ADI（ADI 由绑定到访问请求的 ACI 导出）。

ADF 的其他输入是访问控制策略规则（来自 ADF 的安全域权威机构）和用于解释 ADI 或策略的必要上下文信息。上下文信息包括发起者的位置、访问时间或使用中的特殊通信路径。基于这些输入，以及可能还有以前判决中保留下来的 ADI 信息，ADF 可以做出允许或禁止发起者试图对目标进行访问的判决。该判决传递给 AEF，然后 AEF 允许将访问请求传给目标或采取其他合适的行动。

在许多情况下，由发起者对目标的逐次访问请求是相关的。应用中的一个典型例子是在打开与同层目标的连接应用进程后，试图用相同（保留）的 ADI 执行几个访问。对一些随后通过连接进行通信的访问请求，可能需要给 ADF 提供附加的 ADI 以允许访问请求。在另一些情况中，安全策略可能要求对一个或多个发起者与一个或多个目标之间的某种相关访问请求进行限制。这时，ADF 可能使用与多个发起者和目标有关的先前判决中所保留的 ADI 来对特殊访问请求作出判决。

如果得到 AEF 的允许，访问请求只涉及发起者与目标的单一交互。尽管发起者和目标之间的一些访问请求是完全与其他访问请求无关的，但常常是两个实体进入一个相关的访问请求集合中，如质询应答模式。在这种情况下，实体根据需要同时或交替地变更发起者和目标角色，可以由分离的 AEF 组件、ADF 组件和访问控制策略对每一个访问请求执行访问控制功能。

18.5.4　机密性框架

1. 机密性概述

机密性（Confidentiality）服务的目的是确保信息仅仅是对被授权者可用。由于信息是通过数据表示的，而数据可能导致关系的变化（如文件操作可能导致目录改变或可用存储区域的改变），因此信息能通过许多不同的方式从数据中导出。例如，通过理解数据的含义（如数据的值）导出；通过使用数据相关的属性（如存在性、创建的数据、数据大小、最后一次更新的日期等）进行推导；通过研究数据的上下文关系，即通过那些与之相关的其他数据实体导出；通过观察数据表达式的动态变化导出。

信息的保护是确保数据被限制于授权者获得，或通过特定方式表示数据来获得，这种保护方式的语义是，数据只对那些拥有某种关键信息的人才是可访问的。有效的机密性保护，要求必要的控制信息（如密钥和 RCI 等）是受到保护的，这种保护机制和用来保护数据的机制是不同的（如密钥可以通过物理手段保护等）。

在机密性框架中用到被保护的环境和被交叠保护的环境两个概念。在被保护环境中的数据，可通过使用特别的安全机制（或多个机制）保护。在一个被保护环境中的所有数据以类似方法受到保护。当两个或更多的环境交叠的时候，交叠中的数据能被多重保护。可以推断，从一个环境移到另一个环境的数据的连续保护必然涉及交叠保护环境。

2. 机密性机制

数据的机密性可以依赖于所驻留和传输的媒体。因此，存储数据的机密性能通过使用隐藏数据语义（如加密）或将数据分片的机制来保证。数据在传输中的机密性能通过禁止访问的机制、通过隐藏数据语义的机制或通过分散数据的机制得以保证（如跳频等）。这些机制类型能被单独使用或者组合使用。

1）通过禁止访问提供机密性

通过禁止访问的机密性能通过在 ITU-T Rec.812 或 ISO/IEC 10181-3 中描述的访问控制获

得，以及通过物理媒体保护和路由选择控制获得。通过物理媒体保护的机密性保护可以采取物理方法保证媒体中的数据只能通过特殊的有限设备才能检测到。数据机密性通过确保只有授权的实体才能使这些机制本身以有效的方式来实现。通过路由选择控制的机密性保护机制的目的，是防止被传输数据项表示的信息未授权泄露。在这一机制下只有可信和安全的设施才能路由数据，以达到支持机密性服务的目的。

2）通过加密提供机密性

这些机制的目的是防止数据泄露在传输或存储中。加密机制分为基于对称的加密机制和基于非对称加密的机密机制。

除了以下两种机密性机制外，还可以通过数据填充、通过虚假事件（如把在不可信链路上交换的信息流总量隐藏起来）、通过保护 PDU 头和通过时间可变域提供机密性。

18.5.5　完整性框架

1. 完整性概述

完整性（Integrity）框架的目的是通过阻止威胁或探测威胁，保护可能遭到不同方式危害的数据完整性和数据相关属性完整性。所谓完整性，就是数据不以未经授权方式进行改变或损毁的特征。

完整性服务有几种分类方式：根据防范的违规分类，违规操作分为未授权的数据修改、未授权的数据创建、未授权的数据删除、未授权的数据插入和未授权的数据重放。依据提供的保护方法分为阻止完整性损坏和检测完整性损坏。依据是否支持恢复机制，分为具有恢复机制的和不具有恢复机制的。

2. 完整性机制的类型

由于保护数据的能力与正在使用的媒体有关，对于不同的媒体，数据完整性保护机制是有区别的，可概括为以下两种情况。

（1）阻止对媒体访问的机制。包括物理隔离的不受干扰的信道、路由控制、访问控制。

（2）用以探测对数据或数据项序列的非授权修改的机制。未授权修改包括未授权数据创建、数据删除以及数据重复。而相应的完整性机制包括密封、数字签名、数据重复（作为对抗其他类型违规的手段）、与密码变换相结合的数字指纹和消息序列号。

按照保护强度，完整性机制可分为不作保护；对修改和创建的探测；对修改、创建、删除和重复的探测；对修改和创建的探测并带恢复功能；对修改、创建、删除和重复的探测并带恢复功能。

18.5.6　抗抵赖框架

抗抵赖（Non-repudiation）服务包括证据的生成、验证和记录，以及在解决纠纷时随即进行的证据恢复和再次验证。

框架所描述的抗抵赖服务的目的是提供有关特定事件或行为的证据。事件或行为本身以外的其他实体可以请求抗抵赖服务。抗抵赖服务可以保护的行为实例有发送 X.400 消息、在数据库中插入记录、请求远程操作等。

当涉及消息内容的抗抵赖服务时，为提供原发证明，必须确认数据原发者身份和数据完整性。为提供递交证明，必须确认接收者身份和数据完整性。在某些情况下，还可能需要涉及上下文信息（如日期、时间、原发者 / 接收者的地点等）的证据。

抗抵赖服务提供下列可在试图抵赖的事件中使用的设备：证据生成、证据记录、验证生成的证据、证据的恢复和重验。

纠纷可以在纠纷两方之间直接通过检查证据解决。但是，纠纷也可能不得不通过仲裁者解决，该仲裁者评估并确定是否发生过有纠纷的行为或事件。

抗抵赖由 4 个独立的阶段组成：证据生成；证据传输、存储及恢复；证据验证和解决纠纷。如图 18-21 所示。

1）证据生成

在这个阶段中，证据生成请求者请求证据生成者为事件或行为生成证据。卷入事件或行为中的实体，称为证据实体，其卷入关系由证据建立。根据抗抵赖服务的类型，证据可由证据实体，或可能与可信第三方的服务一起生成，或者单独由可信第三方生成。

2）证据传输、存储及恢复

在这个阶段，证据在实体间传输或从存储器取出来或传到存储器。

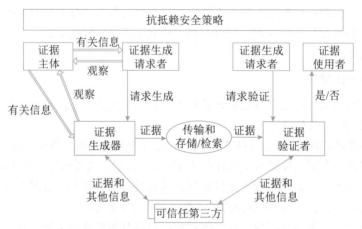

注：本图是示意图，并非定义。

图 18-21　参与生成、传输、存储及恢复和证实阶段的实体

3）证据验证

在这个阶段，证据在证据使用者的请求下被证据验证者验证。本阶段的目的是在出现纠纷的事件中，让证据使用者确信被提供的证据确实是充分的。可信第三方服务也可参与，以提供验证该证据的信息。

4）解决纠纷

在解决纠纷阶段，仲裁者有解决双方纠纷的责任。图 18-22 描述了纠纷解决阶段。

注：本图是示意图，并非定义。

图 18-22　抗抵赖过程的纠纷解决阶段

18.6　数据库系统的安全设计

在数据库系统中，由于数据的集中管理，随之而来的是多用户存取，以及近年来跨网络的分布系统的急速发展。特别是，电子政务中所涉及的数据库密级更高、实时性更强。数据库的安全问题可以说已经成为信息系统最为关键的问题。因此，有必要根据其特殊性完善安全策略，这些安全策略应该能保证数据库中的数据不会被有意地攻击或无意地破坏。不会发生数据的外泄、丢失和毁损，即实现了数据库系统安全的完整性、机密性和可用性。从数据库管理系统的角度而言，要采取的安全策略一般为用户管理、存取控制、数据加密、审计跟踪和攻击检测，从而解决数据库系统的运行安全和信息安全。

下面分别从数据库安全设计的评估标准和完整性设计两方面进行讨论。

18.6.1　数据库安全设计的评估标准

随着人们对安全问题的认识和对安全产品的要求不断提高，在计算机安全技术方面逐步建立了一套安全评估标准，以规范和指导安全信息的建立、安全产品的生产，并能较准确地评测产品的安全性能指标。在当前各国制定和采用的标准中，最重要的是 1985 年美国国防部颁布的可信计算机系统评估标准（Trusted Computer System Evaluation Criteria，TCSEC）桔皮书（简称为 DoD85）。1991 年，美国国家计算机安全中心（The National Computer Seaurity Center，NCSC）又颁布了"可信计算机评估标准关于可信数据库管理系统的解释（Trusted Database Interpretation，TDI）"。我国也于 1994 年 2 月发布了《中华人民共和国计算机信息系统安全保护条例》。在 TCSEC 中，将安全系统分为 4 大类 7 个等级。

TDI 是 TCSEC 在数据库管理系统方面的扩充和解释，并从安全策略、责任、保护和文档 4 个方面进一步描述了每级的安全标准。按照 TCSEC 标准，D 类产品是基本没有安全保护措施的产品，C 类产品只提供了安全保护措施，一般不称为安全产品。B 类以上产品是实行强制存取控制的产品，也是真正意义上的安全产品。所谓安全产品均是指安全级别在 B1 以上的产品，而安全数据库研究原型一般是指安全级别在 B1 级以上的以科研为目的，尚未产品化的数据库管理系统原型。

18.6.2 数据库的完整性设计

数据库完整性是指数据库中数据的正确性和相容性。数据库完整性由各种各样的完整性约束来保证，因此可以说数据库完整性设计就是数据库完整性约束的设计。数据库完整性约束可以通过 DBMS 或应用程序来实现，基于 DBMS 的完整性约束作为模式的一部分存入数据库中。通过 DBMS 实现的数据库完整性按照数据库设计步骤进行设计，而由应用软件实现的数据库完整性则纳入应用软件设计范畴。

1. 数据库完整性设计原则

在实施数据库完整性设计时，需要把握以下基本原则：

（1）根据数据库完整性约束的类型确定其实现的系统层次和方式，并提前考虑对系统性能的影响。一般情况下，静态约束应尽量包含在数据库模式中，而动态约束由应用程序实现。

（2）实体完整性约束、引用完整性约束是关系数据库最重要的完整性约束，在不影响系统关键性能的前提下需尽量应用。用一定的时间和空间来换取系统的易用性是值得的。

（3）要慎用目前主流 DBMS 都支持的触发器功能，一方面由于触发器的性能开销较大；另一方面，触发器的多级触发难以控制，容易发生错误，非用不可时，最好使用 Before 型语句级触发器。

（4）在需求分析阶段就必须制定完整性约束的命名规范，尽量使用有意义的英文单词、缩写词、表名、列名及下画线等组合，使其易于识别和记忆，如 CKC_EMP_REAL_ INCOME_ EMPLOYEE、PK_EMPLOYEE、CKT_EMPLOYEE。如果使用 CASE 工具，一般有默认的规则，可在此基础上修改使用。

（5）要根据业务规则对数据库完整性进行细致的测试，以尽早排除隐含的完整性约束间的冲突和对性能的影响。

（6）要有专职的数据库设计小组，自始至终负责数据库的分析、设计、测试、实施及早期维护。数据库设计人员不仅负责基于 DBMS 的数据库完整性约束的设计实现，还要负责对应用软件实现的数据库完整性约束进行审核。

（7）应采用合适的 CASE 工具来降低数据库设计各阶段的工作量。好的 CASE 工具能够支持整个数据库的生命周期，这将使数据库设计人员的工作效率得到很大提高，同时也容易与用户沟通。

2. 数据库完整性的作用

数据库完整性对于数据库应用系统非常关键，其作用主要体现在以下几个方面。

（1）数据库完整性约束能够防止合法用户使用数据库时向数据库中添加不合语义的数据。

（2）利用基于 DBMS 的完整性控制机制来实现业务规则，易于定义，容易理解，而且可以降低应用程序的复杂性，提高应用程序的运行效率。同时，基于 DBMS 的完整性控制机制是集中管理的，因此比应用程序更容易实现数据库的完整性。

（3）合理的数据库完整性设计，能够同时兼顾数据库的完整性和系统的效能。例如装载大量数据时，只要在装载之前临时使基于 DBMS 的数据库完整性约束失效，此后再使其生效，就能保证既不影响数据装载的效率又能保证数据库的完整性。

（4）在应用软件的功能测试中，完善的数据库完整性有助于尽早发现应用软件的错误。

（5）数据库完整性约束可分为 6 类：列级静态约束、元组级静态约束、关系级静态约束、列级动态约束、元组级动态约束和关系级动态约束。动态约束通常由应用软件来实现。不同 DBMS 支持的数据库完整性基本相同，Oracle 支持的基于 DBMS 的完整性约束如表 18-2 所示。

表 18-2　Oracle 支持的基于 DBMS 的完整性约束

Oracle 支持的完整性约束	对应的完整性约束类型	备注
非空约束（Not Null）	列级静态约束	
唯一码约束（Unique Key）	列级静态约束 元组级静态约束	通过唯一性索引来实现
主键约束（Primary Key）	关系级静态约束	
引用完整性约束（Referential）	关系级静态约束	可定义 5 种不同的动作，Restrict、Wet to Null、Set to Default、Cascade、No Action
检查约束（Check）	列级静态约束 元组级静态约束	可定义在列表或表上
通过触发器来实现的约束	全部 6 类完整性约束	关系级动态约束可以通过调用包含事务的存储过程来实现。如果出现性能问题，需要改由应用软件来实现

3. 数据库完整性设计示例

一个好的数据库完整性设计，首先需要在需求分析阶段确定要通过数据库完整性约束实现的业务规则。然后在充分了解特定 DBMS 提供的完整性控制机制的基础上，依据整个系统的体系结构和性能要求，遵照数据库设计方法和应用软件设计方法，合理选择每个业务规则的实现方式。最后，认真测试，排除隐含的约束冲突和性能问题。基于 DBMS 的数据库完整性设计大体分为以下几个阶段。

1）需求分析阶段

经过系统分析员、数据库分析员和用户的共同努力，确定系统模型中应该包含的对象，如人事及工资管理系统中的部门、员工和经理等，以及各种业务规则。

在完成寻找业务规则的工作之后，确定要作为数据库完整性的业务规则，并对业务规则进行分类。其中作为数据库模式一部分的完整性设计按下面的过程进行，而由应用软件来实现的数据库完整性设计将按照软件工程的方法进行。

2）概念结构设计阶段

概念结构设计阶段是将依据需求分析的结果转换成一个独立于具体 DBMS 的概念模型，即实体关系图（Entity-Relationship Diagram，ERD）。在概念结构设计阶段就要开始数据库完整性设计的实质阶段，因为此阶段的实体关系将在逻辑结构设计阶段转化为实体完整性约束和引用完整性约束，到逻辑结构设计阶段将完成设计的主要工作。

3）逻辑结构设计阶段

此阶段就是将概念结构转换为某个 DBMS 所支持的数据模型，并对其进行优化，包括对关系模型的规范化。此时，依据 DBMS 提供的完整性约束机制，对尚未加入逻辑结构中的完整性约束列表，逐条选择合适的方式加以实现。

在逻辑结构设计阶段结束时，作为数据库模式一部分的完整性设计也就基本完成了。每种业务规则都可能有好几种实现方式，应该选择对数据库性能影响最小的一种，有时需通过实际测试来决定。

18.7　系统架构的脆弱性分析

安全架构的设计核心是采用各种防御手段确保系统不被破坏，而系统的脆弱性分析是系统安全性的另一方面技术，即系统漏洞分析。我们说攻击者会利用系统设计或者实现上存在的一些漏洞（如设计缺陷或者事先缺陷）对系统进行攻击，从而带来安全隐患问题。

对一个信息系统来说，信息系统的安全"木桶理论"是指安全性不在于它是否采用了最新的加密算法或最先进的设备，而是由系统自身最薄弱之处，即漏洞所决定。只要这个漏洞被发现，系统就有可能成为网络攻击的牺牲品。本节主要详细地分析讨论了安全架构的脆弱性问题，结合几种常见的架构模式，分析了一些与脆弱性相关的问题。

18.7.1　概述

我们说信息系统受到各种安全威胁的根本原因就是系统存在脆弱性。对于一个软件系统而言，由于设计过程中会存在许多由于考虑不周、或折中设计、或人为大意等原因而产生漏洞或缺陷，这些漏洞或缺陷会被恶意利用，通过入侵手段而破坏系统。因此说信息系统的脆弱性是一个系统问题，覆盖系统的各个方面，包括物理装备（如计算机硬件、通信线路等）的脆弱性、软件（如操作系统、网络协议簇、数据库管理系统、应用程序等）的脆弱性，以及人员管理、规章制度、安全策略的脆弱性等。脆弱性分析主要是分析信息系统中产生脆弱性的根源、脆弱性可能造成的影响、如何利用脆弱性进行攻击、如何修补脆弱性、如何防止脆弱性被利用、如何探测目标系统的脆弱性、如何预测新的脆弱性的存在等一系列问题。

从技术角度而言，漏洞的来源主要有以下几个方面：

（1）软件设计时的瑕疵。比如：协议定了网络上计算机会话和通信的规则，如果在协议设计时存在瑕疵，那么无论实现该协议的方法多么完美，它都有漏洞；在软件设计之初，通常不会存在不安全的因素。然而当各种组件不断添加进去的时候，软件可能就不会像当初期望的那样工作，从而可能引入不可知的漏洞。

（2）软件实现中的弱点。虽然软件设计工作可以很完美，但是实现的方式仍然可能引起漏洞。比：E-MAIL 中有关协议的某种实现方法能够让攻击者通过与受害者主机的邮件端口建立联系，达到欺骗受害主机执行意想不到的任务的目的。

（3）软件本身的瑕疵。这样的漏洞可分为：没有进行数据内容和大小检查、没用进行成功/失败检查、不能正常处理资源耗尽的情况、对运行环境没有做完整性检查、不正确使用系统调用等。

（4）系统和网络的错误配置。这类漏洞是由服务和软件的不正确部署和配置造成的，比如软件安装时使用了默认配置，服务器仍然能够提供正常的服务，而入侵者就能够利用这些配置对服务器造成威胁。

18.7.2　软件脆弱性

软件脆弱性是近年来软件领域研究的热门技术问题之一，任何软件架构都是针对某一应用领域而设计的，具有一定的针对性，这势必存在众多技术上平衡与妥协，因此了解软件的脆弱性对于架构设计师而言是至关重要的。本节内容主要选自李必信教授所著的《软件架构理论与实践》一书，书中系统性地总结了典型软件架构的脆弱性问题。

1. 软件脆弱性定义

目前，软件脆弱性目前还没有统一的定义。根据不同的理解和需求，软件脆弱性有多种定义。

Krsul 等人提出的基于访问控制的定义：系统状态通过一个主体、对象、访问控制矩阵构成的三元组来描述。其中，访问控制矩阵指定了系统的安全策略，而利用其脆弱性是一切引起操作系统执行违反安全策略的做法。

Bishop 等人给出了一种基于状态控制的定义：认为操作系统是由描述实体当前配置的状态组成的（如授权状态、非授权状态、易受攻击状态、不易受攻击状态），系统运行实际上就是状态迁移。从一个给定的初始状态出发，经过使用一组状态迁移，可以达到所有状态。依据安全策略的定义，状态迁移分成授权迁移和非授权迁移两类。如果从某个状态开始，经过一系列授权的状态转换可以达到某个非授权状态，则这种状态称为脆弱状态。

实际上，我们可以这样理解，软件脆弱性是指由软件缺陷的客观存在所形成的一个可以被攻击者利用的实例，每个脆弱性都由至少一个软件缺陷引起，但是一个软件缺陷也可能不产生任何脆弱性，而且不同的软件缺陷可能导致相同的脆弱性。软件脆弱性就是软件规范、开发或配置中错误的实例，其执行结果将会违反安全策略。通常情况下，我们认为软件脆弱性是破坏系统安全策略、系统安全规范、系统设计、实现和内部控制等方面的主要原因。在软件开发过程中，软件脆弱性包含了软件基础模型的脆弱性、软件架构设计的脆弱性、软件模块设计的脆弱性、软件接口设计的脆弱性、软件界面设计的脆弱性、数据库设计的脆弱性、架构模式和设计模式的脆弱性以及实现的脆弱性等。

2. 软件脆弱性的特点和分类

软件脆弱性有其自身的特点，主要包括 4 个方面：

（1）脆弱性是软件系统中隐藏的一个弱点，本身不会引起危害，但被利用后会产生严重的安全后果；

（2）在软件开发过程中，自觉或不自觉引入的逻辑错误是大多数脆弱性的根本来源；

（3）与具体的系统环境密切相关，系统环境的任何差异都有可能导致不同的脆弱性问题；

（4）旧的脆弱性得到修补或纠正的同时可能引入新的脆弱性，因此脆弱性问题会长期存在。

软件脆弱性可以从不同视角进行分类，比较典型的分类法有：ISOS 分类法、PA 分类法、Landwehr 分类法、Aslam 分类法、Bishop 分类法和 IBM 分类法。

ISOS 分类法主要是面向信息系统的安全和隐私方面分类的，其目的是帮助信息系统管理人员理解安全问题，并为提高系统安全性提供相应信息。

PA 分类法主要研究操作系统中与安全保护相关的缺陷，其目标是希望能够让缺乏计算机安全领域知识的人可以利用模式指导的方法来发现计算机安全问题。

Landwehr 分类法是美国海军研究室在搜集和分析了不同操作系统中的 50 余个软件安全缺陷的基础上，提出了基于缺陷的起因（有意的或无意的），引入的时间（开发阶段、维护阶段或者运行阶段）和分布的位置（软件或硬件）三个维度的分类。对于每个维度，可以更细致地多层次分类和描述，并从不同角度给出缺陷分布图。

Aslam 分类法是针对 Unix 操作系统中的安全故障，从软件生命周期的角度将其分为编码故障和突发故障两大类。为了实现分类过程的自动化和无歧义化，分类法为每个特定的类别设计了一系列问题，构成了判断相应类别的决策树。

Bishop 分类法是针对信息安全领域的一种分类方法，它描述了一种针对 Unix 和网络相关脆弱性的分类方法，Bishop 分类法使用 6 个轴线来对脆弱性进行分类。这 6 个轴线分别是脆弱性的性质、引入时间、利用率、影响域、最小数量和来源。

IBM 分类法是以 Landwehr 分类法为分类框架的基础，以新出现的安全缺陷对其进行扩充和改造以适应现今脆弱性的变化。该分类法采用多层次的分类，面向脆弱性检测工具的开发人员，并融合了脆弱性、安全威胁、攻击以及检测方法等。IBM 分类法的详细缺陷分类可参见图 18-23。

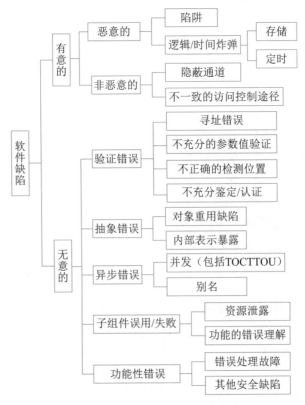

图 18-23 IBM 的软件缺陷分类法

3. 软件脆弱性的生命周期

1998 年，美国雪城大学的 Wenliang 等人认为软件脆弱性存在生命周期，并提出了一种脆弱性周期的概念。即每一种脆弱性都有其引入原因；在一种脆弱性引入之后，它会产生某种破坏效果，从而破坏系统的完整性或者可用性；针对已有的每一种脆弱性，人们可能会提出一些修补措施，在实施这些修补措施之后脆弱性将消失。由此形成了软件脆弱性的生命周期，它包含了引入、产生破坏效果、被修补和消失等阶段。

脆弱性的引入阶段：引入软件脆弱性的原因有：

（1）输入验证错误；

（2）权限检查错误；

（3）操作序列化错误；

（4）边界检出错误；

（5）软件设计时的缺陷；

（6）其他错误。

产生破坏效果节段：主要包括：

（1）非法执行代码；

（2）非法修改目标对象；

（3）访问数据对象；

（4）拒绝服务攻击。

修补阶段：主要包括：

（1）删除伪造实体（如 IP 伪造、名字伪造等）；

（2）增加新的实体；

（3）写该实体不正确的位置；

（4）其他情况。

4. 软件脆弱性的分析方法

软件脆弱性分析是对软件脆弱性进行研究，总结软件脆弱性的发生机理、发展规律、表征特点、预防措施以及危害效果等多方面的知识，归纳脆弱性模式，为安全设计与开发提供借鉴、为安全使用提供准则、为安全选择提供参考，从而为降低软件应用的安全风险提供方法与手段。软件脆弱性分析可从三个方面考虑：

（1）分析软件故障现象，分析故障的技术本质、总结脆弱性模式；

（2）分析软件开发，发现安全管理和技术的薄弱环节，提高软件安全性；

（3）分析软件使用，发现其脆弱性，采取相应措施，避免脆弱性转化为安全故障。

软件脆弱性分析首先要明确分析对象，脆弱性分析对象可以分为两类：脆弱性数据和软件系统。

脆弱性数据是关于安全故障的现象、原因以及影响等基本信息记录，反映了脆弱性外在表现的原始状态，是脆弱性分析的基础。脆弱性数据分析是在对数据的组织、整理、存储的基础上，通过统计、分类、归纳、数据分解等手段，深入分析安全故障现象的技术实质，进一步充实脆弱性数据内容，为指导软件系统的设计、开发、使用提供了定性定量数据，实现增强软件安全性目的。

从安全的观点看，软件系统是由系统基本功能、系统提供的安全服务以及脆弱性组成的。脆弱性分析就是要研究系统基本功能单元、系统服务的薄弱环节，识别它们之间的相互作用以及对系统安全的影响。安全服务是安全机制、安全结构、安全模式和安全策略自低向高组成的层次结构协调运作产生的一种动态功能，由于每个软件功能单元都可以设计相关的安全服务，因此安全服务覆盖软件系统的各个层次。而脆弱性不仅可以存在于软件功能单元之中，也可以存在于安全服务中。因此，软件脆弱性的分析对象，就是软件方法和软件技术，以及相关的安全服务方法和技术、或者它们之间的相互作用关系，包括软件系统设计、开发以及使用的方法和技术。

当然，由于软件本身具有自身的性质和特点，针对软件的脆弱性分析，我们也需要考虑软件本身的各种特点。主要考虑软件结构和实现技术两个方面。

在软件结构方面，由于软件是多种功能单元组织而成，必然存在相应的结构，软件的逻辑结构反映了软件模块化、层次化的特点，软件脆弱性分析需要考虑同一层次的逻辑单元的相互影响，也要研究不同层次逻辑单元的彼此作用。软件结构具有多方面的含义，包括数据结构、体系结构、安全体系结构、系统结构等。

在实现技术方面，不论功能、性能如何设计，最终总会落实到软件实现。正像无线通信技术难以避免电磁干扰的威胁一样，各种软件实现技术也有自身的特点，这些特点在一定条件下会反映为安全缺陷。例如动态内存管理技术为软件设计提供了更加方便和灵活的存储空间使用方法和手段，但是也为诸如"缓冲区溢出"这样的安全缺陷创造了条件。

脆弱性分析存在于软件系统的各个层面，仅仅靠人工进行测试是一项极其烦琐的工作，而当前采用的探测工具可以帮助人们发现软件系统中存在的缺陷。常用的探测工具是扫描器，它能够自动检测远程或本地主机安全脆弱性的程度，它能够发现一个主机或网络，进而发现这台主机上有什么服务正在运行，最后通过测试这些服务，发现系统中存在的脆弱性。目前，脆弱性扫描器采用的是基于特征的扫描方法。这种方法又称为基于知识的扫描或者违规扫描。本方法依据具体特征库进行判断，主要判别所搜索到的数据特征是否在脆弱性数据库中出现，所以，关键在于脆弱性特征库的规模和完善程度。此外，还有基于行为的扫描方法，这里就不一一介绍了。

总之，软件的脆弱性分析是软件开发过程中必不可少的一项工作，尤其是在安全攸关系统中，脆弱性分析工作尤为重要，一旦缺乏有效的脆弱性预防措施，会引发重大灾难性事件。

18.7.3 典型软件架构的脆弱性分析

软件脆弱性包括了软件设计脆弱性和软件结构脆弱性，软件架构的脆弱性是结构脆弱性的一种。确切地说，软件架构设计存在一些明显的或者隐含的缺陷，攻击者就可以利用这些缺陷攻击系统，或者当受到某个或某些外部刺激时，系统会发生性能、稳定性、可靠性、安全性下降等。

软件架构脆弱性通常与软件架构的风格和模式有关，不同风格和模式的软件架构，其脆弱性体现和特点有很大不同，且解决脆弱性问题需要考虑的因素和采取的措施也有很大不同。

1. 分层架构

分层架构被广泛应用于企业应用软件架构设计，大多数分层架构模式通常包括 4 个层次：即表示层、业务层、持久化层和数据库层。分层架构将应用系统正交地划分为若干层，每一层只解决问题的一部分，通过各层的协作提供整体解决方案。

分层架构的脆弱性主要表现在两个方面：

（1）层间的脆弱性。一旦某个底层发生错误，那么整个程序将会无法正常运行，如产生一些数据溢出，空指针、空对象的安全性问题，也有可能会得出错误的结果。

（2）层间通信的脆弱性。将系统隔离为多个相对独立的层，这就要求在层与层之间引入通信机制，在使用面向对象方法设计的系统中，通常会存在大量细粒度的对象，以及它们只见大量的消息交互——对象成员方法的调用。本来"直来直去"的操作现在要层层传递，势必造成性能下降。

2. C/S 架构

C/S 架构是客户机和服务器结构。C/S 分为两部分：服务器部分和客户机部分。服务器部分是多个用户共享的信息与功能，执行后台服务，如控制共享数据库的操作等；客户机部分为用户所专有，负责执行前台功能，在出错提示、在线帮助等方面都有强大的功能，并且可以在子程序间自由切换。

C/S 架构的脆弱性主要表现在以下几个方面：

（1）客户端软件的脆弱性。只要安装了特定客户端软件的用户才可以使用 C/S 架构系统，正因为在用户计算机上安装了客户端软件，所以这个系统就面临着程序被分析、数据被截取的安全隐患。

（2）网络开放性的脆弱性。目前很多传统的 C/S 系统还是采用二层结构，也就是说所有客户端直接读取服务器端中的数据，在客户端包括了数据的用户名，密码等致命的信息，这样会给系统带来安全隐患。如果这样的系统放在 Internet 上，那么这个服务器端对于 Internet 上的任何用户都是开放的。

（3）网络协议的脆弱性。C/S 可以使用多种网络协议，也可以自定义协议，从这个角度来看，C/S 架构的安全性是有保障的。但是，C/S 架构不便于随时与用户交流（主要是不便于数据包共享），并且 C/S 架构软件在保护数据的安全性方面有着先天的弊端。由于 C/S 架构软件的数据分布特性，客户端所发生的火灾、盗抢、地震、病毒等都将成为可怕的数据杀手。

3. B/S 架构

B/S 架构是浏览器 / 服务器结构模式，是一种以 Web 技术为基础的新型管理信息系统平台模式，它是利用通用浏览器实现了原来要用复杂专用软件才能实现的强大功能。B/S 架构的优点在于可以在任何地方进行操作而不用安装任何专门的软件，只要有一台能上网的计算机即刻，客户端零维护；系统的扩展非常容易，并且数据都集中存放在数据库服务器，所以不存在数据不一致现象。

B/S 架构的脆弱性主要表现在：系统如果使用 HTTP 协议，B/S 架构相对 C/S 架构而言更容易被病毒入侵，虽然最新的 HTTP 协议在安全性方面有所提升，但还是弱于 C/S。

4. 事件驱动架构

事件驱动架构是一种流行的分布式异步架构，是一种适合高扩展工程的、较流行的分布式异构架构模式，有较高柔性，它由高度解耦、单一目的异步接收的事件处理组件和处理事件组成。事件驱动架构通常有两种拓扑结构：Mediator 结构和 Broker 结构，Mediator 结构通常适用于事件的多个步骤需要通过中间角色来指挥和协调的情形，而 Broker 结构适用于事件是链式关系而不需要中间角色的情形。

事件驱动架构的脆弱性主要表现在：

（1）组件的脆弱性。组件削弱了自身对系统的控制能力，一个组件触发事件，并不能确定响应该事件的其他组件及各组建的执行顺序。

（2）组件间交换数据的脆弱性。组件不能很好地解决数据交换问题，事件触发时，一个组件有可能需要将参数传递给另一个组件，而数据量很大的时候，如何有效传递是一个脆弱性问题。

（3）组件间逻辑关系的脆弱性。事件架构使系统中各组件的逻辑关系变得更加复杂。

（4）事件驱动容易进入死循环，这是由编程逻辑决定的。

（5）高并发的脆弱性。虽然事件驱动可实现有效利用 CPU 资源，但是存在高并发事件处理造成的系统响应问题，而且，高并发容易导致系统数据不正确、丢失数据等现象。

（6）固定流程的脆弱性。因为事件驱动的可响应流程基本都是固定的，如果操作不当，容易引发安全问题。

5. MVC 架构

MVC 架构是 Model、View、Controller 的缩写，它是把一个应用的输入、处理、输出流程按照 Model、View、Controller 的方式进行分离，即应用可被分成三层：模型层、视图层和控制层。

MVC 架构的脆弱性主要表现在：

（1）MVC 架构的复杂性带来脆弱性。MVC 架构增加了系统结构和实现的复杂性。比如说一个简单的界面，如果严格遵循 MVC 方式，使得模型、视图与控制器分离，会增加结构的复杂性，并可能产生过多的更新操作，降低运行效率。

（2）视图与控制器间紧密连接的脆弱性。视图与控制器是相互分离但确是联系紧密的部件，没有控制器的存在，视图应用是很有限的。反之亦然，这样就妨碍了它们的独立重用。

（3）视图对模型数据的低效率访问的脆弱性。依据模型操作接口的不同，视图可能需要多次调用才能获得足够的显示数据。对未变化数据的不必要的频繁访问也将损害操作性能。

可以说，MVC 架构的脆弱性主要表现在缺少对调用者进行安全验证的方式和数据传输不够安全等两个方面，这些不足也是导致 MVC 存在比较大的脆弱性、容易招致攻击的主要原因。

6. 微内核结构

微内核架构是指内核的一种精简形式，将通常与内核集成在一起的系统服务层被分离出来，变成可以根据需求加入选，达到系统的可扩展性、更好地适应环境要求。微内核架构也被称为插件架构模式（Plug-in Architecture Pattern），通常由内核系统和插件组成。

微内核架构的脆弱性主要表现在：

（1）微内核架构难以进行良好的整体化优化。由于微内核系统的核心态只实现了最基本的系统操作，这样内核以外的外部程序之间的独立运行使得系统难以进行良好的整体优化。

（2）微内核系统的进程间通信开销也较单一内核系统要大得多。从整体上看，在当前硬件条件下，微内核在效率上的损失小于其在结构上获得的收益。

（3）通信损失率高。微内核把系统分为各个小的功能块，从而降低了设计难度，系统的维护与修改也容易，但通信带来的效率损失是一个问题。

7. 微服务架构

微服务架构是一种架构模式，它提倡将单块架构的应用划分成一组小的服务，服务之间相互协调、相互配合、为用户提供最终价值。微服务架构中的每个服务运行在其独立的进程中，服务与服务间采用轻量级的通信机制相互沟通。每个服务都围绕着具体业务进行构建，并且能够被独立地部署到生产环境、类生产环境等中。

微服务架构的脆弱性主要表现在：

（1）开发人员需要处理分布式系统的复杂结构。

（2）开发人员要设计服务之间的通信机制，通过写代码来处理消息传递中速度过慢或者不可用等局部实效问题。

（3）服务管理的复杂性，在生产环境中要管理多个不同的服务实例，这意味着开发团队需要全局统筹。

18.8　安全架构设计案例分析

18.8.1　电子商务系统的安全性设计

本节以一个具体的电子商务系统——高性能的 RADIUS，来阐明电子商务系统的安全设计的基本原理和设计方法。

1. 原理介绍

认证、授权和审计（Authentication Authorization and Accounting，AAA）是运行于宽带网络接入服务器上的客户端程序。AAA 提供了一个用来对认证、授权和审计三种安全功能进行配置的一致的框架，实际上是对网络安全的一种管理。这里的网络安全主要指访问控制，包括哪些用户可以访问网络服务器？如何对正在使用网络资源的用户进行记账？下面简单介绍验证、授权和记账的作用。

（1）认证（Authentication）：验证用户是否可以获得访问权，认证信息包括用户名、用户密码和认证结果等。

（2）授权（Authorization）：授权用户可以使用哪些服务，授权包括服务类型及服务相关信息等。

（3）审计（Accounting）：记录用户使用网络资源的情况，用户 IP 地址、MAC 地址掩码等。

RADIUS 服务器负责接收用户的连接请求，完成验证并把用户所需的配置信息返回给 BAS 建立连接，从而可以获得访问其他网络的权限时，BAS 就起到了认证用户的作用。BAS 负责把用户之间的验证信息传递通过密钥的参与来完成。用户的密码加密以后才能在网上传递，以避免用户的密码在不安全的网络上被窃取。

例如，用户 A 请求得到某些服务（如 PPP、Telnet 和 Rlogin 等），但必须通过 BAS，由 BAS 依据某种顺序与所连接服务器通信从而进行验证。用户 A 通过拨号进入 BAS，然后 BAS 按配置好的验证方式（如 PPP、PAP 和 CHAP 等）要求用户 A 输入用户名和密码等信息。用户 A 终端出现提示，用户按提示输入。通过与 BAS 的连接，BAS 得到这些信息。而后 BAS 把这些信息传递给响应验证或记账的服务器，并根据服务器的响应来决定用户是否可以获得他所请求的服务。

一个网络允许外部用户通过宽带网对其进行访问，这样用户在地理上可以分散。大量分散用户可以通过 DSL Modem 等从不同的地方对这个网络进行随机的访问，用户可以把自己的信息传递给这个网络，也可以从这个网络得到自己想要的信息。由于存在内外的双向数据流动，网络安全就成为很重要的问题，因此对信息进行有效管理是必要的。管理的内容包括用户是否可以获得访问权、用户可以允许使用哪些服务，以及如何对使用网络资源的用户进行计费。AAA 很好地完成了这 3 项任务。

2. 软件架构设计

RADIUS 软件主要应用于宽带业务运营的支撑管理，是一个需要可靠运行且高安全级别的软件支撑系统。RADIUS 软件的设计还需要考虑一个重要的问题，即系统高性能与可扩展性。

电信数据业务的开展随着我国宽带业务的开展，在宽带接入方式、宽带业务管理等诸多方面均会发生变化，以适应市场的发展。业务的发展对 RADIUS 软件架构的设计就是重中之重了，其设计将会直接影响系统可持续建设的质量与成本。通过深入分析，高性能的 RADIUS 软件架构核心如图 18-24 所示。

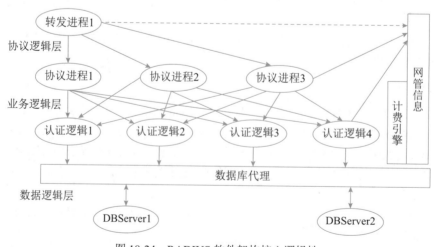

图 18-24　RADIUS 软件架构核心逻辑性

RADIUS 软件架构分为三个层面：协议逻辑层、业务逻辑层和数据逻辑层。

协议逻辑层主要实现 RFC 框架中的内容，处理网络通信协议的建立、通信和停止方面的工作。在软件功能上，这个部分主要相当于一个转发引擎，起到分发处理的内容分发到不同的协议处理过程中，这一层的功能起到了协议与业务处理的分层处理的作用。

业务逻辑层的设计是 RADIUS 软件架构设计的核心部分，架构设计的好坏将直接关系到应用过程中能否适应 RADIUS 协议扩展部分的实现，更重要的是会直接影响到用户单位的业务能否顺利开展。协议处理进程主要是对转发引擎发来的包进行初步分析，并根据包的内容进一步分发到不同的业务逻辑处理进程。协议处理进程可以根据项目的情况，配置不同的协议进程数，提高包转发与处理的速度。业务逻辑进程分为认证、计费和授权三种类型，不同的业务逻辑进程可以接收不同协议进程之间的信息并进行处理。转发进程与协议进程之间采用共享内存的方法，实现进程之间的通信。协议进程与业务逻辑处理进程之间采用进程加线程的实现方法，这样实现的好处在于不需要对业务处理线程进行应用软件层面的管理，而由 UNIX 系统进行管理，进一步提高应用系统处理的效率与质量。

数据逻辑层需要对来自业务逻辑处理线程统一管理与处理数据库代理池的数据，由数据库代理池统一连接数据库，以减少对数据库系统的压力。同时减小了系统对数据库的依赖性，增强了系统适应数据库系统的能力。

RADIUS 软件分层架构的实现，一是对软件风险进行了深入的分析，并且在软件实现的过程中得到更多的体现；二是可以构建一个或多个重用的构件单元，同时也可以继承原来的成果。BAS 和 RADIUS 之间验证信息的传递是通过密钥的参与来完成的。从原来的窄带拨号上网到现在的宽带接入、无线接入，在信息加密方面从传统的 MD5、PAP 和 CHAP 方式增加了 EAP-tls、P-ttls 和 EAP-sim 等多种格式。基于分层架构的协议处理进程有自然的灵活性，可快速适应 RFC 指南中增加的内容。

RADIUS 的功能，一是实际处理大量用户并发的能力，二是软件架构的可扩展性。负载均衡是提高 RADIUS 软件性能的有效方法，它主要完成以下任务。

（1）解决网络拥塞问题，就近提供服务，实现地理位置无关性。

（2）为用户提供更好的访问质量。

（3）提高服务器响应速度。

（4）提高服务器及其他资源的利用效率。

（5）避免了网络关键部位出现单点失效。

当同时在线的宽带用户量巨大时，BAS 发送给后台 RADIUS 的用户数据更新包的数量会急剧增加，RADIUS 服务器的处理能力就成为性能瓶颈。当包的数量大于 RADIUS 服务器的处理能力时，就会出现丢包，造成用户数据的丢失或不完整。

通过代理转发的方式，把从 BAS 发送过来的数据包平均分发到其他 RADIUS 服务器中进行处理，实现 RADIUS 服务器之间的负载均衡。

RADIUS 高性能还体现在自我管理的功能，该功能包括 UNIX 守护管理监控和进程管理监控。在有故障时，服务进程能内部调度进程，以协调进程的工作情况。同时对 RADIUS 报文进行 SNMP 的代理管理，向综合网络管理平台实时发送信息。

18.8.2   基于混合云的工业安全架构设计

跨区域的安全生产管理是大型集团企业面临的主要生产问题。大型企业希望可以通过云计算平台实现异地的设计、生产、制造、管理和数据处理等，并确保企业内部生产的安全、保密和数据的完整。

目前，混合云架构往往被大型企业所接受。混合云融合了公有云和私有云，是近年来云计算的主要模式和发展方向。我们知道私有云主要是面向企业用户，出于安全考虑，企业更愿意将数据存放在私有云中，但是同时又希望可以获得公有云的计算资源，在这种情况下混合云被越来越多地采用，它将公有云和私有云进行混合和匹配，以获得最佳的效果，这种个性化的解决方案，达到了既省钱又安全的目的。

从企业对混合云的需求来看，企业要想将内部服务器与一个或多个混合云架构融合在一起，从技术上讲是一种挑战，想简单地增加一段代码是无法将虚拟服务器与公有云对接起来的，这涉及潜在的数据迁移、安全问题，以及建立应用与混合云架构映射等问题。因此，要分析企业究竟想在混合云架构中放什么，哪些必须保留在混合云架构内部？哪些可以放到混合云中？实际上混合云架构大量数据都是开放的，所有 Web 页面以及公司公共站点上的大多数数据都可以放在公有混合云架构上，需求时能够进行扩展以应对日常的负载模式。

图 18-25 给出了大型企业采用混合云技术的安全生产管理系统的架构，企业由多个跨区域的智能工厂和公司总部组成，公司总部负责相关业务的管理、协调和统计分析，而每个智能工厂负责智能产品的设计与生产制造。智能工厂内部采用私有云实现产品设计、数据共享和生产集成等，公司总部与智能工厂间采用公有云实现智能工厂间、智能工厂与公司总部间的业务管理、协调和统计分析等。整个安全生产管理系统架构由三层组成，设备层、控制层、设计管理层和应用层。设备层主要是指用于智能工厂生产产品所需的相关设备，包括智能传感器、工业机器人和智能仪器；控制层主要是指智能工厂生产产品所需要建立的一套自动控制系统，控制智能设备完成生产工作，包括数据采集与监视控制系统（SCADA）、集散控制系统（DCS）、现场总线控制系统（FCS）、顺序控制系统（PLC）和人机接口（HMI）等；设计 / 管理层是指智能工厂各种开发、业务控制和数据管理功能的集合，实现数据集成与应用，包括：企业生产信息化管理系统（MES）、计算机辅助设计 / 工程 / 制造（CAD/CAE/CAM 等，CAx）、供应链管理（SCM）、企业资源计划管理（ERP）、客户关系管理（CRM）、商业智能分析（BI）和产品生命周期管理系统（PLM）；应用层主要是指在云计算平台上进行信息处理，主要涵盖两个核心功能，一是"数据"，应用层需要完成数据的管理和数据的处理，二是"应用"，仅仅管理和处理数据还远远不够，必须将这些数据与行业应用相结合，本系统主要包括定制业务、协同业务和产品服务等。

在设计基于混合云的安全生产管理系统中，需要重点考虑 5 个方面的安全问题。设备安全、网络安全、控制安全、应用安全和数据安全。

（1）设备安全。设备安全是指企业（单位）在生产经营活动中，将危险、有害因素控制在安全范围内，以及减少、预防和消除危害所配置的装置（设备）和采用的设备。安全设备对于保护人类活动的安全尤为重要。设备安全的保障技术主要包括维护、保养和检测等。

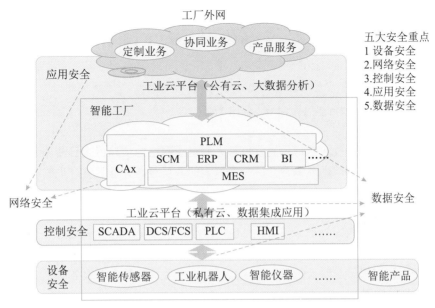

图 18-25　基于混合云的安全生产管理系统架构

（2）网络安全。网络安全是指网络系统的硬件、软件及其系统中的数据受到保护，不因偶然的或者恶意的原因而遭受到破坏、更改、泄露，系统连续可靠正常的运行。网络安全的保障技术主要包括防火墙、入侵检测系统部署、漏洞扫描系统和网路板杀毒产品部署等。

（3）控制安全。控制安全主要包括三种措施，其一是减少和消除生产过程中的事故，保证人员健康安全和财产免受顺势；其二是生产过程中涉及的计划、组织、监控、调节和改进等一系列致力于安全所进行的管理活动。包括安全法规、安全技术和工业卫生等；其三是减少甚至消除事故隐患，尽量把事故消失在萌芽状态。控制安全的保障技术主要包括冗余、容错、（降级）备份、容灾等。

（4）应用安全。应用安全，顾名思义就是保障应用程序使用过程和结果的安全。简言之，就是针对应用程序或工具在使用过程中可能出现计算、传输数据的泄露和失窃，通过其他安全工具或策略来消除隐患。应用安全的保障技术主要包括服务器报警策略、用户密码策略、用户安全策略、访问控制策略和时间策略等。

（5）数据安全。数据安全是指通过采取必要措施，确保数据处于有效保护和合法利用的状态，以及具备保障持续安全状态的能力。要保证数据处理的全过程的安全，就得保证数据的在收集、存储、使用、加工、传输、提供和公开等的每一个环节内的安全。数据安全的保障技术主要包括对立的两方面：一是数据本身的安全，主要是指采用现代密码算法对数据进行主动保护，如数据保密、数据完整性、双向强身份认证等；二是数据防护的安全，主要是采用现代信息存储手段对数据进行主动防护，如通过磁盘阵列、数据备份、异地容灾等手段保证数据的安全。本系统的数据安全主要分布于各层之间数据交换过程和共有云的数据存储安全。

第19章 大数据架构设计理论与实践

19.1 传统数据处理系统存在的问题

随着信息时代互联网技术爆炸式的发展，人们对于网络的依赖程度日渐加深，在业务中需要处理的数据量快速增加，逐渐飙升到了一个惊人的数量级。并且数据产生的速度随着采集与处理技术的更新仍在加快。

数据量从兆字节（MB）、吉字节（GB）的级别到现在的太字节（TB）、柏字节（PB）级别，数据量的变化促使数据管理系统（DBMS）和数据仓库（Data Warehouse，DW）系统也在悄然地变化着。传统应用的数据系统架构设计时，应用直接访问数据库系统。当用户访问量增加时，数据库无法支撑日益增长的用户请求的负载，从而导致数据库服务器无法及时响应用户请求，出现超时的错误。

出现这种情况以后，在系统架构上就采用如图 19-1 的架构，在 Web 服务器和数据库中间加入一层异步处理的队列，缓解数据库的读写压力。

当 Web 服务器收到页面请求时，会将消息添加到队列中。在数据库端，创建一个工作处理层定期从队列中取出消息进行处理，例如每次读取 100 条消息。这相当于在两者之间建立了一个缓冲。

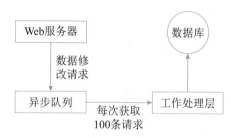

图 19-1　在服务器和数据库中增加异步队列缓冲隔离

但是，这一方案并没有从本质上解决数据库过载（Overload）的问题，且当工作处理层无法跟上业务对于数据修改的请求时，就需要增加多个工作处理层并发执行，数据库又将再次成为响应请求的瓶颈。一个解决办法是对数据库进行分区（Horizontal Partitioning）。分区的方式通常以 Hash 值作为 key。这样就需要应用程序端知道如何去寻找每个 key 所在的分区。

但即便如此，问题仍然会随着用户请求的增加接踵而来。当之前的分区无法满足负载时，就需要增加更多分区，这时就需要对数据库进行 reshard。resharding 的工作非常耗时而痛苦，因为需要协调很多工作，例如数据的迁移、更新客户端访问的分区地址，更新应用程序代码。如果系统本身还提供了在线访问服务，对运维的要求就更高。这种情况下，就可能导致数据写到错误的分区，因此必须要编写脚本来自动完成，且需要充分的测试。

由此可见，在数据层和应用中增加了缓冲隔离，数据量的日渐增多仍然迫使传统数据仓库的开发者一次又一次挖掘系统，试图在各个方面寻找一点可提升的性能。架构变得越来越复杂，增加了队列、分区、复制、重分区脚本（Resharding Scripts）。应用程序还需要了解数据库的 schema，并能访问到正确的分区。问题在于：数据库对于分区是不了解的，无法帮助你应对分区、复制与分布式查询。

　　最严重的问题是系统并没有对人为错误进行工程设计，仅靠备份是不能治本的。归根结底，系统还需要限制因为人为错误导致的破坏。然而，数据永不止步，传统架构的性能被压榨至极限，检索数据的延迟和频繁的硬件错误问题逐渐使用户不可接受，在传统架构上进行继续挖掘被证明是"挤牙膏"。帮助处理海量数据的新技术和新架构开发被提上日程，以求得让企业在现代竞争中占得先机。

　　越来越多的开发者参与到新技术与新架构的研究探讨中，结论与成果逐渐丰硕。人们发现，当系统的用户访问量持续增加时，就需要考虑读写分离技术（Master-Slave）和分库分表技术。常见读写分离技术架构如图 19-2 所示。现在，数据处理系统的架构变得越来越复杂了，相比传统的数据库，一次数据处理的过程增加了队列、分区、复制等处理逻辑。应用程序不仅仅需要了解数据的存储位置，

图 19-2　常见的读写分离技术架构

还需要了解数据库的存储格式、数据组织结构（schema）等信息，才能访问到正确的数据。

　　随着技术的不断发展，商业现实也发生了变化。除了要求同一时间内可以处理的数据量提升，现代商业要求更快做出的决定更有价值。现在，Kafka、Storm、Trident、Samza、Spark、Flink、Parquet、Avro、Cloud providers 等新技术成为了工程师和企业广泛采用的流行语。基于新技术，不少企业开发了自己的数据处理方式，现代基于 Hadoop 的 Map/Reduce 管道（使用 Kafka，Avro 和数据仓库等现代二进制格式，即 Amazon Redshift，用于临时查询）采用了如图 19-3 所示。

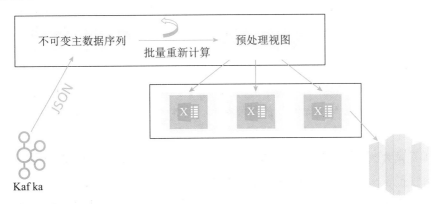

图 19-3　现代基于 Hadoop 的 M/R 管道

　　这个方式虽然看起来有其非常好的优势，但它仍然是一种传统的批处理方式，具有所有已知的缺点，主要原因是客户端的数据在批处理花费大量时间完成之前的数据处理时，新的数据已经进入而导致数据过时。

　　基于传统系统出现的上述问题和无数人对于新技术的渴求与探讨，"大数据"的概念被适时的提出，研究与设计大数据系统成为了新的风潮。我们要学习的大数据系统架构设计理论，正是为了解决在处理海量数据时出现的种种问题，并让系统在一定的度量属性下可以接受，成为构造大数据系统的良好范式。

19.2 大数据处理系统架构分析

19.2.1 大数据处理系统面临挑战

当今，大数据的到来，已经成为现实生活中无法逃避的挑战。每当我们要做出决策的时候，大数据就无处不在。大数据术语广泛地出现也使得人们渐渐明白了它的重要性。大数据渐渐向人们展现了它为学术、工业和政府带来的巨大机遇。与此同时，大数据也向参与的各方提出了巨大的挑战。那么主要挑战表现在以下三点。

1. 如何利用信息技术等手段处理非结构化和半结构化数据

大数据中，结构化数据只占 15% 左右，其余的 85% 都是非结构化的数据，它们大量存在于社交网络、互联网和电子商务等领域。另一方面，也许有 90% 的数据来自开源数据，其余的被存储在数据库中。大数据的不确定性表现在高维、多变和强随机性等方面。股票交易数据流是不确定性大数据的一个典型例子。

大数据催生了大量研究问题。非结构化和半结构化数据的个体表现、一般性特征和基本原理尚不清晰，这些都需要通过包括数学、经济学、社会学、计算机科学和管理科学在内的多学科交叉来研究和讨论。给定一种半结构化或非结构化数据，比如图像，如何把它转换成多维数据表、面向对象的数据模型或者直接基于图像的数据模型？值得注意的是，大数据每一种表示形式都仅为数据本身的一个侧面表现，并非全貌。

如果把通过数据挖掘提取"粗糙知识"的过程称为"一次挖掘"过程，那么将粗糙知识与被量化后主观知识，包括具体的经验、常识、本能、情境知识和用户偏好，相结合而产生"智能知识"过程就叫作"二次挖掘"。从"一次挖掘"到"二次挖掘"，就类似于事物由"量"到"质"的飞跃。

由于大数据所具有的半结构化和非结构化特点，基于大数据的数据挖掘所产生的结构化的"粗糙知识"（潜在模式）也伴有一些新的特征。这些结构化的粗糙知识可以被主观知识加工处理并转化，生成半结构化和非结构化的智能知识。寻求"智能知识"反映了大数据研究的核心价值。

2. 如何探索大数据复杂性、不确定性特征描述的刻画方法及大数据的系统建模

这一问题的突破是实现大数据知识发现的前提和关键。从长远角度来看，依照大数据的个体复杂性和随机性所带来的挑战将促使大数据数学结构的形成，从而促使大数据统一理论日趋完备。从短期而言，学术界鼓励发展一种一般性的结构化数据和半结构化、非结构化数据之间的转换原则，以支持大数据的交叉工业应用。管理科学，尤其是基于最优化的理论将在大数据知识发现的一般性方法和规律性的研究中发挥重要的作用。

大数据的复杂形式导致许多对"粗糙知识"的度量和评估相关的研究问题。已知的最优化、数据包络分析、期望理论、管理科学中的效用理论可以被应用到研究如何将主观知识融合到数据挖掘产生的粗糙知识的"二次挖掘"过程中。这里人机交互将起到至关重要的作用。

3. 数据异构性与决策异构性的关系对大数据知识发现与管理决策的影响

由于大数据本身的复杂性，这一问题无疑是一个重要的科研课题，对传统的数据挖掘理论和技术提出了新的挑战。在大数据环境下，管理决策面临着两个"异构性"问题："数据异构性"和"决策异构性"。传统的管理决策模式取决于对业务知识的学习和日益积累的实践经验，而管理决策又是以数据分析为基础的。

大数据已经改变了传统的管理决策结构的模式。研究大数据对管理决策结构的影响会成为一个公开的科研问题。除此之外，决策结构的变化要求人们去探讨如何为支持更高层次的决策而去做"二次挖掘"。无论大数据带来了哪种数据异构性，大数据中的"粗糙知识"仍可被看作"一次挖掘"的范畴。通过寻找"二次挖掘"产生的"智能知识"来作为数据异构性和决策异构性之间的桥梁是十分必要的。探索大数据环境下决策结构是如何被改变的，相当于研究如何将决策者的主观知识参与到决策的过程中。

大数据是一种具有隐藏法则的人造自然，寻找大数据的科学模式将带来对研究大数据之美的一般性方法的探究，尽管这样的探索十分困难，但是如果我们找到了将非结构化、半结构化数据转换成结构化数据的方法，已知的数据挖掘方法将成为大数据挖掘的工具。

19.2.2　大数据处理系统架构特征

Storm 之父 Nathan Marz 在《大数据系统构建：可扩展实时数据系统构建原理与最佳实践》一书中，提出了他认为大数据系统应该具有的属性。

1. 鲁棒性和容错性（Robust and Fault-tolerant）

对大规模分布式系统来说，机器是不可靠的，可能会宕机，但是系统需要是健壮、行为正确的，即使是遇到机器错误。除了机器错误，人更可能会犯错误。在软件开发中难免会有一些Bug，系统必须对有 Bug 的程序写入的错误数据有足够的适应能力，所以比机器容错性更加重要的容错性是人为操作容错性。对于大规模的分布式系统来说，人和机器的错误每天都可能会发生，如何应对人和机器的错误，让系统能够从错误中快速恢复尤其重要。

2. 低延迟读取和更新能力（Low Latency Reads and Updates）

许多应用程序要求数据系统拥有几毫秒到几百毫秒的低延迟读取和更新能力。有的应用程序允许几个小时的延迟更新，但是只要有低延迟读取与更新的需求，系统就应该在保证鲁棒性的前提下实现。

3. 横向扩容（Scalable）

当数据量 / 负载增大时，可扩展性的系统通过增加更多的机器资源来维持性能。也就是常说的系统需要线性可扩展，通常采用 scale out（通过增加机器的个数）而不是 scale up（通过增强机器的性能）。

4. 通用性（General）

系统需要支持绝大多数应用程序，包括金融领域、社交网络、电子商务数据分析等。

5. 延展性（Extensible）

在新的功能需求出现时，系统需要能够将新功能添加到系统中。同时，系统的大规模迁移能力是设计者需要考虑的因素之一，这也是可延展性的体现。

6. 即席查询能力（Allows Ad Hoc Queries）

用户在使用系统时，应当可以按照自己的要求进行即席查询（Ad Hoc）。这使用户可以通过系统多样化数据处理，产生更高的应用价值。

7. 最少维护能力（Minimal Maintenance）

系统需要在大多数时间下保持平稳运行。使用机制简单的组件和算法让系统底层拥有低复杂度，是减少系统维护次数的重要途径。Marz 认为大数据系统设计不能再基于传统架构的增量更新设计，要通过减少复杂性以减少发生错误的几率、避免繁重操作。

8. 可调试性（Debuggable）

系统在运行中产生的每一个值，需要有可用途径进行追踪，并且要能够明确这些值是如何产生的。

19.3　Lambda 架构

19.3.1　Lambda架构对大数据处理系统的理解

Lambda 架构由 Storm 的作者 Nathan Marz 提出，其设计目的在于提供一个能满足大数据系统关键特性的架构，包括高容错、低延迟、可扩展等。其整合离线计算与实时计算，融合不可变性、读写分离和复杂性隔离等原则，可集成 Hadoop、Kafka、Spark、Storm 等各类大数据组件。Lambda 是用于同时处理离线和实时数据的，可容错的，可扩展的分布式系统。它具备强鲁棒性，提供低延迟和持续更新。

19.3.2　Lambda架构应用场景

1. 机器学习中的 Lambda 架构

在机器学习领域，数据量无疑是多多益善的。但是，对于机器学习应用算法、检测模式而言，它们需要以一种有意义的方式去接收数据。因此，机器学习可以受益于由 Lambda 架构构建的数据系统、所处理的各类数据。据此，机器学习算法可以提出各种问题，并逐渐对输入到系统中的数据进行模式识别。

2. 物联网的 Lambda 架构

如果说机器学习利用的是 Lambda 架构的输出，那么物联网则更多地作为数据系统的输入。设想一下，一个拥有数百万辆汽车的城市，每辆汽车都装有传感器，并能够发送有关天气、空气质量、交通状况、位置信息以及司机驾驶习惯等数据。这些海量数据流，会被实时馈入 Lambda 体系架构的批处理层和速度层，进行后续处理。可以说，物联网设备是适合作为大数据源的绝佳示例。

3. 流处理和 Lambda 架构挑战

速度层也被称为"流处理层"。其目的是提供最新数据的低延迟实时视图。虽说，速度层仅关心自完成最后一组批处理视图以来导入的数据，但事实上它不会存储这些小部分的数据。这些数据在流入时就会被立即处理，且在完成后被立即丢弃。因此，我们可以认为这些数据是尚未被批处理视图所计入的数据。

Lambda 体系架构在其原始理论中，提到了最终精度（eventual accuracy）的概念。它是指：批处理层更关注精确计算，而速度层则关注近似计算。此类近似计算最终将由下一组视图所取代，以便系统向"最终精度"迈进。

在实际应用中，由于实时处理流以毫秒为单位，持续产生用于更新视图的数据流，是一个非常复杂的过程。因此，将基于文档的数据库、索引以及查询系统配合在一起使用，是一种比较好的选择。

19.3.3　Lambda架构介绍

如图 19-4 所示，Lambda 架构可分解为三层，即批处理层、加速层和服务层。

（1）批处理层（Batch Layer）：存储数据集，Batch Layer 在数据集上预先计算查询函数，并构建查询所对应的 View。Batch Layer 可以很好地处理离线数据，但有很多场景数据是不断实时生成且需要实时查询处理，对于这种情况，Speed Layer 更为适合。

（2）加速层（Speed Layer）：Batch Layer 处理的是全体数据集，而 Speed Layer 处理的是最近的增量数据流。Speed Layer 为了效率，在接收到新的数据后会不断更新 Real-time View，而 Batch Layer 是根据全体离线数据集直接得到 Batch View。

（3）服务层（Serving Layer）：Serving Layer 用于合并 Batch View 和 Real-time View 中的结果数据集到最终数据集。

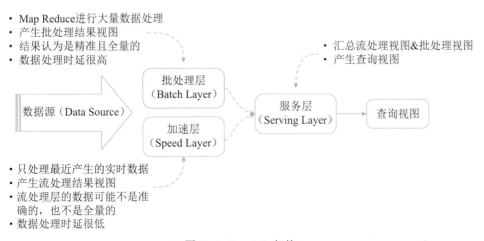

图 19-4　Lambda 架构

1. 批处理层

Batch Layer 有两个核心功能：存储数据集和生成 Batch View。

该层负责管理主数据集。主数据集中的数据必须具有以下三个属性：

（1）数据是原始的。

（2）数据是不可变的。

（3）数据永远是真实的。

有一类称为 Monoid 特性的函数应用非常广泛。Monoid 的概念来源于范畴学（Category Theory），其一个重要特性是满足结合律。如整数的加法就满足 Monoid 特性：

不满足 Monoid 特性的函数很多时候可以转化成多个满足 Monoid 特性的函数的运算。如多个数的平均值 Avg 函数，多个平均值没法直接通过结合来得到最终的平均值，但是可以拆成分母除以分子，分母和分子都是整数的加法，从而满足 Monoid 特性。

Monoid 的结合律特性在分布式计算中极其重要，满足 Monoid 特性意味着我们可以将计算分解到多台机器并行运算，然后再结合各自的部分运算结果得到最终结果。同时也意味着部分运算结果可以储存下来被别的运算共享利用（如果该运算也包含相同的部分子运算），从而减少重复运算的工作量。 图 19-5 展示了 Monoid 特性。

如果预先在数据集上计算并保存查询函数的结果，查询的时候就可以直接

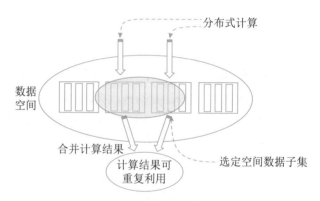

图 19-5　Monoid 特性

返回结果（或通过简单的加工运算就可得到结果）而无需重新进行完整费时的计算了。这里可以把 Batch Layer 看成是一个数据预处理的过程，如图 19-6 所示。我们把针对查询预先计算并保存的结果称为 View，View 是 Lamba 架构的一个核心概念，它是针对查询的优化，通过 View 即可以快速得到查询结果。

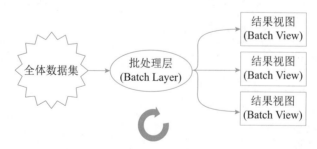

图 19-6　批处理层结构

如果采用 HDFS 来储存数据，我们就可以使用 MapReduce 来在数据集上构建查询的 View。View 是一个和业务关联性比较大的概念，View 的创建需要从业务自身的需求出发。一个通用

的数据库查询系统，查询对应的函数千变万化，不可能穷举。但是如果从业务自身的需求出发，可以发现业务所需要的查询常常是有限的。Batch Layer 需要做的一件重要的工作就是根据业务的需求，考察可能需要的各种查询，根据查询定义其在数据集上对应的 Views。

2. 加速层

对加速层批处理视图建立索引，便于能快速进行即席查询（Ad Hoc Queries）。它存储实时视图并处理传入的数据流，以便更新这些视图。

Batch Layer 可以很好地处理离线数据，但有很多场景数据不断实时生成，并且需要实时查询处理。Speed Layer 正是用来处理增量的实时数据。

Speed Layer 和 Batch Layer 比较类似。如图 19-7 所示，Speed Layer 对数据进行计算并生成 Realtime View，其主要区别在于：

（1）Speed Layer 处理的数据是最近的增量数据流，Batch Layer 处理的全体数据集。

（2）Speed Layer 为了效率，接收到新数据时不断更新 Realtime View，而 Batch Layer 根据全体离线数据集直接得到 Batch View。

图 19-7　加速层结构

Lambda 架构将数据处理分解为 Batch Layer 和 Speed Layer 有如下优点：

- 容错性。Speed Layer中处理的数据也不断写入Batch Layer，当Batch Layer中重新计算的数据集包含Speed Layer处理的数据集后，当前的Real-time View就可以丢弃，这也就意味着Speed Layer处理中引入的错误，在Batch Layer重新计算时都可以得到修正。这一点也可以看成是CAP理论中的最终一致性（Eventual Consistency）的体现。
- 复杂性隔离。Batch Layer处理的是离线数据，可以很好地掌控。Speed Layer采用增量算法处理实时数据，复杂性比Batch Layer要高很多。通过分开Batch Layer和Speed Layer，把复杂性隔离到Speed Layer，可以很好地提高整个系统的鲁棒性和可靠性。
- Scalable（横向扩容）：当数据量/负载增大时，可扩展性的系统通过增加更多的机器资源来维持性能。也就是常说的系统需要线性可扩展，通常采用scale out（通过增加机器的个数）而不是scale up（通过增强机器的性能）。

3. 服务层

Lambda 架构的 Serving Layer 用于响应用户的查询请求，合并 Batch View 和 Real-time View 中的结果数据集到最终的数据集。该层提供了主数据集上执行的计算结果的低延迟访问。读取速度可以通过数据附加的索引来加速。与加速层类似，该层也必须满足以下要求，例如随机读取，批量写入，可伸缩性和容错能力。

这涉及数据如何合并的问题。前面我们讨论了查询函数的 Monoid 性质，如果查询函数满足 Monoid 性质，即满足结合率，只需要简单地合并 Batch View 和 Real-time View 中的结果数据集即可。否则，可以把查询函数转换成多个满足 Monoid 性质的查询函数的运算，单独对每个满足 Monoid 性质的查询函数进行 Batch View 和 Real-time View 中的结果数据集合并，然后再计算得到最终的结果数据集。另外也可以根据业务自身的特性，运用业务自身的规则来对 Batch View 和 Real-time View 中的结果数据集合并，如图 19-8 所示。

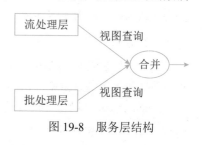

图 19-8　服务层结构

19.3.4　Lambda架构的实现

如图 19-9 所示，在这种 Lambda 架构实现中，Hadoop（HDFS）用于存储主数据集，Spark（或 Storm）可构成速度层（Speed Layer），HBase（或 Cassandra）作为服务层，由 Hive 创建可查询的视图。

Hadoop 是被设计成适合运行在通用硬件上的分布式文件系统（Distributed File System）。它和现有的分布式文件系统有很多共同点。但同时，它和其他分布式文件系统的区别也很明显。HDFS 是一个具有高度容错性的系统，能提供高吞吐量的数据访问，非常适合大规模数据集上的应用。HDFS 放宽了一些约束，以达到流式读取文件系统数据的目的。

Apache Spark 是专为大规模数据处理而设计的快速通用的计算引擎。Spark 是 UC Berkeley AMP lab 所开源的类 Hadoop Map Reduce 的通用并行处理框架，Spark 拥有 Hadoop Map Reduce 所具有的优点；但不同于 Map Reduce 的是——Job 中间输出结果可以保存在内存中，从而不再需要读写 HDFS，因此 Spark 能更好地适用于数据挖掘与机器学习等需要迭代的 Map Reduce 算法。

HBase – Hadoop Database，是一个高可靠性、高性能、面向列、可伸缩的分布式存储系统，利用 HBase 技术可在廉价 PC Server 上搭建起大规模结构化存储集群。

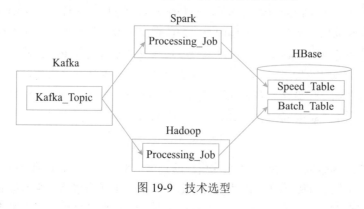

图 19-9　技术选型

19.3.5　Lambda架构优缺点

1. 优点

（1）容错性好。Lambda 架构为大数据系统提供了更友好的容错能力，一旦发生错误，我们可以修复算法或从头开始重新计算视图。

（2）查询灵活度高。批处理层允许针对任何数据进行临时查询。

（3）易伸缩。所有的批处理层、加速层和服务层都很容易扩展。因为它们都是完全分布式的系统，我们可以通过增加新机器来轻松地扩大规模。

（4）易扩展。添加视图是容易的，只是给主数据集添加几个新的函数。

2. 缺点

（1）全场景覆盖带来的编码开销。

（2）针对具体场景重新离线训练一遍益处不大。

（3）重新部署和迁移成本很高。

19.3.6　Lambda与其他架构模式对比

Lambda 架构的诞生离不开很多现有设计思想和架构的铺垫，如事件溯源（Event Sourcing）架构和命令查询分离（Command Query Responsibility Segregation，CQRS）架构，Lambda 架构的设计思想和这两者有一定程度的相似。

下面对 Lambda 架构和这两者进行分析。

1. 事件溯源（Event Sourcing）与 Lambda 架构

Event Sourcing 架构模式由 Thought Works 的首席科学家 Martin Flower 提出。Event Sourcing 本质上是一种数据持久化的方式，其由三个核心观点构成：

（1）整个系统以事件为驱动，所有业务都由事件驱动来完成。

（2）事件是核心，系统的数据以事件为基础，事件要保存在某种存储上。

（3）业务数据只是一些由事件产生的视图，不一定要保存到数据库中。

Lambda 架构中数据集的存储使用的概念与 Event Sourcing 中的思想完全一致，二者都是在使用统一的数据模型对数据处理事件本身进行定义。这样在发生错误的时候，能够通过模型找到错误发生的原因，对这一事件进行重新计算以丢弃错误信息，恢复到系统应该的正确状态，以此实现了系统的容错性。

2. CQRS 与 Lambda 架构

CQRS 架构分离了对于数据进行的读操作（查询）和写（修改）操作。其将能够改变数据模型状态的命令和对于模型状态的查询操作实现了分离。这是领域驱动设计（Domain-Driven Design，DDD）的一个架构模式，主要用来解决数据库报表的输出处理方式。

Lambda 架构中，数据的修改通过批处理和流处理实现，通过写操作将数据转换成查询时所对应的 View。在 Lambda 架构中，对数据进行查询时，实际上是通过读取 View 直接得到结果，读出所需的内容。这实际上是一种形式的读写分离。

进行读写分离设计的原因是，读操作实际上比写操作要省时得多，如果将读和写操作放在一起，实际处理大量数据时会因为写操作的时长问题影响整体业务的处理效率。在大数据系统中经常处理海量数据，进行读写分离重要性不言而喻。

19.4 Kappa 架构

19.4.1 Kappa架构下对大数据处理系统的理解

为了设计出能满足前述的大数据关键特性的系统，我们需要对数据系统有本质性的理解。我们可将数据系统简单理解为：

$$数据系统 = 数据 + 查询$$

进而从数据和查询两方面来认识大数据系统的本质。

1. 数据的特性

我们先从数据的特性谈起。数据是一个不可分割的单位，数据有两个关键的性质：When 和 What。

（1）When。When 是指数据是与时间相关的，数据一定是在某个时间点产生的。比如 Log 日志就隐含着按照时间先后顺序产生的数据，Log 前面的日志数据一定先于 Log 后面的日志数据产生；消息系统中消息的接收者一定是在消息的发送者发送消息后接收到的消息。相比于数据库，数据库中表的记录就丢失了时间先后顺序的信息，中间某条记录可能是在最后一条记录产生后发生更新的。对于分布式系统，数据的时间特性尤其重要。分布式系统中数据可能产生于不同的系统中，时间决定了数据发生的全局先后顺序。比如对一个值做算术运算，先 +2，后 +3，与先 +3，后 +2，得到的结果完全不同。数据的时间性质决定了数据的全局发生先后，也就决定了数据的结果。

（2）What。What 是指数据的本身。由于数据跟某个时间点相关，所以数据的本身是不可变的（Immutable），过往的数据已经成为事实（Fact），你不可能回到过去的某个时间点去改变数据事实。这也就意味着对数据的操作其实只有两种：读取已存在的数据和添加更多的新数据。采用数据库的记法，CRUD 就变成了 CR，Update 和 Delete 本质上其实是新产生的数据信息，用 C 来记录。

2. 数据的存储

根据上述对数据本质特性的分析，Lamba 架构中对数据的存储采用的方式是：数据不可变，存储所有数据。

通过采用不可变方式存储所有的数据，可以有如下好处：

（1）简单。采用不可变的数据模型，存储数据时只需要简单地往主数据集后追加数据即可。相比于采用可变的数据模型，为了 Update 操作，数据通常需要被索引，从而能快速找到要更新的数据去做更新操作。

（2）应对人为和机器的错误。前述中提到人和机器每天都可能会出错，如何应对人和机器的错误，让系统能够从错误中快速恢复极其重要。不可变性（Immutability）和重新计算（Recomputation）则是应对人为和机器错误的常用方法。采用可变数据模型，引发错误的数据有可能被覆盖而丢失。相比于采用不可变的数据模型，因为所有的数据都在，引发错误的数据也在。修复的方法就可以简单的是遍历数据集上存储的所有的数据，丢弃错误的数据，重新计算得到Views。重新计算的关键点在于利用数据的时间特性决定的全局次序，依次顺序重新执行，必然能得到正确的结果。

当前业界有很多采用不可变数据模型来存储所有数据的例子。比如分布式数据库 Datomic，基于不可变数据模型来存储数据，从而简化了设计。分布式消息中间件 Kafka，基于 Log 日志，以追加 append-only 的方式来存储消息。

19.4.2　Kappa架构介绍

Kappa 架构由 Jay Kreps 提出，不同于 Lambda 同时计算流计算和批计算并合并视图，Kappa 只会通过流计算一条的数据链路计算并产生视图。Kappa 同样采用了重新处理事件的原则，对于历史数据分析类的需求，Kappa 要求数据的长期存储能够以有序日志流的方式重新流入流计算引擎，重新产生历史数据的视图。本质上是通过改进 Lambda 架构中的 Speed Layer，使它既能够进行实时数据处理，同时也有能力在业务逻辑更新的情况下重新处理以前处理过的历史数据。

Kappa 架构的原理就是：在 Lambda 的基础上进行了优化，删除了 Batch Layer 的架构，将数据通道以消息队列进行替代。因此对于 Kappa 架构来说，依旧以流处理为主，但是数据却在数据湖层面进行了存储，当需要进行离线分析或者再次计算的时候，则将数据湖的数据再次经过消息队列重播一次则可。Kappa 数据处理架构如图 19-10 所示。

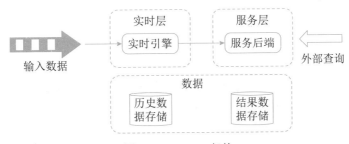

图 19-10　Kappa 架构

如图 19-10 所示，输入数据直接由实时层的实时数据处理引擎对源源不断的源数据进行处理，再由服务层的服务后端进一步处理以提供上层的业务查询。而中间结果的数据都是需要存储的，这些数据包括历史数据与结果数据，统一存储在存储介质中。

Kappa 方案通过精简链路解决了数据写入和计算逻辑复杂的问题，但它依然没有解决存储和展示的问题，特别是在存储上，使用类似 Kafka 的消息队列存储长期日志数据，数据无法压缩，存储成本很大，绕过方案是使用支持数据分层存储的消息系统（如 Pulsar，支持将历史消息存储到云上存储系统），但是分层存储的历史日志数据仅能用于 Kappa backfill 作业，数据的利用率依然很低。

从使用场景上来看，Kappa 架构与 Lambda 相比，主要有两点区别：

（1）Kappa 不是 Lambda 的替代架构，而是其简化版本，Kappa 放弃了对批处理的支持，更擅长业务本身为增量数据写入场景的分析需求，例如各种时序数据场景，天然存在时间窗口的概念，流式计算直接满足其实时计算和历史补偿任务需求；

（2）Lambda 直接支持批处理，因此更适合对历史数据分析查询的场景，比如数据分析师需要按任意条件组合对历史数据进行探索性的分析，并且有一定的实时性需求，期望尽快得到分析结果，批处理可以更直接高效地满足这些需求。

19.4.3　Kappa架构的实现

下面以 Apache Kafka 为例来讲述整个全新架构的过程。

部署 Apache Kafka，并设置数据日志的保留期（Retention Period）。这里的保留期指的是你希望能够重新处理的历史数据的时间区间。例如，如果你希望重新处理最多一年的历史数据，那就可以把 Apache Kafka 中的保留期设置为 365 天。如果你希望能够处理所有的历史数据，那就可以把 Apache Kafka 中的保留期设置为"永久（Forever）"。

如果我们需要改进现有的逻辑算法，那就表示我们需要对历史数据进行重新处理。我们需要做的就是重新启动一个 Apache Kafka 作业实例（Instance）。这个作业实例将从头开始，重新计算保留好的历史数据，并将结果输出到一个新的数据视图中。我们知道 Apache Kafka 的底层是使用 Log Offset 来判断现在已经处理到哪个数据块了，所以只需要将 Log Offset 设置为 0，新的作业实例就会从头开始处理历史数据。

当这个新的数据视图处理过的数据进度赶上了旧的数据视图时，我们的应用便可以切换到从新的数据视图中读取。

停止旧版本的作业实例，并删除旧的数据视图。

19.4.4　Kappa架构的优缺点

Kappa 架构的优点在于将实时和离线代码统一起来，方便维护而且统一了数据口径的问题，避免了 Lambda 架构中与离线数据合并的问题，查询历史数据的时候只需要重放存储的历史数据即可。而 Kappa 的缺点也很明显：

（1）消息中间件缓存的数据量和回溯数据有性能瓶颈。通常算法需要过去 180 天的数据，如果都存在消息中间件，无疑有非常大的压力。同时，一次性回溯订正 180 天级别的数据，对实时计算的资源消耗也非常大。

（2）在实时数据处理时，遇到大量不同的实时流进行关联时，非常依赖实时计算系统的能力，很可能因为数据流先后顺序问题，导致数据丢失。

（3）Kappa 在抛弃了离线数据处理模块的时候，同时抛弃了离线计算更加稳定可靠的特点。Lambda 虽然保证了离线计算的稳定性，但双系统的维护成本高且两套代码带来后期运维困难。

对于以上 Kappa 框架存在的几个问题，目前也存在一些解决方案，对于消息队列缓存数据性能的问题，Kappa+ 框架提出使用 HDFS 来存储中间数据。针对 Kappa 框架展示层能力不足的问题，也有人提出了混合分析系统的解决方案。

19.4.5　常见Kappa架构变形

1. Kappa+ 架构

Kappa+ 是 Uber 提出流式数据处理架构，它的核心思想是让流计算框架直接读 HDFS 里的数据仓库数据，一并实现实时计算和历史数据 backfill 计算，不需要为 backfill 作业长期保存日志或者把数据拷贝回消息队列。Kappa+ 将数据任务分为无状态任务和时间窗口任务，无状态任务比较简单，根据吞吐速度合理并发扫描全量数据即可，时间窗口任务的原理是将数据仓库数据按照时间粒度进行分区存储，窗口任务按时间先后顺序一次计算一个 partition 的数据，partition 内乱序并发，所有分区文件全部读取完毕后，所有 source 才进入下一个 partition 消费并更新 watermark。事实上，Uber 开发了 Apache hudi 框架来存储数据仓库数据，hudi 支持更新、删除已有 parquet 数据，也支持增量消费数据更新部分，从而系统性解决了问题 2 存储的问题。图 19-11 是完整的 Uber 大数据处理平台，其中 Hadoop → Spark →用户查询的流程涵盖了 Kappa+ 数据处理架构。

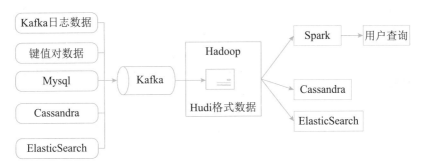

图 19-11　kappa+ 架构

如图 19-11 所示，将不同来源的数据通过 Kafka 导入到 Hadoop 中，通过 HDFS 来存储中间数据，再通过 spark 对数据进行分析处理，最后交由上层业务进行查询。

2. 混合分析系统的 Kappa 架构

Lambda 和 Kappa 架构都还有展示层的困难点，结果视图如何支持热点数据查询分析，一个解决方案是在 Kappa 基础上衍生数据分析流程。

如图 19-12 所示，在基于使用 Kafka + Flink 构建 Kappa 流计算数据架构，针对 Kappa 架构分析能力不足的问题，再利用 Kafka 对接组合 Elastic- Search 实时分析引擎，部分弥补其数据分析能力。但是 ElasticSearch 也只适合对合理数

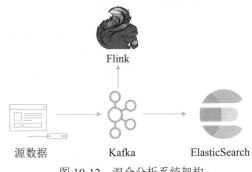

图 19-12　混合分析系统架构

据量级的热点数据进行索引，无法覆盖所有批处理相关的分析需求，这种混合架构某种意义上属于 Kappa 和 Lambda 间的折中方案。

19.5　Lambda 架构与 Kappa 架构的对比和设计选择

19.5.1　Lambda架构与Kappa架构的特性对比

一个大数据系统架构的设计思想很大程度上受到当时技术条件和思维模式的限制。Lambda 架构将批处理层和速度层分为两层，分别进行离线数据处理和实时数据处理，这样设计的根本原因在于，Lambda 提出的初期是在公司中进行小范围的业务运用，当时并没有思考有没有一个计算引擎能够在可接受的延迟条件下既进行离线数据处理又进行实时数据处理。在这样的前提下，将现有的成熟离线处理技术（Hadoop）和实时处理技术（Storm）相结合，用 View 模型将二者处理数据后得到的输出结果结合起来，在服务层（Serving Layer）中进行统一，开放给上层服务，是相当可行且高效的设计方式。

Kappa 架构作者则对流处理系统有丰富的理论知识和使用经验，是 Apache Kafka 和 Apache Samza 等知名开源流处理系统的作者之一。基于对流式计算深入的理解，Kappa 架构在同一层次内进行实时处理和离线处理，在满足延迟要求的流式计算技术成熟的前提，比 Lambda 更优秀。表 19-1 从多个维度对 Lambda 架构和 Kappa 架构进行了对比分析。

表 19-1　Lambda 架构和 Kappa 架构对比

对比内容	Lambda 架构	Kappa 架构
复杂度与开发、维护成本	需要维护两套系统（引擎），复杂度高，开发、维护成本高	只需要维护一套系统（引擎），复杂度低，开发、维护成本低
计算开销	需要一直运行批处理和实时计算，计算开销大	必要时进行全量计算，计算开销相对较小
实时性	满足实时性	满足实时性
历史数据处理能力	批式全量处理，吞吐量大，历史数据处理能力强	流式全量处理，吞吐量相对较低，历史数据处理能力相对较弱

1. 复杂度与开发、维护成本

对于大数据系统的评价与比较，首先需要考虑这个系统开发、上线的难度，以及这个系统是否能够以足够低的成本进行维护。

因为需要开发并维护两套系统，Lambda 架构的复杂度相对更高。其中，一套负责进行离线的批处理计算，一般选择使用 Hadoop 作为批处理系统，将批处理结果 View 保存到 HBase 中；另一套需要进行实时的流式计算，一般选择 Storm、Spark 作为流处理系统，流式计算结果将保存到 Redis 中。

Lambda 架构需要分别在批处理和实时计算系统上面运行两套代码，这两套代码产出相同范式的结果。并且，在进行全量计算时，批处理系统还需要长时间保持运行以保证离线运算结果的正确性。这样的开发维护成本相对较高。

Kappa 架构的复杂度相对低很多，只需要开发并维护一套系统。因为 Kafka 对于流式计算有良好支持，易于编程，故一般使用 Kafka 作为消息中间件，将数据保存在消息队列中。流式计算系统一般使用 Flink 实现，其作为新兴的流处理框架，以数据并行和流水线方式执行任意流数据程序，且同时支持批处理和流处理。开发维护成本相对较低。

2. 计算开销

在使用大数据系统进行数据处理时，需要知道数据的存储位置。由于数据量的持续增长，计算对 I/O 的需求增长速度已经远远超过网络带宽的扩容速度，故在计算时的开销也是大数据系统的考虑因素之一。

Lambda 架构在计算时，需要让数据同时支持批处理层系统和流处理层系统运行，且在运行时批处理系统和流处理系统都不能停机，否则将会有 View 的合并错误、计算开销大等问题。

Kappa 架构的数据存储只需要面对流式计算，且只需要在必要时进行全量计算，计算消耗小。

3. 实时性

实时性要求系统对于一个服务调用可以进行快速响应。快速的定义可能从几毫秒到几秒，取决于用户对于这一功能响应速度的具体要求。在大数据系统中，用户对于快速的要求往往集中在随机读取功能。Lambda 架构和 Kappa 架构都能够对数据进行实时处理并进行服务的响应。

Lambda 架构的策略在于使用满足幺半群（Monoid）性质的数据 View 模型，对批处理层和速度层的输出进行统一管理，这样在新数据到达时，速度层可以实时处理数据得到最新 View，然后和批处理层的 View 相结合，得到最新的实时结果。这样做的优点是将实时处理变成了批处理和流处理结果的结合，稳定且实时计算成本可控。

Kappa 架构的策略是使用 Kafka 或者类似的分布式消息中间件，用消息队列进行数据的保存，采用并发计算，如果不需要全量计算则直接读出数据。如果需要全量计算，则重新启动一个新的流式计算实例，将所有数据重新读取、计算，直到计算结果完成并超越了原来的结果，再删除原结果，使新结果成为可读取数据。在进行实时的流式数据处理时，如果有大量不同的实时流同时计算，由于算法要求进行关联，十分考验实时计算系统的能力。同时可能因为数据流的先后顺序、算法逻辑等问题导致数据丢失。

4. 历史数据处理能力

大数据系统在进行数据处理时，可能需要从大量历史数据中提取出对用户有价值的数据。

Lambda 架构在设计上可以在批处理层中对于超大规模的历史数据进行批量计算。由于批处理层和速度层使用不同的计算系统，在进行批量数据处理时速度层的实时计算仍然可以运行且不受影响。

而 Kappa 架构对于大量历史数据的处理能力相对 Lambda 则相对较弱。Kappa 在设计上使用了消息队列对数据进行缓存，而消息队列对于数据量和历史数据回溯有性能的制约。在日常需求中算法可能需要一次处理过去一年或者更久的数据，如果这些数据都存在消息队列中，对消息中间件的性能会有非常大的压力。如果数据结果中出现错误需要重新计算，这样数量级的数据对实时流式计算的稳定性和正确性也是一种考验。

19.5.2　Lambda架构与Kappa架构的设计选择

根据两种架构对比分析，将业务需求、技术要求、系统复杂度、开发维护成本和历史数据处理能力作为选择考虑因素。而计算开销虽然存在一定差别，但是相差不是很大，所以不作为考虑因素。

1. 业务需求与技术要求

用户需要根据自己的业务需求来选择架构，如果业务对于 Hadoop、Spark、Strom 等关键技术有强制性依赖，选择 Lambda 架构可能较为合适；如果处理数据偏好于流式计算，又依赖 Flink 计算引擎，那么选择 Kappa 架构可能更为合适。

2. 复杂度

如果项目中需要频繁地对算法模型参数进行修改，Lambda 架构需要反复修改两套代码，则显然不如 Kappa 架构简单方便。同时，如果算法模型支持同时执行批处理和流式计算，或者希望用一份代码进行数据处理，那么可以选择 Kappa 架构。

在某些复杂的案例中，其实时处理和离线处理的结果不能统一，比如某些机器学习的预测模型，需要先通过离线批处理得到训练模型，再交由实时流式处理进行验证测试，那么这种情况下，批处理层和流处理层不能进行合并，因此应该选择 Lambda 架构。

3. 开发维护成本

Lambda 架构需要有一定程度的开发维护成本，包括两套系统的开发、部署、测试、维护，适合有足够经济、技术和人力资源的开发者。而 Kappa 架构只需要维护一套系统，适合不希望在开发维护上投入过多成本的开发者。

4. 历史数据处理能力

有些情况下，项目会频繁接触海量数据集进行分析，比如过往十年内的地区降水数据等，这种数据适合批处理系统进行分析，应该选择 Lambda 架构。如果始终使用小规模数据集，流处理系统完全可以使用，则应该选择 Kappa 架构。

19.6　大数据架构设计案例分析

19.6.1　Lambda架构在某网奥运中的大数据应用

1. 系统建设背景

某网作为某电视台在互联网上的大型门户入口，2016 年成为里约奥运会中国大陆地区的持权转播商，独家全程直播了里约奥运会全部的赛事，令某网各终端网络播放量屡创新高，同时积累了庞大稳定的用户群，这些用户在使用各类服务过程中产生了大量数据，对这些海量数据进行分析与挖掘，将会对节目的传播及商业模式变现起到重要的作用。

2. 数据需求与场景

里约奥运期间需要对增量数据在当日概览和赛事回顾两个层面上进行分析。其中，当日概览模块需要秒级刷新直播在线人数、网站的综合浏览量、页面停留时间、视频的播放次数和平均播放时间等千万级数据量的实时信息，而传统的分布式架构采用重新计算的方式分析实时数据，在不扩充以往集群规模的情况下，无法在几秒内分析出需要的信息。Lambda 架构实时处理层采用增量计算实时数据的方式，可以在集群规模不变的前提下，秒级分析出当日概览所需要的信息。赛事回顾模块需要展现自定义时间段内的历史最高在线人数、逐日播放走势、直播最高在线人数和点播视频排行等海量数据的统计信息，由于奥运期间产生的数据通常不需要被经常索引、更新，因此要求采用不可变方式存储所有的历史数据，以保证历史数据的准确性。Lambda 架构的批处理层采用不可变存储模型，不断地往主数据集后追加新的数据，恰好可以满足对奥运数据的大规模统计分析要求。

3. 系统架构

某网采用以 Lambda 架构搭建的大数据平台处理里约奥运会大规模视频网络观看数据，具体平台架构设计如图 19-13 所示。

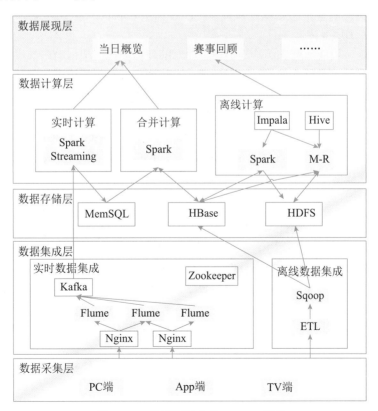

图 19-13　某网奥运中的 Lambda 架构

　　该平台基于 Lambda 架构，由数据集成层、数据存储层、数据计算层和数据应用层构成。数据集成层支持将 PC 端、App 端和 TV 端采集到的用户行为数据进行整理，数据集成层分为离线数据集成和实时数据集成两部分。实时数据集成集群采用 Nginx 和 Flume 服务器对实时流数据聚合并传输至 Kafka 队列中，由 Kafka 将实时流数据分发至实时流计算引擎中分析。离线数据集成集群使用开源组件 sqoop 将数据不断追加存储到主数据集中，采用分布式列数据库 Hbase 存储主数据集。两个集群之间通过 Kafka 的 Mirror 功能实现同步。

　　本平台利用云存储技术构建平台的存储系统，该存储系统不仅集成了分布式列数据 Hbase、内存关系型数据库 MemSQL，而且还增加了统一的监控管理功能和开放更多的访问接口。数据存储将结构化数据、半结构化数据以及非结构化数据储存于分布式文件系统中，且数据以三重副本的形式分布在文件系统，支持自动存储容错、系统错误监控、故障自动迁移等技术，确保数据的安全性和接近 100% 的数据可用性。

　　数据计算层为了实现 I/O 的负载分离，通过对实际业务解析，将数据计算层分为离线计算、实时计算和合并计算三部分。

　　（1）离线计算部分除了存储持续增长的批量离线数据外，还会定期使用 Spark 和 M-R 对离线数据进行简单的预运算，将大数据变小，从而降低资源损耗，提升实时查询的性能，并最终将预运算结果更新到 Batch View。离线计算通过使用最新的 Hadoop 节点驱动调度算法来保证数据量大的任务能得到较公平的获取计算资源，同时使用 Impala 或者 Hive 建立数据仓库，将离线计算的结果写入 HDFS 中。

　　（2）时效性是大型活动难以解决却不得不面对的问题，在大型活动中的很多场景，数据会不断实时生成并累计，需要系统实时查询处理，实时计算部分正是用来处理这类增量的实时数据。为保证时效性，实时计算采用 Spark Streaming 仅处理最近的数据，并将处理后的数据更新到 real-time view，它做的是一种增量的计算，而非重新运算。

　　（3）合并计算部分用于响应用户的查询请求，合并 Batch View 和 Real-time View 中的结果到最终的数据集。合并计算将内存关系型数据库 MemSQL 内的数据与离线预运算后的数据合并，写入分布式列数据库 Hbase 中，从而为最终的查询提供支撑。

4. 应用效果

　　在数据展现层用户可以通过调用数据计算层的相应接口，简单快速进行算法编程，从而呈现出当日概览、赛事回顾等模块的信息。当日概览模块通过实时计算引擎中的 Spark Streaming，计算直播实时在线人数、地域和频道分布等信息，并实时呈现到前端界面中。在合并计算中查询网站的综合浏览量、页面停留时间、视频的播放次数和平均播放时间等增量数据。而对赛事回顾模块需要呈现的自定义时间段内的历史最高在线人数、逐日播放走势、直播最高在线人数和点播视频排行等数据的统计信息，可以使用离线计算模块查询这种不断追加的离线数据。

19.6.2　Lambda架构在某网广告平台的应用与演进

1. 系统建设背景

某网广告平台依托于某网微商城，帮助商家投放广告。通过某网广告平台，商家可以在腾讯广点通、云堆、小博无线等流量渠道投放广告。对于某网广告平台，除了提供基础的广告编辑、投放、素材管理等功能，最重要的就是广告的投放效果的展示、分析功能。某网广告平台的数据分析模块提供了不同的时间维度（天、小时），不同的实体维度（广告计划、广告、性别、年龄、地域）下的不同类型指标（曝光、点击、花费、转化下单、增粉数）的分析。所有这些数据都是秒级到 10min 级别的准实时数据，为了做到将实时数据和离线数据方便的结合，引入了大数据系统的 Lambda 架构，并在这样的 Lambda 架构的基础下演进了几个版本。

2. 数据需求与场景

大数据处理技术需要解决数据的可伸缩性与复杂性。首先要很好地处理分区与复制，不会导致错误分区引起查询失败。当需要扩展系统时，可以非常方便地增加节点，系统也能够针对新节点进行 rebalance。其次是要让数据成为不可变的。原始数据永远都不能被修改，这样即使犯了错误，写了错误数据，原来好的数据并不会受到破坏。

某网广告平台展示的数据指标包含两类：曝光类（包括曝光数、点击数、点击单价、花费），转化类（包括转化下单数、转化下单金额、转化付款数、转化付款金额）。前一类的数据主要由流量方以接口的方式提供（比如对接的腾讯广点通平台），后一类则是某网特有的数据，通过买家的浏览、下单、付款日志算出来。

3. 系统架构

1）第一版架构

第一版采用了典型的 Lambda 架构形式，架构图如 19-14 所示。批处理层每天凌晨将 Kafka 中的浏览、下单消息同步到 HDFS 中，再将 HDFS 中的日志数据解析成 Hive 表，用 Hive Sql/Spark Sql 计算出分区的统计结果 Hive 表，最终将 Hive 表导出到 MySQL 中供服务层读取。另一方面，曝光、点击、花费等外部数据指标则是通过定时任务，调用第三方的 API，每天定时写入另一张 MySQL 表中。

实时处理层则是用 Spark Streaming 程序监听 Kafka 中的下单、付款消息，计算出每个追踪链接维度的转化数据，存储在 redis 中。

服务层则是一个 Java 服务，向外提供 http 接口。Java 服务读取两张 MySQL 表和一个 Redis 库的数据。

第一版的数据处理层比较简单，性能的瓶颈在 Java 服务层。Java 服务层收到一条数据查询请求之后，需要查询两张 MySQL 表，按照聚合的维度把曝光类数据与转化类数据合并起来，得到全量离线数据。同时还需要查询业务 MySQL，找到一条广告对应的所有 redis key，再将 redis 中这些 key 的统计数据聚合，得到当日实时的数据。最后把离线数据和实时数据相加，返回给调用方。

这个复杂的业务逻辑导致了 Java 服务层的代码很复杂，数据量大了之后性能也跟不上系统要求。

另一方面，实时数据只对接了内部的 Kafka 消息，没有实时的获取第三方的曝光、点击、浏览数据。因此，第一版虽然满足了历史广告效果分析的功能，却不能满足广告操盘手实时根据广告效果调整价格、定向的需求。

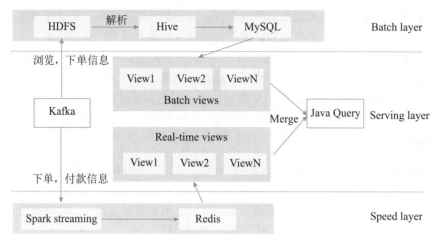

图 19-14   某网广告平台中的 Lambda 架构

2）第二版架构

针对第一版的两个问题，在第二版对数据流的结构做了一些修改。在实时处理层做了一个常驻后台的 Python 脚本，不断调用第三方 API 的小时报表，更新当日的曝光数据表。这里有一个小技巧：由于第三方提供的 API 有每日调用次数上限的限制，将每天的时间段分为两档：1:00—8:00 为不活跃时间段，8:00 至第二天 1:00 为活跃时间段，不活跃时间段的同步频率为 30min 一次，活跃时间段为 10min 一次。每次同步完数据之后会根据当天消耗的 API 调用次数和当天过去的时间来计算出在不超过当天调用次数前提下，下一次调用需要间隔的时间。同步脚本会在满足不超过当天限额的前提下尽可能多的调用同步 API。从而避免了太快消耗掉当日的调用限额，出现在当天晚上由于达到调用限额而导致数据无法更新的情况。在批处理层，把转化数据表和曝光数据表导入到 Hive 中，用 Hive Sql 做好 join，将两张表聚合而成的结果表导出到 MySQL，提供给服务层

完成第二版改动之后，Java 服务的计算压力明显下降。性能的瓶颈变成了查询 redis 数据这一块。由于 redis 里面的实时数据是业务无关的，仅统计了追踪链接维度的聚合数据。每次查询当日的转化数据，需要现在 MySQL 中查询出广告和跟踪链接的关系，找出所有的跟踪链接，再查询出这些跟踪链接的统计数据做聚合。

另一方面，离线计算的过程中涉及多次 MySQL 和 Hive 之间的导表操作，离线任务依赖链比较长，一旦出错，恢复离线任务的时间会比较久。

3）第三版架构

考虑到 MySQL 方便聚合、方便服务层读取的优点，在第三版中对 Lambda 架构做了一些改动，在数据层面只维护一张包含所有指标的 MySQL 表。MySQL 表的 stday（统计日期）字段作为索引，stday= 当天的保存实时数据，st_day< 当天的保存离线数据。

第三版只维护一张 MySQL 数据统计表，每天的离线任务会生成两张 hive 表，分别包含转化数据和曝光数据。这两张 Hive 表分别更新 MySQL 表的 st_day。

在实时数据这块，常驻后台的 Python 脚本更新 stday= 当天的数据的曝光类字段。spark streaming 程序在处理 kafka 中的实时下单消息时，不再统计数据到 redis，而是请求业务 Java 服务暴露出来的更新数据接口。在更新数据的接口中，找到当前下单的追踪链接所属的广告，更新 MySQL 中 stday= 当天的数据的转化类字段。这样就把查询阶段的关联操作分散在了每条订单下单的处理过程中，解决了实时数据查询的瓶颈。最终的 Java 服务层也只需要读取一个 MySQL 表，非常简洁。

4. 应用效果

某网广告平台经历了三版的数据架构演进，历时大半年，最终做到了结合内部、外部两个数据源，可以在多维度分析离线＋实时的数据。在数据架构的设计中，一开始完全遵照标准的 Lambda 架构设计，发现了当数据来源比较多的时候，标准 Lambda 架构会导致服务层的任务过重，成为性能的瓶颈。后续两版的改进都是不断地把本来服务层需要做的工作提前到数据收集、计算层处理。第二版将不同来源的指标合并到了同一个 MySQL 表中。第三版则将 redis 数据与业务数据关联的工作从统计阶段提前到了数据收集阶段，最终暴露给服务层的只有一张 MySQL 表。

19.6.3　某证券公司大数据系统

1. 系统建设背景

某证券作为证券业金融科技领域的先行者和探索者，其系统每天都会产生大量的日志。目前某证券的信息系统运维模式正经历着由自动化运维到智能化运维的转变，因传统监控需要各应用系统独立实现监控并将异常信息发送给运维平台告警，导致运维人员接到告警通知后需分别排查与定位各系统问题，从而大幅增加了沟通工作量与运维复杂性。特别是对于反映系统运行状态的技术指标或业务指标而言，因其大多分散在各个系统当中，很难实现统一管理。为更好地管理和利用日志数据，某证券依托大数据平台强大的数据处理、分析能力，创新打造了基于 Kappa 架构的实时日志分析平台，平台集日志集中管理、安全审计、业务实时监控、故障快速定位与预警于一体，可支持自动化分析系统功能热点和性能容量情况，进而有效预防可能发生的风险。

2. 数据需求与场景

实时日志分析平台针对日志数据分析需求重点集中于三大核心功能，即日志智能搜索，可视化分析，全息场景监控。

日志智能搜索主要用来满足平台用户快速、便捷地搜索日志的需要，通过采用类似搜索引擎的文本检索方式，可提供分词搜索、全文检索等丰富的搜索功能。同时，为满足用户对日志局部搜索的需求，平台还可对日志内容进行映射转换形成日志指标，并将日志内容搜索转换为日志指标查询。此外，除了基本的关键词搜索外，智能搜索方式也支持正则表达式以应对复杂的搜索场景，通过将日志内容提取转换形成日志变量，以及使用正则表达式筛选日志变量，能够呈现更为精准、专业的搜索结果。

　　日志可视化分析是平台发挥分析价值的利器，通过对各类交易耗时、数据库报错、CPU 使用率、网络读写速率、调用错误码等各种交易健康度指标的可视化展示，可高效满足不同部门的日志数据展示需求，同时降低各部门获取信息的门槛，为智能监控、系统优化、业务连续性等提供有效的数据支撑，充分发挥日志数据的应用价值。此外，通过统计分析相应的日志数据，还可预判交易状态、制定应急预案，进一步提高系统的服务能力。

　　全息场景监控主要用于实现对业务处理状态、系统性能容量的实时智能监控和趋势预判，并辅以自动化处理工具，以提高故障的自愈能力。通过自动化监控，运维人员将可以快速进行故障排查和溯源，并针对每一次故障新增监控指标，从而提高监控预警覆盖度。同时，平台还支持基于单指标与多指标的多种异常检测算法，可智能地针对各指标实时变化趋势和抖动程度产生异常点预警，并自动推送到运维平台进行集中展现，从而减少人工干预，提高人机协同的工作效率。

3. 系统架构

　　实时日志分析平台基于 Kappa 架构，使用统一的数据处理引擎 Flink 可实时处理全部数据，并将其存储到 Elastic-Search 与 OpenTSDB 中。实时处理过程如下：

　　（1）日志采集，即在各应用系统部署采集组件 Filebeat，实时采集日志数据并输出到 Kafka 缓存。

　　（2）日志清洗与解析，即基于大数据计算集群的 Flink 计算框架，实时读取 Kafka 中的日志数据进行清洗和解析，提取日志关键内容并转换成指标，以及对指标进行二次加工形成衍生指标。

　　（3）日志存储，即将解析后的日志数据分类存储于 Elastic-Search 日志库中，各类基于日志的指标存储于 OpenTSDB 指标库中，供前端组件搜索与查询。

　　（4）日志监控，即通过单独的告警消息队列来保持监控消息的有序管理与实时推送。

　　（5）日志应用，即在充分考虑日志搜索专业需求的基础上，平台支持搜索栏常用语句保存，选择日志变量自动形成搜索表达式，以及快速按时间排序过滤、查看日志上下文等功能。同时，基于可视化分析和全息场景监控可实时展现各种指标和趋势，并在预警中心查看各类告警的优先级和详细信息，进而结合告警信息关联查询系统日志内容来分析解决问题。此外，开发配置中心还提供了自定义日志解析开发功能，并支持告警规则、告警渠道配置。实时日志分析平台技术架构如图 19-15 所示。

　　实时日志分析平台基于以 Flink 为主的大数据实时计算技术和以 Elastic-Search 为主的检索技术，形成了集日志数据采集、解析、ETL 处理、指标聚合、图表展现等于一体的全流程服务能力，并实现了高吞吐量、实时化处理，使得海量日志数据资源得到了充分利用。同时，针对 Flink 官方原生 API 不支持配置化开发的情况，海通证券自主研发了可配置化通用计算框架，通过实现底层处理方法抽象化，仅需配置定义 Kafka 数据源、日志处理脚本及目标 ElasticSearch 索引，即可快速上线实时日志数据处理任务，从而在降低编码门槛的同时使其易于分析调试。此外，对于解析后的日志指标，还可通过 Flink SQL 语法定义实时处理 SQL 完成指标的多级加工，而配置、定义处理逻辑则均由前端交互实现。

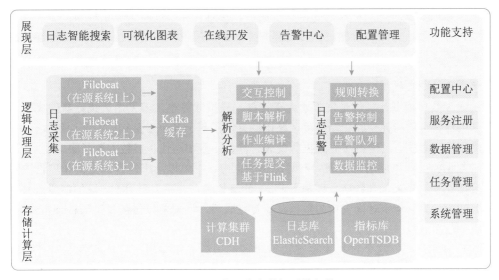

图 19-15　某证券大数据系统架构

4. 应用效果

该平台的数据处理功能均基于 Kappa 架构实时处理框架实现，数据源头是 Filebeat 从各系统中分布式采集的日志，然后再通过 Kafka 由 Flink 实时计算引擎统一处理并输出到 ElasticSearch 与 OpenTSDB 中存储。ElasticSearch 主要负责实时存储日志数据以及历史数据，以便于后续查询。此外，平台还可基于实时日志流形成实时指标，并按照时间维度得到每日、每周、每月的指标汇总值，或是在 OpenTSDB 时序数据库中查询指标的历史值。

在脚本实时计算中，对于日志的解析逻辑，可通过多层转换将前端的脚本逻辑转换为执行 Flink 实时计算任务。其中，解析逻辑主要采用易上手的 Ruby 脚本语法结合 Logstash 语法实现，之后再由转换插件将脚本转换为 Flink 可执行算子，并推送到 CDH 集群上，通过 Yarn 分配资源执行计算。在此模式下，平台既保持了类 Logstash 脚本简易语法，又运用到了大数据集群的 Flink 分布式计算能力，从而可在保持高性能的同时，大幅降低实时解析程序的开发难度。

对于时序化的日志指标数据通常是以时序的方式存储在时序数据库 OpenTSDB 中，以满足实时读写的需要，并支持按时间轴快速钻取数据。

19.6.4　某电商智能决策大数据系统

1. 系统建设背景

作为行业领先的外卖平台，某电商在云计算、大数据以及算法平台做了许多创新性的工作。某电商外卖平台接入了众多商家，如何根据用户实时的点击、出价以及广告的曝光，商家实时的出价数据，计算出合适的报价数据和算法的决策参数，使得广告主的利益最大化，是一个关键的问题。某电商外卖依托大数据平台强大的数据处理、分析能力，创新打造了基于 Kappa 架构的智能决策大数据系统。平台集业务实时监控、实时计算，故障快速定位与预警于一体，可支持自动化分析当前实时流数据，实时计算并更新算法模型，并且支持多种算法框架和故障快速恢复等功能。

2. 数据需求与场景

传统的参数和模型计算均是依赖于人工调参，模型计算也大多采用离线计算的模式。为了提升算法的迭代速度和模型的更新速度，某电商打造了基于 Kappa 架构的智能决策大数据系统。该系统集中于三大核心功能：实时数据的处理、参数计算和迭代、参数本地存储。

实时数据的处理主要用来处理用户对广告的点击、下单以及广告商的出价和广告的曝光等数据。根据业务的需求，大数据系统基于 Flink 计算集群，过滤需要用于计算的字段，并且根据指定的时间段，聚合指定时间窗口的数据，计算完成后，将结果数据存入到 Tair 分布式缓存中，供决策服务使用。

参数计算和迭代，这个过程主要在决策服务的服务端中完成，决策服务引入了多种算法框架，可根据不同业务工程的需求，计算生成特定的决策参数和模型。主要过程如下，首先从 Tair 读出之前的参数，以及上个阶段计算得到的数据，在之前参数的基础上进行计算得到最新的决策参数和模型，并且将新的参数存储到 Tair 中，记录日志到 Hive。

参数本地存储，该过程发生在决策服务的客户端，业务方系统需要引入决策服务的客户端工程，当决策服务计算出新的决策参数时，会通过 Zookeeper 通知客户端，客户端得到通知后，会从服务端拉取最新参数并进行本地存储，并且提供相应接口供业务方系统使用。

3. 系统架构

实时智能决策大数据平台基于 Kappa 架构，使用统一的数据处理引擎 Flink 可实时处理流数据，并将其存储到 Hive 与 Tair 中，以供后续决策服务的使用。实时处理的过程如下：

一是数据采集，即 B 端系统会实时收集用户的点击，下单以及广告的曝光和出价数据并输出到 Kafka 缓存。

二是数据的清洗与聚合，即基于大数据计算集群 Flink 计算框架，实时读取 Kafka 中的实时流数据，过滤出需要参与计算的字段，根据业务需求，聚合指定时间端的数据并转换成指标。

三是数据存储，即将 Flink 计算得到数据存储到 Hive 日志库中，需要参与模型计算计算的字段存储到 Tair 分布式缓存中。当需要进行模型计算时，决策服务会从 Tair 中读取数据，进行模型的计算，得到新的决策参数和模型。决策服务基于微服务架构，客户端部署在业务方系统中，服务端主要用于计算决策参数和模型，当服务端计算得到新的参数，此时会通过 Zookeeper 通知部署到业务方系统的客户端，客户端此时会拉取新的参数并存储到本地，并且客户端提供了获取参数的接口，业务方可以无感知调用。智能决策大数据平台技术架构如图 19-16 所示。

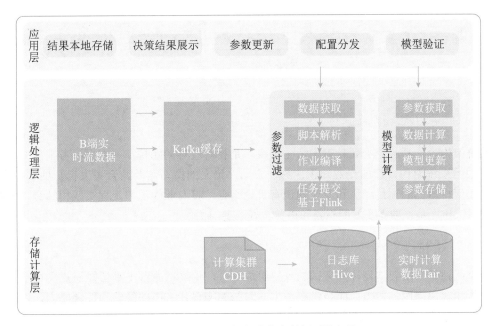

图 19-16　某电商智能决策大数据系统架构

4. 应用效果

一是计算结果的准确性方面，由于之前的数据集采用的离线词表的方式，当天计算参数所使用的数据集是前一天产生的数据集，因此数据只能用于 T+1 的参数计算中，当天产生的数据无法实时的参与计算，应用基于 Kappa 架构实时处理框架，能够将 B 端产生的实时流数据用于决策服务中，极大地提升了参数和模型计算的准确性。

二是业务方系统响应的及时性，由于参数计算在服务端完成，服务端计算完成后会通过 Zookeeper 通知客户端，客户端会拉取最新参数存储的到本地，业务方系统中会引入客户端，因此当业务方系统使用最新的参数，只需从本地获取即可，不会产生任何网络延迟，响应速度快。

第20章 系统架构设计师论文写作要点

20.1 写作注意事项

系统架构设计师的论文题目对于考生来说，是相对较难的题目。一方面，考生需要掌握论文题目中的系统架构设计的专业知识；另一方面，论文的撰写需要结合考生自身的项目经历。因此，如何将自己的项目经历和专业知识有机地结合，将专业知识和工程实践相结合，做好论文的撰写工作，是一项需要前期积累和提前做好准备的工作。

20.1.1 做好准备工作

论文试题是系统架构设计师考试的重要组成部分，论文试题既不是考知识点，也不是考一般的分析和解决问题的能力，而是考查考生在系统架构设计方面的经验和综合能力，以及表达能力。根据考试大纲，论文试题的目的如下：

（1）检查考生是否具有参加系统架构设计工作的实践经验。原则上，完全不具备实践经验的人是很难胜任系统架构设计师的工作的，更何谈取得系统架构师的资格认定。

（2）检查考生分析问题与解决问题的能力，特别是考生的独立工作能力。在实际工作中，由于情况千变万化，作为系统架构设计师，应能把握系统的关键因素，发现和分析问题，根据系统的实际情况提出架构设计方案。

（3）检查考生的表达能力。由于文档是信息系统的重要组成部分，并且在信息系统开发过程中还要编写不少工作文档和报告，文档的编写能力很重要。系统架构设计师作为项目组的技术骨干，要善于表达自己的思想。在这方面要注意抓住要点，重点突出，用词准确，使论文内容易读，易理解。

很多考生害怕写论文，拿起笔来感觉无从写起。因此，抓紧时间，做好备考工作，是十分重要的，也是十分必要的。

1. 加强学习

根据自身经验的多少，可以采取不同的学习方法。

（1）经验丰富的应考人员。主要是将自己的经验进行整理，从技术、管理、经济方面等多个角度对自己做过的项目进行归纳、剖析、抽象和升华，在总结的基础上，结合专业知识和关键技术进行分类和梳理。

（2）经验欠缺的在职开发人员。可以通过阅读、学习、整理单位现有的文档、案例，同时参考历届考题进行学习。培养自己站在系统架构设计师角度考虑问题，同时可以采取临摹的方式提高自己的写作能力和思考能力。这类人员学习的重心应放在自己欠缺的方面，力求全面把握。

（3）学生。学生的特点是有充足的时间用于学习，但缺点是实践经验相对较少，对于这类考生来说，考试的难度比较大。从撰写的论文分析，学生在系统架构师的考试中，论文的内容容易空洞而不切实际。因此，作为学生考生，要想更好地完成论文题目，就需要大量地阅读相关文章和论文范文，学习别人的经验，站在更多人的肩膀上，并进行强化练习。

2. 平时积累

与其他考试不同，软考中的高级资格考试靠考前突击是行不通的。考试时间不长，可功夫全在平时，正所谓"台上 1 分钟，台下 10 年功"。实践经验丰富的考生还应该对以前做过的项目进行一次盘点，对每个项目中采用的方法与技术、架构设计手段等进行总结。这样，临场才可以将不同项目中和论题相关的经验和教训糅合在一个项目中表述出来，笔下可写的东西就多了。

还有，自己做过的项目毕竟是很有限的，要大量参考其他项目的经验或多和同行交流。也可多读网站、博客上介绍架构设计方面的文章，从多个角度去审视这些系统的架构，从中汲取经验，也很有好处。要多和同行交流，互通有无，一方面对自己做过的项目进行回顾；另一方面，也学学别人的长处，往往能收到事半功倍的效果。

总之，经验越多，可写的素材就越丰富，胜算越大。平时归纳总结了，临场搬到试卷上就驾轻就熟了。

3. 提高写作速度

在两个小时内，用一手漂亮的字写完内容精彩的论文是很困难的。正如前面所说的，现在的 IT 人经常使用计算机办公，用笔写字的机会很少，打字速度可以很快，但提笔忘字是常有的事。可以说，我们的写字能力在退化。但是，考试时必须用笔写论文，因此，考生要利用一切机会练字，提高写作速度。

具体的练习方式是，在考前 2～3 个月，按 20.1.2 节给出的答题纸格式，打印出 4 张方格纸，选定一个论文项目，按照考试要求的时间（2 个小时）进行实际练习。这种练习每周至少进行 1 次，如果时间允许，最好进行 2 次。写的次数多了，写作速度慢慢地就提高了。

4. 以不变应万变

论文试题的考核内容都是系统架构设计中的共性问题，即通用性问题，与具体的应用领域无关的问题。把握了这个规律，就有以不变应万变的办法。所谓不变，就是考生所参与开发的软件项目不变。考生应该在考前总结一下最近所参与的最有代表性的项目。不管论文的题目为何，项目的概要情况和考生所承担的角色是不会改变的，如果觉得有好几个项目可以选，那么就应该检查所选项目的规模是否能证明自己的实力或项目是否已年代久远（一般需要在近 3 年内做的项目）。要应付万变，就要靠平时的全面总结和积累。

20.1.2　论文写作格式

在系统架构设计师的资格考试中，论文考试的时间为下午（120 分钟），且备选的论文题目通常包含 4 道题目，考生可以根据自己所从事的工作内容，选择比较接近的题目进行论文写作。

如果没有和自己相关的内容，可以选自己比较熟悉的技术的相关题目进行论文写作，即考生可以完全根据自己的特长选做1题。

论文试题的答题纸是印好格子的，摘要和正文要分开写。摘要需要300～400字，正文需要2000～3000字。稿纸一般是4页，格子和普通信纸上的格子差不多大小，每行有25个格子，也就是说每4行有100个格子，可写100个字。第1页分为摘要和正文两部分，如图20-1所示。摘要和正文是分开的，摘要有16行（16×25=400）格，正文有12行（12×25=300）格。第2～4页的格式是一样的，如图20-2所示，每页36行（36×25=900），每12行会有字数提示，在提示行的两端有300、600或900的提示。

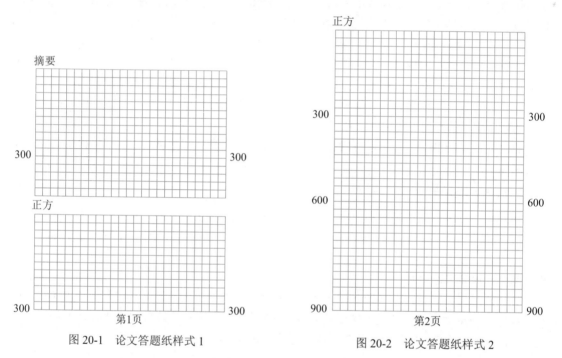

图 20-1 论文答题纸样式 1   图 20-2 论文答题纸样式 2

文字要写在格子里，每个格子写一个字或标点符号。如果是英文字母则不必考虑格子，例如要写 educity.cn，按自己在白纸上的书写习惯写就行了，这样看着也漂亮。

在论文的用笔方面，作者建议用黑色中性笔。现在考试用纸的质量不好把握，有的页面纸质好，有的页面就差，如果用钢笔，一旦遇上劣质纸张，墨迹会渗透到纸的背面，甚至渗透到下一页的纸面上，影响书写速度和卷面美观。

20.2 如何解答试题

如果做好了充分的论文准备，平常按照既有格式进行了练习，则临场就可以从容自如。如果试题与准备的内容出入很大的话，那也不要紧张，选定自己把握最大的论题，按平时的速度写下去。

20.2.1　论文解答步骤

本节给出论文解答的步骤。这里给出的只是一个通用的框架，考生可根据当时题目的情况和自己的实际进行解答，不必拘泥于本框架的约束。

1. 时间分配

试题选择	3 分钟
论文构思	12 分钟
摘要	15 分钟
正文	80 分钟
检查修改	10 分钟

2. 选择题目

（1）选择自己最熟悉，把握最大的题目。

（2）不要忘记在答题卷上画圈和填写考号。

3. 论文构思

（1）构思论点（主张）和下过功夫的地方。

（2）将构思的项目内容与论点相结合。

（3）决定写入摘要的内容。

（4）划分章节，把内容写成简单草稿（几字带过，无须繁枝细节）。

（5）大体字数分配。

4. 写摘要

以用语简洁、明快，阐清自己的论点为上策。

5. 正文撰写

（1）按草稿进行构思、追忆项目素材（包括收集的素材）进行编写。

（2）控制好内容篇幅。

（3）与构思有出入的地方，注意不要前后矛盾。

6. 检查纠正

主要是有无遗漏、有无错字。注意点：

（1）卷面要保持整洁。

（2）格式整齐，字迹工整。

（3）力求写完论文（对速度慢者而言），切忌有头无尾。

20.2.2　论文解答实例

下面给出两个系统架构师考试中的实际论文题目以及面向该题目的如何进行写作的要点陈述，以帮助考生对论文考试有一个更直观的认识。

1. 实例一

1）论文题目

论软件系统建模方法及其应用

软件系统建模（Software System Modeling）是软件开发中的重要环节，通过构建软件系统模型可以帮助系统开发人员理解系统、抽取业务过程和管理系统的复杂性，也可以方便各类人员之间的交流。软件系统建模是在系统需求分析和系统实现之间架起的一座桥梁，系统开发人员按照软件系统模型开发出符合设计目标的软件系统，并基于该模型进行软件的维护和改进。

请围绕"论软件系统建模方法及其应用"论题，依次从以下三个方面进行论述。

1. 概要叙述你参与的软件系统开发项目以及你所担任的主要工作。

2. 说明软件系统开发中常用的建模方法有哪几类？阐述每种方法的特点及其适用范围。

3. 详细说明你所参与的软件系统开发项目中，采用了哪些软件系统建模方法，具体实施效果如何。

2）实例一分析

问题 1 要点

该方面需要简要描述所参与分析和开发的软件系统开发项目，并明确考生指出在其中承担的主要任务和开展的主要工作。需注意所描述的项目应与论文题目中包含的主要论题相符。

问题 2 要点

该方面是对论文论题中涉及的专业知识的理解和掌握程度的考核，考生可以通过详细描述，说明自己所了解的软件系统开发中的常用建模方法，并阐述出每种方法的特点及其适用范围。例如，考生可以描述的软件系统开发中常用的建模方法包括：

（1）功能分解法。

功能分解法以系统需要提供的功能为中心来组织系统。首先定义各种大的功能，然后把功能分解为子功能，同时定义功能间的接口。比较大的子功能还可以被进一步分解，直到我们可以对它进行明确的定义。总的思想就是将系统根据功能分而治之，然后根据功能的需求设计数据结构。

（2）数据流法 / 结构化分析建模方法。

基本方法是跟踪系统的数据流，研究问题域中数据如何流动以及在各个环节上进行何种处理，从而发现数据流和加工。然后将问题域映射为数据流、加工以及数据存储等元素并组成数据流图，用加工和数据字典对数据流及其处理过程进行描述。

（3）信息工程建模法。

在实体关系图基础上发展而来，其核心是识别实体及其关系。实体用于描述问题域中的一个事物，它包含一组描述事物数据信息的属性；关系描述问题域中的各个事物之间在数据方面的联系，它可以带有自己的属性。发展之后的方法把实体叫作对象，把关系的属性组织到关系对象中，具有面向对象的某些特征。

（4）面向对象建模法。

从面向对象设计领域发展而来，它通过对象对问题域进行完整的映射，对象包括了事物的数据属性和行为特征；它用结构和连接如实反映问题域中事物之间的关系，比如分类、组装等；它通过封装、继承和消息机制等使问题域的复杂性得到控制。

问题 3 要点

该方面是针对考生实际参与的软件系统开发项目，说明该项目所采用的系统建模方法，并描述这些建模方法所产生的实际应用效果。

2. 实例二

1）论文题目

论软件架构风格

软件体系结构风格是描述某一特定应用领域中系统组织方式的惯用模式。体系结构风格定义一个系统家族，即一个体系结构定义一个词汇表和一组约束。词汇表中包含一些构件和连接件类型，而这组约束指出系统是如何将这些构件和连接件组合起来的。体系结构风格反映了领域中众多系统所共有的结构和语义特性，并指导如何将各个模块和子系统有效地组织成一个完整的系统。

请围绕"论软件架构风格"论题，依次从以下三个方面进行论述。

1. 概要叙述你参与分析和设计的软件系统开发项目以及你所担任的主要工作。

2. 软件系统开发中常用的软件架构风格有哪些？详细阐述每种风格的具体含义。

3. 详细说明你所参与分析和设计的软件系统是采用什么软件架构风格的，并分析采用该架构风格设计的原因。

2）实例二分析

问题 1 要点

该方面是要求考生要简要叙述自己所参与分析和开发的软件系统，并明确指出在其中承担的主要任务和开展的主要工作。需注意所描述的项目应与论文题目中包含的主要论题相符。

问题 2 要点

该方面是对论文论题中涉及的专业知识的理解和掌握程度的考核，考生可以通过详细描述，说明自己所了解的软件系统开发中常用的软件构架风格，包括：

（1）管道／过滤器：在管道／过滤器风格的软件体系结构中，每个构件都有一组输入和输出，构件读输入的数据流，经过内部处理，然后产生输出数据流。

（2）数据抽象和面向对象：这种风格建立在数据抽象和面向对象的基础上，数据的表示方法和他们的相应操作封装在一个抽象数据类型或对象中。

（3）基于事件的隐式调用：基于事件的隐式调用风格的思想是构件不直接调用一个过程，而是触发或广播一个或多个事件。系统中的其他构件中的过程在一个或多个事件中注册，当一个事件被触发，系统自动调用在这个事件中注册的所有过程，这样，一个事件的触发就导致了另一个模块中的过程的调用。基于事件的隐式调用风格的主要特点是事件的触发者并不知道哪些构件会被这些事件影响。

（4）分层系统：层次系统组成一个层次结构，每一层为上层服务，并作为下层客户。

（5）仓库系统及知识库：在仓库风格中，有两种不同的构件：中央数据结构说明当前状态，独立构件在中央数据存储上执行。若构件控制共享数据，则仓库是一传统型数据库。若中央数据结构是当前状态触发进程执行的选择，则仓库是一黑板系统。

黑板系统主要由以下三部分组成：知识源。知识源中包含独立的、与应用程序相关的知识，知识源之间不直接进行通信，它们之间的交互只通过黑板来完成；黑板数据结构：黑板数据是按照与应用程序相关的层次来组织的解决问题的数据，知识源通过不断地改变黑板数据来解决问题；控制：控制完全由黑板的状态驱动，黑板状态的改变决定使用的特定知识。

（6）C2风格：C2体系结构风格可以概括为，通过连接件绑定在一起按照一组规则运作的并行构件网络。C2风格中的系统组织规则如下：系统中的构件和连接件都有一个顶部和一个底部；构件的顶部应连接到某连接件的底部，构件的底部则应连接到某连接件的顶部，而构件与构件之间的直接连接是不允许的；一个连接件可以和任意数目的其他构件和连接件连接；当两个连接件进行直接连接时，必须由其中一个的底部到另一个的顶部。

（7）客户/服务器风格：C/S体系结构有三个主要组成部分：数据库服务器、客户应用程序和网络。

（8）三层C/S结构风格：二层C/S结构是单一服务器且以局域网为中心的，所以难以扩展至大型企业广域网或Internet，软、硬件的组合及集成能力有限，客户机的负荷太重，难以管理大量的客户机，系统的性能容易变坏，数据安全性不好。三层C/S体系结构是将应用功能分成表示层、功能层和数据层三个部分，削弱二层C/S结构的局限性。

（9）浏览器/服务器风格：浏览器/服务器风格就是三层C/S结构的一种实现方式，具体结构为浏览器/Web服务器/数据库服务器。

问题3要点

该方面是针对考生自身具体参与分析和开发的实际软件系统，说明在该系统的设计和实现中，采用的具体一种或多种软件架构风格，并分析出采用这种软件架构风格设计的原因。

20.3　论文写作方法

两个小时内写将近3000字的文章不是一件容易的事情。根据以往的经验，学生在写作过程中，必须首先逻辑清晰，并且撰写还要保持一定的撰写速度，才可以在有限的时间范围内，较好地完成论文写作工作。下面针对如何撰写好摘要和论文的正文部分分别进行说明。

20.3.1　如何写好摘要

摘要应控制在300～400字的范围内，凡是没有写论文摘要，摘要过于简略，或者摘要中没有实质性内容的论文将扣5～10分。如果论文写得辛辛苦苦，而摘要被扣分，就太不划算了。而且，如果摘要的字数少于120字，论文将"给予不及格"。

下面是摘要的几种写法，供考生参考。

（1）本文讨论……系统项目的……（论文主题）。该系统……（项目背景、简单功能介绍）。在本文中首先讨论了……（技术、方法、工具、措施、手段），最后……（不足之处/如何改进、特色之处、发展趋势）。在本项目的开发过程中，我担任了……（作者的工作角色）。

（2）根据……需求（项目背景），我所在的……组织了……项目的开发。该项目……（项目背景、简单功能介绍）。在该项目中，我担任了……（作者的工作角色）。我通过采取……（技术、方法、工具、措施、手段），使该项目圆满完成，得到了用户们的一致好评。但现在看来，……（不足之处/如何改进、特色之处、发展趋势）。

（3）……年……月，我参加了……项目的开发，担任……（作者的工作角色）。该项目……（项目背景、简单功能介绍）。本文结合作者的实践，以……项目为例，讨论……（论文主题），包括……（技术、方法、工具、措施、手段）。

（4）……是……（"戴帽子"，讲论文主题的重要性）。本文结合作者的实践，以……项目为例，讨论……（论文主题），包括……（技术、方法、工具、措施、手段）。在本项目的开发过程中，我担任了……（作者的工作角色）。

摘要应该概括地反映正文的全貌，要引人入胜，要给人一个好的初步印象。一般来说，不要在摘要中"戴帽子"如果觉得字数可能不够，例如少于 300 字，则可适当加 50 字左右的帽子。

上述的"技术、方法、工具、措施、手段"就是指论文正文中论述的技术、方法、工具、措施、手段，可把每个方法（技术、工具、措施、手段）的要点用一两句话进行概括，写在摘要中。

在写摘要时，千万不要只谈大道理，而不牵涉到具体内容。否则，就变成了"摘要中没有实质性内容"。

20.3.2　如何写好正文

关于正文部分的写作，首先应做到字数合宜。正文的字数要求在 2000 ~ 3000 字，少于 2000 字，则显得没有内容；多于 3000 字，则答题纸上无法写完。作者建议，论文正文的最佳字数为 2500 字左右。其次，考生可以从写作技巧和可能涉及的关键技术层面做好应考准备。

1. 写作技巧

1）以自我为中心

由于论文考核的是以考生作为系统架构设计师的角度对系统的认知能力。因此在写法上要使阅卷专家信服，只是把自己做过的事情罗列出来是不够的。考生必须清楚地说明针对具体项目自己所做的事情的由来，遇到的问题，解决方法和实施效果。因此，不要炫耀自己所参加的工程项目，体现实力的是考生做了些什么。下面几个建议可供读者参考。

（1）体现实际经验，不要罗列课本上的内容。

（2）条理性地说明实际经验。

（3）写明项目开发体制和规模。

（4）明确"我"的工作任务和所起的作用。

（5）以"我"在项目中的贡献为重点说明。

（6）以"我"的努力（怎样做出贡献的）为中心说明。

2）站在架构师的角度

很多考生由于平时一直是在跟程序打交道，甚至根本就没有从事过架构设计工作。因此，在思考问题上，往往单纯地从程序实现方面考虑。事实上，论文考核的是以考生作为架构师的角度对系统的认知能力，要求全面，详尽地考虑问题。因此，这类考生在论文上的落败也就在所难免。

例如，如果要写有关层次式架构设计的论文，考生就要从全局的角度把握层次式架构设计的优点及缺点、设计层次式架构的方法和过程，特别是各层次之间的接口设计问题，而不是专注于某个具体的实现细节。

3）忠实于论点

忠实于论点首先是建立在正确理解题意的基础上，因此要仔细阅读论文试题要求。为了完全符合题意，要很好地理解关于试题背景的说明。然后根据正确的题意提取论点加以阐述。阐述时要绝对服从论点，回答试题的问题，就试题的问题进行展开，不要节外生枝，化自身为困境。也不要偏离论点，半天讲不到点子上去，结果草草收场。根据作者参加阅卷和辅导的情况来看，这往往是大多数考生最容易出错的地方。

4）条理清晰，开门见山

作为一篇文章，单有内容，组织不好也会影响得分，论文的组织一定要条理清晰。题目选定后，要迅速整理一下自己所掌握的素材，列出提纲，即打算谈几个方面，每个方面是怎么做的，收效如何，简明扼要地写在草稿纸上。切忌一点，千万不要试图覆盖论文题目的全部内涵而不懂装懂，以专家的姿态高谈阔论，而要将侧重点放在汇报考生自己在项目中所做的与论题相关的工作上，所以提纲不要求全面，关键要列出自己所做过的工作。

接下来的事情就是一段一段往下写了。要让专家短时间内了解考生的论文内容并认可考生的能力，必须把握好主次关系。

一般来说，第一部分的项目概述对评卷专家掌握整个论文非常重要。考生要学会用精练的语句说明项目的背景、意义、规模、开发过程以及自己的角色等，让评卷专家对自己所做的项目产生兴趣。

5）标新立异，要有主见

设想一下，如果评卷专家看了考生的论文有一种深受启发，耳目一新的感觉，结果会怎么样？考生想不通过都难。所以，论文中虽然不要刻意追求新奇，但也不要拘泥于教科书或常规的思维，一定要动脑筋写一些个人的见识和体会。这方面，见仁见智，在此不予赘述。

6）图文并茂，能收奇效

系统架构设计总是离不开图形，论文的紧要地方，如果能画个草图表示，往往能收到奇效。因为图形比文字更能吸引人的注意力，更加简洁、明了。通过图形方式表达，更能让评卷专家直观地了解考生所设计的架构，从而得到专家的认可。但是，图形不要画得太"草"，也不宜过大。图中的线条、箭头等要保持整洁。

7）首尾一致

在正文的写作中，要做到开头与结尾间互相呼应，言词的意思忌途中变卦。因为言词若与